写作团队

张　帜（张老师）

图数据库技术丛书主编。该技术丛书由清华大学出版社出版，现已包括《Neo4j权威指南》《Neo4j 3.x入门经典》《Neo4j图数据库扩展指南APOC和ALGO》以及《精通Neo4j》（本书），其中《Neo4j权威指南》已由中国台湾深石數位科技改为繁体版《Neo4j圖形資料庫權威指南》正式出版。

张老师是中国IT界元老、中国图数据库先导者、Neo4j简体中文版总设计师、大数据领域资深专家、WPS曲线汉字技术发明人。1985年研究生毕业于国防科技大学，获中国首届信息系统工程硕士。曾长期在微软任高级软件设计师及"维纳斯计划"技术主管。曾牵头研发中国移动139手机邮箱等明星商业产品。于2017年两会期间做客CCTV证券资讯频道《超越》栏目，畅谈《关于图数据库的梦想》，被誉为中国图数据库第一人。普及推广图数据库技术，并研发自主可控的国产图数据库，是他人生的下一个关键目标！

除图数据库技术丛书之外，张老师的主要著作还有：

1993年《Turbo Pascal 大全》，电子工业出版社，姚庭宝、张帜著，再版3次。

1988年《IBM PC TURBO PASCAL 程序设计手册》，湖南科学技术出版社，张帜、李晓林著，再版2次。

1981年《数学分析中的典型例题和解题方法》，湖南科学技术出版社，孙本旺、张帜等著，再版8次，并被推荐为全国大学数学专业参考书。

张老师创办的微云数聚（北京）科技有限公司是一家实力雄厚的大数据技术公司，专注于研究图数据库技术及其应用，是世界领先的图数据库Neo4j的战略合作伙伴和在中国的官方代理。公司研制的 Neo4j 简体中文版，是专为中国企业量身打造、符合中国企业习惯的图数据库系统产品，除了汉化，还扩展了许多有特色的实用功能，包括支持节点的图片显示、数据驱动的显示呈现、智能查询和导入精灵（一种支持将Excel、MySQL和Oracle等数据简便地导入到Neo4j的工具），这些扩展将极大地促进Neo4j在华语地区的推广使用。微云数聚在华为、CCTV和中国首席数据官联盟等的大力支持下，与中国互联网、大数据企业客户建立了良好的合作和信任关系，为Neo4j的市场开拓奠定了良好的基础。

庞国明（小明）

负责全书知识内容编排、技术审校、写作团队统筹管理及第10章素材提供。

小明是Neo4j中文社区创始人，《Neo4j 权威指南》副主编，《Neo4j 3.x入门经典》翻译，腾讯课堂《Neo4j图数据库视频教程》主讲老师，高级信息系统项目管理师，系统架构师。

自主研发轻量级图数据库NeruoDB，组织并参与“智能交通网络”“多社交平台人脉网络”“医学诊疗知识图谱”等多个Neo4j应用项目的研发，具有丰富的实战经验。自2008年以来，在《电脑编程技巧与维护》等国家级科技期刊发表了近40篇文章。

叶伟民（Billy）

负责第5、10章的审校，参加第1、2、3、4、9章的编写。

Billy是美国海归，曾被美国移民局认可为在美国本土难以觅得的技术人才得以在旧金山湾区工作过。是《图数据库实战》《金融中的人工智能》《.NET内存管理宝典》等书的译者。在本书编写时，Billy拥有十八年的IT工作经验，目前正在研究金融科技，包括人工智能、Web 3.0方面的应用。

宋建栋

负责第3、4、8章审校。参与第3、6、7章编写。

毕业于上海交通大学，长期在金融机构从事IT相关工作。

在IT运维、信息安全、IT审计等领域有丰富的图技术应用经验，致力于在风险图谱、网络合规、态势感知等多种金融科技场景中运用图数据库产品和图算法解决实际问题。

马延超（马超）

负责第3、6、7章审校。参与第5、10章编写。

毕业于北京信息科技大学CS专业，Neo4j认证技术专家，资深程序员，开源社区爱好者与贡献者。

目前致力于将图数据技术应用到资管行业。曾将图数据技术应用在全媒体、事件舆情、社交网络等场景。

杨 志

负责第3、6、7章审校。参与第3、4、8章编写。

毕业于北京理工大学，具有多年的Neo4j使用与调优经验。

目前在某银行总部担任高级算法工程师，主要从事搜索推荐、NLP、知识图谱等相关技术研发与应用。

前期参与人员

胡佳辉
（家 辉）

苏 亮
（小 亮）

于松林
（松 林）

图数据库技术丛书

Neo4j权威指南
图数据库——大数据时代的新利器
Neo4j官方推荐

Neo4j
图数据库扩展指南
APOC和ALGO

图数据库技术丛书
张 帜 主编
Neo4j 3.x
入门经典
Neo4j数据建模、性能调优和数据可视化技术

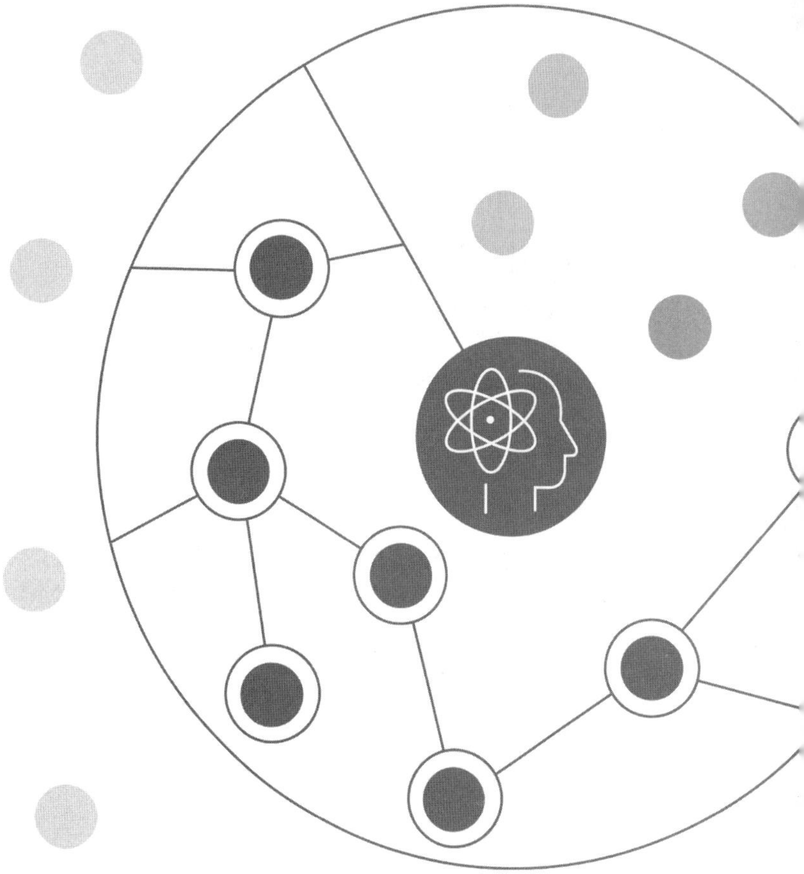

图数据库技术丛书

精通Neo4j

庞国明 叶伟民 宋建栋 马延超 杨 志 著

清華大學出版社
北 京

内 容 简 介

图数据库是 NoSQL 类数据库的又一大典型代表，在国内图数据库属于新兴事物，其优异的复杂关系解决方案引起了国内众多大型互联网公司及 IT 开发者的关注，而 Neo4j 是目前图形化数据库中最为出色、最为成熟的产品。本书的第一版书名是《Neo4j 权威指南》，发行量超过 13000 册，本书在第一版的基础上补充完善了 Neo4j 的新特性、新功能。

本书基于 Neo4j 4.4 版本编写，共分 10 章，涵盖基本概念、基础入门、查询语言、程序开发技术、管理运维、集群技术、应用案例、高级应用、配置设置、内建过程、GDS、Fabric 等内容。

本书内容涉及 Neo4j 的大部分知识，既可以作为 Neo4j 初学者的入门教材，也可以作为相关行业 Neo4j 技术专家的参考手册。

图书在版编目（CIP）数据

精通 Neo4j / 庞国明等著. —北京：清华大学出版社，2022.9
（图数据库技术丛书）
ISBN 978-7-302-61842-3

I. ①精… II. ①庞… III. ①关系数据库系统 IV. ①TP311.138

中国版本图书馆 CIP 数据核字（2022）第 171199 号

责任编辑：夏毓彦
封面设计：王　翔
责任校对：闫秀华
责任印制：沈　露

出版发行：清华大学出版社
网　　址：http://www.tup.com.cn，http://www.wqbook.com
地　　址：北京清华大学学研大厦 A 座　　邮　　编：100084
社 总 机：010-83470000　　邮　　购：010-62786544
投稿与读者服务：010-62776969，c-service@tup.tsinghua.edu.cn
质量反馈：010-62772015，zhiliang@tup.tsinghua.edu.cn
印 装 者：三河市铭诚印务有限公司
经　　销：全国新华书店
开　　本：190mm×260mm　　印　　张：45.5　　彩　　插：2　　字　　数：1234 千字
版　　次：2022 年 11 月第 1 版　　印　　次：2022 年 11 月第 1 次印刷
定　　价：179.00 元

产品编号：089002-01

前 言

本书是继《Neo4j 权威指南》之后第二本由中国人原创的图数据库专业书籍。

图数据库的发展日新月异，短短三年时间，国内外涌现出多款图数据库系统，然而在 DBEngine 排名中，Neo4j 依然稳居第一。本书将陪伴你漫步“图”的世界，领略“图”的风采，玩转大数据时代新的利器——图数据库 Neo4j。

“图数据库”即便对业内人士而言，也是一个陌生的词汇。单这个“图”字，便会使人联想到图形、图片或图像。正如，最近一位朋友得知我在玩图数据库，就邀我去做一个用语音控制图像的产品。我解释了半天，才让他明白：此“图”非彼“图”。误解就在这个“图”字上。

那么，图数据库究竟是什么？优势在哪儿？可以用它来干什么？

图数据库定义、优势与应用领域

图数据库是一个新型的数据库系统。大家以前可能听到过 MySQL、Oracle 等数据库，但随着社交、金融、零售等行业的发展，亟需一种新型的数据库来支撑这些新的业务。现实社会织起了一个庞大而复杂的关系网，比如天天有人给你打电话要你买房子，他们是通过什么技术来找到你的呢？就是通过一些关系运算。如果使用传统的数据库会很难处理，而采用图数据库来处理它，会更高效、更方便。在科技领域里有一个六度空间理论，简单地说，就是世界上任何两个人最多只需通过 6 个关系就一定能够找到对方。用图数据库就可以把这个理论变成现实。所以，称它为一种新型的数据库完全不为过，它能支持海量、复杂、多变数据的关系运算，而且运算性能非常高。

和传统数据库比起来，图数据库的优势在哪儿呢？

首先，图数据库可以说是应专门处理这种复杂关系网的“运”而生的。虽然传统的数据库也能处理，但其效率极其低下，功能扩展也很困难，要花的时间将很长，而用图数据库就能方便、高效地解决这个问题；更重要的是，就连非技术人员都能看得懂。如果用传统数据库来构建，其模型非常复杂、烦琐，相比而言，用图数据库，就非常直观、浅显、简单。

图数据库的应用领域非常广，在社交、零售、金融等领域都有广泛的应用案例。比如说社交，一个最典型的应用就是领英。领英在国际上的知名度和应用的广度相当于我们中国的微信。领英一个最重要的功能就是能够把你朋友的朋友的朋友推荐给你，这是进行了关系运算的结果。另外一个就是零售商品的实时推荐，比如沃尔玛，你在它的网站上点击了几个商品后，它就能揣测出你可能对哪些商品感兴趣，就会立马把你感兴趣的商品推荐给你。用图数据库来计算这种推荐会更快捷。现在国外用得很多，但是在我们国内才刚刚开始。随着图数据库的应用，不久的将来我们就可以享受到更为实时、准确、方便的推荐。

总之，图数据库能高效地处理各种复杂的关系网络，在许多领域有着广泛的应用。它是基于图论而实现的新型数据库系统，擅长处理大量的、复杂的、互联的、多变的网状数据，其效率远远高于传统的关系数据库。

本书背景

世界上很多著名的公司都在使用图数据库。比如，领英用它来管理社交关系，实现朋友推荐，构建了一个非常强大的人脉网络；沃尔玛用它连接“商品关联”和“买家习惯”两个子网，实现了零售商品的实时推荐，给买家带来更好的购物体验；思科用它做主数据管理，将企业内部的组织架构、产品订购、社交网络、IT 网络等有效地管理起来；惠普用它管理复杂的 IT 网络；全美排名前三的金融公司，都在用图数据库进行风控业务管理。此外，物流、交通、电信、制造业、广告、打印、文化传媒和医疗等领域的公司也在使用图数据库。

反观我国的情况又如何呢？我是从 2015 年开始研究图数据库的，当时国内知道图数据库的人还寥寥无几。令人意想不到的是，才短短一年多时间，国内竟然有很多领域都用上了图数据库，涉及的领域包括金融、社交、商务、知识管理等。毋庸置疑，其发展速度将远超我们的想象。

然而遗憾的是，目前市面上有关图数据库的中文书籍屈指可数，即便有也是直接从英文原版翻译而成。随着图数据库在中国的推广和普及，大家都渴求有一本国人原创的权威指南，能系统、全面地涵盖图数据库的原理和使用方法等方方面面内容。因此，我们决定集中组织国内对图数据库有深入研究的专家，共同编写一套原创的中文版图数据库技术丛书。

本书内容

本书基于 Neo4j 4.4 版本编写，共分 10 章，涵盖基本概念、基础入门、查询语言、开发技术、管理运维、集群技术、应用案例、高级应用、中文扩展、配置设置、内建过程、GDS、Fabric 等内容。各章简要介绍如下：

第 1 章 Neo4j 图数据库基础。介绍图数据库概念以及 Neo4j 的体系结构。本章可以作为初学者的入门部分。有经验者可以略过，直接阅读后续章节。

第 2 章 Neo4j 基础入门。引导读者初步使用 Neo4j，包括 Neo4j 的安装部署、操控平台的使用、引导实例。

第 3 章 Neo4j 之 Cypher。详细介绍 Cypher 语法，它是 Neo4j 引擎的接口语言，掌握好它是用好 Neo4j 的关键，也是使用中常备的参考资料。

第 4 章 Neo4j 程序开发。详细讨论如何将 Neo4j 与开发平台、编程语言之间进行集成，并提供相应的开发实例。

第 5 章 Neo4j 数据库管理。介绍 Neo4j 数据库管理相关的内容，主要包括：部署、监控、安全管理、运维与优化、备份与恢复、数据库管理相关工具等基本知识和基本操作。

第 6 章 存储过程库 APOC。主要介绍 Neo4j 存储过程基本原理以及多个常用存储过程的使用方法。

第 7 章 图数据科学库 GDS。主要介绍 Neo4j 图形数据科学库中的主要概念。该库的目标是："为 Neo4j 提供高效实现的并行通用图形算法版本，以 Cypher 过程的形式公开"。

第 8 章 集群技术与 Fabric。对 Neo4j 集群的概念进行讲解以及如何去搭建各种类型的集群，还有 Fabric 新特性的讲解。

第 9 章 Neo4j 应用案例。介绍 Neo4j 在多个业务场景中的应用实例，包括每个实例的业务分析、图建模、查询分析，并提供了实例源码。

第 10 章 Neo4j 高级应用。介绍高级索引、Docker 环境部署、与大数据平台的数据交互、消息总线应用、区块链应用、Neo4j 与自然语言处理等高级话题。

本书源码下载与技术支持

本书配套的源码，需要用微信扫描下面二维码获取，可按扫描出来的页面提示，填入你的邮箱，把链接转发到邮箱中下载。如果有问题或建议，请联系 booksaga@163.com，邮件主题务必写"精通 Neo4j"。

创作团队与致谢

《精通 Neo4j》是继《Neo4j 权威指南》之后又一本倾注了编委团队大量心血的好书。本书的编写历经了一些波折，但最终还是在编委团队的齐心协力下定稿。在此，除了要感谢本书编委团队成员外，更需要感谢本书上一版本编委们打下的良好基础，他们是：张帜（张老师）、庞国明（小明）、胡佳辉（家辉）、苏亮（小亮）、杨志（大志）、于松林（松林）。

然而，Neo4j 实在发展太快了，我们的书怎么也跟不上它的新版本。在你看到本书时候，相信 Neo4j 又有了不少新的版本。好在 Neo4j 已经比较成熟，书中介绍的语法及例子绝大部分不会过时，在 Neo4j 新版本下大部分情况下本书介绍的语法和示例都能使用。

希望本书能对你有所帮助。

张 帜

2022 年 9 月

目　录

第 1 章

Neo4j 图数据库基础

本章主要内容：

- 图数据库产生背景
- 图数据库基础
- 图数据库与关系数据库的对比
- 图数据库与其他 NoSQL 数据库的对比
- Neo4j 概述
- Neo4j 体系结构图解

大多数读者，即便是计算机科班出身，如果没有紧跟数据库技术的发展，一听到 Neo4j 定然会比较陌生，但一般来说肯定会或多或少接触过那些耳熟能详的传统关系数据库产品，例如：Oracle、MySQL、SQL Server 等。事实上，Neo4j 是一种新型的数据库产品，除了能像传统关系数据库支持存储、分析、处理数据的功能以外，它以数学中的图论为理论根基，更擅长海量数据之间的复杂关系分析，因此，在学术界和产业界通常将它称作为：图数据库（Graph Database，广义上属于 NoSQL 数据库的一种）。对于广大使用者而言，如果不需要深入数据库本身的研发，使用 Neo4j 不需要钻研深奥的图论理论知识，只需了解与 SQL 语言类似的 Cypher 语言即可。作为最近几年才发展起来的全新数据库技术，Neo4j 紧随大数据时代的步伐不断前行，越发凸显出相对于传统关系数据库的强大优势，必将成为这个时代一颗璀璨的明珠！本书将带你一起遨游于 Neo4j 图数据库这一极富迷人魅力的广阔海洋！

本章作为全书第 1 章，主要有两个目标：讲解图数据库基础知识和认识 Neo4j。首先介绍图数据库基本知识，并将图数据库与传统数据库进行对比分析；然后介绍 Neo4j 图数据库的产生、发展及其性能优势；最后一节介绍 Neo4j 体系结构，这样可以对 Neo4j 技术架构有个初步认识。

本章将只讨论理论性、概念性知识，有了一定理论基础后就可以在后续章节更好地学习 Neo4j 的技术知识。

1.1 图数据库背景知识

1.1.1 图数据库历史

任何一项重大科学技术的产生都有其历史背景和必然规律。同样，作为计算机科学基础软件领域的数据库技术也有其产生和发展的历史必然性。下面简要介绍数据库技术发展历程中具有里程碑意义的事件。

1. 数据库技术发展的里程碑事件

（1）1962 年，数据库（Database）一词最早流行于美国加州（硅谷所在地）一些系统研发公司的技术备忘录中。

（2）1968 年，伴随阿波罗登月计划，商业数据库的雏形诞生，出现 IBM 公司的 IMS（Information Management System）、Mainframe，以及 Navigational 等数据库技术。

（3）1969 年，美国国防部召开的数据系统语言会议（Conference on Data Systems Languages，CODASYL）发布了一份“DBTG（Database Task Group）报告”，标志网状数据库系统进入标准化进程。

（4）1970 年，IBM 公司研究员 Edgar Frank Codd 发表了题为“A Relational Model of Data for Large Shared Data Banks”（译为“大型共享数据库的数据关系模型”）的论文，这篇论文提出了关系模型的概念，奠定了关系模型的理论基础，他本人被誉为“关系数据库之父”，并于 1981 年获得了有“计算机界诺贝尔奖”之称的“图灵奖”。

（5）1974 年，IBM 公司的校企联合计划中，与加州大学伯克利分校 Ingres 数据库研究项目携手创建了 RDBMS（Relation DataBase Management System，关系数据库管理系统）System R 原型。

（6）1979 年，因 IBM 公司战略调整其为当时主流的层次数据库，并剥离出处于萌芽状态的关系数据库；加州大学伯克利分校 Ingres 数据库研究项目联合 Oracle 公司的 Larry Ellison 创建了第一个商业关系数据库产品。

（7）1983 年，IBM 公司发布其第一款自主研发的关系数据库产品 DB2。

（8）1984 年，天睿公司（Terodata Corporation）发布第一个 MPP（Massive Parallel Processor，大规模并行处理）分布式数据库专用平台，或称为无共享架构（Sharing Nothing Architecture），有效提升了系统整体性能。

（9）1986 年，首款面向对象数据库 GemStone/S 出现。

（10）1988 年，IBM 公司研究员率先提出数据仓库（Data Warehouse），主要用于复杂数据分析，并制定相关行业标准，将数据处理分为两大块业务：联机事务处理（On-Line Transaction Processing，OLTP）和联机分析处理（On-Line Analytical Processing，OLAP）。

（11）1995 年，瑞典 MySQL AB 公司发布第一款开源关系数据库 MySQL。

（12）1996 年，第一款对象关系数据库 Illustra 问世，支持高效的对象和关系数据存储与管理。

（13）1998 年，随着互联网的兴起，Lawrence Edward Page 和 Sergey Brin 在斯坦福大学宿舍内共同开发了谷歌在线搜索引擎。

（14）1998 年，James Gray 因在数据库和事务处理方面的突出贡献而获 1998 年的图灵奖。

（15）2003 年，MarkLogic 公司发布第一款 NoSQL（Not Only SQL，泛指非关系型的数据库）数据库解决方案，XML 数据库。

（16）2005 年，受 Google 公司的 Map/Reduce 和 Google File System（GFS）的启发，由 Apache 基金会所开发的分布式系统基础架构 Hadoop 发布。

（17）2005 年，针对普遍存在的流数据，Streambase 公司发布第一款支持流数据处理的复杂事件处理（Complex Event Processing，CEP）解决方案。

（18）2007 年，Neo4j 公司推出第一款商用 NoSQL 图数据库，高效支持数据之间的复杂关系分析。

（19）2009 年，分布式文件存储的数据库 MongoDB 发布，为 Web 应用提供可扩展的高性能数据存储解决方案。

（20）2010 年，HBase 发行，采用列式存储而非行式，在 Hadoop 之上提供类似 BigTable 能力，支持非结构化数据存储。

（21）2013 年，有媒体将 2013 年称为“大数据元年”，“数据即资源”受到广泛认可。

（22）2014 年，Michael Stonebraker 因对现代数据库的概念和实践作出的根本性贡献获得 2014 年图灵奖。

（23）2015 年，大数据、云计算技术得到广大企业和各国政府的青睐，技术和平台上突飞猛进，比如 VoltDB、Spark、Drill 等，单是 Apache 基金会就发布超过 25 个数据工程项目。

2. 数据的 4V

不难发现，数据库技术已经有 50 多年的历史，在计算机领域中算得上是一直保持蓬勃生机与活力的技术之一。其主要表现在如下几个方面。

（1）数据种类多样化。数据从最初的结构化数据（如数字、符号等信息）拓展为半结构化数据（如 HTML 文档等），再到非结构化数据（如办公文档、文本、图片、XML、各类报表、图像和音视频信息等）。IDC（国际数据公司）的调查报告显示：企业 80%的数据都是非结构化数据，且每年按指数增长 60%。

（2）数据量增长迅猛。根据 IDC 的监测统计，2011 年，全球数据总量已经达到 1.8ZB（2^{70} 字节），而这个数值还在以每 2 年翻一番的速度增长，预计到 2020 年，全球将总共拥有 35ZB 的数据量，比 2011 年增长近 20 倍。也就是说，近 2 年产生的数据总量相当于人类有史以来所有数据量的总和。

（3）数据产生速度快。受摩尔定律的支配，计算机硬件及网络速度每 18 个月增加一倍，显然导致数据产生的速度飞速提升。

（4）数据价值备受关注。数据价值由先前的少量局部数据内的价值转向大量全局数据之间的价值，不断涌现出数据仓库、数据挖掘、分布式数据分析等技术。

上述 4 个方面，无不集中展现到当前所处的大数据时代这一历史舞台中，凸显出数据的 4V（Volume 大量、Velocity 高速、Variety 多样、Value 价值）特性。从上述数据库简要发展历程稍作分析，便不难发现：数据信息化进程和对数据价值的不断渴求，可以说是持续支撑数据库技术发展的不竭动力和源泉。

3. 关系数据库（SQL 类）和非关系数据库（NoSQL 类）

在这精彩纷呈的数据库技术发展历程中，是否存在一种“包打天下的武学秘籍，包治百病的济世神方”呢？作为数据库领域霸主的关系数据库能否有效解决上述所有难题？现在我们试着回答这个问题。我们先将数据库发展历程中的主要技术稍加归类整理，绘制出如图 1-1 所示的数据库分类图。

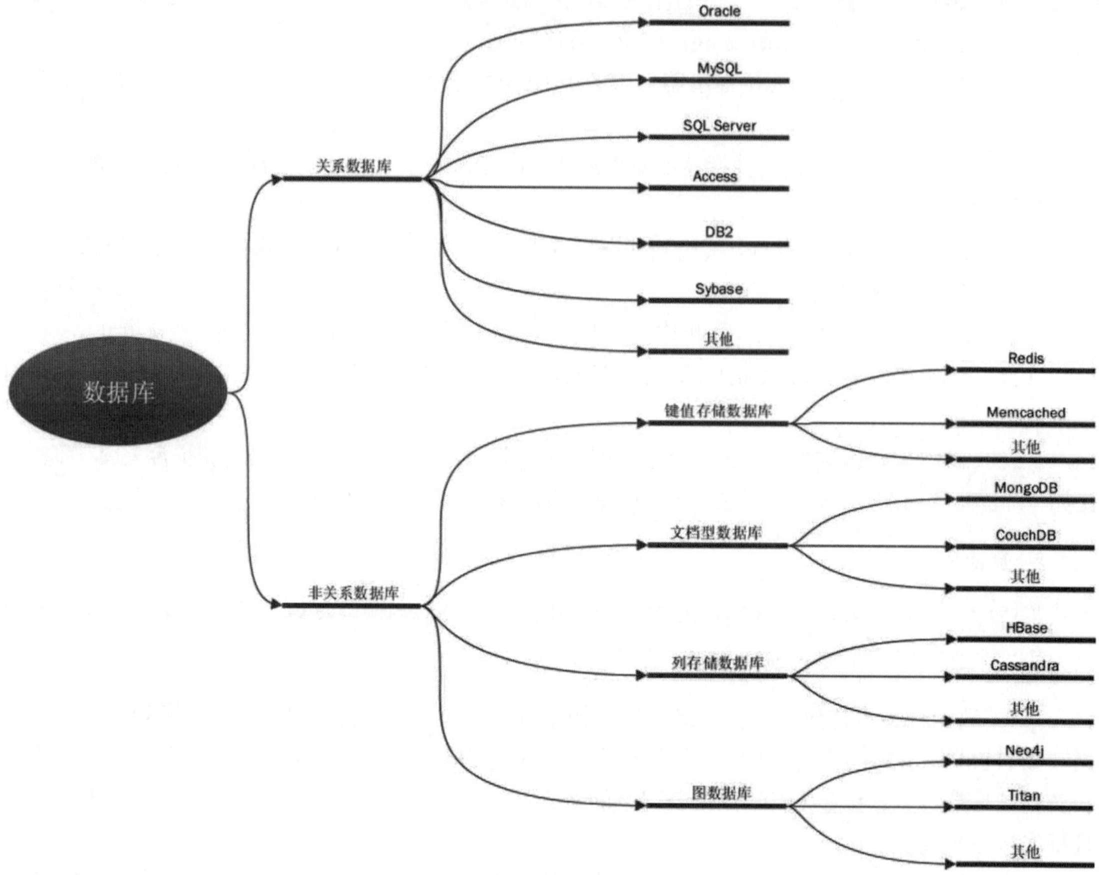

图 1-1 数据库分类图

上图非常形象地将数据库技术分为两大类：关系数据库（SQL 类）和非关系数据库（NoSQL 类）。关系数据库源源不断地为 NoSQL 类数据库提供理论依据，也就是说，NoSQL 类数据库的发展是以关系数据库为基础，很多思想和智慧都来源于关系数据库，比如：事务、分布处理、集群、查询语言等。但 NoSQL 数据库相对于霸主地位的关系数据库而言，无疑是一种全新的思维和创新。为进一步分析上述枝繁叶茂的 NoSQL 数据库，有必要对其进行分类。现有的分类方法多种多样，各方法之间分出来的类或子类还可能存在重叠，主流的方法[1]（Mikayel Vardanyan 依据数据模型的不同给出的一个基本分类）分为四大类。

（1）键值存储（Key-Value）数据库：主要采用哈希表技术，存储特定的键和指向特定的数据指针。该模型简单、易于部署。例如：Redis、Memcached、Riak KV、Hazelcast、Ehcache、Voldemort、Oracle BDB 等。

---

[1] http://www.monitis.com/blog/picking-the-right-nosql-database-tool/

（2）文档型数据库：以嵌入式版本化文档为数据模型，其灵感是来自于 Lotus Notes 办公软件，支持全文检索、关键字查询等功能。例如：MongoDB、Amazon DynamoDB、Couchbase、CouchDB、SequoiaDB 等。

（3）列存储数据库：列存储数据库是指数据存储采用列式存储架构，相比传统的行式存储架构，数据访问速度更快，压缩率更高，支持大规模横向扩展。例如：Cassandra、HBase、Riak、GBase 8a 等。

（4）图数据库：以图论为理论根基，用节点和关系所组成的图为真实世界直观建模，支持百亿乃至千亿量级规模的巨型图的高效关系运算和复杂关系分析，例如：Neo4j、OrientDB、Titan 等。

上述四类 NoSQL 数据库依据其数据模型的不同，均表现出各自的优势和劣势，以及适应的典型应用场景。具体归类如表 1-1 所示。

表 1-1 NoSQL 数据库的四大分类分析

分　类	数据模型	优　势	劣　势	典型应用场景
键值存储数据库	哈希表	查找速度快	数据无结构化，通常只被当作字符串或者二进制数据	内容缓存，主要用于处理大量数据的高访问负载，也用于一些日志系统等
列存储数据库	列式数据存储架构	查找速度快，支持分布横向扩展，数据压缩率高	功能相对受限	分布式文件系统
文档型数据库	键值对扩展	数据结构要求不严格，表结构可变，不需要预先定义表结构	查询性能不高，缺乏统一的查询语法	Web 应用
图数据库	节点和关系组成的图	利用图结构相关算法。比如最短路径、节点度关系查找等	可能需要对整个图做计算，不利于图数据分布存储	社交网络、推荐系统、意向图、消费图、兴趣图、关系图谱等

另一方面，大量的研发人员或团队对五类主流数据库产品（键值存储数据库、列存储数据库、文档型数据库、图数据库、关系数据库）进行过大量的比较和分析，比较的指标涵盖：性能、可扩展性、复杂性等多个维度。表 1-2 列出了一个典型的分析结果，它是 Ben Scofield 在 YCSB 开源数据库基准测试（Yahoo! Cloud Serving Benchmark）上所测试分析的结果[1]。

表 1-2 各类数据库主要指标分析

分　类	性　能	可扩展性	灵 活 性	复 杂 性	功 能 性
键值存储数据库	高	高	高	无	可变（无）
列存储数据库	高	高	一般	低	很少
文档型数据库	高	可变（高）	高	低	可变（低）
图数据库	可变	可变	高	高	图论
关系数据库	可变	可变	低	一般	关系代数

通过上述较为系统全面的分析，无论是从宏观的优劣势和典型应用场景方面，还是微观具体的基准测试方面，之前的问题有了更为清晰的答案。正如数据库领域的布道者、图灵奖得主 Michael Stonebraker 对数据库未来发展所预言的那样——One size will fit none（单一模式不能包打天下），也就是告诫我们需要将更多的精力花费在选择最合适的技术去有针对性地高效解决所面临的具体

[1] http://www.slideshare.net/bscofield/nosql-codemash-2010

问题，恰恰回归到“具体问题具体分析”这一普适的哲学原理。

4. 图数据库的发展

作为图数据库的领跑者——Neo4j 最初发布版本是在 2007 年，一路奔跑前行至今十多年。这一新型数据库技术有其固有的、旺盛的生命力，细究不难发现，主要来源于：图是一种能普适直观对现实世界进行建模工具，通俗地说，图无处不在！我们信手就可拈来一大批身边与吃穿住行生活密切相关的图事例，比如人际交往、购物消费、交通网络、旅游规划等。

正如全球著名的信息咨询公司——高德纳咨询公司（Gartner Group）所分析[1]：商业世界中有 5 个非常有价值的图：Social Graph（社交图）、Intent Graph（意向图）、Consumption Graph（消费图）、Interest Graph（兴趣图）、Mobile Graph（移动图），并指出应用这些图的能力是一个“可持续的竞争优势”。

图数据库在数据库领域如此晚，正如其理论基础图论在数学界像“新生儿”一样，图论最早可追溯到图论创始人瑞典数学家欧拉（Leornhard Euler）于 1738 年解决柯尼斯堡七桥问题。现在图论应用极其广泛，但大发展时期是 20 世纪 40~60 年代，一系列图论相关研究取得了突破性进展，包括：拟阵理论、超图理论、极图理论、代数图论、拓扑图论等。

从之前罗列的数据库领域重要事件以及表 1-1 所示内容，细心的读者不难发现：图数据库归类到网状数据库之列。从数据库模型上主要有三大类：层次型、网状型、关系型，网状数据库标准化的出现还早于关系数据模型的提出，而为什么关系数据库却后来居上，长期占住数据库领域的霸主地位呢？要回答这个问题，其实不难，稍对计算机发展历史有一定了解的人就能较容易地找到答案。从表 1-2 中单看图数据库和关系数据库两行就不难发现，图数据库的实现复杂性远高于关系数据库；另一方面，再回溯到 20 世纪，回看那时的硬件性能无法跟现在相提并论，单说处理器速度和内存容量，要实现令人神往又如此复杂的图数据库谈何容易，完全可以说是一种“奢求”！因此，当时的研发人员只能另辟蹊径，在数据模型上做文章，降低建模的复杂度，采用二维表（在关系数据库中称为“关系”）这一更易于理解和实现的创新性技术来构建数据库。

至此，关系数据库中的“关系”二字，还真是与我们所熟知的，比如人际关系、借贷关系等完全不搭界，仅仅是“关系数据库之父”Edgar Frank Codd 在其论文中讲的：在集合论基础上构建二维表称作关系罢了。那是不是说传统关系数据库不能存储、管理我们所熟知的这些关系呢？这个显然不是，而是将这些熟知的关系隐藏转化为以集合论为基础的关系代数上的一种常用的连接操作（Join），最终在当时用关系模型的易理解性和理论可行性来超越网状模型之上的图数据库的复杂性，成就了关系数据库的持久辉煌！

诚然，得益于信息技术的飞速发展，无论是硬件、网络，还是软件等各方面都今非昔比，图数据库自从 2007 年第一个可商用产品 Neo4j 的出现，就成为政界、学界、商界、媒体界持续关注的焦点，其发展势头绝不亚于当年的关系数据库，俨然成为能高效、便捷、直观处理海量、快速、多样数据，并能快速挖掘其中纷繁复杂关系的一把利器！

1.1.2 图数据库应用领域

随着社交、电商、金融、零售、物联网等行业的快速发展，现实社会织起了一张庞大而复杂的

[1] http://www.gartner.com/id=2081316

关系网，对于此类复杂关系网，大数据平台适合批量逐条统计分析，不适合复杂关系处理，而传统关系数据库又很难处理复杂关系运算。这方面恰恰是图数据库的应用领域。

（1）社交领域：Facebook、Twitter、Linkedin、抖音、头条等可以用它来管理社交关系，实现好友推荐。

（2）知识图谱：谷歌在 2003—2004 年时，其实已经在慢慢把它的搜索引擎从反向索引转向转到了知识图谱。

（3）金融风控领域：通过关联关系做拓展，比如交易对手等相关的周边账号，通过这些关系来判断这笔交易或者转账的风险。从规则向基于关联关系的风控演进，这个趋势十分明显。

（4）零售领域：eBay、沃尔玛、拼多多可以使用它实现商品实时推荐，给买家更好的购物体验。

（5）工业制造领域：沃尔沃、戴姆勒和丰田等顶级汽车制造商依靠图数据库推动创新制造解决方案。

（6）电信领域：Verizon、Orange 和 AT&T 等电信公司依靠图数据库来管理网络，控制访问和提供客户服务。

（7）机器学习和 AI：对于机器学习或者模型训练范畴来说，平时用大量数据去训练模型，然后将基于图的数据关系加入到模型训练，这个就是学术界非常流行的 Graph Embedding，把图结构引入到模型训练里面。

（8）健康和医疗领域：患者的过往病史、服药史、医生的处方还存在纸质文档的情况，一些医疗类公司通过语音和图像将文档数字化，再用 NLP 把关键信息提取出来。根据关键信息，比如：血压、用药，等等构造一棵大的决策树或者医疗知识图谱。

（9）公共安全领域：比如，某些犯罪是团伙作案，那么追踪团伙中某个人的行为轨迹，比如：交通工具、酒店，等等就可标识出整个团伙的特征。某个摄像头和某个嫌疑人在某个时间构建出关联关系，下一个时刻，另外一个摄像头和另外一个嫌疑人也建立了关联，这些就是我们已经看到的图的应用领域。

1.1.3　主流图数据库介绍

图数据库（Graph Database）是基于图论实现的一种新型 NoSQL 数据库。它的数据存储结构和数据的查询方式都是以图论为基础的。图论中图的基本元素为节点和边，在图数据库中对应的就是节点和关系。

在图数据库中，数据与数据之间的关系通过节点和关系构成一个图结构并在此结构上实现数据库的所有特性，如对图数据对象进行创建、读取、更新、删除（Create、Read、Update、Delete，简称 CRUD）等操作的能力，还有处理事务的能力和高可用性等。

目前市面上较为流行的图数据库产品如图 1-2 所示。

图 1-2　较为流行的图数据库产品

根据 db-engin.com 提供的全球图数据库排行榜[1]2022 年 2 月份统计结果，Neo4j 以 58.25 的得分稳居图数据库排名的榜首，如图 1-3 所示为较为流行的图数据库排行榜。

☐ include secondary database models　　36 systems in ranking, February 2022

Rank			DBMS	Database Model	Score		
Feb 2022	Jan 2022	Feb 2021			Feb 2022	Jan 2022	Feb 2021
1.	1.	1.	Neo4j	Graph	58.25	+0.21	+6.08
2.	2.	2.	Microsoft Azure Cosmos DB	Multi-model	39.95	-0.09	+8.29
3.	↑4.	↑4.	ArangoDB	Multi-model	5.40	+0.67	+0.33
4.	↓3.	↑6.	Virtuoso	Multi-model	5.39	+0.02	+3.02
5.	5.	↓3.	OrientDB	Multi-model	5.03	+0.47	-0.10
6.	↑7.	↑8.	Amazon Neptune	Multi-model	2.99	+0.36	+0.92
7.	↓6.	7.	GraphDB	Multi-model	2.93	+0.07	+0.79
8.	8.	↓5.	JanusGraph	Graph	2.36	-0.03	-0.17
9.	9.	↑12.	TigerGraph	Graph	2.24	+0.22	+0.91
10.	10.	10.	Stardog	Multi-model	1.98	+0.09	+0.52
11.	11.	11.	Dgraph	Graph	1.72	+0.21	+0.31
12.	12.	↓9.	Fauna	Multi-model	1.32	-0.04	-0.58
13.	13.	↑14.	Giraph	Graph	1.31	0.00	+0.18
14.	14.	↓13.	AllegroGraph	Multi-model	1.31	+0.06	+0.04
15.	15.	15.	Nebula Graph	Graph	1.16	+0.02	+0.17
16.	16.	16.	Blazegraph	Multi-model	0.91	-0.05	+0.05
17.	17.	17.	Graph Engine	Multi-model	0.87	+0.02	+0.17
18.	18.	18.	TypeDB	Multi-model	0.74	-0.02	+0.07
19.	19.	19.	InfiniteGraph	Graph	0.47	+0.00	-0.03
20.	20.	↑30.	Memgraph	Graph	0.38	+0.01	+0.31
21.	21.	↑24.	AnzoGraph DB	Multi-model	0.35	+0.02	+0.18
22.	22.	↓20.	FlockDB	Graph	0.28	-0.02	-0.03
23.	23.	↓22.	HyperGraphDB	Graph	0.23	0.00	-0.05
24.	24.	↑27.	TerminusDB	Graph, Multi-model	0.20	-0.02	+0.08
25.	25.	↓21.	Fluree	Graph	0.20	-0.02	-0.10
26.	26.	↑28.	HugeGraph	Graph	0.16	+0.02	+0.08
27.	↑29.	↓26.	TinkerGraph	Graph	0.12	+0.00	-0.01
28.	28.	↓25.	Sparksee	Graph	0.12	0.00	-0.03
29.	↑33.	↑32.	Bangdb	Multi-model	0.10	+0.05	+0.09
30.	↑31.		ArcadeDB	Multi-model	0.09	+0.03	

图 1-3　较为流行的图数据库排行榜

表 1-3 对比了 3 个主流开源图数据库：Neo4j、JanusGraph 和 HugeGraph 的一些特性，共比较了 30 多个指标，包括生态、功能、性能、工具链等维度。

表 1-3　3 个主流开源图数据库对比[2]

对比点	Neo4j	JanusGraph	HugeGraph
品牌知名度	最高	高	一般
开源生态	社区版开源，但较多限制； 商业版闭源； 目前已经有免费的云服务提供	开源，兼容 Apache Tinkerpop 生态，主要由 IBM、AWS 提供云服务	开源，兼容 Apache Tinkerpop 生态，由百度领头，提供本土化技术与服务

[1] https://db-engines.com/en/ranking/graph+dbms

[2] https://blog.csdn.net/javeme/article/details/105000288

（续表）

对比点	Neo4j	JanusGraph	HugeGraph
图查询语言	Cypher	Gremlin	Gremlin
适用场景偏向	人工智能、欺诈检测、知识图谱等场景	云服务商、具备技术能力深厚的厂商	网络安全、金融风控、广告推荐、知识图谱等
支持数据规模	社区版十亿级； 企业版千亿级以上	百亿级以上	千亿级以上
大规模数据写入性能	在线导入速度慢，脱机导入速度较快	较慢	在线导入速度快，支持覆盖写
大规模数据查询性能	快，较稳定	较快，性能抖动较严重	快，较稳定
功能完善程度	最完善	完善	完善
功能迭代速度	趋于完善，新功能上线较慢	Fork 自 Titan，主要提供后端存储的版本兼容适配，基本很少上线新功能	百度自研，2016 年项目启动，基于开源社区，新功能迭代更新快速
数据导入工具	支持 CSV 在线导入，速度在 1 万/秒内；支持 neo4j-import 脱机导入，速度在 10 万/秒级别，支持格式丰富	未提供支持	支持在线导入，速度在 10 万/秒级别，支持格式丰富
数据备份恢复	支持脱机备份与恢复（需停机），商业版支持在线增量备份与脱机恢复	未提供支持，需要用户手动写程序	支持在线远程备份，支持在线远程恢复
数据增量备份	商业版支持，且支持备份数据加密	不支持	不支持
API 与客户端	支持 HTTP API，支持 Java、C#、JS 客户端	支持 HTTP API 或 WebSocket，支持 Java、Python、C#、JS 客户端	支持 HTTP RESTful API，原生仅支持 Java 语言，支持 Gremlin API
可视化界面	支持，功能丰富，支持可视化的数据建模、导入、分析等	不支持，需要用户集成第三方界面	支持，功能丰富，支持可视化的数据建模、导入、分析等
内置常用图算法	提供安装算法包，提供了丰富的基本图算法，包括路径搜索、相似性、中心性、社区检测、链接预测等类别的算法	不支持	内置提供了基本的图算法，包括路径搜索、协同推荐、中心性、社区发现等类别的算法
支持图计算平台集成	支持 Spark GraphX	支持 Spark GraphX	支持 Spark GraphX
基础功能（属性图的增删改查、持久化存储、元数据、事务、缓存、查询优化、增量更新图）	支持	支持	支持

（续表）

对比点	Neo4j	JanusGraph	HugeGraph
ACID 事务	支持	部分支持，根据后端存储而定，Berkeley 后端可完整支持事务，Cassandra 后端支持原子性提交事务，HBase 后端仅支持单行原子性	部分支持，根据后端存储而定，MySQL、PostgreSQL 后端可完整支持事务，RocksDB、Cassandra 后端支持原子性提交事务，HBase 后端仅支持单行原子性；保证最终一致性
Schema 约束	商业版支持，包括属性非空、唯一性等约束，同时也支持 Schema-Free	支持，同时也支持 Schema-Free	支持，包括模式校验、属性非空、唯一性等约束，不允许 Schema-Free
属性索引	支持简单索引和复合索引，支持全文索引，依赖第三方 Lucene 库，通过插件支持空间检索	支持复合索引和混合索引，复合索引允许精确匹配查询，混合索引支持范围查询、全文检索和空间检索，依赖第三方系统 ES 或 Solr	支持二级索引、范围索引、联合索引、全文索引，允许精确匹配查询、范围查询、全文检索等，均为原生实现不依赖第三方系统，不支持空间检索
图存储类型	支持本地存储，支持分布式存储，支持云托管存储	非本地存储，支持分布式存储	非本地存储，支持分布式存储
图分区	支持	支持	支持
超级点问题	通过 Vertex-Centric 索引可缓解，支持全量获取数据	通过 Vertex-Centric 索引可缓解	通过 Vertex-Centric 索引可缓解，支持全量获取数据
多图实例	支持	支持	支持
主键 ID、自定义 ID	不支持	不支持主键 ID，有限制的支持自定义 Long ID，不过会导致数据不一致	支持
节点或关系数据的 TTL	不支持	支持，可精细到顶点属性粒度	支持
用户认证与权限控制	商业版和云企业版支持	支持用户认证	支持用户认证、支持基于用户角色的权限控制
高危查询语句限制	Cypher 无关	不支持 Gremlin 高危语句限制	支持，可限制用户执行高危 Gremlin 语句，如禁止访问本地文件、退出进程、打开 Socket 连接等高危操作
运行中语句跟踪	商业版支持，包括：列出正在运行的查询语句、中断正在运行的查询	不支持	同步 Gremlin 查询不支持跟踪，异步 Gremlin 查询支持状态跟踪和任务取消
LDAP 集成	商业版支持	未提供支持	未提供支持
高可用 HA	商业版支持	未提供支持	商业版支持
监控	商业版支持	支持 Metrics 监控	支持监控接口

目前，Twitter 董事长 Patrick Pichette 担任合伙人的 Inovia Capital 公司，领投 Neo4j 的 F 轮扩展融资，融资额高达 3.9 亿美元，是迄今私人数据库公司获得的最大投资。除此之外，Patrick Pichette 还作为独立董事会成员加盟 Neo4j。Pichette 表示："Neo4j 正在开启公司发展的新篇章，业务向全球扩展、巩固市场领导地位、技术不断创新。我们期待与 Neo4j 经验丰富的管理团队密切合作。Neo4j 的图技术提供了一种真正独特的方案，专注于提高透明度和积极的社会变革，以应对世界上最为复杂的一些挑战。这令人非常兴奋。" Neo4j 首席执行官兼联合创始人 Emil Eifrem 将 Pichette 的加入，视为 Neo4j 成为新一代数据基础设施公司的重要里程碑。Neo4j 首席执行官兼联合创始人

Emil Eifre 表示：“根本而言，Patrick Pichette 和他的团队了解 Neo4j，并分享我们对图技术力量的信念，帮助我们更好地了解世界。Twitter 和谷歌两家公司都建立在图技术的变革力量之上，Patrick 在这两家公司的经验对于当下 Neo4j 的发展是非常宝贵的。我们欢迎 Inovia 和 Alanda 成为投资合作伙伴，并感谢 One Peak 一直以来的鼎力支持。”作为图数据平台创建者，Neo4j 围绕其技术生态系统建立了一个由成百上千的高技能应用程序开发人员和数据科学家组成的全球化社区。这些从业者正在构建范围广泛的应用程序，需要大规模数字化数据连接，而这是关系型数据库或其他 NoSQL 数据库无法做到的。实例包括：实时确定机票价格、揭露负责网络攻击和洗钱的复杂犯罪网络等。

根据 Gartner 预测，“到 2025 年，使用图技术进行数据和分析创新的比例将由 2021 年的 10% 提升至 80%，这将大大促进企业进行快速决策。”

1.2　图数据库基础概念

1.2.1　图数据模型

图数据需要存储到具体图数据库中，才能最终落实为具体的数据文件，这个过程自然就涉及了特定的图数据模型，即采用什么实现方式来保存图数据。常用的有三种：属性图（Property Graphs）、超图（Hypergraphs）和三元组（Triples）。下面分别讨论每种模型。

1.2.1.1　属性图

属性图模型直观更易于理解，能描述绝大部分图使用场景，也是当下最流行的图数据模型。Neo4j 采用的就是这种属性图模型。符合下列特征的图数据模型就称为属性图：

- 包含节点和关系。
- 节点可以有属性（键值对）。
- 节点可以有一个或多个标签。
- 关系有名字和方向，并总是有一个开始节点和一个结束节点。
- 关系也可以有属性。

1.2.1.2　超图

超图是一种更为广义的图模型。在超图中，一个关系（称作超边）可以关联任意数量的节点，无论是开始节点端还是结束节点端，而属性图中一个关系只允许一个开始节点和一个结束节点，因此，超图更适用表示多对多关系。比如常见的房产拥有关系，如图 1-4 所示，在房产证上张三与李四共同拥有三套房，在超图中就只需一条超边（拥有）就能表示出来。

但现实中，仅仅一条超边来表示拥有关系，可能会隐藏很多细节，例如房产证中每套房张三、李四各自占有的比率，因此，如果用属性图来表示将更为丰富，一条超边将转化为 6 条属性图中的关系，如图 1-5 所示。

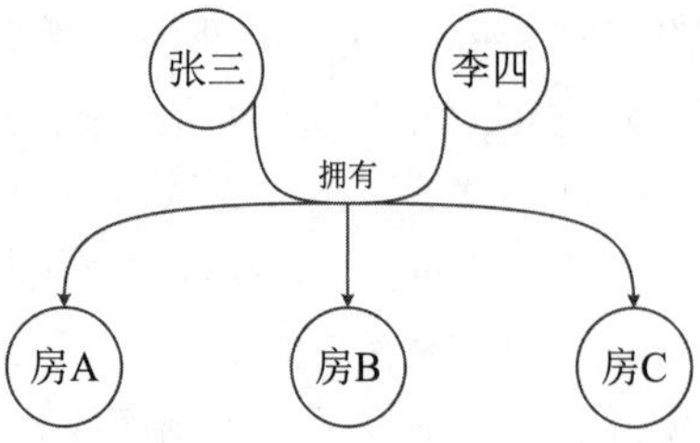

图 1-4　房产拥有关系超图表示

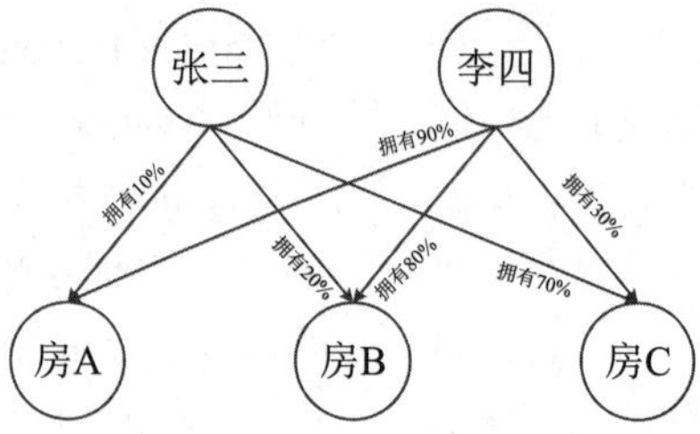

图 1-5　房产拥有关系属性图表示

1.2.1.3　三元组

三元组思想来源于语义网（Semantic Web），虽然迄今为止，只有很少的网络资源是用语义网来表示的，但研究人员发现可以使用带语义的标签网来表示图数据。三元组是一个包含主谓宾的数据结构，例如张三和李四拥有三套房子等。显然，单个三元组的语义还是比较有限，需要借助资源描述框架（Resource Description Framework，RDF）来增强其知识推理及数据关联性。由于按三元组模型来实现的图数据库产品很少，在此不作进一步介绍，有兴趣的读者可以深入查阅语义网的相关资料。

1.2.2　图计算引擎

与关系数据库相同，图数据库的核心也是构建在一个引擎之上的，那就是图计算引擎。图计算引擎是能够组织存储大型图数据集，并且实现了全局图计算算法的一种数据库核心构件。

图 1-6 展示了一个图计算引擎的工作流程。它包括一个具有联机事务处理过程（On-Line Transaction Processing，OLTP）的数据库记录系统，图计算引擎用于响应用户终端或应用程序运行时发来的查询请求，周期性地从记录系统中进行数据抽取、转换和加载，然后将数据从记录数据系统读入到图计算引擎并进行离线查询和分析，最后将查询、分析的结果返回给用户终端或应用程序。

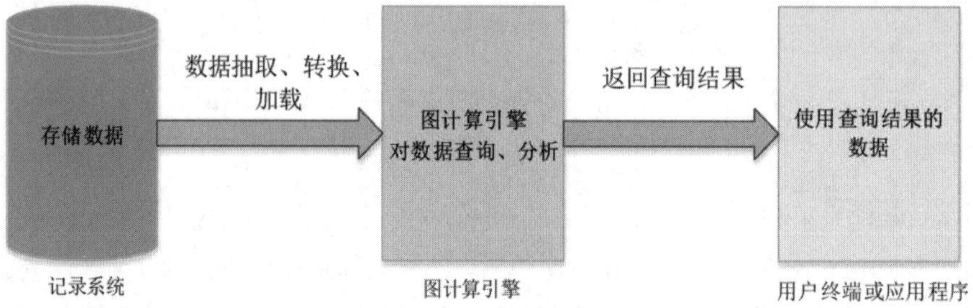

图 1-6　典型图计算引擎工作流程图

目前较为流行的图计算引擎有两种：单机图计算引擎和分布式图计算引擎。

单机图计算引擎的典型代表是 Cassovary，Cassovary 是一个用 Scala 编写的基于 Java 虚拟机的图计算引擎。Twitter 使用 Cassovary 为其提供许多基于图的功能，如谁关注了谁、谁被谁关注。

分布式图计算引擎的典型代表是 Pegasus 和 Giraph。Pegasus 是一个运行在 Hadoop 云计算平台之上的分布式图计算引擎，最初它是为了 Google 的网页数据处理而设计出来的；Giraph 是 Apache 一个高可扩展性图计算项目，它最初起源于 Google 开发的 Pregel 图处理项目。

1.3 图数据库与关系数据库的对比

在数据库领域的应用中，并不是任何用例都适用于关系数据模型，但在过去缺乏可行替代方案和各大关系数据库厂商大力发展的背景下，其他类型数据库难以成为主流。随着图数据库的产生，这种情况发生了改变。

1.3.1 关系数据库的弊端

关系数据库自 20 世纪 80 年代以来一直是数据库领域发展的动力，并持续到今天。它们将高度结构化的数据存储在具有某些类型信息的二维表中，并且由于其组织数据的严格特性，开发人员和应用程序必须严格按照关系数据库的相关约定来构建其应用程序使用的数据。

在关系数据库中，通过外键约束来实现两表或多个表之间某些记录相互引用的关系。外键约束是关系数据库中实现表之间相互引用的必不可少的策略。关系数据库通过外键在主表中寻找匹配的主键记录来进行搜索、匹配计算操作，因为这种操作是“计算密集型”（即“内存密集型”），并且操作次数是表中相关记录数量的指数级别，所以需要消耗大量的系统资源。如果你使用多对多关系，则必须再添加一个中间表来保存两个参与表的外键对应关系，这进一步增加了连接（Join）操作的成本。

1.3.2 图数据模型的优势

在图数据库中，关系是最重要的元素。通过关系我们能够将节点相互关联起来，以构建与我们问题领域密切相关的复杂模型。

图数据库模型中的每个节点都直接包含一个关系列表，该关系列表存放此节点与其他节点的关系记录。这些关系记录按类型和方向组织起来，并且可以保存附加属性。无论何时运行类似关系数据库的连接（Join）操作时，图数据库都将使用此列表来直接访问连接的节点，无须进行记录的搜索、匹配计算操作。

将关系预先保存到关系列表中的这种能力，使 Neo4j 能够提供比关系数据库高几个数量级的性能，特别是对于复杂连接的查询，Neo4j 能够实现毫秒级的响应。

使用图数据库来组织数据所得到的数据模型，比使用传统关系或其他 NoSQL 数据库的数据模型更简单，同时更具有表现力。

图数据库支持非常灵活和细粒度的数据模型，可以用简单直观的方式对数据应用进行建模和管理，可以更方便地将数据单元小型化、规范化；同时还能实现丰富的关系连接，这样在对数据查询时可以用任何可想象到的方式进行查询操作。可见，与关系数据库相比，图数据库可支持更多类型的用例，如图 1-7 所示。

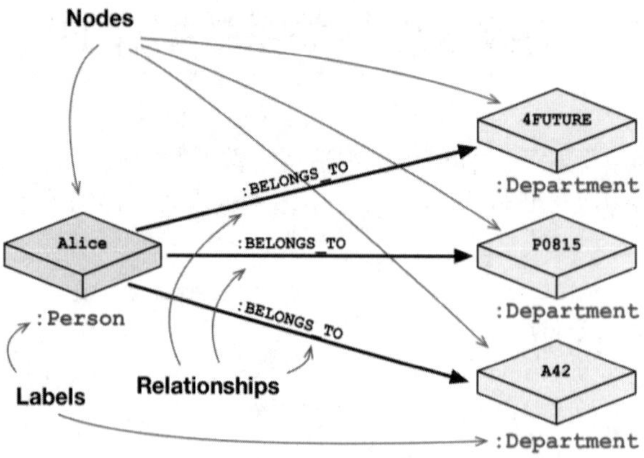

图 1-7　图数据库中关系的丰富表现

众所周知，数据库为确保数据的正确性，创造性地引入了事务概念，即 ACID 特性。像 Neo4j 这样的图数据库完全支持 ACID 事务，包括预写式日志（write-ahead logs）的恢复和异常终止后的恢复，所以永远不会丢失已经被加入数据库的数据。

下面是一个用关系数据模型和图数据模型建模的实例，通过两个 E-R 图（Entity Relationship Diagram，实体-关系图），可以看出使用图数据库能够更加简洁明了地描述数据之间的关系。

如图 1-8 所示，要使用关系数据库创建一个项目部门组织的存储结构，必须为项目、部门、组织、人员单独创建表结构，各个表结构之间通过外键约束相互关联，对于多对多的复杂关系还必须创建中间表（如 Department_Members 表），通过 E-R 图可以看出，各个表结构中创建了大量的主键、外键，并创建了中间表来维护复杂关系，这消耗了大量的系统资源。

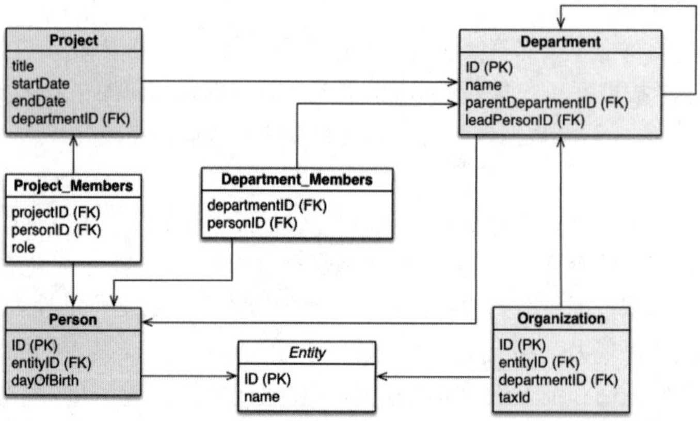

图 1-8　关系数据模型

如果采用图数据库创建一个项目部门组织的存储结构，则容易得多，只需要为项目、部门、组织、人员创建节点，并且节点不需要主键、外键，也不需要中间表，只保留必要的属性即可。各个节点直接通过关系指向来表达节点之间的复杂关系。使用图数据库可以更加简洁、明确地描述数据间的复杂关系，如图 1-9 所示。

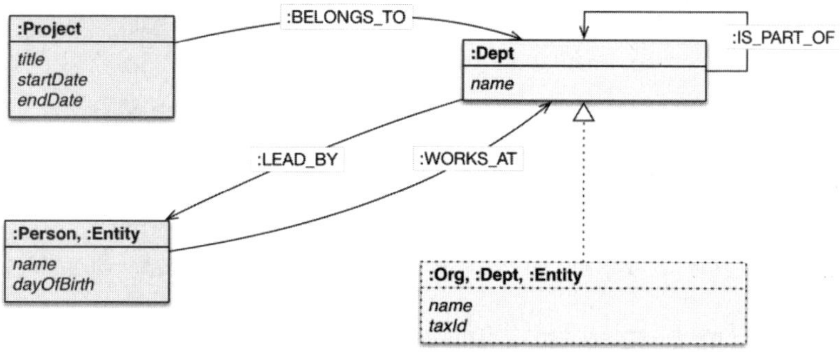

图 1-9　图数据模型

1.4　图数据库与其他 NoSQL 数据库的对比

为了克服关系数据库在大型企业级应用中的弊端，NoSQL 数据库逐渐流行起来。NoSQL 数据库专注于解决大规模数据集合、多重数据种类带来的挑战，尤其是大数据应用难题。同时 NoSQL 数据库的多样化也提供了多种不同的数据模型解决方案，每个解决方案都可以应用到不同的项目用例中。显然，Neo4j 就是 NoSQL 中可以提供图数据模型的典型代表。

NoSQL 数据库大致可以分为四类：键值（Key-Value）存储数据库、列存储数据库、文档型数据库、图数据库，如图 1-10 所示。

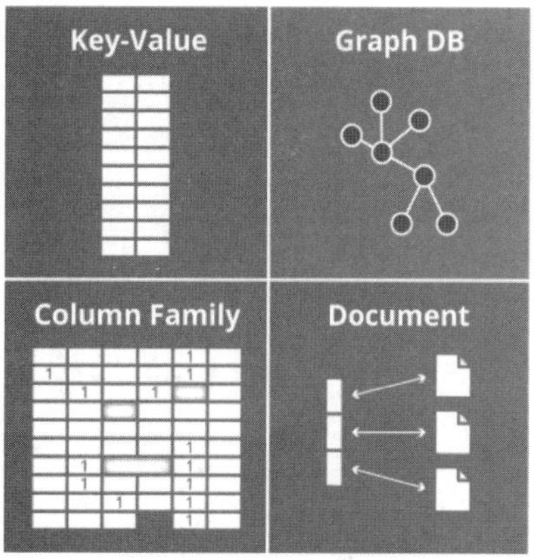

图 1-10　图数据模型

1.4.1　其他 NoSQL 数据库的弊端

目前大部分 NoSQL 数据库的数据存储形式都是基于集合的，数据按照集合划分，比如文档数据库中的文档。NoSQL 数据库的数据存储在不连贯的集合中，这使得数据之间的相互连接、建立关系变得困难。

要实现类似关系数据库的外键功能，通常人们会将某个数据集合直接嵌入到另一个数据集合中，来实现两者之间的从属关系，但很明显，这样创建数据集合之间的关系要付出很大的存储开销。

1.4.2　将键值对存储与图数据库相关联

如图 1-11 所示，键值（Key-Value）存储数据库，其数据按照键值对的形式进行组织、索引和存储，类似 Java 中的 map，它适合少量数据关系的应用。因为能有效减少读写磁盘的次数，所以其性能非常高。

如果将这些键值对相互关联，就可以得到一个图结构。通过这个图结构，可以表达数据之间的复杂关系，如图 1-12 所示。

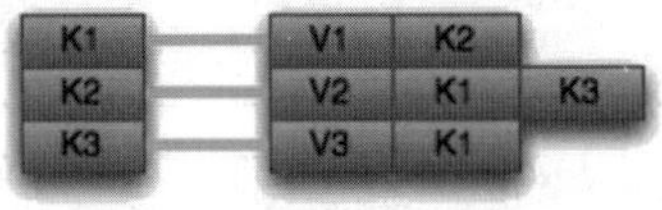

图 1-11　键值对存储结构

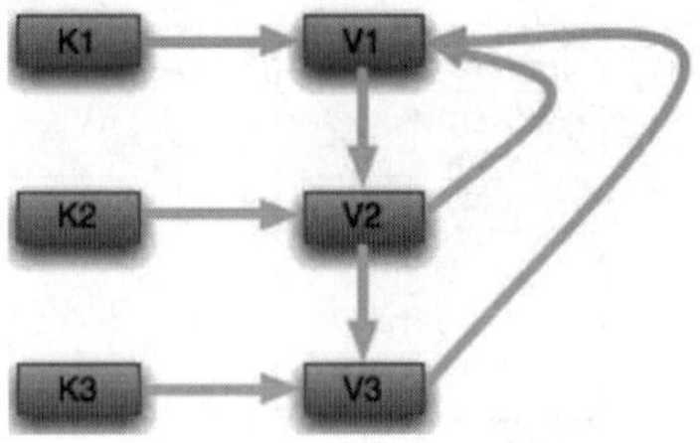

图 1-12　键值对存储结构与图结构相互关联

1.4.3　将文档存储与图数据库相关联

文档存储的层次化结构可容纳许多无模式的数据，可以轻松地将数据存储为树状结构。虽然树也是一种图，但树只能表达从下到上的从属关系，如图 1-13 所示。

在树状存储结构中，总会出现多次被嵌入的冗余数据，这增加了更新数据的困难，同时也难以确保数据的一致性。如果我们将冗余的数据去掉，然后用图结构将存在相互关系的数据相关联，数据冗余的问题就解决了，并且数据之间的关系变得更直观，如图 1-14 所示。

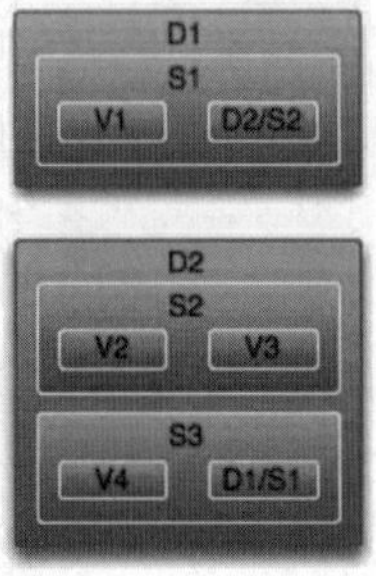

图 1-13　文档存储结构

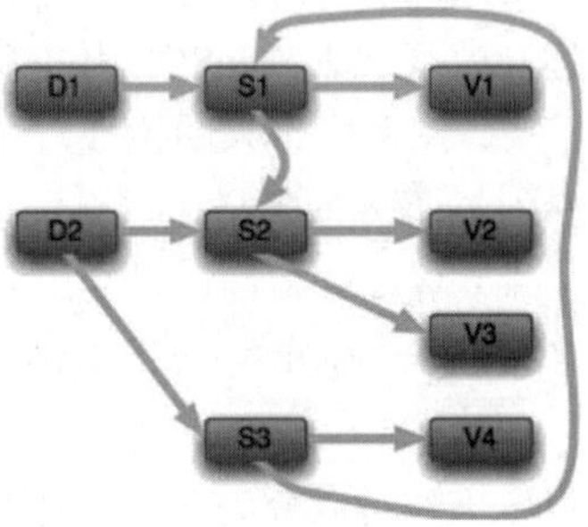

图 1-14　文档存储结构与图结构相互关联

1.5　Neo4j 概述

Neo4j 是一个用 Java 实现的开源 NoSQL 图数据库。自 2003 年开始研发，直到 2007 年正式发布第一版。Neo4j 的源代码托管在 GitHub 上，技术支持托管在 Stack Overflow 和 Neo4j Google 讨论组上。Neo4j 如今已经被各种行业的数十万家公司和组织采用。Neo4j 的使用案例涵盖了网络管理、软件分析、科学研究、路由分析、组织和项目管理、决策制定、社交网络等诸多方面。

Neo4j 实现了专业数据库级别的图数据模型的存储。与普通的图处理或内存数据库不同，Neo4j 提供了完整的数据库特性，包括 ACID 事务的支持、集群支持、备份与故障转移等，这使其适合于企业级生产环境下的各种应用。

另外，Neo4j 一些特殊功能使得 Neo4j 在用户、开发人员和 DBA 中非常受欢迎（见图 1-15）。

- 擅于处理关系：Neo4j 自底向上构建成一个图数据库。它的体系结构旨在优化快速管理、存储和遍历节点和关系。在 Neo4j 中，关系是数据库中最重要的元素，它代表节点之间的相互联系。众所周知，在关系数据库领域中，“关系”用于多个不同表之间的连接操作，这种操作的性能下降与关系的数量呈指数级别的，但在 Neo4j 中则是用于从一个节点指向另一个节点，其性能是线性级别的。

- 界面友好：Neo4j 提供了一个查询与展示一体化的 Web 操作界面，能够非常形象地展示了数据模型的节点和关系。
- 声明式图查询语言：Cypher 是一种声明式图数据库查询语言，它表现力丰富，查询效率高，其地位和作用与关系数据库中的 SQL 语言（Structured Query Language，结构化查询语言）类似。Cypher 还具有良好的扩展性，用户可以定制自己的查询方式（如自定义过程）。
- ACID 事务：Neo4j 通过 ACID 事务提供真正的数据安全，Neo4j 使用事务来保证数据在硬件故障或系统崩溃的情况下不会丢失。
- 高性能：Neo4j 使用多副本主从复制的方式构建高可靠性集群，支持大数据集合并且可以不断扩展其容量，可存储数百万亿个实体。也就是说，Neo4j 可部署在一个可容错、可扩展的集群上。此外，Neo4j 还提供热备份和性能监控功能。
- 代码开源：Neo4j 将源代码公布到 GitHub，任何人都可以去 Neo4j 的 GitHub 主页下载源代码。

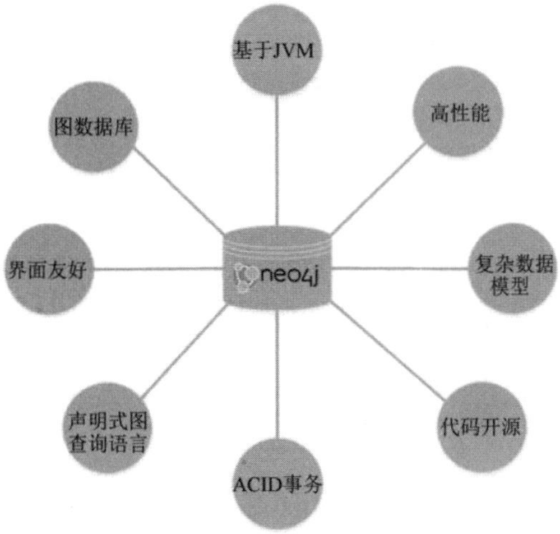

图 1-15　Neo4j 支持的特性

当然，传统的关系数据库经过长期的发展，其特性、性能已经被企业级应用认可，并且新兴的其他 NoSQL 数据库也越来越多地被使用在企业级项目的数据存储解决方案中；那么 Neo4j 这种图数据库与关系数据库、NoSQL 数据库对比，其优势是什么呢？Neo4j 与其他数据库的对比情况如表 1-4 所示。

表 1-4　Neo4j 与其他数据库的对比

性能	关系数据库	其他 NoSQL 数据库	Neo4j
数据存储	关系数据库的数据存储在一个预定义好的、结构固定的二维表中，数据之间的关系靠各个表行列之间相互关联实现，查询效率低下	其他 NoSQL 不支持数据库级别的数据连接操作。性能和数据可信度随着连接的规模和复杂程度的增加而降低	Neo4j 采用具有自由邻接特性的图存储结构，能够提供更快的事务处理和数据关系处理功能

（续表）

性能	关系数据库	其他 NoSQL 数据库	Neo4j
数据模型	关系数据库模型必须与建模者一起开发，并从逻辑模型转换为物理模型。由于必须提前知道数据类型和来源，所以后续的任何更改都会导致很大的结构变动，这对项目是很不利的	其他 NoSQL 数据模型不适合企业架构将其用来作为广泛的列和文档存储，不能在设计层面提供控制	Neo4j 提供灵活的数据模型，逻辑模型和物理模型之间不会相互耦合。可以随时、随意添加或更改数据和数据类型，从而大大缩短开发时间，实现项目真正的敏捷、迭代开发
数据查询性能	在关系数据库的多表联合查询中，数据处理性能严重受限于连接操作，如果单个表的行数过大，即便是很简单的连接查询也会耗费大量性能资源	其他 NoSQL 支持复杂数据关系的处理能力较弱，因此必须在应用程序级处理所有的数据关系	Neo4j 使用图存储结构，数据之间的关系附加在节点上，无论关系的数量或深度如何都能确保零延迟和实时性能
查询语言	SQL 查询语言，其复杂性会随连接数据查询所需的 JOIN 操作的数量而增加	各种 NoSQL 数据库的查询语言有所不同，但都没用于表达数据关系的机制	Cypher 是一种图查询语言，提供了描述关系查询的最有效的表达方式
事务处理	企业应用程序需要使用关系数据库的 ACID 事务支持，以确保数据的一致性和可靠性	其他 NoSQL 基本无法提供 ACID 事务，所以其数据关系的基本可用性和最终一致性是不可靠的	Neo4j 可以为企业应用程序提供 ACID 事务来保持全面一致和可靠的数据
数据库的扩展性	关系数据库通过主从服务器间的复制进行扩展，成本很高。如果数据表之间有多种复杂关系，这种扩展会降低集群的整体性能	其他 NoSQL 的扩展可以提升数据的写入性能但不能提升数据的读取性能，不能保证数据的可靠性	Neo4j 本质上适用于基于模式的查询。其扩展架构通过主从服务器间的复制来维护数据完整性。支持 IBM POWER8 和 CAPI Flash 系统进行大规模扩展
创建大规模数据中心	关系数据库可以通过服务器整合来创建大规模数据中心，但是其扩展架构很昂贵	使用 NoSQL 可以不断向其扩展架构中添加新硬件，但其不考虑能源成本、网络漏洞和其他风险	Neo4j 可以更高效地使用硬件，从而降低成本

1.6 Neo4j 版本升级与变化

本书第一版本基于 Neo4j 3.1 版编写，截至本书编写时，当前版本已更新至 Neo4j 4.4 版。下面我们将 Neo4j 3.1 到 Neo4j 4.4 版本升级后的主要变化罗列出来，如表 1-5 所示。

表 1-5 Neo4j 版本升级与变化

版本	关系数据库
Neo4j 4.0.10	允许在 neo4j-admin 副本中跨版本复制
Neo4j 4.1.4	1. 优化 SSL 策略的特殊处理 2. 添加具有读取查询和架构命令的事务，添加在集群中设置默认数据库的过程
Neo4j 4.1.9	管理命令停止使用 Xms 堆设置
Neo4j 4.2.0	1. ALIGNED 存储格式：可以在启动时为新数据库设置减少 I/O 操作次数的新存储格式。 2. 添加数据库管理中的 WAIT/NOWAIT 选项：可以使用 WAIT 或 NOWAIT 选项执行管理数据库的命令（CREATE/DROP/START/STOP）。使用 WAIT，用户可以配置等待命令完成、超时或给定的秒数。

（续表）

版本	关系数据库
Neo4j 4.2.0	3. 索引和约束管理命令：Cypher 提供使用命令来创建、删除和查看索引和约束。 4. 在 SHOW 命令中过滤：Cypher SHOW 命令提供了一种新的、简单的方法来检索列的选择、过滤和聚合结果。 5. 数据库命名空间。 6. 改进 neo4j-admin 工具：该工具改进了 copy、store-info 和 memrec 的操作。 7. HTTP 端口选择性设置：可以为浏览器、HTTP API、事务端点、管理端点和非托管扩展单独启用或禁用 HTTP 端口。 8. 因果集群方面，运行/暂停只读副本，单个数据库的复制可以在只读副本中暂停或恢复。 9. 因果集群方面，数据库隔离，可以在集群成员上有选择地隔离具有内部错误的数据库。 10. 改进 Planner：Cypher planner 扩展了索引支持的 ORDER BY 功能，即当 ORDER BY 子句存在且受索引支持时，它可以设置更有效的计划。 11. 增加八进制字符的支持：可以在 Neo4j 4.2 的 Cypher 查询中使用八进制数以“0o”开头的 Cypher、功能和程序。 12. 增加 round()函数：round()已改进，可以选择返回值的精度。 13. 安全方面，增加过程和用户定义的函数权限，DBA 可以授予、拒绝或撤销用户对特定过程和用户定义的函数的访问权限。 14. 安全方面，增加基于角色的访问控制默认图，无论默认设置如何，都可以针对默认图授予、拒绝或撤销权限。 15. 安全方面，用户创建的 PLAINTEXT 和 ENCRYPTED 密码，可以根据要求以纯文本或单向加密格式设置密码。 16. 安全方面，显示当前用户个人信息，用户可以查看其当前用户的个人资料。 17. 安全方面，SHOW PRIVILEGES as commands，DBA 可以将要执行的命令可视化以重新创建安全配置文件。 18. Java 驱动程序的 OCSP 装订支持：该驱动程序提供对 OCSP 装订的支持
Neo4j 4.2.3	dbms.listQueries 过程包括响应中嵌套查询的所有查询部分
Neo4j 4.2.5	添加日志级别配置
Neo4j 4.3.0	1. 改进事务重定向功能。 2. 增加更改扩展命令选项的权限，neo4j.conf 文件可以与扩展命令选项一起使用，并具有更宽松的权限（Linux 和 Mac OS 中的所有者：RW 和组：R）。 3. 增加因果集群中的实例唯一标识，集群成员具有唯一标识。在以前的版本中，成员由其 URI 标识。 4. 使用 neo4j-admin unbind 存档集群状态，当使用 neo4j-admin unbind 实用程序从集群中删除实例时，操作员可以保存其集群状态以进行端口分析。 5. 使用种子存储创建数据库，集群 DBMS 中的数据库可以从以集群中一个成员的恢复种子创建。 6. 重命名用户和角色：管理员可以重命名用户和角色，而无须重新创建它们。 7. 日志改进，新设置允许管理员自定义查询安全和一般日志。日志现在具有结构化（JSON）和非结构化格式，参数可以限制长度并在需要时进行混淆。可以将查询计划和事务 ID 添加到查询日志中，以改进查询分析。 8. 增强备份/恢复功能，Neo4j 4.3 在增量备份、延迟和并行恢复操作方面提供了更多功能。 9. 许可证目录：Neo4j 4.3 在 Neo4j 主目录下提供了一个新的标准目录来存储许可证文件。neo4j.conf 文件中的默认设置是${NEO4J_HOME}/licenses。 10. 可以创建/删除密集节点的关系索引，Neo4j 4.3 具有用于写入关系（插入/更新/删除）的改进锁定机制。有了关系链的新概念，关系不再直接连接到关系存储中的开始和结束节点。 11. 只读副本集群：Neo4j 4.3 将集群功能扩展到使用一个或多个只读模式下的只读副本实例，从读写模式下使用的单个实例复制数据。

（续表）

版本	关系数据库
Neo4j 4.3.0	12. 节点标签和关系类型索引，在 Neo4j 4.3 中添加了一个新的关系类型索引，类似于现有的节点标签索引。节点标签和关系类型索引现在通过使用 INDEX 命令来创建和维护。 13. 关系类型/属性索引：类似于与节点关联的属性的索引，Neo4j 4.3 为与关系关联的属性提供原生索引功能。 14. Cypher Planner 改进：为 ORDER BY 和 LIMIT 添加了改进。 15. isEmpty 内置函数：Neo4j 4.3 提供了 isEmpty()函数作为一种惯用的方法，来测试具有给定数据类型的某些对象是否为空。 16. exists()和 IS NOT NULL 功能，IS NOT NULL 是断言对象为空或不为空的首选方式。exists() 可能与函数混淆，因此已被弃用。 17. 转换函数：Neo4j 4.3 包含了转换数字、字符串和布尔值的新函数，如 toIntegerOrNull()、toFloatOrNull()、toBooleanOrNull()、toStringOrNull()、toIntegerList()、toFloatList()、toBooleanList()。 18. 每个用户的主数据库：类似于 Linux 用户的主目录
Neo4j 4.3.1	修复了一致性检查器中的一个错误，该错误阻止所有节点索引使用为较大索引设计的索引检查变体
Neo4j 4.3.2	1. 修复了属于高限制格式的密集节点的关系可能导致损坏的问题.这会影响 ID 大于 65535 的关系类型。 2. 修复了具有两个节点索引查找和 IN/OR 谓词的笛卡尔积的查询可能返回不正确的属性值并且无法遵守查询排序的错误
Neo4j 4.3.3	1. 修复使用嵌套 FOREACH 和 MERGE 进行查询时可能会收到错误消息的错误，例如无法将键 14 放在第一个键 21 之前。 2. 修复自循环模式匹配会产生错误结果的错误。 3. 允许在 CYPHER 3.5 模式下使用字符串和列表调用 length()。 4. 修复针对不是系统数据库领导者的节点运行时外部用户的 SHOW DATABASES。dbms.database.state()过程也从 DBMS 类型更改为 READ
Neo4j 4.3.4	1. 修复了如果从源数据库中有"足够"的已删除节点记录，neo4j-admin 复制将无法完成的问题。副本将挂起对 sourceDbNodeId –> targetDbNodeId 数据结构进行排序。 2. 将所有主机名字符转换为小写。 3. 修复了使用 lucene+native-3.0 索引提供程序的复合节点索引的一致性检查器中的错误。一致性检查器报告索引中所有条目的索引不一致，即使这些值已正确编入索引。 4. 修复了通过 Fabric 在 CYPHER 3.5 模式下使用 length()会导致错误的错误
Neo4j 4.3.5	1. 防止实例在实例启动过程中占据数据库领导权，这可能导致临时写入不可用。 2. 修复了在一个 dbms.jvm.additional（例如在 Docker 中）上声明多个 JVM 参数将被错误解析的问题
Neo4j 4.3.6	1. 修复了节点索引查找写入查询中唯一属性的错误。例如 MATCH (n:Node) WHERE n.unique IN ['does not exist', 'exists'] DELETE DETACH n，如果对 unique 有唯一约束并且至少一个谓词不匹配任何节点，则删除节点将失败。 2. 修复了 neo4j-admin 在@中传递包含大量参数的参数（例如用于导入）的问题
Neo4j 4.3.7	1. 修复了问题：创建的具有多个属性的节点/关系，也被索引（在至少一个属性上）并随后在同一事务中删除，在删除后仍然可以通过索引查找到。 2. 移除 Leader selection log spam
Neo4j 4.4	面向开发人员和数据科学家的： 1. Cypher Shell 增强功能，新增强功能： ● --change-password 允许你在不启动交互式会话的情况下更改自己的密码。 ● :history 增强。 ● :connect :disconnect 从密码外壳内部断开，而不退出并重新进入它。

（续表）

版本	关系数据库
	2. HTTP API，一种更新的 HTTP API，用于与 Neo4j 服务器进行低开销、无依赖的通信，具有熟悉的云原生接口。此版本利用服务器端路由（用于单个请求事务）来消除处理路由表的需要，或者在连接到集群时使用中间件来完成相同的任务。 3. 用户模拟，此功能允许特殊特权用户在不知情或访问模拟用户凭据的情况下充当另一个用户。Impersonator 承担另一个用户的角色（以及所有权限）。 4. Drivers Keepalive（连接活跃性），可以在驱动程序 API 上提供连接提示，以启动服务器/客户端行为，以防止连接因感知不活动而中断。这些行为包括 NOOP 消息和从缓冲区返回记录，并且可以配置为所需的时间间隔。 5. TestKit with Community Authors，社区驱动程序作者通过访问官方语言驱动程序必须通过的相同验证测试来获得支持
	语言和图方面： 1. 节点模式改进，Cypher 节点模式有一个新的语法替代方案。新语法可用于 MATCH 和内部模式理解。 2. RANGE 和 POINT 索引，RANGE 索引使用 =、>、<、>=、<=（和 !=）对布尔值、整数、浮点数、字符串和时间进行比较运算符以及在字符串上使用 STARTS WITH 来评估 Cypher 谓词。POINT 索引支持多维范围谓词和距离谓词。 重要提示：Cypher 规划器不会选择 RANGE 和 POINT 索引，因此它们仅有助于平滑迁移到 Neo4j 5。 3. TEXT 索引——TEXT 索引替换了字符串查询的 B-tree 索引
Neo4j 4.4	性能方面： 1. 新的索引提示，当它们可用时，用户可以强制规划器在 BTREE 或 TEXT 索引之间进行选择。该功能也可用于关系类型和关系类型/属性索引。 2. CALL {…} TRANSACTIONS 子句，一个新子句允许用户从一个事务中启动一个或多个事务。例如，我们可以让一个事务用于扫描图中的大量数据，每返回 X 个对象，我们希望启动另一个事务，对这些对象执行更多操作，而原始事务可以继续扫描。 3. SEARCH 索引改进，在搜索过程中指定 LIMIT 时，改进了 SEARCH 索引的性能
	Aura 与云方面： 用于分析工作负载的云映像，为分析设计的新公共映像包括 Neo4j Bloom 和 GDS 库插件，以及实验性 APOC 程序
	可操作性方面： 1. debug.log 中的 dbms.info()信息，调试日志文件包含 dbms.info()过程调用的输出。 2. SHOW TRANSACTIONS 和 TERMINATE TRANSACTION 管理命令，引入了两个新命令，一个用于检查正在运行的事务(SHOW TRANSACTIONS)的状态，另一个用于终止正在运行的事务（TERMINATE TRANSACTION）。 3. SHOW DATABASES 改进，SHOW DATABASE 命令具有详细（YIELD *）形式的新列。 4. READ ONLY 数据库，ALTER DATABASE 命令可用于将访问权限设置为 READ ONLY 或 READ WRITE。 5. 数据库别名，数据库可以与别名一起使用。与数据库的原始名称相比，别名在命名约定方面的限制较少。 6. Neo4j Bloom 和 GDS 库，为 Neo4j 4.4 企业版提供的包，包含 Neo4j Bloom 和图数据科学库。该软件包包含那些经过测试可与给定版本的数据库一起使用的组件的最新版本 安全方面： 单点登录，与客户身份提供商的安全集成，通过配置在产品内进行管理，并内置在 Browser 和 Bloom 中。最初支持 OIDC over OAuth2。客户可以在自己的应用程序中实施 SSO 工作流，并通过官方 Neo4j 语言驱动程序传递令牌

（续表）

版本	关系数据库
Neo4j 4.4.1	1. 将 Log4j 更新到 2.15.0 以解决 CVE-2021-44228。 2. 修复了如果标签A和属性prop存在唯一性约束，则MATCH (a:A) RETURN count(a.prop)等查询将返回错误结果的错误。 3. 修复不同标签上 MATCH 和 MERGE 之间不必要的 Eager 计划。 4. 修复了将列表与空列表连接时抛出的异常“org.neo4j.exceptions.CypherTypeException：属性值只能是原始类型或其数组”。 5. CSV 导入：添加对数组数据类型 point[]、date[]、time[]、datetime[]、localtime[]、localdatetime[]、duration[]的支持。 6. 错误修复：Neo4j 可以接受包括从夏令时切换到冬令时后立即偏移时间的日期时间表达式
Neo4j 4.4.2	1. 将 Log4j 更新到 2.16.0 CVE-2021-45046。 2. 修复了使用从过程返回的值会导致类型错误的错误，例如类型不匹配：预期的浮点数、整数或持续时间但实际为数字
Neo4j 4.4.3	1. 将 Log4j 更新到 2.17 以解决 CVE-2021-45105。 2. 将 Log4j 更新到 2.17.1 以解决 CVE-2021-44832。 3. 修复了导入器中的问题，即来自 CSV 源的大型节点 ID 被另外存储为节点属性，有时可能会以错误的值结束。 4. 修复了 dbms.jvm.additional 配置上的尾随空格可能导致 Neo4j 不支持的问题。 5. 在定期事务上下文提交时关闭内核事务。 6. 修复当范围内有空 map 时，CALL ... IN TRANSACTIONS 出现 0 错误。 7. 修复了在极少数情况下重用以前用作路径变量的变量在规划期间会失败的错误

1.7 Neo4j 的体系结构

本节将从数据库底层设计的角度，揭开 Neo4j 数据库的神秘面纱，了解 Neo4j 为了实现图的存储所采用的体系结构，揭秘为什么对于复杂联系的查询使用图数据库会比使用关系数据库要更快。

Neo4j 最初的设计动机是为了更好地描述实体之间的联系。现实生活中，每个实体都与周围的其他实体有着千丝万缕的关系，这些关系里存在着大量的潜在信息。但是，传统的关系数据库更加注重刻画实体内部的属性，实体与实体之间的关系主要通过外键来实现。因此，在查询一个实体的关系时需要 join 操作，特别是深层次的关系查询需要大量的 join 操作，而 join 操作通常又非常耗时。随着现实生活中关系数据的急剧增加，导致关系数据库已经逐渐难以承载查询海量数据深层次关系需要大量数据库表操作带来的运算复杂性，Neo4j 在这样的情况下应运而生。

1.7.1 免索引邻接

Neo4j 具有一个很重要的、用来保证关系查询速度的特性，即免索引邻接属性，数据库中的每个节点都会维护与它相邻节点的引用。因此相当于每个节点都具有与它相邻节点的微索引，这比使用全局索引的代价要小得多。这就意味着查询时间和图的整体规模无关，只与它附近节点的数量成正比。在关系数据库中使用全局索引连接各个节点，这些索引对每个遍历都会增加一个中间层，因此会导致非常大的计算成本。而免索引邻接为图数据库提供了快速、高效的图遍历能力。

对比图 1-16 和图 1-17，可以明显地看出关系数据库与 Neo4j 在查找关系时的区别。

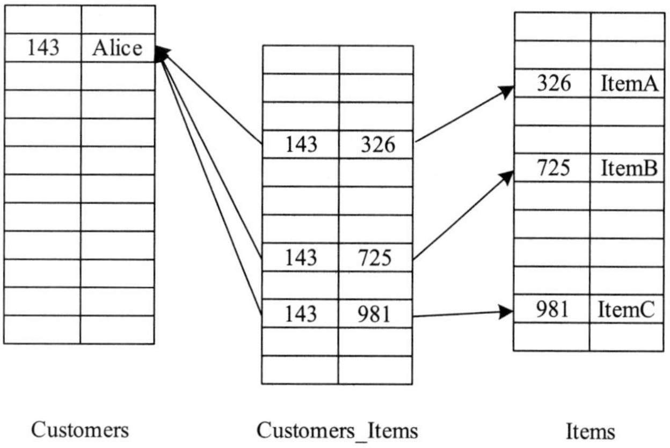

图 1-16　关系数据库中关系查询示意图

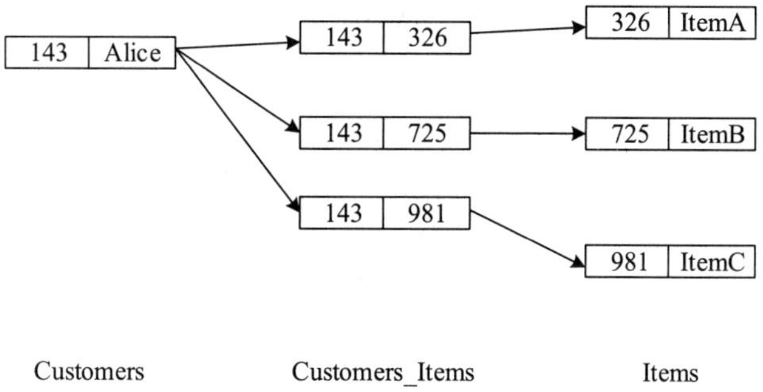

图 1-17　Neo4j 中关系查询示意图

图 1-16 展示了在关系数据库中的查询方式。要查找 Alice 所购买的东西，首先要执行关系表的索引查询，时间成本为 $O(\log(n))$，n 为索引表的长度。这对于偶尔的浅层次查询是可以接受的，但是当查询的层次变深或者是执行反向查询时代价将会变得不可接受了。如果要查询某件商品被哪些人购买了（推荐引擎中常用的一个场景），将不得不使用暴力方法来遍历整个索引，时间复杂度则将增长到 $O(n)$。除非我们再建立一个从商品到用户的索引表，但是该方法将会占用许多额外空间，并且使索引变得难以维护。

如果我们再考虑一个更复杂的场景，Alice 购买过的商品被哪些人购买过（推荐引擎中查找有共同爱好的人），找到 Alice 购买过的商品的时间成本为 $O(\log(n))$，找到每个商品被哪些人购买的时间成本为 $O(n)$，假如 Alice 购买过 m（m 远小于 n）个商品，那么总的时间复杂度即为 $O(mn\log(n))$。即使再建立一个方向索引表，时间复杂度也为 $O(mn)$。

图 1-17 展示了在同样的场景下 Neo4j 的查询方式。使用免索引近邻机制，每个节点都有直接或间接指向其相邻节点的指针。要查找 Alice 购买过的东西，只需要在 Alice 的关系链表中遍历，每次的遍历成本仅为 $O(1)$。要查找一个商品被哪些人购买了，只要跟随指向该商品的关系来源即可，每次的遍历成本也是 $O(1)$。更复杂的，要查找 Alice 购买过的东西被哪些人购买过，时间复杂度也仅为 $O(m)$，其中 m 远小于 n。这相较于 RDBMS 的时间复杂度来说还是占有绝对的优势。

免索引邻接针对 RDBMS 中的关系查询的两个缺点做了改进：

（1）免索引邻接使用遍历物理关系的方法查找，比起全局索引来说代价要小得多。查询一个索引一般的时间复杂度为 $O(\log(n))$，而遍历物理关系的时间复杂度仅为 $O(1)$，至少对于 Neo4j 的存储结构来说是如此。

（2）当索引建立之后在试图反向遍历时，建立的索引就起不到作用了。我们有两个选择：对每个反向遍历的场景创建反向查找索引，或者使用原索引进行暴力搜索，而暴力搜索的时间复杂度为 $O(n)$。这种代价相对于很多需要实时操作的场景来说是不可接受的。

利用免索引邻接机制，在图数据库上进行关系查询效率非常高，这种高效是建立在图数据库注重关系的架构设计之上的。

1.7.2 Neo4j 底层存储结构

如果说免索引邻接是图数据库实现高效遍历的关键，那么免索引邻接的实现机制就是 Neo4j 底层存储结构设计的关键。能够支持高效的、本地化的图存储以及支持任意图算法的快速遍历，是使用图数据库的重要原因。本节将深入探索 Neo4j 的底层存储结构。

从宏观角度来说，Neo4j 中仅仅只有两种数据类型：

（1）节点（Node）：节点类似于 E-R 图中的实体（Entity）。每一个实体可以有零个或多个属性（Property），这些属性以键值对的形式存在。属性没有特殊的类别要求，同时每个节点还具有相应的标签（Label），用来区分不同类型的节点。

（2）关系（Relationship）：关系也类似于 E-R 图中的关系（Relationship）。一个关系有起始节点和终止节点。另外，与节点一样，关系也能够有自己的属性和标签。

节点和关系在 Neo4j 中的示意图如图 1-18 所示。

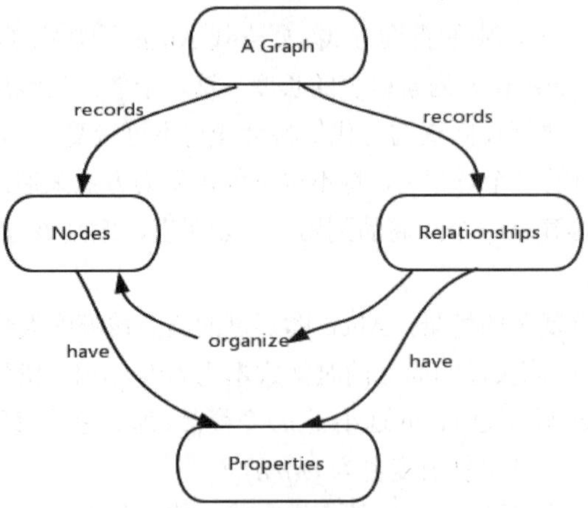

图 1-18　Neo4j 基本存储结构示意图

节点和关系分别采用固定长度存储，图 1-19 为 Neo4j 节点和关系存储文件的物理结构。

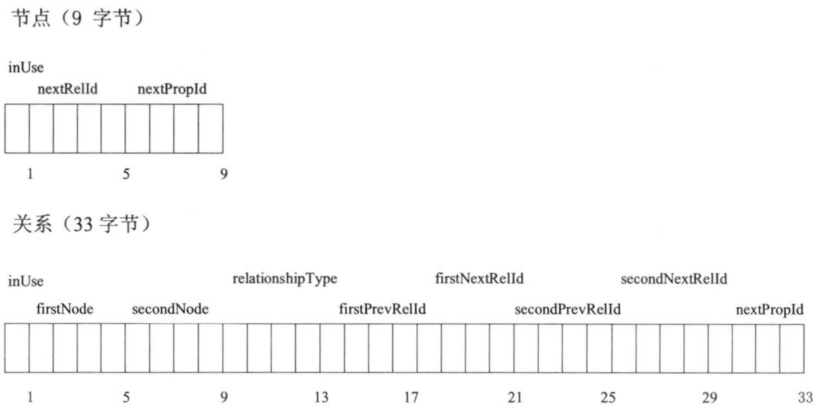

图 1-19　Neo4j 节点和关系存储文件的物理结构

节点存储文件用来存储节点的记录，文件名为 neostore.nodestore.db。节点记录的长度为固定大小，如上图所示，每个节点记录的长度为 9 字节。格式为 Node:inUse+nextRelId+ nextPropId。

- inUse：1 表示该节点被正常使用，0 表示该节点被删除。
- nextRelId：该节点的下一个关系 ID。
- nextPropId：该节点的下一个属性 ID。

我们可以将 neostore.nodestore.db 中存储的记录看作是如下方式：

```
Node[0,used=true,rel=9,prop=-1]
Node[1,used=true,rel=1,prop=0]
Node[2,used=true,rel=2,prop=2]
Node[3,used=true,rel=2,prop=4]
Node[4,used=true,rel=4,prop=6]
Node[5,used=true,rel=5,prop=8]
Node[6,used=true,rel=5,prop=10]
Node[7,used=true,rel=7,prop=12]
Node[8,used=true,rel=8,prop=14]
Node[9,used=true,rel=8,prop=16]
Node[10,used=true,rel=10,prop=18]
Node[11,used=true,rel=11,prop=20]
```

Node[12,used=true,rel=11,prop=22]采用固定字节长度的记录，可以快速地查询到存储文件中的节点。如果有一个 ID 为 100 的节点，我们知道该记录在存储文件中的第 900 字节。基于这种查询方式，数据库可以直接计算一个记录的位置，其成本仅为 $O(1)$，而不是执行成本为 $O(\log(n))$的搜索。

关系存储文件用来存储关系的记录，文件名为 neostore.relationshipstore.db。就像节点的存储一样，关系存储区的记录大小也是固定的。格式为：Relationship:inUse+firstNode+secondNode +relType+firstPrevRelId+firstNextRelId+secondPrevRelId+secondNextRelId+nextPropId。

- inUse，nextPropId：作用同上。
- firstNode：当前关系的起始节点。
- secondNode：当前关系的终止节点。

- relType：关系的类型。
- firstPrevRelId & firstNextRelId：起始节点的前一个和后一个关系的 ID。
- secondPrevRelId & secondNextRelId：终止节点的前一个和后一个关系 ID。

同样的，neostore.relationshipstore.db 中存储的记录也可以看作是如下的方式：

```
Relationship[0,used=true,source=1,target=0,type=0,sPrev=1,sNext=-1,tPrev=3,tNe
xt=-1,prop=1]
Relationship[1,used=true,source=2,target=1,type=1,sPrev=2,sNext=-1,tPrev=-1,tN
ext=0,prop=3]
Relationship[2,used=true,source=3,target=2,type=2,sPrev=-1,sNext=-1,tPrev=-1,t
Next=1,prop=5]
Relationship[3,used=true,source=4,target=0,type=0,sPrev=4,sNext=-1,tPrev=6,tNe
xt=0,prop=7]
Relationship[4,used=true,source=5,target=4,type=1,sPrev=5,sNext=-1,tPrev=-1,tN
ext=3,prop=9]
Relationship[5,used=true,source=6,target=5,type=2,sPrev=-1,sNext=-1,tPrev=-1,t
Next=4,prop=11]
Relationship[6,used=true,source=7,target=0,type=0,sPrev=7,sNext=-1,tPrev=9,tNe
xt=3,prop=13]
Relationship[7,used=true,source=8,target=7,type=1,sPrev=8,sNext=-1,tPrev=-1,tN
ext=6,prop=15]
Relationship[8,used=true,source=9,target=8,type=2,sPrev=-1,sNext=-1,tPrev=-1,t
Next=7,prop=17]
Relationship[9,used=true,source=10,target=0,type=0,sPrev=10,sNext=-1,tPrev=-1,
tNext=6,prop=19]
Relationship[10,used=true,source=11,target=10,type=1,sPrev=11,sNext=-1,tPrev=-
1,tNext=9,prop=21]
Relationship[11,used=true,source=12,target=11,type=2,sPrev=-1,sNext=-1,tPrev=-
1,tNext=10,prop=23]
```

Neo4j 中有一个 .id 文件用来保持对未使用记录的跟踪，用来回收未使用的记录占用的空间。节点和关系的存储文件只关心图的基本存储结构而不是属性数据。这两种记录都使用固定大小的记录，以便存储文件内的任何记录都可以根据 ID 快速地计算出来。这些都是强调 Neo4j 高性能遍历的关键设计决策。节点记录和关系记录都是相当轻量级的：只由几个指向联系和属性列表的指针构成。

图 1-20 所示是 Neo4j 中的其他常见的基本存储类型，需要注意的是属性的存储，属性记录的物理存储放置在 neostore.propertystore.db 文件中。与节点和关系的存储记录一样，属性的存储记录也是固定长度。每个属性记录包含 4 个属性块和属性链中下一个属性的 ID。属性链是单向链表，而关系链是双向链表。一个属性记录中可以包含任何 Java 虚拟机（JVM）支持的基本数据类型、字符串、基于基本类型的数组以及属性索引文件（neostore.propertystore.db.index）。属性索引文件主要用于存储属性的名称，属性索引的值部分存储的是指向动态内存的记录或者内联值，短字符串和短数组会直接内联在属性存储记录中。当长度超过属性记录中的 propBlock 长度限制之后，会单独存储在其他的动态存储文件中。

Neo4j 中有两种动态存储：动态字符串存储（neostore.propertystore.db.strings）和动态数组存储（neostore.propertystore.db.arrays）。动态存储记录是可以扩展的，如果一个属性长到一条动态存储记录仍然无法完全容纳时，可以申请多个动态存储记录以便在逻辑上进行连接。

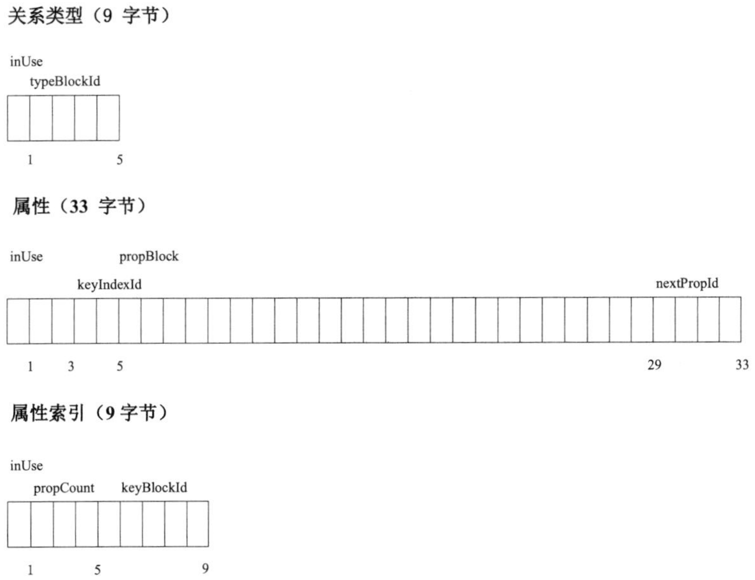

图 1-20　Neo4j 其他常见的物理结构

1.7.3　Neo4j 的遍历方式

Neo4j 每个节点记录都包含一个指向该节点的第一个属性的指针和联系链中第一个联系的指针。要读取一个节点的属性，从指向第一个属性的指针开始，遍历整个单向链表结构。要找到一个节点的关系，从指向的第一个关系开始，遍历整个双向链表，直到找到了感兴趣的关系。一旦找到了感兴趣关系的记录，我们就可以与使用和查找节点属性一样的方法查找关系的属性（如果该关系存在属性）。我们也可以很方便地获取起始节点和结束节点的 ID，利用节点 ID 乘以节点记录的大小（9 字节），就可以立即算出每个节点在节点存储文件中的具体位置，所需的复杂度仅为 $O(1)$。

图 1-21 所示就是节点、关系、属性在 Neo4j 中的物理表现方式。图中直接看起来可能不是那么直观，可以想象关系是属于两个节点的，但是一个关系也不应该在记录中出现两次，这样会造成内存的浪费。因此两个双向链表之间会有指针，一个是起始节点可见的列表关系，另一个是结束节点可见的列表关系。每一个列表都是双向链表，因此我们可以在任何一个方向上进行快速遍历和高效地插入和删除。

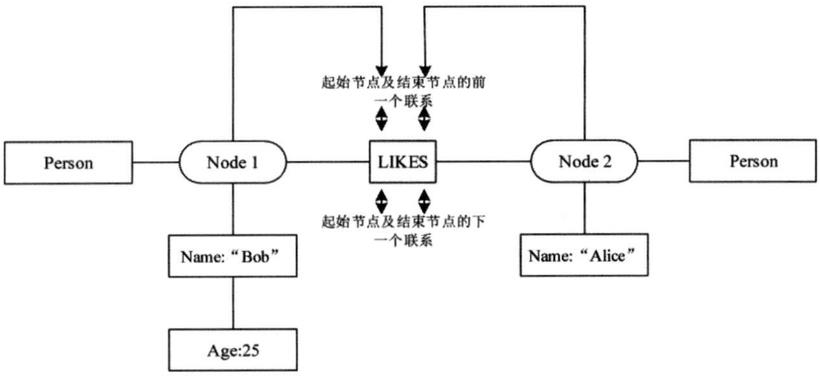

图 1-21　在 Neo4j 中的物理存储方式

下面通过一个例子来讲解 Neo4j 遍历关系和节点的详细过程。假如在 Neo4j 中存储了 A、B、C、D、E 5 个节点和 R1、R2、R3、R4、R5、R6、R7 7 个关系，它们之间的关系如图 1-22 所示。

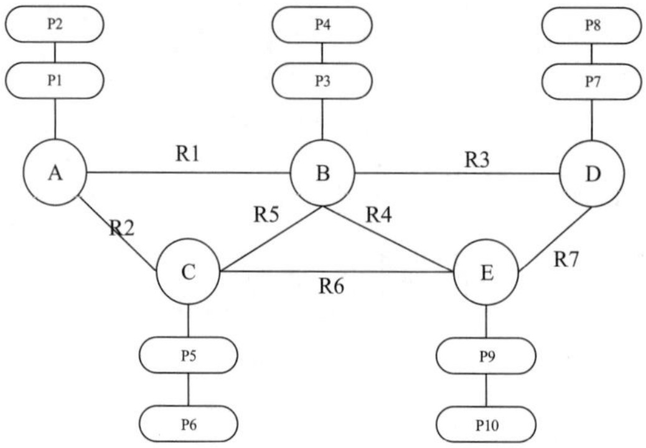

图 1-22　Neo4j 中的一个关系结构示意图

假如要遍历图中节点 B 的所有关系，只需要向 NODEB-NEXT 方向遍历，直到指向 NULL 为止，可以从图 1-23 中看出节点 B 的所有关系为 R1、R3、R4、R5。

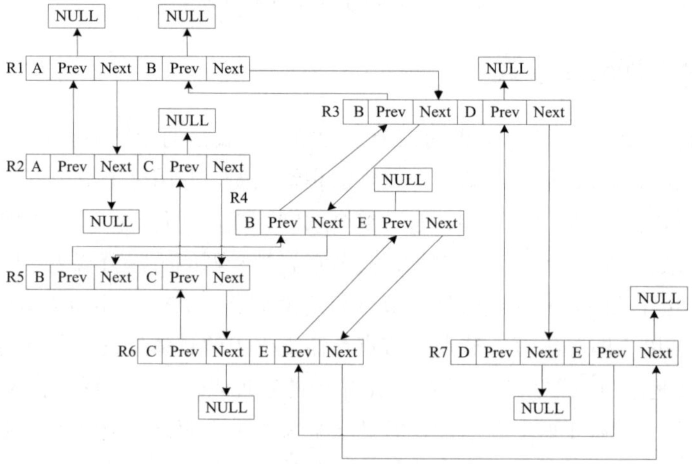

图 1-23　Neo4j 中的图遍历方式

通过固定大小的存储记录和指针 ID，只要跟随指针就可以简单地实现遍历并且高速执行。要遍历一个节点到另一个节点的特定关系，在 Neo4j 中只需要遍历几个指针，然后执行一些低成本的 ID 计算即可，这相较于全局索引的时间复杂度要低很多，这就是 Neo4j 实现高效遍历的秘密。

- 从一个给定节点定位关系链中第一个关系的位置，可以通过计算它在关系存储的偏移量来获得。跟获得节点存储位置的方法一样，使用关系 ID 乘以关系记录的固定大小，即可找到关系在存储文件中的正确位置。
- 在关系记录中，搜索第二个字段可以找到第二个节点的 ID。用节点记录大小乘以节点 ID 可以得到节点在存储中的正确位置。

1.7.4　Neo4j 的存储优化

Neo4j 支持存储优化（压缩和内联存储属性值），对于某些短字符的属性可以直接存储在属性文件中（neostore.propertystore.db）。在实际操作中，像邮政编码、电话号码这样的短字符串属性就可以直接内联到属性存储文件，而不是单独地放在另一个动态存储区，这样将大幅减少 I/O 操作并且增大吞吐量，因为只有一个文件需要访问。

除了可以内联属性值，Neo4j 还可以对属性名称的空间严格维护，例如在社交网络中，有可能会有多个节点存在 first_name 和 last_name 这样的属性。如果将每个属性都逐字写入到磁盘上就会造成浪费。因此，替代方案是属性名称都通过属性索引文件从属性存储中间接引用。属性索引允许所有具有相同名称的属性共享单个记录，因而 Neo4j 可以节省相当大的空间和 I/O 开销。

即使现在的磁盘访问速度已经很快了，但是 CPU 访问磁盘仍然比 CPU 直接访问高速缓存要慢得多。因此，Neo4j 也采用了缓存策略，保证那些经常访问的数据可以快速地被多次重复访问。Neo4j 高速缓存的页面置换算法是基于最不经常使用的页置换（Least Frequently Used，LFU）缓存策略，根据页的常用程度进行微调。也就是说即使有些页面近期没有使用过，但是因为以前的使用频率很高，那么在短期之内它也是不会被淘汰的。该策略保证了缓存资源在统计学上的最优配置。

1.8　Neo4j 版本全貌

Neo4j 目前包括如下版本：

- Neo4j AuraDB：适合学习和应用。
- Neo4j Desktop：适合学习和开发。
- Neo4j Sandbox：适合学习和练习。
- Neo4j 社区版：适合应用和部署。
- Neo4j 企业版：适合实际业务。

1.8.1　Neo4j AuraDB

Neo4j AuraDB 是 Neo4j 推出的云端全托管零运维的 Neo4j 数据平台服务，AuraDB 也分为免费版、专业版和企业版 3 个不同的细分产品。Neo4j AuraDB Free 非常适合初学者上手，注册好就可以用了，不需要自己维护数据库服务器，直接开始学习核心的 Neo4j 图技术。

1.8.2　Neo4j Desktop

Neo4j Desktop 包含：

- Neo4j 企业版数据库服务器。
- Neo4j Browser。
- Neo4j Bloom。
- 支持安装 Graph Apps（比如 NEuler 等）。

Neo4j Desktop 有如下优势：

- 本地安装，内置 JDK 和环境配置，开箱即用。
- 通过 GUI 进行数据库和应用的管理。

Neo4j Desktop 有如下局限性：

- 同时只能使用 1 个实例。
- 只能本地计算机访问，无法用于生产部署。

基于以上局限性，所以它的场景是用于学习和开发。

注意 Neo4j Desktop 是需要授权的，但可以完全免费获取。

1.8.3 Neo4j Sandbox

Sandbox 即沙箱，顾名思义是一个玩耍的地方，所以沙箱默认是从数据项目开始，需要你选择一个用于学习的数据集，然后就可以开始玩数据了。

Neo4j GraphAcademy 是在线免费学习和练手的平台，就是使用 Sandbox 来承载课程的后台数据库和练习数据集。

Neo4j Sandbox 包含：

- Neo4j Browser。
- Neo4j Bloom。
- Neo4j Neuler。

Neo4j Sandbox 有如下优势：

- 丰富的案例数据集。
- 完善的学习指南和代码示例。
- 也是云端托管服务，启动快，零运维。

Neo4j Sandbox 有如下局限性：

- 3 天后自动关闭，可手动扩展到 7 天。
- 关闭后会删掉数据库，无法恢复。

1.8.4 Neo4j 社区版

Neo4j 社区版是发行最久和使用最多的版本，在 Linux 操作系统中甚至可以直接安装 Neo4j 社区版，而且开源社区的参与都是在这个版本上进行。

Neo4j 社区版包含：

- Neo4j Browser。
- Neo4j 核心数据库服务器。

Neo4j 社区版有如下优势：

- 久负盛名，自定义部署。
- 可作为稳定的服务器使用。
- GPLv3 开源，社区活跃。

Neo4j 社区版有如下局限性：

- 只能单实例运行。
- 数据量有上限。
- 需要具备服务器管理经验。

1.8.5　Neo4j 企业版

Neo4j 企业版也是基于开源社区版的产品，但是多了一系列用于生产环境的功能，还有强大的技术支持（购买之后）。

Neo4j 企业版包含：

- Neo4j 企业版数据库服务器。
- Neo4j Browser。
- 扩展安装 Neo4j Bloom 等。

Neo4j 企业版有如下优势：

- 支持集群。
- 支持多数据库。
- 更快的 Cypher 运行时。
- 企业安全性集成。
- 支持热备份。
- 数据量无限制。

Neo4j 企业版有如下局限性：

- 学习成本较高，需要图技术经验。
- 需要自己运维服务器和集群。

第 2 章

Neo4j 基础入门

本章主要内容：

- Neo4j 安装部署
- Neo4j 管理平台
- Neo4j 图数据中基本元素与概念
- 官方入门实例简介
- 批量导入工具

本章主要内容是引导读者如何快速了解和使用 Neo4j，包括 Neo4j 的安装部署、管理平台的使用、入门实例简介等。本章最后将介绍如何使用批量导入工具，把用户已有关系数据库中的数据导入到 Neo4j 以查看效果，从而满足初学者的好奇心。

2.1　Neo4j 的安装部署

Neo4j 数据库支持安装部署的操作系统非常广泛，大部分主流操作系统如 Windows、Mac、CentOS、Ubuntu 等系统均可安装，另外，根据安装包的不同可分为 Desktop 版本和压缩包版本；根据授权方式又分为企业版和社区版（企业版和社区版在安装方式上无差异，本节不会分别讲解两者安装方法，两者区别只是企业版需要购买授权后可商业使用，社区版可免费但只能供开发、研究和学习等非商业目的使用）。

本节将按照操作步骤逐步介绍安装 Neo4j 的过程，涉及安装部署的具体系统需求、各个端口的作用、密码设置等细节请参见“5.1　部署”一节，依照本节的步骤操作即可将 Neo4j 安装在自己的电脑上。

提示：由于 Neo4j 是基于 Java 虚拟机（Java Virtual Machine，JVM）的产品，所以在安装前，必须保证已经安装了 Java 虚拟机，对于 Java 虚拟机的安装，请查阅其他相关的网上教程。

2.1.1　Neo4j 安装包的下载

首先，访问 Neo4j 官方网站，找到下载链接，如图 2-1 所示，在图中单击 Get Started 按钮，然后从下拉列表中选择 Neo4j Desktop，进入下载页面。

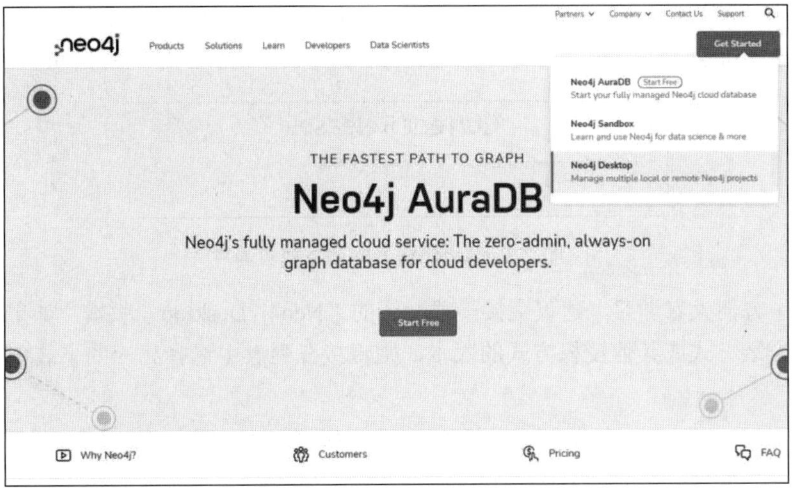

图 2-1　Neo4j 官方网站首页

在官方下载页面中，默认展示的是适合于当前操作系统的 Desktop 版本的下载按钮，想要下载其他操作系统和其他版本可以单击左下角的“Download Neo4j Server”按钮，如图 2-2 所示。[1]

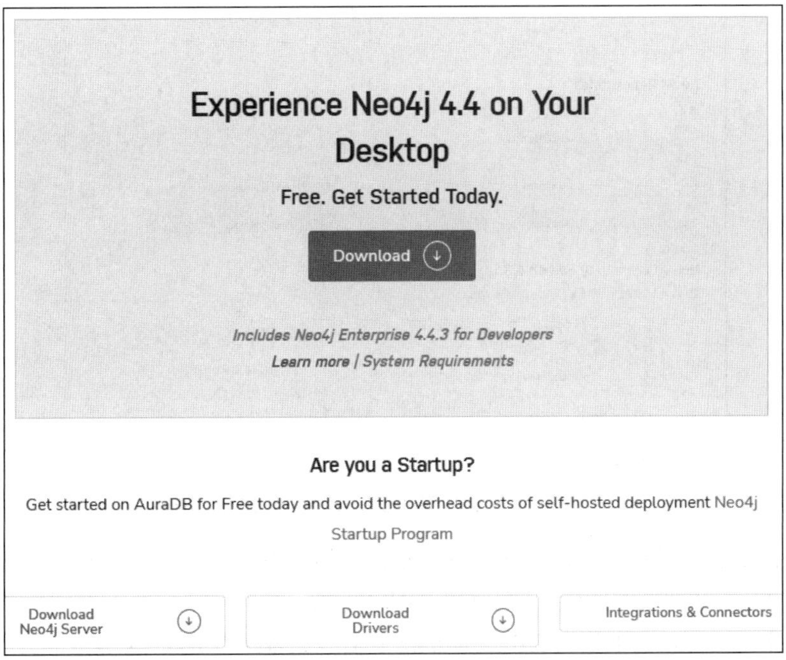

图 2-2　Neo4j 官方网站下载页面

[1] 界面和版本会有所变化，但是操作方式大体相同。

单击左下方的“Download Neo4j Server”按钮之后进入下载列表页面，在本页面中可以看到适应于不同操作系统不同版本的Neo4j下载链接。在页面顶部选项卡中，我们可以选择3种不同授权类型的版本，分别是“Enterprise Server”版（付费版，30 天试用期，包含高级功能项）、“Community Server”版（免费版，不可商业使用，无高级功能项）、“Neo4j Desktop”版（桌面Neo4j 管理平台，可以在此平台选择创建不同版本的 Neo4j），如图 2-3 所示。根据我们的使用目的选择相应版本即可。

图 2-3　Neo4j 官方网站下载页面

在此，为了方便大家学习，建议直接下载默认的“Neo4j Desktop”版本，如果要下载其他操作系统、其他安装方式或其他授权方式的版本，则直接在列表中选择相应的下载链接即可，如图 2-4 所示。

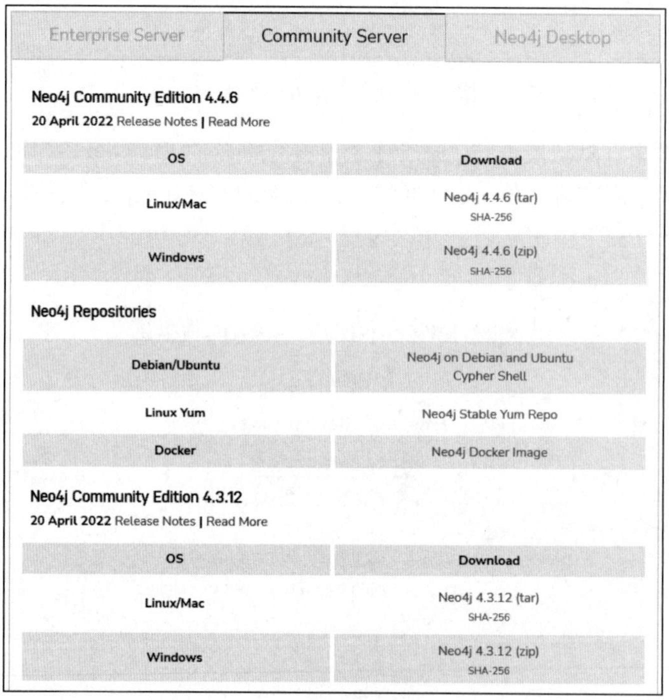

Enterprise Server
Community Server
Neo4j Desktop
Neo4j Community Edition 4.4.6
20 April 2022 Release Notes | Read More
OS
Download
Linux/Mac
Neo4j 4.4.6 (tar)
SHA-256
Windows
Neo4j 4.4.6 (zip)
SHA-256
Neo4j Repositories
Debian/Ubuntu
Neo4j on Debian and Ubuntu
Cypher Shell
Linux Yum
Neo4j Stable Yum Repo
Docker
Neo4j Docker Image
Neo4j Community Edition 4.3.12
20 April 2022 Release Notes | Read More
OS
Download
Linux/Mac
Neo4j 4.3.12 (tar)
SHA-256
Windows
Neo4j 4.3.12 (zip)
SHA-256

图 2-4　按操作系统、安装方式、授权方式对应下载列表

针对 Linux 系统，可以在下载列表中下载 tar 格式的压缩包，或者在 Linux 系统中使用命令下载（后续“2.1.2　在各个操作系统上的安装”节将会介绍）。

针对 Mac 系统，可以在下载列表中选择 dmg 安装包版本或者 tar 压缩包版本。

单击下载链接后，我们就进入自动下载页面了，在此页面，相应的安装包将开始下载，并且页面中会展示“Neo4j Desktop Activation Key”，这个是用于安装后激活产品的秘钥，我们一定要保存下来备用，如图 2-5 所示。

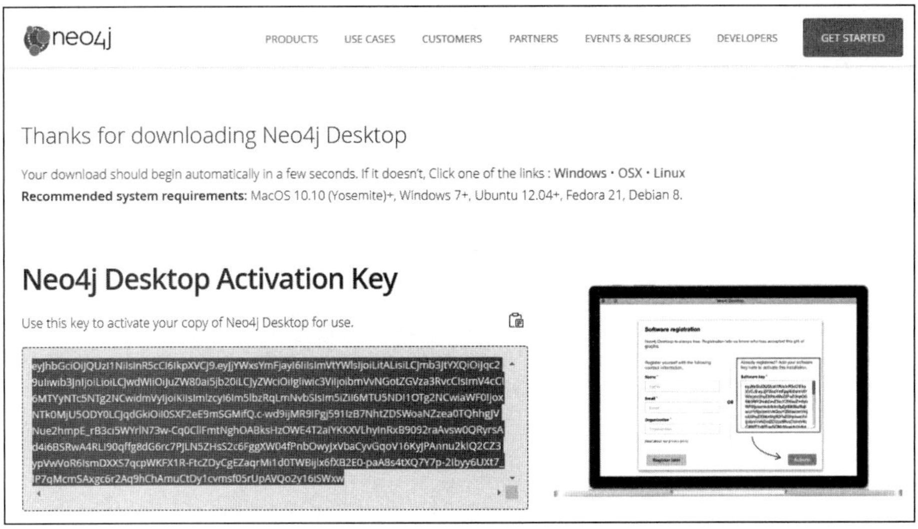

图 2-5　下载页面的激活秘钥

2.1.2　在各个操作系统上的安装

通过上述操作下载与自己操作系统相对应的安装包后，就可以进行安装了。在不同的操作系统中安装步骤是不同的，下面分别介绍在 Windows、Mac、CentOS、Ubuntu 系统下的安装步骤，其中着重介绍 Windows EXE 安装包安装、Mac 系统的 dmg 安装包安装、CentOS 的 yum 安装；对于各个系统的压缩包版安装都是类似的，我们仅讲解 Windows 和 Ubuntu 的压缩包版安装。

2.1.2.1　Windows 系统 EXE 安装包版安装

Windows 系统下安装 Neo4j 有两种版本可供选择：Desktop 版和压缩包版。

按照普通安装包的安装方式，双击打开安装包，按照引导选择安装路径，然后单击“下一步”按钮，如图 2-6 所示。

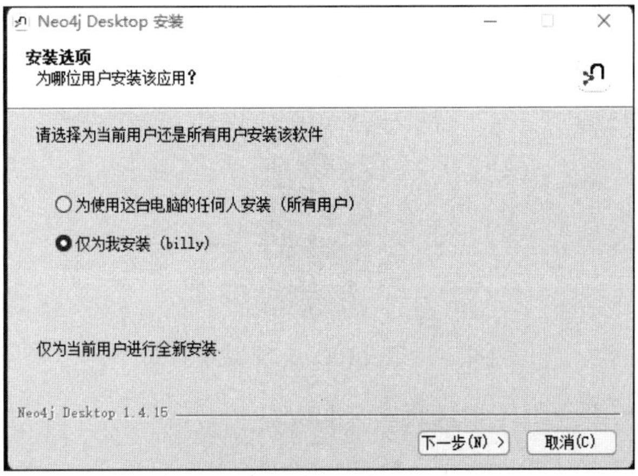

图 2-6　Neo4j 安装界面

安装程序启动后需要选择为当前 Windows 账户安装还是为所有使用此电脑的 Windows 账户安

装，我们使用默认的“仅为我安装”，单击“下一步”按钮，开始安装，如图 2-7 所示。直到弹出图 2-8 所示的对话框，表示安装完成。

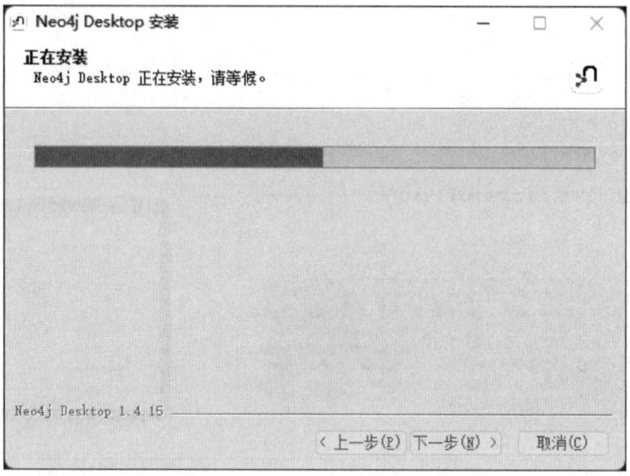

图 2-7　Neo4j 安装进度界面

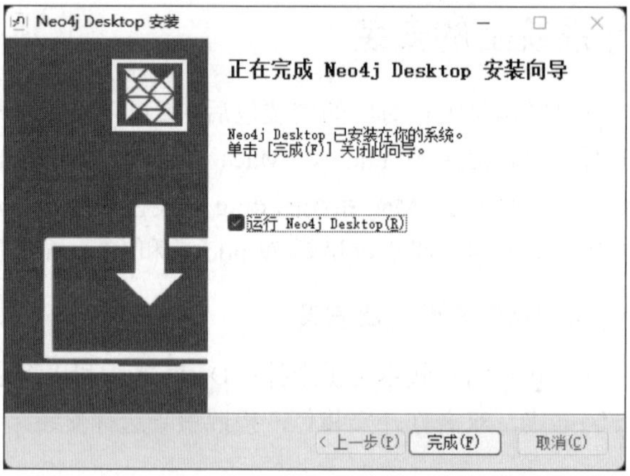

图 2-8　Neo4j 安装完成界面

当 Windows 系统下的 Neo4j EXE 安装包版已安装完毕后，桌面上即可看到如图 2-9 所示的 Neo4j Desktop 快捷方式。

图 2-9　Neo4j Desktop 快捷方式

2.1.2.2　Windows 系统下压缩包版安装 Neo4j

Neo4j 压缩包版本无须运行安装包，只需要将压缩文件解压到任意文件夹下即可，但需要使用命令行进行一些相关的配置来启动数据库，如图 2-10 所示。

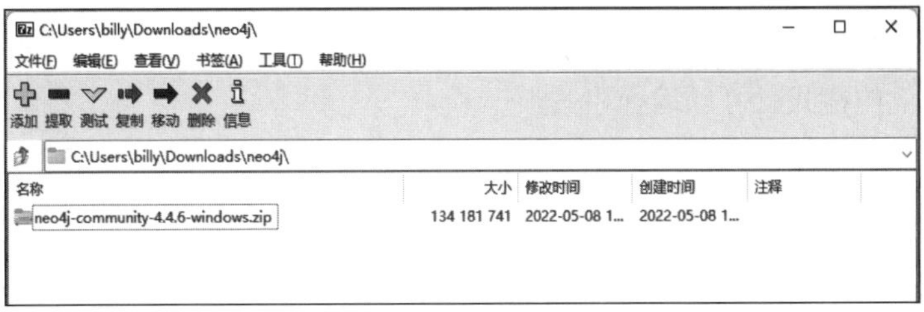

图 2-10　Neo4j 压缩包

解压后程序目录如图 2-11 所示。

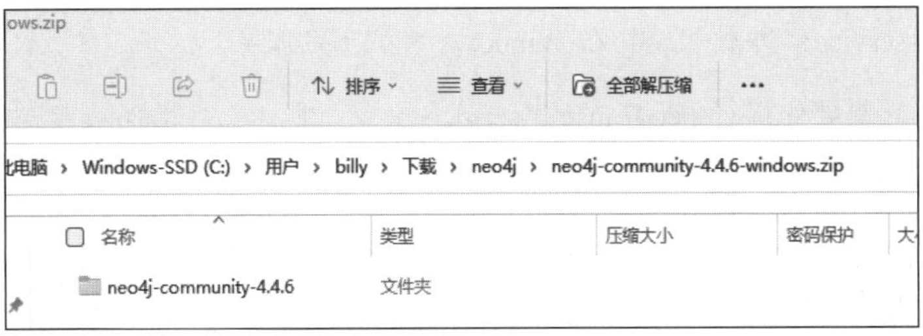

图 2-11　Neo4j 压缩包解压内容

在 bin 目录下是 Neo4j 的运行目录，在命令行下需要使用这个目录的文件地址，如图 2-12 所示文件地址是 C:\Program Files\neo4j-community-4.4.6\bin。

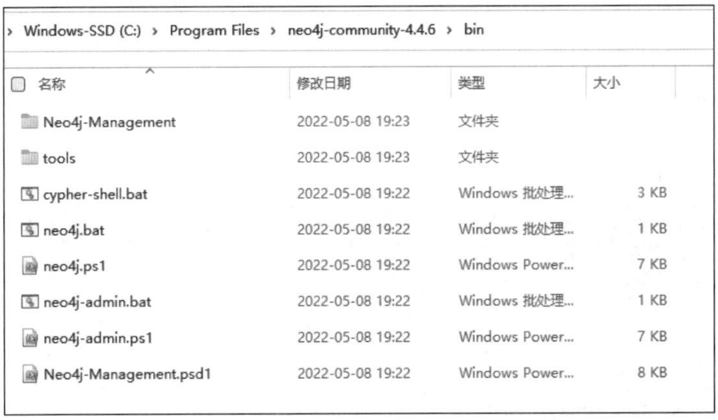

图 2-12　Neo4j 压缩包版执行路径

接下来在命令行下进行配置。首先需要使用管理员身份启动命令行工具，具体操作是在“开始”→“附件”→“命令提示符”，右击后选择“以管理员身份运行”。运行后输入 cd C:\Program Files\neo4j-community-4.4.6\bin 命令导航到 Neo4j 的运行目录，如图 2-13 所示。

图 2-13　过控制台导航到 Neo4j 执行路径

在 Neo4j 运行目录下输入 neo4j 命令，系统会返回关于 neo4j 运行命令的相关指令，按照“neo4j <指令名>”的格式就可以运行相关操作了。

- console：打开 Neo4j 的控制台。
- start：启动 Neo4j。
- stop：关闭 Neo4j。
- restart：重启 Neo4j。
- status：查看 Neo4j 运行状态。
- install-service：安装 Neo4j 在 Windows 系统上的服务。
- uninstall-service：卸载 Neo4j 在 Windows 系统上的服务。

首次安装 Neo4j 需要先运行 neo4j install-service 命令，将 Neo4j 服务安装在系统上，如图 2-14 所示；然后再运行 neo4j start 命令，启动 Neo4j，如图 2-15 所示。

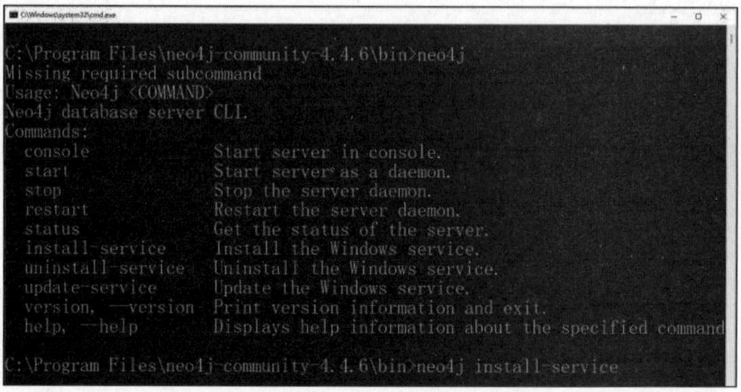

图 2-14 安装 Neo4j 服务

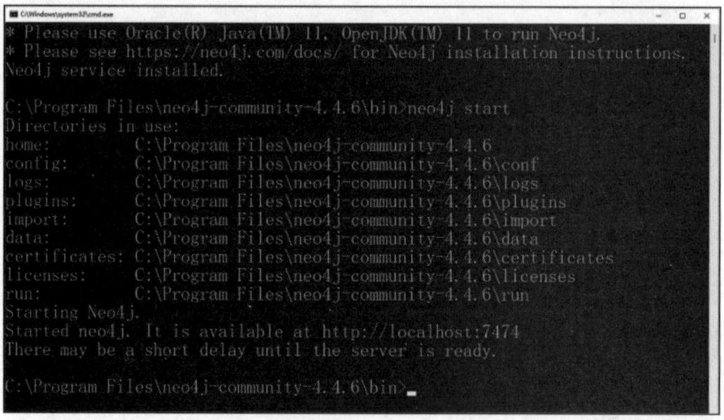

图 2-15 启动 Neo4j

当然如果想要卸载 Neo4j，可以运行 neo4j uninstall-service 命令，这样 Neo4j 服务就卸载了，如图 2-16 所示。

图 2-16　卸载 Neo4j 服务

2.1.2.3　Mac 系统安装 Neo4j

Mac 系统的 dmg 安装相对简单，只需要将 dmg 安装包拖入到名为 Applications 的应用程序文件夹下即可，如图 2-17 所示。

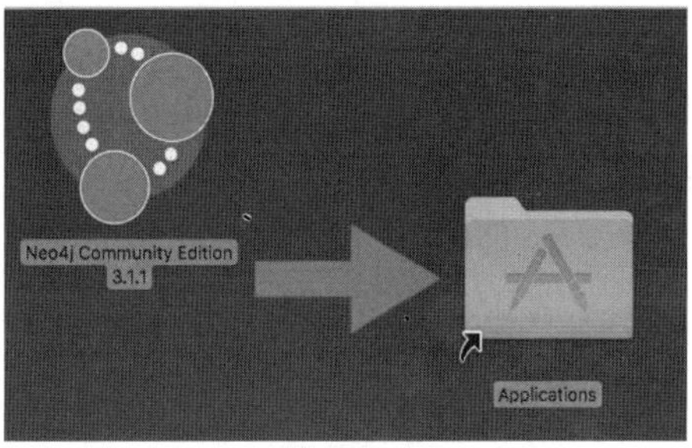

图 2-17　Mac 系统安装 Neo4j

2.1.2.4　CentOS 系统安装 Neo4j

对于 CentOS 系统安装 Neo4j，可以全部通过命令来完成，这样方便以后在很多实际生产环境下能部署到没有安装图形界面的 CentOS 系统上。

在 CentOS 命令行下依次输入如下命令：

```
cd /tmp
wget http://debian.neo4j.org/neotechnology.gpg.key
sudo rpm --import neotechnology.gpg.key
```

其中 cd /tmp 为导航到系统 tmp 目录下。

然后使用 wget http://debian.neo4j.org/neotechnology.gpg.key 命令将安装配置文件 neotechnology.gpg.key 下载到当前目录。

再使用 sudo rpm --import neotechnology.gpg.key 命令将安装配置文件导入到系统中。

接下来，需要编辑 neo4j.repo 文件，用文本编辑器创建一个 neo4j.repo 文件并在此文件内填入下列内容：

```
[neo4j]
name=Neo4j Yum Repo
baseurl=http://yum.neo4j.org
enabled=1
gpgcheck=1
```

将已经创建好的 neo4j.repo 文件添加到系统 yum repo 安装环境中，命令如下：

```
nano neo4j.repo
```

```
sudo cp neo4j.repo /etc/yum.repos.d/
```

最后，就可以使用 yum 命令安装 neo4j 了。

```
sudo yum install neo4j
```

至此，在 CentOS 系统下 Neo4j 已安装完毕。下面是安装后 Neo4j 的文件路径：

- Neo4j 安装目录为：/usr/share/neo4j。
- Neo4j 的属性文件所在目录为：/etc/neo4j。
- Neo4j 默认的数据库文件保存目录为：/var/lib/neo4j。

在/usr/share/neo4j/bin 运行目录下，运行 neo4j start 命令就可以启动 neo4j 数据库了。

2.1.2.5 Ubuntu 系统安装 Neo4j

Ubuntu 系统下安装 Neo4j 非常简单。

（1)第一步：将 Neo4j 的 community 版本下载后，在命令行下将 tar 文件进行解压，运行的命令是：tar -zvxf neo4j-community-2.0.1.tar.gz。

（2）第二步：修改 conf/neo4j-server.properties 配置文件，将 org.neo4j.server.webserver.address=0.0.0.0 注释字符去掉。

（3）最后一步，进入 bin 目录，运行 neo4j start 命令启动 neo4j 数据库即可。

2.1.3 Neo4j 的启动

2.1.3.1 启动方式

对于 Windows 系统的 EXE 安装包版本、Mac 系统的 dmg 版本，在桌面上直接运行 Neo4j 的快捷方式图标即可以启动，下面我们会详细讲解；对于压缩包版本，安装完后需要使用命令启动，在上面的 2.1.2.2 节已经讲解，在此不再赘述。

在 Windows 和 Mac 系统下，第一次启动需要选择 Neo4j 应用的保存路径（见图 2-18），此路径将用于保存 Neo4j 数据库的启动程序、数据库数据文件、插件等，在此我们使用默认路径即可。

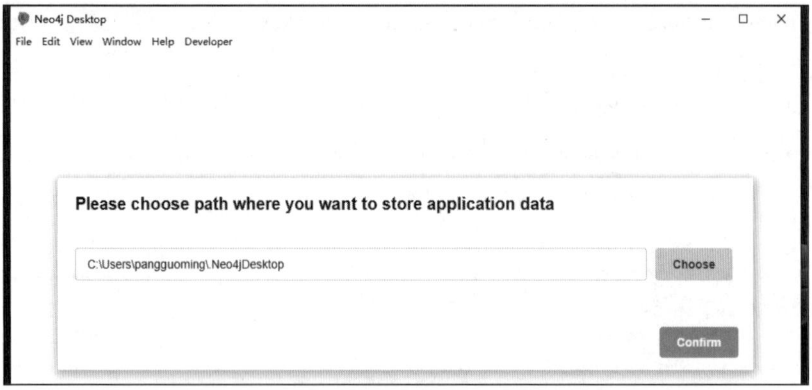

图 2-18 用路径选择

单击"Confirm"按钮后进入软件登记界面，在此界面填入下载安装包时记录下来的产品秘钥并填写个人信息，然后单击“Activate”按钮即可，如图 2-19 所示。

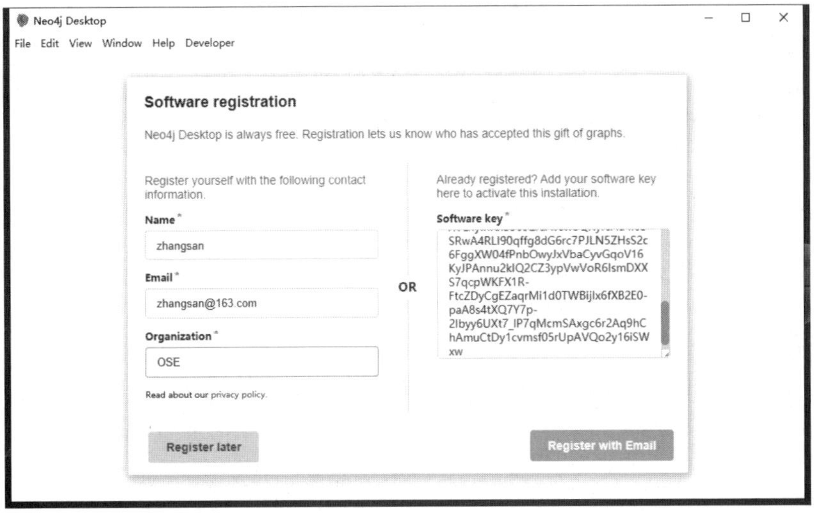

图 2-19　软件登记界面

然后，进入 Neo4j Desktop 的主操作界面（见图 2-20），在此界面上，我们可以创建、删除、启动数据库实例。

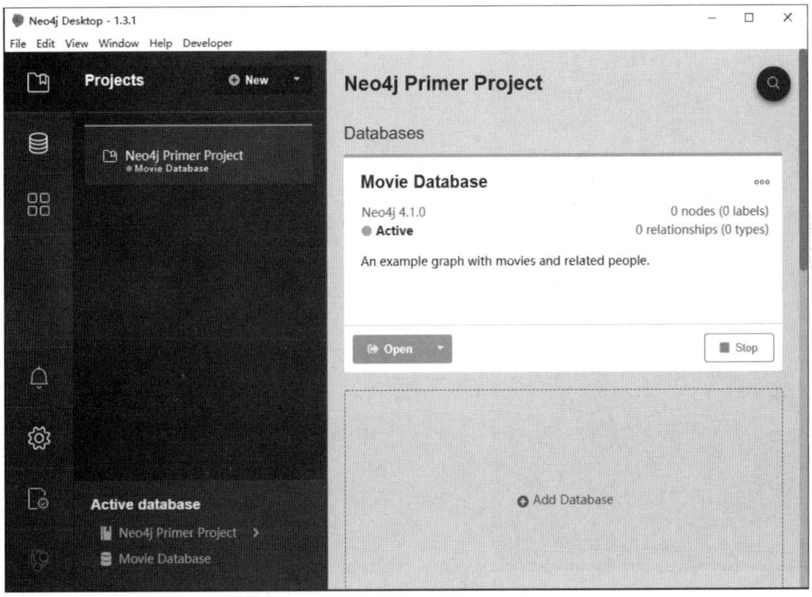

图 2-20　Neo4j 在 Windows 系统上的启动、关闭界面（Mac 系统上的界面相同）

在此，我们单击右侧的“Stop”按钮关闭默认实例，然后再单击“Add Database”按钮后再单击“Create a Local Database”按钮创建一个新实例，如图 2-21 所示。在新实例创建框内输入新实例的预设密码后单击“Create”按钮即可。

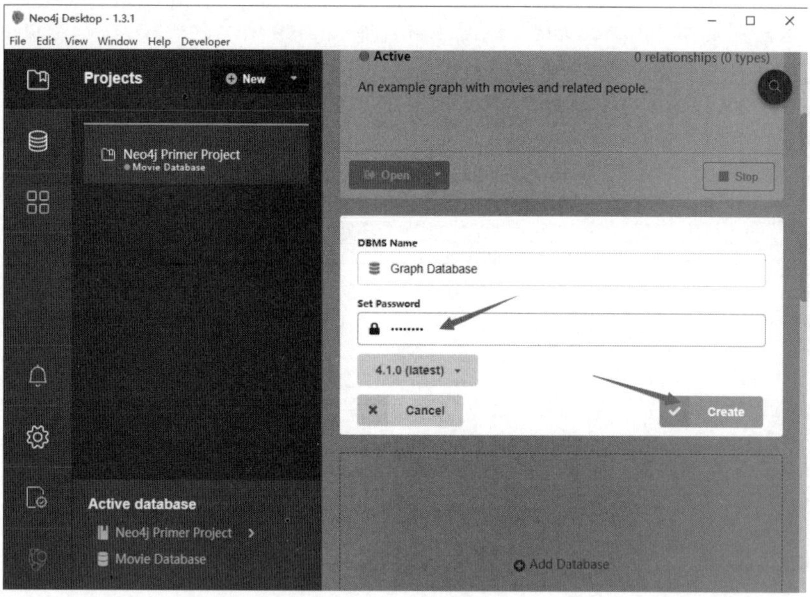

图 2-21 创建新实例

最后单击 Start 按钮启动新实例，如图 2-22 所示。

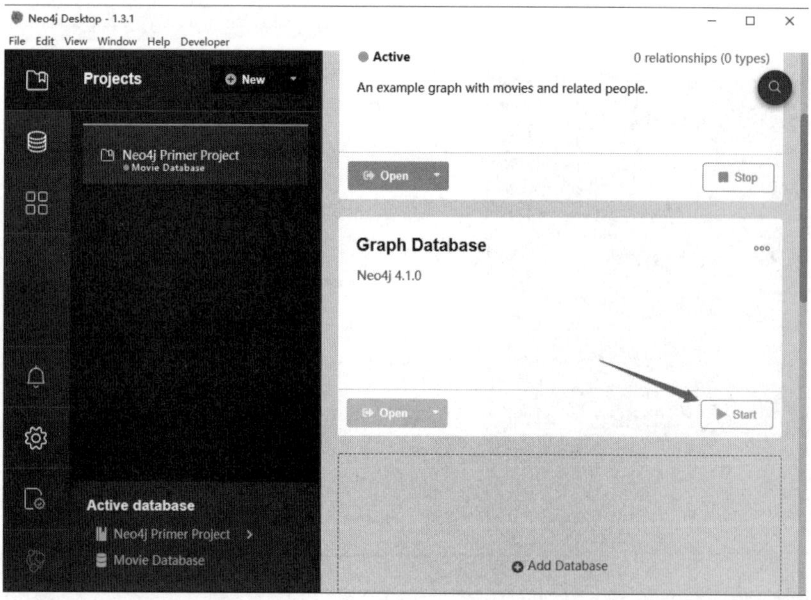

图 2-22 动新实例

2.1.3.2 启动后的操作界面

启动后可用浏览器打开网址 http://localhost:7474/，就可以看到 Neo4j 的操作界面。

在首次打开 Neo4j 操作界面时，需要输入我们预配置的密码，然后单击“Connect”按钮就可以打开 Neo4j 的操作界面了，如图 2-23 所示。需要注意：密码要牢记，因为在以后的程序开发等操作中还需要用到它。如果忘记了密码，则可以按照 https://neo4j.com/docs/operations-manual/current/configuration/password-and-user-recovery/页面找回来。

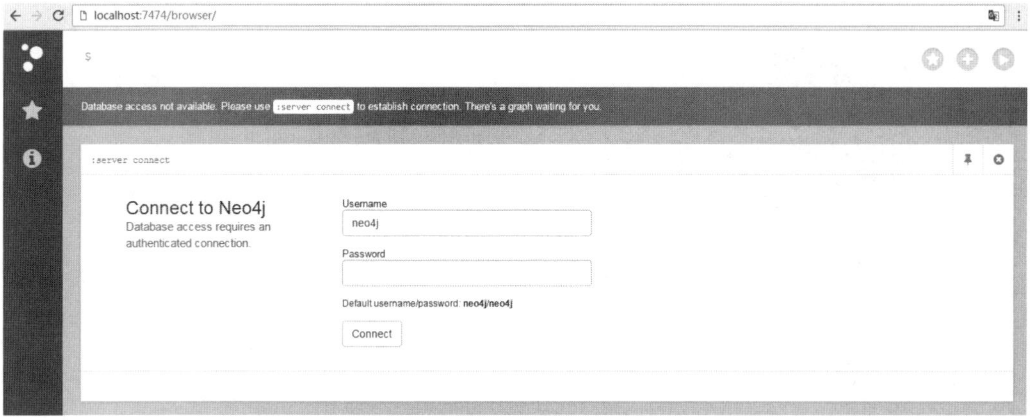

图 2-23　Neo4j Web 控制台的登录界面

单击“Connect”按钮后就进入了 Neo4j 的操作界面，如图 2-24 所示。

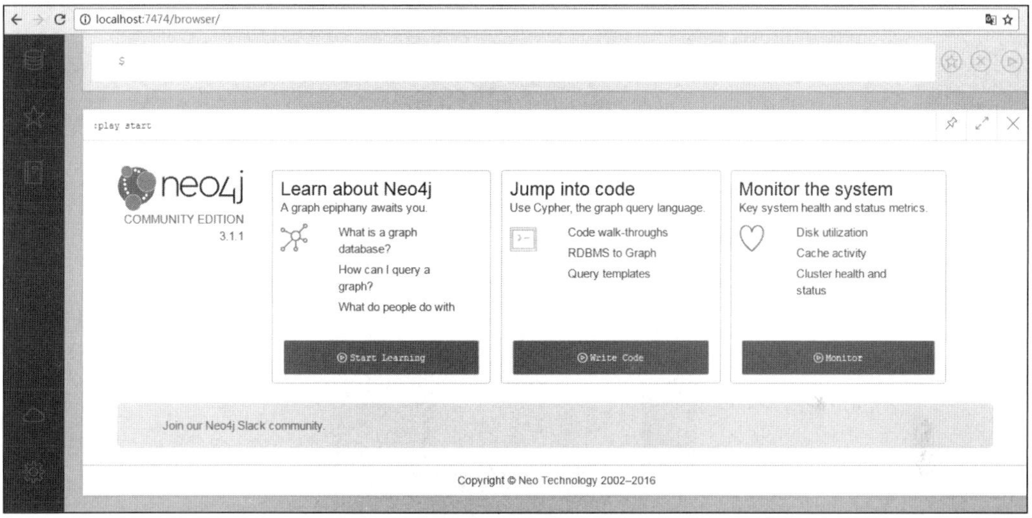

图 2-24　Neo4j Web 控制台登录后的界面

2.2　Neo4j 管理平台的使用

2.2.1　Neo4j Desktop 桌面管理平台的使用

Neo4j Desktop 是一个管理 Neo4j 数据库实例、Neo4j 插件、应用程序的管理平台，它并不用来操作 Neo4j 数据库，对于 Neo4j 数据库的数据操作将在下一节“Web 管理平台”中来实现。

在 2.1.3.1 节中，我们已经讲解了 Neo4j Desktop 的最主要功能：新建 Neo4j 数据库实例，下面我们更详细地讲解一下 Neo4j Desktop 的使用，它主要由两部分组成：功能选项卡和数据库实例管理、数据库插件管理区，如图 2-25 所示。

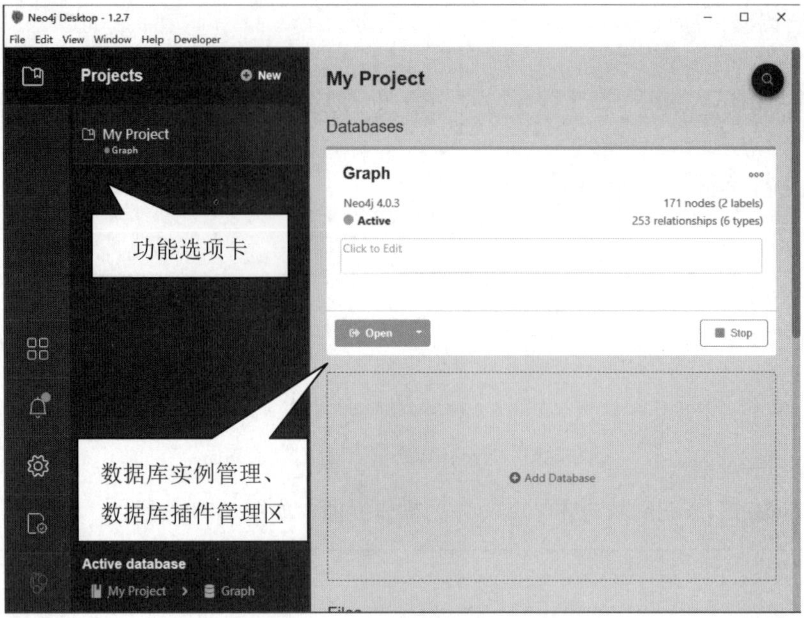

图 2-25　Neo4j Desktop 的组成

在左侧的功能选项卡中，分别是“Neo4j Projects”用于管理 Neo4j 实例的集合、“Graph Application”用于管理一些应用类程序、“Notification Center”用于获取官方消息、“Settings”常用配置、“Software Key”管理秘钥，具体如图 2-26 所示。

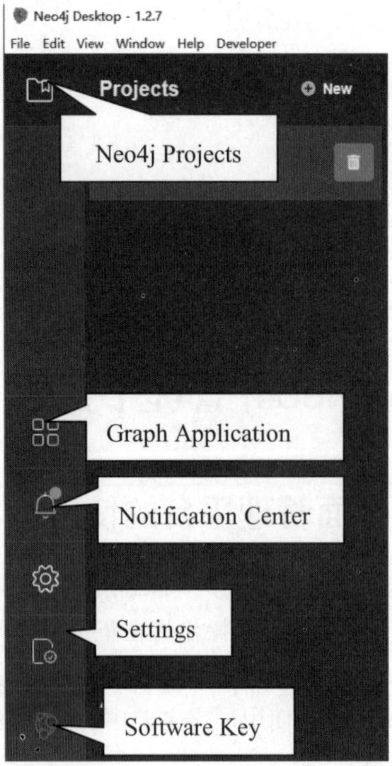

图 2-26　功能选项卡

上面我们已经讲解了创建 Neo4j 实例，对于删除 Neo4j 实例，我们只需要选择实例右上角的按钮组里的 Remove 命令即可删除此实例，如图 2-27 所示。

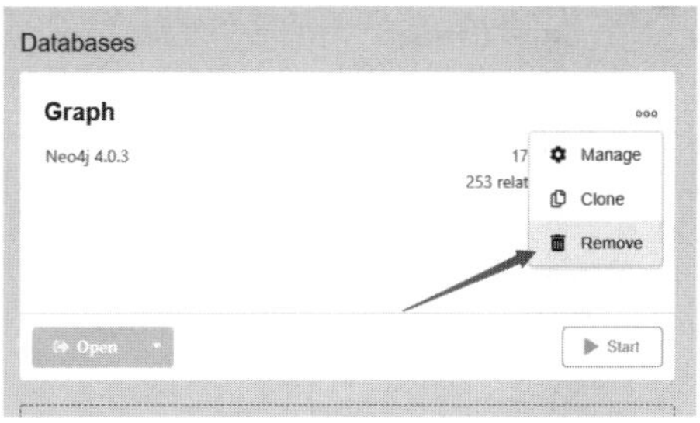

图 2-27　删除 Neo4j 实例

2.2.2　Web 管理平台的使用

Neo4j 采用 Web 网页作为管理平台的界面，并不需要安装其他操控软件。这样做的好处很明显：只要用浏览器就可以从任何电脑连接到数据库并进行相应操作。下面介绍 Neo4j Web 管理平台的使用方法。

当 Neo4j 安装完成并用 Web 端重设密码后，就可以看到 Neo4j 的操作界面了，如图 2-28 所示。操作界面主要由命令输入区、结果显示区和状态工具栏三部分组成。

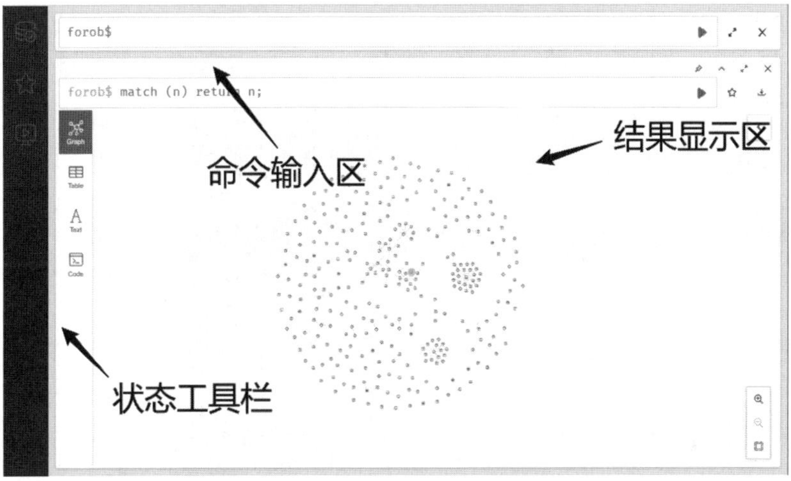

图 2-28　Neo4j Web 控制台各功能区

在刚打开页面并未输入任何命令的情况下，结果显示区默认呈现出一个初学者引导界面：

- Start Learning：了解 Neo4j 的基本概念。
- Write Code：创建官方引导实例。
- Monitor：监控数据库的运行状态。

2.2.2.1　命令输入区与结果显示区

在命令输入区可以输入 Cypher 语句（将在第 3 章介绍）或 REST API 调用语句（将在第 4 章介绍），语句执行的结果会依次显示在结果显示区。如图 2-29 所示，运行一条查询命令：match (n) return n;，结果显示区将会以节点、关系图形式返回，并且在结果区上方可以看到数据结果集合中所使用到的节点类型（图中所示的 Movie、Person）和关系类型（图中所示的 ACTED_IN、DIRECTED 等），关于节点类型和关系类型的知识将在 2.3 节介绍。在结果区的下方还可以看到本次命令运行的状态统计：“Displaying 171 nodes, 253 relationships (completed with 253 additional relationships).”，这表明本次查询共查出 171 个节点和 253 个关系。

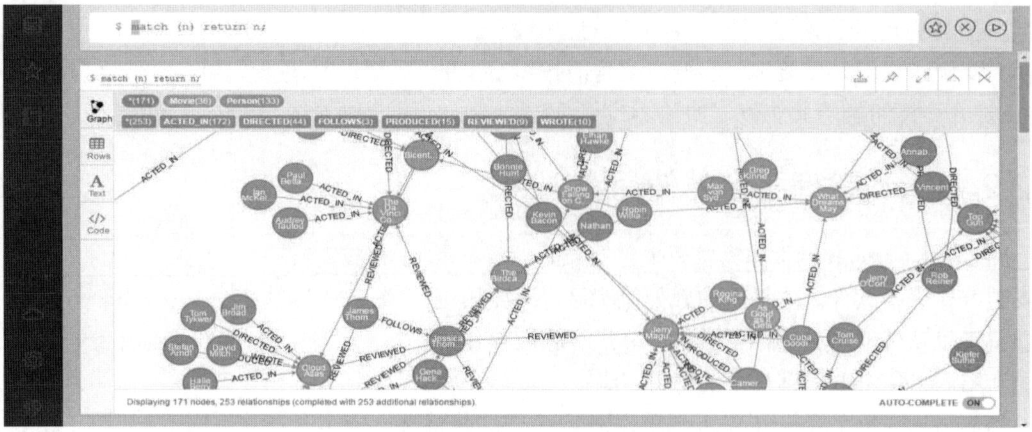

图 2-29　结果显示区

当然，也可以选择结果显示区左侧的 Rows、Text、Code 选项，以数据行、文本、JSON 格式返回，如图 2-30 所示。

图 2-30　结果显示区选项卡菜单

如果使用的命令在运行中发生任何错误，结果区会显示相应的错误提示，如图 2-31 所示，在命令中输入错误的变量名并运行后，结果区提示语法错误。

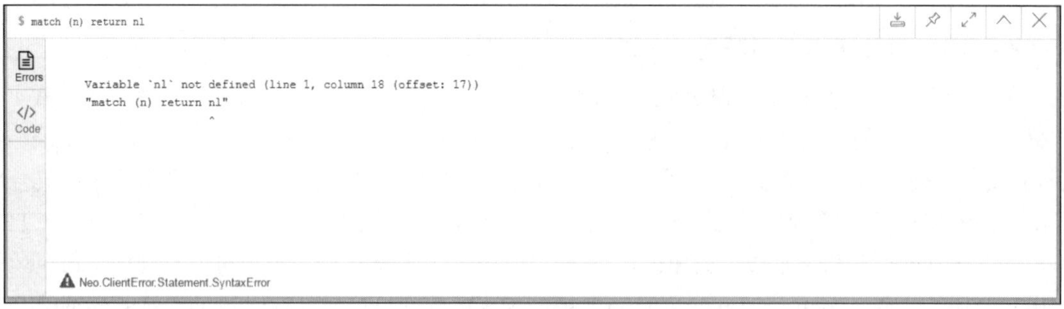

图 2-31　结果显示区的语法错误提示

2.2.2.2　状态工具栏

在状态工具栏单击数据库图标，如图 2-32 所示，可以查看到当前数据库的基本状态，如数据库中现有的节点类型、关系类型、属性名以及当前连接数据库的用户名和数据库版本、数据文件名、数据库大小等信息。

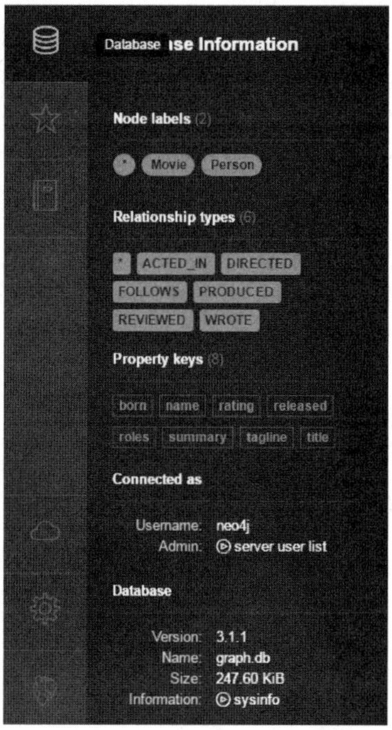

图 2-32　工具栏数据库信息选项卡

单击状态工具栏的五角星图标，会显示常用的一些命令，如单击 Hello World，命令输入区会显示创建一个基本的 Hello World 节点的命令，如图 2-33 所示。

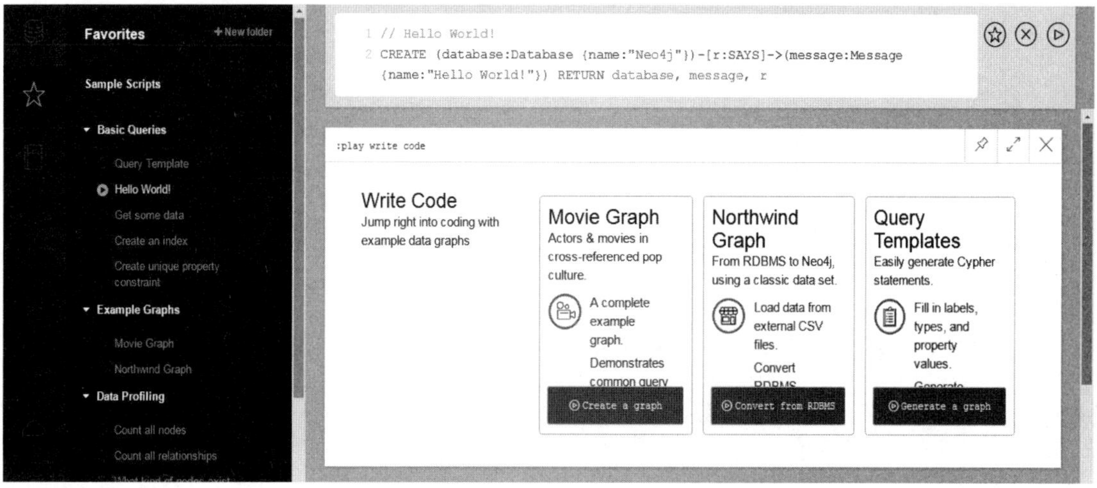

图 2-33　结果区帮助功能选项卡

在状态工具栏左侧另外还有 Document、Cloud Service、Browser Setting、About Neo4j，其中：

- Document：提供了官方文档的链接，用户可以单击跳转到官方文档。
- Cloud Service：提供了一些云备份的功能，用户可以将本地数据备份到官方云端。
- Browser Setting：用于设置 Web 操作界面的样式、布局。
- About：Neo4j 给出了 Neo4j 官方的相关声明。

2.2.3 cypher-shell 命令的使用

某些版本的 Linux 操作系统不带有可视化的操作界面（如服务器版本的 CentOS、Ubuntu 等），在本地无法使用浏览器打开 Neo4j Web 管理平台。为此，Neo4j 提供了一个可以在命令行状态下运行命令、返回结果的工具——cypher-shell。

cypher-shell 是官方自带的命令行工具，因此在安装完 Neo4j 后，cypher-shell 就已经安装好了。并且 cypher-shell 在各个不同操作系统下的 Neo4j 版本中都可找到。

2.2.3.1 启动 cypher-shell

1. Windows 系统下 zip 解压版 Neo4j 启动 cypher-shell

在 Windows 操作系统下，以管理员身份运行命令提示符并导航到 Neo4j 安装路径[1]的 bin 文件夹，就可以看到 cypher-shell.bat 文件，如图 2-34 所示。

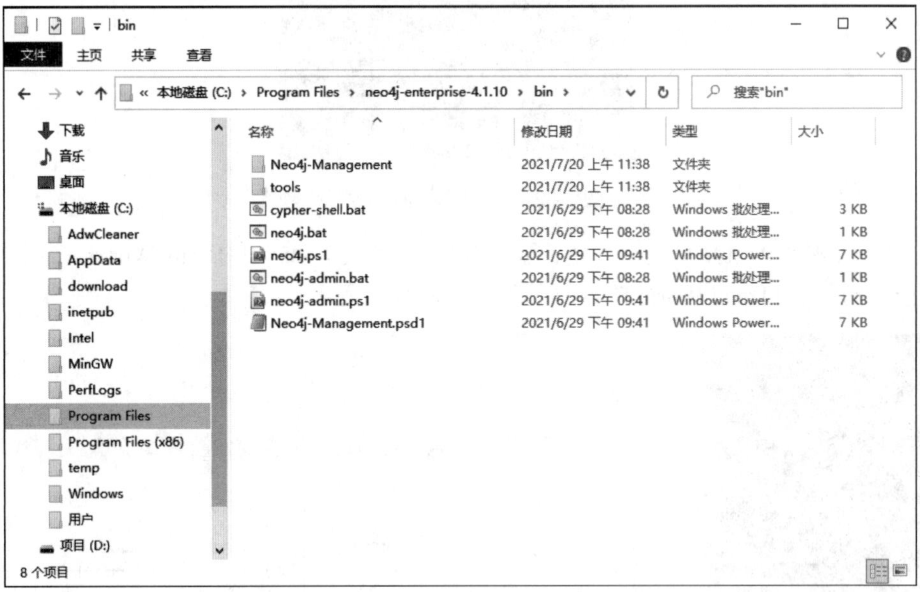

图 2-34 Windows 系统下 cypher-shell 命令工具所在的目录

直接运行 cypher-shell 命令[2]，可以得到此命令的所有参数，如图 2-35 所示。

---

[1] 该路径 Neo4j 不同版本会有所不同。

[2] 需要先安装 Java 运行时（注意是 Java 运行时而不是 Java SDK）。

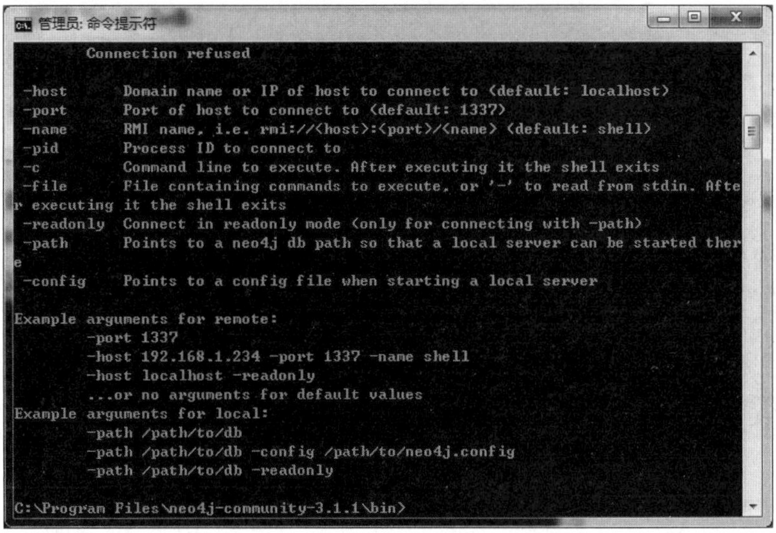

图 2-35　Windows 下 cypher-shell 命令参数

如果要使用 cypher-shell 操作默认路径下的数据库，那么直接运行 cypher-shell 命令即可。如果需要打开指定路径下的 Neo4j 数据库，那么需要用-path 参数来指定数据文件路径，如以下命令（注意-path 参数要采用相对路径）：

```
cypher-shell -path ..\data\databases\graph.db
```

此时控制台会要求输入用户名和密码，默认用户名密码都是“neo4j”，输入后提示输入更新密码，此时输入自己想设置的新密码。然后出现“neo4j@neo4j>”提示符后，就可以使用 cypher-shell 了，如图 2-36 所示。

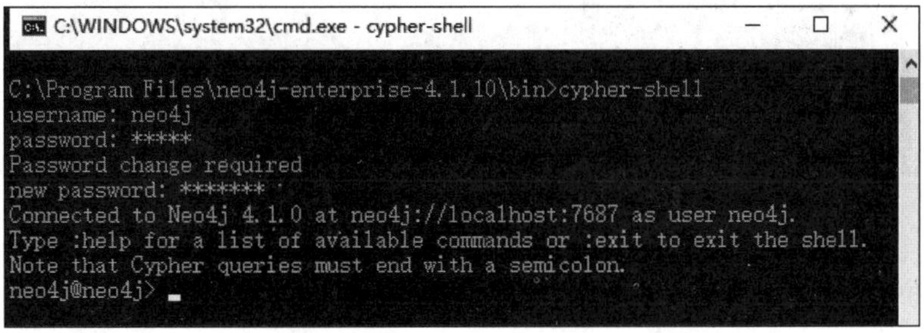

图 2-36　Windows 下启动 cypher-shell

2. Windows 系统下安装版 Neo4j 启动 cypher-shell

在安装版本的 Neo4j 运行目录的 bin 下，可以看到一个 neo4j-desktop-x.x.x.jar 文件，通过这个文件就可以启动 cypher-shell 了，命令如下：

```
java -classpath bin\neo4j-desktop-1.9.4.jar org.neo4j.shell.StartClient
```

3. Linux 系统下启动 cypher-shell

在 Linux 系统下，cypher-shell 被安装在 Neo4j 运行目录 bin 目录下，如图 2-37 所示。

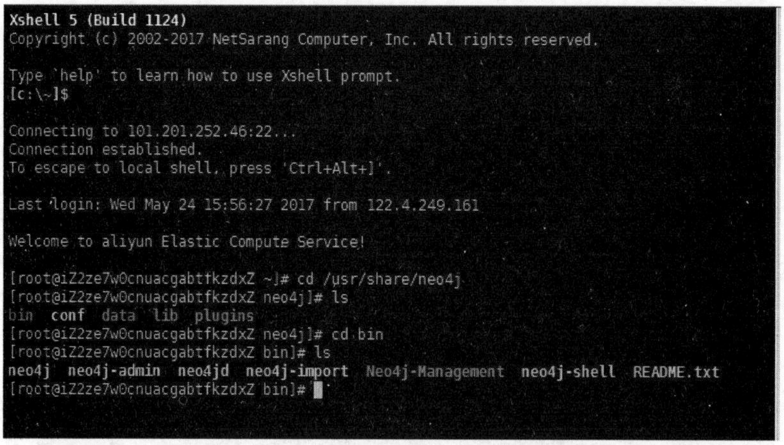

图 2-37　Linux 下 cypher-shell 所在的目录

只需要导航到 Neo4j 的安装目录的 bin 目录（默认目录是/usr/share/neo4j/bin），然后运行命令./cypher-shell 即可，如图 2-38 所示。

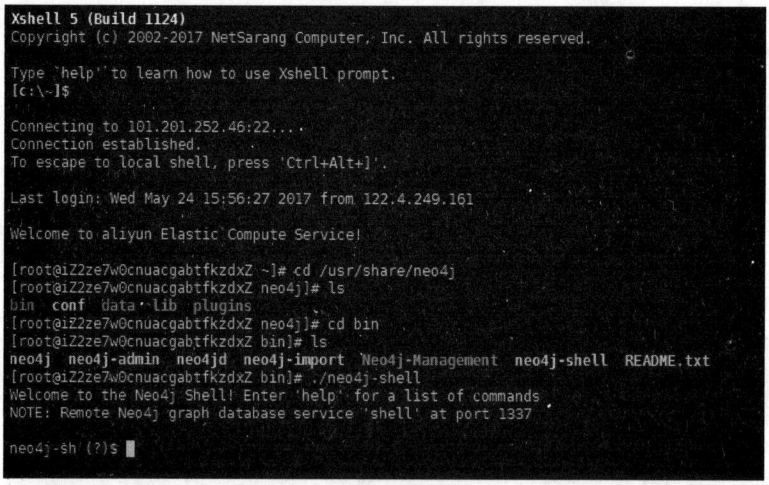

图 2-38　Linux 系统下运行 cypher-shell

出现 neo4j-sh (?)$提示符后，就可以使用 cypher-shell 了。

4. Mac 系统下启动 cypher-shell

在 Mac 系统下，首先导航到 Neo4j 系统目录的 bin 目录下，然后运行如下命令：

```
java -cp neo4j-desktop-3.1.1.jar org.neo4j.shell.StartClient "$@"
```

出现 neo4j-sh (?)$提示符后，就可以使用 cypher-shell 了，如图 2-39 所示。

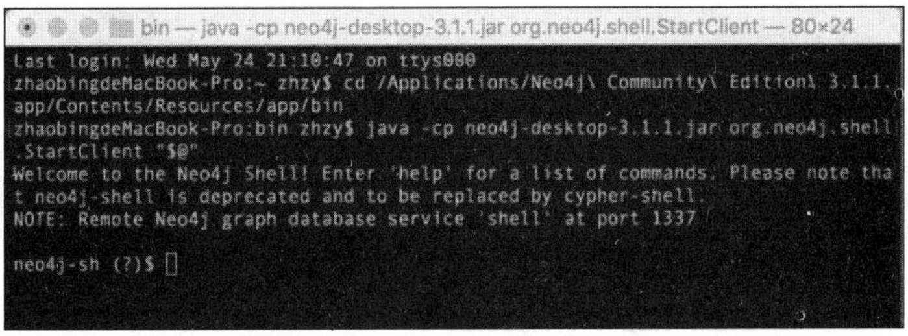

图 2-39　Mac 系统下运行 cypher-shell 命令

2.2.3.2　使用 cypher-shell

由于在任何操作系统中使用 cypher-shell 的方式是一样的，所以不再分别介绍不同操作系统下的使用方式。

在 cypher-shell 命令提示符下直接输入 cypher 命令（以“;”结束），然后按回车键运行即可。

比如使用 CREATE (n {name:"World"}) RETURN "hello", n.name 创建一个节点，然后再用 match (n) return n 查询出来。在 cypher-shell 命令行中输入 quit，运行后退出 cypher-shell，如图 2-40 所示。

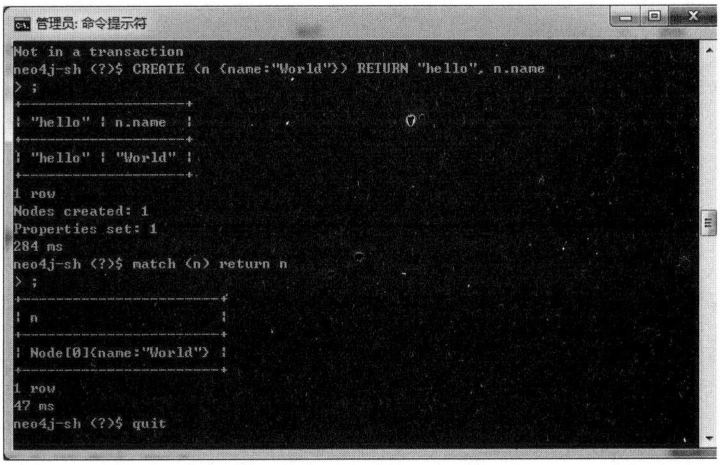

图 2-40　cypher-shell 下运行 quit

2.3　Neo4j 图数据中基本元素与概念

2.3.1　节　点

节点（Node）是图数据库中的一个基本元素，用以表示一个实体记录，就像关系数据库中的一条记录一样。在 Neo4j 中节点可以包含多个属性（Property）和多个标签（Label），如图 2-41 所示。

下面介绍一个最简单的节点，它只有一个属性，属性名是 name，属性值是 Tom，如图 2-42 所示。

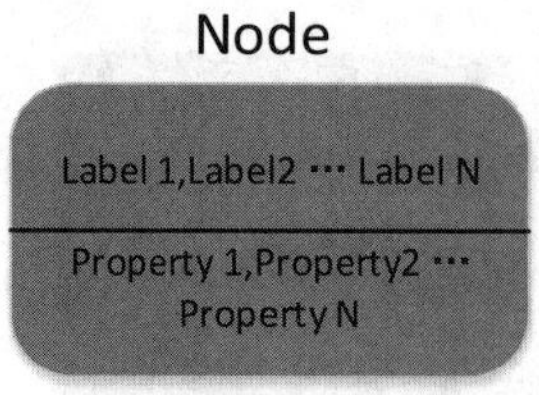

图 2-41　带有属性和标签的节点

图 2-42　只有属性的简单节点

2.3.2 关　系

关系（Relationship）同样是图数据库中的基本元素。节点需要连接起来才能构成图。关系就是用来连接两个节点的，关系又称为图论的边（Edge），其始端和末端都必须是节点，关系不能指向空也不能从空发起。关系和节点一样可以包含多个属性，但关系只能有一个类型（Type），如图 2-43 所示。一个节点可以被多个关系指向或作为关系的起始节点，图 2-44 展示了多个关系指向同一节点。

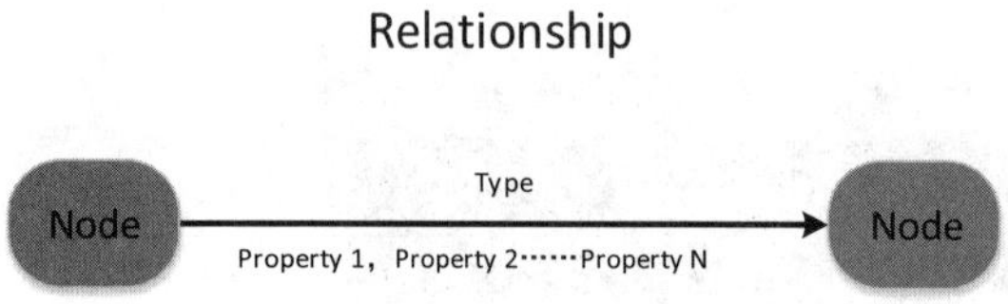

图 2-43　带有类型和属性的关系

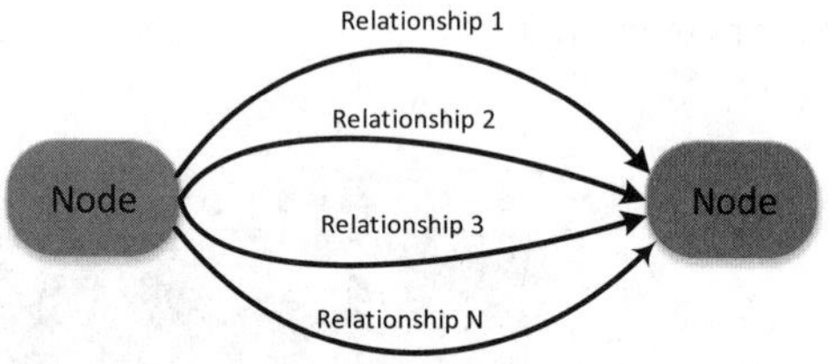

图 2-44　多个关系指向同一节点

关系必须有起始节点（Start Node）和结束节点（End Node），两头都不能为空，如图 2-45 所示。

节点可以被关系串联或并联起来，如图 2-46、图 2-47 所示。由于关系可以是有方向的，所以可在由节点、关系组成的图中进行遍历操作。

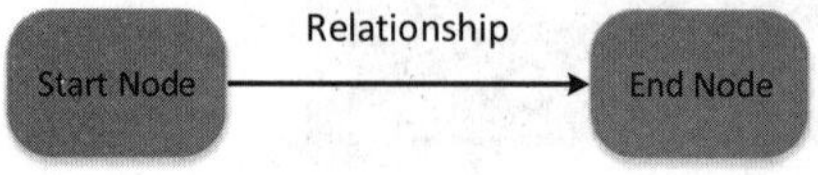

图 2-45　关系的起始节点和结束节点

图 2-46　关系串联节点

在图的遍历操作中，我们可以指定关系遍历的方向或者指定为无方向，因此在创建关系时不必为两个节点创建相互指向的关系，而是在遍历时不指定遍历方向即可。

特别注意一个节点可以存在指向自己的关系，如图 2-48 所示。

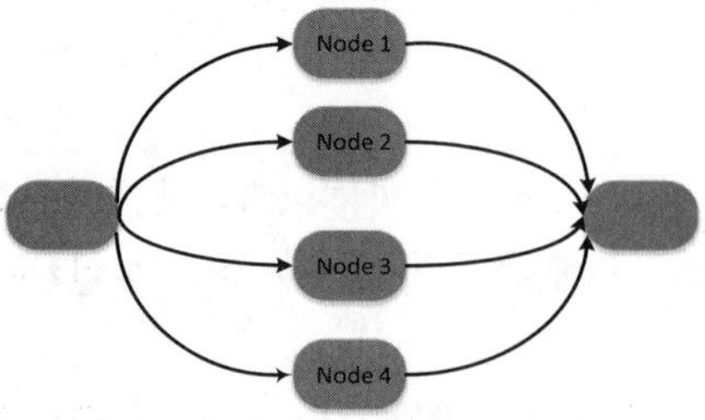

图 2-47　关系并联节点

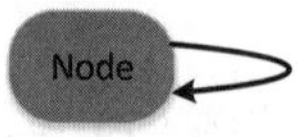

图 2-48　关系的起始节点、结束节点为同一节点

2.3.3　属　性

上面提到节点和关系都可以有多个属性。属性是由键值对组成的，就像 Java 的哈希表一样，属性名类似变量名，属性值类似变量值。属性值可以是基本的数据类型，或者由基本数据类型组成的数组。

需要注意的是属性值没有 null 的概念，如果一个属性不需要了，可以直接将整个键值对都移除。在使用 cypher 或 Java API 时（详见第 4 章），可用 IS NULL 关键字判断属性是否存在。表 2-1 列出了 Neo4j 中属性值的基本数据类型。

表 2-1　Neo4j 属性值的基本类型

类型	说明	取值范围
boolean	布尔值	true/false
byte	8 位的整数	−128 to 127, inclusive
short	16 位的整数	−32768 to 32767, inclusive
int	32 位的整数	−2147483648 to 2147483647, inclusive
long	64 位的整数	−9223372036854775808 to 9223372036854775807, inclusive
float	32 位 IEEE 754 标准浮点数	
double	64 位 IEEE 754 标准浮点数	
char	16 位无符号整数代表的字符	u0000 to uffff (0 to 65535)
string	Unicode 字符序列	

2.3.4　路　径

当使用节点和关系创建了一个图后，在此图中任意两个节点间都是可能存在路径（Path）的，如图 2-49 所示。图中任意两节点都存在由节点和关系组成的路径，路径也有长度的概念，也就是路径中关系的条数。

当然也可以说单独一个节点就可以组成长度为 0 的路径，如图 2-50 所示。

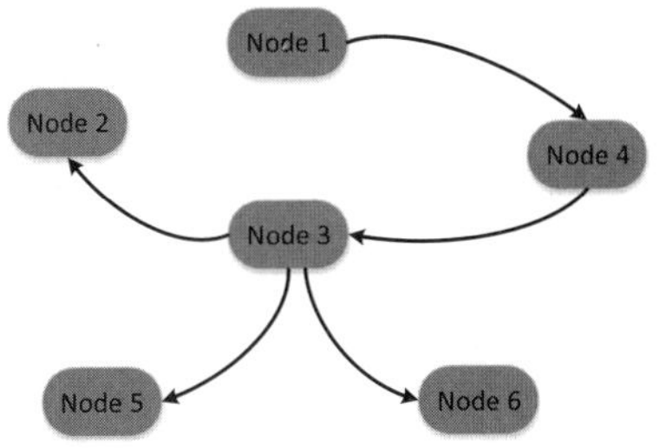

图 2-49　路径

图 2-50　长度为 0 的路径

如果是两个简单的节点，中间只存在一条关系，那这条路径的长度就是 1，如图 2-51 所示。

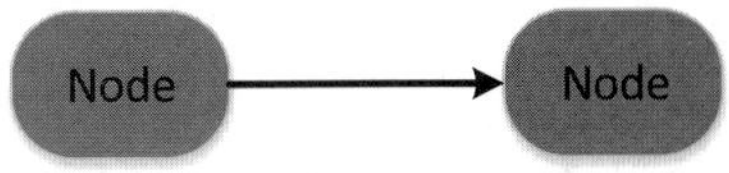

图 2-51　长度为 1 的路径

2.3.5 遍　历

遍历（Traversal）一张图就是按照一定的规则，根据它们之间的关系，依次访问所有相关联的节点的操作。对于遍历操作不必自己实现，因为 Neo4j 提供了一套高效的遍历 API，可以指定遍历规则，然后让 Neo4j 自动按照遍历规则遍历并返回遍历的结果。遍历规则可以是广度优先，也可以是深度优先。

2.4 官方入门实例介绍

为了方便读者入门，Neo4j Web 管理界面提供了一个官方入门实例“电影关系图”，帮助初学者在自己电脑上一步步创建一个入门级别的图数据结构。本节将围绕这个“电影关系图”实例一步步进行讲解、分析其创建和查询等操作。

首先，打开 Neo4j Web 管理界面（见图 2-52）后，在引导实例区单击“Write Code”链接进入代码书写引导页[1]，然后单击“Movie Graph”下的“Create a graph”链接就进入“电影关系图”实例引导界面了，如图 2-53 所示。

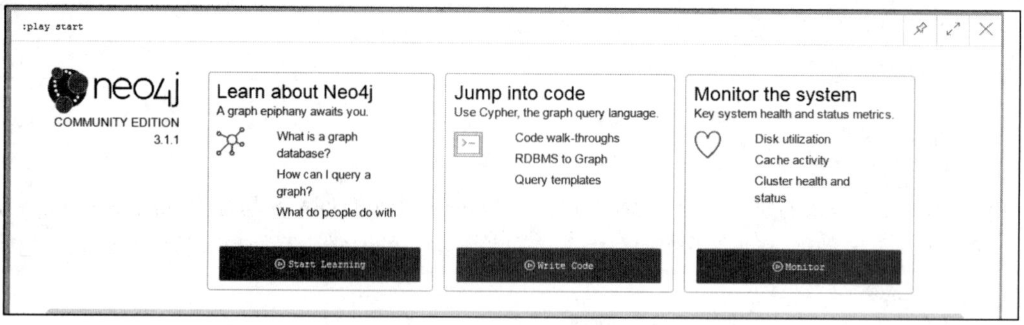

图 2-52　Neo4j Web 管理界面

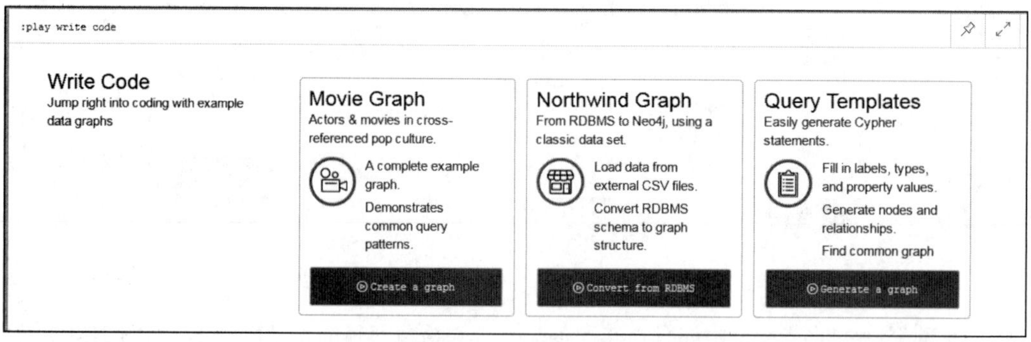

图 2-53　引导实例区

“电影关系图”实例将电影、电影导演、演员之间的复杂网状关系作为蓝本，使用 Neo4j 创建三者关系的图结构，虽然实例数据规模小，但其结构是相对完整的。

[1] Neo4j 更新很快，读者阅读本书时，这个界面或者方式可能已经变化了，请查阅 Neo4j 官网。

这个实例将指引读者学习以下入门操作：

（1）创建图数据：将电影、演员、导演等图数据导入到 Neo4j 数据库中。

（2）检索节点：检索特定电影和演员。

（3）查询关系：发现相关的演员和导演。

（4）查询关系路径：查询他们之间的关系路径。

2.4.1　创建图数据

单击“电影关系图”实例引导页的右侧换页箭头，可以看到一些实例代码，其中包含多个带有 CREATE 关键字的 Cypher 语句。单击代码块，代码块将自动填入到命令行输入区。单击运行命令按钮，图数据就创建完成了。

下面将对这些创建语句进行分析说明，先不必完全弄懂这些命令，只需要了解它们的目的即可，关于这些 Cypher 语句的具体学习，在后续章节会有详细介绍。

【程序 2-1】创建电影节点

```
CREATE (TheMatrix:Movie {title:'The Matrix',
released:1999, tagline:'Welcome to the Real World'})
```

上面的 Cypher 语句使用 CREATE 指令创建了一个 Movie 节点，这个节点上带有三个属性{title:'The Matrix', released:1999, tagline:'Welcome to the Real World'}，分别表示这个电影的标题：The Matrix、发布时间：1999、宣传词：Welcome to the Real World。

上述 Cypher 语句运行后，将会在数据库中创建一个 Movie 节点，在数据库中的存储形态如图 2-54 所示。

图 2-54　Movie 节点

【程序 2-2】创建人物节点

```
CREATE (Keanu:Person {name:'Keanu Reeves', born:1964})
```

上面代码使用 CREATE 指令创建了一个 Person 节点，节点带有两个属性{name:'Keanu Reeves', born:1964}。

在后续的 6 行代码中都使用了同样的 CREATE 指令，分别创建了人物：Carrie、Laurence、Hugo、LillyW、LanaW 和 JoelS。

【程序 2-3】创建演员、导演关系

```
CREATE
  (Keanu)-[:ACTED_IN {roles:['Neo']}]->(TheMatrix),
  (Carrie)-[:ACTED_IN {roles:['Trinity']}]->(TheMatrix),
  (Laurence)-[:ACTED_IN {roles:['Morpheus']}]->(TheMatrix),
  (Hugo)-[:ACTED_IN {roles:['Agent Smith']}]->(TheMatrix),
  (LillyW)-[:DIRECTED]->(TheMatrix),
  (LanaW)-[:DIRECTED]->(TheMatrix),
  (JoelS)-[:PRODUCED]->(TheMatrix)
```

上面代码中除了使用 CREATE 指令外，还使用了箭头运算符，如：(Keanu)-[:ACTED_IN {roles:['Neo']}]->(TheMatrix)，这一行的意思是创建一个演员参演电影的关系，演员 Keanu 以角色

roles:['Neo']参演（[:ACTED_IN]）到电影 TheMatrix 中。代码前 4 行都是创建演员参演电影关系的指令。

第 5 行指令：(LillyW)-[:DIRECTED]->(TheMatrix)，意思是创建导演与电影的关系，即 LillyW 导演了（[:DIRECTED]）电影 TheMatrix。

上面的指令运行完后，数据库中会有如图 2-55 所示的存储形态。

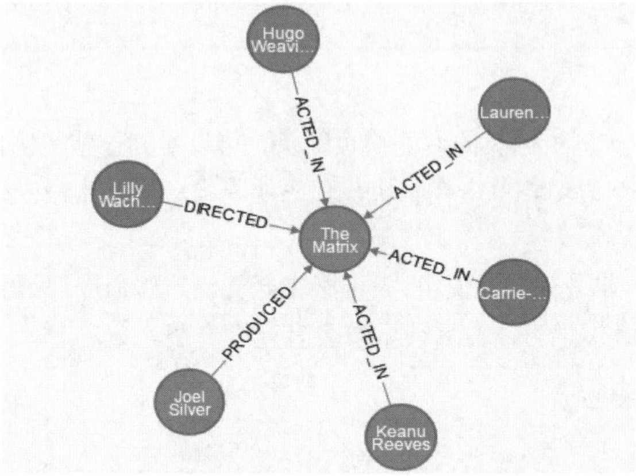

图 2-55　导演、电影关系图

这样数据库中一个电影、演员、导演、制片商的关系就创建出来了。在后面的代码中用了同样的指令分别创建了电影：The Matrix Revolutions、The Devil’s Advocate、A Few Good Men、Top Gun、Jerry Maguire 等，然后又创建了与这些电影相关的演员、导演、制片商及其他们之间的关系。

通过上述的创建指令就完成创建“电影关系图”实例了。

2.4.2 检索节点

图数据结构创建完毕后，下面介绍检索节点的相关操作。

2.4.2.1 查找人员

【程序 2-4】查找名为“Tom Hanks”的人物

```
MATCH (tom {name: "Tom Hanks"}) RETURN tom
```

上面语句使用 MATCH 指令查找匹配条件{name: "Tom Hanks"}的节点，执行的结果如图 2-56 所示。

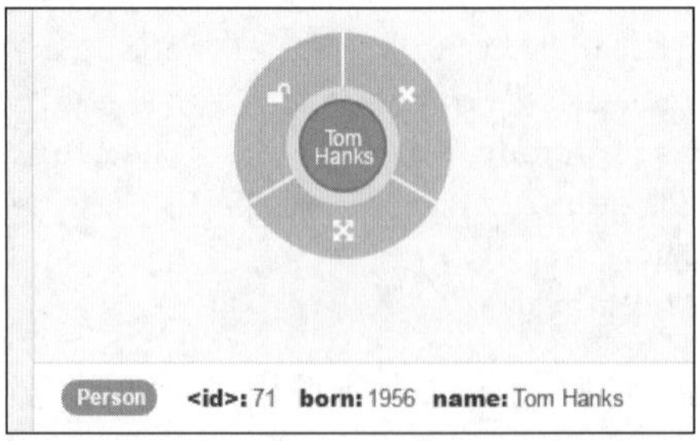

图 2-56　查找到的节点

可以在结果显示区看到查询到的节点，在结果展示区单击节点图标，可以查看到节点的属性。

2.4.2.2　随机查找多个人物的人名

【程序 2-5】随机查找 10 个人物的人名

```
MATCH (people:Person) RETURN people.name LIMIT 10
```

上面指令查找 10 个 Person 节点，然后返回每个节点的 name 属性，返回结果如图 2-57 所示。

$ MATCH (people:Person) RETURN people.name LIMIT 10

people.name
Keanu Reeves
Carrie-Anne Moss
Laurence Fishburne
Hugo Weaving
Lilly Wachowski
Lana Wachowski
Joel Silver
Emil Eifrem
Charlize Theron
Al Pacino

Started streaming 10 records after 7 ms and completed after 8 ms.

图 2-57　name 属性列表

在本次结果中，由于只返回 name 属性，所以就没有以图形化的形式返回。

2.4.2.3　查找电影节点

【程序 2-6】查找名为“Cloud Atlas”的电影

```
MATCH (cloudAtlas {title: "Cloud Atlas"}) RETURN cloudAtlas
```

上面指令查找匹配条件{title: "Cloud Atlas"}的节点，返回结果如图 2-58 所示。

图 2-58　查找到的节点

2.4.2.4　查找多个电影

【程序 2-7】查找 1990 年到 2000 年发行的电影的名称

```
MATCH (nineties:Movie)
WHERE nineties.released > 1990 AND nineties.released < 2000
RETURN nineties.title
```

上面指令略微复杂，首先匹配 Movie 节点，然后使用 WHERE 子句查询电影的 released 属性值大于 1990 并且小于 2000 条件的节点，然后只返回匹配节点的 title 属性。返回结果如图 2-59 所示。

$ MATCH (nineties:Movie) WHERE nineties.released > 1990 AND nineties.released

nineties.title
The Matrix
The Devil's Advocate
A Few Good Men
As Good as It Gets
What Dreams May Come
Snow Falling on Cedars
You've Got Mail
Sleepless in Seattle
When Harry Met Sally
That Thing You Do
The Birdcage
Unforgiven
Johnny Mnemonic
The Green Mile
Hoffa
Apollo 13

Rows Text Code

Started streaming 20 records after 3 ms and completed after 21 ms.

图 2-59 title 属性列表

2.4.3 查询关系

接下来讲解 MATCH 指令更多的用法。

2.4.3.1 查找演员参演的电影

【程序 2-8】查找“Tom Hanks”参演过的电影的名称

```
MATCH (tom:Person {name: "Tom Hanks"})-[:ACTED_IN]->(tomHanksMovies) RETURN
tom,tomHanksMovies
```

上述指令首先匹配节点类型为 Person、属性为{name: "Tom Hanks"}的节点，然后匹配这些节点中具有关系[:ACTED_IN]，并且此关系指向某个电影节点的节点。返回结果如图 2-60 所示。

图 2-60 Tom Hanks 参演过的电影

通过结果可以看到演员 Tom Hanks 参演过的所有电影。

【程序 2-9】查找谁导演了电影“Cloud Atlas”

```
MATCH (cloudAtlas {title: "Cloud Atlas"})<-[:DIRECTED]-(directors)
RETURN directors.name
```

上面指令首先匹配属性为{title: "Cloud Atlas"}的节点，然后匹配这些节点中具有关系[:DIRECTED]

并且是被某个节点指向的节点，再返回匹配节点的 name 属性。返回结果如图 2-61 所示。

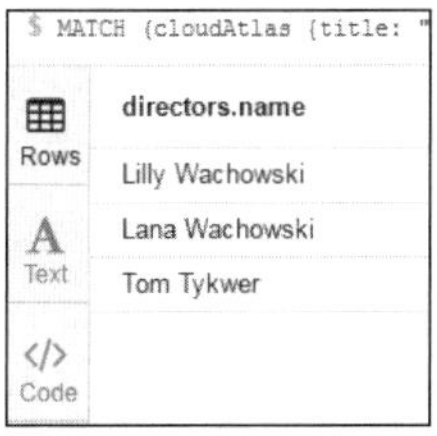

图 2-61　电影 Cloud Atlas 的导演名单

通过结果可以看到 Lily Wachowski、Lana Wachowski、Tom Tykwer 导演了电影 Cloud Atlas。

【程序 2-10】查找与 Tom Hanks 同出演过电影的人

```
MATCH (tom:Person {name:"Tom Hanks"})-[:ACTED_IN]->(m)<-[:ACTED_IN]-(coActors)
RETURN coActors.name
```

上面指令首先匹配节点类型为 Person、属性为{name:"Tom Hanks"}的节点，然后匹配这些节点中通过[:ACTED_IN]关系指向的节点 m，并且同时匹配某个节点 coActors 也通过[:ACTED_IN]关系指向的节点 m，然后返回匹配节点 m 的 name 属性。返回结果如图 2-62 所示。

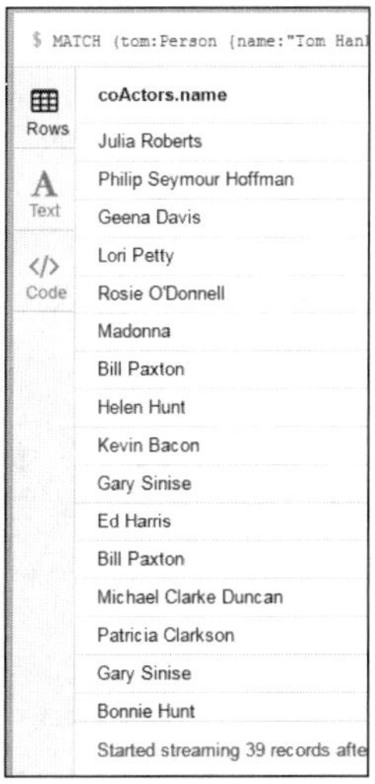

图 2-62　与 Tom Hanks 出演过同一部电影的人

这样就查出了与 Tom Hanks 出演过同一部电影的人的姓名。

【程序 2-11】查找与电影“Cloud Atlas”相关的所有人

```
MATCH (people:Person)-[relatedTo]-(:Movie {title: "Cloud Atlas"})
RETURN people.name, Type(relatedTo), relatedTo
```

上面指令首先匹配节点类型为 Person 的节点，然后匹配节点类型为 Movie、节点属性为{title: "Cloud Atlas"}的节点，最后匹配两者之间存在某种关系（无论是导演还是演员关系）的情况，然后将人名、电影的关系类型、电影的关系同时返回。返回结果如图 2-63 所示。

图 2-63　与电影“Cloud Atlas”相关的所有人

通过结果可以看到返回了三列数据，这与 RETURN 语句后面的 people.name、Type(relatedTo)、relatedTo 相对应。

2.4.3.2　查询关系路径

你或许听说过“六度空间”理论，也就是说，世界上任何两个人，他们之间最多通过 6 条关系路径就可以相互联系到彼此。使用 Neo4j 的关系路径查询，可以查找任意深度的关系路径，也就很轻松地能够实现人脉关系查询了。

【程序 2-12】查找与演员 Kevin Bacon 存在 4 条及以内关系路径的任何演员和电影

```
MATCH (bacon:Person {name:"Kevin Bacon"})-[*1..4]-(hollywood)
RETURN DISTINCT Hollywood
```

上面指令首先匹配节点类型为 Person、属性为{name: " Kevin Bacon "}的节点，然后将关系深度限制为从 1 到 4 再进行遍历，最后返回匹配的所有节点。返回结果如图 2-64 所示。

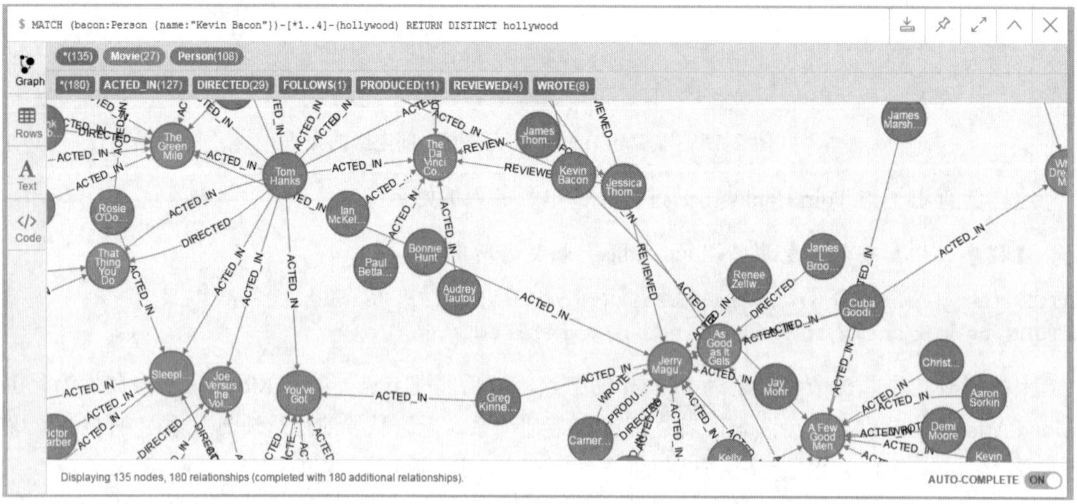

图 2-64　与演员 Kevin Bacon 存在 4 条及以内关系的演员和电影

通过结果可以看到演员 Kevin Bacon 的 4 度关系以内的演员和电影网络是很庞大的。

【程序 2-13】查找与演员 Kevin Bacon 与 Meg Ryan 之间的最短关系路径

```
MATCH p=shortestPath(
(bacon:Person {name:"Kevin Bacon"})-[*]-(meg:Person {name:"Meg Ryan"})
)
RETURN p
```

上面指令首先匹配节点类型为 Person、属性为{name: "Kevin Bacon"}的节点，再匹配节点类型为 Person、属性为{name: "Meg Ryan"}的节点，两者用[*]关系操作符相连，代表两者存在任意深度的关系，然后使用 shortestPath 方法返回两者在所有深度关系遍历路径中最短的一条。返回结果如图 2-65 所示。

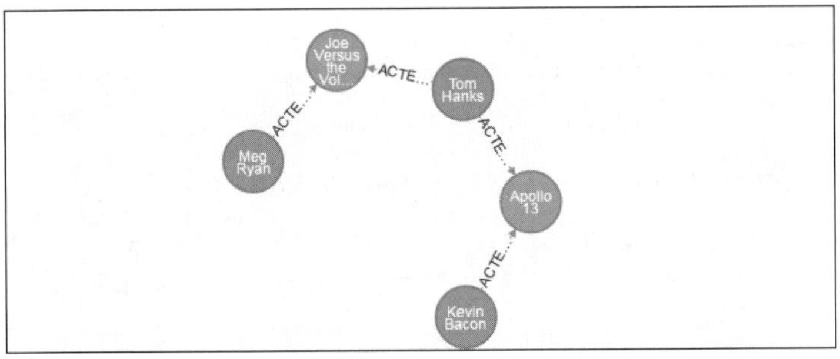

图 2-65　“Kevin Bacon”与“Meg Ryan”之间的最短关系路径

通过结果可以看到演员 Meg Ryan 与 Tom Hanks 同参演过 Joe Versus the Volcano 电影，而 Tom Hanks 与 Kevin Bacon 同参演过 Apollo 13 电影，这就是他们两者之间的最短关系路径。

2.4.4 思考与练习

基于这个“电影关系图”实例，可以考虑一下其他的应用场景：要为 Tom Hanks 推荐新的合作伙伴，一个比较好的办法就是通过认识 Tom Hanks 的人来寻找新的合作伙伴。

对于 Tom Hanks 来说，这意味着：

第一步，先找到 Tom Hanks 还没有合作过的、但 Tom Hanks 的合作伙伴曾经与其合作过的演员。

第二步，找到一个可以向他的潜在合作者介绍 Tom Hanks 的人。

【程序 2-14】查找没有与 Tom Hanks 合作过的演员

```
MATCH (tom:Person {name:"Tom
Hanks"})-[:ACTED_IN]->(m)<-[:ACTED_IN]-(coActors),(coActors)-[:ACTED_IN]->(m2)
<-[:ACTED_IN]-(cocoActors)
WHERE NOT (tom)-[:ACTED_IN]->(m2)
RETURN cocoActors.name AS Recommended, count(*) AS Strength
ORDER BY Strength DESC
```

结果如图 2-66 所示。

$ MATCH (tom:Person {name:"Tom Hanks"})-[:ACTED_IN]->(m)<-[:ACTED_IN]-(coActors), (coActors)-[:ACTED_IN]->(m2)<-[:ACTED_IN]-(cocoActors)...

Recommended	Strength
Tom Cruise	5
Zach Grenier	5
Helen Hunt	4
Cuba Gooding Jr.	4
Keanu Reeves	4
Tom Skerritt	3
Carrie-Anne Moss	3
Val Kilmer	3
Bruno Kirby	3
Philip Seymour Hoffman	3
Billy Crystal	3
Carrie Fisher	3
Kelly McGillis	3
Anthony Edwards	3
Laurence Fishburne	3
Jack Nicholson	3

Started streaming 50 records after 35 ms and completed after 35 ms.

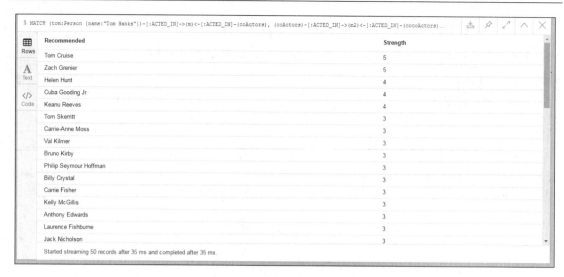

图 2-66 没有与 Tom Hanks 合作过的演员

【程序 2-15】查找可以将 Tom Hanks 介绍给 Tom Cruise 的演员

```
MATCH (tom:Person {name:"Tom Hanks"})-[:ACTED_IN]->(m)<-[:ACTED_IN]-(coActors),
(coActors)-[:ACTED_IN]->(m2)<-[:ACTED_IN]-(cruise:Person {name:"Tom Cruise"})
RETURN tom, m, coActors, m2, cruise
```

结果如图 2-67 所示。

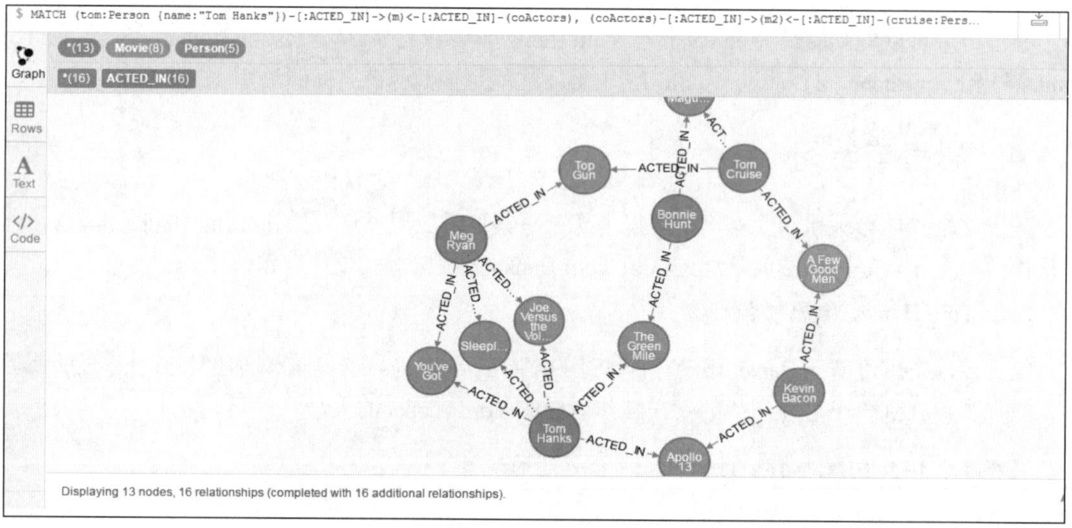

图 2-67 查找可以将 Tom Hanks 介绍给 Tom Cruise 的演员

2.4.5 清空数据库

上面的数据在操作完后，有时候需要清理掉这些数据。我们可以通过下面代码清空数据库。

【程序 2-16】清空所有 Person、Movie 节点及其所有关系

```
MATCH (a:Person),(m:Movie)
```

```
OPTIONAL MATCH (a)-[r1]-(), (m)-[r2]-()
DELETE a,r1,m,r2
```

这样操作完后，可以运行以下命令查看数据库中是否还有任何数据，以确认数据是否已经被清空。

【程序 2-17】查询任意数据

```
MATCH (n) RETURN n
```

如果没有，就说明已经删除成功了。

2.5 批量导入工具的使用

在初次使用 Neo4j 图数据库时，很多读者需要将自己使用的关系数据库或用其他存储形式存储的数据批量导入到 Neo4j 图数据库中。为此，本节将介绍怎样使用 Neo4j 导入工具来批量导入数据。

目前，将数据导入到 Neo4j 的方法有三种：ETL 导入工具、load csv 指令和 neo4j-import 工具，都是基于 CSV 文件的。既然需要 CSV 文件，那么有必要先考虑如何从其他数据库中获取 CSV 文件。

我们先介绍如何从传统的关系数据库导出 CSV 文件，然后用以上 Neo4j 数据导入方法将 CSV 文件导入到 Neo4j 数据库中。本节只介绍导入方法的实际操作步骤，关于导入方法的更详细参数及使用方法参见 5.6 节。

2.5.1 ETL 导入工具的使用

Neo4j ETL（Extract-Transform-Load）导入工具可以帮助开发人员轻松地将数据从关系数据库导入到图数据库中。它包括以下 3 个简单的步骤：

步骤 01 通过 JDBC 设置指定源关系数据库。

步骤 02 使用图形化的编辑工具建立数据模型映射。

步骤 03 运行生成的脚本将所有数据导入到 Neo4j。

ETL 工具有两个版本：Desktop 版本和命令行版本。

2.5.1.1 Desktop 版本 ETL 工具的导入

启动 Neo4j Desktop 后，单击“Add Application”打开应用安装界面，如图 2-68 所示。

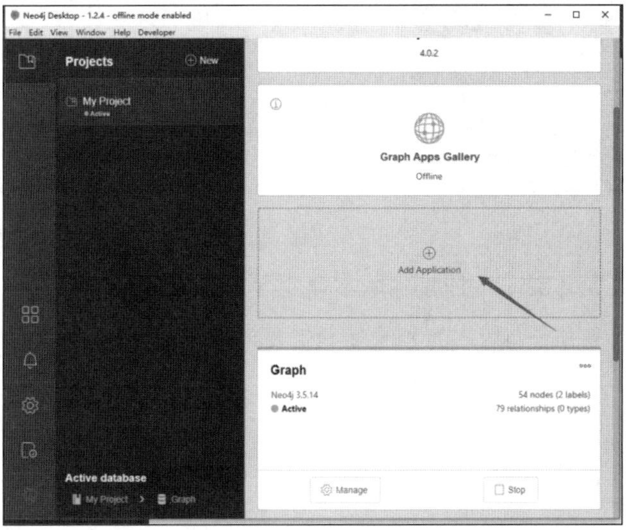

图 2-68 添加应用

在应用安装界面中选择“Neo4j ETL

Tool”项，开始自动安装，安装完成后单击“Close”按钮关闭应用安装界面，如图 2-69 所示。

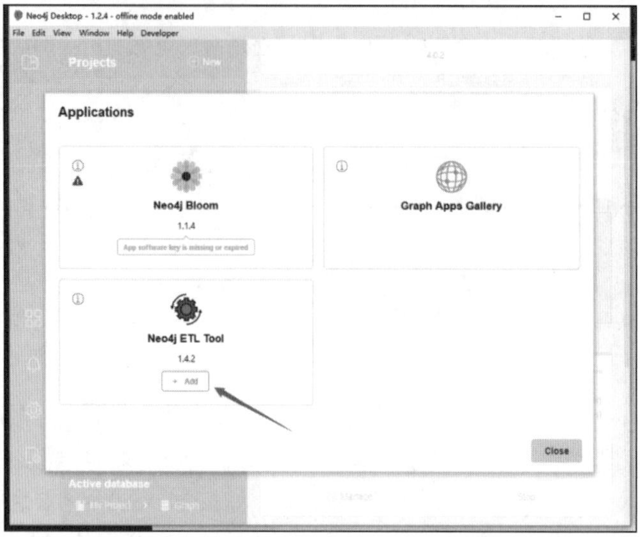

图 2-69 添加 ETL 工具

返回 Neo4j Desktop 界面上就可以看到 Neo4j ETL Tool 工具，然后单击就可以启动，如图 2-70 所示。

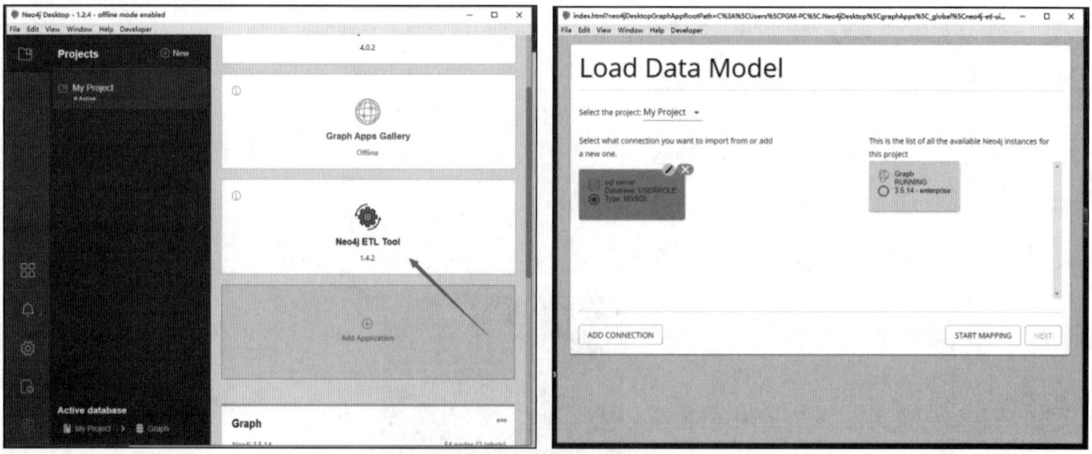

图 2-70 Neo4j ETL Tool 工具

2.5.1.2 压缩包版本命令行 ETL 工具的安装

压缩包版本的 ETL 工具需要到 GitHub 下载，地址为：https://github.com/neo4j-contrib/neo4j-etl/releases，如图 2-71 所示。

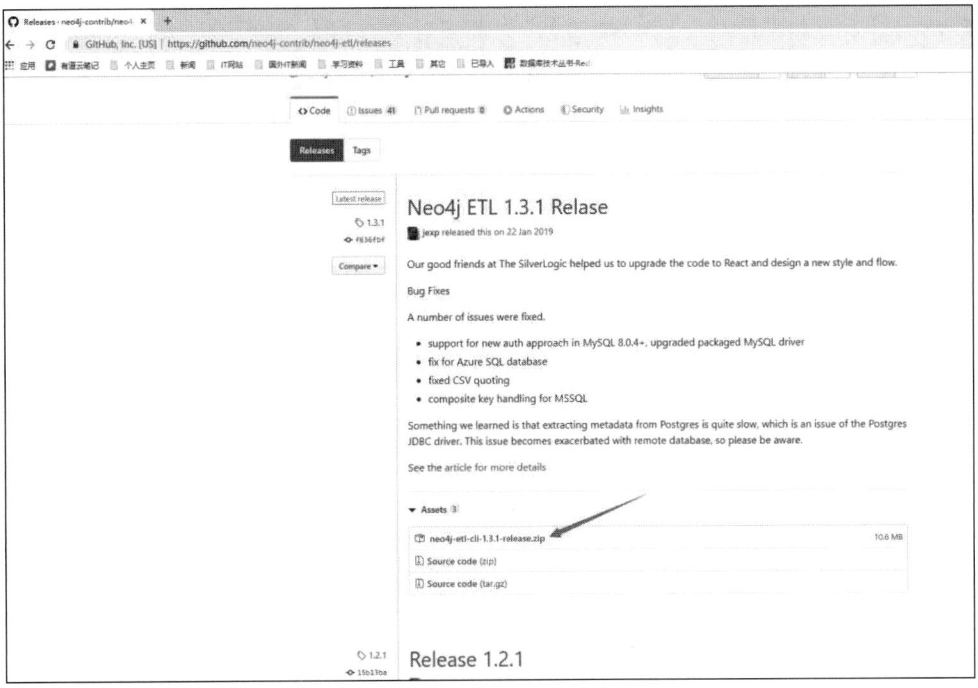

图 2-71　ETL 压缩包版下载

下载解压后的目录如图 2-72 所示。

图 2-72　ETL 压缩包内容

在 lib 文件夹中有 ETL 的 jar 包，我们可以通过 bin 文件夹中的 neo4j-etl.cmd 脚本来启动。

2.5.1.3　使用 ETL 工具从关系数据库导入数据

接下来，我们需要建立一个关系数据库连接。支持 JDBC 驱动程序的关系数据库，ETL 工具也都支持，包括 MySQL、PostgreSQL、Oracle、Cassandra、DB2、SQL Server、Derby 等。虽然 ETL 工具只内置支持 MySQL 和 PostgreSQL 数据库，但可以通过指定驱动程序文件来轻松地支持所有其他数据库。

本节将以 SQL Server 2008 为例，来展示导入操作，其他数据库与之类似。

首先我们在关系数据库中准备待导入的数据表。

注意：因为我们除了要导入节点数据外，我们还要导入关系数据，因此需要在关系数据库中创建“外键”约束来实现图数据库中的“关系”。

在本例中，我们将采用“人员”→“角色”之间多对多的关系，因此除了人员表、角色表之外，我们还需要一个“中间表”来保存多对多关系，如图 2-73 所示。

图 2-73　SQL Server 数据库表结构

我们先创建表结构，sys_user 表主键为 user_id，sys_role 表主键为 role_id，中间关系表 sys_role_user 将通过创建同名字段来与 sys_user 表、sys_role 表建立外键约束。

① sys_role 表的创建语句如下：

```
CREATE TABLE [dbo].[sys_role](
    [role_id] [bigint] NOT NULL,
    [_org_id] [bigint] NULL,
    [role_name] [nvarchar](255) NULL,
    [role_code] [nvarchar](255) NULL,
    [remark] [nvarchar](255) NULL,
    [item_auth] [nvarchar](255) NULL,
    [xh] [nvarchar](255) NULL,
    [_data_state] [int] NULL,
    [_create_user_id] [bigint] NULL,
    [_create_time] [datetime] NULL,
    [_update_user_id] [bigint] NULL,
    [_update_time] [datetime] NULL,
 CONSTRAINT [PK_sys_role] PRIMARY KEY CLUSTERED
(
    [role_id] ASC
)WITH (PAD_INDEX = OFF, STATISTICS_NORECOMPUTE = OFF, IGNORE_DUP_KEY = OFF,
ALLOW_ROW_LOCKS = ON, ALLOW_PAGE_LOCKS = ON) ON [PRIMARY]
) ON [PRIMARY]
```

② sys_user 表的创建语句如下：

```
CREATE TABLE [dbo].[sys_user](
    [user_id] [bigint] NOT NULL,
    [_org_id] [bigint] NULL,
    [user_name] [nvarchar](255) NULL,
    [password] [nvarchar](255) NULL,
    [real_name] [nvarchar](255) NULL,
    [tel] [float] NULL,
    [email] [nvarchar](255) NULL,
    [user_key] [float] NULL,
    [user_type] [float] NULL,
```

```
    [expiration_date] [datetime] NULL,
    [_data_state] [float] NULL,
    [_create_user_id] [bigint] NULL,
    [_create_time] [datetime] NULL,
    [_update_user_id] [bigint] NULL,
    [_update_time] [datetime] NULL,
 CONSTRAINT [PK_sys_user] PRIMARY KEY CLUSTERED
(
    [user_id] ASC
)WITH (PAD_INDEX = OFF, STATISTICS_NORECOMPUTE = OFF, IGNORE_DUP_KEY = OFF,
ALLOW_ROW_LOCKS = ON, ALLOW_PAGE_LOCKS = ON) ON [PRIMARY]
) ON [PRIMARY]
```

③ 中间关系表的创建语句如下：

```
CREATE TABLE [dbo].[sys_role_user](
    [role_user_id] [bigint] NOT NULL,
    [_org_id] [bigint] NULL,
    [role_id] [bigint] NULL,
    [user_id] [bigint] NULL,
    [_data_state] [nvarchar](255) NULL,
    [_create_user_id] [nvarchar](255) NULL,
    [_create_time] [nvarchar](255) NULL,
    [_update_user_id] [nvarchar](255) NULL,
    [_update_time] [nvarchar](255) NULL,
 CONSTRAINT [PK_sys_role_user] PRIMARY KEY CLUSTERED
(
    [role_user_id] ASC
)WITH (PAD_INDEX = OFF, STATISTICS_NORECOMPUTE = OFF, IGNORE_DUP_KEY = OFF,
ALLOW_ROW_LOCKS = ON, ALLOW_PAGE_LOCKS = ON) ON [PRIMARY]
) ON [PRIMARY]

GO

ALTER TABLE [dbo].[sys_role_user]  WITH CHECK ADD  CONSTRAINT
[FK_sys_role_user_role] FOREIGN KEY([role_id])
REFERENCES [dbo].[sys_role] ([role_id])
GO

ALTER TABLE [dbo].[sys_role_user] CHECK CONSTRAINT [FK_sys_role_user_role]
GO

ALTER TABLE [dbo].[sys_role_user]  WITH CHECK ADD  CONSTRAINT
[FK_sys_role_user_user] FOREIGN KEY([user_id])
REFERENCES [dbo].[sys_user] ([user_id])
GO

ALTER TABLE [dbo].[sys_role_user] CHECK CONSTRAINT [FK_sys_role_user_user]
GO
```

接下来我们准备表的数据。

注意：不要用 id 作为字段名，而是用 user_id、role_id 来代替。

图 2-74 所示是 sys_role 表的数据，其中 role_id 列的数据很关键。

	role_id	_org_id	role_name	role_code	remark	item_auth	xh	_data_state	_create_user_id	_create_time	_update_user_id	_update_time
1	1	1110785842869170000	系统管理员	admin	系统管理员拥有操作所有数据的权限	NULL	NULL	1	NULL	2019-03-27 14:10:12.000	1110785922321870000	2019-05-13 16:52:39.000
2	2	1110785842869170000	访客	user	访客用户只能，查看、访问档案数据	NULL	NULL	1	NULL	2019-06-07 14:14:47.000	1110785922321870000	2019-06-07 14:50:41.000
3	3	NULL	档案管理员	manager	档案管理员，拥有操作所有档案业务数据的权限	NULL	NULL	1	1110785922321870000	2019-04-09 16:03:40.000	1110785922321870000	2019-04-10 14:29:50.000
4	4	1110785842869170000	平台管理员	system	NULL	NULL	NULL	1	1110785922321870000	2019-04-10 08:45:56.000	1110785922321870000	2019-04-12 16:49:40.000
5	5	1110785842869170000	全宗管理员	qzgly	对本全宗的业务业务数据进行管理工作	NULL	NULL	1	1110785922321870000	2019-07-01 07:45:00.000	1110785922321870000	2019-07-01 07:46:16.000

图 2-74 sys_role 表数据

图 2-75 所示是 sys_user 表的数据，其中 user_id 列的数据很关键。

	user_id	_org_id	user_name	password	real_name	tel	email	user_key	user_type	expiration_date	_data_state	_create_user_id	_create_time
1	1	1110785842869170000	testadmin	7aa51950c6708c9f8ad2bbe525c3c464	测试管理员	NULL	NULL	NULL	0	NULL	1	1110785922321870000	2019-01-14 14:34:50.000
2	2	1110785842869170000	admin	750ebeceb050a85dea162d0bb855d19b	系统管理员	15000000000	pangguoming@yeah.net	123321	0	2020-04-30 00:01:00.000	1	NULL	2019-03-27 14:09:38.000
3	3	1110785842869170000	ceshijieyue	NULL	测试借阅用户	15000000000	test@163.com	3.70703199999999E+17	1	NULL	1	1110785922321870000	2019-07-01 07:42:02.000
4	4	1110785842869170000	putong	229307bc26d595b179863377d7c7a13b	普通用户	NULL	NULL	NULL	0	NULL	1	1110785922321870000	2019-10-16 10:34:17.000

图 2-75 sys _user 表数据

图 2-76 所示是 sys_role_user 表的数据，其中 user_id、role_id 列的数据很关键。

	role_user_id	_org_id	role_id	user_id	_data_state	_create_user_id	_create_time	_update_user_id	_update_time
1	1	NULL	1	1	NULL	NULL	NULL	NULL	NULL
2	2	NULL	2	1	NULL	NULL	NULL	NULL	NULL
3	3	NULL	2	2	NULL	NULL	NULL	NULL	NULL
4	4	NULL	3	2	NULL	NULL	NULL	NULL	NULL
5	5	NULL	3	3	NULL	NULL	NULL	NULL	NULL
6	6	NULL	4	4	NULL	NULL	NULL	NULL	NULL

图 2-76 sys_role_user 表数据

2.5.1.4 配置 ETL 工具开始导入

如图 2-77 所示，在 ETL 工具界面上单击“ADD CONNECTION”按钮。

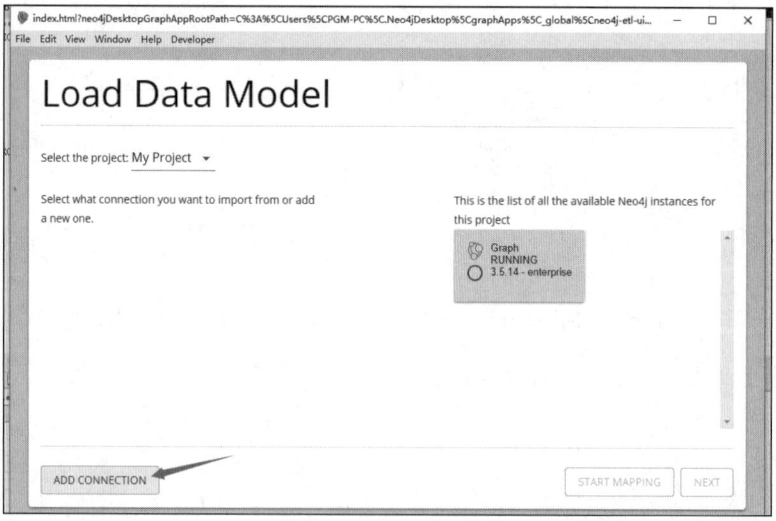

图 2-77 添加 ETL 连接

填写如图 2-78 所示的连接 SQL Server 数据库的参数，最后单击“TEST AND SAVE CONNECTION”按钮。

注意：

（1）要先准备好驱动包，驱动包下载地址：https://github.com/neo4j-contrib/neo4j-etl。

（2）Schema 输入框需要输入 SQL Server 的[数据库名].[dbo]。

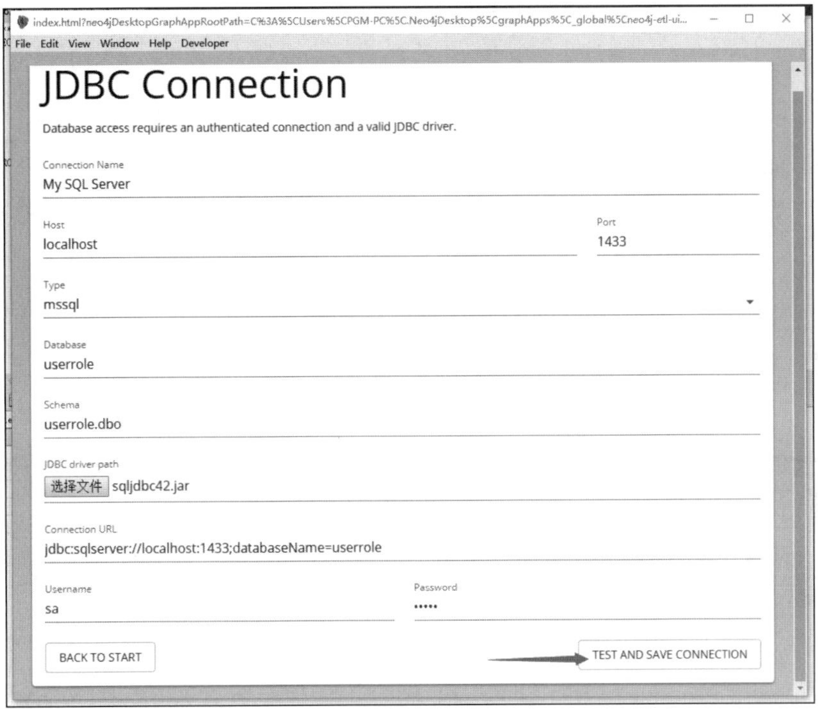

图 2-78　ETL 连接配置

然后提示添加连接成功，我们选中刚创建的连接，单击“START MAPPING”按钮创建映射，如图 2-79 所示。

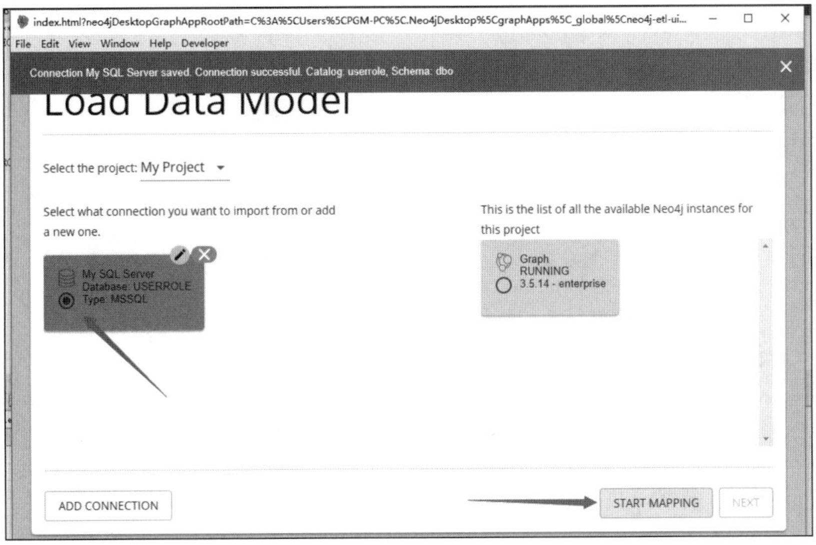

图 2-79　ETL 映射（1）

创建映射成功后，选中需要导入的 Neo4j 数据库，再单击“NEXT”按钮，如图 2-80 所示。

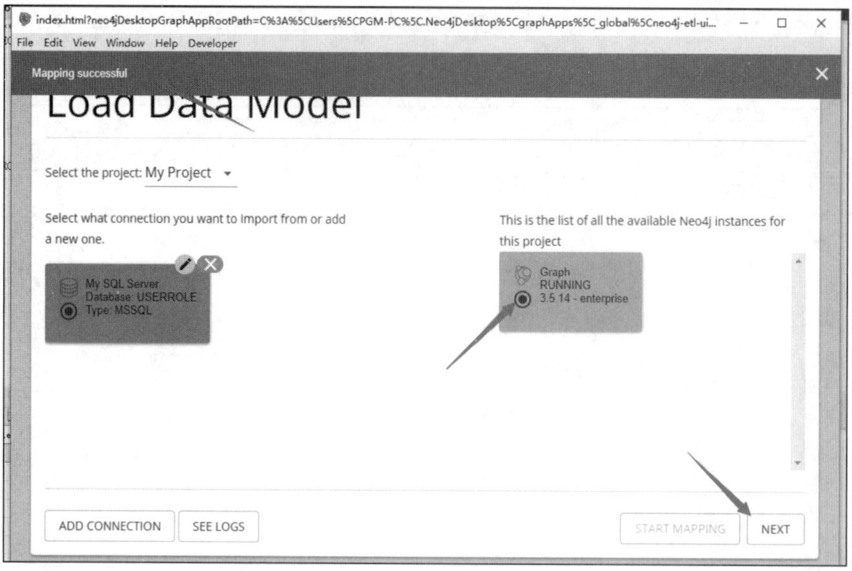

图 2-80　ETL 映射（2）

接下来，可以在 NODES、RELATIONSHIP 选项卡中编辑节点、关系的字段数据类型映射，如图 2-81~图 2-83 所示。

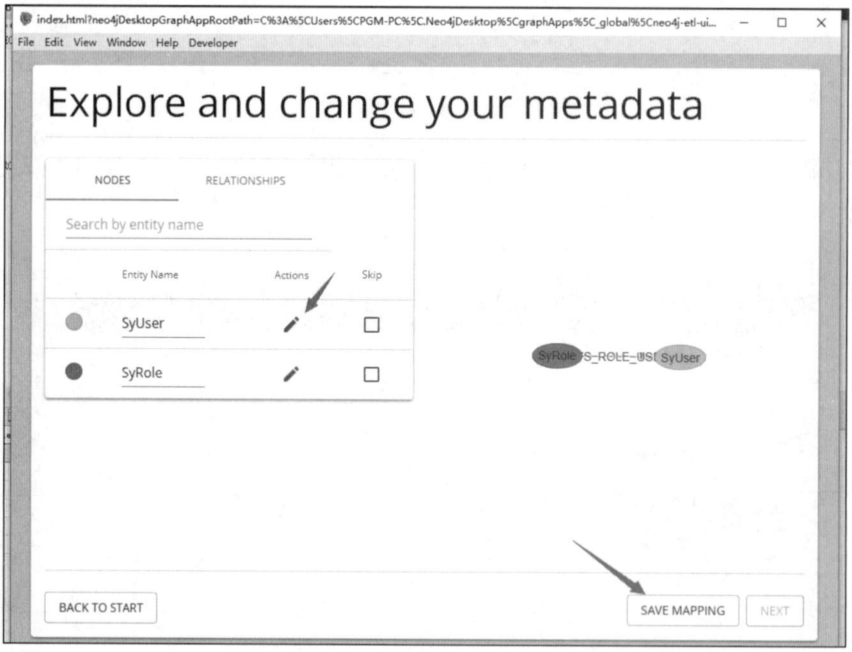

图 2-81　ETL 映射编辑节点

Neo4j ETL App 会根据源数据库模式决定基本的数据映射，规则如下：

- 拥有 1 个外键的表会映射成节点和其上的关系。

- 拥有 2 个外键的表会被当作是关系表映射成关系。
- 拥有多于 2 个外键的表会被当作中间表处理，映射成拥有多个关系的节点。

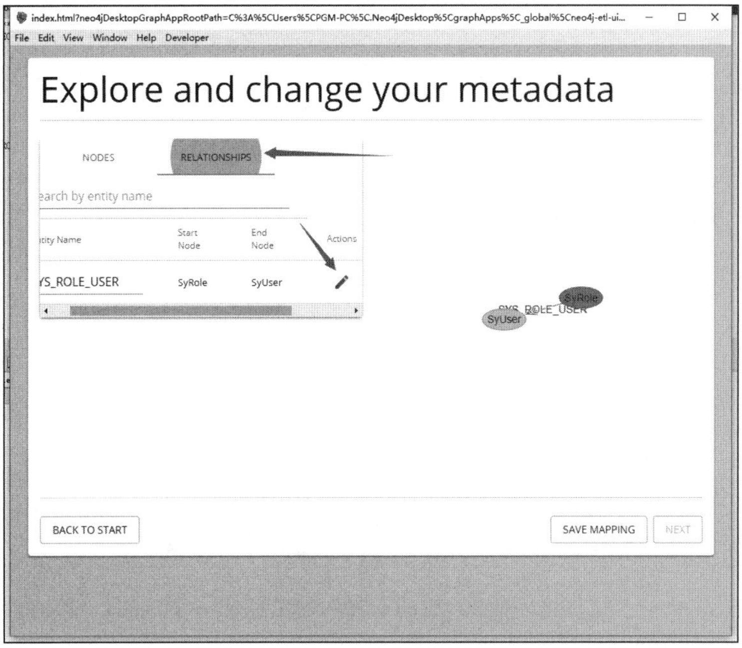

图 2-82　ETL 映射编辑关系

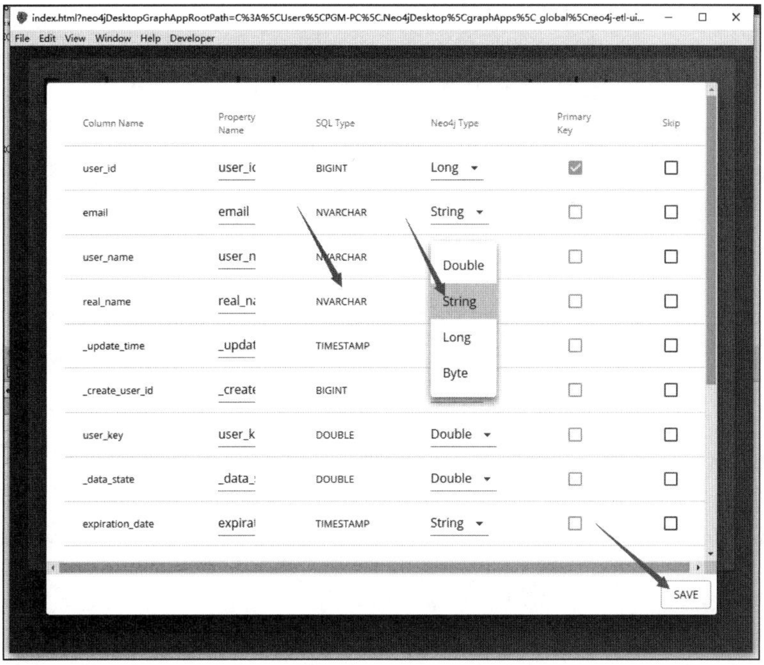

图 2-83　ETL 映射编辑属性

编辑完映射后单击“SAVE”按钮，再单击“NEXT”按钮，如图 2-84 所示。

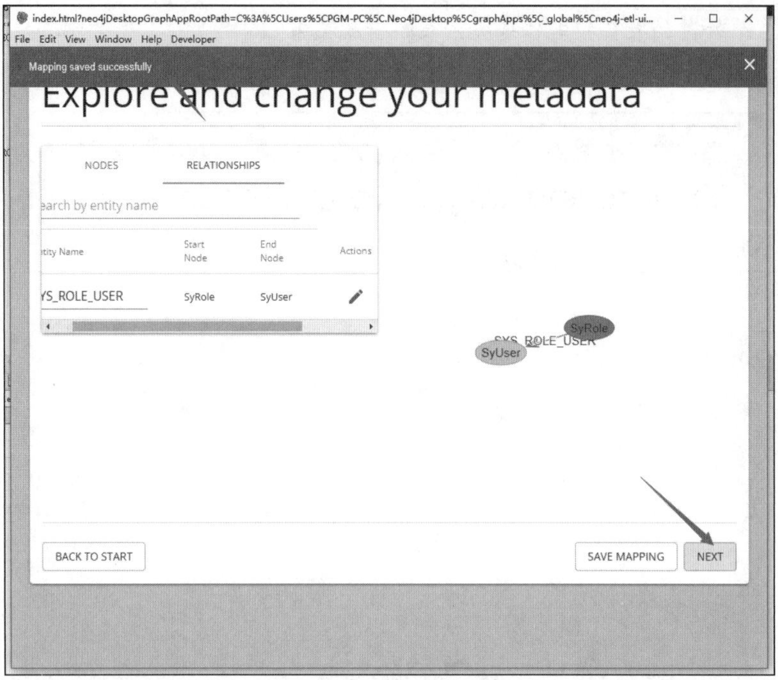

图 2-84　ETL 映射配置完成

最后在导入界面设置每次导入的条数，ETL 将分次导入，如图 2-85 所示。

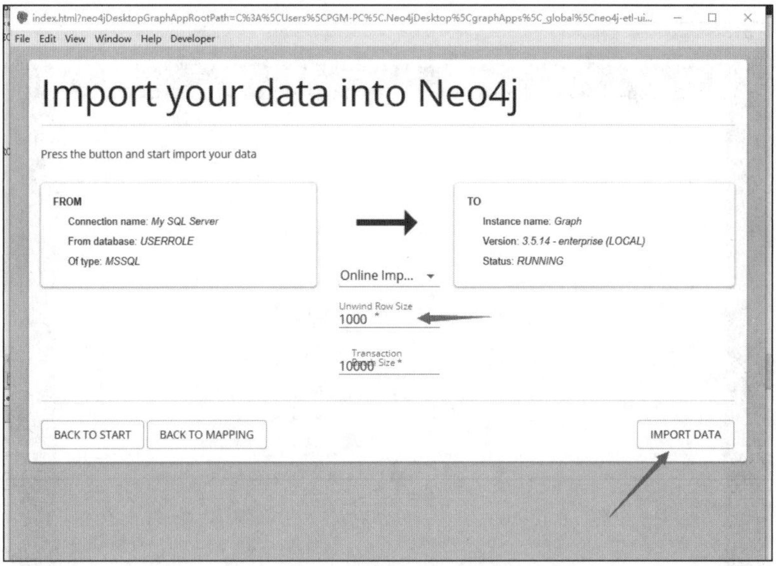

图 2-85　ETL 开始自动导入

单击“IMPORT DATA”按钮后，请一直等待，直到提示导入成功，然后就可以到 Neo4j 中查询是否真的导入成功了，如图 2-86 所示。

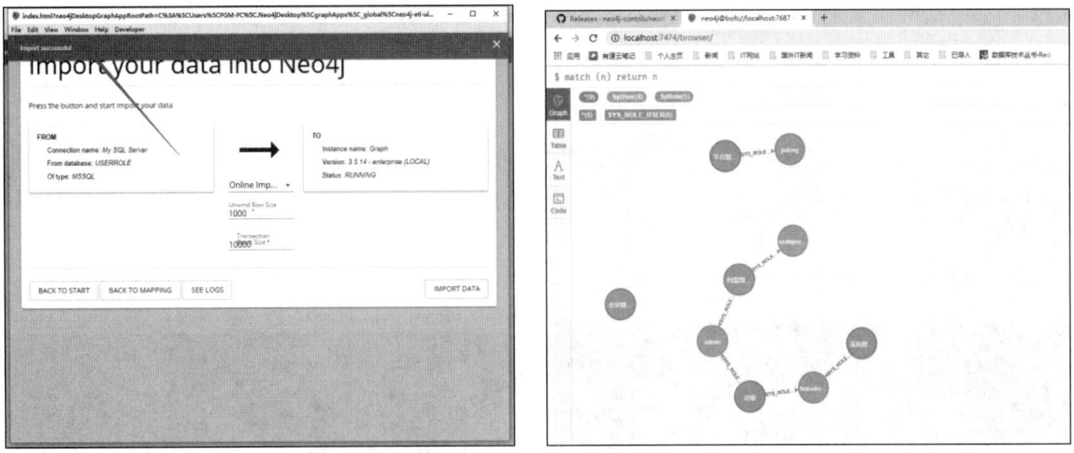

图 2-86　ETL 导入成功

2.5.1.5　压缩包版命令行 ETL 工具的导入

在本例中，我们将不使用下载解压 bin 文件夹下的脚本，而是编写自己的导入脚本。准备工作如下：

（1）在 E 盘创建一个 ETL 文件夹，保存我们下载的 jdbc 驱动 jar 文件。

（2）确保 Java 环境变量设置正确，可以在命令行输入 java 命令进行确认。

（3）最好使用管理员角色运行命令行。

（4）在本例中，我们将下载后的压缩包解压到 D:\software\文件夹中；然后将在 E:/etl 文件夹下准备 import-tool-options.json 文件，内容为：{"multiline-fields":"true"}，如图 2-87 所示。

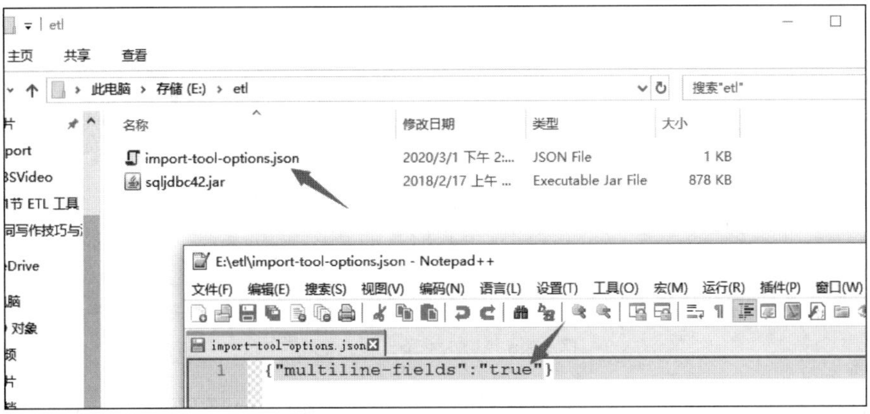

图 2-87　准备参数脚本

将编写并运行导入脚本。脚本参数的说明文档位于：https://neo4j-contrib.github.io/neo4j-etl/#neo4j-etl-cli。以下是导入的脚本实例：

```
java -cp
 "D:\software\neo4j-etl-cli-1.3.1\lib\neo4j-etl.jar"
org.neo4j.etl.NeoIntegrationCli
export    --rdbms:password "sa123"    --rdbms:user sa
 --rdbms:schema userrole.dbo
```

```
--rdbms:url "jdbc:sqlserver://localhost:1433;databaseName=userrole"
--import-tool
C:\Users\PGM-PC\.Neo4jDesktop\neo4jDatabases\database-3c4ee7da-eb1e-4509-94a3-12c1a7d6f3ee\installation-3.5.14\bin
--options-file E:\etl\import-tool-options.json
--csv-directory E:\etl\
--destination E:\etl\graph.db\
--driver E:\etl\sqljdbc42.jar
```

命令执行结果如图 2-88 所示。

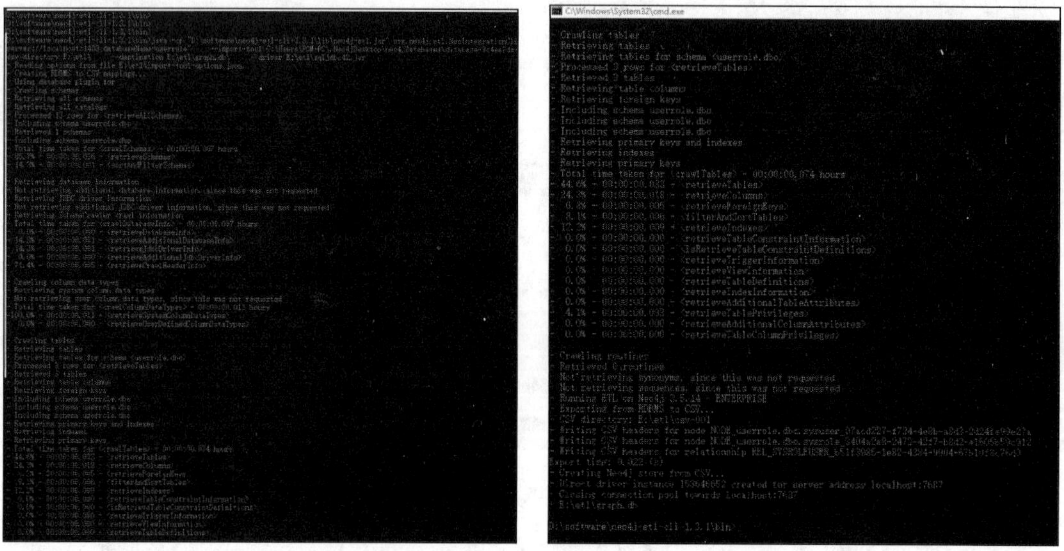

图 2-88 运行脚本

运行完毕后，我们到目标文件夹即 E:/ etl 下查看导入后的数据文件，如图 2-89 所示。

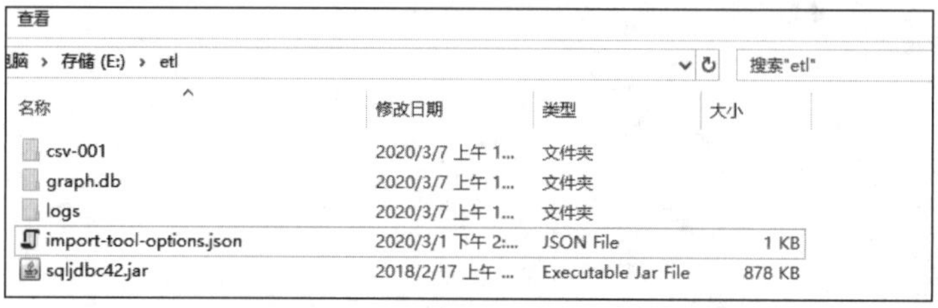

图 2-89 导入后的数据文件

其中，csv-001 文件夹下是生成的映射文件，如图 2-90 所示。logs 文件夹下是日志文件。graph.db 文件夹下是导入成功的数据库文件。

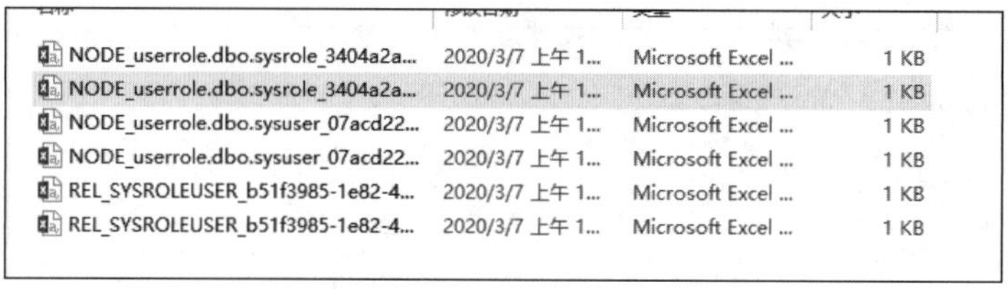

图 2-90 生成的映射文件

最后我们把 graph.db 文件夹替换掉 Neo4j 安装目录下的\data\databases 下的同名文件夹后，再启动 Neo4j 实例就发现导入成功了。

2.5.2　获取 CSV 文件

下面介绍几种主流关系数据库导出 CSV 文件的方法。

2.5.2.1　SQL Server 导出 CSV 文件

打开一个查询窗口，输入 SQL 语句查询出需要导出的数据列表，如图 2-91 所示。

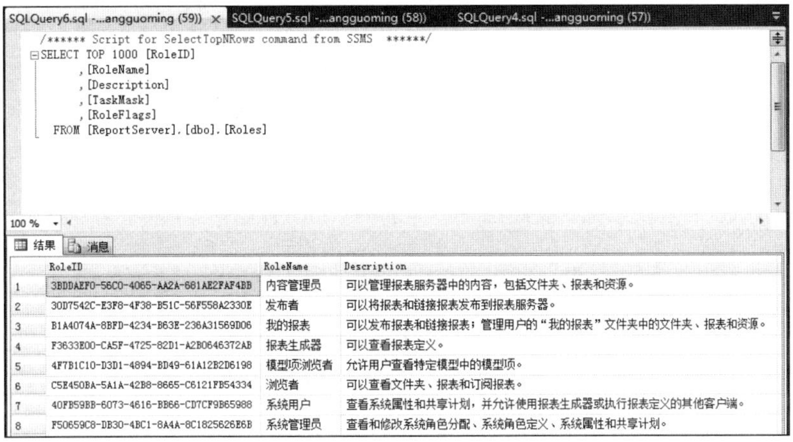

图 2-91　SQL 查询结果

在查询的结果栏目中，复制所有查询出来的数据。右击，在弹出的快捷菜单中选择“将结果另存为”命令，如图 2-92 所示。

图 2-92　将查询结果另存为

这里可以选择保存为 CSV 文件或 txt 文件，我们选择 CSV 文件，如图 2-93 所示，可以用 Excel 打开 CSV 文件来查看 CSV 文件的内容。

图 2-93　保存 CSV 文件

2.5.2.2　MySQL 导出 CSV 文件

MySQL 支持将查询结果直接导出为 CSV 文本格式，在使用 select 语句查询数据时，在语句后面加上导出指令即可，格式如下：

- into outfile <导出的目录和文件名>：指定导出的目录和文件名。
- fields terminated by <字段间分隔符>：定义字段间的分隔符。
- optionally enclosed by <字段包围符>：定义包围字段的字符（数值型字段无效）。
- lines terminated by <行间分隔符>：定义每行的分隔符。

以下是一个使用 MySQL 导出 CSV 文件的例子。

【程序 2-18】MySQL 导出 CSV 文件

```
select * from mydatatable where mytag like 'E1%'
into outfile 'E:\E1.csv' fields terminated by ',' optionally enclosed by '"' lines
terminated by '\r\n';
```

这条指令执行完后，会把 mydatatable 表中部分匹配查询条件的记录导出到 E1.csv 文件中。其中每个字段以逗号分隔，字段内容是以双引号包围的字符串，每条记录使用\r\n 换行，如图 2-94 所示。

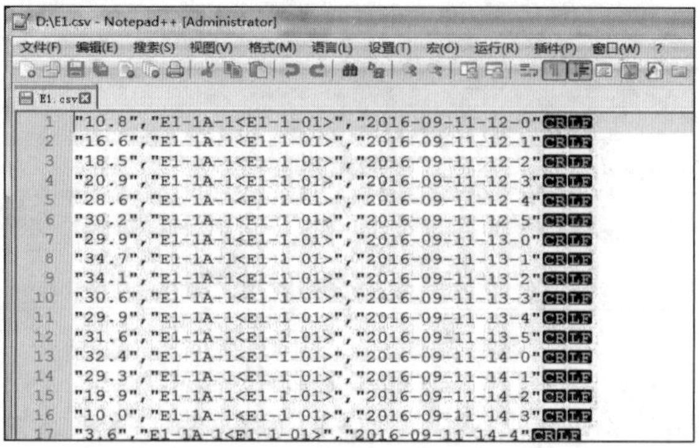

图 2-94　CSV 文件格式

2.5.2.3　Oracle 导出 CSV 文件

可以使用 sqlplus 导出 CSV 文件，这是比较方便的一种方式，当然读者也可以考虑采用其他方式导出。首先创建 spool.sql 文件，内容如程序 2-19 所示。

【程序 2-19】创建 spool.sql 文件

```
set colsep ,
set feedback off
set heading off
set trimout on
spool E:\user.csv
select '"' || user_name || '","' || user_age || '","' || user_card || '","' || user_sex
|| '","' || user_addres || '","' || user_tel || '"'  from user_ bl;
spool off
exit
```

然后，运行 sqlplus 命令：

```
sqlplus -s 用户名/密码@数据库名 @spool.sql
```

这样就可以从 Oracle 将 lfc_ bl 表中的数据导出到 E:\lfc_ bl.csv 文件了。

对于 spool.sql 文件的指令详细解析请参考表 2-2。

表 2-2　sqlplus 命令及含义

命令	含义
set colsep' ';	域输出分隔符
set newp none	设置查询出来的数据分多少页显示，如果需要连续的数据，中间不要出现空行就把 newp 设置为 none，这样输出的数据行都是连续的，中间没有空行之类的
set echo off;	显示 start 启动的脚本中的每个 SQL 命令，默认为 on
set echo on;	设置运行命令时是否显示语句
set feedback on;	设置显示“已选择 XX 行”
set feedback off;	回显本次 SQL 命令处理的记录条数，默认为 on，即去掉最后的“已经选择 10000 行”
set heading off;	输出域标题，默认为 on，设置为 off 就去掉了 select 结果的字段名，只显示数据
set pagesize 0;	输出每页行数，默认为 24，为了避免分页，可设置为 0
set linesize 80;	输出一行字符个数，默认为 80
set numwidth 12;	输出 number 类型域长度，默认为 10
set termout off;	显示脚本中的命令的执行结果，默认为 on
set trimout on;	去除标准输出每行的拖尾空格，默认为 off
set trimspool on;	去除重定向（Spool）输出每行的拖尾空格，默认为 off
set serveroutput on;	设置允许显示输出类似 dbms_output
set timing on;	设置显示“已用时间：XXXX”
set autotrace on-;	设置允许对执行的 SQL 进行分析

2.5.2.4　CSV 内容格式注意事项

Neo4j 对 CSV 文件的格式是有要求的，因此在讨论如何导入 CSV 之前，我们先列举一些 CSV 文件内容格式常见的错误。读者可以使用文本编辑器打开自己的 CSV 文件，查看是否出现这些错误。

CSV 文件内容格式常见错误如下：

（1）在 CSV 文件开始处存在 BOM 字节顺序标记（2 个 UTF-8 字符），如果存在，则删除。

（2）文件内存在非文本类型的字符，如果存在，则删除。

（3）存在不规则换行符，如混合 Windows 和 UNIX 换行符，如果存在，则需要确保它们一致，最好选择 UNIX 风格。

（4）CSV 文件头与数据不一致（内容相比头缺少列或多出列，头中有不同的分隔符），如果存在此情况，则需要修复头部。

（5）带引号和不带引号的文本字段中出现换行符，如果存在，则需要删除换行符。

（6）存在杂散的引号，非文本中存在独立双引号或单引号，如果存在，则需要转义或删除杂散引号。

2.5.3 使用 Load CSV 指令导入到 Neo4j

Neo4j 提供了 Load CSV 命令帮助我们将 CSV 数据文件导入到 Neo4j 中，下面给出几个读取 CSV 文件但不存入数据库的例子。

2.5.3.1 简单导入 CSV 数据

以下将使用 Load CSV 指令读取但不存入数据库：

```
// 查看前 CSV 文件行数
LOAD CSV FROM "file-url" AS line
RETURN count(*);
// 查看前 CSV 文件前5行
LOAD CSV FROM "file-url" AS line WITH line
RETURN line
LIMIT 5;
//查看前 CSV 文件，并带有头部数据
LOAD CSV WITH HEADERS FROM "file-url" AS line WITH line
RETURN line
LIMIT 5;
```

上述例子仅仅用来读取 CSV 文件，并没有将数据存入到数据库中。下面介绍 Load CSV 的用法。

LOAD CSV FROM "file-url" AS line，这条指令将指定路径下的 CSV 文件读取出来，其中 file-url 是文件的地址，可以是本地文件路径也可以是网址，只要能从地址中读取到 CSV 文件即可，因此也可以这样写：

```
LOAD CSV FROM 'http://we-yun.com/neo4jguide/movie.csv' AS line
RETURN line
```

这样就可以读取网址指定的 movie.csv 文件。

或者可以使用本地文件路径：

```
LOAD CSV FROM ' file:///E:/products.csv' AS line
RETURN line
```

这样就可以读取到 E:/products.csv 文件。

如果把 CSV 文件放置在 Neo4j 系统路径的 import 文件夹内，则不需要指定 CSV 文件的路径，语句如下所示，可以读取到放入 import 文件夹内的 products.csv 文件。

```
LOAD CSV FROM ' file:/// products.csv' AS line
RETURN line
```

RETURN 语句是用来返回并显示结果到结果显示区的语句。

LIMIT 语句是用来限制返回的行数。

现在我们可以读取 CSV 文件了，但是数据并没有存入到数据库中。要将数据存入到 Neo4j 数

```
LOAD CSV FROM 'http://we-yun.com/neo4jguide/movie.csv' AS line
CREATE (:Movie { title: line[0] , released: line[1] , tagline: line[2]})
```

执行完上面语句后，会看到结果显示区显示了所创建的节点数量，如图 2-95 所示。

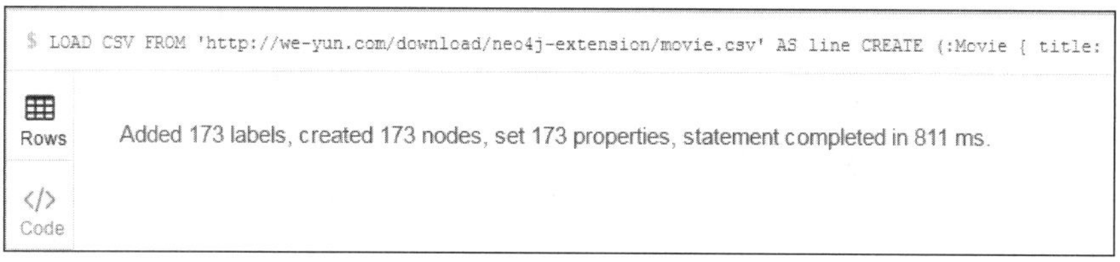

图 2-95 显示区显示了所创建的节点数量

然后，用以下语句来查看数据库中是否已经有导入的数据：

```
MATCH (n:Movie) RETURN n
```

运行上面语句后，可以得到如图 2-96 所示的结果。

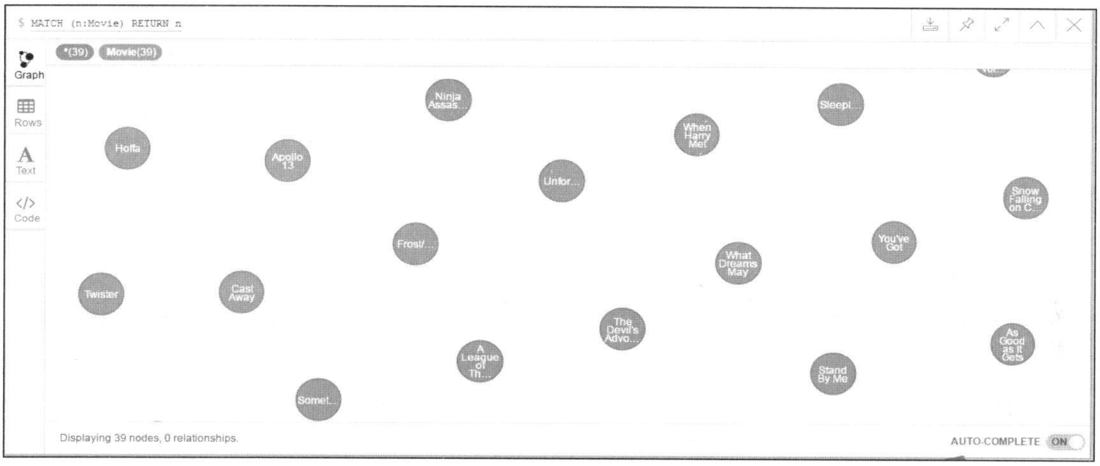

图 2-96 查询导入后结果

如果我们的结果如上图所示，则说明数据已经导入成功了。

2.5.3.2 导入 CSV 时附带表头

下例介绍如何在导入 CSV 时附带上表头。

```
LOAD CSV WITH HEADERS FROM 'http://we-yun.com/neo4jguide/tracks.csv ' AS line
CREATE (:Track { TrackId: line.Id, Name: line.Track, Length: line.Length})
```

上述语句添加了 WITH HEADERS 子句，它的功能就是在导入 CSV 时附带上表头，这些表头可以通过 line.Id、line.Track 指定。执行完上述语句后，可以使用下面语句查看并确认：

```
MATCH (n:Track) RETURN n
```

将得到如图 2-97 所示的结果。

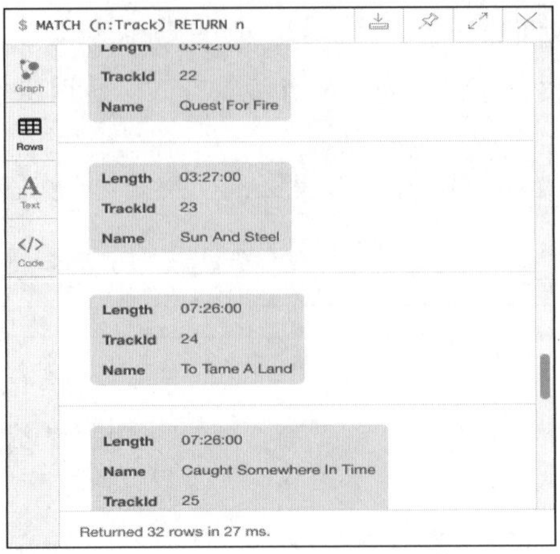

图 2-97 查询导入后的结果

可以看到，每个数据元素都带有 TrackId、Name、Length 头部元素。

2.5.3.3 导入 CSV 大文件

如果要导入包含大量数据的 CSV 文件，则可以使用 PERODIC COMMIT 子句。

使用 PERIODIC COMMIT 可以指示 Neo4j 在执行完一定行数后提交数据再继续，这样就能够减少内存开销。

PERIODIC COMMIT 的默认值为 1000 行，因此数据将每一千行提交一次。

如果要使用 PERIODIC COMMIT，只需要在 LOAD CSV 语句之前插入 USING PERIODIC COMMIT 语句。

具体使用方法如下：

```
USING PERIODIC COMMIT
LOAD CSV WITH HEADERS FROM 'http://we-yun.com/neo4jguide/tracks.csv' AS line
CREATE (:Track { TrackId: line.Id, Name: line.Track, Length: line.Length})
```

我们可以通过如下语句改成每 800 行提交一次：

```
USING PERIODIC COMMIT 800
LOAD CSV WITH HEADERS FROM 'http://we-yun.com/neo4jguide/tracks.csv' AS line
CREATE (:Track { TrackId: line.Id, Name: line.Track, Length: line.Length})
```

2.5.4 使用 neo4j-import 工具导入到 Neo4j

从 Neo4j 2.2 版本开始，系统就自带了一个大数据量的导入工具——neo4j-import，可支持并行、可扩展的大规模 CSV 数据导入。下面介绍如何使用这个工具导入 CSV 数据。

首先，可以在 Neo4j 系统目录下的 path/to/neo4j/bin/neo4j-import 路径下找到这个工具的可执行文件。以下是该工具的使用示例：

```
bin/neo4j-import --into retail.db --id-type string \
              --nodes:Customer customers.csv --nodes products.csv  \
              --nodes:orders_header.csv,orders1.csv,orders2.csv \
              --relationships:CONTAINS order_details.csv \
              --relationships:ORDERED
```

```
customer_orders_header.csv,orders1.csv,orders2.csv
```

上例中以“--nodes:”子句开头的 CSV 文件是节点 CSV 文件；以“--relationships:”开头的是关系 CSV 文件；“--into”子句指明了导入的 Neo4j 数据库名称；“--id-type”子句指明了生成节点、关系的主键类型为 string 类型。

由于不能在 neo4j-import 工具中使用 Cypher 语句创建节点、关系，所以需要为节点和关系分别提供不同的 CSV 文件。上例中各个文件的列的组织形式如表 2-3~表 2-7 所示。

表 2-3　customers.csv 文件格式

customerId:ID(Customer)	Name
23	Delicatessen Inc
42	Delicous Bakery

表 2-4　products.csv 文件格式

productId:ID(Product)	Name	Price	:LABEL
11	Chocolate	10	Product;Food

表 2-5　orders_header.csv,orders1.csv,orders2.csv 文件格式

orderId:ID(Order)	Date	Total	customerId:IGNORE
1041	2015-05-10	130	23
1042	2015-05-12	20	42

表 2-6　order_details.csv 文件格式

:START_ID(Order)	Amount	Price	:END_ID(Product)
1041	13	130	11
1042	2	20	11

表 2-7　customer_orders_header.csv,orders1.csv,orders2.csv 文件格式

:END_ID(Order)	date:IGNORE	total:IGNORE	:START_ID(Customer)
1041	2015-05-10	130	23
1042	2015-05-12	20	42

对于上面各个 CSV 文件的内容解析如下：

（1）customers.csv 中的全部记录将作为节点直接导入到 Neo4j 数据库中，其中节点都带有 Customer 标签节点属性，直接从 CSV 文件的每条记录中获取。

（2）products.csv 文件导入形式与 customers.csv 相同，但其中节点标签取自:LABEL 列。

（3）对于节点的顺序取自 3 个文件（orders_header.csv、orders1.csv、orders2.csv），orders_header.csv 为头文件，orders1.csv 和 orders2.csv 为内容文件。

（4）接下来需要创建订单项（orders1.csv、orders2.csv）与所包含的产品（products.csv）相关联关系“CONTAINS”，这个关联关系将从 order_details.csv 创建，通过其 ID 将订单与所包含的产品相关联。

（5）订单可以通过 orders1.csv、orders2.csv 文件关联到客户。

初学者可以参照本例中各个 CSV 文件的列格式制作自己的 CSV 文件，再使用 neo4j-import 工具进行导入。

第 3 章

Neo4j 之 Cypher

Cypher 是一种图数据库查询语言，表现力丰富，查询效率高，其地位和作用与关系数据库中的 SQL 语言相当。Cypher 由 Neo Technology 公司为 Neo4j 而创建，公司为扩大 Cypher 影响力和使用范围，于 2015 年发布了 openCypher 工程并将 Cypher 对外开放。

Cypher 语言一直在持续不断地发展和改进，不同版本之间存在语法上的细微差异。为充分展现 Cypher 的最新功能，本章将以 Cypher 4.4 版本进行介绍，读者可以访问 https://neo4j.com/docs/cypher-manual/current/查看 Cypher 最新版本的内容。本章主要内容包括：

- Cypher 概述
- 基本语法
- Cypher 语句
- 函数
- 模式（Schema）
- 查询调优
- 执行计划

3.1 Cypher 概述

3.1.1 Cypher 是什么

Cypher 是一种声明式图数据库查询语言，它具有丰富的表现力，能高效地查询和更新图数据。对于初学者来说，Cypher 使用相对简单，但其功能还是非常强大，即便是非常复杂的数据库查询也能用 Cypher 简要地表达出来。这使得用户可以将精力集中在自己所从事的领域，而不用在数据库访问上花太多时间。

Cypher 查询语言设计非常人性化，既适合开发人员，也适合专业的运营人员（这点尤为重要）。作为一种声明式查询语言，Cypher 专注于清晰地表达从图中检索什么，而不是怎么去检索。在这一点上，它与命令式的 Java 语言和脚本式的 Gremlin[1]语言完全不同。

Cypher 博采众长，同时也继承了已有的惯用做法。像 WHERE 和 ORDER BY 等大多数关键词均来自于 SQL 语言[2]。而像模式匹配表达方法借鉴于 SPARQL 语言[3]，部分聚合（Collection）语法来源于 Haskell 和 Python 语言。

Cypher 借鉴了 SQL 语言的结构——查询可由各种各样的语句组合。语句被链接在一起，相互之间传递中间结果集。查询语言由多种不同的语句构成，这里是一些获取图的常用语句：

- MATCH：匹配图模式。这是从图中获取数据最常见的方法。
- WHERE：不是独立的语句，而是 MATCH、OPTINAL MATCH 和 WITH 的一部分。用于给模式添加约束或者过滤传递给 WITH 的中间结果。
- RETURN：定义返回的结果。

下面是 MATCH 和 RETURN 的例子。示例中的图数据如图 3-1 所示。

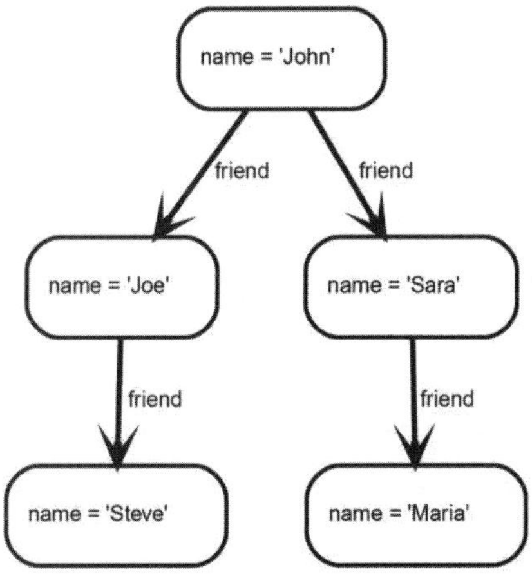

图 3-1 示例中的图数据

例如，下面是查找名为 John 和 John 朋友的朋友的查询语句。

```
MATCH (john {name: 'John'})-[:friend]->()-[:friend]->(fof)
RETURN john.name, fof.name
```

结果：

```
+-----------+----------+
| john.name | fof.name |
+-----------+----------+
| "John"    | "Maria"  |
| "John"    | "Steve"  |
+-----------+----------+
```

[1] http://gremlin.tinkerpop.com

[2] http://en.wikipedia.org/wiki/SQL

[3] http://en.wikipedia.org/wiki/SPARQL

```
2 rows
```

提示：本章中这种框线输出格式是通过 neo4j-shell 得到的，有关 neo4j-shell 的使用请参见“第 2 章 Neo4j 基础入门”。

接下来在语句中添加一些过滤。

给定一个用户名列表，找到名字在列表中的所有节点。匹配他们的朋友，仅返回那些他们关注的 name 属性以'S'开头的用户。

```
MATCH (user)-[:friend]->(follower)
WHERE user.name IN ['Joe', 'John', 'Sara', 'Maria', 'Steve'] AND follower.name =~
'S.*'
RETURN user.name, follower.name
```

结果:

```
+-----------+---------------+
| user.name | follower.name |
+-----------+---------------+
| "Joe"     | "Steve"       |
| "John"    | "Sara"        |
+-----------+---------------+
2 rows
```

下面是一些用于更新图常用的语句：

- CREATE（和 DELETE）：创建（和删除）节点和关系。
- SET（和 REMOVE）：使用 SET 设置属性值和给节点添加标签，使用 REMOVE 移除它们。
- MERGE: 匹配已经存在的或者创建新节点和模式，这对于有唯一性约束的情况非常有用。

3.1.2 模式（Patterns）

Neo4j 图由节点和关系构成。节点可能还有标签和属性，关系可能还有类型和属性。节点表达的是实体，关系连接一对节点。节点可以看作类似关系数据库中的表，但又不完全一样。节点的标签可以理解为不同的表名，属性类似关系数据库中表的列。一个节点的数据类似关系数据库中表的一行数据。拥有相同标签的节点通常具有类似的属性，但不必完全一样，这一点与关系数据库中一张表中的行数据拥有相同的列是不一样的。

然而，节点和关系都是简单的低层次的构建块。单个节点或者关系只能编码很少的信息，但模式可以将很多节点和关系编码为任意复杂的想法。

Cypher 查询语言很依赖于模式。只包含一个关系的简单模式连接了一对节点。例如，一个人 LIVES_IN 在某个城市或者某个城市 PART_OF 一个国家。使用了多个关系的复杂模式能够表达任意复杂的概念，可以支持各种有趣的使用场景。例如，下面的 Cypher 代码将两个简单的模式连接在一起：

```
(:Person) -[:LIVES_IN]-> (:City) -[:PART_OF]-> (:Country)
```

像关系数据库中的 SQL 一样，Cypher 是一种文本的声明式查询语言。它使用 ASCII art[1]的形式来表达基于图的模式。采用类似 SQL 的语句，如 MATCH、WHERE 和 DELETE，来组合这些模式以表达所预期的操作。

3.1.2.1　节点语法

Cypher 采用一对圆括号来表示节点，如：()、(foo)。下面是一些常见的节点表示法：

```
()
(matrix)
(:Movie)
(matrix:Movie)
(matrix:Movie {title: "The Matrix"})
(matrix:Movie {title: "The Matrix", released: 1997})
```

简单的()表达了一个匿名节点。如果想在其他地方引用这个节点，可以添加一个变量，如(matrix)。此变量的可见范围局限于单个语句。

Movie 标签声明了节点的类型。Neo4j 节点索引也会使用到标签，每个索引都是建立在一个标签和属性的组合上。节点的属性以 key/value 列表的形式存在，并外加一对大括号。属性可以存储信息和（或）限制模式。

3.1.2.2　关系语法

Cypher 使用一对短横线（即--）表示一个无方向关系。有方向的关系在其中一段加上一个箭头（即<--或-->）。方括号表达式[...]可用于添加详情。里面可以包含变量、属性和（或者）类型信息。关系的常见表达方式如下：

```
-->
-[role]->
-[:ACTED_IN]->
-[role:ACTED_IN]->
-[role:ACTED_IN {roles: ["Neo"]}]->
```

关系的方括号内的语法和语义与节点类似，定义了可以在别处引用的变量，关系的类型类似于节点的标签，关系的属性等同于节点的属性。注意，属性的值可以是数组。

3.1.2.3　模式语法

将节点和关系的语法组合在一起可以表达模式。下面是一个简单的模式：

```
(keanu:Person:Actor {name: "Keanu Reeves"})-[role:ACTED_IN {roles: ["Neo"]}]->
(matrix:Movie {title: "The Matrix"})
```

3.1.2.4　模式变量

为了增强模块性和减少重复，Cypher 允许将模式赋给一个变量。这使得匹配到的路径可以用于其他表达式。如：

```
acted_in = (:Person)-[:ACTED_IN]->(:Movie)
```

---

[1] https://en.wikipedia.org/wiki/ASCII_art

3.1.3 查询和更新图

Cypher 语句既可用于查询，又可用于更新图数据。

3.1.3.1 更新语句的结构

一个 Cypher 查询部分不能同时匹配和更新图数据。每个部分要么读取和匹配图，要么更新它。

如果需要从图中读取，然后更新图，那么该查询隐含地包含两个部分——第一部分是读取，第二部分是写入。如果查询只是读取，Cypher 将采用惰性加载（Lazy Load），事实上并没匹配模式，直到需要返回结果时才去实际匹配。在更新查询语句中，所有读取操作必须在任何写操作发生之前完成。

当希望使用聚合数据进行过滤时，必须使用 WITH 将两个读语句部分连接在一起。第一部分做聚合，第二部分过滤来自第一部分的结果。如下所示：

```
MATCH (n {name: 'John'})-[:FRIEND]-(friend)
WITH n, count(friend) AS friendsCount
WHERE friendsCount > 3
RETURN n, friendsCount
```

下面是一个将聚合数据更新到图中的例子：

```
MATCH (n {name: 'John'})-[:FRIEND]-(friend)
WITH n, count(friend) AS friendsCount
SET n.friendCount = friendsCount
RETURN n.friendsCount
```

可以尽可能多地将查询部分链接在一起。

3.1.3.2 返回数据

任何查询都可以返回数据。RETURN 语句有三个子语句，分别为 SKIP、LIMIT 和 ORDER BY。如果返回的图元素是刚刚删除的数据，需要注意的是这时数据的指针将不再有效，针对它们的任何操作都无法正确运行。

3.1.4 事　务

任何更新图的查询都运行在一个事务中。因此一个更新查询要么全部成功，要么全部失败。Cypher 或者创建一个新的事务，或者运行在一个已有的事务中：

- 如果运行上下文中没有事务，Cypher 将创建一个，一旦查询完成就提交该事务。
- 如果运行上下文中已有事务，查询就会运行在该事务中。直到该事务成功地提交之后，数据才会持久化到磁盘中去。

可以将多个查询作为单个事务来提交：

（1）开始一个事务。

（2）运行多个 Cypher 更新查询。

（3）一次提交这些查询。

提示：查询将这些变化放在内存中，直到整个查询执行完成。一个巨大的查询会导致 JVM 使用大量的堆空间。

3.1.5　唯 一 性

当进行模式匹配时，Neo4j 将确保单个模式中不会包含匹配到多次的同一个图关系。例如：查找一个用户的朋友的朋友不应该返回该用户。

下面创建一些节点和关系：

```
CREATE (adam:User { name: 'Adam' }), (pernilla:User { name:'Pernilla' }),
(david:User { name: 'David'}), (adam)-[:FRIEND]->(pernilla),
(pernilla)-[:FRIEND]->(david)
```

上面 Cypher 创建的结果如图 3-2 所示。

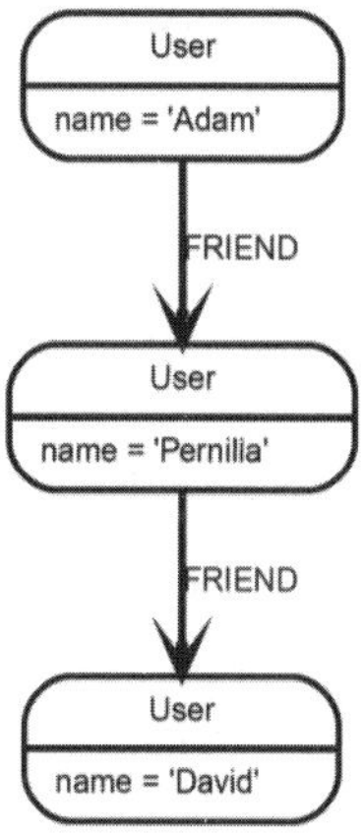

图 3-2　Cypher 创建的图

下面来查询 Adam 的朋友的朋友：

```
MATCH (user:User { name:
'Adam' })-[r1:FRIEND]-()-[r2:FRIEND]-(friend_of_a_friend)
RETURN friend_of_a_friend.name AS fofName
```

查询结果：

```
+-----------+
| fofName  |
+-----------+
| "David"  |
+-----------+
1 row
```

在这个查询中，Cypher 会确保不会包含关系 r1 和 r2 指向的同一个图关系。

但是有时也未必希望这样。如果需要返回该用户，可以通过多个 MATCH 语句延伸匹配关系来实现，如下：

```
MATCH (user:User { name: 'Adam' })-[r1:FRIEND]-(friend)
MATCH (friend)-[r2:FRIEND]-(friend_of_a_friend)
```

```
RETURN friend_of_a_friend.name AS fofName
```

查询结果：

```
+----------+
| fofName |
+----------+
| "David" |
| "Adam"  |
+----------+
2 rows
```

注意，下面的查询虽然看起来与前一个类似，但事实上它等价于前一个。

```
MATCH (user:User { name:
'Adam' })-[r1:FRIEND]-(friend),(friend)-[r2:FRIEND]-(friend_of_a_friend)
RETURN friend_of_a_friend.name AS fofName
```

这里的 MATCH 语句包含一个有两条路径的单个模式，而前一个查询有两个不同的模式。

```
+----------+
| fofName |
+----------+
| "David" |
+----------+
1 row
```

3.1.6 兼容性

Cypher 不是一成不变的语言。新版本会引入了很多新的功能，一些旧的功能可能会被移除。如果需要，依然可以使用旧版本。可以通过以下两种方式在查询中选择使用哪个版本：

- 为所有查询设置版本：可以通过 neo4j.conf 中 cypher.default_language_version 参数来配置 Neo4j 数据库使用哪个版本的 Cypher 语言。
- 在查询中指定版本：简单地在查询开始的时候写上版本，如 Cypher 2.3。

下面是一个指定使用 Cypher 2.3 的查询例子：

```
CYPHER 2.3
START n=node:nodes(name = "A")
RETURN n
```

Neo4j 4.4 支持如下版本的 Cypher 语言：

- Neo4j Cypher 4.4
- Neo4j Cypher 4.3
- Neo4j Cypher 4.2
- Neo4j Cypher 4.1.3
- Neo4j Cypher 4.0
- Neo4j Cypher 3.5
- Neo4j Cypher 3.4
- Neo4j Cypher 3.2

- Neo4j Cypher 3.1
- Neo4j Cypher 3.0

3.2　基本语法

本节主要描述 Cypher 查询语言的基本语法。

3.2.1　类　型

Cypher 支持的数据类型有：数值型、字符串、布尔型、节点、关系、路径、映射（Map）和列表（List）。

在 Cypher 语句中，大多数类型的值都可以使用字面值表达式 （参见 3.2.2 节）。在使用 null 的时候要特别注意，因为 null 是任何类型的值（参见 3.2.9 节）。节点、关系和路径可以作为模式匹配的返回结果。

注意：标签（label）不是值，它只是模式匹配的一种语法形式。

3.2.2　表 达 式

3.2.2.1　概述

Cypher 中的表达式如下：

- 十进制（整型和双精度型）的字面值：13、-4000、3.14、6.022E23。
- 十六进制整型字面值（以 0x 开头）：0x13zf、0xFC3A9、-0x66eff。
- 八进制整型字面值（以 0 开头）：01372、02127、-05671。
- 字符串字面值：'Hello'、"World"。
- 布尔字面值：true、false、TRUE、FALSE。
- 变量：n、x、rel、myFancyVariable、`A name with weird stuff in it[]!`。
- 属性：n.prop、x.prop、rel.thisProperty、myFancyVariable.`(weird property name)`。
- 动态属性：n["prop"]、rel[n.city + n.zip]、map[coll[0]]。
- 参数：$param、$0。
- 表达式列表：['a', 'b']、[1, 2, 3]、['a', 2, n.property, $param]、[ ]。
- 函数调用：length(p)、nodes(p)。
- 聚合函数：avg(x.prop)、count(*)。
- 路径-模式：(a)-->()<--(b)。
- 计算式：1 + 2 and 3 < 4。
- 返回 true 或者 false 的断言表达式：a.prop = 'Hello'、length(p) >10、exists(a.name)。
- 正则表达式：a.name =~ 'Tob.*'。
- 大小写敏感的字符串匹配表达式：a.surname STARTS WITH 'Sven'、a.surname ENDS WITH

'son' or a.surname CONTAINS 'son'。

- CASE 表达式。

3.2.2.2 转义字符

Cypher 中的字符串可以包含的转义字符如表 3-1 所示。

表 3-1 Cypher 中的字符串可以包含的转义字符

字符	含义
\t	制表符
\b	退格
\n	换行
\r	回车
\f	换页
\'	单引号
\"	双引号
\\	反斜杠
\uxxxx	Unicode UTF-16 编码点（4 位的十六进制数字必须以"\u"开头）
\uxxxxxxxx	Unicode UTF-32 编码点（8 位的十六进制数字必须以"\u"开头）

3.2.2.3 Case 表达式

Cypher 支持 Case 条件表达式，它类似于其他语言中的 if/else 语句。

1. 简单的 Case 表达式

计算表达式的值，然后依次与 WHEN 语句中的表达式进行比较，直到匹配上为止。如果未匹配上，则 ELSE 中的表达式将作为结果。如果 ELSE 语句不存在，那么将返回 null。

语法：

```
CASE test
WHEN value THEN result
[WHEN ...]
[ELSE default]
END
```

参数：

- test：一个有效的表达式。
- value：一个表达式，它的结果将与 test 表达式的结果进行比较。
- result：如果 value 表达式能够与 test 表达式匹配，则它将作为结果表达式。
- default：没有匹配的情况下的默认返回表达式。

查询：

```
MATCH (n)
RETURN
CASE n.eyes
WHEN 'blue'
THEN 1
```

```
WHEN 'brown'
THEN 2
ELSE 3 END AS result
```

结果：

```
+--------+
| result |
+--------+
| 2      |
| 1      |
| 3      |
| 2      |
| 1      |
+--------+
5 rows
```

2. 一般的 Case 表达式

按顺序判断断言，直到找到 true 为止，然后对应的结果被返回。如果没有找到，就返回 ELSE 的值。如果没有 ELSE 语句，则返回 null。

语法：

```
CASE
WHEN predicate THEN result
[WHEN ...]
[ELSE default]
END
```

参数：

- predicate：判断的断言，以找到一个有效的可选项。
- result：如果 predicate 匹配到，result 就作为结果表达式。
- default：没有匹配到情况下，默认返回表达式。

查询：

```
MATCH (n)
RETURN
CASE
WHEN n.eyes = 'blue'
THEN 1
WHEN n.age < 40
THEN 2
ELSE 3 END AS result
```

结果：

```
+--------+
| result |
+--------+
| 2      |
| 1      |
| 3      |
| 3      |
| 1      |
```

```
+--------+
5 rows
```

3.2.3 变 量

当需要引用模式（Pattern）或者查询某一部分的时候，可以对其进行命名。这些命名称为变量例如：

```
MATCH (n)-->(b)
RETURN b
```

这里的 n 和 b 就是变量。

变量名是区分大小写的。它可以包含下划线、字母（a~z、A~Z）和数字（0~9），但必须以字母开头。如果变量名需要用到其他字符，则可以用反向单引号（`）将变量名括起来。比如，如果变量名中包含特殊字符 μ，则可以按如下方式使用：

```
match(`μg`:food) return `μg`
```

变量的命名规则同样也适用于属性的命名。

提示：变量仅在同一个查询内可见。它不能被用于后续的查询。如果有 WITH 连接起来的多个查询部分，变量必须列在 WITH 语句中才能应用到后续部分。详细参见 3.3.18 节。

3.2.4 参 数

Cypher 支持带参数的查询，这意味着开发人员不是必须用字符串来构建查询。此外，这也让执行计划的缓存更容易。

参数能够用于 WHERE 语句中的字面值和表达式，START 语句中的索引值、索引查询以及节点和关系的 id。参数不能用于属性名、关系类型和标签，因为这些模式将作为查询结构的一部分被编译进查询计划。

合法的参数名是字母、数字以及两者的组合。下面是一个使用参数的完整例子。参数以 JSON 格式提供，具体如何提交它们取决于所使用的驱动程序。

3.2.4.1 字符串

参数：

```
{
"name" : "Johan"
}
```

我们可以通过如下两种查询方式来使用参数。

查询方式 1：

```
MATCH (n)
WHERE n.name = $name
RETURN n
```

查询方式 2：

```
MATCH (n { name: $name })
RETURN n
```

3.2.4.2　正则表达式

参数：

```
{
"regex" : ".*h.*"
}
```

查询：

```
MATCH (n)
WHERE n.name =~ $regex
RETURN n.name
```

3.2.4.3　大小写敏感的字符串模式匹配

参数：

```
{
"name" : "Michael"
}
```

查询：

```
MATCH (n)
WHERE n.name STARTS WITH $name
RETURN n.name
```

3.2.4.4　创建带有属性的节点

参数：

```
{
"props" : {
"name" : "Andres",
"position" : "Developer"
}
}
```

查询：

```
CREATE ($props)
```

3.2.4.5　创建带有多个属性的多个节点

参数：

```
{
"props" : [ {
"awesome" : true,
"name" : "Andres",
"position" : "Developer"
}, {
"children" : 3,
```

```
"name" : "Michael",
"position" : "Developer"
} ]
}
```

查询:

```
UNWIND $props AS properties
CREATE (n:Person)
SET n = properties
RETURN n
```

3.2.4.6 设置节点的所有属性

注意：这将替换当前的所有属性。

参数:

```
{
"props" : {
"name" : "Andres",
"position" : "Developer"
}
}
```

查询:

```
MATCH (n)
WHERE n.name='Michaela'
SET n = $props
```

3.2.4.7 SKIP 和 LIMIT

参数:

```
{
"s" : 1,
"l" : 1
}
```

查询:

```
MATCH (n)
RETURN n.name
SKIP $s
LIMIT $l
```

3.2.4.8 节点 id

参数:

```
{
"id" : 0
}
```

查询:

```
MATCH (n)
WHERE id(n)= $id
```

```
RETURN n.name
```

3.2.4.9 多个节点 id

参数：

```
{
"ids" : [ 0, 1, 2 ]
}
```

查询：

```
MATCH (n)
WHERE id(n) IN $ids
RETURN n.name
```

3.2.5 运 算 符

3.2.5.1 数学运算符

数学运算符包括+、-、*、/、%和^。

3.2.5.2 比较运算符

比较运算符包括=、<>、<、>、<=、>=、IS NULL 和 IS NOT NULL。

3.2.5.3 布尔运算符

布尔运算符包括 AND、OR、XOR 和 NOT。

3.2.5.4 字符串运算符

连接字符串的运算符为+，正则表达式的匹配运算符为=~。

3.2.5.5 列表运算符

列表的连接也可以通过+运算符，可以用 IN 来检查列表中是否存在某个元素。

3.2.5.6 属性运算符

Cypher 2.0 版本以后，之前存在的属性运算符“?”和“!”已经被移除了。这个语法不再支持。对于不存在的属性将返回 null。如果真的还需要？运算符的功能，可以使用(NOT(has(<ident>.prop)) OR <ident>.prop=<value>)。使用“? ”表达可选关系也被移除了，取而代之的是 OPTINAL MATCH。

3.2.5.7 值的相等与比较

Cypher 支持使用=和<>来比较两个值的相等/不相等关系，如 3 = 3 和"x" <> "xy"。

对于 Map 来说，只有两个 Map 的键相同且指向的值也相等的时候它们才相等。对于列表来说，只有它们包含相等值的相同序列的时候才相等，如[3, 4] = [1+2, 8/2]。

不同类型的值在比较相等的时候遵循以下规则：

- 路径可看作是一些节点和关系的列表，它等于所有包含相同序列节点和关系的所有列表。
- 对任何值使用=和<> null 都将返回 null，包括 null = null 和 null <> null 都将返回 null。唯一可靠地测试一个值是否为 null 的方法是使用 IS NULL 或者 IS NOT NULL。

不同类型之间不能相互比较。节点、关系和映射之间也不能相互比较。

3.2.5.8 值的排序与比较

比较运算符<=、<（升序）和>=、>（降序）可以用于如下值排序比较：

- 数字型值的排序比较采用数字顺序。
- java.lang.Double.NaN 大于所有值。
- 字符串排序的比较采用字典顺序，如"x" < "xy"。
- 布尔值的排序遵循 false < true。
- 只要有一个参数为 null，比较结果都将为 null，如 null < 3 的结果为 null。
- 将其他类型的值相互比较进行排序，则会报错。

3.2.5.9 链式比较运算

比较运算可以被任意地联结在一起，如 x < y <= z 等价于 x < y AND y <= z。

如果 a, b, c, …, y, z 是表达式，op1, op2, …, opN 是比较运算符，这时，a op1 b op2 c … y opN z 等价于 a op1 b and b op2 c and … y opN z。

例如：

```
MATCH (n) WHERE 21 < n.age <= 30 RETURN n
```

等价于：

```
MATCH (n) WHERE 21 < n.age AND n.age <= 30 RETURN n
```

该查询将匹配年龄介于 21~30 的所有节点。

3.2.6 注 释

Cypher 语言的注释类似其他语言，用双斜线//来注释行，例如：

```
MATCH (n) RETURN n //这是行末尾注释
MATCH (n)
//这是整行注释
RETURN n
MATCH (n) WHERE n.property = '//这不是注释' RETURN n
```

3.2.7 模 式

模式和模式匹配是 Cypher 非常核心的部分。要高效地使用 Cypher 必须深入理解模式。

使用模式可以描述你期望看到的数据的形状。例如，在 MATCH 语句中，当用模式描述一个形状的时候，Cypher 将按照模式来获取相应的数据。

模式描述数据的形式类似于在白板上画出图的形状。通常用圆圈来表达节点，使用箭头来表达关系。

模式在 MATCH、CREATE 和 MERGE 等语句中都会出现，后续章节会详细描述。

3.2.7.1 节点模式

模式能表达的最简单的形状就是节点。节点使用一对圆括号表示，然后中间含一个名字。例如：

```
(a)
```

这个模式描述了一个节点，其名称使用变量 a 表示。

3.2.7.2 关联节点的模式

模式可以描述多个节点及其之间的关系。Cypher 使用箭头来表达两个节点之间的关系。例如：

```
(a)-->(b)
```

这个模式描述了一个非常简单的数据形状，即两个节点和从其中一个节点到另外一个节点的关系。两个节点分别命名为 a 和 b，关系是有方向的，从 a 指向 b。

这种描述节点和关系的方式可以扩展到任意数量的节点和它们之间的关系，例如：

```
(a)-->(b)<--(c)
```

这一系列相互关联的节点和关系被称为路径。

注意，节点的命名仅仅当后续的模式或者 Cypher 查询中需要引用时才需要。如果不需要引用，则命名可以省略。例如：

```
(a)-->()<--(c)
```

3.2.7.3 标签

模式除了可以描述节点之外，还可以用来描述标签。比如：

```
(a:User)-->(b)
```

也可以描述一个节点的多个标签，如：

```
(a:User:Admin)-->(b)
```

3.2.7.4 指定属性

节点和关系是图的基础结构。Neo4j 的节点和关系都可以有属性，这样可以建立更丰富的模型。属性在模式中使用键值对的 Map 结构来表示，然后用大括号包起来。例如，一个有两个属性的节点如下所示：

```
(a {name: 'Andres', sport: 'Brazilian Ju-Jitsu'})
```

关系中的属性如下所示：

```
(a)-[{blocked: false}]->(b)
```

当模式中有属性时，它实际上为数据增加了额外的约束。在 CREATE 语句中，属性会被增加到新创建的节点和关系中。在 MERGE 语句中，属性将作为一个约束去匹配数据库中的数据是否存在该属性。如果没有匹配到，则这时 MERGE 的行为将与 CREATE 一样，即属性将被设置到新创建的节点和关系中。

提示：模式在 CREATE 语句中支持使用单个参数来指定属性。例如：CREATE (node

$paramName)。但这在其他语句中是不行的，因为 Cypher 在编译查询的时候需要知道属性的名称，以便能够高效地匹配。

3.2.7.5 描述关系

如前面的例子所示，可以用箭头简单地描述两个节点之间的关系。它描述了关系的存在性和方向性。但如果不关心关系的方向，则箭头的头部可以省略。例如：

```
(a)--(b)
```

与节点类似，如果后续需要引用到该关系，则可以给关系赋一个变量名。变量名需要用方括号括起来，放在箭头的短横线中间，如下所示：

```
(a)-[r]->(b)
```

就像节点有标签一样，关系可以有类型。可以通过如下方式给关系指定类型：

```
(a)-[r:REL_TYPE]->(b)
```

不像节点可以有多个标签，关系只能有一个类型。但如果所描述的关系可以是一个类型集中的任意一种类型，可以将这些类型都列入模式中，它们之间以竖线“|”分隔，例如：

```
(a)-[r:TYPE1|TYPE2]->(b)
```

注意：这种模式仅适用于描述已经存在的数据(如在 MATCH 语句中)，而在 CREATE 或者 MERGE 语句中是不允许的，因为一个关系不能创建多个类型。

与节点类似，关系的命名也是可以省略的，例如：

```
(a)-[:REL_TYPE]->(b)
```

与使用一串节点和关系来描述一个长路径的模式不同，很多关系（以及中间的节点）可以采用指定关系的长度的模式来描述，例如：

```
(a)-[*2]->(b)
```

它描述了一张有三个节点和两个关系的图。这些节点和关系都在同一条路径中（路径的长度为 2）。它等同于：

```
(a)-->()-->(b)
```

关系的长度也可以指定一个范围，这被称为可变长度的关系，例如：

```
(a)-[*3..5]->(b)
```

关系的长度最小值为 3，最大值为 5。它描述了一个或者有 4 个节点和 3 个关系，或者 5 个节点 4 个关系，或者 6 个节点和 5 个关系连在一起的图组成的一条路径。

长度的边界也是可以省略的，如描述一个路径长度大于等于 3 的路径：

```
(a)-[*3..]->(b)
```

路径长度小于等于 5 的路径，例如：

```
(a)-[*..5]->(b)
```

两个边界都可以省略，这允许任意长度的路径，例如：

```
(a)-[*]->(b)
```

我们来看一个简单的查询例子：

查询：

```
MATCH (me)-[:KNOWS*1..2]-(remote_friend)
WHERE me.name = 'Filipa'
RETURN remote_friend.name
```

结果：

```
+--------------------+
| remote_friend.name |
+--------------------+
| "Dilshad"          |
| "Anders"           |
+--------------------+
2 rows
```

这个查询用于找到符合这个模式的数据：即指定一个节点（name 属性值为 Filipa）和与它关系为 KNOWS 的一步和两步的节点。这是一个查询一度和二度人脉的典型例子。

提示：可变长度的关系不能用于 CREATE 和 MERGE 语句。

3.2.7.6 赋值给路径变量

如上所述，连接在一起的一系列节点和关系称为路径。Cypher 允许使用标识符给路径命名，例如：

```
p= (a)-[*3..5]->(b)
```

在 MATCH、CREAT 和 MERGE 语句中可以这样做，但当模式作为表达式的时候不能这样做。

3.2.8 列 表

Cypher 对列表（List）有很好的支持。

3.2.8.1 概述

可以使用方括号和一组以逗号分隔的元素来创建一个列表。

查询：

```
RETURN [0, 1, 2, 3, 4, 5, 6, 7, 8, 9] AS list
```

结果：

```
+-----------------------+
| list                  |
+-----------------------+
| [0,1,2,3,4,5,6,7,8,9] |
+-----------------------+
1 row
```

下面的例子使用 range 函数创建列表。它指定了列表包含元素的开始数字和结束数字。范围的两端也是包含在内的，例如：

查询：

```
RETURN range(0, 10)
```

结果：

```
+--------------------------+
| list                     |
+--------------------------+
| [0,1,2,3,4,5,6,7,8,9,10] |
+--------------------------+
1 row
```

可以使用方括号[]访问列表中的元素。

查询：

```
RETURN range(0, 10)[3]
```

结果：

```
+-----------------+
| range(0, 10)[3] |
+-----------------+
| 3               |
+-----------------+
1 row
```

索引也可以为负数，这时将以列表的末尾作为开始点访问。

查询：

```
RETURN range(0, 10)[-3]
```

结果：

```
+------------------+
| range(0, 10)[-3] |
+------------------+
| 8                |
+------------------+
1 row
```

也可以在[]中指定列表返回指定范围的元素。它将提取开始索引到结束索引的值，但不包含结束索引所对应的值。如下面例子中，开始索引为 0，结束索引为 3，结果将返回索引 0、1、2 对应的值，但不会返回结束索引 3 对应的值。

查询：

```
RETURN range(0, 10)[0..3]
```

结果：

```
+--------------------+
| range(0, 10)[0..3] |
+--------------------+
| [0,1,2]            |
```

```
+--------------------+
1 row
```

查询：

```
RETURN range(0, 10)[0..-5]
```

结果：

```
+---------------------+
| range(0, 10)[0..-5] |
+---------------------+
| [0,1,2,3,4,5]       |
+---------------------+
1 row
```

查询：

```
RETURN range(0, 10)[-5..]
```

结果：

```
+--------------------+
| range(0, 10)[-5..] |
+--------------------+
| [6,7,8,9,10]       |
+--------------------+
1 row
```

查询：

```
RETURN range(0, 10)[..4]
```

结果：

```
+-------------------+
| range(0, 10)[..4] |
+-------------------+
| [0,1,2,3]         |
+-------------------+
1 row
```

注意：如果是一个 range 的索引值越界了，那么直接从越界的地方进行截断以返回结果。如果是单个元素的索引值越界了，则返回 null。

查询：

```
RETURN range(0, 10)[5..15]
```

结果：

```
+---------------------+
| range(0, 10)[5..15] |
+---------------------+
| [5,6,7,8,9,10]      |
+---------------------+
1 row
```

查询：

```
RETURN range(0, 10)[15]
```

结果：

```
+-------------------+
| range(0, 10)[15]  |
+-------------------+
| <null>            |
+-------------------+
1 row
```

可以用 size 函数获取列表的长度，例如：

查询：

```
RETURN size(range(0, 10)[0..3])
```

结果：

```
+--------------------------+
| size(range(0, 10)[0..3]) |
+--------------------------+
| 3                        |
+--------------------------+
1 row
```

3.2.8.2 List 推导式

List 推导式（Comprehension）是 Cypher 基于现有列表创建列表的一种语法构造。它遵循数学上的集合，替代映射和过滤函数。

查询：

```
RETURN [x IN range(0,10) WHERE x % 2 = 0 | x^3] AS result
```

结果：

```
+-----------------------------------+
| result                            |
+-----------------------------------+
| [0.0,8.0,64.0,216.0,512.0,1000.0] |
+-----------------------------------+
1 row
```

如果希望分别过滤或映射，WHERE 部分或者表达式部分都是可以省略的。

查询：

```
RETURN [x IN range(0,10) WHERE x % 2 = 0] AS result
```

结果：

```
+-----------------+
| result          |
+-----------------+
| [0,2,4,6,8,10]  |
+-----------------+
1 row
```

查询：

```
RETURN [x IN range(0,10)| x^3] AS result
```

结果：

```
+--------------------------------------------------------------+
| result                                                       |
+--------------------------------------------------------------+
| [0.0,1.0,8.0,27.0,64.0,125.0,216.0,343.0,512.0,729.0,1000.0] |
+--------------------------------------------------------------+
1 row
```

3.2.8.3 模式推导式

模式推导式是 Cypher 基于模式匹配的结果创建列表的一种语法构造。模式推导式将像一般的 MATCH 语句那样去匹配模式，断言部分与一般的 WHERE 语句一样，但它将产生一个指定的定制投射。

查询：

```
MATCH (a:Person { name: 'Charlie Sheen' })
RETURN [(a)-->(b)WHERE b:Movie | b.year] AS years
```

结果：

```
+------------------+
| years            |
+------------------+
| [1979,1984,1987] |
+------------------+
1 row
```

整个断言，包括 WHERE 关键字都是可选的，可以被省略。

3.2.8.4 字面值映射

Cypher 也可以构造映射。通过 REST 接口可以获取 JSON 对象。在 Java 中对应的是 java.util.Map<String, Object>。

查询：

```
RETURN { key: 'Value', listKey: [{ inner: 'Map1' }, { inner: 'Map2' }]}
```

结果：

```
+-------------------------------------------------------------------+
| {key: 'Value', listKey: [{inner: 'Map1'}, {inner: 'Map2'}]}       |
+-------------------------------------------------------------------+
| {key -> "Value", listKey -> [{inner -> "Map1"},{inner -> "Map2"}]} |
+-------------------------------------------------------------------+
1 row
```

3.2.8.5 Map 投射

Cypher 支持一个名为“map projections”（Map 投射）的概念。它使得基于已有节点、关系和其他 map 值来构建 map 变得容易。

Map 投射以指向图实体且用逗号分隔的变量簇开头，并包含以{}包括起来的映射元素。其语法如下：

```
map_variable {map_element, [, …n]}
```

一个 map 元素投射一个或多个键值对到 map 投射。这里有 4 种类型的 map 投射元素：

- 属性选择器：以投射属性名作为键，map_variable 中对应键的值作为键值。
- 字面值项：来自任意表达式的键值对，如 key: <expression>。
- 变量选择器：投射一个变量，变量名作为键，变量的值作为投射的值。它的语法只有变量。
- 全属性选择器：射来自 map_variable 中的所有键值对。

提示：如果 map_variable 的值指向一个 null，那么整个 map 投射将返回 null。

举一个投射的例子。找到 Charlie Sheen 和返回关于他和他参演过的电影。这个例子展示了字面值项类型的 map 投射，反过来它还在聚合函数 collect()中使用了 map 投射。

查询：

```
MATCH (actor:Person { name: 'Charlie Sheen' })-[:ACTED_IN]->(movie:Movie)
RETURN actor { .name, .realName, movies: collect(movie { .title, .year })}
```

结果：

```
+---------------------------------------------------------------------------+
| actor                                                                     |
+---------------------------------------------------------------------------+
| {name -> "Charlie Sheen", realName -> "Carlos Irwin Estevez", movies ->   |
|  [{title -> "Apocalypse Now",year -> 1979},{title -> "Red Dawn", year ->  |
|  1984},{title -> "Wall Street", year -> 1987}]}                           |
+---------------------------------------------------------------------------+
1 row
```

以上例子找出演过电影的所有演员，并显示他们所参演电影的数量。这个例子用一个变量来代表数量，使用变量选择器来投射值，如下所示：

查询：

```
MATCH (actor:Person)-[:ACTED_IN]->(movie:Movie)
WITH actor, count(movie) AS nrOfMovies
RETURN actor { .name, nrOfMovies }
```

结果：

```
+----------------------------------------------+
| actor                                        |
+----------------------------------------------+
| {name -> "Charlie Sheen", nrOfMovies -> 3} |
| {name -> "Martin Sheen", nrOfMovies -> 2}  |
+----------------------------------------------+
2 rows
```

还是以“Charlie Sheen”为例，下面查询语句将返回该节点的所有属性。这里使用了全属性选择器来投射所有的节点属性和一个额外的显式投射的 age 属性。因为此属性在该节点不存在，所以投射的值为 null。

查询：

```
MATCH (actor:Person { name: 'Charlie Sheen' })
```

```
RETURN actor { .*, .age }
```

结果：

```
+-------------------------------------------------------------------------+
| actor                                                                   |
+-------------------------------------------------------------------------+
| {realName -> "Carlos Irwin Estevez", name -> "Charlie Sheen", age -> <null>} |
+-------------------------------------------------------------------------+
1 row
```

3.2.9　空　值

3.2.9.1　空值介绍

空值 null 在 Cypher 中表示未找到或者未定义。对待 null 会与其他值有些不同，例如从节点中获取一个并不存在的属性将返回 null。大多数以 null 作为输入的表达式将返回 null。这包括 WHERE 语句中用于断言的布尔表达式。

null 不等于 null，两个未知的值并不意味着它们是同一个值。因此，null = null 返回 null，而不是 true。

3.2.9.2　空值的逻辑运算

逻辑运算符包括 AND、OR、XOR、IN、NOT，把 null 当作未知的三值逻辑值，AND、OR 和 XOR 的逻辑值表如表 3-2 所示。

表 3-2　空值与 AND、OR 和 XOR 的逻辑值表

a	b	a AND b	a OR b	a XOR b
false	false	False	false	false
false	null	False	null	null
false	true	False	true	true
true	false	False	true	true
true	null	Null	true	null
true	true	True	true	false
null	false	false	null	null
null	null	Null	null	null
null	true	Null	true	null

3.2.9.3　空值与 IN

IN 运算符遵循类似的逻辑。如果列表中存在某个值，则结果返回 true；如果列表中包含 null 值并且没有匹配到值，则结果返回 null；否则结果为 false。表 3-3 给出了空值与 IN 运算符一些例子。

表 3-3　空值与 IN 运算符的例子

表达式	结果
2 IN [1, 2, 3]	true
2 IN [1, null, 3]	null
2 IN [1, 2, null]	true
2 IN [1]	false
2 IN []	false

（续表）

表达式	结果
null IN [1, 2, 3]	null
null IN [1, null, 3]	null
null IN []	false

All、any、none 和 single 与 IN 类似，如果可以确切地计算结果，将返回 true 或者 false，否则返回 null。

3.2.9.4 返回空值的表达式

返回空值的表达式如下：

- 从列表中获取不存在的元素：[][0]、head([])。
- 试图访问节点或者关系的不存在的属性：n.missingProperty。
- 与 null 做比较：1 < null。
- 包含 null 的算术运算：1 + null。
- 包含任何 null 参数的函数调用：sin(null)。

3.3 语 句

语句可分为三类，包括读语句、写语句和通用语句。

- 读语句：包括 MATCH、OPTIONAL MATCH、WHERE、START 和 Aggregation。
- 写语句：包括 LOAD CSV、CREATE、MERGE、SET、DELETE、REMOVE、FOREACH 和 CREATE UNIQUE。
- 通用语句：包括 RETURN、ORDER BY、LIMIT、SKIP、WITH、UNWIND、UNION 和 CALL。

3.3.1 MATCH 语句

MATCH 语句用于指定的模式检索数据库。

3.3.1.1 简介

MATCH 语句通过模式来检索数据库。它常与带有约束或者断言的 WHERE 语句一起使用，这使得匹配的模式更具体。断言是模式描述的一部分，不能看作是匹配结果的过滤器。这意味着 WHERE 应当总是与 MATCH 语句放在一起使用。

MATCH 可以出现在查询的开始或者末尾，也可能位于 WITH 之后。如果它在语句开头，此时不会绑定任何数据。Neo4j 将设计一个搜索去找到匹配这个语句以及 WHERE 中指定断言的结果。这将牵涉数据库的扫描，搜索特定标签的节点或者搜索一个索引以找到匹配模式的开始点。这个搜索找到的节点和关系可作为一个“绑定模式元素（Bound Pattern Elements）”。它可以用于匹配一些子图的模式，也可以用于任何进一步的 MATCH 语句，Neo4j 将使用这些已知的元素来找到更进一步的未知元素。

Cypher 是声明式的，因此查询本身不指定搜索的算法。Neo4j 会自动地用最好的方法去找到开始节点和匹配模式。WHERE 中的断言可以在模式匹配之前、匹配中或者匹配后进行处理。这可以通过查询编译器来影响这个决定。详情可参见 3.5.1 节和 3.6.4 节。

MATCH 语句示例如图 3-3 所示。

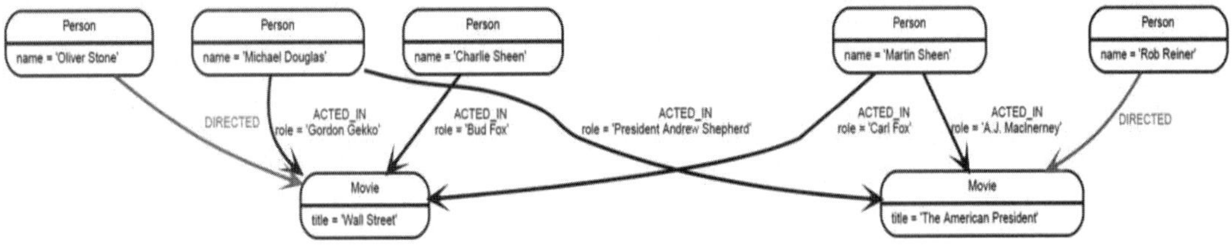

图 3-3　MATCH 语句示例

3.3.1.2　查找节点

1. 查询所有节点

通过指定一个不带标签的节点的模式，可以返回图中的所有节点。

查询：

```
MATCH (n)
RETURN n
```

结果将返回数据库中的所有节点。

结果：

```
N
Node[0]\{name:"Charlie Sheen"\}
Node[1]\{name:"Martin Sheen"\}
Node[2]\{name:"Michael Douglas"\}
Node[3]\{name:"Oliver Stone"\}
Node[4]\{name:"Rob Reiner"\}
Node[5]\{title:"Wall Street"\}
Node[6]\{title:"The American President"\}
7 rows
```

2. 查询带有某个标签的所有节点

通过指定带有一个标签的节点的模式，可以获取满足该标签的所有节点。

查询：

```
MATCH (movie:Movie)
RETURN movie.title
```

结果将返回数据库中的所有电影。

结果：

```
movie.title
"Wall Street"
```

```
"The American President"
2 rows
```

3. 查询关联节点

符号--意为相关的，这个关系不带有类型和方向。

查询：

```
MATCH (director { name: 'Oliver Stone' })--(movie)
RETURN movie.title
```

结果将返回'Oliver Stone'导演的所有电影。

结果：

```
movie.title
"Wall Street"
1 row
```

4. 匹配标签

可以为查询的节点增加标签约束。

查询：

```
MATCH (:Person { name: 'Oliver Stone' })--(movie:Movie)
RETURN movie.title
```

结果将返回与 Person 'Oliver Stone'相连的带有 Movie 标签的所有节点。

结果：

```
movie.title
"Wall Street"
1 row
```

3.3.1.3 查找关系

1. 外向关系

关系的方向可以通过-->或者<--来表示。

查询：

```
MATCH (:Person { name: 'Oliver Stone' })-->(movie)
RETURN movie.title
```

结果将返回与 Person 'Oliver Stone'外向连接的所有节点。

结果：

```
movie.title
"Wall Street"
1 row
```

2. 有向关系和变量

当需要过滤关系中的属性，或者返回关系的时候，就很有必要使用变量了。

查询：

```
MATCH (:Person { name: 'Oliver Stone' })-[r]->(movie)
RETURN type(r)
```

结果将返回'Oliver Stone'的外向关系的类型。

结果：

```
type(r)
"DIRECTED"
1 row
```

3. 匹配关系类型

当已知要匹配关系的类型时，可通过冒号后面紧跟关系类型。

查询：

```
MATCH (wallstreet:Movie { title: 'Wall Street' })<-[:ACTED_IN]-(actor)
RETURN actor.name
```

结果将返回电影'Wall Street'中的所有演员。

结果：

```
actor.name
"Michael Douglas"
"Martin Sheen"
"Charlie Sheen"
3 rows
```

4. 匹配多种关系类型

当需要匹配多种关系中的一种时，可以通过竖线（|）将多个关系连接在一起。

查询：

```
MATCH (wallstreet { title: 'Wall Street' })<-[:ACTED_IN|:DIRECTED]-(person)
RETURN person.name
```

结果将返回与'Wall Street'节点关系为 ACTED_IN 或者 DIRECTED 的所有节点。

结果：

```
person.name
"Oliver Stone"
"Michael Douglas"
"Martin Sheen"
"Charlie Sheen"
4 rows
```

5. 匹配关系类型和使用关系变量

如果想通过变量来引用关系和指定关系类型，可以将它们放在一起。例如：

查询：

```
MATCH (wallstreet { title: 'Wall Street' })<-[r:ACTED_IN]-(actor)
RETURN r.role
```

结果将返回电影'Wall Street'中所有演员的角色。

结果：

```
r.role
"Gordon Gekko"
"Carl Fox"
"Bud Fox"
3 rows
```

3.3.1.4 关系的深度

1. 带有特殊字符的关系类型

某些时候数据库中可能会有非字母字符的类型，或者中间含有空格。可以使用反引号“`”将它们括起来。下面的例子在'Charlie Sheen'和'Rob Reiner'之间添加了一个包含有空格的关系。

查询：

```
MATCH (charlie:Person { name: 'Charlie Sheen' }),(rob:Person { name: 'Rob Reiner' })
CREATE (rob)-[:`TYPE WITH SPACE`]->(charlie)
```

该查询产生的结果如图 3-4 所示。

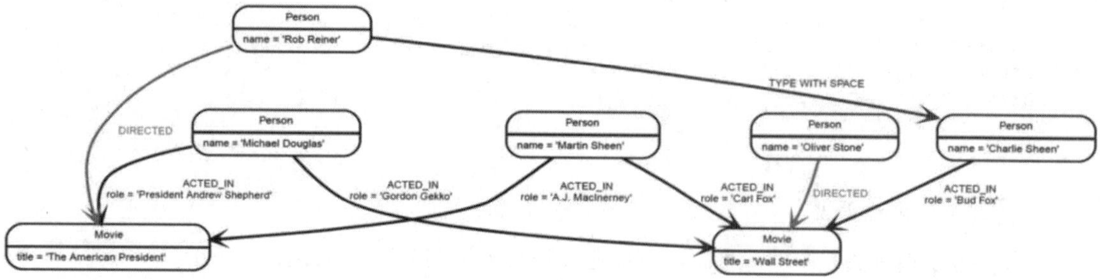

图 3-4 查询结果图

查询：

```
MATCH (n { name: 'Rob Reiner' })-[r:`TYPE WITH SPACE`]->()
RETURN type(r)
```

结果将返回带有空格的关系类型。

结果：

```
type(r)
"TYPE WITH SPACE"
type(r)
1 row
```

2. 多个关系

关系可以多语句以()--()的形式来表达，或者它们相互连接在一起。例如：

查询：

```
MATCH (charlie { name: 'Charlie
Sheen' })-[:ACTED_IN]->(movie)<-[:DIRECTED]-(director)
```

```
RETURN movie.title, director.name
```

结果将返回'Charlie Sheen'参演的电影和电影的导演。

结果：

```
movie.title   director.name
"Wall Street" "Oliver Stone"
1 row
```

3. 可变长度关系

可变长度关系和节点的语法如下：

```
-[:TYPE*minHops..maxHops]->
```

minHops 和 maxHops 都是可选的，默认值分别为 1 和无穷大。当没有边界值的时候，点也是可以省略的。当只设置了一个边界的时候，如果省略了点，则意味着这是一个固定长度的模式。

查询：

```
MATCH (charlie { name: 'Charlie Sheen' })-[:ACTED_IN*1..3]-(movie:Movie)
RETURN movie.title
```

结果将返回与'Charlie Sheen'具有 1 跳（Hop）到 3 跳关系的所有电影。

结果：

```
movie.title
"Wall Street"
"The American President"
"The American President"
3 rows
```

4. 具有多种关系类型的可变长度关系

可变长度关系可以与多种关系类型组合。在这种情况下，*minHops..maxHops 适用于所有关系类型以及它们的任何组合。

查询：

```
MATCH (charlie { name: 'Charlie Sheen' })-[:ACTED_IN|DIRECTED*2]-(person:Person)
RETURN person.name
```

结果将返回与'Charlie Sheen'具有 2 跳 ACTED_IN 或 DIRECTED 关系的所有人员。

结果：

```
person.name
"Oliver Stone"
"Michael Douglas"
"Martin Sheen"
3 rows
```

5. 可变长度关系的关系变量

当连接两个节点之间的长度是可变的，那么关系变量返回的将可能是一个关系列表。

查询：

```
MATCH (actor { name: 'Charlie Sheen' })-[r:ACTED_IN*2]-(co_actor)
RETURN r
```

结果将返回一个关系列表。

结果：

```
R
[:ACTED_IN[0]\{role:"Bud Fox"\},:ACTED_IN[1]\{role:"Carl Fox"\}]
[:ACTED_IN[0]\{role:"Bud Fox"\},:ACTED_IN[2]\{role:"Gordon Gekko"\}]
2 rows
```

6. 可变长度路径上的属性匹配

带有属性的可变长度关系，意味着路径上的所有关系都必须包含给定的属性值。在这个查询中，'Charlie Sheen'和他的父亲'Martin Sheen'之间有两条路径。其中一条包含一个'blocked'关系，另外一条则没有。首先，通过下面的语句增加 BLOCKED 和 UNBLOCKED 关系。

查询：

```
MATCH (charlie:Person { name: 'Charlie Sheen' }),(martin:Person { name: 'Martin
Sheen' })
CREATE (charlie)-[:X { blocked: FALSE }]->(:UNBLOCKED)<-[:X { blocked:
FALSE }]-(martin)
CREATE (charlie)-[:X { blocked: TRUE }]->(:BLOCKED)<-[:X { blocked:
FALSE }]-(martin)
```

后续将以图 3-5 为基础来讲解。

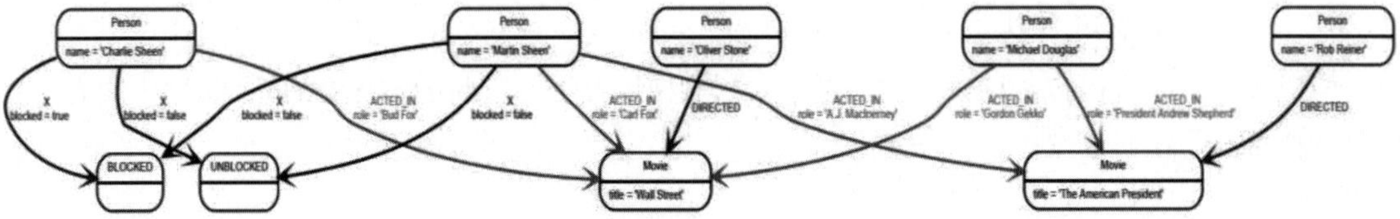

图 3-5　可变长度路径上的属性匹配图例

查询：

```
MATCH p =(charlie:Person)-[* { blocked:false }]-(martin:Person)
WHERE charlie.name = 'Charlie Sheen' AND martin.name = 'Martin Sheen'
RETURN p
```

结果将返回'Charlie Sheen'和'Martin Sheen'之间满足 blocked 属性值为 false 的所有关系。

结果：

```
P
[Node[0]\{name:"Charlie
Sheen"\},:X[7]\{blocked:false\},Node[7]\{\},:X[8]\{blocked:false\},Node[1]\{name:"M
artin Sheen"\}]
1 row
```

7. 零长度路径

可以通过指定可变长度路径的下界值为零，来实现两个变量指向同一个节点。

查询：

```
MATCH (wallstreet:Movie { title: 'Wall Street' })-[*0..1]-(x)
RETURN x
```

结果将返回电影本身及一跳关系的演员和导演。

结果：

```
X
Node[5]\{title:"Wall Street"\}
Node[0]\{name:"Charlie Sheen"\}
Node[1]\{name:"Martin Sheen"\}
Node[2]\{name:"Michael Douglas"\}
Node[3]\{name:"Oliver Stone"\}
5 rows
```

8. 命名路径

如果想返回或者需要对路径进行过滤，可以将路径赋值给一个变量。

查询：

```
MATCH p =(michael { name: 'Michael Douglas' })-->()
RETURN p
```

结果将返回从'Michael Douglas'开始的路径。

结果：

```
P
[Node[2]\{name:"Michael Douglas"\},:ACTED_IN[5]\{role:"President Andrew
Shepherd"\},Node[6]\{title:"The
American President"\}]
[Node[2]\{name:"Michael Douglas"\},:ACTED_IN[2]\{role:"Gordon
Gekko"\},Node[5]\{title:"Wall Street"\}]
2 rows
```

9. 不指定方向匹配关系

可以不指定方向来匹配关系，Cypher 将尝试匹配两个方向的关系。

查询：

```
MATCH (a)-[r]-(b)
WHERE id(r)= 0
RETURN a,b
```

结果将返回两个相连的节点 a 和 b。

结果：

```
A                                  B
Node[0]\{name:"Charlie Sheen"\}    Node[5]\{title:"Wall Street"\}
Node[5]\{title:"Wall Street"\}     Node[0]\{name:"Charlie Sheen"\}
2 rows
```

3.3.1.5 最短路径

1. 单条最短路径

通过使用 shortestPath 函数很容易找到两个节点之间的最短路径，如下所示。

查询：

```
MATCH (martin:Person { name: 'Martin Sheen' }),(oliver:Person { name: 'Oliver
Stone' }), p =shortestPath((martin)-[*..15]-(oliver))
RETURN p
```

上面查询的含义为：找到两个节点之间的最短路径，路径最大长度为 15。在搜索最短路径的时候，还可以使用关系类型、最大跳数和方向等约束条件。如果用到了 WHERE 语句，则相关的断言会被包含到 shortestPath 中去。如果路径的关系元素中用到了 none()或者 all()断言，那么这些将用于在检索时提高性能。

结果：

```
P
[Node[1]\{name:"Martin Sheen"\},:ACTED_IN[1]\{role:"Carl Fox"\},Node[5]\{title:"Wall
Street"\},:DIRECTED[3]\{\},Node[3]\{name:"Oliver Stone"\}]
1 row
```

2. 带断言的最短路径

查询：

```
MATCH (charlie:Person { name: 'Charlie Sheen' }),(martin:Person { name: 'Martin
Sheen' }), p =shortestPath((charlie)-[*]-(martin))
WHERE NONE (r IN rels(p) WHERE type(r)= 'FATHER')
RETURN p
```

这个查询寻找'Charlie Sheen'和'Martin Sheen'之间的最短路径，通过 WHERE 断言可以确保不考虑两个节点之间的父亲/儿子关系。

结果：

```
P
[Node[0]\{name:"Charlie Sheen"\},:ACTED_IN[0]\{role:"Bud Fox"\},Node[5]\{title:"Wall
Street"\},:ACTED_IN[1]\{role:"Carl Fox"\},Node[1]\{name:"Martin Sheen"\}]
1 row
```

3. 所有最短路径

找到两个节点之间的所有最短路径。

查询：

```
MATCH (martin:Person { name: 'Martin Sheen' }),(michael:Person { name: 'Michael
Douglas' }), p = allShortestPaths((martin)-[*]-(michael))
RETURN p
```

结果将找到'Martin Sheen'和'Michael Douglas'之间的两条最短路径。

结果：

```
P
[Node[1]\{name:"Martin Sheen"\},:ACTED_IN[1]\{role:"Carl Fox"\},Node[5]\{title:"Wall Street"\},:ACTED_IN[2]\{role:"Gordon Gekko"\},Node[2]\{name:"Michael Douglas"\}]
[Node[1]\{name:"Martin Sheen"\},:ACTED_IN[4]\{role:"A.J.
MacInerney"\},Node[6]\{title:"The American
President"\},:ACTED_IN[5]\{role:"President Andrew Shepherd"\},Node[2]\{name:"Michael
Douglas"\}]
2 rows
```

3.3.1.6 通过 id 查询节点或关系

1. 通过 id 查询节点

可以在断言中使用 id()函数来根据 id 查询节点。

提示：Neo4j 会重用已删除的节点和关系的内部 id。这意味着依赖 Neo4j 内部的 id 存在风险。因此，建议通过程序来产生 id。

查询：

```
MATCH (n)
WHERE id(n)= 0
RETURN n
```

结果将返回节点 id 为 0 的节点。

结果：

```
N
Node[0]\{name:"Charlie Sheen"\}
1 row
```

2. 通过 id 查询关系

通过 id 查询关系与查询节点类似，但在实践中不推荐这么做。

查询：

```
MATCH ()-[r]->()
WHERE id(r)= 0
RETURN r
```

结果将返回关系 id 为 0 的关系。

结果：

```
R
:ACTED_IN[0]\{role:"Bud Fox"\}
1 row
```

3. 通过 id 查询多个节点

通过 id 查询多个节点的时候，可以将 id 放到 IN 语句中。

查询：

```
MATCH (n)
WHERE id(n) IN [0, 3, 5]
```

```
RETURN n
```

结果将返回 IN 语句中列出的所有节点。

结果：

```
N
Node[0]\{name:"Charlie Sheen"\}
Node[3]\{name:"Oliver Stone"\}
Node[5]\{title:"Wall Street"\}
3 rows
```

3.3.2 OPTIONAL MATCH 语句

OPTIONAL MATCH 语句用于搜索模式中描述的匹配项，对找不到的项用 null 代替。

3.3.2.1 简介

OPTINAL MATCH 匹配模式与 MATCH 类似。不同之处在于，如果没有匹配到，OPTINAL MATCH 将用 null 作为未匹配到部分的值。OPTINAL MATCH 在 Cypher 中类似于 SQL 语句中的 outer join。

记住，WHERE 是模式描述的一部分，匹配的时候就会考虑到 WHERE 语句中的断言，而不是匹配之后才考虑。这对于有多个 OPTINAL MATCH 语句的查询尤其重要，一定要将属于 MATCH 的 WHERE 语句与 MATCH 放在一起。

OPTINAL MATCH 图例如图 3-6 所示。

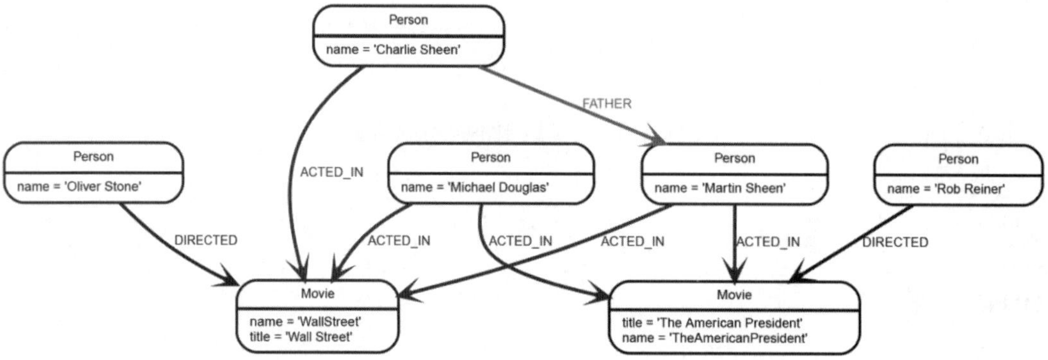

图 3-6 OPTINAL MATCH 图例

3.3.2.2 可选关系

如果某个关系是可选的，可使用 OPTINAL MATCH。这非常类似 SQL 中 outer join 的工作方式。如果关系存在就返回，否则在相应的地方返回 null。

查询：

```
MATCH (a:Movie { title: 'Wall Street' })
OPTIONAL MATCH (a)-->(x)
RETURN x
```

结果返回了 null，因为这个节点没有外向关系。

结果：

```
+--------+
| x      |
+--------+
| <null> |
+--------+
1 row
```

3.3.2.3 可选元素的属性

如果可选的元素为 null，那么该元素的属性也返回 null。

查询：

```
MATCH (a:Movie { title: 'Wall Street' })
OPTIONAL MATCH (a)-->(x)
RETURN x, x.name
```

返回了 x 元素（查询中为 null），它的 name 属性也为 null。

结果：

```
+--------+--------+
| x      | x.name |
+--------+--------+
| <null> | <null> |
+--------+--------+
1 row
```

3.3.2.4 可选关系类型

可在查询中指定可选的关系类型。

查询：

```
MATCH (a:Movie { title: 'Wall Street' })
OPTIONAL MATCH (a)-[r:ACTED_IN]->()
RETURN r
```

结果返回了 null 关系，因为该节点没有 ACTS_IN 的外向关系。

结果：

```
+--------+
| r      |
+--------+
| <null> |
+--------+
1 row
```

3.3.3 WHERE 语句

WHERE 在 MATCH 或者 OPTINAL MATCH 语句中添加约束，或者与 WITH 一起使用来过滤结果。

WHERE 不能单独使用，它只能作为 MATCH、OPTINAL MATCH、START 和 WITH 的一部分。如果是用在 WITH 和 START 中，它用于过滤结果。对于 MATCH 和 OPTINAL MATCH，WHERE

为模式增加约束，它不能看作是匹配完成后的结果过滤。

WHERE 图例如图 3-7 所示。

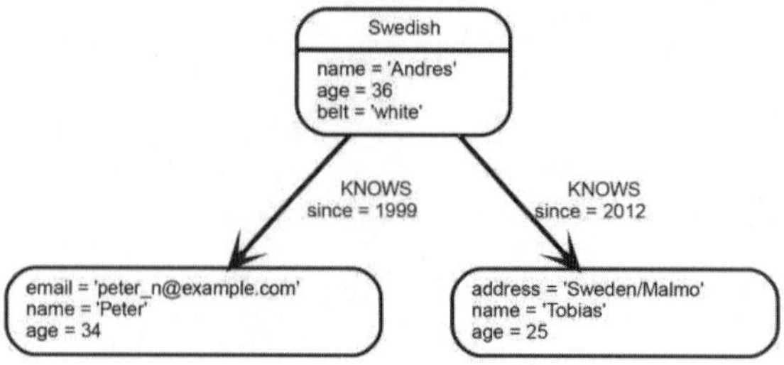

图 3-7　WHERE 图例

3.3.3.1　基本使用

1. 布尔运算

可以在 WHERE 中使用布尔运算符，如 AND、OR，以及布尔函数 NOT。

查询：

```
MATCH (n)
WHERE n.name = 'Peter' XOR (n.age < 30 AND n.name = 'Tobias') OR NOT (n.name = 'Tobias'
OR n.name ='Peter')
RETURN n
```

结果：

```
+----------------------------------------------------------+
| n                                                        |
+----------------------------------------------------------+
| Node[0]{name:"Andres",age:36,belt:"white"}               |
| Node[1]{address:"Sweden/Malmo",name:"Tobias",age:25}     |
| Node[2]{email:"peter_n@example.com",name:"Peter",age:34} |
+----------------------------------------------------------+
3 rows
```

2. 节点标签的过滤

可以在 WHERE 中类似使用 WHERE n:foo 写入标签断言来过滤节点。

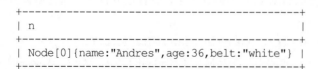

查询：

```
MATCH (n)
WHERE n:Swedish
RETURN n
```

将返回 Andres 节点。

结果：

```
+--------------------------------------------+
| n                                          |
+--------------------------------------------+
| Node[0]{name:"Andres",age:36,belt:"white"} |
+--------------------------------------------+
```

```
1 row
```

提示：如果要查询不包含某个标签的其他所有节点的反向查询，可在 WHERE 后加 NOT。

3. 节点属性的过滤

可以在 WHERE 语句中对节点的属性进行过滤。

查询：

```
MATCH (n)
WHERE n.age < 30
RETURN n
```

返回了 Tobias 节点，因为其年龄小于 30。

结果：

```
+----------------------------------------------------+
| n                                                  |
+----------------------------------------------------+
| Node[1]{address:"Sweden/Malmo",name:"Tobias",age:25} |
+----------------------------------------------------+
1 row
```

4. 关系属性的过滤

要对关系的属性进行过滤，可在 WHERE 中添加如下关键词：

查询：

```
MATCH (n)-[k:KNOWS]->(f)
WHERE k.since < 2000
RETURN f
```

返回了 Peter，因为 Andres 自 1999 年就认识他了。

结果：

```
+--------------------------------------------------------+
| f                                                      |
+--------------------------------------------------------+
| Node[2]{email:"peter_n@example.com",name:"Peter",age:34} |
+--------------------------------------------------------+
1 row
```

5. 动态节点属性过滤

以方括号语法的形式使用动态计算的值来过滤属性。

参数：

```
{
"prop" : "AGE"
}
```

查询：

```
MATCH (n)
```

```
WHERE n[toLower($prop)]< 30
RETURN n
```

返回了“Tobias”，因为他的年龄小于 30。

结果：

```
+--------------------------------------------------------+
| n                                                      |
+--------------------------------------------------------+
| Node[1]{address:"Sweden/Malmo",name:"Tobias",age:25}  |
+--------------------------------------------------------+
1 row
```

6. 属性存在性检查

可以使用 exists()检查节点或者关系的某个属性是否存在。

查询：

```
MATCH (n)
WHERE exists(n.belt)
RETURN n
```

返回了 Andres，因为只有 belt 属性。

提示：has()函数已被移除，并被 exists()替代了。

结果：

```
+---------------------------------------------+
| n                                           |
+---------------------------------------------+
| Node[0]{name:"Andres",age:36,belt:"white"} |
+---------------------------------------------+
1 row
```

3.3.3.2 字符串匹配

可以用 START WITH 和 ENDS WITH 来匹配字符串的开始和结尾。如果不关心所匹配字符串的位置，可以用 CONTAINS，匹配是区分大小写的。

1. 匹配字符串的开始

STARTS WITH 用于以大小写敏感的方式匹配字符串的开始。

查询：

```
MATCH (n)
WHERE n.name STARTS WITH 'Pet'
RETURN n
```

返回了 Peter，因为其名字以“Pet”开始。

结果：

```
+------------------------------------------------------------+
| n                                                          |
+------------------------------------------------------------+
```

```
| Node[2]{email:"peter_n@example.com",name:"Peter",age:34} |
+----------------------------------------------------------+
1 row
```

2. 匹配字符串的结尾

ENDS WITH 用于以大小写敏感的方式匹配字符串的结尾。

查询：

```
MATCH (n)
WHERE n.name ENDS WITH 'ter'
RETURN n
```

返回了 Peter，因为其名字以“ter”结尾。

结果：

```
+----------------------------------------------------------+
| n                                                        |
+----------------------------------------------------------+
| Node[2]{email:"peter_n@example.com",name:"Peter",age:34} |
+----------------------------------------------------------+
1 row
```

3. 字符串包含

CONTAINS 用于检查字符串中是否包含某个字符串，它是大小写敏感的，且不关心匹配部分在字符串中的位置。

查询：

```
MATCH (n)
WHERE n.name CONTAINS 'ete'
RETURN n
```

返回了 Peter，因为其名字包含了“ete”字符串。

结果：

```
+----------------------------------------------------------+
| n                                                        |
+----------------------------------------------------------+
| Node[2]{email:"peter_n@example.com",name:"Peter",age:34} |
+----------------------------------------------------------+
1 row
```

4. 字符串反向匹配

使用 NOT 关键词可以返回不满足给定字符串匹配要求的结果。

查询：

```
MATCH (n)
WHERE NOT n.name ENDS WITH 's'
RETURN n
```

返回了 Peter，因为其名字不以“s”结尾。

结果：

```
+---------------------------------------------------------+
| n                                                       |
+---------------------------------------------------------+
| Node[2]{email:"peter_n@example.com",name:"Peter",age:34} |
+---------------------------------------------------------+
1 row
```

3.3.3.3 正则表达式

Cypher 支持正则表达式过滤。正则表达式的语法继承来自 Java 正则表达式[1]。它支持字符串如何匹配标记，包括不区分大小写（?i）、多行（?m）和单行（?s）。标记放在正则表达式的开头，例如 MATCH (n) WHERE n.name =~ '(?i)Lon.*' RETURN n 将返回名字为 London 和 LonDoN 的节点。

1. 正则表达式

可以使用=~ 'regexp'来进行正则表达式的匹配。

查询：

```
MATCH (n)
WHERE n.name =~ 'Tob.*'
RETURN n
```

返回了 Tobias，因为其名字以“Tob”开始。

结果：

```
+----------------------------------------------------+
| n                                                  |
+----------------------------------------------------+
| Node[1]{address:"Sweden/Malmo",name:"Tobias",age:25} |
+----------------------------------------------------+
1 row
```

2. 正则表达式中的转义字符

如果需要在正则表达式中插入斜杠，则需要使用转义字符。

注意：字符串中的反斜杠也需要转义。

查询：

```
MATCH (n)
WHERE n.address =~ 'Sweden\\/Malmo'
RETURN n
```

返回了 Tobias，因为其地址在“Sweden/Malmo”。

结果：

---

[1] https://docs.oracle.com/javase/7/docs/api/java/util/regex/Pattern.html

```
+---------------------------------------------------------+
| n                                                       |
+---------------------------------------------------------+
| Node[1]{address:"Sweden/Malmo",name:"Tobias",age:25}  |
+---------------------------------------------------------+
1 row
```

3. 正则表达式的非大小写敏感

在正则表达式前面加入“(?i)”之后，整个正则表达式将变成非大小写敏感。

查询：

```
MATCH (n)
WHERE n.name =~ '(?i)ANDR.*'
RETURN n
```

返回了 Andres，因为其名字在不考虑大小写的情况下以“ANDR”开始。

结果：

```
+------------------------------------------------+
| n                                              |
+------------------------------------------------+
| Node[0]{name:"Andres",age:36,belt:"white"}  |
+------------------------------------------------+
1 row
```

3.3.3.4　在 WHERE 中使用路径模式

1. 模式过滤

模式是返回一个路径列表的表达式。列表表达式也是一种断言，空列表代表 false，非空列表代表 true。因此，模式不仅仅是一种表达式，同时也是一种断言。模式的局限性在于只能在单条路径中表达它，不能像在 MATCH 语句中那样使用逗号分隔多条路径，但可以通过 AND 组合多个模式。

提示：不能在 WHERE 中的模式引入新的变量。尽管它看起来与 MATCH 中的模式类似。但 MATCH (a)-[]→(b)与 WHERE (a)-[]→(b)有很大的不同，前者将产生一个它匹配到的 a 和 b 之间的路径子图，而后者是排除匹配到的 a 和 b 之间没有一个有向关系链的任何子图。

查询：

```
MATCH (tobias { name: 'Tobias' }),(others)
WHERE others.name IN ['Andres', 'Peter'] AND (tobias)<--(others)
RETURN others
```

结果将返回有外向关系指向 Tobias 的节点。

结果：

```
+------------------------------------------------+
| others                                         |
+------------------------------------------------+
| Node[0]{name:"Andres",age:36,belt:"white"}  |
+------------------------------------------------+
1 row
```

2. 模式中的 NOT 过滤

NOT 可用于排除某个模式。

查询：

```
MATCH (persons),(peter { name: 'Peter' })
WHERE NOT (persons)-->(peter)
RETURN persons
```

结果将返回没有外向关系指向 Peter 的节点。

结果：

```
+---------------------------------------------------------+
| persons                                                 |
+---------------------------------------------------------+
| Node[1]{address:"Sweden/Malmo",name:"Tobias",age:25}    |
| Node[2]{email:"peter_n@example.com",name:"Peter",age:34} |
+---------------------------------------------------------+
2 rows
```

3. 模式中的属性过滤

可以在模式中添加属性来过滤结果。

查询：

```
MATCH (n)
WHERE (n)-[:KNOWS]-({ name: 'Tobias' })
RETURN n
```

结果将返回与节点 Tobias 有 KNOWS 关系的所有节点。

结果：

```
+--------------------------------------------+
| n                                          |
+--------------------------------------------+
| Node[0]{name:"Andres",age:36,belt:"white"} |
+--------------------------------------------+
1 row
```

4. 关系类型过滤

可以在 MATCH 模式中添加关系类型，但有时候希望在类型过滤上具有丰富的功能。这时，可以将类型与其他进行比较。例如，下面是一个对关系类型与一个正则表达式进行比较的例子。

查询：

```
MATCH (n)-[r]->()
WHERE n.name='Andres' AND type(r)=~ 'K.*'
RETURN r
```

该查询将返回与 Andres 节点以“K”开始的所有关系。

结果：

```
+-----------------------+
```

```
| r                      |
+------------------------+
| :KNOWS[1]{since:1999}  |
| :KNOWS[0]{since:2012}  |
+------------------------+
2 rows
```

5. 在 WHERE 中使用简单存在子查询

可以在内部 MATCH 子句中使用从外部引入的变量，如以下示例所示：

查询：

```
MATCH (person:Person)
WHERE EXISTS {
  MATCH (person)-[:HAS_DOG]->(:Dog)
}
RETURN person.name AS name
```

结果：

```
name
"Andy"
"Peter"
2 rows
```

6. 嵌套存在子查询

存在子查询可以嵌套，如下例所示。嵌套也会影响范围。这意味着可以从子查询内部访问所有变量，这些变量要么在外部范围内，要么在同一个子查询中定义。

查询：

```
MATCH (person:Person)
WHERE EXISTS {
  MATCH (person)-[:HAS_DOG]->(dog:Dog)
  WHERE EXISTS {
    MATCH (dog)-[:HAS_TOY]->(toy:Toy)
    WHERE toy.name = 'Banana'
  }
}
RETURN person.name AS name
```

结果：

```
Name
"Peter"
1 rows
```

3.3.3.5　列表

IN 运算符：可以使用 IN 运算符检查列表中是否存在某个元素。

查询：

```
MATCH (a)
WHERE a.name IN ['Peter', 'Tobias']
RETURN a
```

以上查询将检查字符串列表中是否存在某个属性。

结果:

```
+------------------------------------------------------+
| a                                                    |
+------------------------------------------------------+
| Node[1]{address:"Sweden/Malmo",name:"Tobias",age:25}     |
| Node[2]{email:"peter_n@example.com",name:"Peter",age:34} |
+------------------------------------------------------+
2 rows
```

3.3.3.6 不存在的属性和值

如果属性不存在，对它的判断默认返回 false。

对于不存在的属性值则当作 null，在下面例子中，对于没有 belt 属性的节点的比较将返回 false。

查询:

```
MATCH (n)
WHERE n.belt = 'white'
RETURN n
```

结果将仅返回 belt 为 white 的节点。

结果:

```
+-------------------------------------------+
| n                                         |
+-------------------------------------------+
| Node[0]{name:"Andres",age:36,belt:"white"} |
+-------------------------------------------+
1 row
```

1. 属性不存在默认为 true 的情况

通过如下查询语句可以实现：如果要比较的属性存在，则可以与期望的值进行比较；如果不存在（IS NULL），则默认值为 true。

查询:

```
MATCH (n)
WHERE n.belt = 'white' OR n.belt IS NULL RETURN n
ORDER BY n.name
```

结果将返回满足 belt 属性值为 white 和不存在 belt 属性的所有节点。

结果:

```
+------------------------------------------------------+
| n                                                    |
+------------------------------------------------------+
| Node[0]{name:"Andres",age:36,belt:"white"}               |
| Node[2]{email:"peter_n@example.com",name:"Peter",age:34} |
| Node[1]{address:"Sweden/Malmo",name:"Tobias",age:25}     |
+------------------------------------------------------+
3 rows
```

2. 空值过滤

有时候需要测试某个值或变量是否为 null。在 Cypher 中与 SQL 类似，可以使用 IS NULL，相反，“不为空”则使用 IS NOT NULL，尽管也可以使用 NOT (IS NULL x)。

查询：

```
MATCH (person)
WHERE person.name = 'Peter' AND person.belt IS NULL RETURN person
```

结果将返回 name 属性值为 Peter 的且不存在 belt 属性的节点。

结果：

```
+-----------------------------------------------------------+
| person                                                    |
+-----------------------------------------------------------+
| Node[2]{email:"peter_n@example.com",name:"Peter",age:34} |
+-----------------------------------------------------------+
1 row
```

3.3.3.7 使用范围

1. 简单范围

可以使用不等运算符<、>=和>检查某个元素是否在指定的范围。

查询：

```
MATCH (a)
WHERE a.name >= 'Peter'
RETURN a
```

结果将返回节点的 name 属性值大于或等于 Peter 的节点。

结果：

```
+-----------------------------------------------------------+
| a                                                         |
+-----------------------------------------------------------+
| Node[1]{address:"Sweden/Malmo",name:"Tobias",age:25}     |
| Node[2]{email:"peter_n@example.com",name:"Peter",age:34} |
+-----------------------------------------------------------+
2 rows
```

2. 范围的组合

可以将多个不等式组合成一个范围。

查询：

```
MATCH (a)
WHERE a.name > 'Andres' AND a.name < 'Tobias'
RETURN a
```

结果将返回 name 属性值介于 Andres 和 Tobias 之间的节点。

结果：

```
+-----------------------------------------------------------+
| a                                                         |
+-----------------------------------------------------------+
| Node[2]{email:"peter_n@example.com",name:"Peter",age:34} |
+-----------------------------------------------------------+
1 row
```

3.3.4 START 语句

可以通过遗留索引（Legacy Index）查找开始点。

提示：START 语句应当仅用于访问遗留的索引。所有其他的情况，都应使用 MATCH 代替。

Cypher 中的每个查询描述了一个模式，一个模式可以有多个开始点。一个开始点是模式中的一个关系或者节点。使用 START 时，只能通过遗留索引寻找来引出开始点。注意，使用一个不存在的遗留索引将报错。START 图例如图 3-8 所示。

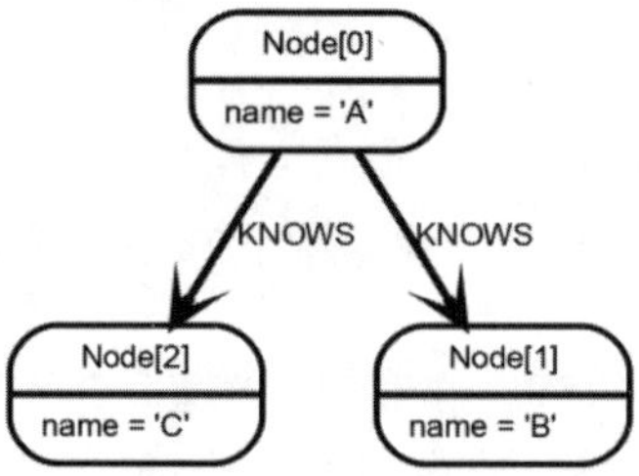

图 3-8 START 图例

3.3.4.1 通过索引获取节点

1. 通过索引搜索（Index Seek）获取节点

当采用索引搜索查找开始点时，可以使用 node:index-name(key = "value")。在本例中存在一个名为 nodes 的节点索引。

查询：

```
START n = node:nodes(name = 'A')
RETURN n
```

结果：

```
+-------------------+
| n                 |
+-------------------+
| Node[0]{name:"A"} |
+-------------------+
1 row
```

2. 通过索引查询（Index Query）获取节点

当采用复杂的 Lucene 查询来查找开始点时，语法为 node:index-name("query")。这样就可以写出很高级的索引查询。

查询：

```
START n = node:nodes("name:A")
RETURN n
```

结果：

```
+--------------------+
| n                  |
+--------------------+
| Node[0]{name:"A"}  |
+--------------------+
1 row
```

3.3.4.2　通过索引获取关系

当采用索引搜索查找开始点时，可以使用 relationship:index-name(key = "value")。在本例中存在一个名为 rels 的关系索引。

查询：

```
START r = relationship:rels(name = 'Andres')
RETURN r
```

结果：

```
+---------------------------+
| r                         |
+---------------------------+
| :KNOWS[0]{name:"Andres"}  |
+---------------------------+
1 row
```

3.3.5　Aggregation 语句

3.3.5.1　简介

Cypher 支持使用聚合（Aggregation）来计算聚在一起的数据，类似 SQL 中的 group by。聚合函数有多个输入值，然后基于它们计算出一个聚合值。例如，avg 函数计算多个数值的平均值。min 函数用于找到一组值中最小的那个值。

聚合可以在匹配到的子图上进行计算。非聚合的表达式将值聚集起来，然后放入聚合函数。

以下面的返回语句为例：

```
RETURN n, count(*)
```

这里有两个表达式：n 和 count()。前者 n 不是聚合函数，是一个分组键。后者 count()是一个聚合函数。因此，根据不同的分组键（Grouping Key），匹配的子图将被分为不同的组。聚合函数将运行在这些组上来计算聚合值。

下面的例子对理解聚合很有帮助，该查询基于如图 3-9 所示的数据。

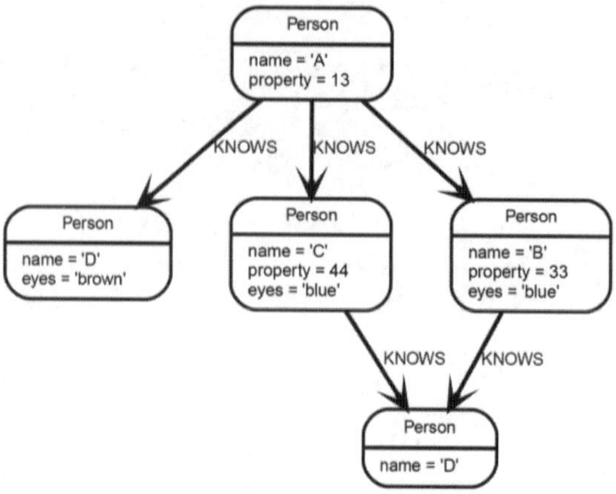

图 3-9 查询例子的数据

查询:

```
MATCH (me:Person)-->(friend:Person)-->(friend_of_friend:Person)
WHERE me.name = 'A'
RETURN count(DISTINCT friend_of_friend), count(friend_of_friend)
```

在这个例子中，试图找到朋友的所有朋友并计算朋友的个数。第一个 count(DISTINCT friend_of_friend)聚合函数中每个 friend_of_friend 只会计算一次，因为 DISTINCT 剔除了重复的部分。第二个聚合函数中，每个 friend_of_friend 会被计算多次。当没有使用 DISTINCT 时，因为 B 和 C 都认识 D，因此 D 被计算了两次。

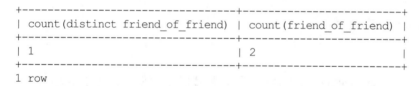

结果:

```
+----------------------------------+------------------------+
| count(distinct friend_of_friend) | count(friend_of_friend) |
+----------------------------------+------------------------+
| 1                                | 2                      |
+----------------------------------+------------------------+
1 row
```

聚合图例如图 3-10 所示。

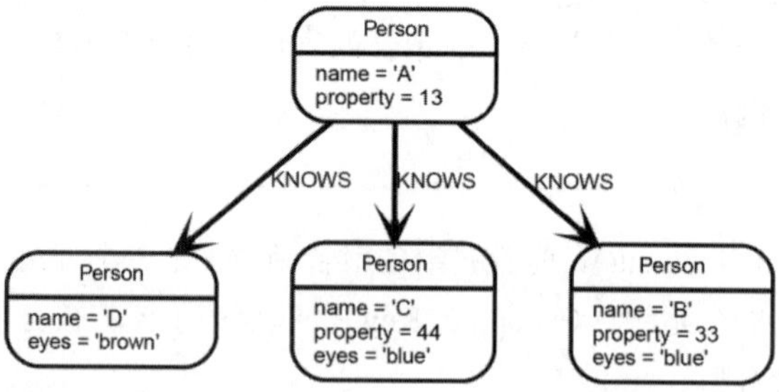

图 3-10 聚合图例

3.3.5.2 count

count 用于计算行的数量。count 有两种使用方式：count(*)用于计算匹配的行数，而 count(<expression>)用于计算<expression>中非空值的数量。

1. 计算节点

计算节点的数量。例如：如果要计算连接到某个节点的节点数，可用 count(*)，示例如下。

查询：

```
MATCH (n { name: 'A' })-->(x)
RETURN n, count(*)
```

结果将返回起始节点及与之相连节点的数量。

结果：

```
+-------------------------------+----------+
| n                             | count(*) |
+-------------------------------+----------+
| Node[0]{name:"A",property:13} | 3        |
+-------------------------------+----------+
1 row
```

2. 按组计算关系类型的数量

计算关系类型组中的数量，返回类型和数量。

查询：

```
MATCH (n { name: 'A' })-[r]->()
RETURN type(r), count(*)
```

结果将返回关系类型和关系组中的关系数量。

结果：

```
+---------+----------+
| type(r) | count(*) |
+---------+----------+
| "KNOWS" | 3        |
+---------+----------+
1 row
```

3. 计算实体

除了通过 count(*)计算结果的数量，还可以加入 name 值。

查询：

```
MATCH (n { name: 'A' })-->(x)
RETURN count(x)
```

结果将返回与满足带有 name 属性值为 A 的节点相连的所有节点的数量。

结果：

```
+----------+
| count(x) |
+----------+
| 3        |
+----------+
1 row
```

4. 计算非空值的数量

可以通过 count(expression)来计算非空值的数量。

查询：

```
MATCH (n:Person)
RETURN count(n.property)
```

结果将返回 property 属性非空的所有节点。

结果：

```
+--------------------+
| count(n.property)  |
+--------------------+
| 3                  |
+--------------------+
1 row
```

3.3.5.3 统计

1. sum

可以通过聚合函数 sum 计算所有值之和。计算的时候，空值将被丢弃。

查询：

```
MATCH (n:Person)
RETURN sum(n.property)
```

结果将返回包含 Person 标签的所有节点的 property 属性值之和。

结果：

```
+------------------+
| sum(n.property)  |
+------------------+
| 90               |
+------------------+
1 row
```

2. avg

avg 计算数值列的平均值。

查询：

```
MATCH (n:Person)
RETURN avg(n.property)
```

结果将返回 property 属性值的平均值。

结果：

```
+------------------+
| avg(n.property)  |
+------------------+
| 30.0             |
+------------------+
```

```
1 row
```

3. percentileDisc

percentileDisc 计算给定值在一个组中的百分位，取值从 0.0~1.0。它使用舍入法，返回最接近百分位的值。对于插值法，请参考 percentileCont 函数。

查询：

```
MATCH (n:Person)
RETURN percentileDisc(n.property, 0.5)
```

结果：

```
+----------------------------------+
| percentileDisc(n.property, 0.5) |
+----------------------------------+
| 33                               |
+----------------------------------+
1 row
```

4. percentileCont

percentileCont 计算给定值在一个组中的百分位，百分位的值从 0.0~1.0。它采用线性插值的方法，在两个值之间计算一个加权平均数。对于使用舍入法获取最近的值，请参考 percentileDisc 函数。

查询：

```
MATCH (n:Person)
RETURN percentileCont(n.property, 0.4)
```

结果：

```
+----------------------------------+
| percentileCont(n.property, 0.4) |
+----------------------------------+
| 29.0                             |
+----------------------------------+
1 row
```

5. stdev

stdev 计算给定值在一个组中的标准偏差。它采用标准的 two-pass 方法，以 N-1 作为分母。当以部分样本作为无偏估计时，应使用 stdev；当计算整个样本的标准偏差时，应使用 stdevp。

查询：

```
MATCH (n)
WHERE n.name IN ['A', 'B', 'C']
RETURN stdev(n.property)
```

结果：

```
+---------------------+
| stdev(n.property)   |
+---------------------+
| 15.716233645501712 |
+---------------------+
1 row
```

6. stdevp

stdevp 计算给定值在一个组中的标准偏差。与 stdev 类似，区别如上所述。

查询：

```
MATCH (n)
WHERE n.name IN ['A', 'B', 'C']
RETURN stdevp(n.property)
```

结果：

```
+--------------------+
| stdevp(n.property) |
+--------------------+
| 12.832251036613439 |
+--------------------+
1 row
```

7. max

max 查找数值列中的最大值。

查询：

```
MATCH (n:Person)
RETURN max(n.property)
```

结果将返回 property 属性中的最大值。

结果：

```
+-----------------+
| max(n.property) |
+-----------------+
| 44              |
+-----------------+
1 row
```

8. min

min 查找数值列中的最小值。

查询：

```
MATCH (n:Person)
RETURN min(n.property)
```

结果将返回 property 属性中的最小值。

结果：

```
+-----------------+
| min(n.property) |
+-----------------+
| 13              |
+-----------------+
1 row
```

3.3.5.4　collect

collect 将所有的值收集起来放入一个列表，空值 null 将被忽略。

查询：

```
MATCH (n:Person)
RETURN collect(n.property)
```

结果将以列表的形式返回收集到的值。

结果：

```
+---------------------+
| collect(n.property) |
+---------------------+
| [13,33,44]          |
+---------------------+
1 row
```

3.3.5.5　DISTINCT

所有的聚合函数都可以带有 DISTINCT 修饰符，它将去掉其中的重复值。因此，计算节点中不重复眼睛颜色数量的查询可以这样写：

查询：

```
MATCH (a:Person { name: 'A' })-->(b)
RETURN count(DISTINCT b.eyes)
```

结果：

```
+------------------------+
| count(DISTINCT b.eyes) |
+------------------------+
| 2                      |
+------------------------+
1 row
```

3.3.6　LOAD CSV 语句

LOAD CSV 语句用于从 CSV 文件中导入数据。

- CSV 文件的 URL 可以由 FROM 后面紧跟的任意表达式来指定。
- 需要使用 AS 来为 CSV 数据指定一个变量。
- LOAD CSV 支持以 gzip、Deflate 和 ZIP 压缩的资源。
- CSV 文件可以存在数据库服务器上，通过 file:///URL 来访问。LOAD CSV 也支持通过 HTTPS、HTTP 和 FTP 来访问 CSV 文件。
- LOAD CSV 支持 HTTP 重定向，但基于安全考虑，重定向时不能改变协议类型，比如从 HTTPS 重定向到 HTTP。

3.3.6.1 文件 URL 的配置项

（1）dbms.security.allow_csv_import_from_file_urls[1]

这个选项决定 Cypher 在使用 LOAD CSV 时是否支持使用 fille:/// URL 来加载数据。该 URL 唯一标识了数据库服务器文件系统上的文件。dbms.security.allow_csv_import_from_file_urls=false 将完全禁止 LOAD CSV 访问文件系统。

（2）dbms.directories.import[2]

设置 LOAD CSV 中 file:/// URL 中的根路径。这必须设置为数据库服务器上的文件系统的单个目录，它让所有的请求从 file:///URL 加载时都使用根路径的相对路径（类似 UNIX 下的 chroot 操作）。默认值是 import，这是基于安全考虑阻止数据库访问标准的 import 之外的目录下的文件。将 dbms.directories.import 设置为空可以消除这个安全隐患，允许访问系统上的任何文件，但是不推荐这么做。

文件 URLs 将相对于 dbms.directories.import 来解析。例如，一个典型的 URL 类似 file:///myfile.csv 或者 file:///myproject/myfile.csv。

- 如果 dbms.directories.import 设置的是默认值 import，那么在 LOAD CSV 语句将分别从 <NEO4J_HOME>/import/myfile.csv 和<NEO4J_HOME>/import/myproject/myfile.csv 中读取数据。
- 如果设置为/data/csv，上面的 LOAD CSV 中的 URL 将分别从/data/csv/myfile.csv 和 /data/csv/myproject/myfile.csv 中读取数据。

详情参见下面小节的例子。

3.3.6.2 CSV 文件格式

使用 LOAD CSV 导入的 CSV 文件必须满足如下要求：

- 字符编码为 UTF-8。
- 行结束符取决于具体的操作系统，如 unix 上为\n，windows 上为\r\n。
- 默认的字段终止符为“,”。
- 字段终止符可以使用 LOAD CSV 中的 FIELDTERMINATOR 选项来修改。
- CSV 文件允许引号字符串，但读取数据的时候引号字符会被丢弃。
- 字符串的引号字符为双引号“"”。
- 转义字符为“\”。

3.3.6.3 从 CSV 文件导入数据

从 CSV 文件导入数据到 Neo4j，可以用 LOAD CSV 把数据加载到查询语句中。然后使用正常的 Cypher 更新语句将数据写入到数据库中。

比如 artists.csv 文件内容如下：

---

1 http://neo4j.com/docs/operationsmanual/3.1/reference/#config_dbms.security.allow_csv_import_from_file_urls

2 http://neo4j.com/docs/operations-manual/3.1/reference/#config_dbms.directories.import

```
"1","ABBA","1992"
"2","Roxette","1986"
"3","Europe","1979"
"4","The Cardigans","1992"
```

查询：

```
LOAD CSV FROM ' http://neo4j.com/docs/developer-manual/3.1/csv/artists.csv' AS
line
CREATE (:Artist { name: line[1], year: toInt(line[2])})
```

CSV 文件中的每一行都创建一个标签为 Artist 的节点。CSV 文件中的另外两列分别设置为节点的属性。

结果：

```
+--------------------+
| No data returned. |
+--------------------+
Nodes created: 4
Properties set: 8
Labels added: 4
```

3.3.6.4　导入包含文件头的 CSV 文件

当导入的 CSV 文件包含文件头时，可以把每一行看作一个 map，而不是字符串数组。

比如 artists.csv 文件内容如下：

```
"Id","Name","Year"
"1","ABBA","1992"
"2","Roxette","1986"
"3","Europe","1979"
"4","The Cardigans","1992"
```

查询：

```
LOAD CSV WITH HEADERS FROM
'http://neo4j.com/docs/developer-manual/3.1/csv/artists-with-headers.csv' AS
line
CREATE (:Artist { name: line.Name, year: toInt(line.Year)})
```

这时，文件的开始行包含列的名称。指定 WITH HEADERS 后，可以通过对应的列名来访问指定的字段。

结果：

```
+--------------------+
| No data returned. |
+--------------------+
Nodes created: 4
Properties set: 8
Labels added: 4
```

3.3.6.5　导入自定义分隔符的 CSV 文件

CSV 文件的分隔符有时候不是逗号，而是其他分隔符。这时可以使用 FIELDTERMINATOR

来指定分隔符。

比如 artists-fieldterminator.csv 文件内容如下：

```
"1";"ABBA";"1992"
"2";"Roxette";"1986"
"3";"Europe";"1979"
"4";"The Cardigans";"1992"
```

查询：

```
LOAD CSV FROM
'http://neo4j.com/docs/developer-manual/3.1/csv/artists-fieldterminator.csv' AS
line FIELDTERMINATOR ';'
CREATE (:Artist { name: line[1], year: toInt(line[2])})
```

本例中字段之间以分号分隔，因此，在 LOAD CSV 中使用了 FIELDTERMINATOR 自定义分隔符。

结果：

```
+--------------------+
| No data returned. |
+--------------------+
Nodes created: 4
Properties set: 8
Labels added: 4
```

3.3.6.6 导入海量数据

如果导入的 CSV 文件包含百万数量级的行，可以使用 USING PERIODIC COMMIT 来告诉 Neo4j 每导入一定数量行之后就提交（Commit）一次。这样可避免在事务过程中耗费大量的内存。默认情况下，每 1000 行会提交一次。

查询：

```
USING PERIODIC COMMIT
LOAD CSV FROM 'http://neo4j.com/docs/developer-manual/3.1/csv/artists.csv' AS
line
CREATE (:Artist { name: line[1], year: toInt(line[2])})
```

结果：

```
+--------------------+
| No data returned. |
+--------------------+
Nodes created: 4
Properties set: 8
Labels added: 4
```

3.3.6.7 设置提交频率

可以设置提交的频率，如本例中设置为 500 行。

查询：

```
USING PERIODIC COMMIT 500
LOAD CSV FROM 'http://neo4j.com/docs/developer-manual/3.1/csv/artists.csv' AS
```

```
line
CREATE (:Artist { name: line[1], year: toInt(line[2])})
```

结果:

```
+--------------------+
| No data returned. |
+--------------------+
Nodes created: 4
Properties set: 8
Labels added: 4
```

3.3.6.8　导入包含转义字符的数据

本例中同时包含了引用字符和转义字符。

比如 artists-with-escaped-char.csv 文件内容如下：

```
"1","The ""Symbol""","1992"
```

查询:

```
LOAD CSV FROM
'http://neo4j.com/docs/developer-manual/3.1/csv/artists-with-escaped-char.csv'
AS line
CREATE (a:Artist { name: line[1], year: toInt(line[2])})
RETURN a.name AS name, a.year AS year, length(a.name) AS length
```

提示：这里的字符串用双引号括起来。同时，关注本例中字符串的长度。

结果:

```
+----------------+------+--------+
| name           | year | length |
+----------------+------+--------+
| "The "Symbol"" | 1992 | 12     |
+----------------+------+--------+
1 row
Nodes created: 1
Properties set: 2
Labels added: 1
```

3.3.7　CREATE 语句

CREATE 语句用于创建图元素：节点和关系。

3.3.7.1　创建节点

1. 创建单个节点

通过如下语句创建单个节点：

查询:

```
CREATE (n)
```

除了影响到的节点数之外，这个查询什么也不返回。

结果：

```
+--------------------+
| No data returned. |
+--------------------+
Nodes created: 1
```

2. 创建多个节点

创建多个节点，中间以逗号分隔。

查询：

```
CREATE (n), (m)
```

结果：

```
+--------------------+
| No data returned. |
+--------------------+
Nodes created: 2
```

3. 创建带有标签的节点

创建带有标签的节点，可采用如下格式：

查询：

```
CREATE (n:Person)
```

这个查询什么也不返回。

结果：

```
+--------------------+
| No data returned. |
+--------------------+
Nodes created: 1
Labels added: 1
```

4. 创建带有多个标签的节点

如下语句在创建节点的时候，为其添加了两个标签。

查询：

```
CREATE (n:Person:Swedish)
```

这个查询什么也不返回。

结果：

```
+--------------------+
| No data returned. |
+--------------------+
Nodes created: 1
Labels added: 2
```

5. 创建同时带有标签和属性的节点

当创建一个带有标签的节点时，同时也可以添加属性。

查询:

```
CREATE (n:Person { name: 'Andres', title: 'Developer' })
```

结果:

```
+--------------------+
| No data returned. |
+--------------------+
Nodes created: 1
Properties set: 2
Labels added: 1
```

6. 返回创建的节点

查询:

```
CREATE (a { name: 'Andres' })
RETURN a
```

返回了新创建的节点。

结果:

```
+------------------------+
| a                      |
+------------------------+
| Node[0]{name:"Andres"} |
+------------------------+
1 row
Nodes created: 1
Properties set: 1
```

3.3.7.2 创建关系

1. 创建两个节点之间的关系

要创建两个节点之间的关系，先需要找到这两个节点，然后才能创建两者之间的关系。

查询:

```
MATCH (a:Person),(b:Person)
WHERE a.name = 'Node A' AND b.name = 'Node B'
CREATE (a)-[r:RELTYPE]->(b)
RETURN r
```

查询返回了创建的关系。

结果:

```
+----------------+
| r              |
+----------------+
| :RELTYPE[0]{} |
+----------------+
1 row
Relationships created: 1
```

2. 创建关系并设置属性

给关系设置属性，类似于创建节点时设置节点属性。

注意：设置的属性值可以是任意表达式。

查询：

```
MATCH (a:Person),(b:Person)
WHERE a.name = 'Node A' AND b.name = 'Node B'
CREATE (a)-[r:RELTYPE { name: a.name + '<->' + b.name }]->(b)
RETURN r
```

结果：

```
+-----------------------------------+
| r                                 |
+-----------------------------------+
| :RELTYPE[0]{name:"Node A<->Node B"} |
+-----------------------------------+
1 row
Relationships created: 1
Properties set: 1
```

3.3.7.3 创建一个完整路径

当使用 CREATE 和模式时，模式中所有还不存在的部分都会被创建。

查询：

```
CREATE p =(andres { name:'Andres' })-[:WORKS_AT]->(neo)<-[:WORKS_AT]-(michael
{ name: 'Michael' })
RETURN p
```

这个查询创建了三个节点和两个关系，然后将它赋值给一个路径变量并返回它。

结果：

```
+-------------------------------------------------------------------------+
| p                                                                       |
+-------------------------------------------------------------------------+
|[Node[0]{name:"Andres"},:WORKS_AT[0]{},Node[1]{},:WORKS_AT[1]{},Node[2]{name: |
|  "Michael"}]                                                            |
+-------------------------------------------------------------------------+
1 row
Nodes created: 3
Relationships created: 2
Properties set: 2
```

3.3.7.4 CREATE 中使用参数

可以使用 map 来创建图的实体。map 中的所有键值对都会被设置到创建的关系或节点上。在下面的例子中还给节点添加了一个 Person 标签。

参数：

```
{
"props" : {
"name" : "Andres",
"position" : "Developer"
}
```

```
}
```

查询：

```
CREATE (n:Person $props)
RETURN n
```

结果：

```
+-------------------------------------------+
| n                                         |
+-------------------------------------------+
| Node[0]{name:"Andres",position:"Developer"} |
+-------------------------------------------+
1 row
Nodes created: 1
Properties set: 2
Labels added: 1
```

用属性参数创建多个节点：通过使用一个 Cypher 的 map 数组，它将为每个 map 创建一个节点。

参数：

```
{
"props" : [ {
"name" : "Andres",
"position" : "Developer"
}, {
"name" : "Michael",
"position" : "Developer"
} ]
}
```

查询：

```
UNWIND $props AS map
CREATE (n)
SET n = map
```

结果：

```
+-------------------+
| No data returned. |
+-------------------+
Nodes created: 2
Properties set: 4
```

3.3.8　MERGE 语句

MERGE 语句可以确保图数据库中存在某个特定的模式。如果该模式不存在，则创建它。

3.3.8.1　简介

MERGE 或者匹配已存在的节点并绑定到它，或者创建新的节点然后绑定到它。它有点像 MATCH 和 CREATE 的组合。通过这种方式可以确保你指定的某个数据存在数据库中。例如，可以指定图中必须包含一个特定 name 的 user 节点。如果不存在特定 name 的 user 节点，那么就会创建一个。

当在整个模式上使用 MERGE 时，要么是整个模式匹配到，要么是整个模式被创建。MERGE 不能部分地应用于模式，如果希望部分匹配，可以将模式拆分为多个 MERGE 语句。

MERGE 图例如图 3-11 所示。

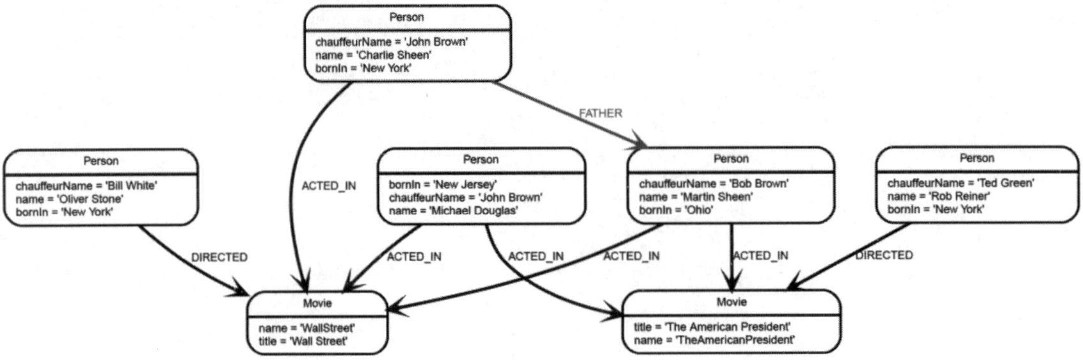

图 3-11　MERGE 图例

3.3.8.2　MERGE 节点

1. 合并带标签的节点

下面的例子合并给定标签的节点。

查询：

```
MERGE (robert:Critic)
RETURN robert, labels(robert)
```

因为没有包含 Critic 标签的节点，所以在数据库创建了新节点。

结果：

```
+-----------+----------------+
| robert    | labels(robert) |
+-----------+----------------+
| Node[7]{} | ["Critic"]     |
+-----------+----------------+
1 row
Nodes created: 1
Labels added: 1
```

2. 合并带多个属性的单个节点

合并有多个属性但并不是所有属性都匹配到已存在节点的单个节点。

查询：

```
MERGE (charlie { name: 'Charlie Sheen', age: 10 })
RETURN charlie
```

在数据库创建了名为 Charlie Sheen 的新节点，因为没有匹配到所有属性都吻合的节点。

结果：

```
+--------------------------------------+
| charlie                              |
```

```
+---------------------------------------+
| Node[7]{name:"Charlie Sheen",age:10} |
+---------------------------------------+
1 row
Nodes created: 1
Properties set: 2
```

3. 合并同时指定标签和属性的节点

合并单个节点，要求它的标签和属性都能匹配到已存在的节点。

查询：

```
MERGE (michael:Person { name: 'Michael Douglas' })
RETURN michael.name, michael.bornIn
```

匹配到 Michael Douglas 节点，同时返回它的 name 和 bornIn 属性。

结果：

```
+-------------------+----------------+
| michael.name      | michael.bornIn |
+-------------------+----------------+
| "Michael Douglas" | "New Jersey"   |
+-------------------+----------------+
1 row
```

4. 合并属性来自已存在节点的单个节点

当每个绑定节点的属性 p 来自一个节点集时，如果 p 存在重复，创建的时候只会创建一次。

查询：

```
MATCH (person:Person)
MERGE (city:City { name: person.bornIn })
RETURN person.name, person.bornIn, city
```

本例中创建了三个 City 节点，它们的 name 属性分别为 New York、Ohio 和 New Jersey。

注意：尽管 MATCH 匹配的结果总有三个节点的 bornIn 属性值都为 New York，但只创建了一个 New York 节点。因为第一次匹配的时候，New York 未匹配到，因此创建了一个。然后，新创建的 New York 被第二个和第三个匹配到了。

结果：

```
+-------------------+----------------+---------------------------+
| person.name       | person.bornIn  | city                      |
+-------------------+----------------+---------------------------+
| "Rob Reiner"      |   "New York"   | Node[7]{name:"New York"}  |
| "Oliver Stone"    |   "New York"   | Node[7]{name:"New York"}  |
| "Charlie Sheen"   |   "New York"   | Node[7]{name:"New York"}  |
| "Michael Douglas" |   "New Jersey" | Node[8]{name:"New Jersey"} |
| "Martin Sheen"    |   "Ohio"       | Node[9]{name:"Ohio"}      |
+-------------------+----------------+---------------------------+
5 rows
Nodes created: 3
Properties set: 3
Labels added: 3
```

3.3.8.3 MERGE 在 CREATE 和 MATCH 中的使用

1. MERGE 与 CREATE 搭配

检查节点是否存在，如果不存在，则创建它并设置属性。

查询：

```
MERGE (keanu:Person { name: 'Keanu Reeves' })
ON CREATE SET keanu.created = timestamp()
RETURN keanu.name, keanu.created
```

本查询创建了 keanu 节点，并将 created 属性设置为创建时的时间戳。

结果：

```
+----------------+---------------+
| keanu.name     | keanu.created |
+----------------+---------------+
| "Keanu Reeves" | 1486061063894 |
+----------------+---------------+
1 row
Nodes created: 1
Properties set: 2
Labels added: 1
```

2. MERGE 与 MATCH 搭配

匹配节点，并在找到的节点上设置属性。

查询：

```
MERGE (person:Person)
ON MATCH SET person.found = TRUE RETURN person.name, person.found
```

本查询找到所有的 Person 节点，并设置 found 属性为 true，然后返回它们。

结果：

```
+-------------------+--------------+
| person.name       | person.found |
+-------------------+--------------+
| "Rob Reiner"      | true         |
| "Oliver Stone"    | true         |
| "Charlie Sheen"   | true         |
| "Michael Douglas" | true         |
| "Martin Sheen"    | true         |
+-------------------+--------------+
5 rows
Properties set: 5
```

3. MERGE 与 CREATE 和 MATCH 同时使用

检查节点是否存在，如果不存在，则创建它并设置属性。

查询：

```
MERGE (keanu:Person { name: 'Keanu Reeves' })
ON CREATE SET keanu.created = timestamp()
```

```
ON MATCH SET keanu.lastSeen = timestamp()
RETURN keanu.name, keanu.created, keanu.lastSeen
```

本查询创建 keanu 节点并设置 created 属性值为创建时的时间戳。如果 keanu 已经存在，将为它设置一个新属性 lastSeen。也就是说，当 keanu 不存在时，创建后的 keanu 节点将没有 lastSeen 属性。

结果：

```
+----------------+---------------+----------------+
| keanu.name     | keanu.created | keanu.lastSeen |
+----------------+---------------+----------------+
| "Keanu Reeves" | 1486061067497 | <null>         |
+----------------+---------------+----------------+
1 row
Nodes created: 1
Properties set: 2
Labels added: 1
```

4. 利用 MERGE 和 MATCH 设置多属性

如果需要设置多个属性，将它们简单地以逗号分开即可。

查询：

```
MERGE (person:Person)
ON MATCH SET person.found = TRUE , person.lastAccessed = timestamp()
RETURN person.name, person.found, person.lastAccessed
```

结果：

```
+-------------------+--------------+---------------------+
| person.name       | person.found | person.lastAccessed |
+-------------------+--------------+---------------------+
| "Rob Reiner"      | true         | 1486061066390       |
| "Oliver Stone"    | true         | 1486061066390       |
| "Charlie Sheen"   | true         | 1486061066390       |
| "Michael Douglas" | true         | 1486061066390       |
| "Martin Sheen"    | true         | 1486061066390       |
+-------------------+--------------+---------------------+
5 rows
Properties set: 10
```

3.3.8.4 MERGE 关系

MERGE 可用于匹配或者创建关系。

查询：

```
MATCH (charlie:Person { name: 'Charlie Sheen' }),(wallStreet:Movie { title: 'Wall
Street' })
MERGE (charlie)-[r:ACTED_IN]->(wallStreet)
RETURN charlie.name, type(r), wallStreet.title
```

因为 Charlie Sheen 参演了 Wall Street，所以找到已存的关系并返回。

注意：使用 MERGE 去匹配或者创建关系时，必须至少指定一个绑定的节点。

结果：

```
+------------------+------------+------------------+
| charlie.name     | type(r)    | wallStreet.title |
+------------------+------------+------------------+
| "Charlie Sheen"  | "ACTED_IN" | "Wall Street"    |
+------------------+------------+------------------+
1 row
```

1. 合并多个关系

当 MERGE 应用于整个模式时，要么全部匹配上，要么全部新创建。

查询：

```
MATCH (oliver:Person { name: 'Oliver Stone' }),(reiner:Person { name: 'Rob Reiner' })
MERGE (oliver)-[:DIRECTED]->(movie:Movie)<-[:ACTED_IN]-(reiner)
RETURN movie
```

在本例中，Oliver Stone 和 Rob Reiner 未一起工作过。当试图在其之间合并一个电影连接时，Neo4j 不会使用任何已存在的电影，而是创建一个新的 movie 节点。

结果：

```
+------------+
| movie      |
+------------+
| Node[7]{}  |
+------------+
1 row
Nodes created: 1
Relationships created: 2
Labels added: 1
```

2. 合并无方向关系

MERGE 也可以用于合并无方向的关系。当创建关系时，它将选择一个任意的方向。

查询：

```
MATCH (charlie:Person { name: 'Charlie Sheen' }),(oliver:Person { name: 'Oliver Stone' })
MERGE (charlie)-[r:KNOWS]-(oliver)
RETURN r
```

因为 Charlie Sheen 和 Oliver Stone 相互不认识，所以 MERGE 查询将在他们之间创建一个 KNOWS 关系。创建的关系的方向是任意的。

结果：

```
+--------------+
| r            |
+--------------+
| :KNOWS[8]{}  |
+--------------+
1 row
Relationships created: 1
```

3. 合并已存在两节点之间的关系

MERGE 可用于连接前面的 MATCH 和 MERGE 语句，在两个绑定的节点 m 和 n 上创建一个关系。m 节点是 MATCH 语句返回的，而 n 节点是前面的 MERGE 语句创建或者匹配到的。

查询：

```
MATCH (person:Person)
MERGE (city:City { name: person.bornIn })
MERGE (person)-[r:BORN_IN]->(city)
RETURN person.name, person.bornIn, city
```

这个例子来自 3.3.8 节。第二个 MERGE 在每个人和他的 bornIn 属性对应的城市之间创建了一个 BORN_IN 关系。Charlie Sheen、Rob Reiner 和 Oliver Stone 与同一个城市节点（New York）都有一个 BORIN_IN 关系。

结果：

```
+-------------------+--------------+---------------------------+
| person.name       | person.bornIn | city                     |
+-------------------+--------------+---------------------------+
| "Rob Reiner"      | "New York"   | Node[7]{name:"New York"}   |
| "Oliver Stone"    | "New York"   | Node[7]{name:"New York"}   |
| "Charlie Sheen"   | "New York"   | Node[7]{name:"New York"}   |
| "Michael Douglas" | "New Jersey" | Node[8]{name:"New Jersey"} |
| "Martin Sheen"    | "Ohio"       | Node[9]{name:"Ohio"}       |
+-------------------+--------------+---------------------------+
5 rows
Nodes created: 3
Relationships created: 5
Properties set: 3
Labels added: 3
```

4. 合并一个已存在节点和一个合并的节点之间的关系

MERGE 能够同时创建一个新节点 n 和一个已存在节点 m 与 n 之间的关系。

查询：

```
MATCH (person:Person)
MERGE (person)-[r:HAS_CHAUFFEUR]->(chauffeur:Chauffeur { name:
person.chauffeurName })
RETURN person.name, person.chauffeurName, chauffeur
```

在本例中，MERGE 未匹配到，这里没有标签为 Chauffeur 的节点和 HAS_CHAUFFUR 关系。MERGE 创建了 5 个带有 Chauffeur 标签的节点，每个节点的包含一个 name 属性，属性的值来自每个匹配到的 Person 节点的 chauffeurName 属性的值。MERGE 同时还在每个 Person 节点与新创建的 Chauffeur 节点之间创建了一个 HAS_CHAUFFEUR 关系。

结果：

```
+-------------------+---------------------+----------------------------+
| person.name       | person.chauffeurName | chauffeur                 |
+-------------------+---------------------+----------------------------+
| "Rob Reiner"      | "Ted Green"         | Node[7]{name:"Ted Green"}  |
| "Oliver Stone"    | "Bill White"        | Node[8]{name:"Bill White"} |
```

```
| "Charlie Sheen"   | "John Brown"         | Node[9]{name:"John Brown"}  |
| "Michael Douglas" | "John Brown"         | Node[10]{name:"John Brown"} |
| "Martin Sheen"    | "Bob Brown"          | Node[11]{name:"Bob Brown"}  |
+-------------------+----------------------+-----------------------------+
5 rows
Nodes created: 5
Relationships created: 5
Properties set: 5
Labels added: 5
```

3.3.8.5 用 MERGE 的唯一性约束

当使用的模式涉及唯一性约束时，Cypher 可以通过 MERGE 来防止获取相冲突的结果。在这种情况下，至多有一个节点匹配该模式。例如，给定两个唯一性约束:Person(id)和:Person(ssn)，如果存在两个不同的节点分别是 id 为 12 和 ssn 为 437 或者只有一个节点有其中一个属性，那么 MERGE (n:Person {id: 12, ssn: 437})这样的查询将失败。

下面的例子分别在 Person 的 name 和 role 属性上创建一个唯一性约束。

```
CREATE CONSTRAINT ON (n:Person) ASSERT n.name IS UNIQUE;
CREATE CONSTRAINT ON (n:Person) ASSERT n.role IS UNIQUE;
```

如果节点未找到，则使用唯一性约束创建该节点。

查询:

```
ERGE (laurence:Person { name: 'Laurence Fishburne' })
RETURN laurence.name
```

本查询创建了 laurence 节点。如果 laurence 已经存在，MERGE 则仅匹配已经存在的节点。

结果:

```
+----------------------+
| laurence.name        |
+----------------------+
| "Laurence Fishburne" |
+----------------------+
1 row
Nodes created: 1
Properties set: 1
Labels added: 1
```

使用唯一性约束匹配已存在的节点。

查询:

```
MERGE (oliver:Person { name: 'Oliver Stone' })
RETURN oliver.name, oliver.bornIn
```

oliver 节点已经存在了，因此 MERGE 只是匹配它而不创建。

结果:

```
+----------------+---------------+
| oliver.name    | oliver.bornIn |
+----------------+---------------+
| "Oliver Stone" | "New York"    |
+----------------+---------------+
```

```
1 row
```

1. 唯一性约束与部分匹配

当只有部分匹配时，使用唯一性约束合并将失败。

查询：

```
MERGE (michael:Person { name: 'Michael Douglas', role: 'Gordon Gekko' })
RETURN michael
```

这里有一个唯一匹配到的 name 为 Michael Douglas 的节点，但没有具有唯一的 role 属性为 Gordon Gekko 的节点，因此 MERGE 匹配失败。

错误消息：

```
Merge did not find a matching node michael and can not create a new node due
to conflicts with existing unique nodes
```

2. 唯一性约束与匹配冲突

当有匹配的冲突结果时，使用 MERGE 唯一性约束将失败。

查询：

```
MERGE (oliver:Person { name: 'Oliver Stone', role: 'Gordon Gekko' })
RETURN oliver
```

错误消息：

```
Merge did not find a matching node oliver and can not create a new node due to
conflicts with existing unique nodes
```

3.3.8.6 使用 map 参数

MERGE 不支持像 CREATE 节点时那样使用 map 参数。要在 MERGE 中使用 map 参数，需要显式地使用希望用到的属性。如下例所示。

参数：

```
{
"param" : {
"name" : "Keanu Reeves",
"role" : "Neo"
}
}
```

查询：

```
MERGE (person:Person { name: $param.name, role: $param.role })
RETURN person.name, person.role
```

结果：

```
+-----------------+--------------+
| person.name     | person.role  |
+-----------------+--------------+
| "Keanu Reeves"  | "Neo"        |
```

```
+----------------+-------------+
1 row
Nodes created: 1
Properties set: 2
Labels added: 1
```

3.3.9 SET 语句

SET 语句用于更新节点的标签以及节点和关系的属性。SET 可以使用 map 中的参数来设置属性。

提示：设置节点的标签是幂等性操作，即如果试图设置一个已经存在的标签到节点上，则什么也不会发生。查询统计会自己判断是否需要处理。

SET 图例如图 3-12 所示。

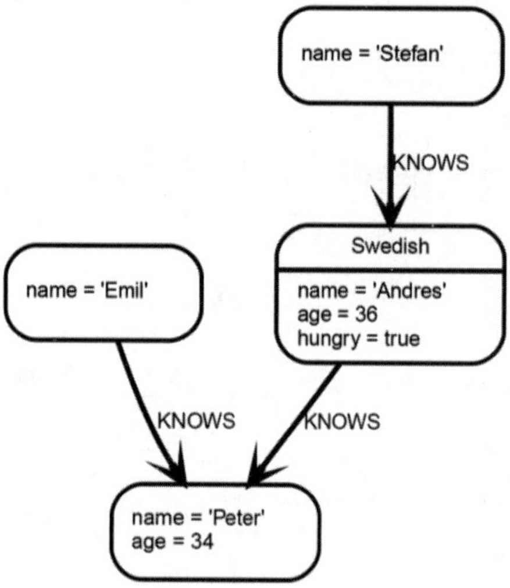

图 3-12　SET 图例

3.3.9.1 设置属性

可以使用 SET 设置节点或者关系的属性。

查询：

```
MATCH (n { name: 'Andres' })
SET n.surname = 'Taylor'
RETURN n
```

返回最新修改过的节点。

结果：

```
+------------------------------------------------------------+
| n                                                          |
+------------------------------------------------------------+
| Node[0]{surname:"Taylor",name:"Andres",age:36,hungry:true} |
+------------------------------------------------------------+
1 row
Properties set: 1
```

3.3.9.2 删除属性

通常使用 REMOVE 来删除一个属性，但有时候也可以随手使用 SET。如果属性设置为 null，将删除该属性。如下所示。

查询：

```
MATCH (n { name: 'Andres' })
SET n.name = NULL RETURN n
```

设置 name 属性为空之后，name 属性则被删除了。

结果：

```
+-----------------------------+
| n                           |
+-----------------------------+
| Node[0]{hungry:true,age:36} |
+-----------------------------+
1 row
Properties set: 1
```

3.3.9.3 在节点和关系间复制属性

可以使用 SET 复制一个图元素的所有属性到另外一个图元素。记住，这样做会删除目标元素的所有其他属性。

查询：

```
MATCH (at { name: 'Andres' }),(pn { name: 'Peter' })
SET at = pn
RETURN at, pn
```

Andres 节点的所有属性将被 Peter 节点的属性替换了。

结果：

```
+-------------------------------+-------------------------------+
| at                            | pn                            |
+-------------------------------+-------------------------------+
| Node[0]{name:"Peter",age:34}  | Node[2]{name:"Peter",age:34}  |
+-------------------------------+-------------------------------+
1 row
Properties set: 3
```

3.3.9.4 从 map 中添加属性

当用 map 来设置属性时，可以使用+=形式的 SET，用于只添加属性，而不删除图元素中已存在的属性。

查询：

```
MATCH (peter { name: 'Peter' })
SET peter += { hungry: TRUE , position: 'Entrepreneur' }
```

结果：

```
+--------------------+
| No data returned.  |
```

```
+--------------------+
Properties set: 2
```

3.3.9.5 使用参数设置属性

可以使用参数来给属性赋值。

参数：

```
{
"surname" : "Taylor"
}
```

查询：

```
MATCH (n { name: 'Andres' })
SET n.surname = $surname
RETURN n
```

Andres 节点新增一个 surname 属性。

结果：

```
+-----------------------------------------------------------+
| n                                                         |
+-----------------------------------------------------------+
| Node[0]{surname:"Taylor",name:"Andres",age:36,hungry:true} |
+-----------------------------------------------------------+
1 row
Properties set: 1
```

3.3.9.6 使用一个参数设置所有属性

使用参数提供的属性集合来设置节点的属性时，该节点已存在的所有属性将被替换掉。

参数：

```
{
"props" : {
"name" : "Andres",
"position" : "Developer"
}
}
```

查询：

```
MATCH (n { name: 'Andres' })
SET n = $props
RETURN n
```

Andres 节点的所有属性都被替换为 props 参数中的属性了。

结果：

```
+---------------------------------------------+
| n                                           |
+---------------------------------------------+
| Node[0]{name:"Andres",position:"Developer"} |
+---------------------------------------------+
```

```
1 row
Properties set: 4
```

3.3.9.7 使用一个 SET 语句设置多个属性

如果想一次设置多个属性，则使用逗号分开即可。

查询：

```
MATCH (n { name: 'Andres' })
SET n.position = 'Developer', n.surname = 'Taylor'
```

结果：

```
+--------------------+
| No data returned. |
+--------------------+
Properties set: 2
```

3.3.9.8 设置节点的标签

用 SET 可给节点设置标签。

查询：

```
MATCH (n { name: 'Stefan' })
SET n :German
RETURN n
```

查询将返回新增了标签的节点。

结果：

```
+------------------------+
| n                      |
+------------------------+
| Node[3]{name:"Stefan"} |
+------------------------+
1 row
Labels added: 1
```

3.3.9.9 给一个节点设置多个标签

使用 SET 给一个节点设置多个标签时，不同的标签之间用冒号分隔。

查询：

```
MATCH (n { name: 'Emil' })
SET n :Swedish:Bossman
RETURN n
```

查询将返回新增多个标签的节点。

结果：

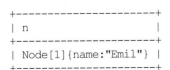

```
+----------------------+
| n                    |
+----------------------+
| Node[1]{name:"Emil"} |
+----------------------+
```

```
1 row
Labels added: 2
```

3.3.10 DELETE 语句

DELETE 语句用于删除图元素（节点、关系或路径）。

删除属性和标签，参见 3.3.11 节。记住，不能只删除节点，而不删除与之相连的关系。要么显式地删除对应的关系，要么使用 DETACH DELETE。

DELETE 图例如图 3-13 所示。

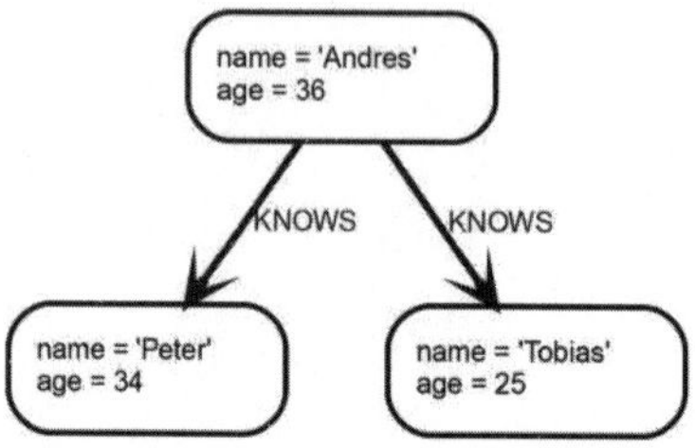

图 3-13 DELETE 图例

3.3.10.1 删除单个节点

使用 DELETE 删除一个节点。

查询：

```
MATCH (n:Useless)
DELETE n
```

结果：

```
+--------------------+
| No data returned. |
+--------------------+
Nodes deleted: 1
```

3.3.10.2 删除所有节点和关系

这个查询适用于删除少量数据，但不适用于删除海量数据。

查询：

```
MATCH (n)
DETACH DELETE n
```

结果：

```
+--------------------+
| No data returned. |
+--------------------+
Nodes deleted: 3
Relationships deleted: 2
```

3.3.10.3 删除一个节点及其所有的关系

当需要删除一个节点及与该节点的所有关系时，可用 DETACH DELETE。

查询:

```
MATCH (n { name: 'Andres' })
DETACH DELETE n
```

结果:

```
+--------------------+
| No data returned. |
+--------------------+
Nodes deleted: 1
Relationships deleted: 2
```

3.3.11 REMOVE 语句

REMOVE 语句用于删除图元素的属性和标签。对于删除节点和关系，参见 3.3.10 节。

提示： 删除节点的标签是幂等性操作。如果删除一个节点的不存在的标签，什么也不会发生。查询统计会自己判断是否需要处理。

REMOVE 图例如图 3-14 所示。

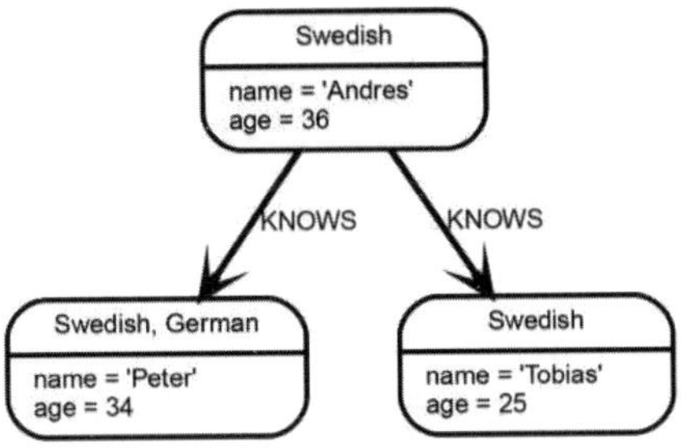

图 3-14 REMOVE 图例

3.3.11.1 删除一个属性

Neo4j 不允许属性存储空值 null。如果属性的值不存在，那么节点或者关系中的属性将被删除。这也可以通过 REMOVE 来删除。

查询:

```
MATCH (andres { name: 'Andres' })
REMOVE andres.age
RETURN andres
```

可以看到，返回的节点已经没有 age 属性了。

结果:

```
+-------------------------+
| andres                  |
+-------------------------+
| Node[0]{name:"Andres"} |
+-------------------------+
1 row
Properties set: 1
```

3.3.11.2 删除节点的一个标签

可用 REMOVE 删除一个标签。

查询：

```
MATCH (n { name: 'Peter' })
REMOVE n:German
RETURN n
```

结果：

```
+------------------------------+
| n                            |
+------------------------------+
| Node[2]{name:"Peter",age:34} |
+------------------------------+
1 row
Labels removed: 1
```

3.3.11.3 删除节点的多个标签

可以使用 REMOVE 删除多个标签。

查询：

```
MATCH (n { name: 'Peter' })
REMOVE n:German:Swedish
RETURN n
```

结果：

```
+------------------------------+
| n                            |
+------------------------------+
| Node[2]{name:"Peter",age:34} |
+------------------------------+
1 row
Labels removed: 2
```

3.3.12 FOREACH 语句

FOREACH 语句用于更新列表中的数据，或者来自路径的组件，或者来自聚合的结果。

列表和路径是 Cypher 中的关键概念，可以使用 FOREACH 来更新其中的数据。它可以在路径或者聚合的列表的每个元素上执行更新命令。FOREACH 括号中的变量是与外部分开的，这意味着 FOREACH 中创建的变量不能用于该语句之外。

在 FOREACH 括号内，可以执行任何的更新命令，包括 CREATE、CREATE UNIQUE、DELETE 和 FOREACH。如果希望对列表中的每个元素执行额外的 MATCH 命令，则使用 UNWIND 命令更合适。FOREACH 图例如图 3-15 所示。

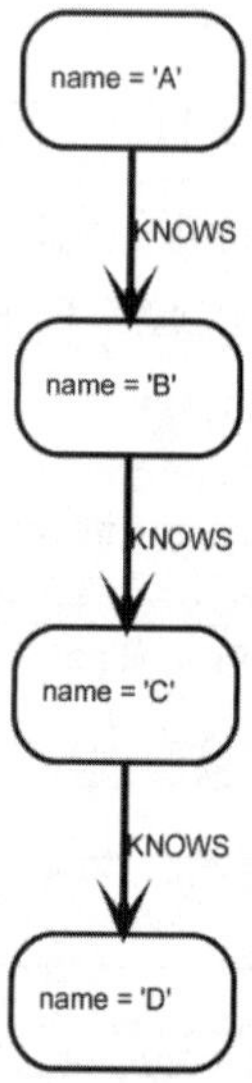

图 3-15　FOREACH 图例

3.3.12.1 标记路径上的所有节点

这个查询将设置路径上所有节点的 marked 属性为 true 值。

查询：

```
MATCH p =(begin)-[*]->(END)
WHERE begin.name = 'A' AND END .name = 'D'
FOREACH (n IN nodes(p)| SET n.marked = TRUE)
```

本查询无返回，但设置了 4 个属性。

结果：

```
+--------------------+
| No data returned. |
+--------------------+
Properties set: 4
```

3.3.12.2 从列表中创建朋友

下面的查询将列表中的人全部加为 A 的朋友。

```
MATCH (a:Person {name:"A"})
FOREACH (name IN ["Mike", "Carl", "Bruce"] |
CREATE (a)-[:FRIEND]->(:Person {name: name}))
```

本查询无返回，但创建了三个节点，每个节点添加了标签 Person 和设置了 name 属性，并将这三个节点与 A 之间建立 FRIEND 关系。

3.3.13 CREATE UNIQUE 语句

CREATE UNIQUE 语句相当于 MATCH 和 CREATE 的混合体——尽可能地匹配，然后创建未匹配到的。

提示：可能会想到用 MERGE 来代替 CREATE UNIQUE，然而 MERGE 并不能很强地保证关系的唯一性。

3.3.13.1 简介

CREATE UNIQUE 介于 MATCH 和 CREATE 之间，其作用是匹配所能匹配得上的，创建不存在的。CREATE UNIQUE 尽可能地减少对图的改变，充分利用已有的图。与 MATCH 的另外一个不同是，CREATE UNIQUE 假设模式是唯一性的，如果有多个匹配的子图可以找到，则此时将会报错。

CREATE UNIQUE 图例如图 3-16 所示。

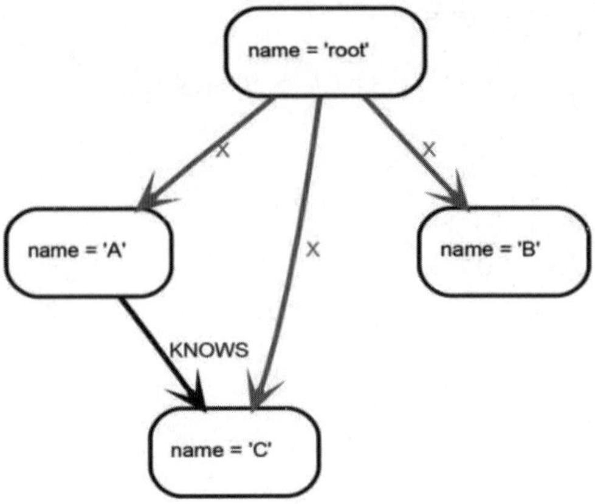

图 3-16　CREATE UNIQUE 图例

3.3.13.2　创建唯一节点

1. 创建未匹配到的节点

如果模式描述的节点未匹配到，则创建一个新节点。

查询：

```
MATCH (root { name: 'root' })
CREATE UNIQUE (root)-[:LOVES]-(someone)
RETURN someone
```

root 节点没有任何 LOVES 关系。因此，创建了一个节点及其与 root 节点的 LOVES 关系。

结果：

```
+------------+
| someone    |
+------------+
| Node[4]{} |
+------------+
1 row
Nodes created: 1
Relationships created: 1
```

2. 用含值的模式创建节点

描述的模式可以在节点中包含值，语法为 prop: <expression>。

查询：

```
MATCH (root { name: 'root' })
CREATE UNIQUE (root)-[:X]-(leaf { name: 'D' })
RETURN leaf
```

没有与 root 节点相连的 name 为 D 的节点，所以创建一个新的节点来匹配该模式。

结果：

```
+--------------------+
| leaf               |
+--------------------+
```

```
| Node[4]{name:"D"} |
+-------------------+
1 row
Nodes created: 1
Relationships created: 1
Properties set: 1
```

3. 创建未匹配到带标签的节点

如果描述的模式需要一个带标签的节点，而数据库中没有带给定标签的节点，Cypher 将创建一个新的节点。

查询：

```
MATCH (a { name: 'A' })
CREATE UNIQUE (a)-[:KNOWS]-(c:blue)
RETURN c
```

与 A 节点相连的 KNOWS 关系有一个 C 节点，但 C 节点没有 blue 标签，那么将创建一个带有 blue 标签的节点和从 A 到它的 KNOWS 关系。

结果：

```
+-----------+
| c         |
+-----------+
| Node[4]{} |
+-----------+
1 row
Nodes created: 1
Relationships created: 1
Labels added: 1
```

3.3.13.3　创建唯一关系

1. 创建未匹配到的关系

CREATE UNIQUE 用于描述应该被找到的或需要创建的模式。

查询：

```
MATCH (lft { name: 'A' }),(rgt)
WHERE rgt.name IN ['B', 'C']
CREATE UNIQUE (lft)-[r:KNOWS]->(rgt)
RETURN r
```

匹配一个左节点和两个右节点之间的关系。其中一个关系已存在，因此能匹配到，然后创建了不存在的关系。

结果：

```
+-------------+
| r           |
+-------------+
| :KNOWS[4]{} |
| :KNOWS[3]{} |
+-------------+
2 rows
Relationships created: 1
```

2. 用含值的模式创建关系

创建模式中含值的关系。

查询：

```
MATCH (root { name: 'root' })
CREATE UNIQUE (root)-[r:X { since: 'forever' }]-()
RETURN r
```

本例中希望关系有一个值，因为没有这样的关系匹配到，因此创建了一个新节点和关系。注意，因为不关心创建的节点，所以没有对该节点命名。

结果：

```
+-------------------------+
| r                       |
+-------------------------+
| :X[4]{since:"forever"} |
+-------------------------+
1 row
Nodes created: 1
Relationships created: 1
Properties set: 1
```

3.3.13.4 描述复杂模式

就像 MATCH 和 CREATE 语句一样，CREATE UNIQUE 描述的模式也可以用逗号分隔。

查询：

```
MATCH (root { name: 'root' })
CREATE UNIQUE (root)-[:FOO]->(x),(root)-[:BAR]->(x)
RETURN x
```

本例中的模式使用了两条用逗号分隔的路径。

结果：

```
+------------+
| x          |
+------------+
| Node[4]{} |
+------------+
1 row
Nodes created: 1
Relationships created: 2
```

3.3.14 RETURN 语句

RETURN 语句定义了查询结果集中返回的内容。在查询的 RETURN 部分定义了模式中感兴趣的部分。它可以是节点、关系或者是它们的属性。RETURN 图例如图 3-17 所示。

提示：如果只需要属性值，就要尽量避免返回整个节点或关系，这样有助于提高性能。

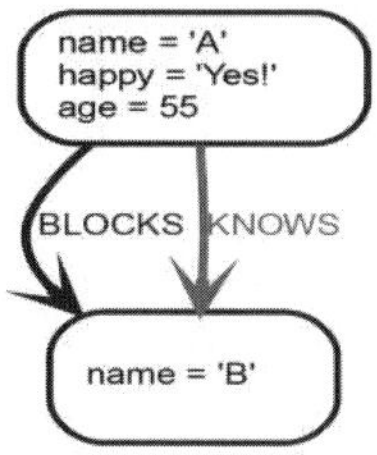

图 3-17　RETURN 图例

3.3.14.1　返回节点

返回匹配到的节点，如下所示。

查询：

```
MATCH (n { name: 'B' })
RETURN n
```

本例中返回包含 name 属性值为 B 的节点。

结果：

```
+--------------------+
| n                  |
+--------------------+
| Node[1]{name:"B"}  |
+--------------------+
1 row
```

3.3.14.2　返回关系

返回匹配的关系，如下所示。

查询：

```
MATCH (n { name: 'A' })-[r:KNOWS]->(c)
RETURN r
```

本例中返回了关系。

结果：

```
+--------------+
| r            |
+--------------+
| :KNOWS[0]{}  |
+--------------+
1 row
```

3.3.14.3　返回属性

返回属性可以用点来引用属性，如下所示。

查询：

```
MATCH (n { name: 'A' })
RETURN n.name
```

本例中返回了 name 属性的值。

结果：

```
+---------+
| n.name  |
+---------+
| "A"     |
+---------+
1 row
```

3.3.14.4 返回所有元素

当希望返回查询中找到的所有节点、关系和路径时，可以使用星号*表示。如下所示。

查询：

```
MATCH p =(a { name: 'A' })-[r]->(b)
RETURN *
```

本例中返回了两个节点、关系和路径。

结果：

```
+------------------+-------------+---------------------------------+----------+
| a                | b           | p                               | r        |
+------------------+-------------+---------------------------------+----------+
| Node[0]{name:"A", | Node[1]    |[Node[0]{name:"A",               |:BLOCKS[1]|
|  happy:"Yes!",   |  {name:"B"} |  happy:"Yes!",age:55},          |  {}      |
|  age:55}         |             |  :BLOCKS[1]{},Node[1]{name:"B"}] |         |
+------------------+-------------+---------------------------------+----------+
| Node[0]{name:"A", | Node[1]    |[Node[0]{name:"A",| :KNOWS[0]{}  |          |
|  happy:"Yes!",   |  {name:"B"} |  happy:"Yes!",age:55},          |          |
|  age:55}         |             |  :KNOWS[0]{},Node[1]{name:"B"}] |          |
+------------------+-------------+---------------------------------+----------+
2 rows
```

3.3.14.5 变量中的特殊字符

如果想使用空格等特殊字符，可以用反引号“`”将其括起来，如下所示。

查询：

```
MATCH (`This isn't a common variable`)
WHERE `This isn't a common variable`.name = 'A'
RETURN `This isn't a common variable`.happy
```

结果将返回 name 属性值为 A 的节点。

结果：

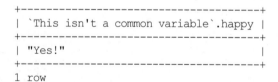

```
+--------------------------------------+
| `This isn't a common variable`.happy |
+--------------------------------------+
| "Yes!"                               |
+--------------------------------------+
1 row
```

3.3.14.6 列别名

如果希望列名不同于表达式中使用的名字，可以使用 AS<new name>对其重命名。

查询：

```
MATCH (a { name: 'A' })
RETURN a.age AS SomethingTotallyDifferent
```

结果将返回节点的 age 属性，但列名由原有的 age 重命名为 SomethingTotallyDifferent 了。

结果：

```
+---------------------------+
| SomethingTotallyDifferent |
+---------------------------+
| 55                        |
+---------------------------+
1 row
```

3.3.14.7 可选属性

如果某个属性可能存在，也可能不存在。这时，依然可以正常地去查询，对于不存在的属性，Cypher 则返回 null。

查询：

```
MATCH (n)
RETURN n.age
```

本例中有 age 属性的节点返回了具体的年龄，而没有这个属性的节点则返回 null。

结果：

```
+--------+
| n.age  |
+--------+
| 55     |
| <null> |
+--------+
2 rows
```

3.3.14.8 其他表达式

任何表达式都可以作为返回项，如字面值、断言、属性、函数和任何其他表达式。

查询：

```
MATCH (a { name: 'A' })
RETURN a.age > 30, "I'm a literal",(a)-->()
```

本例中返回了断言、字符串和带模式表达参数的函数调用。

结果：

```
+------------+-----------------+------------------------------------------------+
| a.age > 30 | "I'm a literal" | (a)-->()                                       |
+------------+-----------------+------------------------------------------------+
| true       | "I'm a literal" | [[Node[0]{name:"A",happy:"Yes!",age:55},       |
|            |                 |  :BLOCKS[1]{},Node[1]{name:"B"}],              |
```

```
|            |                 |  [Node[0]{name:"A",happy:"Yes!",age:55},       |
|            |                 |  :KNOWS[0]{},Node[1]{name:"B"}]]               |
+------------+-----------------+------------------------------------------------+
1 row
```

3.3.14.9 唯一性结果

DISTINCT 用于仅仅获取结果集中所依赖列的唯一行。

查询：

```
MATCH (a { name: 'A' })-->(b)
RETURN DISTINCT b
```

本例中只返回了一次 name 为 B 的节点。

结果：

```
+--------------------+
| b                  |
+--------------------+
| Node[1]{name:"B"}  |
+--------------------+
1 row
```

3.3.15 ORDER BY 语句

ORDER BY 是紧跟 RETURN 或者 WITH 的子句，它指定了输出的结果应该如何排序。

提示：不能对节点或关系进行排序，只能对它们的属性进行排序。ORDER BY 依赖值的比较来排序，具体可参见 3.2.5.8 节。

在变量的范围方面，ORDER BY 遵循特定的规则，这取决于 RETURN 的投射或 WITH 语句是否聚合或者 DISTINCT。如果它是一个聚合或者 DISTINCT 投射，那么只有投射中的变量可用。如果投射不修改输出基数（聚合和 DISTINCT 做的），在投射之前可用的变量也可以用。当投射语句覆盖了已存在的变量时，只有新的变量可用。如图 3-18 所示为 ORDER BY 图例。

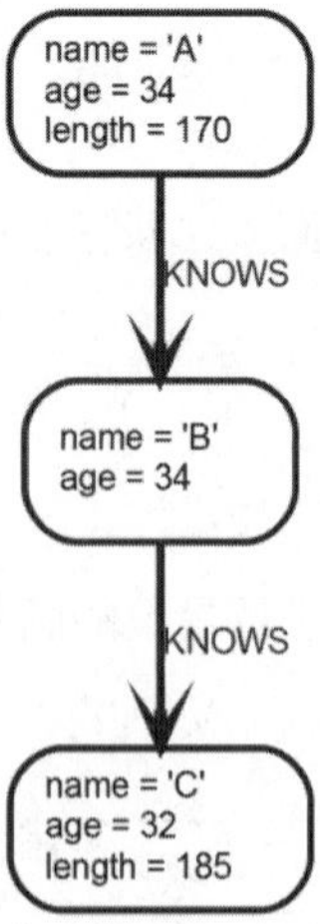

图 3-18　ORDER BY 图例

3.3.15.1　根据属性对节点进行排序

ORDER BY 用于对输出进行排序。

查询：

```
MATCH (n)
RETURN n
ORDER BY n.name
```

结果将返回根据节点 name 属性进行排序的节点序列。

结果：

```
+-----------------------------------+
| n                                 |
+-----------------------------------+
| Node[0]{name:"A",age:34,length:170} |
| Node[1]{name:"B",age:34}          |
| Node[2]{name:"C",age:32,length:185} |
+-----------------------------------+
3 rows
```

3.3.15.2　根据多个属性对节点进行排序

ORDER BY 语句中支持根据多个属性对节点进行排序。Cypher 将先根据第一个变量进行排序，对于相等的值，然后再检查 ORDER BY 中的下一个属性值，以此类推。

查询：

```
MATCH (n)
RETURN n
ORDER BY n.age, n.name
```

本例中先根据年龄排序，对于年龄相等的，再根据名字来排序。

结果：

```
+-----------------------------------+
| n                                 |
+-----------------------------------+
| Node[2]{name:"C",age:32,length:185} |
| Node[0]{name:"A",age:34,length:170} |
| Node[1]{name:"B",age:34}          |
+-----------------------------------+
3 rows
```

3.3.15.3　节点降序排列

在排序的变量后面添加 DESC[ENDING]，Cypher 将以逆序（即降序）对输出进行排序。

查询：

```
MATCH (n)
RETURN n
ORDER BY n.name DESC
```

本例中根据节点的 name 降序排列这些节点。

结果：

```
+-----------------------------------+
| n                                 |
+-----------------------------------+
| Node[2]{name:"C",age:32,length:185} |
| Node[1]{name:"B",age:34}          |
| Node[0]{name:"A",age:34,length:170} |
+-----------------------------------+
3 rows
```

3.3.15.4 空值的排序

当结果集中包含 null 值时，对于升序排列，null 总是在结果集的末尾。而对于降序排序，null 值总是排在最前面。

查询：

```
MATCH (n)
RETURN n.length, n
ORDER BY n.length
```

结果将返回以 length 属性排序的节点，没有 length 属性的节点将排在最后。

结果：

```
+----------+-----------------------------------+
| n.length | n                                 |
+----------+-----------------------------------+
| 170      | Node[0]{name:"A",age:34,length:170} |
| 185      | Node[2]{name:"C",age:32,length:185} |
| <null>   | Node[1]{name:"B",age:34}          |
+----------+-----------------------------------+
3 rows
```

3.3.16 LIMIT 语句

LIMIT 语句限制输出的行数。LIMIT 可接受结果为正整数的任意表达式，但表达式不能引用节点或者关系。LIMIT 图例如图 3-19 所示。

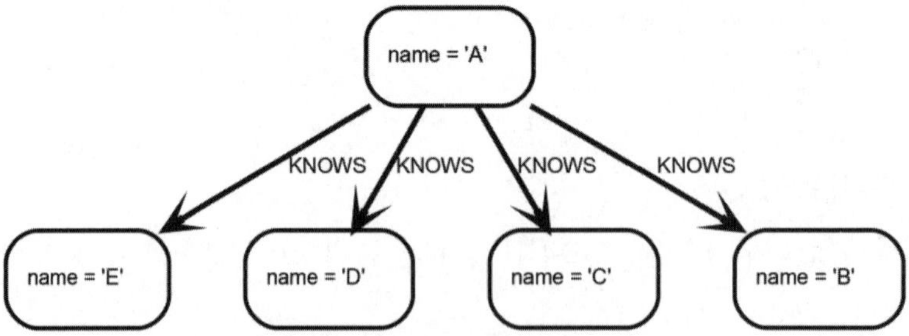

图 3-19 LIMIT 图例

3.3.16.1 返回开始部分

从最开始返回结果的一个子集，语法如下所示。

查询：

```
MATCH (n)
RETURN n
ORDER BY n.name
LIMIT 3
```

结果：

```
+--------------------+
| n                  |
+--------------------+
| Node[0]{name:"A"} |
| Node[1]{name:"B"} |
| Node[2]{name:"C"} |
+--------------------+
3 rows
```

3.3.16.2　返回来自表达式开始部分

LIMIT 接受来自任意表达式的正整数值，只要它不引用外部的变量。

参数：

```
{{
"p" : 12
}
```

查询：

```
MATCH (n)
RETURN n
ORDER BY n.name
LIMIT toInt(3 * rand())+ 1
```

结果：

```
+--------------------+
| n                  |
+--------------------+
| Node[0]{name:"A"} |
| Node[1]{name:"B"} |
| Node[2]{name:"C"} |
+--------------------+
3 rows
```

3.3.17　SKIP 语句

SKIP 语句定义了从哪行开始返回结果。使用 SKIP 可以跳过开始的一部分结果。

SKIP 图例如图 3-20 所示。

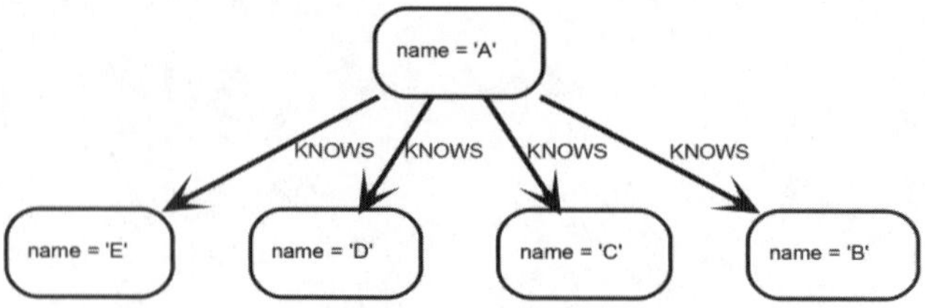

图 3-20 SKIP 图例

3.3.17.1 跳过前三

从第 4 个开始返回结果的一个子集，如下所示。

查询：

```
MATCH (n)
RETURN n
ORDER BY n.name
SKIP 3
```

前三个节点被跳过了，只返回了最后两个节点。

结果：

```
+--------------------+
| n                  |
+--------------------+
| Node[3]{name:"D"}  |
| Node[4]{name:"E"}  |
+--------------------+
2 rows
```

3.3.17.2 返回中间两个

从中间某个位置开始返回结果的字节，如下所示。

查询：

```
MATCH (n)
RETURN n
ORDER BY n.name
SKIP 1
LIMIT 2
```

结果将返回中间的两个节点。

结果：

```
+--------------------+
| n                  |
+--------------------+
| Node[1]{name:"B"}  |
| Node[2]{name:"C"}  |
+--------------------+
2 rows
```

3.3.17.3　跳过表达式的值加 1

SKIP 接受任意结果为正整数的值，只要它不引用其他外部变量。

查询：

```
MATCH (n)
RETURN n
ORDER BY n.name
SKIP toInt(3*rand())+ 1
```

跳过前面三个节点，结果仅返回最后两个节点。

结果：

```
+--------------------+
| n                  |
+--------------------+
| Node[3]{name:"D"} |
| Node[4]{name:"E"} |
+--------------------+
2 rows
```

3.3.18　WITH 语句

WITH 语句将分段的查询部分连接在一起，查询结果从一部分以管道形式传递给另外一部分作为开始点。

使用 WITH 可以在将结果传递到后续查询之前对结果进行操作。操作可以是改变结果的形式或者数量。WITH 的一个常见用法就是限制传递给其他 MATCH 语句的结果数。通过结合 ORDER BY 和 LIMIT，可获取排在前面的 X 个结果，从而实现分页效果。

另一个用法就是在聚合值上过滤。WITH 用于在 WHERE 断言中引入聚合。这些聚合表达式创建了新的结果绑定字段。WITH 也能像 RETURN 一样对结果使用别名作为绑定名。WITH 还可以用于将图的读语句和更新语句分开，查询中的每一部分要么只是读取，要么都是写入。当写部分的语句是基于读语句的结果时，这两者之间的转换必须使用 WITH。

WITH 图例如图 3-21 所示。

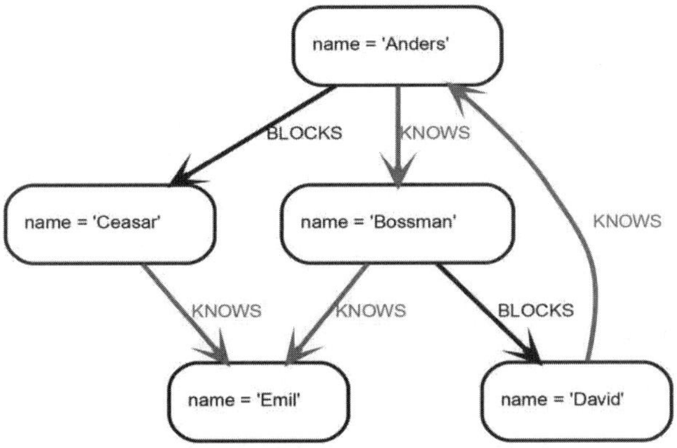

图 3-21　WITH 图例

3.3.18.1 过滤聚合函数结果

聚合的结果必须通过 WITH 语句传递才能进行过滤。

查询：

```
MATCH (david { name: 'David' })--(otherPerson)-->()
WITH otherPerson, count(*) AS foaf
WHERE foaf > 1
RETURN otherPerson
```

查询返回与 David 相连的人，且该人至少有一个外向关系。

结果：

```
+------------------------+
| otherPerson            |
+------------------------+
| Node[0]{name:"Anders"} |
+------------------------+
1 row
```

3.3.18.2 在 collect 前对结果排序

可以在将结果传递给 collect 函数之前对结果进行排序，这样就可以返回排过序的列表。

查询：

```
MATCH (n)
WITH n
ORDER BY n.name DESC LIMIT 3
RETURN collect(n.name)
```

列表中的人名以倒序排列，并且数量限制为 3。

结果：

```
+---------------------------+
| collect(n.name)           |
+---------------------------+
| ["Emil","David","Ceasar"] |
+---------------------------+
1 row
```

3.3.18.3 限制路径搜索的分支

可以限制匹配路径的数量，然后以这些路径为基础再做任何类似的有限制条件的搜索。

查询：

```
MATCH (n { name: 'Anders' })--(m)
WITH m
ORDER BY m.name DESC LIMIT 1
MATCH (m)--(o)
RETURN o.name
```

先以 Anders 开始找到与之相连的所有节点，然后按名字倒序排列得到排第一个的节点，然后再以该节点为基础，找到与之相连的所有节点，最后返回它们的名字。

结果：

```
+-----------+
| o.name    |
+-----------+
| "Bossman" |
| "Anders"  |
+-----------+
2 rows
```

3.3.19　UNWIND 语句

UNWIND 语句将一个列表展开为一个行的序列。用 UNWIND 可以将任何列表转为单独的行。这些列表可以参数的形式传入，如前面 collect 函数的结果或者其他列表表达式。

UNWIND 一个较为常见的用法是创建唯一列表。另外一个用法是从提供给查询的参数列表中创建数据。UNWIND 需要给内部值指定新的名字。

3.3.19.1　UNIND 列表

将一个常量列表转为名为 x 的行并返回。

查询：

```
UNWIND [1, 2, 3] AS x
RETURN x
```

原列表中的每个值将以单独的行返回。

结果：

```
+---+
| x |
+---+
| 1 |
| 2 |
| 3 |
+---+
3 rows
```

3.3.19.2　创建唯一列表

使用 DISTINCT 将一个重复值列表转为一个集合。

查询：

```
WITH [1, 1, 2, 2] AS coll
UNWIND coll AS x
WITH DISTINCT x
RETURN collect(x) AS SET
```

原列表中的每个值被展开，然后经过 DISTINCT 之后创建了一个唯一列表。

结果：

```
+-------+
| set   |
+-------+
```

```
| [1,2] |
+-------+
1 row
```

3.3.19.3 从列表参数创建节点

不使用 FOREACH，通过列表参数来创建一系列节点和关系。

参数：

```
{
"events" : [ {
"year" : 2014,
"id" : 1
}, {
"year" : 2014,
"id" : 2
} ]
}
```

查询：

```
UNWIND $events AS event
MERGE (y:Year { year: event.year })
MERGE (y)<-[:IN]-(e:Event { id: event.id })
RETURN e.id AS x
ORDER BY x
```

原列表中的值将被展开，通过 MERGE 来找到或者创建节点和关系。

结果：

```
+---+
| x |
+---+
| 1 |
| 2 |
+---+
2 rows
Nodes created: 3
Relationships created: 2
Properties set: 3
Labels added: 3
```

3.3.20 UNION 语句

UNION 语句用于将多个查询结果组合起来。使用 UNION 组合查询的结果时，所有查询到的列的名称和数量必须完全一致。使用 UNION ALL 会包含所有结果行，而用 UNION 组合时，会移除结果集中的重复行。

UNION 图例如图 3-22 所示。

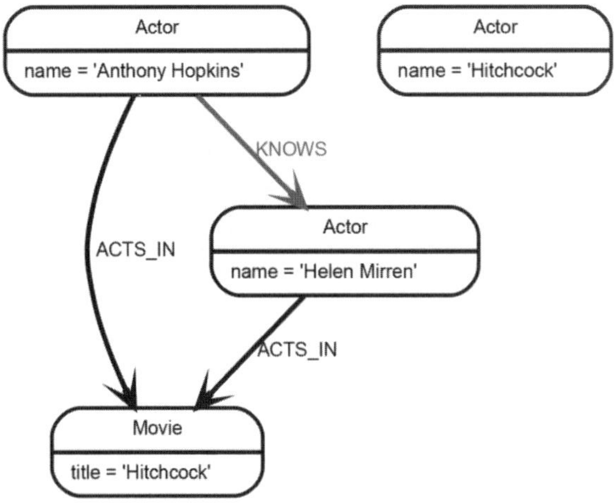

图 3-22　UNION 图例

3.3.20.1　组合两个查询

用 UNION ALL 将两个查询的结果组合在一起。

查询：

```
MATCH (n:Actor)
RETURN n.name AS name
UNION ALL MATCH (n:Movie)
RETURN n.title AS name
```

最后将返回组合的结果，包含重复行。

结果：

```
+-------------------+
| name              |
+-------------------+
| "Anthony Hopkins" |
| "Helen Mirren"    |
| "Hitchcock"       |
| "Hitchcock"       |
+-------------------+
4 rows
```

3.3.20.2　组合两个查询并移除重复值

在 UNION 中不使用 ALL 时，组合的结果集中会去掉重复值。

查询：

```
MATCH (n:Actor)
RETURN n.name AS name
UNION
MATCH (n:Movie)
RETURN n.title AS name
```

最后将返回没有重复值的组合结果。

结果:

```
+--------------------+
| name               |
+--------------------+
| "Anthony Hopkins"  |
| "Helen Mirren"     |
| "Hitchcock"        |
+--------------------+
3 rows
```

3.3.21 CALL 语句

CALL 语句用于调用数据库中的过程（Procedure）。使用 CALL 语句调用过程时，需要指定所需要的参数。可以通过在过程名的后面使用逗号分隔的列表来显式地指定，也可以使用查询参数来作为过程调用的实参。后者仅适用于在单独的过程调用中作为参数，即整个查询语句只包含一个单一的 CALL 调用。

大多数的过程返回固定列的记录流，类似于 Cypher 查询返回的记录流。YIELD 子句用于显式地选择返回结果集中的哪些部分并绑定到一个变量以供后续的查询引用。在一个更大的查询内部，过程调用返回的结果可以显式地使用 YIELD 引入一个 WHERE 子句来过滤结果（类似 WITH … WHERE …）。

Neo4j 支持 VOID 过程。VOID 过程既没有声明任何结果字段，也不返回任何结果记录。调用 VOID 过程可能有一个副作用，就是它既不允许也不需要使用 YIELD。在一个大的查询中调用 VOID 过程，就像 WITH *在记录流的作用那样简单地传递输入的每一个结果。

下面的例子显示了如何传递实参并从一个过程中返回结果字段，所有的例子将使用下面的过程：

```
public class IndexingProcedure
{
@Context
public GraphDatabaseService db;
/**
* Adds a node to a named legacy index. Useful to, for instance, update
* a full-text index through cypher.
* @param indexName the name of the index in question
* @param nodeId id of the node to add to the index
* @param propKey property to index (value is read from the node)
*/
@Procedure(mode = Mode.WRITE)
public void addNodeToIndex(@Name("indexName") String indexName,
@Name("node") long nodeId,
@Name(value = "propKey", defaultValue = "name") String propKey)
{
Node node = db.getNodeById(nodeId);
db.index()
.forNodes(indexName)
.add(node, propKey, node.getProperty(propKey));
}
}
```

3.3.21.1 调用过程

本例调用数据库内嵌的过程 db.labels，它可列出数据库中的所有标签。

查询：

```
CALL db.labels
```

结果：

```
+------------------+
| label            |
+------------------+
| "User"           |
| "Administrator"  |
+------------------+
2 rows
```

3.3.21.2 使用命名空间和名字调用过程

本例调用数据库内嵌的过程 db.labels，它可列出数据库中的所有标签。

查询：

```
CALL `db`.`labels`
```

结果：

```
+------------------+
| label            |
+------------------+
| "User"           |
| "Administrator"  |
+------------------+
2 rows
```

3.3.21.3 使用字面值参数调用过程

下面使用字面值参数调用了例子中的过程 org.neo4j.procedure.example.addNodeToIndex，参数直接写在语句中。

查询：

```
CALL org.neo4j.procedure.example.addNodeToIndex('users', 0, 'name')
```

因为例子中的过程不返回任何结果，因此结果将返回空。

结果：

```
+--------------------------------------------+
| No data returned, and nothing was changed. |
+--------------------------------------------+
```

3.3.21.4 使用参数作为实参调用过程

这里使用参数作为实参调用了例子中的过程 org.neo4j.procedure.example.addNodeToIndex。每个过程的实参所取的值为参数语句中同名的参数对应的值（如果没有这个参数，则值为 null）。

参数：

```
{
"indexName" : "users",
"node" : 0,
"propKey" : "name"
}
```

查询：

```
CALL org.neo4j.procedure.example.addNodeToIndex
```

因为例子中的过程不返回任何结果，因此结果将为空。

结果：

```
+--------------------------------------------+
| No data returned, and nothing was changed. |
+--------------------------------------------+
```

3.3.21.5 混合使用字面值和参数调用过程

这里，混合使用字面值和参数来作为过程的参数来调用例子中的过程 org.neo4j.procedure.example.addNodeToIndex。

参数：

```
{
"node" : 0
}
```

查询：

```
CALL org.neo4j.procedure.example.addNodeToIndex('users', $node, 'name')
```

因为例子中的过程不返回任何结果，因此结果将为空。

结果：

```
+--------------------------------------------+
| No data returned, and nothing was changed. |
+--------------------------------------------+
```

3.3.21.6 使用字面值和默认实参调用过程

这里使用字面值和过程本身提供的默认值作为参数，调用例子中的过程 org.neo4j.procedure.example.addNodeToIndex。

查询：

```
CALL org.neo4j.procedure.example.addNodeToIndex('users', 0)
```

因为例子中的过程不返回任何结果，因此结果将为空。

结果：

```
+--------------------------------------------+
| No data returned, and nothing was changed. |
+--------------------------------------------+
```

3.3.21.7 在复杂查询中调用过程

这里调用数据库内嵌的过程 db.labels，计算数据库中的总标签数。

查询:

```
CALL db.labels() YIELD label
RETURN count(label) AS numLabels
```

因为过程调用是大的查询的一部分，所以所有的输出都必须显式地命名。

结果:

```
+-----------+
| numLabels |
+-----------+
| 2         |
+-----------+
1 row
```

3.3.21.8 调用过程并过滤结果

这里调用数据库内嵌的过程 db.labels，并计算数据库中所有在用的包含“User”词的标签。

查询:

```
CALL db.labels() YIELD label
WHERE label CONTAINS 'User'
RETURN count(label) AS numLabels
```

因为过程调用是大的查询的一部分，所以所有的输出都必须显式地命名。

结果:

```
+-----------+
| numLabels |
+-----------+
| 1         |
+-----------+
1 row
```

3.3.21.9 在复杂查询中调用过程并重命名结果

这里调用内嵌过程 db.propertyKeys 作为一部分，计算数据库中包含每个属性键的节点数。

查询:

```
CALL db.propertyKeys() YIELD propertyKey AS prop
MATCH (n)
WHERE n[prop] IS NOT NULL RETURN prop, count(n) AS numNodes
```

因为过程调用是大的查询的一部分，所以，所有的输出都必须显式地命名。

结果:

```
+--------+----------+
| prop   | numNodes |
+--------+----------+
| "name" | 1        |
+--------+----------+
1 row
```

3.4 函 数

本节包含了 Cypher 查询语言中的所有函数的信息。可以在官网查看本节最新内容。

3.4.1 断言函数

断言（Predicate）函数是对给定的输入返回 true 或者 false 的布尔函数，它们主要用于查询 WHERE 的部分过滤子图。Predicate 图例如图 3-23 所示。

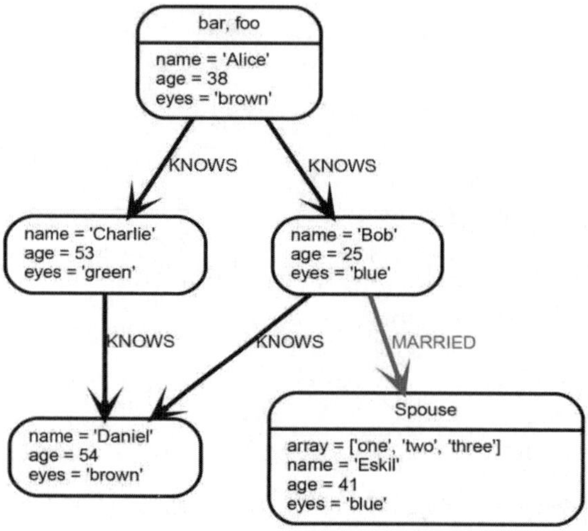

图 3-23 Predicate 图例

3.4.1.1 all()

判断是否一个断言适用于列表中的所有元素。

语法：all(variable IN list WHERE predicate)

参数：

- list：返回列表的表达式。
- variable：用于断言中的变量。
- predicate：用于测试列表中所有元素的断言。

查询：

```
MATCH p =(a)-[*1..3]->(b)
WHERE a.name = 'Alice' AND b.name = 'Daniel' AND ALL (x IN nodes(p) WHERE x.age >
30)
RETURN p
```

返回路径中的所有节点都有一个至少大于 30 的 age 属性。

结果：

```
+--------------------------------------------------------------------------+
| p                                                                        |
```

```
+-------------------------------------------------------------------------------+
| [Node[0]{name:"Alice",age:38,eyes:"brown"},:KNOWS[1]{},Node[2]{name:"Charlie", |
|  age:53,eyes:"green"},:KNOWS[3]{},Node[3]{name:"Daniel",age:54,eyes:"brown"}]  |
+-------------------------------------------------------------------------------+
1 row
```

3.4.1.2　any()

判断是否一个断言至少适用于列表中的一个元素。

语法：any(variable IN list WHERE predicate)

参数：

- list：返回列表的表达式。
- variable：用于断言中的变量。
- predicate：用于测试列表中所有元素的断言。

查询：

```
MATCH (a)
WHERE a.name = 'Eskil' AND ANY (x IN a.array WHERE x = 'one')
RETURN a
```

返回路径中的所有节点的 array 数组属性中至少有一个值为 one。

结果：

```
+---------------------------------------------------------------------+
| a                                                                   |
+---------------------------------------------------------------------+
| Node[4]{array:["one","two","three"],name:"Eskil",age:41,eyes:"blue"} |
+---------------------------------------------------------------------+
1 row
```

3.4.1.3　none()

如果断言不适用于列表中的任何元素，则返回 true。

语法：none(variable IN list WHERE predicate)

参数：

- list：返回列表的表达式。
- variable：用于断言中的变量。
- predicate：用于测试列表中所有元素的断言。

查询：

```
MATCH p =(n)-[*1..3]->(b)
WHERE n.name = 'Alice' AND NONE (x IN nodes(p) WHERE x.age = 25)
RETURN p
```

返回的路径中没有节点的 age 属性值为 25。

结果：

```
+-------------------------------------------------------------------------------+
| p                                                                             |
```

```
+-----------------------------------------------------------------------------------+
[ Node[0]{name:"Alice",age:38,eyes:"brown"},:KNOWS[1]{},Node[2]{name:"Charlie",   |
|  age:53,eyes:"green"}]                                                            |
[ Node[0]{name:"Alice",age:38,eyes:"brown"},:KNOWS[1]{},Node[2]{name:"Charlie",   |
|  age:53,eyes:"green"},:KNOWS[3]{},Node[3]{name:"Daniel",age:54,eyes:"brown"}]    |
+-----------------------------------------------------------------------------------+
2 rows
```

3.4.1.4 single()

如果断言只适用于列表中的某一个元素，则返回 true。

语法：single(variable IN list WHERE predicate)

参数：

- list：返回列表的表达式。
- variable：用于断言中的变量。
- predicate：用于测试列表中所有元素的断言。

查询：

```
MATCH p =(n)-->(b)
WHERE n.name = 'Alice' AND SINGLE (var IN nodes(p) WHERE var.eyes = 'blue')
RETURN p
```

每条返回的路径中只有一个节点的 eyes 属性值为 blue。

结果：

```
+-------------------------------------------------------------------------------+
| p                                                                             |
+-------------------------------------------------------------------------------+
| [Node[0]{name:"Alice",age:38,eyes:"brown"},:KNOWS[0]{},Node[1]{name:"Bob",    |
|  age:25,eyes:"blue"}]                                                         |
+-------------------------------------------------------------------------------+
1 row
```

3.4.1.5 exists()

如果数据库中存在该模式或者节点中存在该属性时，就返回 true。

语法：exists(pattern-or-property)

参数：

- pattern-or-property：模式或者属性（以 variable.prop 的形式）。

查询：

```
M MATCH (n)
WHERE exists(n.name)
RETURN n.name AS name, exists((n)-[:MARRIED]->()) AS is_married
```

本查询返回了所有节点的 name 属性和一个表示是否已婚的 true/false 值。

结果：

```
+-----------+------------+
```

```
| name      | is_married |
+-----------+------------+
| "Alice"   | false      |
| "Bob"     | true       |
| "Charlie" | false      |
| "Daniel"  | false      |
| "Eskil"   | false      |
+-----------+------------+
5 rows
```

3.4.2　标量函数

标量（Scalar）函数返回一个单值。Scalar 图例如图 3-24 所示。

提示： length()和 size()函数非常相似，因此弄清它们的区别就显得很重要。为了保持向后兼容，length()目前只适用于 4 种类型：字符串、路径、列表和模式表达式。然而，为了清晰起见，推荐仅仅在字符串和路径上使用 length()，在列表和模式表达式上使用新的 size()函数。length()在这些类型上的功能在将来可能被弃用。

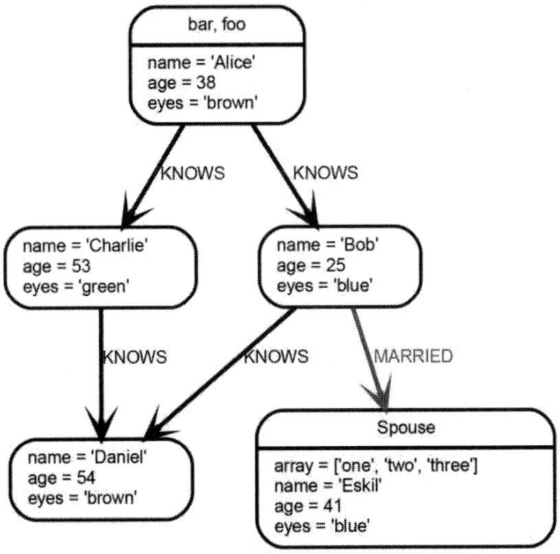

图 3-24　Scalar 图例

3.4.2.1　size()

使用 size()返回表中元素的个数。

语法：size(list)

参数：

- list：返回列表的表达式。

查询：

```
RETURN size(['Alice', 'Bob']) AS col
```

本查询返回了列表中元素的个数。

结果:

```
+-----+
| col |
+-----+
| 2   |
+-----+
1 row
```

3.4.2.2 模式表达式的 size

这里的 size()的参数不是一个列表，而是一个模式表达式匹配到的查询结果集。计算的是结果集元素的个数，而不是表达式本身的长度。

语法：size(pattern expression)

参数:

- pattern expression：返回列表的模式表达式。

查询:

```
MATCH (a)
WHERE a.name = 'Alice'
RETURN size((a)-->()-->()) AS fof
```

本查询返回了模式表达式匹配到的子图的个数。

结果:

```
+-----+
| fof |
+-----+
| 3   |
+-----+
1 row
```

3.4.2.3 length()

使用 length()函数返回路径的长度。

语法：length(path)

参数:

- path：返回路径的表达式。

查询:

```
MATCH p =(a)-->(b)-->(c)
WHERE a.name = 'Alice'
RETURN length(p)
```

本查询返回路径 p 的长度。

结果:

```
+-----------+
| length(p) |
```

```
+-----------+
| 2         |
| 2         |
| 2         |
+-----------+
3 rows
```

3.4.2.4　字符串的长度

语法：length(string)

参数：

- string：返回字符串的表达式。

查询：

```
MATCH (a)
WHERE length(a.name)> 6
RETURN length(a.name)
```

本查询返回了 name 为 Charlie 的长度。

结果：

```
+----------------+
| length(a.name) |
+----------------+
| 7              |
+----------------+
1 row
```

3.4.2.5　type()

返回字符串代表的关系类型。

语法：type(relationship)

参数：

- relationship：一个关系。

查询：

```
MATCH (n)-[r]->()
WHERE n.name = 'Alice'
RETURN type(r)
```

本查询返回了关系 r 的关系类型。

结果：

```
+---------+
| type(r) |
+---------+
| "KNOWS" |
| "KNOWS" |
+---------+
2 rows
```

3.4.2.6 id()

返回关系或者节点的 id。

语法：id(property-container)
参数：

- property-container：一个节点或者关系。

查询：

```
MATCH (a)
RETURN id(a)
```

本查询返回了 5 个节点的 id。

结果：

```
+--------+
| id(a)  |
+--------+
| 0      |
| 1      |
| 2      |
| 3      |
| 4      |
+--------+
5 rows
```

3.4.2.7 coalesce()

返回表达式列表中的第一个非空的值。如果所有的实参都为空，则返回 null。

语法：coalesce(expression [, expression]*)
参数：

- expression：表达式，可能返回 null。

查询：

```
MATCH (a)
WHERE a.name = 'Alice'
RETURN coalesce(a.hairColor, a.eyes)
```

结果：

```
+-------------------------------+
| coalesce(a.hairColor, a.eyes) |
+-------------------------------+
| "brown"                       |
+-------------------------------+
1 row
```

3.4.2.8 head()

head()返回列表中的第一个元素。

语法：head(expression)

参数：

- expression：返回列表的表达式。

查询：

```
MATCH (a)
WHERE a.name = 'Eskil'
RETURN a.array, head(a.array)
```

结果将返回路径中的第一个节点。

结果：

```
+-----------------------+---------------+
| a.array               | head(a.array) |
+-----------------------+---------------+
| ["one","two","three"] | "one"         |
+-----------------------+---------------+
1 row
```

3.4.2.9　last()

last()返回列表中的最后一个元素。

语法：last(expression)

参数：

- expression：返回列表的表达式。

查询：

```
MATCH (a)
WHERE a.name = 'Eskil'
RETURN a.array, last(a.array)
```

结果将返回路径中的最后一个节点。

结果：

```
+-----------------------+---------------+
| a.array               | last(a.array) |
+-----------------------+---------------+
| ["one","two","three"] | "three"       |
+-----------------------+---------------+
1 row
```

3.4.2.10　timestamp()

timestamp()返回当前时间与 1970 年 1 月 1 日午夜之间的差值，单位以毫秒计算。它在整个查询中始终返回同一个值，即使是在一个运行时间很长的查询中。

语法：timestamp()

参数：无

查询：

```
RETURN timestamp()
```

以毫秒返回当前时间。

结果：

```
+---------------+
| timestamp()   |
+---------------+
| 1486061001197 |
+---------------+
1 row
```

3.4.2.11 startNode()

startNode()返回关系的开始节点。

语法：startNode(relationship)

参数：

- relationship：返回关系的表达式。

查询：

```
MATCH (x:foo)-[r]-()
RETURN startNode(r)
```

结果：

```
+-----------------------------------------+
| startNode(r)                            |
+-----------------------------------------+
| Node[0]{name:"Alice",age:38,eyes:"brown"} |
| Node[0]{name:"Alice",age:38,eyes:"brown"} |
+-----------------------------------------+
2 rows
```

3.4.2.12 endNode()

endNode()返回关系的结束节点。

语法：endNode(relationship)

参数：

- relationship：返回关系的表达式。

查询：

```
MATCH (x:foo)-[r]-()
RETURN endNode(r)
```

结果：

```
+--------------------------------------------+
| endNode(r)                                 |
+--------------------------------------------+
| Node[2]{name:"Charlie",age:53,eyes:"green"} |
| Node[1]{name:"Bob",age:25,eyes:"blue"}     |
+--------------------------------------------+
2 rows
```

3.4.2.13 properties()

properties()将实参转为属性值的 map。如果实参是一个节点或者关系，返回的就是节点或关系的属性的 map；如果实参已经是一个 map 了，那么原样返回结果。

语法：properties(expression)

参数：

- expression：返回节点、关系或者 map 的表达式。

查询：

```
C CREATE (p:Person { name: 'Stefan', city: 'Berlin' })
RETURN properties(p)
```

结果：

```
+--------------------------------------+
| properties(p)                        |
+--------------------------------------+
| {name -> "Stefan", city -> "Berlin"} |
+--------------------------------------+
1 row
Nodes created: 1
Properties set: 2
Labels added: 1
```

3.4.2.14 toInt()

toInt()将实参转换为一个整数。字符串会被解析为一个整数，如果解析失败，将返回 null。浮点数将被强制转换为整数。

语法：toInt(expression)

参数：

- expression：返回任意值的表达式。

查询：

```
R RETURN toInt('42'), toInt('not a number')
```

结果：

```
+-------------+----------------------+
| toInt('42') | toInt('not a number') |
+-------------+----------------------+
| 42          | <null>               |
+-------------+----------------------+
1 row
```

3.4.2.15 toFloat

toFloat()将实参转换为浮点数。字符串会被解析为一个浮点数，如果解析失败，将返回 null。整数将被强制转换为浮点数。

语法：toFloat(expression)

参数：

- expression：返回任意值的表达式。

查询：

```
RETURN toFloat('11.5'), toFloat('not a number')
```

结果：

```
+-----------------+-------------------------+
| toFloat('11.5') | toFloat('not a number') |
+-----------------+-------------------------+
| 11.5            | <null>                  |
+-----------------+-------------------------+
1 row
```

3.4.3 列表函数

列表（List）函数返回列表中的元素，如路径中的节点等。

List 图例如图 3-25 所示。

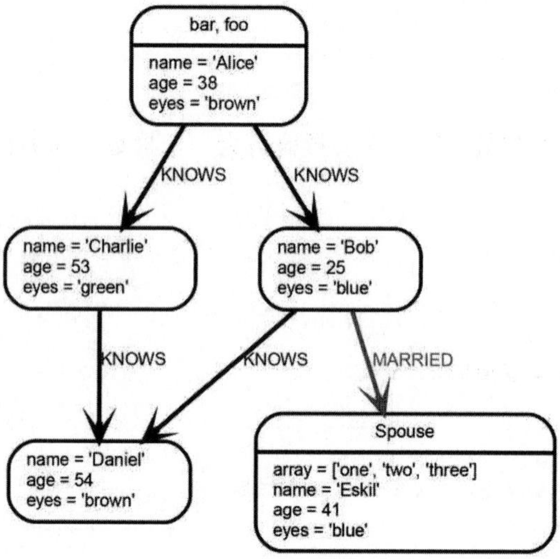

图 3-25 List 图例

3.4.3.1 nodes()

返回一条路径中的所有节点。

语法：nodes(path)

参数：

- path：一条路径。

查询返回了路径 p 中的所有节点。

查询：

```
MATCH p =(a)-->(b)-->(c)
WHERE a.name = 'Alice' AND c.name = 'Eskil'
RETURN nodes(p)
```

结果：

```
+--------------------------------------------------------------------------+
| nodes(p)                                                                 |
+--------------------------------------------------------------------------+
|[Node[0]{name:"Alice",age:38,eyes:"brown"},Node[1]{name:"Bob",age:25,yes:"blue"},|
|   Node[4]{array:["one","two","three"],name:"Eskil",age:41,eyes:"blue"}]  |
+--------------------------------------------------------------------------+
1 row
```

3.4.3.2　relationships()

返回一条路径中的所有关系。

语法：relationships(path)

参数：

- path：一条路径。

查询：

```
MATCH p =(a)-->(b)-->(c)
WHERE a.name = 'Alice' AND c.name = 'Eskil'
RETURN relationships(p)
```

查询返回了路径 p 中的所有节点关系。

结果：

```
+-----------------------------+
| relationships(p)            |
+-----------------------------+
| [:KNOWS[0]{},:MARRIED[4]{}] |
+-----------------------------+
1 row
```

3.4.3.3　labels()

以字符串列表的形式返回一个节点的所有标签。

语法：labels(node)

参数：

- node：返回单个节点的任意表达式。

查询：

```
MATCH (a)
WHERE a.name = 'Alice'
RETURN labels(a)
```

查询返回了节点 n 的所有标签。

结果：

```
+----------------+
| labels(a)      |
+----------------+
| ["bar","foo"] |
+----------------+
1 row
```

3.4.3.4 keys()

以字符串列表的形式返回一个节点、关系或者 map 的所有属性的名称。

语法：keys(property-container)

参数：

- property-container：一个节点、关系或者字面值的 map。

查询：

```
MATCH (a)
WHERE a.name = 'Alice'
RETURN keys(a)
```

查询返回了节点 a 的属性名。

结果：

```
+------------------------+
| keys(a)                |
+------------------------+
| ["name","age","eyes"] |
+------------------------+
1 row
```

3.4.3.5 extract()

可以使用 extract()从节点或关系列表中返回单个属性或者某个函数的值。它将遍历整个列表，针对列表中的每个元素运行一个表达式，然后以列表的形式返回这些结果。它的工作方式类似于 Lisp 和 Scala 等函数式语言中的 map 方法。

语法：extract(variable IN list | expression)

参数：

- list：返回列表的表达式。
- variable：引用 list 中元素的变量，它在 expression 中会用到。
- expression：针对列表中每个元素所运行的表达式，并产生一个结果列表。

查询：

```
MATCH p =(a)-->(b)-->(c)
WHERE a.name = 'Alice' AND b.name = 'Bob' AND c.name = 'Daniel'
RETURN extract(n IN nodes(p)| n.age) AS extracted
```

结果将返回路径中所有节点的 age 属性。

结果：

```
+------------+
| extracted  |
+------------+
| [38,25,54] |
+------------+
1 row
```

3.4.3.6　filter()

filter()返回列表中满足断言要求的所有元素。

语法：filter(variable IN list WHERE predicate)

参数：

- list：返回列表的表达式。
- variable：断言中引用列表元素所用到的变量。
- predicate：针对列表中每个元素进行测试的断言。

查询：

```
MATCH (a)
WHERE a.name = 'Eskil'
RETURN a.array, filter(x IN a.array WHERE size(x)= 3)
```

结果将返回 array 属性，及其元素的字符数为 3 的元素列表。

结果：

```
+-----------------------+--------------------------------------+
| a.array               | filter(x IN a.array WHERE size(x) = 3) |
+-----------------------+--------------------------------------+
| ["one","two","three"] | ["one","two"]                        |
+-----------------------+--------------------------------------+
1 row
```

3.4.3.7　tail()

tail()返回列表中除了首元素之外的所有元素。

语法：tail(expression)

参数：

- expression：返回某个类型列表的表达式。

查询：

```
MATCH (a)
WHERE a.name = 'Eskil'
RETURN a.array, tail(a.array)
```

结果将返回 array 属性及属性中除了第一个之外的所有元素。

结果：

```
+-----------------------+-----------------+
```

```
| a.array                | tail(a.array)    |
+------------------------+------------------+
| ["one","two","three"]  | ["two","three"]  |
+------------------------+------------------+
1 row
```

3.4.3.8 range()

range()返回某个范围内的数值。值之间的默认步长为 1，范围包含起始边界值。

语法：range(start, end [, step])

参数：

- start：起点数值的表达式。
- end：结束数值的表达式。
- step：数值间隔的步长。

查询：

```
RETURN range(0, 10), range(2, 18, 3)
```

第一个返回了 0~10 步长为 1 的所有值，第二个返回了 2~18 步长为 3 的所有值。

结果：

```
+--------------------------+------------------+
| range(0, 10)             | range(2, 18, 3)  |
+--------------------------+------------------+
| [0,1,2,3,4,5,6,7,8,9,10] | [2,5,8,11,14,17] |
+--------------------------+------------------+
1 row
```

3.4.3.9 reduce()

可以用 reduce()对列表中的每个元素执行一个表达式，将表达式结果存入一个累加器。它的工作机制类似 Lisp 和 Scala 等函数式语言中的 fold 或者 reduce 方法。

语法：reduce(accumulator = initial, variable IN list | expression)

参数：

- accmulator：用于累加每次迭代的部分结果。
- initial：累加器的初始值。
- list：列表。
- variable：引用列表中的每个元素的变量。
- expression：针对列表中每个元素执行的表达式。

查询：

```
MATCH p =(a)-->(b)-->(c)
WHERE a.name = 'Alice' AND b.name = 'Bob' AND c.name = 'Daniel'
RETURN reduce(totalAge = 0, n IN nodes(p)| totalAge + n.age) AS reduction
```

本查询将路径中每个节点的 age 数值加起来，然后返回一个单值。

结果:

```
+-----------+
| reduction |
+-----------+
| 117       |
+-----------+
1 row
```

3.4.4　数学函数

这些函数仅适用于数值表达式。如果用于其他类型的值，将返回错误。

数学函数图例如图 3-26 所示。

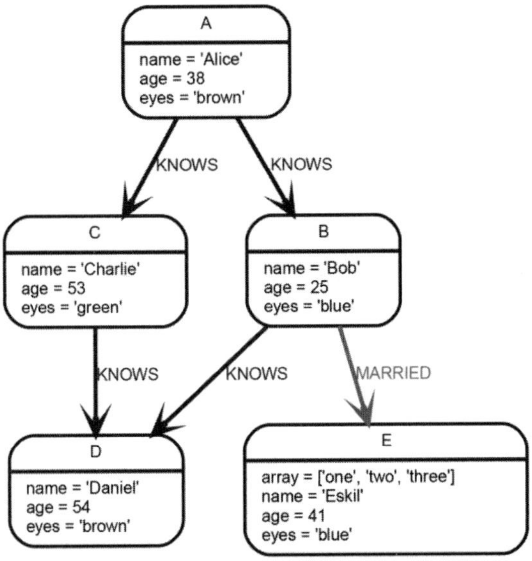

图 3-26　数学函数图例

1. 数值函数

（1）abs()：abs()函数返回数值的绝对值。

语法：abs(expression)

参数：

- expression：数值表达式。

查询：

```
MATCH (a),(e)
WHERE a.name = 'Alice' AND e.name = 'Eskil'
RETURN a.age, e.age, abs(a.age - e.age)
```

结果将返回两个年龄差值的绝对值。

结果：

```
a.age     e.age    abs(a.age - e.age)
38        41       3
1 row
```

（2）ceil()：ceil()返回大于或等于实参的最小整数。

语法：ceil(expression)

参数：

- expression：数值表达式。

查询：

```
RETURN ceil(0.1)
```

结果将返回大于 0.1 的最小整数，即为 1。

结果：

```
ceil(0.1)
1.0
1 row
```

（3）floor()：floor()返回小于等于表达式的最大的整数。

语法：floor(expression)

参数：

- expression：数值表达式。

查询：

```
RETURN floor(0.9)
```

小于等于 0.9 的最大的整数为 0。

结果：

```
floor(0.9)
0
1 row
```

（4）round()：round()返回距离表达式值最近的整数。

语法：round(expression)

参数：

- expression：数值表达式。

查询：

```
RETURN round(3.141592)
```

距离 3.141592 最近的整数为 3。

结果：

```
round(3.141592)
3
1 row
```

（5）sign()：sign()返回一个数值的正负。如果值为零，则返回 0；如果值为负数，则返回-1；如果值为正数，则返回 1。

语法：sign(expression)

参数：

- expression：数值表达式。

查询：

```
RETURN sign(-17), sign(0.1)
```

结果将返回-17 和 0.1 的正负符号。

结果：

```
sign(-17)    sign(0.1)
-1           1
1            row
```

（6）rand()：rand()返回[0, 1)之间的一个随机数，返回的数值在整个区间遵循均匀分布。

语法：rand()

参数：无

查询：

```
RETURN rand()
```

结果将返回一个随机数。

结果：

```
rand()
0.6835626594404169
1 row
```

2. 对数函数

（1）log()：log()返回表达式的自然对数。

语法：log(expression)

参数：

- expression：数值表达式。

查询：

```
RETURN log(27)
```

结果将返回 27 的自然对数的值。

结果：

```
log(27)
3.295836866004329
1 row
```

（2）log10()：log10()返回表达式的常用对数（以 10 为底）。

语法：log10(expression)

参数：

- expression：数值表达式。

查询：

```
RETURN log10(27)
```

结果将返回 27 的常用对数。

结果：

```
log10(27)
1.4313637641589874
1 row
```

（3）exp()：exp()返回 e^n，这里 e 是自然对数的底，n 是表达式的实参值。

语法：e(expression)

参数：

- expression：数值表达式。

查询：

```
RETURN exp(2)
```

结果将返回 e 的平方值。

结果：

```
exp(2)
7.38905609893065
1 row
```

（4）e()：e()返回自然对数的底，即 e。

语法：e()

参数：无

查询：

```
RETURN e()
```

结果将返回自然对数的底 e 的值。

结果：

```
e()
```

```
2.718281828459045
1 row
```

（5）sqrt()：sqrt()返回数值的平方根。

语法：sqrt(expression)

参数：

- expression：数值表达式。

查询：

```
RETURN sqrt(256)
```

结果将返回 256 的平方根，即 16。

结果：

```
sqrt(256)
16
1 row
```

3. 三角函数

除非特别指明，所有的三角函数都是针对弧度值进行计算的。

（1）sin()：sin()返回表达式的正弦函数值。

语法：sin(expression)

参数：

- expression：一个表示角的弧度的数值表达式。

查询：

```
RETURN sin(0.5)
```

结果将返回角弧度为 0.5 的正弦值。

结果：

```
sin(0.5)
0.479425538604203
1 row
```

（2）cos()：cos()返回表达式的余弦函数值。

语法：cos(expression)

参数：

- expression：一个表示角弧度的数值表达式。

查询：

```
RETURN cos(0.5)
```

结果将返回角弧度为 0.5 的余弦值。

结果：

```
cos(0.5)
0.8775825618903728
1 row
```

（3）tan()：tan()返回表达式的正切值。

语法：tan(expression)

参数：

- expression：一个表示角弧度的数值表达式。

查询：

```
RETURN tan(0.5)
```

结果将返回角弧度为 0.5 的正切值。

结果：

```
tan(0.5)
0.5463024898437905
1 row
```

（4）cot()：cot()返回表达式的余切值。

语法：cot(expression)

参数：

- expression：一个表示角弧度的数值表达式。

查询：

```
RETURN cot(0.5)
```

结果将返回角弧度为 0.5 的余切值。

结果：

```
cot(0.5)
1.830487721712452
1 row
```

（5）asin()：asin()返回表达式的反正弦值。

语法：asin(expression)

参数：

- expression：一个表示角弧度的数值表达式。

查询：

```
RETURN asin(0.5)
```

结果将返回角弧度为 0.5 的反正弦值。

结果：

```
asin(0.5)
0.5235987755982989
1 row
```

（6）acos()：acos()返回表达式的反余弦值。

语法：acos(expression)

参数：

- expression：一个表示角弧度的数值表达式。

查询：

```
RETURN acos(0.5)
```

结果将返回角弧度为 0.5 的反余弦值。

结果：

```
acos(0.5)
1.0471975511965979
1 row
```

（7）atan()：atan()返回表达式的反正切值。

语法：atan(expression)

参数：

- expression：一个表示角弧度的数值表达式。

查询：

```
RETURN atan(0.5)
```

结果将返回角弧度为 0.5 的反正切值。

结果：

```
atan(0.5)
0.4636476090008061
1 row
```

（8）atan2()：atan2()返回方位角，也可以理解为计算复数 x+yi 的幅角。

语法：atan2(expression1, expression2)

参数：

- expression1：表示复数 x 部分的数值表达式。
- expression2：表示复数 y 部分的数值表达式。

查询：

```
RETURN atan2(0.5, 0.6)
```

结果将返回复数为 0.5+0.6i 的方位角。

结果：

```
atan2(0.5, 0.6)
0.6947382761967033
1 row
```

（9）pi()：pi()返回常数 pi 的数值。

语法：pi()
参数：无
查询：

```
RETURN pi()
```

结果将返回常数Π的值。

结果：

```
pi()
3.141592653589793
1 row
```

（10）degrees()：degrees()将弧度转为度。

语法：degrees(expression)
参数：

- expression：一个表示角弧度的数值表达式。

查询：

```
RETURN degrees(3.14159)
```

结果将返回接近于Π的度数。

结果：

```
degrees(3.14159)
179.99984796050427
1 row
```

（11）radians()：radians()将度转为弧度。

语法：radians(expression)
参数：

- expression：一个表示角度数的数值表达式。

查询：

```
RETURN radians(180)
```

结果将返回 180° 的弧度值（Π）。

结果：

```
radians(180)
3.141592653589793
```

```
1 row
```

（12）haversin()：haversin()返回表达式的半正矢值。

语法：haversin(expression)

参数：

- expression：一个表示角弧度的数值表达式。

查询：

```
RETURN haversin(0.5)
```

结果将返回弧度为 0.5 的半正矢值。

结果：

```
haversin(0.5)
0.06120871905481362
haversin(0.5)
1 row
```

（13）使用 haversin 函数计算球面距离：haversin()函数可用于计算球面上两点（以经纬度的方式给出）之间的距离。下面示例计算了德国柏林（lat 52.5, lon 13.4）和美国加州圣马特奥市（lat 375, lon -122.3）两点之间的球面距离（以 km 计），计算时采用的是地球的平均半径 6371km。

查询：

```
CREATE (ber:City { lat: 52.5, lon: 13.4 }),(sm:City { lat: 37.5, lon: -122.3 })
RETURN 2 * 6371 * asin(sqrt(haversin(radians(sm.lat - ber.lat))+
cos(radians(sm.lat))*cos(radians(ber.lat))* haversin(radians(sm.lon - ber.lon))))
AS dist
```

结果将返回柏林和圣马特奥之间的估算距离。

结果：

```
Dist
9129.969740051658
1 row
Nodes created: 2
Properties set: 4
Labels added: 2
```

3.4.5　字符串函数

下面的函数都是只针对字符串表达式。如果用于处理其他值，将返回错误。有个例外就是 toString()，它还接受数字值和布尔值。

字符串函数图例如图 3-27 所示。

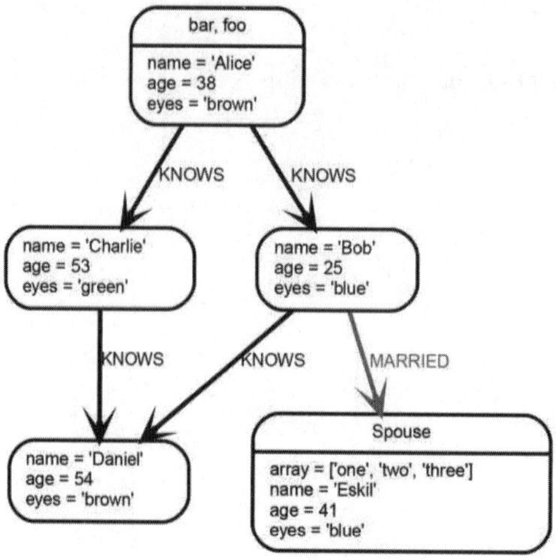

图 3-27　字符串函数图例

（1）replace()：replace()返回被替换字符串替换后的字符串，它会替换所有出现过的字符串。

语法：replace(original, search, replace)
参数：

- original：原字符串。
- search：期望被替换的字符串。
- replace：用于替换的字符串。

查询：

```
RETURN replace("hello", "l", "w")
```

结果：

```
+----------------------------+
| replace("hello", "l", "w") |
+----------------------------+
| "hewwo"                    |
+----------------------------+
1 row
```

（2）substring()：substring()返回原字符串的子串。它带有一个 0 为开始的索引值和长度作为参数。如果长度省略了，那么它返回从索引开始到结束的子字符串。

语法：substring(original, start [, length])
参数：

- original：原字符串。
- start：子串的开始位置。
- length：子串的长度。

查询：

```
RETURN substring('hello', 1, 3), substring('hello', 2)
```

结果：

```
+-------------------------+----------------------+
| substring('hello', 1, 3) | substring('hello', 2) |
+-------------------------+----------------------+
| "ell"                   | "llo"                |
+-------------------------+----------------------+
1 row
```

（3）left()：left()返回原字符串左边指定长度的子串。

语法：left(original, length)

参数：

- original：原字符串。
- length：左边子字符串的长度。

查询：

```
RETURN left('hello', 3)
```

结果：

```
+------------------+
| left('hello', 3) |
+------------------+
| "hel"            |
+------------------+
1 row
```

（4）right()：right()返回原字符串右边的指定长度的子字符串。

语法：right(original, length)

参数：

- original：原字符串。
- length：右边子字符串的长度。

查询：

```
RETURN right('hello', 3)
```

结果：

```
+-------------------+
| right('hello', 3) |
+-------------------+
| "llo"             |
+-------------------+
1 row
```

（5）ltrim()：ltrim()返回原字符串移除左侧的空白字符后的字符串。

语法：ltrim(original)

参数：

- original：原字符串。

查询：

```
RETURN ltrim(' hello')
```

结果：

```
+-------------------+
| ltrim(' hello')   |
+-------------------+
| "hello"           |
+-------------------+
1 row
```

（6）rtrim()：rtrim()返回原字符串移除右侧空白字符后的字符串。

语法：rtrim(original)
参数：

- original：原字符串。

查询：

```
RETURN rtrim('hello ')
```

结果：

```
+-------------------+
| rtrim('hello ')   |
+-------------------+
| "hello"           |
+-------------------+
1 row
```

（7）trim()：trim()返回原字符串移除两侧的空白字符之后的字符串。

语法：trim(original)
参数：

- original：原字符串。

查询：

```
RETURN trim(' hello ')
```

结果：

```
+---------------------+
| trim(' hello ')     |
+---------------------+
| "hello"             |
+---------------------+
1 row
```

（8）lower()：lower()以小写的形式返回原字符串。

语法：lower(original)
参数：

- original：原字符串。

查询：

```
RETURN lower('HELLO')
```

结果：

```
+-----------------+
| lower('HELLO') |
+-----------------+
| "hello"         |
+-----------------+
1 row
```

（9）upper()：uppper()以大写的形式返回原字符串。

语法：upper(original)
参数：

- original：原字符串。

查询：

```
RETURN upper('hello')
```

结果：

```
+-----------------+
| upper('hello') |
+-----------------+
| "HELLO"         |
+-----------------+
1 row
```

（10）split()：split()返回以指定模式分隔后的字符串序列。

语法：split(original, splitPattern)
参数：

- original：原字符串。
- splitPattern：分割字符串。

查询：

```
RETURN split('one,two', ',')
```

结果：

```
+------------------------+
| split('one,two', ',') |
+------------------------+
| ["one","two"]          |
+------------------------+
```

```
1 row
```

（11）reverse()：reverse()返回原字符串的倒序字符串。

语法：reverse(original)

参数：

- original：原字符串。

查询：

```
RETURN reverse('anagram')
```

结果：

```
+---------------------+
| reverse('anagram')  |
+---------------------+
| "margana"           |
+---------------------+
1 row
```

（12）toString()：toString()将实参转换为字符串。它将整型、浮点型和布尔型转换为字符串。如果实参为字符串，则按原样返回。

语法：toString(expression)

参数：

- expression：返回数值、布尔或者字符串的表达式。

查询：

```
RETURN toString(11.5), toString('already a string'), toString(TRUE)
```

结果：

```
+----------------+------------------------------+----------------+
| toString(11.5) | toString('already a string') | toString(true) |
+----------------+------------------------------+----------------+
| "11.5"         | "already a string"           | "true"         |
+----------------+------------------------------+----------------+
1 row
```

3.4.6 自定义函数

自定义函数用 Java 语言编写，可部署到数据库中，调用方式与其他 Cypher 函数一样。下面的例子展示了如何调用一个名为 join 的自定义函数。

3.4.6.1 调用自定义函数

调用自定义函数 org.neo4j.procedure.example.join()。

查询：

```
MATCH (n:Member)
RETURN org.neo4j.function.example.join(collect(n.name))
```

结果:

```
+-----------------------------------------------+
| org.neo4j.function.example.join(collect(n.name)) |
+-----------------------------------------------+
| "John,Paul,George,Ringo"                       |
+-----------------------------------------------+
1 row
```

3.4.6.2 编写自定义函数

自定义函数的编写类似于过程的创建，但它采用@UserFunction 注解，并且只返回一个单值。有效的输出类型包括 long、Long、double、Double、boolean、Boolean、String、Node、Relationship、Path、Map<String、Object>或者 List<T>，这里的 T 可以是任意支持的类型。

下面是一个简单的自定义函数例子，该函数将 List 中的字符串用指定的分隔符连接起来。

```
package example;
import org.neo4j.procedure.Name;
import org.neo4j.procedure.Procedure;
import org.neo4j.procedure.UserFunction;
public class Join
{
@UserFunction
@Description("example.join(['s1','s2',...], delimiter) - join the given strings
with the given
delimiter.")
public String join(
@Name("strings") List<String> strings,
@Name(value = "delimiter", defaultValue = ",") String delimiter) {
  if (strings == null || delimiter == null) {
    return null;
  }
  return String.join(delimiter, strings);
 }
}
```

3.5 索 引

3.5.1 简 介

数据库索引是为了提升搜索效率而创建的某些数据的特殊冗余，以额外的存储空间和写操作为代价。确定索引数据的范围，是一项重要且有一定难度的工作。Neo4j 的索引由 DBMS 管理和更新，一旦创建并生效，Neo4j 将自动选择并使用。

3.5.1.1 索引类型

Neo4j 支持以下类型的索引：

- b 树索引（b-tree）：Cypher 可以为拥有指定标签的所有节点，或拥有指定关系类型的所有关系，建立基于单个或多个属性的 b 树索引。基于给定标签或关系类型在单个属性上创建的索引称为单属性索引。基于给定标签或关系类型在多个属性上创建的索引称为复合索引。
- 全文索引（fulltext）：详见 3.6 节。
- 查找索引（lookup）：查找索引只依赖节点标签或关系类型，不考虑属性。

- 文本索引（text）：文本索引是一种单属性索引，但只能用于字符串类型的属性。如果节点的标签或关系的关系类型不是字符串型，则这些节点和关系就不能被索引。

3.5.1.2 索引使用建议

使用索引有如下建议：

- 创建索引时明确其名称。如果没有命名，则数据库会为索引会自动生成名称。
- 索引的名称必须在索引和约束中同时保持唯一。
- 默认情况下，索引不能重复创建，两次创建相同的索引会报错。使用 IF NOT EXISTS 子句可以避免这种报错。

3.5.1.3 复合索引

复合 b 树索引同单属性 b 树索引一样，能支持所有的判断式：

- 等值判断：n.prop = value。
- 列表成员判断：n.prop IN list。
- 存在判断：n.prop IS NOT NULL。
- 范围搜索：n.prop > value。
- 前缀判断：STARTS WITH。
- 后缀判断：ENDS WITH。
- 子串搜索：CONTAINS。

判断式可能会被执行计划（Execution Plan）优化为存在检查和过滤器，为了避免这种情况，判断式需要遵循以下限制规则：

- 如果有任何等值检查和列表成员判断，它们需要用于索引定义的第一个属性。
- 最多可以有一个范围判断或前缀判断。
- 可以有任意数量的存在判断式。
- 范围判断、前缀判断或存在判断后的判断式必须为存在判断。而前缀判断和子串判断总是被调整为存在判断式和过滤器，因此其后的所有判断式也被调整为存在判断式。

例如，一个索引基于标签 Label(prop1,prop2,prop3,prop4,prop5,prop6)的节点而建立，其判断式如下：

```
WHERE n.prop1 = 'x' AND
n.prop2 = 1 AND
n.prop3 > 5 AND
n.prop4 < 'e' AND
n.prop5 = true AND
n.prop6 IS NOT NULL
```

因为 n.prop3 有一个 range search 判断式，所以将被规划为以下判断式和过滤器 n.prop4 < 'e'和 n.prop5 = true：

```
WHERE n.prop1 = 'x' AND
n.prop2 = 1 AND
n.prop3 > 5 AND
```

```
n.prop4 IS NOT NULL AND
n.prop5 IS NOT NULL AND
n.prop6 IS NOT NULL
```

又如，一个索引基于标签:Label(prop1,prop2)的节点而建立，其判断式如下：

```
WHERE n.prop1 ENDS WITH 'x' AND n.prop2 = false
```

因为 n.prop1 有一个前缀判断式，所以将被规划为以下判断式和过滤器 n.prop1 ENDS WITH 'x' 和 n.prop2 = false。

```
WHERE n.prop1 IS NOT NULL AND n.prop2 IS NOT NULL
```

复合索引所有被索引的属性都需要判断式，如果只有一部分属性使用了判断式，复合索引就不能被使用。要想在这种情况下使用索引，就要在相关的属性上单独创建额外的索引。

3.5.2 创建索引

3.5.2.1 b 树索引

（1）单值索引

为某个标签的所有节点创建带命名的单属性 b 树索引：

```
CREATE INDEX index_name FOR (n:Label) ON (n.property).
```

为特定类型的所有关系创建带命名的单属性 b 树索引：

```
CREATE INDEX index_name FOR ()-[r:TYPE]-() ON (r.property)。
```

如果不知道索引是否已经存在，可以使用 IF NOT EXISTS 子句，如果已经存在模式和类型相同、或者名称相同、或者两者都相同的索引，则索引不会重复创建。

```
CREATE INDEX node_index_name IF NOT EXISTS FOR (n:Person) ON (n.surname)
```

（2）复合索引

为特定标签的所有节点创建带命名的多属性 b 树索引，即节点复合索引：

```
CREATE INDEX index_name FOR (n:Label) ON (n.prop1,⋯, n.propN).
```

节点复合索引仅包含具有指定标签且拥有索引相关所有属性的节点。

例如，为所有具有 Person 标签且同时具有 age 和 country 属性的节点创建复合索引：

```
CREATE INDEX node_index_name FOR (n:Person) ON (n.age, n.country)
```

为特定关系类型的所有关系创建带命名的多属性 b 树索引，即关系复合索引：

```
CREATE INDEX index_name FOR ()-[r:TYPE]-() ON (r.prop1, …, r.propN)。
```

关系复合索引仅包含具有指定类型且拥有索引相关所有属性的关系。

例如，以下语句将在所有具有 PURCHASED 标签且同时具有 date 和 amount 属性的关系上创建复合索引：

```
CREATE INDEX rel_index_name FOR ()-[r:PURCHASED]-() ON (r.date, r.amount)
```

注意： 创建索引的操作是在后台执行，所以语句返回后索引并非立即可用。

3.5.2.2 lookup 索引

为一个或多个标签的所有节点创建命名的标记查找索引：

```
CREATE LOOKUP INDEX index_name FOR (n) ON EACH labels(n)。
```

为任意关系类型的所有关系创建命名标记查找索引：

```
CREATE LOOKUP INDEX index_name FOR ()-[r]-() ON EACH type(r)。
```

OPTIONS 子句可以设置索引提供程序，但只有一个有效值 token-lookup-1.0，即默认值。lookup 索引不支持索引配置。

3.5.2.3 文本索引

文本索引仅支持字符串值，且不支持多个属性。

为特定标签的所有节点创建单属性的文本索引：

```
CREATE TEXT INDEX index_name FOR (n:Label) ON (n.property)。
```

为特定关系类型的所有关系创建单属性的文本索引：

```
CREATE TEXT INDEX index_name FOR ()-[r:TYPE]-() ON (r.property)。
```

如果不知道索引是否已经存在，可以使用 IF NOT EXISTS 子句。

```
CREATE TEXT INDEX node_index_name IF NOT EXISTS FOR (n:Person) ON (n.nickname)
```

OPTIONS 子句可以设定索引提供程序，但只有一个有效值 text-1.0，所以通常无须设置。文本索引不支持其他索引配置。

3.5.3 列出索引

通过命令 SHOW INDEXES 可以列出已有的索引，其输出项如表 3-4 所示。

表 3-4 命令 SHOW INDEXES 命令的输出项

字段名称	描述
id	索引 ID
name	索引名称
state	索引当前状态
populationPercent	索引规模占比
uniqueness	告诉索引是否只允许每个键一个值
type	索引类型（BTREE，FULLTEXT，LOOKUP 或 TEXT）
entityType	被索引实体的类型（节点或关系）
labelsOrTypes	索引的标签或关系的类型
properties	索引的属性
indexProvider	索引提供程序
options	索引 CREATE 时使用的选项
failureMessage	失败索引的描述
createStatement	创建索引的语句

在 SHOW INDEXES 命令中，可以通过 YIELD 和 WHERE 子句结合来筛选查询结果。如：

```
SHOW BTREE INDEXES
WHERE uniqueness = 'NONUNIQUE'
YIELD id,name,state,uniqueness,type,labelsOrTypes,properties
```

返回结果如下：

```
+--------------------------------------------------------------------------------+
|id|name            |state   |type   |entityType |labelsOrTypes|properties        |
+--------------------------------------------------------------------------------+
|4 |"index_44d2128f"|"ONLINE"|"BTREE"|"NODE"        |["Person"] |["middlename"]  |
|7 |"index_58a1c03e"|"ONLINE"|"BTREE"|"NODE"        |["Person"] |["location"]    |
|9 |"index_c207e3e6"|"ONLINE"|"BTREE"|"RELATIONSHIP"|["KNOWS"]|["since"]         |
|8 |"index_d7c12ba3"|"ONLINE"|"BTREE"|"NODE"        |["Person"] |["highScore"]   |
|3 |"index_deeafdb2"|"ONLINE"|"BTREE"|"NODE"        |["Person"] |["firstname"]   |
+--------------------------------------------------------------------------------+
5 rows
```

3.5.4　删除索引

通过命令 DROP INDEX index_name，可以将指定名称的索引删除掉。

```
DROP INDEX missing_index_name IF EXISTS
```

此命令可以删除任何类型的索引，但不能删除包含在约束中的索引。索引名称可以通过 SHOW INDEXES 命令查询。

3.5.5　未来的索引

Neo4j 未来的版本中将引入两种新类型的索引：点索引（Point Index）和范围索引（Range Index），但截至目前还不能使用。本章不再具体介绍，请读者关注版本更新时的说明，并通过官方网站查看它们的具体用法。

3.6　全文索引

全文索引是基于节点和关系的字符串型属性建立的索引，可以用来对属性值进行匹配查询，由 Apache Lucene 索引和搜索库提供支持。B 树索引只能对字符串进行精确匹配或前缀匹配，而全文索引可以对被索引的字符串值进行分词（tokenize），因此可以匹配字符串中任何位置的元素（term）。字符串如何被分词和分解为元素，取决于全文索引配置的分析器。例如，瑞典语分析器可以对瑞典语文本进行分词和提取主干（stem），避免索引中包含瑞典语的停用词。

全文索引的特性包括：

- 支持对节点和关系的索引。
- 支持自定义分析器，可以不使用 Lucene 自带的分析器。
- 可以使用 Lucene 语言进行查询。
- 可以给查询的每个结果打分。

- 节点和关系增删改后索引自动更新。
- 使用当前数据自动填充新创建的索引。
- 可以用一致性检查器进行检查，检查存在问题时可以重建索引。
- 只能通过属性的值来索引节点和关系。
- 可以在单个索引中支持任意数量的文档。
- 创建、删除和更新都是事务性操作，并在集群中自动复制。
- 可以通过 Cypher 程序访问。
- 可以配置为最终一致性模式。该模式下索引的更新操作由后台线程执行。这一功能可以解决提交过程中 Lucene 写入慢的问题，从而消除 Neo4j 写入性能的主要瓶颈。

与 b 树索引相比，全文索引有以下优势：

- 支持多个标签。
- 支持多个关系类型。
- 支持多个属性。这一点类似于复合索引，但有一个重要区别：复合索引的对象必须具有被索引标签和全部被索引属性，但全文索引的对象只要具有至少一个被索引标签或关系类型，和至少一个被索引属性即可。

3.6.1 创建全文索引

通过命令 CREATE FULLTEXT INDEX 创建全文索引。

创建节点的全文索引：

```
CREATE FULLTEXT INDEX [index name] [IF NOT EXISTS]
FOR (n:LabelName["|" ...])ON EACH "[" n.propertyName[, ...] "]"
[OPTIONS "{" option: value[, ...] "}"]
```

创建关系的全文索引：

```
CREATE FULLTEXT INDEX [index name] [IF NOT EXISTS]
FOR ()-"["r:TYPE NAME["|" ...]"]"-()ON EACH "[" r.propertyName[, ...] "]"
[OPTIONS "{" option: value[, ...] "}"]
```

其中，OPTION 子句支持以下配置项：

- indexProvider：默认值只能是 fulltext-1.0。
- indexConfig：可以使用以下参数：
  - 参数 fulltext.analyzer：用于指定分析器。使用 db.index.fulltext.listAvailableAnalyzers 过程查看可用的选项。
  - 参数 fulltext.eventually_consistent：最终一致性标志。设置为 true 时，提交的更新事务将在后台线程中处理，而不是前台提交，可以使该索引满足最终一致性。

虽然一个关系只能有一种类型，但关系的全文索引可以索引多种类型，并且一个关系只要匹配全文索引的关系类型之一和索引属性之一，就可以被全文索引所包含。示例如下：

```
CREATE FULLTEXT INDEX taggedByRelationshipIndex
FOR ()-[r:TAGGED_AS]-() ON EACH [r.taggedByUser]
```

```
OPTIONS {
indexConfig: {
`fulltext.analyzer`: 'url or email',
`fulltext.eventually consistent`: true
}
}
```

这个例子中，基于关系类型 TAGGED_AS 和属性 taggedByUser 创建了一个最终一致性的全文索引，并且使用了 url_or_email 分析器。在这个系统中，根据用户可访问的文档为用户分配标签，而使用属性 taggedByUser 的索引可以快速找到用户的所有文档。如果没有关系索引，则必须在数据模型中的标签和文档之间添加人工连接节点，以便对这些节点进行索引。

3.6.2　基于全文索引的查询

通过过程 db.index.fulltext.queryNodes 和 db.index.fulltext.queryRelationships 可以实现基于全文索引的查询。其返回结果中既包含精确匹配的结果，也包含近似匹配的结果。被索引的属性值和基于索引的查询都经过分析器处理，以便索引可以找到近似匹配的结果。每一条查询结果都包含一个分数（score），代表了该结果的匹配程度。所有查询结果按分数降序排列，最匹配的结果放在第一条。例如，在电影数据库中搜索“Full Metal Jacket”，第一个结果完全匹配，同时也会得到其他三个相似的结果：

```
CALL db.index.fulltext.queryNodes("titlesAndDescriptions", "Full Metal Jacket")
YIELD node, scoreRETURN node.title, score
```

返回结果为：

```
node.title              score
"Full Metal Jacket"     1.411118507385254
"Full Moon High"        0.44524085521698
"Yellow Jacket"         0.3509605824947357
"The Jacket"            0.3509605824947357
Rows: 4
```

全文索引由 Apache Lucene 索引和搜索库提供支持，所以可以使用 Lucene 的全文查询语言。例如，如果只想得到精确匹配结果，那么将目标字符串加英文单引号。

```
CALL db.index.fulltext.queryNodes(
"titlesAndDescriptions", '"Full Metal Jacket"')
YIELD node, scoreRETURN node.title, score
```

返回结果为：

```
node.title              score
"Full Metal Jacket"     1.411118507385254
Rows: 1
```

Lucene 语法中还允许使用逻辑运算符（比如 AND 和 OR）来搜索：

```
CALL db.index.fulltext.queryNodes(
"titlesAndDescriptions", 'full AND metal')
YIELD node, scoreRETURN node.title, score
```

数据库中只有电影 Full Metal Jacket 同时包含单词 full 和 metal。

返回结果为：

```
node.title              score
"Full Metal Jacket"     1.1113792657852173
Rows: 1
```

还可以只搜索特定的属性：在要搜索的文本前面加上属性名称和冒号。

```
CALL db.index.fulltext.queryNodes(
"titlesAndDescriptions", 'description:"surreal adventure"')
YIELD node, score
RETURN node.title, node.description, score
```

返回结果为：

```
node.title    node.description score
"Metallica Through The Never"  "The movie follows the young roadie Trip through his
surreal adventure with the band." 0.2615291476249695
Rows: 1
```

Lucene 语法的完整描述请参阅 Lucene 文档[1]。

3.6.3 删除全文索引

删除全文本索引的命令与其他类型的索引相同。命令如下：

```
DROP INDEX taggedByRelationshipIndex
```

3.7 约 束

3.7.1 简 介

Neo4j 通过使用约束来保证数据完整性，可应用于节点或者关系。约束的类型包括：

（1）节点属性的唯一性约束。确保具有特定标签的所有节点的某个属性唯一。针对多个属性建立的唯一性约束，则确保这些属性值的组合是唯一的。唯一性约束并不要求所有节点对于相关属性都具有唯一值，如果节点不包含约束相关的全部属性，则该节点不受此约束限制。

（2）节点属性的存在性约束（仅企业版）。确保具有特定标签的所有节点都具有某个属性。如果创建具有这种标签的节点时没有设定该属性，则创建失败。删除节点的这类属性同样也会失败。

（3）关系属性的存在性约束（仅企业版）。确保具有特定类型的所有关系都存在属性。如果创建具有这些类型的关系时没有设定该属性，则创建失败。删除关系的这类属性同样也会失败。

（4）节点键约束（仅企业版）。确保给定标签下的所有节点都拥有所有约束相关的属性，且属性的值唯一。如果创建了该类约束，则以下操作都不能执行：

- 创建未包含全部属性的节点或属性值不唯一的节点。
- 删除约束相关属性。

---

[1] https://lucene.apache.org/core/8_2_0/queryparser/org/apache/lucene/queryparser/classic/ package-summary.html#package.description

- 导致属性值不再唯一的更新。

创建约束将对索引产生以下影响：

- 为属性创建节点键约束或节点属性唯一性约束，会自动在该属性上创建一个索引，因此约束一旦创建，就不能另外单独创建相同索引类型、标签和属性组合的索引。
- 这些自动创建的索引也可以被 Cypher 使用。
- 如果约束被删除，相关索引也被删除，如果仍需使用约束所自动创建的索引，则需要手动重新创建这些索引。

此外，约束还有以下特点：

- 一个标签可以有多个约束，属性的唯一性约束和存在性约束可以绑定在同一个属性上。
- 创建约束是原子操作，且因为需要扫描全库，所以可能会花费较长的时间。
- 最好在创建约束时就为其命名，否则系统会自动生成一个名称。
- 约束名称必须在索引和约束中都唯一。
- 默认情况下，创建约束的操作不可重复执行。两次创建相同的约束会引发报错，可以使用关键字 IF NOT EXISTS 防止这种情况。

3.7.2　创建约束

通过 CREATE CONSTRAINT 命令创建约束，该操作需要具有 CREATE CONSTRAINT 权限。

创建节点唯一性约束：

```
CREATE CONSTRAINT [constraint name] [IF NOT EXISTS]
FOR (n:LabelName)
REQUIRE (n.propertyName 1, …, n.propertyName n) IS UNIQUE
[OPTIONS "{" option: value[, ...] "}"]
```

创建节点属性的存在性约束（仅企业版支持该操作）：

```
CREATE CONSTRAINT [constraint name] [IF NOT EXISTS]
FOR (n:LabelName)
REQUIRE n.propertyName IS NOT NULL
[OPTIONS "{" "}"] //存在性约束没有 OPTIONS 值，但为了保持形式一致性允许使用空映射
```

创建关系属性的存在性约束（仅企业版支持该操作）：

```
CREATE CONSTRAINT [constraint name] [IF NOT EXISTS]
FOR ()-"["r:RELATIONSHIP TYPE"]"-()
REQUIRE r.propertyName IS NOT NULL
[OPTIONS "{" "}"]//存在性约束没有 OPTIONS 值，但为了保持形式一致性允许使用空映射
```

创建节点键约束（仅企业版支持该操作）：

```
CREATE CONSTRAINT [constraint name] [IF NOT EXISTS]
FOR (n:LabelName)
REQUIRE (n.propertyName 1, …, n.propertyName n) IS NODE KEY
[OPTIONS "{" option: value[, ...] "}"]
```

OPTIONS 子句可以指定约束自动创建索引时采用的索引程序和索引配置项，与索引的 OPTIONS 子句配置类似。

IF NOT EXISTS 子句可以避免重复创建相同的约束时引发的报错，但如果存在冲突的数据、索引或约束，仍可能会报错，比如节点缺少属性、已存在同名索引，或约束的 schema 相同但类型不同。

3.7.3 删除约束

通过 DROP CONSTRAINT 命令删除约束，该命令执行需要 DROP CONSTRAINT 权限。

```
DROP CONSTRAINT constraint_name [IF EXISTS]
```

其他通过节点标签或关系属性删除约束的方式已不推荐使用，后续版本中将被废止，此处不再介绍。

3.7.4 列出约束

使用 SHOW CONSTRAINT 命令列出全部或特定类型的约束，该命令执行需要 SHOW CONSTRAINT 权限。

该命令支持 WHERE 子句，结果返回默认的列：

```
SHOW [ALL|UNIQUE|NODE [PROPERTY] EXIST[ENCE]|REL[ATIONSHIP] [PROPERTY]
EXIST[ENCE]|[PROPERTY] EXIST[ENCE]|NODE KEY] CONSTRAINT[S]
   [WHERE expression]
```

如果要获得全部列，则需要使用 yield 子句：

```
SHOW [ALL|UNIQUE|NODE [PROPERTY] EXIST[ENCE]|REL[ATIONSHIP] [PROPERTY]
EXIST[ENCE]|[PROPERTY] EXIST[ENCE]|NODE KEY] CONSTRAINT[S]
   YIELD { * | field[, ...] } [ORDER BY field[, ...]] [SKIP n] [LIMIT n]
   [WHERE expression]
   [RETURN field[, ...] [ORDER BY field[, ...]] [SKIP n] [LIMIT n]]
```

该命令可以返回的字段如表 3-5 所示。

表 3-5 SHOW CONSTRAINT 命令的输出字段

字段名	描述
id	约束 ID
name	约束名称
type	约束类型（UNIQUENESS、NODE_PROPERTY_EXISTENCE、NODE_KEY 或 RELATIONSHIP_PROPERTY_EXISTENCE）
entityType	约束对应的实体类型（节点或关系）
labelsOrTypes	约束对应的标签或关系的类型
properties	约束属性
ownedIndexId	与约束关联的索引 id，如果没有关联索引则为 null
options	创建时设定的索引配置项，如果没有关联索引则为 null
createStatement	创建约束的语句

此外，还可以使用 Neo4j 的内置过程 db.constraints 列出约束，并且不受 SHOW CONSTRAINTS 权限的影响。

3.8　数据库管理

本节将介绍如何使用 Cypher 来管理 Neo4j 数据库。在单机服务器中创建、修改、删除、启动和停止单个数据库。

DBMS 可以管理多个 Neo4j 数据库，数据库的元数据保存在 system 数据库中。所有数据库的管理命令都必须在 system 数据库上执行，当通过 Bolt 协议连接到 DBMS 时，这些管理命令会自动路由到 system 数据库。

3.8.1　列出数据库

使用 SHOW DATABASE 命令列出数据库，该命令有四种模式可以用于列出指定数据库、全部数据库、默认数据库或主数据库。

```
SHOW { DATABASE name | DATABASES | DEFAULT DATABASE | HOME DATABASE }
[WHERE expression]
```

通过 YIELD 和 WHERE 子句可以对输出字段和内容进行筛选，使用 ORDER BY 子句可以对结果进行过滤和排序，还可以用 SKIP and LIMIT 对输出结果进行分页显示：

```
SHOW { DATABASE name | DATABASES | DEFAULT DATABASE | HOME DATABASE }
YIELD { * | field[, ...] } [ORDER BY field[, ...]] [SKIP n] [LIMIT n]
[WHERE expression]
[RETURN field[, ...] [ORDER BY field[, ...]] [SKIP n] [LIMIT n]]
```

SHOW 命令的可用输出字段如表 3-6 所示。

表 3-6　SHOW 命令的输出字段

列名	描述
name	数据库名
aliases	数据库别名
access	数据库访问模式（read-write 或 read-only）
databaseID	数据库的唯一 ID
serverID	服务器实例 ID
address	DBMS 集群中的实例地址。单机数据库默认地址为 neo4j://localhost:7687
role	数据库的当前角色（standalone、leader、follower、read_replica、unknown）
requestedStatus	数据库的期望状态
currentStatus	数据库的实际状态
error	报错消息，解释数据库未处于正确状态的原因
default	是否是 DBMS 的默认数据库
home	是否是当前用户的主数据库
lastCommittedTxn	最后一次事务 ID
replicationLag	与集群中主实例上的数据库相比，当前数据库落后的事务数，以负整数表示。在单机环境中，该值始终为 0

通常，不同权限的用户显示的结果是不同的，但是具有 CREATE/DROP/ALTER DATABASE、

SET DATABASE ACCESS 或 DATABASE MANAGEMENT 权限的用户可以查看所有数据库，不受 ACCESS 配置限制。如果用户没有任何数据库的 ACCESS 权限，SHOW 命令仍然可以执行，但只会返回 system 数据库，该数据库默认对所有用户可见。

currentStatus 和 requestedStatus 参数不同时，通常表明数据库存在异常，但是有时也可能是正常情况。例如，由于正在执行恢复操作，数据库可能需要一段时间才能从 offline 转为 online；又如，Neo4j 实例正在从另一个实例复制存储文件时。

示例：

```
SHOW DATABASES
```

结果：

name	aliases	access	address	role	requestedStatus	currentStatus	error	default	home
"movies"	["films","motion pictures"]	"read-write"	"localhost:7687"	"standalone"	"online"	"online"	""	false	false
"neo4j"	[]	"read-write"	"localhost:7687"	"standalone"	"online"	"online"	""	true	true
"northwind-graph-2020"	[]	"read-write"	"localhost:7687"	"standalone"	"online"	"online"	""	false	false
"northwind-graph-2021"	[]	"read-write"	"localhost:7687"	"standalone"	"online"	"online"	""	false	false
"system"	[]	"read-write"	"localhost:7687"	"standalone"	"online"	"online"	""	false	false

rows: 5

3.8.2 创建数据库（仅企业版）

企业版中可以使用 CREATE DATABASE 命令创建数据库，社区版只能使用默认的 Neo4j 数据库，不能创建新数据库。

```
CREATE [OR REPLACE] DATABASE name [IF NOT EXISTS] [OPTIONS {key: 'value'}]
```

数据库名称要遵守如下规则：

- 长度必须为 3~63 个字符。
- 第一个字符必须是 ASCII 字母。
- 后续字符可以是 ASCII 字母、数字、点和短横线，包含短横线时需要用反引号，例如 CREATE DATABASE `main-db`。
- 结尾不能是点或短横线。
- 下划线或 system 开头的名称保留供内部使用。

IF NOT EXISTS 子句可以避免数据库已存在时的报错以避免这种情况。而使用 OR REPLACE 子句可以删除已有的同名数据库并创建一个新数据库，但这两个子句不能同时使用。

OPTIONS 子句支持的可用选项包括：

- existingData：在创建数据库时如何处理已有的数据文件。该参数必须与参数 existingDataSeedInstance 同时使用且必须设置为 use，表示新数据库必须使用已有的数据文件。

- existingDataSeedInstance：集群的节点 ID，可以通过过程 dbms.cluster.overview()的 id 列查到。该选项只能在集群中使用。

OPTIONS 子句不能与 OR REPLACE 同时使用。

3.8.3 更改数据库

使用 ALTER DATABASE 命令可以更改数据库的访问模式。

```
ALTER DATABASE name [IF EXISTS] SET ACCESS READ ONLY
```

如果将 Neo4j 的配置参数 dbms.databases.default_to_read_only 设置为 true，则数据库在创建时默认为可读写模式。如果要将其更改为只读模式，可以使用命令 ALTER DATABASE 和子句 SET ACCESS READ ONLY，或者使用子句 SET ACCESS READ WRITE 将数据库切换回可读写模式。数据库在 offline 和 online 状态下都可以更改访问模式。

数据库访问模式的配置参数包括：dbms.databases.default_to_read_only、dbms.databases.read_only 和 dbms.database.writable。如果 ALTER DATABASE 命令设置的模式是 read only，而这些配置参数是 read write（反之亦然），数据库最终是只读的。

3.8.4 停止数据库

使用 STOP DATABASE 命令停止数据库。

```
STOP DATABASE name
```

停止状态数据库也可以通过 SHOW DATABASE 查看。

3.8.5 启动数据库

使用 START DATABASE 命令启动数据库。

```
START DATABASE name
```

3.8.6 删除数据库

使用 DROP DATABASE 命令删除数据库。

```
DROP DATABASE name [IF EXISTS][DUMP DATA]
```

如果数据库有别名，则删除数据库之前必须先删除其别名，否则该命令会失败。

该命令将彻底删除数据库，所以可以通过使用 DUMP DATA 子句在删除前事先生成数据库文件的转储。转储文件保存路径由配置参数 dbms.directories.dumps.root 确定，其默认值为 <neo4j-home>/data/dumps。使用该子句的效果与 neo4j-admin dump 命令相同，生成的转储文件可以使用 neo4j-admin load 重新加载。

数据库删除后，无法通过 SHOW DATABASES 命令查看。

3.8.7 WAIT 选项（仅企业版）

除了 SHOW DATABASES 和 ALTER DATABASE，所有数据库管理命令都支持 WAIT/NOWAIT 子句，可以用来设置是否等待命令执行完成再返回。

具体支持的子句包括：

- WAIT n SECONDS：命令返回之前等待的秒数。
- WAIT：命令返回之前等待默认时长（300 秒）。
- NOWAIT：立即返回。

其中 NOWAIT 为默认值，即事务提交后立即返回，操作在后台执行。

因为 WAIT 子句需要立即开始执行，所以使用 WAIT 子句的命令在执行后都将自动提交当前事务，任何后续命令都将在新的事务中执行，这与通常的事务特征不同，因此建议将带有 WAIT 子句的命令放在自己的事务中独立运行。

```
CREATE DATABASE slow WAIT 5 SECONDS
```

返回结果为：

```
address            state       message      success
"localhost:7687"   "CaughtUp"  "caught up"  true
Rows: 1
```

success 列是命令是否成功执行的结果的聚合，因此每一行的值都相同。此列的目的是便于确定（例如在脚本中）命令是否成功完成，并且没有超时。

带有 WAIT 子句的命令在等待完成时可能会被中断。在这种情况下，命令将继续在后台执行并且不会中止。

3.8.8 创建数据库别名（仅企业版）

别名可用来代替数据库的名称，所有可以使用数据库名称的地方都可以使用别名。

设置主数据库可以用别名，主数据库被使用时别名被解析为目标数据库。其他 Cypher 语句中，命令执行时别名才被解析。访问权限由解析后的数据库确定。

创建别名使用命令 CREATE ALIAS。

```
CREATE ALIAS `northwind` FOR DATABASE `northwind-graph-2020`
```

别名的命名规则需要满足 Cypher 要求，具体包括：

- 别名必须是一个有效的标识符，可以使用“.”号，例如 main.alias。
- 别名长度最多为 65534 个字符。
- 别名不能以点结尾。
- 下划线或 system 开头的别名保留供内部使用。
- 可以使用非字母字符，包括数字、符号和空格字符，但必须用反引号进行转义。

数据库别名创建后，在命令 SHOW DATABASES 的 aliases 列中显示。

IF NOT EXISTS 子句可以避免别名重复导致的报错。

OR REPLACE 子句则可以在存在同名别名时，先删除已有同名别名并创建一个新别名。但如果存在与别名同名的数据库，CREATE OR REPLACE ALIAS 会执行失败。

IF NOT EXISTS 和 OR REPLACE 子句不能同时使用。

3.8.9　更改数据库别名（仅企业版）

使用命令 ALTER ALIAS 可以更改别名指向的目标数据库。

```
ALTER ALIAS `northwind` SET DATABASE TARGET `northwind-graph-2021`
```

3.8.10　删除数据库别名

使用命令 DROP ALIAS 可以删除别名。

```
DROP ALIAS `northwind` FOR DATABASE
```

使用 IF EXISTS 可以避免别名不存在导致的报错。

3.9　查询调优

本节将描述 Cypher 查询语言的调优。

Neo4j 致力于尽可能快地执行查询，然而利用这个领域的知识重新组织查询语句以获取最好的性能也是很有用处的。手动查询性能优化的总目标是确保只从图中检索必要的数据。不必要的数据应该尽可能早地被过滤掉，以减少查询执行后期处理的数据量。避免返回整个节点和关系，而只选取节点和关系中需要的数据。同时，也应该设置可变长度模式的一个上限值，以避免包含大量不需要的数据部分。

Cypher 执行引擎会将每个 Cypher 查询都转为一个执行计划。为了减少使用的资源，如果可能，应尽可能地使用参数代替字面值。这会使得 Cypher 可以重用查询，而不必解析并构建一个新的执行计划。本小节提到的关于执行计划运算符的更多信息，可参见 3.7 节相关内容。

3.9.1　Cypher 查询选项

查询执行可以通过使用查询选项进行微调优化。为了使用一个或多个查询选项，查询必须以 CYPHER 作为开头，随后为查询选项，比如：CYPHER query-option [further-query-options] query。

3.9.1.1　Cypher 版本

在运行查询时偶尔需要使用以前版本的 Cypher 编译器，表 3-7 将详细介绍可用的版本。

表 3-7　Cypher 版本

查询选项	描述	默认
3.5	使用 Neo4j Cypher 3.5 执行查询	
4.2	使用 Neo4j Cypher 4.2 执行查询	
4.3	使用 Neo4j Cypher 4.3 执行查询。作为默认版本，准确来讲无须使用该查询选项	√

提示：在 Neo4j 4.4 中，仅在解析器级别提供对 Cypher 3.5 的支持。这导致 Neo4j 3.5 的一些特性不再可用，并且运行时报错。

3.9.1.2 Cypher 运行

使用查询计划时，Cypher 运行包括了查询的执行以及数据记录的返回。根据使用 Neo4j 企业版还是社区版，有三种不同的运行可以选择。

1. 解释型

在这种运行模式中，执行计划的运算符被链式结合在一棵树中，每个非叶子节点的运算符来自一个或两个子运算符的馈送。因此这棵树由嵌套的迭代器组成，并且从顶部迭代器以流水线方式传输 512 条记录，顶部迭代器是从下一个迭代器提取的。

2. 开槽型

这种运行模式与解释型运行非常相似，但除了对于迭代器传输数据方式做了优化，这种优化提升了查询性能和内存使用。实际上，开槽型可以称为更快的解释型。

3. 管道型

作为替代 Neo4j 3.x 中编译型 Cypher 运行模式，Neo4j 4.0 引入管道型运行。这种运行模式结合编译型运行模式的优点，并是一种支持更广泛查询的体系架构。采用优化算法对运算符进行智能化分组，以便生成对内存和性能优化后的新的查询组合和执行顺序。在大多数情况下（无论是解释型还是开槽型运行模式），这种算法都会带来优异性能，但是这些优化都在开发中，并不支持所有的运算符和查询（包括开槽型运行模式的所有的运算和查询）。Cypher 运行模式选项如表 3-8 所示。

表 3-8 Cypher 运行模式选项

查询选项	描述	默认
runtime=interpreted	强制查询计划使用解释型运行模式	除非明确要求，企业版不使用该选项。社区版运行模式选项唯一选择就是解释型，当然在社区版中也是无须指定
runtime=slotted	强制查询计划使用开槽型运行模式	对于企业版中不支持管道型运行模式的查询，开槽型是默认选项
runtime=pipelined	如果管道型运行模式支持该查询，强制查询计划使用管道型运行模式。如果不支持，则查询计划将回退使用开槽型运行模式	这种运行模式对企业版中某些查询是默认选项

在企业版中，Cypher 查询计划选择运行模式，并退回到可替代运行模式的步骤如下：

首先尝试管道型运行模式。如果管道型运行模式不支持该查询，则退回到开槽型运行模式。最后，如果开槽型运行模式不支持该查询，则退回到解释型运行模式。解释型运行模式支持所有的查询，这种也是社区版的唯一选项。

3.9.1.3 Cypher 计划器

Cypher 计划器接收一个 Cypher 查询，并计算一个可完成的执行计划。对于给定的任何查询，均可能存在一组候选的执行计划，每个候选执行计划均以不同的方法完成查询。计划器使用搜索算法查找最低成本的执行计划。Cypher 计划器如表 3-9 所示。

表 3-9　Cypher 计划器

查询选项	描述	默认
planner=cost	基于成本的计划，并对计划搜索空间和时间采用默认限制	√
planner=idp	与 planner=cost 一致	
planner=dp	基于成本的计划，不受计划搜索空间和时间限制，尽可能得到最佳查询计划。需要注意，使用该选项可能会显著增加查询计划时间	

3.9.1.4　Cypher 计划器连接组件

Cypher 计划器的部分职责是将分割模式的子查询合并到更大的计划中，这项任务成为连接组件，如表 3-10 所示。

表 3-10　Cypher 计划器连接组件

查询选项	描述	默认
connectComponentsPlanner=greedy	使用贪婪方法进行子计划的组合	
connectComponentsPlanner=idp	使用基于 IDP 搜索算法的成本计算方法进行子计划的组合。注意，使用此选项可能会增加查询计划的时间，但是通常会找到更好执行计划	√

3.9.1.5　Cypher 更新策略

这个选项会影响更新查询的紧迫程度，如表 3-11 所示。

表 3-11　Cypher 更新策略

查询选项	描述	默认
updateStrategy=default	必要时将快速地执行更新查询	√
updateStrategy=eager	快速地执行更新查询	

3.9.1.6　Cypher 表达引擎

这个选项会影响运行时如何计算查询表达式，如表 3-12 所示。

表 3-12　Cypher 表达引擎

查询选项	描述	默认
expressionEngine=default	编译表达式，并在必要时使用编译表达式引擎	√
expressionEngine=interpreted	始终使用解释型表达式引擎	
expressionEngine=compiled	始终使用编译表达式，并使用编译表达式引擎。无法与 runtime=interpreted 一起使用该选项	

3.9.1.7　Cypher 运算符引擎

这个选项会影响管道型运行时是否为运算符引擎组合生成编译代码，如表 3-13 所示。

表 3-13　Cypher 运算引擎

查询选项	描述	默认
operatorEngine=default	应用时尝试生成编译运算符	√
operatorEngine=interpreted	从不尝试生成编译运算符	
operatorEngine=compiled	总是尝试生成编译运算符。无法与 runtime=interpreted 和 runtime=slotted 一起使用该选项	

3.9.1.8 Cypher 交互管道反馈

这个选项会影响管道型查询运行如何作用于运算符，但运算符不会直接受影响，如表 3-14 所示。

表 3-14 Cypher 交互管道反馈

查询选项	描述	默认
interpretedPipesFallback=default	等价于 interpretedPipesFallback=whitelisted_plans_onl y	√
interpretedPipesFallback=disabled	如果查询计划包含管道型运行不支持的运算符，则选择另一种运行模式来执行整个计划。无法与 runtime=interpreted 和 runtime=slotted 一起使用该选项	
interpretedPipesFallback=whitelisted_plans_only	部分执行计划可以采用另一种运行模式执行。仅有某些运算符允许执行另一种运行模式。无法与 runtime=interpreted 和 runtime=slotted 一起使用该选项	
interpretedPipesFallback=all	部分执行计划可能采用另一种运行模式执行。所有运算符均被允许执行另一种运行模式。使用该选项的查询可能产生错误结果，或者查询失败。无法与 runtime=interpreted 和 runtime=slotted 同时使用该选项。注意：该选项是实验性的，在生产环境尽可能不使用该选项	

3.9.1.9 Cypher 重试计划

Cypher 会在以下几种情况下进行重试计划（见表 3-15）：

（1）当查询语句不存在内存中。这种情况可能是服务刚启动或重启了；可能是内存刚被清洗，也可能超出 dbms.query_cache_size 预设内存。

（2）当查询时间超过 cypher.min_replan_interval 的值，数据库统计已经修改增加 cypher.statistics_divergence_threshold 的值。

（3）当在非理想的时间进行 Cypher 查询计划的情况。比如一个查询必须尽可能快，并且有效的计划已经到位。

（4）查询计划重试不是一次对所有的计划执行的；这是在执行查询的同一线程执行的，并且可以阻止查询。一个查询的重试计划并不能作用在其他查询上。

表 3-15 Cypher 重试计划

查询选项	描述	默认
replan=default	这是之前描述的执行计划与重试计划	√
replan=force	即使根据原则计划是有效的，将强制执行重试计划。一旦新的计划完成，将会替代存在查询缓存中的计划	
replan=skip	即使根据原则该有效的查询计划应该被重试计划，它将继续被使用	

重试计划选项是嵌入在查询语句中的，比如：

```
CYPHE replan=force RMATCH ...
```

在混合的工作负载中，可以使用 Cypher EXPLAIN 命令强制重试计划。这对安排具有高成本执行的查询在可控低负载情况下进行重试计划非常有用。使用 EXPLAIN 将确保查询只被计划，而不执行。比如：

```
CYPHE replan=force EXPLAIN RMATCH ...
```

在高负载情况下，replan=skip 选项可避免引入非必要的潜在峰值。

3.9.2 查询性能分析

查看执行计划对查询进行分析时有两个选项：

（1）EXPLAIN：如果只想查看查询计划，而不想运行该语句，可以在查询语句中加入 EXPLAIN。此时，该语句将返回空结果，不会对数据库做出任何改变。

（2）PROFILE：如果想运行查询语句并查看哪个运算符占了大部分的工作，可以使用 PROFILE。此时，该语句将被运行，并跟踪传递了多少行数据给每个运算符，以及每个运算符与存储层交互了多少以获取必要的数据。注意，加入 PROFILE 的查询语句将占用更多的资源，所以除非真正在做性能分析，否则不要使用 PROFILE。

提示：在查询中显式地指出返回的关系的类型和节点的标签，将有助于 Neo4j 使用最合适的统计信息，这样会产生更好的执行计划。这意味着，当知道要查询关系的类型时，应该在查询中添加进去。同样对于节点，在关系的开始和结束节点中指明标签，将有助于 Neo4j 找到执行语句的最佳方式。

3.9.3 索引使用

索引优化的任务是基于查询调用不同的索引，因此对于索引有基本的理解是非常重要的。本节将介绍不同的索引方案而进行的查询计划。节点索引和关系索引的操作方式相同，因此，在本节中节点索引和关系索引的介绍可以互换。

3.9.3.1 索引类型和兼容性

在 Neo4j 中有多种不同索引类型可以使用，但是同样的属性断言并非均兼容。

索引的使用一般在 MATCH 或 OPTIONAL MATCH 语句中结合一个标签断言和一个属性断言。因此，了解在不同的索引中可以处理什么类型的断言非常重要。

1. BTREE 索引

BTREE 索引支持所有类型的断言，如表 3-16 所示。

表 3-16 BTREE 索引支持的断言

断言	语法
equality check	n.prop = value
list membership check	n.prop IN list
existence check	n.prop IS NOT NULL
range search	n.prop > value
prefix search	STARTS WITH
suffix search	ENDS WITH
substring search	CONTAINS

2. TEXT 索引

TEXT 索引只有在断言操作在字符串情况下起作用，这也就意味着对于非字符串类型的情况，只有断言是在计算是否为 null 时 TEXT 索引才起作用。

TEXT 索引能够处理以下的断言对字符串操作：

- STARTS WITH
- ENDS WITH
- CONTAINS

当然，其他的断言仅在属性与字符串比较时起作用：

- n.prop = "string"
- n.prop IN ["a", "b", "c"]
- n.prop > "string"

这也就意味着 TEXT 索引不能处理 a.prop = b.prop 这种例子。总之，TEXT 索引支持表 3-17 所示的断言形式。

表 3-17 TEXT 索引支持的断言

断言	语法
equality check	n.prop = "string"
list membership check	n.prop IN ["a", "b", "c"]
range search	n.prop > "string"
prefix search	STARTS WITH
suffix search	ENDS WITH
substring search	CONTAINS

3.9.3.2 索引优先级

当存在混合索引并且均能处理断言，这里有默认的索引使用顺序，如下：

- CONTAINS 和 ENDS WITH 语句中，TEXT 索引优先于 BTREE 索引。
- 在其他语句中，BTREE 索引优先于 TEXT 索引。

3.9.3.3 节点 BTREE 索引示例

在以下的例子中，节点 Person(firstname)构建了 BTREE 索引。

查询：

```
MATCH (person:Person {firstname: 'Andy' }) RETURN person
```

查询计划：

```
Compiler CYPHER 4.4
Planner COST
Runtime PIPELINED
Runtime version 4.4
+------------------+--------------+-----+----+----+-------+------+-----+-------- +
| Operator         | Details      |Esti-|Rows| DB |Memory |Page  |Time |  Other  |
|                  |              |mated|    |Hits|(Bytes)| Cache|(ms) |         |
```

```
|                  |              |Rows |    |    |        | Hits/|     |        |
|                  |              |     |    |    |        |Misses|     |        |
+------------------+--------------+-----+----+----+--------+------+-----+--------+
| +ProduceResults  |person        |  1  | 1  | 0  |        |      |     |Fused in|
|                  |              |     |    |    |        |      |     |Pipeline|
|                  |              |     |    |    |        |      |     |   0    |
| |                +--------------+-----+----+----+--------+      |     +--------+
| +NodeIndexSeek   |BTREE INDEX pe-|  1  | 1  |  2 |  112   | 2/1  |0.685|Fused in|
|                  |rson:Person(su-|     |    |    |        |      |     |Pipeline|
|                  |rname) WHERE s-|     |    |    |        |      |     |   0    |
|                  |urname = $auto-|     |    |    |        |      |     |        |
|                  |string_0       |     |    |    |        |      |     |        |
+------------------+--------------+-----+----+----+--------+------+-----+--------+
Total database accesses: 2, total allocated memory: 176
```

3.9.3.4 节点 TEXT 索引示例

在以下的例子中，节点 Person(surname)构建了 TEXT 索引。

查询：

```
MATCH (person:Person {surname: 'Smith' }) RETURN person
```

查询计划：

```
Compiler CYPHER 4.4
Planner COST
Runtime PIPELINED
Runtime version 4.4
+------------------+--------------+-----+----+----+--------+------+-----+--------+
| Operator         | Details      |Esti-|Rows| DB |Memory  |Page  |Time |Other   |
|                  |              |mated|    |Hits|(Bytes) |Cache |(ms) |        |
|                  |              |Rows |    |    |        |Hits/ |     |        |
|                  |              |     |    |    |        |Misses|     |        |
+------------------+--------------+-----+----+----+--------+------+-----+--------+
| +ProduceResults  |person        | 2   | 1  | 0  |        |      |     |Fused in|
|                  |              |     |    |    |        |      |     |Pipeline|
|                  |              |     |    |    |        |      |     |   0    |
| |                +--------------+-----+----+----+--------+      |     +--------+
| +NodeIndexSeek   |TEXT INDEX per-| 2   | 1  | 2  |  112   | 2/0  |1.245|Fused in|
|                  |son:Person(fir-|     |    |    |        |      |     |Pipeline|
|                  |stname) WHERE |     |    |    |        |      |     |   0    |
|                  |firstname = $a-|     |    |    |        |      |     |        |
|                  |utostring_0   |     |    |    |        |      |     |        |
+------------------+--------------+-----+----+----+--------+------+-----+--------+
Total database accesses: 2, total allocated memory: 136
```

3.9.3.5 关系 BTREE 索引示例

在以下的例子中，节点 KNOWS(since)构建了 BTREE 索引。

查询：

```
MATCH (person)-[relationship:KNOWS { since: 1992 } ]->(friend)  RETURN person,
friend
```

查询计划：

```
Compiler CYPHER 4.4
Planner COST
Runtime PIPELINED
```

```
Runtime version 4.4
+------------------+--------------+-----+----+----+-------+------+-----+--------+
| Operator         | Details      |Esti-|Rows| DB |Memory |Page  |Time |Other   |
|                  |              |mated|    |Hits|(Bytes)|Cache |(ms) |        |
|                  |              |Rows |    |    |       |Hits/ |     |        |
|                  |              |     |    |    |       |Misses|     |        |
+------------------+--------------+-----+----+----+-------+------+-----+--------+
| +ProduceResults  |person, friend| 1   | 1  | 0  |       |      |     |Fused in|
|                  |              |     |    |    |       |      |     |Pipeline|
|                  |              |     |    |    |       |      |     |   0    |
| |                +--------------+-----+----+----+-------+      |     +--------+
| +DirectedRelation-|BTREE INDEX (p-| 1   | 1  |  2 |  112  |  2/1 |0.527|Fused in|
|  shipIndexSeek   |erson)-[relat- |     |    |    |       |      |     |Pipeline|
|                  |ionship:KNOWS- |     |    |    |       |      |     |   0    |
|                  |(since)]->(fri-|     |    |    |       |      |     |        |
|                  |end) WHERE sin-|     |    |    |       |      |     |        |
|                  |ce = $autoint_0|     |    |    |       |      |     |        |
+------------------+--------------+-----+----+----+-------+------+-----+--------+
Total database accesses: 3, total allocated memory: 176
```

3.9.3.6 关系 TEXT 索引示例

在以下的例子中，节点 Person(surname)构建了 TEXT 索引。

查询：

```
MATCH (person)-[relationship:KNOWS { metIn: 'Malmo' } ]->(friend)  RETURN person,
friend
```

查询计划：

```
Compiler CYPHER 4.4
Planner COST
Runtime PIPELINED
Runtime version 4.4
+------------------+--------------+-----+----+----+-------+------+-----+--------+
| Operator         | Details      |Esti-|Rows| DB |Memory |Page  |Time |Other   |
|                  |              |mated|    |Hits|(Bytes)|Cache |(ms) |        |
|                  |              |Rows |    |    |       |Hits/ |     |        |
|                  |              |     |    |    |       |Misses|     |        |
+------------------+--------------+-----+----+----+-------+------+-----+--------+
| +ProduceResults  |person, friend| 1   | 1  | 0  |       |      |     |Fused in|
|                  |              |     |    |    |       |      |     |Pipeline|
|                  |              |     |    |    |       |      |     |   0    |
| |                +--------------+-----+----+----+-------+      |     +--------+
| +DirectedRelation-| TEXT INDEX (p-| 1   | 1  | 3  |  112  |  2/0 |3.560|Fused in|
|  shipIndexSeek   |erson)-[relat- |     |    |    |       |      |     |Pipeline|
|                  |ionship:KNOWS- |     |    |    |       |      |     |   0    |
|                  |(metIn)]->(fr- |     |    |    |       |      |     |        |
|                  |end) WHERE met-|     |    |    |       |      |     |        |
|                  |tIn=$autoint_0 |     |    |    |       |      |     |        |
+------------------+--------------+-----+----+----+-------+------+-----+--------+
Total database accesses: 3, total allocated memory: 176
```

3.9.3.7 两种索引混合

在以下的例子中，节点 Person(middlename)构建了 TEXT 索引和 BTREE 索引，节点的 TEXT 索引可以选择性使用。

查询：

```
MATCH (person:Person {middlename: 'Ron'}) RETURN person
```

查询计划：

```
Compiler CYPHER 4.4
Planner COST
Runtime PIPELINED
Runtime version 4.4
+------------------+--------------+-----+----+----+-------+------+-----+-------- +
| Operator         | Details      |Esti-|Rows| DB |Memory |Page  |Time |Other    |
|                  |              |mated|    |Hits|(Bytes)|Cache |(ms) |         |
|                  |              |Rows |    |    |       |Hits/ |     |         |
|                  |              |     |    |    |       |Misses|     |         |
+------------------+--------------+-----+----+----+-------+------+-----+--------+
| +ProduceResults  |person        | 1   | 1  | 0  |       |      |     |Fused in |
|                  |              |     |    |    |       |      |     |Pipeline |
|                  |              |     |    |    |       |      |     |  0      |
| |                +--------------+-----+----+----+-------+      |     +--------+
| +NodeIndexSeek   |BTREE INDEX pe-| 1  | 1  |  2 |  112  | 2/1  |0.822|Fused in |
|                  |rson:Person(mi-|    |    |    |       |      |     |Pipeline |
|                  |ddlename) WHERE|    |    |    |       |      |     |  0      |
|                  |middlename = $-|    |    |    |       |      |     |         |
|                  |autostring_0   |    |    |    |       |      |     |         |
+------------------+--------------+-----+----+----+-------+------+-----+--------+
   Total database accesses: 2, total allocated memory: 176
```

3.9.3.8 使用 WHERE 条件等值筛选（单属性索引）

在 WHERE 查询语句中含有属性的等值比较，此属性已构建单索引，此查询将自动使用索引。当查询使用多个 OR 断言时，也是有可能使用多个属性索引。举个例子：如果在:Label(p1)和:Label(p2)两个属性上均存在索引，那么“MATCH (n:Label) WHERE n.p1 = 1 OR n.p2 = 2 RETURN n”这个查询将使用这两个属性索引。

查询：

```
MATCH (person:Person) WHERE person.firstname = 'Andy' RETURN person
```

查询计划：

```
Compiler CYPHER 4.4
Planner COST
Runtime PIPELINED
Runtime version 4.4
+------------------+--------------+-----+----+----+-------+------+-----+-------- +
| Operator         | Details      |Esti-|Rows| DB |Memory |Page  |Time |Other    |
|                  |              |mated|    |Hits|(Bytes)|Cache |(ms) |         |
|                  |              |Rows |    |    |       |Hits/ |     |         |
|                  |              |     |    |    |       |Misses|     |         |
+------------------+--------------+-----+----+----+-------+------+-----+--------+
| +ProduceResults  |person        | 1   | 1  | 0  |       |      |     |Fused in |
|                  |              |     |    |    |       |      |     |Pipeline |
|                  |              |     |    |    |       |      |     |  0      |
| |                +--------------+-----+----+----+-------+      |     +--------+
| +NodeIndexSeek   |BTREE INDEX pe-| 1  | 1  | 2  |  112  | 2/1  |1.933|Fused in |
|                  |rson:Person(fi-|    |    |    |       |      |     |Pipeline |
|                  |rstname) WHERE |    |    |    |       |      |     |  0      |
|                  |firstname = $a-|    |    |    |       |      |     |         |
```

```
|                   |utostring_0    |     |    |    |       |      |     |        |
+-------------------+---------------+-----+----+----+-------+------+-----+--------+
Total database accesses: 2, total allocated memory: 176
```

3.9.3.9 使用 WHERE 条件等值筛选（复合索引）

在 WHERE 查询语句中含有所有属性的等值比较，所有属性已构建复合索引，此查询将自动使用该索引。当然，使用复合索引的查询不一定对所有属性做等值筛选。当查询使用范围筛选或存在筛选断言时，复合索引依然有效。这些重写的例子如何运行，依赖于断言中包含哪些属性，具体看复合索引局限性章节的相关内容。以下例子使用了复合索引：

查询：

```
MATCH (n:Person) WHERE n.age = 35 AND n.country = 'UK' RETURN n
```

当查询“MATCH (n:Person) WHERE n.age = 35 RETURN n”时将不会使用复合查询，因为断言中不包含 country 属性，只能使用 Person 标签和 age 属性构建的单属性索引:Person(age)。

结果：

```
+--------------------------------------------------------------------------+
| n                                                                        |
+--------------------------------------------------------------------------+
|Node[0]{country:"UK",firstname:"John",highScore:54321,surname:"Smith",    |
|name:"john",middlename:"Ron",age:35}                                      |
+--------------------------------------------------------------------------+
1 row
```

3.9.3.10 使用 WHERE 条件范围比较（单属性索引）

在 WHERE 查询语句中含有某属性非等值比较（范围比较），该属性已构建索引，此查询将自动使用单属性索引。

查询：

```
MATCH (friend)<-[r:KNOWS]-(person) WHERE r.since < 2011 RETURN friend, person
```

查询计划：

```
Compiler CYPHER 4.4
Planner COST
Runtime PIPELINED
Runtime version 4.4
+-------------------+---------------+-----+----+----+--------+------+-----+--------+
| Operator          | Details       |Esti-|Rows| DB |Memory  |Page  |Time |Other   |
|                   |               |mated|    |Hits|(Bytes) |Cache |(ms) |        |
|                   |               |Rows |    |    |        |Hits/ |     |        |
|                   |               |     |    |    |        |Misses|     |        |
+-------------------+---------------+-----+----+----+--------+------+-----+--------+
| +ProduceResults   |friend, person | 1   | 1  | 0  |        |      |     |Fused in|
|                   |               |     |    |    |        |      |     |Pipeline|
|                   |               |     |    |    |        |      |     |   0    |
| |                 +---------------+-----+----+----+--------+      |     +--------+
| +DirectedRelatio- |BTREE INDEX (p-| 1   | 1  | 3  |  112   | 2/1  |0.956|Fused in|
| nshipIndexSeekBy- |erson)-[r:KNO- |     |    |    |        |      |     |Pipeline|
| Range             |WS(since) ]->  |     |    |    |        |      |     |   0    |
|                   |(friend) WHE-  |     |    |    |        |      |     |        |
|                   |RE since < $-  |     |    |    |        |      |     |        |
```

```
|                   |autoint_0      |     |    |    |       |      |     |        |
+-------------------+---------------+-----+----+----+-------+------+-----+--------+
Total database accesses: 2, total allocated memory: 176
```

3.9.3.11 使用 WHERE 条件范围比较（复合索引）

在 WHERE 查询语句中含有属性非等值比较（范围比较），属性已构建复合索引，此查询将自动使用复合索引。等值或列表元素筛选断言优于范围比较查询。当然，范围比较断言可能会被是否存在筛选和过滤重写，这在复合索引章节有描述。

查询：

```
MATCH ()-[r:KNOWS]-() WHERE r.since < 2011 AND r.lastMet > 2019 RETURN r.since
```

查询计划：

```
Compiler CYPHER 4.4
Planner COST
Runtime PIPELINED
Runtime version 4.4
+-------------------+---------------+-----+----+----+-------+------+-----+--------+
| Operator          | Details       |Esti-|Rows| DB |Memory |Page  |Time |Other   |
|                   |               |mated|    |Hits|(Bytes)|Cache |(ms) |        |
|                   |               |Rows |    |    |       |Hits/ |     |        |
|                   |               |     |    |    |       |Misses|     |        |
+-------------------+---------------+-----+----+----+-------+------+-----+--------+
| +ProduceResults   |`r.since`      | 2   | 2  | 0  |       |      |     |Fused in|
|                   |               |     |    |    |       |      |     |Pipeline|
|                   |               |     |    |    |       |      |     |   0    |
| |                 +---------------+-----+----+----+-------+      |     +--------+
| +Projection       |cache[r.since] | 2   | 2  | 0  |       |      |     |Fused in|
|                   |AS `r.since`   |     |    |    |       |      |     |Pipeline|
|                   |               |     |    |    |       |      |     |   0    |
| |                 +---------------+-----+----+----+-------+      |     +--------+
| +Filter           |cache[r.lastMe-| 2   | 2  | 0  |       |      |     |Fused in|
|                   |t] > $autoint_1|     |    |    |       |      |     |Pipeline|
|                   |               |     |    |    |       |      |     |   0    |
| |                 +---------------+-----+----+----+-------+      |     +--------+
| +UndirectedRelati-|BTREE INDEX (a-| 2   | 2  | 3  |  112  | 1/1  |2.009|Fused in|
|  onshipIndexSeek  |non)-[r:KNOWS  |     |    |    |       |      |     |Pipeline|
|                   |(since,lastMet |     |    |    |       |      |     |   0    |
|                   |)]-(annon_1)   |     |    |    |       |      |     |        |
|                   |WHERE since <  |     |    |    |       |      |     |        |
|                   |$autoint_0 AND |     |    |    |       |      |     |        |
|                   |lastMet IS NOT |     |    |    |       |      |     |        |
|                   |NULL, cache[r.-|     |    |    |       |      |     |        |
|                   |since], cache[ |     |    |    |       |      |     |        |
|                   |r.lastMet]     |     |    |    |       |      |     |        |
+-------------------+---------------+-----+----+----+-------+------+-----+--------+
Total database accesses: 2, total allocated memory: 176
```

3.9.3.12 使用 WHERE 条件多种范围比较（单属性索引）

在 WHERE 查询语句中含有同一属性多种非等值比较（范围比较），该属性已构建索引，此查询将自动使用单属性索引范围查找。

查询：

```
MATCH (person:Person) WHERE 10000 < person.highScore < 20000 RETURN person
```

查询计划：

```
Compiler CYPHER 4.4
Planner COST
Runtime PIPELINED
Runtime version 4.4
+-------------------+--------------+-----+----+----+--------+------+-----+--------+
| Operator          | Details      |Esti-|Rows| DB |Memory  |Page  |Time |Other   |
|                   |              |mated|    |Hits|(Bytes) |Cache |(ms) |        |
|                   |              |Rows |    |    |        |Hits/ |     |        |
|                   |              |     |    |    |        |Misses|     |        |
+-------------------+--------------+-----+----+----+--------+------+-----+--------+
| +ProduceResults   |person        |  1  |  1 | 0  |        |      |     |Fused in|
|                   |              |     |    |    |        |      |     |Pipeline|
|                   |              |     |    |    |        |      |     |   0    |
| |                 +--------------+-----+----+----+--------+      |     +--------+
| +NodeIndexSeekByR-|BTREE INDEX pe-| 1  |  1 | 2  |  112   | 2/1  |0.677|Fused in|
|  ange             |rson:Person(h- |    |    |    |        |      |     |Pipeline|
|                   |ighScore) WHE- |    |    |    |        |      |     |   0    |
|                   |RE highScore > |    |    |    |        |      |     |        |
|                   |autoint_0 AND  |    |    |    |        |      |     |        |
|                   |highScore < a- |    |    |    |        |      |     |        |
|                   |utoint_1       |    |    |    |        |      |     |        |
+-------------------+--------------+-----+----+----+--------+------+-----+--------+
Total database accesses: 2, total allocated memory: 176
```

3.9.3.13 使用 WHERE 条件多种范围比较（复合索引）

在 WHERE 查询语句中含有同一属性多种非等值比较（范围比较），该属性已构建索引，此查询将自动使用单属性索引范围查找。以下例子中，这种单一范围查找将会使用复合索引 Person(highScore, name)，前提是复合索引存在。

查询：

```
MATCH (person:Person) WHERE 10000 < person.highScore < 20000 AND person.name IS
NOT NULL RETURN person
```

查询计划：

```
Compiler CYPHER 4.4
Planner COST
Runtime PIPELINED
Runtime version 4.4
+-------------------+--------------+-----+----+----+--------+------+-----+--------+
| Operator          | Details      |Esti-|Rows| DB |Memory  |Page  |Time |Other   |
|                   |              |mated|    |Hits|(Bytes) |Cache |(ms) |        |
|                   |              |Rows |    |    |        |Hits/ |     |        |
|                   |              |     |    |    |        |Misses|     |        |
+-------------------+--------------+-----+----+----+--------+------+-----+--------+
| +ProduceResults   |person        |  1  |  1 | 0  |        |      |     |Fused in|
|                   |              |     |    |    |        |      |     |Pipeline|
|                   |              |     |    |    |        |      |     |   0    |
| |                 +--------------+-----+----+----+--------+      |     +--------+
| +NodeIndexSeek    |BTREE INDEX pe-| 1  |  1 | 2  |  112   | 2/1  |3.257|Fused in|
|                   |rson:Person(h- |    |    |    |        |      |     |Pipeline|
```

```
|                  |ighScore) WHE- |     |    |    |       |      |     |   0    |
|                  |RE highScore > |     |    |    |       |      |     |        |
|                  |autoint_0 AND  |     |    |    |       |      |     |        |
|                  |highScore < a- |     |    |    |       |      |     |        |
|                  |utoint_1 AND   |     |    |    |       |      |     |        |
|                  |name IS NOT N- |     |    |    |       |      |     |        |
|                  |ULL            |     |    |    |       |      |     |        |
+------------------+---------------+-----+----+----+-------+------+-----+--------+
Total database accesses: 2, total allocated memory: 176
```

3.9.3.14 使用 IN 条件检查列表元素（单属性索引）

以下例子中如果存在 KNOWS(lastMetIn)单属性索引，IN 断言中 r.since 将使用单属性索引。

查询：

```
MATCH (person)-[r:KNOWS]->(friend) WHERE r.lastMetIn IN ['Malmo', 'Stockholm']
RETURN person, friend
```

查询计划：

```
Compiler CYPHER 4.4
Planner COST
Runtime PIPELINED
Runtime version 4.4
+------------------+---------------+-----+----+----+-------+------+-----+--------+
| Operator         | Details       |Esti-|Rows| DB |Memory |Page  |Time |Other   |
|                  |               |mated|    |Hits|(Bytes)|Cache |(ms) |        |
|                  |               |Rows |    |    |       |Hits/ |     |        |
|                  |               |     |    |    |       |Misses|     |        |
+------------------+---------------+-----+----+----+-------+------+-----+--------+
| +ProduceResults  |friend, person |  1  | 1  | 0  |       |      |     |Fused in|
|                  |               |     |    |    |       |      |     |Pipeline|
|                  |               |     |    |    |       |      |     |   0    |
| |                +---------------+-----+----+----+-------+      |     +--------+
| +DirectedRelati- |BTREE INDEX (p-|  1  | 1  | 4  |  112  | 3/1  |1.076|Fused in|
| onshipIndexSeek  |erson)-[r:KNO- |     |    |    |       |      |     |Pipeline|
|                  |WS(lastMetIn)  |     |    |    |       |      |     |   0    |
|                  |]-> (friend)   |     |    |    |       |      |     |        |
|                  |WHERE lastMet- |     |    |    |       |      |     |        |
|                  |In IN $autoli- |     |    |    |       |      |     |        |
|                  |st_0           |     |    |    |       |      |     |        |
+------------------+---------------+-----+----+----+-------+------+-----+--------+
Total database accesses: 4, total allocated memory: 176
```

3.9.3.15 使用 IN 条件检查列表元素（复合索引）

以下例子中如果存在 KNOWS(since, lastMet)单属性索引，IN 断言中 r.since 和 r.lastMet 将使用复合索引。

查询：

```
MATCH (person)-[r:KNOWS]->(friend) WHERE r.since IN [1992, 2017] AND r.lastMet IN
[2002,  2021]   RETURN person, friend
```

查询计划：

```
Compiler CYPHER 4.4
Planner COST
Runtime PIPELINED
```

```
Runtime version 4.4
+-------------------+---------------+-----+----+----+--------+------+-----+--------+
| Operator          | Details       |Esti-|Rows| DB |Memory  |Page  |Time |Other   |
|                   |               |mated|    |Hits|(Bytes) |Cache |(ms) |        |
|                   |               |Rows |    |    |        |Hits/ |     |        |
|                   |               |     |    |    |        |Misses|     |        |
+-------------------+---------------+-----+----+----+--------+------+-----+--------+
| +ProduceResults   |person, friend |  1  | 1  | 0  |        |      |     |Fused in|
|                   |               |     |    |    |        |      |     |Pipeline|
|                   |               |     |    |    |        |      |     |   0    |
| |                 +---------------+-----+----+----+--------+      |     +--------+
| +DirectedRelati-  |BTREE INDEX (p-|  1  | 1  | 6  |  112   | 5/1  |5.134|Fused in|
|  onshipIndexSeek  |erson)-[r:KNO- |     |    |    |        |      |     |Pipeline|
|                   |WS(since,last- |     |    |    |        |      |     |   0    |
|                   |Met)]->(frien- |     |    |    |        |      |     |        |
|                   |d) WHERE since |     |    |    |        |      |     |        |
|                   |since IN $auto-|     |    |    |        |      |     |        |
|                   |list_0 AND la- |     |    |    |        |      |     |        |
|                   |stMet IN $aut- |     |    |    |        |      |     |        |
|                   |olist_1        |     |    |    |        |      |     |        |
+-------------------+---------------+-----+----+----+--------+------+-----+--------+
Total database accesses: 6, total allocated memory: 176
```

3.9.3.16 使用 STARTS WITH 前缀搜索（单属性索引）

以下例子中如果存在 Person(firstname)单属性索引，STARTS WITH 断言中 person.firstname 将使用单属性索引。

查询：

```
MATCH (person:Person) WHERE person.firstname STARTS WITH 'And' RETURN person
```

查询计划：

```
Compiler CYPHER 4.4
Planner COST
Runtime PIPELINED
Runtime version 4.4
+-------------------+---------------+-----+----+----+--------+------+-----+--------+
| Operator          | Details       |Esti-|Rows| DB |Memory  |Page  |Time |Other   |
|                   |               |mated|    |Hits|(Bytes) |Cache |(ms) |        |
|                   |               |Rows |    |    |        |Hits/ |     |        |
|                   |               |     |    |    |        |Misses|     |        |
+-------------------+---------------+-----+----+----+--------+------+-----+--------+
| +ProduceResults   |person         |  2  | 1  | 0  |        |      |     |Fused in|
|                   |               |     |    |    |        |      |     |Pipeline|
|                   |               |     |    |    |        |      |     |   0    |
| |                 +---------------+-----+----+----+--------+      |     +--------+
| +NodeIndexSeekByR-|BTREE INDEX pe-|  2  | 1  | 2  | 112    | 3/0  |0.774|Fused in|
|  ange             |rson:Person(fi-|     |    |    |        |      |     |Pipeline|
|                   |rstname) WHERE |     |    |    |        |      |     |   0    |
|                   |firstname STAR-|     |    |    |        |      |     |        |
|                   |TS WITH $autos-|     |    |    |        |      |     |        |
|                   |tring_0        |     |    |    |        |      |     |        |
+-------------------+---------------+-----+----+----+--------+------+-----+--------+
Total database accesses: 2, total allocated memory: 176
```

3.9.3.17 使用 STARTS WITH 前缀搜索（复合索引）

以下例子中如果存在 Person(firstname,surname)复合索引，对于 person.firstname 的 STARTS

WITH 断言将使用该索引。对 person.surname 的任何断言（是否存在性检查）将使用过滤器重写为存在性检查。但是，当 person.firstname 的断言为等值检查时，person.surname 的 STARTS WITH 断言同样也会使用复合索引，并且不会重写。更多信息请查看复合索引局限性章节的相关内容。

查询：

```
MATCH (person:Person) WHERE  person.firstname STARTS WITH 'And' AND person.surname
IS NOT NULL RETURN person
```

查询计划：

```
Compiler CYPHER 4.4
Planner COST
Runtime PIPELINED
Runtime version 4.4
+------------------+---------------+-----+----+----+-------+------+-----+--------+
| Operator         | Details       |Esti-|Rows| DB |Memory |Page  |Time |Other   |
|                  |               |mated|    |Hits|(Bytes)|Cache |(ms) |        |
|                  |               |Rows |    |    |       |Hits/ |     |        |
|                  |               |     |    |    |       |Misses|     |        |
+------------------+---------------+-----+----+----+-------+------+-----+--------+
| +ProduceResults  |person         |  1  | 1  | 0  |       |      |     |Fused in|
|                  |               |     |    |    |       |      |     |Pipeline|
|                  |               |     |    |    |       |      |     |   0    |
| |                +---------------+-----+----+----+-------+      |     +--------+
| +NodeIndexSeek   |BTREE INDEX pe-|  1  | 1  | 2  | 112   | 3/0  |0.801|Fused in|
|                  |rson:Person(fi-|     |    |    |       |      |     |Pipeline|
|                  |rstname, surna-|     |    |    |       |      |     |   0    |
|                  |me) WHERE firs-|     |    |    |       |      |     |        |
|                  |tname STARTS W-|     |    |    |       |      |     |        |
|                  |ITH $autostrin-|     |    |    |       |      |     |        |
|                  |g_0 AND surname|     |    |    |       |      |     |        |
|                  |IS NOT NULL    |     |    |    |       |      |     |        |
+------------------+---------------+-----+----+----+-------+------+-----+--------+
Total database accesses: 2, total allocated memory: 176
```

3.9.3.18 使用 ENDS WITH 后缀搜索（单属性索引）

以下例子中如果存在 KNOWS(metIn)单属性索引，ENDS WITH 断言中 r.metIn 将使用该索引。所有存储在 KNOWS(metIn)单属性索的值均可以被搜索，以“mo”结尾的值返回。这也就意味着这种搜索虽然不能被优化拓展到使用=、IN、>、<或 STARTS WITH 的查询上，但它依然比不使用索引要快。

查询：

```
MATCH (person)-[r:KNOWS]->(friend) WHERE  r.metIn ENDS WITH 'mo'  RETURN person,
friend
```

查询计划：

```
Compiler CYPHER 4.4
Planner COST
Runtime PIPELINED
Runtime version 4.4
+------------------+---------------+-----+----+----+-------+------+-----+--------+
| Operator         | Details       |Esti-|Rows| DB |Memory |Page  |Time |Other   |
|                  |               |mated|    |Hits|(Bytes)|Cache |(ms) |        |
```

```
|                  |               |Rows |    |    |    |        |Hits/ |     |        |
|                  |               |     |    |    |    |        |Misses|     |        |
+------------------+---------------+-----+----+----+----+--------+------+-----+--------+
| +ProduceResults  |person, friend |  0  |  1 |  0 |    |        |      |     |Fused in|
|                  |               |     |    |    |    |        |      |     |Pipeline|
|                  |               |     |    |    |    |        |      |     |   0    |
| |                +---------------+-----+----+----+----+--------+      |     +--------+
| +DirectedRelation-|BTREE INDEX (p-|  0  |  1 |  3 |  112   |  2/1 |0.815|Fused in|
| shipIndexEndsWit- |erson)-[relat- |     |    |    |        |      |     |Pipeline|
| hScan             |ionship:KNOWS- |     |    |    |        |      |     |   0    |
|                   |(metIn)]->(fr- |     |    |    |        |      |     |        |
|                   |end) WHERE met-|     |    |    |        |      |     |        |
|                   |tIn ENDS WITH  |     |    |    |        |      |     |        |
|                   |$autostring_0  |     |    |    |        |      |     |        |
+------------------+---------------+-----+----+----+--------+------+-----+--------+
Total database accesses: 3, total allocated memory: 176
```

3.9.3.19 使用 ENDS WITH 后缀搜索（复合索引）

以下例子中如果存在 KNOWS(metIn,lastMetIn)索引，ENDS WITH 断言中 r.metIn 将使用该索引。然而，由于索引不支持复合索引的后缀搜索，这种查询会被重写为存在性检查和过滤器，但它依然比最初不使用索引快。任何存在性检查的断言，比如 KNOWS.lastMetIn，也会使用过滤器被重写为存在性检查。更多的关于查询重写的内容请参照复合索引局限性章节的相关内容。

查询：

```
MATCH (person)-[r:KNOWS]->(friend) WHERE r.metIn ENDS WITH 'mo' RETURN person,
friend
```

查询计划：

```
Compiler CYPHER 4.4
Planner COST
Runtime PIPELINED
Runtime version 4.4
+------------------+---------------+-----+----+----+--------+------+-----+--------+
| Operator         | Details       |Esti-|Rows| DB |Memory  |Page  |Time |Other   |
|                  |               |mated|    |Hits|(Bytes) |Cache |(ms) |        |
|                  |               |Rows |    |    |        |Hits/ |     |        |
|                  |               |     |    |    |        |Misses|     |        |
+------------------+---------------+-----+----+----+--------+------+-----+--------+
| +ProduceResults  |person, friend |  0  |  1 |  0 |        |      |     |Fused in|
|                  |               |     |    |    |        |      |     |Pipeline|
|                  |               |     |    |    |        |      |     |   0    |
| |                +---------------+-----+----+----+--------+      |     +--------+
| +Filter          |cache[r.metIn] |  0  |  1 |  0 |        |      |     |Fused in|
|                  |ENDS WITH      |     |    |    |        |      |     |Pipeline|
|                  |$autostring_0  |     |    |    |        |      |     |   0    |
| |                +---------------+-----+----+----+--------+      |     +--------+
| +DirectedRelation-|BTREE INDEX (p-|  1  |  1 |  3 |  112   | 2/1  |0.803|Fused in|
| shipIndexScan     |erson)-[r:KNO- |     |    |    |        |      |     |Pipeline|
|                   |WS(metIn,last- |     |    |    |        |      |     |   0    |
|                   |MetIn)]->(fri- |     |    |    |        |      |     |        |
|                   |end) WHERE me- |     |    |    |        |      |     |        |
|                   |tIn IS NOT NULL|     |    |    |        |      |     |        |
|                   |AND lastMetIn  |     |    |    |        |      |     |        |
|                   |IS NOT NULL,   |     |    |    |        |      |     |        |
|                   |cache[r.metIn] |     |    |    |        |      |     |        |
```

```
+------------------+--------------+-----+----+----+-------+------+-----+--------+
Total database accesses: 3, total allocated memory: 176
```

3.9.3.20　使用 CONTAINS 子字符串搜索（单属性索引）

以下例子中如果存在 Person(firstname)单属性索引，CONTAINS 断言中 person.firstname 将使用该索引。所有存储在 Person(firstname)单属性索的值均可以被搜索，以“h”结尾的值返回。这也就意味着这种搜索虽然不能被优化拓展到使用=、IN、>、<或 STARTS WITH 查询上，但它依然比不使用索引快。目前复合索引不支持 CONTAINS。

查询：

```
MATCH (person:Person) WHERE person.firstname CONTAINS 'h'  RETURN person
```

查询计划：

```
Compiler CYPHER 4.4
Planner COST
Runtime PIPELINED
Runtime version 4.4
+------------------+--------------+-----+----+----+-------+------+-----+--------+
| Operator         | Details      |Esti-|Rows| DB |Memory |Page  |Time |Other   |
|                  |              |mated|    |Hits|(Bytes)|Cache |(ms) |        |
|                  |              |Rows |    |    |       |Hits/ |     |        |
|                  |              |     |    |    |       |Misses|     |        |
+------------------+--------------+-----+----+----+-------+------+-----+--------+
| +ProduceResults  |person        | 2   | 1  | 0  |       |      |     |Fused in|
|                  |              |     |    |    |       |      |     |Pipeline|
|                  |              |     |    |    |       |      |     |   0    |
| |                +--------------+-----+----+----+-------+      |     +--------+
| +NodeIndexContain-|BTREE INDEX pe-| 2  | 1  | 2  | 112   | 3/0  |2.091|Fused in|
|  sScan           |rson:Person(fi-|    |    |    |       |      |     |Pipeline|
|                  |rstname) WHERE |    |    |    |       |      |     |   0    |
|                  |firstname CONT-|    |    |    |       |      |     |        |
|                  |AINS $autostri-|    |    |    |       |      |     |        |
|                  |ng_0          |     |    |    |       |      |     |        |
+------------------+--------------+-----+----+----+-------+------+-----+--------+
Total database accesses: 2, total allocated memory: 176
```

3.9.3.21　使用 CONTAINS 子字符串搜索（复合索引）

以下例子中如果存在 Person(country, age)索引，CONTAINS 断言中 person.country 将使用该索引。虽然这种搜索查询会被重写为存在查验和过滤不支持的后缀搜索的复合索引，但它依然比不使用索引快。任何存在核验的断言，比如 person.age，也会被重写为过滤的存在核验。更多的关于查询重写的内容请参照复合索引局限性章节的相关内容。

查询：

```
MATCH (person:Person) WHERE person.country CONTAINS '300' AND person.age IS NOT
NULL RETURN person, friend
```

查询计划：

```
Compiler CYPHER 4.4
Planner COST
Runtime PIPELINED
Runtime version 4.4
```

```
+------------------+--------------+-----+----+----+-------+------+-----+--------+
| Operator         | Details      |Esti-|Rows| DB |Memory |Page  |Time |Other   |
|                  |              |mated|    |Hits|(Bytes)|Cache |(ms) |        |
|                  |              |Rows |    |    |       |Hits/ |     |        |
|                  |              |     |    |    |       |Misses|     |        |
+------------------+--------------+-----+----+----+-------+------+-----+--------+
| +ProduceResults  |person        | 2   | 1  | 0  |       |      |     |Fused in|
|                  |              |     |    |    |       |      |     |Pipeline|
|                  |              |     |    |    |       |      |     |   0    |
| |                +--------------+-----+----+----+-------+      |     +--------+
| +Filter          |cache[person.c-| 2   | 1  | 0  |       |      |     |Fused in|
|                  |ountry] CONTA- |     |    |    |       |      |     |Pipeline|
|                  |INS $autostri- |     |    |    |       |      |     |   0    |
|                  |ng_0          |     |    |    |       |      |     |        |
| |                +--------------+-----+----+----+-------+      |     +--------+
| +NodeIndexScan   |BTREE INDEX pe-| 303 | 303|304 |  112  | 5/0  |7.972|Fused in|
|                  |erson:Person  |     |    |    |       |      |     |Pipeline|
|                  |(country, age)|     |    |    |       |      |     |   0    |
|                  |WHERE country |     |    |    |       |      |     |        |
|                  |IS NOT NULL A- |     |    |    |       |      |     |        |
|                  |ND age IS NOT |     |    |    |       |      |     |        |
|                  |NULL, cache[pe-|     |    |    |       |      |     |        |
|                  |rson.country] |     |    |    |       |      |     |        |
+------------------+--------------+-----+----+----+-------+------+-----+--------+
Total database accesses: 304, total allocated memory: 176
```

3.9.3.22 使用 IS NOT NULL 存在核验搜索（单属性索引）

以下例子中如果存在 KNOWS(since)单属性索引，r.since IS NOT NULL 断言将使用该索引。

查询：

```
MATCH (person)-[r:KNOWS]->(friend) WHERE r.since IS NOT NULL  RETURN person,
friend
```

查询计划：

```
Compiler CYPHER 4.4
Planner COST
Runtime PIPELINED
Runtime version 4.4
+------------------+--------------+-----+----+----+-------+------+-----+--------+
| Operator         | Details      |Esti-|Rows| DB |Memory |Page  |Time |Other   |
|                  |              |mated|    |Hits|(Bytes)|Cache |(ms) |        |
|                  |              |Rows |    |    |       |Hits/ |     |        |
|                  |              |     |    |    |       |Misses|     |        |
+------------------+--------------+-----+----+----+-------+------+-----+--------+
| +ProduceResults  |person, friend| 1   | 1  | 0  |       |      |     |Fused in|
|                  |              |     |    |    |       |      |     |Pipeline|
|                  |              |     |    |    |       |      |     |   0    |
| |                +--------------+-----+----+----+-------+      |     +--------+
| +DirectedRelati- |BTREE INDEX (p-| 1   | 1  | 3  |  112  | 2/1  |1.901|Fused in|
|  onshipIndexScan |erson)-[r:KNO- |     |    |    |       |      |     |Pipeline|
|                  |WS(since]->(f- |     |    |    |       |      |     |   0    |
|                  |riend) WHERE  |     |    |    |       |      |     |        |
|                  |since IS NOT  |     |    |    |       |      |     |        |
|                  |NULL          |     |    |    |       |      |     |        |
+------------------+--------------+-----+----+----+-------+------+-----+--------+
Total database accesses: 3, total allocated memory: 176
```

3.9.3.23 使用 IS NOT NULL 存在核验搜索（复合索引）

以下例子中如果存在 Person(firstname,surname)索引，e p.firstname IS NOT NULL 和 p.surname IS NOT NULL 断言将使用该索引。任何存在核验的断言，比如 person.surname，也会被重写为过滤的存在核验。

查询：

```
MATCH (p:Person) WHERE p.firstname IS NOT NULL AND p.surname IS NOT NULL RETURN p
```

查询计划：

```
Compiler CYPHER 4.4
Planner COST
Runtime PIPELINED
Runtime version 4.4
+-------------------+---------------+-----+----+----+-------+------+-----+--------+
| Operator          | Details       |Esti-|Rows| DB |Memory |Page  |Time |Other   |
|                   |               |mated|    |Hits|(Bytes)|Cache |(ms) |        |
|                   |               |Rows |    |    |       |Hits/ |     |        |
|                   |               |     |    |    |       |Misses|     |        |
+-------------------+---------------+-----+----+----+-------+------+-----+--------+
| +ProduceResults   |p              |  1  | 2  | 0  |       |      |     |Fused in|
|                   |               |     |    |    |       |      |     |Pipeline|
|                   |               |     |    |    |       |      |     |   0    |
| |                 +---------------+-----+----+----+-------+      |     +--------+
| +NodeIndexScan    |BTREE INDEX p: |  1  | 2  |  3 |  112  | 2/1  |1.043|Fused in|
|                   |Person(firstna-|     |    |    |       |      |     |Pipeline|
|                   |me, surname)   |     |    |    |       |      |     |   0    |
|                   |WHERE firstname|     |    |    |       |      |     |        |
|                   |IS NOT NULL AND|     |    |    |       |      |     |        |
|                   |surname IS NOT |     |    |    |       |      |     |        |
|                   |NULL           |     |    |    |       |      |     |        |
+-------------------+---------------+-----+----+----+-------+------+-----+--------+
Total database accesses: 3, total allocated memory: 176
```

3.9.3.24 空间距离搜索（单属性索引）

如果一个坐标值的属性构建了索引，那么该索引将被用来做空间距离搜索和范围查询。

查询：

```
MATCH ()-[r:KNOWS]->() WHERE point.distance(r.lastMetPoint, point({x: 1,
 y: 2})) < 2 RETURN r.lastMetPoint
```

查询计划：

```
Compiler CYPHER 4.4
Planner COST
Runtime PIPELINED
Runtime version 4.4
+-------------------+---------------+-----+----+----+-------+------+-----+--------+
| Operator          | Details       |Esti-|Rows| DB |Memory |Page  |Time |Other   |
|                   |               |mated|    |Hits|(Bytes)|Cache |(ms) |        |
|                   |               |Rows |    |    |       |Hits/ |     |        |
|                   |               |     |    |    |       |Misses|     |        |
+-------------------+---------------+-----+----+----+-------+------+-----+--------+
| +ProduceResults   |`r.lastMetPoin-| 13  | 9  | 0  |       |      |     |Fused in|
|                   |t`             |     |    |    |       |      |     |Pipeline|
```

```
|                   |              |     |    |    |       |      |     |    0   |
| |                 +--------------+-----+----+----+-------+      |     +--------+
| +Projection       |cache[r.lastMe-| 13 | 9  | 0  |       |      |     |Fused in|
|                   |tPoint] AS `r.-|    |    |    |       |      |     |Pipeline|
|                   |lastMetPoint`  |    |    |    |       |      |     |    0   |
| |                 +--------------+-----+----+----+-------+      |     +--------+
| +Filter           |point.distance | 13 | 9  | 0  |       |      |     |Fused in|
|                   |(cache[r.las-  |    |    |    |       |      |     |Pipeline|
|                   |tMetPoint], p- |    |    |    |       |      |     |    0   |
|                   |oint({x: $aut- |    |    |    |       |      |     |        |
|                   |oint_0, y:$au- |    |    |    |       |      |     |        |
|                   |int_1})) < $a- |    |    |    |       |      |     |        |
|                   | utoint_2      |    |    |    |       |      |     |        |
| |                 +--------------+-----+----+----+-------+      |     +--------+
| +DirectedRelation-|BTREE INDEX (a-| 13 | 9  | 19 |  112  | 5/3  |4.001|Fused in|
| shipIndexSeekByR- |non_0)-[r:KNO- |    |    |    |       |      |     |Pipeline|
| ange              |WS(lastMetPoi- |    |    |    |       |      |     |   0    |
|                   |nt)]->(annon_1 |    |    |    |       |      |     |        |
|                   |) WHERE point- |    |    |    |       |      |     |        |
|                   |.distance(last-|    |    |    |       |      |     |        |
|                   |MetPoint, poi- |    |    |    |       |      |     |        |
|                   |nt($autoint_0, |    |    |    |       |      |     |        |
|                   |$autoint_1)) < |    |    |    |       |      |     |        |
|                   |$autoint_2, c- |    |    |    |       |      |     |        |
|                   |ache[r.lastMe- |    |    |    |       |      |     |        |
|                   |tPoint]        |    |    |    |       |      |     |        |
+-------------------+--------------+-----+----+----+-------+------+-----+--------+
Total database accesses: 19, total allocated memory: 176
```

3.9.3.25 空间距离搜索（复合索引）

如果一个坐标值的属性构建了复合索引，那么该索引将被用来做空间距离搜索和范围查询。任何存在核验的断言，比如 p.name 对于 Person(place,name)复合索引，也会被重写为过滤的存在核验。

查询：

```
MATCH ()-[r:KNOWS]->() WHERE point.distance(r.lastMetPoint, point({x: 1,
 y: 2})) < 2 AND p.name IS NOT NULL RETURN p.place
```

查询计划：

```
Compiler CYPHER 4.4
Planner COST
Runtime PIPELINED
Runtime version 4.4
+-------------------+--------------+-----+----+----+-------+------+-----+--------+
| Operator          | Details      |Esti-|Rows| DB |Memory |Page  |Time |Other   |
|                   |              |mated|    |Hits|(Bytes)|Cache |(ms) |        |
|                   |              |Rows |    |    |       |Hits/ |     |        |
|                   |              |     |    |    |       |Misses|     |        |
+-------------------+--------------+-----+----+----+-------+------+-----+--------+
| +ProduceResults   |`p.place`     |  0  | 9  | 0  |       |      |     |Fused in|
|                   |              |     |    |    |       |      |     |Pipeline|
|                   |              |     |    |    |       |      |     |    0   |
| |                 +--------------+-----+----+----+-------+      |     +--------+
| +Projection       |cache[p.place]|  0  | 9  | 0  |       |      |     |Fused in|
|                   |AS `p.place`  |     |    |    |       |      |     |Pipeline|
|                   |              |     |    |    |       |      |     |    0   |
| |                 +--------------+-----+----+----+-------+      |     +--------+
```

```
| +Filter           |point.distanc- |  0  | 9  | 0  |        |      |     |Fused in |
|                   |e(cache[p.pla- |     |    |    |        |      |     |Pipeline |
|                   |ce], p oint({x |     |    |    |        |      |     |   0     |
|                   |:$aut oint_0,  |     |    |    |        |      |     |         |
|                   |y:$au int_1})) |     |    |    |        |      |     |         |
|                   |< $autoint_2   |     |    |    |        |      |     |         |
| |                 +---------------+-----+----+----+--------+      |     +---------+
| +DirectedRelation-|BTREE INDEX p: |  0  | 9  | 10 |  112   | 6/0  |6.336|Fused in|
|  shipIndexSeekByR-|Person(place,  |     |    |    |        |      |     |Pipeline |
|  ange             |name) WHERE p- |     |    |    |        |      |     |   0     |
|                   |oint.distance  |     |    |    |        |      |     |         |
|                   |(place, point( |     |    |    |        |      |     |         |
|                   |$autoint_0,    |     |    |    |        |      |     |         |
|                   |$autoint_1))   |     |    |    |        |      |     |         |
|                   |< $autoint_2,  |     |    |    |        |      |     |         |
|                   |AND name IS    |     |    |    |        |      |     |         |
|                   |NOT NULL, cac- |     |    |    |        |      |     |         |
|                   |he[p.place]    |     |    |    |        |      |     |         |
+-------------------+---------------+-----+----+----+--------+------+-----+---------+
Total database accesses: 10, total allocated memory: 176
```

3.9.3.26　空间沙盒搜索（单属性索引）

在 2D 或 3D 坐标值的索引上，能进行边界范围查找。

查询：

```
MATCH (person:Person)  WHERE point.withinBBox(person.location, point({x: 1.2, y:
5.4}), point({x: 1.3, y: 5.5})) RETURN person.firstname
```

查询计划：

```
Compiler CYPHER 4.4
Planner COST
Runtime PIPELINED
Runtime version 4.4
+-------------------+---------------+-----+----+----+--------+------+-----+---------+
| Operator          | Details       |Esti-|Rows| DB |Memory  |Page  |Time |Other    |
|                   |               |mated|    |Hits|(Bytes) |Cache |(ms) |         |
|                   |               |Rows |    |    |        |Hits/ |     |         |
|                   |               |     |    |    |        |Misses|     |         |
+-------------------+---------------+-----+----+----+--------+------+-----+---------+
| +ProduceResults   |`person.firstn-|  0  |  1 | 0  |        |      |     |Fused in |
|                   | ame`          |     |    |    |        |      |     |Pipeline |
|                   |               |     |    |    |        |      |     |   0     |
| |                 +---------------+-----+----+----+--------+      |     +---------+
| +Projection       |person.firstna-|  0  |  1 | 1  |        |      |     |Fused in |
|                   |me AS `person.-|     |    |    |        |      |     |Pipeline|
|                   |firstname`     |     |    |    |        |      |     |   0     |
| |                 +---------------+-----+----+----+--------+      |     +---------+
| +NodeIndexSeekByR-|BTREE INDEX pe-|  0  |  1 | 2  |  112   |6/0   |24.0-|Fused in |
|  ange             |son:Person(lo- |     |    |    |        |      |38   |Pipeline |
|                   |cation) WHERE  |     |    |    |        |      |     |   0     |
|                   |point.withinBB-|     |    |    |        |      |     |         |
|                   |ox(location, p-|     |    |    |        |      |     |         |
|                   |oint($autodou- |     |    |    |        |      |     |         |
|                   |ble_0, $autod- |     |    |    |        |      |     |         |
|                   |ouble_1), poi- |     |    |    |        |      |     |         |
|                   |nt($autodoubl- |     |    |    |        |      |     |         |
|                   |e_2, $autodou- |     |    |    |        |      |     |         |
```

```
|                  |ble_3))         |     |    |    |       |       |    |        |
+------------------+----------------+-----+----+----+-------+-------+----+--------+
Total database accesses: 4, total allocated memory: 176
```

3.9.3.27 空间沙盒搜索（复合索引）

在 2D 或 3D 坐标值的索引上，能进行边界范围查找。任何存在核验的断言，比如 p.firstname 对于 Person(place, firstname)复合索引，会被重写为过滤的存在核验。对于索引:Person(firstname, place)，对于 firstname 进行等值或列表元素存在查询，然后进行边界范围查询是可以处理的。但是当对 firstname 进行其他的操作，然后进行边界范围查询将被改写为过滤的存在核验。

查询:

```
MATCH (person:Person) WHERE point.withinBBox(person.place, point({x: 1.2, y: 5.4}), point({x: 1.3, y: 5.5})) AND person.firstname IS NOT NULL RETURN person
```

查询计划:

```
Compiler CYPHER 4.4
Planner COST
Runtime PIPELINED
Runtime version 4.4
+------------------+----------------+-----+----+----+-------+-------+----+--------+
| Operator         | Details        |Esti-|Rows| DB |Memory |Page   |Time |Other  |
|                  |                |mated|    |Hits|(Bytes)|Cache  |(ms) |       |
|                  |                |Rows |    |    |       |Hits/  |     |       |
|                  |                |     |    |    |       |Misses|     |       |
+------------------+----------------+-----+----+----+-------+-------+----+--------+
| +ProduceResults  |person          |  1  | 1  | 0  |       |       |    |Fused in|
|                  |                |     |    |    |       |       |    |Pipeline|
|                  |                |     |    |    |       |       |    |   0    |
| |                +----------------+-----+----+----+-------+       |    +--------+
| +NodeIndexSeek   |BTREE INDEX pe-|  1  | 1  | 2  |  112  |  6/0  |2.397|Fused in|
|                  |rson:Person(pl-|     |    |    |       |       |    |Pipeline|
|                  |ace,firstname)  |     |    |    |       |       |    |   0    |
|                  |WHERE point.wi-|     |    |    |       |       |    |        |
|                  |thinBBOX(place,|     |    |    |       |       |    |        |
|                  |point($autodo-  |     |    |    |       |       |    |        |
|                  |uble_0,$autod-  |     |    |    |       |       |    |        |
|                  |ouble_1), poi-  |     |    |    |       |       |    |        |
|                  |nt($autodoubl-  |     |    |    |       |       |    |        |
|                  |e_2, $autodou-  |     |    |    |       |       |    |        |
|                  |ble_3)) AND fi-|     |    |    |       |       |    |        |
|                  |rstname IS NOT  |     |    |    |       |       |    |        |
|                  |NULL            |     |    |    |       |       |    |        |
+------------------+----------------+-----+----+----+-------+-------+----+--------+
Total database accesses: 2, total allocated memory: 176
```

3.9.4 基础查询调优举例

这里通过一个简单的例子来熟悉查询调优。下面例子将使用电影数据集，先导入数据:

```
LOAD CSV WITH HEADERS FROM
'http://neo4j.com/docs/developer-manual/3.1/csv/query-tuning/movies.csv' AS
line
MERGE (m:Movie { title: line.title })
ON CREATE SET m.released = toInteger(line.released), m.tagline = line.tagline
```

```
LOAD CSV WITH HEADERS FROM
'http://neo4j.com/docs/developer-manual/3.1/csv/query-tuning/actors.csv' AS
line
MATCH (m:Movie { title: line.title })
MERGE (p:Person { name: line.name })
ON CREATE SET p.born = toInteger(line.born)
MERGE (p)-[:ACTED_IN { roles:split(line.roles, ';')}]->(m)
LOAD CSV WITH HEADERS FROM
'http://neo4j.com/docs/developer-manual/3.1/csv/query-tuning/directors.csv' AS
line
MATCH (m:Movie { title: line.title })
MERGE (p:Person { name: line.name })
ON CREATE SET p.born = toInteger(line.born)
MERGE (p)-[:DIRECTED]->(m)
```

写一个找到 Tom Hanks 的查询语句。比较初级的做法是按如下方式写的：

```
MATCH (p {name: 'Tom Hanks'})
RETURN p
```

这个查询将会找到 Tom Hanks 节点，但是随着数据库中节点数的增加，该查询将越来越慢。可以通过使用 PROFILE 来找到原因。

可以在 3.9.2 节中获得更多关于查询调优选项的信息。这里只是在查询前面加入一个 PROFILE 的前缀。

```
PROFILE
MATCH (p {name: 'Tom Hanks'})
RETURN p
```

查询计划：

```
+-----------------------------------------+
| p                                       |
+-----------------------------------------+
| (:Person {name: "Tom Hanks", born: 1956}) |
+-----------------------------------------+

+---------------------------------------------------------------------------------+
|Plan      | Statement   |Version |Planner |Runtime |Time     |DbHits  |Rows    |Memory  |
|          |             |        |        |        |         |        |        |(Bytes) |
+---------------------------------------------------------------------------------+
|"PROFILE"|"READ_ONLY" |"CYPHER |"COST"  |"PIPEL- |  26     |  406   |  1     | 136    |
|          |             | 4.3"   |        | INED"  |         |        |        |        |
+---------------------------------------------------------------------------------+

+-------------------+---------------+-----+----+----+--------+------+-----+--------+
| Operator          | Details       |Esti-|Rows| DB |Memory  |Page  |Time |Other   |
|                   |               |mated|    |Hits|(Bytes) |Cache |(ms) |        |
|                   |               |Rows |    |    |        |Hits/ |     |        |
|                   |               |     |    |    |        |Misses|     |        |
+-------------------+---------------+-----+----+----+--------+------+-----+--------+
| +ProduceResults   |p              |  8  | 1  | 3  |        |      |     |Fused in|
|  @neo4j           |               |     |    |    |        |      |     |Pipeline|
|                   |               |     |    |    |        |      |     |   0    |
| |                 +---------------+-----+----+----+--------+      |     +--------+
```

```
| +Filter@neo4j      |p.name = $auto-|  8  |  1  |239 |       |  4/0  |1.705|Fused in |
|                    |string_0       |     |     |    |       |       |     |Pipeline |
|                    |               |     |     |    |       |       |     |   0     |
| |                  +---------------+-----+-----+----+-------+       |     +---------+
| +AllNodesScan      |p              | 163 |163  |164 |  72   |       |     |Fused in |
|  @neo4j            |               |     |     |    |       |       |     |Pipeline |
|                    |               |     |     |    |       |       |     |   0     |
+--------------------+---------------+-----+-----+----+-------+-------+-----+---------+
1 row
```

首先需要记住的是，查看执行计划应该从底端往上看。在这个过程中，我们注意到从最后一行开始的 Rows 列中的数字远高于给定的 name 属性为 Tom Hanks 的一个节点。在 Operator 列中，我们看到 AllNodeScan 被使用到了，这意味着查询计划器扫描了数据库中的所有节点。

向上移动一行看 Filter 运算符，它将检查由 AllNodeScan 传入的每个节点的 name 属性。这看起来是一种非常低效的方式来查找 Tom Hanks。

解决这个问题的办法是，无论什么时候查询一个节点，都应该指定一个标签来帮助查询计划器缩小搜索空间的范围。对于这个查询，可简单地添加一个 Person 标签。

```
MATCH (p:Person { name: 'Tom Hanks' })
RETURN p
```

这个查询会比第一个查询要快，但随着数据库中人数的增加，它依然变得越来越慢。我们再次使用 ROFILE 来查看原因：

```
PROFILE
MATCH (p:Person { name: 'Tom Hanks' })
RETURN p
```

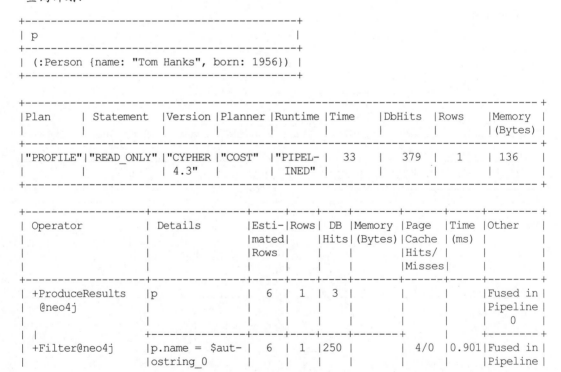

查询计划：

```
+-------------------------------------------+
| p                                         |
+-------------------------------------------+
| (:Person {name: "Tom Hanks", born: 1956}) |
+-------------------------------------------+

+---------------------------------------------------------------------------------------+
|Plan      | Statement   |Version |Planner |Runtime |Time     |DbHits  |Rows     |Memory |
|          |             |        |        |        |         |        |         |(Bytes)|
+---------------------------------------------------------------------------------------+
|"PROFILE"|"READ_ONLY" |"CYPHER |"COST"  |"PIPEL- |  33     |  379   |   1     | 136   |
|          |             | 4.3"   |        | INED"  |         |        |         |       |
+---------------------------------------------------------------------------------------+

+--------------------+---------------+-----+-----+----+-------+-------+-----+---------+
| Operator           | Details       |Esti-|Rows | DB |Memory |Page   |Time |Other    |
|                    |               |mated|     |Hits|(Bytes)|Cache  |(ms) |         |
|                    |               |Rows |     |    |       |Hits/  |     |         |
|                    |               |     |     |    |       |Misses |     |         |
+--------------------+---------------+-----+-----+----+-------+-------+-----+---------+
| +ProduceResults    |p              |  6  |  1  | 3  |       |       |     |Fused in |
|  @neo4j            |               |     |     |    |       |       |     |Pipeline |
|                    |               |     |     |    |       |       |     |   0     |
| |                  +---------------+-----+-----+----+-------+       |     +---------+
| +Filter@neo4j      |p.name = $aut- |  6  |  1  |250 |       |  4/0  |0.901|Fused in |
|                    |ostring_0      |     |     |    |       |       |     |Pipeline |
```

```
|                  |               |     |    |    |       |      |     |   0    |
| |                +---------------+-----+----+----+-------+      |     +--------+
| +NodeByLabelScan |p:Person       | 125 |125 |126 |  72   |      |     |Fused in|
| @neo4j           |               |     |    |    |       |      |     |Pipeline|
|                  |               |     |    |    |       |      |     |   0    |
+------------------+---------------+-----+----+----+-------+------+-----+--------+
1 row
```

这次最后一行 Rows 的值已经降低了，这里没有扫描到之前扫描的那些节点。NodeByLabelScan 运算符表明首先在数据库中做了一个针对所有 Person 节点的线性扫描。一旦完成后，后续将针对所有节点执行 Filter 运算符，依次比较每个节点的 name 属性。

这在某些情况下看起来还可以接受，但是如果频繁通过 name 属性来查询 Person，针对带有 Person 标签的节点的 name 属性创建索引将获得更好的性能。

```
CREATE INDEX ON :Person(name)
```

现在再次运行该查询，将运行得更快。

```
MATCH (p:Person { name: 'Tom Hanks' })
RETURN p
```

通过 PROFILE 来看看为什么：

```
PROFILE
MATCH (p:Person { name: 'Tom Hanks' })
RETURN p
```

查询计划：

```
+-----------------------------------------+
| p                                       |
+-----------------------------------------+
| (:Person {name: "Tom Hanks", born: 1956}) |
+-----------------------------------------+

+-------------------------------------------------------------------------------------------+
|Plan      | Statement   |Version |Planner |Runtime |Time    |DbHits  |Rows    |Memory  |
|          |             |        |        |        |        |        |        |(Bytes) |
+-------------------------------------------------------------------------------------------+
|"PROFILE"|"READ_ONLY" |"CYPHER |  "COST"|"PIPEL- |  17    |   5    |   1    |  136   |
|          |             | 4.3"   |        | INED"  |        |        |        |        |
+-------------------------------------------------------------------------------------------+

+------------------+---------------+-----+----+----+-------+------+-----+--------+
| Operator         | Details       |Esti-|Rows| DB |Memory |Page  |Time |Other   |
|                  |               |mated|    |Hits|(Bytes)|Cache |(ms) |        |
|                  |               |Rows |    |    |       |Hits/ |     |        |
|                  |               |     |    |    |       |Misses|     |        |
+------------------+---------------+-----+----+----+-------+------+-----+--------+
| +ProduceResults  |p              |  1  | 1  | 3  |       |      |     |Fused in|
|  @neo4j          |               |     |    |    |       |      |     |Pipeline|
|                  |               |     |    |    |       |      |     |   0    |
| |                +---------------+-----+----+----+-------+      |     +--------+
| +NodeIndexSeek   |p:Person(name) |  1  | 1  | 2  |  72   | 2/1  |0.494|Fused in|
|  @neo4j          |WHERE name=$au-|     |    |    |       |      |     |Pipeline|
|                  |tostring_0     |     |    |    |       |      |     |   0    |
+------------------+---------------+-----+----+----+-------+------+-----+--------+
```

查询计划下降到单一的行并使用了 NodeIndexSeek 运算符，它通过模式索引寻找到对应的节点。

3.9.5 高级查询调优举例

本节相关例子沿用 3.9.3 节基本查询调优示例所涉及的数据，这里不做导入操作和介绍。

3.9.5.1 索引支持的索性查找

在以下例子中通过一个查询找到参演电影的姓名为 TOM 的人。

查询：

```
MATCH (p:Person)-[:ACTED_IN]->(m:Movie)
WHERE p.name STARTS WITH 'Tom'
RETURN p.name AS name, count(m) AS count
```

查询计划：

```
+------------------------------+
| name             |   count   |
+------------------------------+
| "Tom Cruise"     |     3     |
| "Tom Hanks"      |     12    |
| "Tom Skerritt"   |     1     |
+------------------------------+
3 rows
```

查询请求到数据库，然后返回名字为 Tom 的所有演员，这其中有三个演员：Tom Cruise、 Tom Skerritt 和'Tom Hanks。对于原生索引，可以利用索引存储属性值这个事实。在本例中，意味着可以使用索引直接查找演员的名字。这样可以避免 Cypher 二次调用数据库查询属性值，可以节省大量查询时间。

如果概述以上查询，能够看到 NodeIndexSeekByRange 在 Details 列包含 cache[p.name]，这也就意味着 p.name 是从索引中取回的。也可以看到 OrderedAggregation 没有 DB Hits，这也就意味着并没有再次请求数据库。

查询：

```
PROFILE
MATCH (p:Person)-[:ACTED_IN]->(m:Movie)
WHERE p.name STARTS WITH 'Tom'
RETURN p.name AS name, count(m) AS count
```

查询计划：

```
+------------------------------+
| name             |   count   |
+------------------------------+
| "Tom Cruise"     |     3     |
| "Tom Hanks"      |     12    |
| "Tom Skerritt"   |     1     |
+------------------------------+

+------------------------------------------------------------------------------+
```

```
|Plan      | Statement  |Version |Planner |Runtime |Time     |DbHits  |Rows     |Memory  |
|          |            |        |        |        |         |        |         |(Bytes) |
+--------------------------------------------------------------------------------------+
|"PROFILE"|"READ_ONLY" |"CYPHER |  "COST"|"PIPEL- |  2      |  43    |  3      | 1768   |
|          |           | 4.3"   |        | INED"  |         |        |         |        |
+--------------------------------------------------------------------------------------+

+----------------+--------------+-----+----+----+-------+------+-----+-----+--------+
| Operator      | Details      |Esti-|Rows  | DB |Memory |Page      |Time     |Order|Other |
|                    |       |mated|    |Hits|(Bytes)|Cache   |(ms)     |ed by|   |
|                    |       |Rows |    |    |       |Hits/   |    |     |     |
|                    |       |     |    |    |       |Misses|  |    |     |
+----------------+--------------+-----+----+----+-------+------+-----+-----+--------+
|+ProduceResults|name, count   |  3     |  0      |  3 |     |  0/0    |0.049|name   |In |
|  @neo4j       |              |        |    |    |    |     |ASC |Pipeline    |
|     |               |        |    |    |    |    |     |    1    |
| |       +------------+-----+----+----+-------+------+-----+-----+------------- +
|+OrderedAggreg-  |cache[p.nam-    |  3      |  0 |1688|    |  0/0    |0.188|name   | In|
|  ation@neo4j    |e] AS name, |        |    |    |    |     |ASC     |Pipeline     |
|      |count(m) AS |       |    |    |    |    |    |     1     |
|      |count       |       |    |    |    |    |    |     |
| |       +------------+-----+----+----+-------+------+-----+-----+------------- +
| +Filter@neo4j   | m:Movie     |  1     |  16|  16|    |     |      |p.na-|Fused in  |
|                 |             |        |    |    |    |    |     |me   |Pipeline      |
|      |             |        |    |    |    |    |ASC   |    0     |
| |       +------------+-----+----+----+-------+------+-----+-----+------------- +
| +Expand(All)    |(p)-[anon_16     |  16    |  22|    |    |     |      |p.na-|Fused in  |
|  @neo4j         |:ACTED_IN]->  |        |    |    |    |     |      |me   |Pipeline    |
|      |(m)        |       |    |    |    |    |ASC     |    0     |
| |       +------------+-----+----+----+-------+------+-----+-----+------------- +
| +NodeIndexSeek|p:Person(na-  | 4 | 5      |  72|    | 4/0    |0.340|p.na-|Fused in|
|  ByRange@neo4j   |me) WHERE n-  |    |    |    |    |    |     |me  |Pipeline|
|      |ame START W-  |    |    |    |    |    |ASC|   0    |
|      |ITH $autost-  |    |    |    |    |    |    |    |
|      |ring_0, cac-  |    |    |    |    |    |    |    |
|      |he[p.name]  |    |    |    |    |    |    |    |
+----------------+--------------+-----+----+----+-------+------+-----+-----+--------+
3 rows
```

通过改变查询，比如不再使用索引，可以查看到在 Details 列没有 cache[p.name]，同时 EagerAggregation 存在 DB Hits，这也就意味着再次通过请求数据库获取名字数据。

查询：

```
PROFILE
MATCH (p:Person)-[:ACTED_IN]->(m:Movie)
RETURN p.name AS name, count(m) AS count
```

查询计划：

```
+----------------------------------+
| name                  | count    |
+----------------------------------+
| "Diane Keaton"        | 1        |
| "Jack Nicholson"      | 5        |
| "Keanu Reeves"        | 7        |
| "Ice-T"               | 1        |
| "Takeshi Kitano"      | 1        |
| "Dina Meyer"          | 1        |
```

```
| "Brooke Langton"        | 1     |
| "Gene Hackman"          | 3     |
| "Orlando Jones"         | 1     |
| "Al Pacino"             | 1     |
| "Charlize Theron"       | 2     |
| "Hugo Weaving"          | 5     |
| "Laurence Fishburne"    | 3     |
| "Carrie-Anne Moss"      | 3     |
| "Emil Eifrem"           | 1     |
| "John Hurt"             | 1     |
| "Stephen Rea"           | 1     |
| "Natalie Portman"       | 1     |
| "Ben Miles"             | 3     |
| "Jim Broadbent"         | 1     |
| "Tom Hanks"             | 12    |
| "Halle Berry"           | 1     |
| "John Goodman"          | 1     |
| "Susan Sarandon"        | 1     |
| "Christina Ricci"       | 1     |
| "Rain"                  | 2     |
| " Emile Hirsch"         | 1     |
| "Matthew Fox"           | 1     |
| "Rick Yune"             | 2     |
| "Naomie Harris"         | 1     |
| "Liv Tyler"             | 1     |
| "Kelly Preston"         | 1     |
| "Bonnie Hunt"           | 2     |
| "Jerry O'Connell"       | 2     |
| "Renee Zellweger"       | 1     |
| "Jay Mohr"              | 1     |
| "Jonathan Lipnicki"     | 1     |
| "Cuba Gooding Jr."      | 4     |
| "Regina King"           | 1     |
| "Tom Cruise"            | 3     |
| "Kelly McGillis"        | 1     |
| "Anthony Edwards"       | 1     |
| "Tom Skerritt"          | 1     |
| "Meg Ryan"              | 5     |
| "Val Kilmer"            | 1     |
| "Kiefer Sutherland"     | 2     |
| "Kevin Bacon"           | 3     |
| "Aaron Sorkin"          | 1     |
| "Christopher Guest"     | 1     |
| "Noah Wyle"             | 1     |
| "James Marshall"        | 1     |
| "Kevin Pollak"          | 1     |
| "J.T. Walsh"            | 2     |
| "Demi Moore"            | 1     |
| "Danny DeVito"          | 2     |
| "John C. Reilly"        | 1     |
| "Helen Hunt"            | 3     |
| "Greg Kinnear"          | 2     |
| "Ed Harris"             | 1     |
| "Bill Paxton"           | 3     |
| "Gary Sinise"           | 2     |
| "Oliver Platt"          | 2     |
| "Frank Langella"        | 1     |
| "Michael Sheen"         | 1     |
| "Sam Rockwell"          | 2     |
| "John Cusack"           | 1     |
```

```
| "Wil Wheaton"                | 1        |
| "Corey Feldman"              | 1        |
| "River Phoenix"              | 1        |
| "Marshall Bell"              | 2        |
| "Max von Sydow"              | 2        |
| "Annabella Sciorra"          | 1        |
| "Werner Herzog"              | 1        |
| "Robin Williams"             | 3        |
| "Billy Crystal"              | 1        |
| "Carrie Fisher"              | 1        |
| "Bruno Kirby"                | 1        |
| "Nathan Lane"                | 2        |
| "Rita Wilson"                | 1        |
| "Rosie O'Donnell"            | 2        |
| "Bill Pullman"               | 1        |
| "Victor Garber"              | 1        |
| "Steve Zahn"                 | 2        |
| "Dave Chappelle"             | 1        |
| "Parker Posey"               | 1        |
| "James Cromwell"             | 2        |
| "Patricia Clarkson"          | 1        |
| "Michael Clarke Duncan"      | 1        |
| "David Morse"                | 1        |
| "Zach Grenier"               | 2        |
| "Christian Bale"             | 1        |
| "Philip Seymour Hoffman"     | 2        |
| "Ethan Hawke"                | 1        |
| "Geena Davis"                | 1        |
| "Madonna"                    | 1        |
| "Lori Petty"                 | 1        |
| "Julia Roberts"              | 1        |
| "Ian McKellen"               | 1        |
| "Paul Bettany"               | 1        |
| "Audrey Tautou"              | 1        |
| "Clint Eastwood"             | 1        |
| "Richard Harris"             | 1        |
+-----------------------------------+

+-------------------------------------------------------------------------------+
|Plan      | Statement  |Version |Planner |Runtime |Time     |DbHits  |Rows     |Memory  |
|          |            |        |        |        |         |        |         |(Bytes) |
+-------------------------------------------------------------------------------+
|"PROFILE"|"READ_ONLY" |"CYPHER |  "COST"|"PIPEL- |   70    |  809   |  102    | 17376  |
|          |            | 4.3"   |        | INED"  |         |        |         |        |
+-------------------------------------------------------------------------------+

+--------------------+----------------+-----+----+----+--------+-------+-----+--------+
| Operator           | Details        |Esti-|Rows| DB |Memory  |Page   |Time |Other   |
|                    |                |mated|    |Hits|(Bytes) |Cache  |(ms) |        |
|                    |                |Rows |    |    |        |Hits/  |     |        |
|                    |                |     |    |    |        |Misses |     |        |
+--------------------+----------------+-----+----+----+--------+-------+-----+--------+
| +ProduceResults    | name, count    | 13  |102 | 0  |        | 0/0   |     |  In    |
|  @neo4j            |                |     |    |    |        |       |     |Pipeline|
|                    |                |     |    |    |        |       |     |   1    |
| |                  +----------------+-----+----+----+--------+-------+-----+--------+
| +EagerAggregation  |p.name AS name  | 13  |102 |344 | 17296  |       |0.536|Fused in|
|  @neo4j            |count(m) AS co- |     |    |    |        |       |     |Pipeline|
|                    |unt             |     |    |    |        |       |     |   0    |
```

```
| |                  +---------------+-----+----+----+--------+-------+-----+--------+
| +Filter            | p:Person      | 172 |172 |172 |        |       |     |Fused in|
| @neo4j             |               |     |    |    |        |       |     |Pipeline|
|                    |               |     |    |    |        |       |     |   0    |
| |                  +---------------+-----+----+----+--------+-------+-----+--------+
| +Expand(All)       |(m)<-[anon_16: | 172 |172 |254 |        |       |     |Fused in|
| @neo4j             |ACTED_IN]-(p)  |     |    |    |        |       |     |Pipeline|
|                    |               |     |    |    |        |       |     |   0    |
| |                  +---------------+-----+----+----+--------+-------+-----+--------+
| +NodeByLabelScan   | m:Movie       | 38  | 39 | 39 |   72   | 5/0   |12.81|Fused in|
| @neo4j             |               |     |    |    |        |       |8    |Pipeline|
|                    |               |     |    |    |        |       |     |   0    |
+--------------------+---------------+-----+----+----+--------+-------+-----+--------+
102 rows
```

对于非原生的索引将会二次请求数据库才能返回查询值。

以下的查询断言可以进行以上的优化：

- 存在查询（Existence），比如 WHERE n.name IS NOT NULL。
- 等值查询（Equality），比如 WHERE n.name = 'Tom Hanks'。
- 范围查询（Range），比如 WHERE n.uid > 1000 AND n.uid < 2000。
- 前缀查询（Prefix），比如 WHERE n.name STARTS WITH 'Tom'。
- 后缀查询（Suffix），比如 WHERE n.name ENDS WITH 'Hanks'。
- 子字符串查询（Substring），比如 WHERE n.name CONTAINS 'a。
- 多个断言联合查询，而且均针对同一个属性，比如 WHERE n.prop < 10 OR n.prop = 'infinity'。

提示：如果存在某个属性的存在性的约束，则不需要断言查询触发优化。比如 CREATE CONSTRAINT constraint_name FOR (p:Person) REQUIRE p.name IS NOT NULL。

3.9.5.2 聚合函数

对于 Cypher 的内建聚合函数，可以在没有断言查询情况下进行索引支持的属性查找优化。

以下查询将返回电影数据集中所有不同名字人物的数量：

查询：

```
PROFILE
MATCH (p:Person)
RETURN count(DISTINCT p.name) AS numberOfNames
```

查询计划：

```
+-----------------+
| numberOfNames   |
+-----------------+
| 125             |
+-----------------+

+---------------------------------------------------------------------------------------+
|Plan      | Statement   |Version |Planner |Runtime |Time     |DbHits |Rows    |Memory  |
|          |             |        |        |        |         |       |        |(Bytes) |
+---------------------------------------------------------------------------------------+
|"PROFILE"|"READ_ONLY" |"CYPHER |"COST"  |"PIPEL- |  45     |  126  |  1     | 9952   |
```

```
|            |              | 4.3"     |          | INED"  |          |          |          |          |
+----------------------------------------------------------------------------------------------------+

+--------------------+-----------------+-----+----+----+--------+------+-----+--------+
| Operator           | Details         |Esti-|Rows| DB |Memory  |Page  |Time |Other   |
|                    |                 |mated|    |Hits|(Bytes) |Cache |(ms) |        |
|                    |                 |Rows |    |    |        |Hits/ |     |        |
|                    |                 |     |    |    |        |Misses|     |        |
+--------------------+-----------------+-----+----+----+--------+------+-----+--------+
| +ProduceResults    | numberOfNames   |  1  |  1 |  0 |        | 0/0  |0.048|   In   |
|  @neo4j            |                 |     |    |    |        |      |     |Pipeline|
|                    |                 |     |    |    |        |      |     |   1    |
| |                  +-----------------+-----+----+----+--------+------+-----+--------+
| +EagerAggregation  |count(DISTINCT   |  1  |  1 |  0 |  9888  |      |     |Fused in|
|  @neo4j            |cache[p.name])   |     |    |    |        |      |     |Pipeline|
|                    |AS numberOfNa-   |     |    |    |        |      |     |   0    |
|                    |mes              |     |    |    |        |      |     |        |
| |                  +-----------------+-----+----+----+--------+------+-----+--------+
| +NodeIndexScan     |p:Person(name)   | 125 |125 |126 |   72   | 1/0  |1.569|Fused in|
|  @neo4j            | WHERE name IS   |     |    |    |        |      |     |Pipeline|
|                    | NOT NULL,       |     |    |    |        |      |     |   0    |
|                    | cache[p.name]   |     |    |    |        |      |     |        |
+--------------------+-----------------+-----+----+----+--------+------+-----+--------+
1 row
```

可以注意到在 Details 列的 NodeIndexScan 包含 cache[p.name]和 EagerAggregation，没有 DB Hits。在这个例子中语义化的聚合函数如同隐式的断言，因为没有 name 属性的 Person 节点不受聚合结果影响。

3.9.5.3 索引支持的排序

查询：

```
PROFILE
MATCH (p:Person)-[:ACTED_IN]->(m:Movie)
WHERE p.name STARTS WITH 'Tom'
RETURN p.name AS name, count(m) AS count
ORDER BY name
```

查询计划：

```
+-------------------------+
| name           | count  |
+-------------------------+
| "Tom Cruise"   | 3      |
| "Tom Hanks"    | 12     |
| "Tom Skerritt"| 1      |
+-------------------------+

+----------------------------------------------------------------------------------------------------+
|Plan      | Statement   |Version |Planner |Runtime |Time     |DbHits   |Rows     |Memory  |
|          |             |        |        |        |         |         |         |(Bytes) |
+----------------------------------------------------------------------------------------------------+
|"PROFILE"|"READ_ONLY" |"CYPHER |"COST"  |"PIPEL- |   48    |  43     |  3      | 1768   |
|          |             | 4.3"   |        | INED"  |         |         |         |        |
+----------------------------------------------------------------------------------------------------+

+---------------+-------------+-----+----+----+--------+------+-----+-----+--------+
| Operator      | Details     |Esti-|Rows| DB |Memory  |Page  |Time |Order|Other   |
```

```
|              |             |mated|    |Hits|(Bytes)|Cache |(ms) |ed by|        |
|              |             |Rows |    |    |       |Hits/ |     |     |        |
|              |             |     |    |    |       |Misses|     |     |        |
+--------------+-------------+-----+----+----+-------+------+-----+-----+--------+
|+ProduceResults|name, count | 1   | 3  | 0  |       | 0/0  |0.045|name |  In    |
|   @neo4j     |             |     |    |    |       |      |     |ASC  |Pipeline|
|              |             |     |    |    |       |      |     |     |   1    |
| |            +-------------+-----+----+----+-------+------+-----+-----+--------+
|+OrderedAggreg-|cache[p.nam- | 3   | 0  |1688|       | 0/0  |0.173|name |  In    |
|  ation@neo4j |e] AS name,  |     |    |    |       |      |     |ASC  |Pipeline|
|              |count(m) AS  |     |    |    |       |      |     |     |   1    |
|              |count        |     |    |    |       |      |     |     |        |
| |            +-------------+-----+----+----+-------+------+-----+-----+--------+
| +Filter@neo4j| m:Movie     | 1   | 16 | 22 |       |      |     |p.na-|Fused in|
|              |             |     |    |    |       |      |     |me   |Pipeline|
|              |             |     |    |    |       |      |     |ASC  |   0    |
| |            +-------------+-----+----+----+-------+------+-----+-----+--------+
| +Expand(All) |(p)-[anon_16 | 16  | 22 |    |       |      |     |p.na-|Fused in|
|  @neo4j      |:ACTED_IN]-> |     |    |    |       |      |     |me   |Pipeline|
|              |             |     |    |    |       |      |     |ASC  |   0    |
| |            +-------------+-----+----+----+-------+------+-----+-----+--------+
| +NodeIndexSeek|p:Person(na- | 4   | 5  | 72 |       | 4/0  |0.459|p.na-|Fused in|
| ByRange@neo4j|me) WHERE n- |     |    |    |       |      |     |me   |Pipeline|
|              |ame START W- |     |    |    |       |      |     |ASC  |   0    |
|              |ITH $autost- |     |    |    |       |      |     |     |        |
|              |ring_0, cac- |     |    |    |       |      |     |     |        |
|              |he[p.name]   |     |    |    |       |      |     |     |        |
+--------------+-------------+-----+----+----+-------+------+-----+-----+--------+
3 row
```

查询要求按照字母递增的顺序返回结果。原生索引是按照字母递增顺序存储的字符串属性，Cypher 也了解这些情况。在 Neo4j 3.5 及后续版本中，Cypher 的计划器将识别出已经存在的索引，以正确的顺序返回数据，并跳过排序操作。Order by 列描述执行运算符后行数据的排列顺序，Order by 列包含了 p.name ASC，这个操作是通过索引查找进行的，这也就意味着行数据是按照 p.name 的升序排列的。索引支持的排序也可以被用作期望将结果降序排列的查询，但是会有轻微的性能降低。

提示：在 Cypher 计划器无法删除排序运算符的情况下，计划器可以利用 ORDER BY 子句，在计划中某个点以最佳基数规划排序运算符。

1. min()和 max()

对于 min()和 max()函数，可以使用索引支持的排序优化方法避免聚合操作，替代后可以使用排序索引中第一或最后一个值作为最小值或最大值。

以下例子中，按照字符顺序返回第一个演员：

查询：

```
PROFILE
MATCH (p:Person)-[:ACTED_IN]->(m:Movie)
RETURN min(p.name) AS name
```

查询计划：

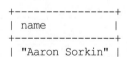

```
+----------------+
| name           |
+----------------+
| "Aaron Sorkin" |
```

```
+---------------+

+-------------------------------------------------------------------------------------+
|Plan      | Statement    |Version |Planner |Runtime |Time     |DbHits  |Rows    |Memory  |
|          |              |        |        |        |         |        |        |(Bytes) |
+-------------------------------------------------------------------------------------+
|"PROFILE"|"READ_ONLY" |"CYPHER |"COST"  |"PIPEL- |  38     |  809   |  1     |  184   |
|          |              | 4.3"   |        | INED"  |         |        |        |        |
+-------------------------------------------------------------------------------------+

+-------------------+---------------+-----+----+----+--------+------+-----+--------+
| Operator          | Details       |Esti-|Rows| DB |Memory  |Page  |Time |Other   |
|                   |               |mated|    |Hits|(Bytes) |Cache |(ms) |        |
|                   |               |Rows |    |    |        |Hits/ |     |        |
|                   |               |     |    |    |        |Misses|     |        |
+-------------------+---------------+-----+----+----+--------+------+-----+--------+
| +ProduceResults   |name           |  1  |  1 | 0  |        | 0/0  |0.041|   In   |
|  @neo4j           |               |     |    |    |        |      |     |Pipeline|
|                   |               |     |    |    |        |      |     |   1    |
+-------------------+---------------+-----+----+----+--------+------+-----+--------+
| +EagerAggregation |min(p.name) AS |  1  |  1 |344 |   32   |      |     |Fused in|
| @neo4j            |name           |     |    |    |        |      |     |Pipeline|
|                   |               |     |    |    |        |      |     |   0    |
| |                 +---------------+-----+----+----+--------+------+-----+--------+
| +Filter           | p:Person      | 172 |172 |172 |        |      |     |Fused in|
| @neo4j            |               |     |    |    |        |      |     |Pipeline|
|                   |               |     |    |    |        |      |     |   0    |
| |                 +---------------+-----+----+----+--------+------+-----+--------+
| +Expand(All)      |(m)<-[anon_16: | 172 |172 |254 |        |      |     |Fused in|
| @neo4j            |ACTED_IN]-(p)  |     |    |    |        |      |     |Pipeline|
|                   |               |     |    |    |        |      |     |   0    |
| |                 +---------------+-----+----+----+--------+------+-----+--------+
| +NodeByLabelScan  | m:Movie       | 38  |39  | 39 |   72   | 5/0  |1.636|Fused in|
| @neo4j            |               |     |    |    |        |      |     |Pipeline|
|                   |               |     |    |    |        |      |     |   0    |
+-------------------+---------------+-----+----+----+--------+------+-----+--------+
1 row
```

聚合操作通常使用 EagerAggregation 操作符，这也就意味着将会扫描索引中所有节点找到在字母顺序中排第一位的名字。优化替换后，使用 Projection 进行计划查询，也会有 Limit 和 Optional 操作，这将会简单地从索引中挑选首选值。对于非常大的数据集来说，这可以显著提升查询性能。索引支持的排序也可以相应地被用作最大值函数的查询，但是会有轻微的性能降低。

2. 限制

这些高级优化操作只能在原生索引上起作用，不适用查询中含有坐标类型的断言。

以下的查询断言可以进行以上的高级优化：

- 存在查询（Existence），比如 WHERE n.name IS NOT NULL。
- 等值查询（Equality），比如 WHERE n.name = 'Tom Hanks'。
- 范围查询（Range），比如 WHERE n.uid > 1000 AND n.uid < 2000。
- 前缀查询（Prefix），比如 WHERE n.name STARTS WITH 'Tom'。
- 后缀查询（Suffix），比如 WHERE n.name ENDS WITH 'Hanks'。
- 子字符串查询（Substring），比如 WHERE n.name CONTAINS 'a'。

以下的查询断言不适用高级优化：

- 使用 OR 多个断言联合查询。
- 对于坐标类型等值或范围查询，比如 WHERE n.place > point({ x: 1, y: 2 })。
- 坐标距离计算断言，比如 WHERE point.distance(n.place, point({ x: 1, y: 2 })) < 2)。

提示：如果某个属性具有存在性的约束，不需要断言查询触发优化。比如 CREATE CONSTRAINT constraint_name FOR (p:Person) REQUIRE p.name IS NOT NULL。从 Neo4j 4.4.1 开始，带参数的断言可以触发索引支持的排序，比如 WHERE n.prop>$param。唯一例外是含有坐标类型的参数的查询。

3.9.6 USING 语句

USING 语句用于为一个查询构建执行计划时影响计划器的决定。

提示：强制计划器的操作是一个高级功能，由于它可能会导致查询性能的降低，应该由有经验的开发人员或者数据库管理员谨慎使用。

3.9.6.1 简介

当执行一个查询时，Neo4j 需要决定从查询图中的哪儿开始匹配。这是通过查看 MATCH 语句和 WHERE 中的条件这些信息，来找到有用的索引或者其他开始节点。

然而，选定的索引未必总是最好的选择。有时候，查询计划器可能从性能的角度在众多可能的备选索引中选择了错误的一个。在某些情况（尽管很少）下，可能最好什么索引也不用。

可以通过 USING 来强制 Neo4j 使用一个特定的开始点，这个被称为计划器提示。这里有四种类型的计划器提示：索引提示、扫描提示、连接（Join）提示和 PERIODIC COMMIT 提示。

查询：

```
MATCH (s:Scientist {born: 1850})-[:RESEARCHED]->
      (sc:Science)<-[i:INVENTED_BY {year: 560}]-
      (p:Pioneer {born: 525})-[:LIVES_IN]->
      (c:City)-[:PART_OF]->
      (cc:Country {formed: 411})
RETURN *
```

后续的例子将使用此查询。此查询没有使用任何提示、索引和连接。

查询计划：

```
Compiler CYPHER 4.4
Planner COST
Runtime PIPELINED
Runtime version 4.4
+-------------------+----------------+-----+----+----+--------+------+-----+--------+
| Operator          | Details        |Esti-|Rows| DB |Memory  |Page  |Time |Other   |
|                   |                |mated|    |Hits|(Bytes) |Cache |(ms) |        |
|                   |                |Rows |    |    |        |Hits/ |     |        |
|                   |                |     |    |    |        |Misses|     |        |
+-------------------+----------------+-----+----+----+--------+------+-----+--------+
| +ProduceResults   |c, cc, i, p,    | 0   | 0  | 0  |        |      |     |Fused in|
|                   |s, sc           |     |    |    |        |      |     |Pipeline|
```

```
|                  |              |     |    |    |       |      |   0    |
| |                +--------------+-----+----+----+-------+      +--------+
| +Filter          |s.born = $auto-| 0  | 0  | 0          |      |Fused in|
|                  |int_0 AND s:Sc-|    |    |    |       |      |Pipeline|
|                  |ientist       |     |    |    |       |      |   0    |
| |                +--------------+-----+----+----+-------+      +--------+
| +Expand(All)     |(sc)<-[anon_0: | 0  | 0  | 0          |      |Fused in|
|                  |RESEARCHED]-(s)|    |    |    |       |      |Pipeline|
|                  |              |     |    |    |       |      |   0    |
| |                +--------------+-----+----+----+-------+      +--------+
| +Filter          |i.year = $auto-| 0  | 0  | 0          |      |Fused in|
|                  |int_1 AND sC:S-|    |    |    |       |      |Pipeline|
|                  |Cientist      |     |    |    |       |      |   0    |
|                  |              |     |    |    |       |      |        |
| |                +--------------+-----+----+----+-------+      +--------+
| +Expand(All)     |(p)<-[i:INVENT-| 0  | 0  | 0          |      |Fused in|
|                  |ED_BY]-(sC)   |     |    |    |       |      |Pipeline|
|                  |              |     |    |    |       |      |   0    |
| |                +--------------+-----+----+----+-------+      +--------+
| +Filter          |p.born = $auto-| 0  | 0  | 0          |      |Fused in|
|                  |int_2 AND p:Pi-|    |    |    |       |      |Pipeline|
|                  |oneer         |     |    |    |       |      |   0    |
|                  |              |     |    |    |       |      |        |
| |                +--------------+-----+----+----+-------+      +--------+
| +Expand(All)     |(c)<-[anon_1:L-| 1  | 1  | 3          |      |Fused in|
|                  |IVES_IN]-(p)  |     |    |    |       |      |Pipeline|
|                  |              |     |    |    |       |      |   0    |
| |                +--------------+-----+----+----+-------+      +--------+
| +Filter          | c:City       | 1   | 1  | 1          |      |Fused in|
|                  |              |     |    |    |       |      |Pipeline|
|                  |              |     |    |    |       |      |   0    |
|                  |              |     |    |    |       |      |        |
| |                +--------------+-----+----+----+-------+      +--------+
| +Expand(All)     |(cc)<-[anon_2: | 1  | 1  | 2          |      |Fused in|
|                  |PART_OF]-(C)  |     |    |    |       |      |Pipeline|
|                  |              |     |    |    |       |      |   0    |
| |                +--------------+-----+----+----+-------+      +--------+
| +NodeIndexScan   |BTREE INDEX cc:| 1  | 1  | 2  |  72   |  6/1 |0.760|Fused in|
|                  |Country(formed)|    |    |    |       |      |Pipeline|
|                  |WHERE formed = |    |    |    |       |      |   0    |
|                  |$autoint_3    |     |    |    |       |      |        |
+------------------+--------------+-----+----+----+-------+------+-----+--------+
Total database accesses: 10, total allocated memory: 160
```

3.9.6.2　索引提示

索引提示用于告知计划器无论在什么情况下都应使用指定的索引作为开始点。对于某些特定值的查询，索引统计信息不准确，它可能导致计划器选择了非最优的索引。对于这种情况，索引提示就有它的用处。使用在 MATCH 语句之后添加 USING 来补充索引提示。索引提示如表 3-18 所示。

表 3-18 索引提示

提示	计划补充
USING [BTREE | TEXT] INDEX variable:Label(property)	NodeIndexScan、NodeIndexSeek
USING [BTREE | TEXT] INDEX SEEK variable:Label(property)	NodeIndexSeek
USING [BTREE | TEXT] INDEX variable:RELATIONSHIP_TYPE(property)	DirectedRelationshipIndexScan、UndirectedRelationshipIndexScan、DirectedRelationshipIndexSeek、UndirectedRelationshipIndexSeek
USING [BTREE | TEXT] INDEX SEEK variable:RELATIONSHIP_TYPE(property)	DirectedRelationshipIndexSeek、UndirectedRelationshipIndexSeek

当为索引提示指定索引类型比如 BTREE 或 TEXT 时，索引提示由相应索引类型补充。如果没有指定索引类型，则由随机索引类型补充索引提示。也可以补充多个索引提示，但是多个开始点会在后面的查询计划中潜在地需要额外的连接。

1. 使用节点索引提示查询

下面可以看到选择使用节点索引作为起点来优化查询性能。

查询：

```
MATCH (s:Scientist {born: 1850})-[:RESEARCHED]->
      (sc:Science)<-[i:INVENTED_BY {year: 560}]-
      (p:Pioneer {born: 525})-[:LIVES_IN]->
      (c:City)-[:PART_OF]->
      (cc:Country {formed: 411})
USING INDEX p:Pioneer(born)
RETURN *
```

查询计划：

```
Compiler CYPHER 4.4
Planner COST
Runtime PIPELINED
Runtime version 4.4
+------------------+---------------+-----+----+----+--------+------+-----+--------+
| Operator         | Details       |Esti-|Rows| DB |Memory  |Page  |Time |Other   |
|                  |               |mated|    |Hits|(Bytes) |Cache |(ms) |        |
|                  |               |Rows |    |    |        |Hits/ |     |        |
|                  |               |     |    |    |        |Misses|     |        |
+------------------+---------------+-----+----+----+--------+------+-----+--------+
| +ProduceResults  |c, cc, i, p,   | 0   | 0  | 0  |        |      |     |Fused in|
|                  |s, sc          |     |    |    |        |      |     |Pipeline|
|                  |               |     |    |    |        |      |     |   0    |
| |                +---------------+-----+----+----+--------+      |     +--------+
| +Filter          |cc.formed = $a-| 0   | 0  | 0  |        |      |     |Fused in|
|                  |utoint_3 AND cc|     |    |    |        |      |     |Pipeline|
|                  |:Country       |     |    |    |        |      |     |   0    |
| |                +---------------+-----+----+----+--------+      |     +--------+
| +Expand(All)     |(c)<-[anon_2:  | 0   | 0  | 0  |        |      |     |Fused in|
|                  |PART_OF]-(cc)  |     |    |    |        |      |     |Pipeline|
|                  |               |     |    |    |        |      |     |   0    |
```

```
| |                 +---------------+-----+----+----+--------+      |     +--------+
| +Filter           |c:City         | 0   | 0  | 0  |        |      |     |Fused in|
|                   |               |     |    |    |        |      |     |Pipeline|
|                   |               |     |    |    |        |      |     |   0    |
| |                 +---------------+-----+----+----+--------+      |     +--------+
| +Expand(All)      |(p)<-[anon_1:  | 0   | 0  | 0  |        |      |     |Fused in|
|                   |LIVES_IN]-(C)  |     |    |    |        |      |     |Pipeline|
|                   |               |     |    |    |        |      |     |   0    |
| |                 +---------------+-----+----+----+--------+      |     +--------+
| +Filter           |s.born = $auto-| 0   | 0  | 0  |        |      |     |Fused in|
|                   |int_0 AND s:Sc-|     |    |    |        |      |     |Pipeline|
|                   |ientist        |     |    |    |        |      |     |   0    |
| |                 +---------------+-----+----+----+--------+      |     +--------+
| +Expand(All)      |(sc)<-[anon_0: | 0   | 0  | 0  |        |      |     |Fused in|
|                   |RESEARCHED]-(s)|     |    |    |        |      |     |Pipeline|
|                   |               |     |    |    |        |      |     |   0    |
| |                 +---------------+-----+----+----+--------+      |     +--------+
| +Filter           |i.year = $auto-| 0   | 0  | 2  |        |      |     |Fused in|
|                   |int_1 AND sC:S-|     |    |    |        |      |     |Pipeline|
|                   |Cientist       |     |    |    |        |      |     |   0    |
| |                 +---------------+-----+----+----+--------+      |     +--------+
| +Expand(All)      |(p)<-[i:INVENT-| 2   | 2  | 6  |        |      |     |Fused in|
|                   |ED_BY]-(sC)    |     |    |    |        |      |     |Pipeline|
|                   |               |     |    |    |        |      |     |   0    |
| |                 +---------------+-----+----+----+--------+      |     +--------+
| +NodeIndexScan    |BTREE INDEX p: | 2   | 2  | 3  |   72   | 4/1  |1.072|Fused in|
|                   |Pioneer(born)  |     |    |    |        |      |     |Pipeline|
|                   |WHERE born =   |     |    |    |        |      |     |   0    |
|                   |$autoint_2     |     |    |    |        |      |     |        |
+-------------------+---------------+-----+----+----+--------+------+-----+--------+

Total database accesses: 11, total allocated memory: 160
```

2. 使用节点文本索引提示查询

以下查询通过选择节点文本索引来优化性能。

查询：

```
MATCH (c:Country)
USING TEXT INDEX c:Country(name)
WHERE c.name = 'Country7'
RETURN *
```

查询计划：

```
  Compiler CYPHER 4.4
  Planner COST
  Runtime PIPELINED
  Runtime version 4.4
+-------------------+---------------+-----+----+----+--------+------+-----+--------+
| Operator          | Details       |Esti-|Rows| DB |Memory  |Page  |Time |Other   |
|                   |               |mated|    |Hits|(Bytes) |Cache |(ms) |        |
|                   |               |Rows |    |    |        |Hits/ |     |        |
|                   |               |     |    |    |        |Misses|     |        |
+-------------------+---------------+-----+----+----+--------+------+-----+--------+
| +ProduceResults   |c              | 1   | 1  | 0  |        |      |     |Fused in|
|                   |               |     |    |    |        |      |     |Pipeline|
|                   |               |     |    |    |        |      |     |   0    |
```

```
| |                  +---------------+-----+----+----+--------+        |     +--------+
| +NodeIndexScan     |TEXT INDEX C:C-|  1  | 1  | 2  |  72    |  2/0   |1.007|Fused in|
|                    |ontry(name) WH-|     |    |    |        |        |     |Pipeline|
|                    |ERE name = $a- |     |    |    |        |        |     |   0    |
|                    |utostring_0    |     |    |    |        |        |     |        |
+--------------------+---------------+-----+----+----+--------+--------+-----+--------+
   Total database accesses: 2, total allocated memory: 136
```

3. 使用关系索引提示查询

下面可以看到选择使用关系索引作为起点将优化查询性能。

查询：

```
MATCH (s:Scientist {born: 1850})-[:RESEARCHED]->
      (sc:Science)<-[i:INVENTED_BY {year: 560}]-
      (p:Pioneer {born: 525})-[:LIVES_IN]->
      (c:City)-[:PART_OF]->
      (cc:Country {formed: 411})
USING INDEX i:INVENTED_BY(year)
RETURN *
```

查询计划：

```
Compiler CYPHER 4.4
Planner COST
Runtime PIPELINED
Runtime version 4.4
+--------------------+---------------+-----+----+----+--------+------+-----+--------+
| Operator           | Details       |Esti-|Rows| DB |Memory  |Page  |Time |Other   |
|                    |               |mated|    |Hits|(Bytes) |Cache |(ms) |        |
|                    |               |Rows |    |    |        |Hits/ |     |        |
|                    |               |     |    |    |        |Misses|     |        |
+--------------------+---------------+-----+----+----+--------+------+-----+--------+
| +ProduceResults    |c, cc, i, p,   |  0  | 0  | 0  |        |      |     |Fused in|
|                    |s, sc          |     |    |    |        |      |     |Pipeline|
|                    |               |     |    |    |        |      |     |   0    |
| |                  +---------------+-----+----+----+--------+      |     +--------+
| +Filter            |cc.formed = $a-|  0  | 0  | 0  |        |      |     |Fused in|
|                    |utoint_3 AND cc|     |    |    |        |      |     |Pipeline|
|                    |:Country       |     |    |    |        |      |     |   0    |
| |                  +---------------+-----+----+----+--------+      |     +--------+
| +Expand(All)       |(c)<-[anon_2:  |  0  | 0  | 0  |        |      |     |Fused in|
|                    |PART_OF]-(cc)  |     |    |    |        |      |     |Pipeline|
|                    |               |     |    |    |        |      |     |   0    |
| |                  +---------------+-----+----+----+--------+      |     +--------+
| +Filter            |c:City         |  0  | 0  | 0  |        |      |     |Fused in|
|                    |               |     |    |    |        |      |     |Pipeline|
|                    |               |     |    |    |        |      |     |   0    |
| |                  +---------------+-----+----+----+--------+      |     +--------+
| +Expand(All)       |(p)<-[anon_1:  |  0  | 0  | 0  |        |      |     |Fused in|
|                    |LIVES_IN]-(C)  |     |    |    |        |      |     |Pipeline|
|                    |               |     |    |    |        |      |     |   0    |
| |                  +---------------+-----+----+----+--------+      |     +--------+
| +Filter            |s.born = $auto-|  0  | 0  | 0  |        |      |     |Fused in|
|                    |int_0 AND s:Sc-|     |    |    |        |      |     |Pipeline|
|                    |ientist        |     |    |    |        |      |     |   0    |
| |                  +---------------+-----+----+----+--------+      |     +--------+
| +Expand(All)       |(sc)<-[anon_0: |  0  | 0  | 0  |        |      |     |Fused in|
```

```
|                    |RESEARCHED]-(s) |     |    |    |        |      |     |Pipeline |
|                    |                |     |    |    |        |      |     |   0     |
| |                  +----------------+-----+----+----+--------+      |     +---------+
| +Filter            |p.born = $auto- | 0   | 0  | 2  |        |      |     |Fused in |
|                    |int_2 AND sC:S- |     |    |    |        |      |     |Pipeline |
|                    |Cientist AND p: |     |    |    |        |      |     |   0     |
|                    |Pioneer         |     |    |    |        |      |     |         |
|                    +----------------+-----+----+----+--------+      |     +---------+
| +DirectedRelation- |BTREE INDEX (p) | 2   | 2  | 5  |   72   | 5/1  |0.945|Fused in |
|  shipIndexSeek     |-[i:INVENTED_B- |     |    |    |        |      |     |Pipeline |
|                    |Y(year)]->(sc)  |     |    |    |        |      |     |   0     |
|                    |WHERE year =    |     |    |    |        |      |     |         |
|                    |$autoint_1      |     |    |    |        |      |     |         |
+--------------------+----------------+-----+----+----+--------+------+-----+---------+
Total database accesses: 9, total allocated memory: 160
```

4. 使用节点文本索引提示查询

以下查询通过选择关系文本索引来优化性能。

查询：

```
MATCH ()-[i:INVENTED_BY]->()
USING TEXT INDEX i:INVENTED_BY(location)
WHERE i.location = 'Location7'
RETURN *
```

查询计划：

```
  Compiler CYPHER 4.4
  Planner COST
  Runtime PIPELINED
  Runtime version 4.4
+--------------------+----------------+-----+----+----+--------+------+-----+---------+
| Operator           | Details        |Esti-|Rows| DB |Memory  |Page  |Time |Other    |
|                    |                |mated|    |Hits|(Bytes) |Cache |(ms) |         |
|                    |                |Rows |    |    |        |Hits/ |     |         |
|                    |                |     |    |    |        |Misses|     |         |
+--------------------+----------------+-----+----+----+--------+------+-----+---------+
| +ProduceResults    |i               |  1  | 1  | 0  |        |      |     |Fused in |
|                    |                |     |    |    |        |      |     |Pipeline |
|                    |                |     |    |    |        |      |     |   0     |
|                    +----------------+-----+----+----+--------+      |     +---------+
| +DirectedRelation- |TEXT INDEX (an- | 1   | 1  | 3  |   72   | 3/0  |1.018|Fused in |
|  shipIndexSeek     |on_0)-[i:INVEN- |     |    |    |        |      |     |Pipeline |
|                    |TED_BY(locati-  |     |    |    |        |      |     |   0     |
|                    |on)->(anon_1)   |     |    |    |        |      |     |         |
|                    |WHERE location  |     |    |    |        |      |     |         |
|                    |=$autostring_0  |     |    |    |        |      |     |         |
+--------------------+----------------+-----+----+----+--------+------+-----+---------+
  Total database accesses: 3, total allocated memory: 136
```

5. 使用多个索引提示查询

提供一个索引提示会改变查询的开始点，但查询计划依然是线性的，因为只有一个开始点。如果为计划器提供另外一个索引提示，强制使用两个开始点，匹配的两端各一个。这时将使用 join 运算符来连接两个分支。

查询：

```
MATCH (s:Scientist {born: 1850})-[:RESEARCHED]->
      (sc:Science)<-[i:INVENTED_BY {year: 560}]-
      (p:Pioneer {born: 525})-[:LIVES_IN]->
      (c:City)-[:PART_OF]->
      (cc:Country {formed: 411})
USING INDEX s:Scientist(born)
USING INDEX cc:Country(formed)
RETURN *
```

查询计划：

```
Compiler CYPHER 4.4
Planner COST
Runtime PIPELINED
Runtime version 4.4
+------------------+---------------+-----+----+----+--------+------+-----+--------+
| Operator         | Details       |Esti-|Rows| DB |Memory  |Page  |Time |Other   |
|                  |               |mated|    |Hits|(Bytes) |Cache |(ms) |        |
|                  |               |Rows |    |    |        |Hits/ |     |        |
|                  |               |     |    |    |        |Misses|     |        |
+------------------+---------------+-----+----+----+--------+------+-----+--------+
| +ProduceResults  |c, cc, i, p,   | 0   | 0  | 0  |        | 0/0  |0.000| In     |
|                  |s, sc          |     |    |    |        |      |     |Pipeline|
|                  |               |     |    |    |        |      |     | 2      |
| |                +---------------+-----+----+----+--------+------+-----+--------+
| +NodeHashJoin    |sc             | 0   | 0  | 0  | 432    |      |     | In     |
|                  |               |     |    |    |        |      |     |Pipeline|
|                  |               |     |    |    |        |      |     | 2      |
| |                +---------------+-----+----+----+--------+------+-----+--------+
| +Expand(All)     |(s)<-[anon_0:R-| 1   | 0  | 0  |        |      |     |Fused in|
|                  |ESEARCHED]-(sc)|     |    |    |        |      |     |Pipeline|
|                  |               |     |    |    |        |      |     | 1      |
| |                +---------------+-----+----+----+--------+------+-----+--------+
| +NodeIndexScan   |BTREE INDEX s: | 1   | 0  | 0  | 72     | 0/0  |0.000|Fused in|
|                  |Scientist(born)|     |    |    |        |      |     |Pipeline|
|                  |WHERE born =   |     |    |    |        |      |     | 1      |
|                  |$autoint_0     |     |    |    |        |      |     |        |
| |                +---------------+-----+----+----+--------+------+-----+--------+
| +Filter          |i.year = $auto-| 0   | 0  | 0  |        |      |     |Fused in|
|                  |int_1 AND sC:S-|     |    |    |        |      |     |Pipeline|
|                  |Cientist       |     |    |    |        |      |     | 0      |
| |                +---------------+-----+----+----+--------+      |     +--------+
| +Expand(All)     |(p)<-[i:INVENT-| 0   | 0  | 0  |        |      |     |Fused in|
|                  |ED_BY]-(sC)    |     |    |    |        |      |     |Pipeline|
|                  |               |     |    |    |        |      |     | 0      |
| |                +---------------+-----+----+----+--------+      |     +--------+
| +Filter          |p.born = $auto-| 0   | 0  | 2  |        |      |     |Fused in|
|                  |int_2 AND p:Pi-|     |    |    |        |      |     |Pipeline|
|                  |oneer          |     |    |    |        |      |     | 0      |
| |                +---------------+-----+----+----+--------+      |     +--------+
| +Expand(All)     |(c)<-[anon_1:  | 1   | 1  | 3  |        |      |     |Fused in|
|                  |LIVES_IN]-(p)  |     |    |    |        |      |     |Pipeline|
|                  |               |     |    |    |        |      |     | 0      |
| |                +---------------+-----+----+----+--------+      |     +--------+
| +Filter          |c:City         | 1   | 1  | 1  |        |      |     |Fused in|
|                  |               |     |    |    |        |      |     |Pipeline|
|                  |               |     |    |    |        |      |     | 0      |
```

```
| |                 +---------------+-----+----+----+-------+      |      +--------+
| +Expand(All)      |(cc)<-[anon_2: | 1   | 1  | 2  |       |      |      |Fused in|
|                   |PART_OF]-(c)   |     |    |    |       |      |      |Pipeline|
|                   |               |     |    |    |       |      |      |   0    |
|                   +---------------+-----+----+----+-------+      |      +--------+
| +NodeIndexSeek    |BTREE INDEX cc:| 1   | 1  | 2  |  72   | 7/0  |0.754|Fused in|
|                   |Country(formed)|     |    |    |       |      |     |Pipeline|
|                   |WHERE formed = |     |    |    |       |      |     |   0    |
|                   |$autoint_3     |     |    |    |       |      |     |        |
+-------------------+---------------+-----+----+----+-------+------+-----+--------+
Total database accesses: 10, total allocated memory: 672
```

6. 使用多个索引提示分隔查询

查询 WHERE 语句中包含分隔符 OR 时，也可以提供多个索引提示。这样可以确保使用所有被用作提示的索引，并使用 Union 和 Distinct 将结果聚合在一起。

查询：

```
MATCH (country:Country)
USING INDEX country:Country(name)
USING INDEX country:Country(formed)
WHERE country.formed = 500 OR country.name STARTS WITH "A"
RETURN *
```

查询计划：

```
Compiler CYPHER 4.4
Planner COST
Runtime PIPELINED
Runtime version 4.4
+-------------------+---------------+-----+----+----+-------+------+-----+--------+
| Operator          | Details       |Esti-|Rows| DB |Memory |Page  |Time |Other   |
|                   |               |mated|    |Hits|(Bytes)|Cache |(ms) |        |
|                   |               |Rows |    |    |       |Hits/ |     |        |
|                   |               |     |    |    |       |Misses|     |        |
+-------------------+---------------+-----+----+----+-------+------+-----+--------+
| +ProduceResults   | country       | 1   | 1  | 0  |       |      |     |Fused in|
|                   |               |     |    |    |       |      |     |Pipeline|
|                   |               |     |    |    |       |      |     |   2    |
| |                 +---------------+-----+----+----+-------+      |     +--------+
| +Distinct         | country       | 1   | 1  | 0  | 224   |      |     |Fused in|
|                   |               |     |    |    |       |      |     |Pipeline|
|                   |               |     |    |    |       |      |     |   2    |
| |                 +---------------+-----+----+----+-------+      |     +--------+
| + Union           | country       | 2   | 1  | 0  |  72   | 1/0  |0.411|Fused in|
|                   |               |     |    |    |       |      |     |Pipeline|
|                   |               |     |    |    |       |      |     |   2    |
| |                 +---------------+-----+----+----+-------+------+-----+--------+
| + NodeIndexSeek   |BTREE INDEX co-| 1   | 1  | 2  |  72   | 1/0  |0.174|   In   |
|                   |untry:Country  |     |    |    |       |      |     |Pipeline|
|                   |(formed) WHERE |     |    |    |       |      |     |   1    |
|                   |formed = $auto-|     |    |    |       |      |     |        |
|                   |int_0          |     |    |    |       |      |     |        |
| |                 +---------------+-----+----+----+-------+------+-----+--------+
| + NodeIndexSeekBy-|BTREE INDEX co-| 1   | 0  | 1  |  72   | 0/1  |0.343|   In   |
|   Range           |untry:Country  |     |    |    |       |      |     |Pipeline|
|                   |(name) WHERE n-|     |    |    |       |      |     |   0    |
|                   |ame START WITH |     |    |    |       |      |     |        |
```

```
|                  |$autostring_1   |     |    |    |        |      |     |        |
+------------------+----------------+-----+----+----+--------+------+-----+--------+
Total database accesses: 3, total allocated memory: 304
```

Cypher 查询通常会提供所有分隔的索引的查询计划，而没有索引提示。如果断言似乎不是很有选择性，这可能取决于是否计划使用 NodeByLabelScan 作为替代。在这种情况下，索引提示是有作用的。

3.9.6.3 扫描提示

如果查询匹配到一个索引的大部分，它可以更快地扫描标签或关系类型并过滤掉不匹配的节点或关系。通过在 MATCH 语句后面使用对于节点索引 USING SCAN variable:Label 和关系索引 USING SCAN variable:RELATIONSHIP_TYPE 可以做到这一点。它将强制 Cypher 不使用本应使用的索引，而采用标签或关系类型扫描。使用同样提示强制使用在没有索引应用的起始节点上。

1. 标签扫描提示

查询：

```
MATCH (s:Scientist {born: 1850})-[:RESEARCHED]->
      (sc:Science)<-[i:INVENTED_BY {year: 560}]-
      (p:Pioneer {born: 525})-[:LIVES_IN]->
      (c:City)-[:PART_OF]->
      (cc:Country {formed: 411})
USING SCAN s:Scientist
RETURN *
```

查询计划：

```
Compiler CYPHER 4.4
Planner COST
Runtime PIPELINED
Runtime version 4.4
+------------------+----------------+-----+----+----+--------+------+-----+--------+
| Operator         | Details        |Esti-|Rows| DB |Memory  |Page  |Time | Other  |
|                  |                |mated|    |Hits|(Bytes) |Cache |(ms) |        |
|                  |                |Rows |    |    |        |Hits/ |     |        |
|                  |                |     |    |    |        |Misses|     |        |
+------------------+----------------+-----+----+----+--------+------+-----+--------+
| +ProduceResults  |c, cc, i, p,    | 0   | 0  | 0  |        |      |     |Fused in|
|                  |s, sc           |     |    |    |        |      |     |Pipeline|
|                  |                |     |    |    |        |      |     |   0    |
| |                +----------------+-----+----+----+--------+      |     +--------+
| +Filter          |cc.formed = $a- | 0   | 0  | 0  |        |      |     |Fused in|
|                  |utoint_3 AND    |     |    |    |        |      |     |Pipeline|
|                  |cc:Country      |     |    |    |        |      |     |   0    |
| |                +----------------+-----+----+----+--------+      |     +--------+
| +Expand(All)     |(c)-[anon_2:    | 0   | 0  | 0  |        |      |     |Fused in|
|                  |PART_OF]->(Cc)  |     |    |    |        |      |     |Pipeline|
|                  |                |     |    |    |        |      |     |   0    |
| |                +----------------+-----+----+----+--------+      |     +--------+
| +Filter          | c:City         | 0   | 0  | 0  |        |      |     |Fused in|
|                  |                |     |    |    |        |      |     |Pipeline|
|                  |                |     |    |    |        |      |     |   0    |
| |                +----------------+-----+----+----+--------+      |     +--------+
| +Expand(All)     |(p)-[anon_1:LI- | 0   | 0  | 0  |        |      |     |Fused in|
```

```
|                       |VES_IN]->(c)   |     |    |    |       |      |     |Pipeline |
|                       |               |     |    |    |       |      |     |   0     |
| |                     +---------------+-----+----+----+-------+      |     +---------+
| +Filter               |i.year = $auto-| 0   | 0  | 0  |       |      |     |Fused in |
|                       |int_1 AND p.bo-|     |    |    |       |      |     |Pipeline |
|                       |rn = $autoint_2|     |    |    |       |      |     |   0     |
|                       |AND p:Pioneer  |     |    |    |       |      |     |         |
| |                     +---------------+-----+----+----+-------+      |     +---------+
| +Expand(All)          |(sc)<-[i:INVEN-| 1   | 1  | 3  |       |      |     |Fused in |
|                       |TED_BY]-(p)    |     |    |    |       |      |     |Pipeline |
|                       |               |     |    |    |       |      |     |   0     |
| |                     +---------------+-----+----+----+-------+      |     +---------+
| +Filter               |sc:Science     | 1   | 1  | 1  |       |      |     |Fused in |
|                       |               |     |    |    |       |      |     |Pipeline |
|                       |               |     |    |    |       |      |     |   0     |
| |                     +---------------+-----+----+----+-------+      |     +---------+
| +Expand(All)          |(s)-[anon_0:RE-| 1   | 1  | 2  |       |      |     |Fused in |
|                       |SEARCHED]->(sc)|     |    |    |       |      |     |Pipeline |
|                       |               |     |    |    |       |      |     |   0     |
| |                     +---------------+-----+----+----+-------+      |     +---------+
| +Filter               |s.born = $auto-| 1   | 1  |200 |       |      |     |Fused in |
|                       |int_0          |     |    |    |       |      |     |Pipeline |
|                       |               |     |    |    |       |      |     |   0     |
|                       |               |     |    |    |       |      |     |         |
| |                     +---------------+-----+----+----+-------+      |     +---------+
| +NodeByLabelScan      |s:Scientist    | 100 | 100|101 |  72   | 11/0 |0.867|Fused in |
|                       |               |     |    |    |       |      |     |Pipeline |
|                       |               |     |    |    |       |      |     |  0      |
+-----------------------+---------------+-----+----+----+-------+------+-----+---------+
Total database accesses: 308, total allocated memory: 168
```

2. 关系类型扫描提示

查询:

```
MATCH (s:Scientist {born: 1850})-[:RESEARCHED]->
      (sc:Science)<-[i:INVENTED_BY {year: 560}]-
      (p:Pioneer {born: 525})-[:LIVES_IN]->
      (c:City)-[:PART_OF]->
      (cc:Country {formed: 411})
USING SCAN i:INVENTED_BY
RETURN *
```

查询计划:

```
Compiler CYPHER 4.4
Planner COST
Runtime PIPELINED
Runtime version 4.4
+-----------------------+---------------+-----+----+----+-------+------+-----+---------+
| Operator              | Details       |Esti-|Rows| DB |Memory |Page  |Time | Other   |
|                       |               |mated|    |Hits|(Bytes)|Cache |(ms) |         |
|                       |               |Rows |    |    |       |Hits/ |     |         |
|                       |               |     |    |    |       |Misses|     |         |
+-----------------------+---------------+-----+----+----+-------+------+-----+---------+
| +ProduceResults       |c, cc, i, p,   | 0   | 0  | 0  |       |      |     |Fused in |
|                       |s, sc          |     |    |    |       |      |     |Pipeline |
|                       |               |     |    |    |       |      |     |   0     |
| |                     +---------------+-----+----+----+-------+      |     +---------+
```

```
| +Filter           |cc.formed = $a-| 0   | 0  | 0  |       |      |     |Fused in |
|                   |utoint_3 AND   |     |    |    |       |      |     |Pipeline |
|                   |cc:Country     |     |    |    |       |      |     |   0     |
| |                 +---------------+-----+----+----+-------+      |     +---------+
| +Expand(All)      |(c)-[anon_2:   | 0   | 0  | 0  |       |      |     |Fused in |
|                   |PART_OF]->(cc) |     |    |    |       |      |     |Pipeline |
|                   |               |     |    |    |       |      |     |   0     |
| |                 +---------------+-----+----+----+-------+      |     +---------+
| +Filter           |c:City         | 0   | 0  | 0  |       |      |     |Fused in |
|                   |               |     |    |    |       |      |     |Pipeline |
|                   |               |     |    |    |       |      |     |   0     |
| |                 +---------------+-----+----+----+-------+      |     +---------+
| +Expand(All)      |(p)-[anon_1:LI-| 0   | 0  | 0  |       |      |     |Fused in |
|                   |VES_IN]->(c)   |     |    |    |       |      |     |Pipeline |
|                   |               |     |    |    |       |      |     |   0     |
| |                 +---------------+-----+----+----+-------+      |     +---------+
| +Filter           |s.born = $auto-| 0   | 0  |  0 |       |      |     |Fused in |
|                   |int_0 AND s:Sc-|     |    |    |       |      |     |Pipeline |
|                   |ientist        |     |    |    |       |      |     |   0     |
| |                 +---------------+-----+----+----+-------+      |     +---------+
| +Expand(All)      |(sc)<-[anon_0: | 0   | 0  | 0  |       |      |     |Fused in |
|                   |RESEARCHED]-(s)|     |    |    |       |      |     |Pipeline |
|                   |               |     |    |    |       |      |     |   0     |
| |                 +---------------+-----+----+----+-------+      |     +---------+
| +Filter           |i.year = $auto-| 0   | 0  |204 |       |      |     |Fused in |
|                   |int_1 AND p.bo-|     |    |    |       |      |     |Pipeline |
|                   |rn = $autoint_2|     |    |    |       |      |     |   0     |
|                   |AND sc:Science |     |    |    |       |      |     |         |
|                   |AND p:Pioneer  |     |    |    |       |      |     |         |
| |                 +---------------+-----+----+----+-------+      |     +---------+
| +DirectedRelation-|(p)-[i:INVENTE-| 100 | 100|201 |  72   | 9/0  |1.139|Fused in |
|  shipTypeScan     |D_BY]->(sc)    |     |    |    |       |      |     |Pipeline |
|                   |               |     |    |    |       |      |     |  0      |
+-------------------+---------------+-----+----+----+-------+------+-----+---------+
Total database accesses: 405, total allocated memory: 160
```

3. 使用多个扫描提示分隔查询

查询 WHERE 语句中包含分隔符 OR 时，也可以提供多个扫描提示。这样可以确保使用所有涉及的标签断言能通过 NodeByLabelScan 处理，并使用 Union 和 Distinct 将结果聚合在一起。

查询：

```
MATCH (person)
USING SCAN person:Pioneer
USING SCAN person:Scientist
WHERE person:Pioneer OR person:Scientist
RETURN *
```

查询计划：

```
Compiler CYPHER 4.4
Planner COST
Runtime PIPELINED
Runtime version 4.4
+---------------+-------------+-----+----+----+--------+------+-----+-----+--------+
| Operator      | Details     |Esti-|Rows| DB |Memory  |Page  |Time |Order|Other   |
|               |             |mated|    |Hits|(Bytes) |Cache |(ms) |ed by|        |
|               |             |Rows |    |    |        |Hits/ |     |     |        |
```

```
|                |              |     |    |    |        |Misses|     |     |        |
+----------------+--------------+-----+----+----+--------+------+-----+-----+--------+
|+ProduceResults|person         | 180 |200 | 0  |        |  4/0 |1.373|pers-|   In   |
|                |              |     |    |    |        |      |     |on   |Pipeline|
|                |              |     |    |    |        |      |     |ASC  |   2    |
| |              +--------------+-----+----+----+--------+------+-----+-----+--------+
|+Ordered-       |person        | 180 |200 | 0  | 32     |  0/0 |1.335|pers-|   In   |
|Distinct        |              |     |    |    |        |      |     |on   |Pipeline|
|                |              |     |    |    |        |      |     |ASC  |   2    |
| |              +--------------+-----+----+----+--------+------+-----+-----+--------+
|+OrderedUnion   |              | 200 |200 | 0  |864     |  0/0 |1.311|pers-|   In   |
|                |              |     |    |    |        |      |     |on   |Pipeline|
|                |              |     |    |    |        |      |     |ASC  |   2    |
| |              +--------------+-----+----+----+--------+------+-----+-----+--------+
|+NodeByLabel-   |person:       | 100 |100 |101 | 72     |  1/0 |0.183|pers-|   In   |
|Scan            |Scientist     |     |    |    |        |      |     |on   |Pipeline|
|                |              |     |    |    |        |      |     |ASC  |   1    |
| |              +--------------+-----+----+----+--------+------+-----+-----+--------+
|+NodeByLabel    |person:Pion-  | 100 |100 |101 | 72     |  1/0 |0.276|pers-|   In   |
|Scan            |eer           |     |    |    |        |      |     |on   |Pipeline|
|                |              |     |    |    |        |      |     |ASC  |   0    |
+----------------+--------------+-----+----+----+--------+------+-----+-----+--------+
Total database accesses: 202, total allocated memory: 1016
```

Cypher 查询通常会提供所有分隔的扫描查询计划，而没有索引提示。如果断言似乎不是很有选择性，这可能取决于是否计划使用 AllNodeScan 的 Filter 作为替代。在这种情况下，扫描提示是有作用的。

3.9.6.4 连接（Join）提示

连接提示是提示中的高级类型。它不是用于找到查询计划的开始点，而是强制在特定的点进行连接。为了查询能够连接来自这些叶节点的两个分支，这意味着在计划中不止一个开始点(叶节点)。基于这一点，连接和后续的连接提示将强制计划器查看额外的开始点。在那些没有更多好的开始点的情况下，可能会选取一些很差的开始点。这将对查询性能产生负面的效果。在其他情况下，这些提示会强制计划器选取一些看似不好的开始点，然后它会被证明是好的。

1. 提示在单个节点上的连接

本例中使用了多个索引提示，可以看到计划器做了一个连接而不是在 p 节点。通过以额外的索引提示来补充连接提示，可以强制在 p 节点使用连接提示。

查询：

```
MATCH (s:Scientist {born: 1850})-[:RESEARCHED]->
      (sc:Science)<-[i:INVENTED_BY {year: 560}]-
      (p:Pioneer {born: 525})-[:LIVES_IN]->
      (c:City)-[:PART_OF]->
      (cc:Country {formed: 411})
USING INDEX s:Scientist
USING INDEX cc:Country(formed)
USING JOIN ON p
RETURN *
```

结果：

```
Compiler CYPHER 4.4
Planner COST
Runtime PIPELINED
Runtime version 4.4
+-------------------+---------------+-----+----+----+--------+-------+-----+--------+
| Operator          | Details       |Esti-|Rows| DB |Memory  |Page   |Time |  Other |
|                   |               |mated|    |Hits|(Bytes) |Cache  |(ms) |        |
|                   |               |Rows |    |    |        |Hits/  |     |        |
|                   |               |     |    |    |        |Misses |     |        |
+-------------------+---------------+-----+----+----+--------+-------+-----+--------+
| +ProduceResults   |c, cc, i, p,   | 0   | 0  | 0  |        |       |     |In      |
|                   |s, sc          |     |    |    |        |       |     |Pipeline|
|                   |               |     |    |    |        |       |     |   2    |
| |                 +---------------+-----+----+----+--------+-------+-----+--------+
| +NodeHashJoin     |p              | 0   | 0  | 0  | 432    |       |     |In      |
|                   |               |     |    |    |        |       |     |Pipeline|
|                   |               |     |    |    |        |       |     |   0    |
| |                 +---------------+-----+----+----+--------+-------+-----+--------+
| +Filter           |cache[p.born] =| 1   | 0  | 0  |        |       |     |Fused in|
|                   |$autoint_2     |     |    |    |        |       |     |Pipeline|
|                   |               |     |    |    |        |       |     |   1    |
| |                 +---------------+-----+----+----+--------+       |     +--------+
| +Expand(All)      |(c)<-[anon_1:L-| 1   | 0  | 0  |        |       |     |Fused in|
|                   |IVES_IN]-(p)   |     |    |    |        |       |     |Pipeline|
|                   |               |     |    |    |        |       |     |   1    |
| |                 +---------------+-----+----+----+--------+       |     +--------+
| +Filter           | c:City        | 1   | 0  | 0  |        |       |     |Fused in|
|                   |               |     |    |    |        |       |     |Pipeline|
|                   |               |     |    |    |        |       |     |   1    |
| |                 +---------------+-----+----+----+--------+       |     +--------+
| +Expand(All)      |(cc)<-[anon_2: | 1   | 0  | 0  |        |       |     |Fused in|
|                   |PART_OF]-(c)   |     |    |    |        |       |     |Pipeline|
|                   |               |     |    |    |        |       |     |   1    |
| |                 +---------------+-----+----+----+--------+       |     +--------+
| +NodeIndexSeek    |BTREE INDEX cc:| 1   | 0  | 0  |  72    |   0/0 |0.000|Fused in|
|                   |Country(formed)|     |    |    |        |       |     |Pipeline|
|                   |WHERE formed = |     |    |    |        |       |     |   1    |
|                   |$autoint_3     |     |    |    |        |       |     |        |
| |                 +---------------+-----+----+----+--------+-------+-----+--------+
| +Filter           |i.year = $auto-| 0   | 0  | 1  |        |       |     |Fused in|
|                   |int_1 AND cach-|     |    |    |        |       |     |Pipeline|
|                   |e[p.born] = $a-|     |    |    |        |       |     |   0    |
|                   |utoint_2  AND  |     |    |    |        |       |     |        |
|                   |p:Pioneer      |     |    |    |        |       |     |        |
| |                 +---------------+-----+----+----+--------+       |     +--------+
| +Expand(All)      |(sc)<-[i:INVEN-| 1   | 1  | 3  |        |       |     |Fused in|
|                   |TED_BY]-(p)    |     |    |    |        |       |     |Pipeline|
|                   |               |     |    |    |        |       |     |   0    |
| |                 +---------------+-----+----+----+--------+       |     +--------+
| +Filter           |sc:Science     | 1   | 1  | 1  |        |       |     |Fused in|
|                   |               |     |    |    |        |       |     |Pipeline|
|                   |               |     |    |    |        |       |     |   0    |
| |                 +---------------+-----+----+----+--------+       |     +--------+
| +Expand(All)      |(s)-[anon_0:RE-| 1   | 1  | 2  |        |       |     |Fused in|
|                   |SEARCHED]->(sc)|     |    |    |        |       |     |Pipeline|
|                   |               |     |    |    |        |       |     |   0    |
| |                 +---------------+-----+----+----+--------+       |     +--------+
| +NodeIndexSeek    |BTREE INDEX s: | 1   | 1  | 2  |  72    |   6/1 |0.608|Fused in|
|                   |Scientist(born)|     |    |    |        |       |     |Pipeline|
|                   |WHERE born =   |     |    |    |        |       |     |   0    |
```

```
|                   |$autoint_0      |     |    |    |        |      |     |        |
+-------------------+----------------+-----+----+----+--------+------+-----+--------+
Total database accesses: 9, total allocated memory: 672
```

2. 提示在 OPTIONAL MATCH 的连接

连接提示也可以用作强制计划器选择 NodeLeftOuterHashJoin 或 NodeRightOuterHashJoin 来解决 OPTIONAL MATCH 问题。在大多数情况下，计划器更多地使用 OptionalExpand。

查询：

```
MATCH (s:Scientist {born: 1850})
OPTIONAL MATCCH (s)-[:RESEARCHED]->(sc:Science)
RETURN *
```

查询计划：

```
Compiler CYPHER 4.4
Planner COST
Runtime PIPELINED
Runtime version 4.4
+-------------------+----------------+-----+----+----+--------+------+-----+--------+
| Operator          | Details        |Esti-|Rows| DB |Memory  |Page  |Time | Other  |
|                   |                |mated|    |Hits|(Bytes) |Cache |(ms) |        |
|                   |                |Rows |    |    |        |Hits/ |     |        |
|                   |                |     |    |    |        |Misses|     |        |
+-------------------+----------------+-----+----+----+--------+------+-----+--------+
| +ProduceResults   |s, sc           | 1   | 1  | 0  |        |      |     |Fused in|
|                   |                |     |    |    |        |      |     |Pipeline|
|                   |                |     |    |    |        |      |     |   2    |
| |                 +----------------+-----+----+----+--------+      |     +--------+
| +OptionalExpand   |(s)-[anon_0:RE- | 1   | 1  | 3  |        |      |     |Fused in|
|   (All)           |SEARCHED]->(sc) |     |    |    |        |      |     |Pipeline|
|                   |WHERE sc:Scie-  |     |    |    |        |      |     |   0    |
|                   |nce             |     |    |    |        |      |     |        |
| |                 +----------------+-----+----+----+--------+      |     +--------+
| +NodeIndexSeek    |BTREE INDEX s:  | 1   | 1  | 2  |   72   | 6/0  |0.587|Fused in|
|                   |Scientist(born) |     |    |    |        |      |     |Pipeline|
|                   |WHERE born =    |     |    |    |        |      |     |   0    |
|                   |$autoint_0      |     |    |    |        |      |     |        |
+-------------------+----------------+-----+----+----+--------+------+-----+--------+
Total database accesses: 5, total allocated memory: 136
```

查询：

```
MATCH (s:Scientist {born: 1850})
OPTIONAL MATCCH (s)-[:RESEARCHED]->(sc:Science)
USING JOIN ON s
RETURN *
```

现在计划器使用连接解决 OPTIONAL MATCH。

查询计划：

```
Compiler CYPHER 4.4
Planner COST
Runtime PIPELINED
Runtime version 4.4
+-------------------+----------------+-----+----+----+--------+------+-----+--------+
```

```
| Operator           | Details        |Esti-|Rows| DB |Memory |Page  |Time | Other  |
|                    |                |mated|    |Hits|(Bytes)|Cache |(ms) |        |
|                    |                |Rows |    |    |       |Hits/ |     |        |
|                    |                |     |    |    |       |Misses|     |        |
+--------------------+----------------+-----+----+----+-------+------+-----+--------+
| +ProduceResults    |s, sc           | 1   | 1  | 0  |       |  2/0 |0.121|Fused in|
|                    |                |     |    |    |       |      |     |Pipeline|
|                    |                |     |    |    |       |      |     |   2    |
| |                  +----------------+-----+----+----+-------+------+-----+--------+
| +NodeLeftOuterHash|s                | 1   | 0  | 0  | 3096  |      |     |   In   |
| Join               |                |     |    |    |       |      |     |Pipeline|
|                    |                |     |    |    |       |      |     |   2    |
| |                  +----------------+-----+----+----+-------+------+-----+--------+
| +Expand(All)       |(sc)<-[anon_0:  |100  |100 |300 |       |      |     |Fused in|
|                    |RESEARCHED]-(s) |     |    |    |       |      |     |Pipeline|
|                    |                |     |    |    |       |      |     |   1    |
| |                  +----------------+-----+----+----+-------+      |     +--------+
| +NodeByLabelSeek   |sc:Science      |100  |100 |101 |  72   |  4/0 |0.908|Fused in|
|                    |                |     |    |    |       |      |     |Pipeline|
|                    |                |     |    |    |       |      |     |   0    |
+--------------------+----------------+-----+----+----+-------+------+-----+--------+
| +NodeIndexSeek     |BTREE INDEX s:  | 1   | 1  | 2  |  72   |  1/0 |0.259|   In   |
|                    |Scientist(born) |     |    |    |       |      |     |Pipeline|
|                    |WHERE born =    |     |    |    |       |      |     |   0    |
|                    |$autoint_0      |     |    |    |       |      |     |        |
+--------------------+----------------+-----+----+----+-------+------+-----+--------+
Total database accesses: 403, total allocated memory: 3176
```

3.10 执行计划

本节将主要描述执行计划（Execution Plan）中的运算符。

执行的查询任务将被分解为运算符，每一个运算符都可以实现一项特定的工作。这些运算符被组合为一个树状结构，称为执行计划。执行计划中的每一个运算符都表示为树中的一个节点。每个操作符将零行或多行作为输入，并生成零行或多行作为输出。这意味着一个运算符的输出将成为下一个运算符的输入。连接树中两个分支的运算符将合并两个输入流，并生成单个输出。

（1）求值模型。从树的叶节点开始求值执行计划。当叶节点没有输入行时，通常由扫描和搜索等运算符组成。这些操作符直接从存储引擎获取数据，从而导致数据库命中。然后，叶节点生成的任何行通过管道传输到其父节点，而父节点又通过管道将其输出行传输到其父节点，依此类推，一直传输到根节点。根节点生成查询的最终结果。

（2）及早和惰性求值。一般来说，查询求值是惰性的：大多数运算符在生成输出行后，立即将它们的输出行传递给它们的父运算符。这意味着在父运算符开始使用子运算符生成的输入行之前，子运算符可能还没有完全结束。然而，一些运算符（例如用于聚合和排序的运算符）需要聚合所有行，然后才能生成输出。此类运算符需要在完成整个执行之前把行输入发送给父节点。这些运算符被称为及早运算符，在执行计划中这些运算符明显地表示为及早运算符。急切性可能会导致高内存使用率，因此可能会导致查询性能问题。

每个运算符用如下统计信息来注解：

- Rows：运算符产生的行数，只能带有 profile 的查询才有。
- EstimatedRows：如果 Neo4j 使用基于成本的编译器，可以看到由运算符所产生的预估的行数。编译器使用这个估值来选择合适的执行计划。
- DbHits：每个运算符都会向 Neo4j 存储引擎请求像检索或者更新数据这样的工作。一次数据库命中（DataBase Hit）是存储引擎工作的一个抽象单位。
- Page Cache Hits、Page Cache Misses、Page Cache Hit Ratio：这些指标只针对在 Neo4j 企业版中一些查询。页面缓存是直接使用缓存数据，避免直接使用硬盘数据，因此，缓存的高命中率、低缺失率将使查询更快。
- Time：只有一些使用管道运行模式的运算符会展示时间指标。时间指标以毫秒作为计数单位。

如何查看查询的执行计划，请参见 3.6 节。请记住，查询所实际运行数据库的统计信息将决定使用的执行计划。这不保证特定的查询一直使用同一个执行计划。

3.10.1　执行计划运算符详细介绍

有些运算符仅由 Cypher 选择的运行模式的子集使用。如果这样的话，所有示例查询将根据前缀选择运行模式。

3.10.1.1　全节点扫描

从节点库中读取所有节点。实参中的变量将包含所有这些节点。如果查询中使用这个运算符，在任何大点的数据库中就会遭遇性能问题。

查询：

```
MATCH (n)
RETURN n
```

查询计划：

```
Compiler CYPHER 4.4
Planner COST
Runtime PIPELINED
Runtime version 4.4
+------------------+---------------+-----+----+----+-------+------+-----+--------+
| Operator         | Details       |Esti-|Rows| DB |Memory |Page  |Time |  Other |
|                  |               |mated|    |Hits|(Bytes)|Cache |(ms) |        |
|                  |               |Rows |    |    |       |Hits/ |     |        |
|                  |               |     |    |    |       |Misses|     |        |
+------------------+---------------+-----+----+----+-------+------+-----+--------+
| +ProduceResults  |n              | 35  | 35 | 0  |       |      |     |Fused in|
|                  |               |     |    |    |       |      |     |Pipeline|
|                  |               |     |    |    |       |      |     |   0    |
| |                +---------------+-----+----+----+-------+      |     +--------+
| +AllNodesScan    |n              | 35  | 35 | 36 |  72   |  3/0 |2.024|Fused in|
|                  |               |     |    |    |       |      |     |Pipeline|
|                  |               |     |    |    |       |      |     |  0     |
+------------------+---------------+-----+----+----+-------+------+-----+--------+
Total database accesses: 36, total allocated memory: 136
```

3.10.1.2 通过 id 搜索有向关系

DirectedRelationshipByIdSeek 运算符从关系库中通过 id 来读取一个或多个关系，返回关系和两端的节点。

查询：

```
MATCH (n1)-[r]->()
WHERE id(r)= 0
RETURN r, n1
```

查询计划：

```
Compiler CYPHER 4.4
Planner COST
Runtime PIPELINED
Runtime version 4.4
+-------------------+---------------+-----+----+----+--------+------+-----+--------+
| Operator          | Details       |Esti-|Rows| DB |Memory  |Page  |Time |  Other |
|                   |               |mated|    |Hits|(Bytes) |Cache |(ms) |        |
|                   |               |Rows |    |    |        |Hits/ |     |        |
|                   |               |     |    |    |        |Misses|     |        |
+-------------------+---------------+-----+----+----+--------+------+-----+--------+
| +ProduceResults   |r, n1          |  1  | 1  | 0  |        |      |     |Fused in|
|                   |               |     |    |    |        |      |     |Pipeline|
|                   |               |     |    |    |        |      |     |   0    |
| |                 +---------------+-----+----+----+--------+      |     +--------+
| +DirectedRelation-|(n1)-[r]->(ano-|  1  | 1  | 1  |   72   |   4/0|0.455|Fused in|
|  shipByIdSeek     |n_0) WHERE id(-|     |    |    |        |      |     |Pipeline|
|                   |r) = $autoint_0|     |    |    |        |      |     |   0    |
+-------------------+---------------+-----+----+----+--------+------+-----+--------+
Total database accesses: 1, total allocated memory: 136
```

3.10.1.3 通过 id 寻找节点

NodeByIdSeek 运算符从节点库中通过 id 读取一个或多个节点。

查询：

```
MATCH (n)
WHERE id(n)= 0
RETURN n
```

查询计划：

```
Compiler CYPHER 4.4
Planner COST
Runtime PIPELINED
Runtime version 4.4
+-------------------+---------------+-----+----+----+--------+------+-----+--------+
| Operator          | Details       |Esti-|Rows| DB |Memory  |Page  |Time |  Other |
|                   |               |mated|    |Hits|(Bytes) |Cache |(ms) |        |
|                   |               |Rows |    |    |        |Hits/ |     |        |
|                   |               |     |    |    |        |Misses|     |        |
+-------------------+---------------+-----+----+----+--------+------+-----+--------+
| +ProduceResults   |n              |  1  | 1  | 0  |        |      |     |Fused in|
|                   |               |     |    |    |        |      |     |Pipeline|
|                   |               |     |    |    |        |      |     |   0    |
| |                 +---------------+-----+----+----+--------+      |     +--------+
```

```
| +NodeByIdSeek      |n WHERE id(n) =|  1   | 1  | 1  |  72     |  3/0 |0.278|Fused in |
|                    |$autoint_0     |      |    |    |         |      |     |Pipeline |
|                    |               |      |    |    |         |      |     |   0     |
+--------------------+---------------+------+----+----+---------+------+-----+---------+
Total database accesses: 1, total allocated memory: 136
```

3.10.1.4　通过标签扫描检索节点

使用 NodeByLabelScan，从节点的标签索引中获取拥有指定标签的所有节点。

查询：

```
MATCH (person:Person)
RETURN person
```

查询计划：

```
Compiler CYPHER 4.4
Planner COST
Runtime PIPELINED
Runtime version 4.4
+--------------------+---------------+------+----+----+---------+------+-----+---------+
| Operator           | Details       |Esti- |Rows| DB |Memory   |Page  |Time |  Other  |
|                    |               |mated |    |Hits|(Bytes)  |Cache |(ms) |         |
|                    |               |Rows  |    |    |         |Hits/ |     |         |
|                    |               |      |    |    |         |Misses|     |         |
+--------------------+---------------+------+----+----+---------+------+-----+---------+
| +ProduceResults    |person         |  14  | 14 | 0  |         |      |     |Fused in |
|                    |               |      |    |    |         |      |     |Pipeline |
|                    |               |      |    |    |         |      |     |   0     |
| |                  +---------------+------+----+----+---------+      |     +---------+
| +NodeByLabelScan   |person:Person  |  14  | 14 | 15 |  72     |  2/1 |0.838|Fused in |
|                    |               |      |    |    |         |      |     |Pipeline |
|                    |               |      |    |    |         |      |     |   0     |
+--------------------+---------------+------+----+----+---------+------+-----+---------+
Total database accesses: 15, total allocated memory: 136
```

3.10.1.5　通过索引检索节点

NodeIndexSeek 运算符使用索引搜索节点，节点变量和使用的索引在运算符的实参中。如果索引是一个唯一性索引，运算符将由一个被称为 NodeUniqueIndexSeek 的替代。

查询：

```
MATCH (location:Location { name: 'Malmo' })
RETURN location
```

结果：

```
Compiler CYPHER 4.4
Planner COST
Runtime PIPELINED
Runtime version 4.4
+--------------------+---------------+------+----+----+---------+------+-----+---------+
| Operator           | Details       |Esti- |Rows| DB |Memory   |Page  |Time |  Other  |
|                    |               |mated |    |Hits|(Bytes)  |Cache |(ms) |         |
|                    |               |Rows  |    |    |         |Hits/ |     |         |
|                    |               |      |    |    |         |Misses|     |         |
+--------------------+---------------+------+----+----+---------+------+-----+---------+
| +ProduceResults    |location       |  1   | 1  | 0  |         |      |     |Fused in |
|                    |               |      |    |    |         |      |     |Pipeline |
```

```
|                    |               |     |    |    |        |      |     |   0    |
| |                  +---------------+-----+----+----+--------+      |     +--------+
| +NodeIndexSeek     |BTREE INDEX lo-|  1  | 1  | 2  |   72   |  2/1 |0.462|Fused in|
|                    |cation:Location|     |    |    |        |      |     |Pipeline|
|                    |(name) WHERE n-|     |    |    |        |      |     |   0    |
|                    |ame = $autostr-|     |    |    |        |      |     |        |
|                    |ing_0          |     |    |    |        |      |     |        |
+--------------------+---------------+-----+----+----+--------+------+-----+--------+
Total database accesses: 2, total allocated memory: 136
```

3.10.1.6 通过唯一索引检索节点

NodeUniqueIndexSeek 运算符使用唯一索引搜索节点，节点变量和使用的索引在运算符的实参中。如果索引不是唯一的，运算符将由一个被称为 NodeIndexSeek 的替代。如果这种索引检索被用于 MERGE 语句，将标记为 Locking。

查询：

```
MATCH (t:Team { name: 'Malmo' })
RETURN t
```

结果：

```
Compiler CYPHER 4.4
Planner COST
Runtime PIPELINED
Runtime version 4.4
+--------------------+---------------+-----+----+----+--------+------+-----+--------+
| Operator           | Details       |Esti-|Rows| DB |Memory  |Page  |Time | Other  |
|                    |               |mated|    |Hits|(Bytes) |Cache |(ms) |        |
|                    |               |Rows |    |    |        |Hits/ |     |        |
|                    |               |     |    |    |        |Misses|     |        |
+--------------------+---------------+-----+----+----+--------+------+-----+--------+
| +ProduceResults    |t              |  1  | 0  | 0  |        |      |     |Fused in|
|                    |               |     |    |    |        |      |     |Pipeline|
|                    |               |     |    |    |        |      |     |   0    |
| |                  +---------------+-----+----+----+--------+      |     +--------+
| +NodeUniqueIndex   |UNIQUE t:Team  |  1  | 0  | 1  |   72   |  2/1 |0.390|Fused in|
|  Seek              |(name) WHERE n-|     |    |    |        |      |     |Pipeline|
|                    |ame = $autostr-|     |    |    |        |      |     |   0    |
|                    |ing_0          |     |    |    |        |      |     |        |
+--------------------+---------------+-----+----+----+--------+------+-----+--------+
Total database accesses: 1, total allocated memory: 136
```

3.10.1.7 通过多节点索引检索节点

MultiNodeIndexSeek 运算符使用多节点索引搜索节点，这个运算符支持不同节点多个不同的索引的查询。节点变量和使用的索引在运算符的实参中。

查询：

```
CYPHER runtime=pipelined
MATCH (location:Location {name: 'Malmo'}), (person:Person {name: 'Bob'}) RETURN
location, person
```

结果：

```
Compiler CYPHER 4.4
Planner COST
```

```
Runtime PIPELINED
Runtime version 4.4
+-------------------+---------------+-----+----+----+-------+------+-----+--------+
| Operator          | Details       |Esti-|Rows| DB |Memory |Page  |Time | Other  |
|                   |               |mated|    |Hits|(Bytes)|Cache |(ms) |        |
|                   |               |Rows |    |    |       |Hits/ |     |        |
|                   |               |     |    |    |       |Misses|     |        |
+-------------------+---------------+-----+----+----+-------+------+-----+--------+
| +ProduceResults   |location,person|  1  | 1  | 0  |       |      |     |Fused in|
|                   |               |     |    |    |       |      |     |Pipeline|
|                   |               |     |    |    |       |      |     |   0    |
| |                 +---------------+-----+----+----+-------+      |     +--------+
| +MultiNodeIndex   |BTREE INDEX lo-|  1  | 0  | 0  |  72   |  2/2 |3.579|Fused in|
|  Seek             |cation:Location|     |    |    |       |      |     |Pipeline|
|                   |(name) WHERE n-|     |    |    |       |      |     |   0    |
|                   |ame = $autostr-|     |    |    |       |      |     |        |
|                   |ing_0,         |     |    |    |       |      |     |        |
|                   |BTREE INDEX    |     |    |    |       |      |     |        |
|                   |person:Person  |     |    |    |       |      |     |        |
|                   |(name) WHERE n-|     |    |    |       |      |     |        |
|                   |ame = $autostr-|     |    |    |       |      |     |        |
|                   |ing_1          |     |    |    |       |      |     |        |
+-------------------+---------------+-----+----+----+-------+------+-----+--------+

Total database accesses: 0, total allocated memory: 136
```

3.10.1.8 通过索引范围（Range）检索节点

NodeIndexSeekByRange 运算符使用索引搜索节点，节点的属性值满足给定的字符串前缀。这个运算符可用于 STARTS WITH 和比较符号，如<、>和>=。

查询：

```
MATCH (l:Location)
WHERE l.name STARTS WITH 'Lon'
RETURN l
```

查询计划：

```
Compiler CYPHER 4.4
Planner COST
Runtime PIPELINED
Runtime version 4.4
+-------------------+---------------+-----+----+----+-------+------+-----+--------+
| Operator          | Details       |Esti-|Rows| DB |Memory |Page  |Time | Other  |
|                   |               |mated|    |Hits|(Bytes)|Cache |(ms) |        |
|                   |               |Rows |    |    |       |Hits/ |     |        |
|                   |               |     |    |    |       |Misses|     |        |
+-------------------+---------------+-----+----+----+-------+------+-----+--------+
| +ProduceResults   |l              |  2  | 1  | 0  |       |      |     |Fused in|
|                   |               |     |    |    |       |      |     |Pipeline|
|                   |               |     |    |    |       |      |     |   0    |
| |                 +---------------+-----+----+----+-------+      |     +--------+
| +NodeIndexSeekBy  |BTREE INDEX l: |  2  | 1  | 2  |  72   |  3/0 |0.520|Fused in|
|  Range            |Location (name)|     |    |    |       |      |     |Pipeline|
|                   |WHERE name STA-|     |    |    |       |      |     |   0    |
|                   |RTS WITH $auto-|     |    |    |       |      |     |        |
|                   |string_0       |     |    |    |       |      |     |        |
+-------------------+---------------+-----+----+----+-------+------+-----+--------+
Total database accesses: 2, total allocated memory: 136
```

3.10.1.9 通过唯一索引范围（Range）检索节点

NodeUniqueIndexSeekByRange 运算符使用索引搜索节点，节点的属性值满足给定的字符串前缀。这个运算符可用于 STARTS WITH 和比较符号，如<、>和>=。

查询：

```
MATCH (t:Team)
WHERE t.name START WITH 'Ma'
RETURN t
```

结果：

```
Compiler CYPHER 4.4
Planner COST
Runtime PIPELINED
Runtime version 4.4
+------------------+--------------+-----+----+----+-------+------+-----+--------+
| Operator         | Details      |Esti-|Rows| DB |Memory |Page  |Time |  Other |
|                  |              |mated|    |Hits|(Bytes)|Cache |(ms) |        |
|                  |              |Rows |    |    |       |Hits/ |     |        |
|                  |              |     |    |    |       |Misses|     |        |
+------------------+--------------+-----+----+----+-------+------+-----+--------+
| +ProduceResults  |t             |  2  | 0  | 0  |       |      |     |Fused in|
|                  |              |     |    |    |       |      |     |Pipeline|
|                  |              |     |    |    |       |      |     |   0    |
| |                +--------------+-----+----+----+-------+      |     +--------+
| +NodeUniqueIndex |UNIQUE t:Team |  2  | 0  | 1  |  72   |   1/0|0.307|Fused in|
|  SeekByRange     |(name) WHERE n-|    |    |    |       |      |     |Pipeline|
|                  |ame STARTS WITH|    |    |    |       |      |     |   0    |
|                  |$autostring_0 |     |    |    |       |      |     |        |
+------------------+--------------+-----+----+----+-------+------+-----+--------+
Total database accesses: 1, total allocated memory: 136
```

3.10.1.10 通过索引包含（Contains）扫描检索节点

NodeIndexContainsScan 运算符将遍历存储在索引中的所有值，搜索实体中是否包含指定的字符串，比如查询中包含 CONTAINS。这个比索引检索要慢，因为需要检查所有的实体，但也比直接通过 NodeByLabelScan 然后过滤属性库要更快一些。

查询

```
MATCH (l:Location)
WHERE l.name CONTAINS 'al'
RETURN l
```

查询计划：

```
Compiler CYPHER 4.4
Planner COST
Runtime PIPELINED
Runtime version 4.4
+------------------+--------------+-----+----+----+-------+------+-----+--------+
| Operator         | Details      |Esti-|Rows| DB |Memory |Page  |Time |  Other |
|                  |              |mated|    |Hits|(Bytes)|Cache |(ms) |        |
|                  |              |Rows |    |    |       |Hits/ |     |        |
|                  |              |     |    |    |       |Misses|     |        |
+------------------+--------------+-----+----+----+-------+------+-----+--------+
```

```
| +ProduceResults    |l              | 0    | 2   | 0  |       |      |     |Fused in|
|                    |               |      |     |    |       |      |     |Pipeline|
|                    |               |      |     |    |       |      |     |   0    |
| |                  +---------------+------+-----+----+-------+      |     +--------+
| +NodeIndexContain  |BTREE INDEX l: | 0    | 2   | 3  |  72   |  2/1 |0.520|Fused in|
|  Scan              |Location (name)|      |     |    |       |      |     |Pipeline|
|                    |WHERE name CON-|      |     |    |       |      |     |   0    |
|                    |TAINS $autostr-|      |     |    |       |      |     |        |
|                    |ing_0          |      |     |    |       |      |     |        |
+--------------------+---------------+------+-----+----+-------+------+-----+--------+
Total database accesses: 3, total allocated memory: 136
```

3.10.1.11 通过索引后缀扫描检索节点

NodeIndexEndsWithScan 运算符将遍历存储在索引中的所有值，搜索实体后缀为指定的字符串，比如查询中包含 ENDS WITH。这个比索引检索要慢，因为需要检查所有的实体，但也比直接通过 NodeByLabelScan 然后过滤属性库要更快一些。

查询

```
MATCH (l:Location)
WHERE l.name CONTAINS 'al'
RETURN l
```

查询计划：

```
Compiler CYPHER 4.4
Planner COST
Runtime PIPELINED
Runtime version 4.4
+--------------------+---------------+------+-----+----+-------+------+-----+--------+
| Operator           | Details       |Esti- |Rows | DB |Memory |Page  |Time | Other  |
|                    |               |mated |     |Hits|(Bytes)|Cache |(ms) |        |
|                    |               |Rows  |     |    |       |Hits/ |     |        |
|                    |               |      |     |    |       |Misses|     |        |
+--------------------+---------------+------+-----+----+-------+------+-----+--------+
| +ProduceResults    |l              | 0    | 0   | 0  |       |      |     |Fused in|
|                    |               |      |     |    |       |      |     |Pipeline|
|                    |               |      |     |    |       |      |     |   0    |
| |                  +---------------+------+-----+----+-------+      |     +--------+
| +NodeIndexEndsWith |BTREE INDEX l: | 0    | 0   | 1  |  72   |  0/1 |0.783|Fused in|
|  Scan              |Location (name)|      |     |    |       |      |     |Pipeline|
|                    |WHERE name ENDS|      |     |    |       |      |     |   0    |
|                    |WITH $autostri-|      |     |    |       |      |     |        |
|                    |ng_0           |      |     |    |       |      |     |        |
+--------------------+---------------+------+-----+----+-------+------+-----+--------+
Total database accesses: 1, total allocated memory: 136
```

3.10.1.12 通过索引扫描检索节点

NodeIndexScan 运算符将遍历存储在索引中的所有值，它可以找到拥有特定标签和特定属性的所有节点。

查询：

```
M MATCH (l:Location)
WHERE l.name IS NOT NULL
RETURN l
```

查询计划：

```
Compiler CYPHER 4.4
Planner COST
Runtime PIPELINED
Runtime version 4.4
+------------------+--------------+-----+----+----+-------+------+-----+--------+
| Operator         | Details      |Esti-|Rows| DB |Memory |Page  |Time |  Other |
|                  |              |mated|    |Hits|(Bytes)|Cache |(ms) |        |
|                  |              |Rows |    |    |       |Hits/ |     |        |
|                  |              |     |    |    |       |Misses|     |        |
+------------------+--------------+-----+----+----+-------+------+-----+--------+
| +ProduceResults  |1             | 10  | 10 | 0  |       |      |     |Fused in|
|                  |              |     |    |    |       |      |     |Pipeline|
|                  |              |     |    |    |       |      |     |   0    |
| |                +--------------+-----+----+----+-------+      |     +--------+
| +NodeIndexScan   |BTREE INDEX l:| 10  | 10 | 11 |  72   |  2/1 |0.921|Fused in|
|                  |Location (name)|    |    |    |       |      |     |Pipeline|
|                  |WHERE name IS |     |    |    |       |      |     |   0    |
|                  |NOT NULL      |     |    |    |       |      |     |        |
+------------------+--------------+-----+----+----+-------+------+-----+--------+
Total database accesses: 11, total allocated memory: 136
```

3.10.1.13 通过 id 寻找无方向关系

UndirectedRelationshipByIdSeek 从关系库中通过 id 读取一个或多个关系。对于每个关系将返回两行，它们分别为关系的起始节点和结束节点。

查询：

```
MATCH (n1)-[r]-()
WHERE id(r)= 1
RETURN r, n1
```

查询计划：

```
Compiler CYPHER 4.4
Planner COST
Runtime PIPELINED
Runtime version 4.4
+------------------+--------------+-----+----+----+-------+------+-----+--------+
| Operator         | Details      |Esti-|Rows| DB |Memory |Page  |Time |  Other |
|                  |              |mated|    |Hits|(Bytes)|Cache |(ms) |        |
|                  |              |Rows |    |    |       |Hits/ |     |        |
|                  |              |     |    |    |       |Misses|     |        |
+------------------+--------------+-----+----+----+-------+------+-----+--------+
| +ProduceResults  |r, n1         |  2  | 2  | 0  |       |      |     |Fused in|
|                  |              |     |    |    |       |      |     |Pipeline|
|                  |              |     |    |    |       |      |     |   0    |
| |                +--------------+-----+----+----+-------+      |     +--------+
| +UndirectedRelati-|(n1)-[r]->(ano-| 2 | 2  | 1  |  72   |  4/0 |0.587|Fused in|
| onshipByIdSeek   |n_0) WHERE id(-|    |    |    |       |      |     |Pipeline|
|                  |r) = $autoint_0|    |    |    |       |      |     |   0    |
+------------------+--------------+-----+----+----+-------+------+-----+--------+
Total database accesses: 1, total allocated memory: 136
```

3.10.2 Expand 运算符

3.10.2.1 Expand All

给定一个起始节点，expand-all 将根据关系中的模式沿起始节点或者结束节点展开。

查询：

```
MATCH (p:Person { name: 'me' })-[:FRIENDS_WITH]->(fof)
RETURN fof
```

查询计划：

```
Compiler CYPHER 4.4
Planner COST
Runtime PIPELINED
Runtime version 4.4
+-------------------+---------------+-----+----+----+-------+------+-----+--------+
| Operator          | Details       |Esti-|Rows| DB |Memory |Page  |Time | Other  |
|                   |               |mated|    |Hits|(Bytes)|Cache |(ms) |        |
|                   |               |Rows |    |    |       |Hits/ |     |        |
|                   |               |     |    |    |       |Misses|     |        |
+-------------------+---------------+-----+----+----+-------+------+-----+--------+
| +ProduceResults   |fof            | 0   | 1  | 0  |       |      |     |Fused in|
|                   |               |     |    |    |       |      |     |Pipeline|
|                   |               |     |    |    |       |      |     |   0    |
| |                 +---------------+-----+----+----+-------+      |     +--------+
| +Expand(All)      |(p)-[anon_0:FR-| 0   | 1  | 3  |       |      |     |Fused in|
|                   |IENDS_WITH]->  |     |    |    |       |      |     |Pipeline|
|                   |(fof)          |     |    |    |       |      |     |   0    |
| |                 +---------------+-----+----+----+-------+      |     +--------+
| +NodeIndexSeek    |BTREE INDEX p: | 1   | 1  | 2  |  72   |  4/1 |0.565|Fused in|
|                   |Person(name)   |     |    |    |       |      |     |Pipeline|
|                   |WHERE name =   |     |    |    |       |      |     |   0    |
|                   |$autostring_0  |     |    |    |       |      |     |        |
|                   |               |     |    |    |       |      |     |        |
+-------------------+---------------+-----+----+----+-------+------+-----+--------+
Total database accesses: 5, total allocated memory: 136
```

3.10.2.2 Expand Into

当起始节点和结束节点都已经找到时，expand-into 用于找到两个节点之间连接的所有关系。

查询：

```
MATCH (p:Person { name: 'me' })-[:FRIENDS_WITH]->(fof)-->(p)
RETURN fof
```

查询计划：

```
Compiler CYPHER 4.4
Planner COST
Runtime PIPELINED
Runtime version 4.4
+-------------------+---------------+-----+----+----+-------+------+-----+--------+
| Operator          | Details       |Esti-|Rows| DB |Memory |Page  |Time | Other  |
|                   |               |mated|    |Hits|(Bytes)|Cache |(ms) |        |
|                   |               |Rows |    |    |       |Hits/ |     |        |
|                   |               |     |    |    |       |Misses|     |        |
+-------------------+---------------+-----+----+----+-------+------+-----+--------+
```

```
| +ProduceResults   |fof            | 0   | 0  | 0  |        |      |     |Fused in |
|                   |               |     |    |    |        |      |     |Pipeline |
|                   |               |     |    |    |        |      |     |    0    |
| |                 +---------------+-----+----+----+--------+      |     +---------+
| +Filter           |not anon_0 = a-| 0   | 0  | 0  |        |      |     |Fused in |
|                   |non_1          |     |    |    |        |      |     |Pipeline |
|                   |               |     |    |    |        |      |     |    0    |
| |                 +---------------+-----+----+----+--------+      |     +---------+
| +Expand(Into)     |(p)-[anon_0:FR-| 0   | 0  | 0  |        |      |     |Fused in |
|                   |IENDS_WITH]->  |     |    |    |        |      |     |Pipeline |
|                   |(fof)          |     |    |    |        |      |     |    0    |
| |                 +---------------+-----+----+----+--------+      |     +---------+
| +Expand(All)      |(p)<-[anon_1]- | 0   | 0  | 3  |        |      |     |Fused in |
|                   |(fof)          |     |    |    |        |      |     |Pipeline |
|                   |               |     |    |    |        |      |     |    0    |
| |                 +---------------+-----+----+----+--------+      |     +---------+
| +NodeIndexSeek    |BTREE INDEX p: | 1   | 1  | 2  |   72   | 2/1  |0.498|Fused in |
|                   |Person(name)   |     |    |    |        |      |     |Pipeline |
|                   |WHERE name =   |     |    |    |        |      |     |    0    |
|                   |$autostring_0  |     |    |    |        |      |     |         |
+-------------------+---------------+-----+----+----+--------+------+-----+---------+
Total database accesses: 5, total allocated memory: 152
```

3.10.2.3 可选 Expand All

如果没有找到与方向、类型和属性匹配的关系，可选 Expand All，此时返回一行含有关系和结束节点的 null 数据。

查询：

```
MATCH (p:Person)
OPTIONAL MATCH (p)-[works_in:WORKS_IN]->(l)
WHERE works_in.duration > 180
RETURN p, l
```

查询计划：

```
Compiler CYPHER 4.4
Planner COST
Runtime PIPELINED
Runtime version 4.4
+-------------------+---------------+-----+----+----+--------+------+-----+---------+
| Operator          | Details       |Esti-|Rows| DB |Memory  |Page  |Time |  Other  |
|                   |               |mated|    |Hits|(Bytes) |Cache |(ms) |         |
|                   |               |Rows |    |    |        |Hits/ |     |         |
|                   |               |     |    |    |        |Misses|     |         |
+-------------------+---------------+-----+----+----+--------+------+-----+---------+
| +ProduceResults   |p, l           | 14  | 15 | 1  |        |      |     |Fused in |
|                   |               |     |    |    |        |      |     |Pipeline |
|                   |               |     |    |    |        |      |     |    0    |
| |                 +---------------+-----+----+----+--------+      |     +---------+
| +OptionalExpand   |(p)-[works_in: | 14  | 15 | 33 |        |      |     |Fused in |
|  (All)            |WORKS_IN]->(l) |     |    |    |        |      |     |Pipeline |
|                   |WHERE works_in-|     |    |    |        |      |     |    0    |
|                   |.duration > $a-|     |    |    |        |      |     |         |
|                   |utoint_0       |     |    |    |        |      |     |         |
| |                 +---------------+-----+----+----+--------+      |     +---------+
| +Filter           |p:Person       | 14  | 14 | 0  |        |      |     |Fused in |
|                   |               |     |    |    |        |      |     |Pipeline |
```

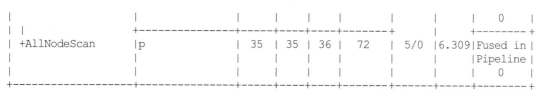

```
|                  |                |     |    |    |        |      |     |   0    |
| |                +----------------+-----+----+----+--------+      |     +--------+
| +AllNodeScan     |p               | 35  | 35 | 36 |   72   | 5/0  |6.309|Fused in|
|                  |                |     |    |    |        |      |     |Pipeline|
|                  |                |     |    |    |        |      |     |   0    |
+------------------+----------------+-----+----+----+--------+------+-----+--------+
Total database accesses: 70, total allocated memory: 136
```

3.10.2.4 可选 Expand Into

如果没有找到匹配的关系，可选 Expand Into，此时返回一行含有关系和结束节点的 null 数据。因为关系的起始节点和结束节点已在范围内，将使用最小度的节点。当密集节点作为结束节点时，这会有所不同。

查询：

```
MATCH (p:Person)-[works_in:WORKS_IN]->(l) OPTIONAL MATCH (l)-->(p)
RETURN p
```

查询计划：

```
Compiler CYPHER 4.4
Planner COST
Runtime PIPELINED
Runtime version 4.4
+------------------+----------------+-----+----+----+--------+------+-----+--------+
| Operator         | Details        |Esti-|Rows| DB |Memory  |Page  |Time |  Other |
|                  |                |mated|    |Hits|(Bytes) |Cache |(ms) |        |
|                  |                |Rows |    |    |        |Hits/ |     |        |
|                  |                |     |    |    |        |Misses|     |        |
+------------------+----------------+-----+----+----+--------+------+-----+--------+
| +ProduceResults  |p               | 15  | 15 | 0  |        |      |     |Fused in|
|                  |                |     |    |    |        |      |     |Pipeline|
|                  |                |     |    |    |        |      |     |   0    |
| |                +----------------+-----+----+----+--------+      |     +--------+
| +OptionalExpand  |(l)-[anon_0]->  | 15  | 15 |105 |        |      |     |Fused in|
|  (Into)          |(p)             |     |    |    |        |      |     |Pipeline|
|                  |                |     |    |    |        |      |     |   0    |
| |                +----------------+-----+----+----+--------+      |     +--------+
| +Expand(All)     |(p)-[works_in:  | 14  | 14 | 0  |        |      |     |Fused in|
|                  |WORKS_IN]->(l)  |     |    |    |        |      |     |Pipeline|
|                  |                |     |    |    |        |      |     |   0    |
| |                +----------------+-----+----+----+--------+      |     +--------+
| +Filter          |p:Person        | 14  | 14 | 0  |        |      |     |Fused in|
|                  |                |     |    |    |        |      |     |Pipeline|
|                  |                |     |    |    |        |      |     |   0    |
| |                +----------------+-----+----+----+--------+      |     +--------+
| +AllNodeScan     |p               | 35  | 35 | 36 |   72   | 6/0  |2.045|Fused in|
|                  |                |     |    |    |        |      |     |Pipeline|
|                  |                |     |    |    |        |      |     |   0    |
+------------------+----------------+-----+----+----+--------+------+-----+--------+
Total database accesses: 160, total allocated memory: 3432
```

3.10.2.5 可变长度 Expand All

给定起始节点，可变长度 Expand All 可以展开相应参数长度的关系。

查询：

```
MATCH (p:Person)-[:FRIENDS_WITH*1..2]->(q:Person)
RETURN p, q
```

查询计划：

```
Compiler CYPHER 4.4
Planner COST
Runtime PIPELINED
Runtime version 4.4
+-------------------+---------------+-----+----+----+--------+------+-----+-------- +
| Operator          | Details       |Esti-|Rows| DB |Memory  |Page  |Time |  Other  |
|                   |               |mated|    |Hits|(Bytes) |Cache |(ms) |         |
|                   |               |Rows |    |    |        |Hits/ |     |         |
|                   |               |     |    |    |        |Misses|     |         |
+-------------------+---------------+-----+----+----+--------+------+-----+-------- +
| +ProduceResults   |p, q           |  4  | 6  | 0  |        |      |     |Fused in |
|                   |               |     |    |    |        |      |     |Pipeline |
|                   |               |     |    |    |        |      |     |    0    |
| |                 +---------------+-----+----+----+------- +      |     +-------- +
| +Filter           |q:Person       | 4   | 6  | 6  |        |      |     |Fused in |
|                   |               |     |    |    |        |      |     |Pipeline |
|                   |               |     |    |    |        |      |     |   0     |
| |                 +---------------+-----+----+----+------- +      |     +-------- +
| +VarLengthExpand  |(p)-[anon_0:FR-| 4   | 6  | 47 | 128    |      |     |Fused in |
|  (All)            |IENDS_WITH*..2]|     |    |    |        |      |     |Pipeline |
|                   |-(q)           |     |    |    |        |      |     |    0    |
| |                 +---------------+-----+----+----+------- +      |     +-------- +
| +Filter           |p:Person       | 14  | 14 | 0  |        |      |     |Fused in |
|                   |               |     |    |    |        |      |     |Pipeline |
|                   |               |     |    |    |        |      |     |    0    |
| |                 +---------------+-----+----+----+------- +      |     +-------- +
| +AllNodeScan      |p              | 35  | 35 | 36 |  72    | 7/0  |1.006|Fused in |
|                   |               |     |    |    |        |      |     |Pipeline |
|                   |               |     |    |    |        |      |     |    0    |
+-------------------+---------------+-----+----+----+--------+------+-----+-------- +
Total database accesses: 89, total allocated memory: 208
```

3.10.2.6 可变长度 Expand Into

给定起始节点和结束节点，可变长度 Expand Into 可以展开连接起始和结束节点相应参数长度的关系。

查询：

```
MATCH (p:Person)-[:FRIENDS_WITH*1..2]->(p:Person)
RETURN p
```

查询计划：

```
Compiler CYPHER 4.4
Planner COST
Runtime PIPELINED
Runtime version 4.4
+-------------------+---------------+-----+----+----+--------+------+-----+-------- +
| Operator          | Details       |Esti-|Rows| DB |Memory  |Page  |Time |  Other  |
|                   |               |mated|    |Hits|(Bytes) |Cache |(ms) |         |
|                   |               |Rows |    |    |        |Hits/ |     |         |
```

```
|                   |               |     |    |    |        |Misses|     |        |
+-------------------+---------------+-----+----+----+--------+------+-----+--------+
| +ProduceResults   |p              |  0  |  0 |  0 |        |      |     |Fused in|
|                   |               |     |    |    |        |      |     |Pipeline|
|                   |               |     |    |    |        |      |     |   0    |
| |                 +---------------+-----+----+----+--------+      |     +--------+
| +VarLengthExpand  |(p)-[anon_0:FR-|  0  |  0 | 47 |  128   |      |     |Fused in|
|  (Into)           |IENDS_WITH*..2]|     |    |    |        |      |     |Pipeline|
|                   |-(q)           |     |    |    |        |      |     |   0    |
| |                 +---------------+-----+----+----+--------+      |     +--------+
| +Filter           |p:Person       | 14  | 14 |  0 |        |      |     |Fused in|
|                   |               |     |    |    |        |      |     |Pipeline|
|                   |               |     |    |    |        |      |     |   0    |
| |                 +---------------+-----+----+----+--------+      |     +--------+
| +AllNodeScan      |p              | 35  | 35 | 36 |   72   |  4/0 |1.403|Fused in|
|                   |               |     |    |    |        |      |     |Pipeline|
|                   |               |     |    |    |        |      |     |   0    |
+-------------------+---------------+-----+----+----+--------+------+-----+--------+
Total database accesses: 83, total allocated memory: 192
```

3.10.2.7　可变长度 Expand Pruning

给定起始节点，可变长度 Expand Pruning 可以像可变长度 Expand All 一样展开相应参数长度的关系，但是作为一种优化，对于一些能够到达已经存在的终止节点的路径将不会被探查。这个运算符能够保证所有的终止节点是唯一的。

查询：

```
MATCH (p:Person)-[:FRIENDS_WITH*3..4]->(q:Person)
RETURN DISTINCT p, q
```

查询计划：

```
Compiler CYPHER 4.4
Planner COST
Runtime PIPELINED
Runtime version 4.4
+-------------------+---------------+-----+----+----+--------+------+-----+--------+
| Operator          | Details       |Esti-|Rows| DB |Memory  |Page  |Time | Other  |
|                   |               |mated|    |Hits|(Bytes) |Cache |(ms) |        |
|                   |               |Rows |    |    |        |Hits/ |     |        |
|                   |               |     |    |    |        |Misses|     |        |
+-------------------+---------------+-----+----+----+--------+------+-----+--------+
| +ProduceResults   |p, q           |  0  |  0 |  0 |        |      |     |   In   |
|                   |               |     |    |    |        |      |     |Pipeline|
|                   |               |     |    |    |        |      |     |   1    |
| |                 +---------------+-----+----+----+--------+------+-----+--------+
| +Distinct         |p, q           |  0  |  0 |  0 |        |      |     |   In   |
|                   |               |     |    |    |        |      |     |Pipeline|
|                   |               |     |    |    |        |      |     |   1    |
| |                 +---------------+-----+----+----+--------+------+-----+--------+
| +Filter           |q:Person       | 0   | 0  |  0 |        |      |     |   In   |
|                   |               |     |    |    |        |      |     |Pipeline|
|                   |               |     |    |    |        |      |     |   1    |
| |                 +---------------+-----+----+----+--------+------+-----+--------+
| +VarLengthExpand  |(p)-[anon_0:FR-| 0   |  0 | 32 |  704   |      |     |   In   |
|  (Pruning)        |IENDS_WITH*3..-|     |    |    |        |      |     |Pipeline|
|                   |4]-(q)         |     |    |    |        |      |     |   0    |
| |                 +---------------+-----+----+----+--------+------+-----+--------+
```

```
| +Filter           |p:Person       | 14  | 14 | 0  |       |      |     |Fused in |
|                   |               |     |    |    |       |      |     |Pipeline |
|                   |               |     |    |    |       |      |     |   0     |
| |                 +---------------+-----+----+----+-------+      |     +---------+
| +AllNodeScan      |p              | 35  | 35 | 36 |  72   |  1/0 |0.238|Fused in |
|                   |               |     |    |    |       |      |     |Pipeline |
|                   |               |     |    |    |       |      |     |   0     |
+-------------------+---------------+-----+----+----+-------+------+-----+---------+
Total database accesses: 68, total allocated memory: 784
```

3.10.3 组合运算符

3.10.3.1 Apply

Apply 以嵌套循环的方式工作。Apply 运算符左端返回的每一行作为右端运算符的输入，然后 Apply 将产生组合的结果。

查询：

```
MATCH (p:Person {name:'me'})
MATCH (q:Person {name: p.secondName})
RETURN p, q
```

查询计划：

```
Compiler CYPHER 4.4
Planner COST
Runtime PIPELINED
Runtime version 4.4
+-------------------+---------------+-----+----+----+-------+------+-----+---------+
| Operator          | Details       |Esti-|Rows| DB |Memory |Page  |Time | Other   |
|                   |               |mated|    |Hits|(Bytes)|Cache |(ms) |         |
|                   |               |Rows |    |    |       |Hits/ |     |         |
|                   |               |     |    |    |       |Misses|     |         |
+-------------------+---------------+-----+----+----+-------+------+-----+---------+
| +ProduceResults   |p, q           |  1  | 0  | 0  |       |      |     |Fused in |
|                   |               |     |    |    |       |      |     |Pipeline |
|                   |               |     |    |    |       |      |     |   1     |
| |                 +---------------+-----+----+----+-------+      |     +---------+
| +Apply            |               |  1  | 0  | 0  |       |      |     |         |
| | \               +---------------+-----+----+----+-------+      |     +---------+
| +NodeIndexSeek    |BTREE INDEX q: | 1   | 0  | 0  |  80   |  0/0 |0.345|Fused in |
|                   |Person(name)   |     |    |    |       |      |     |Pipeline |
|                   |WHERE name =   |     |    |    |       |      |     |   1     |
|                   |p.secondName   |     |    |    |       |      |     |         |
| |                 +---------------+-----+----+----+-------+------+-----+---------+
| +NodeIndexSeek    |BTREE INDEX p: | 1   | 1  | 2  |  72   |  0/1 |0.247|Fused in |
|                   |Person(name)   |     |    |    |       |      |     |Pipeline |
|                   |WHERE name =   |     |    |    |       |      |     |   0     |
|                   |$autostring_0  |     |    |    |       |      |     |         |
+-------------------+---------------+-----+----+----+-------+------+-----+---------+
Total database accesses: 2, total allocated memory: 144
```

3.10.3.2 SemiApply

测试一个模式断言的存在性。SemiApply 从它的子运算符中获取一行，并将其作为右端的叶节点运算符的输入。如果右端运算符至少产生一行结果，左端的这一行由 SemiApply 运算符产生。这使得 SemiApply 成为一个过滤运算符，可大量运用在查询的模式断言中。

查询：

```
CYPHER runtime=slotted
MATCH (p:Person)
WHERE (p)-[:FRIENDS_WITH]->()
RETURN p.name
```

查询计划：

```
Compiler CYPHER 4.4
Planner COST
Runtime SLOTTED
Runtime version 4.4
+-------------------+---------------------+---------+-------+------+--------------+
| Operator          | Details             |Estimated|Rows   |DB    |Page  Cache   |
|                   |                     |Rows     |       |Hits  |Hits/Misses   |
+-------------------+---------------------+---------+-------+------+--------------+
| +ProduceResults   |`p.name`             |   11    | 2     |   0  |     0/0      |
| |                 +---------------------+---------+-------+------+--------------+
| +Projection       | p.name AS `p.name`- |   11    | 2     |   2  |     1/0      |
|                   |                     |         |       |      |              |
| |                 +---------------------+---------+-------+------+--------------+
| + SemiApply       |                     |   11    | 2     |   0  |     0/0      |
| | \               +---------------------+---------+-------+------+--------------+
| | +Filter         |anon_3:Person        |   11    | 2     |   2  |     0/0      |
| | |               +---------------------+---------+-------+------+--------------+
| | +Expand(Into)   |((p)-[anon_2:FRIENDS-|   2     | 2     |  33  |     28/0     |
|                   |_WITH]->(anon_3)     |         |       |      |              |
| | |               +---------------------+---------+-------+------+--------------+
| | +Argument       |p                    |   14    | 14    |   0  |     0/0      |
| |                 +---------------------+---------+-------+------+--------------+
| +Filter           |p:Person             |   14    | 14    |  35  |     1/0      |
| |                 +---------------------+---------+-------+------+--------------+
| +AllNodesScan     |p                    |   35    | 35    |  36  |     1/0      |
+-------------------+---------------------+---------+-------+------+--------------+
Total database accesses: 108, total allocated memory: 64
```

3.10.3.3　AntiSemiApply

测试一个模式断言的存在性。AntiSemiApply 具有的功能与 SemiApply 相反，它进行反向过滤。

查询：

```
CYPHER runtime=slotted
MATCH (me:Person { name: "me" }),(other:Person)
WHERE NOT (me)-[:FRIENDS_WITH]->(other)
RETURN other.name
```

查询计划：

```
Compiler CYPHER 4.4
Planner COST
Runtime SLOTTED
Runtime version 4.4
+-------------------+---------------------+---------+-------+------+--------------+
| Operator          | Details             |Estimated|Rows   |DB    |Page  Cache   |
|                   |                     |Rows     |       |Hits  |Hits/Misses   |
```

```
+------------------+--------------------+---------+-------+------+--------------+
| +ProduceResults  |`other.name`        |    4    | 13    |   0  |     0/0      |
| |                +--------------------+---------+-------+------+--------------+
| +Projection      |other.name AS `othe-|    4    | 13    |  13  |     1/0      |
|                  |r.name`             |         |       |      |              |
| |                +--------------------+---------+-------+------+--------------+
| +AntiSemiApply   |                    |    4    | 13    |   0  |     0/0      |
| | \              +--------------------+---------+-------+------+--------------+
| | +Filter        |anon_3:Person       |   11    | 2     |   2  |     0/0      |
| | |              +--------------------+---------+-------+------+--------------+
| | +Expand(Into)  |(me)-[anon_2:FRIEND-|    0    | 0     |  55  |    28/0      |
|                  |S_WITH]->(other)    |         |       |      |              |
| | |              +--------------------+---------+-------+------+--------------+
| | +Argument      |me, other           |   14    | 14    |   0  |     0/0      |
| |                +--------------------+---------+-------+------+--------------+
| +CartesianProduct|                    |   14    | 14    |   0  |     0/0      |
| | \              +--------------------+---------+-------+------+--------------+
| | +Filter        |other:Person        |   14    | 14    |  35  |     1/0      |
| | |              +--------------------+---------+-------+------+--------------+
| | +AllNodesScan  |other               |   35    | 35    |  36  |     1/0      |
| |                +--------------------+---------+-------+------+--------------+
| +NodeIndexSeek   |BTREE INDEX me:Pers-|    1    | 1     |   2  |     0/1      |
|                  |on(name) WHERE name |         |       |      |              |
|                  |= $autostring_0     |         |       |      |              |
+------------------+--------------------+---------+-------+------+--------------+
    Total database accesses: 141, total allocated memory: 968
```

3.10.3.4 Anti

测试一个模式断言的存在性。如果有传入行，Anti 将不会产生任何行结果；如果没有传入行，则将会产生一行结果。

查询：

```
CYPHER runtime=pipelined
MATCH (me:Person { name: "me" }),(other:Person)
WHERE NOT (me)-[:FRIENDS_WITH]->(other)
RETURN other.name
```

查询计划：

```
Compiler CYPHER 4.4
Planner COST
Runtime PIPELINED
Runtime version 4.4
+------------------+---------------+-----+----+----+-------+------+-----+--------+
| Operator         | Details       |Esti-|Rows| DB |Memory |Page  |Time |Other   |
|                  |               |mated|    |Hits|(Bytes)|Cache |(ms) |        |
|                  |               |Rows |    |    |       |Hits/ |     |        |
|                  |               |     |    |    |       |Misses|     |        |
+------------------+---------------+-----+----+----+-------+------+-----+--------+
| +ProduceResults  |`other.name`   |  4  | 13 | 0  |       |  0/0 |0.107|  In    |
|                  |               |     |    |    |       |      |     |Pipeline|
|                  |               |     |    |    |       |      |     |   4    |
| |                +---------------+-----+----
                   +----+-------+------+-----+--------     +
| +Projection      |other.name AS  |  4  | 13 | 26 |       |  2/0 |0.080|  In    |
|                  |`other.name`   |     |    |    |       |      |     |Pipeline|
|                  |               |     |    |    |       |      |     |   4    |
```

```
| |                    +----------------+-----+----+----+--------+------+-----+--------+
| +Apply               |                |  4  | 13 | 0  |        | 0/0  |     |        |
| | \                  +----------------+-----+----+----+--------+------+-----+--------+
| | +Anti              |                |  4  | 13 | 26 |        | 0/0  |0.087|   In   |
|                      |                |     |    |    |        |      |     |Pipeline|
|                      |                |     |    |    |        |      |     |   4    |
| | |                  +----------------+-----+----+----+--------+------+-----+--------+
| | +Limit             |                | 14  |  1 | 0  |  752   |      |     |Fused in|
|                      |                |     |    |    |        |      |     |Pipeline|
|                      |                |     |    |    |        |      |     |   3    |
| | |                  +----------------+-----+----+----+--------+------+-----+--------+
| | +Expand(Into)      |(me)-[anon_2:F-|  0  | 1  | 55 |  2848  |      |     |Fused in|
|                      |RIENDS_WITH]->  |     |    |    |        |      |     |Pipeline|
|                      |(other)         |     |    |    |        |      |     |   3    |
| | |                  +----------------+-----+----+----+--------+------+-----+--------+
| | +Argument          |me, other       | 14  | 14 | 0  |  408   | 1/0  |0.671|Fused in|
|                      |                |     |    |    |        |      |     |Pipeline|
|                      |                |     |    |    |        |      |     |   3    |
| |                    +----------------+-----+----+----+--------+------+-----+--------+
| +CartesianProduct    |                | 14  | 14 | 0  |  1800  |      |0.110|   In   |
|                      |                |     |    |    |        |      |     |Pipeline|
|                      |                |     |    |    |        |      |     |   2    |
| | \                  +----------------+-----+----+----+--------+------+-----+--------+
| | +Filter            |other:Person    | 14  | 14 | 0  |        |      |     |Fused in|
|                      |                |     |    |    |        |      |     |Pipeline|
|                      |                |     |    |    |        |      |     |   1    |
| | |                  +----------------+-----+----+----+--------+------+-----+--------+
| | +AllNodesScan      |other           | 35  | 35 | 36 |   88   | 1/0  |0.239|Fused in|
|                      |                |     |    |    |        |      |     |Pipeline|
|                      |                |     |    |    |        |      |     |   1    |
| |                    +----------------+-----+----+----+--------+------+-----+--------+
| +NodeIndexSeek       |BTREE INDEX me:| 1   | 1  | 2  |   72   | 0/1  |0.486|   In   |
|                      |Person(name)    |     |    |    |        |      |     |Pipeline|
|                      |WHERE name =    |     |    |    |        |      |     |   0    |
|                      |$autostring_0   |     |    |    |        |      |     |        |
+--------------------+----------------+-----+----+----+--------+------+-----+--------+
Total database accesses: 119, total allocated memory: 6344
```

3.10.3.5 LetSemiApply

测试模式断言的存在性。当一个查询包含多个模式断言时（比如断言使用 OR 分隔），LetSemiApply 将用于处理它们中的第一个。它会记录断言的评估结果，但会留下过滤器到另外一个运算符。

查询：

```
CYPHER runtime=slotted
MATCH (other:Person)
WHERE (other)-[:FRIENDS_WITH]->() OR (other)-[:WORKS_IN]->()
RETURN other.name
```

查询计划：

```
Compiler CYPHER 4.4
Planner COST
Runtime SLOTTED
Runtime version 4.4
+--------------------+----------------------+---------+------+------+--------------+
| Operator           | Details              |Estimated|Rows  |DB    |Page Cache    |
|                    |                      |Rows     |      |Hits  |Hits/Misses   |
```

```
+------------------+---------------------+---------+-------+------+--------------+
| +ProduceResults  |`other.name`         |   13    | 14    |   0  |     0/0      |
| |                +---------------------+---------+-------+------+--------------+
| +Projection      |other.name AS `othe- |   13    | 14    |  14  |     1/0      |
|                  |r.name`              |         |       |      |              |
| |                +---------------------+---------+-------+------+--------------+
| +SelectOrSemiApply|anon_9              |   14    | 14    |   0  |     0/0      |
| |\               +---------------------+---------+-------+------+--------------+
| | +Filter        |anon_7:Location      |   14    | 2     |  12  |     0/0      |
| | |              +---------------------+---------+-------+------+--------------+
| | +Expand(All)   |(other)-[anon_6:WORK-|   14    | 12    |  26  |    24/0      |
|                  |S_IN]->(anon_7)      |         |       |      |              |
| | |              +---------------------+---------+-------+------+--------------+
| | +Argument      |me, other            |   14    | 12    |   0  |     0/0      |
| |                +---------------------+---------+-------+------+--------------+
| +LetSemiApply    |                     |   14    | 14    |   0  |     0/0      |
| | \              +---------------------+---------+-------+------+--------------+
| | +Filter        |anon_5:Person        |    2    | 0     |   2  |     0/0      |
| | |              +---------------------+---------+-------+------+--------------+
| | +Expand(ALL)   |(other)-[anon_4:FRI- |    2    | 2     |  33  |    28/0      |
|                  |ENDS_WITH]->(anon_5) |         |       |      |              |
| | |              +---------------------+---------+-------+------+--------------+
| | +Argument      |other                |   14    | 14    |   0  |     0/0      |
| |                +---------------------+---------+-------+------+--------------+
| +Filter          |other:Person         |   14    | 14    |  35  |     1/0      |
| |                +---------------------+---------+-------+------+--------------+
| +AllNodesScan    |other                |   35    | 35    |  36  |     1/0      |
+------------------+---------------------+---------+-------+------+--------------+
Total database accesses: 158, total allocated memory: 64
```

3.10.3.6 LetAntiSemiApply

测试模式断言的存在性。当一个查询包含多个模式断言时（比如断言使用 OR 分隔，至少一个断言包含 NOT），LetAntiSemiApply 将用于处理它们中的第一个。它会记录断言的评估结果，但会留下过滤器到另外一个运算符。

查询：

```
CYPHER runtime=slotted
MATCH (other:Person)
WHERE NOT ((other)-[:FRIENDS_WITH]->(:Person)) OR
(other)-[:WORKS_IN]->(:Location)
RETURN other.name
```

查询计划：

```
Compiler CYPHER 4.4
Planner COST
Runtime SLOTTED
Runtime version 4.4
+------------------+---------------------+---------+-------+------+--------------+
| Operator         | Details             |Estimated|Rows   |DB    |Page Cache    |
|                  |                     |Rows     |       |Hits  |Hits/Misses   |
+------------------+---------------------+---------+-------+------+--------------+
| +ProduceResults  |`other.name`         |   11    | 14    | 0    |     0/0      |
| |                +---------------------+---------+-------+------+--------------+
| +Projection      |other.name AS `othe- |   11    | 14    | 14   |     1/0      |
|                  |r.name`              |         |       |      |              |
| |                +---------------------+---------+-------+------+--------------+
```

```
| +SelectOrSemiApply|anon_9               |    14    | 14     |  0   |      0/0     |
| |                 +---------------------+----------+--------+------+--------------+
| +Filter           |anon_7:Location      |    14    | 0      |  2   |      0/0     |
| |                 +---------------------+----------+--------+------+--------------+
| +Expand(All)      |(other)-[anon_6:WORK-|    14    | 2      |  7   |      4/0     |
|                   |S_IN]->(anon_7)      |          |        |      |              |
| |                 +---------------------+----------+--------+------+--------------+
| +Argument         |other                |    14    | 2      |  0   |      0/0     |
| |                 +---------------------+----------+--------+------+--------------+
| +LetAntiSemiApply |                     |    14    | 14     |  0   |      0/0     |
| |                 +---------------------+----------+--------+------+--------------+
| +Filter           |anon_5:Person        |    2     | 0      |  2   |      0/0     |
| |                 +---------------------+----------+--------+------+--------------+
| +Expand(ALL)      |(other)-[anon_4:FRI- |    2     | 2      |  33  |      28/0    |
|                   |ENDS_WITH]->(anon_5) |          |        |      |              |
| |                 +---------------------+----------+--------+------+--------------+
| +Argument         |other                |    14    | 14     |  0   |      0/0     |
| |                 +---------------------+----------+--------+------+--------------+
| +Filter           |other:Person         |    14    | 14     |  35  |      1/0     |
| |                 +---------------------+----------+--------+------+--------------+
| +AllNodesScan     |other                |    35    | 35     |  36  |      1/0     |
+-------------------+---------------------+----------+--------+------+--------------+
Total database accesses: 129, total allocated memory: 64
```

3.10.3.7　SelectOrSemiApply

测试一个模式断言的存在性并评估一个断言。这个运算符允许将一般的断言与检查存在性的断言放在一起。首先评估普通表达式，仅当它返回 false 时模式断言才会执行。

查询：

```
MATCH (other:Person)
WHERE other.age > 25 OR (other)-[:FRIENDS_WITH]->(:Person)
RETURN other.name
```

查询计划：

```
Compiler CYPHER 4.4
Planner COST
Runtime SLOTTED
Runtime version 4.4
+-------------------+----------------+-----+----+----+--------+------+-----+--------+
| Operator          | Details        |Esti-|Rows| DB |Memory  |Page  |Time |Other   |
|                   |                |mated|    |Hits|(Bytes) |Cache |(ms) |        |
|                   |                |Rows |    |    |        |Hits/ |     |        |
|                   |                |     |    |    |        |Misses|     |        |
+-------------------+----------------+-----+----+----+--------+------+-----+--------+
| +ProduceResults   |`other.name`    | 11  | 2  | 0  |        |      |     |Fused in|
|                   |                |     |    |    |        |      |     |Pipeline|
|                   |                |     |    |    |        |      |     |   2    |
| |                 +----------------+-----+----+----+--------+      |     +--------+
| +Projection       |other.name AS   | 11  | 2  | 4  |        |      |     |Fused in|
|                   |`other.name`    |     |    |    |        |      |     |Pipeline|
|                   |                |     |    |    |        |      |     |   2    |
| |                 +----------------+-----+----+----+--------+      |     +--------+
| +SelectOrSemiApply|other.age > $a- | 11  | 2  | 4  |   128  |  0/0 |0.262|Fused in|
|                   |toint_0         |     |    |    |        |      |     |Pipeline|
```

```
|                  |               |     |    |    |        |      |     |   2    |
| |\               +---------------+-----+----+----+--------+------+-----+--------+
| | +Limit         |1              | 14  | 2  | 0  |  752   |      |     |Fused in|
|                  |               |     |    |    |        |      |     |Pipeline|
|                  |               |     |    |    |        |      |     |   1    |
| | |              +---------------+-----+----+----+--------+      |     +--------+
| | +Filter        |anon_3:Person  | 2   | 2  | 2  |        |      |     |Fused in|
|                  |               |     |    |    |        |      |     |Pipeline|
|                  |               |     |    |    |        |      |     |   1    |
| | |              +---------------+-----+----+----+--------+      |     +--------+
| | +Expand(All)   |(other)-[anon_2|  2  |  2 | 32 |        |      |     |Fused in|
|                  |:FRIENDS_WITH] |     |    |    |        |      |     |Pipeline|
|                  |->(anon_3)     |     |    |    |        |      |     |   1    |
| | |              +---------------+-----+----+----+--------+      |     +--------+
| | +Argument      |other          | 14  | 14 | 0  |  286   |  2/0 |0.427|Fused in|
|                  |               |     |    |    |        |      |     |Pipeline|
|                  |               |     |    |    |        |      |     |   1    |
| |                +---------------+-----+----+----+--------+------+-----+--------+
| +Filter          |other:Person   | 14  | 14 | 0  |        |      |     |Fused in|
|                  |               |     |    |    |        |      |     |Pipeline|
|                  |               |     |    |    |        |      |     |   0    |
| |                +---------------+-----+----+----+--------+------+-----+--------+
| +AllNodesScan    |other          | 35  | 35 | 36 |  72    |  1/0 |0.263|Fused in|
|                  |               |     |    |    |        |      |     |Pipeline|
|                  |               |     |    |    |        |      |     |   0    |
+------------------+---------------+-----+----+----+--------+------+-----+--------+
Total database accesses: 74, total allocated memory: 1080
```

3.10.3.8 SelectOrAntiSemiApply

评估 OR 两侧的一般断言和负向模式断言。如果一般断言返回 true，则模式断言无需测试；如果一般断言返回 false 或 null，则该运算符将测试模式断言。

查询：

```
MATCH (other:Person)
WHERE other.age > 25 OR NOT (other)-[:FRIENDS_WITH]->(:Person)
RETURN other.name
```

查询计划：

```
Compiler CYPHER 4.4
Planner COST
Runtime PIPELINED
Runtime version 4.4
+------------------+---------------+-----+----+----+--------+------+-----+--------+
| Operator         | Details       |Esti-|Rows| DB |Memory  |Page  |Time |Other   |
|                  |               |mated|    |Hits|(Bytes) |Cache |(ms) |        |
|                  |               |Rows |    |    |        |Hits/ |     |        |
|                  |               |     |    |    |        |Misses|     |        |
+------------------+---------------+-----+----+----+--------+------+-----+--------+
| +ProduceResults  |`other.name`   |  4  | 12 | 0  |        |      |     |Fused in|
|                  |               |     |    |    |        |      |     |Pipeline|
|                  |               |     |    |    |        |      |     |   3    |
| |                +---------------+-----+----+----+--------+      |     +--------+
| +Projection      |other.name AS  |  4  | 12 | 24 |        |      |     |Fused in|
|                  |`other.name`   |     |    |    |        |      |     |Pipeline|
|                  |               |     |    |    |        |      |     |   3    |
| |                +---------------+-----+----+----+--------+      |     +--------+
```

```
|+SelectOrAntiSemi- |other.age > $a-| 14  | 12 | 0  |448     | 0/0   |0.434|Fused In |
|  Apply            |toint_0        |     |    |    |        |       |     |Pipeline |
|                   |               |     |    |    |        |       |     |   3     |
| |\                +---------------+-----+----+----+--------+-------+-----+---------+
| | +Anti           |               | 14  | 12 | 0  | 1256   | 0/0   |0.414|  In     |
|                   |               |     |    |    |        |       |     |Pipeline |
|                   |               |     |    |    |        |       |     |   1     |
| | |               +---------------+-----+----+----+--------+-------+-----+---------+
| | +Limit          |1              | 14  | 2  | 0  |  75    |       |     |Fused in |
|                   |               |     |    |    |        |       |     |Pipeline |
|                   |               |     |    |    |        |       |     |   1     |
| | |               +---------------+-----+----+----+--------+       |     +---------+
| | +Filter         |anon_3:Person  | 2   | 2  | 2  |        |       |     |Fused in |
|                   |               |     |    |    |        |       |     |Pipeline |
|                   |               |     |    |    |        |       |     |   1     |
| |                 +---------------+-----+----+----+--------+       |     +---------+
| +Expand(All)      |(other)-[anon_2|  2  |  2 | 32 |        |       |     |Fused in |
|                   |:FRIENDS_WITH] |     |    |    |        |       |     |Pipeline |
|                   |->(anon_3)     |     |    |    |        |       |     |   1     |
| |                 +---------------+-----+----+----+--------+       |     +---------+
| +Argument         |other          | 14  | 14 | 0  |  296   |  2/0  |0.570|Fused in |
|                   |               |     |    |    |        |       |     |Pipeline |
|                   |               |     |    |    |        |       |     |   1     |
| |                 +---------------+-----+----+----+--------+-------+-----+---------+
| +Filter           |other:Person   | 14  | 14 | 0  |        |       |     |Fused in |
|                   |               |     |    |    |        |       |     |Pipeline |
|                   |               |     |    |    |        |       |     |   0     |
| |                 +---------------+-----+----+----+--------+-------+-----+---------+
| +AllNodesScan     |other          | 35  | 35 | 36 |  72    |  1/0  |0.401|Fused in |
|                   |               |     |    |    |        |       |     |Pipeline |
|                   |               |     |    |    |        |       |     |   0     |
+-------------------+---------------+-----+----+----+--------+-------+-----+---------+
Total database accesses: 94, total allocated memory: 2336
```

3.10.3.9 LetSelectOrSemiApply

测试评估使用 OR 将模式断言与其他断言联合使用的场景。

查询：

```
CYPHER runtime=slotted
MATCH (other:Person)
WHERE (other)-[:FRIENDS_WITH]->(:Person) OR (other)-[:WORK_IN]->(:Location) OR
other.age = 5
RETURN other.name
```

查询计划：

```
Compiler CYPHER 4.4
Planner COST
Runtime SLOTTED
Runtime version 4.4
+-------------------+--------------------+----------+-------+------+---------------+
| Operator          | Details            |Estimated|Rows    |DB    |Page Cache     |
|                   |                    |Rows     |        |Hits  |Hits/Misses    |
+-------------------+--------------------+----------+-------+------+---------------+
| +ProduceResults   |`other.name`        |   13     | 14    |  0   |    0/0        |
| |                 +--------------------+----------+-------+------+---------------+
| +Projection       |other.name AS `othe-|   13     | 14    |  14  |    1/0        |
|                   |r.name`             |          |       |      |               |
```

```
| |                    +---------------------+---------+--------+-------+---------------+
| +SelectOrSemiApply|anon_9                |   14    | 14     |   0   |     0/0       |
| |\                   +---------------------+---------+--------+-------+---------------+
| | +Filter          |anon_7:Location       |   14    | 0      |   12  |     0/0       |
| | |                  +---------------------+---------+--------+-------+---------------+
| | +Expand(All)     |(other)-[anon_6:WOR-  |   14    | 12     |   26  |     24/0      |
|                    |S_IN]->(anon_7)       |         |        |       |               |
| | |                  +---------------------+---------+--------+-------+---------------+
| | +Argument        |other                 |   14    | 12     |   0   |     0/0       |
| |                    +---------------------+---------+--------+-------+---------------+
| +LetSelectOrSemi-  |other.age=$autoint_0  |   14    | 14     |   14  |     0/0       |
| Apply              |                      |         |        |       |               |
| |\                   +---------------------+---------+--------+-------+---------------+
| | +Filter          |anon_5:Person         |   2     | 0      |   2   |     0/0       |
| | |                  +---------------------+---------+--------+-------+---------------+
| | +Expand(ALL)     |(other)-[anon_4:FRI-  |   2     | 2      |   33  |     28/0      |
|                    |ENDS_WITH]->(anon_5)  |         |        |       |               |
| | |                  +---------------------+---------+--------+-------+---------------+
| | +Argument        |other                 |   14    | 14     |   0   |     0/0       |
| |                    +---------------------+---------+--------+-------+---------------+
| +Filter            |other:Person          |   14    | 14     |  35   |     1/0       |
| |                    +---------------------+---------+--------+-------+---------------+
| +AllNodesScan      |other                 |   35    | 35     |  36   |     1/0       |
+--------------------+----------------------+---------+--------+-------+---------------+
Total database accesses: 172, total allocated memory: 64
```

3.10.3.10 LetSelectOrAntiSemiApply

测试评估使用 OR 将负向模式断言与其他断言联合使用的场景。

查询:

```
CYPHER runtime=slotted
MATCH (other:Person)
WHERE NOT (other)-[:FRIENDS_WITH]->(:Person) OR (other)-[:WORK_IN]->(:Location)
OR other.age = 5
RETURN other.name
```

查询计划:

```
Compiler CYPHER 4.4
Planner COST
Runtime SLOTTED
Runtime version 4.4
+--------------------+----------------------+---------+--------+-------+---------------+
| Operator           | Details              |Estimated|Rows    |DB     |Page Cache     |
|                    |                      |Rows     |        |Hits   |Hits/Misses    |
+--------------------+----------------------+---------+--------+-------+---------------+
| +ProduceResults    |`other.name`          |   12    | 14     |  0    |   0/0         |
| |                  +----------------------+---------+--------+-------+---------------+
| +Projection        |other.name AS `othe-  |   12    | 14     |  14   |    1/0        |
|                    |r.name`               |         |        |       |               |
| |                  +----------------------+---------+--------+-------+---------------+
|+SelectOrSemiApply  |anon_9                |   14    | 14     |   0   |     0/0       |
| |\                 +----------------------+---------+--------+-------+---------------+
| +Filter            |anon_7:Location       |   14    | 0      |  12   |    0/0        |
| |                  +----------------------+---------+--------+-------+---------------+
| +Expand(All)       |(other)-[anon_6:WOR-  |   14    | 2      |   7   |     4/0       |
|                    |S_IN]->(anon_7)       |         |        |       |               |
| |                  +----------------------+---------+--------+-------+---------------+
```

```
| +Argument          |other                 |   14    | 2      | 0    |      0/0      |
| |                  +----------------------+---------+--------+------+---------------+
| +LetSelectOrAnti-  |other.age=$autoint_0  |   14    | 14     |   14 |    0/0        |
|  SemiApply         |                      |         |        |      |               |
| |\                 +----------------------+---------+--------+------+---------------+
| +Filter            |anon_5:Person         |   2     | 0      |2     |      0/0      |
| |                  +----------------------+---------+--------+------+---------------+
| +Expand(ALL)       |(other)-[anon_4:FRI-  |   2     | 2      |  33  |     28/0      |
|                    |ENDS_WITH]->(anon_5)  |         |        |      |               |
| |                  +----------------------+---------+--------+------+---------------+
| +Argument          |other                 |   14    | 14     |   0  |      0/0      |
| |                  +----------------------+---------+--------+------+---------------+
| +Filter            |other:Person          |   14    | 14     | 35   |      1/0      |
| |                  +----------------------+---------+--------+------+---------------+
| +AllNodesScan      |other                 |   35    | 35     |  36  |      1/0      |
+--------------------+----------------------+---------+--------+------+---------------+
Total database accesses: 143, total allocated memory: 64
```

3.10.3.11 AssertSameNode

这个运算符用于确保没有违背唯一性约束。

查询：

```
CYPHER runtime=slotted
MERGE (t:Team { name: 'Engineering', id: 42 })
```

查询计划：

```
Compiler CYPHER 4.4
Planner COST
Runtime SLOTTED
Runtime version 4.4
+-------------------+----------------------+---------+--------+---------+-------------+
| Operator          | Details              |Estimated|Rows    |DB Hits  | Page Cache  |
|                   |                      | Rows    |        |         | Hits/Misses |
+-------------------+----------------------+---------+--------+---------+-------------+
| + ProduceResults  |                      |    1    |  0     |   0     |     0/0     |
| |                 +----------------------+---------+--------+---------+-------------+
| + EmptyResult     |                      |    1    |  0     |   0     |     0/0     |
|                   |                      |         |        |         |             |
| |                 +----------------------+---------+--------+---------+-------------+
| + Merge           |CREATE (t:Team {name  |    1    |  1     |   0     |     0/0     |
|                   |: $autostring_0,      |         |        |         |             |
|                   |id: $autoint_1})      |         |        |         |             |
| |                 +----------------------+---------+--------+---------+-------------+
|  + AssertSameNode |t                     |    0    |  1     |   0     |     0/0     |
| |                 +----------------------+---------+--------+---------+-------------+
|  + NodeUniqueIndex |UNIQUE t:Team(id) W- |    1    |  1     |  14     |     0/1     |
|  (Locking)        |HERE id = $autoint_1) |         |        |         |             |
| |                 +----------------------+---------+--------+---------+-------------+
| + NodeUniqueIndex |UNIQUE t:Team(name)   |    1    |  1     |   0     |     0/1     |
|  (Locking)        |WHERE name = $auto-   |         |        |         |             |
|                   |string_0              |         |        |         |             |
+-------------------+----------------------+---------+--------+---------+-------------+
Total database accesses: 2, total allocated memory: 64
```

3.10.3.12 NodeHashJoin

NodeHashJoin 将对节点 id 执行哈希连接。因为使用了原生类型和数组，会非常高效地执行完成。

查询：

```
MATCH (bob:Person { name:'Bob' })-[:WORKS_IN]->(loc)<-[:WORKS_IN]-(matt:Person
{ name:'Mattis' })
RETURN loc.name
```

查询计划：

```
Compiler CYPHER 4.4
Planner COST
Runtime PIPELINED
Runtime version 4.4
+-------------------+---------------+-----+----+----+--------+------+-----+--------+
| Operator          | Details       |Esti-|Rows| DB |Memory  |Page  |Time |Other   |
|                   |               |mated|    |Hits|(Bytes) |Cache |(ms) |        |
|                   |               |Rows |    |    |        |Hits/ |     |        |
|                   |               |     |    |    |        |Misses|     |        |
+-------------------+---------------+-----+----+----+--------+------+-----+--------+
| +ProduceResults   |`loc.name`     | 10  | 0  | 0  |        | 0/0  |0.000|   In   |
|                   |               |     |    |    |        |      |     |Pipeline|
|                   |               |     |    |    |        |      |     |   2    |
| |                 +---------------+-----+----+----+--------+------+-----+--------+
| +Projection       |loc.name AS    | 10  | 0  | 0  |        | 0/0  |0.000|   In   |
|                   |`loc.name`     |     |    |    |        |      |     |Pipeline|
|                   |               |     |    |    |        |      |     |   2    |
| |                 +---------------+-----+----+----+--------+------+-----+--------+
| +Fliter           |not anon_0 = a-| 10  | 0  | 0  |        | 0/0  |0.000|   In   |
|                   |non_1          |     |    |    |        |      |     |Pipeline|
|                   |               |     |    |    |        |      |     |   2    |
| |                 +---------------+-----+----+----+--------+------+-----+--------+
| +NodeHashJoin     |loc            | 10  | 0  | 0  |  592   |      |0.037|   In   |
|                   |               |     |    |    |        |      |     |Pipeline|
|                   |               |     |    |    |        |      |     |   2    |
| |                 +---------------+-----+----+----+--------+------+-----+--------+
| +Expand(All)      |(matt)-[anon_1:| 19  | 0  | 0  |        |      |     |Fused in|
|                   |WORKS_IN]->(lo-|     |    |    |        |      |     |Pipeline|
|                   |c)             |     |    |    |        |      |     |   1    |
| |                 +---------------+-----+----+----+--------+      |     +--------+
| +NodeIndexSeek    |BTREE INDEX ma-| 1   | 0  | 1  |  72    | 1/0  |0.472|Fused in|
|                   |tt:Person(name)|     |    |    |        |      |     |Pipeline|
|                   |WHERE name =   |     |    |    |        |      |     |   1    |
|                   |$autostring_1  |     |    |    |        |      |     |        |
| |                 +---------------+-----+----+----+--------+------+-----+--------+
| +Expand(All)      |(bob)-[anon_0: | 19  | 1  | 3  |        |      |     |Fused in|
|                   |WORKS_IN]->(lo-|     |    |    |        |      |     |Pipeline|
|                   |c)             |     |    |    |        |      |     |   0    |
| |                 +---------------+-----+----+----+--------+      |     +--------+
| +NodeIndexSeek    |BTREE INDEX bo-| 1   | 1  | 2  |  72    | 3/0  |0.484|Fused in|
|                   |b:Person(name) |     |    |    |        |      |     |Pipeline|
|                   |WHERE name =   |     |    |    |        |      |     |   0    |
|                   |$autostring_0  |     |    |    |        |      |     |        |
+-------------------+---------------+-----+----+----+--------+------+-----+--------+
Total database accesses: 6, total allocated memory: 744
```

3.10.3.13 ValueHashJoin

ValueHashJoin 将允许任何值作为连接键值。此运算符经常被用来处理 n.prop1=m.prop2 断言形式。

查询：

```
MATCH (p:Person),(q:Person)
WHERE p.age = q.age
RETURN p,q
```

查询计划：

```
Compiler CYPHER 4.4
Planner COST
Runtime PIPELINED
Runtime version 4.4
+-------------------+---------------+-----+----+----+--------+------+-----+--------+
| Operator          | Details       |Esti-|Rows| DB |Memory  |Page  |Time |Other   |
|                   |               |mated|    |Hits|(Bytes) |Cache |(ms) |        |
|                   |               |Rows |    |    |        |Hits/ |     |        |
|                   |               |     |    |    |        |Misses|     |        |
+-------------------+---------------+-----+----+----+--------+------+-----+--------+
| +ProduceResults   |p, q           | 10  | 0  | 0  |        |  0/0 |0.000|   In   |
|                   |               |     |    |    |        |      |     |Pipeline|
|                   |               |     |    |    |        |      |     |   2    |
| |                 +---------------+-----+----+----+--------+------+-----+--------+
| +ValueHashJoin    |p.age = q.age  | 10  | 0  | 0  |  344   |      |     |   In   |
|                   |               |     |    |    |        |      |     |Pipeline|
|                   |               |     |    |    |        |      |     |   2    |
| |                 +---------------+-----+----+----+--------+------+-----+--------+
| +Filter           |q:Person       | 14  | 0  | 0  |        |      |     |Fused in|
|                   |               |     |    |    |        |      |     |Pipeline|
|                   |               |     |    |    |        |      |     |   1    |
| |                 +---------------+-----+----+----+--------+      |     +--------+
| +NodeIndexScan    |q              | 35  | 0  | 0  |  72    |  0/0 |0.000|Fused in|
|                   |               |     |    |    |        |      |     |Pipeline|
|                   |               |     |    |    |        |      |     |   1    |
| |                 +---------------+-----+----+----+--------+------+-----+--------+
| +Filter           |p:Person       | 14  | 14 | 0  |        |      |     |Fused in|
|                   |               |     |    |    |        |      |     |Pipeline|
|                   |               |     |    |    |        |      |     |   0    |
| |                 +---------------+-----+----+----+--------+      |     +--------+
| +NodeIndexScan    |p              | 35  | 35 | 36 |  72    |  1/0 |0.213|Fused in|
|                   |               |     |    |    |        |      |     |Pipeline|
|                   |               |     |    |    |        |      |     |   0    |
+-------------------+---------------+-----+----+----+--------+------+-----+--------+
Total database accesses: 36, total allocated memory: 568
```

3.10.3.14 NodeLeft/RightOuterHashJoin

NodeLeft/RightOuterHashJoin 适用于左或右哈希外连接。

查询：

```
MATCH (a:Person)
OPTIONAL MATCH (a)-->(b:Person)
USING JOIN ON a
RETURN a.name, b.name
```

查询计划：

```
Compiler CYPHER 4.4
Planner COST
Runtime PIPELINED
```

```
Runtime version 4.4
+-------------------+---------------+-----+----+----+-------+------+-----+--------+
| Operator          | Details       |Esti-|Rows| DB |Memory |Page  |Time |Other   |
|                   |               |mated|    |Hits|(Bytes)|Cache |(ms) |        |
|                   |               |Rows |    |    |       |Hits/ |     |        |
|                   |               |     |    |    |       |Misses|     |        |
+-------------------+---------------+-----+----+----+-------+------+-----+--------+
| +ProduceResults   |`a.name`, `b.n-| 14  | 14 | 0  |       | 0/0  |0.139|   In   |
|                   |ame`           |     |    |    |       |      |     |Pipeline|
|                   |               |     |    |    |       |      |     |   2    |
| |                 +---------------+-----+----+----+-------+------+-----+--------+
| +Projection       |cache[a.name]  | 10  |  0 | 0  |  344  |      |     |   In   |
|                   |AS `a.name`,   |     |    |    |       |      |     |Pipeline|
|                   |cache[b.name]  |     |    |    |       |      |     |   2    |
|                   |AS `b.name`    |     |    |    |       |      |     |        |
| |                 +---------------+-----+----+----+-------+------+-----+--------+
| +NodeRightOuter   |a              |  14 | 14 | 0  | 1144  |      |0.506|   In   |
|  HashJoin         |               |     |    |    |       |      |     |Pipeline|
|                   |               |     |    |    |       |      |     |   2    |
| |                 +---------------+-----+----+----+-------+------+-----+--------+
| +Filter           |a:Person       | 14  | 14 | 0  |       |      |     |Fused in|
|                   |               |     |    |    |       |      |     |Pipeline|
|                   |               |     |    |    |       |      |     |   1    |
| |                 +---------------+-----+----+----+-------+      |     +--------+
| +AllNodesScan     |a              | 35  | 35 | 36 |   7   |  0/0 |0.225|Fused in|
|                   |               |     |    |    |       |      |     |Pipeline|
|                   |               |     |    |    |       |      |     |  1     |
| |                 +---------------+-----+----+----+-------+------+-----+--------+
| +CacheProperties  |cache[a.name], |  2  |  2 | 6  |       |      |     |Fused in|
|                   |cache[b.name]  |     |    |    |       |      |     |Pipeline|
|                   |               |     |    |    |       |      |     |   0    |
| |                 +---------------+-----+----+----+-------+      |     +--------+
| +Expand(All)      |(b)<-[anon_0]  |  2  |  2 | 19 |       |      |     |Fused in|
|                   |-(a)           |     |    |    |       |      |     |Pipeline|
|                   |               |     |    |    |       |      |     |   0    |
| |                 +---------------+-----+----+----+-------+      |     +--------+
| +Filter           |b:Person       | 14  | 14 | 0  |       |      |     |Fused in|
|                   |               |     |    |    |       |      |     |Pipeline|
|                   |               |     |    |    |       |      |     |   0    |
| |                 +---------------+-----+----+----+-------+      |     +--------+
| +NodeIndexScan    |b              |  35 | 35 | 36 |  72   |  4/0 |0.510|Fused in|
|                   |               |     |    |    |       |      |     |Pipeline|
|                   |               |     |    |    |       |      |     |   0    |
+-------------------+---------------+-----+----+----+-------+------+-----+--------+
Total database accesses: 121, total allocated memory: 1232
```

3.10.3.15 Triadic Selection

三元用于解决三元查询，如很常用的查找我朋友的朋友中那些还不是我朋友的人。它先将所有的朋友放入一个集合，然后再检查他们是否已经与我相连。

查询：

```
CYPHER runtime=slotted
MATCH (me:Person)-[:FRIENDS_WITH]-()-[:FRIENDS_WITH]-(other)
WHERE NOT (me)-[:FRIENDS_WITH]-(other)
RETURN other.name
```

查询计划：

```
Compiler CYPHER 4.4
Planner COST
Runtime SLOTTED
Runtime version 4.4
+-------------------+---------------------+---------+-------+--------+------------+
| Operator          | Details             |Estimated|Rows   |DB Hits | Page Cache |
|                   |                     | Rows    |       |        | Hits/Misses|
+-------------------+---------------------+---------+-------+--------+------------+
| +ProduceResults   |`other.name`         |    0    |  2    |   0    |    0/0     |
| |                 +---------------------+---------+-------+--------+------------+
| +Projection       |other.name AS `othe- |    0    |  2    |   2    |    1/0     |
|                   |r.name`              |         |       |        |            |
| |                 +---------------------+---------+-------+--------+------------+
| +TriadicSelection |WHERE NOT (me)--(ot- |    0    |  2    |   0    |    0/0     |
|                   |her)                 |         |       |        |            |
| | \               +---------------------+---------+-------+--------+------------+
| | +Filter         |not anon_2 = anon_4  |    0    |  2    |   0    |    0/0     |
| | |               +---------------------+---------+-------+--------+------------+
| | +Expand(All)    |(anon_3)-[anon_4:FR- |    0    |  6    |  14    |    8/0     |
|                   |IENDS_WITH]->(other) |         |       |        |            |
| | |               +---------------------+---------+-------+--------+------------+
| | +Argument       |anon_2, anon_3       |    4    |  4    |   0    |    0/0     |
| |                 +---------------------+---------+-------+--------+------------+
| +Expand(ALL)      |(me)-[anon_2:FRIEND- |    4    |  4    |  33    |   28/0     |
|                   |S_WITH]->(anon_3)    |         |       |        |            |
| |                 +---------------------+---------+-------+--------+------------+
| +Filter           |me:Person            |   14    | 14    |  35    |    1/0     |
| |                 +---------------------+---------+-------+--------+------------+
| +AllNodesScan     |me                   |   35    | 35    |  36    |    1/0     |
+-------------------+---------------------+---------+-------+--------+------------+
Total database accesses: 120, total allocated memory: 64
```

3.10.3.16 Triadic Build

TriadicBuild 和 TriadicFilter 联合使用。它先将我所有的朋友放入一个集合，然后再使用 TriadicFilter。

查询：

```
CYPHER runtime=piplined
MATCH (me:Person)-[:FRIENDS_WITH]-()-[:FRIENDS_WITH]-(other)
WHERE NOT (me)-[:FRIENDS_WITH]-(other)
RETURN other.name
```

查询计划：

```
Compiler CYPHER 4.4
Planner COST
Runtime PIPELINED
Runtime version 4.4
+-------------------+---------------+-----+----+----+--------+------+-----+--------+
| Operator          | Details       |Esti-|Rows| DB |Memory  |Page  |Time |Other   |
|                   |               |mated|    |Hits|(Bytes) |Cache |(ms) |        |
|                   |               |Rows |    |    |        |Hits/ |     |        |
|                   |               |     |    |    |        |Misses|     |        |
+-------------------+---------------+-----+----+----+--------+------+-----+--------+
| +ProduceResults   |`other.name`   | 0   |  2 | 0  |        |  0/0 |0.067|  In    |
|                   |               |     |    |    |        |      |     |Pipeline|
|                   |               |     |    |    |        |      |     |   3    |
| |                 +---------------+-----+----+----+--------+------+-----+--------+
| +Projection       |other.name AS  | 0   |  2 | 4  |        |  2/0 |0.058|  In    |
```

```
|                   |`other.name`   |     |    |    |       |      |     |Pipeline |
|                   |               |     |    |    |       |      |     |   3     |
| |                 +---------------+-----+----+----+-------+------+-----+---------+
| +TriadicFilter    | WHERE NOT (me)|  0  | 2  | 0  |  896  |  0/0 |0.088|   In    |
|                   |--(other)      |     |    |    |       |      |     |Pipeline |
|                   |               |     |    |    |       |      |     |   3     |
| |                 +---------------+-----+----+----+-------+------+-----+---------+
| +Apply            |               |  0  | 2  | 0  |       | 0/0  |     |         |
| | \               +---------------+-----+----+----+-------+------+-----+---------+
| | +Filter         |not anon_2 =   |  0  | 2  | 0  |       |      |     |Fused in |
|                   |anon_4         |     |    |    |       |      |     |Pipeline |
|                   |               |     |    |    |       |      |     |   2     |
| | |               +---------------+-----+----+----+-------+      |     +---------+
| | +Expand(All)    |(anon_3)-[anon-|  0  | 6  | 14 |       |      |     |Fused in |
|                   |_4:FRIENDS_WITH|     |    |    |       |      |     |Pipeline |
|                   |]-(other)      |     |    |    |       |      |     |   2     |
| | |               +---------------+-----+----+----+-------+      |     +---------+
| | +Argument       |anon_3, anon_2 |  4  | 4  | 0  |  192  |  0/0 |0.317|Fused in |
|                   |               |     |    |    |       |      |     |Pipeline |
|                   |               |     |    |    |       |      |     |   2     |
| |                 +---------------+-----+----+----+-------+------+-----+---------+
| +TriadicBuild     |(me)--(anon_3) |  4  | 4  | 0  |  376  |  0/0 |0.353|   In    |
|                   |               |     |    |    |       |      |     |Pipeline |
|                   |               |     |    |    |       |      |     |   1     |
| |                 +---------------+-----+----+----+-------+------+-----+---------+
| +Expand(All)      |(me)-[anon_2:F-|  4  | 4  | 19 |       |      |     |Fused in |
|                   |RIENDS_WITH]-(-|     |    |    |       |      |     |Pipeline |
|                   |anon_3)        |     |    |    |       |      |     |   0     |
| |                 +---------------+-----+----+----+-------+      |     +---------+
| +Filter           |me:Person      | 14  | 14 | 0  |       |      |     |Fused in |
|                   |               |     |    |    |       |      |     |Pipeline |
|                   |               |     |    |    |       |      |     |   0     |
| |                 +---------------+-----+----+----+-------+      |     +---------+
| +AllNodesScan     |me             | 35  | 35 | 36 |  72   |  2/0 |4.499|Fused in |
|                   |               |     |    |    |       |      |     |Pipeline |
|                   |               |     |    |    |       |      |     |   0     |
+-------------------+---------------+-----+----+----+-------+------+-----+---------+

Total database accesses: 73, total allocated memory: 1208
```

3.10.3.17 Triadic Filter

TriadicFilter 和 TriadicBuild 联合使用。它将使用之前 TriadicBuild 创建的我所有朋友的集合，检查他们是否已经与我相连。

查询：

```
CYPHER runtime=slotted
MATCH (me:Person)-[:FRIENDS_WITH]-()-[:FRIENDS_WITH]-(other)
WHERE NOT (me)-[:FRIENDS_WITH]-(other)
RETURN other.name
```

查询计划：

```
Compiler CYPHER 4.4
Planner COST
Runtime PIPELINED
Runtime version 4.4
+-------------------+---------------+-----+----+----+-------+------+-----+---------+
```

```
| Operator          | Details         |Esti-|Rows| DB |Memory |Page |Time |Other   |
|                   |                 |mated|    |Hits|(Bytes)|Cache|(ms) |        |
|                   |                 |Rows |    |    |       |Hits/|     |        |
|                   |                 |     |    |    |       |Misses|    |        |
+-------------------+-----------------+-----+----+----+-------+------+-----+--------+
| +ProduceResults   |`other.name`     | 0   |  2 | 0  |       | 0/0  |0.140|  In    |
|                   |                 |     |    |    |       |      |     |Pipeline|
|                   |                 |     |    |    |       |      |     |   3    |
| |                 +-----------------+-----+----+----+-------+------+-----+--------+
| +Projection       |other.name AS    | 0   |  2 | 4  |       |  2/0 |0.124|  In    |
|                   |`other.name`     |     |    |    |       |      |     |Pipeline|
|                   |                 |     |    |    |       |      |     |   3    |
| |                 +-----------------+-----+----+----+-------+------+-----+--------+
| +TriadicFilter    | WHERE NOT (me)  |  0  | 2  | 0  |  896  |  0/0 |0.493|  In    |
|                   |--(other)        |     |    |    |       |      |     |Pipeline|
|                   |                 |     |    |    |       |      |     |   3    |
| |                 +-----------------+-----+----+----+-------+------+-----+--------+
| +Apply            |                 |  0  | 2  | 0  |       |  0/0 |     |        |
| |\                +-----------------+-----+----+----+-------+------+-----+--------+
| | +Filter         |not anon_2 =     |  0  | 2  | 0  |       |      |     |Fused in|
|                   |anon_4           |     |    |    |       |      |     |Pipeline|
|                   |                 |     |    |    |       |      |     |   2    |
| | |               +-----------------+-----+----+----+-------+      |     +--------+
| | +Expand(All)    |(anon_3)-[anon-  |  0  | 6  | 14 |       |      |     |Fused in|
|                   |_4:FRIENDS_WITH  |     |    |    |       |      |     |Pipeline|
|                   |]-(other)        |     |    |    |       |      |     |   2    |
| |  |              +-----------------+-----+----+----+-------+      |     +--------+
| | +Argument       |anon_3, anon_2   |  4  | 4  | 0  |  192  |  0/0 |0.362|Fused in|
|                   |                 |     |    |    |       |      |     |Pipeline|
|                   |                 |     |    |    |       |      |     |   2    |
| |                 +-----------------+-----+----+----+-------+------+-----+--------+
| +TriadicBuild     |(me)--(anon_3)   |  4  | 4  | 0  |  376  |  0/0 |9.824|  In    |
|                   |                 |     |    |    |       |      |     |Pipeline|
|                   |                 |     |    |    |       |      |     |   1    |
| |                 +-----------------+-----+----+----+-------+------+-----+--------+
| +Expand(All)      |(me)-[anon_2:F-  |  4  | 4  | 19 |       |      |     |Fused in|
|                   |RIENDS_WITH]-(-  |     |    |    |       |      |     |Pipeline|
|                   |anon_3)          |     |    |    |       |      |     |   0    |
| |                 +-----------------+-----+----+----+-------+      |     +--------+
| +Filter           |me:Person        | 14  | 14 | 0  |       |      |     |Fused in|
|                   |                 |     |    |    |       |      |     |Pipeline|
|                   |                 |     |    |    |       |      |     |   0    |
| |                 +-----------------+-----+----+----+-------+      |     +--------+
| +AllNodesScan     |me               | 35  | 35 | 36 |  72   |  2/0 |0.595|Fused in|
|                   |                 |     |    |    |       |      |     |Pipeline|
|                   |                 |     |    |    |       |      |     |   0    |
+-------------------+-----------------+-----+----+----+-------+------+-----+--------+
Total database accesses: 73, total allocated memory: 1208
```

3.10.4　行运算符

这些运算符将其他运算符产生的行转换为一个新的行集合（Set）。

3.10.4.1　Eager

为了隔离的目的，Eager 运算符在确保继续之前，将那些会影响后续操作的运算在整个数据集上完全地执行。为了保证合理的语义，查询规划器将在查询计划中插入 Eager 运算符，以防止更新影响模式匹配，下面的查询举例说明了这种情况，其中 DELETE 子句影响了 MATCH 子句。当导入数据或者迁移图结构时，Eager 运算符会引起很高的内存消耗。在这种情况下，可将操作分解为更简单的步骤。例如，可以分别地导入节点和关系。另外，也可以先返回要更新的数据，然后再执行更新语句。

查询：

```
MATCH (a)-[r]-(b)
DELETE r,a,b
MERGE ()
```

查询计划：

```
Compiler CYPHER 4.4
Planner COST
Runtime PIPELINED
Runtime version 4.4
+--------------------+----------------+-----+-----+----+--------+------+-----+--------+
| Operator           | Details        |Esti-|Rows | DB |Memory  |Page  |Time |Other   |
|                    |                |mated|     |Hits|(Bytes) |Cache |(ms) |        |
|                    |                |Rows |     |    |        |Hits/ |     |        |
|                    |                |     |     |    |        |Misses|     |        |
+--------------------+----------------+-----+-----+----+--------+------+-----+--------+
| +ProduceResults    |                | 36  | 0   | 0  |        |      |     |  In    |
|                    |                |     |     |    |        |      |     |Pipeline|
|                    |                |     |     |    |        |      |     |  3     |
| |                  +----------------+-----+-----+----+--------+------+-----+--------+
| +EmptyResult       |                | 36  | 0   | 0  |        |      |     |  In    |
|                    |                |     |     |    |        |      |     |Pipeline|
|                    |                |     |     |    |        |      |     |  3     |
| |                  +----------------+-----+-----+----+--------+------+-----+--------+
| +Apply             |                | 36  | 504 | 0  |        |      |     |        |
| |\                 +----------------+-----+-----+----+--------+------+-----+--------+
| | +Merge           |CREATE(anon_0)  | 36  | 504 | 0  |        |      |     |Fused in|
|                    |                |     |     |    |        |      |     |Pipeline|
|                    |                |     |     |    |        |      |     |  3     |
| | |                +----------------+-----+-----+----+--------+      |     +--------+
| | +AllNodesScan    |anon_0          |1260 |504  |504 | 1216   |  0/0 |1.390|Fused in|
|                    |                |     |     |    |        |      |     |Pipeline|
|                    |                |     |     |    |        |      |     |  3     |
| |                  +----------------+-----+-----+----+--------+------+-----+--------+
| +Eager             |                | 36  | 36  | 0  | 944    |  0/0 |0.092|  In    |
|                    |                |     |     |    |        |      |     |Pipeline|
|                    |                |     |     |    |        |      |     |  2     |
| |                  +----------------+-----+-----+----+--------+------+-----+--------+
| +Delete            |b               | 36  | 36  | 9  |        |      |     |Fused in|
|                    |                |     |     |    |        |      |     |Pipeline|
|                    |                |     |     |    |        |      |     |  1     |
| |                  +----------------+-----+-----+----+--------+      |     +--------+
| +Delete            |a               | 36  | 36  | 12 |        |      |     |Fused in|
|                    |                |     |     |    |        |      |     |Pipeline|
|                    |                |     |     |    |        |      |     |  1     |
| |                  +----------------+-----+-----+----+--------+      |     +--------+
| +Delete            |r               | 36  | 36  | 18 |        |      |     |Fused in|
|                    |                |     |     |    |        |      |     |Pipeline|
|                    |                |     |     |    |        |      |     |  1     |
| |                  +----------------+-----+-----+----+--------+      |     +--------+
| +Eager             |delete overlap: | 36  | 36  | 0  | 944    |  2/0 |2.908|  In    |
```

```
|                   |b, r            |     |    |    |        |      |     |Pipeline |
|                   |                |     |    |    |        |      |     |   1     |
| |                 +----------------+-----+----+----+--------+------+-----+---------+
| +Expand(All)      |(a)-[r]-(b)     | 36  | 36 | 36 |        |      |     |Fused in |
|                   |                |     |    |    |        |      |     |Pipeline |
|                   |                |     |    |    |        |      |     |   0     |
| |                 +----------------+-----+----+----+--------+      |     +---------+
| +AllNodesScan     |a               | 35  | 35 |36  |   72   |  2/0 |0.400|Fused in |
|                   |                |     |    |    |        |      |     |Pipeline |
|                   |                |     |    |    |        |      |     |   0     |
+-------------------+----------------+-----+----+----+--------+------+-----+---------+
Total database accesses: 651, total allocated memory: 1344
```

3.10.4.2 Distinct

移除输入行流中重复的行。

查询：

```
MATCH (l:Location)<-[:WORKS_IN]-(p:Person)
RETURN DISTINCT l
```

查询计划：

```
Compiler CYPHER 4.4
Planner COST
Runtime PIPELINED
Runtime version 4.4
+-------------------+----------------+-----+----+----+--------+------+-----+---------+
| Operator          | Details        |Esti-|Rows| DB |Memory  |Page  |Time |Other    |
|                   |                |mated|    |Hits|(Bytes) |Cache |(ms) |         |
|                   |                |Rows |    |    |        |Hits/ |     |         |
|                   |                |     |    |    |        |Misses|     |         |
+-------------------+----------------+-----+----+----+--------+------+-----+---------+
| +ProduceResults   |l               | 14  | 6  | 0  |        |      |     |Fused in |
|                   |                |     |    |    |        |      |     |Pipeline |
|                   |                |     |    |    |        |      |     |   0     |
| |                 +----------------+-----+----+----+--------+      |     +---------+
| +Distinct         |l               |  14 |  6 | 0  |        |      |     |Fused in |
|                   |                |     |    |    |        |      |     |Pipeline |
|                   |                |     |    |    |        |      |     |   0     |
| |                 +----------------+-----+----+----+--------+      |     +---------+
| +Filter           |p:Person        | 15  | 15 | 15 |        |      |     |Fused in |
|                   |                |     |    |    |        |      |     |Pipeline |
|                   |                |     |    |    |        |      |     |   0     |
| |                 +----------------+-----+----+----+--------+      |     +---------+
| +Expand(All)      |(l)<-[anon_0:W-| 15   | 15 | 16 |        |      |     |Fused in |
|                   |ORKS_IN]-(p)    |     |    |    |        |      |     |Pipeline |
|                   |                |     |    |    |        |      |     |   0     |
| |                 +----------------+-----+----+----+--------+      |     +---------+
| +Filter           |l:Location      | 10  | 10 | 0  |        |      |     |Fused in |
|                   |                |     |    |    |        |      |     |Pipeline |
|                   |                |     |    |    |        |      |     |   0     |
| |                 +----------------+-----+----+----+--------+      |     +---------+
| +AllNodesScan     |l               |  35 | 35 | 36 |   72   |  5/0 |0.627|Fused in |
|                   |                |     |    |    |        |      |     |Pipeline |
|                   |                |     |    |    |        |      |     |   0     |
+-------------------+----------------+-----+----+----+--------+------+-----+---------+
Total database accesses: 67, total allocated memory: 304
```

3.10.4.3 Eager 聚合

EagerAggregation 运算符将计算分组表达式并将行分组分到不同组中。此运算符将对所有分组进行聚合运算并返回结果。为完成以上操作，需要从源数据中提取所有数据并建立状态，这将导致系统内存压力增加。

查询：

```
MATCH (l:Location)<-[:WORKS_IN]-(p:Person)
RETURN l.name AS location, collect(p.name) AS people
```

查询计划：

```
Compiler CYPHER 4.4
Planner COST
Runtime PIPELINED
Runtime version 4.4
+-------------------+---------------+-----+----+----+--------+------+-----+--------+
| Operator          | Details       |Esti-|Rows| DB |Memory  |Page  |Time |Other   |
|                   |               |mated|    |Hits|(Bytes) |Cache |(ms) |        |
|                   |               |Rows |    |    |        |Hits/ |     |        |
|                   |               |     |    |    |        |Misses|     |        |
+-------------------+---------------+-----+----+----+--------+------+-----+--------+
| +ProduceResults   |location,people|  4  | 6  | 0  |        |  0/0 |0.331|In      |
|                   |               |     |    |    |        |      |     |Pipeline|
|                   |               |     |    |    |        |      |     |   0    |
| |                 +---------------+-----+----+----+--------+------+-----+--------+
| +EagerAggregation |cache[l.name]  |  4  | 6  | 30 |  3168  |      |     |Fused in|
|                   |AS location, c-|     |    |    |        |      |     |Pipeline|
|                   |collect(p.name)|     |    |    |        |      |     |   0    |
|                   |AS people      |     |    |    |        |      |     |        |
| |                 +---------------+-----+----+----+--------+      |     +--------+
| +Filter           |p:Person       | 15  | 15 | 15 |        |      |     |Fused in|
|                   |               |     |    |    |        |      |     |Pipeline|
|                   |               |     |    |    |        |      |     |   0    |
| |                 +---------------+-----+----+----+--------+      |     +--------+
| +Expand(All)      |(l)<-[anon_0:W-| 15  | 15 | 16 |        |      |     |Fused in|
|                   |ORKS_IN]-(p)   |     |    |    |        |      |     |Pipeline|
|                   |               |     |    |    |        |      |     |   0    |
| |                 +---------------+-----+----+----+--------+      |     +--------+
| +CacheProperties  |cache[l.name]  | 10  | 10 | 10 |        |      |     |Fused in|
|                   |               |     |    |    |        |      |     |Pipeline|
|                   |               |     |    |    |        |      |     |   0    |
| |                 +---------------+-----+----+----+--------+      |     +--------+
| +Filter           |l:Location     | 10  | 10 | 0  |        |      |     |Fused in|
|                   |               |     |    |    |        |      |     |Pipeline|
|                   |               |     |    |    |        |      |     |   0    |
| |                 +---------------+-----+----+----+--------+      |     +--------+
| +AllNodesScan     |l              |  35 | 35 | 36 |   72   |  4/0 |1.204|Fused in|
|                   |               |     |    |    |        |      |     |Pipeline|
|                   |               |     |    |    |        |      |     |   0    |
+-------------------+---------------+-----+----+----+--------+------+-----+--------+
Total database accesses: 107, total allocated memory: 3248
```

3.10.4.4 从计数库获取节点数量

从计数库中得到节点的数量，比通过计数方式的 Eager 聚合要快。然而，计数库中只保存了有限范围的组合，因此 Eager 聚合对很多复杂的查询依然很有用。例如，可以从计数库中得到所有节点和拥有某个标签的节点的数量，但无法获取到超过一个标签的节点的数量。

查询：

```
MATCH (p:Person)
RETURN count(p) AS people
```

结果：

```
Compiler CYPHER 4.4
Planner COST
Runtime PIPELINED
Runtime version 4.4
+-------------------+---------------+-----+----+----+--------+------+-----+--------+
| Operator          | Details       |Esti-|Rows| DB |Memory  |Page  |Time |Other   |
|                   |               |mated|    |Hits|(Bytes) |Cache |(ms) |        |
|                   |               |Rows |    |    |        |Hits/ |     |        |
|                   |               |     |    |    |        |Misses|     |        |
+-------------------+---------------+-----+----+----+--------+------+-----+--------+
| +ProduceResults   |people         |  1  | 1  | 0  |        |      |     |Fused in|
|                   |               |     |    |    |        |      |     |Pipeline|
|                   |               |     |    |    |        |      |     |   0    |
| |                 +---------------+-----+----+----+--------+      |     +--------+
| +NodeCountFromCou-|count((:Person)|  1  | 1  | 1  |   72   |  0/0 |0.233|Fused in|
|  tStore           |) AS people    |     |    |    |        |      |     |Pipeline|
|                   |               |     |    |    |        |      |     |   0    |
+-------------------+---------------+-----+----+----+--------+------+-----+--------+
Total database accesses: 1, total allocated memory: 136
```

3.10.4.5　从计数库获取关系数量

从计数库中得到关系的数量，比通过计数方式的 Eager 聚合要快。然而，计数库中只保存了有限范围的组合，因此 Eager 聚合对很多复杂的查询依然很有用。例如，可以从计数库中得到所有关系、某个类型的关系的数量，以及末尾节点上拥有某个标签的关系的数量，但无法获取到两端节点都有标签的关系的数量。

查询：

```
MATCH (p:Person)-[r:WORKS_IN]->()
RETURN count(r) AS jobs
```

查询计划：

```
Compiler CYPHER 4.4
Planner COST
Runtime PIPELINED
Runtime version 4.4
+-------------------+---------------+-----+----+----+--------+------+-----+--------+
| Operator          | Details       |Esti-|Rows| DB |Memory  |Page  |Time |Other   |
|                   |               |mated|    |Hits|(Bytes) |Cache |(ms) |        |
|                   |               |Rows |    |    |        |Hits/ |     |        |
|                   |               |     |    |    |        |Misses|     |        |
+-------------------+---------------+-----+----+----+--------+------+-----+--------+
| +ProduceResults   |jobs           |  1  | 1  | 0  |        |      |     |Fused in|
|                   |               |     |    |    |        |      |     |Pipeline|
|                   |               |     |    |    |        |      |     |   0    |
| |                 +---------------+-----+----+----+--------+      |     +--------+
| +RelationshipCoun-|count((:Person)|  1  | 1  | 1  |   72   |  0/0 |0.210|Fused in|
```

```
| tFromCountStore    |)-[:WORKS_IN]->|     |    |    |        |      |     |Pipeline |
|                    |()) AS jobs     |     |    |    |        |      |     |   0     |
+--------------------+----------------+-----+----+----+--------+------+-----+---------+
Total database accesses: 1, total allocated memory: 136
```

3.10.4.6 过滤

过滤来自子运算符的每一行，仅仅让断言为 true 的结果通过。

查询：

```
MATCH (p:Person)
WHERE p.name =~ '^a.*'
RETURN p
```

查询计划：

```
Compiler CYPHER 4.4
Planner COST
Runtime PIPELINED
Runtime version 4.4
+--------------------+----------------+-----+----+----+--------+------+-----+---------+
| Operator           | Details        |Esti-|Rows| DB |Memory  |Page  |Time |Other    |
|                    |                |mated|    |Hits|(Bytes) |Cache |(ms) |         |
|                    |                |Rows |    |    |        |Hits/ |     |         |
|                    |                |     |    |    |        |Misses|     |         |
+--------------------+----------------+-----+----+----+--------+------+-----+---------+
| +ProduceResults    |p               | 14  | 0  | 0  |        |      |     |Fused in |
|                    |                |     |    |    |        |      |     |Pipeline |
|                    |                |     |    |    |        |      |     |   0     |
| |                  +----------------+-----+----+----+--------+      |     +---------+
| +Filter            |cache[p.name]=  | 14  |    | 0  | 0      |      |     |Fused in |
|                    |~ $autostring_0 |     |    |    |        |      |     |Pipeline |
|                    |                |     |    |    |        |      |     |   0     |
| |                  +----------------+-----+----+----+--------+      |     +---------+
| +NodeIndexScan     |BTREE INDEX p:  | 14  | 14 | 15 |   72   |  0/1 |0.934|Fused in |
|                    |Person(name) W- |     |    |    |        |      |     |Pipeline |
|                    |HERE name IS N- |     |    |    |        |      |     |   0     |
|                    |OT NULL, cache[ |     |    |    |        |      |     |         |
|                    |p.name]         |     |    |    |        |      |     |         |
+--------------------+----------------+-----+----+----+--------+------+-----+---------+
Total database accesses: 15, total allocated memory: 136
```

3.10.4.7 Limit

返回输入的前 n 行。

查询：

```
MATCH (p:Person)
RETURN p
LIMIT 3
```

查询计划：

```
Compiler CYPHER 4.4
Planner COST
Runtime PIPELINED
Runtime version 4.4
+--------------------+----------------+-----+----+----+--------+------+-----+---------+
```

```
| Operator          | Details        |Esti-|Rows| DB |Memory |Page  |Time |Other   |
|                   |                |mated|    |Hits|(Bytes)|Cache |(ms) |        |
|                   |                |Rows |    |    |       |Hits/ |     |        |
|                   |                |     |    |    |       |Misses|     |        |
+-------------------+----------------+-----+----+----+-------+------+-----+--------+
|+ ProduceResults   |P               | 3   | 3  | 0  |       |      |     |Fused In|
|                   |                |     |    |    |       |      |     |Pipeline|
|                   |                |     |    |    |       |      |     |0       |
| |                 +----------------+-----+----+----+-------+      |     +--------+
|+ Limit            |3               | 3   | 3  | 0  |  32   |      |     |Fused In|
|                   |                |     |    |    |       |      |     |Pipeline|
|                   |                |     |    |    |       |      |     |0       |
| |                 +----------------+-----+----+----+-------+      |     +--------+
| +Filter           |p:Person        | 3   | 3  | 0  |       |      |     |Fused In|
|                   |                |     |    |    |       |      |     |Pipeline|
|                   |                |     |    |    |       |      |     |0       |
| |                 +----------------+-----+----+----+-------+      |     +--------+
| +AllNodesScan     |p               | 8   | 4  | 5  | 72    |3/0   |0.546|Fused In|
|                   |                |     |    |    |       |      |     |Pipeline|
|                   |                |     |    |    |       |      |     |0       |
+-------------------+----------------+-----+----+----+-------+------+-----+--------+
Total database accesses: 5, total allocated memory: 136
```

3.10.4.8 Projection

对于输入的每一行，Projection 将评估表达式并产生一行表达式的结果。

查询：

```
RETURN 'hello' AS greeting
```

查询计划：

```
Compiler CYPHER 4.4
Planner COST
Runtime PIPELINED
Runtime version 4.4
+-------------------+---------------------+----+----+-------+------+-----+--------+
| Operator          | Details             |Est-|Rows| DB    |Page  |Time |Other   |
|                   |                     |ima-|    | Hits  |Cache |(ms) |        |
|                   |                     |ted |    |       |Hits/ |     |        |
|                   |                     |Rows|    |       |Misses|     |        |
+-------------------+---------------------+----+----+-------+------+-----+--------+
|+ ProduceResults   |greeting             | 1  | 1  |   0   |      |     |Fused In|
|                   |                     |    |    |       |      |     |Pipeline|
|                   |                     |    |    |       |      |     |0       |
| |                 +---------------------+----+----+-------+      |     +--------+
|+ Projection       |$autostring_0 AS     | 1  | 1  |   0   |  0/0 |0.000|Fused In|
|                   |greeting             |    |    |       |      |     |Pipeline|
|                   |                     |    |    |       |      |     |0       |
+-------------------+---------------------+----+----+-------+------+-----+--------+
Total database accesses: 0, total allocated memory: 136
```

3.10.4.9 Skip

跳过输入行的前 n 行。

查询：

```
MATCH (p:Person)
```

```
RETURN p
ORDER BY p.id
SKIP 1
```

查询计划：

```
Compiler CYPHER 4.4
Planner COST
Runtime PIPELINED
Runtime version 4.4
+---------------+-------------+-----+----+----+-------+------+-----+-----+--------+
| Operator      | Details     |Esti-|Rows| DB |Memory | Page |Time |Order|Other   |
|               |             |mated|    |Hits|(Bytes)|Cache |(ms) |ed by|        |
|               |             |Rows |    |    |       |Hits/ |     |     |        |
|               |             |     |    |    |       |Misses|     |     |        |
+---------------+-------------+-----+----+----+-------+------+-----+-----+--------+
|+ProduceResults|p            | 13  | 13 | 0  |       | 2/0  |0.320|p.id |   In   |
|               |             |     |    |    |       |      |     | ASC |Pipeline|
|               |             |     |    |    |       |      |     |     |   1    |
| |             +-------------+-----+----+----+-------+------+-----+-----+--------+
|+Skip          |$autoint_0   | 13  | 13 | 0  | 32    | 0/0  |0.061|p.id |   In   |
|               |             |     |    |    |       |      |     | ASC |Pipeline|
|               |             |     |    |    |       |      |     |     |   1    |
| |             +-------------+-----+----+----+-------+------+-----+-----+--------+
|+Sort          |`p.id` ASC   | 14  | 14 | 0  | 392   | 0/0  |0.174|p.id |   In   |
|               |             |     |    |    |       |      |     | ASC |Pipeline|
|               |             |     |    |    |       |      |     |     |   1    |
| |             +-------------+-----+----+----+-------+------+-----+-----+--------+
|+Projection    |p.id AS      | 14  | 14 | 0  |       |      |     |     |Fused In|
|               |`p.id`       |     |    |    |       |      |     |     |Pipeline|
|               |             |     |    |    |       |      |     |     |   0    |
| |             +-------------+-----+----+----+-------+      +     +-----+--------+
|+Filter        |p:Person     | 14  | 14 | 0  | 72    |      |     |     |Fused In|
|               |             |     |    |    |       |      |     |     |Pipeline|
|               |             |     |    |    |       |      |     |     |   0    |
| |             +-------------+-----+----+----+-------+      +     +-----+--------+
|+ AllNodesScan |p            | 35  | 35 | 36 | 72    | 2/0  |0.265|     |Fused In|
|               |             |     |    |    |       |      |     |     |Pipeline|
|               |             |     |    |    |       |      |     |     |   0    |
+---------------+-------------+-----+----+----+-------+------+-----+-----+--------+
Total database accesses: 36, total allocated memory: 504
```

3.10.4.10 Sort

根据给定的键进行排序。

查询：

```
MATCH (p:Person)
RETURN p
ORDER BY p.name
```

查询计划：

```
Compiler CYPHER 4.4
Planner COST
Runtime PIPELINED
Runtime version 4.4
+---------------+-------------+-----+----+----+-------+------+-----+-----+--------+
| Operator      | Details     |Esti-|Rows| DB |Memory | Page |Time |Order|Other   |
```

```
|               |             |mated|    |Hits|(Bytes)|Cache |(ms) |ed by|        |
|               |             |Rows |    |    |       |Hits/ |     |     |        |
|               |             |     |    |    |       |Misses|     |     |        |
+---------------+-------------+-----+----+----+-------+------+-----+-----+--------+
|+ProduceResults|p            | 14  | 14 | 0  |       | 2/0  |0.300|p.na-|  In    |
|               |             |     |    |    |       |      |     |me   |Pipeline|
|               |             |     |    |    |       |      |     | ASC |   1    |
| |             +-------------+-----+----+----+-------+------+-----+-----+--------+
|+ Sort         |`p.name`     | 14  | 14 | 0  | 1184  | 0/0  |0.179|p.na-|  In    |
|               | ASC         |     |    |    |       |      |     |me   |Pipeline|
|               |             |     |    |    |       |      |     | ASC |   1    |
| |             +-------------+-----+----+----+-------+------+-----+-----+--------+
|+ Projection   |p.name       | 14  | 14 | 14 |       |      |     |     |Fused In|
|               |AS `p.name`  |     |    |    |       |      |     |     |Pipeline|
|               |             |     |    |    |       |      |     |     |   0    |
| |             +-------------+-----+----+----+-------+      +     +-----+--------+
|+ Filter       |p:Person     | 14  | 14 | 0  |       |      |     |     |Fused In|
|               |             |     |    |    |       |      |     |     |Pipeline|
|               |             |     |    |    |       |      |     |     |   0    |
| |             +-------------+-----+----+----+-------+      +     +-----+--------+
|+ AllNodesScan |p            | 35  | 35 | 36 | 72    | 2/0  |0.255|     |Fused In|
|               |             |     |    |    |       |      |     |     |Pipeline|
|               |             |     |    |    |       |      |     |     |   0    |
+---------------+-------------+-----+----+----+-------+------+-----+-----+--------+
Total database accesses: 50, total allocated memory: 1264
```

3.10.4.11　Top

返回根据给定键排序后的前 n 行。

查询：

```
MATCH (p:Person)
RETURN p
ORDER BY p.name
LIMIT 2
```

查询计划：

```
Compiler CYPHER 4.4
Planner COST
Runtime PIPELINED
Runtime version 4.4
+---------------+-------------+-----+----+----+-------+------+-----+-----+--------+
| Operator      | Details     |Esti-|Rows| DB |Memory | Page |Time |Order|Other   |
|               |             |mated|    |Hits|(Bytes)|Cache |(ms) |ed by|        |
|               |             |Rows |    |    |       |Hits/ |     |     |        |
|               |             |     |    |    |       |Misses|     |     |        |
+---------------+-------------+-----+----+----+-------+------+-----+-----+--------+
|+ProduceResults|p            | 2   | 2  | 0  |       | 2/0  |0.137|p.na-|  In    |
|               |             |     |    |    |       |      |     |me   |Pipeline|
|               |             |     |    |    |       |      |     | ASC |   1    |
| |             +-------------+-----+----+----+-------+------+-----+-----+--------+
|+ Top          |`p.name`     | 2   | 2  | 0  | 1176  | 0/0  |0.219|p.na-|  In    |
|               |ASC LIMIT 2  |     |    |    |       |      |     |me   |Pipeline|
|               |             |     |    |    |       |      |     | ASC |   1    |
| |             +-------------+-----+----+----+-------+------+-----+-----+--------+
|+ Projection   |p.name       | 14  | 14 | 14 |       |      |     |     |Fused In|
|               |AS `p.name`  |     |    |    |       |      |     |     |Pipeline|
|               |             |     |    |    |       |      |     |     |   0    |
```

```
| |             +------------+-----+----+----+-------+      +     +-----+--------+
|+ Filter       |p:Person    | 14  | 14 | 0  |       |      |     |     |Fused In|
|               |            |     |    |    |       |      |     |     |Pipeline|
|               |            |     |    |    |       |      |     |     |   0    |
| |             +------------+-----+----+----+-------+      +     +-----+--------+
|+ AllNodesScan |p           | 35  | 35 | 36 | 72    | 2/0  |0.543|     |Fused In|
|               |            |     |    |    |       |      |     |     |Pipeline|
|               |            |     |    |    |       |      |     |     |   0    |
+---------------+------------+-----+----+----+-------+------+-----+-----+--------+
Total database accesses: 50, total allocated memory: 1256
```

3.10.4.12 Union

Union 将左右两个计划的结果连接在一起。

查询：

```
MATCH (p:Location)
RETURN p.name
UNION ALL MATCH (p:Country)
RETURN p.name
```

查询计划：

```
Compiler CYPHER 4.4
Planner COST
Runtime PIPELINED
Runtime version 4.4
+-----------------+-------------+-----+----+----+-------+------+-----+--------+
| Operator        | Details     |Esti-|Rows| DB |Memory | Page |Time |Other   |
|                 |             |mated|    |Hits|(Bytes)|Cache |(ms) |        |
|                 |             |Rows |    |    |       |Hits/ |     |        |
|                 |             |     |    |    |       |Misses|     |        |
|                 |
+-----------------+-------------+-----+----+----+------ +------+-----+--------+
|+ ProduceResults |`p.name`     | 20  | 11 | 0  |       |      |     |Fused In|
|                 |             |     |    |    |       |      |     |Pipeline|
|                 |             |     |    |    |       |      |     |   2    |
| |               +-------------+-----+----+----+-------+      |     +--------+
|+ Union          |             | 20  | 11 | 0  | 768   | 0/0  |0.227|Fused In|
|                 |             |     |    |    |       |      |     |Pipeline|
|                 |             |     |    |    |       |      |     |   2    |
| |               +-------------+-----+----+----+-------+------+-----+--------+
||+ Projection    | `p.name`    | 10  | 1  | 0  |       |      |     |Fused In|
|                 |             |     |    |    |       |      |     |Pipeline|
|                 |             |     |    |    |       |      |     |   1    |
| | |             +-------------+-----+----+----+-------+      |     +--------+
| |  +Projection  | p.name AS   | 10  | 1  | 1  |       |      |     |Fused In|
|                 |`p.name`     |     |    |    |       |      |     |Pipeline|
|                 |             |     |    |    |       |      |     |   1    |
| | |             +-------------+-----+----+----+-------+      |     +--------+
| | +Filter       | p:Country   | 10  | 1  | 0  |       |      |     |Fused In|
|                 |             |     |    |    |       |      |     |Pipeline|
|                 |             |     |    |    |       |      |     |   1    |
| |  |            +-------------+-----+----+----+-------+      |     +--------+
| | +AllNodesScan | p           | 35  | 35 | 36 | 72    | 0/0  |0.152|Fused In|
|                 |             |     |    |    |       |      |     |Pipeline|
|                 |             |     |    |    |       |      |     |   1    |
| |               +-------------+-----+----+----+-------+------+-----+--------+
| +Projection     | `p.name`    | 10  | 10 | 0  |       |      |     |Fused In|
```

```
|                   |               |     |    |    |       |      |     |Pipeline |
|                   |               |     |    |    |       |      |     |    0    |
| |                 +---------------+-----+----+----+-------+      |     +---------+
| +Projection       | p.name AS     | 10  | 10 | 10 |       |      |     |Fused In |
|                   |`p.name`       |     |    |    |       |      |     |Pipeline |
|                   |               |     |    |    |       |      |     |    0    |
| |                 +---------------+-----+----+----+-------+      |     +---------+
| +Filter           | p:Location    | 10  | 10 | 0  |       |      |     |Fused In |
|                   |               |     |    |    |       |      |     |Pipeline |
|                   |               |     |    |    |       |      |     |    0    |
| |                 +---------------+-----+----+----+-------+      |     +---------+
| +AllNodesScan     | p             | 35  | 35 | 36 | 72    | 2/0  |0.266|Fused In |
|                   |               |     |    |    |       |      |     |Pipeline |
|                   |               |     |    |    |       |      |     |    0    |
+-------------------+---------------+-----+----+----+-------+------+-----+---------+

Total database accesses: 83, total allocated memory: 928
```

3.10.4.13 Unwind

将列表中的值以每行一个元素的形式返回。

查询：

```
UNWIND range(1, 5) AS value
RETURN value;
```

查询计划：

```
Compiler CYPHER 4.4
Planner COST
Runtime PIPELINED
Runtime version 4.4
+-------------------+---------------------+----+----+-------+------+-----+---------+
| Operator          | Details             |Est-|Rows| DB    |Page  |Time |Other    |
|                   |                     |ima-|    | Hits  |Cache |(ms) |         |
|                   |                     |ted |    |       |Hits/ |     |         |
|                   |                     |Rows|    |       |Misses|     |         |
+-------------------+---------------------+----+----+------- +------+-----+---------+
| +ProduceResults   |value                | 10 | 5  |0      |      |     |Fused In |
|                   |                     |    |    |       |      |     |Pipeline |
|                   |                     |    |    |       |      |     |    0    |
| |                 +---------------------+----+----+-------+      +---------+
| +Unwind           |range($autoint_0,    | 10 | 5  |0      | 0/0  |0.000|Fused In |
|                   |$autoint_1) AS value |    |    |       |      |     |Pipeline |
|                   |                     |    |    |       |      |     |    0    |
+-------------------+---------------------+----+----+-------+------+-----+---------+
Total database accesses: 0, total allocated memory: 136
```

3.10.4.14 调用过程

表征对过程的调用。

查询：

```
CALL db.labels() YIELD label
RETURN *
ORDER BY label
```

查询计划：

```
Compiler CYPHER 4.4
Planner COST
Runtime PIPELINED
Runtime version 4.4
+--------------+------------+-----+----+----+-------+------+-----+-----+--------+
| Operator     | Details    |Esti-|Rows| DB |Memory | Page |Time |Order|Other   |
|              |            |mated|    |Hits|(Bytes)|Cache |(ms) |ed by|        |
|              |            |Rows |    |    |       |Hits/ |     |     |        |
|              |            |     |    |    |       |Misses|     |     |        |
+--------------+------------+-----+----+----+-------+------+-----+-----+--------+
| +ProduceResul-| label     | 10  | 4  | 0  |       | 0/0  |0.076|label|   In   |
|  ts          |            |     |    |    |       |      |     | ASC |Pipeline|
|              |            |     |    |    |       |      |     |     |   1    |
| |            +------------+-----+----+----+-------+------+-----+-----+--------+
| +Sort        | label ASC  | 10  | 4  | 0  | 528   | 0/0  |0.178|label|   In   |
|              |            |     |    |    |       |      |     | ASC |Pipeline|
|              |            |     |    |    |       |      |     |     |   1    |
| |            +------------+-----+----+----+-------+------+-----+-----+--------+
| +ProcedureCall|db.labels()::| 10 | 4  |    |       |      |     |     |Fused In|
|              |(label ::   |     |    |    |       |      |     |     |Pipeline|
|              |STRING?)    |     |    |    |       |      |     |     |   0    |
+--------------+------------+-----+----+----+-------+------+-----+-----+--------+
Total database accesses: ?, total allocated memory: 592
```

3.10.5 更新运算符

这些运算符用于在查询中更新图。

3.10.5.1 新建节点或关系

查询：

```
CREATE (max:Person {name: 'Max'}), (chris:Person {name: 'Chris'})
CREATE (max)-[:FRIENDS_WITH]->(chris)
```

查询计划：

```
Compiler CYPHER 4.4
Planner COST
Runtime PIPELINED
Runtime version 4.4
+-----------------+--------------------+----+----+-------+------+-----+--------+
| Operator        | Details            |Est-|Rows| DB    |Page  |Time |Other   |
|                 |                    |ima-|    | Hits  |Cache |(ms) |        |
|                 |                    |ted |    |       |Hits/ |     |        |
|                 |                    |Rows|    |       |Misses|     |        |
+-----------------+--------------------+----+----+-------+------+-----+--------+
|+ ProduceResults |                    | 1  | 0  |   0   |      |     |Fused In|
|                 |                    |    |    |       |      |     |Pipeline|
|                 |                    |    |    |       |      |     |   0    |
| |               +--------------------+----+----+-------+      |     +--------+
|+ EmptyResult    |                    | 1  | 0  |   0   |      |     |Fused In|
|                 |                    |    |    |       |      |     |Pipeline|
|                 |                    |    |    |       |      |     |   0    |
| |               +--------------------+----+----+-------+      |     +--------+
|+ Create         |(max:Person {name:  | 1  | 1  |   7   | 0/0  |0.000|Fused In|
|                 |$autostring_0}),    |    |    |       |      |     |Pipeline|
|                 |(chris:Person {name:|    |    |       |      |     |   0    |
|                 |$autostring_1}),(max)|   |    |       |      |     |        |
```

```
|                  |-[anon_0:FRIENDS_WI-]|    |    |        |      |     |        |
|                  |TH->(chris)          |    |    |        |      |     |        |
+------------------+---------------------+----+----+--------+------+-----+--------+
Total database accesses: 7, total allocated memory: 136
```

3.10.5.2 设置标签

查询：

```
MATCH (n)
SET n:Person
```

查询计划：

```
Compiler CYPHER 4.4
Planner COST
Runtime PIPELINED
Runtime version 4.4
+------------------+---------------+-----+----+----+--------+------+-----+--------+
| Operator         | Details       |Esti-|Rows| DB |Memory  | Page |Time |Other   |
|                  |               |mated|    |Hits|(Bytes) |Cache |(ms) |        |
|                  |               |Rows |    |    |        |Hits/ |     |        |
|                  |               |     |    |    |        |Misses|     |        |
+------------------+---------------+-----+----+----+------- +------+-----+--------+
|+ ProduceResults  |               | 35  | 0  | 0  |        |      |     |Fused In|
|                  |               |     |    |    |        |      |     |Pipeline|
|                  |               |     |    |    |        |      |     |   0    |
| |                +---------------+-----+----+----+--------+      |-----+--------+
|+ EmptyResult     |               | 35  | 0  | 0  |        |      |     |Fused In|
|                  |               |     |    |    |        |      |     |Pipeline|
|                  |               |     |    |    |        |      |     |   0    |
| |                +---------------+-----+----+----+--------+      |-----+--------+
|+ SetProperty     |n:Person       | 35  | 35 | 22 |        |      |     |Fused In|
|                  |               |     |    |    |        |      |     |Pipeline|
|                  |               |     |    |    |        |      |     |   0    |
| |                +---------------+-----+----+----+--------+      |-----+--------+
|+ AllNodesScan    |n              | 35  | 35 | 36 | 72     | 3/0  |1.696|Fused In|
|                  |               |     |    |    |        |      |     |Pipeline|
|                  |               |     |    |    |        |      |     |   0    |
+------------------+---------------+-----+----+----+--------+------+-----+--------+
Total database accesses: 58, total allocated memory: 136
```

3.10.5.3 设置属性

查询：

```
MATCH (n)
SET n.checked = true
```

查询计划：

```
Compiler CYPHER 4.4
Planner COST
Runtime PIPELINED
Runtime version 4.4
+------------------+---------------+-----+----+----+--------+------+----+---------+
| Operator         | Details       |Esti-|Rows| DB |Memory  | Page |Time |Other   |
|                  |               |mated|    |Hits|(Bytes) |Cache |(ms) |        |
|                  |               |Rows |    |    |        |Hits/ |     |        |
|                  |               |     |    |    |        |Misses|     |        |
```

```
+------------------+--------------+-----+----+----+------ +------+-----+--------+
|+ ProduceResults  |              | 35  | 0  | 0  |       |      |     |Fused In|
|                  |              |     |    |    |       |      |     |Pipeline|
|                  |              |     |    |    |       |      |     |   0    |
| |                +--------------+-----+----+----+-------|      |     +--------+
|+ EmptyResult     |              | 35  | 0  | 0  |       |      |     |Fused In|
|                  |              |     |    |    |       |      |     |Pipeline|
|                  |              |     |    |    |       |      |     |   0    |
| |                +--------------+-----+----+----+-------|      |     +--------+
|+ SetProperty     |n.checked =   | 35  | 35 | 70 |       |      |     |Fused In|
|                  |true          |     |    |    |       |      |     |Pipeline|
|                  |              |     |    |    |       |      |     |   0    |
| |                +--------------+-----+----+----+-------|      |     +--------+
|+ AllNodesScan    |n             | 35  | 35 | 36 | 72    | 3/0  |0.747|Fused In|
|                  |              |     |    |    |       |      |     |Pipeline|
|                  |              |     |    |    |       |      |     |   0    |
+------------------+--------------+-----+----+----+-------+------+-----+--------+
Total database accesses: 106, total allocated memory: 136
```

3.10.5.4 新建唯一性约束

在一对标签和属性上创建一个约束。下面的查询在带有 Country 标签节点的 name 属性上创建一个唯一性约束。

查询：

```
CREATE CONSTRAINT uniqueness FOR (c:Country) REQUIRE c.name IS UNIQUE
```

查询计划：

```
Compiler CYPHER 4.4
Planner ADMINISTRATION
Runtime SCHEMA
Runtime version 4.4
+-----------------+----------------------------------------------------------+
| Operator        | Details                                                  |
+-----------------+----------------------------------------------------------+
|+CreateConstraint|CONSTRAINT uniqueness FOR (c:Country) REQUIRE (c.name) IS |
|                 | UNIQUE                                                   |
+-----------------+----------------------------------------------------------+
Total database accesses: ?
```

3.10.5.5 新建索引

查询：

```
CREATE INDEX my_index FOR (c:Country) ON (c.name)
```

查询计划：

```
Compiler CYPHER 4.4
Planner ADMINISTRATION
Runtime SCHEMA
Runtime version 4.4
+-----------------+--------------------------------------------+
| Operator        | Details                                    |
+-----------------+--------------------------------------------+
| +CreateIndex    |BTREE INDEX my_index FOR (:Country) ON (name) |
+-----------------+--------------------------------------------+
Total database accesses: ?
```

3.10.5.6　EmptyResult

即时加载产生的所有结果到 EmptyResult 运算符并丢弃掉。

查询：

```
CREATE (:Person)
```

查询计划：

```
Compiler CYPHER 4.4
Planner COST
Runtime PIPELINED
Runtime version 4.4
+------------------+---------------+-----+----+----+-------+------+--------+
| Operator         | Details       |Esti-|Rows| DB |Page   |Time  | Other  |
|                  |               |mated|    |Hits|Cache  |(ms)  |        |
|                  |               |Rows |    |    |Hits/  |      |        |
|                  |               |     |    |    |Misses |      |        |
+------------------+---------------+-----+----+----+-------+------+--------+
|+ProduceResults   |               | 1   | 0  | 0  |       |      |Fused in|
|                  |               |     |    |    |       |      |Pipeline|
|                  |               |     |    |    |       |      |   0    |
| |                +---------------+-----+----+----+       +      +--------+
|+EmptyResult      |               | 1   | 0  | 0  |       |      |Fused in|
|                  |               |     |    |    |       |      |Pipeline|
|                  |               |     |    |    |       |      |   0    |
| |                +---------------+-----+----+----+       +      +--------+
|+Create           |(anon_0:Person)| 1   | 1  | 1  |  0/0  |0.000 |Fused in|
|                  |               |     |    |    |       |      |Pipeline|
|                  |               |     |    |    |       |      |   0    |
+------------------+---------------+-----+----+----+-------+------+--------+
Total database accesses: 1, total allocated memory: 136
```

3.10.5.7　Merge

对图进行更新操作。

查询：

```
CYPHER planner=rule
CREATE (:Person { name: 'Alistair' })
```

查询计划：

```
+--------------+------+--------- +-----------+------------+
| Operator     |Rows  | DB Hits  | Variables | Other      |
+--------------+------+--------- +-----------+------------+
| +EmptyResult |  0   |  0       |           |            |
| |            +------+--------- +-----------+------------+
| +UpdateGraph |  1   |  4       |anon[7]    |CreateNode  |
+--------------+------+--------- +-----------+------------+
Total database accesses: 4
```

3.10.6　最短路径规划

本小节将讲解 Cypher 中的最短路径查找是如何规划的。

不同的断言在规划最短路径时可能导致 Cypher 中产生不同的查询计划。如果断言可以在搜索路径时处理，Neo4j 将使用快速的双向广度优先搜索算法。因此，当路径上是普通断言时，这个快速算法可以一直确定地返回正确的结果。例如，当搜索有 Person 标签的所有节点的最短路径时，或者没有带有 name 属性的节点时。

如果在决定哪条路径是有效或者无效之前，断言需要检查所有路径，那么这个算法就不能可靠地找到最短路径。Neo4j 可能需要求助于比较慢的穷举深度优先搜索算法去寻找路径。

这两种算法的运行时间可能有数量级的差异，因此，对于时间敏感性查询来说，确保使用的是快速算法非常重要。

3.10.6.1 用快速算法检索最短路径

查询：

```
MATCH (KevinB:Person { name: 'Kevin Bacon' }),(Al:Person { name: 'Al Pacino ' }),
p = shortestPath((KevinB)-[:ACTED_IN*]-(Al))
WHERE ALL (r IN relationships(p)  WHERE r.role IS NOT NULL)
RETURN p
```

这个查询可以使用快速算法——因为没有断言需要查看所有路径。

查询计划：

```
Compiler CYPHER 4.4
Planner COST
Runtime PIPELINED
Runtime version 4.4
+-------------------+---------------+-----+----+----+--------+------+-----+-------- +
| Operator          | Details       |Esti-|Rows| DB |Memory  |Page  |Time |  Other  |
|                   |               |mated|    |Hits|(Bytes) |Cache |(ms) |         |
|                   |               |Rows |    |    |        |Hits/ |     |         |
|                   |               |     |    |    |        |Misses|     |         |
+-------------------+---------------+-----+----+----+--------+------+-----+-------- +
|+ProduceResults    |p              | 2   | 1  | 0  |        | 1/0  |0.221|   In    |
|                   |               |     |    |    |        |      |     |Pipeline |
|                   |               |     |    |    |        |      |     |   1     |
| |                 +---------------+-----+----+----+--------+------+-----+---------+
|+ShortestPath      |p=(KevinB)-[an-| 2   | 1  | 23 | 1704   |      ||In  |   In    |
|                   |on_0:ACTED_IN*]|     |    |    |        |      |     |Pipeline |
|                   |-(Al) WHERE all|     |    |    |        |      |     |   1     |
|                   |(r IN relation-|     |    |    |        |      |     |         |
|                   |ships(p) WHERE |     |    |    |        |      |     |         |
|                   |r.role IS NOT  |     |    |    |        |      |     |         |
|                   | NULL)         |     |    |    |        |      |     |         |
| |                 +---------------+-----+----+----+--------+------+-----+---------+
|+MultiNodeIndexSeek|BTREE INDEX Ke-| 2   | 1  | 4  | 72     | 1/1  |1.145|   In    |
|                   |vinB:Person(na-|     |    |    |        |      |     |Pipeline |
|                   |me) WHERE name |     |    |    |        |      |     |   0     |
|                   |=$autostring_0,|     |    |    |        |      |     |         |
|                   |BTREE INDEX Al:|     |    |    |        |      |     |         |
|                   |Person(name)   |     |    |    |        |      |     |         |
|                   |WHERE name =   |     |    |    |        |      |     |         |
|                   |$autostring_1  |     |    |    |        |      |     |         |
+-------------------+---------------+-----+----+----+--------+------+-----+-------- +
Total database accesses: 27, total allocated memory: 1768
```

3.10.6.2　需要检查路径上额外断言的最短路径规划

1. 考虑使用穷举搜索

在决定哪条是最短的匹配路径之前，WHERE 语句中的断言需要应用于最短路径模式。

查询：

```
MATCH (KevinB:Person { name: 'Kevin Bacon' }),(Al:Person { name: 'Al Pacino ' }),
p = shortestPath((KevinB)-[*]-(Al))
WHERE length(p)> 1
RETURN p
```

与前面那个相反，这个查询在知道哪条是最短路径之前，需要检查所有的路径。因此，查询计划将使用较慢的穷举搜索算法。

查询计划：

```
Compiler CYPHER 4.4
Planner COST
Runtime PIPELINED
Runtime version 4.4
+-------------------+----------------+-----+----+----+--------+------+-----+--------- +
| Operator          | Details        |Esti-|Rows| DB |Memory  |Page  |Time |  Other   |
|                   |                |mated|    |Hits|(Bytes) |Cache |(ms) |          |
|                   |                |Rows |    |    |        |Hits/ |     |          |
|                   |                |     |    |    |        |Misses|     |          |
+-------------------+----------------+-----+----+----+--------+------+-----+--------- +
|+ProduceResults    |p               |  1  | 1  | 0  |        |      |     |Fused in |
|                   |                |     |    |    |        |      |     |Pipeline |
|                   |                |     |    |    |        |      |     |    6    |
| |                 +----------------+-----+----+----+--------+      |     +--------- +
|+ AntiConditional- |                |  1  | 1  | 0  |  496   | 0/0  |0.318|Fused in |
|Apply              |                |     |    |    |        |      |     |Pipeline |
|                   |                |     |    |    |        |      |     |    6    |
| |                 +----------------+-----+----+----+--------+------+-----+---------+
|+Top               |anon_1 ASC      |  2  | 0  | 0  |  4280  | 0/0  |0.000|   In    |
|                   |                |     |    |    |        |      |     |Pipeline |
|                   |                |     |    |    |        |      |     |    5    |
| |                 +----------------+-----+----+----+--------+------+-----+---------+
|+Projection        |length(p) AS    |7966 | 0  | 0  |        |      |     |Fused in |
|                   |anon_1          |     |    |    |        |      |     |Pipeline |
|                   |                |     |    |    |        |      |     |    4    |
| |                 +----------------+-----+----+----+--------+      |     +---------+
|+Filter            | length(p) >    |7966 | 0  | 0  |        |      |     |Fused in |
|                   | $autoint_2     |     |    |    |        |      |     |Pipeline |
|                   |                |     |    |    |        |      |     |    4    |
| |                 +----------------+-----+----+----+--------+      |     +---------+
|+Projection        | (KevinB)-      |26554| 0  | 0  |        |      |     |Fused in |
|                   | [anon_0*]-     |     |    |    |        |      |     |Pipeline |
|                   | (Al) AS p      |     |    |    |        |      |     |    4    |
| |                 +----------------+-----+----+----+--------+      |     +---------+
|+VarLengthExpand   |(KevinB)-       |26554| 0  | 0  |        |      |     |Fused in |
|(Into)             |[anon_0*]-(Al)  |     |    |    |        |      |     |Pipeline |
|                   |                |     |    |    |        |      |     |    4    |
| |                 +----------------+-----+----+----+--------+      |     +---------+
|+Argument          |KevinB, Al      |  2  | 0  | 0  |   0    | 0/0  |0.000|Fused in |
|                   |                |     |    |    |        |      |     |Pipeline |
```

```
|                   |               |     |    |    |        |      |     |    4    |
| |                 +---------------+-----+----+----+--------+------+-----+---------+
|+Apply             |               | 2   | 1  | 0  |  0     | 0/0  |0.070|Fused in |
|                   |               |     |    |    |        |      |     |Pipeline |
|                   |               |     |    |    |        |      |     |    4    |
| |                 +---------------+-----+----+----+--------+------+-----+---------+
|+Optional          |KevinB, Al     | 2   | 1  | 0  | 4832   | 0/0  |0.120|   In    |
|                   |               |     |    |    |        |      |     |Pipeline |
|                   |               |     |    |    |        |      |     |    4    |
| |                 +---------------+-----+----+----+--------+------+-----+---------+
|+ShortestPath      |p = (KevinB)-  | 1   | 1  | 1  | 1776   |      |     |   In    |
|                   |[anon_0*]-(Al) |     |    |    |        |      |     |Pipeline |
|                   |WHERE length(p)|     |    |    |        |      |     |    2    |
|                   |> $autoint_2)  |     |    |    |        |      |     |         |
| |                 +---------------+-----+----+----+--------+------+-----+---------+
|+Argument          |KevinB, Al     | 2   | 1  | 0  |  88    | 0/0  |0.029|   In    |
|                   |               |     |    |    |        |      |     |Pipeline |
|                   |               |     |    |    |        |      |     |    1    |
| |                 +---------------+-----+----+----+--------+------+-----+---------+
|+MultiNodeIndexSeek|BTREE INDEX Ke-| 2   | 1  | 4  |  72    | 2/0  |0.342|   In    |
|                   |vinB:Person(na-|     |    |    |        |      |     |Pipeline |
|                   |me) WHERE name |     |    |    |        |      |     |    0    |
|                   |=$autostring_0,|     |    |    |        |      |     |         |
|                   |BTREE INDEX Al:|     |    |    |        |      |     |         |
|                   |Person(name)   |     |    |    |        |      |     |         |
|                   |WHERE name =   |     |    |    |        |      |     |         |
|                   |$autostring_1  |     |    |    |        |      |     |         |
+-------------------+---------------+-----+----+----+--------+------+-----+---------+
Total database accesses: 5, total allocated memory: 10536
```

这种更费时的穷举查询计划使用 Apply/Optional 来确保，当快速算法无法找到结果的时候返回一个 null 结果，而不是简单地停止结果流。在查询计划的顶部，查询器使用了一个 AntiConditionalApply，如果路径变量指向的是 null，那么它将运行穷举搜索。

2. 禁止使用穷举搜索算法

这个查询与上面的查询一样，在知道哪条路径是最短路径之前需要检查所有路径。然而，使用 WITH 语句将使得查询计划不使用穷举搜索算法。由快速算法找到的任何路径接下来将被过滤掉，这可能会导致没有结果返回。

查询：

```
MATCH (KevinB:Person { name: 'Kevin Bacon' }),(Al:Person { name: 'Al Pacino ' }),
p = shortestPath((KevinB)-[*]-(Al))
WITH p
WHERE length(p)> 1
RETURN p
```

查询计划：

```
Compiler CYPHER 4.4
Planner COST
Runtime PIPELINED
Runtime version 4.4
+-------------------+---------------+-----+----+----+--------+------+-----+---------+
| Operator          | Details       |Esti-|Rows| DB |Memory  | Page |Time |Other    |
|                   |               |mated|    |Hits|(Bytes) |Cache |(ms) |         |
```

```
|                  |              |Rows |    |    |       |Hits/ |     |        |
|                  |              |     |    |    |       |Misses|     |        |
+------------------+--------------+-----+----+----+------ +------+-----+--------+
|+ProduceResults   |p             | 1   | 1  | 0  |       | 1/0  |0.154|  In    |
|                  |              |     |    |    |       |      |     |Pipeline |
|                  |              |     |    |    |       |      |     |   1    |
| |                +--------------+-----+----+----+-------+------+-----+--------+
|+Filter           |length(p) >   | 1   | 1  | 0  |       | 0/0  |0.106|  In    |
|                  |$autoint_2    |     |    |    |       |      |     |Pipeline |
|                  |              |     |    |    |       |      |     |   1    |
| |                +--------------+-----+----+----+-------+------+-----+--------+
|+ShortestPath     |p = (KevinB)  | 2   | 1  | 1  | 1776  |      |     |  In    |
|                  |-[anon_0*]-(Al)|    |    |    |       |      |     |Pipeline |
|                  |              |     |    |    |       |      |     |   1    |
| |                +--------------+-----+----+----+-------+------+-----+--------+
|+MultiNodeIndexSeek|BTREE INDEX pe-| 2 | 1  | 4  |  72   | 2/0  |0.585|  In    |
|                  |erson(name)   |     |    |    |       |      |     |Pipeline |
|                  |WHERE name =  |     |    |    |       |      |     |   0    |
|                  | $autostring_0,|    |    |    |       |      |     |        |
|                  |BTREE INDEX Al:|    |    |    |       |      |     |        |
|                  |Person(name)  |     |    |    |       |      |     |        |
|                  |WHERE name =  |     |    |    |       |      |     |        |
|                  | $autostring_1 |    |    |    |       |      |     |        |
+------------------+--------------+-----+----+----+-------+------+-----+--------+
Total database accesses: 5, total allocated memory: 1840
```

第 4 章

Neo4j 程序开发

本章主要内容：

- Neo4j 开发入门
- Java API 嵌入式开发模式
- 各语言驱动包开发模式
- Neo4j HTTP API
- 其他开发技术介绍

本章将详细介绍如何把 Neo4j 与开发平台、编程语言相互集成。Neo4j 正式支持.Net、Java、JavaScript、Ruby、PHP 和 Python 的二进制 Bolt 协议驱动程序，这些开发平台通过引入相应的驱动程序包便可与 Neo4j 相互集成，然后就可以对 Neo4j 进行数据操作。另外，Neo4j 社区贡献者已经为大部分非主流编程语言编写了驱动程序，开发人员可以直接调用相应的 API。

本章所有实例代码都可以从 Neo4j 的 GitHub 主页找到：https://github.com/neo4j-examples，建议读者结合实例代码学习以达到事半功倍的效果。

4.1 Neo4j 开发入门

4.1.1 Java 嵌入式开发模式

读者大概已经了解到，Neo4j 是用 Java 语言开发、基于 JVM（Java Virtual Machine，Java 虚拟机）的一款产品，因此在 Neo4j 第一版发布之初，它是专门针对 Java 领域的，所以它能够与 Java 开发天然结合。Java 开发人员完全可以直接在代码中调用 Neo4j 的 API，并把对 Neo4j 数据库的操作嵌入在 Java 代码中，这就是嵌入式开发模式。

4.1.2 各语言驱动包开发模式

随着 Neo4j 不断改进和被各大应用领域的认可，其他开发语言如.Net、JavaScript、Python、PHP 等也希望能够和 Neo4j 相互集成，就像操作传统的关系数据库（如 SQL Server、Oracle、MySQL）

那样熟练地操作 Neo4j 这个图数据库。由此，驱动模式就被引入到 Neo4j 开发中。Neo4j 本质上是一款基于 JVM 的产品，最初，这意味着任何基于 JVM 的开发平台、语言才能够操作 Neo4j 数据库，但驱动模式被引入到 Neo4j 开发的主要原因，就是让非基于 JVM 的开发平台、编程语言也能够操作 Neo4j 数据库。在驱动模式下，其他开发平台、语言通过它们专门基于 HTTP 的 HTTP API 驱动包或驱动库就可以与 Neo4j 相互对话。

下面给出两种模式的结构图，如图 4-1 所示。

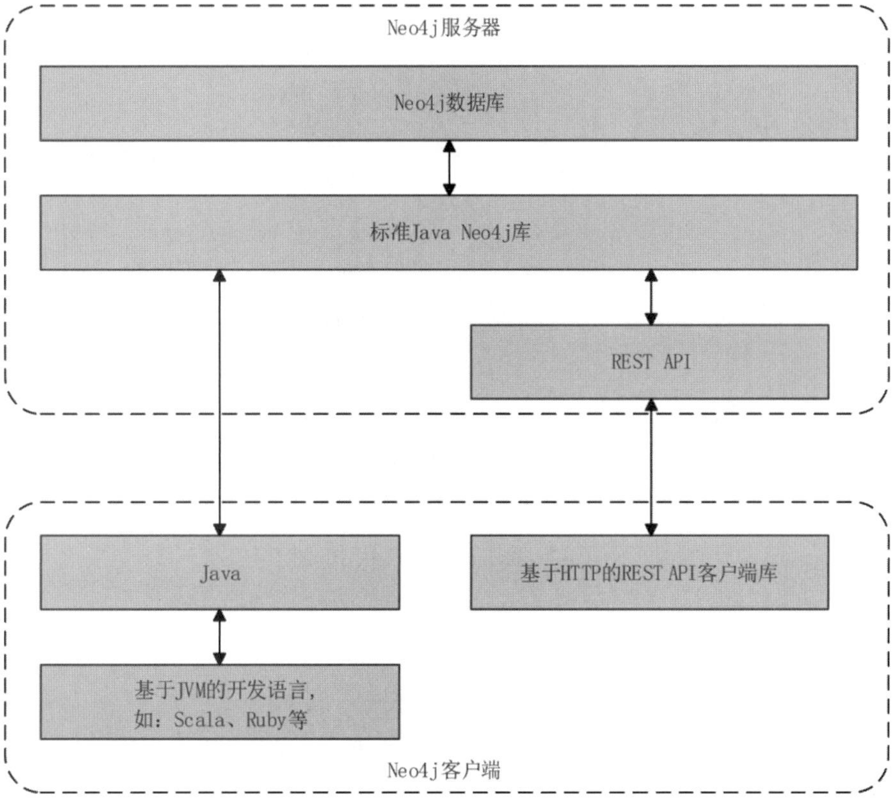

图 4-1　Neo4j 开发模式结构图

4.2　Java API 嵌入式开发模式

由于 Neo4j 是一款基于 JVM 的产品，可以直接在 Java 应用程序中使用 Neo4j 的 Java API 来进行编程开发，而 Java API 在应用程序和 Neo4j 的物理数据存储之间成为一种传送数据的机制。这样应用程序就可以使用 Neo4j 数据库的大部分功能，并能直接管理 Neo4j 数据库，例如所有 Neo4j 的操作逻辑、遍历、查询等操作都可以通过 Java 程序实现。从应用程序的角度看这是非常有用的。现在，我们只要知道通过 Java API 嵌入式开发模式，Java 应用程序和 Neo4j 将运行在同一个 JVM 上就足以满足需要了。

除了可以使用面向图数据库的 API 来操作节点、关系和路径对象，它还提供可定制的高速遍历和图算法。

作为一个 Java 开发人员，当在 Neo4j 中插入大量数据时可以充分体会到它的优势。利用非事务性、高并发批量插入 API，可以摄取数十亿的节点和关系并非常容易地将其存入 Neo4j 中并进行其他处理。这也满足我们对数据库的高性能需求。

另外，由于其灵活性和高性能，我们还可以使用 Java API 扩展 Neo4j 的功能来定制自己的数据库插件，也就是后续章节将要讨论的用户自定义过程。

Java API 嵌入式开发模式中，应用程序、Java API、Neo4j 数据的关系如图 4-2 所示。

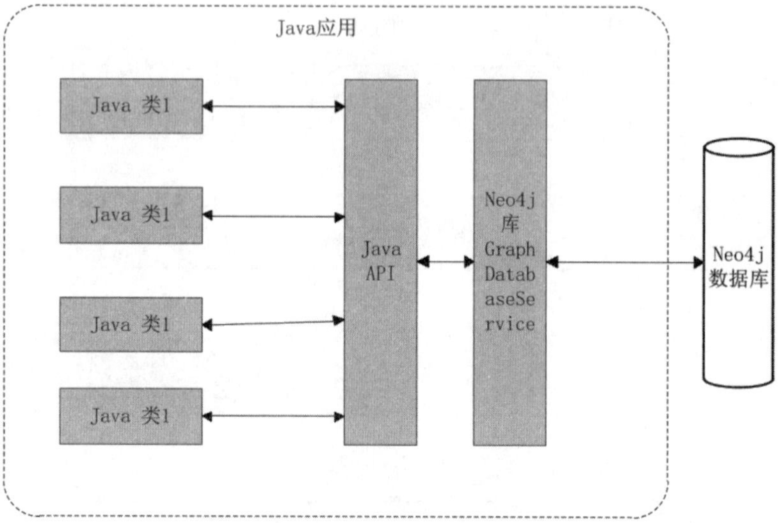

图 4-2　Java 嵌入式应用结构图

提示：当在同一个 JVM 中运行自己的代码和 Neo4j 时，需要注意：

（1）不要创建或保留过多不需要的对象。大型缓存会将不需要的对象推向垃圾回收区域，因此增加了对垃圾回收的负担。

（2）尽量不要使用内部 Neo4j API。它们是供 Neo4j 内部调用的，如有更改，则可能会破坏或更改 Neo4j 的固有特性。

（3）在嵌入式模式下运行时，不要在 neo4j.conf 配置文件中启用-XX：+TrustFinalNonStaticFields JVM 标志。

4.2.1　Java 开发前的准备工作

本小节的目的是做好开发前的准备工作，包括 JAR 包的引入、不同 IDE 下的引入方式和程序主体代码的编写。

4.2.1.1　引入 JAR 包

Java API 嵌入式开发模式需要引入指定的库文件（JAR 包），将 JAR 包绑定到程序中就可以使用 Neo4j 的 Java 库了。

首先根据应用程序使用的 Java 版本选择合适的 Neo4j JAR 包版本，然后在应用程序项目中引入此 JAR 包，这样 Neo4j API 就嵌入到 Java 应用程序中。以下部分将介绍通过两个途径来引入 Neo4j JAR 包：

（1）将 JAR 文件直接添加到 Java 的执行路径 ClassPath 中。

（2）使用依赖关系管理来添加 Neo4j JAR 包的依赖。

1. 各版本的依赖库及其名称

由于 Neo4j 分为社区版和企业版。首先需要确定对应的版本和名称，表 4-1 列出了用于依赖管理工具的可用版本及其名称。

表 4-1 各版本的依赖库及其名称

版本	依赖库	描述	许可协议
Neo4j 社区版	org.neo4j:neo4j	一个高性能，有完全 ACID 事务的图数据库	GPLv3
Neo4j 企业版	org.neo4j:neo4j-enterprise	添加高级监控、在线备份和高可用性功能集群	AGPLv3

将 JAR 包直接添加到 Java 的执行路径里。

2. 获取 JAR 文件

在 Neo4j 解压版本中找到 neo4j-community\lib 文件夹，其中的 JAR 文件就是我们所需要的。

直接到 Maven Central Repository 中搜索:"org.neo4j"，也可以下载相关的 JAR 文件。

3. JDK 环境变量

可以从获取到的所有 JAR 文件中找到需要的包，然后将包所在的文件夹路径添加到 Java 环境路径 ClassPath 中即可。

4. Eclipse

右击工程，然后到 Build Path\Configure Build Path 对话框，在对话框中选择 Add External JARs，然后在浏览窗口中找到 neo4j-community\lib 文件夹并选择所有 JAR 文件，就完成了。

5. IntelliJ IDEA

使用 Libraries\Global Libraries 和 Configure Library 对话框，可以引入 JAR 文件。

6. NetBeans

右击项目 libraries 节点，选择 Add JAR/Folder 选项，然后在浏览窗口中打开 neo4j-community\lib 文件夹并选择所有 JAR 文件。

使用依赖关系管理来添加 Neo4j JAR 包的依赖。

7. Maven

按照下面的代码段向项目添加依赖。通常是添加在项目根目录下的 pom.xml 文件中。

【程序 4-1】Neo4j 依赖代码

```
<project>
 <dependencies>
  <dependency>
   <groupId>org.neo4j</groupId>
   <artifactId>neo4j</artifactId>
   <version>4.4.5</version>
```

```
    </dependency>
  </dependencies>
</project>
```

对于上面代码中的 artifactId，可以从表 4-1 中找到对应项。

8. Eclipse 环境中的 Maven

对于 Eclipse 中的开发，建议安装 m2e 插件，并让 Maven 来管理项目。通过安装 m2e 插件既方便通过 Maven 的命令行构建项目，也能够提供一个有效的 Eclipse 设置方式，便于后续的开发。

9. Ivy 配置

在 ivysettings.xml 文件中的配置代码如【程序 4-2】所示。

【程序 4-2】Ivy 依赖代码

```
<ivysettings>
  <settings defaultResolver="main"/>
  <resolvers>
    <chain name="main">
      <filesystem name="local">
        <artifact
pattern="${ivy.settings.dir}/repository/[artifact]-[revision].[ext]" />
      </filesystem>
      <ibiblio name="maven_central" root="http://repo1.maven.org/maven2/"
m2compatible="true"/>
    </chain>
  </resolvers>
</ivysettings>
```

下一步再在 ivy.xml 文件内加入【程序 4-3】中的代码。

【程序 4-3】Ivy 依赖代码

```
<dependencies>
  ...
  <dependency org="org.neo4j" name="neo4j" rev="4.4.5"/>
  ...
</dependencies>
```

其中 name 属性值，可从表 4-1 中找到对应项。

10. Gradle 环境配置

用引入 Neo4j JAR 包的 gradle 构建脚本如下所示。

【程序 4-4】gradle 依赖代码

```
def neo4jVersion = "4.4.5"
apply plugin: 'java'
repositories {
  mavenCentral()
}
dependencies {
```

```
  compile "org.neo4j:neo4j:${neo4jVersion}"
}
```

4.2.1.2 启动和关闭 Neo4j

在将 JAR 包导入 Java 工程后，尝试使用 Java API 启动和关闭 Neo4j。

要创建一个新的数据库或者打开一个已经存在的数据库，首先需要创建一个 GraphDatabaseService 实例。

```
graphDb = new GraphDatabaseFactory().newEmbeddedDatabase( DB_PATH );
registerShutdownHook( graphDb );
```

提示： GraphDatabaseService 实例可以在多个线程之间共享，但不能创建指向同一数据库的多个实例。

要关闭一个已经打开的实例，需要调用 shutdown()方法。

```
graphDb.shutdown();
```

为了保证 Neo4j 已正确关闭，可以在代码中使用关闭回调方法，如【程序 4-5】所示。

【程序 4-5】关闭回调方法

```
private static void registerShutdownHook( final GraphDatabaseService graphDb )
{
    // 为 Neo4j 实例注册一个关闭操作回调方法，用来保证数据库被恰当关闭
    Runtime.getRuntime().addShutdownHook( new Thread()
    {
        @Override
        public void run()
        {
            graphDb.shutdown();
        }
    } );
}
```

1. 按照配置文件启动 Neo4j

Neo4j 数据库包含一个配置文件，如果想要让 Neo4j 按照配置启动，那么代码如下：

```
GraphDatabaseService graphDb = new GraphDatabaseFactory()
    .newEmbeddedDatabaseBuilder( testDirectory.graphDbDir() )
    .loadPropertiesFromFile( pathToConfig + "neo4j.conf" )
    .newGraphDatabase();
```

当然，配置文件中的配置项也完全可以在 Java 代码中设置：

```
GraphDatabaseService graphDb = new GraphDatabaseFactory()
    .newEmbeddedDatabaseBuilder( testDirectory.graphDbDir() )
    .setConfig( GraphDatabaseSettings.pagecache_memory, "512M" )
    .setConfig( GraphDatabaseSettings.string_block_size, "60" )
    .setConfig( GraphDatabaseSettings.array_block_size, "300" )
    .newGraphDatabase();
```

2. 启动一个只读实例

如果想以只读的方式打开 Neo4j 数据库而不想进行任何写操作，则使用如下代码：

```
graphDb = new GraphDatabaseFactory().newEmbeddedDatabaseBuilder( dir )
        .setConfig( GraphDatabaseSettings.read_only, "true" )
        .newGraphDatabase();
```

提示：无论是只读还是读写方式创建实例，针对一个 Neo4j 数据库 GraphDatabaseService 实例只能创建一个。

4.2.1.3 其他基于 JVM 的嵌入式开发

Neo4j 社区有一大群成员在积极贡献，他们早已参与研发了很多其他开发语言和框架的嵌入式开发模式（如 Scala、JRuby 等）。这都是通过针对特定开发语言对 Neo4j API 再封装完成的，因为都是基于 JVM 的，所以可以利用 JVM 把 Neo4j 核心 API 改编为自己开发语言的 API。图 4-3 展示了这些基于 JVM 的开发语言 API 的框架。

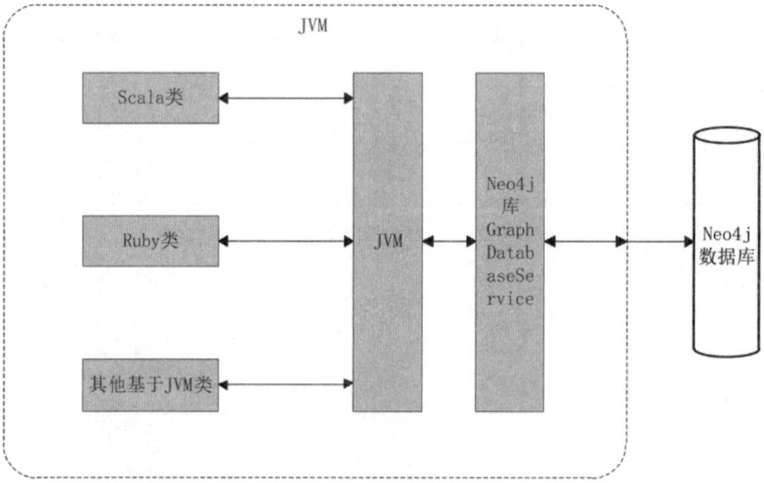

图 4-3 其他基于 JVM 语言开发结构图

需要了解的是，对于这些基于 JVM 的其他语言的封装，由于是针对 Neo4j Java API 的再封装，因此在 Java 嵌入式开发中所调用的类、方法、属性，在其他基于 JVM 的开发语言中也是可以同样使用的。

4.2.2 创建 Neo4j 图实例

上一小节中已经准备好了 Java 开发的必要工作，在这一小节中将创建并读写节点和关系。首先需要了解 Neo4j 数据库中数据的基本结构：

- 节点：表示一个实体，可以用关系连接起来。
- 关系：用来连接节点。
- 属性：依附在节点或关系上的属性及其属性值。

任何关系应当有一个指定的类型名，例如，当创建一个人际关系网络的时候，人与人之间的关系类型为“认识（KNOWS）”，就是指某人认识某人，其中单个人为节点，认识为关系的类型。如果两个节点被 KNOWS 类型的关系相互连接起来，那么说明这两个人互相认识对方。图的很多含义被用这样的方式编码后存储在 Neo4j 数据库中，尽管关系是直接将两个节点连接起来的，但不管关系指向哪个节点，它们在数据库中都可以被快速地遍历和查询。

接下来的代码展示了怎样创建一个简单的图，这个图中包括了两个节点，节点之间用关系相互连接，并且节点和关系上都附有各自的属性。

4.2.2.1 准备创建一个数据库

下面我们将以 Neo4j 官方电影图数据库作为实例来介绍 Java 嵌入式开发。

在 Java 中关系的类型标签可以用枚举类型 enum 创建。下面的例子仅仅需要一个关系类型就可以了。

【程序 4-6】类型标签

```
private static enum RelTypes implements RelationshipType
{
ACTED_IN,
DIRECTED,
PRODUCED
}
```

然后准备一下需要使用的变量：

```
GraphDatabaseService graphDb;
Node firstNode;
Node secondNode;
Relationship relationship;
private DatabaseManagementService managementService;
```

接下来是启动数据库实例，需要注意的是，如果创建的数据库当前并不存在，那么系统会自动创建一个新的数据库。

```
graphDb = new GraphDatabaseFactory().newEmbeddedDatabase( DB_PATH );
registerShutdownHook( graphDb );
```

提示：每次启动数据库都是极其消耗系统资源的，所以不要像操作关系数据库那样每次操作都启动一个新的实例，只要创建了一个实例，则这个实例可以被多个进程共享。但要记住，在进行事务操作的时候多个进程之间是相互冲突的，在同一时间只能有一个进程操作某实例。

4.2.2.2 将操作写进事务中

在前面的内容中，我们介绍了打开和关闭数据库的基本操作，下面将介绍事务中如何操作数据库。

在 Neo4j Java API 中所有的操作都必须放进一个事务中。正如传统关系数据库操作的原子性那样，Neo4j 也特意这样设计以保证在企业级应用中某些重要操作的可靠性，所以，在 Neo4j 中事务也是自然而然该有的，代码如下：

【程序 4-7】事务 try、catch 块

```
try ( Transaction tx = graphDb.beginTx() )
{
```

```
    // 本章所有的操作放入到try、catch 块中
    tx.success();
}catch(Exception e){
    tx.failure();
}finally{
    tx.finish();
}
```

关于事务，我们将在后续的章节中进行详细的介绍，要记住本章后面所有的操作均放入到 try、catch 块中。

4.2.2.3 创建一个节点

除了上面的枚举类型定义，还需要定义变量，定义完变量后就可以对变量赋值并创建节点了。

【程序 4-8】创建节点

```
GraphDatabaseService graphDb;
Node TheMatrix;
Node Keanu;
TheMatrix = graphDb.createNode();
Keanu= graphDb.createNode();
```

节点创建完成后，由于并没有赋任何属性值，所以节点只包含默认的 id 值，如图 4-4 所示。

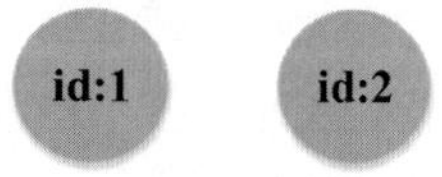

图 4-4 创建的简单节点

4.2.2.4 为节点创建属性值

在 Neo4j 中节点、关系都有属性，也就是说节点、关系所附带的值包括 ID、Label（关系为 Type）、属性三种。任何节点或关系都可以包含多个属性。

属性包括属性名和属性值两部分。属性名可以按照 Java 命名规范取名；属性值可以是单个值，也可以是数组，取值类型如表 4-2 所示。

注意： NULL 在 Neo4j 中不可以赋值，但可以通过 NULL 来判断属性是否存在。

表 4-2 属性取值类型和对应的取值范围

类型	描述	取值范围
boolean	布尔值	true/false
byte	8 位的整数	-128~127
short	16 位的整数	-32768~32767
Int	32 位的整数	-2147483648~2147483647
long	64 位的整数	-9223372036854775808~9223372036854775807
float	IEEE754 标准的 32 位浮点数	
double	IEEE754 标准的 64 位浮点数	
char	16 位无符号整数代表的 Unicode 字符	u0000~uffff（0~65535）

（续表）

类型	描述	取值范围
String	Unicode 字符串	–
org.neo4j.graphdb.spatial.Point	给定坐标系中的二维或三维点对象	–
java.time.LocalDate	日期（不是时间格式，也没有时区信息）	–
java.time.OffsetTime	时区偏移量，但不是日期	–
java.time.LocalTime	时间（不是日期格式，也没有时区信息）	–
java.time.ZonedDateTime	包含日期、时间、时区信息的时间值	–
java.time.LocalDateTime	包含日期、时间、但不包含时区信息的时间值	–
java.time.temporal.TemporalAmount	两个时间之间的差	–

在 Java 代码中，怎样对节点或者关系上的属性赋值，如【程序 4-9】所示。

【程序 4-9】为节点创建属性并赋值

```
try{Transaction tx = graphDb.beginTx()) {
   TheMatrix = graphDb.createNode();
   TheMatrix.setProperty( " title", " The Matrix" );
   TheMatrix.setProperty( " released", 1999 );
   TheMatrix.setProperty( " tagline", " Welcome to the Real World" );
   Keanu= graphDb.createNode();
   Keanu.setProperty( "name", " Keanu Reeves" );
   Keanu.setProperty( " born", 1960 );
   tx.sucess();
}
```

4.2.2.5 为节点添加标签

在 Neo4j 中有一种将节点归类的方法，那就是标签。通过给节点添加相同或不同的标签可以将节点进行归类，这是非常有用的，比如上节创建的两个节点：一种是电影节点，用来保存电影的相关信息；另一种是演员节点，用来保存人物的相关信息。这样就可以方便地将节点归为两类。

在 Neo4j 2.0 版本后引入了内置节点标签的概念，帮助我们区分、归类节点。每个节点可以添加一个或多个标签，标签是一种文字描述。在 Java 嵌入式开发模式中，可以通过标签加载、查询所有节点。

要创建一个标签，可以通过使用 Java 枚举类型继承 Neo4j 的 Label 接口来创建，如下例所示：

```
public enum MyLabels implements Label{
   Movie,
   Person
}
```

有了标签的声明后，就可以使用这个枚举类型为节点添加标签了，如【程序 4-10】所示。

【程序 4-10】为节点添加标签

```
try{Transation tx = graphDb.beginTx()){
   TheMatrix.addLabel(MyLabels.Movie);
```

```
    Keanu.addLabel(MyLabels.Person);
    tx.success();
}
```

添加标签后的节点结构如图 4-5 所示。

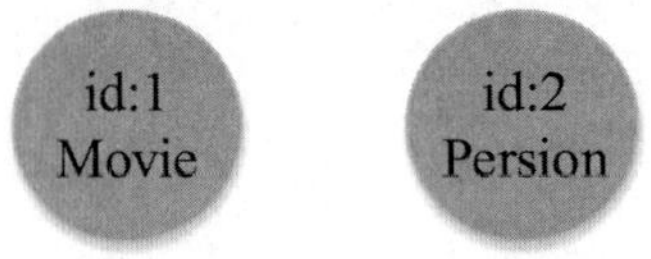

图 4-5　创建带有标签的节点

节点有了标签后，在查询语句中可以通过标签来查询此类节点的集合。

```
try{Transation tx = graphDb.beginTx()){
ResourceIterable<Node> movies =GlobalGraphOperations.at(graphDb)
.getAllNodesWithLabel(MyLabels.Movie);
    tx.success();
}
```

通过上面两个例子可以看出，要添加标签，应该对选定的节点使用 addLabel()方法。为了能查找到所有具有给定标签的节点集合，可以使用 GlobalGraphOperatons 类中的 getAllNodesWithLabel()方法来获得。

如果在查找节点时，想通过节点属性和标签同时锁定节点集合，那么可以通过 findNodesByLabelAndProperty()方法来实现，示例如下：

```
 ResourceIterable<Node> movies = GlobalGraphOperations.at(graphDb)
    .findNodesByLabelAndProperty (MyLabels.Movie,"title","The Matrix");
```

4.2.2.6　创建关系

通过上面的操作我们已经创建了两个节点，并且两个节点都带有属性值，下面将创建两个节点之间的关系，并为这个新创建的关系添加属性值。

在创建时可以指定关系的类型，关系的类型类似节点的标签，唯一不同的是关系的类型只能指定一个。

【程序 4-11】创建关系及其属性与类型

```
relationship = Keanu.createRelationshipTo(TheMatrix, RelTypes. ACTED_IN);
relationship.setProperty("roles","Neo");
```

4.2.2.7　输出图结果

下面程序的作用是把创建的图数据打印在控制台上。

【程序 4-12】打印图数据结果

```
System.out.print(Keanu.getProperty( "name" ) );
System.out.print( relationship.getProperty( "roles" ) );
System.out.print( secondNode.getProperty( "title" ) );
```

输出结果是：

```
Keanu Reeves Neo The Matrix
```

4.2.2.8 删除数据

下面的代码将会把【程序 4-11】创建的数据删除掉。

【程序 4-13】删除数据

```
//删除数据
Keanu.getSingleRelationship( RelTypes. ACTED_IN, Direction.OUTGOING ).delete();
Keanu.delete();
TheMatrix.delete();
```

提示：如果尝试删除一个带有关系边的节点是一定会失败的，必须先删除关系并确保没有任何关系指向这个节点，才能够删除它。这是为了确保任何关系都有起始、结束节点的指向，没有空指向的关系。

4.2.2.9 关闭数据库

接下来是关闭数据库，之前我们已经介绍过怎样关闭一个数据库了。

```
graphDb.shutdown();
```

4.2.3 图数据遍历功能

上一节中，我们已经创建了一个由节点、关系和索引组成的图数据库，接下来将要介绍查询图数据的一种强大功能：图遍历功能。图遍历是以一种特殊的方式在图中按照节点之间的关系依次访问各个节点的过程。

Neo4j 遍历 API 采用的是一种基于回调的、惰性执行的机制，使用 Neo4j 的图遍历功能可以使用指定的方式对数据库进行遍历。在接下来的内容中我们会给出一些遍历的实例。

另外，还可以使用 Cypher 查询语言作为强大的声明式方法来对图进行查询，详见第 3 章。

4.2.3.1 需要了解的概念

在接下来的内容中会用到以下几个概念来解释 Neo4j 的图形遍历功能。

（1）路径拓展（PathExpander）：定义将要对图数据库中的什么进行遍历，一般是指针对关系的指向和关系的类型进行遍历。

（2）顺序（Order）：例如深度优先或广度优先。

（3）唯一性（Uniqueness）：在遍历过程中，确保每个节点（关系，路径）只被遍历一次。

（4）评估器（Evaluator）：用来决定返回什么结果，以及是否停止或继续遍历当前位置。

（5）起始节点：启动遍历最先开始的节点。

Neo4j 遍历框架的结构图如图 4-6 所示。

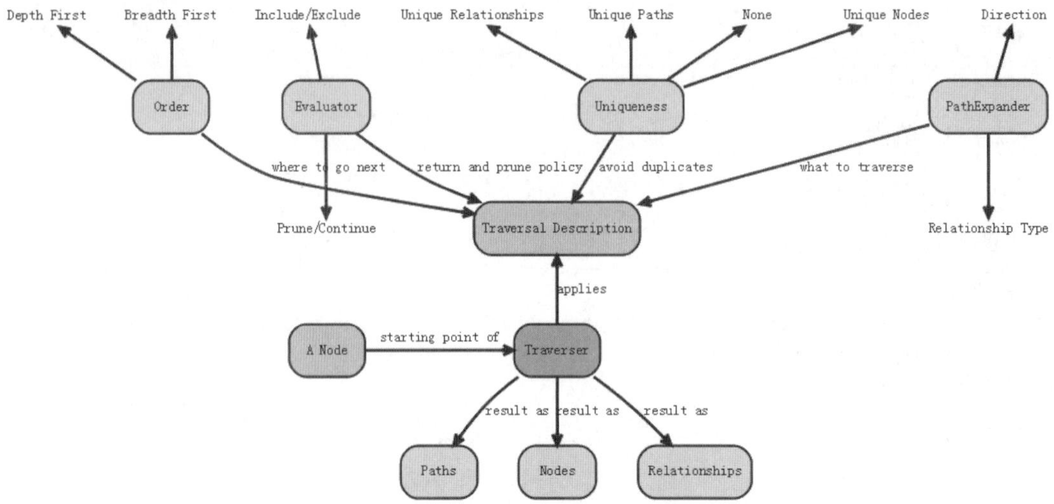

图 4-6 Neo4j 遍历框架的结构图

4.2.3.2 遍历框架的 Java API

对于图 4-6 所示的遍历框架，我们需要了解以下概念。

遍历框架除了包括节点和关系之外还有另外几个主要接口：遍历描述接口（Traversal Description Interface）、关系接口（Relationships）、评估器接口（Evaluator Interface）、遍历器接口（Traverser Interface）和唯一性接口（Uniqueness Interface）。遍历框架中的路径接口（Path Interface）在遍历中有特殊用途，因为它在评估该位置时用于表示图中的位置。此外，路径拓展（替换关系拓展和普通拓展）接口是遍历的核心，但是在使用 API 时很少需要实现它。当需要对遍历顺序进行明确控制时，还有一组高级用途的接口：BranchSelector，BranchOrderingPolicy 和 TraversalBranch。

4.2.3.3 遍历描述接口

图 4-6 所示的遍历描述接口是用于定义和初始化遍历的主接口。它不必由遍历框架的用户实现，而是由遍历框架的实现来作为用户描述遍历的方式。TraversalDescription 实例是不可变的，并且其方法返回一个新的 TraversalDescription，与使用该方法的参数来调用该方法的对象相比，该 TraversalDescription 可以被修改。

4.2.3.4 关系接口

图 4-6 所示的关系接口用于将关系类型添加到要遍历的关系类型列表中。默认情况下，该列表为空，这意味着它将遍历所有类型的关系。如果将一个或多个关系添加到此列表中，则只会遍历所添加的类型的关系。有两种遍历方法，一种包括方向参数，另一种不包括方向参数，其中后者用于遍历双向关系。

4.2.3.5 评估器接口

评估器用于在每个位置（路径中的位置）处来确定：如果遍历继续，当前节点是否应包括在结果中。

给定一个路径，遍历某个分支的动作为以下动作之一：

- Evaluation.INCLUDE_AND_CONTINUE：在结果中包括此节点并继续遍历。
- Evaluation.INCLUDE_AND_PRUNE：在结果中包括此节点，但不继续遍历。
- Evaluation.EXCLUDE_AND_CONTINUE：从结果中排除此节点，但继续遍历。
- Evaluation.EXCLUDE_AND_PRUNE：从结果中排除此节点，但不继续遍历。

可以为遍历器添加多个评估器。注意，对于遍历器遇到的所有位置（包括起始节点）都将调用评估器。

4.2.3.6 遍历器接口

遍历器对象是调用 TraversalDescription 对象的 traverse()方法返回的结果，它表示在图中定位的遍历以及结果格式的规范。每次调用 Traverser 的 next()方法时，遍历操作将被“惰性”地执行一次。

4.2.3.7 唯一性接口

唯一性是用来设置在遍历期间如何重新访问遍历过的位置的规则。如果未设置，则默认为 NODE_GLOBAL。

可以向遍历描述提供唯一性参数，以指示在什么情况下遍历可以重新访问图中的相同位置。在 Neo4j 中可使用的唯一性级别是：

（1）NONE：可以重新访问图表中的任何位置。

（2）NODE_GLOBAL 唯一性：整个图中的任何一个节点都不可能被访问多次。这可能消耗大量的内存，因为它需要保持内存中的数据结构以记住所有被访问的节点。

（3）RELATIONSHIP_GLOBAL 唯一性：整个图中的任何一个关系都不可能被访问多次。与 NODE_GLOBAL 唯一性相同，这可能会占用大量内存。由于图中的关系数量必定大于节点的数量，所以该唯一性级别的存储器开销会比 NODE_GLOBAL 更大。

（4）NODE_PATH 唯一性：节点不会先前出现在达到它的路径中。

（5）RELATIONSHIP_PATH 唯一性：先前在达到它的路径中不会存在关系边。

（6）NODE_RECENT 唯一性：类似于 NODE_GLOBAL 唯一性，存在受访节点的全局集合，每个位置被检查。然而，该唯一性级别可以指定可接受消耗存储容量的上限，大小可以通过提供一个数字作为 TraversalDescription.uniqueness()方法的第二个参数来指定，或者通过唯一性级别来指定。

（7）RELATIONSHIP_RECENT 唯一性：类似于 NODE_RECENT 唯一性，但它指的是关系而不是节点。

深度优先/广度优先就是用于设置深度优先/广度优先 BranchSelector 排序策略的遍历方法。想得到同样的结果，可以通过从 BranchOrderingPolicies 中调用带有排序策略的 order 方法来实现，也可以编写自己的 BranchSelector/BranchOrderingPolicy 来实现排序。

4.2.3.8 遍历顺序

遍历顺序就是指在遍历过程中按照什么顺序遍历图的各个分支。

这个是深度优先和广度优先方法的更通用版本，它允许将任意的分支排序策略注入描述中。

4.2.3.9 分支选择器

BranchSelector/BranchOrderingPolicy 用于选择下一次的遍历分支。这用于实现遍历排序。遍历框架提供了一些基本的排序实现：

（1）BranchOrderingPolicies.PREORDER_DEPTH_FIRST：深度优先遍历，在访问其子节点之前访问每个节点。

（2）BranchOrderingPolicies.POSTORDER_DEPTH_FIRST：深度优先遍历，访问其子节点后访问每个节点。

（3）BranchOrderingPolicies.PREORDER_BREADTH_FIRST：广度优先遍历，在访问其子节点之前访问每个节点。

（4）BranchOrderingPolicies.POSTORDER_BREADTH_FIRST：广度优先遍历，访问其子节点后访问每个节点。

提示：广度优先遍历比深度优先遍历需要更高的内存开销。

BranchSelectors 具有状态属性，因此需要为每次遍历唯一地实例化这个类。因此，它通过 BranchOrderingPolicy 接口提供给 TraversalDescription，BranchOrderingPolicy 接口是 BranchSelector 实例的工厂。

遍历框架的用户很少需要实现自己的 BranchSelector 或 BranchOrderingPolicy，以便让图算法实现者提供它们自己的遍历顺序。Neo4j 图算法包含如用于 BestFirst 搜索算法（例如 A *和 Dijkstra）中的 BestFirst 顺序 BranchSelector/BranchOrderingPolicy。

4.2.3.10 分支遍历策略

一个用于创建 BranchSelectors 的工厂，用于决定返回分支的顺序（其中分支的位置表示为从起始节点到当前节点的路径）。常见的策略是深度优先和广度优先，这就是为什么有更方便的方法。例如，调用 TraversalDescription＃depthFirst()等效于：

```
description.order( BranchOrderingPolicies.PREORDER_DEPTH_FIRST );
```

1. 分支选择器

分支选择器用来从某个分支获取更多分支。本质上，这些是路径和关系拓展器的复合，可以用来从当前的一个分支获得新的 TraversalBranches。

2. 遍历路径

Path 遍历器是一个通用接口，它是 Neo4j API 的一部分。在 Neo4j 的遍历 API 中，使用 Path 可以进行双向的遍历。此遍历器在遍历过程中会对图数据进行标记，如标记为被访问过的、被返回过的，则此遍历器将把标记过的数据以路径的形式返回。Path 对象也用来评估图中的位置，用于确定遍历是否应当从某个点继续，以及是否应当将某个位置包括在结果集中。

3. 路径拓展器

遍历框架使用路径拓展器（PathExpander，路径拓展器用来替换关系拓展器）来发现在遍历中从特定路径到进一步分支应该遵循的关系。

4. 拓展器

这个是比注入 RelationshipExpander 关系更通用的方式，可以定义要为任何给定节点遍历的所有关系。

Expander 接口是 RelationshipExpander 接口的扩展，可以构建 Expander 的自定义版本。TraversalDescription 的实现使用它来提供用于定义要遍历的关系类型的方法，通过在 TraversalDescription 中内部构建它，是使用 API 的用户定义 RelationshipExpander 的通常方式。

所有由 Neo4j 遍历框架提供的 RelationshipExpanders 也实现了 Expander 接口。对于熟悉遍历 API 的开发者，更容易实现 RelationshipExpander 接口，因为它只包含一个方法：从路径、节点获取关系的方法，Expander 接口添加的方法仅用于构建新的拓展器。

4.2.3.11　Java 中使用遍历框架

使用遍历描述可以生成遍历器。如图 4-7 所示给出遍历实例。

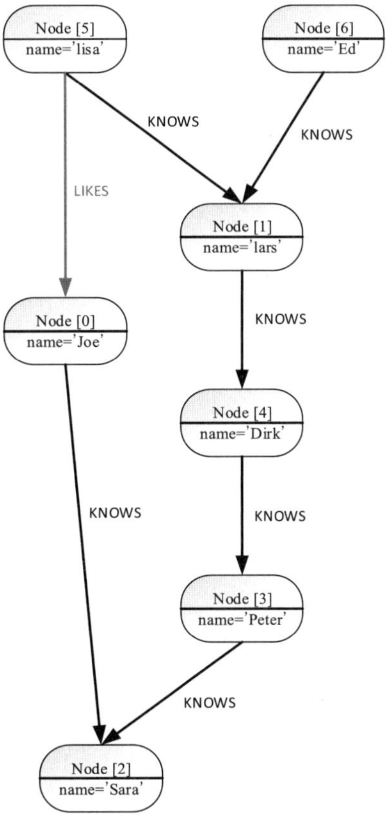

图 4-7　Neo4j 遍历实例

首先需要定义一个关系类型（RelationshipType）。

```
private enum Rels implements RelationshipType
{
   LIKES, KNOWS
}
```

图 4-7 可以用下面的遍历器遍历，从 Joe 节点开始。

【程序 4-14】遍历实例代码

```
for ( Path position : db.traversalDescription()
        .depthFirst()
        .relationships( Rels.KNOWS )
        .relationships( Rels.LIKES, Direction.INCOMING )
        .evaluator( Evaluators.toDepth( 5 ) )
        .traverse( node ) )
{
    output += position + "\n";
}
```

上面代码运行后，将在控制台打印如下结果：

```
(0)
(0)
(0)<--[LIKES,1]--(5)
(0)<--[LIKES,1]--(5)--[KNOWS,6]-->(1)
(0)<--[LIKES,1]--(5)--[KNOWS,6]-->(1)<--[KNOWS,5]--(6)
(0)<--[LIKES,1]--(5)--[KNOWS,6]-->(1)--[KNOWS,4]-->(4)
(0)<--[LIKES,1]--(5)--[KNOWS,6]-->(1)--[KNOWS,4]-->(4)--[KNOWS,3]-->(3)
(0)<--[LIKES,1]--(5)--[KNOWS,6]-->(1)--[KNOWS,4]-->(4)--[KNOWS,3]-->(3)--[KNOW
S,2]-->(2)
```

由于遍历的描述是不可变的，因此可以创建一个模板描述，来保存由不同遍历共享的公共设置，例如：

```
friendsTraversal = db.traversalDescription()
        .depthFirst()
        .relationships( Rels.KNOWS )
        .uniqueness( Uniqueness.RELATIONSHIP_GLOBAL );
```

这个遍历器将产生以下输出（我们将继续从 Joe 节点开始）：

```
(0)
(0)--[KNOWS,0]-->(2)
(0)--[KNOWS,0]-->(2)<--[KNOWS,2]--(3)
(0)--[KNOWS,0]-->(2)<--[KNOWS,2]--(3)<--[KNOWS,3]--(4)
(0)--[KNOWS,0]-->(2)<--[KNOWS,2]--(3)<--[KNOWS,3]--(4)<--[KNOWS,4]--(1)
(0)--[KNOWS,0]-->(2)<--[KNOWS,2]--(3)<--[KNOWS,3]--(4)<--[KNOWS,4]--(1)<--[KNO
WS,6]--(5)
(0)--[KNOWS,0]-->(2)<--[KNOWS,2]--(3)<--[KNOWS,3]--(4)<--[KNOWS,4]--(1)<--[KNO
WS,5]--(6)
```

现在让我们创建一个新的遍历器，将遍历深度限制为 3。

```
for ( Path path : friendsTraversal
        .evaluator( Evaluators.toDepth( 3 ) )
        .traverse( node ) )
{
    output += path + "\n";
```

```
}
```

上面程序运行结果为：

```
(0)
(0)--[KNOWS,0]-->(2)
(0)--[KNOWS,0]-->(2)<--[KNOWS,2]--(3)
(0)--[KNOWS,0]-->(2)<--[KNOWS,2]--(3)<--[KNOWS,3]--(4)
```

尝试将遍历深度设为 2 到 4：

```
for ( Path path : friendsTraversal
        .evaluator( Evaluators.fromDepth( 2 ) )
        .evaluator( Evaluators.toDepth( 4 ) )
        .traverse( node ) )
{
    output += path + "\n";
}
```

结果为：

```
(0)--[KNOWS,0]-->(2)<--[KNOWS,2]--(3)
(0)--[KNOWS,0]-->(2)<--[KNOWS,2]--(3)<--[KNOWS,3]--(4)
(0)--[KNOWS,0]-->(2)<--[KNOWS,2]--(3)<--[KNOWS,3]--(4)<--[KNOWS,4]--(1)
```

可以将遍历器转换为可迭代的节点，如下所示：

```
for ( Node currentNode : friendsTraversal
        .traverse( node )
        .nodes() )
{
    output += currentNode.getProperty( "name" ) + "\n";
}
```

在上面这个例子中，遍历的名字结果为：

```
Joe
Sara
Peter
Dirk
Lars
Lisa
Ed
```

使用关系来遍历也是可以的，如下面例子：

```
for ( Relationship relationship : friendsTraversal
        .traverse( node )
        .relationships() )
{
    output += relationship.getType().name() + "\n";
}
```

上面运行结果为：

```
KNOWS
```

```
KNOWS
KNOWS
KNOWS
KNOWS
KNOWS
```

4.2.4 数据索引

Neo4j 本身可通过有效的方法快速遍历图。如果能够提供一种索引，帮助 Neo4j 在进行遍历的时候提高查询效率，那就再好不过了。

在关系型数据库中，索引提供了有序排列数据的方式，使用索引可以像字典一样快速定位所要查找的记录。在 Neo4j 中索引也可以对指定的属性值进行快速定位查找，与关系数据库不同的是：Neo4j 中除了 Cypher，也可以使用 Java 应用程序通过代码来创建索引。

在 Neo4j 中，索引分为自动索引和手动索引两种，对于自动索引就是使用在 3.5.1 节中介绍的使用 Cypher 语句创建的索引；对于手动索引就是接下来我们将要介绍的使用 Java 应用程序通过代码来创建索引。在接下来的内容中，我们将介绍如何使用 Java API 对 Neo4j 数据库进行创建、维护和使用索引。

4.2.4.1 自动索引

请参见 3.5.1 节，本节不再对自动索引进行介绍。

4.2.4.2 手动索引

从 Neo4j 2.0 开始，手动索引不再是 Neo4j 索引数据的首选方法，建议在数据库模式中定义索引，也就是使用 Cypher 创建索引。但是，Neo4j 仍然支持手动索引，因为目前某些功能（如全文搜索）尚不能由 Cypher 索引处理。

手动索引操作是 Neo4j 索引 API 的一部分。每个索引都绑定到某个唯一的属性名称上（例如“first_name”或“books”），并且对节点或关系都可以创建索引。

默认索引实现由 neo4j-lucene-index 组件提供，这个组件可以在 Neo4j 官方网站下载，也可以从 Maven 网站[1]下载。对于 Maven 用户，neo4j-lucene-index 组件的搜索标签为：org.neo4j:neo4j-lucene-index，在创建 Maven 工程时通过这个标签我们可以用 Maven 自动添加 JAR 包。这里应该使用与我们的 Neo4j 相同版本的 org.neo4j:neo4j-kernel 包，因为不同版本的索引和内核组件在一般情况下是不兼容的。这两个组件在 Maven 中都可以通过标签：org.neo4j:neo4j:pom 获得，并且是版本兼容的，这样就能很容易保持版本的同步了。

与 Neo4j 中的任何修改操作一样，所有修改索引的操作必须在事务内部执行。

4.2.4.3 创建索引

如果某个索引在请求使用时发现它并不存在，则系统会自动创建此索引。如果没有给它定义配置参数，那么索引将使用默认配置参数创建。

下面让我们创建一些索引。

[1] http://repo1.maven.org/maven2/org/neo4j/neo4j-lucene-index/

【程序 4-15】创建索引

```
IndexManager index = graphDb.index();
Index<Node> actors = index.forNodes( "actors" );
Index<Node> movies = index.forNodes( "movies" );
RelationshipIndex roles = index.forRelationships( "roles" );
```

上面代码将创建两个节点索引和一个关系索引，也就是为演员和电影类节点创建的索引，另一个是为角色关系创建的索引，并且这些索引都是使用默认配置创建的。

如果想要知道某个索引是否已经存在，可以通过如下代码实现。

```
IndexManager index = graphDb.index();
boolean indexExists = index.existsForNodes( "actors" );
```

4.2.4.4　删除索引

索引是可以删除的。删除时，将删掉索引的全部内容及其关联配置。删除这个索引后，可以再使用相同的名称创建其他索引，这样能确保索引的唯一性。

删除索引的代码如【程序 4-16】所示。

【程序 4-16】删除索引

```
IndexManager index = graphDb.index();
Index<Node> actors = index.forNodes( "actors" );
actors.delete();
```

提示：索引的实际删除是在事务内提交的。在 delete()方法被调用后，再对这个索引实例的调用无论是在该事务内部还是外部都是无效的；但是如果这个事务被回滚了，则对索引的删除操作就无效了，索引还会依然存在。

4.2.4.5　添加索引

索引支持将任意数量的键值对与任意数量的实体（节点或关系）相关联，也就是说一个创建好的索引可以被赋予在任何数量的节点或关系上。

我们使用在上一节中创建的索引将其添加在几个节点上。

【程序 4-17】将索引添加到节点

```
// 演员节点
Node reeves = graphDb.createNode();
reeves.setProperty( "name", "Keanu Reeves" ); //关联字符串值
actors.add( reeves, "name", reeves.getProperty( "name" ) ); //关联节点
Node bellucci = graphDb.createNode();
bellucci.setProperty( "name", "Monica Bellucci" );
actors.add( bellucci, "name", bellucci.getProperty( "name" ) );
// 在本例中我们仅用作搜索，所以 name 索引被关联多个值，包括节点和字符串值
actors.add( bellucci, "name", "La Bellucci" );
// 电影节点
Node theMatrix = graphDb.createNode();
theMatrix.setProperty( "title", "The Matrix" );
theMatrix.setProperty( "year", 1999 );
movies.add( theMatrix, "title", theMatrix.getProperty( "title" ) );
```

```
movies.add( theMatrix, "year", theMatrix.getProperty( "year" ) );
Node theMatrixReloaded = graphDb.createNode();
theMatrixReloaded.setProperty( "title", "The Matrix Reloaded" );
theMatrixReloaded.setProperty( "year", 2003 );
movies.add( theMatrixReloaded, "title",
theMatrixReloaded.getProperty( "title" ) );
movies.add( theMatrixReloaded, "year", 2003 );
Node malena = graphDb.createNode();
malena.setProperty( "title", "Malèna" );
malena.setProperty( "year", 2000 );
movies.add( malena, "title", malena.getProperty( "title" ) );
movies.add( malena, "year", malena.getProperty( "year" ) );
```

上面示例是将索引关联到节点上的，下面示例是将索引关联到关系上的。

【程序 4-18】将索引添加到关系

```
// 我们需要关系上有类型值
RelationshipType ACTS_IN = RelationshipType.withName( "ACTS_IN" );
// 创建关系
Relationship role1 = reeves.createRelationshipTo( theMatrix, ACTS_IN );
role1.setProperty( "name", "Neo" );
roles.add( role1, "name", role1.getProperty( "name" ) );
Relationship role2 = reeves.createRelationshipTo( theMatrixReloaded, ACTS_IN );
role2.setProperty( "name", "Neo" );
roles.add( role2, "name", role2.getProperty( "name" ) ); //关联关系
Relationship role3 = bellucci.createRelationshipTo( theMatrixReloaded, ACTS_IN );
role3.setProperty( "name", "Persephone" );
roles.add( role3, "name", role3.getProperty( "name" ) ); //关联关系
Relationship role4 = bellucci.createRelationshipTo( malena, ACTS_IN );
role4.setProperty( "name", "Malèna Scordia" );
roles.add( role4, "name", role4.getProperty( "name" ) ); //关联关系
```

通过创建上面的索引后，数据库中的图结构如图 4-8 所示。

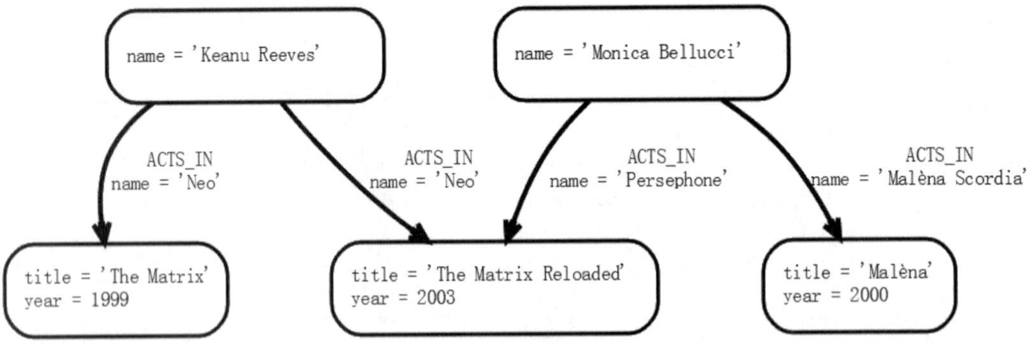

图 4-8 创建索引后的图结构

4.2.4.6 将索引移除

将索引从节点或关系上移除与上面的添加操作类似。移除索引需要指定索引的参数，可以通过提供以下参数组合来完成：

- 实体（节点、索引）。
- 实体、索引键名。
- 实体、索引键名、索引键值。

【程序 4-19】移除索引

```
// 从bellucci上完全移除演员索引（actors index）
actors.remove( bellucci );
// 从任何以"name"为索引键的节点或关系上移除演员索引（actors index）
actors.remove( bellucci, "name" );
// 从索引键为"name"索引值为"La Bellucci"的节点或关系上移除演员索引
actors.remove( bellucci, "name", "La Bellucci" );
```

4.2.4.7 更新索引

要更新索引条目，必须删除旧的索引条目，然后再添加新的索引条目（有关删除索引条目的详细信息请参见 4.2.4.6 节）。

请记住，节点或关系可以与索引中任意数量的键值对关联。这意味着可以使用具有相同键的许多键值对，对节点或关系建立索引。当属性值改变想更新索引时，仅仅对新值创建索引是不够的，还必须删除旧值。

下面的【程序 4-20】中展示如何更新索引。

【程序 4-20】更新索引

```
// 创建一个带有属性的节点
// 然后我们再去更新这个属性
Node fishburn = graphDb.createNode();
fishburn.setProperty( "name", "Fishburn" );
//对name创建索引
actors.add( fishburn, "name", fishburn.getProperty( "name" ) );
// 当属性值更改后，我们再重新更新这个索引
actors.remove( fishburn, "name", fishburn.getProperty( "name" ) );
fishburn.setProperty( "name", "Laurence Fishburn" );
actors.add( fishburn, "name", fishburn.getProperty( "name" ) );
```

4.2.4.8 节点索引下的查询

节点在创建好索引的情况下，可以通过两种方式查询：get 和 query。get 查询方法将返回与给定键值对完全匹配的结果，而 query 方法可以直接使用索引查询更低层功能。例如，使用 Lucene 模糊匹配查询语法。

1. get 方法

下面是一个使用 get 方法查询的例子，它将返回与查询的键值（"name", "Keanu Reeves"）对完全匹配的结果。

```
IndexHits<Node> hits = actors.get( "name", "Keanu Reeves" );
Node reeves = hits.getSingle();
```

IndexHits 是一个 Iterable 类的继承，它提供一些特别有用的方法。例如，getSingle()返回结果迭代器中的第一个，也是唯一的项，如果没有任何相匹配的数据，则返回 null。

get()方法返回的是个 list 类型的结果集，以下示例通过精确匹配获取单个关系并检索其开始和结束节点：

```
Relationship persephone = roles.get( "name", "Persephone" ).getSingle();
Node actor = persephone.getStartNode();
Node movie = persephone.getEndNode();
```

也可以用 for 循环迭代输出所有结果集：

```
for ( Relationship role : roles.get( "name", "Neo" ) )
{
    Node reeves = role.getStartNode();
}
```

2. query 方法

query 方法有两种使用方式，一种方式是提供单一的键值对来匹配查询索引所关联的属性；另一种方式是提供多个键值对来匹配。在值中我们可以使用模糊匹配运算符“*”。

使用单一的键值对来匹配查询索引所关联的属性，代码如下：

```
for ( Node actor : actors.query( "name", "*e*" ) )
{
    // *e*为模糊匹配查询，返回结果为：Reeves 和 Bellucci
}
```

使用多个键值对来匹配查询索引所关联的属性，代码如下：

```
for ( Node movie : movies.query( "title:*Matrix* AND year:1999" ) )
{
    // 返回结果为 1999年的 "The Matrix".
}
```

提示：查询键值对中取值含有*或?属于模糊匹配查询，具体用法参见第 3 章。

4.2.4.9 关系索引下的查询

关系索引下的查询与节点的索引类似，但在查询中需要指定所要查询的关系的起始节点或结束节点。这些额外的方法驻留在 RelationshipIndex 接口中，该接口扩展了 Index <Relationship>接口。

下面是关系索引下查询的示例，本示例使用上一节中的 reeves 作为起始节点。

【程序 4-21】关系索引示例

```
// 查询一个以 reeves 作为起始节点的关系
// 使用单一键值对的匹配方法
IndexHits<Relationship> reevesAsNeoHits;
reevesAsNeoHits = roles.get( "name", "Neo", reeves, null );
Relationship reevesAsNeo = reevesAsNeoHits.iterator().next();
reevesAsNeoHits.close();
// 查询一个以 theMatrix 作为结束节点的关系
// 使用 query 方法
IndexHits<Relationship> matrixNeoHits;
matrixNeoHits = roles.query( "name", "*eo", null, theMatrix );
Relationship matrixNeo = matrixNeoHits.iterator().next();
```

```
matrixNeoHits.close();
```

以下是查询特定关系类型的示例。

【程序 4-22】查询特定关系类型示例

```
//查询一个以指定节点作为结束节点的关系
//本例使用了关系的类型 type
//下面 add 方法是将关系添加到索引：
roles.add( reevesAsNeo, "type", reevesAsNeo.getType().name() );
// 我们需要先提交上面添加索引的操作，使其在数据库中生效然后才能做查询
tx.success();
tx.close();
// 下面是查询代码：
try ( Transaction tx = graphDb.beginTx() )
{
    IndexHits<Relationship> typeHits = roles.query( "type:ACTS_IN AND name:Neo",
null, theMatrix );
    Relationship typeNeo = typeHits.iterator().next();
typeHits.close();
}
```

如果在数据库中节点之间具有非常多的关系，那么在这种情况下，上面的查询是非常有效的，因为它减少了两个节点间关系的查询时间。

4.2.4.10 结果评分

在查询特别是模糊匹配查询中，我们需要得到结果集中每个结果的匹配相似度，这就需要用到评分功能（Scores）。具体请看下面例子：

```
IndexHits<Node> hits = movies.query( "title", "The*" );
for ( Node movie : hits )
{
    System.out.println( movie.getProperty( "title" ) + " " + hits.currentScore() );
}
```

4.2.4.11 索引配置和全文索引

在创建索引时，可以配置索引的一些属性来控制索引的行为。例如创建一个 Lucene 全文索引。

【程序 4-23】全文索引示例

```
IndexManager index = graphDb.index();
Index<Node> fulltextMovies = index.forNodes( "movies-fulltext",
        MapUtil.stringMap( IndexManager.PROVIDER, "lucene", "type", "fulltext" ) );
fulltextMovies.add( theMatrix, "title", "The Matrix" );
fulltextMovies.add( theMatrixReloaded, "title", "The Matrix Reloaded" );
// 在全文索引中搜索
Node found = fulltextMovies.query( "title", "reloAdEd" ).getSingle();
```

下面例子是创建一个不区分大小写的全文索引例子。

【程序 4-24】不区分大小写的全文索引

```
Index<Node> index = graphDb.index().forNodes( "exact-case-insensitive",
```

```
        MapUtil.stringMap( "type", "exact", "to_lower_case", "true" ) );
Node node = graphDb.createNode();
index.add( node, "name", "Thomas Anderson" );
assertContains( index.query( "name", "\"Thomas Anderson\"" ), node );
assertContains( index.query( "name", "\"thoMas ANDerson\"" ), node );
```

在上面代码中为了实现模糊匹配我们使用了 query 查询方法，如果要实现对 name 属性值的完全匹配查询，则需要使用 get 查询方法。

4.2.4.12 Lucene 索引的其他特性

1. 数值范围

当对数值型数据创建索引时，Lucene 支持针对数值的智能索引。首先需要使用 ValueContext 方法标记一个值，使其被当作一个数值来创建索引，下面示例代码针对年份数值创建了 Luncene 索引，然后按照年份范围进行查询。

【程序 4-25】Lucene 数值索引

```
movies.add( theMatrix, "year-numeric", new ValueContext( 1999 ).indexNumeric() );
movies.add( theMatrixReloaded, "year-numeric", new
ValueContext( 2003 ).indexNumeric() );
movies.add( malena, "year-numeric", new ValueContext( 2000 ).indexNumeric() );
int from = 1997;
int to = 1999;
hits = movies.query( QueryContext.numericRange( "year-numeric", from, to ) );
```

2. Lucene 排序

Lucene 索引具有优秀的排序功能，通过 QueryContext 类就可以实现，具体代码如下所示。

【程序 4-26】Lucene 排序

```
hits = movies.query( "title", new QueryContext( "*" ).sort( "title" ) );
for ( Node hit : hits )
{
   // 按照 title 排序
}
hits = movies.query( new QueryContext( "title:*" ).sort( "year", "title" ) );
for ( Node hit : hits )
{
   //首先按照 year 排序然后再按照 title 排序
}
```

也可以按照匹配的相似度（分数）对结果进行排序：

```
hits = movies.query( "title", new QueryContext( "The*" ).sortByScore() );
for ( Node movie : hits )
{
   // 按照相似度排序
}
```

3. 使用 Lucene 查询对象进行查询

可以通过编程方式实例化这些查询并作为参数传入，而不是传递 Lucene 查询语法查询。例如：

```
Node actor = actors.query( new TermQuery( new Term( "name", "Keanu
Reeves" ) ) ).getSingle();
```

提示：TermQuery 基本上与在索引上使用 get 方法是一样的。

下面是如何使用 Lucene 查询对象执行通配符搜索：

```
hits = movies.query( new WildcardQuery( new Term( "title", "The Matrix*" ) ) );
for ( Node movie : hits )
{
   System.out.println( movie.getProperty( "title" ) );
}
```

4. 复合查询

Lucene 支持在同一查询中查询多个术语，如下所示：

```
hits = movies.query( "title:*Matrix* AND year:1999" );
```

复合查询无法对已经创建索引条目和尚未创建索引条目的属性同时进行搜索。

5. 操作符

查询中的默认关系运算符是 AND 或 OR，也可以通过 QueryContext 类来更改该行为：

```
QueryContext query = new QueryContext( "title:*Matrix* year:1999" )
       .defaultOperator( Operator.AND );
hits = movies.query( query );
```

4.2.5 用户自定义过程

用户自定义过程（User-defined Procedure，简称过程）是以 Java 编写然后部署到数据库中的扩展插件，过程可以在 Cypher 中调用。我们可以将用户自定义过程与关系数据库的存储过程相互联系起来，但 Neo4j 的用户自定义过程与关系数据库的存储过程又有本质的区别：Neo4j 的用户自定义过程并不是用 Cypher 创建的数据操作的集合，而是使用 Java API 创建的数据库功能插件。

过程是一种允许 Neo4j 通过编写自定义代码来扩展出更多功能的机制，然后直接通过 Cypher 调用。过程可以接收参数对数据库执行操作并返回相应结果。

过程用 Java 编写并编译成 JAR 文件。可以通过将 JAR 文件放入每个独立或集群服务器上的 $NEO4J_HOME/plugins 目录中，来将它们部署到 Neo4j 数据库中。部署完成后，每个服务器必须重新启动数据库以使新的过程生效。

过程是扩展 Neo4j 的首选手段。过程能够提供的功能如下：

- 提供对 Cypher 中不可用的功能的访问，例如手动索引。
- 提供对第三方系统的访问。
- 执行全局操作，例如对连接的组件计数或查找密集节点。
- 实现难以用 Cypher 明确表达的操作。

4.2.5.1 调用过程

调用过程，需要使用 Cypher CALL 子句。过程名称必须是唯一指定的，如使用以下方法调用，在包 org.neo4j.examples 中定义名为 findDenseNodes 的过程：

```
CALL org.neo4j.examples.findDenseNodes(1000)
```

CALL 语句可以是 Cypher 语句中的唯一子句，或者可以与其他子句组合。可以在查询中直接提供参数或从关联的参数集中提取参数。有关调用过程的更多详细信息，请参见 3.3.21 节。

用户自定义过程与用户自定义函数都可以接收参数并返回结果，其不同之处是用户自定义过程可以对数据库执行写操作，而用户自定义函数只能执行读操作，对比描述如表 4-3 所示。

表 4-3　过程、Scalar 函数、聚合函数对比描述

类型	描述	语法	读写	操作数据数量
用户自定义过程	针对被选中的每条数据，过程都根据参数和编写的代码逻辑对其进行处理并返回结果	CALL abc(…)	可读、可写	类似 MATCH 语句，可以修改 0、1 或多条记录
Scalar 函数	针对被选中的单条数据，Scalar 函数接受参数并返回单个结果	abc(…)	只读	单条记录
聚合函数	针对被选中的所有数据，进行汇总处理后返回结果	WITH abc(…)	只读	多条记录

4.2.5.2 Neo4j 内建的过程

Neo4j 本身带有一些内建的过程。表 4-4 给出常用的一些内建过程。

表 4-4　Neo4j 内建的过程

过程名字	调用命令	功能
ListLabels	CALL db.labels()	列出数据库中存在的所有 label
CALL db.labels()	CALL db.relationshipTypes()	列出数据库中存在的所有关系的 type
ListPropertyKeys	CALL db.propertyKeys()	列出数据库中存在的所有属性名
ListIndexes	CALL db.indexes()	列出数据库中存在的所有索引
ListConstraints	CALL db.constraints()	列出数据库中存在的所有约束
ListProcedures	CALL dbms.procedures()	列出数据库中存在的所有过程
ListComponents	CALL dbms.components()	列出数据库中存在的所有 DBMS 组件及其版本号
QueryJmx	CALL dbms.queryJmx(query)	用域名和名称查询 JMX 管理信息，例如“org.neo4j.*”
AlterUserPassword	CALL dbms.changePassword(query)	修改账户及密码

4.2.5.3 用户自定义过程

下面讨论的示例可以从 GitHub 开源社区[1]上下载。如果有 GitHub 账户，可以单击 fork 按钮存储到自己的账户下并使用其代码。

用户自定义过程是用 Java 编程语言编写的。自定义过程通过包含代码本身以及任何依赖包（不包括 Neo4j）的 JAR 文件进行部署。这些文件应放置在每个独立数据库或集群成员的 plugin 目录中，并在下次重新启动数据库后生效。

[1] https://github.com/neo4j-examples/neo4j-procedure-template

下面的示例将介绍创建和部署新过程的步骤。

1. 创建一个新 Java 项目

首先编译编写好的代码，然后生成一个 JAR 文件。下面是使用 Maven 构建项目的示例配置。为了可读性，这里仅介绍 Maven pom.xml 文件的部分内容，也可以从 GitHub 上将这个文件模板下载下来。

【程序 4-27】pom.xml 文件

```
<project xmlns="http://maven.apache.org/POM/4.0.0"
xmlns:xsi="http://www.w3.org/2001/XMLSchemainstance"
  xsi:schemaLocation="http://maven.apache.org/POM/4.0.0
  http://maven.apache.org/xsd/maven-4.0.0.xsd">
<modelVersion>4.0.0</modelVersion>
<groupId>org.neo4j.example</groupId>
<artifactId>procedure-template</artifactId>
<version>1.0.0-SNAPSHOT</version>
<packaging>jar</packaging>
<name>Neo4j Procedure Template</name>
<description>A template project for building a Neo4j Procedure</description>
<properties>
  <neo4j.version>4.1.1</neo4j.version>
</properties>
```

接下来，定义构建依赖关系的 XML。相关配置都必须在 pom.xml 中<dependencies></dependencies>标签之间。

第一个依赖项部分包括过程在运行时使用的过程 API。范围设置 scope 为“provided”，因为一旦这个过程部署到 Neo4j 实例中，此依赖将由 Neo4j 提供。

```
<dependency>
<groupId>org.neo4j</groupId>
<artifactId>neo4j</artifactId>
<version>${neo4j.version}</version>
<scope>provided</scope>
</dependency>
```

接下来，添加测试所需的依赖库：

（1）Neo4j Harness：一个允许启动轻量级 Neo4j 实例的实用程序。它用于启动 Neo4j，其中部署了特定的过程。

（2）Neo4j Java 驱动程序：用于发送调用过程的 Cypher 语句。

（3）JUnit，一个通用的Java测试框架。

```
<dependency>
<groupId>org.neo4j.test</groupId>
<artifactId>neo4j-harness</artifactId>
<version>${neo4j.version}</version>
<scope>test</scope>
</dependency>
<dependency>
```

```
<groupId>org.neo4j.driver</groupId>
<artifactId>neo4j-java-driver</artifactId>
<version>4.1.1 </version>
<scope>test</scope>
</dependency>
<dependency>
<groupId>junit</groupId>
<artifactId>junit</artifactId>
<version>4.12</version>
<scope>test</scope>
</dependency>
```

如果使用 Gradle 添加依赖包，则配置如下：

【程序 4-28】Gradle 配置文件

```
project.ext {
   neo4j_version = "4.1.1"
}
dependencies {
compile group: "org.neo4j", name:"neo4j", version:project.neo4j_version
testCompile group: "org.neo4j", name:"neo4j-kernel",
version:project.neo4j_version, classifier:"tests"
testCompile group: "org.neo4j", name:"neo4j-io", version:project.neo4j_version,
classifier:"tests"
testCompile group: "junit", name:"junit", version:4.12
}
```

2. 编写集成测试

本测试实例需要添加 Neo4j Harness 和 JUnit 依赖包，这两个包可用于编写过程的集成测试和单元测试。

具体步骤是：首先，决定程序应该做什么；然后，写一个测试证明它是正确的；最后，写一个能够通过测试的过程。

下面是一个用于测试从 Cypher 访问 Neo4j 的全文索引过程的模板。

【程序 4-29】从 Cypher 访问 Neo4j

```
package example;
import org.junit.Rule;
import org.junit.Test;
import org.neo4j.driver.v1.*;
import org.neo4j.graphdb.factory.GraphDatabaseSettings;
import org.neo4j.harness.junit.Neo4jRule;
import static org.hamcrest.core.IsEqual.equalTo;
import static org.junit.Assert.assertThat;
import static org.neo4j.driver.v1.Values.parameters;
public class ManualFullTextIndexTest
{
// 启动一个 Neo4j 实例
@Rule
public Neo4jRule neo4j = new Neo4jRule()
```

```
// 下面是我们将要测试的过程
.withProcedure( FullTextIndex.class );
@Test
public void shouldAllowIndexingAndFindingANode() throws Throwable
{
// 在下面 try 程序块中，保证在测试程序最后关闭驱动
try( Driver driver = GraphDatabase.driver( neo4j.boltURI() ,
Config.build().withEncryptionLevel(
Config.EncryptionLevel.NONE ).toConfig() ) )
{
Session session = driver.session();
// 这里先创建一个节点
long nodeId = session.run( "CREATE (p:User {name:'Brookreson'}) RETURN id(p)" )
.single()
.get( 0 ).asLong();
//当我用 index 过程对节点创建索引
session.run( "CALL example.index({id}, ['name'])", parameters( "id", nodeId ) );
//我就可以用 lucene 语法查询想要找的节点
StatementResult result = session.run( "CALL example.search('User',
'name:Brook*')" );
assertThat( result.single().get( "nodeId" ).asLong(), equalTo( nodeId ) );
}
}
}
```

3. 写一个过程

通过测试，我们编写了一个满足测试期望的过程程序。完整的示例可以从 GitHub 上找到[1]。

提示： (1) 所有过程都需要使用@Procedure 注解。有写入数据库操作的过程，需要另外添加@PerformsWrites。(2) 过程的上下文对象要与过程使用的每个资源对象相同，都需要添加@Context 注解。(3) 需要了解过程有关输入和输出的详细信息，请参阅 API 文档[2]。

【程序 4-30】用户自定义过程模板代码

```
package example;
import java.util.List;
import java.util.Map;
import java.util.Set;
import java.util.stream.Stream;
import org.neo4j.graphdb.GraphDatabaseService;
import org.neo4j.graphdb.Label;
import org.neo4j.graphdb.Node;
import org.neo4j.graphdb.index.Index;
import org.neo4j.graphdb.index.IndexManager;
import org.neo4j.logging.Log;
import org.neo4j.procedure.Context;
import org.neo4j.procedure.Name;
import org.neo4j.procedure.PerformsWrites;
```

1 https://github.com/neo4j-examples/neo4j-proceduretemplate
2 http://neo4j.com/docs/java- reference/3.1/javadocs/index.html?org/neo4j/procedure/Procedure.html

```
import org.neo4j.procedure.Procedure;
import static org.neo4j.helpers.collection.MapUtil.stringMap;
/**
*这个示例，展示了如何将 Neo4j 的全文本索引应用于两个过程：一个用于更新索引，另一个用于通过标签和
Lucene 查询语言进行查询
*/
public class FullTextIndex
{
// Procedure 类中仅允许使用静态字段和带有@Context 注释的字段。 此静态字段是我们用于创建全文
索引的配置
private static final Map<String,String> FULL_TEXT =
stringMap( IndexManager.PROVIDER, "lucene", "type", "fulltext" );
//当调用此类中的任何过程时，此字段声明我们需要 GraphDatabaseService 作为上下文@Context
public GraphDatabaseService db;
//这给了我们一个日志实例，该实例将消息输出到标准日志" neo4j.log"。@Context
public Log log;
/**
*这将此类中的两个过程中的第一个声明为在手动索引中执行查询的过程。*
*它返回记录流，其中按过程指定记录。此特定过程返回{@link SearchHit}记录流。*
*该过程的参数使用{@link Name}批注进行注释，并定义调用此过程所需的参数的位置，名称和类型。可
以使用有限类型的参数集，这些类型如下：*
* <ul>
* <li>{@link String}</li>
* <li>{@link Long} or {@code long}</li>
* <li>{@link Double} or {@code double}</li>
* <li>{@link Number}</li>
* <li>{@link Boolean} or {@code boolean}</li>
* <li>{@link java.util.Map} with key {@link String} and value {@link Object}</li>
* <li>{@link java.util.List} of elements of any valid argument type, including {@link
java.util.List}</li>
* <li>{@link Object}, meaning any of the valid argument types</li>
* </ul>
*
* @param label 要查询的 label 标签
* @param query 全文检索字符串，例如`name:Brook*`检索 name 属性以 Brook 开始的
* @return 返回检索结果
*/
@Procedure("example.search")
@PerformsWrites
public Stream<SearchHit> search( @Name("label") String label,
@Name("query") String query )
{
String index = indexName( label );
//如果索引不存在，我们将一无所获
if( !db.index().existsForNodes( index ))
{
//打印 log
log.debug( "Skipping index query since index does not exist: `%s`", index );
return Stream.empty();
}
//如果有索引，请进行查找并将结果转换为我们的输出记录
```

```
return db.index()
.forNodes( index )
.query( query )
.stream()
.map( SearchHit::new );
}
/**
*这是此类中定义的第二个过程，用于用应该可查询的节点更新索引。可以多次发送同一节点，如果索引中已经存在该节点，则索引将被更新以匹配该节点的当前状态。*
*
245/5000
此过程与{@link #search（String，String）}大致相同，但有两个显著区别：一个是用{@link PerformsWrites}进行注释，如果要在过程中对图形进行更新，则必须使用<i> </ i>进行注释。
*第二，它返回{@code void}，而不是流。这简直是捷径
*
* @param nodeId 要查询的节点 id
* @param propKeys 属性名列表，当节点含有列表中的属性时则加入检索
*/
@Procedure("example.index")
@PerformsWrites
public void index( @Name("nodeId") long nodeId,
@Name("properties") List<String> propKeys )
{
Node node = db.getNodeById( nodeId );
//一次并批量加载该节点的所有属性，结果集将仅包含该节点实际包含的属性" propKeys"中的那些属性
Set<Map.Entry<String,Object>> properties =
node.getProperties( propKeys.toArray( new String[0] ) ).entrySet();
//为每个标签建立索引（仅作为示例，我们可以过滤要索引的标签）
for ( Label label : node.getLabels() )
{
Index<Node> index = db.index().forNodes( indexName( label.name() ), FULL_TEXT );
//如果节点之前已被索引，请删除所有出现的节点，以免得到旧数据或重复数据
index.remove( node );
//然后检索所有属性
for ( Map.Entry<String,Object> property : properties )
{
index.add( node, property.getKey(), property.getValue() );
}
}
}
/**
*这是我们搜索过程的输出记录。所有返回结果的过程都将它们作为记录流返回，其中记录的定义与此类似，对其进行了定制以适合过程所返回的内容。
 这些类只能具有公共非最终字段，并且这些字段必须是以下类型之一：*
* <ul>
* <li>{@link String}</li>
* <li>{@link Long} or {@code long}</li>
* <li>{@link Double} or {@code double}</li>
* <li>{@link Number}</li>
* <li>{@link Boolean} or {@code boolean}</li>
* <li>{@link org.neo4j.graphdb.Node}</li>
```

```
* <li>{@link org.neo4j.graphdb.Relationship}</li>
* <li>{@link org.neo4j.graphdb.Path}</li>
* <li>{@link java.util.Map} with key {@link String} and value {@link Object}</li>
* <li>{@link java.util.List} of elements of any valid field type, including {@link
java.util.List}</li>
* <li>{@link Object}, meaning any of the valid field types</li>
* </ul>
*/
public static class SearchHit
{
// This records contain a single field named 'nodeId'
public long nodeId;
public SearchHit( Node node )
{
this.nodeId = node.getId();
}
}
private String indexName( String label )
{
return "label-" + label;
}
}
```

4.2.6 用户自定义函数

用户定义的函数类似一种更简单的用户自定义过程，形式为只读，并且始终返回单个值。 尽管它们的功能不那么强大，但是与许多常见任务的过程相比，它更易于使用和更高效。关于用户自定义函数我们在第 3 章已经讨论过，具体参见 3.4.6 节。

4.2.7 用户自定义聚合函数

用户定义的聚合函数是聚合数据并返回单个结果的函数。下面介绍如何为 Neo4j 编写，测试和部署用户定义的聚合函数。

1. 调用用户自定义聚合函数

用户定义的聚合函数的调用方式与任何其他 Cypher 聚合函数相同。该函数名称必须完整，例如可以使用以下命令调用包 org.neo4j.examples 中定义的名为 longestString 的函数：

```
MATCH (p: Person) WHERE p.age = 36
RETURN org.neo4j.examples.longestString(p.name)
```

2. 编写用户自定义聚合函数

用户定义的聚合函数用@UserAggregationFunction 注释。带此注释的函数必须返回聚合器类的实例。聚合器类包含一个用@UserAggregationUpdate 和用@UserAggregationResult 注释的方法。用@UserAggregationUpdate 注释的方法将被多次调用，并使类能够聚合数据。聚合完成后，使用@UserAggregationResult 注释的方法将被调用一次，并返回聚合结果。

【程序 4-31】用户自定义聚合函数代码

```
package example;
import org.neo4j.procedure.Description;
import org.neo4j.procedure.Name;
import org.neo4j.procedure.UserAggregationFunction;
import org.neo4j.procedure.UserAggregationResult;
import org.neo4j.procedure.UserAggregationUpdate;
public class LongestString
{
  @UserAggregationFunction
  @Description( "org.neo4j.function.example.longestString(string) - aggregates
the longest string found"
)
  public LongStringAggregator longestString()
  {
  return new LongStringAggregator();
  }
  public static class LongStringAggregator
  {
  private int longest;
  private String longestString;
  @UserAggregationUpdate
  public void findLongest(
  @Name( "string" ) String string )
  {
  if ( string != null && string.length() > longest)
  {
  longest = string.length();
  longestString = string;
  }
  }
  @UserAggregationResult
  public String result()
  {
  return longestString;
  }
  }
}
```

3. 编写集成测试代码

用户定义的聚合函数的测试与普通用户定义的函数的测试方法相同。下面是一个模板，用于测试查找最长字符串的用户定义的聚合函数。

【程序 4-32】用户自定义聚合函数集成测试代码

```
package example;
import org.junit.Rule;
import org.junit.Test;
import org.neo4j.driver.v1.*;
import org.neo4j.harness.junit.Neo4jRule;
import static org.hamcrest.core.IsEqual.equalTo;
import static org.junit.Assert.assertThat;
```

```
public class LongestStringTest
{
  // This rule starts a Neo4j instance
  @Rule
  public Neo4jRule neo4j = new Neo4jRule()
  // This is the function to test
  .withAggregationFunction( LongestString.class );
  @Test
  public void shouldAllowIndexingAndFindingANode() throws Throwable
  {
  // This is in a try-block, to make sure you close the driver after the test
  try( Driver driver = GraphDatabase.driver( neo4j.boltURI() ,
Config.build().withEncryptionLevel(
Config.EncryptionLevel.NONE ).toConfig() ) )
  {
  // Given
  Session session = driver.session();
  // When
  String result = session.run( "UNWIND ["abc", "abcd", "ab"] AS string RETURN
example.longestString(string) AS result").single().get("result").asString();
  // Then
  assertThat( result, equalTo( "abcd" ) );
  }
  }
}
```

4.2.8 事务管理

为了完全保持数据完整性并确保良好的事务行为，Neo4j 支持 ACID，即支持原子性（Atomicity）、一致性（Consistency）、隔离性（Isolation）、持久性（Durability）4 个要素。

- 原子性：如果事务的任何部分失败，整个事务不做任何操作，数据库状态保持不变。
- 一致性：任何事务都会使数据处于完全一致状态。
- 隔离性：在事务执行期间，被修改的数据无法由其他操作访问。
- 持久性：DBMS 可以恢复事务已提交了的结果。

特别需要注意如下几点：

（1）访问图、索引或模式的所有数据库操作都必须在事务中执行。

（2）默认隔离级别为 READ_COMMITTED。

（3）通过遍历检索的数据不受其他事务的修改保护。

（4）可以只有写锁被获取并保持，直到事务结束。

（5）可以手动获取节点和关系上的写锁，以实现更高级别的隔离（SERIALIZABLE）。

（6）在节点和关系级别都可以获取锁定权限。

（7）死锁检测被构建在核心事务管理中。

4.2.8.1　交互周期

访问图、索引或模式的所有数据库操作都必须在事务中执行。事务是被限制在线程内的，可以嵌套为“平行嵌套事务”。平行嵌套事务指的是所有嵌套事务都被添加到顶层事务的作用域中。嵌套事务可以标记顶层事务以进行回滚，这意味着整个事务都将被回滚，仅回滚在嵌套事务中的操作是不可能的。

处理事务的交互周期有如下 4 个步骤：

步骤 01 开始一个事务。

步骤 02 执行数据库操作。

步骤 03 将事务标记为成功或不成功。

步骤 04 完成事务。

完成每个事务是非常重要的。除非事务完成，否则不会释放它已经获得的锁或内存。程序中惯用的方法是使用 try-finally 块处理事务、启动事务，然后尝试执行图操作。在 try 块中的最后一个操作应该标记事务为成功即执行 success()方法，而 finally 块应该写完成事务的相关操作。完成事务将根据成功状态执行提交或回滚。

在事务中执行的所有修改都被暂时保存在内存中，所以应当将大型事务拆分为小型事务，以避免内存不足。

在使用线程池的情况下，当无法正确完成事务时，可能会发生其他错误。假设如果有一个没有正确完成的事务，它是被绑定到一个线程上的，当该线程被调度开始执行一个新的顶级事务时，它实际上将是一个嵌套事务。如果失败的事务状态是“标记为回滚”（如果检测到死锁，则会发生），则无法对该事务执行更多的工作。如果尝试这样做，将导致在每次调用写操作时出错。

4.2.8.2　隔离级别

Neo4j 中的事务使用读提交隔离级别，也就是一旦提交事务就会马上看到数据的变更，并且不会在其他事务中看到尚未提交的数据。这种类型的隔离比串行化弱，但是这样显著提高了数据库的性能。

此外，Neo4j Java API 支持显式锁定节点和关系。使用锁可以通过明确获取和释放锁来模拟更高级别的隔离。例如，如果在公共节点或关系上进行写锁定，则所有事务将在该锁上串行化执行。

1. Cypher 中的更新丢失

Cypher 中，在某些情况下可以获取写锁来模拟改进的隔离。例如，多个并发 Cypher 查询增加属性值的情况。由于读提交隔离级别的限制，增加操作的最终结果可能无法确定。如果存在直接依赖，则 Cypher 将在读取前自动获取写锁定。直接依赖关系是指 SET 的右侧在表达式中读取依赖属性，或者在 map 字面值的键值对的值中。

例如，以下查询（如果由 100 个并发客户端运行）很可能不会将属性 n.prop 增加到 100，除非在读取属性值之前获取了写锁定。这是因为所有查询都会在自己的事务中读取 n.prop 的值，并且不会从尚未提交的任何其他事务中看到增加后的值。在最坏的情况下，如果所有线程在任何提交它们的事务之前执行读取，最终得到的值可能为 1。

【程序 4-33】Cypher 自动获取一个写锁定

```
MATCH (n:X {id: 42})
SET n.prop = n.prop + 1
MATCH (n)
SET n += { prop: n.prop + 1 }
```

有些情况下判断读写依赖过于复杂，所以在某些情况下 Cypher 不会自动加上写锁定，主要有如下两种情况：

（1）在读取请求的值之前，通过写入虚拟属性来获取节点的写锁定。

```
MATCH (n)
WITH n.prop as p
// 下面操作依赖变量 p 来产生 k 的值
SET n.prop = k + 1
```

（2）在同一查询中读取和写入的属性之间的循环依赖性。

```
MATCH (n)
SET n += { propA: n.propB + 1, propB: n.propA + 1 }
```

为了在复杂情况下确保行为的确定性，有必要在所操作的节点上显式获取写锁定。虽然在 Cypher 中没有明确的支持，但是可以通过写一个临时属性来解决这个限制就可以了。

如下例，在读取请求的值之前，通过写入虚拟属性来获取节点的写锁定。

```
MATCH (n:X {id: 42})
SET n._LOCK_ = true
WITH n.prop as p
// 下面操作依赖变量 p 来产生 k 的值
SET n.prop = k + 1
REMOVE n._LOCK_
```

在读取 n.prop 之前 SET n. _LOCK_语句的存在，将确保在读取操作之前获取锁定，并且由于又对该节点上的所有并发查询进行了强制序列化，因此不会存在丢失更新的情况。

2. 默认自动加锁的情况

（1）在添加、更改、删除节点或关系上的属性时，将对操作的节点或关系执行写锁定。

（2）在创建或删除节点时，将为操作的节点执行写锁定。

（3）在创建或删除关系时，将对操作的关系及其两个节点执行写锁定。

锁将添加到事务中，并在事务完成时释放。

4.2.8.3 死锁

对于死锁需要了解以下内容：

在任何系统中如果使用锁，那么就可能发生死锁。然而，在 Neo4j 中，系统发生并抛出异常之前会检测任何死锁。在抛出异常之前，事务被标记为回滚。由事务获取的所有锁仍然被保留着，并将在事务完成时释放（在前面指出的 finally 块中）。一旦锁被释放，则因为等待导致死锁的事务而被锁住的其他事务得以继续执行。因导致死锁的事务而未执行的工作，在这之后就可以由用户在需要时重试。

有时候一些频繁的死锁是由发写请求的操作导致的，即不可能在同时满足预期的隔离和一致性的情况下执行它们，其解决方案是确保合理地并发更新。例如给定两个特定节点（A 和 B），当有两个或多个事务同时进行时，对于每个事务以随机顺序添加或删除这两个节点上的关系将导致死锁。一种解决方案是确保更新始终以相同的顺序发生（首先 A 然后 B）。另一种解决方案是确保每个线程/事务对某个节点或关系在并发事务中没有任何写入冲突。

1. 死锁处理程序

下面是在过程、服务器扩展或使用嵌入式 Neo4j 时处理死锁的示例。

用于代码片段的完整源代码可以在 GitHub 上源文件的 DeadlockDocTest.java 中找到。

当在代码中处理死锁时，有几个问题可能需要解决：

（1）需要进行有限的重试次数，如果达到阈值则失败。

（2）在每次尝试之间暂停一下，以允许其他事务完成，然后再次尝试。

（3）重试循环不仅可用于死锁，而且可用于其他类型的瞬态错误。

在以下部分中，将看到 Java 中的示例代码，其中显示了如何实现该示例代码。

可以使用 TransactionTemplate 处理死锁。如果不想自己写所有的代码，有一个类名为 TransactionTemplate，它将帮助我们实现所需要的处理。以下是创建、自定义和使用此模板以在事务中重试的示例。

首先，定义基本模板：

```
TransactionTemplate template = new TransactionTemplate( ).retries( 5 ).backoff( 3,
TimeUnit.SECONDS );
```

接下来，指定要使用的数据库和要执行的函数：

```
Object result = template.with(graphDatabaseService).execute( transaction -> {
    Object result1 = null;
    return result1;
} );
```

TransactionTemplate 使用 API 进行配置，可以选择是立即设置所有内容，还是在使用之前提供一些详细信息。模板允许为重试的异常设置参数，并且还能够很容易地监视发生的事件。

2. 使用循环重试处理死锁

如果想回滚自己的循环重试代码，请参阅下面的代码，以下是循环重试的示例。

【程序 4-34】循环重试处理死锁

```
Throwable txEx = null;
int RETRIES = 5;
int BACKOFF = 3000;
for ( int i = 0; i < RETRIES; i++ )
{
    try ( Transaction tx = graphDatabaseService.beginTx() )
    {
        Object result = doStuff(tx);
```

```
        tx.success();
        return result;
    }
    catch ( Throwable ex )
    {
        txEx = ex;
        // 在此处添加想循环重试的内容
        if ( !(ex instanceof DeadlockDetectedException) )
        {
            break;
        }
    }
    // Wait so that we don't immediately get into the same deadlock
    if ( i < RETRIES - 1 )
    {
        try
        {
            Thread.sleep( BACKOFF );
        }
        catch ( InterruptedException e )
        {
            throw new TransactionFailureException( "Interrupted", e );
        }
    }
}
if ( txEx instanceof TransactionFailureException )
{
    throw ((TransactionFailureException) txEx);
}
else if ( txEx instanceof Error )
{
    throw ((Error) txEx);
}
else if ( txEx instanceof RuntimeException )
{
    throw ((RuntimeException) txEx);
}
else
{
    throw new TransactionFailureException( "Failed", txEx );
}
```

上面的循环重试代码可以按照需要重新定制。

3. 删除语义

在删除节点或者关系的时候，依附在节点或关系上的属性也会被一并删除，但是删除节点并不会删除指向此节点的关系，因此必须先删除指向此节点的关系才行。

在 Neo4j 中有一种强制的约束，就是任何关系必须有开始和结束节点，如果尝试删除一个仍被关系关联着的节点，则删除节点操作将会抛出异常而终止。所以必须先删除与节点关联的所有关系，最后才能删除此节点，这个先后顺序必须遵守。

当在做删除操作时，我们必须了解如下一些概念：

（1）在删除节点或者关系的时候，依附在节点或关系上的属性也会被一并删除。

（2）在删除节点操作所在的事务提交时，此节点不能存在任何相关联的关系。

（3）在事务中如果含有删除节点或关系的操作，只要此事务没有被提交，那么程序中依然可以读取要删除的节点或关系，因为事务没被提交，它们还依然存在。

（4）在事务中如果已经运行了删除节点或关系的操作代码，当此事务还没有被提交，如果继续尝试写或修改这些节点或关系，那么程序会抛出异常。

（5）如果事务中如果存在读取已经被删除了的节点或关系的操作，那么在事务提交时程序将会抛出异常。

4.2.8.4　创建唯一节点

如同传统关系数据库，有些时候需要保证实体的唯一性。同样，在 Neo4j 中也希望有一种机制可以确保创建的节点具有唯一性。Neo4j 提供了三个主要的策略来确保唯一性，即单线程策略、获取或创建策略、消极锁策略。这三种策略可以运行在高可用性集群环境和单实例环境。

1. 单线程策略

使用单线程策略，系统中就不会同时存在多个线程去创建同一个实体（如节点、关系）。同样，在高可用性集群环境下，外部的单线程也可以在高可用性集群上执行操作，并能确保唯一性。

2. 获取或创建策略

获取或创建唯一节点的首选方法是使用唯一性约束和 Cypher。有关更多信息，请参见第 3 章的相关内容，使用 Cypher 和唯一约束获取或创建唯一节点。

通过使用 put-if-absent 功能，可以使用手动索引来保证实体唯一性。此时，手动索引将是一个锁，并且这个锁仅仅锁定用来保证线程和事务唯一性的最小资源。

3. 消极锁策略

虽然消极锁策略也是一个保证唯一性的策略，但 Neo4j 更推荐使用以上两个策略，如果都不可行，再考虑使用消极锁策略。

通过使用显式的消极锁定，可以在多线程环境中实现实体创建的唯一性。通常情况下，这个策略用于锁定单个或者一组公共的节点。

4. 事务事件

可以注册事务事件处理程序以接收 Neo4j 的事务事件。一旦在 GraphDatabaseService 实例中注册，它就会在提交事务之前接收事务的事件。当执行任何写操作并提交其事务后，处理程序会接收到通知。如果其事务的 success()方法没有被调用，或事务被标记为失败即调用了 failure()方法，那么它将被回滚，并且没有任何事件被发送到处理程序。

在事务被提交之前，处理器的 beforeCommit 方法将被用在此事务中。此时，事务仍在运行，因此仍可进行更改。该方法还可以抛出异常，这将防止事务被提交。如果事务回滚，则将调用处理程序的 afterRollback 方法。

处理程序执行的顺序是未定义的，也就是说不能保证一个处理程序所做的更改会被其他处理程序看到。

如果在所有注册的处理程序中成功执行 beforeCommit 方法，那么将提交事务并使用相同的事务数据当作参数来调用 afterCommit 方法，并且此调用还包括从 beforeCommit 返回的对象。

在 afterCommit 中，事务已经关闭，并且访问 TransactionData 外部的任何内容都需要再打开一个新的事务。TransactionEventHandler 可以获得关于具有可通过 TransactionData 访问的任何更改的事务的通知，因此一些索引和模式更改不会触发这些事件。

4.2.9 使用 Java 在线备份 Neo4j

为了从基于 JVM 的开发平台上以编程方式备份完整的或后续增量的数据，需要编写如下的 Java 代码。

【程序 4-35】在线备份数据库

```
OnlineBackup backup = OnlineBackup.from( "127.0.0.1" );
backup.full( backupPath.getPath() );
assertTrue( "Should be consistent", backup.isConsistent() );
backup.incremental( backupPath.getPath() );
```

4.2.10 使用 JMX 监控 Neo4j

为了能够连续地了解 Neo4j 数据库的运行状况，有不同级别的监控方法可用。这些方法大多数是基于 JMX（Java Management Extensions，Java 管理扩展）的。Neo4j 企业版还能够自动向常用的监控系统报告运行指标。

JMX 是一个为应用程序、设备、系统等植入管理功能的框架。JMX 可以跨越一系列异构操作系统平台、系统体系结构和网络传输协议，灵活地开发无缝集成的系统、网络和服务来管理应用。

4.2.10.1 使用 JMX 接入 Neo4j

默认情况下，Neo4j Enterprise Server 版本不允许远程 JMX 连接，因为 conf/neo4j.conf 配置文件中的相关选项已经注释掉。要启用此功能，必须在配置文件中取消掉 com.sun.management.jmxremote 选项的注释。

有关 JMX 连接配置的详细信息，读者可以查询相关的 Java 文档。在此要提醒读者的是，我们需要确保 JMX 的配置文件 conf/jmx.password 具有正确的文件权限。该文件的所有者必须是将运行服务的用户，并且权限应该是只读。在 UNIX 系统上就是 0600 权限。

在 Windows 系统上，我们可以按照 Oracle 在线文档[1]的教程来设置正确的权限。如果在本地系统账户下运行服务，拥有该文件并且可以访问该文件的用户应该是 SYSTEM。

使用此设置，应该能够在服务器 IP 地址的 3637 端口上连接到 Neo4j 服务器的 JMX 监视器，当然我们需要提供用户名和密码。

4.2.10.2 使用 JMX 和 JConsole 接入 Neo4j 实例

首先，通过命令启动 Neo4j：

```
$NEO4j_HOME/bin/neo4j start
```

1 http://docs.oracle.com/javase/8/docs/technotes/guides/management/security-windows.html

然后，使用命令启动 jconsole：

```
$JAVA_HOME/bin/jconsole
```

在图 4-9 所示的控制面板中，选择链接到运行 Neo4j 的进程。

图 4-9　jconsole 选择链接 Neo4j 进程

现在，在 MBeans 选项卡中看到一个 org.neo4j 节点列表。在此列表下，可以查看 Neo4j 所有公开的监控信息，如图 4-10 所示。

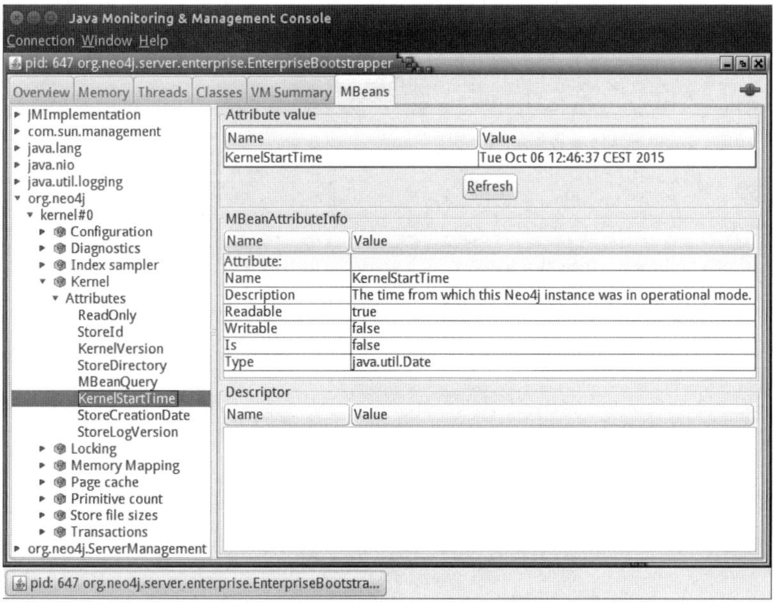

图 4-10　查看 Neo4j 所有公开的监控信息

4.3 各语言驱动包开发模式

Neo4j 为比较受欢迎的程序语言提供了官方驱动程序，这些官方驱动程序是由 Neo4j 支持的。同样存在多种语言的社区版驱动程序，但是在功能集、成熟度和支持方面差异很大，可以通过 https://neo4j.com/developer/language-guides/查找更多的社区版驱动程序。

驱动程序 API 的目标是在拓扑结构上不可知的，这也就意味着底层数据库拓扑结构可以单个实例、因果集群等，可以做到不根据数据库拓扑结构而改变应用程序代码。一般来说，当数据库拓扑结构发生变化时，只需要改变连接 URI 即可。

官方驱动程序包括以下 5 种：

- .NET
- Go
- Java
- JavaScript
- Python

4.3.1 驱动开发入门

表 4-5 显示了 Neo4j 4.x 驱动程序所需的程序语言版本。

表 4-5 Neo4j 4.x 驱动程序所需的程序语言版本

程序语言	版本
.NET	.NET Standard 2.0
Go	Go 1.10
Java	Java 8+
JavaScript	Node.JS 所有 LTS 版本
Python	Python 3.5 及以上

Neo4j 的每个版本都有对应版本的驱动包，多个版本的驱动程序和数据库之间提供兼容性。高版本的驱动包一般都会兼容低版本数据库，但低版本的驱动包无法支持高版本数据库的新特性，因此，推荐使用与数据库版本相对应的驱动包或最新稳定版本的驱动包，这样可以提供最强的稳定性并保证所有的功能均可用。

4.3.1.1 使用依赖管理获得驱动

可以下载驱动程序源或使用语言的依赖关系管理器获取驱动程序包。

C#。在 Visual Studio 包管理控制台使用 NuGet 命令：

```
PM> Install-Package Neo4j.Driver -Version 4.4.0
```

Go。使用 go get 包管理，命令如下：

```
go get github.com/neo4j/neo4j-go-driver/v4
```

Java。使用 Maven 依赖管理，在 pom.xml 文件中添加如下命令：

```
<dependencies>
    <dependency>
        <groupId>org.neo4j.driver</groupId>
        <artifactId>neo4j-java-driver</artifactId>
        <version>4.4</version>
    </dependency>
</dependencies>
```

对于 Gradle 或者 Grails，使用如下命令：

```
compile 'org.neo4j.driver:neo4j-java-driver:4.4'
```

JavaScript。使用 NPM 包管理，命令如下：

```
npm install neo4j-driver@4.4
```

Python。使用 pip 包管理，命令如下：

```
pip install neo4j-driver==4.4
```

4.3.1.2　使用官方驱动包

每个 Neo4j 驱动程序都有一个用于创建驱动程序的数据库对象。要使用驱动程序，请按照以下步骤进行操作：

步骤 01 向数据库对象请求一个新的驱动程序。

步骤 02 向驱动程序对象请求一个新会话。

步骤 03 请求会话对象创建事务。

步骤 04 使用事务对象运行语句。它返回一个表示结果的对象。

步骤 05 处理结果。

步骤 06 关闭会话。

1. C#

C#驱动包 Hello World 例子如下：

```
public class HelloWorldExample : IDisposable
{
    private bool _disposed = false;
    private readonly IDriver _driver;

    ~HelloWorldExample() => Dispose(false);

    public HelloWorldExample(string uri, string user, string password)
    {
        _driver = GraphDatabase.Driver(uri, AuthTokens.Basic(user, password));
    }

    public void PrintGreeting(string message)
    {
        using (var session = _driver.Session())
        {
```

```
            var greeting = session.WriteTransaction(tx =>
            {
                var result = tx.Run("CREATE (a:Greeting) " +
                                    "SET a.message = $message " +
                                    "RETURN a.message + ', from node ' + id(a)",
                    new {message});
                return result.Single()[0].As<string>();
            });
            Console.WriteLine(greeting);
        }
    }

    public void Dispose()
    {
        Dispose(true);
        GC.SuppressFinalize(this);
    }

    protected virtual void Dispose(bool disposing)
    {
        if (_disposed)
            return;

        if (disposing)
        {
            _driver?.Dispose();
        }

        _disposed = true;
    }

    public static void Main()
    {
        using (var greeter = new HelloWorldExample("bolt://localhost:7687", "neo4j",
"password"))
        {
            greeter.PrintGreeting("hello, world");
        }
    }
}
```

2. Go

Go 驱动包 Hello World 示例如下：

```
func helloWorld(uri, username, password string) (string, error) {
    driver, err := neo4j.NewDriver(uri, neo4j.BasicAuth(username, password, ""))
    if err != nil {
        return "", err
    }
    defer driver.Close()
```

```
    session := driver.NewSession(neo4j.SessionConfig{AccessMode:
neo4j.AccessModeWrite})
    defer session.Close()

    greeting, err := session.WriteTransaction(func(transaction neo4j.Transaction)
(interface{}, error) {
        result, err := transaction.Run(
            "CREATE (a:Greeting) SET a.message = $message RETURN a.message + ', from
node ' + id(a)",
            map[string]interface{}{"message": "hello, world"})
        if err != nil {
            return nil, err
        }

        if result.Next() {
            return result.Record().Values[0], nil
        }

        return nil, result.Err()
    })
    if err != nil {
        return "", err
    }

    return greeting.(string), nil
}
```

3. Java

首先使用 import 引入包。

```
import org.neo4j.driver.AuthTokens;
import org.neo4j.driver.Driver;
import org.neo4j.driver.GraphDatabase;
import org.neo4j.driver.Result;
import org.neo4j.driver.Session;
import static org.neo4j.driver.Values.parameters;
```

Java 驱动包 Hello World 示例如下：

```
public class HelloWorldExample implements AutoCloseable
{
    private final Driver driver;

    public HelloWorldExample( String uri, String user, String password )
    {
        driver = GraphDatabase.driver( uri, AuthTokens.basic( user, password ) );
    }

    @Override
    public void close() throws Exception
```

```
    {
        driver.close();
    }

    public void printGreeting( final String message )
    {
        try ( Session session = driver.session() )
        {
            String greeting = session.writeTransaction( tx ->
                                                        {
                                                            Result result = tx.run( "CREATE
(a:Greeting) " +
                                                                                    "SET
a.message = $message " +
                                                                                    "RETURN
a.message + ', from node ' + id(a)",

parameters( "message", message ) );
                                                            return
result.single().get( 0 ).asString();
                                                        } );
            System.out.println( greeting );
        }
    }

    public static void main( String... args ) throws Exception
    {
        try ( HelloWorldExample greeter = new
HelloWorldExample( "bolt://localhost:7687", "neo4j", "password" ) )
        {
            greeter.printGreeting( "hello, world" );
        }
    }
}
```

4. JavaScript

JavaScript 驱动包 Hello World 示例如下：

```
const driver = neo4j.driver(uri, neo4j.auth.basic(user, password))
const session = driver.session()

try {
  const result = await session.writeTransaction(tx =>
    tx.run(
      'CREATE (a:Greeting) SET a.message = $message RETURN a.message + ", from node
" + id(a)',
      { message: 'hello, world' }
    )
  )
```

```
  const singleRecord = result.records[0]
  const greeting = singleRecord.get(0)

  console.log(greeting)
} finally {
  await session.close()
}

// on application exit:
await driver.close()
```

5. Python

引入驱动程序对象：

```
import logging
import sys
from neo4j import GraphDatabase
from neo4j.exceptions import ServiceUnavailable
```

Python 驱动包 Hello World 示例如下：

```
class App:

    def __init__(self, uri, user, password):
        self.driver = GraphDatabase.driver(uri, auth=(user, password))

    def close(self):
        # Don't forget to close the driver connection when you are finished with it
        self.driver.close()

    @staticmethod
    def enable_log(level, output_stream):
        handler = logging.StreamHandler(output_stream)
        handler.setLevel(level)
        logging.getLogger("neo4j").addHandler(handler)
        logging.getLogger("neo4j").setLevel(level)

    def create_friendship(self, person1_name, person2_name, knows_from):
        with self.driver.session() as session:
            # Write transactions allow the driver to handle retries and transient
errors
            result = session.write_transaction(
                self._create_and_return_friendship, person1_name, person2_name,
knows_from)
            for row in result:
                print("Created friendship between: {p1}, {p2} from {knows_from}"
                      .format(
                          p1=row['p1'],
                          p2=row['p2'],
                          knows_from=row["knows_from"]))
```

```
    @staticmethod
    def _create_and_return_friendship(tx, person1_name, person2_name,
knows_from):
        # To learn more about the Cypher syntax, see
https://neo4j.com/docs/cypher-manual/current/
        # The Reference Card is also a good resource for keywords
https://neo4j.com/docs/cypher-refcard/current/
        query = (
            "CREATE (p1:Person { name: $person1_name }) "
            "CREATE (p2:Person { name: $person2_name }) "
            "CREATE (p1)-[k:KNOWS { from: $knows_from }]->(p2) "
            "RETURN p1, p2, k"
        )
        result = tx.run(query, person1_name=person1_name,
                        person2_name=person2_name, knows_from=knows_from)
        try:
            return [{
                        "p1": row["p1"]["name"],
                        "p2": row["p2"]["name"],
                        "knows_from": row["k"]["from"]
                    }
                    for row in result]
        # Capture any errors along with the query and data for traceability
        except ServiceUnavailable as exception:
            logging.error("{query} raised an error: \n {exception}".format(
                query=query, exception=exception))
            raise

    def find_person(self, person_name):
        with self.driver.session() as session:
            result = session.read_transaction(self._find_and_return_person,
person_name)
            for row in result:
                print("Found person: {row}".format(row=row))

    @staticmethod
    def _find_and_return_person(tx, person_name):
        query = (
            "MATCH (p:Person) "
            "WHERE p.name = $person_name "
            "RETURN p.name AS name"
        )
        result = tx.run(query, person_name=person_name)
        return [row["name"] for row in result]


if __name__ == "__main__":
    bolt_url = "%%BOLT_URL_PLACEHOLDER%%"
    user = "<Username for database>"
    password = "<Password for database>"
    App.enable_log(logging.INFO, sys.stdout)
```

```
    app = App(bolt_url, user, password)
    app.create_friendship("Alice", "David", "School")
    app.find_person("Alice")
    app.close()
```

也可以直接在会话 session 中运行语句，然后 session 将负责打开和关闭事务。这对于单独的只读查询很方便。

4.3.2 客户端应用

本小节将主要介绍如何在客户端应用内管理数据库连接。

4.3.2.1 驱动对象

Neo4j 客户端应用需要一个驱动对象，从数据访问的角度来看，它构成了客户端应用的主体。所有与 Neo4j 交互都是通过驱动对象进行的，因此客户端应用所有需要访问数据的部分，都可以使用这个驱动对象。此外，驱动对象是线程安全的。

构建驱动对象实例，需要提供连接 URI 和身份认证信息。如果需要，可以提供其他详细的配置信息。在驱动对象的生命周期内，配置的详细信息是不变的。如果需要多个配置时，则必须使用多个驱动对象。

驱动对象的生命周期示例如下。

1. C#

```
public class DriverLifecycleExample : IDisposable
{
   private bool _disposed = false;
   public IDriver Driver { get; }

   ~DriverLifecycleExample() => Dispose(false);

   public DriverLifecycleExample(string uri, string user, string password)
   {
      Driver = GraphDatabase.Driver(uri, AuthTokens.Basic(user, password));
   }

   public void Dispose()
   {
      Dispose(true);
      GC.SuppressFinalize(this);
   }

   protected virtual void Dispose(bool disposing)
   {
      if (_disposed)
         return;

      if (disposing)
      {
```

```
            Driver?.Dispose();
        }

        _disposed = true;
    }
}
```

2. Go

```
func createDriver(uri, username, password string) (neo4j.Driver, error) {
    return neo4j.NewDriver(uri, neo4j.BasicAuth(username, password, ""))
}

// call on application exit
func closeDriver(driver neo4j.Driver) error {
    return driver.Close()
}
```

3. Java

```
import org.neo4j.driver.AuthTokens;
import org.neo4j.driver.Driver;
import org.neo4j.driver.GraphDatabase;

public class DriverLifecycleExample implements AutoCloseable
{
    private final Driver driver;

    public DriverLifecycleExample( String uri, String user, String password )
    {
        driver = GraphDatabase.driver( uri, AuthTokens.basic( user, password ) );
    }

    @Override
    public void close() throws Exception
    {
        driver.close();
    }
}
```

4. JavaScript

```
const driver = neo4j.driver(uri, neo4j.auth.basic(user, password))

try {
  await driver.verifyConnectivity()
  console.log('Driver created')
} catch (error) {
  console.log(`connectivity verification failed. ${error}`)
}

const session = driver.session()
try {
```

```
  await session.run('CREATE (i:Item)')
} catch (error) {
  console.log(`unable to execute query. ${error}`)
} finally {
  await session.close()
}

// ... on application exit:
await driver.close()
```

5. Python

```
from neo4j import GraphDatabase

class DriverLifecycleExample:
    def __init__(self, uri, auth):
        self.driver = GraphDatabase.driver(uri, auth=auth)

    def close(self):
        self.driver.close()
```

4.3.2.2 URI

通过 URI 可以发现 Neo4j 图数据库以及连接数据库。从 Neo4j 4.0 开始，客户端与服务端通信默认只能使用非加密本地连接，主要变化是从关闭默认加密改为箱外生成自签名的认证。安装完整证书并在驱动程序上启用加密后，将执行完整证书核验。与自签名证书相比，完整证书提供了更好的整体安全性，因为它们包含一个完整的信任链，并返回到根证书认证机构。Neo4j 3.x 和 Neo4j 4.x 两个版本在安全性配置上存在较大的变化，如表 4-6 所示。

表 4-6 Neo4j 3.x 和 Neo4j 4.x 在默认安全配置上的不同

配置项	Neo4j 4.x	Neo4j 3.x（Drivers 1.x）
Bundled certificate	None	auto-generated, self-signed
Driver encryption	Off	on
Bolt interface	localhost	localhost
Certificate expiry check	on	on
Certificate CA check	on	off
Certificate hostname check	on	off

1. 初始化地址解析

在 neo4j://的 URI 提供的地址用于初始化，并且进行回退通信。这种通信用于引导路由表，通过该路由表执行后续所有通信。当驱动程序无法连接路由表的任何地址时，就会发生回退。初始地址再次引导路由表。

从初始的逻辑地址到物理主机解析有三种选择：常规 DNS、自定义中间件和驱动对象解析方法。以下示例显示了如何将单个地址扩展为多个（硬编码）输出地址。

（1）C#

```
private IDriver CreateDriverWithCustomResolver(string virtualUri, IAuthToken
token,
```

```
    params ServerAddress[] addresses)
{
    return GraphDatabase.Driver(virtualUri, token,
        o => o.WithResolver(new
ListAddressResolver(addresses)).WithEncryptionLevel(EncryptionLevel.None));
}

public void AddPerson(string name)
{
    using (var driver = CreateDriverWithCustomResolver("neo4j://x.example.com",
        AuthTokens.Basic(Username, Password),
        ServerAddress.From("a.example.com", 7687),
ServerAddress.From("b.example.com", 7877),
        ServerAddress.From("c.example.com", 9092)))
    {
        using (var session = driver.Session())
        {
            session.Run("CREATE (a:Person {name: $name})", new {name});
        }
    }
}

private class ListAddressResolver : IServerAddressResolver
{
    private readonly ServerAddress[] servers;

    public ListAddressResolver(params ServerAddress[] servers)
    {
        this.servers = servers;
    }

    public ISet<ServerAddress> Resolve(ServerAddress address)
    {
        return new HashSet<ServerAddress>(servers);
    }
}
```

（2）Go

```
func createDriverWithAddressResolver(virtualURI, username, password string,
addresses ...neo4j.ServerAddress) (neo4j.Driver, error) {
    // Address resolver is only valid for neo4j uri
    return neo4j.NewDriver(virtualURI, neo4j.BasicAuth(username, password, ""),
func(config *neo4j.Config) {
        config.AddressResolver = func(address neo4j.ServerAddress)
[]neo4j.ServerAddress {
            return addresses
        }
    })
}
```

```
func addPerson(name string) error {
    const (
        username = "neo4j"
        password = "some password"
    )

   driver, err := createDriverWithAddressResolver("neo4j://x.acme.com", username,
password,
        neo4j.NewServerAddress("a.acme.com", "7676"),
        neo4j.NewServerAddress("b.acme.com", "8787"),
        neo4j.NewServerAddress("c.acme.com", "9898"))
    if err != nil {
        return err
    }
    defer driver.Close()

    session := driver.NewSession(neo4j.SessionConfig{AccessMode:
neo4j.AccessModeWrite})
    defer session.Close()

    result, err := session.Run("CREATE (n:Person { name: $name})",
map[string]interface{}{"name": name})
    if err != nil {
        return err
    }

    _, err = result.Consume()
    if err != nil {
        return err
    }

    return nil
}
```

（3）Java

```
private Driver createDriver( String virtualUri, String user, String password,
ServerAddress... addresses )
{
   Config config = Config.builder()
          .withResolver( address -> new HashSet<>( Arrays.asList( addresses ) ) )
          .build();

   return GraphDatabase.driver( virtualUri, AuthTokens.basic( user, password ),
config );
}

private void addPerson( String name )
{
   String username = "neo4j";
   String password = "some password";
```

```
    try ( Driver driver = createDriver( "neo4j://x.example.com", username, password,
ServerAddress.of( "a.example.com", 7676 ),
            ServerAddress.of( "b.example.com", 8787 ),
ServerAddress.of( "c.example.com", 9898 ) ) )
    {
        try ( Session session =
driver.session( builder().withDefaultAccessMode( AccessMode.WRITE ).build() ) )
        {
            session.run( "CREATE (a:Person {name: $name})", parameters( "name",
name ) );
        }
    }
}
```

（4）JavaScript

```
function createDriver (virtualUri, user, password, addresses) {
  return neo4j.driver(virtualUri, neo4j.auth.basic(user, password), {
    resolver: address => addresses
  })
}

function addPerson (name) {
  const driver = createDriver('neo4j://x.acme.com', user, password, [
    'a.acme.com:7575',
    'b.acme.com:7676',
    'c.acme.com:8787'
  ])
  const session = driver.session({ defaultAccessMode: neo4j.WRITE })

  session
    .run('CREATE (n:Person { name: $name })', { name: name })
    .then(() => session.close())
    .then(() => driver.close())
}
```

（5）Python

```
from neo4j import (
    GraphDatabase,
    WRITE_ACCESS,
)

def create_driver(uri, user, password):

    def resolver(address):
        host, port = address
        if host == "x.example.com":
            yield "a.example.com", port
            yield "b.example.com", port
            yield "c.example.com", port
```

```
        else:
            yield host, port

    return GraphDatabase.driver(uri, auth=(user, password), resolver=resolver)


def add_person(name):
    driver = create_driver("neo4j://x.example.com", user="neo4j",
password="password")
    session = driver.session(default_access_mode=WRITE_ACCESS)
    session.run("CREATE (a:Person {name: $name})", {"name", name})
    session.close()
    driver.close()
```

2. 路由表

路由表类似于驱动程序连接层和数据库表面之间的黏合剂。此表包含服务器地址列表，按读写器分组，并根据需要由驱动程序自动刷新。该驱动程序不会暴露任何 API 来直接使用路由表，但在系统故障定位时，对于探查故障非常有用。

3. 路由上下文

路由上下文可以作为 neo4j://URI 的查询部分包含在内。路由上下文通过服务器策略定义，并允许自定义路由表。以下示例为使用路由上下文配置路由驱动。

```
neo4j://neo01.graph.example.com?policy=europe
```

一个名为 europe 的服务策略已经被定义，此外，希望直连 neo01.graph.example.com 的驱动，这个 URI 使用服务策略 europe：

4. URI 示例

URIs 连接通常遵循以下形式：

```
neo4j://<HOST>:<PORT>[?<ROUTING_CONTEXT>]
```

URI 指向一个路由的 Neo4j 服务，该服务可以由集群或单个实例实现。HOST 和 PORT 值包含一个逻辑主机名和端口号，指向 Neo4j 服务的入口点（例如 Neo4j://graph.example.com:7687）。

在集群环境中，URI 地址将解析为一个或多个核心成员；对于独立安装，这将直接指向该服务器地址。ROUTING_CONTEXT 选项允许自定义路由表，将在 ROUTING CONTEXT 中进行更详细的讨论。

另一种 URI 形式，使用 bolt URI 模式（例如 bolt://graph.example.com:7687），必要时可在单个点对点连接时使用。这种变体对于子集客户端应用程序（如管理工具）非常有用，而不是那些需要高可用数据库服务的应用程序。

```
bolt://<HOST>:<PORT>
```

Neo4j 和 bolt URI 方案都允许包含额外加密和信任信息的变体。+s 变体通过完整证书检查启用加密，+ssc 变体启用加密，但不进行证书检查。后一种变体是专门设计用于自签名证书。URI 模式如表 4-7 所示。

表 4-7 URI 模式

URI 模式	路由	描述
neo4j	Yes	非安全
neo4j+s	Yes	含有完整证书安全
neo4j+ssc	Yes	含有自签名证书安全
bolt	No	非安全
bolt+s	No	含有完整证书安全
Bolt+ssc	No	含有自签名证书安全

下面提供一些不同部署配置的示例代码片段，每个代码片段预先定义了一个认证变量，其中包含该连接的身份验证详细信息。

（1）Neo4j Aura 含有完整证书安全 URI（以下为 Neo4j Aura 默认的 URI 也是唯一的选择）。

C#：

```
GraphDatabase.Driver("neo4j+s://graph.example.com:7687", auth)
```

如果不是安装最新的.NET Driver 4.0.1，则需要用以下代码片段替换：

```
String uri = "neo4j://graph.example.com:7687";
IDriver driver = GraphDatabase.Driver(uri, auth,
        o => o.WithEncryptionLevel(EncryptionLevel.Encrypted));
```

Go：

```
neo4j.NewDriver("neo4j+s://graph.example.com:7687", auth)
```

Java：

```
GraphDatabase.driver("neo4j+s://graph.example.com:7687", auth)
```

如果不是安装最新的 Java Driver 4.0.1，则需要用以下代码片段替换：

```
String uri = "neo4j://graph.example.com:7687";
Config config = Config.builder()
                .withEncryption()
                .build();
Driver driver = GraphDatabase.driver(uri, auth, config);
```

JavaScript：

```
neo4j.driver("neo4j+s://graph.example.com:7687", auth)
```

如果不是安装最新的 JavaScript Driver 4.0.2，则需要用以下代码片段替换：

```
const uri = 'neo4j://graph.example.com:7687'
const driver = neo4j.driver(uri, auth, {
  encrypted: 'ENCRYPTION_ON'
})
```

Python：

```
GraphDatabase.driver("neo4j+s://graph.example.com:7687", auth)
```

对于 Python Driver 4.0.0 之前版本，则需要用以下代码片段替换：

```
GraphDatabase.driver("neo4j://graph.example.com:7687", auth,
   "encrypted"=True, "trust"=TRUST_SYSTEM_CA_SIGNED_CERTIFICATES)
```

（2）Neo4j 4.x 非安全 URI（为 Neo4j 4.x 默认 URI）。

C#：

```
GraphDatabase.Driver("neo4j://graph.example.com:7687", auth);
```

Go：

```
neo4j.NewDriver("neo4j://graph.example.com:7687", auth);
```

Java：

```
GraphDatabase.driver("neo4j://graph.example.com:7687", auth)
```

JavaScript：

```
neo4j.driver("neo4j://graph.example.com:7687", auth)
```

Python：

```
GraphDatabase.driver("neo4j://graph.example.com:7687", auth)
```

（3）Neo4j 4.x 含有完整证书安全 URI。

C#：

```
GraphDatabase.Driver("neo4j+s://graph.example.com:7687", auth)
```

如果不是安装最新的.NET Driver 4.0.1，则需要用以下代码片段替换：

```
String uri = "neo4j://graph.example.com:7687";
IDriver driver = GraphDatabase.Driver(uri, auth,
       o => o.WithEncryptionLevel(EncryptionLevel.Encrypted));
```

Go：

```
neo4j.NewDriver("neo4j+s://graph.example.com:7687", auth)
```

Java：

```
GraphDatabase.driver("neo4j+s://graph.example.com:7687", auth)
```

如果不是安装最新的 Java Driver 4.0.1，则需要用以下代码片段替换：

```
String uri = "neo4j://graph.example.com:7687";
Config config = Config.builder()
                .withEncryption()
                .build();
Driver driver = GraphDatabase.driver(uri, auth, config);
```

JavaScript：

```
neo4j.driver("neo4j+s://graph.example.com:7687", auth)
```

如果不是安装最新的 JavaScript Driver 4.0.2，则需要用以下代码片段替换：

```
const uri = 'neo4j://graph.example.com:7687'
const driver = neo4j.driver(uri, auth, {
  encrypted: 'ENCRYPTION_ON'
})
```

Python：

```
GraphDatabase.driver("neo4j+s://graph.example.com:7687", auth)
```

对于 Python Driver 4.0.0 之前版本，则需要用以下代码片段替换：

```
GraphDatabase.driver("neo4j://graph.example.com:7687", auth,
    "encrypted"=True, "trust"=TRUST_SYSTEM_CA_SIGNED_CERTIFICATES)
```

（4）Neo4j 4.x 含有自我签名证书安全 URI。

C#：

```
GraphDatabase.Driver("neo4j+ssc://graph.example.com:7687", auth)
```

如果不是安装最新的.NET Driver 4.0.1，则需要用以下代码片段替换：

```
String uri = "neo4j://graph.example.com:7687";
IDriver driver = GraphDatabase.Driver(uri, auth,
         o => o.WithEncryptionLevel(EncryptionLevel.Encrypted)
              .WithTrustManager(TrustManager.CreateInsecure()));
```

Go：

```
neo4j.NewDriver("neo4j+ssc://graph.example.com:7687", auth)
```

Java：

```
GraphDatabase.driver("neo4j+ssc://graph.example.com:7687", auth)
```

如果不是安装最新的 Java Driver 4.0.1，则需要用以下代码片段替换：

```
String uri = "neo4j://graph.example.com:7687";
Config config = Config.builder()
                .withEncryption()
                .withTrustStrategy( trustAllCertificates() )
                .build();
Driver driver = GraphDatabase.driver(uri, auth, config);
```

JavaScript：

```
neo4j.driver("neo4j+ssc://graph.example.com:7687", auth)
```

如果不是安装最新的 JavaScript Driver 4.0.2，则需要用以下代码片段替换：

```
const uri = 'neo4j://graph.example.com:7687'
const driver = neo4j.driver(uri, auth, {
  encrypted: 'ENCRYPTION_ON',
  trust: 'TRUST_ALL_CERTIFICATES'
```

```
})
```

Python：

```
GraphDatabase.driver("neo4j+ssc://graph.example.com:7687", auth)
```

对于 Python Driver 4.0.0 之前版本，则需要用以下代码片段替换：

```
GraphDatabase.driver("neo4j://graph.example.com:7687", auth,
   "encrypted"=True, "trust"=TRUST_ALL_CERTIFICATES)
```

连接一个没有路由的服务时，可以使用 bolt 替代 Neo4j。

4.3.2.3　身份验证

身份验证的详细信息作为身份令牌提供，其中包含访问数据库所需的用户名、密码或其他凭据。Neo4j 支持多种身份验证标准，但默认情况下使用基本的身份验证。

1. 基本的身份验证

基本身份验证方案由存储在服务器中的密码文件支撑，要求应用程序提供用户名和密码。为此，请使用基本的身份验证。

C#：

```
public IDriver CreateDriverWithBasicAuth(string uri, string user, string password)
{
   return GraphDatabase.Driver(uri, AuthTokens.Basic(user, password));
}
```

Go：

```
func createDriverWithBasicAuth(uri, username, password string) (neo4j.Driver,
error) {
    return neo4j.NewDriver(uri, neo4j.BasicAuth(username, password, ""))
}
```

Java：

```
import org.neo4j.driver.AuthTokens;
import org.neo4j.driver.Driver;
import org.neo4j.driver.GraphDatabase;
import org.neo4j.driver.Result;

public BasicAuthExample( String uri, String user, String password )
{
   driver = GraphDatabase.driver( uri, AuthTokens.basic( user, password ) );
}
```

JavaScript：

```
const driver = neo4j.driver(uri, neo4j.auth.basic(user, password))
```

Python：

```
from neo4j import GraphDatabase

def __init__(self, uri, user, password):
```

```
    self.driver = GraphDatabase.driver(uri, auth=(user, password))
```

基本身份验证方案还可用于针对 LDAP 服务器进行身份验证。

2. Kerberos 的身份验证

Kerberos 身份验证方案提供了一种简单方法，这种方法使用 Base64 编码的服务器身份验证票证来创建 Kerberos 身份验证令牌。创建 Kerberos 身份验证令牌的最佳方法如下所示：

C#：

```
public IDriver CreateDriverWithKerberosAuth(string uri, string ticket)
{
    return GraphDatabase.Driver(uri, AuthTokens.Kerberos(ticket),
        o => o.WithEncryptionLevel(EncryptionLevel.None));
}
```

Go：

```
func createDriverWithKerberosAuth(uri, ticket string) (neo4j.Driver, error) {
    return neo4j.NewDriver(uri, neo4j.KerberosAuth(ticket))
}
```

Java：

```
import org.neo4j.driver.AuthTokens;
import org.neo4j.driver.Driver;
import org.neo4j.driver.GraphDatabase;

public KerberosAuthExample( String uri, String ticket )
{
    driver = GraphDatabase.driver( uri, AuthTokens.kerberos( ticket ) );
}
```

JavaScript：

```
const driver = neo4j.driver(uri, neo4j.auth.kerberos(ticket))
```

Python：

```
from neo4j import (
    GraphDatabase,
    kerberos_auth,
)

def __init__(self, uri, ticket):
    self._driver = GraphDatabase.driver(uri, auth=kerberos_auth(ticket))
```

只有在服务器安装了 Kerberos 附加组件的情况下，服务器才能理解 Kerberos 身份验证令牌。

3. 自定义身份验证

对于已构建自定义安全提供者的高级部署，可以使用自定义身份验证。

C#：

```
public IDriver CreateDriverWithCustomizedAuth(string uri,
    string principal, string credentials, string realm, string scheme,
```

```
    Dictionary<string, object> parameters)
{
    return GraphDatabase.Driver(uri, AuthTokens.Custom(principal, credentials,
realm, scheme, parameters),
        o=>o.WithEncryptionLevel(EncryptionLevel.None));
}
```

Go：

```
func createDriverWithCustomAuth(uri, principal, credentials, realm, scheme string,
parameters map[string]interface{}) (neo4j.Driver, error) {
    return neo4j.NewDriver(uri, neo4j.CustomAuth(scheme, principal, credentials,
realm, parameters))
}
```

Java：

```
import java.util.Map;

import org.neo4j.driver.AuthTokens;
import org.neo4j.driver.Driver;
import org.neo4j.driver.GraphDatabase;

public CustomAuthExample( String uri, String principal, String credentials, String
realm, String scheme,
        Map<String,Object> parameters )
{
    driver = GraphDatabase.driver( uri, AuthTokens.custom( principal, credentials,
realm, scheme, parameters ) );
}
```

JavaScript：

```
const driver = neo4j.driver(
  uri,
  neo4j.auth.custom(principal, credentials, realm, scheme, parameters)
)
```

Python：

```
from neo4j import (
    GraphDatabase,
    custom_auth,
)

def __init__(self, uri, principal, credentials, realm, scheme, **parameters):
    auth = custom_auth(principal, credentials, realm, scheme, **parameters)
    self.driver = GraphDatabase.driver(uri, auth=auth)
```

4. 承载身份验证

承载身份认证方案允许创建承载身份验证令牌，这是使用身份提供者提供的 Base64 编码承载身份验证令牌。该方案与 Neo4j 的单点登录功能结合使用。创建承载身份验证令牌的最佳方法如下所示。

C#：

```
public IDriver CreateDriverWithBearerAuth(string uri, string bearerToken)
{
    return GraphDatabase.Driver(uri, AuthTokens.Bearer(bearerToken),
        o => o.WithEncryptionLevel(EncryptionLevel.None));
}
```

Go：

```
func createDriverWithBearerAuth(uri, token string) (neo4j.Driver, error) {
    return neo4j.NewDriver(uri, neo4j.BearerAuth(token))
}
```

Java：

```
import org.neo4j.driver.AuthTokens;
import org.neo4j.driver.Driver;
import org.neo4j.driver.GraphDatabase;

public BearerAuthExample( String uri, String bearerToken )
{
   driver = GraphDatabase.driver( uri, AuthTokens.bearer( bearerToken ) );
}
```

JavaScript：

```
const driver = neo4j.driver(uri, neo4j.auth.bearer(token))
```

Python：

```
from neo4j import (
   bearer_auth,
   GraphDatabase,
)

def __init__(self, uri, token):
   self.driver = GraphDatabase.driver(uri, auth=bearer_auth(token))
```

4.3.2.4 日志

所有官方 Neo4j 驱动程序都会将信息记录到标准日志通道，通常可以通过特定于生态系统的方式获取。下面的代码片段演示了如何将日志消息重定向到标准输出。

C#：

```
#Please note that you will have to provide your own console logger #implementing
the ILogger interface.
IDriver driver = GraphDatabase.Driver(..., o => o.WithLogger(logger));
```

Go：

```
driver, err := neo4j.NewDriver(..., func(c *neo4j.Config) { c.Log =
neo4j.ConsoleLogger(neo4j.DEBUG) })
```

Java：

```
ConfigBuilder.withLogging(Logging.console(Level.DEBUG))
```

JavaScript：

```
const loggingConfig = {logging: neo4j.logging.console('debug')};
const driver = neo4j.driver(..., loggingConfig);
```

Python：

```
import logging
import sys

handler = logging.StreamHandler(sys.stdout)
handler.setLevel(logging.DEBUG)
logging.getLogger("neo4j").addHandler(handler)
logging.getLogger("neo4j").setLevel(logging.DEBUG)
```

4.3.3　Cypher 语句工作流

Neo4j 驱动程序暴露了一个 Cypher 通道，通过该通道可以执行数据库工作。该工作本身被组织成会话、事务和查询，如图 4-11 所示。

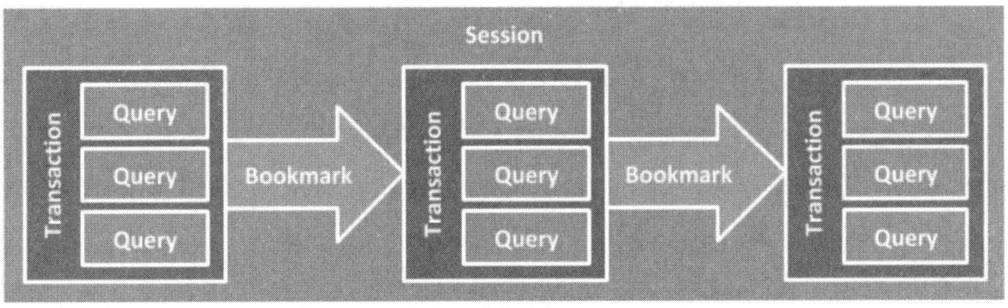

图 4-11　会话、事务和查询

会话总是绑定到单个事务上下文，这个上下文通常是单个数据库。通过使用书签机制，即使事务发生在多个集群成员上，会话还可以保证正确的事务顺序。

4.3.3.1　会话

会话是用于因果链事务序列的轻量级容器。它们本质上提供了以书签形式存储事务序列信息的上下文。

当事务开始时，包含事务的会话从驱动程序连接池获取一个连接。在事务提交（或回滚）时，会话将再次释放该连接。这意味着只有当会话正在执行时，它才会占用连接资源。空闲时，不存在连接资源在使用。

由于会话需要保持顺序，会话一次只能承载一个事务。对于并行执行，应使用多个会话。对于存在线程安全问题的编程语言，会话不应被视为线程安全的。关闭会话将强制回滚打开的任何事务，并因此将其关联的连接释放回连接池中。会话绑定到单个事务上下文，并在创建时指定事务。Neo4j 在自己的上下文中暴露每个数据库，从而通过设计禁止跨数据库事务（或会话）。也就是说，绑定到不同数据库的会话，不可能通过在它们之间传播书签而被因果链接。

各自的语言驱动程序提供了几个会话类，每个会话类都以特定的编程风格为导向。每个会话类都提供了一组类似的功能，但根据应用程序的结构和使用的框架为客户端应用程序提供了选择。

4.3.3.2 事务

事务是包含一个或多个 Cypher 查询的原子化工作单元。事务可能包含读或写工作，通常会被路由到适当的服务器服务器上，并完整地执行。如果事务执行失败，需要从头开始重新执行，这是事务管理器的职责。

Neo4j 驱动程序通过事务功能机制提供事务管理。该机制通过会话对象上的方法暴露，这些方法接受一个函数对象，该函数对象可以在不同的服务器上广播多次，直到成功或超时。对于大多数客户端应用程序，建议使用这种方法。

自动提交事务机制是一种方便的简短替代方案。这为单查询事务提供了一种限制形式的事务管理，以换取较小的代码开销。这种形式的事务对于快速脚本和不需要高可用性保证的环境非常有用。它也是运行 PERIODIC COMMIT 查询所需的事务形式。PERIODIC COMMIT 查询是管理自己事务 Cypher 查询的唯一类型。

高级用例还可以使用较低级别的非托管事务 API。这在客户端应用替代事务管理层时非常有用，在该层中，错误处理和重试需要以自定义的方式进行管理。

4.3.3.3 查询和结果

查询包括请求服务器执行一个 Cypher 语句，然后向客户端返回一个结果。结果与 header 和 footer 元数据一起以记录流的形式传输，并可由客户端应用程序增量消费使用。借助反馈功能，记录流的语义可以通过允许部分暂停或取消 Cypher 结果来增强。

执行 Cypher 查询，需要查询文本以及一组可选的命名参数。文本包含参数占位符，这些占位符在运行时被相应的值替换。虽然可以运行非参数化的 Cypher 查询，但优秀的编程实践是尽可能在 Cypher 查询中使用参数。这允许在 Cypher 引擎中缓存查询，这有利于提高性能。参数值应符合 Cypher 值的要求。

结果摘要通常可获得，其中包含与查询执行和结果内容相关的附加信息。对于 EXPLAIN 和 PROFILE 查询，通过这种查询返回查询计划。

4.3.3.4 因果链接和书签

在使用因果集群时，可以通过会话链接事务，以确保因果一致性。这意味着，对于任何两个事务，可以保证只有在第一个事务成功提交后，第二个事务才会开始。即使事务在不同的物理集群成员上执行，也是如此。

在内部，因果链是通过在事务之间传递书签来实现的。每个书签记录特定数据库事务历史中的一个或多个点，并可用于通知集群成员以特定顺序执行工作单元。在收到书签时，服务器将阻塞，直到赶上相关的事务时间点。在开始新事务时，从客户端向服务器发送初始书签，在成功完成时返回最终书签。请注意，这适用于读和写事务。

在会话中自动执行书签传播，不需要应用程序发出任何明确的信号或设置。退出这种机制，对于不相关的工作单元，应用程序可以使用多个会话。这避免了因果链的小延迟开销。

通过从一个会话中提取最后一个书签并将其传递到另一个会话的构造中，可以在会话之间传递书签。如果一个事务有多个逻辑前置，也可以组合多个书签。请注意，只有在跨会话链接时，应用程序才需要直接使用书签。

4.3.3.5 使用访问模式路由事务

事务以读或写模式执行，这就是所谓的访问模式。在因果集群中，每个事务将根据访问模式路由到适当的服务器。使用单个实例时，所有事务都将传递到该服务器。

通过识别读写来路由 Cypher，可以提高集群资源的利用率。由于读服务器通常比写服务器更复杂，因此将读流量引导到读服务器而不是写服务器是有益的，这样做有助于保证写服务器可用于写事务。

访问模式通常由调用事务函数的方法指定。会话类提供了一个调用读取的方法，另一个用于调用写入的方法。

作为自动提交和非托管事务的后备方案，还可以在会话级别提供默认访问模式。这仅在无法指定访问模式的情况下使用。如果在该会话中使用了事务功能，则默认访问模式将被覆盖。

以下为读写事务的示例代码。

C#:

```
public long AddPerson(string name)
{
    using (var session = Driver.Session())
    {
        session.WriteTransaction(tx => CreatePersonNode(tx, name));
        return session.ReadTransaction(tx => MatchPersonNode(tx, name));
    }
}

private static IResultSummary CreatePersonNode(ITransaction tx, string name)
{
    return tx.Run("CREATE (a:Person {name: $name})", new {name}).Consume();
}

private static long MatchPersonNode(ITransaction tx, string name)
{
    var result = tx.Run("MATCH (a:Person {name: $name}) RETURN id(a)", new {name});
    return result.Single()[0].As<long>();
}
```

Go:

```
func addPersonNodeTxFunc(name string) neo4j.TransactionWork {
    return func(tx neo4j.Transaction) (interface{}, error) {
        result, err := tx.Run("CREATE (a:Person {name: $name})",
map[string]interface{}{"name": name})
        if err != nil {
            return nil, err
        }

        return result.Consume()
    }
}
```

```
func matchPersonNodeTxFunc(name string) neo4j.TransactionWork {
    return func(tx neo4j.Transaction) (interface{}, error) {
        result, err := tx.Run("MATCH (a:Person {name: $name}) RETURN id(a)",
map[string]interface{}{"name": name})
        if err != nil {
            return nil, err
        }

        if result.Next() {
            return result.Record().Values[0], nil
        }

        return nil, errors.New("one record was expected")
    }
}

func addPersonNode(driver neo4j.Driver, name string) (int64, error) {
    session := driver.NewSession(neo4j.SessionConfig{AccessMode:
neo4j.AccessModeWrite})
    defer session.Close()

    if _, err := session.WriteTransaction(addPersonNodeTxFunc(name)); err != nil
{
        return -1, err
    }

    var id interface{}
    var err error
    if id, err = session.ReadTransaction(matchPersonNodeTxFunc(name)); err != nil
{
        return -1, err
    }

    return id.(int64), nil
}
```

Java:

```
import org.neo4j.driver.Result;
import org.neo4j.driver.Session;
import org.neo4j.driver.Transaction;

import static org.neo4j.driver.Values.parameters;

public long addPerson( final String name )
{
    try ( Session session = driver.session() )
    {
        session.writeTransaction( tx -> createPersonNode( tx, name ) );
        return session.readTransaction( tx -> matchPersonNode( tx, name ) );
    }
```

```
}

private static Void createPersonNode( Transaction tx, String name )
{
    tx.run( "CREATE (a:Person {name: $name})", parameters( "name",
name ) ).consume();
    return null;
}

private static long matchPersonNode( Transaction tx, String name )
{
    Result result = tx.run( "MATCH (a:Person {name: $name}) RETURN id(a)",
parameters( "name", name ) );
    return result.single().get( 0 ).asLong();
}
```

JavaScript：

```
const session = driver.session()

try {
  await session.writeTransaction(tx =>
    tx.run('CREATE (a:Person {name: $name})', { name: personName })
  )

  const result = await session.readTransaction(tx =>
    tx.run('MATCH (a:Person {name: $name}) RETURN id(a)', {
      name: personName
    })
  )

  const singleRecord = result.records[0]
  const createdNodeId = singleRecord.get(0)

  console.log('Matched created node with id: ' + createdNodeId)
} finally {
  await session.close()
}
```

Python：

```
def create_person_node(tx, name):
    tx.run("CREATE (a:Person {name: $name})", name=name)

def match_person_node(tx, name):
    result = tx.run("MATCH (a:Person {name: $name}) RETURN count(a)", name=name)
    return result.single()[0]

def add_person(name):
    with driver.session() as session:
        session.write_transaction(create_person_node, name)
        persons = session.read_transaction(match_person_node, name)
```

```
    return persons
```

4.3.4 数据类型

驱动程序可以将数据在应用程序语言类型和 Neo4j 类型系统之间进行转换。为了能够理解传递参数和过程结果的数据类型，需要知道 Neo4j 类型系统的基础知识，并理解 Neo4j 类型在驱动程序中的映射关系。

以下 Neo4j 类型对参数和结果都是有效的：

- null*
- List
- Map
- Boolean
- Integer
- Float
- String
- ByteArray
- Date
- Time
- LocalTime
- DateTime
- LocalDateTime
- Duration
- Point

*标记 null 不是一个类型，而是一个无值的占位符。

除了对参数和结果有效的类型外，以下 Neo4j 类型仅对结果有效：

- Node
- Relationship
- Path

节点、关系和路径作为原始图形实体的快照传入结果。虽然原始实体的 ID 包含在这些快照中，但不会保留返回底层服务器端实体的永久链接，这些实体可能会被删除或以其他方式独立于客户端副本进行更改。图形结构不能用作参数，因为它取决于应用程序上下文，这样的参数是通过引用或值进行传递，而 Cypher 并没有提供这种的机制。只需将 ID 传递给引用传递，或将提取的属性映射传递给值传递，就可以获得等效的功能。

Neo4j 驱动程序将 Neo4j 类型映射为本地语言类型，下面是将 Neo4j 类型映射为本地语言类型，其中自定义类型采用加粗显示，如表 4-8~表 4-12 所示。

表 4-8　Neo4j 类型映射为 C#版本

Neo4j	.Net
null	null
List	IList<object>
Map	IDictionary<string, object>
Boolean	bool
Integer	long
Float	double
String	string
ByteArray	byte[]
Date	LocalDate
DateTime*	ZonedDateTime
LocalDateTime	LocalDateTime
Duration	Duration
Point	Point
Node	INode
Relationship	IRelationship
Path	IPath
*标记时区名称遵循 IANA 系统，而不是 Windows 系统	

表 4-9　Neo4j 类型映射为 Go 版本

Neo4j	Go
null	nil
List	[]interface{}
Map	map[string]interface{}
Boolean	bool
Integer	int64
Float	float64
String	string
ByteArray	[]byte
Date	Neo4j.Date
Time	Neo4j.OffsetTime
LocalTime	Neo4j.LocalTime
DateTime	time.Time*
LocalDateTime	Neo4j.LocalDateTime
Duration	Neo4j.Duration
Point	Neo4j.Point
Node	Neo4j.Node
Relationship	Neo4j.Relationship
Path	Neo4j.Path
* time.Time 当值通过驱动程序发送/接收，其 Zone 返回偏移量的名称，该值与其偏移量值一起存储而不是其时区名称	

表 4-10　Neo4j 类型映射为 Java 版本

Neo4j	Java
null	null
List	List<Object>
Map	Map<String, Object>
Boolean	boolean

（续表）

Neo4j	Java
Integer	long
Float	double
String	string
ByteArray	Byte[]
Date	LocalDate
Time	OffsetTime
LocalTime	LocalTime
DateTime	ZonedDateTime
LocalDateTime	LocalDateTime
Duration	IsoDuration
Point	Point
Node	Node
Relationship	Relationship
Path	Path

表 4-11 Neo4j 类型映射为 JavaScript 版本

Neo4j	JavaScript
null	null
List	Array
Map	Object
Boolean	Boolean
Integer	Integer*
Float	Number
String	string
ByteArray	Int8Array
Date	Date
Time	Time
LocalTime	LocalTime
DateTime	DateTime
LocalDateTime	LocalDateTime
Duration	Duration
Point	Point
Node	Node
Relationship	Relationship
Path	Path
*JavaScript 没有原生的整数类型，因此提供了自定义类型。为了便于使用，可以通过配置禁用该功能，以便使用原生的 Number 类型。请注意，这可能会导致精度下降	

表 4-12 Neo4j 类型映射为 Python 版本

Neo4j	Python 3
null	None
List	list
Map	dict
Boolean	bool
Integer	int
Float	float
String	str

（续表）

Neo4j	Python 3
ByteArray	bytearray
Date	neo4j.time.Date
Time	neo4j.time.Time
LocalTime	neo4j.time.Time
DateTime	neo4j.time.DateTime
LocalDateTime	neo4j.time.DateTime
Duration	neo4j.time.Duration
Point	neo4j.spatial.Point
Node	neo4j.graph.Node
Relationship	neo4j.graph.Relationship
Path	neo4j.graph.Path

4.3.5　异常和错误处理

在执行 Cypher 或对驱动程序执行其他操作时，可能会出现某些异常和错误情况。服务生成的每个异常均与描述问题性质的状态代码和提供更多细节的消息相关联。

异常列表说明如下：

- ClientException：指示客户端程序引起错误，修改程序并重试该操作。
- DatabaseException：指示服务端引起错误，重试该操作通常不会成功。
- TransientException：指示发生了一个临时错误，应用程序应重试该操作。

4.4　Neo4j HTTP API

Neo4j HTTP API 是专门针对跨平台操作开发出来的一套与开发平台、开发语言无关的 API，我们可以使用任何编程语言来调用 Neo4j HTTP API。

我们知道 RESTful 是基于 HTTP 协议的、使用 JSON 作为数据格式来传输数据。同样，Neo4j HTTP API 默认情况下传输的也是 JSON 数据，客户端通过 POST/PUT 请求将 JSON 数据发送到 Neo4j HTTP API，Neo4j 完成相应操作后再将结果以 JSON 形式返回到客户端。

4.4.1　简　介

Neo4j 事务的 HTTP 端点允许在事务范围内执行一系列 Cypher 语句，事务可以在多个 HTTP 请求之间保持打开状态，直到客户端选择提交或回滚。每个 HTTP 请求都可以包含一个语句列表，为了方便使用，可以在请求开始或提交事务时包含这些语句。

服务器通过使用超时来防止孤立事务。如果在超时时间内没有对给定事务进行请求，服务器将回滚该事务。可以在服务器配置中配置超时，通过设置 dbms.rest.transaction.idle_timeout 配置超时前的秒数。默认超时为 60 秒。

向 Neo4j HTTP API 发出请求后的响应可以作为 JSON 流传输，从而在服务器端实现更高的性能和更低的内存开销。如果要使用流式处理，我们需要每个 HTTP 请求添加请求头部 X-Stream:true。

为了加快查询，在重复的情况下尽量不要使用文字，而是尽可能用参数替换它们。这将让服务器缓存查询计划。

4.4.2 认证和授权

本节将介绍使用 Neo4j HTTP API 的身份验证和授权。

默认情况下 Neo4j 的身份验证和授权是启用的。在身份验证和授权启用情况下，必须使用有效的用户名和密码对 HTTP API 的请求授权。

4.4.2.1 缺少认证

如果未提供授权头，则服务器将返回错误。

请求：

```
POST http://localhost:7474/db/neo4j/tx/commit/
Accept: application/json; charset=UTF-8
Content-Type: application/json
{
  "statements": [
    {
      "statement": "CREATE (n:MyLabel) RETURN n"
    }
  ]
}
```

返回结果：

```
401: Unauthorized
Content-Type: application/json; charset=UTF-8
WWW-Authenticate: Basic realm="Neo4j"
{
  "errors" : [ {
    "code" : "Neo.ClientError.Security.Unauthorized",
    "message" : "No authentication header supplied."
  } ]
}
```

身份验证和授权不可用情况下，发送 HTTP API 的请求是没有 Authorization 请求头。

4.4.2.2 授权出错

如果提供的用户名或密码不正确，服务器将返回错误。

请求：

```
POST http://localhost:7474/db/data/
Accept: application/json; charset=UTF-8
Authorization: Basic bmVvNGo6aW5jb3JyZWN0
Content-Type: application/json
{
  "statements": [
```

```
    {
      "statement": "CREATE (n:MyLabel) RETURN n"
    }
  ]
}
```

返回结果:

```
401: Unauthorized
Content-Type: application/json; charset=UTF-8
WWW-Authenticate: Basic realm="Neo4j"
{
  "errors" : [ {
    "code" : "Neo.ClientError.Security.Unauthorized",
    "message" : "Invalid username or password."
  } ]
}
```

4.4.2.3　在打开的事务中授权失败

Neo.ClientError.Security.Unauthorized 错误通常意味着事务回滚。但是，由于 HTTP 服务器中处理身份验证的方式，事务将保持打开状态。

4.4.3　发现 API

HTTP API 对于 HTTP 使用 7474 端口，对于 HTTPS 使用 7473 端口。每一个服务器提供一个根发现的 URI，这个 URI 会列出其他 URI 的基本索引以及版本信息。

请求:

```
GET http://localhost:7474/
Accept: application/json
```

返回结果:

```
200 OK
Content-Type: application/json
{
  "bolt_direct": "bolt://localhost:7687",
  "bolt_routing": "neo4j://localhost:7687",
  "transaction": "http://localhost:7474/db/{databaseName}/tx",
  "neo4j_version": "4.4.0",
  "neo4j_edition": "enterprise"
}
}
```

4.4.4　Cypher 事务 API

4.4.4.1　事务流

Cypher 事务通过几个不同的 URI 进行管理，这些 URI 被设计为按规定的模式使用。Neo4j 提供的 Web 接口可在单个 HTTP 请求或多个 HTTP 请求上执行整个事务周期。

整体流程如图 4-12 所示，每个框代表一个单独的 HTTP 请求。

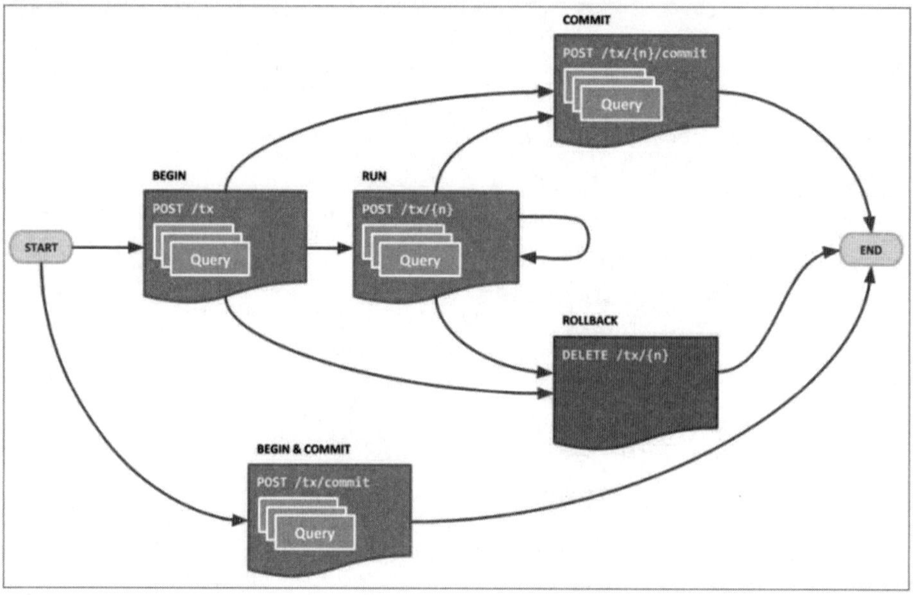

图 4-12　Cypher 事务流

每个事务的状态都保存在事务开始的服务器上，事务在一定周期时间内不活动，则自动过期。默认情况下，周期时间是 60 秒。

4.4.4.2　查询格式

所有事务的 POST 请求都可以在请求负载内接受一个或多个 Cypher 查询。这使得在发送查询的方式和时间上具有很大的灵活性，并有助于减少单个 HTTP 请求的总量。

有效的负载数据以 JSON 形式发送，一般的格式如下：

```
{
  "statements": [
    {
      "statement": "...",
      "parameters": {...}
    },
    {
      "statement": "...",
      "parameters": {...}
    },
    ...
  ]
}
```

示例如下：

```
{
  "statements": [
    {
```

```
      "statement": "CREATE (n $props) RETURN n",
      "parameters": {
        "props": {
          "name": "My Node"
        }
      }
    },
    {
      "statement": "CREATE (n $props) RETURN n",
      "parameters": {
        "props": {
          "name": "Another Node"
        }
      }
    }
  ]
}
```

参数包含键值对的形式，每个值采用的类型与 Cypher 类型的对应情况如表 4-13 所示。

表 4-13　JSON 类型与 Cypher 类型映射表

JSON 类型	Cypher 类型
null	Null
boolean	Boolean
number	Float
string	String
array	List
object	Map

4.4.4.3　结果格式

1. 默认结果格式

这种格式返回带有嵌入式结果元素的 JSON。要请求这种格式，请将 application/json 放在 Accept 标头中。如果未提供 Accept 标头，则默认返回此格式。

```
{
   "results": [
       {
           "columns": [],
           "data": [
               {
                   "row": [ row-data ],
                   "meta": [ metadata ]
               },
               {

               }
           ]
       },
       {
```

```
            //another statement's results
        }
    ]
}
```

以下示例中，运行 UNWIND range(0, 2, 1) AS number RETURN number 查询，将返回以下结果：

```
{
    "results": [
        {
            "columns": [
                "number"
            ],
            "data": [
                {
                    "row": [
                        0
                    ],
                    "meta": [
                        null
                    ]
                },
                {
                    "row": [
                        1
                    ],
                    "meta": [
                        null
                    ]
                },
                {
                    "row": [
                        2
                    ],
                    "meta": [
                        null
                    ]
                }
            ]
        }
    ],
    // other transactional data
}
```

2. Jolt

Jolt 是 JSON Bolt 的缩写，它是一种基于 JSON 的格式，它将响应值的类型与单例对象中的值封装在一起。示例如下：

```
{"Z": "2"}
```

这个示例标识了 2 这个值为整数类型。

在请求 Accept 标头中加入 application/vnd.neo4j.jolt，会返回以上格式。

（1）行分隔和序列。Jolt 可以以换行符分隔或 JSON 序列模式返回。在请求 Accept 标头中加入 application/vnd.neo4j.jolt 和 application/vnd.neo4j.jolt+json-seq，会返回以上格式。

（2）Jolt 有两种模式：Strict 模式，所有的值与类型配对；Sparse 模式，省略与 JSON 类型匹配的值的类型配对。

默认情况下，为 Sparse 模式。启用 Strict 模式，需要在请求 Accept 头中加入 application/vnd.neo4j.jolt;strict=true 或 application/vnd.neo4j.jolt+json-seq;strict=true。

（3）Jolt 类型。基本类型和复合类型如表 4-14 所示。

表 4-14 Jolt 基本类型和复合类型

类型标签	类型	示例
(N/A)	null	null
?	Boolean	{"?": "true"}
Z	Integer	{"Z": "123"}
R	Float/Real	{"R": "9.87"}
U	String	{"U": "A string"}
T	Date/Time	{"T": "2002-04-16T12:34:56"}
@	Geospatial	{"@": "POINT (30 10)"}
#	Hexadecimal	{"#": "FA08"}
[]	List	{"[]": [{"Z": "123"}, …]}
{}	Dictionary	{"{}": {"name": {"U": "Jeff"}, ...}}

Node 类型：

```
{"()": [node_id, [ node_labels], {"prop1": "value1", "prop2": "value2"}]}
```

示例：

```
{
 "()": [
  4711,
  [
    "A",
    "B"
  ],
  {
    "prop1": {
      "Z": "1"
    },
    "prop2": {
      "U": "Hello"
    }
  }
 ]
}
```

Relationships 类型：

```
{"->": [rel_id, start_node_id, rel_type, end_node_id, {properties}]}
{"<-": [rel_id, end_node_id, rel_type, start_node_id, {properties}]}
```

示例：

```
{
 "->": [
   4711,
   123,
   "KNOWS",
   124,
   {
     "since": {
       "Z": "1999"
     }
   }
 ]
}
```

Paths 类型：

```
{"..": [{node_1}, {rel_1}, {node_2}, ..., {node_n}, {rel_n}, {node_n+1}]}
```

示例：

```
{
 "..": [
   {
     "()": [
       111,
       [],
       {}
     ]
   },
   {
     "->": [
       9090,
       111,
       "KNOWS",
       222,
       {
         "since": {
           "Z": "1999"
         }
       }
     ]
   },
   {
     "()": [
       222,
       [],
       {}
```

```
      ]
    }
  ]
}
```

（4）容器格式。Jolt 结果将基于事件以新的容器格式返回。典型的响应将包括：

```
{"header":{"fields":["name","age"]}}
{"data":[{"U":"Bob"},{"Z":"30"}]}
{"data":[{"U":"Alice"},{"Z":"40"}]}
{"data":[{"U":"Eve"},{"Z":"50"}]}
...
{"summary":{}}
{"info":{"commit":"commit/uri/1"}}
```

每个事件都是一个单独的 JSON 文档，由单个 LF 字符（换行符，UTF 编码：0x8A）分隔，或者，如果请求 JSON 序列，则序列将被封装在以 RS 字符开头并以 LF 字符结尾文档内返回。

默认的 Jolt 编码将以流的形式返回结果，示例如下：

```
{"header":{"fields":["result"]}}\n
{"data":[{"Z":"1"}]}\n
{"summary":{}}\n
{"info":{}}\n
```

基于 JSON 序列的 Jolt 编码将返回以下响应：

```
\u001E{"header":{"fields":["result"]}}\n
\u001E{"data":[{"Z":"1"}]}\n
\u001E{"summary":{}}\n
\u001E{"info":{}}\n
```

当一个请求中有多个查询时，每个查询将有多个 header、data 和 summary 输出。

Post 请求如下：

```
{
  "statements" : [
    { "statement" : "RETURN 1 as resultA"},
    { "statement" : "UNWIND range(1,3,1) as resultB RETURN resultB"}
  ]
}
```

返回的结果：

```
{"header":{"fields":["resultA"]}}
{"data":[{"Z":"1"}]}
{"summary":{}}
{"header":{"fields":["resultB"]}}
{"data":[{"Z":"1"}]}
{"data":[{"Z":"2"}]}
{"data":[{"Z":"3"}]}
{"summary":{}}
{"info":{}}
```

返回结果与原始请求的顺序一致。

4.4.4.4 集群和路由

Cypher 事务 API 为查询路由提供了有限级别的支持。支持级别取决于是否已启用服务器端路由。

（1）服务端路由不可用。集群仅支持可读查询。

（2）服务端路由可用。集群支持对涉及单个请求（即通过 tx/commit 端点）的查询进行路由。因为集群当前不支持集群中的事务标识符。默认情况下，所有事务都被视为写事务，即使它们不包含写操作的 Cypher。可以通过在请求的访问模式头中设置 READ 值来覆盖默认配置。此默认值确保所有查询最终都在 leader 节点上运行。为了确保 READ 事务的有效负载平衡，应该在请求中标记 READ 事务。

4.4.4.5 事务配置

对于任何事务启动请求（如/tx 或 tx/commit），可以提供适用于整个事务持续时间的配置选项。

为了确保集群间的高效负载平衡，必须结合 READ 访问模式标记仅包含 READ 语句的事务。可以通过向请求添加一个值为 READ 的访问模式头来实现。access-mode 访问模式的默认值为 WRITE。

4.4.4.6 开始事务

通过向事务端点发送零个或多个 Cypher 查询来启动新事务。服务器将响应查询结果，以及新事务的位置。事务在一定周期时间没有交互（即查询和提交）后自动过期。默认情况下，周期时间是 60 秒。为了在不提交新查询的情况下保持事务的存活性，可以将空语句列表发布到事务 URI。

示例如下：

请求：

```
POST http://localhost:7474/db/neo4j/tx
Accept: application/json; charset=UTF-8
Content-Type: application/json
```

```
{
  "statements" : [ {
    "statement" : "CREATE (n $props) RETURN n",
    "parameters" : {
      "props" : {
        "name" : "My Node"
      }
    }
  } ]
}
```

返回结果：

```
201: Created
Content-Type: application/json;charset=utf-8
Location: http://localhost:7474/db/neo4j/tx/16

{
  "results" : [ {
    "columns" : [ "n" ],
```

```
    "data" : [ {
      "row" : [ {
        "name" : "My Node"
      } ],
      "meta" : [ {
        "id" : 11,
        "type" : "node",
        "deleted" : false
      } ]
    } ]
  } ],
  "errors" : [ ],
  "commit" : "http://localhost:7474/db/neo4j/tx/16/commit",
  "transaction" : {
    "expires" : "Mon, 20 Sep 2021 07:57:37 GMT"
  }
}
```

4.4.4.7　在事务中执行查询

一旦通过调用 db/{name}/tx 打开了一个事务，就可以调用新创建的事务端点来运行新增语句，这些语句是构成事务的一部分。事务端点的格式为 db/{name}/tx/{txid}，其中 txid 是开始事务时初始调用的响应中所提供的。

如果创建了一个开放的事务，可以发送多个请求，每个请求都可以执行 Cypher 语句。

请求：

```
POST http://localhost:7474/db/neo4j/tx/18
Accept: application/json; charset=UTF-8
Content-Type: application/json
```

```
{
  "statements" : [ {
    "statement" : "CREATE (n) RETURN n"
  } ]
}
```

返回结果：

```
200: OK
Content-Type: application/json;charset=utf-8

{
  "results" : [ {
    "columns" : [ "n" ],
    "data" : [ {
      "row" : [ { } ],
      "meta" : [ {
        "id" : 12,
        "type" : "node",
        "deleted" : false
      } ]
    } ]
  } ],
  "errors" : [ ],
  "commit" : "http://localhost:7474/db/neo4j/tx/18/commit",
  "transaction" : {
    "expires" : "Mon, 20 Sep 2021 07:57:38 GMT"
```

```
  }
}
```

4.4.4.8 使用空语句保持事务存活

如果在处理事务时需要延长超时时间，可以使用空白 HTTP 报文向事务端点发送 POST 请求。

请求:

```
POST http://localhost:7474/db/neo4j/tx/2
Accept: application/json; charset=UTF-8
Content-Type: application/json
{
  "statements" : []
}
```

返回结果:

```
200: OK
Content-Type: application/json;charset=utf-8
{
  "results" : [ ],
  "errors" : [ ],
  "commit" : "http://localhost:7474/db/neo4j/tx/2/commit",
  "transaction" : {
    "expires" : "Mon, 20 Sep 2021 07:57:36 GMT"
  }
}
```

4.4.4.9 提交事务

当已经执行了事务的所有语句，并且希望把更改提交到数据库时，可以使用 POST db/{name}/tx/{txid}/commit，还可以包括提交之前要执行的任何最终语句。

请求:

```
POST http://localhost:7474/db/neo4j/tx/2/commit
Accept: application/json; charset=UTF-8
Content-Type: application/json
{
  "statements": [
    {
      "statement": "MATCH (n) WHERE id(n) = $nodeId RETURN n",
      "parameters": {
        "nodeId": 6
      }
    }
  ]
}
```

返回结果:

```
200: OK
Content-Type: application/json;charset=utf-8

{
  "results" : [ {
```

```
    "columns" : [ "n" ],
    "data" : [ {
      "row" : [ { } ],
      "meta" : [ {
        "id" : 6,
        "type" : "node",
        "deleted" : false
      } ]
    } ]
  } ],
  "errors" : [ ]
}
```

4.4.4.10 回滚一个打开的事务

假设有一个打开的事务，可以发送回滚请求，服务器将回滚事务。在此事务中运行其他语句的尝试均会立即失败。

请求：

```
DELETE http://localhost:7474/db/neo4j/tx/3
Accept: application/json; charset=UTF-8
```

返回结果：

```
200: OK
Content-Type: application/json;charset=utf-8
{
  "results" : [ ],
  "errors" : [ ]
}
```

4.4.4.11 在一个请求中开始和提交事务

如果不需要在多个 HTTP 请求之间保持事务打开，则可以在单个 HTTP 请求中启动一个事务、执行多条语句和提交。

请求：

```
POST http://localhost:7474/db/neo4j/tx/commit
Accept: application/json;charset=UTF-8
Content-Type: application/json
{
  "statements": [
    {
      "statement": "MATCH (n) WHERE id(n) = $nodeId RETURN n",
      "parameters": {
        "nodeId": 7
      }
    }
  ]
}
```

返回结果：

```
200: OK
Content-Type: application/json;charset=utf-8
```

```
{
 "results" : [ {
  "columns" : [ "n" ],
  "data" : [ {
   "row" : [ { } ],
   "meta" : [ {
    "id" : 7,
    "type" : "node",
    "deleted" : false
   } ]
  } ]
 } ],
 "errors" : [ ]
}
```

4.4.4.12 执行多个查询语句

在同一个请求中可以发送多条 Cypher 语句，响应中包含每个语句的结果。

请求：

```
POST http://localhost:7474/db/neo4j/tx/commit
Accept: application/json;charset=UTF-8
Content-Type: application/json
{
  "statements": [
    {
      "statement": "MATCH (n) WHERE id(n) = $nodeId RETURN n",
      "parameters": {
        "nodeId": 3
      }
    }
  ]
}
```

返回结果：

```
200: OK
Content-Type: application/json;charset=utf-8
{
 "results" : [ {
  "columns" : [ "n" ],
  "data" : [ {
   "row" : [ { } ],
   "meta" : [ {
    "id" : 3,
    "type" : "node",
    "deleted" : false
   } ]
  } ]
 } ],
 "errors" : [ ]
}
```

4.4.4.13 查询统计

通过将语句的 includeStats 设置为 true，将返回查询统计信息。

请求：

```
POST http://localhost:7474/db/neo4j/tx/commit
Accept: application/json;charset=UTF-8
Content-Type: application/json
{
  "statements": [
    {
      "statement": "CREATE (n) RETURN id(n)",
      "includeStats": true
    }
  ]
}
```

返回结果：

```
200: OK
Content-Type: application/json;charset=utf-8
{
  "results" : [ {
    "columns" : [ "id(n)" ],
    "data" : [ {
      "row" : [ 5 ],
      "meta" : [ null ]
    } ],
    "stats" : {
      "contains_updates" : true,
      "nodes_created" : 1,
      "nodes_deleted" : 0,
      "properties_set" : 0,
      "relationships_created" : 0,
      "relationship_deleted" : 0,
      "labels_added" : 0,
      "labels_removed" : 0,
      "indexes_added" : 0,
      "indexes_removed" : 0,
      "constraints_added" : 0,
      "constraints_removed" : 0,
      "contains_system_updates" : false,
      "system_updates" : 0
    }
  } ],
  "errors" : [ ]
}
```

4.4.4.14 以图格式返回结果

当查询返回的节点和关系的图结构时，可以指定“图”结果数据格式。当想要显示图形结构时，这个功能是很有用的。该格式整理了结果所有列中的所有节点和关系，并且理顺了节点和关系（包括路径）的集合。

请求：

```
POST http://localhost:7474/db/neo4j/tx/commit
Accept: application/json;charset=UTF-8
Content-Type: application/json
```

```
{
  "statements": [
    {
      "statement": "CREATE (bike:Bike {weight: 10}) CREATE (frontWheel:Wheel
{spokes: 3}) CREATE (backWheel:Wheel {spokes: 32}) CREATE p1 = (bike)-[:HAS
{position: 1}]->(frontWheel) CREATE p2 = (bike)-[:HAS {position: 2} ]->(backWheel)
RETURN bike, p1, p2",
      "resultDataContents": ["row", "graph"]
    }
  ]
}
```

返回结果：

```
200: OK
Content-Type: application/json;charset=utf-8
{
  "results" : [ {
    "columns" : [ "bike", "p1", "p2" ],
    "data" : [ {
      "row" : [ {
        "weight" : 10
      }, [ {
        "weight" : 10
      }, {
        "position" : 1
      }, {
        "spokes" : 3
      } ], [ {
        "weight" : 10
      }, {
        "position" : 2
      }, {
        "spokes" : 32
      } ] ],
      "meta" : [ {
        "id" : 8,
        "type" : "node",
        "deleted" : false
      }, [ {
        "id" : 8,
        "type" : "node",
        "deleted" : false
      }, {
        "id" : 0,
        "type" : "relationship",
        "deleted" : false
      }, {
        "id" : 9,
        "type" : "node",
        "deleted" : false
      } ], [ {
        "id" : 8,
        "type" : "node",
        "deleted" : false
      }, {
        "id" : 1,
        "type" : "relationship",
```

```
        "deleted" : false
      }, {
        "id" : 10,
        "type" : "node",
        "deleted" : false
      } ] ],
      "graph" : {
        "nodes" : [ {
          "id" : "8",
          "labels" : [ "Bike" ],
          "properties" : {
            "weight" : 10
          }
        }, {
          "id" : "9",
          "labels" : [ "Wheel" ],
          "properties" : {
            "spokes" : 3
          }
        }, {
          "id" : "10",
          "labels" : [ "Wheel" ],
          "properties" : {
            "spokes" : 32
          }
        } ],
        "relationships" : [ {
          "id" : "0",
          "type" : "HAS",
          "startNode" : "8",
          "endNode" : "9",
          "properties" : {
            "position" : 1
          }
        }, {
          "id" : "1",
          "type" : "HAS",
          "startNode" : "8",
          "endNode" : "10",
          "properties" : {
            "position" : 2
          }
        } ]
      }
    } ]
  } ],
  "errors" : [ ]
}
```

4.4.4.15 过期事务

如果试图提交已超时的事务，将看到以下错误：

```
404 Not Found
Content-Type: application/json
{
   "results": [],
   "errors": [
      {
```

```
        "code": "Neo.ClientError.Transaction.TransactionNotFound",
        "message": "Unrecognized transaction id. Transaction may have timed out
and been rolled back."
      }
    ]
}
```

4.4.4.16 错误处理

针对事务端点的任何请求，其结果都将被返回给客户端。因此，当服务器发送 HTTP 状态代码时，服务器并不知道请求是否成功。因此，对事务端点的所有请求都将返回 200 或 201 状态代码，而不管语句是否已成功执行。在返回的响应内容的末尾，服务器将返回执行语句时发生的错误列表。如果此列表为空，则请求已成功完成。

在执行语句时如果发生任何错误，服务器将回滚事务。

这个例子，向服务器发送一个无效的语句来演示错误处理。

请求：

```
POST http://localhost:7474/db/neo4j/tx/17/commit
Accept: application/json;charset=UTF-8
Content-Type: application/json
{
  "statements": [
    {
      "statement": "This is not a valid Cypher Statement."
    }
  ]
}
```

返回结果：

```
200: OK
Content-Type: application/json;charset=utf-8
{
  "results" : [ ],
  "errors" : [ {
    "code" : "Neo.ClientError.Statement.SyntaxError",
    "message" : "Invalid input 'T': expected <init> (line 1, column 1 (offset: 0))\n\"This
is not a valid Cypher Statement.\"\n ^"
  } ],
  "commit" : "http://localhost:7474/db/neo4j/tx/17/commit"
}
```

4.4.4.17 在打开的事务中处理错误

当请求中出现错误，服务器将回滚事务。通过检查返回的响应中是否存在事务键，可以判断事务是否仍然打开。

请求：

```
POST http://localhost:7474/db/neo4j/tx/15
Accept: application/json;charset=UTF-8
Content-Type: application/json
{
```

```
  "statements": [
    {
      "statement": "This is not a valid Cypher Statement."
    }
  ]
}
```

返回结果：

```
200: OK
Content-Type: application/json;charset=utf-8
{
  "results" : [ ],
  "errors" : [ {
    "code" : "Neo.ClientError.Statement.SyntaxError",
    "message" : "Invalid input 'T': expected <init> (line 1, column 1 (offset: 0))\n\"This
is not a valid Cypher Statement.\"\n ^"
  } ],
  "commit" : "http://localhost:7474/db/neo4j/tx/15/commit"
}
```

4.5　其他开发技术介绍

4.5.1　Spring-Data-Neo4j

Spring 对 Neo4j API 进行了封装后生产出了 Spring-Data-Neo4j 库，对于使用 Spring 或 Spring Boot 框架的 Java 开发人员来说，这是用来操作 Neo4j 的较好的开发工具。本节将介绍使用 Spring-Data-Neo4j 库访问 Neo4j，包括对象映射、Spring 数据存储库、转换、事务处理等。

在使用 Spring-Data-Neo4j 库之前，我们需要确认自己电脑上装有 JDK 8，因为 Spring-Data-Neo4j 库是在 JDK 8 基础上开发出来的。到笔者发稿之日，Spring-Data-Neo4j 最新版本是 Spring-Data-Neo4j 4，它提供了完整的对象图映射功能。Spring-Data-Neo4j 4 基于 Neo4j-OGM 的 Java 对象图映射器，并集成到 Spring 数据基础架构中，包括 Spring-Data 存储库和注解对象映射的支持。

Spring-Data-Neo4j 集成了 Neo4j-OGM 库，提供快速全面的对象图映射。此外，它还提供对 Spring 转换、事务处理、Spring 数据存储库、Spring 数据 REST 和 Spring-Boot 的支持。

下面我们以 Spring-Data-Neo4 4.2 版本为基础讨论在项目中的部署，对于后续版本的具体部署方法请读者参阅 Spring Data 官方网站[1]。

4.5.2　Spring-Data-Neo4 在项目中的部署

第一步，先添加 Spring-Data-Neo4j 的包文件，我们使用 Maven 管理器来添加 Spring-Data- Neo4j 所依赖的包，代码如下：

```
<dependencies>
    <dependency>
        <groupId>org.springframework.data</groupId>
```

[1] https://projects.spring.io/spring-data-neo4j/

```
        <artifactId>spring-data-neo4j</artifactId>
        <version>{spring-data-neo4j-version}</version>
    </dependency>
</dependencies>
```

第二步，添加 spring 的配置代码：

```
@Configuration
@EnableNeo4jRepositories("org.neo4j.cineasts.repository")
@EnableTransactionManagement
@ComponentScan("org.neo4j.cineasts")
public class PersistenceContext extends Neo4jConfiguration {
    @Override
    public SessionFactory getSessionFactory() {
        return new SessionFactory("org.neo4j.cineasts.domain");
    }
}
```

第三步，创建实体类：

```
@NodeEntity
public class Movie {
  @GraphId Long id;
  String title;
  Person director;
  @Relationship(type="ACTED_IN", direction = Relationship.INCOMING)
  Set<Person> actors = new HashSet<>();
}
```

第四步，声明一个 repository 接口：

```
interface MovieRepository extends GraphRepository<Movie> {
  @Query("MATCH (m:Movie)<-[rating:RATED]-(user)
         WHERE id(m) = {movieId} RETURN rating")
  Iterable<Rating> getRatings(@Param("movieID") Long movieId);
  List<Movie> findByTitle(String title);
}
```

第五步，在需要操作数据的代码处，装配 repository 实例：

```
@Autowired MovieRepository repo;
List<Movie> movie = repo.findByTitle("The Matrix");
Iterable<Rating> ratings = repo.getRatings(movieId);
```

经过以上五步，就可以完成 Spring-Data-Neo4j 在项目中的部署。

4.5.3 使用 Neo4j-OGM 的对象图映射

开发 Java 业务应用程序通常需要将丰富的域模型映射到数据库。Neo4j-OGM 库是一个纯 Java 库，可以使用 Neo4j 持久化（注解）域对象。它使用 Cypher 语句来处理 Neo4j 中的这些操作。

与 Neo4j 的连接由驱动程序层处理，可以使用二进制协议、HTTP 或 Neo4j 的嵌入式 API。Neo4j-OGM 包如表 4-15 所示。

表 4-15　Neo4j-OGM 包

作者	The Neo4j and GraphAware Teams
包下载地址	http://search.maven.org/#search|ga|1|a%3A%22neo4j-ogm%22
源代码	https://github.com/neo4j/neo4j-ogm
文档	https://neo4j.com/docs/ogm-manual/current/introduction/
文章	https://neo4j.com/blog/neo4j-java-object-graph-mapper-released/
实例	https://github.com/neo4j-examples/neo4j-ogm-university

4.5.4　使用 JDBC 连接 Neo4j

作为一个 Java 开发人员，可能很熟悉 JDBC 作为一种处理关系数据库的方式，直接或通过抽象如 Spring 的 JDBCTemplate 或 MyBatis 来连接到数据库。JDBC 还可以用于 ETL、报表生成器和商业智能。数据管理的许多工具还使用 JDBC 驱动程序与关系数据库进行交互。

由于 Cypher 像 SQL 一样，是一种可以返回表结果的查询语言，因此可以支持 JDBC API 并提供 Neo4j-JDBC 驱动程序。

驱动程序支持 Neo4j 3.x 的新二进制 Bolt 协议、事务 HTTP 端点和 Neo4j 嵌入式连接。

【程序 4-36】使用 JDBC 连接 Neo4j

```
// Connect
Connection con = DriverManager.getConnection("jdbc:neo4j:bolt://localhost");
// Querying
try (Statement stmt = con.createStatement()) {
   ResultSet rs = stmt.executeQuery("MATCH (n:User) RETURN n.name");
   while (rs.next()) {
      System.out.println(rs.getString("n.name"));
   }
}
con.close();
```

有关如何使用它的更多细节可以在 Neo4j 官方 Github 中的 Java JDBC 实例项目中找到，在那里实现了一个小的 Java Webapp，它利用 Neo4j-JDBC 连接到 Neo4j 服务器。

用许多企业工具测试驱动程序，以确保它在各种环境中工作的稳定性。只需下载最新版本的 JAR 并将其添加到工程中就可以使用了。Neo4j-JDBC 包如表 4-16 所示。

表 4-16　Neo4j-JDBC 包

作者	Developers from Larus BA Italy and Neo4j
包下载地址	https://github.com/neo4j-contrib/neo4j-jdbc/releases/latest
源代码	https://github.com/neo4j-contrib/neo4j-jdbc
文档	https://github.com/neo4j-contrib/neo4j-jdbc/blob/master/README.adoc
文章	https://github.com/neo4j-examples/movies-java-jdbc
实例	http://neo4j.com/blog/couchbase-jdbc-integrations-neo4j-3-0/

4.5.5　JCypher

JCypher 以不同的抽象级别为 Neo4j 提供了无缝集成的 Java 访问方式。

在最顶层的抽象层，JCypher 允许将复杂的业务域映射到图数据库。可以获取域对象或 POJO

的任意复杂图形，并将其直接存储到 Neo4j 中。不需要以任何方式修改域对象类，也不需要注解。JCypher 提供了一个开箱即用的默认映射。

在抽象的底层，JCypher 以流畅的 Java API 形式的本地 Java DSL，直观、舒适地制定针对 Neo4j 的查询。JCypher 包如表 4-17 所示。

表 4-17　JCypher 包

作者	Wolfgang Schützelhofer
包下载地址	http://search.maven.org/#search|gav|1|g%3A%22net.iot-solutions.graphdb %22%20AND%20a%3A%22jcypher%22
源代码	http://github.com/Wolfgang-Schuetzelhofer/jcypher
文档	http://jcypher.iot-solutions.net/
文章	https://neo4j.com/blog/jcypher-focus-on-your-domain-model-not-how-to-map-it-to-the-database/

4.5.6　Groovy＆Grails：Neo4j Grails 插件

GORM 对 Neo4j 提供了一个“尽可能完整的”GORM 实现，将域类和实例映射到 Neo4j 节点空间。Neo4j Grails 如表 4-18 所示，其支持以下功能：

- 从 Neo4j 节点编组到 Groovy 类型。
- 支持 GORM 动态查找器、条件和命名查询。
- 使用 Session 会话管理事务。
- 访问 Neo4j 的遍历功能。
- 访问所有类型的 Neo4j 图数据库（嵌入式、REST 和 HA）。

表 4-18　Neo4j Grails 包

作者	Stefan Armbruster, Graeme Rocher
包下载地址	http://www.grails.org/plugin/neo4j
源代码	https://github.com/grails/grails-data-mapping/tree/master/grails-datastore-gorm-neo4j
文档	http://grails.github.io/grails-data-mapping/latest/neo4j/

4.5.7　Clojure：Neocons

Neocons 是一个常用的、功能丰富的 Clojure 客户端，支持（几乎）所有 Neo4J REST API 功能并能持续测试，以防止出现边缘服务器更改，如 Cypher 语言改进。Neocons 包如表 4-19 所示。

表 4-19　Neocons 包

作者	Michael Klishin, Rohit Aggarwal
包下载地址	https://clojars.org/clojurewerkz/neocons
源代码	https://github.com/michaelklishin/neocons
文档	http://clojureneo4j.info/

4.5.8　Scala：AnormCypher

Play for Scala 提供了一个可以运行 Cypher 的 Anorm 库：AnormCypher，AnormCypher 包如表 4-20 所示。

表 4-20 AnormCypher 包

作者	Eve Freeman
源代码	https://github.com/AnormCypher/AnormCypher
文档	http://anormcypher.org

4.5.9 JPA：Hibernate OGM

Hibernate 对象/网格映射器（OGM）与 Neo4j 支持。Hibernate OGM 包如表 4-21 所示。

表 4-21 Hibernate OGM 包

作者	Davide D'Alto, Gunnar Moelling, Emmanuel Bernard
包下载地址	http://search.maven.org/#search|gav|1|g%3A%22org.hibernate.ogm%22%20AND%20a%3A%22hibernate-ogm-neo4j%22
源代码	https://github.com/hibernate/hibernate-ogm/tree/master/neo4j
文档	http://docs.jboss.org/hibernate/ogm/5.0/reference/en-US/html_single/#ogm-neo4j
实例	https://github.com/TimmyStorms/hibernate-ogm-neo4j-example

第 5 章

Neo4j 数据库管理

本章主要内容：

- 部署与配置
- 备份与恢复
- 认证和授权
- 安全管理
- 监控管理
- 性能管理
- 数据库管理相关工具

本章将介绍与 Neo4j 数据库管理相关的基本知识和基本操作。

5.1 部署与配置

Neo4j 可部署在不同的操作系统上，包括 Linux、Mac OS X、Windows、Debian、Docker 等。社区版桌面安装程序仅适用于 Mac OS X 和 Windows 操作系统。社区版和企业版均发布了与平台对应的安装程序和 zip/tar 包。本节中所提到的功能若未具体指定 Neo4j 版本，则适用于所有 Neo4j 版本。本节主要讲解系统需求、文件位置、重要端口、密码和用户恢复、配置连接器等内容。

5.1.1 系统需求

本节将给出运行一个 Neo4j 数据库实例所需的系统需求清单。Neo4j 可以安装在多种操作系统环境中，很大程度上操作系统的资源和版本需求取决于 Neo4j 的软件用途，在个人使用、系统开发或者服务器运行等不同的使用场景下，系统需求有较大的差异。Neo4j 支持 X86 与 64 位架构，可以是物理机、虚拟机或容器环境。系统需求包括：硬件需求、软件需求、文件系统和 Java 等。其中，硬件需求方面可遵循表 5-1 所示的原则。

表 5-1 硬件需求原则

硬件	需求原则
CPU	对大图（即节点和关系众多）而言，Neo4j 数据库性能通常受限于内存容量或磁盘 I/O 速度，计算性能主要与载入内存中的图数据量相关
内存	图越大则所需内存越多，但需要正确配置以避免垃圾收集操作的混乱。详情请参见“5.6.1 内存配置”节
存储	在选择存储设备时，除考虑容量外，磁盘性能是最重要的指标。Neo4j 的工作负载更趋向于随机读，因此，无论是固态硬盘或机械磁盘，优先选择平均寻道时间低的存储介质。详情请参见“5.6.6 磁盘、内存及其他提示”节

针对个人使用和软件开发场景，硬件需求如表 5-2 所示。

表 5-2 个人使用和软件开发硬件需求原则

硬件	需求原则
CPU	最低配置 Intel Core i3，推荐 Intel Core i7
内存	最低配置 2GB，推荐 16GB 或更多
存储	最低配置 10GB SATA，推荐配置 SATA Express 或 NVMe SSD

针对云环境场景，硬件需求如表 5-3 所示。

表 5-3 云环境硬件需求原则

硬件	需求原则
CPU	最低配置 2 个虚拟 CPU，推荐配置至少 16 个虚拟 Xeon 处理器
内存	最低配置 2GB，其大小取决于负载，推荐能将可用的图全部装入内存中
存储	最低配置 10GB 块存储，推荐 NVMe SSD，其大小取决于数据库的容量

针对服务器内部部署环境，硬件需求如表 5-4 所示。

表 5-4 服务器内部部署环境硬件需求原则

硬件	需求原则
CPU	Intel Xeon 处理器
内存	最低配置 8GB，其大小取决于负载，推荐能将可用的图全部装入内存中
存储	最低配置 7200 转 SATA 6Gbps 硬盘，推荐 NVMe SSD，其大小取决于数据库的容量

针对个人使用和软件开发的软件需求如表 5-5 所示。

表 5-5 个人使用和软件开发软件需求原则

操作系统	对应支持的 JDK 版本
MacOS 10.14+	Zulu JDK 11
Ubuntu Desktop 16.04+	OpenJDK 11，Oracle JDK 11，Zulu JDK 11
Debian 9+	OpenJDK 11，Oracle JDK 11，Zulu JDK 11
SuSE 15+	Oracle JDK 11
Windows 10	Zulu JDK 11，Oracle JDK 11

针对云环境、服务器内部部署环境的软件需求如表 5-6 所示。

表 5-6 云环境、服务器内部部署环境软件需求

操作系统	对应支持的 JDK 版本
Ubuntu Server 16.04+	OpenJDK 11，Oracle JDK 11，Zulu JDK 11
Red Hat Enterprise Linux Server 7.5+	Red Hat OpenJDK 11，Oracle JDK 11，Zulu JDK 11
CentOS Server 7.7	OpenJDK 11
Amazon Linux 2 AMI	Amazon Corretto 11，OpenJDK 11，Oracle JDK 11
Windows Server 2012+	Oracle JDK 11，Zulu JDK 11

文件系统需求方面，在 Linux 或 UNIX 的内核实现中通常设有缓冲区高速缓存（Buffer Cache）或页面高速缓存（Page Cache），大多数磁盘 I/O 操作都是通过缓存进行的。当数据写入文件时，内核先将该数据复制到其中一个缓存区中，如果该缓冲区尚未写满，则并不将这些数据排到输出队列，而是等待缓存区写满或者在内核需要重用该缓存区以便存放其他磁盘块数据时，再将该缓冲区数据排至输出队列，然后待其到达队首时，才进行实际的 I/O 操作。这种输出方式被称为延迟写（Delayed Write）。延迟写减少了磁盘读写次数，但降低了文件内容的更新速度，使得想写到文件中的数据在一段时间内并未写入磁盘。当系统发生故障时，这种延迟可能会造成文件更新内容的丢失。为确保 Neo4j 数据库的 ACID 特性，文件系统必须支持刷新功能（即支持：fsync、fdatasync 函数）。详情请参见“5.6.5 Linux 文件系统调优”节，其中讨论了如何给 Linux 文件系统配置最优的性能。最低配置：ext4（或相似）文件系统，推荐配置：ext4、ZFS。

Java 软件需求方面，Neo4j 桌面版可用于开发测试和个人使用。其中包含了一个 Java 虚拟机。Neo4j 的其他版本需要预先安装对应版本的 Java 虚拟机。

5.1.2 neo4j.conf 文件

neo4j.conf 为重要的系统配置文件，本节将重点介绍该文件的主要配置项和语法，文件的完整配置请参考官方文档。neo4j.conf 文件采用键值设置方式，不同的 Neo4j 版本保存在不同的默认安装文件路径下。neo4j.conf 文件中的大多数配置都直接作用于 Neo4j 本身，但也有一些针对 Java 运行时（Java Runtime）的设置。其语法如下：

- “=”号将配置值设置给对应的配置键。
- “#”号开头的行为注释。
- 忽略空行。
- 在 neo4j.conf 文件中可以重写覆盖任一默认值。如需用自定义值修改默认值，则必须显式列出默认键和新值。
- 配置设置没有顺序区分，neo4j.conf 文件中的每个设置都必须唯一指定。如果有多个配置则设置具有相同的键，但值不同，这可能导致不可预知的行为。

唯一的例外是 dbms.jvm.additional 配置键，如果为 dbms.jvm.additional 设置多个值，则每个设置值将向 Java 启动器添加一个自定义的 JVM 参数。

JVM 特定的配置项包括：dbms.memory.heap.initial_size、dbms.memory.heap.max_size、dbms.jvm.additional。可以用 dbms.listConfig()方法列出当前活跃的配置项及其对应的值，例如：

```
CALL dbms.listConfig()
YIELD name, value
```

```
WHERE name STARTS WITH 'dbms.default'
RETURN name, value
ORDER BY name
LIMIT 3;
```

结果为：

```
+----------------------------------------------------+
| name                                   | value      |
+----------------------------------------------------+
| "dbms.default_advertised_address"      | "localhost" |
| "dbms.default_database"                | "neo4j"     |
| "dbms.default_listen_address"          | "localhost" |
+----------------------------------------------------+
```

5.1.3　文件位置

此部分包含数据库系统文件在不同 Neo4j 发行版中的存储位置，以及运行 Neo4j 所需要的文件权限。默认情况下，Neo4j 安装后的重要文件及目录可以在表 5-7 和表 5-8 所示的相应路径中找到，需要注意：不同的操作系统对应的位置不完全相同。Bin 文件夹包括 Neo4j 运行脚本和内建工具，比如：cypher-shell、neo4j-admin；Configuration 文件夹为 Neo4j 配置设置与 JMX 访问证书；Data 文件夹保存所有与数据相关的内容，如数据库、事务、集群状态（如果支持集群的话）；Import 文件夹存放通过 LOAD CSV 命令导入 Neo4j 的 CSV 文件；Lib 文件夹为 Neo4j 的所有依赖库；Logs 文件夹存放 Neo4j 的日志文件；Metrics 文件夹为 Neo4j 内建的度量指标，用于监控 Neo4j 数据库以及每个单独的数据库；Plugins 文件夹为 Neo4j 自定义扩展代码，比如：用户定义的过程、函数、安全插件等；Run 文件夹为进程 ID；Labs 文件夹主要保存 APOC CORE 文件；Licenses 文件夹用于保存 Neo4j 许可证文件；Certificates 文件夹可以存放 SSL 证书（SSL Encryption）文件。

表 5-7　Neo4j 重要目录的位置

文件夹	Linux or MacOS tarball	Windows zip	Debian
Bin	<neo4j-home>/bin	<neo4j-home>\bin	/usr/ bin
Configuration	<neo4j-home>/conf/neo4j.conf	<neo4j-home>\conf\neo4j.conf	/etc/neo4j/neo4j.conf
Data[1]	<neo4j-home>/data	<neo4j-home>\data	/var/lib/neo4j/data
Import	<neo4j-home>/import	<neo4jhome>\import	/var/lib/neo4j/import
Lib	<neo4j-home>/lib	<neo4j-home>\lib	/usr/share/neo4j/lib
Logs	<neo4j-home>/logs	<neo4j-home>\logs	/var/log/neo4j/[1]
Metrics	<neo4j-home>/metrics	<neo4j-home>\metrics	/var/lib/neo4j/metrics
Plugins	<neo4j-home>/plugins	<neo4j-home>\plugins	/var/lib/neo4j/plugins
Run	<neo4j-home>/run	<neo4j-home>\run	/var/lib/neo4j/run
Labs	<neo4j-home>/labs	<neo4j-home>\labs	/var/lib/neo4j/labs
Licenses	<neo4j-home>/licenses	<neo4j-home>\licenses	/var/lib/neo4j/licenses
Certificates	<neo4j-home>/certificates	<neo4j-home>\certificates	/var/lib/neo4j/certificates

[1] Data 目录为 Neo4j 内部专属所有，其文件结构可能在不同版本之间发生变动，如需进一步了解，请参阅官方文档。

表 5-8　Neo4j 重要目录位置（续）

文件夹	RPM	Neo4j desktop[1]
Bin	/usr/ bin	<installation-version>/bin
Configuration	/etc/neo4j/neo4j.conf	<installation-version>/conf/neo4j.conf

（续表）

文件夹	RPM	Neo4j desktop[1]
Data	/var/lib/neo4j/data	<installation-version>/data
Import	/var/lib/neo4j/import	<installation-version>/import
Lib	/usr/share/neo4j/lib	<installation-version>/lib
Logs	/var/log/neo4j/[2]	<installation-version>/logs
Metrics	/var/lib/neo4j/metrics	<installation-version>/metrics
Plugins	/var/lib/neo4j/plugins	<installation-version>/plugins
Run	/var/lib/neo4j/run	<installation-version>/run
Labs	/var/lib/neo4j/labs	<installation-version>/labs
Licenses	/var/lib/neo4j/licenses	<installation-version>/licenses
Certificates	/var/lib/neo4j/certificates	<installation-version>/certificates

[1] 可以使用 journalctl --unit=neo4j 命令在 Debian 和 RPM 版本中查看 neo4j.log。

[2] 适用于支持 Neo4j 桌面版的所有操作系统。

Neo4j 数据库中 Log 文件位置如表 5-9 所示。

表 5-9 Neo4j 数据库中 Log 文件位置

文件名	描述
neo4j.log	标准日志，其中写有关于 Neo4j 的一般信息
debug.log	在调试 Neo4j 的问题时有用的信息
http.log	HTTP API 的请求日志
gc.log	JVM 提供的垃圾收集日志记录
query.log	记录超过设定查询时间阈值的查询日志（仅限企业版）
security.log	数据库安全事件日志（仅限企业版）
service-error.log	安装或运行 Windows 服务时遇到的错误日志（仅限 Windows）

1. 配置文件位置

可以使用环境变量或相关选项来自定义文件的位置。<neo4j-home>和 conf 的位置可以使用环境变量进行配置，默认配置文件位置如表 5-10 所示。

表 5-10 <Neo4j-home>和 conf 的配置

位置	默认值	环境变量	备注
<neo4j-home>	bin 的父目录	NEO4J_HOME	如果 bin 不是子目录，则必须显示设置
conf	<neo4j-home>/conf	NEO4J_CONF	如果它不是<neo4j-home>的子目录，则必须显示设置

也可通过取消 conf/neo4j.conf 文件中相应注释来更改相关默认文件的位置。例如：

```
#dbms.directories.data=data
#dbms.directories.plugins=plugins
#dbms.directories.logs=logs
#dbms.directories.lib=lib
#dbms.directories.run=run
#dbms.directories.metrics=metrics
```

2. 权限设置

Neo4j 数据库运行的用户必须对相应的文件夹及文件具有以下最小权限：

- 只读权限：conf、import、bin、lib、plugins、certificates。
- 读写权限：data、logs、metrics、run。
- 执行权限：bin 目录中的所有文件。

5.1.4　重要端口

应用程序运行通常都需要占用相应的操作系统端口，如果需要对系统外提供服务，还要在防火墙等安全设备中开放相关端口的访问。系统部署时必须根据特定要求对防火墙进行相应的配置。表 5-11 为 Neo4j 数据库使用的主要端口。

表 5-11　Neo4j 数据库中的主要端口

名称	默认端口	相关设置	备注
备份	6362 6372	dbms.backup.enabled dbms.backup.listen_address	默认情况下开启备份功能。在生产环境中，对此端口的外部访问应由防火墙阻断
HTTP	7474	参见“5.1.9　配置 Neo4j 连接器”节	建议在生产环境中不要打开此端口用于外部访问，因为流量未加密，由 Neo4j 浏览器使用
HTTPS	7473	参见“5.1.9　配置 Neo4j 连接器”节	-
Bolt	7687	参见“5.1.9　配置 Neo4j 连接器”节	Cypher Shell 和 Neo4j 浏览器使用
因果集群	5000 6000 7000	causal_clustering.discovery_listen_address causal_clustering.transaction_listen_address causal_clustering.raft_listen_address	列出的端口是 neo4j.conf 中的默认端口，端口在实际安装中可能不同，需做相应的修改
Graphite 监控	2003	metrics.graphite.server	Neo4j 数据库与 Graphite 服务器通信的端口
Promethe us 监控	2004	metrics.prometheus.enabled metrics.prometheus.endpoint	参见“5.5.1　指标”节
JMX 监控	3637	dbms.jvm.additional=-Dcom.sun.managemen t.jmxremote.port=3637	JMX 监控端口。不推荐采用这种检查数据库的方式，默认情况下不启用

5.1.5　设置初始密码

使用 neo4j-admin 的 set-initial-password 命令设定当前用户的 neo4j 数据库密码，此操作需在首次启动数据库之前执行。语法为：neo4j-admin set-initial-password <password>，例如：在首次启动数据库之前，将本机 neo4j 用户的密码设置为“h6u4%kr”，相应的命令行操作为：

```
$neo4j-home> bin/neo4j-admin set-initial-password h6u4%kr
```

在第一次启动数据库之前，可将原始 neo4j 用户的密码设置为 secret。首次登录时，系统会提示可将此密码更改为自己设置的密码。可以使用 neo4j-admin 中的 set-initial-password 命令带上 --require-password-change 参数。具体操作如下：

```
$neo4j-home> bin/neo4j-admin set-initial-password secret
--require-password-change
```

如果未使用此方法显式设置密码，Neo4j 数据库将其设置为默认密码 neo4j，该密码可在首次登录时依据提示来更改此默认密码。

5.1.6 密码和用户的恢复

本节介绍如何恢复丢失的密码，特别是针对管理员用户，如果所有管理员用户都取消了管理员的角色，又如何恢复管理员用户，以及如何重建已删除的内置管理员角色。

提示：建议在恢复阶段中断网络连接，用户只能在 Neo4j 数据库服务器上直接操作。这可以通过编辑 neo4j.conf 文件来实现。可以临时注释掉 dbms.connectors.default_listen_address 参数，或者将其修改为本机 IP 地址值：

```
#dbms.connectors.default_listen_address=<your_configuration>
dbms.connectors.default_listen_address=127.0.0.1
```

5.1.6.1 恢复密码

使用以下步骤设置新密码（假设管理员用户名为 neo4j）：

步骤01 关闭 neo4j 数据库：

```
$ bin/neo4j stop
```

步骤02 修改 neo4j.conf 文件中 dbms.security.auth_enabled 参数值为 false：

```
dbms.security.auth_enabled=false
```

步骤03 启动 neo4j 数据库：

```
$ bin/neo4j start
```

步骤04 使用 Cypher Shell 或 Neo4j 浏览器等客户端修改管理员用户密码：

第一种方法通过 Cypher Shell 连接到 system 数据库，并修改管理员用户密码（system 数据库是 Neo4j 安装后系统内置的数据库，与其他内置的数据库不同，它只包含系统的元数据和安全配置。只能通过一组特定的 Cypher 命令进行管理。

```
$ bin/cypher-shell -d system
neo4j@system> ALTER USER neo4j SET PASSWORD 'mynewpass';
neo4j@system> :exit
```

或者通过 Neo4j 浏览器客户端在 system 数据库上运行下面语句：

```
ALTER USER neo4j SET PASSWORD 'mynewpass';
```

步骤05 关闭 neo4j 数据库：

```
$ bin/neo4j stop
```

步骤06 修改 neo4j.conf 文件中 dbms.security.auth_enabled 参数，对 dbms.security.auth_enabled 参数增加注释符（默认值为 true），或者设定 dbms.security.auth_enabled 参数值为 true：

```
#dbms.security.auth_enabled=false
```

或者：

```
dbms.security.auth_enabled=true
```

步骤 07 启动 neo4j 数据库：

```
$ bin/neo4j start
```

5.1.6.2　恢复未分配的管理员角色

如果用户没有分配管理员角色，则可以通过下面步骤将管理员角色授予现有用户（假设现有用户名为 neo4j）：

步骤 01 关闭 neo4j 数据库：

```
$ bin/neo4j stop
```

步骤 02 修改 neo4j.conf 文件中 dbms.security.auth_enabled 参数值为 false：

```
dbms.security.auth_enabled=false
```

步骤 03 启动 neo4j 数据库：

```
$ bin/neo4j start
```

步骤 04 用 Cypher Shell 或 Neo4j 浏览器等客户端授权 admin 用户角色给现有用户。通过 Cypher Shell 连接到 system 数据库，并将 admin 用户角色授权给现有用户：

```
$ bin/cypher-shell -d system
neo4j@system> GRANT admin TO neo4j;
neo4j@system> :exit
```

或者通过 Neo4j 浏览器客户端在 system 数据库上运行下面语句：

```
GRANT admin TO neo4j;
```

步骤 05 关闭 neo4j 数据库：

```
$ bin/neo4j stop
```

步骤 06 修改 neo4j.conf 文件中 dbms.security.auth_enabled 参数，对 dbms.security.auth_enabled 参数增加注释符（默认值为 true），或者设置 dbms.security.auth_enabled 参数值为 true：

```
#dbms.security.auth_enabled=false
```

或者：

```
dbms.security.auth_enabled=true
```

步骤 07 启动 neo4j 数据库：

```
$ bin/neo4j start
```

5.1.6.3　恢复管理员角色

提示：在 Neo4j 4.4 版本中，不能完全重建被删除的 admin 角色。具体而言，使用@Admin 注释过程，例如 dbms.listConfig 是无法还原的。因此，强烈建议不要删除 admin 角色。

如果已从系统中完全删除了 admin 角色，则可以通过以下步骤（但不包括运行 admin 过程）重建该角色：

步骤01 关闭 neo4j 数据库：

```
$ bin/neo4j stop
```

步骤02 修改 neo4j.conf 文件中 dbms.security.auth_enabled 参数值为 false：

```
dbms.security.auth_enabled=false
```

步骤03 启动 neo4j 数据库：

```
$ bin/neo4j start
```

步骤04 用 Cypher Shell 或 Neo4j 浏览器等客户端创建一个自定义的 admin 角色。第一种方法通过 Cypher Shell 连接到 system 数据库，并给现有用户授权 admin 角色：

```
$ bin/cypher-shell -d system
neo4j@system> CREATE ROLE admin;
neo4j@system> GRANT ALL DBMS PRIVILEGES ON DBMS TO admin;
neo4j@system> GRANT TRANSACTION MANAGEMENT ON DATABASE * TO admin;
neo4j@system> GRANT START ON DATABASE * TO admin;
neo4j@system> GRANT STOP ON DATABASE * TO admin;
neo4j@system> GRANT MATCH {*} ON GRAPH * TO admin;
neo4j@system> GRANT WRITE ON GRAPH * TO admin;
neo4j@system> GRANT ALL ON DATABASE * TO admin;
neo4j@system> :exit
```

第二种方法是通过 Neo4j 浏览器客户端在 system 数据库上运行下面语句：

```
CREATE ROLE admin;
GRANT ALL DBMS PRIVILEGES ON DBMS TO admin;
GRANT TRANSACTION MANAGEMENT ON DATABASE * TO admin;
GRANT START ON DATABASE * TO admin;
GRANT STOP ON DATABASE * TO admin;
GRANT MATCH {*} ON GRAPH * TO admin;
GRANT WRITE ON GRAPH * TO admin;
GRANT ALL ON DATABASE * TO admin;
```

提示： 在运行:exit 命令之前，建议将新创建的角色授予给一个用户。尽管该步骤可选，但如果没有此步骤，将只能获得未分配给任何用户的管理员权限。要将角色授予给用户（假设现有用户名为 neo4j），可以运行 grant admin To neo4j。

步骤05 关闭 neo4j 数据库：

```
$ bin/neo4j stop
```

步骤06 修改 neo4j.conf 文件中 dbms.security.auth_enabled 参数，对 dbms.security.auth_enabled 参数增加注释符（默认值为 true），或者设置 dbms.security.auth_enabled 参数值为 true：

```
#dbms.security.auth_enabled=false
```

或者：

```
dbms.security.auth_enabled=true
```

步骤 07 启动 neo4j 数据库：

```
$ bin/neo4j start
```

5.1.7　等待 Neo4j 启动

启动 Neo4j 后，可能需要等待一段时间以便数据库能正常提供服务请求，如果超时，服务依然不可用，则可以重启；或检查网络是否故障，或是其他原因导致的短暂中断等。可以在 Neo4j 完全启动后，对 Bolt 或 HTTP 端口进行检查，直至数据库能正常响应。需要检查的事项包括：客户端是使用 HTTP 还是 Bolt 方式连接、是否启用加密或身份验证。设置超时可以防止 Neo4j 启动失败，通常为 10 秒，但数据库在进行恢复或升级时，则可能需要更长时间，具体时间的长短取决于数据库中数据量的多少。如果是集群数据库实例的一部分，则需要等待集群中其他实例都启动并且形成可用的集群。

下面是使用 HTTP 方式在 Bash 中写入的轮询示例。在该示例中禁用了加密和身份验证，示例的命令行中用到了 CURL（CommandLine Uniform Resource Locator，一款利用 URL 语法在命令行方式下工作的开源文件传输工具）[1]，CURL 将对提供的 URL 执行 HTTP GET 操作，并且返回正文文本信息。示例中的%{http_code}为需要测试轮询的 HTTP GET 操作命令，返回值为 200，即表明数据库可正常访问，如果为错误 404，则表明不存在，数据库不可访问。详情请参见“5.5.6.2　端点的状态信息”节。

```
end="$((SECONDS+10))"
while true; do
   [[ "200" = "$(curl --silent --write-out %{http_code} --output /dev/null
http://localhost:7474)" ]] && break
   [[ "${SECONDS}" -ge "${end}" ]] && exit 1
   sleep 1
done
```

5.1.8　使用数据收集器

Neo4j 使用数据收集器（Usage Data Collector，UDC）收集使用数据的信息，并提供给官方的 UDC 服务器（UDC-Server，其网址为 udc.neo4j.org），该数据收集器可以禁用，并且不收集任何机密数据。Neo4j 研发团队使用这些信息作为 Neo4j 社区自动反馈的一种形式，希望通过下载统计信息与使用情况来进行匹配验证。如果某版本收集的数据更多，则其版本的更改会更快。Neo4j 团队非常关注客户隐私，不披露任何个人身份信息。UDC 将收集如下信息：

- 内核版本：Neo4j 内部版本号。
- 商店 ID：在创建数据库的同时创建的随机化全局唯一 ID。
- Ping 计数：UDC 保存一个内部计数器，该内部计数器对于每次 ping 都会递增，并在内核

[1] https://curl.haxx.se/

每次重新启动时重置。

- 资料来源：为 neo4j 或 maven。如果从 Neo4j 官方网站下载则资料来源为 neo4j，而在 Maven 网站获得的 Neo4j 版本，则资料来源为 maven。
- Java 版本：引用字符串显示正在使用的 Java 版本。
- 注册 ID：用于注册的服务器实例。
- 关于执行上下文的标签（例如：测试、语言、Web 容器、应用程序容器、Spring、EJB 等）。
- Neo4j 版本（社区版或企业版）。
- 当前集群名称的哈希值（如果部署为集群的话）。
- Linux 的发布信息（rpm、dpkg、unknown）。
- User-Agent 标头，用于跟踪 REST 客户端驱动程序的使用情况。
- MAC 地址，以唯一标识配置有防火墙的数据库实例。
- 处理器数量。
- 内存容量。
- JVM 堆大小。
- 数据库节点数、关系数、标签数和属性数。

Neo4j 数据库默认配置是开启了 UDC 程序，并伴随数据库启动而自动运行，UDC 将在数据库正常运行的 10 分钟后才发送第一个 ping 命令，这样做基于两个方面的考虑：首先，不希望启动 UDC 而使数据库系统变得更慢；其次，希望将自动 ping 测试保持最少，而使用 HTTP GET 方式与 UDC 服务器进行 ping 操作。UDC 可以在数据库配置中禁用，在数据库安装目录中的 neo4j.conf 文件，将参数 dbms.udc.enabled 设置为 false，可以轻松地关闭 UDC，该参数的默认值为 true，即默认为开启。

5.1.9 配置 Neo4j 连接器

应用程序端与 Neo4j 数据库之间通信需要有相应的机制作保障，从而 Neo4j 连接器（Neo4j connector）应运而生。Neo4j 提供了非常丰富的连接机制，支持 Bolt 二进制协议或 HTTP/HTTPS 方式，极大地方便了应用程序的开发。默认情况下，可配置三种不同的 Neo4j 连接器：Bolt 连接器、HTTP 连接器和 HTTPS 连接器，如表 5-12 所示。配置 HTTPS 和 Bolt 连接器请参见“5.4.2 SSL 框架”节。

表 5-12 Neo4j 连接器配置

连接名	协议	默认端口
dbms.connector.bolt	Bolt 二进制协议	7687
dbms.connector.http	HTTP 协议	7474
dbms.connector.https	HTTPS 协议	7473

5.1.9.1 配置选项

连接器设置格式为：dbms.connector.<连接器名>.<设置前缀>。可用的前缀如表 5-13 所示。

表 5-13 Neo4j 连接器参数配置

选项名	默认值	设置项
enabled	true[1]	dbms.connector.bolt.enabled、 dbms.connector.http.enabled、 dbms.connector.https.enabled[2]
listen_address	127.0.0.1:连接器默认端口	dbms.connector.bolt.listen_address、 dbms.connector.https.listen_address、 dbms.connector.http.listen_address
advertised_address	localhost:连接器默认端口	dbms.connector.bolt.advertised_address、 dbms.connector.https.advertised_address、 dbms.connector.http.advertised_address
tls_level	DISABLED	dbms.connector.bolt.tls_level

[1] 当 Neo4j 用于嵌入式模式时，该默认值为 false。

[2] dbms.connector.https.enabled 的默认值为 false。

- Enabled 选项：启用或禁用连接器。禁用时，Neo4j 数据库不再侦听相应端口上的所有传入连接。
- listen_address 选项：设置指定 Neo4j 如何侦听传入连接，它由两部分组成：网络 IP 地址（例如 127.0.0.1 或 0.0.0.0）和端口号（例如 7687），并以格式“网络 IP 地址：端口号”表示。可参见下面的使用示例。
- advertised_address 选项：设置指定客户端使用该连接器的地址。在因果集群中很有用，它允许每个服务器可以正确地广播集群中其他服务器的地址。公告的地址由两部分组成：地址（完全限定的域名、主机名或 IP 地址）和端口号（例如 7687），并以格式“地址：端口号”表示。可参见下面的使用示例。
- tls_level 选项：此设置仅适用于 Bolt 连接器。它允许连接器接受加密或未加密的连接。默认值为 DISABLED，在此情况下，此连接器只接受未加密的客户端连接，并且拒绝所有加密的连接。还有 REQUIRED 和 OPTIONAL 两个值，REQUIRED 表明只接受加密的客户端连接，并拒绝所有未加密的连接。OPTIONAL 表明接受加密或未加密的客户端连接。

例如，要侦听所有网络接口（0.0.0.0）和端口 7000 上的 Bolt 连接，可设置 Bolt 连接器的 listen_address 为：

```
dbms.connector.bolt.listen_address=0.0.0.0:7000
```

如果要实现代理路由通信或者端口映射，则可以为每个连接器分别指定其 advertised_address。例如，需将 Neo4j 服务器端口 7687 映射为外部网络的 9000 端口，可为 Bolt 连接器指定 advertised_address：

```
dbms.connector.bolt.advertised_address=<server-name>:9000
```

5.1.9.2 缺省地址

可以使用 listen_address 和 adverted_address 的后缀指定配置选项的默认值，如果未专门为某个连接器进行配置的话，设置的默认值将作用于所有连接器。

（1）dbms.default_listen_address：此配置选项为所有带 listen_address 后缀的连接器设置默认的 IP 地址。如果未指定 listen_address 的 IP 地址，将共享继承 dbms.default_listen_address 的设置。

例如，要侦听所有网络接口（0.0.0.0）和端口 7000 上的 Bolt 连接，可设置 Bolt 连接器的 listen_address 为：

```
dbms.connector.bolt.listen_address=0.0.0.0:7000
```

这等效于 dbms.default_listen_address 来指定 IP 地址，再通过 Bolt 连接器指定端口，即：

```
dbms.default_listen_address=0.0.0.0
dbms.connector.bolt.listen_address=:7000
```

（2）dbms.default_advertised_address：此配置选项为所有带 advertised_address 后缀的连接器设置默认的 IP 地址。如果未指定 advertised_address 的 IP 地址，将共享继承 dbms.default_advertised_address 的设置。

例如，指定客户端使用 Bolt 连接器的地址为：

```
dbms.connector.bolt.advertised_address=server1:9000
```

这等效于 dbms.default_advertised_address 来指定 IP 地址，再通过 Bolt 连接器指定端口，即：

```
dbms.default_advertised_address=server1
dbms.connector.bolt.advertised_address=:9000
```

提示：缺省地址设置只能接受完整套接字地址的主机名或 IP 地址。端口号是协议特定的，只能通过特定协议的连接器进行配置。例如，如果将默认地址值配置为 example.com:9999，Neo4j 将无法启动，将在 Neo4j.log 中出现一个错误。

5.1.10 动态设置

本节将介绍如何在 Neo4j 运行时更改 Neo4j 的配置，以及可以更改哪些设置。Neo4j 企业版支持在运行时更改一些配置设置，而无须重新启动数据库服务。

提示：运行时对配置的更改不会被持久化。为了避免重启 Neo4j 时丢失变更，请确保同时更新 neo4j.conf。

5.1.10.1 查找动态设置

调用 dbms.listConfig()方法可以发现哪些配置值可以动态更新，即当 dynamic 值为 True 时配置值可以动态更新，或参见“5.1.10.3 动态设置参考”节。例如：

```
CALL dbms.listConfig()
YIELD name, dynamic
WHERE dynamic
RETURN name
ORDER BY name
LIMIT 4;
```

结果为：

```
+--------------------------------------------+
| name                                       |
+--------------------------------------------+
| "dbms.checkpoint.iops.limit"               |
| "dbms.logs.query.allocation_logging_enabled" |
| "dbms.logs.query.enabled"                  |
| "dbms.logs.query.page_logging_enabled"     |
+--------------------------------------------+
4 rows
```

5.1.10.2　更新动态设置

管理员可以在运行时更改某些配置设置，而无须重新启动数据库服务。语法为 CALL dbms.setConfigValue(setting, value)。执行成功时无返回值，出错则提示如下异常：

```
Unknown or invalid setting name.
The setting is not dynamic and can not be changed at runtime.
Invalid setting value.
```

下面的示例演示如何动态启用查询日志记录：

```
CALL dbms.setConfigValue('dbms.logs.query.enabled', 'info')
```

如果传递的值无效，则该过程将显示一条消息。例如：

```
CALL dbms.setConfigValue('dbms.logs.query.enabled', 'yes')
```

错误消息为：

```
Failed to invoke procedure `dbms.setConfigValue`: Caused by:
org.neo4j.graphdb.config.InvalidSettingException: Bad value 'yes' for setting
'dbms.logs.query.enabled': 'yes' not one of [OFF, INFO, VERBOSE]
```

如果要将配置值重置为默认值，可传递一个空字符串作为参数。例如：

```
CALL dbms.setConfigValue('dbms.logs.query.enabled', '')
```

5.1.10.3　动态设置参考

- dbms.allow_single_automatic_upgrade：是否允许在单实例模式下自动进行系统图升级（dbms.mode=SINGLE）。
- dbms.allow_upgrade：当数据库启动旧版本的数据存储时，是否允许存储升级。
- dbms.checkpoint.iops.limit：限制后台检查点进程每秒将消耗的 IO 数。
- dbms.logs.debug.level：调试日志级别的阈值。
- dbms.logs.query.allocation_logging_enabled：记录已执行查询的分配字节。
- dbms.logs.query.early_raw_logging_enabled：在不混淆密码的情况下，记录查询的文字和参数。
- dbms.logs.query.enabled：记录执行的查询。
- dbms.logs.query.page_logging_enabled：记录已执行查询的页命中和页误中。
- dbms.logs.query.parameter_full_entities：记录完整的参数项，包括 id、标签或关系类型以

及属性。

- dbms.logs.query.parameter_logging_enabled：记录已执行查询的参数。
- dbms.logs.query.rotation.keep_number：查询日志的最大历史文件数。
- dbms.logs.query.rotation.size：查询日志自动回滚的文件大小（以字节为单位）。
- dbms.logs.query.runtime_logging_enabled：记录运行查询的运行时间。
- dbms.logs.query.threshold：如果查询的执行时间超过此阈值，则在完成查询后记录，前提是查询日志记录设置为 INFO。
- dbms.logs.query.time_logging_enabled：记录已执行查询的详细时间信息。
- dbms.memory.transaction.datababase_max_size：限制一个数据库可以使用的内存量，以字节（或后缀 k 为千字节、m 为兆字节、g 为吉字节）为单位。
- dbms.memory.transaction.global_max_size：限制所有事务可以消耗的全局最大内存量，以字节（或后缀 k 为千字节、m 为兆字节、g 为吉字节）为单位。
- dbms.memory.transaction.max_size：限制单个事务可以消耗的内存量，以字节（或后缀 k 为千字节、m 为兆字节、g 为吉字节）为单位。
- dbms.track_query_allocation：启用或禁用跟踪执行查询所分配的字节数。
- dbms.track_query_cpu_time：启用或禁用跟踪查询 CPU 上的执行时间。
- dbms.transaction.concurrent.maximum：同时运行事务的最大数目。
- dbms.transaction.sampling.percentage：事务采样百分比。
- dbms.transaction.timeout：事务完成的最大时间间隔。
- dbms.transaction.tracing.level：事务跟踪级别。
- dbms.tx_log.preallocate：指定 Neo4j 是否应尝试预先分配逻辑日志文件。
- dbms.tx_log.rotation.retention_policy：使 Neo4j 保留逻辑事务日志，以便备份数据库。
- dbms.tx_log.rotation.size：指定逻辑日志自动回滚的文件大小。
- dbms.upgrade_max_processors：升级存储时可使用的最大处理器数。
- fabric.routing.servers：由逗号分隔成列表而形成的路由组。

5.1.11 事务日志

本节将介绍 Neo4j 事务日志的保存和轮换策略，以及如何配置。事务日志记录了数据库中的所有写操作，包括对数据、索引或约束的添加或修改。在数据库恢复时，事务日志就是“真相的来源”。可用于增量备份和群集操作。无论何种配置下，将至少保留最新的非空事务日志。

（1）日志位置：默认情况下，数据库的事务日志存放在<neo4j-home>/data/transactions/ <database name>路径下。每个数据库都有自己的事务日志目录。这些文件夹所在的根目录由 dbms.directories.transaction.logs.root 参数设置。为了获得最佳的性能，建议将事务日志配置存储在专用设备上。

（2）日志轮换：参数 dbms.tx_log.rotation.size 可配置日志轮换，默认情况下，当日志大小超过 250MB 时将会发生日志轮换。

（3）日志保存：有多种不同的方法来控制参数 dbms.tx_log.rotation.retention_policy 用于保存

的事务日志量，两种不同配置方法如下：

- dbms.tx_log.rotation.retention_policy=<true/false>。如果此参数设置为 true，则事务日志将无限期保存。鉴于存储效率，不建议使用此选项。旧的事务日志不能由外部作业程序安全地归档或删除，因为日志安全裁剪需要了解最近成功的检查点。如果此参数设置为 false，则只保留最新的非空日志。不建议在生产环境中使用此选项，因为增量备份依赖于上次备份。
- dbms.tx_log.rotation.retention_policy=<amount> <type>。

（4）日志裁剪：事务日志修剪是指安全自动地删除旧的、不必要的事务日志文件。当一个或多个文件不在配置的日志保留策略中时，则可以被裁剪删除。删除文件需要做两件事：文件已经轮转；在新的日志文件中至少有一个检查点。

可查看到的事务日志文件通常比预期的多，这是因为检查点的发生频率不够高，或花费的时间太长。这是一个临时状况，在下一个成功的检查点结束后，预期和观察到的日志文件数量将保持一致。检查点间隔可通过参数 dbms.checkpoint.interval.time 和 dbms.checkpoint.interval.tx 来设置。如果目标是获得最少的事务日志数据，还可以加快检查点进程本身。参数 dbms.checkpoint.iops.limit 控制允许检查点进程每秒使用的 IO 数，将此参数设置为-1，则每秒 IO 数不受限制，从而加快检查点进程的速度。请注意，禁用每秒 IO 数限制可能会导致事务处理速度减慢。

可用于控制日志保存的类型如表 5-14 所示。

表 5-14　可用于控制日志保存的类型

类型	描述	示例
files	要保留的最新逻辑日志文件数	10 files
size	允许日志文件占用的最大磁盘大小	300MB size 或 1GB size
txs	要保留的事务数	250kB txs 或 5MB txs
hours	保留当前时间后 N 小时内提交事务日志	10 hours
days	保留当前时间后 N 天内提交事务日志	50 days

下面示例显示了配置日志保留策略的一些不同方法。

无限期保留事务日志：

```
dbms.tx_log.rotation.retention_policy=true
```

只保留最近的非空日志：

```
dbms.tx_log.rotation.retention_policy=false
```

保留 30 天内提交的事务日志：

```
dbms.tx_log.rotation.retention_policy=30 days
```

保留最近 500000 个事务日志：

```
dbms.tx_log.rotation.retention_policy=500k txs
```

5.1.12 安装证书

默认情况下，Neo4j 数据库在与官方驱动程序配套使用时，将采用 TLS（Transport Layer Security，传输层安全）协议加密所有客户服务器通信，包括 Bolt 和 HTTP 协议，这能确保应用程序与数据库之间的安全可靠通信。而客户端如果是浏览器，要与 Neo4j 数据库进行通信，尤其是在生产系统中，则同样要考虑受信任的加密传输，比如：HTTPS 方式，这样可考虑安装 SSL（Secure Socket Layer，安全套接字层）证书，此类证书必须由受信任的证书颁发机构（Certification Authority，CA）颁发，比如：收费 SSL 证书有 VeriSign，免费的有 StartSSL 等。SSL 证书由<file-name>.key 文件和<file-name>.cert 文件组成。Neo4j 要求这两个文件必须分别命名为 neo4j.key 和 neo4j.cert。其中，密钥文件 neo4j.key 是不加密的，需正确设置该文件的权限，以便只有 Neo4j 用户能够读取它。先将此文件放入指定的目录，默认在<neo4j-home>\certificates 目录下，也可通过在 neo4j.conf 中设置 dbms.directories.certificates 来指定证书文件的存放路径，此配置参数有效值为：文件系统绝对路径，或者为一个相对于安装根路径<neo4j-home>的相对路径，默认值为 certificates。如果要启用自己的证书，其步骤如下：

步骤 01 关闭 Neo4j 数据库。

步骤 02 获取由受信任的证书颁发机构颁发的 SSL 证书，将对应的文件名重命名为：neo4j.key 和 neo4j.cert。

步骤 03 将这两个文件覆盖 Neo4j 数据库原来的 SSL 证书同名文件，默认情况下，在<neo4j-home>\certificates 目录下，或者为 neo4j.conf 配置参数 dbms.directories.certificates 所设定的路径。

步骤 04 重启 Neo4j 数据库。

Neo4j 支持链接的 SSL 证书，所有证书都必须是 PEM（Privacy Enhanced Mail，隐私增强邮件）格式，并且必须合并到一个文件中，私钥也需要采用 PEM 格式，可支持多主机和通配符证书。如果 Neo4j 已配置多个连接器绑定到不同的接口，则可以使用这种方式的证书。

如果在未安装任何证书的情况下启动，Neo4j 进程将自动生成自签名 SSL 证书和私钥。由于此证书是自签名的，因此不够安全，显然不适合于生产系统。如果在 Neo4j 配置了多个绑定到不同 IP 地址的连接器，则自签名 SSL 证书方式将不再发挥作用，如需要使用多个 IP 地址，只能手动配置证书，并使用多主机或通配符证书方式。

5.2 备份与恢复

本节将主要介绍 Neo4j 数据库的备份与恢复，涵盖因果集群（Causal Cluster）、单实例（Single Instance）等多种配置方式的 Neo4j 数据库。

5.2.1 备份简介

将 Neo4j 数据库数据备份到远程或离线存储是一项基本操作，Neo4j 支持全量备份和增量备份。

对于多种配置方式（单实例、因果集群等）的 Neo4j 数据库，其备份过程是相同的。只是对于因果集群，需注意区分核心角色（Core Roles）和只读副本角色（Read Replica Roles），以确定哪些最适合作为备份服务器，详情请参见“5.2.2.4 备份因果集群”节。同样，恢复 Neo4j 因果集群也有点不同，详情请参见“5.2.3.2 恢复因果集群”节。备份使用 neo4j-backup 工具远程运行，即可从 Neo4j 服务器备份到本地副本。

5.2.1.1 在线和离线备份

生产环境通常需要在线备份，但也可以执行离线备份。离线备份更受限，比如：

- 在线备份可作用于运行中的 Neo4j 数据库实例，而离线备份需要关闭数据库。
- 在线备份可以是完整备份或增量备份，离线备份不能进行增量备份。

离线备份请参见“5.7.3 转储和加载数据库”节。本节后续部分仅专门介绍在线备份。

5.2.1.2 启用备份

下面列出了与备份相关的基本参数。请注意，默认情况下，备份服务是开启的，但只在 localhost（127.0.0.1）上，如果要从另一台计算机上执行备份，则需要更改此设置。

- dbms.backup.enabled=true：将启用备份，默认值为 true。
- dbms.backup.address=<主机名或 IP 地址>:6362：配置备份服务侦听的接口和端口，默认值为 127.0.0.1:6362。如果设置为 dbms.backup.address=0.0.0.0:6362，则表示侦听所有地址。

由于 Neo4j 数据库管理系统可以承载多个数据库，它们之间是相互独立的，所以非常有必要为每个数据库规划一个备份策略。系统新部署时默认有 neo4j 和 system 两个数据库，并且已包含相关的配置，比如：数据库的运行状态、安全配置等。

5.2.1.3 存储注意事项

备份操作重要的是数据与生产系统没有共同依赖关系，并且分开存储。建议将备份保存在集群服务器之外的存储上，比如：优先选择云存储，或者同一云中的不同可用性区域或单独的云等。由于备份数据可能会保存很长时间，归档存储的长期性应被视为备份计划的一部分。可能还需要覆盖用于裁剪和回滚事务日志文件的设置，事务日志文件是跟踪最近更改的日志文件。请注意，手动删除事务日志可能会导致备份中断。恢复服务器不需要全部的事务日志文件，因此可以通过将文件大小减小到最小值来进一步减小存储大小，可设置 dbms.tx_log.rotation. size=1M、dbms.tx_log.rotation. retention_policy=3 files，或者使用--additional-config 参数来覆盖。

5.2.1.4 集群注意事项

在集群中，可以从任何服务器获取备份，并且每个服务器都有两个可配置的端口为备份提供服务，分别是：dbms.backup.listen.address 和 causal_clustering.transaction_listen_address。从功能上讲，它们对于备份是等效的，但是将它们分开则可以提供一些操作的灵活性，而只使用一个端口可以简化配置。通常建议选择读副本作为备份服务器，因为在典型的集群部署中，读副本服务器比核心服务器数量更多。此外，由大型备份引起的读副本的性能问题，不会影响核心集群的性能。如果读副本不可用，那么可以根据物理接近程度、带宽、性能和活跃度等因素选择核心服务器。请注意，读副本和核心服务器相对于 Leader 服务器而言，都可能落后或已过时。可以查看事务 ID，以避免从落后太多的服务器上进行备份。可以通过查看 Neo4j 相关度量指标或通过 Neo4j 浏览器找到最新的事务 ID。要在 Neo4j 浏览器中查看最新处理的事务 ID（或其他指标），可在提示符处键入:sysinfo。

5.2.1.5 使用 SSL/TLS 进行备份

备份服务器可以配置为使用 SSL/TLS。在这种情况下，还必须将备份客户端配置为使用兼容策略。详情请参见“5.4.2 SSL 框架”节，以了解 SSL 的一般配置方式。表 5-15 为有关配置的 SSL 策略如何映射到备份配置的端口。

表 5-15 将备份配置映射到 SSL 策略

备份目标地址	目标 SSL 策略	备份客户端 SSL 策略设置	默认端口
dbms.backup.listen_address	dbms.ssl.policy.backup	dbms.ssl.policy.backup	6362
causal_clustering.transaction_listen_address	dbms.ssl.policy.cluster	dbms.ssl.policy.backup	6000

5.2.2 执行备份

本小节将介绍如何执行 Neo4j 数据库的备份。

5.2.2.1 备份命令

neo4j-admin 工具位于 bin 目录下，使用 backup 参数运行 neo4j-admin 工具，以便对正在运行的数据库执行联机备份。其语法为：

```
neo4j-admin backup --backup-dir=<path>
                   [--verbose]
                   [--from=<host:port>]
                   [--database=<database>]
                   [--fallback-to-full=<true/false>]
                   [--pagecache=<size>]
                   [--check-consistency=<true/false>]
                   [--check-graph=<true/false>]
                   [--check-indexes=<true/false>]
                   [--check-label-scan-store=<true/false>]
                   [--check-property-owners=<true/false>]
                   [--report-dir=<path>]
                   [--additional-config=<path>]
```

备份命令参数说明如表 5-16 所示。

表 5-16 备份命令参数说明

参数名	默认值	说明
--backup-dir		存放备份的目录
--verbose	false	启用详细输出
--from	localhost:6362	Neo4j 的主机和端口
--database	neo4j	要备份的数据库的名称。如果目标目录中存在指定数据库的备份，则将尝试增量备份
--fallback-to-full	true	如果增量备份失败，则备份过程将旧备份改名为 <name>.err.<N>，并由增量备份方式改为全量备份
--pagecache	8M	用于设置备份过程的页缓存大小

（续表）

参数名	默认值	说明
--check-consistency	true	是否进行一致性检查
--check-graph	true	在节点、关系、属性、类型和令牌之间执行检查
--check-indexes	true	对索引执行检查。
--check-label-scan-store	true	对标签扫描存储执行检查
--check-property-owners	false	对属性所有权进行额外检查。该检查费时、费内存
--report-dir	.	写入一致性报告的目录
--additional-config		提供附加配置的配置文件

命令返回码：neo4j-admin backup 命令退出后，会根据成功或错误返回不同的代码，如表 5-17 所示。

表 5-17　neo4j-admin backup 命令返回码

代码	说明
0	成功
1	备份失败
2	备份成功，但一致性检查失败
3	备份成功，但一致性检查发现不一致

备份分为全量备份和增量备份。对于第一次备份到目标位置，最初是全量备份，后续备份可使用增量备份，增量备份只保存自上次备份以来的事务日志增量。如果不禁用--fallback to full 选项，所需的事务日志在备份服务器上不可用时，则备份客户端将回退到全量备份。成功执行备份后，默认情况下将调用一致性检查，这是一项重要的操作，它会消耗大量的计算资源，例如：内存、CPU、I/O 等。

为了避免备份客户机的资源需求对正在运行的服务器造成不利影响，建议备份操作在具有足够空闲资源来执行一致性检查的专用计算机上进行。另一种方法是将备份操作与一致性检查分离，将其安排在专用计算机上并在稍后的时间进行。不能低估备份一致性检查的价值，它对于安全保护和确保数据质量至关重要。备份中的事务日志文件可配置其回滚和裁剪参数。例如，设置 dbms.tx_log.rotation.retention_policy=3 files 将在备份中保留 3 个事务日志文件，也可以使用参数--additional config 来覆盖此配置。

页面缓存大小可通过选项--pagecache 进行设置，HEAP_SIZE 环境变量可以指定分配给备份进程的最大堆内存的大小。下面是执行一次全量备份的样例脚本。

```
$neo4j-home> export HEAP_SIZE=2G
$neo4j-home> mkdir /mnt/backups
$neo4j-home> bin/neo4j-admin backup --from=192.168.1.34
--backup-dir=/mnt/backups/neo4j --database=neo4j --pagecache=4G
Doing full backup...
2017-02-01 14:09:09.510+0000 INFO [o.n.c.s.StoreCopyClient] Copying
neostore.nodestore.db.labels
2017-02-01 14:09:09.537+0000 INFO [o.n.c.s.StoreCopyClient] Copied
neostore.nodestore.db.labels 8.00 kB
2017-02-01 14:09:09.538+0000 INFO [o.n.c.s.StoreCopyClient] Copying
neostore.nodestore.db
2017-02-01 14:09:09.540+0000 INFO [o.n.c.s.StoreCopyClient] Copied
neostore.nodestore.db 16.00 kB
```

```
...
```

执行完上述操作后，将在/mnt/backups 目录下看到一个名为 neo4j 的备份文件。

5.2.2.2 增量备份

增量备份需指定现有备份目录，并且存在自上次备份以来的事务日志。备份工具将对上次之后的任何操作进行备份，其结果将是与当前服务器状态一致的更新备份。增量备份可能会失败，主要原因有：现有目录不包含有效的备份，并且参数 fallback-to-full=false；所需的事务日志已删除，并且参数 fallback-to-full=false。因此，设置参数 fallback-to-full=true 是一种安全措施，它能在增量备份失败的情况下转为全量备份，以防止无法执行增量备份。此示例假定你已按照上一个示例执行了完整备份。与之前一样，控制内存使用。要执行增量备份，还需要指定上一次备份的位置：

```
$neo4j-home> export HEAP_SIZE=2G
$neo4j-home> bin/neo4j-admin backup --from=192.168.1.34
--backup-dir=/mnt/backups/neo4j --database=neo4j --pagecache=4G
Destination is not empty, doing incremental backup...
Backup complete.
```

提示： 请注意，执行增量备份时，服务器需要访问事务日志。这些日志由 Neo4j 维护，并在一段时间后基于参数 dbms.tx_log.rotation.retention_policy 自动删除。因此，在设计备份策略时，重要的是配置 dbms.tx_log.rotation.retention_policy，以便事务日志涵盖下一次增量备份的检查点。

5.2.2.3 内存配置

以下选项可用于配置分配给备份客户端的内存：

（1）为备份配置堆内存大小：这是通过在启动备份程序之前设置环境变量 HEAP_SIZE 来完成的。如果不是由 HEAP_SIZE 指定，Java 虚拟机将根据服务器资源选择一个值。HEAP_SIZE 变量为备份进程分配最大堆内存大小。

（2）为备份配置页面缓存大小：备份命令中--pagecache 选项可以设定备份程序的页面缓存大小。如果没有明确定义，页面缓存将默认为 8MB。

5.2.2.4 备份因果集群

在 Neo4j 因果集群中，核心服务器（Core Servers）和只读副本（Read Replicas）都支持备份协议，都可用于集群备份。以下是在确定要使用备份策略前需要考虑的注意事项。

1. 只读副本备份

通常，更倾向于选择只读副本作为备份，因为只读副本的数量在因果集群部署中远远多于核心服务器。但是，只读副本是从核心服务器上异步复制的，因此存在事务执行上的差异，甚至其内容已落后于核心服务器。幸运的是，可以检查在任何服务器上处理的最后一个事务 ID，这样就可以验证它是否足够接近由核心服务器处理的最新事务 ID。如果是，则可以安全地读取副本备份，以保证它与核心服务器一样是最新的。

提示： Neo4j 数据库中的事务 ID 是严格递增的整数值。因此，事务 ID 值越大则表明该事务发起时间越新。

Neo4j 服务器可通过 JMX 或 Neo4j 浏览器查看最后一个事务 ID。在 Neo4j 浏览器中查看最新处理的事务 ID（及其他指标），可在提示符下输入:sysinfo。

2. 核心服务器备份

在只有核心服务器的集群（Core-only Cluster）中，就没有大量的只读副本来分担工作负载。因此，在选择哪台核心服务器进行备份操作时，需要考虑服务器方面的因素有：物理接近性、带宽、性能及活跃度等。

一般情况下，即使集群在发生大量备份时，仍能正常工作。但是，备份操作将对备份服务器增加额外的 IO 负担，可能会影响其性能。比较保守的做法是：将备份服务器当作不可用实例，假定其性能低于集群中的其他实例。在这种情况下，建议在集群中有足够的冗余，以便一个较慢的服务器不会减少屏蔽故障的能力。可以在集群规划时，就考虑这种保守的策略。等式 $M = 2F + 1$，M 是集群中需要容忍 F 个故障成员之间的关系。为了尽可能容忍在备份期间集群中一个较慢的机器的可能性，可增大 F 值，比如，最初设想三个核心服务器的集群容忍一个故障，则可以将其增加到 5 个以确保相应的安全级别。

5.2.3　恢复备份

本节将介绍如何从 Neo4j 数据库的备份进行恢复。可以使用 neo4j-admin 的 restore 命令恢复数据库。恢复命令的语法为：

```
neo4j-admin restore --from=<path> [--verbose] [--database=<database>] [--force]
```

其各选项的含义如表 5-18 所示。

表 5-18　恢复命令参数说明

参数名	默认值	说明
--from		恢复备份的路径
--database	neo4j	数据库名称
--force		如果数据库存在，则强制替换

提示： 恢复数据库不要将其配置为 Neo4j 数据库管理系统中去创建。这些配置已存在于 system 数据库中，如果恢复了 system 数据库的备份，则其他数据库的配置也将被恢复。如果尚未创建还原的数据库，请在还原后调用 CREATE DATABASE 命令来创建它。

5.2.3.1　恢复单实例服务器

Neo4j 备份是全功能的数据库备份。恢复备份必须关闭数据库，使用 neo4j-admin 工具的 restore 参数恢复备份。其步骤为：

步骤 01 如果服务器在运行，则关闭数据库。

步骤 02 在每个数据库上运行 neo4j-admin restore 命令。

步骤 03 重启数据库。

例如，先关闭服务器，再从位于/mnt/backups 中的恢复 system 和 neo4j 数据库的操作命令如下：

```
neo4j-home> bin/neo4j stop
```

```
neo4j-home> bin/neo4j-admin restore --from=/mnt/backups/system --database=system
--force
neo4j-home> bin/neo4j-admin restore --from=/mnt/backups/neo4j --database=neo4j
--force
neo4j-home> bin/neo4j start
```

5.2.3.2 恢复因果集群

恢复因果集群的步骤如下：

步骤01 关闭集群中的所有数据库实例。

步骤02 在每个核心服务器上运行 neo4j-admin unbind 命令。

步骤03 在每个实例上运行 neo4j-admin restore 命令进行恢复。

步骤04 如果要恢复到新硬件上，请查看因果群集中 neo4j.conf 文件的设置，特别是 causal_clustering.initial_discovery_members、causal_clustering.minimum_core_cluster_size_at_formation 和 causal_clustering.minimum_core_cluster_size_at_runtime，以确保它们设置正确。

步骤05 启动数据库实例。

5.3 认证和授权

本节介绍 Neo4j 中的身份认证和授权（Authentication and Authorization）。通过设置适当的身份验证和授权规则，能确保 Neo4j 部署方式符合公司的信息安全准则。本节内容有简介、内置角色、细粒度访问控制、与 LDAP 集成、管理程序权限、术语等。

提示：本节介绍的功能仅适用于 Neo4j 企业版。社区版只提供了一组有限的用户管理功能。

5.3.1 简 介

本小节简要介绍 Neo4j 中的身份认证和授权。身份认证是确保用户是用户自己的过程，而授权则检查是否允许经过身份认证的用户执行某个操作。Neo4j 的授权管理采用基于角色的访问控制（role-based access control，RBAC）。访问控制权限分配给角色，角色又被分配给用户。Neo4j 具有以下身份认证提供程序，用于执行用户的身份认证和授权。

5.3.1.1 本机身份认证提供程序

Neo4j 提供了一个本地身份认证提供程序（Native auth provider），在 system 数据库中存储了用户和角色信息。此选项由参数 dbms.security.auth_enabled 控制，默认设置为 true。各种本机身份认证提供程序的使用场景请参见“5.3.3 细粒度访问控制”节。

5.3.1.2 LDAP 身份认证提供程序

另一种身份认证和授权的方法是 LDAP 身份认证提供程序（LDAP auth provider），它通过外部安全软件集成，比如：Active Directory 或 OpenLDAP，可以通过内置的 LDAP 连接器进行访问。使用 Active Directory 的 LDAP 插件方法请参见“5.3.4 与 LDAP 集成”节。

5.3.1.3　自定义插件身份认证提供程序

对于上述本机或 LDAP 方式都不能适用的特定需求用户，Neo4j 提供了一个自定义插件认证提供程序（Custom-built plugin auth providers）。建议将此交予 Neo4j 专业服务商作为定制交付的一部分。

5.3.1.4　Kerberos 身份认证和单点登录

除了 LDAP、本机和自定义提供程序外，Neo4j 还支持 Kerberos 身份认证和单点登录（Kerberos authentication and single sign-on）。Kerberos 支持是通过 Neo4j Kerberos 附加组件提供的。

5.3.2　内置角色

本小节介绍 Neo4j 预定义的内置角色，具体包括：

- PUBLIC：访问默认数据库。
- reader：对图数据的只读访问（所有的节点、关系、属性）。
- editor：对图数据的读/写访问，写入权限仅限于创建和更改图的现有属性键、节点标签和关系类型。
- publisher：对图数据的读/写访问，写入权限支持新建属性、节点标签和关系类型。
- architect：对图数据的读/写访问，对索引的设置/删除及模式构建（schema constructs）。
- admin：管理员是数据库的最高权限，包含对图数据的读、写访问，对索引的设置、删除及模式构建（schema constructs）、查看/终止查询。

所有用户都分配了 PUBLIC 角色，默认情况下，PUBLIC 角色不授予任何与数据相关的权限或功能，甚至不授予读取权限。一个用户可以有多个角色，这些角色的联合决定了用户可以对数据执行哪些操作。

当管理员挂起或删除另一个用户时，适用以下规则：

- 管理员可以挂起或删除任何其他用户（包括其他管理员），但不能挂起或删除自己。
- 删除用户会终止该用户正在运行的所有查询和会话。
- 将回滚已删除用户运行的所有查询。
- 用户将无法再登录（直至管理员重新激活）。
- 在删除用户之前，无须从用户中删除分配的角色。

表 5-19 详细规定了每个角色对数据和数据库所能进行的操作集合，也包含社区版支持的功能子集。

表 5-19　角色操作列表

操作	reader	editor	publisher	architect	admin	（无角色）	社区版
更改自己的密码	√	√	√	√	√	√	√
查看自己的详细信息	√	√	√	√	√	√	√
读取数据	√	√	√	√	√		√
查看自己的查询	√	√	√	√	√		
终止自己的查询	√	√	√	√	√		
写/更新/删除数据		√	√	√	√		√
创建新的属性类型			√	√	√		√

（续表）

操作	reader	editor	publisher	architect	admin	（无角色）	社区版
创建新的节点标签类型			√	√	√		√
创建新的关系类型			√	√	√		√
创建/删除索引/约束				√	√		√
创建/删除用户					√		√
更改其他用户的密码					√		
为用户分配或删除角色					√		
挂起/激活用户					√		
查看所有用户					√		√
查看所有角色					√		
查看某一用户的所有角色					√		
查看某一角色的所有用户					√		
查看所有查询					√		
终止所有查询					√		
动态改变配置					√		

5.3.3 细粒度访问控制

本节用一个示例来展示细粒度访问控制的细节。

5.3.3.1 数据模型

考虑一个与诊所或医院相关的医疗数据库，简化后只包含三个标签，代表三种实体类型：

（1）(:Patient)：此类节点表示就诊的患者，其属性有 name、ssn（social security number，社会保险号码）、address、dateOfBirth。

（2）(:Symptom)：症状库包含已知的疾病和相关症状的目录，其属性有 name、description。

（3）(:Disease)：疾病库包含已知疾病和相关症状的目录，其属性有 name、description。

上述三类实体将建模为节点，并使用以下关系进行关联：

（1）(:Patient)-[:HAS]→(:Symptom)：当病人到诊所时，会向护士或医生描述自己的症状。然后护士或医生在患者节点和已知症状图之间进行关联，并将这些信息输入数据库。该关系中可能存在的属性是 date，它为报告症状的日期。

（2）(:Symptom)-[:OF]→(:Disease)：已知症状是疾病与症状的一部分。症状和疾病之间的关系可以包括一个概率因子，表明该疾病患者表现出此症状的可能性。医生更容易用统计查询进行诊断。此关系上的属性有 probability，它为症状匹配疾病的概率。

（3）(:Patient)-[:DIAGNOSIS]→(:Disease)：医生可以利用疾病与症状初步调查与患者最有可能匹配的疾病。此关系上的属性有 by（医生姓名）、date（诊断日期）、description（附加的医生笔记），如图 5-1 所示。

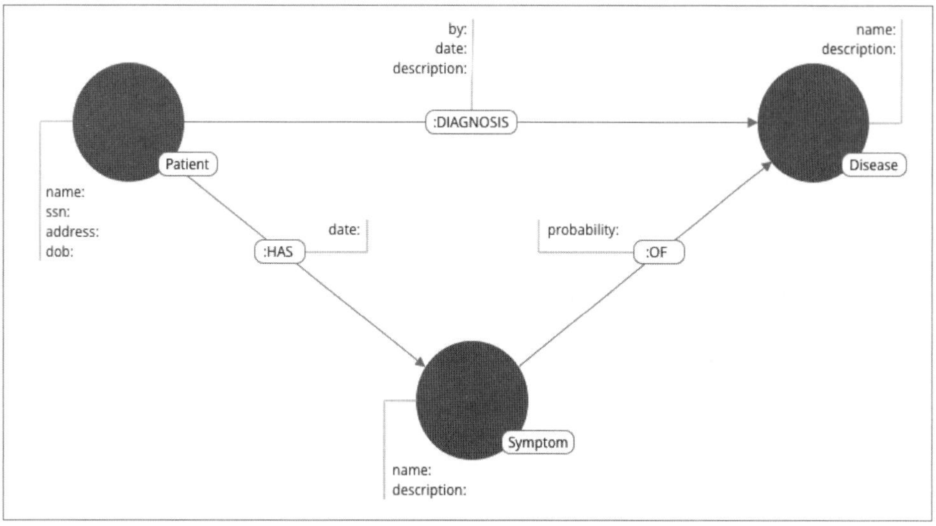

图 5-1　医疗用例

不同类型的用户将使用此数据库，并且有不同的访问需求：

- 医生（Doctors）：需要对患者进行诊断。
- 护士（Nurses）：需要治疗患者。
- 接待员（Receptionists）：需要确认并记录患者信息。
- 研究人员（Researchers）：需要对医疗数据进行统计分析。
- IT 管理员：需要管理数据库，创建并分配用户。

5.3.3.2　安全

在构建特定领域的应用程序时，通常需要在应用程序本身中对不同的用户进行建模。但是，当管理一个拥有用户、角色和权限众多的数据库时，有必要对数据库的安全模型进行建模。从而将对数据和数据的访问控制之间的关注点进行分离。下面将展示两种使用 Neo4j 安全特性来支持医疗数据库应用的方法。首先，是使用内置角色的简单方法，随后是使用细粒度权限进行子图访问控制的高级方法。

这个医疗图谱示例涉及数据库（示例数据库名为 healthcare）的五个用户：Alice 为医生、Daniel 为护士、Bob 为接待员、Charlie 为研究人员、Tina 为 IT 管理员。这些用户可以使用 system 数据库的 CREATE USER 命令创建：

```
CREATE USER charlie SET PASSWORD $secret1 CHANGE NOT REQUIRED;
CREATE USER alice SET PASSWORD $secret2 CHANGE NOT REQUIRED;
CREATE USER daniel SET PASSWORD $secret3 CHANGE NOT REQUIRED;
CREATE USER bob SET PASSWORD $secret4 CHANGE NOT REQUIRED;
CREATE USER tina SET PASSWORD $secret5 CHANGE NOT REQUIRED;
```

此时，用户无法与数据库进行交互，还需要赋予相应的角色。有两种不同的方法，一种是使用内置角色，另一种是使用特权和自定义角色进行更细粒度的访问控制。

5.3.3.3 使用内置角色的访问控制

Neo4j 4.4 提供了许多内置角色，这些角色能满足常见的需求：

- PUBLIC：所有用户都具有此角色，默认情况下只能访问默认数据库。
- reader：可以读取所有数据库中的数据。
- editor：可以读取和更新数据库，但不能新建标签、关系或属性。
- publisher：可以读取和编辑，也可以添加新的标签、关系和属性。
- architect：具有发布者的所有功能以及管理索引和约束的能力。
- admin：可以执行 architect 的操作，并管理数据库、用户、角色和权限。

Charlie 是一名研究员，不需要对数据库进行写操作，因此他被分配 reader 角色。医生 Alice、护士 Daniel 和前台接待员 Bob 都需要更新患者信息，但不需要新建标签、关系、属性或索引，可以分配给他们 editor 角色。Tina 是安装和管理数据库的 IT 管理员，负责其他用户的创建，因此分配 admin 角色。授予角色如下：

```
GRANT ROLE reader TO charlie;
GRANT ROLE editor TO alice;
GRANT ROLE editor TO daniel;
GRANT ROLE editor TO bob;
GRANT ROLE admin TO tina;
```

此方法的一个局限是允许所有用户查看数据库中的所有数据，在实际情况下，最好限制用户的访问。在本例中，希望限制研究人员读取患者的个人信息，接待员只能查看患者记录，而不能查看更多的信息。这些以及更多的限制可以在应用层上编写代码实现。也可以通过创建自定义角色并为这些角色分配特定的权限来实现，而直接在 Neo4j 安全模型中强制使用这些细粒度限制，将更为安全。

由于将创建新的自定义角色，因此先要从用户中撤销当前角色，命令如下：

```
REVOKE ROLE reader FROM charlie;
REVOKE ROLE editor FROM alice;
REVOKE ROLE editor FROM daniel;
REVOKE ROLE editor FROM bob;
REVOKE ROLE admin FROM tina;
```

现在重新开始，在完全理解每个用户能够做什么的基础上，将构建一组新的特殊权限。

5.3.3.4 带特权的子图访问控制

有了特权（privileges）的概念，就有能力更好地控制每个用户。首先确定用户的类型：

- 医生（Doctor）：能读写大部分图表。但不希望医生能读取到病人的住址。要确保医生可以保存诊断数据，但不能用新建数据库模式。
- 接待员（Receptionist）：能读写所有病人资料，但不能看到症状、疾病或诊断。
- 研究人员（Researcher）：能对所有数据进行统计分析，但不包括患者的个人信息，因此不能读取患者的大多数属性。为了说明两种不同权限设置方法的有效性，将创建两个角色并进行比较。
- 护士（Nurse）：能完成医生和接待员所能完成的全部任务。起初，可能会试图简单地同时授予医生和接待员这两个角色，但事与愿违。后续将演示其原因，并创建一个专门的护士角色。

- 初级护士（Junior nurse）：上面的护士能够像医生一样保存诊断信息。但是，可能并希望护士更新图表数据。虽然可以新建另一个角色，但是通过将护士角色与专门限制该活动的 disableDiagnoses 角色相结合，可以更容易地实现这一目标。
- IT 管理员（IT administrator）：此角色与内置的 admin 角色非常相似，只是要限制对患者的 ssn（social security number，社会保险号码）的访问，并禁止管理员保存诊断数据，这是专业医疗人员所特有的权限。为此，可以通过修改内置的 admin 角色的权限来创建此角色。
- 用户管理员（User manager）：可能不希望 IT 管理员的能力像上面那么强大。可以重新创建一个角色，只授予实际需要的特定管理功能。

在创建新角色并将其分配给 Alice、Bob、Daniel、Charlie 和 Tina 之前，需为每个角色定义权限。由于所有用户都需要有访问医疗数据库的权限，因此可以将此权限添加到 PUBLIC 角色而不是单个角色：

```
GRANT ACCESS ON DATABASE healthcare TO PUBLIC;
```

1. IT 管理员的特权

该角色 itadmin 创建时复制内置的 admin 角色：

```
CREATE ROLE itadmin AS COPY OF admin;
```

接着要限制该角色的两个特定行为：不能读取患者的社会保险号码，不能进行医疗诊断。

```
DENY READ {ssn} ON GRAPH healthcare NODES Patient TO itadmin;
DENY CREATE ON GRAPH healthcare RELATIONSHIPS DIAGNOSIS TO itadmin;
```

可以使用以下命令查看分配给 itadmin 角色的用户的完整权限：

```
SHOW ROLE itadmin PRIVILEGES;
```

结果为：

```
|access   |action         |resource          |graph      |segment                   |role       |
|"GRANTED"|"match"        |"all_properties"|"*"        |"NODE(*)"                 |"itadmin"|
|"GRANTED"|"write"        |"graph"           |"*"        |"NODE(*)"                 |"itadmin" |
|"GRANTED"|"match"        |"all_properties"|"*"        |"RELATIONSHIP(*)"         |"itadmin" |
|"GRANTED"|"write"        |"graph"           |"*"        |"RELATIONSHIP(*)"         |"itadmin" |
|"GRANTED" |"access"      |"database"        |"*"        |"database"                |"itadmin"|
|"GRANTED"|"admin"        |"database"        |"*"        |"database"                |"itadmin" |
|"GRANTED"|"constraint"      |"database"     |"*"        |"database"                |"itadmin" |
|"GRANTED"|"index"        |"database"        |"*"        |"database"                |"itadmin" |
|"GRANTED"|"token"        |"database"        |"*"        |"database"                |"itadmin" |
|"DENIED" |"read"         |"property(ssn)"  |"healthcare"|"NODE(Patient)"          |"itadmin" |
|"DENIED"|"create_element"|"graph"|"healthcare"|"RELATIONSHIP(DIAGNOSIS)"|"itadmin"|
```

提示：可以使用 REVOKE 命令撤销先前授予或拒绝的特权。

接下来为 IT 管理员 tina 赋予新的 itadmin 角色：

```
neo4j@system> GRANT ROLE itadmin TO tina;
```

为验证 tina 不能查看患者的 ssn，可以用 tina 账号登录 healthcare 数据库，运行如下查询：

```
MATCH (n:Patient)
  WHERE n.dateOfBirth < date('1972-06-12')
RETURN n.name, n.ssn, n.address, n.dateOfBirth;
```

结果为：

```
+--------------------------------------------------------------+
| n.name          | n.ssn | n.address                |n.dateOfBirth|
+--------------------------------------------------------------+
| "Mary Stone"    | NULL  | "1 secret way, downtown" | 1970-01-15|
| "Ally Anderson"| NULL  | "1 secret way, downtown" | 1970-08-20|
| "Sally Stone"   | NULL  | "1 secret way, downtown" | 1970-03-12|
| "Jane Stone"    | NULL  | "1 secret way, downtown" | 1970-07-21|
| "Ally Svensson"| NULL  | "1 secret way, downtown" | 1971-08-15|
| "Jane Svensson"| NULL  | "1 secret way, downtown" | 1972-05-12|
| "Ally Svensson"| NULL  | "1 secret way, downtown" | 1971-07-30|
+--------------------------------------------------------------+
```

结果显示：没有 ssn 字段。这是安全模型的一个关键特性，即用户无法区分不存在的数据和使用细粒度读取权限隐藏的数据。

接下来禁止 IT 管理员保存诊断数据，这是仅为医生和高级医务人员专有的关键功能。可以创建 DIAGNOSIS 关系来进行测试：

```
MATCH (n:Patient), (d:Disease) CREATE (n)-[:DIAGNOSIS]->(d);
Create relationship with type 'DIAGNOSIS' is not allowed for user 'tina' with roles
[PUBLIC, itadmin].
```

提示：对数据读取的限制不会导致错误，只会使其看起来数据好像不存在，而当用户执行被禁止的更新操作（比如对图数据的写操作）时将报错。

2. 研究人员的特权

研究人员 Charlie 之前是唯一的只读用户。可以通过与 itadmin 角色的操作相类似的方法，复制并修改 reader 角色来完成。

3. 黑名单（Blacklisting）

但是，想用黑名单和白名单相类似的概念来新建此角色，可以先授予此角色能查找节点和读取属性的权限（很像 reader 角色），再限制研究人员查看的患者属性（如 name、ssn、address）的读取权限。此方法很简单，但带来有一个问题，如果患者节点新增加了属性，在限制访问之后，这些新属性还将自动对研究人员是可见的，这是不可取的。黑名单方法使用示例如下：

```
// First create the role
CREATE ROLE researcherB;
// Then grant access to everything
GRANT MATCH {*} ON GRAPH healthcare TO researcherB;
// And deny read on specific node properties
DENY READ {name, address, ssn} ON GRAPH healthcare NODES Patient TO researcherB;
// And finally deny traversal of the doctors diagnosis
```

```
DENY TRAVERSE ON GRAPH healthcare RELATIONSHIPS DIAGNOSIS TO researcherB;
```

4. 白名单（Whitelisting）

另一种方法是只给研究人员能访问的属性的特定权限。然后，新增属性不会自动让研究人员看到。在这种情况下，为患者添加新属性研究人员默认是不可见的。如果希望它们可见，则需要显式地授权。白名单方法使用示例如下：

```
// Create the role first
CREATE ROLE researcherW
// We allow the researcher to find all nodes
GRANT TRAVERSE ON GRAPH healthcare NODES * TO researcherW;
// Now only allow the researcher to traverse specific relationships
GRANT TRAVERSE ON GRAPH healthcare RELATIONSHIPS HAS, OF TO researcherW;
// Allow reading of all properties of medical metadata
GRANT READ {*} ON GRAPH healthcare NODES Symptom, Disease TO researcherW;
// Allow reading of all properties of the disease-symptom relationship
GRANT READ {*} ON GRAPH healthcare RELATIONSHIPS OF TO researcherW;
// Only allow reading dateOfBirth for research purposes
GRANT READ {dateOfBirth} ON GRAPH healthcare NODES Patient TO researcherW;
```

为了测试 Charlie 现在是否拥有指定的权限，可将他分配到带有黑名单的 researcherB 角色：

```
GRANT ROLE researcherB TO charlie;
```

接下来可以使用 SHOW PRIVILEGES 命令来查看 Charlies 的访问权限：

```
neo4j@system> SHOW USER charlie PRIVILEGES;
```

结果为：

```
+---------------------------------------------------------------------------------+
|access  |action  |resource  |graph  |segment  |role  |user            |
+---------------------------------------------------------------------------------+
|"GRANTED"|"access"|"database"|"DEFAULT"|"database"|"PUBLIC"  |"charlie"      |
|"GRANTED"|"access"|"database"|"healthcare"|"database"|"PUBLIC"|"charlie"    |
|"GRANTED"|"match"|"all_properties"|"healthcare"|"NODE(*)"|"researcherB"|"charlie"|
|"DENIED"|"read"|"property(address)"|"healthcare"|"NODE(Patient)"|"researcherB"|"charlie"|
|"DENIED"|"read"|"property(name)"|"healthcare"|"NODE(Patient)"|"researcherB"|"charlie"|
|"DENIED"|"read"|"property(ssn)"|"healthcare"|"NODE(Patient)"|"researcherB"|"charlie"|
|"GRANTED"|"match"|"all_properties"|"healthcare"|"RELATIONSHIP(*)"|"researcherB"|"charlie"|
|"DENIED"|"traverse"|"graph"|"healthcare"|"RELATIONSHIP(DIAGNOSIS)"|"researcherB"|"charlie"|
+---------------------------------------------------------------------------------+
```

现在，当 Charlie 登录到医疗数据库并运行与之前 itadmin 类似的命令时，将看到不同的结果，其命令如下：

```
MATCH (n:Patient)
  WHERE n.dateOfBirth < date('1972-06-12')
RETURN n.name, n.ssn, n.address, n.dateOfBirth;
```

结果为：

```
+-------------------------------------------+
| n.name | n.ssn | n.address | n.dateOfBirth |
+-------------------------------------------+
```

```
| NULL    | NULL  | NULL      | 1971-05-31     |
| NULL    | NULL  | NULL      | 1971-04-17     |
| NULL    | NULL  | NULL      | 1971-12-27     |
| NULL    | NULL  | NULL      | 1970-02-13     |
| NULL    | NULL  | NULL      | 1971-02-04     |
| NULL    | NULL  | NULL      | 1971-05-10     |
| NULL    | NULL  | NULL      | 1971-02-21     |
+---------------------------------------------+
```

只有出生日期是可见的，研究人员 Charlie 可以进行相关的统计分析，例如：Charlie 可以找出 25 岁以下的患者被诊断最多的十种疾病，并按概率降序排列，查询代码为：

```
WITH datetime() - duration({years:25}) AS timeLimit
MATCH (n:Patient)
WHERE n.dateOfBirth > date(timeLimit)
MATCH (n)-[h:HAS]->(s:Symptom)-[o:OF]->(d:Disease)
WITH d.name AS disease, o.probability AS prob
RETURN disease, sum(prob) AS score ORDER BY score DESC LIMIT 10;
```

结果为：

```
+---------------------------------------------+
| disease                | score              |
+---------------------------------------------+
| "Acute Argitis"        | 95.05395287286318  |
| "Chronic Someitis"     | 88.7220337139605   |
| "Chronic Placeboitis"  | 88.43609533058974  |
| "Acute Whatitis"       | 83.23493746472457  |
| "Acute Otheritis"      | 82.46129768949129  |
| "Chronic Otheritis"    | 82.03650063794025  |
| "Acute Placeboitis"    | 77.34207326583929  |
| "Acute Yellowitis"     | 76.34519967465832  |
| "Chronic Whatitis"     | 73.73968070128234  |
| "Chronic Yellowitis"   | 71.58791287376775  |
+---------------------------------------------+
```

现在，如果给 Charlie 撤销 researcherB 角色，授予 researcherW 角色，并重新运行上述查询，将看到相同的结果。可以使用 REVOKE 命令撤销先前授予的角色。

5. 医生的特权

医生应该被赋予读写几乎所有数据的权限。但不希望能访问患者地址（address 属性）。这可以通过分配完全的读写权限，再明确拒绝访问 address 属性，其命令如下：

```
CREATE ROLE doctor;
GRANT TRAVERSE ON GRAPH healthcare TO doctor;
GRANT READ {*} ON GRAPH healthcare TO doctor;
GRANT WRITE ON GRAPH healthcare TO doctor;
DENY READ {address} ON GRAPH healthcare NODES Patient TO doctor;
DENY SET PROPERTY {address} ON GRAPH healthcare NODES Patient TO doctor;
```

接下来将此角色授权给 Alice，命令如下：

```
neo4j@system> GRANT ROLE doctor TO alice;
```

为了证明 Alice 无法查看患者地址，将以 Alice 身份登录 healthcare 并运行如下查询：

```
MATCH (n:Patient)
  WHERE n.dateOfBirth < date('1972-06-12')
RETURN n.name, n.ssn, n.address, n.dateOfBirth;
```

结果为：

```
+----------------------------------------------------------------+
| n.name            | n.ssn      |n.address    |n.dateOfBirth    |
+----------------------------------------------------------------+
| "Jack Anderson"  | 1234647    | NULL         | 1970-07-23       |
| "Joe Svensson"   | 1234659    | NULL         | 1972-06-07       |
| "Mary Jackson"   | 1234568    | NULL         | 1971-10-19       |
| "Jack Jackson"   | 1234583    | NULL         | 1971-05-04       |
| "Ally Smith"     | 1234590    | NULL         | 1971-12-07       |
| "Ally Stone"     | 1234606    | NULL         | 1970-03-29       |
| "Mark Smith"     | 1234610    | NULL         | 1971-03-30       |
+----------------------------------------------------------------+
```

可以看出医生拥有预期的权限，包括能够查看 ssn，但看不到每个患者的地址。医生还可以查看节点的类型，比如：

```
MATCH (n) WITH labels(n) AS labels RETURN labels, count(*);
```

结果为：

```
+-----------------------+
| labels| count(*)|
+-----------------------+
| ["Patient"]      | 101 |
| ["Symptom"]      | 10  |
| ["Disease"]      | 12  |
+-----------------------+
```

此外，医生还可以遍历整个图，找到与患者相关的症状和疾病：

```
MATCH (n:Patient)-[:HAS]->(s:Symptom)-[:OF]->(d:Disease)
  WHERE n.ssn = 1234657
RETURN n.name, d.name, count(s) AS score ORDER BY score DESC;
```

结果显示出症状最有可能的诊断。医生可以使用此表进一步询问患者，以决定最终的诊断。

```
+------------------------------------------------------+
| n.name             | d.name                  | score|
+------------------------------------------------------+
| "Sally Anderson" | "Chronic Otheritis"    | 4     |
| "Sally Anderson" | "Chronic Yellowitis"   | 3     |
| "Sally Anderson" | "Chronic Placeboitis"  | 3     |
| "Sally Anderson" | "Acute Whatitis"       | 2     |
| "Sally Anderson" | "Acute Yellowitis"     | 2     |
| "Sally Anderson" | "Chronic Someitis"     | 2     |
| "Sally Anderson" | "Chronic Argitis"      | 2     |
| "Sally Anderson" | "Chronic Whatitis"     | 2     |
| "Sally Anderson" | "Acute Someitis"       | 1     |
| "Sally Anderson" | "Acute Argitis"        | 1     |
| "Sally Anderson" | "Acute Otheritis"      | 1     |
+------------------------------------------------------+
```

一旦医生进一步调查，将能够作出诊断决定并将结果保存到数据库中：

```
WITH datetime({epochmillis:timestamp()}) AS now WITH now, date(now) as today
MATCH (p:Patient)
  WHERE p.ssn = 1234657
MATCH (d:Disease)
  WHERE d.name = "Chronic Placeboitis"
MERGE (p)-[i:DIAGNOSIS {by: 'Alice'}]->(d)
  ON CREATE SET i.created_at = now, i.updated_at = now, i.date = today
  ON MATCH SET i.updated_at = now
RETURN p.name, d.name, i.by, i.date, duration.between(i.created_at, i.updated_at)
AS updated;
```

结果为：

```
+--------------------------------------------------------------------------+
| p.name           | d.name                | i.by   | i.date     | updated               |
+--------------------------------------------------------------------------+
|"Sally Anderson"|"Chronic Placeboitis"|"Alice"|2020-05-29| P0M0DT213.076000000S|
+--------------------------------------------------------------------------+
```

提示：为了第一次创建关系 DIAGNOSIS，需要有创建新类型的权限，属性名 doctor、created_at 和 updated_at 也是如此。可以通过授予医生 NAME MANAGEMENT 权限或预先创建缺失的类型来解决此问题。后者将更精确，可以通过管理员运行过程 db.createRelationshipType 和 db.createProperty 来实现。

6. 接待员的特权

接待员只能管理患者信息，不允许查阅图的其他内容。此外，还可以创建和删除患者，但不能创建任何其他节点：

```
CREATE ROLE receptionist;
GRANT MATCH {*} ON GRAPH healthcare NODES Patient TO receptionist;
GRANT CREATE ON GRAPH healthcare NODES Patient TO receptionist;
GRANT DELETE ON GRAPH healthcare NODES Patient TO receptionist;
GRANT SET PROPERTY {*} ON GRAPH healthcare NODES Patient TO receptionist;
```

授予全局 WRITE 权限非常简单。但会带来一个不好的副作用，即允许接待员创建其他节点，例如新的 Symptom 节点，即使无法查阅这些节点。虽然有的用例可以用来创建自己无法读取的数据，但对于本模型来说是不需要的。

```
neo4j@system> GRANT ROLE receptionist TO bob;
```

有了这些权限，如果 Bob 试图读取整个数据库，但都仍然只能看到患者：

```
MATCH (n) WITH labels(n) AS labels RETURN labels, count(*);
```

结果为：

```
+--------------------------+
| labels        | count(*)    |
+--------------------------+
| ["Patient"] | 101          |
+--------------------------+
```

Bob 也可以查看患者的所有字段：

```
MATCH (n:Patient)
```

```
WHERE n.dateOfBirth < date('1972-06-12')
RETURN n.name, n.ssn, n.address, n.dateOfBirth;
```

结果为：

```
+-----------------------------------------------------------------------+
| n.name             | n.ssn   | n.address                | n.dateOfBirth |
+-----------------------------------------------------------------------+
| "Mark Stone"       | 1234666 | "1 secret way, downtown" | 1970-08-04    |
| "Sally Jackson"    | 1234633 | "1 secret way, downtown" | 1970-10-21    |
| "Bob Stone"        | 1234581 | "1 secret way, downtown" | 1972-02-16    |
| "Ally Anderson"    | 1234582 | "1 secret way, downtown" | 1970-05-13    |
| "Mark Svensson"    | 1234594 | "1 secret way, downtown" | 1970-01-16    |
| "Bob Anderson"     | 1234597 | "1 secret way, downtown" | 1970-09-23    |
| "Jack Svensson"    | 1234599 | "1 secret way, downtown" | 1971-02-13    |
| "Mark Jackson"     | 1234618 | "1 secret way, downtown" | 1970-03-28    |
| "Jack Jackson"     | 1234623 | "1 secret way, downtown" | 1971-04-02    |
+-----------------------------------------------------------------------+
```

我们还需要授予接待员 Bob 有删除患者节点的权限。这将允许他删除刚刚创建的新患者，但不允许删除已经诊断的患者，因为接待员看不到这些患者。这两种情况演示如下：

```
CREATE (n:Patient
  {ssn:87654321,
name: 'Another Patient', email: 'another@example.com',
address: '1 secret way, downtown', dateOfBirth: date('2001-01-20')
  })
RETURN n.name, n.dateOfBirth;

+------------------------------------+
| n.name            | n.dateOfBirth |
+------------------------------------+
| "Another Patient" | 2001-01-20    |
+------------------------------------+
```

接待员可以修改患者记录：

```
MATCH (n:Patient)
WHERE n.ssn = 87654321
SET n.address = '2 streets down, uptown'
RETURN n.name, n.dateOfBirth, n.address;

+---------------------------------------------------------------+
| n.name            | n.dateOfBirth | n.address                |
+---------------------------------------------------------------+
| "Another Patient" | 2001-01-20    | "2 streets down, uptown" |
+---------------------------------------------------------------+
```

接待员还可以删除最近创建的患者，因为未关联到任何其他记录：

```
MATCH (n:Patient)
  WHERE n.ssn = 87654321
DETACH DELETE n;
```

但是，如果接待员试图删除有诊断信息的患者，则操作失败：

```
MATCH (n:Patient)
  WHERE n.ssn = 1234610
DETACH DELETE n;

org.neo4j.graphdb.ConstraintViolationException: Cannot delete node<42>, because
it still has relationships. To delete this node, you must first delete its
relationships.
```

失败的原因是 Bob 可以找到(:Patient)节点，但没有足够的遍历权限来查找或删除其中的传出关系。需要向 IT 管理员 Tina 请求帮助，或者为接待员角色添加更多权限：

```
GRANT TRAVERSE ON GRAPH healthcare NODES Symptom, Disease TO receptionist;
GRANT TRAVERSE ON GRAPH healthcare RELATIONSHIPS HAS, DIAGNOSIS TO receptionist;
GRANT DELETE ON GRAPH healthcare RELATIONSHIPS HAS, DIAGNOSIS TO receptionist;
```

7. 护士的特权

如前所述，护士同时具备医生和接待员的能力，因此，可以分配医生和接待员角色。但医生有一些拒绝的权限，这意味着护士同样会有此限制，这不是我们所想要的。为了证明这一点，可以尝试一下：

```
neo4j@system> GRANT ROLE doctor, receptionist TO daniel;
```

现在可以看到用户 Daniel 拥有一组组合的权限：

```
SHOW USER daniel PRIVILEGES;

+------------------------------------------------------------------------------+
|access   |action   |resource   |graph       |segment    |role        |user    |
+------------------------------------------------------------------------------+
|"GRANTED"|"access"|"database"|"DEFAULT"   |"database"|"PUBLIC"   |"daniel"   |
|"GRANTED"|"access"|"database"|"healthcare"|"database"|"PUBLIC"   |"daniel"   |
|"GRANTED"|"read"|"all_properties"|"healthcare"|"NODE(*)"|"doctor"|"daniel"   |
|"GRANTED"|"traverse"|"graph"  |"healthcare"|"NODE(*)"  |"doctor"   |"daniel"   |
|"GRANTED"|"write"|"graph"    |"healthcare"|"NODE(*)"  |"doctor"   |"daniel"   |
|"DENIED"|"read"|"property(address)"|"healthcare"|"NODE(Patient)"|"doctor"|"da
niel"|
|"DENIED"|"set_property"|"property(address)"|"healthcare"|"NODE(Patient)"|"doc
tor"
|"daniel"|
|"GRANTED"|"read"|"all_properties"|"healthcare"|"RELATIONSHIP(*)"|"doctor"
|"daniel"|
|"GRANTED"|"traverse"|"graph"|"healthcare"|"RELATIONSHIP(*)"|"doctor"
|"daniel"|
|"GRANTED"|"write"|"graph"|"healthcare"|"RELATIONSHIP(*)"|"doctor"
|"daniel"|
|"GRANTED"|"match"|"all_properties"|"healthcare"|"NODE(Patient)"|"receptionist
"|"daniel"|
|"GRANTED"|"set_property"|"all_properties"|"healthcare"|"NODE(Patient)"|"recep
tionist"|"daniel"|
|"GRANTED"|"create_element"|"graph"|"healthcare"|"NODE(Patient)"|"receptionist
"|"daniel"|
```

```
|"GRANTED"|"delete_element"|"graph"|"healthcare"|"NODE(Patient)"|"receptionist
"|"daniel"|
+-----------------------------------------------------------------------------+
```

现在护士可以执行接待员的操作，即能够读写患者节点的地址字段。

```
MATCH (n:Patient)
  WHERE n.dateOfBirth < date('1972-06-12')
RETURN n.name, n.ssn, n.address, n.dateOfBirth;

+---------------------------------------------------------+
| n.name           | n.ssn    | n.address | n.dateOfBirth |
+---------------------------------------------------------+
| "Jane Anderson" | 1234572 | NULL        | 1971-05-26    |
| "Mark Stone"     | 1234586 | NULL        | 1972-06-07    |
| "Joe Smith"      | 1234595 | NULL        | 1970-12-28    |
| "Joe Jackson"    | 1234603 | NULL        | 1970-08-31    |
| "Jane Jackson"  | 1234628 | NULL         | 1972-01-31    |
| "Mary Anderson" | 1234632 | NULL        | 1971-01-07    |
| "Jack Svensson" | 1234639 | NULL        | 1970-01-06    |
+---------------------------------------------------------+
```

显然地址字段（address）是不可见的，因为该权限是拒绝的。如果试图写入地址字段，会收到一个错误。这不是有意而为之，可以有两种选择来纠正：

- 仅使用白名单重新定义医生角色，医生能够读取每个患者的属性。
- 可以根据实际的预期行为重新定义护士角色。

可以发现，第二种选择更简单，护士本质上是没有地址属性限制的医生角色：

```
CREATE ROLE nurse
GRANT TRAVERSE ON GRAPH healthcare TO nurse;
GRANT READ {*} ON GRAPH healthcare TO nurse;
GRANT WRITE ON GRAPH healthcare TO nurse;
```

现在将此角色分配给 Daniel 并进行测试：

```
REVOKE ROLE doctor FROM daniel;
REVOKE ROLE receptionist FROM daniel;
GRANT ROLE nurse TO daniel;
```

再次查看患者记录时，将看到地址字段：

```
MATCH (n:Patient)
WHERE n.dateOfBirth < date('1972-06-12')
RETURN n.name, n.ssn, n.address, n.dateOfBirth;

+--------------------------------------------------------------------------+
| n.name           | n.ssn    | n.address                  | n.dateOfBirth |
+--------------------------------------------------------------------------+
| "Jane Anderson" | 1234572 | "1 secret way, downtown" | 1971-05-26      |
| "Mark Stone"     | 1234586 | "1 secret way, downtown" | 1972-06-07      |
| "Joe Smith"      | 1234595 | "1 secret way, downtown" | 1970-12-28      |
```

```
| "Joe Jackson"   | 1234603 | "1 secret way, downtown" | 1970-08-31    |
| "Jane Jackson"  | 1234628 | "1 secret way, downtown"  | 1972-01-31    |
| "Mary Anderson" | 1234632 | "1 secret way, downtown" | 1971-01-07    |
| "Jack Svensson" | 1234639 | "1 secret way, downtown" | 1970-01-06    |
+------------------------------------------------------------------------+
```

现在 Daniel 可以看到以前隐藏的地址字段。另一个操作是希望护士能够像医生一样保存诊断数据：

```
WITH date(datetime({epochmillis:timestamp()})) AS today
MATCH (p:Patient)
  WHERE p.ssn = 1234657
MATCH (d:Disease)
  WHERE d.name = "Chronic Placeboitis"
MERGE (p)-[i:DIAGNOSIS {by: 'Daniel'}]->(d)
  ON CREATE SET i.date = today
RETURN p.name, d.name, i.by, i.date;

+-------------------------------------------------------------------+
| p.name            | d.name                | i.by     | i.date     |
+-------------------------------------------------------------------+
| "Sally Anderson" | "Chronic Placeboitis" | "Daniel" | 2020-05-29 |
+-------------------------------------------------------------------+
```

护士执行一个原本只属于医生角色的操作，就需要承担更多的责任。也许不希望所有的护士都有这种权限，这就是为什么我们需要把护士分为高级护士和初级护士。Daniel 目前是一名高级护士。

8. 初级护士的特权

初级护士能够执行与高级护士相同的操作，但不能保存诊断。可以创建一个特殊角色，专门加上附加的限制：

```
CREATE ROLE disableDiagnoses;
DENY CREATE ON GRAPH healthcare RELATIONSHIPS DIAGNOSIS TO disableDiagnoses;
```

现在将这个角色分配给 Daniel 并测试：

```
GRANT ROLE disableDiagnoses TO daniel;
```

如果查看 Daniel 的权限，将是 nurse 和 disableDiagnoses 两个角色的组合：

```
neo4j@system> SHOW USER daniel PRIVILEGES;

+-----------------------------------------------------------------------------+
| access     | action | resource    | graph     | segment     | role     | user     |
+-----------------------------------------------------------------------------+
| "GRANTED" | "access"| "database"| "DEFAULT"| "database"| "PUBLIC"| "daniel" |
| "GRANTED" | "access"| "database"|"healthcare"|"database"| "PUBLIC"| "daniel" |
| "DENIED"  | "create_element" | "graph"| "healthcare" | "RELATIONSHIP(DIAGNOSIS)"
| "disableDiagnoses" | "daniel" |
| "GRANTED" | "read"|"all_properties"|"healthcare"| "NODE(*)"|"nurse"|"daniel" |
| "GRANTED" | "traverse"| "graph"| "healthcare" | "NODE(*)"| "nurse"| "daniel" |
```

```
| "GRANTED" | "write"| "graph"| "healthcare" | "NODE(*)"| "nurse"| "daniel" |
| "GRANTED" | "read"| "all_properties" | "healthcare" | "RELATIONSHIP(*)"| "nurse"|
"daniel" |
| "GRANTED" | "traverse"| "graph"| "healthcare" | "RELATIONSHIP(*)"| "nurse"|
"daniel" |
| "GRANTED"|"write"|"graph"|"healthcare"| "RELATIONSHIP(*)"| "nurse"| "daniel" |
+------------------------------------------------------------------------------+
```

Daniel 仍然可以看到地址字段，甚至可以执行医生能执行的诊断查看：

```
MATCH (n:Patient)-[:HAS]->(s:Symptom)-[:OF]->(d:Disease)
WHERE n.ssn = 1234650
RETURN n.ssn, n.name, d.name, count(s) AS score ORDER BY score DESC;

+------------------------------------------------------------+
| n.ssn    | n.name        | d.name                   | score |
+------------------------------------------------------------+
| 1234650 | "Mark Smith" | "Chronic Whatitis"      | 3      |
| 1234650 | "Mark Smith" | "Chronic Someitis"      | 3      |
| 1234650 | "Mark Smith" | "Acute Someitis"        | 2      |
| 1234650 | "Mark Smith" | "Chronic Otheritis"    | 2      |
| 1234650 | "Mark Smith" | "Chronic Yellowitis"   | 2      |
| 1234650 | "Mark Smith" | "Chronic Placeboitis" | 2      |
| 1234650 | "Mark Smith" | "Acute Otheritis"       | 2      |
| 1234650 | "Mark Smith" | "Chronic Argitis"       | 2      |
| 1234650 | "Mark Smith" | "Acute Placeboitis"    | 2      |
| 1234650 | "Mark Smith" | "Acute Yellowitis"      | 1      |
| 1234650 | "Mark Smith" | "Acute Argitis"          | 1      |
| 1234650 | "Mark Smith" | "Acute Whatitis"         | 1      |
+------------------------------------------------------------+
```

但当他试图将诊断结果保存到数据库时，将被拒绝：

```
WITH date(datetime({epochmillis:timestamp()})) AS today
MATCH (p:Patient)
  WHERE p.ssn = 1234650
MATCH (d:Disease)
  WHERE d.name = "Chronic Placeboitis"
  MERGE (p)-[i:DIAGNOSIS {by: 'Daniel'}]->(d)
  ON CREATE SET i.date = today
RETURN p.name, d.name, i.by, i.date;

Create relationship with type 'DIAGNOSIS' is not allowed for user 'daniel' with
roles [PUBLIC, disableDiagnoses, nurse].
```

将 Daniel 重新提升为高级护士，只需撤销 disableDiagnoses 角色即可：

```
REVOKE ROLE disableDiagnoses FROM daniel;
```

9. 构建自定义的管理员角色

最初，我们通过复制内置的 admin 角色并添加限制来创建 itadmin 角色。随后也看到，使用黑名单可能不如白名单方便。那么，可以新建一个管理员角色吗？先回顾一下这个角色的目的，它是让管理员 Tina 能创建新用户并分配相应的角色。我们可以创建一个名为 userManager 的新角色并授予它适当的权限：

```
CREATE ROLE userManager;
GRANT USER MANAGEMENT ON DBMS TO userManager;
GRANT ROLE MANAGEMENT ON DBMS TO userManager;
GRANT SHOW PRIVILEGE ON DBMS TO userManager;
```

先给 Tina 撤销 itadmin 角色，并授予 userManager 角色：

```
REVOKE ROLE itadmin FROM tina
GRANT ROLE userManager TO tina
```

我们授予了 userManager 角色三项权限：

- USER MANAGEMENT：可以创建、更新和删除用户。
- ROLE MANAGEMENT：可以为用户分配角色。
- SHOW PRIVILEGE：可以列出用户的权限。

此时列出 Tina 的新权限将比内置的管理员权限要少得多：

```
neo4j@system> SHOW USER tina PRIVILEGES;

+-----------------------------------------------------------------------------+
| access    | action | resource| graph       | segment   | role          | user    |
+-----------------------------------------------------------------------------+
|"GRANTED"|"access"|"database"|"DEFAULT"    |"database"|"PUBLIC"      |"tina"    |
|"GRANTED"|"access"|"database"|"healthcare"|"database"|"PUBLIC"      |"tina"    |
|"GRANTED"|"role_management"|"database"|"*"|"database"|"userManager"|"tina"   |
|"GRANTED"|"show_privilege"|"database"|"*"|"database"|"userManager"|"tina"    |
|"GRANTED"|"user_management"|"database"|"*"|"database"|"userManager"|"tina"   |
+-----------------------------------------------------------------------------+
```

现在，Tina 能够创建新用户并进行角色分配：

```
CREATE USER sally SET PASSWORD 'secret' CHANGE REQUIRED;
GRANT ROLE receptionist TO sally;
SHOW USER sally PRIVILEGES;

+-----------------------------------------------------------------------------+
| access    | action | resource     | graph       | segment    | role     |user      |
+-----------------------------------------------------------------------------+
|"GRANTED"|"access"|"database"   |"DEFAULT"    |"database"|"PUBLIC"|"sally"    |
|"GRANTED"|"access"|"database"   |"healthcare"|"database"|"PUBLIC"|"sally"     |
|"GRANTED"|"match"|"all_properties"|"healthcare"|"NODE(Patient)"|"receptionist
"|"sally"|
|"GRANTED"|"set_property"|"all_properties"|"healthcare"|"NODE(Patient)"|"recep
tionist"|"sally"|
|"GRANTED"|"create_element"|"graph"|"healthcare"|"NODE(Patient)"|"receptionist
"|"sally"|
```

```
|"GRANTED"|"delete_element"|"graph"|"healthcare"|"NODE(Patient)"|"receptionist
"|"sally"|
+-----------------------------------------------------------------------------+
```

5.3.4　与 LDAP 集成

LDAP 以 X.500 标准为基础，但与 X.500 相比 LDAP 更简单，它可根据需要定制，并支持 TCP/IP 协议，因此使用非常广泛。本小节将介绍 Neo4j 与 LDAP 协议的集成。

Neo4j 本身支持 LDAP 协议，包括 Active Directory、OpenLDAP 或其他 LDAP 兼容的身份验证服务。下面示例将对 Neo4j 数据库进行相应的配置，其中用户管理采用 LDAP 服务，这意味着完全关闭本机 Neo4j 用户和角色管理，并将 LDAP 组映射到 4 个内置 Neo4j 角色 reader、publisher、architect 和 admin）和自定义角色。

5.3.4.1　LDAP 身份验证提供程序的配置

所有设置都需要在服务器启动时在默认配置文件 neo4j.conf 中进行设定。首先配置 Neo4j 使用 LDAP 作为身份验证和授权提供方。

```
# Turn on security:
dbms.security.auth_enabled=true
# Choose LDAP connector as security provider for both authentication and
authorization:
dbms.security.authentication_providers=ldap
dbms.security.authorization_providers=ldap
```

接下来配置活动目录（Active Directory），示例如下：

```
# Configure LDAP to point to the AD server:
dbms.security.ldap.host=ldap://myactivedirectory.example.com

# Provide details on user structure within the LDAP system:
dbms.security.ldap.authentication.user_dn_template=cn={0},cn=Users,dc=example,
dc=com
dbms.security.ldap.authorization.user_search_base=cn=Users,dc=example,dc=com
dbms.security.ldap.authorization.user_search_filter=(&(objectClass=*)(cn={0}))
dbms.security.ldap.authorization.group_membership_attributes=memberOf
# Configure the actual mapping between groups in the LDAP system and roles in Neo4j:
dbms.security.ldap.authorization.group_to_role_mapping=\
"cn=Neo4j Read Only,cn=Users,dc=neo4j,dc=com" = reader ;\ "cn=Neo4j
Read-Write,cn=Users,dc=neo4j,dc=com" = publisher ;\ "cn=Neo4j Schema
Manager,cn=Users,dc=neo4j,dc=com" = architect ;\ "cn=Neo4j
Administrator,cn=Users,dc=neo4j,dc=com" = admin ;\ "cn=Neo4j
Procedures,cn=Users,dc=neo4j,dc=com" = allowed_role

# In case defined users are not allowed to search for themselves, we can specify
credentials for a user with read access to all users and groups.
# Note that this account only needs read-only access to the relevant parts of the
LDAP directory and does not need to have access rights to Neo4j or any other systems.
# dbms.security.ldap.authorization.use_system_account=true
```

```
#dbms.security.ldap.authorization.system_username=cn=search-account,cn=Users,d
c=example,dc=com
# dbms.security.ldap.authorization.system_password=secret
```

下面是使用 sAMAccountName 登录活动目录（Active Directory）的备用配置：

```
# Configure LDAP to point to the AD server:
dbms.security.ldap.host=ldap://myactivedirectory.example.com

# Provide details on user structure within the LDAP system:
dbms.security.ldap.authorization.user_search_base=cn=Users,dc=example,dc=com
dbms.security.ldap.authorization.user_search_filter=(&(objectClass=*)(samaccou
ntname={0}))
dbms.security.ldap.authorization.group_membership_attributes=memberOf
# Configure the actual mapping between groups in the LDAP system and roles in Neo4j:
dbms.security.ldap.authorization.group_to_role_mapping=\
"cn=Neo4j Read Only,cn=Users,dc=neo4j,dc=com"  = reader  ;\ "cn=Neo4j
Read-Write,cn=Users,dc=neo4j,dc=com" = publisher ;\ "cn=Neo4j Schema
Manager,cn=Users,dc=neo4j,dc=com" = architect ;\ "cn=Neo4j
Administrator,cn=Users,dc=neo4j,dc=com" = admin ;\ "cn=Neo4j
Procedures,cn=Users,dc=neo4j,dc=com" = allowed_role

# In case defined users are not allowed to search for themselves, we can specify
credentials for a user with read access to all users and groups.
# Note that this account only needs read-only access to the relevant parts of the
LDAP directory and does not need to have access rights to Neo4j or any other systems.
dbms.security.ldap.authorization.use_system_account=true
dbms.security.ldap.authorization.system_username=cn=search-account,cn=Users,dc
=example,dc=com
dbms.security.ldap.authorization.system_password=secret
# Perform authentication with sAMAccountName instead of DN.
# Using this setting requires dbms.security.ldap.authorization.system_username and
dbms.security.ldap.authorization.system_password to be used, since there is no way
to log in through LDAP directly with the sAMAccountName.
# Instead, the login name will be resolved to a DN that will be used to log in with.
dbms.security.ldap.authentication.use_samaccountname=true
```

接下来是活动目录（Active Directory）的另一种配置，采用 sAMAccountName 属性对来自不同组织单位的用户进行身份验证：

```
# Configure LDAP to point to the AD server:
dbms.security.ldap.host=ldap://myactivedirectory.example.com

dbms.security.ldap.authentication.user_dn_template={0}@example.com
dbms.security.ldap.authorization.user_search_base=dc=example,dc=com
dbms.security.ldap.authorization.user_search_filter=(&(objectClass=user)(sAMAc
countName={0}))
dbms.security.ldap.authorization.group_membership_attributes=memberOf
# Configure the actual mapping between groups in the LDAP system and roles in Neo4j:
dbms.security.ldap.authorization.group_to_role_mapping=\ "cn=Neo4j Read
Only,cn=Users,dc=example,dc=com" = reader ;\ "cn=Neo4j
```

```
Read-Write,cn=Users,dc=example,dc=com" = publisher ;\
"cn=Neo4j Schema Manager,cn=Users,dc=example,dc=com" = architect ;\ "cn=Neo4j
Administrator,cn=Users,dc=example,dc=com" = admin ;\ "cn=Neo4j
Procedures,cn=Users,dc=example,dc=com" = allowed_role
```

在 user_dn_template 中指定{0}@example.com 允许从根域开始身份验证。检查整个树以查找用户，而不管它位于树中的哪个位置。

注意：参数 dbms.security.ldap.authentication.use_samaccountname 在此示例中未做配置。

接下来，再以 openLDAP 为例来进行配置，参考代码如下：

```
# Configure LDAP to point to the OpenLDAP server:
dbms.security.ldap.host=myopenldap.example.com

# Provide details on user structure within the LDAP system:
dbms.security.ldap.authentication.user dn template=cn={0},ou=users,dc=example,
dc=com
dbms.security.ldap.authorization.user search base=ou=users,dc=example,dc=com
dbms.security.ldap.authorization.user search filter=(&(objectClass=*)(uid={0}))
dbms.security.ldap.authorization.group membership attributes=gidnumber
# Configure the actual mapping between groups in the OpenLDAP system and roles in
Neo4j:
dbms.security.ldap.authorization.group to role mapping=\
101 = reader;\
102 = publisher;\
103 = architect;\
104 = admin;\
105 = allowed role

#In case defined users are not allowed to search for themselves, we can specify
credentials for a user with read access to all users and groups.
#Note that this account only needs read-only access to the relevant parts of the
LDAP directory and does not need to have access rights to Neo4j or any other systems.
#dbms.security.ldap.authorization.use system account=true
#dbms.security.ldap.authorization.system username=cn=search-account,ou=users,d
c=example,dc=com
#dbms.security.ldap.authorization.system_password=search-account-password
```

需要注意配置示例中的一些细节，有关 LDAP 配置的参数如表 5-20 所示。

表 5-20　LDAP 配置的参数

参数名	默认值	描述
dbms.security.ldap.authentication.user_dn_template	uid={0},ou=users,dc=example,dc=com	将用户名转换为登录所需的 LDAP 特定全名
dbms.security.ldap.authorization.user_search_base	ou=users,dc=example,dc=com	设置基础对象或命名上下文以搜索用户对象
dbms.security.ldap.authorization.user_search_filter	(&(objectClass=*)(uid={0}))	设置 LDAP 搜索过滤器以搜索用户主体
dbms.security.ldap.authorization.group_membership_attributes	[memberOf]	列出包含要用于映射到角色的组的用户对象上的属性名称
dbms.security.ldap.authorization.group_to_role_mapping		列出从组到预定义的内置角色 admin、architect、publisher、reader 或其他自定义角色的授权映射

5.3.4.2 使用 ldapsearch 验证配置

可以使用 LDAP 命令行工具 ldapsearch 来验证配置是否正确。LDAP 服务器是否正在响应，可以通过发送包含 LDAP 配置设置值的搜索命令来执行此项操作。示例搜索验证用户“john”的认证（使用简单机制）和授权。

默认情况下，dbms.security.ldap.authorization.use_system_account=false 的验证是：

```
#ldapsearch -v -H ldap://<dbms.security.ldap.host> -x -D
<dbms.security.ldap.authentication.user_dn_template : replace {0}> -W -b
<dbms.security.ldap.authorization.user_search_base>
"<dbms.security.ldap.authorization.user_search_filter
: replace {0}>" <dbms.security.ldap.authorization.group_membership_attributes>
ldapsearch -v -H ldap://myactivedirectory.example.com:389 -x -D
cn=john,cn=Users,dc=example,dc=com -W -b cn=Users,dc=example,dc=com
"(&(objectClass=*)(cn=john))" memberOf
```

参数 dbms.security.ldap.authorization.use_system_account=true 的验证为：

```
#ldapsearch -v -H ldap://<dbms.security.ldap.host> -x -D
<dbms.security.ldap.authorization.system_username> -w
<dbms.security.ldap.authorization.system_password>
-b <dbms.security.ldap.authorization.user_search_base>
"<dbms.security.ldap.authorization.user_search_filter>"
<dbms.security.ldap.authorization.group_membership_attributes>
ldapsearch -v -H ldap://myactivedirectory.example.com:389 -x -D cn=search-
account,cn=Users,dc=example,dc=com -w secret -b cn=Users,dc=example,dc=com
"(&(objectClass=*)(cn=john))" memberOf
```

接下来验证响应是否成功，以及 dbms.security.ldap.authorization.group_to_role_mapping 中的角色组与成员资格属性的值映射是否正确。

```
# extended LDIF
# LDAPv3
# base <cn=Users,dc=example,dc=com> with scope subtree
# filter: (cn=john)
# requesting: memberOf
# john, Users, example.com
dn: CN=john,CN=Users,DC=example,DC=com
memberOf: CN=Neo4j Read Only,CN=Users,DC=example,DC=com
# search result
search: 2
result: 0 Success
# numResponses: 2
# numEntries: 1
```

5.3.4.3 认证缓存

认证缓存（Auth Cache）是 Neo4j 通过 LDAP 服务器缓存认证结果以提升性能的机制，它采用

dbms.security.ldap.authentication.cache_enabled 和 dbms.security.auth_cache_ttl 参数进行配置。示例配置如下：

```
# Turn on authentication caching to ensure performance
dbms.security.ldap.authentication.cache_enabled=true
dbms.security.auth_cache_ttl=10m
```

上述两个参数的具体描述如表 5-21 所示。

表 5-21 认证缓存参数

参数名	默认值	描述
dbms.security.ldap.authentication.cache_enabled	true	确定是否通过 LDAP 服务器缓存身份验证的结果。是否应该启用身份验证缓存必须根据公司的安全准则来考虑
dbms.security.auth_cache_ttl	600 seconds	缓存身份验证和授权信息的生存时间（Time To Live，TTL）。将 TTL 设置为 0 为禁用验证缓存；TTL 太短将导致频繁重新认证和授权，可能影响性能；TTL 太长则对 LDAP 服务器上用户设置的更改可能不会及时反映在 Neo4j 授权行为中。有效单位为 ms、s、m；默认单位为 s

管理员可以手动清除身份验证缓存，以强制重新查询来自联合身份验证程序提供的系统身份验证和授权信息，可以在 Neo4j 浏览器或 Neo4j Cypher Shell 中执行清除验证缓存命令，如下：

```
CALL dbms.security.clearAuthCache()
```

5.3.4.4 可用的加密方法

可以通过下列方法来指定 dbms.security.ldap.host 参数，配置 LDAP 协议为非加密方式，如果不指定协议或端口，则采用默认协议为 LDAP，默认端口为 389。

```
dbms.security.ldap.host=myactivedirectory.example.com
dbms.security.ldap.host=myactivedirectory.example.com:389
dbms.security.ldap.host=ldap://myactivedirectory.example.com
dbms.security.ldap.host=ldap://myactivedirectory.example.com:389
```

可以采用 StartTLS 来配置对活动目录的加密，相关设置如下：

```
dbms.security.ldap.use_starttls=true
dbms.security.ldap.host=ldap://myactivedirectory.example.com
```

也可以使用加密 LDAPS 来配置活动目录，只需将 dbms.security.ldap.host 设置为以下某个值，如果不指定端口，将使用默认端口 636，默认协议为 LDAPS。但这种方法已被弃用，不推荐使用。推荐采用 StartTLS 来对活动目录加密。

```
dbms.security.ldap.host=ldaps://myactivedirectory.example.com
dbms.security.ldap.host=ldaps://myactivedirectory.example.com:636
```

5.3.4.5 在测试环境中使用自签名证书

在实际生产环境中，建议使用由证书颁发机构颁发的 SSL 证书来确保对 LDAP 服务器的安全访问。但是在有些情况下，例如在测试环境中，可能希望在 LDAP 服务器上使用自签名证书。可以在 neo4j.conf 中使用参数 dbms.jvm.additional 来指定证书的详细信息，以告知 Neo4j 本地证书的位置。示例如下：

```
dbms.jvm.additional=-Djavax.net.ssl.keyStore=/path/to/MyCert.jks
dbms.jvm.additional=-Djavax.net.ssl.keyStorePassword=secret
dbms.jvm.additional=-Djavax.net.ssl.trustStore=/path/to/MyCert.jks
dbms.jvm.additional=-Djavax.net.ssl.trustStorePassword=secret
```

上例显示了如何设置 LDAP 服务器上的自签名证书。证书文件 MyCert.jks 的路径是 Neo4j 服务器上的绝对路径。

5.3.5 管理过程权限

本节将介绍如何在 Neo4j 中配置子图访问控制，从而实现限制用户对图数据指定部分的访问和后续操作。例如，可以允许用户读取但不能写入具有特定标签和特定类型关系的节点。要实现子图访问控制，必须完成以下步骤：

步骤 01 设定一个过程或函数能执行对图中指定部分的读取或写入。可以内部开发，也可以第三方库提供。

步骤 02 创建一个或多个自定义角色，用于执行上述过程。随后可以为这些角色分配相关过程或函数的执行权限。

步骤 03 创建用户并为用户指定角色，以便具有自定义角色的用户可以执行过程或函数。

下面的步骤假定已经开发并安装了过程或函数。

5.3.5.1 配置步骤

创建一个自定义角色，并通过本机用户管理或通过 LDAP 的联合用户管理来管理它。

1. 本机用户场景（Native users scenario）

在本机用户场景中，将创建自定义角色并将其分配给相关用户。例如：在 system 数据库上，用 Cypher 创建了一个自定义的 accounting 角色，并将其分配给预先存在的 billsmith 用户。

```
CREATE ROLE accounting
GRANT ROLE accounting TO billsmith
```

2. 联合用户场景（Federated users scenario）

在 LDAP 方案中，LDAP 用户组必须映射到 Neo4j 中的自定义角色。例如：在 system 数据库上，用 Cypher 创建了一个自定义的 accounting 角色：

```
CREATE ROLE accounting
```

接着在 neo4j.conf 文件中将组号 101 的 LDAP 组映射到 accounting 角色：

```
dbms.security.realms.ldap.authorization.group_to_role_mapping=101=accounting
```

5.3.5.2 管理过程权限

通常，过程和函数按照与常规 Cypher 语句相同的安全规则执行。例如，分配了本机角色

publisher、architect 和 admin 的用户都能执行 mode=WRITE 过程，而只分配 reader 角色的用户将不能执行该过程。为了达到子图访问控制的目的，将允许特定角色执行这些过程，否则它们将无法通过其分配的本机角色访问这些过程。仅在过程执行期间，用户被授予过程所附带的权限。以下两个参数可用于配置所需要的行为：

（1）dbms.security.procedures.default_allowed：该参数定义了一个允许执行任何过程或函数的角色，但不包括参数 dbms.security.procedures.roles 中设定的。例如，配置可以执行过程和函数的默认角色，假定配置如下：

```
dbms.security.procedures.default_allowed=superAdmin
```

这将达到如下效果：

- 如果参数 dbms.security.procedures.roles 没做配置，则角色 superAdmin 可以执行所有自定义过程和函数。
- 如果参数 dbms.security.procedures.roles 定义了一些角色和函数，则角色 superAdmin 能执行除 dbms.security.procedures.roles 定义之外的所有自定义过程和函数。

（2）dbms.security.procedures.roles：此参数给出了对过程的细粒度控制。假设配置如下：

```
dbms.security.procedures.roles=apoc.convert.*:Converter;apoc.load.json.*:Conve
rter,DataSource;apoc.trigger.add:TriggerHappy
```

可以达到如下效果：

- 分配 Converter 角色的用户都可执行 apoc.convert 命名空间中的所有过程。
- 分配 Converter 和 DataSource 角色的用户可执行 apoc.load.json 命名空间中的过程。
- 分配 TriggerHappy 角色的用户可执行 apoc.trigger.add 过程。

如果过程试图执行违反其模式的数据库操作，则该过程将失败。例如，只有只读权限的过程执行写操作将失败，无论用户或角色如何配置，结果同样是失败。

5.3.6 相关术语

本节将列出 Neo4j 中与身份验证和授权相关的术语。这些术语与 Neo4j 中基于角色的访问控制相关：

- 活动用户（active user）：在系统中处于活动状态的用户，可以对数据执行角色赋予的操作。它与挂起的用户相对应。
- 管理员（administrator）：分配了管理员（admin）角色的用户。
- 当前用户（current user）：指当前登录的用户，可调用本章中描述的命令。
- 密码策略（password policy）：一组有效密码的规则。在 Neo4j 中的规则包括：密码不能为空字符串；更改密码时，新密码不能与以前的密码相同。
- 角色（role）：对数据允许的操作（如读和写）的集合，同一个用户可以指定多个角色。
- 挂起的用户（suspended user）：被挂起的用户不能访问数据库，无论分配了什么角色。

- 用户（user）：用户由用户名和凭证组成，其中凭证是验证用户身份的信息，如密码。用户可以代表人、应用程序等。

5.4 安全管理

本章将介绍与 Neo4j 相关的重要安全管理策略。安全管理的范围比较广泛，对于 Neo4j 数据库而言，首要的是数据安全，可通过遵循有关服务器和网络安全性的行业做法确保物理数据安全，再通过恰当的身份验证和授权规则来确保 Neo4j 的信息安全。本章包括安全扩展、SSL 框架、Neo4j 浏览器的凭证处理、安全检查表。

此外，日志可用于数据库的行为分析或特定事件的调查，可以使用相关工具获得安全事件日志（security event logs），请查看在“5.5 监控管理”节中描述的查询日志（query logs）。有关如何管理用户及其身份验证和授权的信息，请参阅“5.3 认证和授权”节。

5.4.1 安全扩展

本节介绍如何使用白名单（white listing）为 Neo4j 中增加自定义的安全扩展。Neo4j 可以用 Cypher 调用自定义的代码。白名单用来允许只加载哪些扩展，参数 dbms.security.procedures.whitelist 指定加载的过程名，多个过程中间用逗号分隔，也可以包含全部过程或带通配符*的部分过程。例如，希望使用 apoc.load.json 及 apoc.coll 下面的所有方法，但不需要 apoc 库中的其他方法。示例如下：

```
# Example white listing
dbms.security.procedures.whitelist=apoc.coll.*,apoc.load.*
```

参数 dbms.security.procedures.whitelist 需要注意如下几点：

- 如果使用此设置，则除了列出之外的都不会加载。尤其是，如果设置为空字符串，将不加载任何扩展名。
- 默认设置为*。即：如果不显示设置（或者没有值），将加载 plugins 目录中的所有库。

5.4.2 SSL 框架

本节介绍 Neo4j 中集成 SSL/TLS 的安全通信通道。每个通信通道都可以启用 SSL 支持，需要采用 PEM 格式的 SSL 证书。假定你已经获得了所需的证书。所有的证书必须采用 PEM 格式，并且可以合并到一个文件中。私钥也必须是 PEM 格式。支持多主机和通配符证书。

5.4.2.1 配置

配置 SSL 策略的参数格式为：dbms.ssl.policy.<scope>.<setting-suffix>，scope 为通信信道的名称，必须是 bolt、https、cluster、backup、fabric 当中的一个。每个策略都需要通过设置来显式启用：dbms.ssl.policy.<scope>.enabled=true。setting-suffix 的有效值如表 5-22、表 5-23 所示。

表 5-22 基本前缀设置

setting-suffix	说明	默认值
enabled	若设为 true，则启用该策略	false
base_directory	默认情况下搜索加密对象的基目录	certificates/<scope>
private_key	用于验证和保护的私钥	private.key
private_key_password	用于解码私钥的密码，仅适用于加密的私钥	
public_certificate	证书颁发机构（CA）签署的私钥相匹配的公用证书	public.crt
trusted_dir	信任证书的保存目录	trusted/
revoked_dir	证书吊销列表（CRL）保存的目录	revoked/

表 5-23 高级前缀设置

setting-suffix	说明	默认值
verify_hostname	启用此设置将开启客户端主机名验证。在客户机收到服务器的公用证书后，将与本机比较证书的公用名（CN）和使用者备用名称（SAN）字段。如果不匹配，客户端将断开连接	False
ciphers	密码协商期间允许使用的密码套件列表，用逗号分隔。有效值取决于当前的 JRE 和 SSL 提供程序	Java 平台默认允许的密码套件
tls_versions	允许的 TLS 版本列表，用逗号分隔	TLS v1.2
client_auth	是否必须对客户端进行身份验证。将此设置为 REQUIRE，可有效地启用服务器之间的身份验证。其值为：NONE、OPTIONA、REQUIRE	Bolt 和 https 默认为：OPTIONAL；cluster 和 backup 默认为：REQUIRE
trust_all	true 为信任所有客户端和服务器，并忽略 trusted_dir 目录。不鼓励使用，因为它不安全。但可作为调试的一种手段	false

出于安全考虑，Neo4j 不会自动创建上述目录。因此，SSL 策略的创建需要手动设置恰当的文件路径。须注意，目录、证书文件和私钥都是必需的。确保对私钥设置了正确的文件权限，以便服务器上只有 Neo4j 用户可以读取它。例如，将配置 Bolt 使用 SSL/TLS，最简单的方法是在 neo4j.conf 中启用它，并设置为默认值：

```
dbms.ssl.policy.bolt.enabled=true
```

接着创建必须的目录：

```
$neo4j-home> mkdir certificates/bolt
$neo4j-home> mkdir certificates/bolt/trusted
$neo4j-home> mkdir certificates/bolt/revoked
```

接下来将文件 private.key 和 public.crt 保存到相应的基本目录：

```
$neo4j-home> cp /path/to/certs/private.key certificates/bolt
$neo4j-home> cp /path/to/certs/public.crt certificates/bolt
```

基本目录将有如下权限：

```
$neo4j-home> ls certificates/bolt
-r-------- ... private.key
-rw-r--r-- ... public.crt
drwxr-xr-x ... revoked
drwxr-xr-x ... trusted
```

5.4.2.2 SSL 提供程序的选择

Neo4j 中的安全网络是由 Netty 库提供的，Netty 库既支持本机 JDK SSL 提供程序，也支持 OpenSSL。使用 OpenSSL 的步骤如下：

步骤 01 在 Neo4j 的 plugins 文件夹中安装一个合适的 OpenSSL 版本，可以从 https://netty.io/wiki/forked-tomcat-native.html 下载。

步骤 02 设置 dbms.netty.ssl.provider=OPENSSL。

OpenSSL 可以显著提高性能，特别是 AES-GCM 加密，例如 TLS_ECDHE_RSA_AES_128_GCM_SHA256。

5.4.3 术 语

以下是 Neo4j 中与 SSL 相关的术语：

- 证书颁发机构（Certificate Authority，CA）：可信机构，发布可以验证数字实体身份的电子文档。该术语通常指全球公认的 CA，但也可以包括组织内部受信任的内部 CA。电子文档即数字证书。它们是安全通信的重要组成部分，在公钥基础设施（Public Key Infrastructure，PKI）中起着重要的作用。
- 证书吊销列表（Certificate Revocation List，CRL）：撤销被泄露证书的列表。该列表（存于一个或多个文件中）保存哪些证书被吊销，它由颁发证书的 CA 发布。
- 密码（cipher）：一种加密或解密的算法。Neo4j 隐式使用 Java 平台中包含的密码。SSL 框架允许显式的密码配置。
- 通信信道(communication channel)：一种与 Neo4j 数据库通信的方法。可用通道有：Bolt、HTTPS、Cluster、backup。
- 加密对象（cryptographic objects）：代表私钥、证书和 CRL 等。
- 配置参数（configuration parameters）：neo4j.conf 文件中定义的 SSL 策略。
- 证书（certificate）：由可信证书颁发机构（CA）颁发的 SSL 证书。任何人都可以获得公钥，并使用它来加密信息发送给特定的收件人。证书文件的扩展名为 crt，也称为公钥。
- 主题别名（Subject Alternative Names，SAN）：证书的可选扩展项。当证书包含了 SAN 项，建议对照此字段检查主机的地址。验证主机名是否与证书 SAN 匹配，有助于防止恶意计算机访问有效密钥对的攻击。
- 安全套接层(Secure Sockets Layer，SSL)：TLS 的前身。通常将 SSL/TLS 称为 SSL，Neo4j 默认为 TLS。
- SSL 策略（SSL policy）：由数字证书和一组在 Neo4j.conf 中定义的配置参数组成。
- 私钥（private key）：确保加密的消息只能由目标接收者解密。私钥文件的扩展名通常为 key。保护私钥是保证加密通信完整性的关键。
- 公钥基础设施（Public Key Infrastructure，PKI）：创建、管理、分发、使用、存储和吊销数字证书，以及管理公钥加密所需的一组角色、策略和过程。
- 公钥（public key）：任何人都可以获得公钥，并使用它来加密信息发送给特定的收件人，也称为证书。

- TLS 协议（Transport Layer Security protocol）：在计算机网络上提供通信安全性的加密协议。传输层安全（TLS）协议及其前身安全套接字层（SSL）协议通常都被称为 SSL。
- TLS 版本（TLS version）：TLS 协议的一个版本。

5.4.4 浏览器凭证处理

本节介绍 Neo4j 浏览器如何处理凭证。Neo4j 浏览器有两种机制可以避免用户重复输入 Neo4j 凭证。

首先，当打开浏览器时，已确保现有数据库会话保持在活动的状态，但可能会超时，参数 browser.credential_timeout 可以设置超时的时间，每次用户与浏览器交互时，就会重置超时。

其次，浏览器还可以在本地缓存用户的 Neo4j 凭证。当凭证被缓存时，将以未加密的方式存储在浏览器的本地缓存中。如果关闭浏览器，然后重新打开，则会使用缓存的凭证自动重新建立会话。其超时也可由参数 browser.credential_timeout 进行设置。此外，可以完全禁用浏览器缓存凭证。要禁用凭证缓存，只需在服务器上设置 browser.retain_connection_credentials=false。

如果用户在浏览器发出:server disconnect 命令，则会终止会话并从本地缓存中清除凭据。

5.4.5 安全清单

安全清单是对 Neo4j 数据库安全性建议的总结。它特别指出可能需要额外关注的安全特性，以满足与应用程序相匹配的安全级别。

（1）在安全网络及安全服务器上部署 Neo4j：使用子网和防火墙，只需要打开必要的端口。尤其要确保没有外部访问参数 dbms.backup.listen_address 指定的端口。如不保护此端口，则可能会留下一个安全漏洞，未授权用户可以通过该漏洞将数据库复制到另一台计算机上。

（2）保护静止数据：使用卷加密（例如 Bitlocker）；管理对数据库转储和备份的访问；管理好数据文件和事务日志的访问，按权限设置好操作系统对 Neo4j 数据文件和事务日志文件的访问权限。

（3）保护传输中数据：对远程访问 Neo4j 数据库，只打开加密的 Bolt 或 HTTPS 访问链接，使用受信任证书颁发机构颁发的 SSL 证书。有关在 Neo4j 中安装 SSL 证书的信息，请参见“5.1.12 安装证书”节；有关配置 Bolt 或 HTTPS 连接的信息，请参见“5.1.9 配置 Neo4j 连接器”节；如果使用 LDAP，则可通过 StartTLS 对 LDAP 系统进行加密，请参见“5.3.4 与 LDAP 集成”节。

（4）为自定义扩展提供安全保护：验证部署的任何自定义代码（过程和非托管扩展），并确保它们不会无意中暴露产品或数据的任何部分。检查 dbms.security.procedures.unrestricted 和 dbms.security.procedures.whitelist 的设置，以确保它们只包含可公开的扩展。

（5）确保 Neo4j 系统文件有正确的文件权限。

（6）通过限制对 bin、lib 和 plugins 目录的访问，防止执行未经授权的扩展。只有运行 Neo4j 数据库服务的操作系统用户才有权访问这些文件。

（7）如果启用了 LOAD CSV 函数操作，请确保未授权用户不可导入数据。

（8）启用 Neo4j 身份验证。参数 dbms.security.auth_enabled 控制本机身份验证。默认值为 true，

即启用本机身份验证。

（9）检查 neo4j.conf 文件，查看是否存在已弃用函数的端口，例如远程 JMX，其端口由参数 dbms.jvm.additional=-Dcom.sun.management.jmxremote.port=3637 控制。

（10）查看浏览器凭证，以确定 Neo4j 浏览器中的默认凭证是否符合安全规则。如有必要，可按照说明进行配置。

（11）使用 Neo4j 最新的补丁版本。

5.5 监控管理

本节介绍可用于监控 Neo4j 的相关工具。Neo4j 通过输出的度量指标以及对当前执行查询的检查和管理来支持持续监控管理的功能。相关日志也可用于持续分析或特定事件的检查，日志分为：安全事件日志和查询日志。查询管理功能可用于查询性能的特定检查。此外，监控功能还可作为因果集群的 ad-hoc 分析。本节介绍的内容有：指标、日志、查询管理、事务管理、连接管理、因果集群监控、单个数据库监控。

5.5.1 指　标

本节介绍 Neo4j 中可用的指标类型。Neo4j 提供了一个内置的指标子系统，指标的报表输出方式有：JMX 查询、从 CSV 文件中检索或第三方监控工具。Neo4j 指标可分为两大类：全局性指标（Global metrics）、数据库指标（Database metrics）。

5.5.1.1 全局性指标

全局性指标涵盖整个数据库管理系统，整体展现系统的状态。全局性指标名称格式为：<用户配置的前缀>.指标.名称（<user-configured-prefix>.metric.name）。只要数据库管理系统正常运行，就会报告全局性指标。例如，所有与 JVM 相关的指标都是全局的，具体到 neo4j.vm.thread.count 指标，neo4j 为默认的用户配置前缀，vm.thread.count 为指标名。默认情况下，全局性指标包括：页缓存指标（Page Cache Metrics）、垃圾回收指标（GC Metrics）、线程指标（Thread Metrics）、内存池指标（Memory Pool Metrics）、内存缓存指标（Memory Buffers Metrics）、文件描述指标（File Descriptor Metrics）、数据库操作指标（Database Operation Metrics）、Bolt 指标（Bolt Metrics）、Web 服务器指标（Web Server Metrics）。

5.5.1.2 数据库指标

数据库指标仅针对特定的数据库，仅在数据库的生存期内可用。当某个数据库变得不可用时，它所对应的数据库指标就都不可用。数据库指标名称格式：<用户配置的前缀>.<数据库名>.指标.名称（<user-configured-prefix>.<databasename>.metric.name）。例如，事务性指标都是数据库指标。例如 neo4j.mydb.transaction.started 指标，neo4j 为有默认的用户配置前缀，mydb 为数据库名。默认情况下，数据库指标包括：事务指标（Transaction Metrics）、检查点指标（Checkpoint Metrics）、日志轮转指标（Log rotation Metrics）、数据库数据指标（Database Data Metrics）、查询指标（Cypher

Metrics）、因果集群指标（Causal Clustering Metrics）。

5.5.1.3　指标输出

本节介绍如何使用 Neo4j 指标输出工具来记录和显示各种指标。

1. 启用指标日志记录

默认情况下，开启了指标记录并写入 CSV 文件的功能，也可以通过 JMX 输出。全部指标的启用通过参数 metrics.enabled=true 即可，也可以通过参数禁用指定的日志记录。例如：

```
# Setting for enabling all supported metrics.
metrics.enabled=true
# Setting for exposing metrics about transactions; number of transactions started,
committed, etc.
metrics.neo4j.tx.enabled=false
# Setting for exposing metrics about the Neo4j page cache; page faults, evictions,
flushes and exceptions, etc.
metrics.neo4j.pagecache.enabled=false
# Setting for exposing metrics about approximately entities are in the database;
nodes, relationships, properties, etc.
metrics.neo4j.counts.enabled=false
```

2. Graphite

将以下设置添加到 neo4j.conf 配置文件中，以开启与 Graphite 的集成，然后启动 Neo4j 并通过 Web 浏览器连接到 Graphite，以便监视 Neo4j 的各项指标。

```
# Enable the Graphite integration. Default is 'false'.
metrics.graphite.enabled=true
# The IP and port of the Graphite server on the format <hostname or IP address>:<port
number>.
# The default port number for Graphite is 2003.
metrics.graphite.server=localhost:2003
# How often to send data. Default is 3 seconds.
metrics.graphite.interval=3s
# Prefix for Neo4j metrics on Graphite server.
metrics.prefix=Neo4j_1
```

如果将 Graphite 服务器配置为主机名或 DNS 条目，JVM 会将主机名解析为 IP 地址，并出于安全考虑，默认情况下会永久保存，该值由参数 networkaddress.cache.ttl 控制。

3. Prometheus

在 neo4j.conf 文件中添加下面设置可开启 Prometheus 端点：

```
# Enable the Prometheus endpoint. Default is 'false'.
metrics.prometheus.enabled=true
# The IP and port the endpoint will bind to in the format <hostname or IP address>:<port
number>.
```

```
# The default is localhost:2004.
metrics.prometheus.endpoint=localhost:2004
```

当 Neo4j 启动时，Prometheus 端点为配置的地址。

4. CSV 文件

将以下设置添加到 neo4j.conf 中，以便将各项指标导出到本地的 CSV 文件：

```
# Enable the CSV exporter. Default is 'true'.
metrics.csv.enabled=true
# Directory path for output files.
# Default is a "metrics" directory under NEO4J_HOME.
#dbms.directories.metrics='/local/file/system/path' # How often to store data.
Default is 3 seconds.
metrics.csv.interval=3s
# The maximum number of CSV files that will be saved. Default is 7.
metrics.csv.rotation.keep_number=7
# The file size at which the csv files will auto-rotate. Default is 10M.
metrics.csv.rotation.size=10M
```

5. JMX Beans

要通过 JMX 启用指标输出，可在 neo4j.conf 文件中添加以下设置：

```
# Enable settings export via JMX. Default is 'true'.
metrics.jmx.enabled=true
```

5.5.1.4 指标参考

本节提供可用指标的列表，包括：通用指标、因果集群指标、JVM 指标，通用指标如表 5-24~表 5-34 所示。

表 5-24 数据库存储容量指标

名称	描述
<prefix>.store.size.total	数据库与事务日志的总容量
<prefix>.store.size.database	数据库的容量

表 5-25 数据库检查点指标

名称	描述
<prefix>.check_point.events	到目前为止执行的检查点事件的总数
<prefix>.check_point.total_time	到目前为止检查点所花费的总时间
<prefix>.check_point.check_point_duration	检查点事件的持续时间

表 5-26 数据库数据指标

名称	描述
<prefix>.ids_in_use.relationship_type	存储在数据库中的不同关系类型的总数
<prefix>.ids_in_use.property	数据库中使用的不同属性名称的总数
<prefix>.ids_in_use.relationship	存储在数据库中的关系的总数
<prefix>.ids_in_use.node	存储在数据库中的节点总数

表 5-27　数据库页面缓存指标

名称	描述
<prefix>.page_cache.eviction_exceptions	在页面缓存被替换过程期间的异常总数
<prefix>.page_cache.flushes	页面缓存执行的刷新次数
<prefix>.page_cache.unpins	页面缓存执行的页面未锁定次数
<prefix>.page_cache.pins	页面缓存执行的页面锁定次数
<prefix>.page_cache.evictions	由页面缓存执行的页面被替换的次数
<prefix>.page_cache.page_faults	页面缓存中发生的页面错误总数
<prefix>.page_cache.hits	页面缓存中发生的页面命中总数
<prefix>.page_cache.hit_ratio	页面缓存中的命中数与查找总数的比率
<prefix>.page_cache.usage_ratio	已用页数与可用总页数的比率
<prefix>.page_cache.bytes_read	页缓存读取的总字节数
<prefix>.page_cache.bytes_written	页缓存写入的总字节数

表 5-28　数据库事务指标

名称	描述
<prefix>.transaction.started	启动的事务的总数
<prefix>.transaction.peak_concurrent	此机器上发生的并发事务的最高峰值
<prefix>.transaction.active	当前活动事务的数量
<prefix>.transaction.active_read	当前活动的读事务的数量
<prefix>.transaction.active_write	当前活动的写事务的数量
<prefix>.transaction.committed	已提交事务的总数
<prefix>.transaction.committed_read	已提交读事务的总数
<prefix>.transaction.committed_write	已提交写事务的总数
<prefix>.transaction.rollbacks	回滚事务的总数
<prefix>.transaction.rollbacks_read	回滚读事务的总数
<prefix>.transaction.rollbacks_write	回滚写事务的总数
<prefix>.transaction.terminated	已终止事务的总数
<prefix>.transaction.terminated_read	已终止读事务的总数
<prefix>.transaction.terminated_write	已终止写事务的总数
<prefix>.transaction.last_committed_tx_id	最后提交的事务的 ID
<prefix>.transaction.last_closed_tx_id	上次关闭的事务的 ID

表 5-29　Cypher 指标

名称	描述
<prefix>.cypher.replan_events	Cypher 重新规划查询的总次数
<prefix>.cypher.replan_wait_time	重新规划查询之间等待的总秒数

表 5-30　数据库事务日志指标

名称	描述
<prefix>.log_rotation.events	到目前为止执行的事务日志的总数
<prefix>.log_rotation.total_time	到目前为止日志花费的总时间
<prefix>.log_rotation.log_rotation_duration	日志事件的持续时间
<prefix>.log.appended_bytes	增加到事务日志的总字节数

表 5-31　Bolt 指标

名称	描述
<prefix>.bolt.sessions_started	自数据库启动后开启的 Bolt 会话总数。这包括成功和失败的会话（已弃用，推荐使用 connections_opened）

（续表）

名称	描述
<prefix>.bolt.connections_opened	自数据库启动后开启的 Bolt 连接总数。这包括成功连接和失败连接
<prefix>.bolt.connections_closed	自数据库启动后关闭的 Bolt 连接总数。这包括正常和异常结束的连接
<prefix>.bolt.connections_running	当前正在执行的 Bolt 连接总数
<prefix>.bolt.connections_idle	闲置的 Bolt 连接总数
<prefix>.bolt.messages_received	自数据库启动后通过 Bolt 接收的消息总数
<prefix>.bolt.messages_started	自数据库启动后开始处理的消息总数。这与接收到的消息不同，因为这个计数器跟踪一个工作线程已经接收了多少条消息
<prefix>.bolt.messages_done	自数据库启动后完成处理的消息总数。这包括成功、失败和忽略的 Bolt 消息
<prefix>.bolt.messages_failed	自数据库启动后处理失败的消息总数
<prefix>.bolt.accumulated_queue_time	消息等待工作线程累计所用的时间
<prefix>.bolt.accumulated_processing_time	工作线程处理消息累计所用的时间

表 5-32　数据库数据计数指标

名称	描述
<prefix>.neo4j.count.relationship	数据库中关系总数
<prefix>.neo4j.count.node	数据库中结点总数

表 5-33　数据库操作计数指标

名称	描述
<prefix>.db.operation.count.create	数据库创建操作成功数
<prefix>.db.operation.count.start	数据库启动操作成功数
<prefix>.db.operation.count.stop	数据库关闭操作成功数
<prefix>.db.operation.count.drop	数据库删除操作成功数
<prefix>.db.operation.count.failed	数据库失败操作成功数
<prefix>.db.operation.count.recovered	失败后恢复的数据库操作数

表 5-34　服务器指标

名称	描述
<prefix>.server.threads.jetty.idle	jetty 池中空闲线程总数
<prefix>.server.threads.jetty.all	jetty 池中线程总数（包括空闲和繁忙）

因果集群指标：核心服务器（Core Server）和只读副本（Read Replica）两者的特性及支持的协议不同，从而具有不同度量指标。核心服务器指标需监视重要细节，如 Raft 分布式一致性协议的集合状态和已发送到只读副本的事务数。而只读副本指标简单得多，只需跟踪相对于核心服务器的异步复制状态。核心服务器需要记录 Raft 分布式一致性算法相关的各种指标，还需记录其到只读副本（例如任何新增加的在线核心服务器）的负载（例如事务日志传送请求）。该类指标如表 5-35~表 5-37 所示。

表 5-35　Raft 核心指标

名称	描述
<prefix>.causal_clustering.core.append_ind ex	附加 Raft 日志的索引
<prefix>.causal_clustering.core.commit_ind ex	提交 Raft 日志的索引
<prefix>.causal_clustering.core.applied_in dex	应用 Raft 日志的索引

（续表）

名称	描述
<prefix>.causal_clustering.core.term	此服务器的 Raft 名
<prefix>.causal_clustering.core.tx_retries	事务重试
<prefix>.causal_clustering.core.is_leader	服务器是否为 Leader
<prefix>.causal_clustering.core.in_flight_cache.total_bytes	动态缓存总字节数
<prefix>.causal_clustering.core.in_flight_cache.max_bytes	动态缓存最大字节数
<prefix>.causal_clustering.core.in_flight_cache.element_count	动态缓存元素计数
<prefix>.causal_clustering.core.in_flight_cache.max_elements	动态缓存最大元素数
<prefix>.causal_clustering.core.in_flight_cache.hits	动态缓存命中
<prefix>.causal_clustering.core.in_flight_cache.misses	动态缓存未命中
<prefix>.causal_clustering.core.message_processing_delay	Raft 消息接收和处理之间的延迟
<prefix>.causal_clustering.core.message_processing_timer	Raft 消息处理计时器
<prefix>.causal_clustering.core.replication_new	Raft 复制新请求计数
<prefix>.causal_clustering.core.replication_attempt	Raft 复制尝试计数
<prefix>.causal_clustering.core.replication_fail	Raft 复制失败计数
<prefix>.causal_clustering.core.replication_maybe	Raft 复制可能算数
<prefix>.causal_clustering.core.replication_success	Raft 复制成功计数
<prefix>.causal_clustering.core.last_leader_message	上一条 Leader 消息至今的时间（单位为毫秒）

表 5-36　读副本指标

名称	描述
<prefix>.causal_clustering.read_replica.pull_updates	此实例产生的拉请求总数
<prefix>.causal_clustering.read_replica.pull_update_highest_tx_id_requested	此实例在拉请求更新的最高事务 id
<prefix>.causal_clustering.read_replica.pull_update_highest_tx_id_received	此实例在上一次拉请求更新中的最高事务 id

表 5-37　发现核心指标

名称	描述
<prefix>.causal_clustering.core.discovery.replicated_data	副本数据结构的数量
<prefix>.causal_clustering.core.discovery.cluster.members	发现集群成员的数量
<prefix>.causal_clustering.core.discovery.cluster.unreachable	发现集群不可达数量
<prefix>.causal_clustering.core.discovery.cluster.converged	发现集群汇聚

Java 虚拟机（JVM）指标：此类指标与软硬件环境相关，主要有硬件配置和 JVM 配置等。通常，这些指标将显示 Java 虚拟机有关垃圾收集的信息（例如事件数和收集时间）、内存池和缓冲区，以及最后运行的活动线程数。如表 5-38~表 5-41 所示。

表 5-38　GC 指标

名称	描述
<prefix>.vm.gc.time.%s	累计垃圾收集时间，单位为毫秒
<prefix>.vm.gc.count.%s	垃圾收集总次数

表 5-39　JVM 内存缓冲区指标

名称	描述
<prefix>.vm.memory.buffer.%s.count	内存池中缓冲区数量
<prefix>.vm.memory.buffer.%s.used	内存池中使用的内存量
<prefix>.vm.memory.buffer.%s.capacity	内存池中缓冲区的总容量

表 5-40　JVM 内存池指标

名称	描述
<prefix>.vm.memory.pool.%s	内存池数量

表 5-41　JVM 线程指标

名称	描述
<prefix>.vm.thread.count	当前线程组中活动线程数
<prefix>.vm.thread.total	活动线程的总数，包括守护线程和非守护线程

5.5.2 日　志

本节将介绍 Neo4j 中的日志记录机制。Neo4j 提供了三种类型的日志：通用日志、安全事件日志和查询日志。

5.5.2.1　通用日志

本节介绍 Neo4j 通用日志文件、错误消息和严重性级别。

1. 日志文件

Neo4j 通用日志文件夹为/log 文件夹，该文件夹包含的文件和相关说明如表 5-42 所示。

表 5-42　通用日志文件及说明

文件名	说明
neo4j.log	标准日志，记录 Neo4j 的一般信息。不适用 Debian 和 RPM 包
debug.log	调试 Neo4j 问题时有用的信息
http.log	HTTP API 的请求日志
gc.log	JVM 垃圾收集日志
query.log	已执行查询的日志
security.log	安全事件日志
service-error.log	Neo4j Windows 版本安装或运行时的错误日志

2. 错误消息

表 5-43 列出了 Neo4j 引发的所有消息及其严重性级别。

表 5-43　错误消息

消息类型	安全级别	描述
INFO	低安全级	报告不严重的状态信息和错误
DEBUG	低安全级	报告引发的错误和可能的解决方案的详细信息
WARN	低安全级	报告需要注意但不严重的错误
ERROR	高安全级	报告阻止 Neo4j 服务器运行的错误，必须立即解决

5.5.2.2　安全事件日志

本节将介绍 Neo4j 支持的安全事件日志，它提供安全事件日志记录功能，能记录所有的安全事件。对于本机用户管理，将记录的操作有：登录信息（默认情况下，记录成功和不成功的登录）、数据库管理命令、数据库安全过程。安全日志为 logs 文件夹下的 security.log 文件，可以在 neo4j.conf 配置文件中配置安全事件日志的轮换。其可用的参数如表 5-44 所示。

表 5-44 安全事件日志参数

参数名称	默认值	描述
dbms.logs.security.rotation.size	20MB	安全事件日志自动轮换的文件大小
dbms.logs.security.rotation.delay	300s	设置在最后一次日志轮换发生后，日志可能再次轮换之前的最小时间间隔
dbms.logs.security.rotation.keep_number	7	设置保存历史安全事件日志文件的数量

如果使用 LDAP（Lightweight Directory Access Protocol，轻量目录访问协议）作为身份验证方法，还会记录一些 LDAP 配置错误，以及 LDAP 服务器通信事件和故障。如果需要用到大量的编程交互，则建议禁用登录成功的日志，即在 neo4j.conf 文件中设置：dbms.security.log_successful_authentication=false。安全事件日志文件中记录的内容类似如下：

```
2019-12-09 13:45:00.796+0000 INFO [AsyncLog @ 2019-12-09 ...] [johnsmith]: logged
in
2019-12-09 13:47:53.443+0000 ERROR [AsyncLog @ 2019-12-09 ...] [johndoe]: failed
to log in: invalid principal or credentials
2019-12-09 13:48:28.566+0000 INFO [AsyncLog @ 2019-12-09 ...] [johnsmith]: CREATE
USER janedoe SET PASSWORD '******' CHANGE REQUIRED
2019-12-09 13:48:32.753+0000 INFO [AsyncLog @ 2019-12-09 ...] [johnsmith]: CREATE
ROLE custom
2019-12-09 13:49:11.880+0000 INFO [AsyncLog @ 2019-12-09 ...] [johnsmith]: GRANT
ROLE custom TO janedoe 2019-12-09 13:49:34.979+0000 INFO [AsyncLog @ 2019-12-09 ...]
[johnsmith]: GRANT TRAVERSE ON GRAPH * NODES A, B (*) TO custom
2019-12-09 13:49:37.053+0000 INFO [AsyncLog @ 2019-12-09 ...] [johnsmith]: DROP
USER janedoe
```

5.5.2.3 查询日志

本节介绍 Neo4j 的查询日志功能，它可以配置是否记录查询，默认情况下是启用查询日志记录功能的，并由参数 dbms.logs.query.enabled 进行控制。配置选项如表 5-45 所示。

表 5-45 查询日志参数

选项名	默认	描述
off		将完全禁用日志功能
info		无论查询成功或失败都进行记录。参数 dbms.logs.query.threshold 用于记录查询的阈值。如果执行查询所需的时间超过此阈值，则记录该查询。将阈值设置为 0，将记录所有查询
verbose	是	在查询开始和结束时进行记录，与 dbms.logs.query.threshold 无关

1. 日志配置

查询日志文件为 logs 目录下的 query.log 文件，可以在 neo4j.conf 配置文件中设置查询日志的轮换。可用的参数如表 5-46 所示。

表 5-46 查询日志参数

参数名称	默认值	描述
dbms.logs.query.allocation_logging_enabled	false	已执行查询的日志分配字节
dbms.logs.query.enabled	verbose	记录执行的查询
dbms.logs.query.page_logging_enabled	false	是否记录已执行查询的页面命中和页面错误
dbms.logs.query.parameter_logging_enabled	true	是否设定查询耗时超过配置阈值

（续表）

参数名称	默认值	描述
dbms.logs.query.rotation.keep_number	7	设置保存历史查询日志文件的数量
dbms.logs.query.rotation.size	20MB	查询日志自动轮换的文件大小
dbms.logs.query.threshold	0	如果查询执行所花费的时间长于此阈值，则记录该查询
dbms.logs.query.time_logging_enabled	false	记录已执行查询的详细时间信息

例如，将查询日志设置为 info，保留其他查询日志参数的默认值。示例如下：

```
dbms.logs.query.enabled=info
```

则此基本配置的查询日志示例为：

```
2017-11-22 14:31 ... INFO  9 ms: bolt-sessionboltjohndoe neo4j-javascript/1.4.1
client/127.0.0.1:59167 ...
2017-11-22 14:31 ... INFO  0 ms: bolt-sessionboltjohndoe neo4j-javascript/1.4.1
client/127.0.0.1:59167 ...
2017-11-22 14:32 ... INFO  3 ms: server-session http127.0.0.1/db/data/cypher neo4j
- CALL dbms.procedures() - {}
2017-11-22 14:32 ... INFO  1 ms: server-session http127.0.0.1/db/data/cypher neo4j
- CALL dbms.showCurrentUs...
2017-11-22 14:32 ... INFO  0 ms: bolt-sessionboltjohndoe neo4j-javascript/1.4.1
client/127.0.0.1:59167 ...
2017-11-22 14:32 ... INFO  0 ms: bolt-sessionboltjohndoe neo4j-javascript/1.4.1
client/127.0.0.1:59167 ...
2017-11-22 14:32 ... INFO  2 ms: bolt-sessionboltjohndoe neo4j-javascript/1.4.1
client/127.0.0.1:59261 ...
```

接下来将开启查询日志记录，并启用一些附加日志记录功能，示例如下：

```
dbms.logs.query.parameter_logging_enabled=true
dbms.logs.query.time_logging_enabled=true
dbms.logs.query.allocation_logging_enabled=true
dbms.logs.query.page_logging_enabled=true
```

则上述带附加配置的查询日志示例为：

```
2017-11-22 12:38 ... INFO  3 ms: bolt-sessionboltjohndoe neo4j-javascript/1.4.1
...
2017-11-22 22:38 ... INFO 61 ms: (planning: 0, cpu: 58, waiting: 0) - 6164496 B
- 0 page hits, 1 page faults ...
2017-11-22 12:38 ... INFO 78 ms: (planning: 40, cpu: 74, waiting: 0) - 6347592 B
- 0 page hits, 0 page faults ...
2017-11-22 12:38 ... INFO 44 ms: (planning: 9, cpu: 25, waiting: 0) - 1311384 B
- 0 page hits, 0 page faults ...
2017-11-22 12:38 ... INFO 6 ms: (planning: 2, cpu: 6, waiting: 0) - 420872 B - 0
page hits, 0 page faults -...
```

2. **将元数据附加到查询**

可以使用内置 tx.setMetaData 过程，将元数据附加到查询上并输出到查询日志中。这通常是以编程方式的完成，但也可以使用 cypher-shell 进行演示，例如，开启一个事务并调用过程

tx.setMetaData 来增加一些元数据：

```
neo4j> :begin
neo4j# CALL tx.setMetaData({ User: 'jsmith', AppServer:
'app03.dc01.company.com'});
neo4j# CALL dbms.procedures() YIELD name RETURN COUNT(name);
COUNT(name) 39
neo4j# :commit
```

其对应的查询日志结果如下：

```
... CALL tx.setMetaData({ User: 'jsmith', AppServer: 'app03.dc01.company.com'});
- {} - {}
... CALL dbms.procedures() YIELD name RETURN COUNT(name); - {} - {User: 'jsmith',
AppServer: 'app03.dc01.company.com'}
```

5.5.3 查询管理

Neo4j 提供了相应的手段，以便从安全或性能的角度对查询语句进行检查。查询日志可用于数据库的持续监控和故障排除。事务超时功能是一种安全措施，操作员可以利用它为查询设定最大的运行时间。查询管理可查看数据库中运行的查询，必要时可终止某个查询。

5.5.3.1 列出所有正在运行的查询

管理员能够查看当前实例中运行的所有查询。当前用户可以查看自己当前正在运行的所有查询。其语法为：CALL dbms.listQueries()，其返回值如表 5-47 所示。

表 5-47　列出所有运行查询的返回值

名称	类型	描述
queryId	String	查询 ID
username	String	执行该查询的用户名
query	String	查询本身
parameters	Map	该查询的参数列表
planner	String	该查询使用的计划器
runtime	String	该查询的运行时间
indexes	List	该查询所使用的索引列表
startTime	String	该查询的开始时间
elapsedTime	String	查询已消耗的时间
connectionDetails	String	该查询的连接详细信息
protocol	String	查询连接使用的协议
connectionId	String	查询的连接 ID。如果使用嵌入式 API，则此字段为空
clientAddress	String	查询连接的客户端地址
requestUri	String	查询客户机连接使用的请求 URI
status	String	查询的状态
resourceInformation	Map	查询的资源信息
activeLockCount	Integer	执行查询的事务活动锁计数
elapsedTimeMillis	Integer	查询启动以来的时间（单位为毫秒）
cpuTimeMillis	Integer	查询所用的 CPU 时间（单位为毫秒），如果参数 dbms.track_query_cpu_time 不设置为 true，则此值为空
waitTimeMillis	Integer	等待获取锁所花费的时间（单位为毫秒）

（续表）

名称	类型	描述
idleTimeMillis	Integer	空闲时间（单位为毫秒）。如果参数 dbms.track_query_cpu_time 不设置为 true，此值为空
allocatedBytes	Integer	查询分配的字节数。对于内存密集型或长时间运行的查询，该值可能大于当前内存使用量。如果参数 dbms.track_query_cpu_time 不设置为 true，则此值为空
pageHits	Integer	页面命中数
pageFaults	Integer	页面错误数
database	String	查询的数据库名称

以下示例显示用户 alwood 运行过程 dbms.listQueries()后，并只显示 queryId、username、query、elapsedTimeMillis、requestUri、status、database 项信息。

```
CALL dbms.listQueries() YIELD queryId, username, query, elapsedTimeMillis,
requestUri, status, database
```

结果为:

```
|"queryId" |"username" |"query"|"elapsedTimeMillis" |"requestUri" |"status" |"database" |
|"query-33" |"alwood" |"CALL dbms.listQueries() YIELD|1 |"127.0.0.1:7687" |"running" |"myDb" |
queryId, username, query, elapsedTime, requestUri, status, database" |
```

```
1 row
```

5.5.3.2 列出查询的所有活动锁

管理员可通过 queryId 来查看事务的活动锁。语法为：CALL dbms.listActiveLocks(queryId)，其返回值如表 5-48 所示。

表 5-48 列出所有运行查询的返回值

名称	类型	描述
mode	String	事务的锁模式
resourceType	String	锁定的资源类型
resourceId	Integer	锁定的资源 ID

下面的示例显示 id 为 query-614 的查询事务所持有的活动锁：

```
CALL dbms.listActiveLocks( "query-614" )
```

结果为:

```
|"mode"      |"resourceType"|"resourceId"|

|"SHARED"    |"SCHEMA"      |0           |
```

```
1 row
```

下面示例通过 dbms.listQueries 过程的 queryId 来显示当前查询的活动锁：

```
CALL dbms.listQueries() YIELD queryId, query, database
CALL dbms.listActiveLocks( queryId ) YIELD resourceType, resourceId, mode
```

```
RETURN queryId, query, resourceType, resourceId, mode, database
```

结果为:

```
┌──────────────────────────────────────────────────────────────────────┐
│"queryId" │"query" │"resourceType"│"resourceId"│"mode" │"database" │
│"query-614"│"match (n), (m), (o), (p), (q) return count(*)"│"SCHEMA"│0│"SHARED"│"myDb"│
│"query-684"│"CALL dbms.listQueries() YIELD.."│"SCHEMA"│0│"SHARED"│ "myOtherDb"│
└──────────────────────────────────────────────────────────────────────┘
2 rows
```

5.5.3.3 终止多个查询

管理员能终止给定查询 ID 列表的任意组事务。当前用户可以终止其自己创建的任意组事务。其语法为：CALL dbms.killQueries(queryIds)；其中 queryIds 参数为 List<String>类型，是需要终止的事务 ID 的列表。其返回值如表 5-49 所示。

表 5-49 终止多个查询的返回值

名称	类型	描述
queryId	String	查询 ID
Username	String	启动运行该查询的用户名
Message	String	表明是否成功找到查询的消息

以下示例显示，管理员已终止分别由用户的 joesmith 和 annebrown 启动的 ID 为 query-378 和 query-765 的查询。

```
CALL dbms.killQueries(['query-378','query-765'])
```

结果为:

```
+-------------+------------+---------------+
| queryId     | username   | message       |
+-------------+------------+---------------+
| "query-378" | "joesmith" | "Query found" |
| "query-765" | "annebrown"| "Query found" |
+-------------+------------+---------------+
2 rows
```

5.5.3.4 终止单个查询

管理员能终止给定查询 ID 的任意一个事务。当前用户可以终止其自己创建的任意一个事务。其语法为：CALL dbms.killQuery(queryId)；其中 queryId 参数为 String 类型，是需要终止的事务 ID。其返回值如表 5-50 所示。

表 5-50 终止单个查询的返回值

名称	类型	描述
queryId	String	查询 ID
username	String	启动运行该查询的用户名
message	String	表明是否成功找到查询的消息

以下示例显示用户 joesmith 终止了事务 ID 为 query-502 的查询。

```
CALL dbms.killQuery('query-502')
```

结果为：

```
+-------------+------------+----------------+
| queryId     | username   | message        |
+-------------+------------+----------------+
| "query-502" | "joesmith"  | "Query found" |
+-------------+------------+----------------+
1 row
```

如果事务 ID 为 query-502 的查询不存在，则再执行此命令将显示结果为：

```
+-------------+------------+---------------------------------+
| queryId     | username   | message                         |
+-------------+------------+---------------------------------+
| "query-502" | " n/a "    | " No Query found with this id " |
+-------------+------------+---------------------------------+
1 row
```

5.5.4 事务管理

本节将介绍事务管理的功能，包括配置事务超时、配置锁获取超时、列出所有正在运行的事务。

5.5.4.1 配置事务超时

事务超时（transaction timeout）特性也称为事务保护（transaction guard）。Neo4j 支持设置终止执行时间超过设定时间的事务。要启用此功能，需要对参数 dbms.transaction.timeout 设定为某个正数，即超时时间，设置为 0（默认值）表示禁用此功能。配置事务超时的方法是：

```
dbms.transaction.timeout=10s
```

此功能对使用自定义超时（通过 Java API）执行的事务不产生影响，因为自定义超时将覆盖 dbms.transaction.timeout 设置的值。

5.5.4.2 配置锁获取超时

正在执行的事务在等待另一个事务释放某个锁时，可能会卡住。这是一种不可取的事务状态，在某些情况下，最好放弃该事务的执行。要启用此功能，需要将参数 dbms.lock.acquisition. timeout 设置为某个正时间值，表示在事务失败之前，应在该时间间隔内获取任何特定的锁。设置为 0（默认值）表示禁用锁定获取超时功能。配置锁获取超时的方法是：

```
dbms.lock.acquisition.timeout=10s
```

5.5.4.3 列出所有正在运行的事务

管理员可以查看数据库实例中当前正在执行的所有事务。当前用户可以查看自己当前正在执行的所有事务。此命令的语法为：CALL dbms.listTransactions()，其返回值如表 5-51 所示。

表 5-51 列出所有正在运行的事务的返回值

名称	类型	描述
transactionId	String	事务的 ID
username	String	执行事务用户的用户名
metaData	Map	与事务关联的元数据
startTime	String	事务开始的时间

（续表）

名称	类型	描述
protocol	String	事务连接使用的协议
connectionId	String	事务连接的 ID。如果是采用嵌入式 API 方式启动的事务，则此字段为空
clientAddress	String	事务连接的客户端地址
requestUri	String	事务客户端连接使用的请求 URI
currentQueryId	String	事务当前查询的 ID
currentQuery	String	事务的当前查询
activeLockCount	Integer	事务持有的活动锁计数
status	String	事务的状态
resourceInformation	Map	事务等待的资源信息
elapsedTimeMillis	Integer	事务启动以来经过的时间（单位为毫秒）
cpuTimeMillis	Integer	事务所花费的 CPU 时间（单位为毫秒）
waitTimeMillis	Integer	等待获取锁所花费的时间（单位为毫秒）
idleTimeMillis	Integer	空闲时间（单位为毫秒）
allocatedBytes	Integer	事务分配的字节数。已弃用，以替换为 EstimatedEdheapMemory
allocatedDirectBytes	Integer	事务使用的直接字节
pageHits	Integer	事务执行的页面命中数
pageFaults	Integer	事务执行的页面错误数
database	String	执行事务的数据库名称
estimatedUsedHeapMemory	Integer	事务的堆使用用量，以字节为单位

以下示例显示用户 alwood 运行 dbms.listTransactions()过程后的结果，并显示指定的字段为 transactionId、username、currentQuery、elapsedtimellis、requestUri、status。

```
CALL dbms.listTransactions() YIELD transactionId, username, currentQuery,
elapsedTimeMillis, requestUri, status
```

结果为：

```
┌──────────────────────────────────────────────────────────────────────┐
│"transactionId" │"username" │"currentQuery" │"elapsedTimeMillis"│"requestUri"
│"status" │
│"myDb-transaction-22"│"alwood" │" CALL dbms.listTransactions() YIELD transactionId,
username, currentQuery, elapsedTimeMillis, requestUri, status" │"1"│
"127.0.0.1:7687"│"Running" │
└──────────────────────────────────────────────────────────────────────┘
1 row
```

5.5.5 连接管理

本节将介绍用于连接管理的工具，包括列出所有网络连接、终止多个网络连接、终止单个网络连接。

5.5.5.1 列出所有网络连接

管理员可以查看数据库实例中的所有网络连接。当前用户可以查看自己的所有网络连接。过程 dbms.listConnections 能列出所有已配置连接器的网络连接，包括 Bolt、HTTP 和 HTTPS。有的连接可能永远不需要进行身份验证。例如，对来自 Neo4j 浏览器的 HTTP GET 请求以获取静态资源，就不需要进行身份验证。但是，Neo4j 浏览器进行的连接需要用户提供凭证并执行身份验证。其语法为：CALL dbms.listConnections()，返回值如表 5-52 所示。

表 5-52　列出所有网络连接的返回值

名称	类型	描述
connectionId	String	网络连接 ID
connectTime	String	连接开始的时间
connector	String	连接器的名称
username	String	启动连接的用户名。如果是采用嵌入式 API 方式启动的事务，则此字段为空。如果连接未执行身份验证，则此字段也为空
userAgent	String	连接的软件名称。从 HTTP 和 HTTPS 的 User-Agent 请求头中提取。Bolt 连接可从初始化消息 Agent 字符串中提取
serverAddress	String	连接的服务器地址
clientAddress	String	连接的客户端地址

下面示例显示用户 alwood 使用 Java 驱动程序和 Firefox 浏览器调用 dbms.listConnections()，并输出有关连接的相关信息，包括 connectionId、connectTime、connector、username、userAgent 和 clientAddress。

```
CALL dbms.listConnections() YIELD connectionId, connectTime, connector, username,
userAgent, clientAddress
```

结果为：

```
┌──────────────────────────────────────────────────────────────────────────────┐
│"connectionId"│"connectTime"│"connector"│"username"│"userAgent" │"clientAddress"
│"status" │
│"bolt-21"│"2018-10-10T12:11:42.276Z"│"bolt"│"alwood" │"neo4j-java/1.6.3" │
"127.0.0.1:53929"│"Running"│
│"http-11"│"2018-10-10T12:37:19.014Z"│"http"│null│"Mozilla/5.0 (Macintosh; Intel
macOS 10.13; rv:62.0) Gecko/20100101 Firefox/62.0"│"127.0.0.1:54118"│"Running"│
└──────────────────────────────────────────────────────────────────────────────┘
2 rows
```

5.5.5.2 终止多个网络连接

管理员可以终止数据库实例中任何给定 connectionIds 的所有网络连接。当前用户可以终止自己的网络连接。其语法为：CALL dbms.killConnections(connectionIds)；其参数 connectionIds 的类型为字符串列表（List<String>），即需要终止的连接 ID 列表。它的返回值如表 5-53 所示。

表 5-53　终止多个网络连接的返回值

名称	类型	描述
connectionId	String	终止连接的 ID
username	String	启动终止连接的用户名
message	String	表明是否成功找到连接的消息

需要注意，Bolt 连接是有状态的。终止 Bolt 连接将导致正在进行的查询或事务的终止。终止 HTTP/HTTPS 连接可以终止正在进行的 HTTP/HTTPS 请求。

下面的示例显示管理员已终止 ID 为 bolt-37 和 https-11 的连接，这些连接分别由用户 joesmith 和 annebrown 发起。管理员还试图终止 ID 为 http-42 的连接，但该连接不存在。

```
CALL dbms.killConnections(['bolt-37', 'https-11', 'http-42'])
```

结果为：

```
┌─────────────────────────────────────────────────────────────────────────┐
│"connectionId"   │"username"   │"message"                              │
│"bolt-37"        │"joesmith"   │"Connection found"                     │
│"https-11"       │"annebrown"  │"Connection found"                     │
│"http-42"        │"n/a"        │"No connection found with this id"     │
└─────────────────────────────────────────────────────────────────────────┘
3 rows
```

5.5.5.3　终止单个网络连接

管理员可以终止数据库实例中任何给定 connectionId 的网络连接。当前用户可以终止自己的网络连接。其语法为：CALL dbms. killConnection (connectionId)；参数 connectionId 的类型为字符串，即需要终止的连接 ID。它的返回值如表 5-54 所示。

表 5-54　终止单个网络连接的返回值

名称	类型	描述
connectionId	String	终止连接的 ID
username	String	启动终止连接的用户名
message	String	表明是否成功找到连接的消息

需要注意，Bolt 连接是有状态的。终止 Bolt 连接将导致正在进行的查询或事务的终止。终止 HTTP/HTTPS 连接可以终止正在进行的 HTTP/HTTPS 请求。

以下示例显示终止用户 joesmith 请求 ID 为 bolt-4321 的连接。

```
CALL dbms.killConnection('bolt-4321')
```

结果为：

```
┌───────────────────────────────────────────────────────────┐
│"connectionId"   │"username"   │"message"                │
│"bolt-4321"      │"joesmith"   │"Connection found"       │
└───────────────────────────────────────────────────────────┘
1 row
```

下面的示例显示终止不存在的连接 ID 时的输出。

```
CALL dbms.killConnection('bolt-987')
```

结果为：

```
┌─────────────────────────────────────────────────────────────────────────┐
│"connectionId"   │"username"   │"message"                              │
│"bolt-987"       │"n/a"        │"No connection found with this id"     │
└─────────────────────────────────────────────────────────────────────────┘
1 row
```

5.5.6　监控因果集群

本节将介绍用于监控 Neo4j 因果集群的其他方法。除前面章节中描述的指标外，Neo4j 因果集群还提供了监控的相关工具。这些过程或函数可以用于查看集群的状态，了解集群的当前状况和拓扑结构。此外还可用于查看 HTTP 端点的健康状况和状态。

5.5.6.1 监控因果集群的过程

本节介绍监控 Neo4j 因果集群的过程，包括查找集群成员的角色、获取集群实例的概况、获取路由推荐。

1. 查找集群成员的角色

过程 dbms.cluster.role（databaseName）可以在因果集群中的每个实例上进行调用，返回该实例在因果集群中的角色。每个实例可以拥有多个数据库并参与多个独立的 Raft 组。参数 databaseName 为被查找数据库的名称，过程返回数据库在该实例的角色。其语法为 CALL dbms.cluster.role(databaseName)；参数 databaseName 为 String 类型，即集群数据库名。过程的返回值如表 5-55 所示。

表 5-55　查找集群成员的角色的返回值

名称	类型	描述
role	String	当前实例在集群中的角色，可以为 LEADER、FOLLOWER、READ_REPLICA

注意，此过程本身有一定的作用，是其他监控过程的基础。下面的示例显示如何找到数据库 neo4j 的当前实例的角色，在本例中是 FOLLOWER。

```
CALL dbms.cluster.role("neo4j")
```

其返回值为：

```
role
FOLLOWER
```

2. 获取集群实例的概况

过程 dbms.cluster.overview()可以返回群集中所有实例的拓扑概况，包括集群实例的详细信息。其语法为 CALL dbms.cluster.overview()，返回值如表 5-56 所示。

表 5-56　获取集群实例的概况的返回值

名称	类型	描述
id	String	实例 ID
addresses	List	实例地址列
groups	List	实例所处服务器组列
databases	Map	该实例所运行的所有数据库和对应角色的映射。映射中键是数据库名，值为该实例在相应 Raft 组中的角色，可以是 LEADER、FOLLOWER 或 READ_REPLIC

下面的示例演示如何获取集群拓扑：

```
CALL dbms.cluster.overview()
```

结果为：

```
Id                          addresses                  groups   databases
08eb9305-53b9-4394-         [bolt://neo20:7687,        []       {system: LEADER,
9237-0f0d63bb05d5           http://neo20:7474,                  neo4j: FOLLOWER}
                            https://neo20:7473]
cb0c729d-233c-452f-8f06-    [bolt://neo21:7687,        []       {system: FOLLOWER,
```

f2553e08f149	http://neo21:7474, https://neo21:7473]		neo4j: FOLLOWER}
ded9eed2-dd3a-4574-bc08-6a569f91ec5c	[bolt://neo22:7687, http://neo22:7474, https://neo22:7473]	[]	{system: FOLLOWER, neo4j: LEADER}
00000000-0000-0000-0000-000000000000	[bolt://neo34:7687, http://neo34:7474, https://neo34:7473]	[]	{system: READ_REPLICA, neo4j: READ_REPLICA}
00000000-0000-0000-0000-000000000000	[bolt://neo28:7687, http://neo28:7474, https://neo28:7473]	[]	{system: READ_REPLICA, neo4j: READ_REPLICA}
00000000-0000-0000-0000-000000000000	[bolt://neo31:7687, http://neo31:7474, https://neo31:7473]	[]	{system: READ_REPLICA, neo4j: READ_REPLICA}

3. 获取路由推荐

从应用程序的角度来看，仅了解成员在集群中扮演的角色是不够的，还需要知道哪个实例可以提供所需的服务。过程 dbms.routing.getRoutingTable(routingContext, databaseName)就能提供这些信息。其语法为：CALL dbms.routing.getRoutingTable(routingContext, databaseName)，过程参数如表 5-57 所示。

表 5-57　获取路由推荐的参数

名称	类型	描述
routingContext	Map	多数据中心部署中的路由上下文。要与多数据中心负载平衡结合使用
databaseName	String	要获取其路由表的数据库名称

下面的示例显示如何发现集群中的哪些实例可以为数据库 Neo4j 提供哪些服务。其命令为：

```
CALL dbms.routing.getRoutingTable({}, "neo4j")
```

该过程返回特定服务（READ、WRITE 或 ROUTE）与该服务实例地址之间的映射。还返回以秒为单位的生存时间（Time To Live，TTL），可作为客户端缓存响应的时间建议。该过程返回结果展开类似如下：

```
{
    "ttl": 300,
    "servers": [
        {
            "addresses": ["neo20:7687"],
            "role": "WRITE"
        },
        {
            "addresses": ["neo21:7687", "neo22:7687", "neo34:7687", "neo28:7687",
"neo31:7687"],
            "role": "READ"
        },
        {
            "addresses": ["neo20:7687", "neo21:7687", "neo22:7687"],
            "role": "ROUTE"
        }
```

```
    ]
}
```

5.5.6.2 端点的状态信息

本节介绍用于监控 Neo4j 因果集群中 HTTP 端点（HTTP endpoints）的运行状况。因果集群公开了一些 HTTP 端点，这些端点可用于监控集群的运行状况，包括调整因果群集端点的安全设置、统一端点。

1. 调整因果集群端点的安全设置

如果在 Neo4j 中启用了身份验证和授权，因果集群端点也需要身份验证凭证。参数 dbms.security.auth_enabled 控制是否启用本机身份验证。对于一些负载均衡和代理服务器，就必须提供身份验证凭证。在 neo4j.conf 文件中将参数设置为 dbms.security.causive_clustering_status_auth_enabled=false，表明禁用因果集群状态端点的身份验证。

2. 统一端点

在核心服务器（Core Servers）和只读副本（Read Replicas）上都有一组统一的端点，其行为如下：

- /db/<databasename>/cluster/writable：用于将写入流量定向到特定实例。
- /db/<databasename>/cluster/read-only：用于将只读流量定向到特定实例。
- /db/<databasename>/cluster/available：通常用于将任意请求类型定向到可用于处理读事务的实例。
- /db/<databasename>/cluster/status：提供实例在集群中状态视图的详细描述。

每个端点都指向一个包含自己的 Raft 组的特定数据库。上面 databaseName 路径参数为数据库名称。默认情况下，新装的 Neo4j 有两个数据库 system 和 neo4j 端点：

```
http://localhost:7474/db/system/cluster/writable
http://localhost:7474/db/system/cluster/read-only
http://localhost:7474/db/system/cluster/available
http://localhost:7474/db/system/cluster/status

http://localhost:7474/db/neo4j/cluster/writable
http://localhost:7474/db/neo4j/cluster/read-only
http://localhost:7474/db/neo4j/cluster/available
http://localhost:7474/db/neo4j/cluster/status
```

统一 HTTP 端点响应如表 5-58 所示。

表 5-58　统一 HTTP 端点响应

端点	实例状态	返回值	正文
/db/<databasename>/cluster/writable	Leader	200 OK	true
	Follower	404 Not Found	false
	Read Replica	404 Not Found	false
/db/<databasename>/cluster/read-only	Leader	404 Not Found	false
	Follower	200 OK	true
	Read Replica	200 OK	true

（续表）

端点	实例状态	返回值	正文
/db/<databasename>/cluster/available	Leader	200 OK	true
	Follower	200 OK	true
	Read Replica	200 OK	true
/db/<databasename>/cluster/status	Leader	200 OK	JSON
	Follower	200 OK	JSON
	Read Replica	200 OK	JSON

在命令行中，查询这些端点的常用方法是 curl。如果不带参数，curl 将对提供的 URI 执行 HTTP GET 请求，并输出正文（如果有的话）。如果还想获得返回值，只需添加-v 参数即可。以下示例是请求核心服务器上的 writable 端点，该服务器当前被选为领导者，并输出详细信息：

```
#> curl -v localhost:7474/db/neo4j/cluster/writable
* About to connect() to localhost port 7474 (#0)
* Trying ::1...
* connected
* Connected to localhost (::1) port 7474 (#0)
> GET /db/neo4j/cluster/writable HTTP/1.1
> User-Agent: curl/7.24.0 (x86_64-apple-darwin12.0) libcurl/7.24.0 OpenSSL/0.9.8r
zlib/1.2.5
> Host: localhost:7474
> Accept: */*
>
< HTTP/1.1 200 OK
< Content-Type: text/plain
< Access-Control-Allow-Origin: *
< Transfer-Encoding: chunked
< Server: Jetty(9.4.17)
<*
Connection #0 to host localhost left intact
true* Closing connection #0
```

3. 端点状态

端点状态位于/db/<databasename>/cluster/status，可用于协助集群的滚动升级。通常，在将核心服务器从集群中移除之前，需要确保核心服务器可以安全关闭。端点状态提供以下信息可帮助解决此类问题：

```
{
"lastAppliedRaftIndex":0,
"votingMembers":["30edc1c4-519c-4030-8348-7cb7af44f591","80a7fb7b-c966-4ee7-88
a9-35db8b4d68fe"
,"f9301218-1fd4-4938-b9bb-a03453e1f779"],
"memberId":"80a7fb7b-c966-4ee7-88a9-35db8b4d68fe",
"leader":"30edc1c4-519c-4030-8348-7cb7af44f591",
"millisSinceLastLeaderMessage":84545,
"participatingInRaftGroup":true,
"core":true,
"isHealthy":true,
```

```
"raftCommandsPerSecond":124
}
```

端点状态描述如表 5-59 所示。

表 5-59 端点状态描述

域	类型	可选	示例	描述
core	boolean	否	true	用于区分核心服务器和只读副本
lastAppliedRaftIndex	number	否	4321	最新应用的 raft 日志索引的指示
participatingInRaftGroup	boolean	否	false	参与投票的成员
votingMembers	string[]	否	[]	投票成员列表
isHealthy	boolean	否	true	是否健康
memberId	string	否	30edc1c4-519c-4030-8348-7cb7af44f591	成员编号。集群中每个成员有唯一的编号
leader	string	是	80a7fb7b-c966-4ee7-88a9-35db8b4d68fe	集群中 Leader 编号
millisSinceLastLeaderMessage	number	是	1234	Leader 心跳消息之间的间隔毫秒数。与只读副本无关
raftCommandsPerSecond	number	是	124	在一次采样窗口内 raft 状态机的平均吞吐量

打开数据库实例后，就可以访问端点状态。为了获得最准确的集群视图，建议访问所有核心成员上的端点状态并加以比较。表 5-60 展示如何进行结果比较。

表 5-60 通过端点状态来衡量值与可访问性

检查名	计算方法	描述
allServersAreHealthy	每个核心服务器的端点状态isHealthy==true	确保整个集群数据是健康的。当出现任何核心错误时，表示出现了大问题
allVotingSetsAreEqual	任意两个核心服务器（A 和 B），A 的 votingMembers==B 的 votingMembers	当投票开始时，所有核心都是平等的
allVotingSetsContainAtLeastTargetCluster	所有核心服务器集合（S），排除核心 Z 后，S 中每个成员都包含 S 为选举集。成员关系由端点状态中的 memberId 和 votingMembers 确定	有时网络条件不好，需关闭一个核心服务器。如果对所有核心运行此检查，则符合此条件的核心服务器可以关闭
hasOneLeader	任意两个核心服务器（A 和 B），A.leader == B.leader && leader!=null	如果 leader 发生变化，则集群可能出现划分。如果 leader 未知，则意味着 leader 消息已超时
noMembersLagging	任意两个核心服务器（A 和 B），A.lastAppliedRaftIndex = min、B.lastAppliedRaftIndex = max、B.lastAppliedRaftIndex-A.lastAppliedRaftIndex<raftIndexLagThreshold	如果核心之间索引有很大的差异，那么关闭一个核心是很危险的

5.5.7 监控单个数据库状态

本节将介绍 SHOW DATABASES 及相关的 Cypher 命令使用。除了之前介绍的系统级度量和日志外，操作人员还可能需要监控 Neo4j 中单个数据库的状态。

5.5.7.1　列出数据库

首先，需确保是对 system 数据库执行查询，可以运行命令:use system（在 Cypher shell 或 Neo4j 浏览器中），或者使用 Neo4j 驱动程序创建一个与 system 数据库的会话，随后，再运行 SHOW DATABASES 命令。其语法为：

```
SHOW DATABASES
```

返回值如表 5-61 所示。

表 5-61　SHOW DATABASES 命令的返回值

名称	类型	描述
name	String	数据库名称
address	String	Neo4j 实例的 bolt 地址
role	String	Neo4j 实例的集群角色
requestedStatus	String	请求数据库操作的状态
currentStatus	String	Neo4j 实例的实际状态
error	String	Neo4j 实例遇到的错误（如果有）
default	String	此数据库是否为默认数据库

在 Neo4j 独立实例上执行 SHOW DATABASES 命令时，可看到如下输出：

name	address	role	requested Status	currentSt atus	error	default
"neo4j"	"localhost:7687"	"standalone"	"online"	"online"	""	true
"system"	"localhost:7687"	"standalone"	"online"	"online"	""	false

注意，role 和 address 列主要用于因果集群中，在部署多个 Neo4j 实例时区分实例之间的状态。在一个独立的部署中，只有一个 Neo4j 实例，对于每个数据库，address 字段应该是相同的，并且角色字段应该始终是 standalone。如果在创建（或停止、删除等）数据库时发生错误，将看到如下输出：

name	address	role	requested Status	currentStatus	error	default
"neo4j"	"localhost:76 8 7"	"standalone "	"online"	"online"	""	true
"system"	"localhost:76 8 7"	"standalone "	"online"	"online"	""	false
"foo"	"localhost:76 8 7"	"standalone "	"online"	"Reached maximum number of active databases …"	""	false

注意，对于错误的数据库，currentStatus 和 requestedStatus 是不同的。例如，由于执行恢复，数据库从“脱机”状态过渡到“联机”可能需要一段时间；在正常运行期间，由于系统必要的自动运行过程，数据库的 currentStatus 可能暂时与 requestedStatus 不同，比如，一个 Neo4j 实例从另一个实例复制存储文件。

可能的状态有 initial、online、offline、store copying、unknown。

在 Neo4j 因果集群上执行 SHOW DATABASES 命令时，可看到如下输出：

name	address	role	requestedStatus	currentStatus	error	default
"neo4j"	"localhost:200 31"	"follower"	"online"	"online"	""	true
"neo4j"	"localhost:200 10"	"follower"	"online"	"online"	""	true
"neo4j"	"localhost:200 05"	"leader"	"online"	"online"	""	True
"neo4j"	"localhost:200 34"	"read_replica"	"online"	"online"	""	true
"system"	"localhost:200 31"	"follower"	"online"	"online"	""	false
"system"	"localhost:200 10"	"follower"	"online"	"online"	""	false
"system"	"localhost:200 05"	"leader"	"online"	"online"	""	false
"system"	"localhost:200 34"	"read_replica"	"online"	"online"	""	false
"foo"	"localhost:200 31"	"leader"	"online"	"online"	""	false
"foo"	"localhost:200 10"	"follower"	"online"	"online"	""	false
"foo"	"localhost:200 05"	"follower"	"online"	"online"	""	false
"foo"	"localhost:200 34"	"read_replica"	"online"	"online"	""	false

注意，SHOW DATABASES 不会只为每个数据库返回 1 行。相反，在集群中为每个数据库、每个 Neo4j 实例都会返回 1 行。因此，如果有一个 4 实例集群，托管 3 个数据库，将会有 12 行。

如果在创建（或停止、删除等）数据库时发生错误，将会看到如下输出：

name	address	role	requestedStatus	currentStatus	error	default
"neo4j"	"localhost:200 31"	"follower"	"online"	"online"	""	true
"neo4j"	"localhost:200 10"	"follower"	"online"	"online"	""	true
"neo4j"	"localhost:200 05"	"leader"	"online"	"online"	""	true
"neo4j"	"localhost:200 34"	"read_replica"	"online"	"online"	""	true
"system"	"localhost:200 31"	"follower"	"online"	"online"	""	false
"system"	"localhost:200 10"	"follower"	"online"	"online"	""	false
"system"	"localhost:200 05"	"leader"	"online"	"online"	""	false
"system"	"localhost:200 34"	"read_replica"	"online"	"online"	""	false
"foo"	"localhost:200 31"	"unknown"	"online"	"initial"	""	false
"foo"	"localhost:200 10"	"leader"	"online"	"online"	""	false
"foo"	"localhost:200 05"	"follower"	"online"	"online"	""	false
"foo"	"localhost:200 34"	"unknown"	"online"	"initial"	""	false

注意，对于每个数据库，不同的实例可能有不同的角色。

如果某个数据库在某个特定的 Neo4j 实例上处于脱机状态，无论是因为它被操作员停止还是发生了错误，那么它的集群角色是 unknown。这是因为不能预先对实例/数据库组合假定集群角色。这与独立部署的 Neo4j 实例不同，在独立部署的 Neo4j 实例中，每个数据库的实例角色总是被假定为 standalone。

可能的角色有 standalone、leader、follower、read_replica 和 unknown。

5.5.7.2 列出单个数据库

SHOW DATABASES 命令返回的行数可能很多，尤其是集群，可以在命令后带上数据库名来进行过滤。其语法为：SHOW DATABASE databaseName；参数 databaseName 为 String 类型，即需要输出状态的数据库名。其返回值参见表 5-61 所示。

假定需要查看的数据库名为 foo，在 Neo4j 因果集群中运行 SHOW DATABASE foo 时，将看到如下输出：

```
name    address              role        requested   Current    error  default
                                         Status      Status
"foo"   "localhost:200 31"   "unknown"   "online"    "initial"  ""     false
"foo"   "localhost:200 10"   "leader"    "online"    "online"   ""     false
"foo"   "localhost:200 05"   "follower"  "online"    "online"   ""     false
"foo"   "localhost:200 34"   "unknown"   "online"    "initial"  ""     false
```

5.6　性能管理

本节将介绍影响操作性能的因素，以及如何调整 Neo4j 以获得最佳吞吐量。内容包括内存配置、索引配置、调整垃圾收集器、Bolt 线程池配置、Linux 文件系统调优、磁盘、内存及其他提示、统计和执行计划，以及压缩存储。

5.6.1　内存配置

5.6.1.1　简介

Neo4j 服务器内存有众多使用区域，有的区域还包括一些子区域，如图 5-2 所示。

（1）操作系统内存（OS memory）：必须为运行操作系统本身的进程保留一些内存。不可能显式地配置操作系统保留的内存数量，它是配置 Neo4j 后剩余可用的内存容量。如果没有为操作系统留下足够的空间，将导致内存交换到磁盘，从而严重影响性能。对于专门运行 Neo4j 服务器而言，为操作系统保留 1GB 内存是起点配置，在内存特别大的服务器中，操作系统预留的空间将远远大于 1GB。

（2）JVM 堆（JVM heap）：Java 虚拟机（JVM）中有一个堆空间，它是 Java 运行时的数据区域，为所有类实例和数组分配内存。Java 对象的堆存储由自动存储管理系统（automatic storage management system）回收，也称为垃圾收集器（garbage collector，GC）。堆内存大小由参数 dbms.memory.heap.initial_size 和 dbms.memory.heap.max_size 进行配置。建议将这两个参数设置为相同的值，以避免引起不必要的垃圾收集（full garbage collection）的停顿。通常，为了提高性能，应该配置足够大的堆来支持并发操作。

（3）本机内存（native memory）：有时也称为堆外内存（off-heap memory），是 Neo4j 从操作系统直接分配的内存。此内存将根据需要动态增长，不受垃圾回收器的控制。

（4）数据库管理系统（DBMS）：它包含 Neo4j 实例的全局组件。例如，bolt 服务器、日志服务、监控服务等。

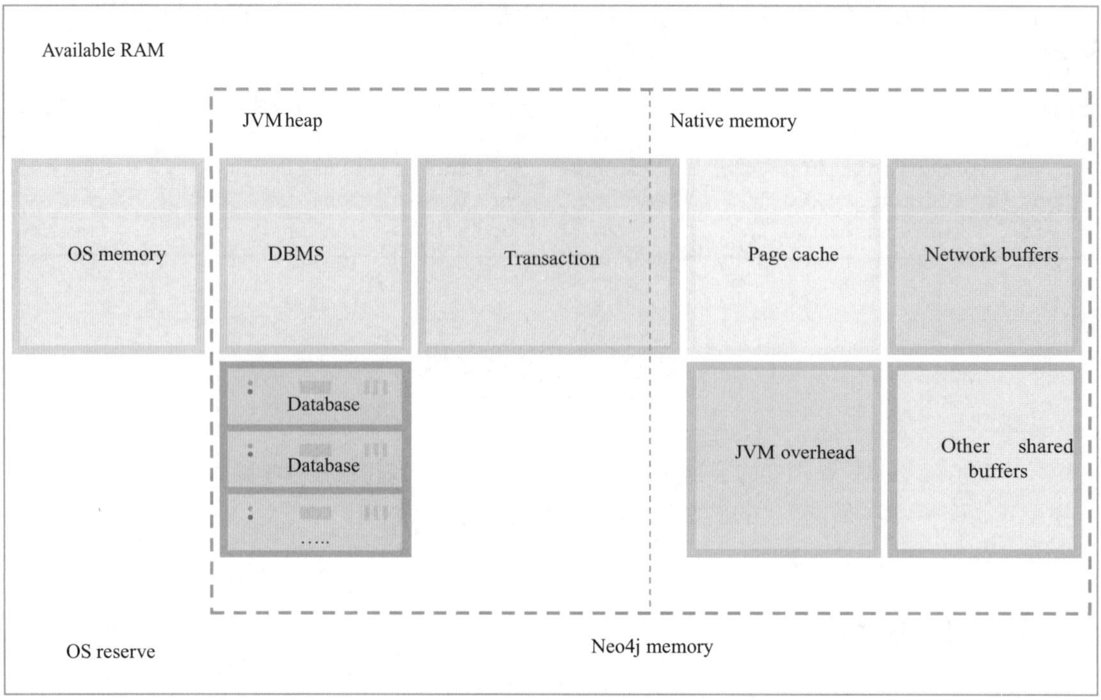

图 5-2 Neo4j 内存管理

- 数据库（Database）：系统中的每个数据库都有一个开销。在使用多个数据库的部署中，需要考虑这种开销。
- 事务（Transaction）：执行事务时，Neo4j 在内存中保存尚未提交的数据、结果和查询的中间状态。所需的内存大小很大程度上取决于 Neo4j 的使用性质。例如，长时间运行的查询或非常复杂的查询可能需要更多的内存。事务的某些部分可以选择性地放在堆外，但为了获得最佳性能，建议在堆上保留所有事务的默认值。通过参数 dbms.memory.transaction.global_max_size 可以进行限制。
- 页面缓存（Page cache）：用于缓存存储在磁盘上的 Neo4j 数据。将图数据和索引缓存到内存中，有助于避免代价高昂的磁盘访问并获得最佳性能。参数 dbms.memory.pagecache.size 可用于指定允许 Neo4j 用于页缓存的内存大小。
- 网络缓冲区（Network buffers）：Neo4j 使用直接缓冲区（Direct buffers）来发送和接收数据。直接字节缓冲区（Direct byte buffers）有助于提高性能，因为它们允许本机代码和 Java 代码在不复制数据的情况下共享数据。但是，它们的创建开销很高，从而字节缓冲区在创建之后通常会被重用。
- 其他共享缓冲区（Other shared buffers）：包括未指定的共享直接缓冲区。
- JVM 开销（JVM overhead）：JVM 需要一些内存才能正常工作。例如线程栈（Thread stacks），每个线程都有自己的调用栈，栈存储原始局部变量和对象引用以及调用栈（方法调用列表）本身，当栈帧移出相关上下文时，栈将被清理，因此这里不需要执行垃圾收集；元空间（Metaspace），存储 java 类定义和其他一些元数据；代码缓存（Code Cache），JIT 编译器将生成的本机代码存储在代码缓存中，通过重用来提高性能。

有关限制 JVM 使用内存的更多细节和方法，可参阅 JVM 文档。

5.6.1.2　注意事项

（1）使用显式配置

为了更好地控制系统行为，建议在 neo4j.conf 文件中明确定义页面缓存和堆大小参数，否则 Neo4j 会根据可用的系统资源在启动时设定一些启发值。

（2）初始内存建议

使用 neo4j-admin memrec 命令获得如何分配一定数量内存的初始建议。可调整这些值以适应特定的应用。

（3）检查数据库的内存设置

命令 neo4j-admin memrec 可用于检查当前数据和索引的分布情况。

例如，用命令 neo4j-admin memrec 来查看数据库的内存设置，估计数据库文件的大小。

```
$neo4j-home> bin/neo4j-admin memrec
...
# Total size of lucene indexes in all databases: 6690m
# Total size of data and native indexes in all databases: 17050m
```

上面的案例中全文索引大约占用 6.7GB，数据量和本机索引加起来大约占用 17GB。使用这些信息，可以对内存配置进行全面的检查：

- 比较 dbms.memory.pagecache.size 与数据量和本机索引的值。
- 对使用堆外事务状态的情况，将参数 dbms.tx_state.max_off_heap_memory 设定与估计事务工作负载和剩余的内存量相符。
- 全文索引的大小与分配后剩余的内存进行比较来设定参数 dbms.memory.pagecache.size 和 dbms.memory.heap.initial_size。

提示：在某些生产系统中，对内存的访问是有限的，必须在不同的区域之间进行协调。因此，建议对这些设置进行一定量的测试和调整，以找出可用内存的最佳划分。

5.6.1.3　容量规划

在很多案例中，缓存尽可能多的数据和索引是非常有好处的。以下示例展示了估计页缓存大小的方法，具体取决于是在生产环境还是计划部署情况。

首先，估计数据和索引的总容量，然后乘以某个系数，比如 20%，以考虑未来的增长。

```
$neo4j-home> bin/neo4j-admin memrec
...
# Total size of lucene indexes in all databases: 6690m
# Total size of data and native indexes in all databases: 35050m
```

可以看到数据卷和本机索引总共占用大约 35GB。假定 20%的增长空间，则参数：dbms.memory.pagecache.size=1.2×(35GB) = 42GB，可在 neo4j.conf 文件中配置参数为：

```
dbms.memory.pagecache.size=42GB
```

在规划未来的数据库时，使用一小部分数据导入运行，然后将得到的存储大小增量乘以该值再加上一定的增长百分比，此方法非常实用，步骤如下：

步骤 01 运行 memrec 命令，查看当前数据库中数据和索引的总容量。

```
$neo4j-home> bin/neo4j-admin memrec
...
# Total size of lucene indexes in all databases: 6690m
# Total size of data and native indexes in all databases: 35050m
```

步骤 02 假定导入 1/100 的数据，再次测量数据库中数据和索引的总容量。

```
$neo4j-home> bin/neo4j-admin memrec
...
# Total size of lucene indexes in all databases: 6690m
# Total size of data and native indexes in all databases: 35400m
```

从而，估计出数据和本机索引加起来大约占 35.4GB。

步骤 03 将得到的存储大小增量乘以该分数。即：35.4GB－35GB=0.4GB×100=40GB。

步骤 04 将这个数字乘以 1.2，以确定结果的大小，并允许 20%的增长。即：

dbms.memory.pagecache.size = 1.2×(40GB)=48GB

步骤 05 在 neo4j.conf 文件中配置参数为：

```
dbms.memory.pagecache.size=48G
```

5.6.1.4 限制事务内存使用

可通过参数 dbms.memory.transaction.global_max_size 配置服务器上所有事务的最大全局内存数量。需将此参数配置得足够低，以便不至于内存耗尽。如果在高事务负载期间报 OutOfMemory 消息时，可尝试降低此值的限制。Neo4j 还提供以下设置以提供系统的公平性和多租户的稳定性。

- 参数 dbms.memory.transaction.database_max_size：限制每个数据库的事务内存使用量。
- 参数 dbms.memory.transaction.max_size：约束每个事务。

当达到限制时，事务将终止，而不会影响数据库的整体运行状况。下列命令可以用于监控上述配置相关的系统资源使用情况：

```
CALL dbms.listPools()
CALL dbms.listTransactions()
CALL dbms.listQueries()
```

或者也可以启用参数 dbms.logs.query.allocation_logging_enabled，在 query.log 文件中监控每个查询的内存使用情况。

提示： 堆使用率只是一个估计值，实际堆使用率可能略大于或略小于估计值。

5.6.2　索引配置

本节将介绍如何配置索引以提高搜索性能，并启用全文搜索。

5.6.2.1　简介

在 Neo4j 中有两种不同的索引类型：B 树索引（b-tree index）和全文索引（full-text index）。B 树索引可以用 Cypher 进行创建和删除。用户使用时通常不需要了解索引，因为 Cypher 的查询规划器决定在何种情况下使用哪种索引。B 树索引擅长于精确查找所有类型的值、范围扫描、完全扫描和前缀搜索。全文索引不同于 B 树索引，它对索引和文本搜索进行了优化。可用于只索引字符串数据的自然语言查询，必须用过程进行声明，Cypher 无法提供优化的查询计划。以搜索某本书为例，可以用于分析该语言的特定使用，使用对应的语言分析器可以排除与搜索无关的单词（例如 if、and 等）及单词的变化。另一个用例是索引电子邮件语料库中的各种地址字段和文本数据。使用 email 分析器来索引这些数据能获得所有发送、接收到或提到的电子邮件。

与 B 树索引不同，全文索引是使用内置过程来进行创建、查询和删除的。使用全文索引确实需要熟悉索引的操作方式。可根据表 5-62 所示确定索引类型。

表 5-62　索引类型

索引类型	过程	核心 API
B-tree index	db.indexes#BTREE	org.neo4j.graphdb.schema.IndexType#B TREE
Full-text index	db.indexes#FULLTEXT	org.neo4j.graphdb.schema.IndexType#F ULLTEXT

5.6.2.2　B 树索引

B 树索引有两个不同的索引提供程序，分别是 native-btree-1.0 和 lucene+native-3.0。默认情况下将使用 native-btree-1.0。

1. 局限性

本节将介绍 B 树索引的一些限制，以及建议的解决方法。

（1）使用 CONTAINS 和 ENDS WITH 查询的限制

索引提供程序 native-btree-1.0 对 ENDS WITH 和 CONTAINS 查询的支持有限，无法对 STARTS WITH、=和<>开头的查询进行优化。相反，索引结果将是带过滤的索引扫描流。将来全文索引将支持 ENDS-WITH 和 CONTAINS 查询，但目前可以使用索引提供程序 lucene+native-3.0。注意，lucene+native-3.0 只支持 ENDS WITH 和 CONTAINS 的单个属性字符串。

（2）索引键长度限制

索引提供程序 native-btree-1.0 对键长度的限制为 8kB 左右。如果事务达到键长度的限制，则该事务将提交失败。如果在索引填充期间达到该限制，则索引生成失败，从而不能做任何查询操作。如果出现这个问题，可以改用 lucene+native-3.0 索引提供程序，它的单个属性字符串的键长度限制为 32kB 左右。

（3）限制的解决方法

要解决键长度问题，或 ENDS WITH 和 CONTAINS 相关的性能问题，可以使用 lucene+native-3.0 索引提供程序。这只适用于单个属性字符串索引。可以使用以下任一方法：

- 方法 1：使用内置过程（推荐）。有一些内置过程可用于在创建索引、创建唯一属性约束和创建节点键时指定索引提供程序。
- 方法 2：更改配置。

a.配置 dbms.index.default_schema_provider 为需要的提供程序。
b.重新启动 Neo4j。
c.删除并重新创建相关索引。
d.改回到原来的 dbms.index.default_schema_provider 提供程序。
e.重新启动 Neo4j。

请注意，参数 dbms.index.default_schema_provider 已弃用了，在后续版本中将被删除。使用哪个索引提供程序是一个完全内部的问题。设置索引提供程序的推荐方法是使用内置过程创建索引、创建唯一属性约束和创建节点键。

2. 索引迁移

从 Neo4j 3.5 升级到 4.4 版本时，所有索引都将升级到最新的索引版本，并自动重新生成，但以前使用 Lucene 处理单属性字符串的索引除外。它们将升级到一个后备版本，该版本仍然使用 Lucene 来处理这些属性。注意，它们仍然需要重建。表 5-63 显示了迁移的映射关系。

表 5-63　索引迁移的映射关系

Neo4j 3.5 中的索引提供程序	Neo4j 4.4 中的索引提供程序
native-btree-1.0	native-btree-1.0
lucene+native-2.0	native-btree-1.0
lucene+native-1.0	lucene+native-3.0
lucene-1.0	lucene+native-3.0

不同索引提供程序的不同内存区域将出现索引缓存问题。在重建索引之前和之后有必要运行命令 neo4j-admin memrec --database，并根据发现的结果来调整内存设置。

在 Neo4j 3.5 到 Neo4j 4.4 版之间，对 B 树索引可以处理的属性大小做了一些更改。这些更改只与使用 lucene-1.0 或 lucene+native-1.0（在 Neo4j 3.5 版中）索引提供程序并包含大字符串或大数组的索引相关，如表 5-64 所示为 Neo4j 3.5 中索引提供程序属性大小的限制。

表 5-64　Neo4j 3.5 中索引提供程序属性大小的限制

索引和属性类型	lucene-1.0	lucene+native-1.0	lucene+native-2.0	native-btree-1.0
单属性字符串	约 32kB	约 32kB	约 4kB	约 4kB
单属性数组	约 32kB	约 32kB	约 4kB	约 4kB
多属性	每属性约 32kB	每属性约 32kB	组合属性约 4kB	组合属性约 4kB

表 5-65 所示为 Neo4j 4.4 中并没有解决对大于 8kB 的数组或多属性的索引问题。

表 5-65　Neo4j 4.4 中索引提供程序属性大小的限制

索引和属性类型	lucene+native-3.0	native-btree-1.0
单属性字符串	约 32kB	约 8kB
单属性数组	约 8kB	约 8kB
多属性	组合属性约 8kB	组合属性约 8kB

3. 创建索引和索引支持约束的过程

索引和约束最好是通过 Cypher 来创建，但是当这些索引或约束需要比 Cypher 配置得更具体时，可以参考下面的示例。

以下过程可用于指定索引提供程序和索引设置的选项。注意，如果设置键包含点号，则需要使用反勾号进行转义。使用 db.createIndex 过程创建索引的步骤为：

```
CALL db.createIndex("MyIndex", ["Person"], ["name"], "native-btree-1.0",
{+`spatial.cartesian.max+`: [100.0,100.0], +`spatial.cartesian.min+`:
[-100.0,-100.0]})
```

如果没有提供设置映射，那么将从 Neo4j 配置文件中获取设置，方法与通过 Cypher 创建索引或约束时的方法相同。

```
CALL db.createIndex("MyIndex", ["Person"], ["name"], "native-btree-1.0")
```

使用 db.createUniquePropertyConstraint 过程创建节点属性的唯一性约束（示例不包含设置映射，已省略）：

```
CALL db.createUniquePropertyConstraint("MyIndex", ["Person"], ["name"],
"native-btree-1.0",{+`spatial.cartesian.max+`: [100.0,100.0],
+`spatial.cartesian.min+`: [-100.0,-100.0]})
```

使用 db.createNodeKey 过程创建节点键值约束（示例不包含设置映射，已省略）：

```
CALL db.createNodeKey("MyIndex", ["Person"], ["name"], "native-btree-1.0",
{+`spatial.cartesian.max+`: [100.0,100.0], +`spatial.cartesian.min+`:
[-100.0,-100.0]})
```

5.6.2.3 全文索引

全文索引采用 Apache Lucene 索引库。全文索引可用于属性字符串内容相匹配的查询。

以下选项可用于配置全文索引：

（1）dbms.index.fulltext.default_analyzer：设置缺省的全文索引分析器。此设置只有在创建全文索引时才有效，并作为索引特定的设置。db.index.fulltext.listAvailableAnalyzers()程序可以获取可用的分析器列表。除非另有说明，默认的分析器是 standard-no-stop-words，它与 Lucene 的 StandardAnalyzer 分析器相同，只是没有过滤掉停止字。

（2）dbms.index.fulltext.eventually_consistent：用于声明全文索引最终是否应一致。此设置只有在创建全文索引时才有效，并作为索引特定的设置。索引通常是完全一致的，在存储和索引都更新之前，一个事务的提交不会返回。另一方面，最终一致的全文索引不会作为提交的一部分进行更新，而是将它们的更新排队并在后台线程中运行。这意味着在提交更改和通过任何最终一致的全文索引可见更改之间可能存在短暂的延迟。这个延迟只是排队过程中的一个伪影，而且通常非常短，因为最终一致的索引是“尽快”更新的。默认情况下，该选项是关闭的，全文索引完全一致。

（3）dbms.index.fulltext.eventually_consistent_index_update_queue_max_length：最终一致的全文索引将其更新排入队列并在后台线程中运行，此设置确定更新队列的最大长度。如果达到最大队列长度，则正在提交的事务将阻塞并等待队列中有更多空间，然后再向其添加更多的更新。该设置适用于所有最终一致的全文索引，并且它们都使用相同的队列。最大队列长度必须最少为 1，最大不超过 5000 万，需要考虑堆空间的使用情况。默认的最大队列长度是 10000。

5.6.3 调整垃圾收集器

本节将讨论 Java 虚拟机中的垃圾回收器对 Neo4j 性能的影响。堆被分成年轻代和年老代。新对象分配在年轻代，如果该对象持续足够长时间的活跃（被使用），则移动到年老代。当一个代被填满时，垃圾收集器开始回收工作，在此期间，进程中的所有其他线程都被暂停。年轻代很快被回收，因为暂停时间与活跃对象集相关，而与年轻代的大小无关。在年老代中，暂停时间大致与堆的大小相关。基于此，堆大小需合理分配，使得事务和查询状态不分配到年老代。堆大小参数设置是：neo4j.conf 文件中的 dbms.memory.heap.max_size（以 MB 为单位）为最大堆大小，dbms.memory.heap.initial_size 为堆的初始大小，或者使用-Xms???m 开关参数指定。如果未指定，则由 JVM 自行选择。JVM 将根据需要自动增长堆，直到最大值。堆的增长需要一个完全的垃圾收集周期。建议将初始堆大小和最大堆大小设置为相同的值，这样可以避免当垃圾收集器增大堆时占用较多系统资源引发系统暂停。

新老两代堆之间的大小比例由-XX:NewRatio=N 开关参数控制，默认情况下，N 通常在 2 和 8 之间。比率为 2 意味着年老代大小除以年轻代大小等于 2，即堆内存的三分之二将专用于年老代。同理，比率为 3 则将四分之三的堆分配给年老代，比率为 1 则两代的大小相同。比率 1 是相当激进的，不过适合事务更改了大量数据的场景。另外，如果运行需要保留大量数据的 Cypher 查询，例如在排序大型结果集时，设置大的年轻代大小也很重要。

如果年轻代太小，短暂的对象可能会被过早地移动到年老代，这被称为提前升级，将增加年老代垃圾收集运行周期的频率，从而降低数据库性能。如果年轻代太大，垃圾收集器可能会认为年老代没有足够的空间来容纳所有希望从年轻代移动到年老代的空间。这时将年轻代垃圾收集周期变成年老代垃圾收集周期，再次减慢数据库的速度。运行更多并发线程，意味着在给定的时间跨度内可能发生更多的资源分配，从而额外增加年轻代的压力。

提示：JVM 中压缩普通对象指针（Ordinary Object Pointer，OOP）的功能仅支持 32 位，该功能可节省大量内存，但仅适用于高达 32GB 的堆，最大多少因平台和 JVM 版本而有所不同。-XX:+UseCompressedOops 选项可用于验证系统是否可以使用压缩普通对象指针特性；如果不能，系统将记录在默认的进程输出流中。

Neo4j 有一些长寿命的对象，它们留在年老代，有利于 Java 进程的生命周期。为了有效地处理它们，并且不会对垃圾收集暂停时间产生负面影响，我们建议使用并发垃圾收集器。如何调整特定的垃圾收集算法取决于 JVM 版本和工作负载。为获取有效的垃圾收集参数设置，建议在现有负载下测试几天或几周，堆碎片等问题可能需要更长的时间才能显现。为了获得良好的性能，这些是首先需要研究的事情：

- 确保 JVM 不需要花太多时间来执行垃圾收集。目标是有一个足够大的堆，以确保重/峰值负载不会导致所谓的 GC（Garbage Collection）。当 GC 发生时，性能可能下降两个数量级。而堆太大也可能会降低性能，因此需要尝试不同的堆大小。
- 使用并发垃圾收集器。大多数情况下使用-XX:+UseG1GC 开关参数，系统就能良好工作。

Neo4j JVM 需要足够的堆内存用于事务状态和查询处理，以及用于垃圾收集。因为堆内存需求是依赖于工作负载的，所以通常可配置 1GB 到 32GB。

neo4j.conf 文件中涉及可配置 JVM 的属性如表 5-66 所示。

表 5-66　JVM 相关配置参数

属性名	说明
dbms.memory.heap.initial_size	初始堆大小（单位 MB）
dbms.memory.heap.max_size	最大堆大小（单位 MB）
dbms.jvm.additional	附加 JVM 参数

5.6.4　Bolt 线程池配置

本节将讨论内置在 Bolt 连接器中的线程池基础结构，以及如何配置。Bolt 连接器由服务器端的线程池支持。线程池是服务器启动过程的一部分。

5.6.4.1　线程池工作原理

Bolt 线程池有最小和最大容量。它从最小可用线程数开始，然后根据工作负载增长到最大。空闲时间超过指定时间段的线程将停止并从线程池中删除，以便释放资源。但是，线程池的大小永远不会低于最小值。

连接器线程池负责每个连接的线程分配。空闲连接不会消耗服务器端的任何资源，并且会监控来自客户端的消息。到达连接的消息都会触发线程池中可用线程的连接调度。如果所有可用线程都很忙，并且仍有空间可以增长，则会创建一个新线程，并将连接交给它处理。如果线程池容量已满，并且没有可供处理的线程，则该连接将被拒绝，并生成一条失败消息来通知客户端。

Bolt 线程池的默认值能适合大多数工作负载，通常不需要显式配置连接池。如果最大线程池大小设置得太低，将会引发异常，并报错误消息，显示没有可用的线程。该消息也写入 neo4j.log 文件。

提示：任何显式或隐式事务的连接都将启动属于该事务的线程，并且在事务关闭之前不会释放该线程给线程池。因此，在使用显式事务的应用程序中，合适的关闭事务很重要。

5.6.4.2　配置选项

Bolt 连接器的线程池配置选项如表 5-67 所示。

表 5-67　线程池选项

选项名	默认值	说明
dbms.connector.bolt.thread_pool_min_ size	5	即使空闲，也始终保持活跃的最小线程数
dbms.connector.bolt.thread_pool_max_ size	400	最大线程数
dbms.connector.bolt.thread_pool_keep_alive	5m	回收空闲线程需等待的持续时间。但线程数不会少于 dbms.connector.bolt.thread_pool_min_ size

5.6.4.3　如何确定 Bolt 线程池大小

根据工作负载来设定线程池的大小。由于每个事务都将从线程池取一个线程，直到事务关闭，因此在给定的时间内，可以将线程池配置选项设定为最小和最大的活动事务。可以用数据库监控功能来发现工作的负载信息。

将参数 dbms.connector.bolt.thread_pool_min_size 配置为最小或平均的工作负载。由于线程池中总是有这么多的线程，所以坚持使用较低的值，可能比让太多空闲线程等待作业提交更有利于资源使用。将参数 dbms.connector.bolt.thread_pool_max_size 配置为最大工作负载。在获得预期的最大活动事务数之后来设置该参数，还应该考虑线程池上的非事务操作，例如，客户端的连接和断开连接。下面为配置 Bolt 连接器线程池配置示例，将 Bolt 线程池最小值设为 5，最大值设为 100，并且保持活动的时间设为 10 分钟：

```
dbms.connector.bolt.thread_pool_min_size=10
dbms.connector.bolt.thread_pool_max_size=100
dbms.connector.bolt.thread_pool_keep_alive=10m
```

5.6.5 Linux 文件系统调优

本节介绍 Neo4j 输入/输出行为以及如何优化磁盘操作。数据库在查询数据时，通常会产生大量小而随机的读操作，而在提交更改时很少产生顺序写操作。为了获得最佳性能，建议将数据库和事务日志存储在不同的物理设备上。通常，建议的做法是禁用文件和目录访问时间的更新。从而，文件系统就不必作出更新元数据的写入操作，以提高写入性能。

数据库可能会长期给存储系统带来高负载，建议采用支持良好老化特性的文件系统，首选 EXT4 和 XFS 文件系统。高读写 I/O 负载也会随着时间的推移而降低 SSD 硬盘的性能，降低 SSD 损耗的首要方法是将工作数据集载入内存，而高写入负载的数据库仍会导致 SSD 损耗。解决此问题最简单的方法是富余配置，比如多配 20%的 SSD 硬盘空间。为了获得最佳性能，不建议使用 NFS 或 NAS 作为数据库存储。

5.6.6 磁盘、内存及其他提示

本节将简要介绍 Neo4j 的磁盘和内存性能的相关注意事项。与其他存储解决方案一样，性能在很大程度上取决于所使用的存储介质。一般来说，存储速度越快，内存中可容纳的数据越多，性能就越好。

5.6.6.1 存储

如果有多个可用的磁盘或持久存储介质，最好将文件和事务日志分散存储到这些磁盘上。将存储文件保存在查找时间较短的磁盘上可以提高读取操作性能。为了达到最佳性能，建议为 Neo4j 提供尽可能多的内存，以避免过多的磁盘访问。可以使用 dstat 或 vmstat 等工具收集应用程序运行时信息。如果操作系统的交换区或页号很高，则表明数据库不能全量载入内存，从而导致数据库访问的高延迟。

5.6.6.2 页面缓存

Neo4j 启动时，其页面缓存为空，需要预热。当有查询需求时，页面及图数据将按需载入内存。这可能需要一段时间，尤其是大型存储。从驱动器中读取大量块数据的时间很长，IO 等待时间也很长。页面缓存充分预热之前，在页面缓存指标（page cache metrics）中显示为页面错误的初始峰值。页面错误高峰过后，页面错误将逐渐减少，因为查询未在内存中的页面概率会下降。

1. 活动页缓存预热

Neo4j 企业版带了活动页面缓存预热（active page cache warmup）的功能，它可以降低页面错误峰值，并使页面缓存更快地预热。这是通过在数据库运行时定期记录存储文件的缓存配置文件来实现的。这些配置文件包含了哪些数据在内存中、哪些数据不在内存中的信息，并存储在 store/profiles 子目录中。当 Neo4j 重启时，系统将查找这些缓存配置文件，并优先将这些数据载入内存。这些配置文件也可用于联机备份和群集存储副本，有利于预热新加入集群的数据库实例。

还可以配置参数 dbms.memory.pagecache.warmup.preload 来以预先取得（预取）数据库数据实现页缓存预热。数据预取将忽略缓存配置文件，并在启动过程中将数据预取到页缓存中。当数据库大小小于页面缓存时非常有用，能确保在需要数据之前加载数据。

2. 检查点 IOPS 限制

Neo4j 在后台刷新页面缓存，是检查点（checkpoint）过程的一部分，将增加写入 IO 操作的时间。如果数据库的写操作负载很重，则检查点过程将消耗 IO 带宽，降低数据库的性能。在高速 SSD 上运行数据库，可以增大随机 IO 的频次，有利于缓解此问题。如果没有高速 SSD 或磁盘性能不足，则可以设置参数 dbms.checkpoint.iops.limit 人为限制检查点进程的 IOPS。假定检查点进程每个 IO 都是写入 8kB，如果 IOPS（Input/Output Operations Per Second，IOPS）限制为 300，则只允许检查点进程以大约每秒 2.5MB 的速度写入。反之，检查点花费的时间更长。检查点之间的时间间隔越长，累积的事务日志数据越多，系统恢复的时间就越长。IOPS 限制可以在系统运行的时候进行更改，可以对其进行优化，直到 IO 使用率和检查点时间之间达到恰当的平衡。

5.6.7　统计和执行计划

本节介绍影响统计信息收集的配置选项，以及 Cypher 查询引擎中查询计划的重新规划。

当提交一条 Cypher 查询后，它将被编译成一个执行计划，用于运行并回答查询。Cypher 查询引擎可使用的数据库信息包括：数据库中的索引和约束信息。Neo4j 还可以使用数据库的统计信息来优化执行计划。统计数据收集的频率和执行计划的重新规划将在以下各节中介绍。

5.6.7.1　统计

Neo4j 保存的统计信息有：

- 有特定标签的节点数。
- 按类型划分的关系数。
- 按类型划分的关系数，以及有特定标签节点的结束或开始信息。
- 每个索引的选择数。

Neo4j 以两种不同的方式更新统计数据。节点上设置或删除标签时，其标签和关系的计数将更新。而对于索引 Neo4j 则需要扫描整个索引才能获得其选择数，这将是一个非常耗时的操作，因此当索引上的大量数据被修改时，后台将收集这些索引的选择数。

表 5-68 中列出了设置可控制是否自动收集统计信息，或指定速度收集。

表 5-68 统计选项

参数名	默认值	说明
dbms.index_sampling.background_enabled	true	控制索引是否后台自动重采样。Cypher 查询规划器依赖于准确的统计数据来创建高效的查询计划，因此随着数据库技术的发展，有必要设定该参数为自动更新
dbms.index_sampling.update_percentage	5	在新采样触发运行之前，必须更新的索引的百分比

可以使用以下内置过程手动触发索引采样：

- db.resampleIndex()：触发一个索引的重采样。
- db.resampleOutdatedIndexes()：触发全部过时索引的重采样。

下面示例解释调用 db.resampleIndex()如何在 Person 标签和 name 属性上触发重采样：

```
CALL db.resampleIndex(":Person(name)");
```

接下来调用 db.resampleOutdatedIndexes()对全部过时索引的重采样：

```
CALL db.resampleOutdatedIndexes();
```

5.6.7.2 执行计划

执行计划会被缓存且在默认情况下，在计划的统计信息发生更改之前，不会进行重新计划。通过设置参数 cypher.statistics_divergence_threshold，可以控制重新规划对数据库更新的敏感度，其默认值为 0.75，该参数是计划被认为过时的阈值。如果用于创建计划的任何基础统计信息更改超过此值，则该计划将被视为过时，将进行重新计划。其计算公式为：abs(a-b)/max(a,b)。0.75 数值意味着，在重新规划发生之前，数据库总量需增加大约四倍。0 值表示尽快进行重新计划，它由参数 cypher.min_replan_interval 决定，默认为 10 秒。在此间隔之后，其发散阈值间隔将缓慢下降，在大约 7 小时后达到 10%。这将确保长时间运行的数据库即使在较小的更改时仍能重新规划查询，除非数据库更改非常大，否则不会频繁进行重新规划。

可以使用以下内置过程，手动强制数据库重新规划缓存中已存在的执行计划：

- db.clearQueryCaches()：清除所有查询缓存，但不更改数据库统计信息。
- db.prepareForReplanning()：完全重新计算所有数据库的统计信息，以用于后续查询规划。它将触发一个索引重采样，并在完成后清除所有的查询缓存。系统将使用最新的数据库统计信息对空缓存进行查询。

```
CALL db.prepareForReplanning();
```

也可以使用 Cypher replanning 来指定是否需要强制重新规划（即使规划规则有效），或者希望使用已存在的有效计划，从而完全跳过重新规划。

5.6.8　压缩存储

本节将介绍 Neo4j 属性值压缩和磁盘使用情况。在很多情况下，Neo4j 可以压缩和内联存储属性值，例如短数组和字符串，其目的是节省磁盘空间和提高 I/O 操作性能。

5.6.8.1　短数组的压缩存储

Neo4j 可用压缩的方式存储原始数组，采用“位剥削”算法，以减少存储数组中成员的位数。尤其是处理这些情况：

- 对于数组的每个成员，确定最左边设置位的位置。
- 确定数组中所有成员中最大的位置。
- 它将所有成员减少到该位数。
- 存储这些值，前缀为一个小标题。

这意味着，当在数组中包括单个负值时，将使用原始字节大小来存储。在以下情况下，可能会将结果内联到属性记录中：

- 压缩后小于 24 个字节。
- 数组成员不到 64 个。

例如，数组 long[] {0L, 1L, 2L, 4L}内联，因为最大项（4）需要 3 位来存储，所以整个数组需 4×3=12 位存储。然而，数组 long[] {-1L, 1L, 2L, 4L}将需要整个 64 位用于-1 这个元素，因此它需要 64×4=256 字节，并采用动态存储。

5.6.8.2　短字符串的压缩存储

Neo4j 将对字符串按短字符串来分类、管理和处理。因此需进行显式存储，将其内联在属性记录中，即不支持可变长度字符串存储，以减少磁盘空间。此外，字符串记录无须存储属性，可在单个查找中进行读写操作，从而提高性能并减少磁盘空间。

短字符串种类有：

- 数字：由数字 0~9 和标点符号（空格、句点、破折号、加号、逗号和撇号）组成。
- 日期：由数字 0~9 和标点符号（空格、破折号、冒号、斜杠、加号和逗号）组成。
- 十六进制（小写）：由数字 0~9 和小写字母 a~f 组成。
- 十六进制（大写）：由数字 0~9 和大写字母 A~F 组成。
- 大写：由大写字母 A~Z，以及标点符号（空格、下划线、句点、破折号、冒号和斜杠）组成。
- 小写：如上，但字母为小写 a~z。
- 电子邮件：包含小写字母 a~z 和标点（逗号、下划线、句点、破折号、加号和@符号）。
- URI：由小写字母 a~z、数字 0~9 和大多数标点符号组成。
- 字母数字：由大写字母 A~Z、小写字母 a~z、数字 0~9 和标点符号（空格和下划线）组成。
- 阿尔法符号：由大写字母 A~Z、小写字母 a~z 和标点符号（空格、下划线、句点、破折号、冒号、斜杠、加号、逗号、撇号、符号、管道和分号）组成。

- 欧洲字符：包括大多数重音的欧洲字符和数字加标点符号空间（破折号、下划线和句号），如 latin1，但标点符号较少。
- Latin1。
- UTF-8。

除了字符串的内容之外，字符数还决定了字符串是否可以内联。每类都有字符数限制，限制详情请如表 5-69 所示。

表 5-69 字符数限制表

字符串分类	字符数限制
数字、日期和十六进制	54
大写、小写和电子邮件	43
URI、字母数字和字母	36
欧洲字符	31
Latin1	27
UTF-8	14

这意味着最大的可内联字符串的长度为 54 个字符，必须为数字类。所有长度为 14 或更小的字符串将始终内联。还要注意，上述限制是针对参数 PropertyRecord 默认为 41 字节，如果通过修改源代码重新编译来更改该参数，则必须重新计算上述内容。

5.7 数据库管理相关工具

本节将介绍与 Neo4j 数据库管理密切相关的几个常用工具，包括导入工具、Cypher Shell、转储和加载数据库、解绑核心服务器和一致性检查工具。

5.7.1 导入工具

导入工具用于将保存为 CSV 文件格式的数据导入到新的 Neo4j 数据库。本节将重点介绍工具的使用和输入数据的格式化。采用 CSV 文件加载数据时，每个节点必须有唯一标识符，称为节点标识符（Node Identifier），以便在同一进程中的节点之间创建关系，关系通过节点标识符之间的连接来创建。在下面的示例中，节点标识符作为属性存储在节点上，节点标识符可用于交叉引用，以利于图的回溯，但不强制性使用。如果不希望在导入后还保留标识符，则不指定属性的 ID 字段即可。

5.7.1.1 简单导入示例

这里以电影、演员和角色图数据集为例，先将 path_to_target_directory 修改为数据库文件目录，默认配置 path_to_target_directory 指向<neo4j-home>/data/databases/graph.db 文件，其中电影节点文件为 movies.csv，每部电影都有一个编号 id，便于外部数据源的引用，另外每部电影都有电影名和年份属性，并为每个节点添加了 Movie 和 Sequel 标签。该文件内容示例如下：

```
movieId:ID,title,year:int,:LABEL
tt0133093,"The Matrix",1999,Movie
tt0234215,"The Matrix Reloaded",2003,Movie;Sequel
tt0242653,"The Matrix Revolutions",2003,Movie;Sequel
```

演员节点文件为 actors.csv，每个演员有两个属性：编号（姓名的缩写）、姓名，并带有 Actor 标签，该文件内容示例如下：

```
personId:ID,name,:LABEL
keanu,"Keanu Reeves",Actor
laurence,"Laurence Fishburne",Actor
carrieanne,"Carrie-Anne Moss",Actor
```

接下来，角色文件为 roles.csv，保存演员与电影之间的关系，START_ID 为演员节点中的编号，END_ID 为电影中的编号，role 字段为该演员在这部电影中所扮演的角色名，TYPE 字段为关系类型（在本例中为 ACTED_IN）。该文件内容示例如下所示：

```
:START_ID,role,:END_ID,:TYPE
keanu,"Neo",tt0133093,ACTED_IN
keanu,"Neo",tt0234215,ACTED_IN
keanu,"Neo",tt0242653,ACTED_IN
laurence,"Morpheus",tt0133093,ACTED_IN
laurence,"Morpheus",tt0234215,ACTED_IN
laurence,"Morpheus",tt0242653,ACTED_IN
carrieanne,"Trinity",tt0133093,ACTED_IN
carrieanne,"Trinity",tt0234215,ACTED_IN
carrieanne,"Trinity",tt0242653,ACTED_IN
```

接下来调用数据导入命令 neo4j-import 如下所示：

```
neo4j_home$ ./bin/neo4j-import --into path_to_target_directory --nodes movies.csv
--nodes actors.csv --relationships roles.csv
```

完成后则可以启动数据库，命令如下所示：

```
neo4j_home$ ./bin/neo4j start
```

在创建输入文件时需要注意如下几点：

- 默认情况下，字段以逗号分隔，但可以指定其他分隔符。
- 所有文件必须使用相同的分隔符。
- 节点和关系可以保存在多个数据源。
- 数据源可来源于多个文件。
- 提供数据字段信息的标题必须位于每个数据源的第一行。
- 在标题中没有相应信息的字段将不会被导入。
- 采用 UTF-8 编码。

提示：导入时不需要创建索引，导入完成后再添加。如果无法使用此工具进行数据导入，且加载的 CSV 文件为中小型，可以使用 LOAD CSV 方式。

5.7.1.2 CSV 文件头格式

每个数据源的标题行负责解释文件中的字段，标题行与余下数据行具有相同的定界符。每个字段的格式为：<name>:<field_type>，<name>为属性值，<field_type>用于节点和关系：

（1）属性值（Property value）

数据类型可以是：int、long、float、double、boolean、byte、short、char、string。如果未指定数据类型，则默认为 string 类型。数组类型在上述类型后面加上[]即可。默认情况下，数组值由分号（;）分隔，也可以使用--array-delimiter 指定为其他分隔符。

（2）节点（Node）

节点须有 ID 和 LABEL 字段，每个节点在导入前必须指定唯一编号（ID），以利于在创建关系时能正确查找到相应的节点。ID 必须唯一，即使某节点具有不同的标签。LABEL 字段用于读取一个或多个标签，与数组类似，多个标签由分号（;）分隔，或由--array-delimiter 来指定分隔符。

（3）关系（Relationship）

对于关系数据源，有三个必填字段：TYPE、START_ID 和 END_ID。TYPE 为关系类型，START_ID 为关系起始节点编号，END_ID 为关系终止节点编号。

导入工具默认假定节点标识符在节点之间是唯一的。如果不唯一，还可以定义一个编号空间（ID space），编号空间由节点文件的 ID 字段来定义。例如，要指定 Person 的编号空间，只需在 people 节点文件中使用字段类型 ID(Person)，在关系文件（即 START_ID(Person)或 END_ID(Person)）中引用该编号空间即可。

5.7.1.3 命令行运行导入工具

在 UNIX/Linux/Mac OS X 操作系统中，导入工具命令名为 neo4j-import。与安装配置相关，导入工具可能在任意路径下调用，可能仅在安装目录中执行。而 Windows 系统则在安装目录下执行 bin\neo4j-import 命令即可。该命令参数如下：

- --into <store-dir>：要导入到的数据库目录，该目录下不能包含已有数据库。
- --nodes[:Label1:Label2] "<file1>,<file2>,…"：节点 CSV 标题和数据，如果带有多个文件，将在逻辑上视为一个大文件。第一行必须为标题，每个数据源都有自己的标题。注意，一组文件必须用引号括起来。
- --relationships[:RELATIONSHIP_TYPE] "<file1>,<file2>,…"：关系 CSV 标题和数据。同样，多个文件将在逻辑上视为一个大文件，第一行必须为标题，每个数据源都有自己的标题，一组文件必须用引号括起来。
- --delimiter <delimiter-character>：CSV 文件中数据分隔符或 TAB 制表符，默认为逗号。
- --array-delimiter <array-delimiter-character>：CSV 文件中数组元素之间的分隔符或 TAB 制表符，默认为分号。
- --quote <quotation-character>：设定 CSV 数据中值的引用字符，默认为引号。引号里面的引号需要转义，比如："""Go away"", he said."和"\"Go away\", he said."两种方式系统都支持。如果设置'为引用字符，则上例需要改写为：'"Go away", he said.'。
- --multiline-fields <true/false>：输入字段是否可以跨行，即是否包含换行符。默认不包含，即值为 false。

- --input-encoding <character set>：输入数据的编码字符集，必须是 JVM 中的可用字符集，可通过 Charset # availableCharsets()方法查询获取；如果未指定编码，则使用 JVM 的默认字符集。
- --ignore-empty-strings <true/false>：空字符串字段是否被忽略。默认不忽略，值为 false。
- --id-type <id-type>：指定节点/关系中编号字段的数据类型，可以为：STRING、INTEGER、ACTUAL。STRING 为字符串，INTEGER 为整数值，ACTUAL 以实际节点标识为其类型。默认值为 STRING。
- --processors <max processor count>：此为高级选项。指定导入工具可以使用的最多处理器数量，默认为 JVM 所检测的可用处理器数。为了获得最佳性能，此值不应大于可用处理器的数量。
- --stacktrace <true/false>：是否启用打印错误堆栈跟踪信息。
- --bad-tolerance <max number of bad entries>：容忍导入错误的数据条数，输入数据中的格式错误被视为错误，默认值为 1000。
- --skip-bad-relationships <true/false>：导入是否跳过缺失节点编号的关系，即关系中未指定开始或结束节点编号。默认跳过，值为 true。
- --skip-duplicate-nodes <true/false>：是否跳过导入相同编号的节点。默认值为 false。
- --ignore-extra-columns <true/false>：是否忽略标题中未指定的额外数据列，默认值为 false。
- --db-config <path/to/neo4j.conf>：此为高级选项。指定数据库特定配置的文件路径，与导入工具相关的配置参数有三个，分别为：dbms.relationship_grouping_threshold、unsupported.dbms.block_size.strings 和 unsupported.dbms.block_size.array_properties。

调用导入工具在某些情况下，可能引发意外错误，可以带上--stacktrace 参数打印错误信息，以利于开发和调试。在导入过程中，控制台上还将输出相关的统计数据，输出内容可分成几个部分，输出越宽，则导入消耗的时间越多，最宽的部分可认为是瓶颈，用*标记。如果有双行，而不是单行，则表明多线程运行。最右边显示一个数字，指出该阶段处理的实体（节点或关系）数量。例如：

```
[*>:20,25 MB/s----------|PREPARE(3)=========|RELATIONSHIP(2)=========] 16M
```

上例中“>”表示正在读取解析数据，速度为 2025MB/s；PREPARE 为准备数据；RELATIONSHIP 为创建实际关系记录；v 表示正在写入的要存储的关系，该步骤在这个例子中没有显示，因为这一步所花时间相对于其他步骤而言要少得多。通过输出的信息可以改善数据库系统的性能。上例中，瓶颈是在数据读取部分（用>标记处），这可能表明：磁盘速度较慢，或系统在导入数据的同时还在进行读写操作。

5.7.2 Cypher Shell

Cypher Shell 是 Neo4j 数据库的一个命令行工具，可以用于数据库连接、调用 Cypher 语句进行数据查询，或定义相关模式和执行管理任务。Cypher Shell 采用显式事务方式，允许将多个操作分组一并执行或回滚，通信方式采用加密的二进制 Bolt 协议。Cypher Shell 位于 bin 目录中，运行时可带上一组参数，第一次运行 Cypher Shell 时，系统将提示你输入相关的安全信息，按照提示输入

即可。其语法为：cypher-shell [-h] [-a ADDRESS] [-u USERNAME] [-p PASSWORD] [--encryption {true,false}] [--format {verbose,plain}] [--debug] [--fail-fast | --fail-at-end] [cypher]。各参数的具体说明如表 5-70 所示。

表 5-70 Cypher Shell 参数说明

参数类型	参数名	描述
位置参数	cypher	cypher 执行后退出的可选字符串
可选参数	-h, --help	显示帮助消息并退出
	--fail-fast	文件读取时，遇到第一个错误就退出并报告失败（这是默认行为）
	--fail-at-end	文件读取时，在输入结束时退出并报告错误
	--format {verbose,plain}	指定输出格式，verbose 显示统计信息，plain 仅显示数据，默认值为 verbose
	--debug	打印调试信息（默认值为 false）
连接参数	-a ADDRESS, --address	要连接的 IP 地址和端口（默认值为 localhost:7687）
	-u USERNAME, --username	连接的用户名，也可以使用环境变量 NEO4J_USERNAME 指定（默认为空）
	-p PASSWORD, --password	连接的密码，也可以使用环境变量 NEO4J_PASSWORD 指定（默认为空）
	--encryption {true,false}	连接是否加密，必须与 Neo4j 的配置一致（默认值为 true）

下面给出几个使用 Cypher Shell 的示例：

（1）使用用户名和密码调用 Cypher Shell。

```
$neo4j-home> bin/cypher-shell -u johndoe -p secret
Connected to Neo4j at bolt://localhost:7687 as user neo4j.
Type :help for a list of available commands or :exit to exit the shell.
Note that Cypher queries must end with a semicolon.
neo4j>
```

（2）从 Cypher Shell 中调用帮助。

```
neo4j> :help
Available commands:
  :begin    Open a transaction
  :commit   Commit the currently open transaction
  :exit     Exit the logger
  :help     Show this help message
  :history  Print a list of the last commands executed
  :param    Set the value of a query parameter
  :params   Prints all currently set query parameters and their values
  :rollback Rollback the currently open transaction
For help on a specific command type:
  :help command
```

（3）在 Cypher Shell 中执行查询。

```
neo4j > MATCH (n) RETURN n;
n
(:Person {name: "Bruce Wayne", alias: "Batman"})
(:Person {name: "Selina Kyle", alias: ["Catwoman", "The Cat"]})
```

（4）从命令行使用 Cypher 脚本调用 Cypher Shell。下面是一个名为 examples.cypher 文件中的内容：

```
MATCH (n) RETURN n;
MATCH (batman:Person {name: 'Bruce Wayne'}) RETURN batman;
```

从命令行调用 examples.cypher 脚本，可以使用--format plain 标志来限制输出：

```
$neo4j-home> cat examples.cypher | bin/cypher-shell -u neo4j -p maria --format plain
n
(:Person {name: "Bruce Wayne", alias: "Batman"})
(:Person {name: "Selina Kyle", alias: ["Catwoman", "The Cat"]})
batman
(:Person {name: "Bruce Wayne", alias: "Batman"})
```

Cypher Shell 支持基于参数的查询，通常在编写脚本时使用。比如：使用':param'关键字将'thisAlias'设置为'Robin'，这样就可以使用':params'关键字来检验参数是否设置正确。

```
neo4j> :param thisAlias 'Robin'
neo4j> :params
thisAlias: Robin
```

现在在 Cypher 查询中就可以使用参数'thisAlias'，下面示例可以进行结果验证。

```
neo4j> CREATE (:Person {name : 'Dick Grayson', alias : {thisAlias} });
Added 1 nodes, Set 2 properties, Added 1 labels
neo4j> MATCH (n) RETURN n;
n
(:Person {name: "Bruce Wayne", alias: "Batman"})
(:Person {name: "Selina Kyle", alias: ["Catwoman", "The Cat"]})
(:Person {name: "Dick Grayson", alias: "Robin"})
```

Cypher Shell 支持显式事务，使用关键字:begin、:commit 和:rollback 来控制事务的状态。例如在第一个 Cypher Shell 会话中启动事务：

```
neo4j> MATCH (n) RETURN n;
n
(:Person {name: "Bruce Wayne", alias: "Batman"})
(:Person {name: "Selina Kyle", alias: ["Catwoman", "The Cat"]})
(:Person {name: "Dick Grayson", alias: "Robin"})
neo4j> :begin
neo4j# CREATE (:Person {name : 'Edward Mygma', alias : 'The Riddler' });
Added 1 nodes, Set 2 properties, Added 1 labels
```

如果现在打开第二个 Cypher Shell 会话，将看到最近的 CREATE 语句没有更改：

```
neo4j> MATCH (n) RETURN n;
n
(:Person {name: "Bruce Wayne", alias: "Batman"})
(:Person {name: "Selina Kyle", alias: ["Catwoman", "The Cat"]})
(:Person {name: "Dick Grayson", alias: "Robin"})
```

回到第一个会话并提交事务：

```
neo4j# :commit
neo4j> MATCH (n) RETURN n;
n
(:Person {name: "Bruce Wayne", alias: "Batman"})
(:Person {name: "Selina Kyle", alias: ["Catwoman", "The Cat"]})
(:Person {name: "Dick Grayson", alias: "Robin"})
(:Person {name: "Edward Mygma", alias: "The Riddler"})
neo4j>
```

Cypher Shell 支持运行当前用户已授权的任何过程。例如，调用本地内置过程 dbms.security.showCurrentUser()。

```
neo4j> CALL dbms.security.showCurrentUser();
```

结果:

```
username, roles, flags
"johndoe", ["admin"], []
neo4j> :exit
Exiting. Bye bye.
Bye!
```

5.7.3 转存和加载数据库

Neo4j 数据转存和加载需要用到 neo4j-admin 命令，该命令格式为：

```
neo4j-admin dump --database=<database> --to=<destination-path>
neo4j-admin load --from=<archive-path> --database=<database> [--force]
```

该方法的局限性有：

- 在运行 dump 和 load 命令之前，必须先关闭数据库。
- 必须以 neo4j 用户身份调用 neo4j-admin 命令，以确保有相应的文件读取权限。
- 如果用于加载的数据库在加载之前不存在，则接下来须使用“CREATE DATABASE”命令创建该数据库。

虽然 Neo4j 数据库已经考虑到了不同历史版本中文件格式和数据内容的兼容，像复制和粘贴数据目录文件方式，可以很方便地将数据在不同数据库系统之间进行传输。然而，数据库目录的结构和内容可能随时改变，从而难以保证复制粘贴数据文件方式的正常运行，建议采用 neo4j-admin dump 和 neo4j-admin load 命令这种更安全的全库导出、导入方式，命令本身能够自动识别哪些文件需要导出和导入数据库。相比而言，不推荐数据库文件的复制粘贴方式。例如：将名为 graph.db 的数据库转储到名为/backups/graph.db/2016-10-02.dump 的文件中，转储文件的目标目录（在本例中为/backups/graph.db）在调用命令之前必须存在。

```
$neo4j-home> bin/neo4j-admin dump --database=graph.db
--to=/backups/graph.db/2016-10-02.dump
$neo4j-home> ls /backups/graph.db
$neo4j-home> 2016-10-02.dump
```

还可以将包含在文件/backups/graph.db/2016-10-02.dump 中的备份数据库加载到数据库 graph.db 中。但由于当前数据库正在运行，先将其关闭，再使用--force 选项来覆盖现有数据库中的数据。操作方法如下：

```
$neo4j-home> bin/neo4j stop
Stopping Neo4j.. stopped
$neo4j-home> bin/neo4j-admin load --from=/backups/graph.db/2016-10-02.dump
--database=graph.db --force
```

提示：如果使用 load 命令初始化一个因果集群，则必须首先对每个集群实例执行 neo4j-admin unbind。

5.7.4 解绑核心服务器

本节将介绍如何删除 Neo4j 服务器的集群状态数据。群集成员的群集状态可使用以下命令删除：neo4j-admin unbind。在调用 unbind 命令之前，需要关闭 Neo4j 服务进程。

提示：与 4.0.0 之前的 Neo4j 版本不同，需对读副本和核心成员都运行 unbind 命令。

使用场景：

- 将因果集群成员转换为独立的服务器：unbind 命令可用于将因果集群服务器转变为独立的服务器。要从集群中解绑为单一（独立）模式启动的数据库，需先在 neo4j.conf 中设置 dbms.mode=SINGLE。
- 给因果群集初始化一个现有的存储文件时：如果希望使用前一个集群的存储文件来初始化一个新的因果集群，那么必须先在每个服务器上运行 neo4j-admin unbind 命令。
- 恢复因果群集时：在发生严重故障的情况下，需要用备份来进行恢复。在恢复备份之前，必须先在每台服务器上运行 neo4j-admin unbind 命令。

5.7.5 一致性检查工具

一致性检查可以使用 neo4j-admin 工具的 check-consistency 参数来检查数据库的一致性。该 neo4j-admin 工具位于 bin 目录中，语法调用为：neo4j-admin check-consistency --database=<database> [--report-dir=<directory>] [--additional-config=<file>] [--verbose]。命令中的参数详细介绍如表 5-71 所示。

表 5-71　一致性检查命令参数说明

参数名	描述
--database	指定需要进行一致性检查的数据库名称
--report-dir	写入报告的目录，默认为工作目录
--additional-config	附加配置文件，用于一致性检查的附加配置
--verbose	启用详细信息输出，包括存储信息和内存使用信息

一致性检查工具不能与当前正在使用的数据库一起使用，如果与正在运行的数据库一起使用，则自动停止并输出错误信息。如果一致性检查工具没有发现错误，则程序自动运行结束并不生成相

应的报告；如果发现错误，程序将退出，退出代码为 1，并将错误信息写入一个格式为 inconsistencies-YYYY-MM-DD.HH24.MI.SS.report 的报告文件中，此文件的位置在当前工作目录下，或由参数 report-dir 指定。例如运行一致性检查工具显示如下：

```
$neo4j-home> bin/neo4j-admin check-consistency --database=graph.db
2016-09-30 14:00:47.287+0000 INFO  [o.n.k.i.s.f.RecordFormatSelector] Format not
configured. Selected format from the store: RecordFormat:StandardV3_0[v0.A.7]
.................... 10%
.................... 20%
.................... 30%
.................... 40%
.................... 50%
..............Checking node and relationship counts
.................... 10%
.................... 20%
.................... 30%
.................... 40%
.................... 50%
.................... 60%
.................... 70%
.................... 80%
.................... 90%
.................... 100%
```

一致性检查工具可以调用由参数 additional-config 指定的配置文件中的其他配置选项，配置文件的格式与 neo4j.conf 格式相同，如表 5-72 所示。

表 5-72 一致性检查附加配置参数

参数名	默认值	描述
tools.consistency_checker.check_graph	true	在节点、关系、属性、类型和令牌之间执行检查
tools.consistency_checker.check_indexes	true	对索引执行检查。检查索引比检查本地存储更花时间，建议大图检查关闭此项
tools.consistency_checker.check_label_scan_store	true	对标签扫描存储执行检查。此项检查比本地存储检查更耗时，建议大图检查关闭此项
tools.consistency_checker.check_property_owners	false	对属性所有者执行可选检查。这可以检测理论上的不一致性，其中属性可以由多个实体所有。但是，检查在时间和内存开销较大，默认情况下不检查

例如创建文件 consistency-check.properties，其内容为：

```
tools.consistency_checker.check_graph=false
tools.consistency_checker.check_indexes=true
tools.consistency_checker.check_label_scan_store=true
tools.consistency_checker.check_property_owners=false
```

接下来，使用配置文件来运行一致性检查工具：

```
$neo4j-home> bin/neo4j-admin check-consistency --database=graph.db
--additional-config=consistency-check.properties
```

第 6 章

存储过程库 APOC

为了支持一些较难通过 Cypher 完成的功能，Neo4j 从版本 3.x 开始引入用 Java 实现的 APOC 存储过程库（A Package Of Component），现在它已经是 Neo4j Labs 产品中的一员。APOC 这个名称也可以被解释为“Awesome Procedures On Cypher”，另外，它还是电影《黑客帝国》中尼布甲尼撒号（飞船名）上技术员和司机的名字。

APOC 库由大约 450 个过程（Procedures）和函数（Function）组成，可完成异构数据库迁移、图算法和数据处理等许多不同类型任务。APOC 库部署简单，可以直接从 Cypher 调用。

从 Neo4j 4.1.1 开始，APOC 库分有两个版本：核心库（APOC Core）和完整库（APOC All）。

- APOC 核心库：核心过程和函数，不需要外部依赖或特别配置，共计 183 个过程和 256 个函数（版本 4.4.0.3）。
- APOC 完整库：包含 APOC 核心库中的所有内容，以及一些其他的过程和函数，共计 320 个过程和 261 个函数（版本 4.4.0.3）。

详细函数和过程列表可以使用 CALL apoc.help('keyword')过程来查询。

6.1 安　装

6.1.1 APOC 核心库的安装

Neo4j 发布包中已经包含了 APOC 核心库的文件，位置在$NEO4J_HOME/labs 目录。只需要将 APOC.jar 移动至$NEO4J_HOME/plugins，然后重启数据库，即完成了 APOC 核心库的安装。

6.1.2 APOC 完整库的安装

APOC 完整库未包含在 Neo4j 的发布包中，可以通过以下方式安装。

1. 在 Neo4j Desktop 中安装

创建数据库后，在 Neo4j Desktop-Manage-Plugins 选项卡中，单击 Install APOC，出现“已安装”消息后即完成了 Neo4j 完整库的安装。

2. 在 Neo4j 服务器中安装

在 Neo4j 官方网站对应版本的下载页面[1]下载相应版本的 jar 包，放置在$NEO4J_HOME/plugins 目录下，重启数据库即完成 APOC 完整库的安装。

APOC 库依赖于 Neo4j 的内部 API，所以在 Neo4j 服务器上安装时，需要确保 Neo4j 数据库版本和 APOC 库版本相匹配。

APOC 库的版本编号方案与 Neo4j 具有对应关系：<neo4j 版本号>.<apoc 版本序号>。例如，APOC 版本 4.1.0.0，对应的 Neo4j 版本为 4.1.x。具体的版本对应关系参见官方网站。

3. 在 Docker 中安装 APOC

（1）能够访问互联网的非生产环境可以直接安装 APOC。

运行如下命令，系统将自动从 GitHub 安装 APOC。

```
docker run \
    -p 7474:7474 -p 7687:7687 \
    -v $PWD/data:/data -v $PWD/plugins:/plugins \
    --name neo4j-apoc \
    -e NEO4J_apoc_export_file_enabled=true \
    -e NEO4J_apoc_import_file_enabled=true \
    -e NEO4J_apoc_import_file_use__neo4j__config=true \
    -e NEO4JLABS_PLUGINS=\[\"apoc\"\] \
    neo4j:4.0
```

（2）无法访问互联网的生产环境，建议下载离线包后再安装 APOC。

```
mkdir plugins
pushd plugins
wget https://we-yun.com/doc/neo4j-apoc/x.x.x.x/apoc-x.x.x.x-all.jar
popd
docker run --rm -e NEO4J_AUTH=none -p 7474:7474 -v $PWD/plugins:/plugins -p
7687:7687 neo4j:x.x
```

6.1.3 配置选项

默认情况下，Neo4j 禁止用户定义的过程调用内部 API，所以需要调整相关配置项。在$NEO4J_HOME/conf/neo4j.conf 中增加以下配置项：

```
dbms.security.procedures.unrestricted=apoc.*
```

如果是 Neo4j Docker 容器环境，则需要在 docker run 命令中添加以下参数：

```
-e NEO4J_dbms_security_procedures_unrestricted=apoc.\\\*
```

---

[1] 中国用户建议从微云数聚下载 https://we-yun.com/doc/neo4j-apoc/。

此外，还需要将允许运行的 apoc 过程和函数加入白名单：

```
dbms.security.procedures.whitelist=apoc.*
```

上述通配符的使用可以视实际情况做出调整。例如，只允许使用 APOC 库的数据加载功能，则可以设置为：

```
dbms.security.procedures.whitelist=apoc.load.*
```

6.1.4 安装验证

执行 RETURN apoc.version()返回 apoc 版本号，则 apoc 安装成功。

6.2 用 法

6.2.1 语 法

APOC 库中的函数可以像内置函数一样，在 Cypher 中的表达式或判断式中使用。比如：

```
return apoc.convert.toInteger(1.2) AS output;
```

结果返回为：

```
Output
1
```

APOC 库中的过程可以用 CALL 命令调用：CALL procedure.name()。比如：

```
CALL apoc.export.csv.all("output.csv", {})
```

该过程将数据库中的所有数据导出到 output.csv 文件中。

6.2.2 帮助手册

APOC 库中的过程和函数的详细语法，可以通过以下两种方法查询：

- 官方文档：通过 Neo4j 官方文档中的 APOC 手册，可以查询每一个过程和函数的输入参数、输出结果和使用案例。
- help()过程：APOC 库中 apoc.help()过程用于查询某个或者所有过程和函数的输入参数和输出结果，但无法查看使用案例。

6.2.3 运行注意事项

Neo4j 的内存跟踪功能不能监控 APOC 过程的运行（事实上，所有 Neo4j 的过程都不能被监控）。所以 APOC 的过程在执行时，即使所用内存达到配置文件中设置的最大内存值，也不会停止；同时，也不能用 dbms.listTransactions()来查看过程的内存使用情况。所以在执行过程时需要谨慎一些，避免出现内存错误。

6.3 过程和函数

APOC 库中的过程和函数分为五大类，分别是 Neo4j 运维类、APOC 运维类、数据库集成类、数据操作类、图操作类。

6.3.1 Neo4j 运维类

运维类的过程和函数用于协助对 Neo4j 数据库进行运维操作的存储过程，如表 6-1 所示。

表 6-1 运维类的过程和函数

名称	说明	核心库		完整库增量		总计
		函数	过程	函数	过程	
apoc.meta.*	图的元数据查询	8	10			18
apoc.trigger.*	图运维中触发器的设置		6	2		8
apoc.monitor.*	监控 Nneo4j 的运行情况				4	4
apoc.config.*	查询 Neo4j 的配置项				2	2
apoc.systemdb.*	system 数据库的查询				2	2
apoc.metrics.*	查看 Neo4j 的度量指标				3	3

以 apoc.meta.*为例，包含表 6-2 所示的过程或函数。

表 6-2 apoc.meta.*的过程或函数

基本语法	类型	功能
apoc.monitor.ids()	过程	返回 Neo4j 实例中所有在用的 id
apoc.monitor.kernel()	过程	返回 Neo4j 内核的信息，如版本号、启动时间、是否只读等
apoc.monitor.store()	过程	返回 Neo4j 实例占用存储空间的情况，如节点、关系、日志等各部分的存储大小
apoc.monitor.tx()	过程	返回 Neo4j 的事务运行情况，如上一次运行事务 id，总运行事务数量等

6.3.2 APOC 运维类

APOC 运维类的过程和函数，用于 APOC 库本身的运行维护，如表 6-3 所示。

表 6-3 APOC 运维类的过程和函数

名称	说明	核心库		完整库增量		总计
		函数	过程	函数	过程	
apoc.periodic.*	APOC 后台任务管理		8		2	10
apoc.custom.*	自定义过程或者函数的管理				7	7
apoc.log.*	记录不同层级的日志信息		1		4	5
apoc.case.*	多条件分支执行任务		1			1
apoc.help.*	帮助手册		1			1
apoc.version.*	查看 apoc 的版本号	1				1
apoc.cypher.*	通过 APOC 执行 Cypher 操作	3	6		8	17
apoc.static.*	查看或设置 APOC 的配置项			2	3	5

以 apoc.custom.*为例，包含以下函数或过程，如表 6-4 所示。

表 6-4　apoc.custom.*的函数或过程

基本语法	类型	功能
apoc.custom.asFunction(name, statement, outputs, inputs, forceSingle, description)	过程	注册一个自定义函数，即将废止，建议用 apoc.custom.declareFunction
apoc.custom.asProcedure(name, statement, mode, outputs, inputs, description)	过程	注册一个自定义过程，即将废止，建议用 apoc.custom.declareProcedure
apoc.custom.declareFunction(signature, statement, forceSingle, description)	过程	注册一个自定义函数
apoc.custom.declareProcedure(signature, statement, mode, description)	过程	注册一个自定义过程
apoc.custom.list()	过程	列出所有已注册的自定义过程和函数
apoc.custom.removeFunction(name, type)	过程	删除一个自定义函数
apoc.custom.removeProcedure(name)	过程	删除一个自定义过程

6.3.3　数据操作类

数据操作类如表 6-5 所示。

表 6-5　数据操作类

名称	说明	核心库		完整库增量		总计
		函数	过程	函数	过程	
apoc.coll.*	集合（collection）操作	48	5			53
apoc.text.*	文本类数据的操作	46	3			49
apoc.map.*	map 型数据的操作	24				24
apoc.convert.*	数据格式的转换操作	20	2			22
apoc.math.*	基础数学函数，如三角函数等	17	1			18
apoc.load.*	从本地文件或 WEB-API 读取数据		4		13	17
apoc.date.*	时间日期类数据的操作	13			2	15
apoc.number.*	数字型数据的操作	12				12
apoc.util.*	小工具合集，如 hash 值计算、压缩、解压缩等	8	2			10
apoc.spatial.*	地理和空间数的操作		4			4
apoc.temporal.*	时间类数据的操作	3				3
apoc.data.*	对邮件地址或者 url 进行格式解析	2				2
apoc.scoring.*	对数据进行分级，如帕累托	2				2
apoc.xml.*	xml 文件的读取或导入	1	1			2
apoc.bitwise.*	位运算	1				1
apoc.json.*	读取 json 格式的数据	1				1
apoc.agg.*	聚合函数	11				11
apoc.stats.*	数值的统计分布，如各种分位值数和极值		1			1

以 apoc.util.*为例，包含以下函数或过程，如表 6-6 所示。

表 6-6 apoc.util.*的函数或过程

基本语法	类型	功能
apoc.util.sleep(duration)	过程	事务睡眠指定时长
apoc.util.validate(predicate, message, params)	过程	如果表达式成立，则抛出异常
apoc.util.compress(string, {config})	函数	字符串压缩
apoc.util.decompress(compressed, {config})	函数	字符串解压缩
apoc.util.md5([values])	函数	计算字符串列表的 md5 摘要
apoc.util.sha1([values])	函数	计算字符串列表的 sha1 摘要
apoc.util.sha256([values])	函数	计算字符串列表的 sha256 摘要
apoc.util.sha384([values])	函数	计算字符串列表的 sha384 摘要
apoc.util.sha512([values])	函数	计算字符串列表的 sha512 摘要
apoc.util.validatePredicate(predicate, message, params)	函数	如果表达式成立，则抛出异常，否则返回 true，用在 where 子句中

6.3.4 数据库集成类

数据库集成类如表 6-7 所示。

表 6-7 数据库集成类

名称	说明	核心库		完整库增量		总计
		函数	过程	函数	过程	
apoc.redis.*	redis 数据库的访问和操作				31	31
apoc.couchbase.*	访问 couchbase 缓存数据库				11	11
apoc.mongodb.*	mongodb 的访问和操作				8	8
apoc.es.*	操作 ElasticSearch				7	7
apoc.mongo.*	mongodb 的访问和操作				6	6
apoc.bolt.*	通过 bolt 协议访问数据库				3	3
apoc.gephi.*	操作 Gephi 可视化分析工具				1	1
apoc.model.*	通过 jdbc 访问关系数据库的 schema				1	1

以 apoc.es.*为例，包含以下函数或过程，如表 6-8 所示。

表 6-8 apoc.es.*的函数或过程

基本语法	类型	功能
apoc.es.get(host,index,type,id,query,payload)	过程	ElasticSearch 的 GET 指令
apoc.es.getRaw(host,path,payload)	过程	ElasticSearch 的原生 GET 指令
apoc.es.post(host,index,type,query,payload)	过程	ElasticSearch 的 POST 指令
apoc.es.postRaw(host,path,payload)	过程	ElasticSearch 的原生 POST 指令
apoc.es.put(host,index,type,id,query,payload)	过程	ElasticSearch 的 PUT 指令
apoc.es.query(host,index,type,query,payload)	过程	ElasticSearch 的 SEARCH 指令
apoc.es.stats(host)	过程	ElasticSearch 的运行统计

6.3.5 图操作类

图操作类如表 6-9 所示。

表 6-9　图操作类

名称	说明	核心库		完整库增量		总计
		函数	过程	函数	过程	
apoc.create.*	对节点、关系、虚拟节点等图元素的增删改	4	21			25
apoc.export.*	导出图数据		21			21
apoc.refactor.*	对图进行重构操作		19			19
apoc.nodes.*	图节点相关的操作	4	7			11
apoc.path.*	提供比 Cypher 更加丰富的路径搜索接口	4	5			9
apoc.graph.*	虚拟图操作		8			8
apoc.node.*	图节点相关的操作	8				8
apoc.algo.*	常用图算法，如 aStart、dijkstra 等，这部分图算法建议使用		6			6
apoc.atomic.*	对图进行原子操作，如 add		6			6
apoc.neighbors.*	根据条件查询节点的邻节点		6			6
apoc.dv.*	虚拟节点和关系的操作				5	5
apoc.generate.*	生成不同类型的随机图				5	5
apoc.lock.*	对图的节点或关系进行锁操作		5			5
apoc.search.*	使用索引进行节点的并发查询		5			5
apoc.import.*	将数据导入图		4			4
apoc.merge.*	对节点和关系进行合并操作		4			4
apoc.rel.*	查询图中的关系	4				4
apoc.hashing.*	计算图、节点、关系的 Md5 值	3				3
apoc.any.*	查看节点、关系或图的属性	2				2
apoc.do.*	对图进行多条件的读或者写操作		2			2
apoc.get.*	通过 id 查询图中的节点或关系				2	2
apoc.diff.*	比较两个节点的差异	1				1
apoc.example.*	创建 Neo4j 的默认 movie 图		1			1
apoc.label.*	节点标签的操作	1				1
apoc.warmup.*	快速加载点和关系		1			1
apoc.when.*	Cypher 条件分支执行		1			1
apoc.schema.*	图的约束和索引管理	4	5			9
apoc.uuid.*	为节点或关系自动生成 uuid				4	4

以 apoc.node.*为例，包含以下函数或过程，如表 6-10 所示。

表 6-10　apoc.node.*的函数或过程

基本语法	类型	功能
apoc.node.degree(node, rel-direction-pattern)	函数	返回节点的度
apoc.node.degree.in(node, relationshipName)	函数	返回节点的入度
apoc.node.degree.out(node, relationshipName)	函数	返回节点的出度

（续表）

基本语法	类型	功能
returns id for (virtual) nodes	函数	返回节点的 id
returns labels for (virtual) nodes	函数	返回节点的标签
apoc.node.relationship.exists(node, rel-direction-pattern)	函数	判断节点是否有满足指定模式的关系，全部满足时返回 true
apoc.node.relationship.types(node, rel-direction-pattern)	函数	返回节点的关系类型列表
apoc.node.relationships.exist(node, rel-direction-pattern)	函数	判断节点是否有满足指定模式的关系，每个关系返回一个布尔结果

第 7 章

图数据科学库 GDS

图数据科学库（Graph Data Science Library，GDS）[1]以存储过程（procedure）的形式封装了常用的图算法，为 Neo4j 提供高效、并行的图计算。GDS 库的前身为 ALGO。

本章主要内容：

- 简介：Neo4j GDS 的简介。
- 安装：如何安装和使用 GDS 库。
- 常见用法：GDS 的一般使用模式和建议。
- 图管理法：GDS 库的图目录和实用程序。
- 主要算法：GDS 库中包含的主要算法的指南。
- 机器学习：GDS 库对机器学习的支持。
- Python 客户端：以 Python 包形式封装的 GDS。

7.1 简 介

图算法通过计算图、节点或关系的各种指标来展示图中各类实体的特性（如中心性、排名），或发现图的内在结构（如社区）。图算法通常采用迭代方式执行，利用随机游走、广度优先或深度优先、模式匹配等模式来遍历图。图中路径的数量随着图规模的增加呈指数增长，许多算法复杂度很高，需要通过图的特殊解构、并行运算等方式来优化算法。

GDS 中不同的算法适用于不同性质的图，我们称之为算法特征。算法特征包括：

- 有向：算法适用于有向图。
- 无向：算法适用于无向图。

[1] https://neo4j.com/product/graph-data-science/

- 同构：算法适用于同构图，将图的所有节点和关系视作同一类型。
- 异构：算法适用于异构图，能够区分不同类型的节点和/或关系。
- 加权：算法可以将节点和/或关系的属性作为权重。相关的配置参数为 nodeWeightProperty 和 relationshipWeightProperty。默认情况下，算法将每个节点和关系视为同等权重。

为了尽可能高效地运行算法，GDS 库使用内存图（In-memory Graph）进行运算，因此需要将 Neo4j 数据库中的图数据加载到内存的图目录（Graph Catalog）中，并通过图投影（Graph Projections）来控制加载的数据量，以及过滤节点标签和关系类型。

Neo4j GDS 库有开源社区版和企业版两个版本。开源社区版可运行所有算法和功能，但仅限于四个 CPU 内核。而企业版包含以下功能：

- CPU 内核数不受限。
- 支持 Neo4j 企业版中基于角色的访问控制系统 RBAC。
- 支持其他的模型目录功能
- 模型目录中的模型数量不受限制。
- 可以发布模型给其他用户共享。
- 可以将模型持久化到磁盘上保存。
- 支持优化的内存图。

GDS 库中过程或者函数的命名通常为：

```
gds.<alpha/beta>.<algorithm_type>.<algorithm_name>
```

7.2 安　装

GDS 库作为 Neo4j 图数据库的插件发布，需要安装到数据库中并添加到 Neo4j 的配置项 allowlist 中。

7.2.1 支持的 Neo4j 版本

本书编写时，GDS 库的版本为 1.8（1.7 版为 EOL 状态），支持 4.1 版及以上 Neo4j 数据库。GDS 库与 Neo4j 数据库的最新版本兼容矩阵参见官方说明。一般来说，最新版本的 GDS 库支持最新版本的 Neo4j，反之亦然，因此建议始终保持两者都是最新版本。

7.2.2 Neo4j Desktop

GDS 库最便捷的安装方法是利用 Neo4j Desktop 的插件管理。通过 Desktop 中数据库的 Plugins 选项卡安装 GDS 后，会在本机的 plugins 目录中下载 GDS 库，并自动写入配置项：

```
dbms.security.procedures.unrestricted=gds.*
```

该配置使 GDS 库能够访问 Neo4j 的底层组件以使性能最大化。同时，还需增加以下配置项：

```
dbms.security.procedures.allowlist=gds.*
```

7.2.3　Neo4j 服务器版

在 Neo4j 单机服务器上，需要手动安装和配置 GDS 库。

（1）从官网[1]下载 neo4j-graph-data-science-[version].jar 到$neo4j_HOME/plugins 目录中。

（2）在$neo4j_HOME/conf/neo4j.conf 文件中添加以下配置条目：

```
dbms.security.procedures.unrestricted=gds.*
dbms.security.procedures.allowlist=gds.*
```

（3）重启 Neo4j。

（4）验证安装。在 Neo4j Desktop 的浏览器中调用函数 gds.version()显示 GDS 库版本，如果成功返回版本号，则安装成功。

7.2.4　Neo4j 企业版

企业版 GDS 库需要有效的许可证。许可证以许可证密钥文件的形式分发，其位置通过 neo4j.conf 中的配置项 gds.enterprise.license_file 来设定，该配置项必须使用绝对路径。许可证密钥在首次配置和每次更改后，都需要重新启动数据库。

许可证密钥文件的示例配置：

```
gds.enterprise.license_file=/path/to/my/license/keyfile
```

如果许可证文件出现问题，如文件不可访问、许可证过期或因任何其他原因无效等，则对 Neo4j GDS 库的所有调用都会报错。

7.2.5　Neo4j Docker

GDS 库可在 Docker 中的 Neo4j 上作为插件使用。启动带有 GDS 的 Neo4j 容器命令如下：

```
docker run -it --rm \
  --publish=7474:7474 --publish=7687:7687 \
  --user="$(id -u):$(id -g)" \
  -e Neo4j_AUTH=none \
  --env neo4jLABS_PLUGINS='["graph-data-science"]' \
  neo4j:4.2
```

7.2.6　Neo4j 因果集群

在 Neo4j 因果集群中使用 GDS 库时，只能将 GDS 库安装在集群的只读副本节点上，不能安装在核心节点上。安装步骤参考 Neo4j 服务器版的安装步骤。

只有 4.3 版及更新的 Neo4j 才能支持在集群模式下使用 GDS 库。

7.2.7　其他配置项

配置文件 neo4j.conf 中还包括如下配置。

[1] 中国用户建议从微云数聚下载 https://we-yun.com/doc/neo4j/。

1. 图形导出

如果需要将图形导出为 CSV 文件，需要配置参数 gds.export.location，将其设置为导出图形所在文件夹的绝对路径，该文件夹必须对 Neo4j 进程可写。

2. 模型持久化

模型持久化功能需要配置参数 gds.model.store_location，将其设置为存储模型的文件夹的绝对路径，该文件夹必须对 Neo4j 进程可写。

7.2.8 系统需求

1. 堆空间

堆空间用于存储图目录和图投影。将算法结果写回 Neo4j 时，堆空间也用于保存事务状态。对于纯分析型任务，通常建议将堆空间设置为可用主内存的 90%左右。相关配置参数为 dbms.memory.heap.initial_size 和 dbms.memory.heap.max_size。

为了更好地估计创建图投影和运行算法所需的堆空间，建议使用算法的内存估计功能。

2. 页面缓存

页面缓存用于缓存 Neo4j 数据以减少磁盘访问，配置参数为 dbms.memory.pagecache.size。

对于包括原生投影在内的纯分析型任务，建议减少页面缓存以增加堆大小。同时，在创建内存图时设置最小页面缓存也很重要：

- 对于原生投影，用于创建内存图的最小页面缓存可以粗略估计为 8KB × 100 × readConcurrency。
- 对于 Cypher 投影，因查询的复杂性需要更大的页面缓存。

如果需要将算法结果写回 Neo4j，则写入性能很大程度上取决于存储碎片，以及要写入的属性和关系的数量。建议从 250MB×writeConcurrency 开始粗略估计页面缓存大小，并根据写入性能进行相应调整。理想情况下，如果已经通过内存估计功能找到合适的堆大小，则剩余内存均可用于页面缓存和操作系统。

如果 Neo4j 实例同时运行操作型和分析型任务，则不建议减少页面缓存。

3. CPU

GDS 库可以使用 CPU 多核进行图投影、算法计算和结果写入，因此，恰当地配置并发数量对于达到最大性能状态非常重要。

GDS 库中大多数操作使用的默认并发数是 4。最大可用并发数取决于 GDS 库的许可证类型（注意，不是 Neo4j 数据库的许可证）：

- GDS 社区版（GDS CE）最大并发数限制为 4。
- GDS 企业版（GDS EE）没有最大并发数限制。

7.3　常见用法

GDS 库的使用通常分为两个阶段：开发阶段和生产阶段。

开发阶段的目标是选择有效算法并建立相应的工作流，需要配置系统、定义图投影并选择算法，这一阶段关注两种资源：内存图和算法数据结构。

生产阶段的目的是合理配置系统以成功运行所选的算法。执行顺序通常是创建图，在图上运行一个或多个算法，生成运算结果。

图 7-1 说明了 GDS 库的标准操作流程。

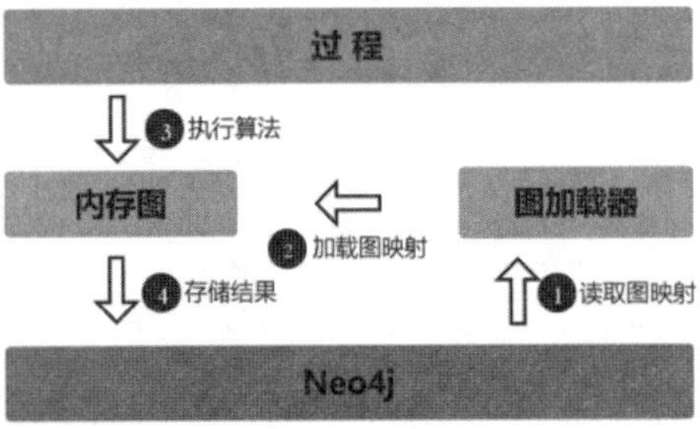

图 7-1　GDS 库的标准操作流程

GDS 库的存储过程以贪婪模式运行，每个程序都会尝试使用尽可能多的内存和 CPU 内核，如果并发运行多个程序，则可能会影响彼此的性能。

7.3.1　内存估计

GDS 库完全运行在堆空间内，需要配置比事务性任务更大的堆空间。投影的图模型中包含三种类型的数据：

- 节点，最多 2^{45} 个（约 35 万亿）。
- 关系，节点 ID 对。如果配置了参数 orientation: "UNDIRECTED"，则每个关系要存储两份。
- 权重，与关系相对应，以双精度数存储。

内存如何配置取决于所使用的图投影。

1. 算法所需内存的估计

运行算法之前通常要估算投影图和运行算法所需的内存。调用算法对应的程序.estimate 即可返回所需内存量的估计值。注意，只有生产级算法才能保证有.estimate 程序。

```
CALL gds[.<tier>].<algorithm>.<execution-mode>.estimate(
   graphNameOrConfig: String or Map,
   configuration: Map
) YIELD
  nodeCount: Integer,
  relationshipCount: Integer,
  requiredMemory: String,
```

```
  treeView: String,
  mapView: Map,
  bytesMin: Integer,
  bytesMax: Integer,
  heapPercentageMin: Float,
  heapPercentageMax: Float
```

estimate 程序的配置项与算法的配置项相同。

输出结果字段如表 7-1 所示。

表 7-1 estimate 程序输出结果字段

字段名	类型	描述
nodeCount	Integer	图中的节点数
relationshipCount	Integer	图中的关系树
requiredMemory	String	估计所需的内存
treeView	String	更加详细的内存估计
mapView	Map	更加详细的内存估计
bytesMin	Integer	所需最小字节数
bytesMax	Integer	所需最大字节数
heapPercentageMin	Float	已配置堆空间的最小使用百分比
heapPercentageMax	Float	已配置堆空间的最小使用百分比

2. 图所需内存的估计

GDS 库中用于创建图的程序 gds.graph.create 也可以执行内存估计。此时尚未创建图，所以第一个参数不能是图名称。

```
CALL gds.graph.create.estimate(
nodeProjection: String|List|Map,
relationshipProjection: String|List|Map,
configuration: Map
) YIELD
requiredMemory,
treeView,
mapView,
bytesMin,
bytesMax,
heapPercentageMin,
heapPercentageMax,
nodeCount,
relationshipCount
```

输出结果与算法内存估计的结果格式相同。

可以通过在 configuration 中设置 nodeCount 和 relationshipCount 两个参数来指定节点和关系的数量，以此估计虚拟图的内存，这种方式可以估计任意规模的图的内存消耗。估计虚构图时，必须使用 nodeProjection 和 relationshipProjection 参数，并且建议两者都设为'*'。

下面的查询是估计具有 100 个节点和 1000 个关系的虚构图的示例。

```
CALL gds.graph.create.estimate('*', '*', {
  nodeCount: 100,
```

```
  relationshipCount: 1000,
  nodeProperties: 'foo',
  relationshipProperties: 'bar'
}
)YIELD requiredMemory, treeView, mapView, bytesMin, bytesMax, nodeCount,
relationshipCount
```

结果为：

```
requiredMemory  bytesMin   bytesMax    nodeCount  relationshipCount
"593KiB"        607576     607576      100        1000
```

3. 自动估计和执行阻塞

GDS 库中所有支持 estimate 的过程，在执行开始前都会自动执行内存估计。

如果估计检查发现当前空闲内存不足，则操作将被中止并报错，错误信息包含估计的详细信息和估计时的可用内存。

这种堆控制的逻辑作用是有限的，因为只能阻止确定不满足内存需求的任务，而不能保证通过了堆控制但任务执行过程中不会耗尽内存。但是，对在大型数据集上运行算法或创建图之前运行内存估计来说，仍然很有用。

可用内存是基于 Java 运行时的系统信息来估计的，可以通过删除目录中未使用的图，或在启动 Neo4j 实例之前增加最大堆空间来增加可用内存量。

4. 绕过堆控制

有时我们已经深入了解了所要执行的过程的内存使用方式，或只是想在内存估计的结果与系统限制非常接近时冒险一下，那么我们可能会希望绕过堆控制。

这时可以使用 sudo 模式手动绕过堆控制运行程序。sudo 模式默认是关闭的，否则系统会将长时间运行的程序直接判断为运行失败。要启用 sudo 模式，请在调用过程时添加 sudo 参数。下面是一个在 sudo 模式下调用 Louvain 社区检测算法的例子：

```
# 在 sudo 模式下运行 Louvain:
CALL gds.louvain.write('myGraph', {
writeProperty: 'community',
sudo: true }
) YIELD communityCount, modularity, modularities
```

如果在调用过程时意外使用了 sudo 模式而导致其内存不足，不会对数据库造成重大损害，但会浪费时间。

7.3.2　创建图

GDS 库的任何算法都必须运行在图上，可以是匿名图或命名图。匿名图仅针对单个算法创建，在执行完成后就消失。而命名图有一个名称，并存储在图目录中，称作图投影。

创建命名图有几个优点：

- 可以应用多种算法。
- 图的创建与算法的执行完全分离。

- 算法运行时间可以单独测量。
- 可以从图目录中检索创建图时的配置。

7.3.3 运行算法

GDS 库的所有算法都封装为 Neo4j 过程，可以通过 Cypher 浏览器直接调用，或者使用编程语言的 Neo4j 驱动程序从客户端代码中调用。

算法有以下四种执行模式：stream、stats、mutate 或 write，任何算法的执行都可以通过终止 Cypher 事务来取消。

1. Stream 模式

该模式将算法运行的结果作为 Cypher 结果行返回，类似于标准 Cypher 读操作，返回的数据可以是节点 ID 和节点的计算分值（如 PageRank 分数或 WCC componentId），也可以是两个节点 ID 和节点对的计算分值（如 NodeSimilarity 相似度分数）。

如果图非常大，stream 模式下的计算结果也会非常大。在 Cypher 查询中使用 ORDER BY 和 LIMIT 子句可以实现“top N”式的功能。

2. Stats 模式

该模式返回算法运行结果的统计信息，如统计数量或分位数分布，但不能直接得到算法的结果。此模式是 mutate 和 write 执行模式的基础，不会对图进行任何修改或更新。

3. Mutate 模式

该模式将算法运行的结果写回内存图。算法运行后，为节点或关系添加新的属性，属性名称通过参数 mutateProperty 设定，该属性不能预先存在于内存图中。这种模式可以在同一个内存图上运行多个算法，而无须在算法执行之间将结果写入 Neo4j 数据库。

这种模式在三种情况下特别有用：

- 前序算法的结果无须写回 Neo4j，即可被后续算法使用。
- 算法结果的节点和关系可以同时写回 Neo4j。
- 算法结果无须写回 Neo4j，即可通过 Cypher 查询。

该模式可以返回类似于 stats 模式的统计信息，新增的数据可以是节点属性（例如 PageRank 分数）、关系（如节点相似性相似性）或关系属性。

4. Write 模式

该模式将算法的运行结果写回 Neo4j 数据库，类似于标准的 Cypher 写操作。该模式也能返回运行结果的统计信息。Write 模式是唯一会对 Neo4j 数据库进行修改操作的执行模式。这种模式在计算结果需要被多次访问的情况下非常有用。

5. 常用配置参数

所有算法都允许通过配置参数调整运行时特性，有些参数是某个算法特有的，也有许多参数在各种算法和各种执行模式下是通用的。比较通用的配置参数列表包括：

- concurrency – Integer：并发数，默认为 4。
- nodeLabels - List of String：如果运行算法的图是基于多个标签的节点投影创建的，则此参数可用于选择投影使用的节点标签。算法只计算所选标签对应的节点。
- relationshipTypes - List of String：如果运行算法的图是基于多个关系类型投影创建的，则此参数可用于仅选择投影使用的类型。算法只计算所选类型的关系。
- nodeWeightProperty – String：支持节点权重的算法中，此参数用于设定表示权重的节点属性。
- relationshipWeightProperty – String：支持关系权重的算法中，此参数用于设定表示权重的关系属性。图中所有类型的关系都必须包含该数据，且值必须是数字，某些算法还可能有其他限制，比如只能是正值。
- maxIterations – Integer：算法的最大迭代次数。
- tolerance – Float：两次迭代之间的最小变化值。如果变化小于该值，则认为算法已经收敛并结束运行。
- seedProperty – String：一些算法支持增量运算。这意味着可以直接使用前一次算法运行的结果，即使图发生了改变。该参数设定包含种子值的节点属性，使用种子值可以加快计算和写入时间。
- writeProperty – String：在 write 模式下，此参数设置保存运行结果的节点或关系属性的名称。如果该属性已存在，则值将被覆盖。
- writeConcurrency – Integer：在 write 模式下写操作的并发数，默认与 concurrency 相同。

7.3.4　日志记录

GDS 库有两种类型的日志：调试日志（debug logging）和进度日志（progress logging）。

调试日志记录系统事件的信息。例如，当算法计算完成时，可以记录使用的内存量和总运行时间。当操作无法正常完成时，记录异常事件。调试日志有助于了解系统事件，尤其是协助解决问题。

进度日志用于跟踪预计需要长时间运行的操作的进度，包括图投影、算法运行和结果写入等。

所有日志都写入 Neo4j 数据库配置的日志文件。

GDS 库本身也会跟踪进度，所以除了查看日志文件之外，还可以通过 Cypher 查看进度。可以使用 GDS 的内置过程 gds.beta.listProgress 查询当前正在运行的任务（也称为作业）的进度信息，GDS 库中的任务就是一个正在运行的过程，比如算法或图的加载过程。

按照是否指定 jobId，该过程分为两种模式：

- 如果未指定 jobId，将返回所有运行任务的摘要，每个任务显示为一行。
- 如果指定了 jobId，将显示该任务的详细视图，执行期间的每个步骤或任务显示为一行，并且显示任务树和每个任务的单独进度。

```
CALL gds.beta.listProgress(jobId: String)
YIELD
  jobId,
  taskName,
  progress,
  progressBar,
  status,
```

```
 timeStarted,
 elapsedTime
```

例如，过程 gds.beta.node2vec.stream 刚刚开始执行：

```
CALL gds.beta.listProgress()
YIELD jobId,taskName,Progress
```

结果为:

```
jobId                                     taskName       progress
"d21bb4ca-e1e9-4a31-a487-42ac8c9c1a0d"    "Node2Vec"     "42%"
```

7.3.5 系统监控

GDS 支持多用户同时使用同一系统，而且 GDS 库的过程通常是非常耗费资源的，可能使用大量内存和/或 CPU 内核。要了解用户运行 GDS 过程的时间是否合理，通常需要了解 Neo4j 和 GDS 所在系统的当前容量情况以及 GDS 的当前任务情况。

为了能够大致了解系统的当前容量及其分析任务，可以使用过程 gds.alpha.systemMonitor。该过程返回 DBMS 的 JVM 实例在内存和 CPU 方面的容量信息，以及当前运行的 GDS 过程资源的使用情况。

```
CALL gds.alpha.systemMonitor()
YIELD
 freeHeap,
 totalHeap,
 maxHeap,
 jvmAvailableCpuCores,
 availableCpuCoresNotRequested,
 jvmHeapStatus,
 ongoingGdsProcedures
```

返回结果包含的字段如表 7-2 所示。

表 7-2 过程 gds.alpha.systemMonitor 返回结果所包含的字段

字段名	类型	描述
freeHeap	Integer	JVM 的可用内存
totalHeap	Integer	JVM 的总内存。该值可能随时间变化
maxHeap	Integer	JVM 尝试使用的最大内存
jvmAvailableCpuCores	Integer	当前 JVM 可用的内核数
availableCpuCoresNotRequested	Integer	当前 JVM 可用且未正在被 GDS 过程使用的内核数
jvmHeapStatus	Map	上述数据的格式化表示
ongoingGdsProcedures	List of Map	当前所有用户的所有 GDS 过程的资源使用情况和进度情况。包括过程的名称、已执行时间、预计使用内存和最多可能用到的 CPU 内核数

现在看一个示例：假设前述 gds.beta.node2vec.stream 过程已启动，查看 JVM 堆的状态。

```
CALL gds.alpha.systemMonitor()
YIELD  freeHeap,totalHeap,maxHeap
```

结果为：

```
freeHeap     totalHeap       maxHeap
1234567      2345678         3456789
```

可以看到，运行 Neo4j DBMS 的 JVM 实例中，当前有大约 1.23 MB 的可用堆内存。而且目前 totalHeap 小于 maxHeap，所以可用堆内存可能会因其他过程执行结束而增加。

还可以检查 CPU 内核使用情况，以及当前运行的 GDS 过程的进度。

```
CALL gds.alpha.systemMonitor()
YIELD availableCpuCoresNotRequested,jvmAvailableCpuCores, ongoingGdsProcedures
```

结果为：

```
jvmAvailableCpuCores       availableCpuCoresNotRequested      ongoingGdsProcedures
100                        84                                 [{ procedure: "Node2Vec", progress:
                                                              "33.33%", estimatedMemoryRange:
                                                              "[123 kB ... 234 kB]",
                                                              requestedNumberOfCpuCores: "16" }]
```

可以看到，当前只有一个 GDS 过程 Node2Vec 在运行，已经完成了 33.33%；预计最多使用 234 kB 内存，当前可能没有使用这么多内存，而在稍后执行时可能需要更多内存，因此可能会导致 freeHeap 降低。该过程预计最多使用 16 个 CPU 内核，而系统中 GDS 过程尚未使用的 CPU 内核总数为 84 个。

7.4　图 管 理

7.4.1　图 目 录

图算法运行在图数据模型（Graph Data Model）上，这种模型是 Neo4j 属性图数据模型的投影。

图投影（Graph Projection）可以看作数据库中的图在内存中的映射，只存在于内存中，而且仅包含与分析目标相关的拓扑和属性信息，而不是数据库中的整个原图。图投影使用的压缩数据结构针对拓扑和属性的查找操作进行了优化。

如果图投影有名称，就可以在分析工作流程中被多次使用，否则就只能在算法运行时临时生成图投影。在 GDS 库管理中，所有带有名称的图投影共同组成了图目录（Graph Catalog）。图目录在 Neo4j 实例运行期间一直存在，Neo4j 重启时，存储在图目录中的图投影会丢失，需要重新创建。

图目录操作接口列表如表 7-3 所示。

表 7-3　图目录操作接口列表

名称	描述
gds.graph.create	使用原生投影在目录中创建图形
gds.graph.create.cypher	使用 Cypher 投影在目录中创建图形
gds.beta.graph.create.subgraph	通过使用节点和关系谓词过滤现有图形，在目录中创建图形
gds.graph.list	打印有关当前存储在目录中的图形的信息
gds.graph.exists	检查命名图是否存储在目录中
gds.graph.removeNodeProperties	从命名图中删除节点属性
gds.graph.deleteRelationships	从命名图中删除给定关系类型的关系

（续表）

名称	描述
gds.graph.drop	从目录中删除一个命名图
gds.graph.streamNodeProperty	流式传输存储在命名图中的单个节点属性
gds.graph.streamNodeProperties	流存储在命名图中的节点属性
gds.graph.streamRelationshipProperty	流式传输存储在命名图中的单个关系属性
gds.graph.streamRelationshipProperties	流存储在命名图中的关系属性
gds.graph.writeNodeProperties	将存储在命名图中的节点属性写入 Neo4j
gds.graph.writeRelationship	将存储在命名图中的关系写入 Neo4j
gds.graph.export	将命名图导出到新的离线 Neo4j 数据库中
gds.beta.graph.export.csv	将命名图导出到 CSV 文件中

命名图的管理必须由创建图的 Neo4j 用户完成，用户无法访问由其他 Neo4j 用户创建的图。

7.4.1.1 创建原生投影

创建带有名称的图投影有两种方法：原生投影（Native Projection）或 Cypher 投影（Cypher Projection）。

原生投影直接读取 Neo4j 的存储文件，所以性能最佳，推荐在开发和生产阶段使用。

投影图在生命周期中一直驻留在内存中，除非被手工删除（gds.graph.drop）或者 Neo4j 数据库或数据库的 DBMS 停止。

```
CALL gds.graph.create(
   graphName: String,//图投影的名称
   nodeProjection: String or List or Map,//节点投影
   relationshipProjection: String or List or Map,//关系投影
   configuration: Map //其他配置
)YIELD
  graphName: String,
  nodeProjection: Map,
  nodeCount: Integer,
  relationshipProjection: Map,
  relationshipCount: Integer,
  createMillis: Integer
```

其可用配置项（Configuration）可以控制并发数、对节点和关系的属性筛选等，细节详见官方文档。

下面看一个示例。在 Neo4j 数据库中建图（见图 7-2）如下：

```
CREATE
  (florentin:Person { name: 'Florentin', age: 16 }),
  (adam:Person { name: 'Adam', age: 18 }),
  (veselin:Person { name: 'Veselin', age: 20, ratings: [5.0] }),
  (hobbit:Book { name: 'The Hobbit', isbn: 1234, numberOfPages: 310, ratings: [1.0,
2.0, 3.0, 4.5] }),
  (frankenstein:Book { name: 'Frankenstein', isbn: 4242, price: 19.99 }),
  (florentin)-[:KNOWS { since: 2010 }]->(adam),
  (florentin)-[:KNOWS { since: 2018 }]->(veselin),
  (florentin)-[:READ { numberOfPages: 4 }]->(hobbit),
  (florentin)-[:READ { numberOfPages: 42 }]->(hobbit),
```

```
  (adam)-[:READ { numberOfPages: 30 }]->(hobbit),
  (veselin)-[:READ]->(frankenstein)
```

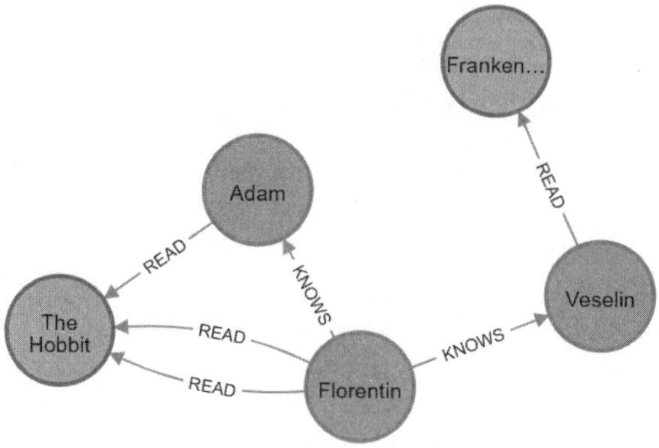

图 7-2　在 Neo4j 数据库中建图

基于该图创建图映射如下：

```
CALL gds.graph.create(
  'graphWithProperties', //图投影的名称
  {
    Person: {properties: 'age'},
    Book: {properties: {price: {defaultValue: 5.0}}}
  },//节点投影
  ['KNOWS', 'READ'],//关系投影
  {nodeProperties: 'ratings'}//其他配置
)YIELD
  graphName, nodeProjection, nodeCount AS nodes, relationshipCount AS relsRETURN
graphName, nodeProjection.Book AS bookProjection, nodes, rels
```

该示例中创建了名为 graphWithProperties 的图投影，利用 nodeProjection 选择节点标签及相应的属性，利用 relationshipProjection 选择关系类型及相应的属性，并且通过 congfiguration 来筛选所有节点的单个属性 ratings。

结果为：

graphName	bookProjection	nodes	rels
"graphWithProperties"	{label=Book, properties={price={defaultValue=5.0, property=price}, ratings={defaultValue=null, property=ratings}}}	5	6

需要注意的是：

（1）原生投影可以调整关系的有向性。

默认情况下，关系投影时其方向与 Neo4j 数据库中存储的方向相同，称之为 NATURAL 方向。此外，GDS 还可以将关系投影为 REVERSE（反向）或 UNDIRECTED（无向），这个功能通过关系投影参数 relationshipProjection 来实现。如{KNOWS: {orientation: 'UNDIRECTED'}}可以将关系 KNOWS 投影为无向关系，这会使投影图中的关系数变成有向图的两倍。

（2）原生投影支持对并行关系进行聚合。

因 Neo4j 支持两个节点之间存在多重关系，即并行关系，而有些算法需要图中不能出现并行关系，所以创建图投影时，可以在 relationshipProjection 中利用 aggregation 参数对并行关系进行聚合操作。以上图为例：

```
CALL gds.graph.create(
  'readCount',
  ['Person', 'Book'],
  {
    READ: {
      properties: {
        numberOfReads: { //聚合后的属性名称
          property: '*', //“*”表示该属性是派生的，而不是来自数据库中图的原始关系属性
          aggregation: 'COUNT' //聚合维度为数量
        }
      }
    }
  }
)YIELD
  graphName AS graph,
  relationshipProjection AS readProjection,
  nodeCount AS nodes,
  relationshipCount AS rels
```

结果为：

```
graphName    readProjection                                            nodes   rels
"readCount"  {READ={orientation=NATURAL, aggregation=DEFAULT,          5       6
             type=READ,
             properties={numberOfReads={defaultValue=null,
             property=*, aggregation=COUNT}}}}
```

除上述示例中的 COUNT 聚合方式外，aggregation 参数还可以使用 SUM，如果不需要计数，可以使用 SINGLE。

7.4.1.2 创建 Cypher 投影

原生投影仅能通过简单的节点标签、关系类型和属性进行投影，而 Cypher 投影则使用 Cypher 语句进行节点和关系投影，因此更灵活、更具表现力。它较少关注性能，主要用在开发阶段。

基本语法如下：

```
CALL gds.graph.create.cypher(
    graphName: String,
    nodeQuery: String,//节点投影的 Cypher 语句
    relationshipQuery: String, //关系投影的 Cypher 语句
    configuration: Map //其他配置
) YIELD
    graphName: String,
    nodeQuery: String,
    nodeCount: Integer,
    relationshipQuery: String,
```

```
    relationshipCount: Integer,
    createMillis: Integer
```

以图 7-2 为例。

```
CALL gds.graph.create.cypher(
  'graphWithProperties',
  'MATCH (n)
   WHERE n:Book OR n:Person
   RETURN
    id(n) AS id,
    labels(n) AS labels,
    coalesce(n.age, 18) AS age,
    coalesce(n.price, 5.0) AS price,
    n.ratings AS ratings',//节点投影的 Cypher 可以对每个属性进行更加灵活的操作
  'MATCH (n)-[r:KNOWS|READ]->(m) RETURN id(n) AS source, id(m) AS target, type(r)
AS type'//关系投影的 Cypher
)YIELD
  graphName, nodeCount AS nodes, relationshipCount AS rels
RETURN graphName, nodes, rels
```

结果为：

```
    graphName                        nodes        rels
    "graphWithProperties"            5            6
```

Cpyher 投影不支持对关系的方向进行改变。但 Cypher 语句本身即可支持灵活的聚合函数，所以 Cypher 投影可以对多重关系进行聚合。

另外，Cpyher 投影中也可以使用 Cypher 语句中的变量参数。例如：

```
CALL gds.graph.create.cypher(
  'existingNumberOfPages',
  'MATCH (n) RETURN id(n) AS id, labels(n) AS labels',
  'MATCH (n)-[r:READ]->(m)
    WHERE r.numberOfPages > $minNumberOfPages
    RETURN id(n) AS source, id(m) AS target, type(r) AS type, r.numberOfPages AS
numberOfPages',
  { parameters: { minNumberOfPages: 9} }
)YIELD
  graphName AS graph, nodeCount AS nodes, relationshipCount AS rels
```

该示例中使用$minNumberOfPages 来向关系投影的 Cpyher 语句中传递参数值。

7.4.1.3 查看图投影

查看图目录中的图投影，可以使用 gds.graph.list()。

```
CALL gds.graph.list(
  graphName: String //图投影的名称。如果不指定，则查询图目录中所有图投影
) YIELD
  graphName: String, //图投影名称
  database: String,  //图数据库名称
  nodeProjection: Map,//节点投影。如果使用 Cypher 投影创建，自动派生原生投影配置
```

```
  relationshipProjection: Map,//关系投影。如果使用 Cypher 投影创建，则自动派生原生投影配置
  nodeQuery: String,//节点 Cpyher 投影。如果使用原生投影创建，则返回 null
  relationshipQuery: String,//关系 Cpyher 投影。如果使用原生投影创建，则返回 null
  nodeFilter: String,//从内存图创建子图时使用的节点过滤器。如果图是从数据库创建，则返回 null
  relationshipFilter: String,//从内存图创建子图时使用的关系过滤器。如果图是从数据库创建，
则返回 null
  nodeCount: Integer,//图中节点数
  relationshipCount: Integer,//图中关系树
  schema: Map,//图中包含的节点标签、关系类型和属性
  degreeDistribution: Map,//图中度的直方分布图
  density: Float,//图的密度
  creationTime: Datetime,//创建时间
  modificationTime: Datetime,//最近一次修改时间
  sizeInBytes: Integer,//占用 JVM 中堆内存的字节数
  memoryUsage: String//易读格式的内存使用情况
```

7.4.1.4 检测图投影是否存在

检测图投影是否存在，使用 gds.graph.exists()。

```
CALL gds.graph.exists(graphName: String)
YIELD
  graphName: String,//图名称
  exists: Boolean //是否存在
```

gds.graph.exists 既可以作为存储过程通过 CALL 来调用，可以直接作为函数在 Cypher 语句的 RETUEN 或 WHERE 子句中使用，比如：

```
RETURN gds.graph.exists('persons') AS personsExists,
gds.graph.exists('books') AS booksExists
```

7.4.1.5 删除图投影

删除图投影使用 gds.graph.exists()，该操作可以释放图投影使用的内存。

```
CALL gds.graph.drop(
  graphName: String,//图投影的名称
  failIfMissing: Boolean,//图投影不存在时是否报错。如果为 false，图投影不存在时返回空
  dbName: String,//创建图投影使用的数据库
  username: String//创建图投影的用户
)
```

7.4.1.6 创建子图

GDS 的算法可以在运行时对投影图的节点和关系进行过滤，但仅能基于节点标签和关系类型进行过滤，而无法过滤属性值，且过滤后的图仅在算法执行期间存在。如果需要多次使用相同的过滤图，则可以在图目录中创建子图。子图的使用方法与其他图投影完全相同。

```
CALL gds.beta.graph.create.subgraph(
  graphName: String,//子图名称
  fromGraphName: String,//创建子图基于的图投影
  nodeFilter: String,//节点过滤表达式。*表示所有节点
  relationshipFilter: String,//关系过滤表达式。*表示所有关系
```

```
  configuration: Map//其他配置
)
```

例如：

```
CALL gds.beta.graph.create.subgraph(
  'teenagers-books',//子图名称
  'social-graph',//图投影名称
  'n:Book OR (n:Person AND n.age > 18)', //节点过滤表达式
  'r:READS'//关系过滤表达式
)
```

注意，过滤表达式中表示节点的变量必须为 n，表示关系的变量必须为 r。

另外，如果要对节点和关系的属性进行过滤，则属性值必须是浮点型、整型或布尔型，不支持其他数据类型。

7.4.1.7　针对节点的操作

GDS 库可以处理图投影中节点的属性，提供了节点属性的读、写、删除等操作过程，包括：

- gds.graph.streamNodeProperty：读取单个属性的值。
- gds.graph.streamNodeProperties：读取多个属性的值。
- gds.graph.writeNodeProperties：写入多个属性的值。
- gds.graph.removeNodeProperties：删除多个属性的值。

以 gds.graph.streamNodeProperties 为例，其语法为：

```
CALL gds.graph.streamNodeProperties(
   graphName: String, //图投影的名称
   nodeProperties: String or List of Strings, //读取的节点属性
   nodeLabels: String or List of Strings, //需要读取属性的节点的标签范围
   configuration: Map //其他配置
)
```

其返回结果包含如下字段：

字段名	类型	描述
nodeId	Integer	节点 Id
nodeProperty	String	节点属性名称
propertyValue	Integer/Float/List	节点属性值

7.4.1.8　针对关系的操作

针对关系的操作过程包括：

- gds.graph.streamRelationshipProperty：读取单个属性的值。
- gds.graph.streamRelationshipProperties：读取多个属性的值。
- gds.graph.writeRelationshipProperties：写入多个属性的值。
- gds.graph.removeRelationshipProperties：删除多个属性的值。

语法与节点操作类似。

7.4.1.9 图投影的导出

图投影可以导出为 CSV 文件或者将其写入 Neo4j 数据库，分别使用如下过程：

```
//导出到 Neo4j 数据库
CALL gds.graph.export(graphName: String, configuration: Map)
```

配置 configuration 可以用于设定导出的数据库名称、并发数、节点和关系的筛选等。例如：

```
CALL gds.graph.export(
'my-graph',
{
dbName: 'mydatabase',
additionalNodeProperties:[{
myproperty:{defaultValue: 'my-default-value'}}]
})

//导出到 CSV 文件
CALL gds.beta.graph.export.csv(graphName: String, configuration: Map)
```

配置 configuration 可以用于设定导出的文件路径、并发数、节点和关系的筛选等。同时，该过程支持通过 gds.beta.graph.export.csv.estimate 估计 CSV 文件的大小。

7.4.2 节点属性

Neo4j GDS 库可为节点增加附加属性，投影图时可以再从数据库中加载这些属性。许多算法在 mutate 模式下也可以将其结果保存为一个或多个节点属性。但 Neo4j GDS 库并不能支持 Neo4j 数据库的所有属性类型。对每个支持的属性类型，还定义了一个默认值用于属性值未设置的情况。

以下是 GDS 库支持的属性类型以及它们对应的默认值。

- Long：Long.MIN_VALUE。
- Double：NaN。
- Long Array：null。
- Float Array：null。
- Double Array：null。

利用节点属性创建图投影时，属性的类型是根据加载的第一个属性值自动确定的。

所有整数类型都被设定为 Long，所有浮点值都被设定为 Double。数组类型由数组包含的值的类型确定，例如，不支持将 Integer Array 转换为 Long Array，也不支持混合类型的数组。

大多数能够使用节点属性的算法，都需要特定的属性类型。如果提供的属性类型与所需类型不匹配，则 GDS 库尝试将属性值转换为所需类型，但自动转换仅在满足以下条件时发生：

- 给定的类型和预期的类型都不是 Array 类型。
- 转换是无损的。
- Long 转为 Double 时：Long 值不能超过 Double 类型的支持范围。
- Double 转换为 Long 时：Double 值没有任何小数位。

如果任何节点属性值不满足这些条件中的任何一个，算法将运行失败。

自动转换的计算成本更高，因此在关注性能的应用程序中应避免使用。

7.4.3 实用函数

GDS 库中还包含表 7-4 所示的实用工具。

表 7-4　GDS 库中的实用函数

函数名称	功能描述
gds.version()	返回 GDS 库的版本
gds.util.NaN()	返回 NaN 空值
gds.util.infinity()	返回无穷大值
gds.util.isFinite(value: NUMBER)	判断值是否非无穷大
gds.util.isInfinite(value: NUMBER)	判断值是否无穷大
gds.util.asNode(nodeId: NUMBER)	根据节点 id 返回节点对象
gds.util.asNodes(nodeIds: List of NUMBER)	根据节点 id 列表返回节点对象的列表

7.4.4 GDS 库上的 Cypher

在 Neo4j GDS 库中加载并探索投影图，然后在 mutate 模式下执行算法是比较麻烦的。在 Neo4j 数据库中可以使用 Cypher 语句来实现。例如，Cypher 查询允许获取节点上存在哪些属性以及许多其他内容。利用 gds.alpha.create.cypherdb 过程可以在投影图上执行 Cypher 查询。此过程将创建一个新的临时数据库，你可以切换到该数据库。与 Neo4j 数据库的存储文件相比，该数据库使用投影图的数据。

尽管可以在 gds.alpha.create.cypherdb 过程创建的数据库上执行任意 Cypher 查询，但还没有实现所有 Cypher 功能。下面列出了一些已知的限制：

- 不能删除新建的数据库：只能重启 DBMS 来删除该数据库。
- 不能写操作：所有写操作（例如节点、属性或标签）都将失败。

7.4.5 匿 名 图

GDS 库的典型使用方法是事先创建图投影，然后在图投影上运行算法，这可以减少 Neo4j 数据库的读操作，并使得在相同的图上执行多种算法或对于同一算法执行不同参数下的操作非常方便，但有些场景下，我们希望能够快速运行一种算法，这时就需要用到匿名图。

匿名图的创建与 gds.graph.create 的语法类似：

```
CALL gds.<algo>.<mode>(//算法的过程调用
  {
   nodeProjection: String, List or Map, //节点投影
   relationshipProjection: String, List or Map,//关系投影
   nodeProperties: String, List or Map,//
   relationshipProperties: String, List or Map,
   // algorithm and other create configuration
  }
)
```

7.4.6 管理图目录（企业版）

GDS 中具有角色 admin 的用户属于管理员用户，管理员用户对 GDS 图目录有更高的访问权限，可以访问任何用户创建的图，包括查看、删除图和在图上运行算法等权限。

如果多个用户在图目录中建立了同名图投影，可以通过参数 username 区分不同用户的图。

7.5 主要算法

GDS 库包含了大量图算法。根据成熟度不同，算法分为不同的级别：

- 生产级（Production quality）：表示算法已经过稳定性和可扩展性测试，以 gds.<algorithm>.开头。
- Beat 版：表示算法是生产级算法的候选者，以 gds.beta.<algorithm>.开头。
- Alpha 版：表示算法仍在实验阶段，随时可能更改或删除，以 gds.alpha.<algorithm>.开头。

算法在不同的 GDS 版本中所属的成熟度级别可能不同，因此，其算法对应的过程名称在不同版本中可能也有所不同。本书的级别标注基于 GDS 2.0 preview，建议读者使用时参考官方网站对应版本的帮助手册。

本章将简要列出 GDS 中的几类主要的算法：中心性算法、社区检测算法、相似度算法、路径检测算法、链路预测算法以及节点嵌入算法。限于篇幅原因，算法的具体说明不做详述，请查阅官方网站的 GDS 手册。

7.5.1 中心性算法

中心性算法用于评估节点在网络中的重要性，GDS 库中中心性算法及接口如表 7-5 所示。

表 7-5 GDS 库的中心性算法及接口

算法名称	接口名称	类型
PageRank 算法	gds.pageRank	过程
ArticleRank 算法	gds.articleRank	过程
特征向量中心性算法	gds.eigenvector	过程
中介中心性算法	gds.betweenness	过程
度中心性算法	gds.degree	过程
接近中心性算法（Alpha）	gds.alpha.closeness	过程
调和中心性算法（Alpha）	gds.alpha.closeness.harmonic	过程
HITS 算法（Alpha）	gds.alpha.hits	过程
贪心算法	gds.alpha.influenceMaximization.greedy	过程
CELF 算法(Alpha)	gds.alpha.influenceMaximization.greedy	过程

7.5.2 社区检测算法

社区检测算法用于对节点进行聚集或划分形成不同的，以及加强或分裂的趋势。GDS 库中社区检测算法及接口如表 7-6 所示。

表 7-6　GDS 库的社区检测算法及接口

算法名称	名称	类型
Louvain 算法	gds.louvain	过程
标签传播算法	gds.labelPropagation	过程
三角计数算法	gds.triangleCount	过程
局部聚类系数算法	gds.localClusteringCoefficient	过程
K-1 着色算法（Beta）	gds.beta.k1coloring	过程
模块度最优化算法（Beta）	gds.beta.modularityOptimization	过程
强连通分量算法（Alpha）	gds.alpha.scc	过程
SLPA 算法（Alpha）	gds.alpha.sllpa	过程
最大 k 割近似算法（Alpha）	gds.alpha.maxkcut	过程
Conductance 矩阵算法（Alpha）	gds.alpha.conductance	过程

7.5.3　相似度算法

相似度算法是用不同的向量矩阵来计算节点之间的相似度。GDS 库中相似度算法及接口如表 7-7 所示。

表 7-7　GDS 库的相似度算法及接口

算法名称	过程名称	类型
节点相似度算法	gds.nodeSimilarity	过程
K 近邻算法（Beta）	gds.beta.knn	过程
Jaccard 系数算法	gds.alpha.similarity.jaccard	函数
欧氏距离算法	gds.alpha.similarity.euclidean	过程/函数
余弦相似度算法	gds.alpha.similarity.cosine	过程/函数
皮尔逊相似度算法	gds.alpha.similarity.pearson	过程/函数
近似最近邻算法（Alpha）	gds.alpha.ml.ann	过程
重叠相似度算法	gds.alpha.similarity.overlap	过程/函数

7.5.4　路径搜索算法

路径搜索算法用于寻找两个或多个节点之间的最短路径，或评估路径的可用性和质量。GDS 库中路径搜索算法及接口如表 7-8 所示。

表 7-8　GDS 库的路径搜索算法及接口

算法名称	过程名称	类型
增量步进单源最短路径算法	gds.allShortestPaths.delta	过程
Dijkstra 最短路径	gds.shortestPath.dijkstra	过程
Dijkstra 单源最短路径算法	gds.allShortestPaths.dijkstra	过程
A*最短路径算法	gds.shortestPath.astar	过程
Yen 最短路径算法	gds.shortestPath.yens	过程
随机游走算法（Beta）	gds.beta.randomWalk	过程
最小权重生成树算法（Alpha）	gds.alpha.spanningTree	过程
全节点最短路径算法（Alpha）	gds.alpha.allShortestPaths	过程
广度优先搜索	gds.bfs	过程
深度优先搜索	gds.dfs	过程

7.5.5 拓扑链路预测算法

链接预测算法使用图的拓扑结构判断节点的接近程度，预测它们之间产生新关系的可能性。本节将要介绍的算法仅使用图的拓扑来预测节点之间的关系，如果要利用节点属性进行预测，可以使用下一节中基于机器学习法链接预测管道。GDS 库中路径搜索算法及接口如表 7-9 所示。

表 7-9 GDS 库的路径搜索算法及接口

算法名称	过程名称	类型
Adamic Adar 算法（Alpha）	gds.alpha.linkprediction.adamicAdar	函数
共同邻居算法（Alpha）	gds.alpha.linkprediction.commonNeighbors	函数
优先连接算法（Alpha）	gds.alpha.linkprediction.preferentialAttachment	函数
资源分配算法（Alpha）	gds.alpha.linkprediction.resourceAllocation	函数
共同社区算法（Alpha）	gds.alpha.linkprediction.sameCommunity	函数
全邻域算法（Alpha）	gds.alpha.linkprediction.totalNeighbors	函数

7.5.6 节点嵌入算法

节点嵌入算法计算图中节点的低维向量。这些向量（也称为嵌入 embedding）可用于机器学习。GDS 库中节点嵌入算法及接口如表 7-10 所示。

表 7-10 GDS 库的节点嵌入算法及接口

算法名称	过程名称	类型
快速随机投影算法	gds.fastRP	过程
图采样与聚合算法（Beta）	gds.beta.graphSage	过程
Node2Vec 算法（Beta）	gds.beta.node2vec	过程

7.6 机器学习

GDS 库通过管道机制对机器学习流程进行封装，实现流水线式的特征提取、训练和模型应用。管道和训练好的模型分别通过管道目录和模型目录进行管理。Neo4j GDS 库包括节点分类管道和链接预测管道。

7.6.1 节点分类管道

7.6.1.1 简介

节点分类是应用于图的常见机器学习任务。节点分类模型根据节点属性预测节点的分类。GDS 支持既支持二元分类，也支持多分类。

GDS 库通过节点分类管道提供从特征提取到节点分类的端到端的工作流。训练管道在管道目录中管理。训练管道创建的分类模型在模型目录中管理。

训练管道包含两个阶段：首先通过一系列步骤为图增加新的节点属性，然后在图上训练节点分类模型。第一阶段中的步骤是可配置的。这些步骤执行 GDS 算法来创建新的节点属性。配置节点属性步骤后，可以选择节点属性的子集用作特征。第二阶段使用交叉验证训练多个候选模型，然后选择最佳模型，并提供相关性能指标。

管道训练完成后就创建了一个分类模型。该模型包括来自训练管道的步骤、特征配置，和特征，并利用它们生成分类特征。分类模型用于预测节点的类别，除了每个节点的预测类别外，还包括了预测概率。概率的顺序与模型中注册的分类的顺序相匹配。

最终节点分类只能使用分类模型，而不是管道。

7.6.1.2　创建管道

构建新管道的第一步是调用 GDS 过程 gds.beta.pipeline.nodeClassification.create，生成一个存储在管道目录中的 Node classification training pipeline 类型的管道对象。然后再调用该管道进行训练，进而创建一个分类模型。

```
CALL gds.beta.pipeline.nodeClassification.create(
  pipelineName: String //管道名称
)YIELD
  name: String, //管道名称
  nodePropertySteps: List of Map,//节点属性步骤的配置列表
  featureProperties: List of String,//用作特征的节点属性列表
  splitConfig: Map,//节点划分为训练集、测试集和验证集时使用的配置参数
  parameterSpace: List of Map //用于模型选择的训练模式的参数配置
```

例：

```
CALL gds.beta.pipeline.nodeClassification.create('pipe')
```

结果为：

name	nodePropertySteps	featureProperties	splitConfig	parameterSpace
"pipe"	[]	[]	{testFraction=0.3, validationFolds=3}	{RandomForest=[], LogisticRegression=[]}

该管道尚不包含任何步骤，并且拆分和训练参数具有默认值。

7.6.1.3　添加节点属性

节点分类管道通过在 mutate 模式下执行一个或多个 GDS 算法来添加新的节点属性，算法名称可以是以.mutate 结尾的完整的 GDS 算法的过程名（结尾.mutate 可以省略），也可以使用简略形式，例如用 node2vec 代替 gds.beta.node2vec.mutate。各个算法串联起来，在模型训练和分类时被执行。

```
CALL gds.beta.pipeline.nodeClassification.addNodeProperty(
  pipelineName: String,//管道名称
  procedureName: String,//添加到管道的算法过程的名称
  procedureConfiguration: Map //过程的配置项，不包括图名称、节点标签和关系属性
)YIELD
  name: String,//管道名称
  nodePropertySteps: List of Map, //过程的配置项
  featureProperties: List of String,//用作特征的节点属性
  splitConfig: Map,//节点划分为训练集、测试集和验证集时使用的配置参数
  parameterSpace: List of Map //用于模型选择的训练模式的参数配置
```

例如：

```
CALL gds.beta.pipeline.nodeClassification.addNodeProperty(
'pipe',
'alpha.scaleProperties',//gds.alpha.scaleProperties.mutated 的简写
{nodeProperties:'sizePerStory',scaler:'L1Norm',mutateProperty:'scaledSizes'}
)YIELD name, nodePropertySteps
```

结果为：

```
name     nodePropertySteps
"pipe"   [{name=gds.alpha.scaleProperties.mutate,config={scaler=L1Norm,
         mutateProperty=scaledSizes, nodeProperties=sizePerStory}}]
```

该过程添加的节点属性 sizePerStory 后续可以被用作特征。

7.6.1.4 选择特征

节点分类管道可以选择节点属性的子集作为机器学习模型的特征，所选节点属性必须是图中原有属性或者前一步骤中添加的属性。

```
CALL gds.beta.pipeline.nodeClassification.selectFeatures(
  pipelineName: String,//管道名称
  nodeProperties: List or String//选择的节点属性
)YIELD
  name: String,
  nodePropertySteps: List of Map,
  featureProperties: List of String,
  splitConfig: Map,
  parameterSpace: List of Map
```

例如：

```
CALL gds.beta.pipeline.nodeClassification.selectFeatures(
'pipe',['scaledSizes', 'sizePerStory'])
YIELD name, featureProperties
```

结果为：

```
name     featureProperties
"pipe"   [scaledSizes, sizePerStory]
```

7.6.1.5 划分节点

节点分类管道将节点分成用于训练、测试和验证模型的不同集合。该配置项是可选的，如果省略，则使用默认设置。可以使用 gds.beta.model.list 并且可能仅使用 yielding 来检查管道的拆分配置 splitConfig。

训练过程中使用的节点拆分如下：

（1）输入图被分为训练图和测试图两部分。

（2）训练图进一步分为多个子图，每个子图都由训练集和验证集组成。

（3）所有候选模型都在每个训练集上进行训练，并在对应的验证集上进行评估。

（4）主要指标平均得分最高的模型被选为最终模型。

（5）所选的最终模型在整个训练图上重新训练，并在测试图上进行评估。

（6）所选的最终模型最后在整个原始图上重新训练。

```
CALL gds.beta.pipeline.nodeClassification.configureSplit(
  pipelineName: String,
  configuration: Map
    //validationFolds:训练图的划分数量，默认值为3
    //testFraction: 用于测试的比例，取值范围为（0,1），训练的比例是1-testFraction
)YIELD
  name: String,
  nodePropertySteps: List of Map,
  featureProperties: List of Strings,
  splitConfig: Map,
  parameterSpace: List of Map
```

例如：

```
CALL gds.beta.pipeline.nodeClassification.configureSplit(
'pipe', {
  testFraction: 0.2,//每份训练子图中有20%的节点用于测试，80%用于训练
  validationFolds: 5 //训练图划分为5份
})YIELD splitConfig
```

结果为：

```
splitConfig
{testFraction=0.2, validationFolds=5}
```

7.6.1.6　添加候选模型

管道包含了候选模型的配置集，这个集合称为参数空间。参数空间在初始化时为空，训练管道前，必须使用以下过程之一，将至少一个模型配置添加到参数空间中：

```
gds.beta.pipeline.nodeClassification.addLogisticRegression //逻辑回归
gds.alpha.pipeline.nodeClassification.addRandomForest//随机森林
```

管道的参数空间可以使用 gds.beta.model.list 过程查看。

逻辑回归的调用语法：

```
CALL gds.beta.pipeline.nodeClassification.addLogisticRegression(
  pipelineName: String,
  config: Map
    //可用配置参数包括：
    //penalty 特征的惩罚程度，可选，默认为0，即无惩罚
    //batchSize 每批次处理的节点数量，可选，默认为100
    //minEpochs: 训练的最小迭代次数，可选，默认为1
    //maxEpochs: 训练的最大迭代次数，可选，默认为100
    //patience: 算法收敛的最大迭代次数，可选，默认为1
    //tolerance: 收敛容忍系数，可选，默认为0.001
)YIELD
  name: String,
  nodePropertySteps: List of Map,
  featureProperties: List of String,
  splitConfig: Map,
```

```
  parameterSpace: Map
```

随机森林算法的语法如下：

```
CALL gds.alpha.pipeline.nodeClassification.addRandomForest(
  pipelineName: String,
  config: Map
    //可用配置参数包括：
    //maxFeaturesRatio：寻找最佳分割时要考虑的特征比率，可选，默认为1/sqrt(|features|)
    //numberOfSamplesRatio：决策树使用的样本比率，使用带放回抽样，0表示使用所有样本，默认
为1。
    //numberOfDecisionTrees：决策树的数量，可选，默认为100
    //maxDepth：决策树的最大深度，可选，无默认值
    //minSplitSize：最小样本数量，可选，默认为2

)YIELD
  name: String,
  nodePropertySteps: List of Map,
  featureProperties: List of String,
  splitConfig: Map,
  parameterSpace: Map
```

下面示例将 3 个候选模型添加到管道中：

```
CALL gds.beta.pipeline.nodeClassification.addLogisticRegression(
    'pipe', {penalty: 0.0625})YIELD parameterSpace
CALL gds.alpha.pipeline.nodeClassification.addRandomForest(
    'pipe', {numberOfDecisionTrees: 5})YIELD parameterSpace
CALL gds.beta.pipeline.nodeClassification.addLogisticRegression(
    'pipe', {maxEpochs: 500})YIELD parameterSpace
RETURN parameterSpace.RandomForest AS randomForestSpace,
       parameterSpace.LogisticRegression AS logisticRegressionSpace
```

结果为：

随机森林空间	逻辑回归空间
[{maxDepth=2147483647, minSplitSize=2, numberOfDecisionTrees=5, methodName=RandomForest, numberOfSamplesRatio=1.0}]	[{maxEpochs=100,minEpochs=1,penalty=0.0625,patience=1,methodName=LogisticRegression, batchSize=100, tolerance=0.001}, {maxEpochs=500,minEpochs=1,penalty=0.0,patience=1, methodName=LogisticRegression, batchSize=100, tolerance=0.001}]

管道中现在包含三个不同的候选模型，每个候选模型都会在训练过程中被尝试。

7.6.1.7 训练管道

管道的训练过程将完成分割数据、特征提取、模型选择、训练等一系列操作，最终形成一个分类模型，并将其存储在模型目录中。

GDS 库的节点分类模型支持以下指标来评估模型：

（1）全局评估指标

- F1_WEIGHTED。

- F1_MACRO。
- ACCURACY。

（2）单类的评估指标

- F1(class=<number>)，或者 F1(class=*)。
- PRECISION(class=<number>)，或者 PRECISION(class=*)。
- RECALL(class=<number>)，或者 RECALL(class=*)。
- ACCURACY(class=<number>)，或者 ACCURACY(class=*)。

这里的*号是用于评估每个分类的指标的语法糖（Syntactic sugar）。使用每类指标时，报告的指标包含键，例如 ACCURACY_class_1。

训练期间可以指定多个指标，但只有第一个指定的指标用于评估，所有指标的结果都出现在训练结果中。主要度量可能不是*扩展，因为不明确哪个扩展度量应该是 primary 一个扩展度量。

```
CALL gds.beta.pipeline.nodeClassification.train(
  graphName: String,//图名称
  configuration: Map //配置项
    //pipeline：管道名称，必选
    //nodeLabels：过滤节点的标签，可选，默认为['*']
    //relationshipTypes：过滤关系的关系类型，可选，默认为['*']
    //concurrency：并发线程数,可选，默认为4
    //targetProperty：保存分类号的节点属性名称，必选，无默认值
    //metrics：模型的评估指标，必选，无默认值
    //randomSeed：训练期间使用的随机数生成器的种子，可选，整型，无默认值
    //modelName：训练生成的模型名称，必选，不能与模型目录中已有模型同名
) YIELD
  trainMillis: Integer,
  modelInfo: Map,
  modelSelectionStats: Map,
  configuration: Map
```

返回结果包括表 7-11 所示的字段。

表 7-11　返回的结果字段

字段名	描述
trainMillis	训练的时间，单位为毫秒
modelInfo	训练和所选模型的基本信息
modelSelectionStats	所有候选模型的评估指标的统计信息
configuration	训练使用的配置项

其中，modelInfo 也可以使用查询模型的过程查看，包括表 7-12 所示的子字段。

表 7-12　modelInfo 包括的子字段

字段名	描述
classes	分类的 id，保存在 targetProperty 中
bestParameters	按照主要评估指标，在交叉验证过程中平均表现最佳的模型参数
metrics	所选最终模型的信息，包含基本信息和在数据子集上的指标表现
trainingPipeline	训练使用的管道

7.6.1.8 预测

在图目录中的图上运行管道训练后生成分类模型之后，就可以对图中的节点进行分类预测。模型是基于特征管道创建的特征进行训练的，因此特征管道也被包含在模型中，并在预测时再次执行。特征管道执行过程中创建的节点属性是临时，执行完成后不再存在。

需要基于模型执行预测的图，必须包含模型中管道所需的所有属性，数组类的属性还必须与训练时使用的图具有相同的维度。

节点分类模型可以在 Strem、Mutate、Write 等模式下运行。以 Strem 为例：

```
CALL gds.beta.pipeline.nodeClassification.predict.stream(
  graphName: String, //图名称
  configuration: Map  //配置项
    //modelName：模型名称
    //nodeLabels：过滤节点的标签，可选，默认为*
    //relationshipTypes：过滤关系的关系类型，可选，默认为*
    //includePredictedProbabilities：是否返回所有分类的预测概率，可选，默认为 false，此时 predictedProbabilites 返回 null
)YIELD
  nodeId: Integer,
  predictedClass: Integer,
  predictedProbabilities: List of Float
```

返回结果包含表 7-13 所示的字段。

表 7-13　节点分类模型返回结果的字段

字段	类型	描述
nodeId	Integer	节点 ID
predictedClass	Integer	节点类的预测值
predictedProbabilities	Float List	所有类的预测概率

7.6.2 链路预测管道

链路预测是应用于图的常见机器学习任务，模型对输入的节点对进行关系预测。在 GDS 库中，通过链接预测管道提供从特征提取到链接预测的端到端的工作流。训练好的管道由管道目录管理。执行训练管道时，会创建一个预测模型并将其存储在模型目录中。

链路预测管道的训练依次完成以下三个阶段：

（1）将图的节点划分为三个子集：特征集、训练集、测试集。

（2）在图上运行一系列操作步骤，使用特征集的关系为节点增加新的属性。

（3）用训练集和测试集来训练链接预测管道。

上述过程中的操作步骤可以自定义，这些步骤执行 GDS 算法，为节点添加新的属性。配置节点属性步骤之后，可以定义如何将节点属性组合成链路特征。阶段（3）使用交叉验证训练多个候选模型，然后选择最佳模型并给出相关性能指标。

训练管道之后，创建一个预测模型，可用于推断两个不相邻节点之间存在关系的概率。

具体的配置过程与节点分类管道类似，限于篇幅原因，本书不再说明，具体请参考官方手册。

7.6.3　管道目录

GDS 中训练的管道通过管道目录进行管理。管理管道目录的过程如表 7-14 所示。

表 7-14　管理管道目录的过程种类

过程名	功能描述
gds.beta.pipeline.list	显示当前可用管道的相关信息
gds.beta.pipeline.exists	检测管道是否存在
gds.beta.pipeline.drop	从管道目录中删除管道

7.6.3.1　查看管道（beta）

查看模型可以使用 gds.beta.pipeline.list，其语法为：

```
CALL gds.beta.pipeline.list(pipelineName: String) //管道名称，如果不指定，则查看所有
```

返回结果包括表 7-15 所示的字段。

表 7-15　查看模型返回结果的字段

字段名	类型	描述
pipelineName	String	管道名称
pipelineType	String	管道类型
creationTime	Datetime	管道创建时间
pipelineInfo	Map	管道详细信息，比如管道中配置的步骤等

7.6.3.2　管道存在性检测（beta）

判断一个管道是否存在，可以使用 gds.beta.pipeline.exists，其语法为：

```
CALL gds.beta.pipeline.exists(pipelineName: String) //管道名称，不能为空
```

返回结果包括管道名称、管道类型和是否存在。

7.6.3.3　删除管道（beta）

从管道目录中删除一个管道，可以使用 gds.beta.pipeline.drop，其语法为：

```
CALL gds.beta.pipeline.drop(pipelineName: String) //管道名称，不能为空
```

返回结果与 gds.beta.pipeline.list 相同，如果指定名称的管道不存在，则返回报错信息。

7.6.4　模型目录

图算法运行中需要使用训练好的模型，并且提供了模型的计算公式和方法。GDS 可以存储和管理训练好的模型。已经被加载到内存中的模型被保存在模型目录（Model Catalog）中，如果 Neo4j 实例重启，则需要重新训练，或者从磁盘中加载模型到模型目录中。

管理模型目录的过程如表 7-16 所示。

表 7-16　管理模型目录的过程

过程名	功能描述
gds.beta.model.list	显示当前可用模型的相关信息
gds.beta.model.exists	检测模型是否存在
gds.beta.model.drop	从模型目录中删除模型
gds.alpha.model.store	将模型存储到磁盘上
gds.alpha.model.load	从磁盘上加载模型
gds.alpha.model.delete	从磁盘上删除模型
gds.alpha.model.publish	向其他用户发布模型

7.6.4.1　查看模型（beta）

查看模型，可以使用 gds.beta.model.list，其语法为：

```
CALL gds.beta.model.list(modelName: String) //模型名称，如果不指定，则查看所有
```

返回结果包括表 7-17 所示的字段。

表 7-17　查看模型返回结果的字段

字段名	类型	描述
modelInfo	Map	模型的详细信息，如模型名称、类型（如 GraphSAGE），不同类型的模型有不同的信息字段
trainConfig	Map	训练模型使用的参数
graphSchema	Map	模型训练使用的图
loaded	Boolean	模型是否已经加载到模型目录中
stored	Boolean	模型是否存储在磁盘上
creationTime	Datetime	模型的创建时间
shared	Boolean	模型是否可以被所有用户访问，即是否已发布

7.6.4.2　模型存在性检测（beta）

判断一个模型是否存在，可以使用 gds.beta.model.exists，其语法为：

```
CALL gds.beta.model.exists(modelName: String) //模型名称，不能为空
```

返回结果包括模型名称、模型类型和是否存在。

7.6.4.3　删除模型（beta）

从模型目录中删除一个模型，可以使用 gds.beta.model.drop，其语法为：

```
CALL gds.beta.model.drop(modelName: String) //模型名称，不能为空
```

返回结果与 gds.beta.model.list 相同，如果指定名称的模型不存在，则返回报错信息。

7.6.4.4　导出和加载模型（Alpha/企业版）

Neo4j 实例重启后，模型目录中的模型就不再可用。为了避免重复训练，可以将模型存储在磁盘上，重启 Neo4j 实例后，只需要重新加载磁盘上存储的模型即可。

存储模型的过程为 gds.alpha.model.store，加载模型的过程为 gds.alpha.model.load。使用该功能前，必须在 Neo4j 的配置文件 neo4j.conf 中配置 gds.model.store_location 参数，指定模型存储的路径。

可在磁盘上存储的模型类型包括 GraphSAGE 模型、分类模型和链路预测模型，但是链路预测管道和链路预测训练管道不能存储。

```
//导出模型到磁盘
CALL gds.alpha.model.store(
    modelName: String,//模型名称
    failIfUnsupportedType: Boolean //默认为 true，如果模型不支持导出，则报错。设置为 false 时则返回空结果
//从磁盘加载模型
CALL gds.alpha.model.load(modelName: String)
```

Neo4j 数据库启动时，会自动从配置文件指定的路径下发现可用的模型文件，但仅加载模型的元数据，而不加载模型本身。如果要使用模型，则必须显式加载。

此外，还可以通过 gds.alpha.model.delete 从磁盘上删除已导出的模型。与 gds.beta.model.drop 不同的是，drop 过程删除模型目录中已加载的模型，而 delete 过程删除磁盘上存储的模型。如果模型已被加载到模型目录中，这时从磁盘中删除后，模型目录中的模型仍然可用。

```
//从磁盘删除模型
CALL gds.alpha.model.delete(modelName: String)
```

7.6.4.5 发布模型（Alpha/企业版）

默认情况下，用户仅能看到自己创建的模型，要想让其他用户使用模型，需要通过 gds.alpha.model.publish 发布模型。

```
//发布模型
CALL gds.alpha.model.public(modelName: String)
```

返回结果与 gds.beta.model.list 相同，其中 shared 字段值变为 true。发布后的模型名称带有“_public”后缀。

7.7 Python 客户端

为了便于在 Python 环境中直接使用 GDS 库，Neo4j 发布了一个 Python 包——graphdatascience，可以通过该包以 Python 代码的方式来投影图、运行算法以及在 GDS 中定义和使用机器学习管道。为了避免与服务器端 GDS 库的命名混淆，这里将 GDS 客户端称为 Python 客户端。

Python 客户端使用 Python 模仿实现 Cypher 中的 GDS API，除了个别的 API，GDS Cypher API 的每个操作都在 Python 客户端 API 中实现。

7.7.1 安　装

与常规的 Python 包安装类似，GDS 的 Python 客户端也通过 pip 进行安装：

```
pip install graphdatascience
```

Python 客户端及所依赖的组件包括 Python 主程序、服务器上安装的 GDS 库及 Neo4j 的 Python

驱动。目前各组件版本对应关系如表 7-18 所示。

表 7-18 Python 客户端各组件版本对应关系

GDS Python 客户端版本	GDS 库版本	Python 版本	Neo4j Python 驱动版本
1.0.0	2.0	3.6+	4.4.2+

需要注意的是：Python 客户端的版本独立编号，与 GDS 库的版本编号没有对应关系。

7.7.2 Python 客户端的使用

GDS Python 客户端的设计理念是在 Python 代码中像 Cypher 一样使用 GDS。Python 客户端将用户的 Python 代码转换为相应的 Cypher 查询，然后使用 Neo4j Python 驱动程序连接到 Neo4j 服务器上运行。

为了方便 Python 用户的使用，GDS Python 客户端还要尽量符合 Python 习惯，所以尽可能多地使用了标准的 Python 数据类型和 Pandas 数据类型。为了与 Cypher 的输出结果保持形式一致，返回值采用 Pandas 的 DataFrame 类型。

GDS Python 客户端的根组件是 GraphDataScience 对象。完成实例化后，它就成为与 GDS 库交互的接口。建议将 GraphDataScience 对象实例化时使用实例名为 gds，这样后续使用就可以与 Cypher API 保持完全一致。

实例化最简单方法是利用 Neo4j 服务 URI 和认证信息，直接实例化 GraphDataScience 对象。

```
from graphdatascience import GraphDataScience
# Use Neo4j URI and credentials according to your setup
gds = GraphDataScience("bolt://localhost:7687", auth=None)
print(gds.version())
```

此外，也可以通过 GraphDataScience.from_neo4j_driver 方法完成实例化。

如果不使用默认数据库，可以通过如下语句设置目标数据库：

```
gds.set_database("my-db")
```

如果连接的数据库是 AuraDS，可以在实例化时使用参数 aura_ds=True：

```
from graphdatascience import GraphDataScience
# Configures the driver with AuraDS-recommended settings
gds = GraphDataScience(
    "neo4j+s://my-aura-ds.databases.neo4j.io:7687",
    auth=("neo4j", "my-password"),
    aura_ds=True
)
```

以下示例展示了在 Python 客户端中运行 Cypher 查询、将图投影到 GDS 中、运行算法、以及通过客户端图对象查看结果的一系列操作。

```
from graphdatascience import GraphDataScience
# We follow the convention to name our `GraphDataScience` object `gds`
gds = GraphDataScience("bolt://my-server.neo4j.io:7687", auth=("neo4j",
"my-password"))
```

```
# Create a minimal example graph
gds.run_cypher(
  """
  CREATE
  (m: City {name: "Malmö"}),
  (l: City {name: "London"}),
  (s: City {name: "San Mateo"}),
  (m)-[:FLY_TO]->(l),
  (l)-[:FLY_TO]->(m),
  (l)-[:FLY_TO]->(s),
  (s)-[:FLY_TO]->(l)
  """
)
# Project the graph into the GDS Graph Catalog# We call the object representing
the projected graph `G_office`
G_office, _ = gds.graph.project("neo4j-offices", "City", "FLY_TO")
# Run the mutate mode of the PageRank algorithm
_ = gds.pageRank.mutate(G_office, tolerance=0.5, mutateProperty="rank")
# We can inspect the node properties of our projected graph directly# via the graph
object and see that indeed the new property exists
print(G_office.node_properties("City"))
```

7.7.3 与 Cypher API 之间的映射关系

Python 客户端 API 与 Cypher API 之间的对应关系有一些一般原则：

（1）如果所调用的方法对应于 GDS 库的过程（Cypher 中通过 CALL 调用）：

- 返回值为多行（例如流模式算法调用），则返回结果为 Pandas 的 DataFrame 对象。
- 返回值为单行（例如统计模式算法调用），则返回结果为 Pandas 的 Series 对象。

例外情况包括：

- 对图对象和模型对象进行实例化的接口调用有两个返回值：一个图或模型对象，和底层过程调用产生的元数据（通常是 Pandas 的 Series 对象）。
- 对管道、图或模型等对象调用的所有方法（原生于 Python 客户端）。
- gds.version()返回的是字符串。

（2）如果所调用的方法对应于 GDS 库的函数（Cypher 中通过 RETURN 调用），则只是返回函数结果。

7.7.4 图 对 象

Python 客户端支持使用客户端侧的图对象查看 GDS 图目录（Graph Catalog）中的图，同样，也可以使用客户端侧的模型对象查看 GDS 模型目录（Model Catalog）中的模型。

如果在 Cypher 中 GDS 函数和过程使用图或模型的名字作为输入，则在 Python 客户端中使用图或模型的实例化对象作为输入。

如果在 GDS 中配置和使用了机器学习管道，则在 Python 客户端中要使用特定的管道对象。

使用 GDS 时通常首先将图投影到 GDS 图目录中，Python 客户端在投影图时，返回投影图在客户端中的一个引用，我们称其为 Graph 对象。

Graph 对象一旦创建，就可以作为参数传递给 Python 客户端中的其他方法，并且 Graph 对象使用起来更加方便，可以直接代表投影图，而无须写明其所属的图目录。

在构造图对象的方法中，最简单的是原生投影。在下面的示例中，假设已将 GraphDataScience 对象实例化为 gds。

```
G, res = gds.graph.project(
    "my-graph",                       # Graph 对象的名称
    ["MyLabel", "YourLabel"],         # 节点投影
    "MY_REL_TYPE",                    # 关系投影
    concurrency=4                     # 配置参数
)
```

G 是构造的 Graph 对象，res 是 Pandas Series。

如果要获取已经投影的图目录中的图对象，可以直接通过名称调用：

```
G = gds.graph.get("my-graph")
```

此外，还有三种构造图对象的方法：

- gds.graph.project.cypher
- gds.beta.graph.subgraph
- gds.beta.graph.generate

Graph 对象的方法如表 7-19 所示。

表 7-19 Graph 对象的方法

方法名称	参数	返回类型	描述
name	-	str	投影图的名称
node_count	-	int	投影图的节点数
relationship_count	-	int	投影图的关系数量
node_properties	label: str	list[str]	通过节点标签查看节点的属性列表
relationship_properties	type: str	list[str]	通过关系类型查看关系的属性列表
degree_distribution	-	Series	节点的平均出度
density	-	float	图的密度
size_in_bytes	-	int	图的内存使用量
memory_usage	-	str	可读格式的内存使用量
exists	-	bool	图是否存在于图目录中
drop	-	None	从图目录中删除图

使用 Graph 对象时，可以像 Cypher 中使用图名称一样，直接作为参数传递给 Python 客户端的方法。例如：

```
G, _ = gds.graph.project(...)
res = gds.wcc.stream(G)
gds.graph.drop(G)  # same as G.drop()
```

7.7.5 算法执行

在 Python 客户端中运行 GDS 库算法与 Cypher 中基本类似，差别在于配置参数的传递不是使用 map，而是直接使用参数赋值的方式。比如：

```
G, _ = gds.graph.project(...)
wcc_res = gds.wcc.mutate(
    G,                           # Graph 对象
    threshold=0.8,               # 配置参数
    mutateProperty="wcc"
)assert wcc_res["componentCount"] > 0
fastrp_res = gds.fastRP.write(
    G,                           # Graph 对象
    featureProperties=["wcc"],   # 配置参数
    embeddingDimension=256,
    propertyRatio=0.3,
    writeProperty="embedding"
)
assert fastrp_res["nodePropertiesWritten"] == G.node_count()
```

此外，在 stats、mutate 和 write 三种执行模式下，返回为算法执行结果的摘要信息，形式为 Series 对象。

而 stream 模式下，服务器端不保存数据，结果直接以 DataFrame 对象返回 Python 客户端。值得注意的是有些算法的返回结果非常大，可能与图本身数据量相当，比如节点嵌入算法。

有些算法需要以节点 id 作为输入，这在 Cypher 中比较方便，但在 Python 客户端中需要通过 gds.find_node_id 方法来获得节点 id。比如在 dijkstra 最短路径算法中：

```
Python
//先通过 gds.find_node_id 找到源节点和目标节点的 id
source_id = gds.find_node_id(["City"], {"name": "New York"})
target_id = gds.find_node_id(["City"], {"name": "Philadelphia"})
res = gds.shortestPath.dijkstra.stream(G, sourceNode=source_id,
targetNode=target_id)assert res["totalCost"][0] == 100
```

注意：以下 gds.util 中的数字工具函数不会在 Python 客户端中实现。

- gds.util.NaN()：返回 NaN 空值。
- gds.util.infinity()：返回无穷大值。
- gds.util.isFinite(value: NUMBER)：判断值是否非无穷大。
- gds.util.isInfinite(value: NUMBER)：判断值是否无穷大。

第 8 章

集群技术与 Fabric

集群技术是一项在较低成本下能有效提高系统整体性能、可靠性、灵活性和可扩展性，并广泛应用于生产系统的必备技术，同样，Neo4j 在其企业版中也提供了数据库集群功能，即因果集群（Causal Clustering）。从 Neo4j 3.5 版本开始，传统的高可用性集群（High Availability，HA）模式已被弃用，并将从 Neo4j 4.0 版本中完全删除。因果集群是从 Neo4j 3.1.0 企业版开始才增加的，它采用更先进的集群架构和安全架构，以满足企业更大规模生产与安全性需求。

本章的集群技术部分将介绍 Neo4j 的因果集群的概念及其配置，Neo4j 集群是为了满足企业的大规模生产环境和容错而设计的。特别是因果集群随着 Neo4j 4.0 的发布也具有了新特性，Neo4j 因果集群提供了业界最先进的 ACID 兼容模型，因果一致性可以支持实现更多种类的应用，其中很多是最终一致性模型无法做到的。学完本部分后将可以部署自己的因果集群，如果要涉及集群中更为深层次的内容，可查阅官网操作指南。本部分内容更适合需要在大规模环境下部署生产系统的企业或研发人员。

Fabric 是在 Neo4j 4.0 版本中引入的一种在多个数据库存储和检索数据的方法。无论这些数据库是在同一个 Neo4j 数据库管理系统中，还是在多个数据库管理系统中，均使用单个 Cypher 进行查询。Fabric 实现了以下有价值的目标：

- 本地和分布式数据的统一视图，可通过单个客户端连接和用户会话访问。
- 提高了读/写操作、数据量和并发性的可扩展性。
- 预估在正常操作、故障转移或其他基础架构更改期间执行查询的响应时间。
- 高可用性，大数据量无单点故障。

实际上，Fabric 为以下各项提供了基础功能和工具：

- 数据联合（data federation）：以不连接的图的形式，获取分布式数据源的可用数据的能力。
- 数据分片（data sharding）：以分割在多个数据库中公共图的形式，获取分布式数据源的可用数据的能力。

使用 Fabric 时，Cypher 查询可以在多个联合图和分片图中存储和检索数据。

8.1 因果集群

因果集群技术基于 Raft 协议开发，Raft 协议是由斯坦福大学提出的一种更易于理解的一致性算法，其用意在于取代目前广为使用的 Paxos 算法。目前，在各种主流程序设计语言中均有其开源实现。Neo4j 因果集群可支持数据中心和云所需的大规模和多拓扑环境，其中内置了由 Neo4j Bolt 驱动处理的负载均衡，还支持同样由 Bolt 驱动管理的集群可感知会话，有助于为开发人员解决集群架构上的诸多问题。

因果集群的安全性改进还包括：多用户、基于角色的访问控制（提供四种预定义的全局图数据访问角色：读取者、发布者、架构者和管理者）、查询安全事件日志、列出并终止运行中的查询，以及细粒度的访问控制等特性。

8.1.1　初识因果集群

Neo4j 因果集群具有三个主要的特点：

- 安全性：核心服务器（Core）为事务处理提供容错平台，仅有一部分核心服务器正常运行时，整个系统仍然是可用的。
- 可扩展性：只读副本（Read Replica）为图查询提供了一个大规模高可扩展的平台，可以在分布广泛的拓扑中执行非常大的图查询工作。
- 因果一致性：当调用时，保证客户端应用程序至少能够读取自己的写操作。

以上三个特点结合起来，允许最终用户系统拥有数据库完整的功能，并且在发生多个硬件和网络故障的情况下，也可以进行正常的数据库读写操作，从而使关于数据库交互的理解变得清晰简单。

在本节的余下部分中，我们将介绍因果集群在生产中如何工作，包括操作和应用两个方面。

8.1.2　操作视图

从操作的角度来看，可以认为集群具有两个主要角色，一个是主服务节点（Primary），另一个是辅助服务节点（Secondary）。因果集群架构如图 8-1 所示。

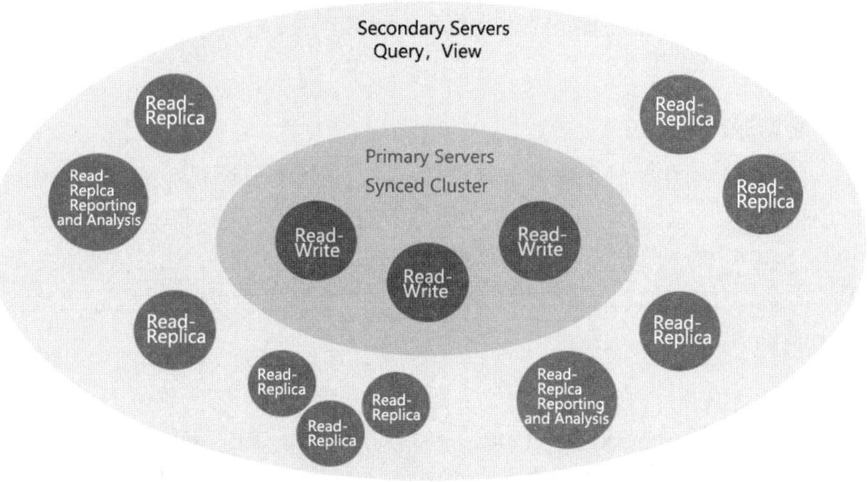

图 8-1　因果集群架构

这两个角色是任何生产部署中的基础，但是各自的规模不同，并且在管理整个集群的容错和可扩展性方面承担着不同的功能。

8.1.2.1 主服务节点

主服务节点基于两种实例类型：单个实例和核心实例。

（1）单个实例

单个实例是一个在主服务节点集合中无任何冗余地运行并允许读写操作的实例。冗余操作是通过添加辅助服务节点来实现的，辅助服务节点可以保证因果一致性，但不能像主服务节点一样能保护数据。因此，基于单个实例作为主服务节点的集群具有良好的读取可伸缩性，但不具有容错性。如果单个实例发生故障，则存在数据丢失的潜在风险：消除或最小化此类风险是应用程序或集群工具的责任。

（2）核心实例

核心实例是一个允许读写操作的实例，主要职责是保护数据，它使用 Raft 协议复制所有事务来实现这个功能。Raft 协议能确保数据在最终用户应用程序提交事务之前是安全的。实际上，这意味着一旦集群中的大多数（N/2+1）核心实例已经接受该事务，就可以安全地提交给最终用户应用程序。

这种安全性要求将对写操作有延迟影响。它隐含着：写操作将由最快的大多数核心实例来进行认可，但随着集群中核心实例数量的增长，认可写操作所需的大多数核心实例的数量也在增加。

实际上，这意味着在典型的核心服务实例集群中，只需相对较少的机器，就可以为特定部署提供足够的容错能力。我们可以通过公式进行简单计算 M=2F + 1，其中 M 是允许 F 个核心服务器发生故障所需的核心服务器总数。例如，为了容忍 2 个出现故障的核心服务器，我们需要部署一个至少拥有 5 个核心服务器的集群。最小的容错集群即可以容忍 1 个故障的集群，必须拥有 3 个核心服务器。当然也可以创建仅有 2 个核心的因果集群，但是此集群将不具备容错性，若 2 个核心服务器中 1 个发生故障，则另一个服务器将变为只读状态。

注意：如果核心服务器集群发生故障而无法再处理写入操作，则该核心服务器将转化为只读状态，以确保整个集群的数据安全。

在 Neo4j 4.4 因果集群中，主服务节点类型不能混合，要么主服务节点为单个实例，要么主服务节点为核心实例集合。

8.1.2.2 辅助服务节点

在 Neo4j 4.4 因果集群中，辅助服务节点只有一种，被称为只读副本实例类型。

只读副本通过事务日志以异步的方式从主服务节点复制数据。只读副本会周期性地（通常在毫秒范围内）轮询主服务节点，以查找自上次轮询后处理的任何新事务，然后核心服务器将这些新事务发送到只读副本。大量的只读副本可以从相对较少的主服务节点复制数据，从而确保大量的图查询工作负载得以分摊。

提示：只读副本是只读的，但是如果只是需要一个暂时无法执行写查询的 Neo4j 实例，不应该创建一个副本（或将 dbms.mode 由 CORE 转换为 REDE_REPLICA）。相反，应该使用 dbms.databases.default_to_read_only 配置项进行设置，以防止在相关实例上进行写入操作。

只读副本通常以相对较大的数量运行，并被视为一次性副本。丢失只读副本不会影响集群的可用性，除了图查询吞吐量的性能损失之外，也不会影响到集群的容错能力。

只读副本实例主要职责是扩展读取的工作负载，它的作用类似于图数据的缓存，完全能够执行任意（只读）图查询和过程处理。

当主服务节点是单个实例时，辅助服务节点可能是灾难恢复策略的一部分。由于其异步性质，只读副本实例可能不会提供主服务节点上提交的所有事务，但如果单个实例不再可用，它们可能会被设置为新的主服务节点。将只读副本实例更改为单个实例是一项手动操作，必须由数据库管理员或某些工具执行，需要仔细检查，以确定最新实例和其他实例的状态。

8.1.3 因果一致性

从应用程序角度来看，集群的操作机制很有趣，但更重要的是考虑如何实际完成这些工作。在应用程序中，通常要从图数据库中读写数据。根据工作负载的性质，通常希望从图中读取时考虑到先前的写入，以确保因果一致性。

提示：因果一致性是分布式系统中使用的众多一致性模型之一。它确保与因果相关的操作以相同的顺序被系统的每个节点看到。其结果是，无论与集群中的哪个实例通信，客户端应用程序都能做到读取自己的写操作。这简化了与大型集群的交互，让客户端享有与单个服务节点一样的简单交互模式。

因果一致性确保数据能很容易地写入核心服务器（这可以保证数据的安全），并从只读副本中读到这些写入的数据。比如，因果一致性保证了用户注册的写操作将在同一用户尝试登录时出现。

在 Neo4j 驱动上构建的因果一致性如图 8-2 所示。

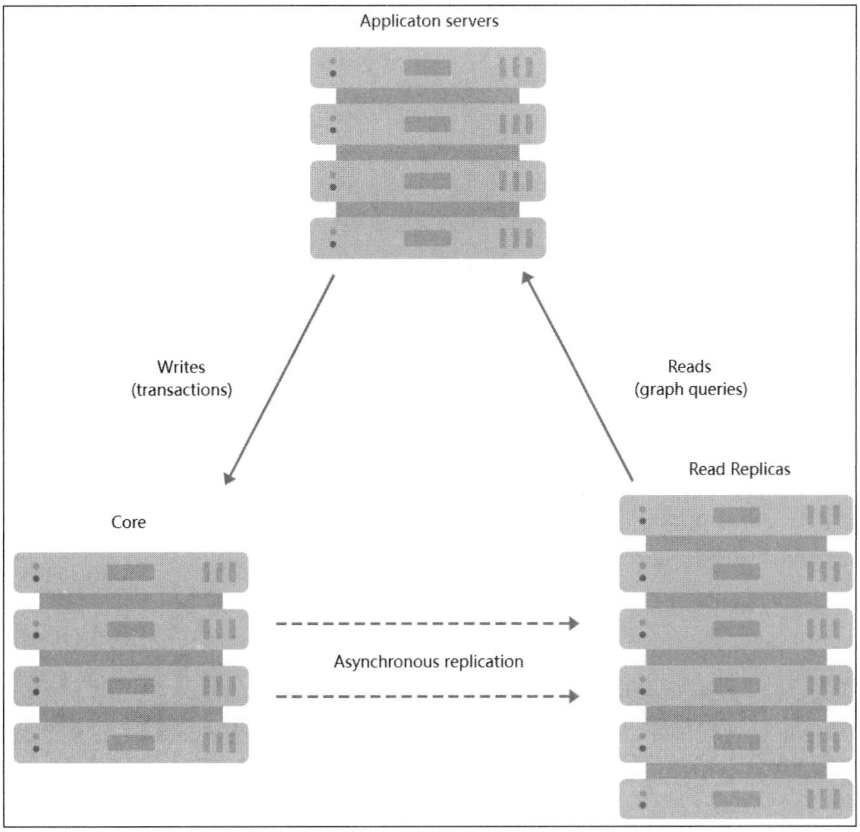

图 8-2 在 Neo4j 驱动上构建的因果一致性

在执行事务时，客户端可以请求书签（Bookmark），然后以该书签作为下一个事务的参数。使用书签功能，集群可以确保其中的服务器只有处理了客户端的书签事务后，才能够运行其下一个事务。这提供了一个因果链，从客户的角度确保行为的正确性。

除了书签以外，剩余的工作都交由集群来处理。主要是由数据库驱动程序与集群拓扑管理器一起完成，以选择最合适的核心服务节点和只读副本，从而提供高质量的服务。

8.2 因果集群部署

本节将介绍如何部署一个新的因果集群，其中包含两种情况：

- 四个实例集群。其中单个实例作为主服务节点，三个副本实例作为辅助服务节点，此场景非常适合报表和分析工作负载。
- 三个实例集群。其中三个核心实例作为主服务节点，此场景非常适合事务性工作负载。

同时，也将描述通过将辅助服务节点与现有集群分离，转变为独立实例过程。

8.2.1 配置含有单个实例和多副本实例的集群

对于部署含有单个实例作为主服务节点集群时，以下配置项的设置非常重要（参见表 8-1）。

提示：此配置针对最佳扩展性进行了优化，建议用于报告和分析工作负载场景配置使用。以这种配置的集群不提供自动故障切换和容错，在出现故障时，如果集群没有适当的外部工具支持，则数据可能会丢失。

表 8-1 单个实例作为主服务的集群重要配置

配置项	适用服务节点	描述
dbms.default_advertised_address	所有服务节点，包括主服务节点（Primary）和辅助服务节点（Secondary）	告知其他机器需要连接的地址。一般情况下，应将其设置为完全限定的域名或该服务节点的 IP 地址
dbms.mode	主服务节点	服务实例的操作模式。主服务节点设置为 SINGLE
	辅助服务节点	服务实例的操作模式。主服务节点设置为 READ_REPLICA
dbms.clustering.enable=true	主服务节点	允许单个实例作为集群，并且仅当 dbms.mode=SINGLE 时，集群可用
causal_clustering.initial_discovery_members	辅助服务节点	需指定在可读副本实例上设置此配置，并至少包含主实例的网络地址，但也可以包括辅助服务节点的地址。此参数必须在所有集群成员上设置为相同的值。可以通过设置 causal_clustering.discovery_type 来修改此设置的行为。在 Discovery 章节有对此详细描述

以下示例将展示如何设置一个集群，其中集群一个实例作为主服务节点，三个可读副本实例作为辅助服务节点。

在这个示例中，主服务节点命名为 single.example.com，三个辅助服务节点命名为 read_replica01.example.com、read_replica02.example.com 和 read_replica03.example.com，这些命名地址均需要配置。所有实例节点已经安装了 Neo4j 企业版。为了形成集群，需要对每个服务节点上的 neo4j.conf 进行配置。

主服务节点，设置为单个实例，neo4j.conf 配置如下：

```
dbms.mode=SINGLE
dbms.clustering.enable=true
dbms.default_advertised_address=single.example.com
```

辅助服务节点，设置为可读副本实例，neo4j.conf 配置如下（所有实例的配置相同）：

```
dbms.mode=READ_REPLICA
dbms.initial_discovery_members=single.example.com:5000
dbms.default_advertised_address=read_replica<xx>.example.com
```

当所有的 neo4j.conf 文件已经完成配置，所有的实例启动，集群已经准备好。集群启动后，可以连接到任何实例，并且通过运行 dbms.cluster.overview()检查集群状态，将会展示集群成员的相关信息：

```
CALL dbms.cluster.overview();

| id             | addresses                                 | databases                |groups |
+-8e4”33d7-4de1|["bol“://read_replica1.example.com    |{neo4j:"REA”_REPLICA",  |”[]|
|-469e-88ac-864|:7687", "”tt“://read_replica1.exam    |system: "REA“_REPLICA"} |”    |
|571cb0a92"    ”|mple.com:7474"]  ”                    |                          |     |
+---6a4”88-9a5f|["bolt:“/read_replica2.example.com    |{neo4j: "READ_“EPLICA", | [”  |
|-405b-b230-5bb|:7687", "ht”p:“/read_replica2.exam    |system: "READ_“EPLICA"} |  ”  |
|bd681ec9e"     ”|ple.com:7474"]    ”                  |                          |     |
+-----36d”-d96f|["bolt://“ead_replica3.example.com    |{neo4j: "READ_RE“LICA",|[] ”|
|-4736-8a99-688|:7687", "http”//“ead_replica3.exam    |system: "READ_RE“LICA"} | ”  |
|51b1bbb0b"     |”le.com:7474"]      ”                 |                          |     |
|+--------------------------------------------------------------------------------------+
|"6fd05bc”-760e|["bolt://single.example.com:7687",    |{neo4j: "LEADER",        |[]  |
|-4644-bf02-051|"http://single.example.com:7474"]     |system: "LEADER"}        |     |
|17a5d777d"     |                                        |                          |     |
+---------------------------------------------------------------------------------------+
4 rows available after 8 ms, consumed after another 3 ms
```

8.2.2　配置含有核心实例的集群

对于部署含有核心实例作为主服务节点集群时，以下配置项的设置非常重要（参见表 8-2）。

提示：此配置针对容错、自动故障切换和最佳扩展性进行了优化，建议用于事务性工作负载场景的配置。大多数情况下，当配置正确时，集群可以保护数据，并且不需要任何外部工具支持。

表 8-2　核心实例作为主服务的集群重要配置

配置项	适用服务节点	描述
dbms.default_listen_address	所有服务节点，包括主服务节点和辅助服务节点	实例机器用于监听传入消息的地址或网络接口。将此值设为 0.0.0.0 可以将 Neo4j 绑定到所有可用的网络接口
dbms.default_advertised_address	所有服务节点，包括主服务节点和辅助服务节点	告知其他机器需要连接的地址。一般情况下，应将其设置为完全限定的域名或该服务节点的 IP 地址
dbms.mode	主服务节点	服务实例的操作模式。主服务节点设置为 CORE
	辅助服务节点	服务实例的操作模式。主服务节点设置为 READ_REPLICA
causal_clustering.minimum_core_cluster_size_at_formation	主服务节点	集群编制时最小的核心实例数。如果不设置此核心实例数的参数，则无法构建集群。通常应将其设置为完整的固定数量
causal_clustering.minimum_core_cluster_size_at_runtime	主服务节点	共识组中存在的核心实例的最小数量
causal_clustering.initial_discovery_members	所有服务节点，包括主服务节点和辅助服务节点	用于引导核心或可读副本实例的初始核心集群成员的网络地址。在默认情况下，初始发现成员以逗号分隔的地址/端口形式列出，发现服务默认的端口为 5000。所有的核心实例上将此参数设置为相同的值，这是一种不错的选择。可以通过设置 causal_clustering.discovery_type 来修改此设置的行为。在 Discovery 章节对此有详细描述

提示：监听 0.0.0.0 将使端口公共可用，务必了解这种配置的安全隐患并强烈考虑设置加密。

以下示例将展示如何设置一个含有三个核心实例的简单集群。

在这个示例中，三个核心实例命名为 core01.example.com、core02.example.com 和 core03.example.com，这些命名地址均需要配置。所有实例节点已经安装了 Neo4j 企业版，通过预先准备每个服务节点上的 neo4j.conf 进行配置。

```
core01.example.com 上的 neo4j.conf:
dbms.default_listen_address=0.0.0.0
dbms.default_advertised_address=core01.example.com
dbms.mode=CORE
causal_clustering.initial_discovery_members=core01.example.com:5000,core02.example.com:5000,core03.example.com:5000
```

core02.example.com 上的 neo4j.conf：

```
dbms.default_listen_address=0.0.0.0
dbms.default_advertised_address=core02.example.com
dbms.mode=CORE
causal_clustering.initial_discovery_members=core01.example.com:5000,core02.example.com:5000,core03.example.com:5000
```

core03.example.com 上的 neo4j.conf：

```
dbms.default_listen_address=0.0.0.0
dbms.default_advertised_address=core03.example.com
```

```
dbms.mode=CORE
causal_clustering.initial_discovery_members=core01.example.com:5000,core02.exa
mple.com:5000,core03.example.com:5000
```

Neo4j 服务节点已经处于准备启动状态了，与启动顺序无关。

集群启动后，可以连接到任何一个实例，可以运行 CALL dbms.cluster.overview()，检查集群的状态。以下是集群每个成员的相关信息：

```
+----------------------------------------------------------------------- +
| id      | addresses                   | databases             | groups   |
+----------------------------------------------------------------------- +
|"8e07406b-90b3|["bolt://core1:7687",|{neo4j: "LEADER",      | []       |
|-4311-a63f-85c| "http://core1:7474"]| system: "FOLLOWER"} |          |
|45af63583"    |                     |                       |          |
+----------------------------------------------------------------------- +
|"aeb6debe-d3ea|["bolt://core3:7687",|{neo4j: "FOLLOWER",    | []       |
|-4644-bd68-304| "http://core3:7474"]| system: "FOLLOWER"} |          |
|236f3813b"    |                     |                       |          |
+---------------------------------------------------------------------- +
|"b99ff25e-dc64|["bolt://core2:7687",|{neo4j: "FOLLOWER",    | []       |
|-4c9c-8a50-ebc| "http://core2:7474"]| system: "LEADER"}    |          |
|1aa0053cf"    |                     |                       |          |
+----------------------------------------------------------------------- +
```

提示：当一个实例处于正在加入集群状态时，这个实例可能出现不可用情况。如果要监控启动情况，可以通过 neo4j.log 日志获取更多信息。

8.2.3　现有集群添加核心服务节点

通过使用适当的配置启动新的 Neo4j 实例，可以将核心服务节点添加到现有集群中。新服务加入现有集群，并且从其他核心服务节点复制完数据后变为可用状态。如果现有集群包含大量数据，则新加入的实例可能需要一些时间来完成数据复制。

集群所有成员的 causal_clustering.initial_discovery_members 配置均需要重新设置，配置中包含新增核心服务节点。

新增核心实例服务节点域名为 core04.example.com，其 neo4j.conf 配置：

```
dbms.default_listen_address=0.0.0.0
dbms.default_advertised_address=core04.example.com
dbms.mode=CORE
causal_clustering.minimum_core_cluster_size_at_formation=3
causal_clustering.minimum_core_cluster_size_at_runtime=3
causal_clustering.discovery_members=core01.example.com:5000,core02.example.com
:5000,core03.example.com:5000,core04.example.com:5000
```

这个配置与之前核心实例的配置非常相似。如果新增实例不会作为集群始终成员，causal_clustering.discovery_members 配置中可以不包含此实例。

启动新实例后，便可以加入到集群中。

8.2.4 现有集群添加辅助服务节点

在 Neo4j 4.4 版本中，所有的辅助服务节点均是可读副本实例。初始化可读副本配置通过设置 neo4j.conf 完成的，由于可读副本并不参与集群的决策，所以它们配置相对简短。为了发现集群，可读副本需要获取至少一个可绑定的主实例地址。

提示： 当增加可读副本时，建议提供所有存在的主服务实例的地址。可读副本能够选择合适的主服务节点进行复制数据。

新增核心实例服务器域名为 replica01.example.com，其 neo4j.conf 配置：

```
dbms.mode=READ_REPLICA
causal_clustering.discovery_members=core01.example.com:5000,core02.example.com
:5000,core03.example.com:5000
```

启动新的可读副本后，便可以加入到集群中。

8.2.5 现有集群剥离辅助服务节点

可以将辅助服务节点转换为独立实例，这个实例可以包含集群数据的快照。理论上，对于核心服务节点也可以这样做，但是出于安全和性能考虑，不建议这样做。如上所述，Neo4j 4.4 版本中，所有辅助服务节点都是可读副本实例。

在本示例中，将 replica01.example.com 可读副本从集群中剥离出来。

首先，检查可读副本是否为所需的最新副本。使用 SHOW DATABASE 查看集群中的不同成员在提交事务方面与 leader 的差异。

```
neo4j@system> SHOW DATABASE test00 YIELD
name,serverID,address,role,lastCommittedTxn,replicationLag;
```

注意 SHOW DATABASES 在列出数据库时使用 serverID，每个服务节点可能有多个数据库，而 dbms.cluster.overview()只使用 id，因为它只与服务节点有关。

```
+-------------------------------------------------------------------------------+
| name        | serverID            | address      | role          |lastCommi-   |replicat-  |
|             |                     |              |               |ttedTxn      |ionLag     |
+-------------------------------------------------------------------------------+
|"test00"  |"aeb6debe-d3ea-4644-|"core3:7687"|  "leader" |   21423    |     0     |
|          |bd68-304236f3813b"|            |            |            |           |
+-------------------------------------------------------------------------------+
|"test00"|"8e07406b-90b3-4311-|"core1:7687"|  "follower"|   21422    |   -1      |
|            |a63f-85c45af63583" |           |            |            |           |
+-------------------------------------------------------------------------------+
|"test00"|"b99ff25e-dc64-4c9c-|"core2:7687"| "follower" |   21423    |    0      |
|        |8a50-ebc1aa0053cf"  |            |            |            |           |
+-------------------------------------------------------------------------------+
|"test00"|"0bf3f6c1-0f48-47c2-|"replica4    |"read_replica"|   21409    |  -14      |
|        |a943-18fa8362c918"  |:7687"       |              |            |           |
+-------------------------------------------------------------------------------+
|"test00"|"0e9c1b28-c8c0-4c65-|"replica6    |"read_replica"|   21421    |   -2      |
|        |a1f2-39d326411280"  |:7687"       |              |            |           |
+-------------------------------------------------------------------------------+
|"test00"|"82524236-3058-48a2-| "replica5   |"read_replica"|   21413    |  -10      |
```

```
|        | b198-6580003475af" |:7687"       |             |             |             |
+-------------------------------------------------------------------------------------+
```

基于以上结果，确定哪一个可读副本被剥离及关闭。

一旦可读副本被关掉，则修改 neo4j.conf 的配置：

```
dbms.mode=SINGLE
```

再次启动实例，这个实例包含的数据就是关闭时所有提交的数据。

提示：在任何时候，可读副本有可能位于核心服务节点事务提交的后面（请参阅上文中有关如何检查集群成员状态的内容）。如果在关闭读取副本时正在处理事务，则该事务最终会反映在剩余集群成员中，但不会存在被剥离的可读副本上。确保可读副本在某个时间点包含集群中数据库的快照的一种方法是在关闭可读副本之前暂停它。更多信息请查看 dbms.cluster.readReplicaToggle()。

8.2.6 连接辅助服务节点

连接到可读副本时，使用正确的 URI 模式非常重要，因为它只允许读取会话/事务。表 8-3 所示说明了可支持的 URI 模式。

表 8-3　可读副本连接 URI 模式

		SSR 不可用		SSR 可用	
	bolt+s://	neo4j+s:// read session/tx	neo4j+s:// write session/tx	neo4j+s:// read session/tx	neo4j+s:// write session/tx
Cypher Shell	√	×	×	×	√
Browser	√	×	×	×	√
Neo4j Driver	√	√	×	√	√

提示：除了设置 dbms.routing.enabled=true，dbms.routing.default_router 也需要设置 SERVER，以便连接可读副本。

8.3　因果集群迁入初始化数据

本节将介绍如何把现有数据迁入到新的因果集群。

8.3.1 数据迁入介绍

在 8.2 节部署集群中，已经介绍了如何创建无数据的因果集群，但是，无论正在试用 Neo4j 数据库还是正在启用生产环境，很可能希望将现有数据迁移进入新的因果集群。Neo4j 支持多种数据迁入方式，包括数据库转存、数据库备份和其他数据源导入（使用导入工具）。

提示：所迁入数据源的 Neo4j 数据库版本必须与因果集群中 Neo4j 数据库版本一致。

对于包含单个实例、可读副本实例的集群和包含核心实例（可选择的可读副本实例）集群，数据初始化迁入过程是一致的。但是，使用指定的数据迁入器仅适用于核心实例集群。数据迁入通常在主服务实例上执行，除非基于性能原因的考虑，可以在可读副本实例上执行迁入操作，否则没有必要这样做。

8.3.2 通过数据库转存进行集群数据迁入（离线）

假定目前存在 Neo4j 数据库，一个新集群将会去使用此数据库，使用 neo4j-admin dump 创建离线备份。这个离线备份来自单个 Neo4j 实例或一个集群成员（比如可读副本实例）。这种情况在灾难恢复中非常有用，因为有些服务节点在灾难事件期间保存了数据。

提示：进行集群数据初始化迁入时，不推荐通过在 Neo4j 安装目录内手动移入或移出数据文件或文件夹来实现。这种操作不被支持。

（1）创建仅有核心实例的集群。参考“8.2.2 配置含有核心实例的集群”节，创建一个仅有核心实例的新集群。

（2）删除所有与需要迁入数据的数据库命名冲突的数据库，对系统数据库使用 DROP DATABASE <database-name 命令执行删除操作。这个命令会自动地在核心实例上执行，然后再将此操作同步到集群中其他实例。

（3）关闭每一个集群成员。

（4）使用 neo4j-admin load 命令为集群的每一个核心成员迁入数据。在本示例中，我们用名为 neo4j 的系统默认数据库和包含复制配置状态的系统数据库来进行迁入操作。下面我们通过修改 neo4j-admin load 命令的参数来实现上述操作。

```
neo4j-01$ ./bin/neo4j-admin load --from=/path/to/system.dump --database=system
neo4j-01$ ./bin/neo4j-admin load --from=/path/to/neo4j.dump --database=neo4j
neo4j-02$ ./bin/neo4j-admin load --from=/path/to/system.dump --database=system
neo4j-02$ ./bin/neo4j-admin load --from=/path/to/neo4j.dump --database=neo4j
neo4j-03$ ./bin/neo4j-admin load --from=/path/to/system.dump --database=system
neo4j-03$ ./bin/neo4j-admin load --from=/path/to/neo4j.dump --database=neo4j
```

（5）启动集群。

```
neo4j-01$ ./bin/neo4j start
neo4j-02$ ./bin/neo4j start
neo4j-03$ ./bin/neo4j start
```

8.3.3 通过数据库备份进行数据迁入（在线）

假如需要从运行中的 Neo4j 数据库迁入数据到运行中的集群，可以使用 neo4j-admin dump 创建备份。这个备份可能来自于单个 Neo4j 实例或集群中另外的成员。

Neo4j 支持两种向运行中集群迁入数据的方式：一种是将数据库备份传输到每个核心实例；另一种是仅将数据库备份传输到一个核心实例，然后使用 CREATE DATABASE 命令进行集群数据迁入。

提示：不推荐在 Neo4j 安装目录内手动移入或移出数据文件或文件夹，这种操作也是不被支持的。

8.3.3.1 每一个核心实例上恢复数据库

使用 neo4j-admin restore 将数据库备份传输到集群的每个核心实例，然后使用 CREATE

DATABASE 恢复数据。以下示例使用一个名为 movies1 的用户数据库。

（1）为了保证集群成员中不包含 movies1 的数据库，使用 Cypher Shell，并运行 DROP DATABASE movies1。使用系统数据库连接并执行执行以上操作。此命令会先在核心实例上执行，然后再同步执行到集群中的其他成员实例上。

```
DROP DATABASE movies1
```

删除数据库也会删除与之关联的用户和角色。

提示：由于迁入数据库包含系统数据库而无法删除此数据库，需要运行 neo4j-admin unbind 命令来解决。但是这个操作会删除核心实例的集群状态，而实例重新加入集群需要重新启动。因此，不能在运行的集群中恢复数据库。

（2）在每个核心实例上恢复数据库。

```
neo4j@core1$ ./bin/neo4j-admin restore --from=/path/to/movies1-backup-dir
--database=movies1
neo4j@core2$ ./bin/neo4j-admin restore --from=/path/to/movies1-backup-dir
--database=movies1
neo4j@core3$ ./bin/neo4j-admin restore --from=/path/to/movies1-backup-dir
--database=movies1
```

然而，恢复一个数据库并不会自动新建数据库。

（3）在一个核心实例上，对系统数据库执行 CREATE DATABASE movies1，会创建 movies1 数据库。此命令会先在核心实例上执行，然后再同步执行到集群中的其他成员实例上。

```
CREATE DATABASE movies1;
```

（4）验证 movies1 是否在线上所有成员上。

```
SHOW DATABASES;
+----------------------------------------------------------------------------------------+
| name   | address    | role   |requestedStatus    |currentStatus  |error   |default|
+----------------------------------------------------------------------------------------+
|"neo4j"|"core1:7687"|"leader"|"online"            | "online"       | ""     | TRUE   |
|"neo4j"|"core3:7687"|"follower"|"online"          | "online"       | ""     | TRUE   |
|"neo4j"|"core2:7687"|"follower"|"online"          | "online"       | ""     | TRUE   |
|"movies1"|"core1:7687"|"leader"|"online"          | "online"       | ""     |FALSE   |
|"movies1"|"core3:7687"|"follower"|"online"        | "online"       | ""     | FALSE  |
|"movies1"|"core2:7687"|"follower"|"online"        | "online"       | ""     | FALSE  |
| "system"|"core1:7687"|"follower"|"online"        | "online"       | ""     | FALSE  |
|"system"|"core3:7687" |"follower"|"online"        | "online"       | ""     |FALSE   |
|"system"|"core2:7687" |  "leader" |"online"       | "online"       | ""     |FALSE   |
+----------------------------------------------------------------------------------------+
9 rows available after 3 ms, consumed after another 1 ms
```

8.3.3.2　使用指定的迁入器恢复数据库

借助迁入器，使用 neo4j-admin restore 将数据库备份传输到集群的一个核心实例，可以将该成员作为指定迁入器，在其他集群成员上创建备份数据库。以下示例使用一个名为 movies1 的用户数据库和一个由三个核心实例组成的集群。movies1 数据库不存在任何集群成员。假如集群成员的名称与需要迁入的备份数据库相同，可以参照上一节把该数据库删除掉。

（1）在一个核心实例上恢复 movies1 数据库，在此示例中，core1 成员处于使用状态：

```
neo4j@core1$ ./bin/neo4j-admin restore --from=/path/to/movies1-backup-dir
--database=movies1
```

（2）通过登录 Cypher Shell 并运行 dbms.cluster.overview()，查找 core1 的服务节点 ID。这个操作可以连接任何数据库执行。

```
CALL dbms.cluster.overview();
+---------------------------------------------------------------------------+
| id              | addresses             | databases              | groups  |
+---------------------------------------------------------------------------+
|"8e07406b-90b3 |["bolt://core1:7687",  |{neo4j: "LEADER",       | []      |
|-4311-a63f-85c |  "http://core1:7474"] | system: "FOLLOWER"}    |         |
|45af63583"     |                       |                        |         |
+---------------------------------------------------------------------------+
|"aeb6debe-d3ea |["bolt://core3:7687",  |{neo4j: "FOLLOWER",     | []      |
|-4644-bd68-304 |  "http://core3:7474"] | system: "FOLLOWER"}    |         |
|236f3813b"     |                       |                        |         |
+---------------------------------------------------------------------------+
|"b99ff25e-dc64 |["bolt://core2:7687",  |{neo4j: "FOLLOWER",     | []      |
|-4c9c-8a50-ebc |  "http://core2:7474"] | system: "LEADER"}      |         |
|1aa0053cf"     |                       |                        |         |
+---------------------------------------------------------------------------+
```

（3）在其中一个核心实例上，使用系统数据库并使用 core1 服务节点的 ID 创建数据库 movies1。该命令会自动路由到相应的核心实例，并路由到其他集群成员。如果 movies1 数据库相当大，则执行该命令可能需要一些时间。

```
CREATE DATABASE movies1 OPTIONS {existingData: 'use', existingDataSeedInstance:
'8e07406b-90b3-4311-a63f-85c45af63583'};
```

（4）验证 movies1 是否在线上所有成员上。

```
SHOW DATABASES;
+------------------------------------------------------------------------------+
|name    |address     |role    |requestedStatus     |currentStatus  |error  |default|
+------------------------------------------------------------------------------+
|"neo4j"|"core1:7687"|"leader"|"online"            | "online"      |""     | TRUE  |
|"neo4j"|"core3:7687"|"follower"|"online"          | "online"      | ""    |TRUE   |
|"neo4j"|"core2:7687"|"follower"|"online"          | "online"      | ""    |TRUE   |
|"movies1"|"core1:7687"|"leader"|"online"          | "online"      | ""    |FALSE  |
|"movies1"|"core3:7687"|"follower"|"online"        | "online"      | ""    |FALSE  |
|"movies1"|"core2:7687"|"follower"|"online"        | "online"      | ""    |FALSE  |
|"system" |"core1:7687"|"follower"|"online"        | "online"      | ""    | FALSE |
| "system"|"core3:7687"|"follower"|"online"        | "online"      | ""    | FALSE |
| "system"|"core2:7687"|"leader"   |"online"       | "online"      | ""    | FALSE |
+------------------------------------------------------------------------------+
9 rows available after 3 ms, consumed after another 1 ms
```

8.3.4　使用导入工具进行数据迁入

基于导入的数据创建集群，推荐首先将数据导入到独立的 Neo4j DBMS 中，然后使用离线备份为集群迁入初始化数据。

（1）导入数据。①部署一个独立的 Neo4j DBMS 服务；②使用导入工具导入数据，导入工具的使用参见 2.5.4 节。

（2）使用 neo4j-admin dump 创建名为 neo4j 数据库离线备份。

（3）参照 8.3.2 节的说明，向新集群迁入初始化数据。这种情况可以跳过 system 数据库，因为它是非必需的。

8.4　因果集群内部成员发现

本节将介绍因果集群成员如何彼此发现。

8.4.1　概　述

在构建集群或连接到正在运行的集群，核心实例或可读副本需要获取一些核心服务器的地址。这些地址信息用于绑定到核心服务节点，以便运行发现协议，并获取有关集群的完整信息。最佳方式是根据每个特定情况进行配置。

提示： 采用单个实例作为主服务节点无须配置成员发现。如果采用其他地址而不是默认的，则需要配置 discovery_advertised_address 和 discovery_listen_address。

如果预先知道其他集群成员的地址，则可以直接列出它们。这样很实用，但也有局限性：

- 如果核心成员被替换，而新成员的地址与之前不同，则该成员地址列表将过时。通过确认新成员能否使用与旧成员相同的地址通信，避免过时的列表，但这并不总是可行的。
- 在某些情况下，配置集群时地址是未知的。例如，在使用容器编排部署因果集群时，可能会出现这种情况。

对于无法直接列出需要发现的集群成员地址的情况，提供了使用 DNS 的附加机制。

集群发现配置仅用于初始化发现，而对于正在运行的集群，将不断交换拓扑变化的信息。初始发现操作由 causal_clustering.discovery_type 和 causal_clustering.initial_discovery_members 两个参数设置决定，这两个参数将在下一小节中说明。

8.4.2　使用服务器地址列表进行发现

如果预先知道其他集群成员的地址，则可以显式列出它们。我们使用默认的参数配置 causal_clustering.discovery_type=LIST，并在每个机器的配置中使用硬编码地址。

8.4.3 使用具有多个记录的 DNS 进行发现

使用 DNS 初始发现集群成员时，将在实例启动时执行 DNS 记录查找。一旦一个实例加入集群，更多集群成员变化在核心成员之间进行通信，这也是发现服务的一部分。以下是基于 DNS 的机制用于获取核心集群成员地址：

（1）causal_clustering.discovery_type=DNS：使用此配置，从 DNS 记录解析初始发现成员，从而查找到需要通信的成员的 IP 地址。配置参数中 causal_clustering.initial_discovery_members 应设置为发现服务的单个域名和端口。例如：causal_clustering.initial_discovery_members=cluster01.example.com:5000。当执行 DNS 查找时，域名应该为每个核心成员返回一个 A 记录。DNS 返回的每个 A 记录都应该包含核心实例的 IP 地址。配置主服务节点将使用记录中的所有 IP 地址加入或形成集群。

使用此配置时，所有核心实例上的发现端口必须相同。如果不能保证，则考虑使用 SRV 类型。

（2）causal_clustering.discovery_type=SRV：使用此配置将从 DNS SRV 记录解析初始发现成员，从而查找到需要通信的成员的 IP 地址/主机名和发现服务端口。配置参数中 causal_clustering.initial_discovery_members 应设置为单个域名，端口设置为 0。例如：causal_clustering.initial_discovery_members =cluster01.example.com:0。执行 DNS 查找时，域名应返回单个 SRV 记录。通过 DNS 返回的 SRV 记录应包含要发现的核心实例的 IP 地址或主机名以及发现的端口。使用 SRV 记录中的地址，配置的核心服务节点将加入或形成集群。

8.4.4 在 Kubernetes 中发现

一个特殊情况是，一个因果集群在 Kubernetes 中运行，而每个核心服务器都作为 Kubernetes 服务运行。然后可以使用列表服务 API 获得核心集群成员的地址。以下设置用于配置此方案：

- 设置 causal_clustering.discovery_type=K8S。
- 设置 causal_clustering.kubernetes.label_selector 为一个 label_selector。
- 设置 causal_clustering.kubernetes.service_port_name 为在 Kubernetes 中定义为核心发现端口的相关服务使用的服务端口名称。

在这个配置中，causal_clustering.initial_discovery_members 将不被使用或者未被分配值，从而被忽略。

注意：运行 Neo4j 的 pod 必须使用有权列出服务的相关服务账户。有关更多信息，请参阅 Kubernetes 文档中关于 RBAC 授权或 ABAC 授权的文档。配置的 causal_clustering.discovery_ advertised_address 必须与 Kubernetes 内部 DNS 的名称完全匹配，格式为<service-name>. <namespace>.svc.cluster.local。

与基于 DNS 的方法一样，只在启动时执行 Kubernetes 记录查找。

8.5 因果集群内部加密

本节将介绍如何确保因果集群服务实例间通信的安全性。

8.5.1 概　述

集群通信的安全解决方案基于标准 SSL/TLS 技术（合称 SSL），加密实际上只是安全性的一个层面，其他基础层面是身份验证和完整性。安全解决方案将基于密钥基础架构，其中密钥基础架构与必要的认证系统融合一起部署实现。关于 SSL 相关内容这里不作详细说明。本节将重点介绍保护集群相关的细节。

在 SSL 下，端点可以使用由公钥基础设施（PKI）管理的证书对自己进行身份验证。

需要注意的是，安全密钥管理基础设施的部署超出了本书的范围，应交由经验丰富的安全专业人员负责。以下示例部署仅供读者参考。

8.5.2 部署示例

本节将介绍创建一个部署示例的步骤，并将对每个步骤做详细说明。

8.5.2.1 生成和安装加密对象

生成加密对象得相关内容不属于本书的介绍范围。这通常需要有一个具有认证授权机构（CA）的 PKI。

当获得证书和私钥后，就可以把它们安装在每个服务器上，这些服务器都有 CA 签名以及相应的私钥组成的证书。CA 证书被安装到受信任的文件夹目录中，因为 CA 签名的任何证书都是可信的，这意味着安装 CA 证书的服务器现在可以与其他服务器建立信任关系。

注意：在受信任目录中，请务必小心使用 CA 证书，因为由该 CA 签名的任何证书都将被信任并加入集群。因此，永远不要使用公共 CA 为集群签名证书。相反，请使用中间证书或 CA 证书，该证书来自你的组织并由你的组织控制。

在本示例中，我们将部署一个相互身份验证设置，这意味着通道的两端都必须进行身份验证。为了启用相互身份验证，SSL 策略必须将 client_auth 设置为 REQUIRE（这是默认设置）。默认情况下，服务器间需要对自己进行身份验证，因此没有修改相应的设置。

如果特定服务器的证书被破坏，可以在已吊销的目录中通过安装证书吊销列表（CRL）来吊销它，也可以使用新的 CA 证书进行重新部署。为了应对突发情况，建议为集群专门准备一个单独的中间 CA，如果有必要，可以使用中间证书全部替换原有证书。这种方法比撤销证书并阻断其传播更为简单。

在本示例中，我们假设私钥和证书文件名分别是 private.key 和 public.crt。如果要使用不同的名称，可以覆盖密钥和证书名称/位置的策略配置。我们希望使用此服务器的默认配置，以便创建适当的目录结构并安装证书：

```
$neo4j-home> mkdir certificates/cluster
$neo4j-home> mkdir certificates/cluster/trusted
$neo4j-home> mkdir certificates/cluster/revoked
$neo4j-home> cp $some-dir/private.key certificates/cluster
$neo4j-home> cp $some-dir/public.crt certificates/cluster
```

8.5.2.2 使用 SSL 策略配置因果集群

默认情况下，集群通信是未加密的，将因果集群配置为内部加密通信，可以设置 dbms.ssl.policy.cluster.enabled 为 true。SSL 策略利用已安装的加密对象，并允许配置参数。我们将在配置中使用表 8-4 所示的相关参数。

表 8-4 因果集群 SSL 策略配置参数

设置参数名	参数值	注释
client_auth	REQUIRE	将此参数设置为 REQUIRE，可有效地启用服务器的相互身份验证
ciphers	TLS_ECDHE_RSA_WITH_AES_256_CBC_SHA384	可以强制执行一个特定的强密码，并消除选择密码的相关疑问。上面选择的密码提供了完美的前向保密（PFS）。它还使用高级加密标准（AES）进行对称加密，这对硬件加速有很大的支持，因此一般来说可以忽略性能的影响
tls_versions	TLSv1.2	因为我们控制了整个集群，所以我们可以实施最新的 TLS 标准，而不必担心向后兼容性。这个标准目前没有任何安全漏洞，并使用最先进的算法进行密钥交换等

在下面的示例中，我们创建和配置将在集群中使用的 SSL 策略。我们在 neo4j.conf 文件中添加以下内容：

```
dbms.ssl.policy.cluster.enabled=true
dbms.ssl.policy.cluster.tls_versions=TLSv1.2
dbms.ssl.policy.cluster.ciphers=TLS_ECDHE_RSA_WITH_AES_256_CBC_SHA384
dbms.ssl.policy.cluster.client_auth=REQUIRE
```

实例之间通信的任何用户数据现在将得到保护。请注意，未正确设置的实例将无法与其他实例通信。并且需要注意，在每台服务器上配置策略必须使用相同的设置。实际安装的加密对象大部分是不同的，因为它们不共享相同的私钥和相应的证书，但是将共享受信任的 CA 证书。

8.5.2.3 验证集群的安全性操作

只有确保一切操作按照预期是安全的，使用外部工具验证安全性才有意义，比如使用开源评估工具 nmap 或 OpenSSL。

在这个示例中，采用 nmap 工具验证集群安全性，使用以下命令进行密码枚举简单测试：

```
nmap --script ssl-enum-ciphers -p <port> <hostname>
```

根据我们的配置调整主机名和端口。这可以证明 TLS 实际上是启用的，并且只启用了预期的密码套件。所有服务器和适用端口都应该被测试。

基于测试目的，我们还可以尝试使用一个单独的 Neo4j 测试实例，例如，这个实例有一个不可信的证书。此测试的预期结果是这个测试服务器无法参与用户数据的复制。调试日志一般通过打印 SSL 或证书相关异常来指出问题。

8.6 因果集群内部结构

本节将介绍 Neo4j 因果集群的一些重要内部结构原理。了解内部结构并不重要，但有助于诊断和解决操作问题。

8.6.1 选举与领导

因果集群中的核心服务器使用 Raft 协议保证一致性与安全性。一个 Raft 实现细节是，它使用领导者 Leader 角色在底层日志上强制执行一个排序，其他实例充当追随者 Follower，复制 Leader

的状态。特别是在 Neo4j 中，对各自数据库的写入顺序，是由当前集群中作为 Leader 角色的核心实例决定的。如果安装了多个数据库，每个数据库是在逻辑上独立的 Raft 组中操作运行，因此每个数据库都有一个单独的 Leader。这意味着核心服务器既可以充当某些数据库的领导者，也可以充当其他数据库的追随者。

如果一个 Follower 在一定时间内没有收到 Leader 的消息，那么 Follower 可以发起选举，并试图成为新的 Leader。Follower 让自己成为候选人，并要求其他核心实例投票支持它。如果它能获得多数票，那么它就承担起 Leader 的角色。核心实例不会投票给一个比它本身缺少时效性的候选人。每个数据库在任何时候都只能有一个 Leader，并且保证该 Leader 拥有最新的日志。

在一个正常运行的集群中，预期会进行选举，选举本身并会不构成问题。如果正在经历频繁的重新选举，并且这些选举扰乱了集群的操作，那么应该尝试查出造成这种问题的原因。一些常见的原因是环境问题（比如不稳定的网络）和工作过载情况（比如硬件无法处理更多的并发查询和事务）。

8.6.2 领导权均衡

写入事务将始终路由到相应数据库的 Leader，因此不均衡分布的领导层可能会导致写查询不成比例地定向到实例的子集。默认情况下，Neo4j 通过自动转移数据库领导权来避免这种情况，以便它们均匀地分布在整个集群中。

8.6.3 多数据库与调节器

在 Neo4j 数据库管理系统中，数据库作为独立实体，既可以独立运行，也可以在集群中运行。由于集群由多个独立的服务器实例组成，因此对于每个服务器来说，创建新数据库之类的管理操作是独立且异步的，但是管理操作的直接目的是在系统数据库中安全可靠的提交所有操作。

提交到系统数据库中的所需状态被复制，并由名为 reconciler 的内部组件获取。reconciler 在每个实例上运行，并在该实例上执行本地所需的适当操作，以达到所需的状态：创建、启动、停止和删除数据库。

每个数据库都运行在一个独立的 Raft 组中，由于新集群中有 system 和 neo4j 两个数据库，这意味着它也有两个 Raft 组。每个 Raft 组也有一个独立的领导者，因此一个特定的核心服务器可以是一个数据库的领导者和另一个数据库的追随者。

8.6.4 服务器端路由

服务器端路由是客户端路由的补充，由 Neo4j 驱动程序执行。

在 Neo4j 因果集群部署中，Cypher 查询可能会被定向到无法运行给定查询的集群成员。启用服务器端路由后，这种查询将在集群内部重新路由到预期可运行此查询的集群成员。当写事务查询寻址数据库时，接收到的集群成员不是集群 Leader，可能也会出现这种重新路由的情况。

集群中核心成员的角色是每个数据库。因此，如果将写事务查询发送到非 Leader 成员的指定的数据库（指定方式可通过 Bolt 协议或 Cypher 语法：USE 子句），在配置正确情况下，将会执行服务器端路由。

DBMS 通过对每个集群成员设置 dbms.routing.enabled=true 启用服务器端路由。每个集群成员的 true。还需要为服务器端路由通信配置监听地址（dbms.routing.listen_address）和广播地址（dbms.routing.advided_address）。

客户端连接需要声明使用服务器端路由，这适用于 Neo4j 驱动程序和 HTTP API。

提示：当使用 Neo4j://URI 方案时，Neo4j 驱动程序只能使用服务器端路由。使用 bolt://URI 方案时，驱动程序不会执行任何路由，而是直接连接到指定的主机。

在集群端，服务器端路由可用，必须满足以下先决条件：

- 每一个集群成员设置 dbms.routing.enabled=true。
- 配置 dbms.routing.listen_address，并且为每一个集群成员使用 dbms.routing.advertised_address 提供广播地址。
- 选择性地为集群成员配置 dbms.routing.default_router=SERVER。
- 最后一个实施服务器端路由先决条件是通过向客户端发送一个只包含一个条目的路由表，因此，通过 dbms.routing.default_router=SERVER 将集群成员配置为使其路由表的行为类似于独立实例。这意味着，如果一个 Neo4j 驱动程序连接到这个集群成员，那么 Neo4j 驱动程序将向该集群成员发送所有请求。请注意，dbms.routing.default_router 默认配置 dbms.routing.default_router=CLIENT。

  集群每个成员的 HTTP-API 自动从这些设置中受益。

表 8-5 展示了服务器端路由标准。

表 8-5 服务器端路由标准

客户端 - Neo4j 驱动 (Bolt Protocol)				服务端 - Neo4j 集群成员		
URI 模式	客户端路由	请求服务端路由	事务类型	服务节点 – 实例 > 角色	服务端路由可用性	路由查询
neo4j://	√	√	write	Primary - Single	√	×
neo4j://	√	√	read	Primary - Single	√	×
neo4j://	√	√	write	Primary - Core > leader	√	×
neo4j://	√	√	read	Primary - Core > leader	√	×
neo4j://	√	√	write	Primary - Core > follower	√	√
neo4j://	√	√	read	Primary - Core > follower	√	×
neo4j://	√	√	write	Secondary - Read Replica	√	√
neo4j://	√	√	read	Secondary - Read Replica	√	×
bolt://	×	×	write	Primary - Single	√	×
bolt://	×	×	read	Primary - Single	√	×
bolt://	×	×	write	Primary - Core > leader	√	×
bolt://	×	×	read	Primary - Core > leader	√	×
bolt://	×	×	write	Primary - Core > follower	√	×
bolt://	×	×	read	Primary - Core > follower	√	×
bolt://	×	×	write	Secondary - Read Replica	√	×
bolt://	×	×	read	Secondary - Read Replica	√	×

（1）路由连接器配置。路由查询通过 Bolt Protocol 进行通信，这种通信使用指定的通信通道。接收通信的末端使用如下的配置：

- dbms.routing.enabled
- dbms.routing.listen_address
- dbms.routing.advertised_address

（2）路由驱动配置。路由使用 Neo4j Java 驱动连接其他的集群成员。驱动的设置如下：

- dbms.routing.driver.*

（3）路由加密。服务器端路由通信的加密由集群 SSL 策略配置。

8.6.5　存储副本

当实例没有最新数据库副本时，将启动存储副本。例如，当一个新实例加入集群（没有初始化导入数据）时，就会出现这种情况。也可能发生在由于连接问题或已关机等原因，数据落后于集群其他部分的情况。在重新与集群建立连接时，实例将识别出滞后的数据，并从集群其他部分获取一个新副本。

存储副本是一项重要操作，可能会中断集群中实例的可用性。存储副本不应在功能良好的集群中频繁出现，除非特殊原因（如网络中断或计划中维护中断）而发生的异常操作。如果在常规操作期间发生存储副本，那么可能需要检查集群的配置或它本身的工作负载，只有这样所有实例才能都跟上，并且有足够的 Raft 日志和事务日志缓冲区来处理较小的临时问题。

用于存储副本的协议是可靠和可配置的，网络请求将根据配置定向到一个上游成员，并且在短暂失败的情况下重试这些请求。通过设置 causal_clustering.store_copy_max_retry_time _per_request 参数修改重试请求最大时间量。如果请求失败，并且已超过最大重试时间，则将停止重试，存储副本将会失败。

通过 causal_clustering.catch_up_client_inactivity_timeout 参数设置任何请求非活动超时时间。

对于核心和可读副本，默认的上游策略是不同的。核心实例将始终向 Leader 发送初始请求，以获取有关存储的最新信息。核心实例请求的文件和索引的策略是对随机可读副本和随机其他核心成员变化请求相关数据。

可读副本对存储副本使用与拉取事务相同的策略。默认设置是从随机的核心成员中拉取数据。

如果正在运行多数据中心集群，则可以配置核心实例和可读副本的上游策略。请谨记，对于可读副本来说，这种策略也会影响事务从何处拉取。

注意：不要将可读副本实例转换为核心实例，不要将核心实例转换为可读副本实例。

8.6.6　磁盘状态

集群实例与单个实例的磁盘上的状态不同，最大的区别是存在额外的集群状态。这里大多数文件都相对较小，但是 Raft 日志可以变得相当大，这取决于配置和负载。

一旦数据库从集群中剥离出来并在独立部署中使用，就不能将其放回运行中的集群。这是因为集群和独立部署有独立的数据库，对它们应用了不同且不可融合的写入操作。

注意：如果尝试将修改后的数据库重新插入集群，日志和存储会出现不匹配。运营者不应该试图将独立数据库合并到集群中，乐观地认为数据能够被复制，这种情况不会发生的，而且很可能会导致无法预测的集群行为。

8.7 Fabric

8.7.1 Fabric 概述

Fabric 是在 Neo4j 4.0 中引入的一种在多个数据库中存储和检索数据的方法，无论数据是在同一个 Neo4j DBMS 上，还是在多个 DBMS 中，都可以使用单个 Cypher 查询。Fabric 实现了许多值得做的目标：

- 本地和分布式数据的统一视图，可通过单个客户端连接和用户会话访问。
- 提高了读/写操作、数据量和并发性的可扩展性。
- 在正常操作、故障切换或其他基础架构变更期间执行查询时可预测的响应时间。
- 针对大数据量的高可用性和无单点故障。

此外，Fabric 为以下方面提供了基础设施和工具：

- 数据联合：以不相交图的形式访问分布式源中可用数据的能力。
- 数据分片：在多个数据库上划分公共图的形式访问分布式数据源中可用数据的能力。

使用 Fabric，Cypher 查询可以在多个联邦图和分片图中存储和检索数据。

8.7.1.1 Fabric 数据库

Fabric 组件包括一个 Fabric 虚拟数据库，它相当于是联邦图或分片图基础功能的入口点， 驱动程序和客户端应用程序通过将此虚拟数据库设为会话中选定的数据库来实现多图查询操作。

Fabric 虚拟数据库（执行环境）与普通数据库的不同之处在于它不能存储任何数据，只依赖存储在其他地方的数据。Fabric 虚拟数据库只能在独立的 Neo4j DBMS 上配置，即在 Neo4j DBMS 上配置 dbms.mode 必须设置为 SINGLE。

8.7.1.2 Fabric 图

在 Fabric 虚拟数据库中，数据以图的形式组织在一起。客户端应用程序将图作为本地的逻辑结构，其中这些数据物理存储在一个或多个数据库中。Fabric 图访问的多个数据库可以是本地的，即在同一个 Neo4j DBMS 中，也可以位于外部 Neo4j DBMS 中。客户端应用程序也可以连接它们各自常规的本地 Neo4j DBMS 以访问数据库。

8.7.2 Fabric 部署示例

Fabric 是一个具有非常多功能的环境，它提供了可伸缩性和可用性，并且在各种拓扑中不存在单点故障。用户和开发人员可以在独立的 DBMS 上使用应用程序查询 Fabric 图，同样在非常复杂和庞大分布的架构上无须修改查询，便可获取 Fabric 图。

8.7.2.1　开发环境部署

在最简单的部署中，Fabric 可以用于单个实例，如图 8-3 所示。其中 Fabric 图与这个实例本地数据库相关联。这种方法适用于软件开发人员在多个 Neo4j DBMS 上部署应用程序，或者是高级用户针对局部非联合图执行 Cypher 查询。

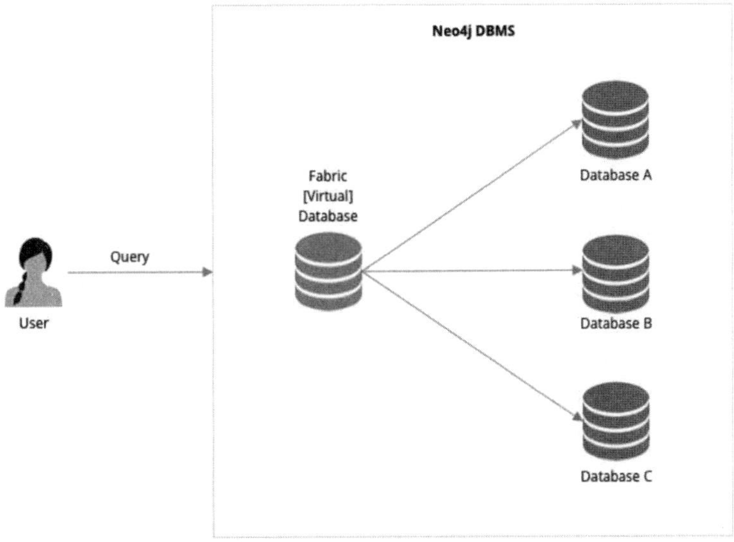

图 8-3　单个实例上 Fabric 部署图

8.7.2.2　无单点故障集群部署

无单点故障单个集群上 Fabric 部署如图 8-4 所示，在这种部署方案中，Fabric 可以保证在高可用性下访问不相交的图，并且不会出现单点故障。高可用性体现在不仅为 Fabric 数据库创建冗余入口点（比如具有相同 Fabric 配置的两个独立的 Neo4j DBMS），也为在用于数据存储和检索的三个成员的最小因果集群提供入口。这种方法适用于生产环境，也适用于高级用户对不相交图执行 Cypher 查询。

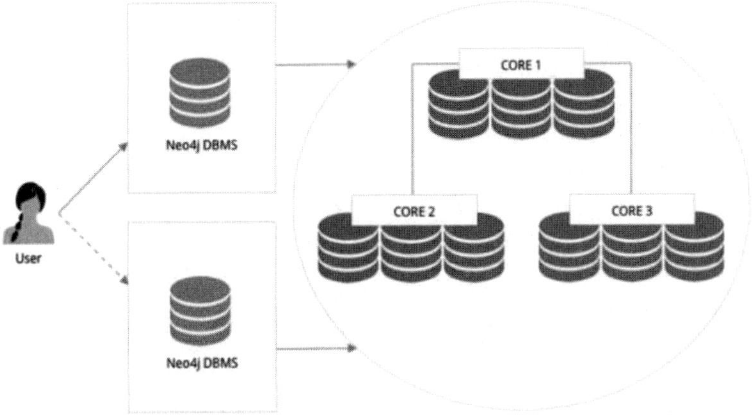

图 8-4　无单点故障单个集群上 Fabric 部署图

8.7.2.3 多集群部署

无单点故障多个集群上 Fabric 部署如图 8-5 所示，在此部署中，Fabric 可以提供无单点故障的高可扩展性和可用性。根据预期的工作负载调整不相交的集群数量，数据库可以存在同一集群中，也可以为提供更高的吞吐量托管到自己的集群中。此方法适用于可分片、可联合或两者组合的数据库生产环境。

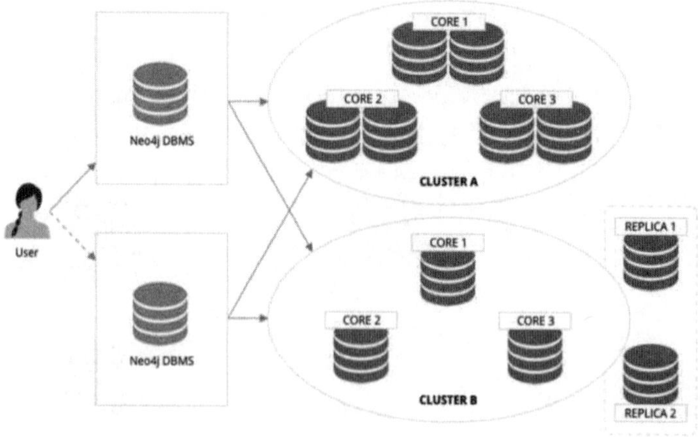

图 8-5 无单点故障多个集群上 Fabric 部署图

8.8 Fabric 配置

本节将介绍如何配置 Fabric。

8.8.1 Fabric 数据库安装

Fabric 必须配置在独立的 Neo4j DBMS 上，Neo4j.conf 中配置 Fabric 是有独特的命名空间标识。启动 Fabric 的最低要求是：

- 虚拟数据库名称，这是客户端应用程序用来访问 Fabric 环境的入口点。
- 一个或多个 Fabric 图的 URI 和数据库，这是 Fabric 环境中每个图集的 URI 和数据库的引用。

8.8.1.1 本地开发环境安装示例

如图 8-6 所示，在这个示例中，只考虑单个 Neo4j DBMS，这个数据库管理系统有两个数据库，分别为 db1 和 db2。需要注意的是，除了默认数据库与 system 数据库外，其他所有数据库必须通过 CREATE DATABASE 命令创建。

通过以下配置启用 Fabric：

```
fabric.database.name=example
```

以上配置启用 Fabric 后，在命名为 example 虚拟数据库中显现出特点，可以使用默认的 URI（即 neo4j://localhost:7687）访问数据库。在连接到选定的示例数据库所在的 DBMS 后，可以运行如下查询：

```
USE db1
MATCH (n) RETURN n
 UNION
USE db2
MATCH (n) RETURN n
```

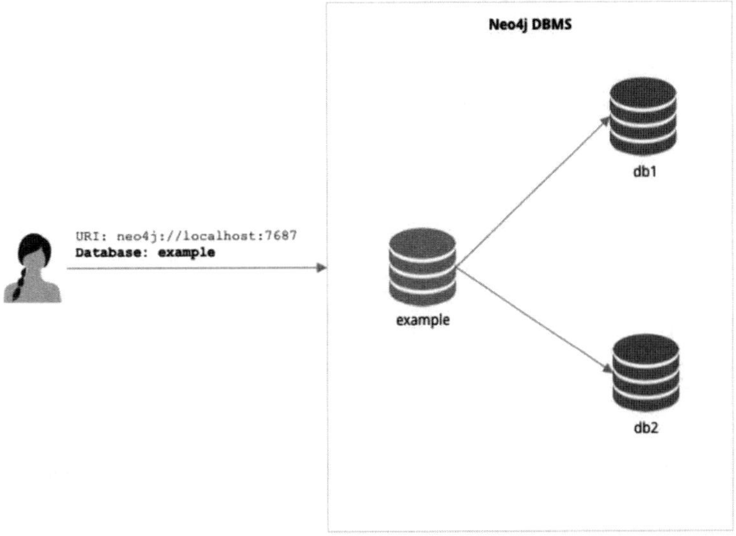

图 8-6　开发环境中最小的本地 Fabric 配置

8.8.1.2　远程开发环境安装示例

如图 8-7 所示，在本节示例中包含三个独立 Neo4j DBMS 的配置。一个实例作为 Fabric 代理，这样配置后可以启用 Fabric。另外两个实例包含数据库 db1 和 db2。

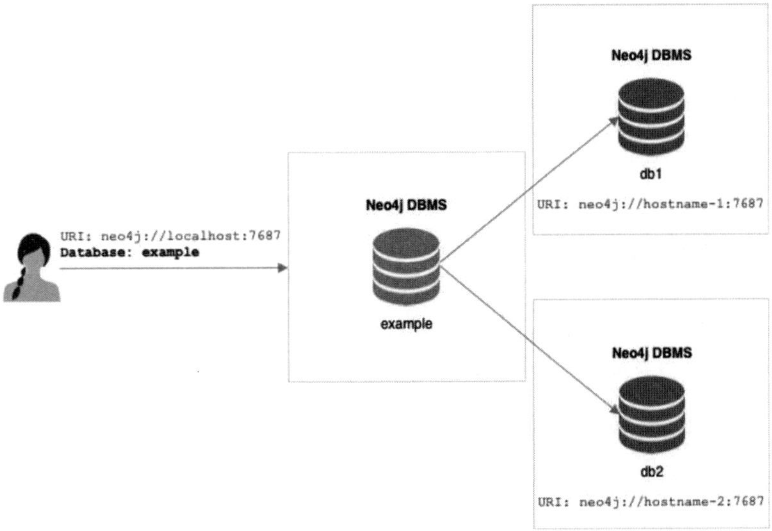

图 8-7　开发环境中最小的远程 Fabric 配置

通过以下配置在代理实例上启用 Fabric，并允许它访问其他两个实例中的数据库。

```
fabric.database.name=example
fabric.graph.0.uri=neo4j://hostname-of-instance1:7687
fabric.graph.0.database=db1
fabric.graph.1.uri=neo4j://hostname-of-instance2:7687
fabric.graph.1.database=db2
```

以上配置启用 Fabric 后，在命名为 example 虚拟数据库中显现出特性，可以使用默认的 URI（即 neo4j://localhost:7687）访问数据库。Fabric 图通过各自数据库 ID，0 和 1 作为唯一性标识。

在连接到选定的示例数据库所在的 DBMS 后，可以运行如下查询：

```
USE example.graph(0)
MATCH (n) RETURN n
UNION
USE example.graph(1)
MATCH (n) RETURN n
```

8.8.1.3 命名图

图可以通过 ID 或名字进行唯一标识。对一个图命名，可以通过增加额外配置来实现，即设置 fabric.graph.<ID>.name。

比如，如果给定的名称是 graphA（与 db1 关联）和 graphB（与 db2 关联），则额外的两个设置是：

```
fabric.graph.0.name=graphA
fabric.graph.1.name=graphB
```

当给定的名称与图对应上，在查询中可以通过名称引用对应的图。

```
USE example.graphA
MATCH (n) RETURN n
 UNION
USE example.graphB
MATCH (n) RETURN n
```

8.8.1.4 无单点故障的集群安装

如图 8-8 所示，在这个例子中，所有组件都是冗余的，数据存储在一个因果集群中。除了上一个示例中描述的设置之外，没有单点故障的设置还需要使用 routing servers 参数，该参数需要指定一个独立的 Neo4j DBMS 列表，这些 DBMS 公开相同的 Fabric 数据库和配置。为了模拟客户端应用程序与因果集群使用的相同连接，这个参数是必需的。即便在一个实例发生故障的情况下，客户端应用程序可以恢复到另一个现有实例上。

假设在本例中，数据存储在三个数据库：db1、db2 和 db3。Fabric 配置为：

```
dbms.mode=SINGLE

fabric.database.name=example
fabric.routing.servers=server1:7687,server2:7687

fabric.graph.0.name=graphA
```

```
fabric.graph.0.uri=neo4j://core1:7687,neo4j://core2:7687,neo4j://core3:7687
fabric.graph.0.database=db1

fabric.graph.1.name=graphB
fabric.graph.1.uri=neo4j://core1:7687,neo4j://core2:7687,neo4j://core3:7687
fabric.graph.1.database=db2

fabric.graph.2.name=graphC
fabric.graph.2.uri=neo4j://core1:7687,neo4j://core2:7687,neo4j://core3:7687
fabric.graph.2.database=db3
```

以上配置必须添加到 neo4j dbms server1 和 server2 的 neo4j.conf 文件中。参数 fabric.routing.servers 包含可用的独立 Neo4j DBMS 的列表，这些 Neo4j DBMS 能够承载 Fabric 数据库。参数 fabric.graph.<ID>.uri 可以包含 URI 列表，因此，如果第一台服务器没有响应请求，则可以建立连接到属于集群的另一台服务器上。uri 引用 neo4j://schema，以便 Fabric 可以检索路由表，并可以使用集群的一个成员进行连接。

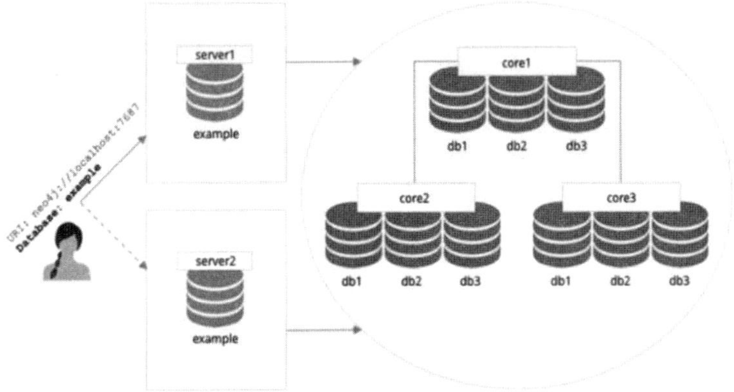

图 8-8 无单点故障的集群中 Fabric 配置

8.8.1.5 集群路由环境

图设置中的 URI 可能包括了路由环境。通过选择路由策略，将 Fabric 图与经过筛选的因果集群成员子集相关联。

例如，假设我们在目标集群的配置中定义了一个名为 read_replicas 的服务器策略，那么我们可以启动一个只访问集群的可读副本的 Fabric 图。

```
fabric.graph.0.name=graphA
fabric.graph.0.uri=neo4j://core1:7687?policy=read_replicas
fabric.graph.0.database=db1
```

这使得通过 Fabric 执行的查询能够直接负载到集群中的特定实例上。

8.8.2 认证与授权

1. 证书

Fabric 数据库和托管数据的 Neo4j DBMS 之间建立连接使用的证书与客户端连接 Fabric 数据库

的证书相同。建议在所有 Neo4j DBMS 上维护一组用户证书。如果有必要的话，可以为远程 DBMS 的本地访问设置证书子集。

2. 用户与角色管理

用户和角色管理操作不会自动应用到 Fabric 环境，因此必须在属于 Fabric 的所有 DBMS 上进行安全设置。

3. 权限

为了使用所有 Fabric 功能，Fabric 数据库的用户需要有 ACCESS 和 READ 权限。

8.8.3 重要设置

1. 系统设置

Fabric 的系统参数如表 8-6 所示。

表 8-6 Fabric 的系统参数

参数	描述
fabric.database.name	Fabric 数据库的名称。Neo4j Fabric 目前支持在单独的 Neo4j DBMS 中的一个 Fabric 数据库
fabric.routing.servers	一个逗号分隔的 Neo4j DBMS 列表可以共享同一个 Fabric 配置。这些 DBMS 组成一个路由组。通过 Neo4j 驱动程序或连接器，客户端应用程序将事务路由到路由组的其中一个成员。Neo4j DBMS 由其 Bolt 连接器地址表示。比如：fabric.routing.servers=server1:7687,server2:7687

2. 图设置

Fabric 的图参数如表 8-7 所示。

表 8-7 Fabric 的图参数

参数	描述
fabric.graph.<ID>.uri	托管数据库的 Neo4j DBMS 的 URI 关联到 Fabric 图
fabric.graph.<ID>.database	数据库名关联到 Fabric 图
fabric.graph.<ID>.name	为 Fabric 图分配名称，这个名称能使用在 Fabric 查询中
fabric.graph.<ID>.driver.*	特定驱动程序设置，即与特定 Neo4j DBMS 连接相关的设置，以及数据库。这个设置覆盖全局驱动程序的设置

表 8-6 中的<ID>是一个整数，与 Fabric 图相关联。

当配置访问远程 DBMS 时，请务必保证已将远程 DBMS 正确地配置为公布其地址。这个配置通过修改 dbms.default_advertised_address 或者 dbms.connector.bolt.advertised_address 参数来完成。Fabric 从远程 DBMS 读取路由表，然后使用该表中合适的 DBMS 进行连接。

3. 驱动设置

Fabric 使用 Neo4j 的 Java 驱动程序连接与 Fabric 图相关联的 Neo4j 数据库，并访问存储这个数据库中的数据。本节将介绍可用于配置驱动程序的最重要参数。驱动程序设置通过配置参数：

fabric.driver.<suffix>来实现。

设置是全局的，比如，对 Fabric 中使用的所有驱动程序都有效，也可能是针对于 Neo4j 数据库的特定连接设置，这个数据库与图相关联。对于图的特定设置，将覆盖该图的全局配置。

Fabric 的驱动程序设置如下，同样对于 Fabric 中设置的 Neo4j DBMS 建立的所有连接都有效：

```
fabric.driver.api=RX
```

对于 ID=6 的数据库，特定的图连接将重写该数据库所配置的参数 fabric.driver.api：

```
fabric.graph.6.driver.api=ASYNC
```

Fabric 驱动设置参数后缀如表 8-8 所示。

表 8-8　Fabric 驱动设置参数后缀

参数后缀	描述
ssl_enabled	Fabric 驱动程序的 SSL 是使用 fabric SSL 策略配置的。即使配置了 Fabric 的 SSL 策略，此设置可用于指示驱动程序不使用 SSL。如果配置了 fabric SSL 策略，并且此设置配置为 true，则驱动程序将使用 SSL。此参数只能用于 fabric.graph.<graph ID>.driver.ssl_enabled，而不能用于 fabric.driver.ssl_enabled
api	确定将使用哪个驱动程序 API。支持的值是 RX 和 ASYNC。当远程实例为 3.5 版本时，必须使用异步

8.9　Fabric 查询

本节将介绍 Fabric 使用查询命令及查询示例。

1. 查询单个图

```
USE example.graphA
MATCH (movie:Movie)
RETURN movie.title AS title
```

查询开头使用 USE 语句，将会使后面的查询只针对 example.graphA 图进行。

2. 查询多个图

```
USE example.graphA
MATCH (movie:Movie)
RETURN movie.title AS title
  UNION
USE example.graphB
MATCH (movie:Movie)
RETURN movie.title AS title
```

UNION 查询中，第一部分查询针对 example.graphA 图进行，第二部分查询针对 example.graphB 图进行。

3. 查询所有的图

```
UNWIND example.graphIds() AS graphId
```

```
CALL {
  USE example.graph(graphId)
  MATCH (movie:Movie)
  RETURN movie.title AS title
}
RETURN title
```

通过调用内置函数 example.graphIds()获取在 Fabric 设置的所有远程图的 ID。再使用 UNWIND 展开上个函数返回的结果，得到每个图 ID 的记录。对于每一条图 ID 的记录，执行一次 CALL{} 子查询。在子查询中使用 USE 语句进行动态图查找，这样每一次子查询就针对特定图进行查询。在主查询结尾通常以 RETURN 返回变量结果。

4. 聚合查询结果

```
UNWIND example.graphIds() AS graphId
CALL {
  USE example.graph(graphId)
  MATCH (movie:Movie)
  RETURN movie.released AS released
}
RETURN min(released) AS earliest
```

以上示例中，对于每一个远程图查询都会返回每个电影的发布属性，主查询的结尾中通过聚合所有子查询的结果，计算得到全局的最小值。

5. 关联子查询

假定 graphA 包含美国电影数据，graphB 包含欧洲电影数据，需要查找与最新的美国电影发布时间为同一年的所有欧洲电影。

```
CALL {
  USE example.graphA
  MATCH (movie:Movie)
  RETURN max(movie.released) AS usLatest
}
CALL {
  USE example.graphB
  WITH usLatest
  MATCH (movie:Movie)
  WHERE movie.released = usLatest
  RETURN movie
}
RETURN movie
```

通过查询 example.graphA 得到最新发布的美国电影发布年份，然后查询 example.graphB，其中通过使用 WITH usLatest 重要的语句，进而在这个子查询中引用 usLatest 变量。这样就能够查询所有满足条件的电影并返回这些结果。

6. 更新操作

```
USE example.graphB
```

```
CREATE (m:Movie)
SET m.title = 'Léon: The Professional'
SET m.tagline = 'If you want the job done right, hire a professional.'
SET m.released = 1994
```

7. 映射函数

映射函数是 Fabric 一种常用的模式。在前面的示例中，查询通过使用静态图名来标识图。Fabric 可用于通过映射机制标识图的场景，比如，可以标识图中对象的键。也可以通过用户定义的函数或其他已经可用的函数来实现。这些函数最终返回 Fabric 中图形的 ID。

映射函数通常用于分片场景。在 Fabric 中，分片与图相关联，因此使用映射函数来标识图，即分片。

假设 Fabric 是为了存储和检索数据而设置，这些数据与标签用户节点相关联。在 Fabric 中，用户节点被划分为多个图（分片）。每个用户都有唯一的数字用户 id。用一个简单的方案，其中每个用户都位于一个图上，这个图是由用户 id 取图的个数的模决定的。创建一个用户定义函数，实现它伪代码如下：

```
sharding.userIdToGraphId(userId) = userId % NUM_SHARDS
```

假设我们提供了查询参数$userId，这个参数值是我们感兴趣的特定 userId，那么我们可以这样使用函数：

```
USE example.graph( sharding.userIdToGraphId($userId) )
MATCH (u:User) WHERE u.userId = $userId
RETURN u
```

8. 内置函数

Fabric 函数位于 Fabric 数据库相对应的命名空间中。表 8-9 提供了内置函数及说明。

表 8-9　Fabric 的内置函数及说明

函数	说明
<fabric database name>.graphIds()	为给定的 Fabric 数据库所配置的所有远程图的 ID 列表
<fabric database name>.graph(graphId)	将图 ID 映射到图，这个函数可以接受图的 ID 参数，并通过 USE 语句返回相应图表示。这个函数只支持在 USE 语句中使用

8.10　使用复制命令分片数据

本节将演示使用 neo4j-admin copy 命令为 Fabric 过滤数据的示例。

使用 Copy 命令过滤数据适用于已经安装 Fabric 的场景。在下面的示例中，一个样例数据库被划分为三个分片。

示例数据库包含以下数据：

```
(p1 :Person :S2 {id:123, name: "Ava"})
(p2 :Person :S2 {id:124, name: "Bob"})
(p3 :Person :S3 {id:125, name: "Cat", age: 54})
```

```
(p4 :Person :S3 {id:126, name: "Dan"})
(t1 :Team :S1 :SAll {id:1, name: "Foo", mascot: "Pink Panther"})
(t2 :Team :S1 :SAll {id:2, name: "Bar", mascot: "Cookie Monster"})
(d1 :Division :SAll {name: "Marketing"})
(p1)-[:MEMBER]->(t1)
(p2)-[:MEMBER]->(t2)
(p3)-[:MEMBER]->(t1)
(p4)-[:MEMBER]->(t2)
```

以上为查询准备的数据，已经添加了:S1、:S2、:S3 和:SALL 相关标签，这也指明了数据的目标分片。分片 1 包含团队（Team）数据，分片 2 和分片 3 包含个人（Person）数据。

1. 创建 Shard1

```
$neo4j-home> bin/neo4j-admin copy --from-database=neo4j \
  --to-database=shard1 \
  --keep-only-nodes-with-labels=S1,SAll \ ①
  --skip-labels=S1,S2,S3,SAll ②
```

--keep-only-node-with-labels 属性用于过滤不含有:S1 和:SALL 标签数据。

--skip-labels 属性用于排除分片过程中创建的临时标签。

分片结果如下：

```
(t1 :Team {id:1, name: "Foo", mascot: "Pink Panther"})
(t2 :Team {id:2, name: "Bar", mascot: "Cookie Monster"})
(d1 :Division {name: "Marketing"})
```

2. 创建 Shard2

```
$neo4j-home> bin/neo4j-admin copy --from-database=neo4j \
  --to-database=shard2 \
  --keep-only-nodes-with-labels=S2,SAll \
  --skip-labels=S1,S2,S3,SAll \
  --keep-only-node-properties=Team.id
```

在分片 2，希望保留:Team 节点作为代理节点，以便连接分片信息。代理节点也会包括含有:SALL 标签的节点，但是需要指定--keep-only-node-properties，这样就不会从分片 1 复制团队信息。

```
(p1 :Person {id:123, name: "Ava"})
(p2 :Person {id:124, name: "Bob"})
(t1 :Team {id:1})
(t2 :Team {id:2})
(d1 :Division {name: "Marketing"})
(p1)-[:MEMBER]->(t1)
(p2)-[:MEMBER]->(t2)
```

可以观察到：--keep-only-node-properties 并没有过滤出 Person.name，因为:Person 标签没有在过滤条件内引用。

3. 创建 Shard3

```
$neo4j-home> bin/neo4j-admin copy --from-database=neo4j \
  --to-database=shard3 \
```

```
--keep-only-nodes-with-labels=S3,SAll \
--skip-labels=S1,S2,S3,SAll \
--keep-only-node-properties=Team.name, Team.mascot
```

结果为：

```
(p3 :Person {id:125, name: "Cat", age: 54})
(p4 :Person {id:126, name: "Dan"})
(t1 :Team {id:1})
(t2 :Team {id:2})
(d1 :Division {name: "Marketing"})
(p3)-[:MEMBER]->(t1)
(p4)-[:MEMBER]->(t2)
```

如以上所示，通过--skip-node-properties 和--keep-only-node-properties 两种方式获得相同结果。在本示例中，更容易使用--keep-only-node-properties，因为只需要保留一个属性。关系属性过滤器的工作方式与以上介绍的相同。

第 9 章

Neo4j 应用案例

自 Neo4j 诞生以来，它已经在全球众多企业和机构获得了较为广泛且成功的应用，深受客户喜爱。本章将对 Neo4j 目前的客户应用实践进行梳理和汇总，并着重介绍 Neo4j 的 5 个较为典型的应用案例以及在汽车生产和零件制造业中的作用。这样可以让读者对 Neo4j 的具体应用价值有一个直观的感受和认识，并能启发读者将 Neo4j 应用到工作和学习领域中去。本章主要内容：

- Neo4j 应用案例概述
- 欺诈检测
- 科研导图
- 电子邮件监测
- 工商企业图谱
- 社交网络
- Neo4j 在汽车和制造业中的作用

9.1 应用案例概述

从系统科学的视角来看，世界是由各种系统构成的，而系统又由系统的各个组成部分及其之间的联系组成。从这个层面，便能直接地将系统及其之间的联系映射为数学图论中的节点与关系上来，从而运用图论对世界进行直观建模。图数据库技术以图论为根基，也可以说是表达多姿多彩世界的基础性、通用性的“语言”。这种“语言”描述出来的仿真系统与原系统相比具有“高保真”的特性，与人们通常对系统的认知是一致的，并且非常直观、自然、直接和高效，不需要中间过程的转换和处理（这种中间过程的转换和处理，往往把问题复杂化或者漏掉很多有价值的信息）。正是由于图数据库技术可以直接描述各种复杂的现实世界系统，才使其具有广泛的适用性和很高的应用价值。

事实上，Neo4j 已经成功“俘获”了大量客户，并且客户数量和应用领域还在不断增长之中。这些客户包括思科、惠普、沃尔玛、领英、阿迪达斯和 FT 金融时报等国际知名企业或机构，具体可以参见图 9-1 所示。Neo4j 客户的行业分类目前主要集中在社交网络、人力资源与招聘、金融、保险、零售、广告、电子商务、物流、交通、IT、电信、制造业、打印、文化传媒和医疗等领域（见表 9-1）。上述大量的 Neo4j 客户在未采用 Neo4j 产品之前反复抱怨原有产品的不足，期待有新的产品可以去解决这些痛点，表 9-2 归集汇总了部分 Neo4j 客户的主要痛点。

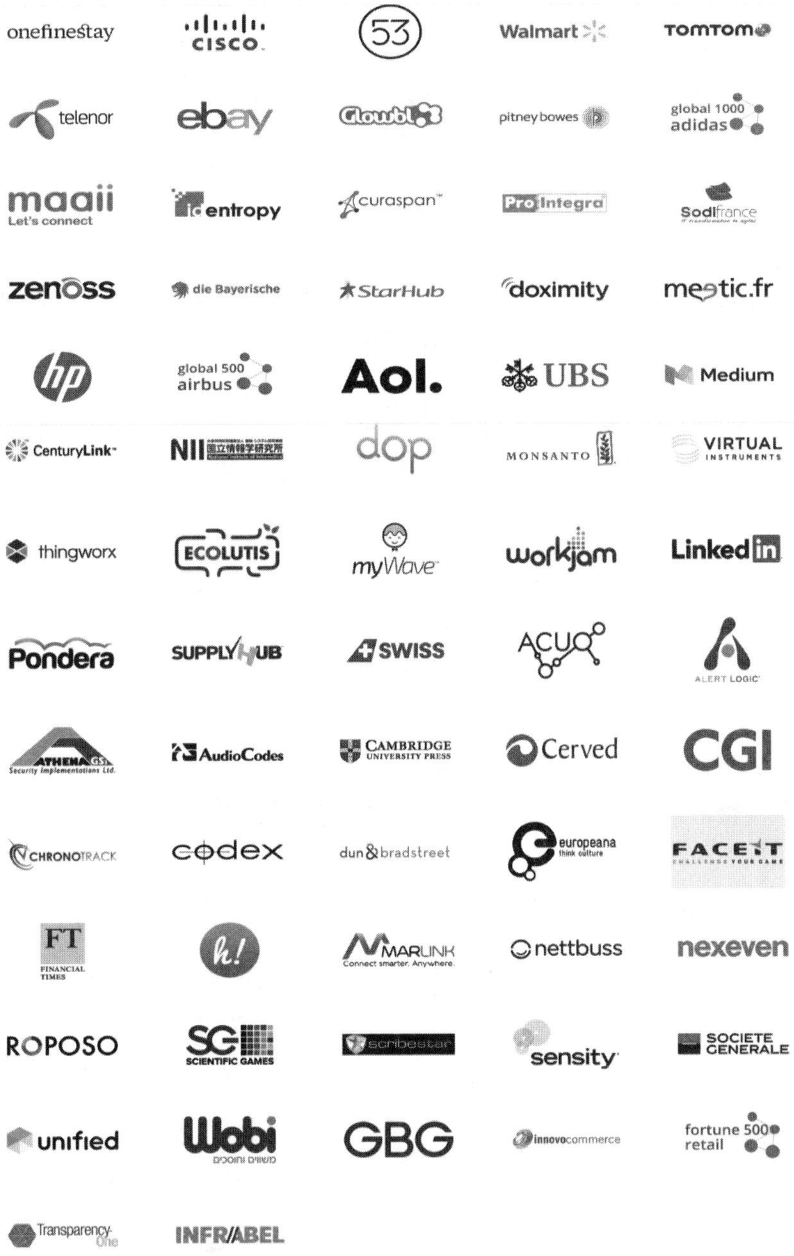

图 9-1　Neo4j 的客户

Neo4j 成功的典型案例主要包括：优化客户的个性化体验、实时推荐、主数据管理（Master Data Management，MDM）等方面。例如，沃尔玛现在使用 Neo4j 来了解在线购物者的行为，快速查询客户过去的购买信息，及时捕获客户当前在线访问中显示的任何新的兴趣点，这对于提供实时推荐至关重要，关系数据库的查询会非常复杂，而图数据库则能轻松胜任。又比如 Pitney-Bowes 在提升客户服务中遇到了主数据管理问题：（1）有关客户的数据分散在内部会计与计费系统、物流与交付系统、客户关系管理与销售管理系统等，而这些系统是公司发展过程中独立创建的，由此以数据孤岛的形式展现；（2）在不同业务环节中，利用孤立的局部数据对客户的不同定义导致了低质量的客户画像，几乎没有可预测性；（3）每个不同的信息孤岛已经针对不同任务进行了局部优化，但这些优化并不能突破问题的瓶颈，即无法提供全局优化的能力。Pitney-Bowes 凭借其领先的主数据管理系统，通过围绕 Neo4j 图数据库构建其 MDM 系统，避免了缓慢和不够灵活的关系数据库管理系统（Relational Database Management System，RDBMS）的缺陷，或不够丰富的非关系型数据库（NoSQL）解决方案，从而超越了其竞争对手。

本节通过客户代表、客户所在行业（见表 9-1）、客户痛点分析（见表 9-2）、Neo4j 优势等案例信息，对 Neo4j 的 20 多个应用案例进行梳理和总结。希望读者能从这些案例中获得启发，将 Neo4j 应用到自己所从事的领域，并做出有价值的创新性工作。

表 9-1　Neo4j 客户行业分布情况

Neo4j 应用行业分类	Neo4j 典型客户
社交网络、人力资源与招聘	Glowbl、megree、Gamesys、InfoJobs
金融、保险	Cerved、Wobi、Die Bayerische
零售、广告、营销、电子商务	Adidas、Qualia、Walmart、eBay
国际物流、消费品、物流	Global 500 Logistics、TRANSPARENCY-ONE
交通（旅行）	Wanderu
IT、软件、技术、电信	WineDataSystem、migRaven、Pitney Bowes、LinkedIn China、Telenor（挪威电信）
制造业	SchleichGmbH
打印、媒体、网页服务、音乐	BILLES、ICIJ、Wazoku、Musimap
医学、生命科学	Candiolo Cancer Institute (IRCC)

表 9-2　Neo4j 客户痛点分析

序号	企业名称	痛点分析或挑战
1	migRaven	授权和访问控制
2	adidas	提供个性化体验所需的数据分布在各种信息孤岛上
3	BILLES	增加在线客户；必须能够处理大量的小打印订单；大量的收购导致了 IT 系统的拼凑
4	Cerved	提高计算效率和快速识别，直接或间接控制公司的人员；获取大数据网络分析的顶尖技术
5	Die Bayerische	过时的管理系统和不同的数据格式；创建标准化数据框架
6	ICIJ	帮助记者打破复杂的瑞士漏洞数据，以获得更好的调查性新闻
7	Candiolo Cancer Institute (IRCC)	关系数据库没有为所需的多个功能提供足够的灵活性
8	LinkedIn China	尽可能快地启动社交网络平台，同时为重要的用户和功能增长留出空间，并搜索大量数据，而无性能问题
9	Musimap	要映射所有音乐标题，每个具有 55 个加权描述标准，以允许深入处理和实时推荐
10	Qualia	原始产品仅被优化以跟踪一个设备上的用户行为

（续表）

序号	企业名称	痛点分析或挑战
11	SchleichGmbH	在产品数据网络中需要更大的可扩展性和灵活性
12	TRANSPARENCY-ONE	管理和搜索大量数据，没有性能问题
13	Wanderu	帮助消费者在美国的旅行找到和预订城市间公共汽车和火车
14	WineDataSystem	没有现有的参考资源，大量的信息和问题；关于访问的方便性和用户的灵活性
15	Wobi	快速分析大量的“整个客户”信息
16	eBay	支持大规模的复杂路由查询，具有快速和一致的性能
17	Global 500 Logistics	时时刻刻都在产生地理位置路由信息，业务需要这些具有复杂关联关系的位置信息来支持，这导致传统关系型数据库面临严重挑战
18	Glowbl	将所有可能的社交网络汇集在一起，以图的形式表示所有联系人，并实时管理这些联系人及其互动关系
19	InfoJobs	建立新的门户，模拟求职者的潜在职业道路
20	megree	提供这些连接的关系和强度的整体视图
21	Pitney Bowes	通过构建下一代工具，获得 360 度的客户洞察力，获得竞争优势
22	Walmart	为客户提供最佳的网络购物体验
23	Telenor	在 Telenor 的在线自助服务管理门户的背后，你可以找到负责管理客户组织结构的协议，订阅和访问他们的商业移动订阅的中间件

9.2 欺诈检测

本节将重点介绍 Neo4j 在银行、保险、电商等领域反欺诈方面的应用[1,2]。

银行和保险公司每年都会因为各种各样的欺诈行为导致数十亿美元的巨额损失。尽管传统的欺诈检测方法在减少欺诈损失方面起到了非常重要的作用，但我们发现越来越复杂的欺诈者已经开发出了多种新的合谋方法和构建假身份，来规避传统反欺诈技术的识别。

图数据库为精准揭露“欺诈环”和其他复杂欺诈提供了新的方法和工具，并且能够实时阻止高级欺诈情况的发生。尽管没有完美的欺诈预防措施，但是通过超越单个数据点并让多个节点进行连接，仍有改进反欺诈系统的机会，通常这些连接被忽视但又是最有价值的反欺诈线索。

理解节点数据之间的连接以及从这些连接中解读出新的价值，有时候并不需要收集更多的数据，只需要用“图”重新定义问题并以新的方式考察问题，即可从现有数据中获得新的见解。图的最大特点是表达节点之间的相关性，这与其他大多数查看数据的方式不同。图数据库可以发现使用传统表示（见表 9-2）难以检测的“隐形”模式，从这个角度来讲，它就是在“反隐形”技术上的颠覆性突破。现在越来越多的公司正尝试使用图数据库来解决数据之间的各种连接问题，其中就包括欺诈检测这一大类应用。

本节主要讨论三种常见且极具破坏力的欺诈类型：第一方银行欺诈、保险欺诈和电子商务欺诈。尽管这三种欺诈类型不同，但它们都具有一个非常重要的共同点，那就是欺诈依赖于间接层，且它

[1] https://Neo4j.com/resources/fraud-detection-white-paper/?ref=solutions
[2] https://Neo4j.com/graphgist/9d627127-003b-411a-b3ce-f8d3970c2afa?ref=solutions

们可以通过连接分析被揭示出来。在每个类型案例中，图数据库显著地改进了现有欺诈检测方法，使高级欺诈难以“隐身”。

9.2.1 第一方银行欺诈

第一方欺诈（First-Party Fraud）又叫真名欺诈（True Name Fraud）或身份欺诈（Identity Fraud），其本质是使用本人或他人真实身份或编造、伪造身份进行欺诈，其花样不断翻新，比如：“无意愿支付（No Intent to Pay）”“合成身份（Synthetic Identity）”和“亲友身份欺诈（Identity Fraud by Friends and Family）”等。具体到银行领域就称为：第一方银行欺诈，包括信用卡欺诈、贷款欺诈、透支欺诈、无担保银行信用额度欺诈，涉及欺诈者申请信用卡、贷款、透支和无担保的银行信用额度。这些欺诈的本质是通过信用卡、贷款等工具从银行骗取资金，但根本没有偿还的意愿。这是全球各银行机构面临的一个严重的难题。

美国银行业每年在第一方银行欺诈上的损失高达数百亿美元，据估算，该损失占美国消费者信贷总额的四分之一甚至更高[1]。据进一步估计，在美国和欧洲有 10%~20%的无担保坏账被错误分类，实际上都属于第一方银行欺诈[2]。导致这些惊人的巨额损失的因素主要有两个：一是欺诈者的行为非常接近合法客户的行为，在他们没有跑路之前很难被发现；二是他们往往是有组织犯罪，并通过操纵者和参与者之间的关系，形成难以被传统反欺诈技术发现的欺诈环。由此，当这些特征造成潜在的危害时，也同样表现出能够采用基于图的方法检测出这些欺诈行为。

每个第一方银行欺诈串通背后的具体细节，其操作手法都不同。下面是欺诈环通常的操作模式：

- 两个或两个以上的人组织成一个欺诈环。
- 欺诈环共享合法联系人的一部分信息，例如电话号码和地址，通过它们的不同组合创建多个合成身份。
- 欺诈环中的人员使用这些合成身份打开账户。
- 新的账户被添加到原来的账户：无担保的信用额度、信用卡、透支保护、个人贷款等。
- 账户使用正常，定期购买和及时付款。
- 由于观察到负责任的信用行为，银行随着时间的推移增加了循环信用额度。
- 突然有一天环“消失”了，并且他们的行为步调一致，所有人都最大化使用了信用额度后跑路了。
- 有时欺诈者会进一步使用假的检查，在前一步骤之前使所有的余额归零，这必然会导致危害加倍。
- 从收集这些欺诈的过程来看，却根本找不到这些欺诈者。
- 于是这些债务无法收回。最终只能注销从而造成损失。

为了说明这种情况，让我们采取一个小的 2 人圈环，以创建合成身份：

Tony Bee 住在 123 NW 1st Street，San Francisco，CA 94101（他的真实地址），并获得一个预付费电话 415-123-4567；Paul Favre 住在 987 SW 1st Ave，San Francisco，CA 94102（他的真实地址），并得到一个预付费电话 415-987-6543。

---

[1] http://www.experian.com/assets/decision-analytics/whitepapers/first-partyfraud-wp.pdf

[2] http://www.businessinsider.com/how-to-usesocial-networks-in-the-fight-against-first-party-fraud-2011-3

仅利用共享的电话号码和地址这 2 条数据，即可组合创建出 2×2＝4 个具有假名的合成身份，如图 9-2 所示。

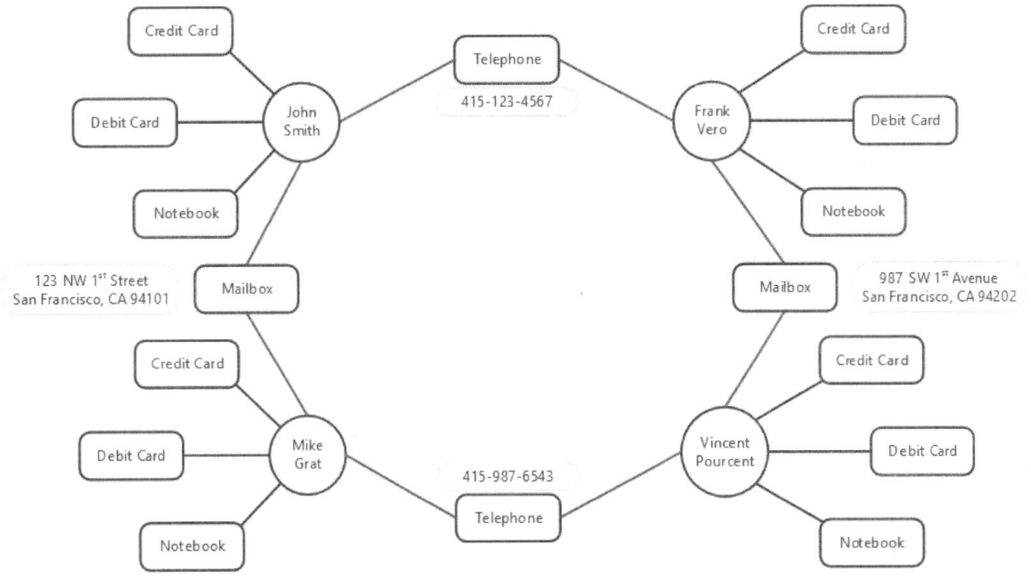

图 9-2　2 人共享 2 个数据并创建 4 个综合身份

图 9-2 显示了最终的欺诈环，每个合成身份有 4～5 个账户，总共 18 个账户。假设每个账户暴露的信用风险平均为 4,000 美元，银行的损失就可能高达 72,000 美元。在上述过程中，电话号码在环“消失”后被丢弃，当调查人员来到这些地址时，Tony Bee 和 Paul Fabre（那些真正居住在那里的欺诈者）否认知道 John Smith、Frank Vero、Mike Grat 或 Vincent Pourcent。

1. 检测罪犯

及时发现欺诈环并阻止他们造成损失是银行面临的一个挑战。传统的欺诈检测方法使用的是离散数据而没有使用连接关系，这类方法对于发现单独行动的欺诈者是有用的，但对有组织的欺诈行为却无能为力，并且这类方法也会经常出现误报情况，造成客户满意度下降并错失创造收入的机会。

Gartner 提出了一种防止欺诈的分层模型，可以从图 9-3 所示看到，它从简单的离散方法开始（图 9-3 左侧部分），并进行到更精细的“大图”类型的分析。最右层“实体连接分析”利用连接的数据来检测有组织的欺诈。如果在客户生命周期中的关键点处，使用图数据库来执行实体连接分析，可以非常容易地揭示上述类型的欺诈信息合并，具有非常高的准确率。

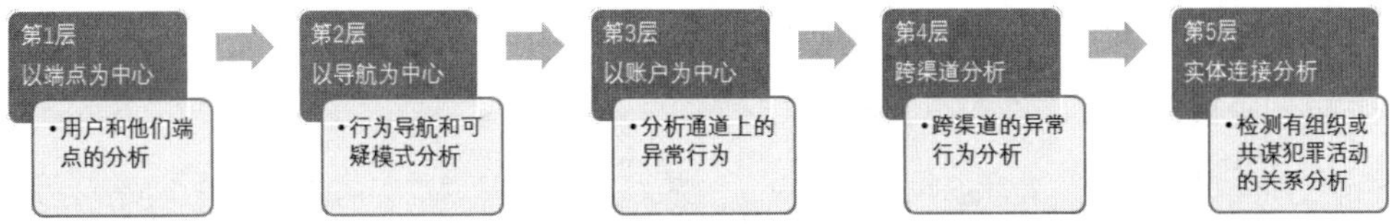

图 9-3　Gartner 的分层欺诈预防方法

如图 9-4 所示，每个共享 2 个有效标识符的 3 个人导致 9 个互联的合成身份。共享 m 个数据元素（例如姓名、出生日期、电话号码、地址、社会安全码等）的 n 个人的环（n≥2）可以创建多达 n×m 个合成身份，其中对于总共(nm×m× (n−1)) / 2 个关系，每个合成身份（表示为节点）连接到 m×(n−1)个其他节点。

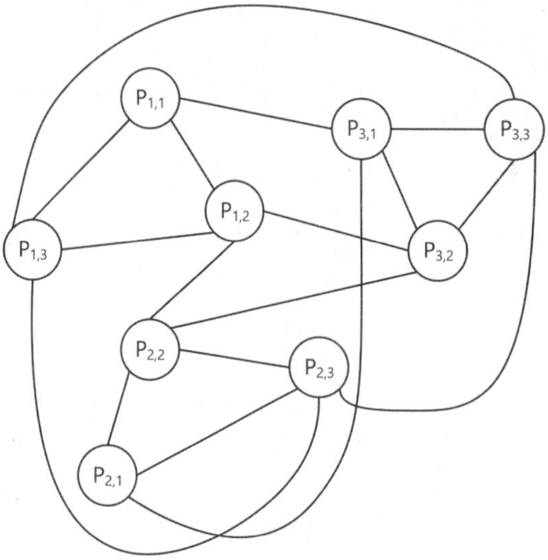

图 9-4　用 3 人合成 9 个身份

2. 实体连接分析

前面讨论了欺诈者如何使用多个身份来增加其犯罪行为的整体规模。欺诈者多重身份总数量不仅直接关系到风险敞口，也关系到发现欺诈环所需的计算复杂性。基于环的增长导致更大规模的组合身份这一视角，这个问题的复杂程度就会变得越发清晰。在图 9-5 中，可以看到如何将第三人添加到环并将扩展合成身份的数量增加到 9。同样，四个人可以控制 16 个身份，以此类推。假设一个 10 人欺诈环有 100 个假身份，每个假身份有 3 个金融工具，每个工具都有 5,000 美元的信用额度，总的潜在损失就是 150 万美元，这将造成一笔数额惊人的损失。

3. 图数据库解决欺诈环问题

使用传统关系数据库技术来揭露欺诈环，需要将上述图形建模为一组表，然后执行一系列复杂连接和自连接。这样的查询构建起来非常复杂、运行效率低下且成本高，无法支持实时访问，并且随着欺诈环的扩大，性能呈指数级恶化。图数据库已经成为克服这些障碍的理想工具，使用 Cypher 语言可以简单地实施检测图中的欺诈环，并在内存中实时导航连接。图 9-5 展示了图数据模型，并且演示了通过图如何快速找到环。图数据库技术增强了现有的欺诈检测方法，并可在客户和账户生命周期的关键阶段执行并完成检测，例如：

- 在创建账户时。
- 在调查期间。
- 一旦信用余额阈值被击中。
- 当支票退回时。

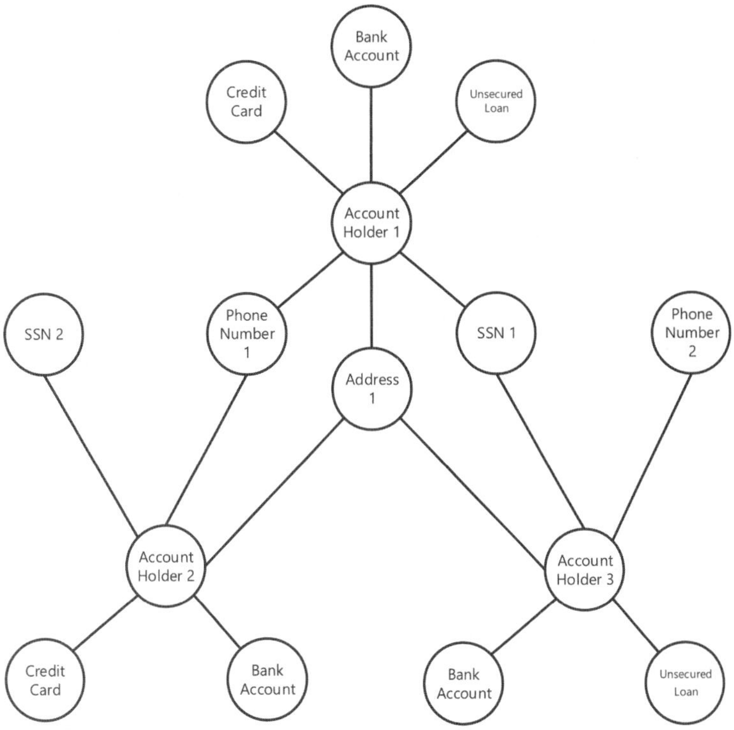

图 9-5 在图数据库中建模的欺诈环的子集

与正常类型的事件相关的实时图遍历，可以帮助银行识别可能存在的欺诈环：在异常发生期间，甚至在发生之前。

4. 案例数据集与程序

（1）功能：创建欺诈环。

（2）执行程序。

```
// 创建3个账户人
CREATE (accountHolder1:AccountHolder {
        FirstName: "John",
        LastName: "Doe",
        UniqueId: "JohnDoe" })
CREATE (accountHolder2:AccountHolder {
        FirstName: "Jane",
        LastName: "Appleseed",
        UniqueId: "JaneAppleseed" })
CREATE (accountHolder3:AccountHolder {
        FirstName: "Matt",
        LastName: "Smith",
        UniqueId: "MattSmith" })
// 创建地址1
CREATE (address1:Address {
        Street: "123 NW 1st Street",
        City: "San Francisco",
        State: "California",
```

```
        ZipCode: "94101" })
// 把账户人1、账户人2和账户人3关联到地址1
CREATE (accountHolder1)-[:HAS_ADDRESS]->(address1),
    (accountHolder2)-[:HAS_ADDRESS]->(address1),
    (accountHolder3)-[:HAS_ADDRESS]->(address1)
// 创建电话号码1
CREATE (phoneNumber1:PhoneNumber { PhoneNumber: "555-555-5555" })
// 把账户人1和账户人2关联到电话号码1
CREATE (accountHolder1)-[:HAS_PHONENUMBER]->(phoneNumber1),
    (accountHolder2)-[:HAS_PHONENUMBER]->(phoneNumber1)
// 创建社会安全码 SSN1
CREATE (ssn1:SSN { SSN: "241-23-1234" })
// 把账户人2和账户人3关联到 SSN1
CREATE (accountHolder2)-[:HAS_SSN]->(ssn1),
    (accountHolder3)-[:HAS_SSN]->(ssn1)
// 创建社会安全码 SSN2并关联到账户人1
CREATE (ssn2:SSN { SSN: "241-23-4567" })<-[:HAS_SSN]-(accountHolder1)
// 创建信用卡号1并关联到账户人1
CREATE (creditCard1:CreditCard {
        AccountNumber: "1234567890123456",
        Limit: 5000, Balance: 1442.23,
        ExpirationDate: "01-20",
        SecurityCode: "123" })<-[:HAS_CREDITCARD]-(accountHolder1)
// 创建银行账号并关联到账户人1
CREATE (bankAccount1:BankAccount {
        AccountNumber: "2345678901234567",
        Balance: 7054.43 })<-[:HAS_BANKACCOUNT]-(accountHolder1)
// 创建信用卡2并关联到账户人2
CREATE (creditCard2:CreditCard {
        AccountNumber: "1234567890123456",
        Limit: 4000, Balance: 2345.56,
        ExpirationDate: "02-20",
        SecurityCode: "456" })<-[:HAS_CREDITCARD]-(accountHolder2)
// 创建银行账号2并连接到账户人2
CREATE (bankAccount2:BankAccount {
        AccountNumber: "3456789012345678",
        Balance: 4231.12 })<-[:HAS_BANKACCOUNT]-(accountHolder2)
// 创建无抵押贷款2并关联到账户人2
CREATE (unsecuredLoan2:UnsecuredLoan {
        AccountNumber: "4567890123456789-0",
        Balance: 9045.53,
        APR: .0541,
        LoanAmount: 12000.00 })<-[:HAS_UNSECUREDLOAN]-(accountHolder2)
// 创建银行账号3并关联到账户人3
CREATE (bankAccount3:BankAccount {
        AccountNumber: "4567890123456789",
        Balance: 12345.45 })<-[:HAS_BANKACCOUNT]-(accountHolder3)
// 创建无抵押贷款3并关联到账号人3
CREATE (unsecuredLoan3:UnsecuredLoan {
        AccountNumber: "5678901234567890-0",
        Balance: 16341.95, APR: .0341,
```

```
          LoanAmount: 22000.00 })<-[:HAS_UNSECUREDLOAN]-(accountHolder3)
// 创建电话号码2并关联到账户人3
CREATE (phoneNumber2:PhoneNumber {
          PhoneNumber: "555-555-1234" })<-[:HAS_PHONENUMBER]-(accountHolder3)
RETURN *
```

（3）执行结果如图 9-6 所示。

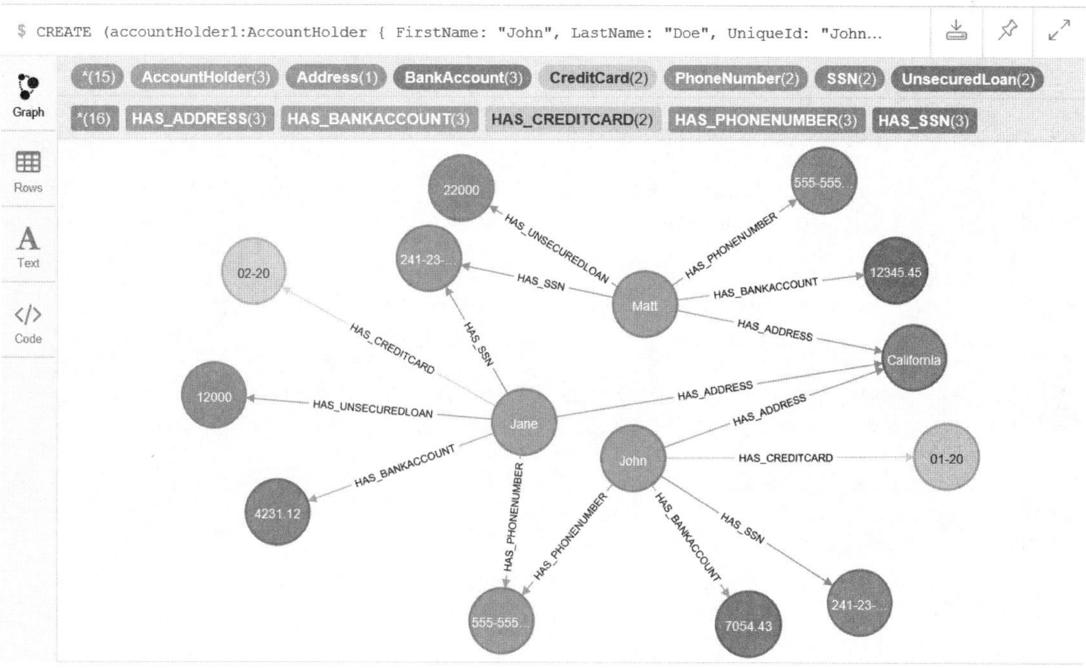

图 9-6　欺诈环案例示意图

5. 实体连接分析

下面演示对上述数据模型执行实体连接分析。在表 9-3 中使用括号是为了隔离集合的个别元素。

（1）功能：查找共享多个合法联系信息的账户持有人。

（2）执行程序。

```
MATCH       (accountHolder:AccountHolder)-[]->(contactInformation)
WITH        contactInformation,
            count(accountHolder) AS RingSize
MATCH       (contactInformation)<-[]-(accountHolder)
WITH        collect(accountHolder.UniqueId) AS AccountHolders,
            contactInformation, RingSize
WHERE       RingSize > 1
RETURN      AccountHolders AS FraudRing,
            labels(contactInformation) AS ContactType,
            RingSize
ORDER BY    RingSize DESC
```

（3）执行结果如表 9-3 所示。

表 9-3　查询可疑账号

欺诈环	联系类型	环大小
[MattSmith, JaneAppleseed, JohnDoe]	[Address]	3
[MattSmith, JaneAppleseed]	[SSN]	2
[JaneAppleseed, JohnDoe]	[PhoneNumber]	2

6. 确定可能的欺诈环的金融风险

（1）功能：计量欺诈风险。

（2）执行程序。

```
MATCH      (accountHolder:AccountHolder)-[]->(contactInformation)
WITH       contactInformation,
           count(accountHolder) AS RingSize
MATCH      (contactInformation)<-[]-(accountHolder),

(accountHolder)-[r:HAS_CREDITCARD|HAS_UNSECUREDLOAN]->(unsecuredAccount)
WITH collect(DISTINCT accountHolder.UniqueId) AS AccountHolders,
contactInformation, RingSize,
           SUM(CASE type(r)
              WHEN 'HAS_CREDITCARD' THEN unsecuredAccount.Limit
              WHEN 'HAS_UNSECUREDLOAN' THEN unsecuredAccount.Balance
              ELSE 0
           END) as FinancialRisk
WHERE      RingSize > 1
RETURN     AccountHolders AS FraudRing,
           labels(contactInformation) AS ContactType,
           RingSize,
           round(FinancialRisk) as FinancialRisk
ORDER BY   FinancialRisk DESC
```

（3）执行结果如表 9-4 所示。

表 9-4　计算欺诈风险敞口

欺诈环	联系类型	环大小	金融风险
[MattSmith, JaneAppleseed, JohnDoe]	[Address]	3	34387
[MattSmith, JaneAppleseed]	[SSN]	2	29387
[JaneAppleseed, JohnDoe]	[PhoneNumber]	2	18046

9.2.2　保险欺诈

1. 案例背景

在美国，欺诈对保险业造成的损失估计每年高达 800 亿美元，这一数字近年来还一直在增长[1]。还有说法指出：2010—2012 年，美国的可疑索赔案件上升了 27%，到 2012 年为 116,171 件，其中几乎一半来自伪造或夸大的伤害索赔[2]。在英国，保险公司估计，每个司机每年通过伪造鞭打损伤现象（Whiplash）索赔额平均增加 90 英镑[3]（这些说法可能有争议）。这些保险欺诈之所以成功，是

1 http://www.insurancefraud.org/article.htm?RecID=3274#.UnWuZ5E7ROA
2 https://www.nicb.org/newsroom/news-releases/u-s--questionable-claims-report
3 http://www.insurancefraud.org/IFNS-detail.htm?key=17499#.UmmsJyQhZ0o

因为均形成了复杂的犯罪环，能非常有效地规避现有的欺诈检测措施。在这类案例中，图数据库技术再次成为打击共谋欺诈的有力工具。

2. 典型情况

以交通保险欺诈这类典型的严重欺诈情况为例，多名欺诈者一起共谋制造假交通事故，并声称有人软组织损伤。事故显然不是真实的，但却有完整的假驾驶员、假乘客、假行人甚至假证人等。为什么软组织损伤这么受欺诈者所偏爱呢？主要是它容易伪造，难以验证且治疗费比较高。这个欺诈环（Fraud Ring）通常包括多种角色。

（1）协助者。各类结论或鉴定通常涉及以下几类专业人士的参与：

- 医生，开具诊断虚假受伤证明或鉴定。
- 律师，提出欺诈索赔。
- 汽车实体店，谎报损坏的汽车。

（2）参加者。指涉及假事故的人，通常包括：

- 司机。
- 乘客。
- 行人。
- 证人。

欺诈者通常采用参加者角色的轮换来创建和管理欺诈环，以便制造大量的假事故，也就是说，不同事故中参加者的角色可能不断重复改变，从而确保即便只有几名参加者也可以制造出大量的假事故。如图 9-7 所示，6 人共谋了 3 起假事故。每个人扮演“司机”一次、“乘客”两次。假设平均每个受伤人员索赔 20,000 美元，每辆车 5,000 美元，那么这个仅 6 人构成的欺诈环将能索赔 390,000 美元。

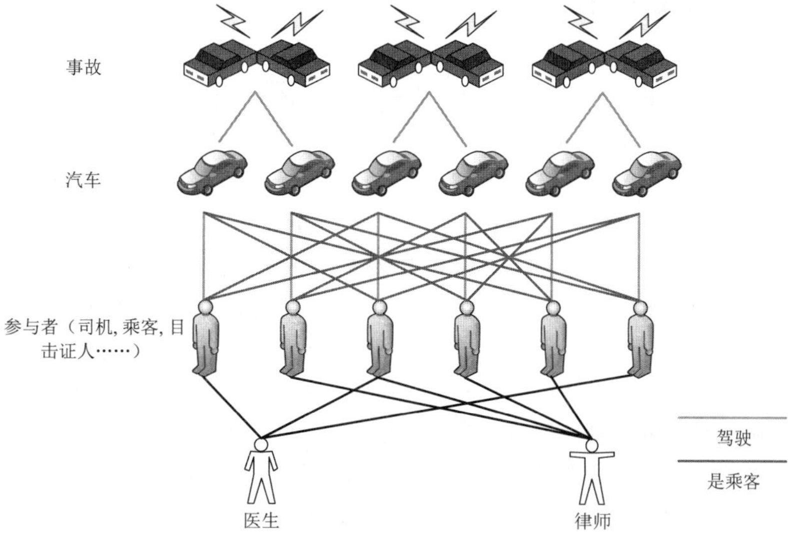

图 9-7 六人共谋

与“9.2.1 银行欺诈”节介绍的银行欺诈案例类似，这种合谋诈骗的复杂性和规模可以快速上升。比如，在 10 个人合谋进行保险欺诈的例子中，假定上演 5 起假事故，如图 9-8 所示，其中每个人扮演司机和证人各一次、乘客三次，每个受伤人员的平均索赔额为 4 万美元，每辆车的赔偿额为 5 万美元，那么这个欺诈环可以制造出 40 人受伤，索赔高达 160 万美元！

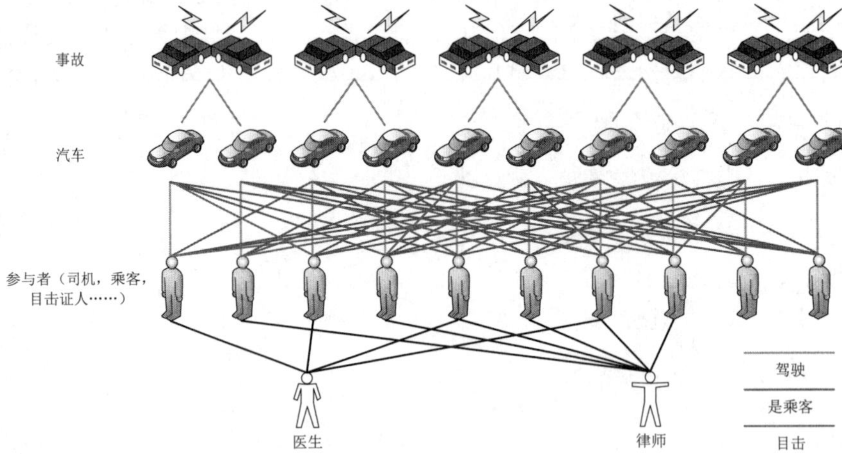

图 9-8 10 人共谋

3. 检测犯罪

与银行欺诈检测类似，分层方法已经成为检测保险欺诈的主要手段。虽然现有的分析技术足以检测出某些特定的欺诈行为，但是富有经验的犯罪分子通常通过共谋欺骗，能有效地避开这些检测手段，而且不容易被引起怀疑。

新一代保险欺诈检测技术将使用社交网络分析来发现这些欺诈环。通过连接分析能发现隐藏的人与人之间关系，而不会将他们视为“完美的陌生人”。

4. 图数据库应用于保险欺诈

与银行欺诈案例一样，社交网络分析往往不是关系数据库的强项。在关系数据库中，发现欺诈环需要对多个表进行连接操作，比如：事故、车辆、所有者、司机、乘客、行人、目击证人、提供商等，并可能对这些表进行多次连接操作，每次关联以发现一个潜在角色，从而最终获取整个欺诈环。这些连接操作显然非常复杂和低效，特别是针对非常大的数据集，从而导致在保险欺诈检查中这种关键的欺诈环分析经常被忽略。

如果采用图数据库来解决上述问题，则迎刃而解，欺诈报警将转化为一个简单的图遍历问题。图数据库天生就能快速查询复杂的连接网络，并能直接应用于欺诈环检查。图 9-9 描述了如何在图数据库中建模上述车辆保险欺诈情景：该图有两个欺诈环，参与者 1 在事故 1 和事故 2 中分别扮演司机和目击证人的角色，参与者 2 在事故 1 和事故 2 中分别扮演了司机和乘客的角色，正是这种多角色关系构成了欺诈环。正常的交通事故都是偶然的，司机、目击证人、乘客、医生等都是单角色的，两个正常事故之间的关系图谱是相互独立的，形成环的概率非常低。假交通事故中的职业欺诈者为了提高欺诈收益并降低成本，会多次轮换角色“制造”若干交通事故，这必然形成欺诈环。

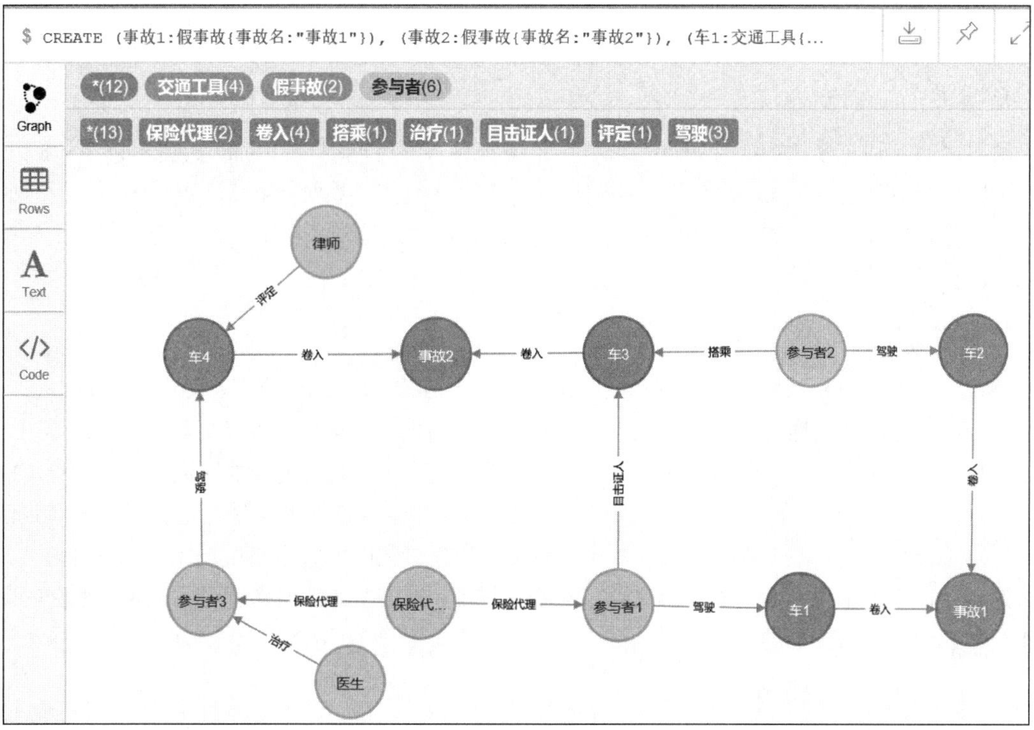

图 9-9　保险欺诈的图表示

与“9.2.1　银行欺诈”节的银行欺诈案例类似，可以在图数据库中添加相应的检查，触发检查的时间点，比如在提交索赔时，就能实时标记出疑似欺诈的行为。图 9-9 的创建程序代码如下：

```
CREATE
(事故1:假事故{事故名:"事故1"}),
(事故2:假事故{事故名:"事故2"}),
(车1:交通工具{作者名:"车1"}),
(车2:交通工具{作者名:"车2"}),
(车3:交通工具{作者名:"车3"}),
(车4:交通工具{作者名:"车4"}),
(参与者1:参与者{名称:"参与者1"}),
(参与者2:参与者{名称:"参与者2"}),
(参与者3:参与者{名称:"参与者3"}),
(保险代理人:参与者{名称:"保险代理人"}),
(医生:参与者{名称:"医生"}),
(律师:参与者{名称:"律师"}),
(车1)-[:卷入]->(事故1),
(车2)-[:卷入]->(事故1),
(车3)-[:卷入]->(事故2),
(车4)-[:卷入]->(事故2),
(参与者1)-[:驾驶]->(车1),
(参与者2)-[:驾驶]->(车2),
(参与者3)-[:驾驶]->(车4),
(参与者1)-[:目击证人]->(车3),
(参与者2)-[:搭乘]->(车3),
(律师)-[:评定]->(车4),
(保险代理人)-[:保险代理]->(参与者1),
(保险代理人)-[:保险代理]->(参与者3),
(医生)-[:治疗]->(参与者3)
RETURN *
```

9.2.3 电子商务欺诈

1. 案例背景

随着网络和信息技术的高速发展，现代生活越来越离不开网络，大量的金融交易在线上完成。欺诈者同样与时俱进，并设计出更为聪明的方法来欺骗在线支付系统。虽然这类行为可以而且确实涉及犯罪环（Criminal Ring），但高智商的欺诈者能够虚假构造出大量的合成身份，并使用这些身份来完成相当大的欺诈计划。

2. 典型情况

假定一个在线交易系统，有以下标识符：用户 ID、IP 地址、地理位置、可跟踪的 cookie 和信用卡号。我们通常期望这些标识符之间是一一对应的。当然，有些标识可能是共享的，比如：一个家庭共享一个信用卡号，一台电脑多个人使用等。但是，某些关系超过合理的数值，则极有可能是欺诈。例如，同一个 IP 上大量用户进行交易，同一张信用卡向不同的地址大量供货，或多张信用卡使用同一个地址等。这些问题完全可以通过遍历不同信息之间的关系来发现图中的欺诈环，并将关联的程度作为一个强指示信号。标识符之间联系越多，发生欺诈的概率就越大，大而紧密的图是欺诈正在发生的非常强烈的指示信号。

3. 图数据库改进电子商务欺诈检测

与银行欺诈和保险欺诈类似，图数据库能实时有效地从这些数据中检测出电子商务欺诈。通过预置相关检测机制并与相应事件触发器相关联，事件触发器可以包括登录、下订单或注册信用卡等事件，这样就能及早地检测出电子商务欺诈。图 9-10 中表示来自不同 IP 地址的一系列商务行为，其中 IP_1 很可能是欺诈地址源。

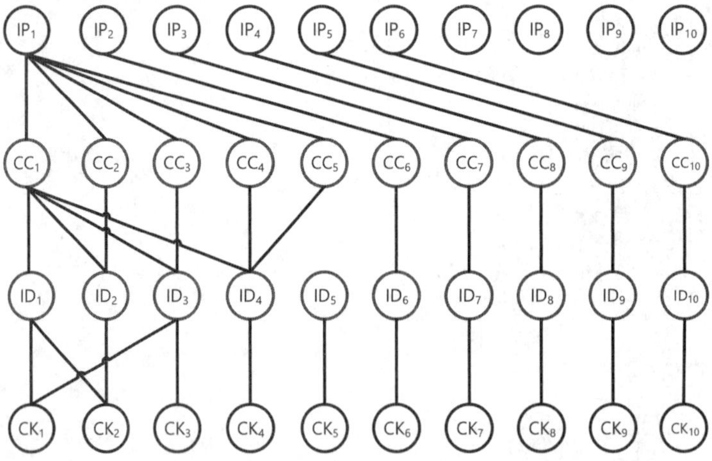

图 9-10 来自地址 IP_1 的在线付款欺诈

图 9-10 中 IP_x 表示不同的 IP 地址，CC_x 表示不同的信用卡号，ID_x 表示不同的在线交易用户，CK_x 表示存储在系统中的特定 cookie。在示例中，一个 IP 使用五张信用卡进行多次交易，其中一张信用卡 CC_1 由多个用户 ID 使用，其中 CK_1 和 CK_2 每个共享两个用户 ID。

9.2.4 小　结

无论是银行欺诈、保险欺诈、电子商务欺诈还是其他类型的欺诈，有两点是很明确的：一是要尽快发现欺诈，以便尽早终止，降低危害。随着业务流程更便捷和自动化，用于检测欺诈的时间将大大缩短，无疑对欺诈检测的时效性提出了更高的要求；二是重视关系分析，有经验的罪犯能够有效地攻击安全防护比较弱的系统，传统技术虽仍能预防某些欺诈类型，但对复杂的欺诈环检测将无能为力。这正是图数据库可以发挥其价值的地方。

图数据库是欺诈检测的理想工具。无论是欺诈环、合谋团体，还是高智商犯罪分子，图数据库都具备实时发现各种复杂欺诈模式的独特能力，从而使欺诈无处藏身。

9.3　科研导图

本节将介绍 Neo4j 在科学研究和技术创新领域的一些典型应用。

根据中国科学技术发展战略研究院发布的《国家创新指数报告 2015》[1]显示，2014 年中国研究与开发（Research and Development，R&D）经费为 2,118.6 亿美元，位居世界第 2 位，占全球份额的 14.4%。2000—2014 年中国 R&D 经费年均增速为 16.4%，位居世界首位，大幅领先其他国家，中国 R&D 经费占到 GDP 的 2.05%，超越欧盟 28 国总体水平（1.94%）。2014 年，中国 R&D 人员总量为 371.1 万人，连续 8 年位居世界首位，占全球 R&D 人员总量的 31.3%。2014 年，中国 SCI 论文数量达到 25 万篇，连续 7 年位居世界第 2 位，中国 SCI 论文数量占到全球总量的 13.3%。2014 年，中国国内发明专利申请量达到 80.1 万件，占世界总量的 47.5%，连续 5 年居世界首位；中国国内发明专利授权量达 16.3 万件，占世界总量的 24.8%，连续 4 年位居世界第 2 位，与第 1 位的日本差距进一步缩小。2016 年，我国 R&D 经费支出 1.55 万亿元人民币，同比增长 9.4%，占国内生产总值的 2.08%，共受理境内外专利申请 346.5 万件，授予专利权 175.4 万件[2]。2016 年，SCI 收录中国学者发表的论文共 30.4 万篇[3]。由此可见，我国已经是科研大国，科研成果取得的经济效益在国民经济中已经占到比较重要的位置。

但我国科研界也存在明显的痛点问题。这里仅指出几个与科研行为和科研成果相关的典型问题。一是重复科研问题，限于能力、懒惰或科研条件制约等原因，科研人员未能对前人相关成果进行全面整理，结果导致重复科研，造成资源浪费。二是科研资料搜索技术智能水平较低，当前的科研搜索仍然处于科研资源数据库搜索、谷歌学术搜索、百度学术搜索等互联网搜索技术阶段，这种搜索仅是把相关的搜索结果以列表形式按照某种指标进行排序，这种模式并不能揭示搜索结果之间的结构或关系，而这种结构或关系在科研活动中往往更有价值。三是科研社交问题，当前我国科研社交仍然处于初级阶段，主要特征是细分科研领域的封闭性，不同细分领域很少有来往，科研机构与企业关联少，导致企业不能及时找到需要的专家，科研机构也不能有效地把科研成果拓展到企业或其他交叉领域。交叉创新是未来科研的主要创新方式之一，未来需要一种新型的科研社交平台。四是科研成果抄袭问题，抄袭或剽窃他人科研成果在我国仍会经常发生，基于现有的学术成果查重

---

[1] http://www.most.gov.cn/kjbgz/201607/t20160726_126754.htm
[2] http://www.stats.gov.cn/tjsj/zxfb./201702/t20170228_1467424.html
[3] http://www.letpub.com.cn/index.php?page=sci_colleges_rank_2016

平台，这个问题已经得到了一定程度上的遏制。

Neo4j 无疑是解决上述提及的科研痛点问题的有力工具。本节将基于互联网上中国知网和万方网站公开可获取的论文作者、论文题目、作者单位、论文关键词、论文摘要、论文参考文献等数据。图 9-11 所示就是描述这些数据的关系图谱，构建学术科研导图应用平台。该平台可以实现以下功能：

- 构建科研社交网络：科研人员可以通过科研成果的关键词进行归类，并形成科研人员的网络关系。此时，关键词是科研人员的属性。
- 专家推荐：根据科研成果数据，通过 Neo4j 的计算获得某个领域专家的实力排名。
- 文献快速搜索和整理：通过 Neo4j 可以快速实现相关文献的快速搜索并以图的形式展示，而不仅仅是科研成果的简单列表，这有利于整理文献综述，而且不会出现把重要的文献漏掉的情况。
- 合作关系图谱：利用 Neo4j 可以很方便地计算任意两个单位之间的合作程度，或任意两位科研人员之间的合作程度。

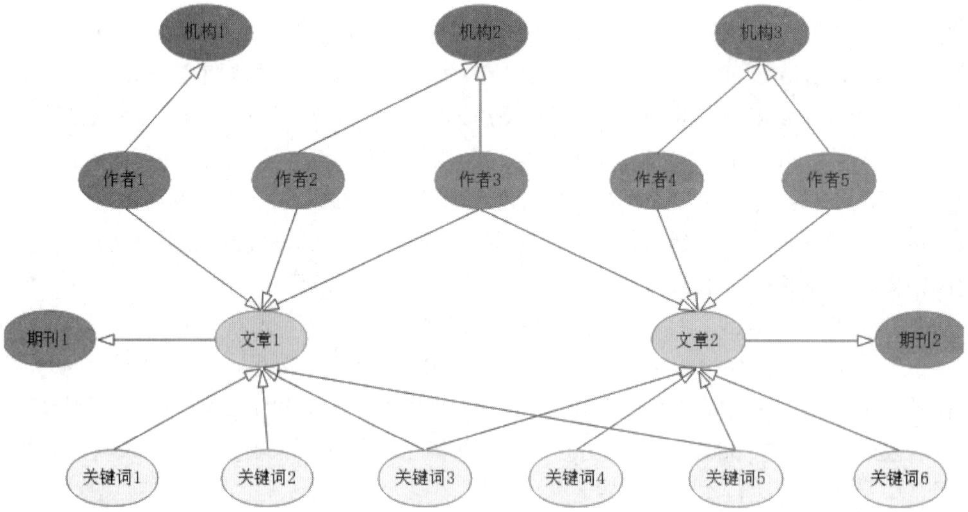

图 9-11　科研图谱

1. 专家推荐

需求描述。在科研人员搜索某个研究领域的文献或查找该领域相关专家的时候，快速而准确地给出该领域有重要影响力的专家，将会极大方便科研人员掌握该领域目前的研究状况。查找权威专家的传统方法是根据专家作品的影响力来决定，也就是基于统计的方法，这个方法简单而且适用范围比较广，但是却忽略了专家之间的关系，也就是专家之间的合作网络。

如果用图数据库来存储这些数据就可以有效地解决这样的问题。利用图数据库不仅可以通过专家的作品影响力来推荐，还可以利用专家在图中的位置以及位置的重要性来推荐。通过求出每个专家在图中的介数中心性（Betweenness Centrality）、紧密度中心性（Closeness Centrality）、度中心性（Degree Centrality）和特征向量中心性（PageRank Centrality），然后就可以根据不同的需求推荐合适的专家，如图 9-12 所示。

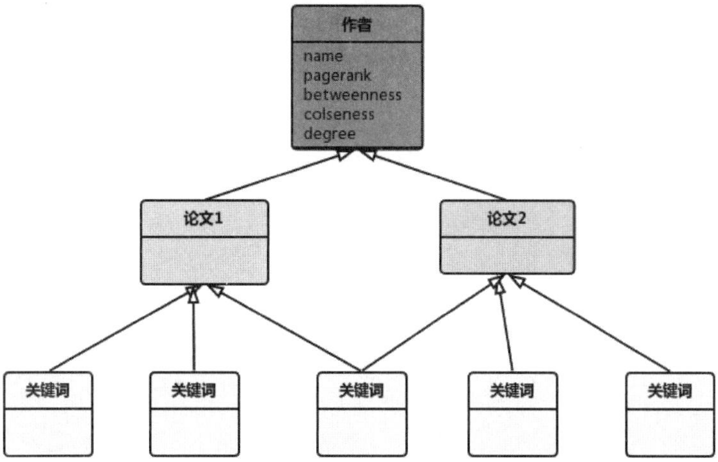

图 9-12　专家影响力计算示意图

2. 创建科研导图示范案例

（1）功能：本案例用于描述研究人员、论文、关键词、学术期刊等之间的关系。

（2）执行程序。

```
CREATE
(张教授:研究人员{姓名:"张教授"}),
(李老师:研究人员{姓名:"李老师"}),
(王老师:研究人员{姓名:"王老师"}),
(论文1:论文{论文名:"论文1"}),
(论文2:论文{论文名:"论文2"}),
(论文3:论文{论文名:"论文3"}),
(论文4:论文{论文名:"论文4"}),
(论文5:论文{论文名:"论文5"}),
(论文6:论文{论文名:"论文6"}),
(论文7:论文{论文名:"论文7"}),
(论文8:论文{论文名:"论文8"}),
(学术期刊1:期刊{刊名:"学术期刊1"}),
(学术期刊2:期刊{刊名:"学术期刊2"}),
(学术期刊3:期刊{刊名:"学术期刊3"}),
(关键词1 1:关键词{词名:"关键词1 1"}),
(关键词1 2:关键词{词名:"关键词1 2"}),
(关键词1 3:关键词{词名:"关键词1 3"}),
(关键词2 1:关键词{词名:"关键词2 1"}),
(关键词2 2:关键词{词名:"关键词2 2"}),
(关键词2 3:关键词{词名:"关键词2 3"}),
(关键词3 1:关键词{词名:"关键词3 1"}),
(关键词3 2:关键词{词名:"关键词3 2"}),
(关键词3 3:关键词{词名:"关键词3 3"}),
(张教授)-[:作者]->(论文1),
(张教授)-[:作者]->(论文2),
(张教授)-[:作者]->(论文3),
(张教授)-[:作者]->(论文4),
(张教授)-[:作者]->(论文5),
(张教授)-[:作者]->(论文6),
(张教授)-[:作者]->(论文7),
(张教授)-[:作者]->(论文8),
(李老师)-[:作者]->(论文1),
(李老师)-[:作者]->(论文2),
(王老师)-[:作者]->(论文5),
```

```
(王老师)-[:作者]->(论文6),
(论文1)-[:发表]->(学术期刊1),
(论文2)-[:发表]->(学术期刊1),
(论文3)-[:发表]->(学术期刊1),
(论文4)-[:发表]->(学术期刊2),
(论文5)-[:发表]->(学术期刊2),
(论文6)-[:发表]->(学术期刊2),
(论文7)-[:发表]->(学术期刊3),
(论文8)-[:发表]->(学术期刊3),
(论文1)-[:关键词]->( 关键词1 1),
(论文1)-[:关键词]->( 关键词1 2),
(论文1)-[:关键词]->( 关键词1 3),
(论文2)-[:关键词]->( 关键词2 1),
(论文2)-[:关键词]->( 关键词2 2),
(论文2)-[:关键词]->( 关键词2 3),
(论文3)-[:关键词]->( 关键词2 3),
(论文4)-[:关键词]->( 关键词1 2),
(论文5)-[:关键词]->( 关键词3 1),
(论文5)-[:关键词]->( 关键词3 2),
(论文5)-[:关键词]->( 关键词3 3),
(论文6)-[:关键词]->( 关键词2 1),
(论文7)-[:关键词]->( 关键词3 1),
(论文8)-[:关键词]->( 关键词3 2)
RETURN *
```

（3）执行结果如图 9-13 所示。

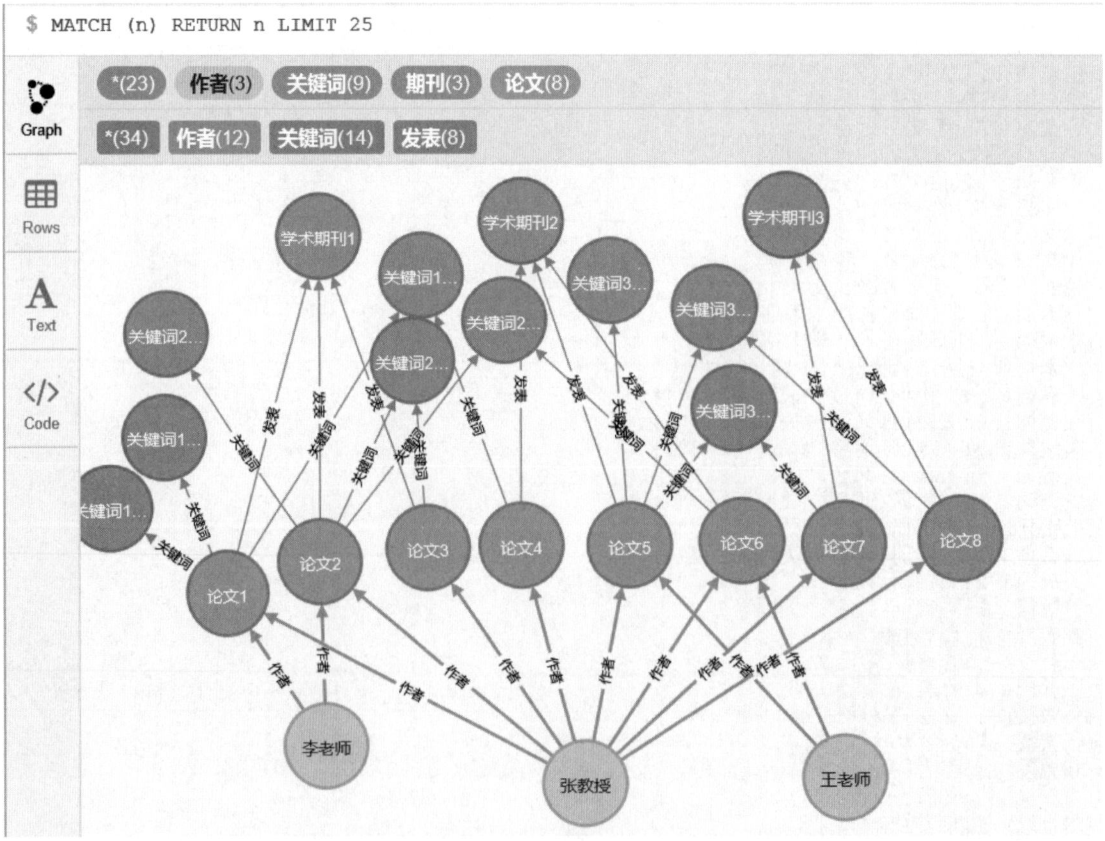

图 9-13 学术成果关系图谱

（4）汇总计算三位作者所发表的文章数量。

执行下面的程序：

```
MATCH (p:研究人员)-[a:作者]->() RETURN p.姓名 AS 作者姓名,
COUNT(a) AS 发表论文数
```

（5）程序执行结果如表 9-5 所示。

表 9-5 统计作者文章数量

作者姓名	发表论文数
张教授	8
王老师	2
李老师	2

3. 文献搜索

（1）需求描述。科研文献检索是每个科研工作者在日常科研工作中常常要面临的问题，但是现存的检索系统往往采用的是全文检索，全文检索的好处是精确度较高，可是也存在着效率较低，并且可靠性关联度不高的问题。

如果使用 Neo4j 进行检索，不仅可以快速地检索出匹配度最高的论文，还可以把关联度较高的论文也一同检索出来，极大地丰富了检索内容的多样性，如图 9-14 所示。

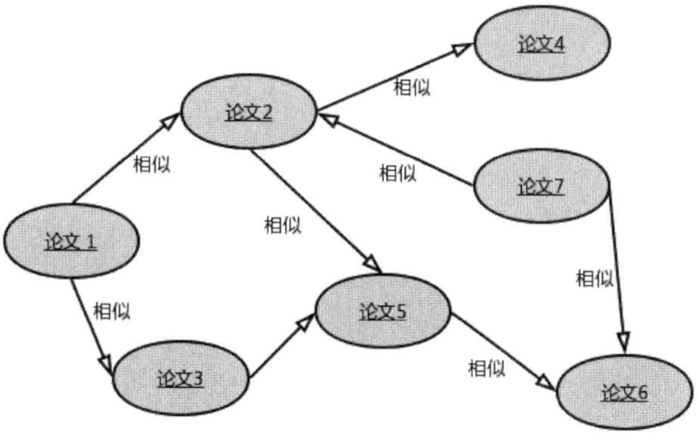

图 9-14 查找相似论文路径示意图

首先利用全文检索出最相似的论文，再根据查找出来的论文寻找与它具有“相似”关系的论文即为相似论文。确立目标论文，然后通过计算找到相似的论文，建立相似关系，用 Neo4j 把这种相似性表达出来。

（2）功能：创建相似论文图谱。

（3）执行程序。

```
CREATE
(论文1:论文图谱{论文名:"论文1"}),
(论文2:论文图谱{论文名:"论文2"}),
(论文3:论文图谱{论文名:"论文3"}),
(论文4:论文图谱{论文名:"论文4"}),
```

```
(论文5:论文图谱{论文名:"论文5"}),
(论文6:论文图谱{论文名:"论文6"}),
(论文7:论文图谱{论文名:"论文7"}),
(论文1)-[:相似]->(论文2),
(论文1)-[:相似]->(论文3),
(论文2)-[:相似]->(论文4),
(论文2)-[:相似]->(论文5),
(论文3)-[:相似]->(论文5),
(论文5)-[:相似]->(论文6),
(论文7)-[:相似]->(论文2),
(论文7)-[:相似]->(论文6)
RETURN *
```

（4）执行结果如图 9-15 所示。

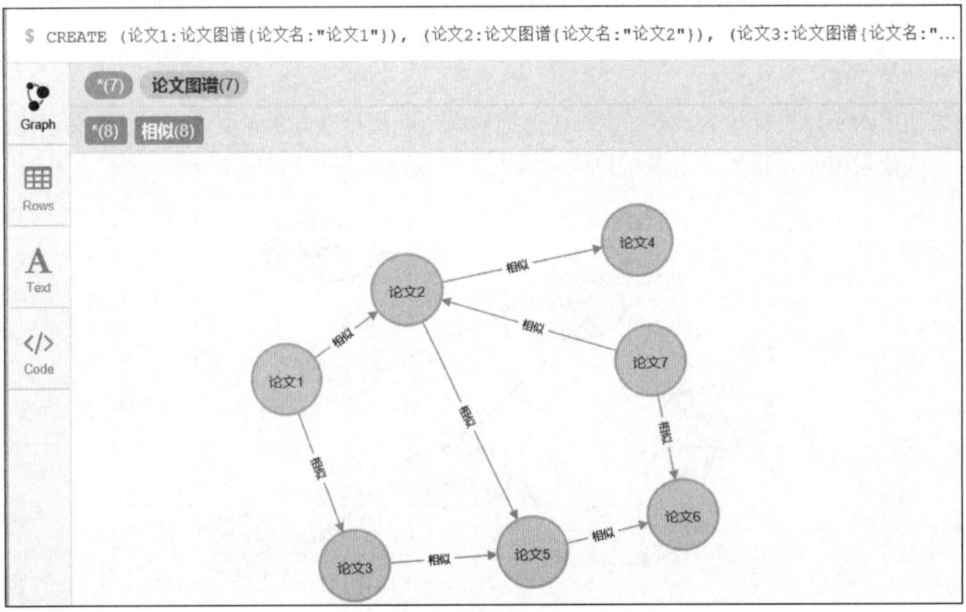

图 9-15　相似论文图谱

（5）找出论文 1 与论文 6 这两篇论文之间相似传递的路径。

执行程序：

```
MATCH n=allshortestPaths((论文1:论文图谱{论文名:"论文1"})-[*..6]-> (论文6:论文图谱{论文名:"论文6"}))
RETURN n
```

（6）执行结果如图 9-16 所示。

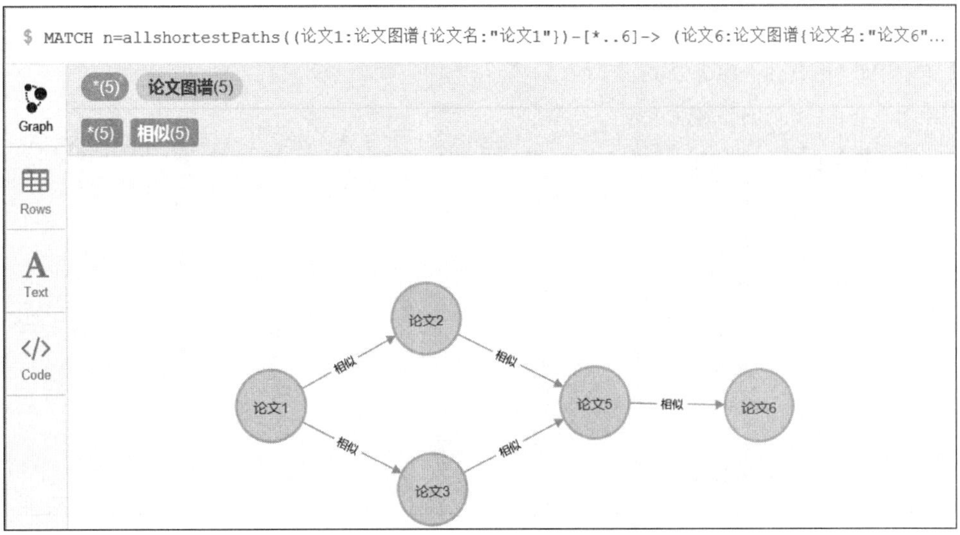

图 9-16　两篇相似论文的所有最短路径

4. 科研合作图谱

（1）需求描述。在科研导图的分析中还有一个重要的工作，那就是研究不同科研人员之间的合作和不同科研机构之间的合作。当某个科研人员或者是某个科研机构有意向寻找合作伙伴时，合作图谱可以起到较大的辅助作用，科研合作示意如图 9-17 所示。

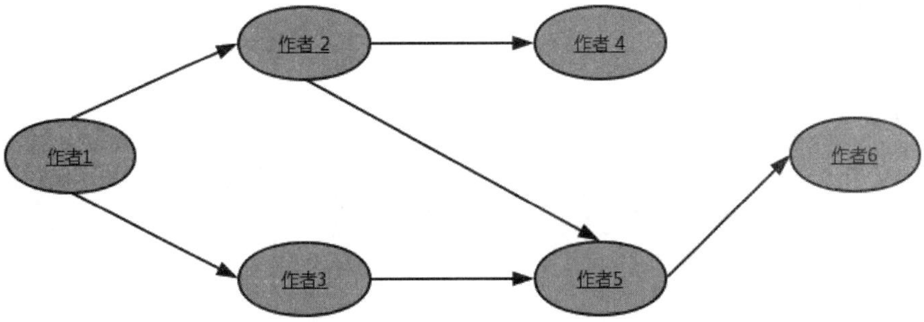

图 9-17　科研合作社交示意图

假设作者 1 想和作者 5 进行合作，那么首先查找作者 1 和作者 5 之间的最短路径，可以找到两条最短路径为作者 1→作者 2→作者 5 和作者→作者 3→作者 5；其次通过作者 3 或作者 2 的介绍，可以让作者 1 和作者 5 能够相互认识。

（2）功能：创建科研合作图谱。

（3）执行程序。

```
CREATE
(作者1:论文作者{作者名:"作者1"}),
(作者2:论文作者{作者名:"作者2"}),
(作者3:论文作者{作者名:"作者3"}),
```

```
(作者4:论文作者{作者名:"作者4"}),
(作者5:论文作者{作者名:"作者5"}),
(作者6:论文作者{作者名:"作者6"}),
(作者1)-[:论文合作]->(作者2),
(作者1)-[:论文合作]->(作者3),
(作者2)-[:论文合作]->(作者4),
(作者2)-[:论文合作]->(作者5),
(作者3)-[:论文合作]->(作者5),
(作者5)-[:论文合作]->(作者6)
RETURN *
```

（4）执行结果如图 9-18 所示。

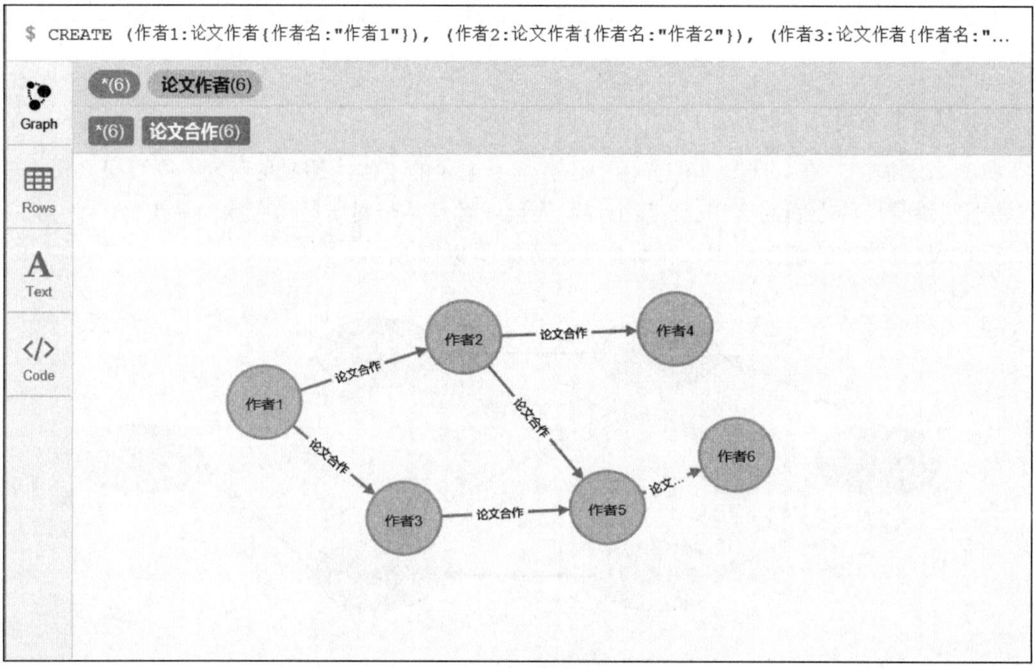

图 9-18　科研合作图谱

（5）查找两位作者的最短路径。

执行程序：

```
MATCH n=allshortestPaths((作者1:论文作者{作者名:"作者1"})-[*..6]-(作者1:论文作者{作者名:"作者5"}))
RETURN n
```

（6）执行结果如图 9-19 所示。

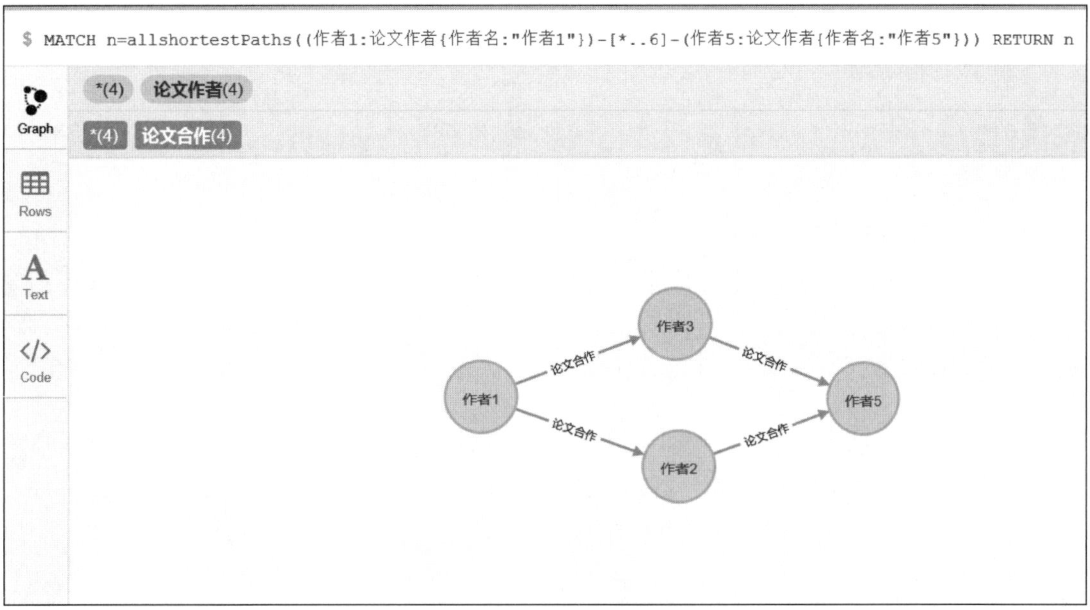

图 9-19　最短科研社交路径

9.4　电子邮件监测

本节将介绍 Neo4j 在电子邮件监测领域的一些典型应用。

问题描述：鉴于互联网泄密事件频发，电子邮箱地址已经批量流入数据黑市。存在一些机构从数据黑市批量采购这些电子邮箱，然后批量发送垃圾电子邮件甚至非法电子邮件，给用户带来很大烦恼，每个用户都会频繁收到大量垃圾邮件，以至于邮箱的价值已经大打折扣。对各种垃圾电子邮件或违法行为进行及时的监控、追踪，必要时对犯罪嫌疑人采取抓捕行动，成为互联网安全的基本内容之一。

解决方案：Neo4j 是解决这一问题的有力工具。把发送人和接收人的电子邮箱地址、邮件标题、发送时间等数据收集整理，并导入 Neo4j 形成电子邮件图数据库。基于该电子邮件图数据库，可以实现以下功能：

- 标题含有某个关键词的邮件图谱展示：输入某个关键词，与该关键词有关的邮件全部以图的形式自动展现。
- 识别发送垃圾邮件或非法邮件的重点监测对象：设定一个阈值，一旦发送某种垃圾电子邮件或非法电子邮件达到某个数量，就认定为重点监测对象。

1. 数据与案例

本示例收集了 50 万封电子邮件。数据项包括发送人和接收人的电子邮箱地址、邮件标题、发送时间等。

2. 监测“发票”垃圾邮件传播情况

（1）需求描述：展示电子邮件标题含有“普通发票”这一关键词的所有电子邮件的关系图谱。

（2）登录微云数聚公司的网站：http://we-yun.com:7474/。

（3）执行程序。

```
MATCH m=(s:Person)-->(e:Email)-->(r:Person) WHERE e.title=~'.*普通发票.*'  RETURN
m LIMIT 15
```

（4）执行结果如图 9-20 所示。

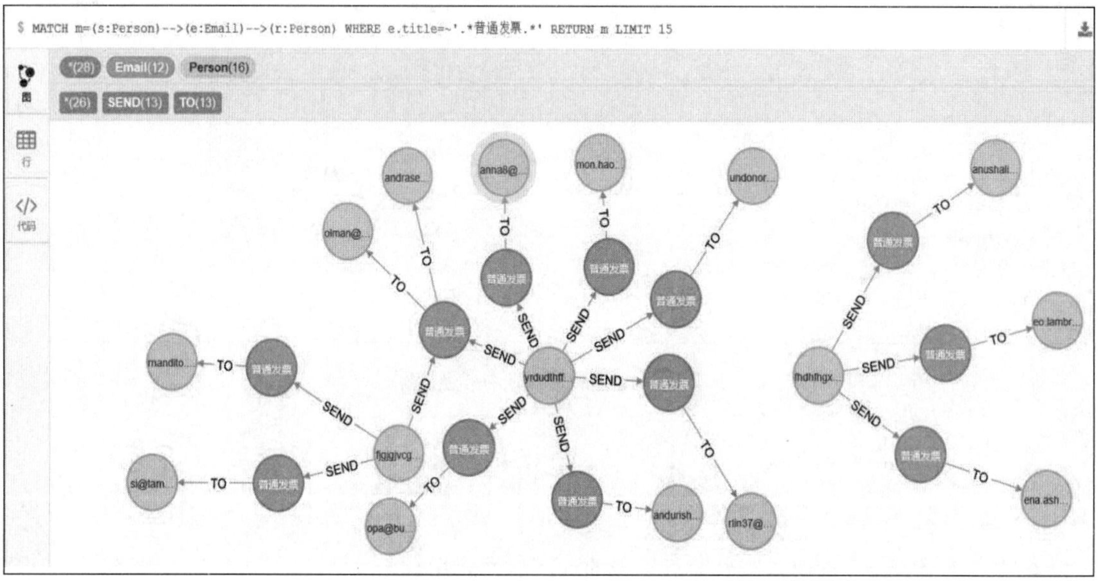

图 9-20　显示邮件标题包含“普通发票”的邮件图谱

3. 案例 2——寻找“主犯”

（1）需求描述：寻找“主犯”。展示电子邮件标题含有“发票”这一关键词且发送量超过 105 份的所有电子邮件的关系图谱。

（2）登录微云数聚公司的网站：http://we-yun.com:7474/。

（3）执行程序。

```
MATCH(s:Person)-->(e:Email)-->(r:Person)
WHERE e.title=~'.*发票.*'
WITH s,COUNT(e) AS num,COLLECT(e) AS emails, COLLECT(r) AS receives
WHERE num >105
RETURN s,emails,receives
```

（4）执行结果如图 9-21 所示。

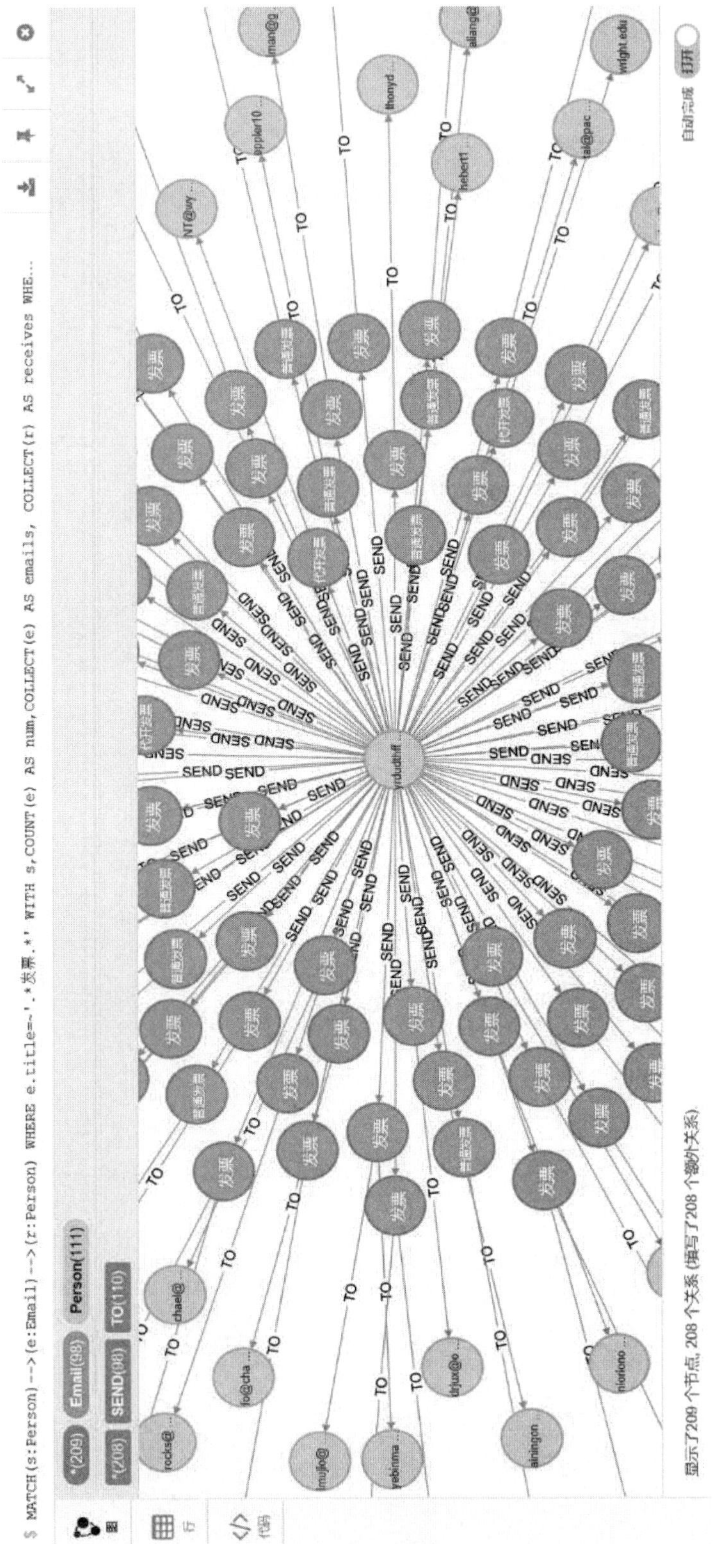

图 9-21　查找垃圾邮件“主犯”

4. 邮件检测示范案例

（1）功能：实现垃圾邮件监测的创建。

（2）执行程序。

```
CREATE
(A:Person{account:"fhdhfhgxcvvxg@163.com"}),
(B:Person{account:"yrdudthfffxddh@126.com"}),
(C1: Person{account:"rbs0901@gmail.com"}),
(C2: Person{account:"eo.lambro@gmail.com "}),
(C3: Person{account:"i.rao@gmail.com "}),
(C4: Person{account:"yuanli@gmail.com "}),
(C5: Person{account:"hoke@gmail.com "}),
(C6: Person{account:"zeta@gmail.com "}),
(D1: Person{account:"uida@sinoclc.com"}),
(D2: Person{account:"uwafir@sinoclc.com"}),
(D3: Person{account:"areg@sinoclc.com"}),
(D4: Person{account:"intern11@sinoclc.com"}),
(D5: Person{account:"liduo@sinoclc.com"}),
(E1: Email{time:"20160802 04:58:01",title:"发票"}),
(E2: Email{time:"20160802 04:58:02",title:"发票"}),
(E3: Email{time:"20160802 04:58:03",title:"发票"}),
(E4: Email{time:"20160802 04:58:04",title:"发票"}),
(E5: Email{time:"20160802 04:58:05",title:"发票"}),
(E6: Email{time:"20160802 04:58:06",title:"发票"}),
(F1: Email{time:"20170308 05:15:01",title:"招聘"}),
(F2: Email{time:"20170308 05:15:02",title:"招聘"}),
(F3: Email{time:"20170308 05:15:03",title:"招聘"}),
(F4: Email{time:"20170308 05:15:04",title:"招聘"}),
(F5: Email{time:"20170308 05:15:05",title:"招聘"}),
(A)-[:SEND]->(E1)-[:TO]-> (C1),
(A)-[:SEND]->(E2)-[:TO]-> (C2),
(A)-[:SEND]->(E3)-[:TO]-> (C3),
(A)-[:SEND]->(E4)-[:TO]-> (C4),
(A)-[:SEND]->(E5)-[:TO]-> (C5),
(A)-[:SEND]->(E6)-[:TO]-> (C6),
(B)-[:SEND]->(F1)-[:TO]-> (D1),
(B)-[:SEND]->(F2)-[:TO]-> (D2),
(B)-[:SEND]->(F3)-[:TO]-> (D3),
(B)-[:SEND]->(F4)-[:TO]-> (D4),
(B)-[:SEND]->(F5)-[:TO]-> (D5)
RETURN *
```

（3）执行结果如图 9-22 所示。

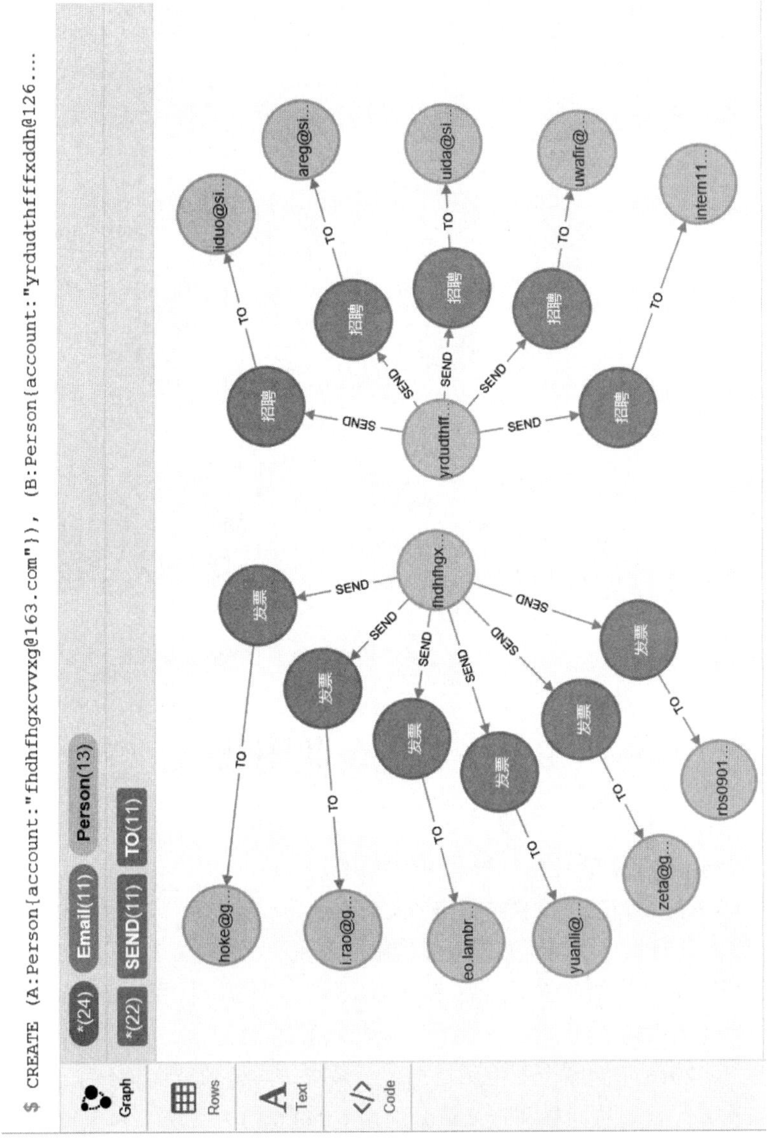

图 9-22　垃圾邮件监测示意图

（4）监测邮件标题含有“招聘”的发件人、邮件、收件人及其关系。

执行程序：

```
MATCH m=(s:Person)-->(e:Email)-->(r:Person)
WHERE e.title=~".*招聘.*"
RETURN m
```

（5）执行结果如图 9-23 所示。

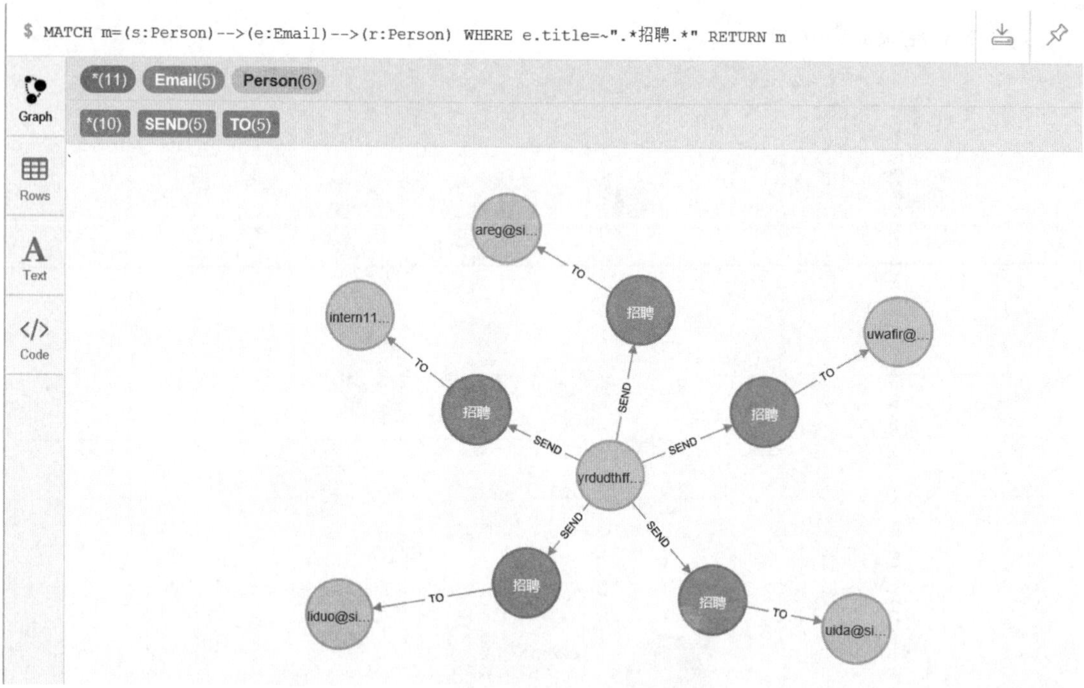

图 9-23 “招聘”邮件图谱

9.5 工商企业图谱

本节将介绍 Neo4j 在工商企业信息管理中的应用。

自从在 2015 年 3 月政府工作报告中提出“大众创业、万众创新”，以及 2015 年 6 月 16 日《国务院关于大力推进大众创业万众创新若干政策措施的意见》发布以来，我国商事制度环境获得了持续改进和优化，激发了大家的创业创新热潮。截至 2016 年 12 月 31 日，我国各类存量市场主体 8,705.4 万户；2016 年新设各类市场主体 1,651.3 万户，同比增幅达 11.6%；2016 年新增企业 552.8 万户，日均新增 1.51 万户。2016 年国家企业信用信息公示系统访问量和查询量分别达 227.93 亿人（次）和 114.19 亿人（次），日均访问量和查询量分别为 6,244.6 万人（次）和 3,128.4 万人（次）。与此同时，根据全国工商和市场监管部门的统计数据，2016 年共有 515.1 万户市场主体被列入经营异常名单，各类经济违法违章案件达到 51.6 万件，案值 72.1 亿元，日均发生 1,413 件。2016 年，全国工商总局各地分局对高法提供的 336.4 名“老赖”依法进行法人、董事和监事等任职限制，目前已经成功限制“老赖”7.1 万人（次）。根据全国工商和市场监管部门的统计数据，2016 年共受理消费投诉 166.7 万件，日均投诉达 4,567 件，涉及争议金额 40.6 亿元，为消费者挽回经济损失 18.2 亿元[1]。从上面的数据可以看到，我国经济系统是一个复杂巨系统，传统关系型数据库在发现经济问题线索、风险预警等方面面临着一定的挑战，市场主体的工商信息图谱需要一种新的技术来表达。

在考虑到近几年来企业融资诈骗、P2P 互联网金融公司“跑路”、企业违法犯罪事件频发，如何结合工商企业信息和财务、税务、社保、互联网等信息，及时高效地识别出高风险的企业或法人、

---

[1] http://www.gov.cn/xinwen/2017-01/19/content_5161163.htm#1

股东等，仍然是一件十分具有挑战性的工作。在本节仅考虑利用 Neo4j 展示工商企业信息，尽管信息维度不是最丰富的，但通过 Neo4j 却已经可以在同样的数据集中挖掘出更多的隐藏价值。

1. 工商数据节点及关系集

（1）上级公司节点：中国石油化工集团公司；法人：王某。

（2）本级公司节点：中国石油化工股份有限公司；法人：王某；董事：张某、樊某、李某、阎某、蒋某、章某、汤某、戴某、焦某；董事长：王某；监事会主席：刘某；监事：邹某、刘某、周某、俞某、王某。

（3）下级子公司节点：北京国际信托有限公司、中国石化国际事业有限公司、中国石化天然气有限责任公司、福建炼油化工有限公司、中国石化润滑油有限公司、广东中源贸易有限公司等 99 家子公司。

（4）孙公司节点：北京国际信托有限公司的子公司有广州市天马河房地产开发有限公司、泛华工程有限公司、天津泰达科技投资股份有限公司、国都证券股份有限公司；中国石化天然气有限责任公司的子公司有江西省投资燃气有限公司、湖北省天然气发展有限公司、华恒能源有限公司。

（5）本级公司节点的董事——樊某：北京国讯经科咨询中心（樊某监事，王某总经理、参股，乔某法人、执行董事、参股）、北京五十人论坛顾问有限公司（樊某参股，朱某监事，徐某执行董事、参股、总经理、法人）。

2. 工商数据节点及关系的 Neo4j 表达

```
create (中化集团:公司{名字:"中化集团"}),
 (中国石化:公司{名字:"中国石化"}),
 (北京信托:公司{名字:"北京信托"}),
 (中化国际:公司{名字:"中化国际"}),
 (中化天然气:公司{名字:"中化天然气"}),
 (福建炼化:公司{名字:"福建炼化"}),
 (中化润滑:公司{名字:"中化润滑"}),
 (广东中贸:公司{名字:"广东中贸"}),
 (广州天马:公司{名字:"广州天马"}),
 (泛华公司:公司{名字:"泛华公司"}),
 (泰达科技:公司{名字:"泰达科技"}),
 (国都证券:公司{名字:"国都证券"}),
 (江西投燃:公司{名字:"江西投燃"}),
 (湖北天然气:公司{名字:"湖北天然气"}),
 (华恒能源:公司{名字:"华恒能源"}),
 (中化集团)-[:控股]->(中国石化),
 (中国石化)-[:控股]->(北京信托),
 (中国石化)-[:控股]->(中化国际),
 (中国石化)-[:控股]->(中化天然气),
 (中国石化)-[:控股]->(福建炼化),
 (中国石化)-[:控股]->(中化润滑),
 (中国石化)-[:控股]->(广东中贸),
 (北京信托)-[:控股]->(广州天马),
 (北京信托)-[:控股]->(泛华公司),
 (北京信托)-[:控股]->(泰达科技),
 (北京信托)-[:控股]->(国都证券),
 (中化天然气)-[:控股]->(江西投燃),
 (中化天然气)-[:控股]->(湖北天然气),
 (中化天然气)-[:控股]->(华恒能源),
 (王某:高管{名字:"王某"}),
 (张某:高管{名字:"张某"}),
 (樊某:高管{名字:"樊某"}),
```

```
(李某:高管{名字:"李某"}),
(阎某: 高管{名字:"阎某"}),
(蒋某:高管{名字:"蒋某"}),
(章某:高管{名字:"章某"}),
(汤某:高管{名字:"汤某"}),
(戴某:高管{名字:"戴某"}),
(焦某:高管{名字:"焦某"}),
(刘某:高管{名字:"刘某"}),
(邹某:高管{名字:"邹某"}),
(刘某云:高管{名字:"刘某"}),
(周某:高管{名字:"周某"}),
(俞某:高管{名字:"俞某"}),
(王某钧:高管{名字:"王某"}),
(王某)-[:法人]->(中化集团),
(王某)-[:法人]->(中国石化),
(张某)-[:董事]->(中国石化),
(樊某)-[:董事]->(中国石化),
(李某)-[:董事]->(中国石化),
(阎某)-[:董事]->(中国石化),
(蒋某)-[:董事]->(中国石化),
(章某)-[:董事]->(中国石化),
(汤某)-[:董事]->(中国石化),
(戴某)-[:董事]->(中国石化),
(焦某)-[:董事]->(中国石化),
(王某)-[:董事长]->(中国石化),
(刘某)-[:监事会主席]->(中国石化),
(邹某)-[:监事]->(中国石化),
(刘某)-[:监事]->(中国石化),
(周某)-[:监事]->(中国石化),
(俞某)-[:监事]->(中国石化),
(王某)-[:监事]->(中国石化),
(北京国讯:公司{名字:"北京国讯"}),
(五十人论坛:公司{名字:"五十人论坛"}),
(王某:高管{名字:"王某扬"}),
(乔某:高管{名字:"乔某"}),
(朱某:高管{名字:"朱某"}),
(徐某:高管{名字:"徐某"}),
(樊某)-[:监事]-> (北京国讯),
(王某)-[:总经理]-> (北京国讯),
(王某)-[:参股]-> (北京国讯),
(乔某)-[:法人]-> (北京国讯),
(乔某)-[:执行董事]-> (北京国讯),
(乔某)-[:参股]-> (北京国讯),
(樊某)-[:参股]-> (五十人论坛),
(朱某)-[:监事]-> (五十人论坛),
(徐某)-[:执行董事]-> (五十人论坛),
(徐某)-[:总经理]-> (五十人论坛),
(徐某)-[:参股]-> (五十人论坛),
(徐某)-[:法人]-> (五十人论坛)
```

3. 展示整个工商信息图谱

（1）执行程序。

```
MATCH p=()-[]-(n:`公司`)-[]-()-[]-() RETURN p
```

（2）执行结果如图 9-24 所示。

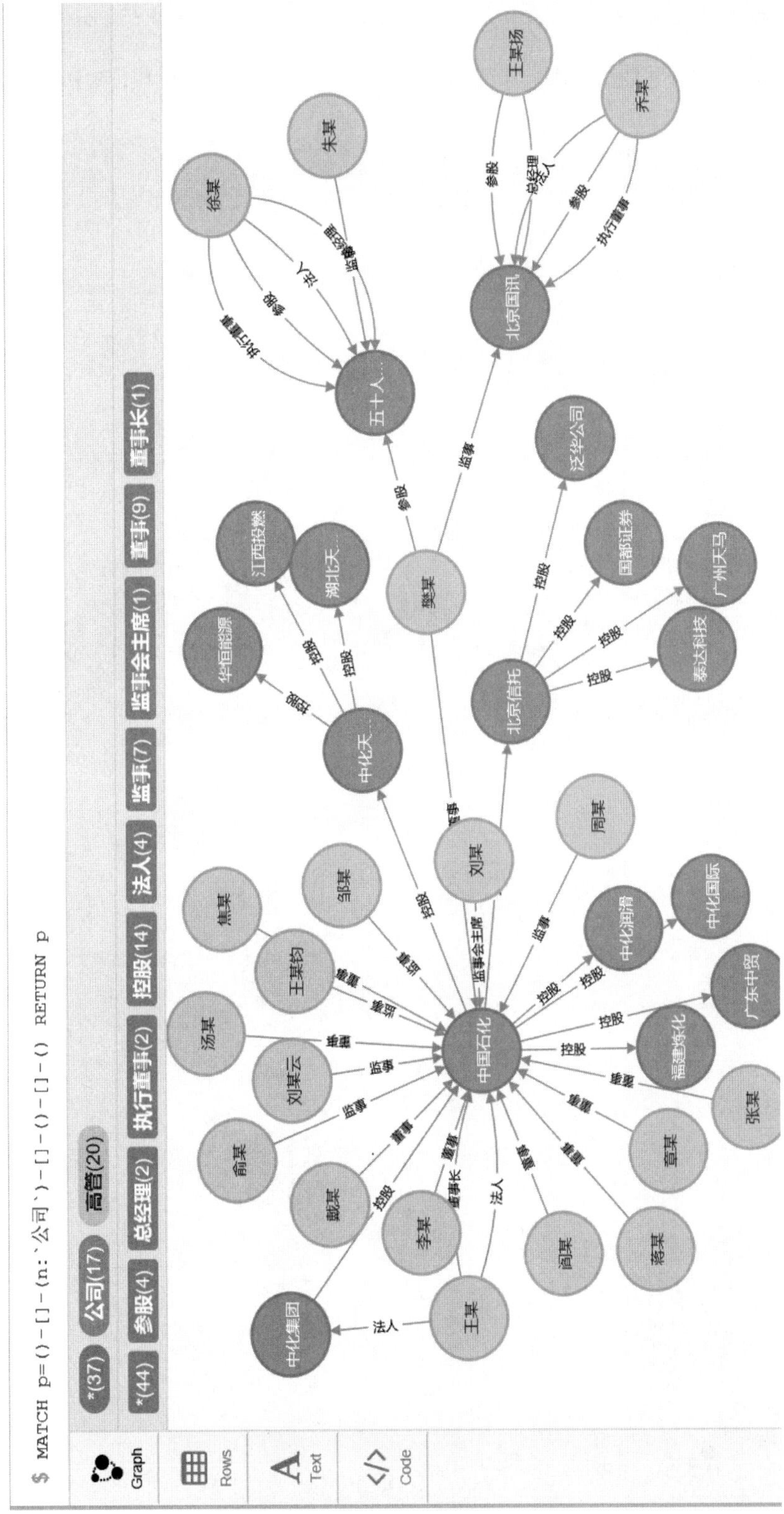

图 9-24 展示公司的工商图谱

4. 抽取关联公司图谱

（1）功能：用 Neo4j 展示中国石化的母公司、含有孙公司的子公司和孙公司的关系图谱。

（2）执行程序。

```
MATCH p=()-[:`控股`]->(:公司{名字:"中国石化"}) WITH p
MATCH q= (:公司{名字:"中国石化"})-[:`控股`]->()-[:`控股`]->()
RETURN p,q
```

（3）执行结果如图 9-25 所示。

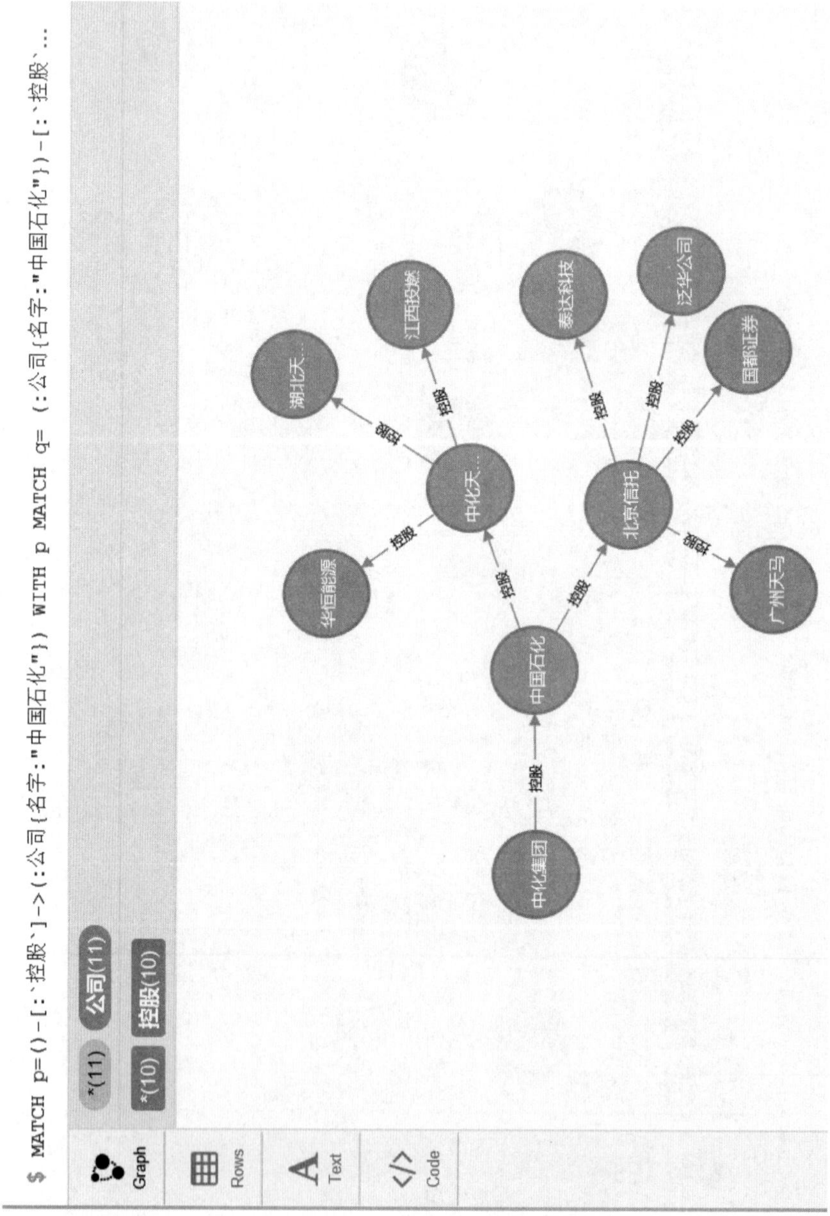

图 9-25 展示母子孙公司图谱

5. 展示高管个人信息

（1）功能：用 Neo4j 展示中国石油化工股份有限公司的董事樊某的所有关系图谱。

（2）执行程序。

```
MATCH (n:高管{名字:"樊某"})-[]->(s) RETURN n,s
```

（3）执行结果如图 9-26 所示。

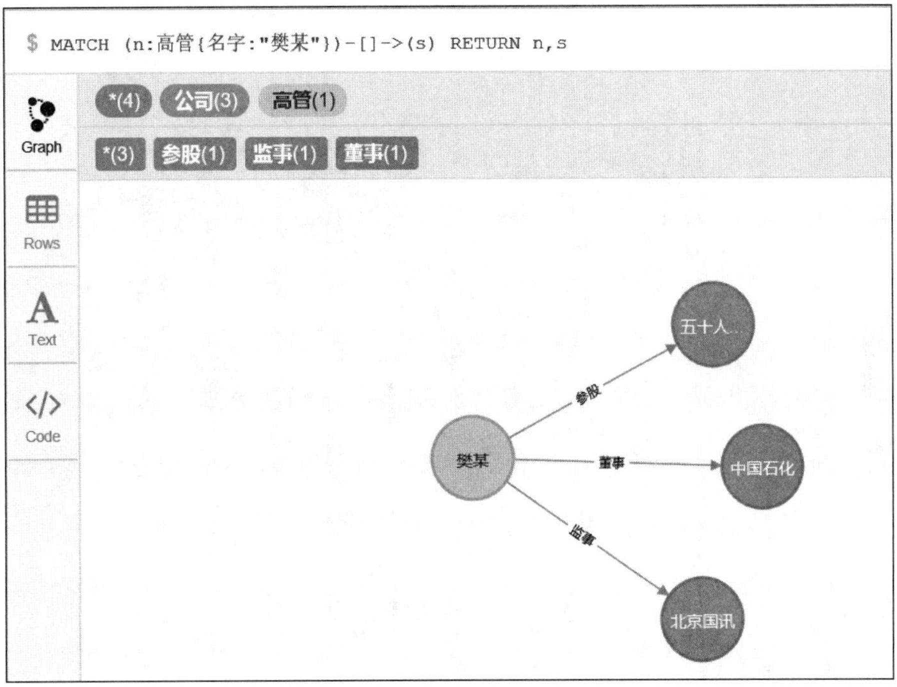

图 9-26　查询某高管的工商信息

6. 展示公司治理架构

（1）功能：用 Neo4j 展示中国石油化工股份有限公司的法人、董事、监事等治理架构。

（2）执行程序。

```
MATCH n=()-[:法人]->(:公司{名字:"中国石化"}) WITH n
MATCH m=()-[:监事]->(:公司{名字:"中国石化"}) WITH m,n
MATCH s=()-[:董事]->(:公司{名字:"中国石化"}) WITH s,m,n
MATCH r=()-[:控股]->(:公司{名字:"中国石化"}) WITH m,n,s,r
MATCH  t=()-[:监事会主席]->(:公司{名字:"中国石化"})
RETURN  m,n,s,r,t
```

（3）执行结果如图 9-27 所示。

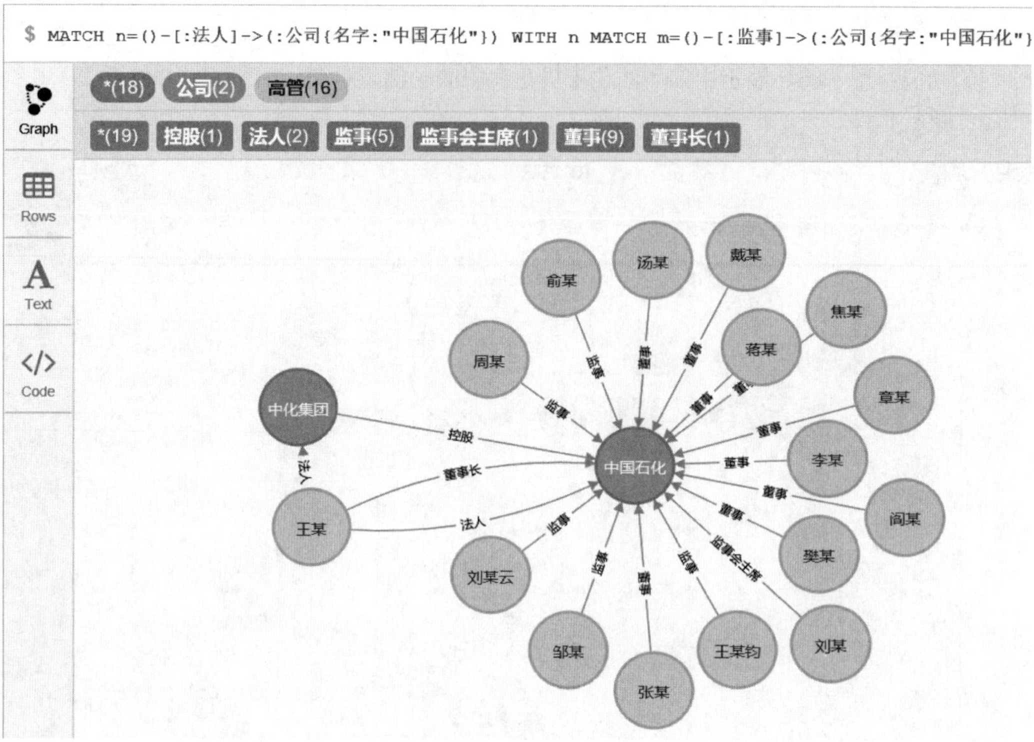

图 9-27　展示公司的治理结构

9.6　社交网络

在全球化的今天，竞争与合作是人类的基本生存方式，社交在人类生产、生活和学习中起着十分重要的作用。根据著名的六度空间理论，人类社会中的任意两个陌生人之间最多通过 6 个中间人就可以连起来。由此可见，人类社会本身是一个巨大且复杂的社交网络。腾讯、Facebook、LinkedIn（领英）都是全球社交领域的巨头公司。其中，领英（LinkedIn）创建于 2002 年，致力于向全球职场人士提供沟通平台，并协助他们发挥所长和有效开展工作。领英作为全球职业社交网站，其全球会员人数已超过 4.5 亿，中国客户已经发展到 2000 多万人，成为领英增长最为迅速的一个地区。

领英遇到的问题与挑战。领英原本是一个围绕 PC 和电子邮箱设计的传统产品，尽管它有社交的概念，但它的后台还是 Email 技术。与 Facebook 和微信相比，它的系统技术架构太过于传统，领英目前服务超过 4 亿多的用户，任何小改动都要非常谨慎，稍有不慎就可能影响其他系统的正常运行，向移动互联网迁移的速度也比较慢。领英原有的 IT 技术架构开发周期长，可扩展性差，实时互动功能差，这套系统显然已经不能满足高度移动互联网化的中国市场的需要。

领英中国想要在中国这个移动互联网高度发展的市场生存下来，必须抛弃原有的技术架构，因为它在中国的确不能很好地适应人们的网络使用习惯，这与美国为代表的西方国家有很大差异。领英中国曾尝试使用 MySQL 数据库技术架构，开发适合中国市场的产品“赤兔”，但一个关系数据库不能有效表达和描述用户之间广泛而又复杂的社交网络关系，比如同学关系、同事关系、同乡关系、校友关系等。它包含复杂的表和表连接，数据结构显得非常复杂且难以管理，在应用程序上进行查询费时费力，效率低下，因为它不是局部而是全局搜索整个关系数据库，这简直是一场灾难，尤其在用户数量和功能需求不断增长的情况下。

Neo4j 方案。赤兔开发团队意识到 Neo4j 就是赤兔的技术架构，它完全符合赤兔的产品需求。他们借助 Neo4j 提供的书籍、视频和强大客户支持等在内的各种在线工具，迅速了解和掌握 Neo4j。在实施过程中，开发团队深切感受到 Neo4j 与 MySQL 在处理速度上相比具备的巨大优势。Neo4j 编程非常简单，查询速度快，用户体验很好。在赤兔从 MySQL 架构切换到 Neo4j 架构之后，开发时间大为缩短，开发人员的规模也明显缩小，节约了很多资金成本，这些资源又可以投入到扩展功能的开发和用户推广上去。领英中国在 4 个月内就启动了第一个版本上线运行，大大缩短了上市时间，并抢占市场先机和扩大了市场份额。目前赤兔越来越受到领英总部的重视，它很可能就是领英未来的技术架构，赤兔如图 9-28 所示。

图 9-28 赤兔

1. 案例 1——赤兔好友列表中的关系是 1 度关系

在手机商店下载“赤兔”APP，然后进行安装、注册、登录即可。赤兔 1 度好友列表如图 9-29 所示。

2. 人脉列表中的人际关系网络展示到 3 度

赤兔 3 度人脉关系列表如图 9-30 所示。

图 9-29 赤兔 1 度关系好友列表

图 9-30 赤兔 3 度人脉关系列表

3. 应用 Neo4j 创建示范案例节点及关系

（1）数据节点和关系集。

个人节点：小北、小菲、小鹏、小颖、小兰、小锋、小讯、小东、小唯、小窦、小齐、小林、小锐、小伟、小玲。

节点之间的关系：小讯认识小窦、小齐、小林、小鹏、小伟、小锋；小菲认识小鹏、小锋、小唯；小锋认识小北、小兰；小东认识小菲、小锐、小林；小鹏认识小颖；小北认识小兰；小颖认识小东；小唯认识小鹏、小锐；小伟认识小玲。

（2）数据节点和关系集的 Neo4j 表示。

```
CREATE
(小北:朋友圈{姓名: "小北"}),
(小菲:朋友圈{姓名: "小菲"}),
(小鹏:朋友圈{姓名: "小鹏"}),
(小颖:朋友圈{姓名: "小颖"}),
(小兰:朋友圈{姓名: "小兰"}),
(小锋:朋友圈{姓名: "小锋"}),
(小讯:朋友圈{姓名: "小讯"}),
(小东:朋友圈{姓名: "小东"}),
(小唯:朋友圈{姓名: "小唯"}),
(小窦:朋友圈{姓名: "小窦"}),
(小齐:朋友圈{姓名: "小齐"}),
(小林:朋友圈{姓名: "小林"}),
(小锐:朋友圈{姓名: "小锐"}),
(小伟:朋友圈{姓名: "小伟"}),
(小玲:朋友圈{姓名: "小玲"}),
(小讯)-[:认识]->(小窦),
(小讯)-[:认识]->(小齐),
(小讯)-[:认识]->(小林),
(小讯)-[:认识]->(小鹏),
(小讯)-[:认识]->(小伟),
(小讯)-[:认识]->(小锋),
(小菲)-[:认识]->(小鹏),
(小菲)-[:认识]->(小锋),
(小菲)-[:认识]->(小唯),
(小锋)-[:认识]->(小北),
(小锋)-[:认识]->(小兰),
(小东)-[:认识]->(小林),
(小东)-[:认识]->(小锐),
(小东)-[:认识]->(小菲),
(小鹏)-[:认识]->(小颖),
(小北)-[:认识]->(小兰),
(小颖)-[:认识]->(小东),
(小唯)-[:认识]->(小鹏),
(小唯)-[:认识]->(小锐),
(小伟)-[:认识]->(小玲),
```

4. 展示朋友圈

（1）功能：展示整个朋友圈关系图。

（2）执行程序。

```
MATCH n=(:朋友圈{姓名:"小锋"})-[*..6]-() RETURN n
```

（3）执行结果如图 9-31 所示。

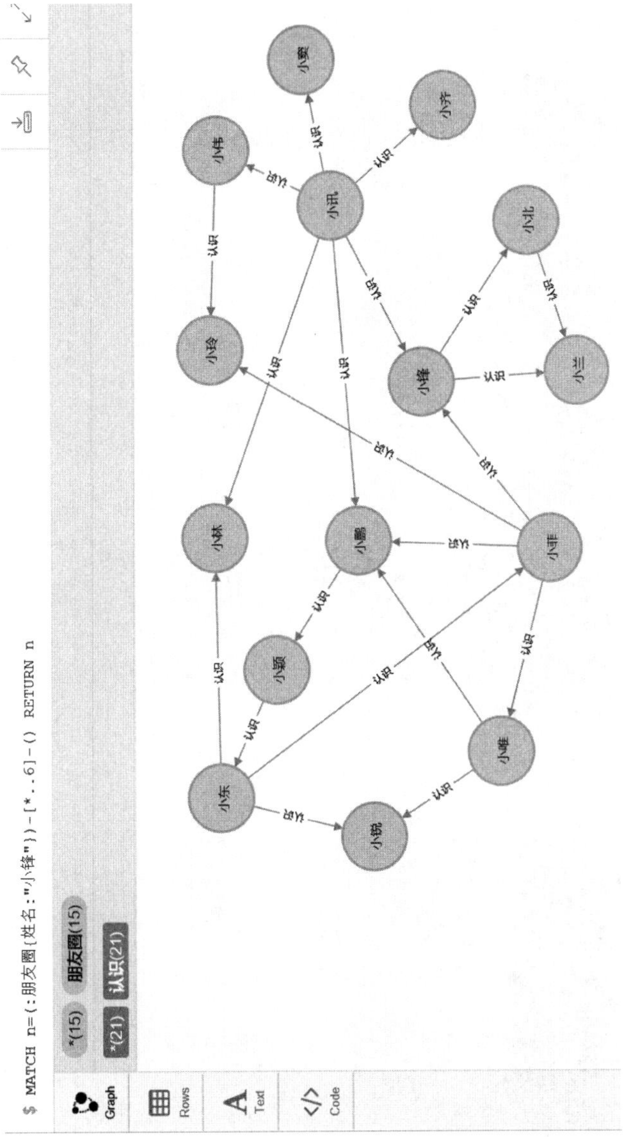

图 9-31　展示小锋的朋友圈

5. 展示一度关系

（1）功能：展示小讯直接认识的朋友。

（2）执行程序。

```
MATCH n=(:朋友圈{姓名:"小讯"})-[:认识]->() RETURN n
```

（3）执行结果如图 9-32 所示。

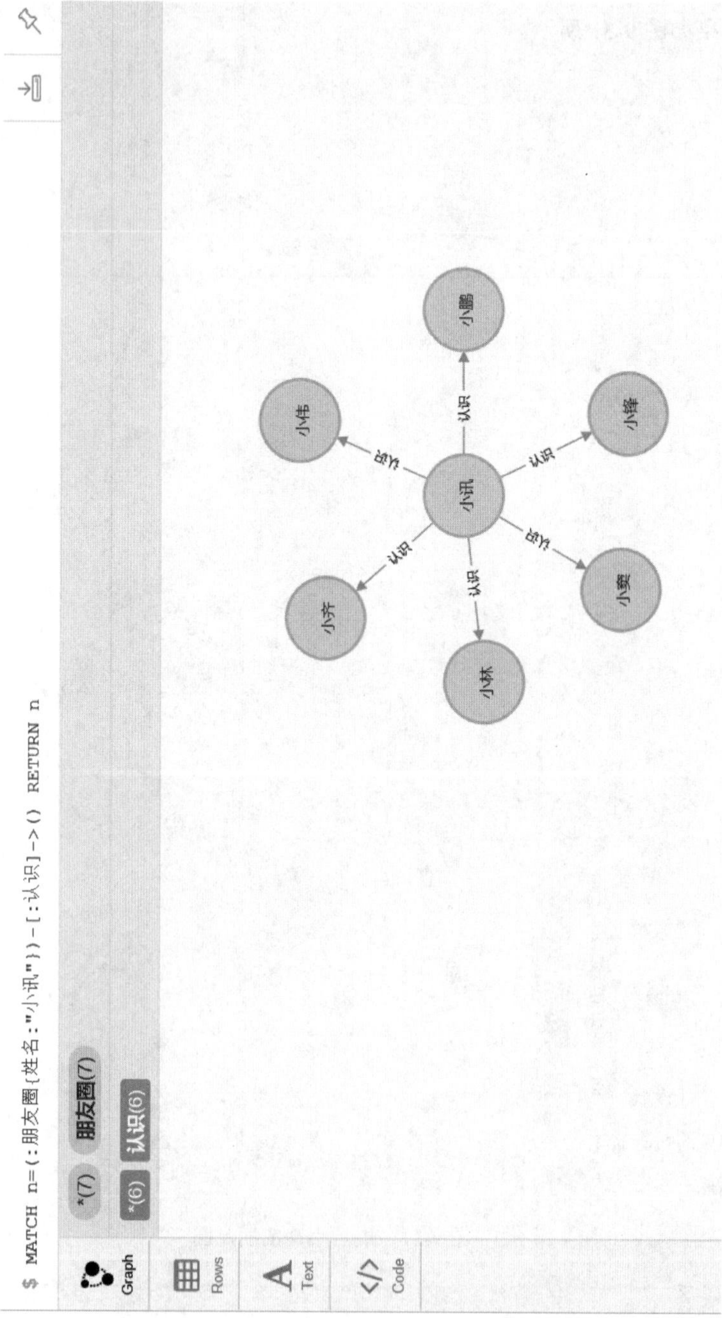

图 9-32　展示小讯的 1 度朋友关系图谱

6. 展示二度关系

（1）功能：展示小讯认识的朋友以及小讯认识的朋友的朋友。

（2）执行程序。

```
MATCH n=(小讯:朋友圈{姓名:"小讯"})-[*..2]->() RETURN n
```

（3）执行结果如图 9-33 所示。

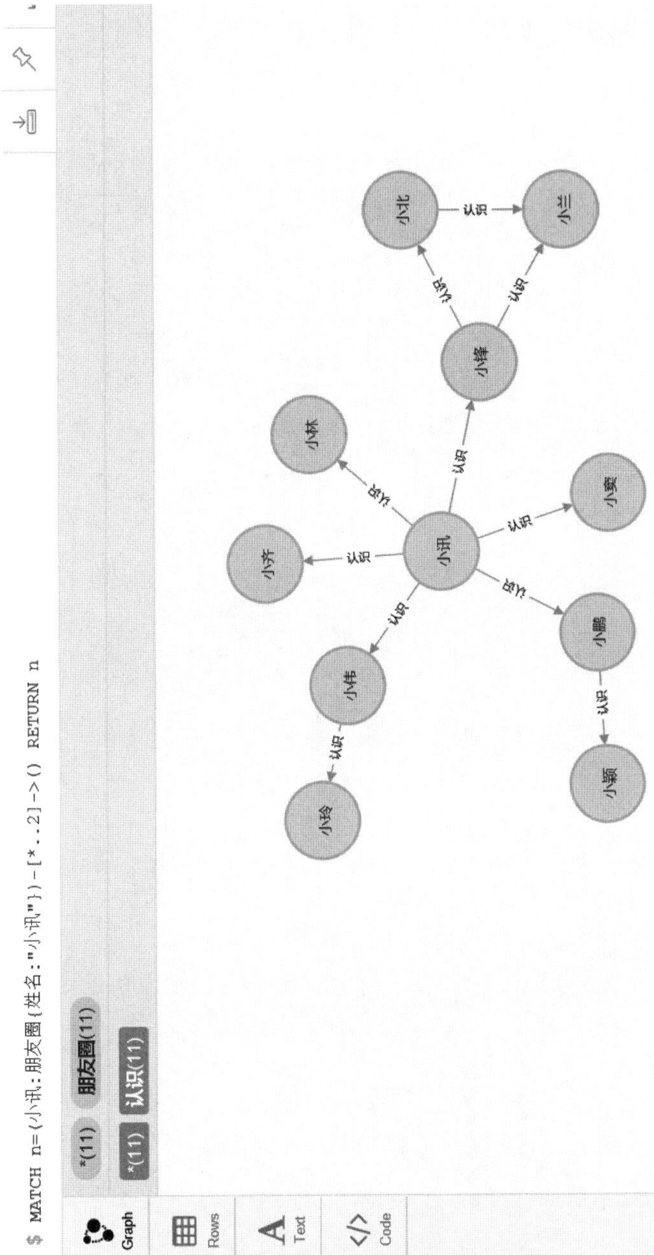

图 9-33　展示小讯的 2 度朋友关系图谱

7. 依托社交网络搜寻两人之间的最短熟人路径

（1）功能：寻找小讯与小锐之间的最短路径。

（2）执行程序。

```
MATCH n= shortestPath((小讯:朋友圈{姓名:"小讯"})-[*..6]->(小锐:朋友圈{姓名:"
小锐"}))
RETURN n
```

（3）执行结果如图 9-34 所示。

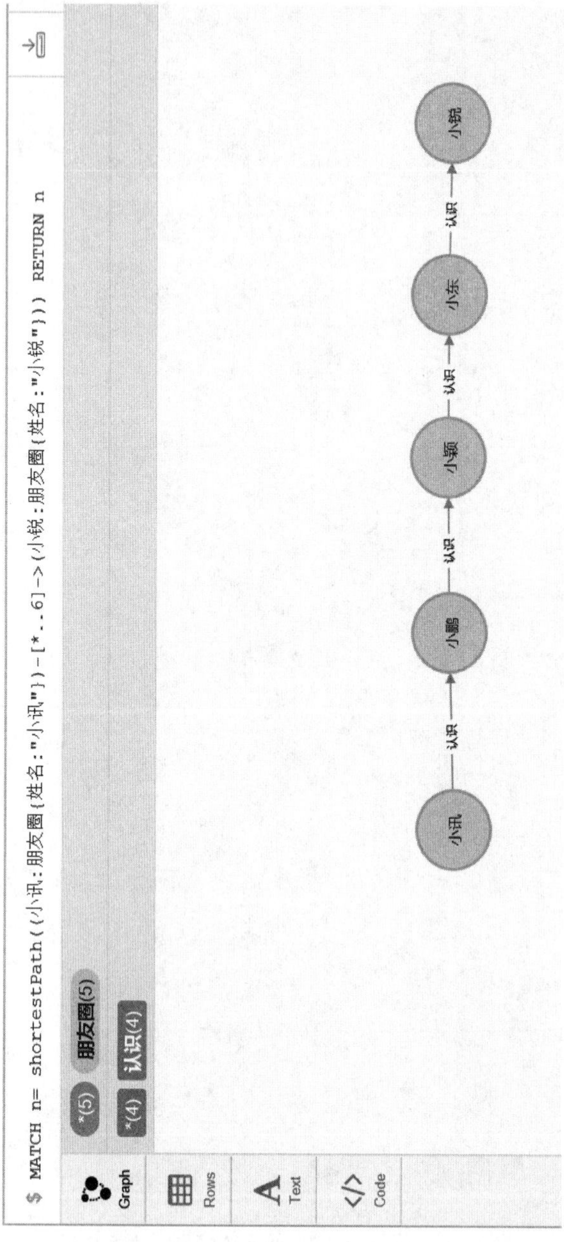

图 9-34　寻找两人之间的最短路径

8. 搜索两个人之间所有的最短路径

（1）功能：寻找小讯与小菲之间所有的最短路径。

（2）执行程序。

```
MATCH n= allshortestPaths((小讯:朋友圈{姓名:"小讯"})-[*..6]-(小菲:朋友圈{姓
名:"小菲"}))
RETURN n
```

（3）执行结果如图 9-35 所示。

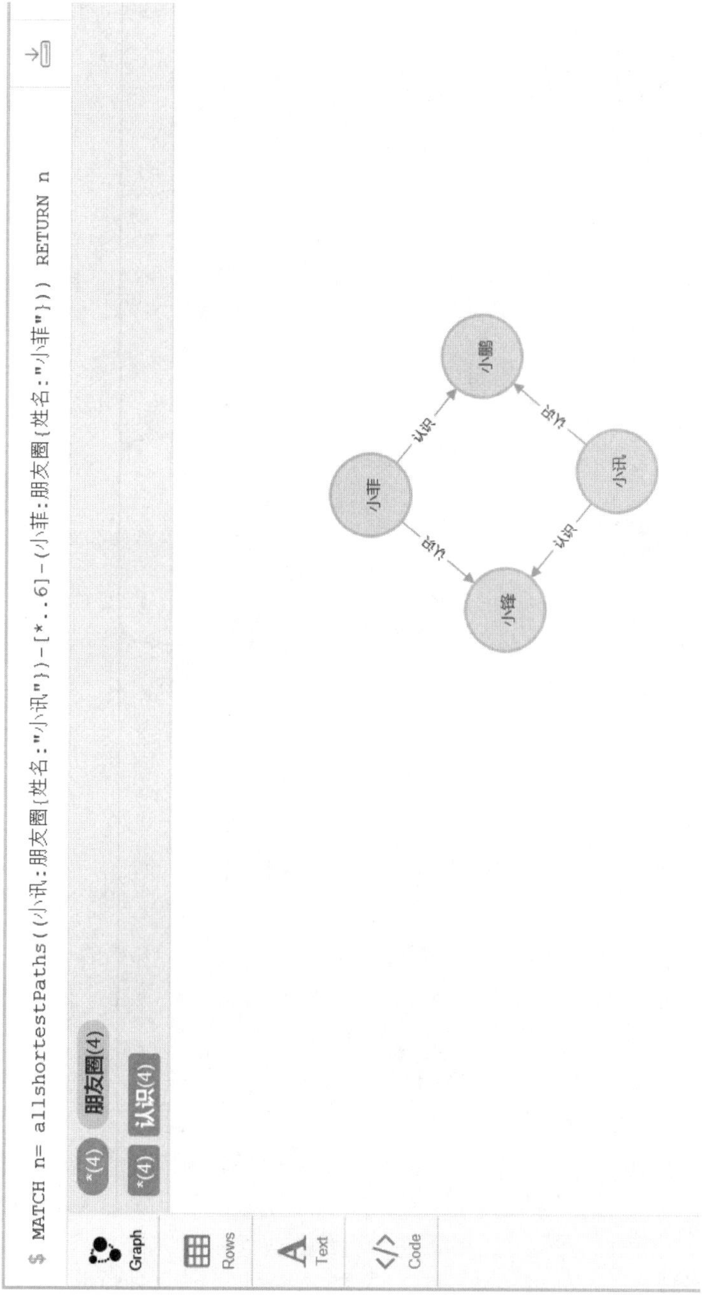

图 9-35　寻找两人之间所有的最短路径

9.7　Neo4j 在汽车生产和零件制造业中的作用

Neo4j 在汽车生产和零件制造业中有供应链管理、保修分析、客户 360 和知识图谱等多个具体案例。在介绍这些具体案例之前，我们需要先讲解一些基础知识，即汽车或制造企业可能拥有的某些类型的数据。

9.7.1 汽车企业数据概览

汽车企业的一些典型数据示例如图 9-36 所示。

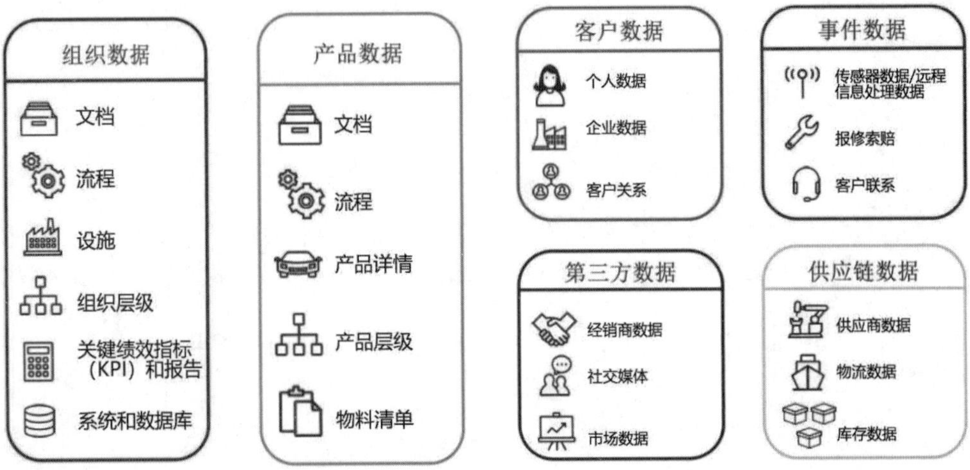

图 9-36　汽车企业的一些典型数据示例

（1）第一类数据是组织数据，即公司的内部数据。组织内部拥有大量关于不同设施、工厂和仓库的文档、流程和信息。拥有的组织层级，不只是人员管理方面，还涉及各部门或业务线如何组成一个整体并展开合作。

KPI 和报告也非常重要。这些都是做出重要决策的依据。有助于更好地了解数据的生成方式及其来源。

组织数据还包括系统、数据库和 IT 基础设施，即存储数据和文档的任何地方。

（2）下一个类别是产品数据，即有关制造和销售的信息。其中包括文档、处理客户联系和索赔的流程，以及打造产品的方式。

产品数据还包括产品详情，即你或你的客户可能想知道的有关产品的所有信息。此外，还有产品层级，比如产品或品牌系列，而产品之间的层次设置也相当复杂。

然后是物料清单（BOM），它本身就是一个类别。如果想制作一个 BOM，其包含所有组件以及彼此结合的方式，这个清单自然会构成一个图。产品旁边会显示物料清单，有助于跟踪各种产品所使用的材料。当然也可以有多个 BOM。包含大量的数据。

（3）还有客户数据，这可能有点棘手。由于许多客户都来自经销商，因此大多数汽车公司与客户都没有直接联系。但是可以分析所掌握的客户相关数据（包括个人或企业数据）以及客户之间的关系。

（4）接下来是第三方数据，包括经销商数据，或关于合作伙伴和经销商网络的数据，以及来自 Instagram、Twitter 和 Facebook 的社交媒体贴文等其他公开信息。第三方数据还包括市场数据，涵盖关于竞争对手的数据、新闻稿、新闻报道、供应商信息、宏观经济数据和关税信息。

（5）从中分离出一些特定的事件数据，即在特定时间所发生的操作。可能还有传感器、远程信息处理数据。随着物联网概念的普及，人们越来越多地在各个方面使用传感器，这类数据只会不断增多。每当经销商与汽车互动时，都有机会获得一些传感器、远程信息处理数据。事件数据还包括由经销商提供的个人保修索赔。此外，还包括客户联系，例如呼叫中心的客户来电、电子邮件或与客户之间的个人联系。

（6）最后是供应链数据，可能包括关于供应商、原材料或零件购买来源的信息。还包括物流数据——即这些物品如何运输、有哪些选配、需要的时间以及成本。其中还加入了库存数据，就是关于库存中的零件或材料的数据。

这些数据并非制造或汽车公司可能拥有的所有数据的完整列表。但是，该列表具有一定的参考意义，提供了足够的信息，使我们可以通过一个示例来深入研究如何将这些不同的数据组成一个图来构成应用场景。

讲完了如上基础知识之后，现在我们可以开始介绍应用场景了。

9.7.2　供应链管理

首先来看供应链应用场景，重点关注讨论过的、将数据相结合的一些方式，来管理我们的供应链，获得数据概览并相互结合，以便做出决策，如图 9-37 所示。

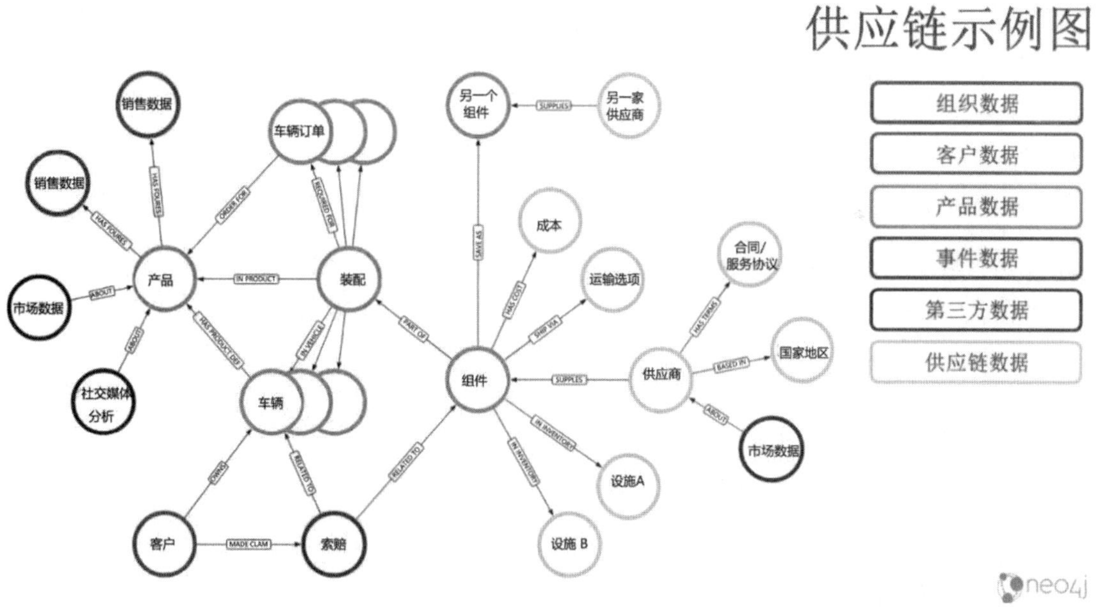

图 9-37　供应链管理应用场景

黄色部分（参见下载资源中的图片）是关于供应商的信息，从这些供应商购买的组件，还有组件的成本和运输选项。可以看到，设施 A 和 B 中有库存。仔细观察这些关系后会发现，这里讨论的组件与另一个组件相同。你可能为这些组件设定了不同的名称，因为它们来自不同的供应商，但装配关系是相同的，所以可以互换。

在图的中间，我们用一种基本方法来展示 BOM。可以看到，有一个组件，它是装配的一部分。这在真正的 BOM 中可能划分得更为细致，但这足以了解如何获取单个组件，并结合其他元素一起创造价值。它还能帮助你了解订单和售出车辆中包含该组件的数量，以便对产品数据集有更深入的了解。

BOM、组件装配分组、已接订单和已造车辆、以及用于各类产品等信息，都可以链接到产品线的视图中。这样就能了解供应商及其对订单和产品的影响。然后可以查看已售产品的销售数据和预测未来的销售数据，从而更好地做出购买决定。

比如，对库存进行盘点，减去需求（图左）、必须履行的订单数以及预计需要履行的订单数。然后根据运输成本、零件成本、合同协议、关税等因素，在不同的供应商之间做出选择。由此可见，该图提供了从需求侧到供应侧的总体视图，也为公司管理提供了更多选择。

在左下方（索赔和客户节点），给出了指向另一个用例的链接。这里展示了许多与组件相关的索赔，其中有许多客户就同一组件的故障提出了类似的索赔。如果认为从供应商处购买的组件可能有问题，就可以联系他们。根据该图所提供的数据，可以跟踪客户和索赔，乃至特定供应商提供的组件，了解是否有其他方法来更换这些组件，或是向其他供应商购买没有问题的组件。

下面简要讨论如何使用此类图。首先，它能改进订购和采购流程。掌握这些数据并在数据层面上了解彼此间的关系，可加快采购、订购和根据预测来确定购买需求的流程。这里提供从需求（图左）到供应（图右）的完整视图，便于你迅速获取数据和见解。

此类图还可以帮助节省订单成本。特别是希望更长远地了解需求，需求与库存的比较情况，以及特定时间段内的购买量，这可以让你享受到规模经济带来的好处。也许你目前正在频繁地下小订单，因为无法将这种长远的看法落实到整个供应链中。但是，如果把眼光放得更长远一些（可通过图实现可视化），就可以批量购买，做出更明智的购买决策并节省成本。

此外，可以借助图来优化库存。当知道还有多少零件可使用、在哪里、需多久才能到位以及用于哪些车辆（根据预测）时，就可以调配库存，及时获得所需零件。可以根据图给出的信息，有针对性地满足需求，而非不断购买使得存货闲置。当然，还可以优化库存规划，让存货不会过度积压。可以根据所需零件数对库存做出有效预测。还可以有效地规划库存，并非购买或存放超出需求量的产品。

最后，图可以帮助你对供应商及其产品进行比较分析。一旦对所有零部件的供应商有所了解，就可以将其与保修索赔进行比较，查看不同供应商的故障率。了解供应商在物流方面的表现，并确定是否存在需要解决的任何关税或监管合规问题。在了解整体情况后，就能做出更明智的决定，选择合适的供应商并决定要购买的产品。

9.7.3 保修分析

现在来谈谈保修索赔和索赔分析，应用场景如图 9-38 所示。

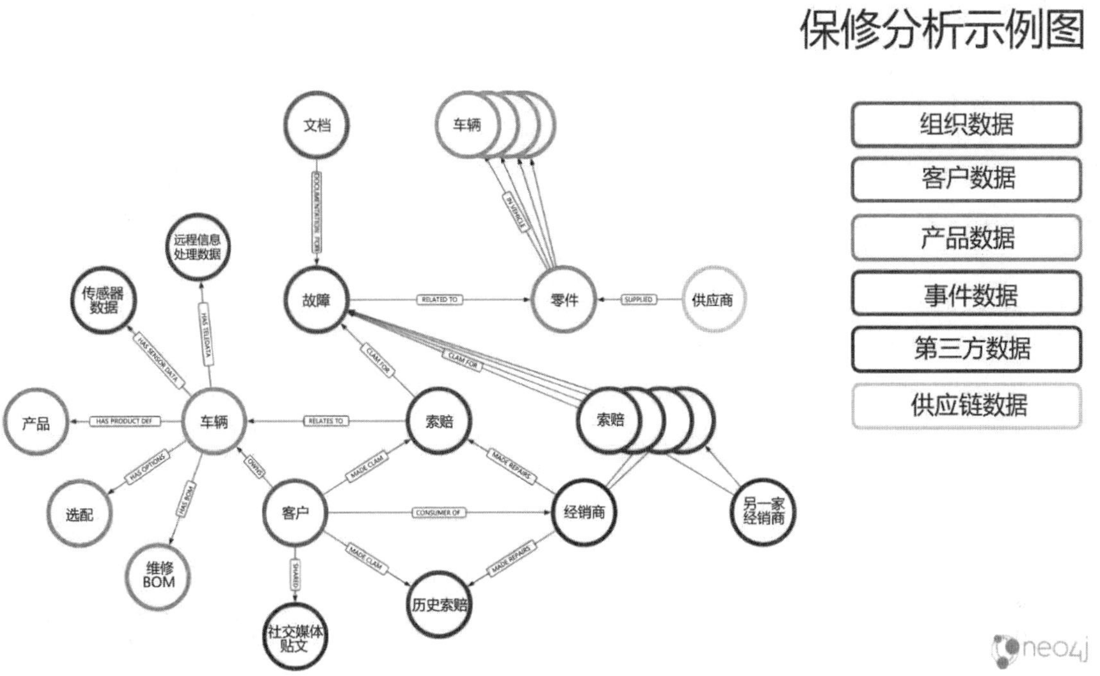

图 9-38 保修分析应用场景

该图的中心位置是与索赔相关的数据。该索赔针对某一特定故障，该故障最终可能与某些零部件相关联。随后可通过在图中查看因同一故障而导致的其他索赔，进而了解发生了多少次类似的事件。根据索赔的次数，可以推断出该零件是否有问题。

还可以就故障零件提出问题，如还有多少车辆使用了这个零件？能否根据相关索赔次数预测有多少辆车可能发生故障？这些索赔出现的频率有多快？预测是否能收到更多索赔？该问题产生的相关成本会很高吗？怎样才能更快地解决问题？

再来看看提供这些零件的供应商。同样，这与之前讨论供应链管理时的应用场景有关。可以弄清楚如何将索赔追溯到供应商，并与零件出现故障的供应商进行沟通。

还可以查看与索赔和故障相关的客户与经销商行为。经销商和汽车制造商是最重要的合作伙伴；由于欺诈一词语气过于强烈，所以尽量不用“保修欺诈”，尽管有些索赔可能夸大事实。但还是要寻找异常索赔。经销商对该故障的索赔是否与其他人不一致，以及是否意味着他们可能没有遵循文档中提出的要求，或没有用正确的方式进行维修。

还有索赔模式。也许随着保修期进入最后 4 个月，才会看到一连串需要在这段时间内解决的外观问题或具体故障，需要对这些问题进行调查。

此外还有远程信息处理和传感器数据，这些数据能够说明其中一些故障，并帮助了解是否由于驾驶员行为模式或汽车中发生的其他事情导致了该故障，从而可以做出相应的预测。

当然，还需要相关车辆的信息，才能全面了解车上安装的任何零部件。例如可能通过车辆的维修历史记录获知该车陆续安装的零件，了解这些记录对该索赔的影响。还需要知道这辆车的配置和其他汽车的差别，以及有关该产品的基本信息。

最后是图底部的社交媒体贴文。如果可以通过社交媒体贴文了解到一些情况，展开保修索赔调查，或者对导致该索赔的社交媒体贴文进行分析。这样可以阐明该索赔的历史和相关背景。

那么，如何使用这类保修分析图呢？能否在图中找到不当索赔或保修欺诈的模式？当然可以。一旦发现了这些模式，就可以密切关注并评估该索赔是否夸大事实，或者是否存在导致该特定索赔的模式。这样一来，就可以在不当索赔出现之前主动采取行动。

还可以借助此图来预测索赔。当掌握了索赔模式，通过远程信息处理数据、传感器数据、导致索赔的维修以及相关部件数据，就可以防止索赔的发生。有助于管理保修风险以及更为严重的召回风险。

从而进一步了解问题的严重程度，工程修复能实施到位的时间，来确保有问题的零件不会被安装到新车上，获知多少人可能受影响以及解决此问题的步骤等。

该图还能更好地了解供应商问题是否有影响，并提出如何应对的措施。

9.7.4 客户 360

接下来，看看客户 360，这是很多行业的热门话题。该视图旨在全面了解客户，便于随时访问相关信息，并指明如何将这些信息结合在一起。客户 360 应用场景如图 9-39 所示。

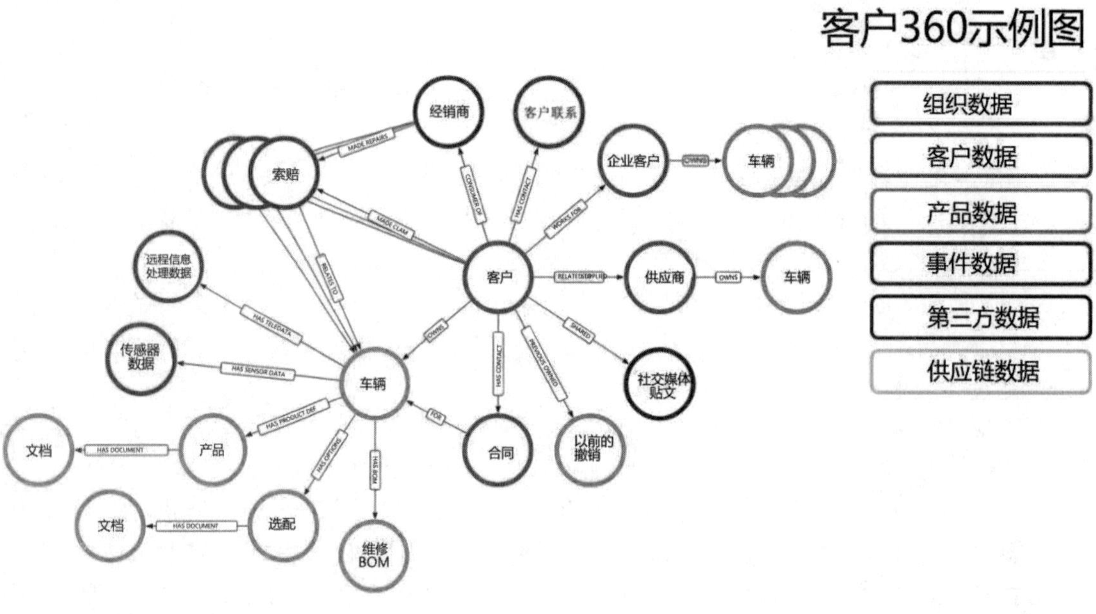

图 9-39　客户 360 应用场景

该图的中心位置是客户，从图上可以了解他与其他客户的关系。比如该客户可能为你的其他企业客户提供服务，或者他们可能是家庭成员的关系。图上显示了合同信息，不仅可以看到关于他们当前车辆的信息，例如当前的 BOM、维修方式、添加的选配、产品定义等，还可以看到他们以前制造的任何车辆的信息。

此外，还能看到他们过去购买过的车辆和选配以及过去的索赔。该图还可包括传感器数据、远程信息处理数据、索赔数据和客户联系。

将这些来自不同系统的数据汇总在一起，可以帮助了解该客户及其购买的产品。还可以了解他们喜欢什么、不喜欢什么以及与其他人的关系，甚至细化到社交媒体贴文。

这些数据的用途是什么？如何使用这些数据？首先，客户 360 的一项基本用途就是改善客户体验。显而易见，由于不了解客户的相关信息，如他们过去的索赔记录和所驾驶的汽车，当与他们互动时，客户会变得非常沮丧。如果能够巧妙地与他们互动，无疑会改善他们的用户体验。

是否还可以用客户 360 来识别终身价值高的客户？当然可以。一旦你了解客户的行为，就能够同时掌握客户过去和当前的情况，并区分出哪些客户可能每两年换一次新车，哪些属于高端客户，添加很多选配且很少提出索赔，以及哪些客户可能不经常购车、提出很多索赔，并且可能在 Twitter 上发布了对你不利的帖子。

需要结合客户过去的行为来了解他们购买产品的可能性，这样便能够专注于为终身价值高的客户提供优质服务。同样，如果有一位高价值客户，同时也有关于她丈夫的信息（他也是你的客户，但不像是高价值客户），也会想向其提供优质服务，因为夫妻作为一个整体，终身价值是非常高的。

此外，客户 360 可以发现并防止客户流失。可以用识别高价值客户的方式来找出可能流失的客户，通过查看过去的行为，确定索赔模式，查看社交媒体贴文，以及检查可能导致客户不再续约或已经购买其他车辆的客户的互动行为。以此为依据，可以观察该模式形成的实例、识别潜在的客户流失，并确定希望与该客户进行互动的方式，以及是否想竭尽全力防止该客户流失。

类似地，可以使用此图来确定哪些人可能购买，并将其与购买过类似产品的其他人进行比较，从而提高追加销售和搭配销售。这样一来，可以根据客户想要添加的其他选配或功能提出建议，或者根据通过图中看到的客户个人行为以及其他人的行为，出售该系列中的高档车型。

9.7.5　知识图谱

最后，来看看知识图谱。知识图谱是一个很宽泛的词语，普遍适用于汽车等多个行业。从本质上讲，这个概念就是获取公司的知识并将其结合起来，了解它们之间的联系。这通常会带来新的发现，因为以前从未将这些数据联系在一起并使其持久发挥作用。这不再只是存在于工程师的大脑中，还可以存储在电脑里、纸上或某个文件系统中。知识图谱应用场景如图 9-40 所示。

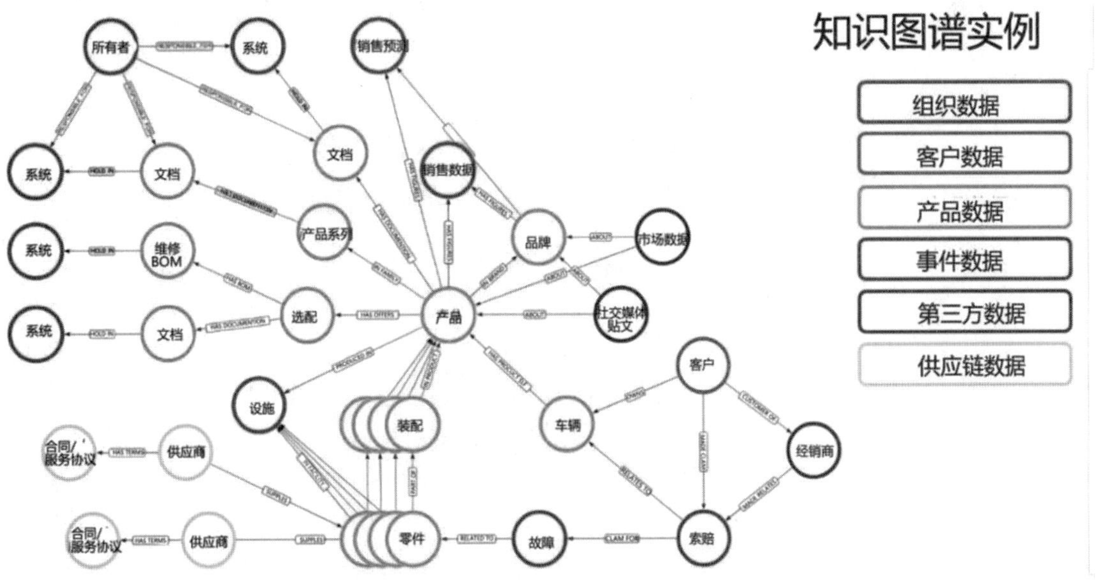

图 9-40　知识图谱应用场景

图 9-40 所示为基于产品的内部知识图谱，还可加入更多组织数据、人力资源数据等。

该图的中心位置是产品，我们可以了解产品的不同版本，以及产品系列如何组合在一起。最终可以通过文档链接找到此文档的存储位置，以及文档的所有者和负责人。还可以启用搜索引擎，更轻松地找到所需的信息。这些信息可能只存在于文件系统中，没有以任何方式标记或连接在一起。将其放入此视图中，便可轻松处理信息，节约大量宝贵的时间。

在靠近图底部的位置，可以了解产品的 BOM，包括零件和组装，以及产品的产地。

此外，还能看到零件供应商的信息。此图明确显示了更多的索赔和故障信息。还有营销数据和社交媒体分析，这些数据可能与品牌或单个产品有关。将这些信息与销售数据和预测结合在一起，并添加相关链接，可以全面了解不同的数据集。

那么如何将这些数据结合起来在该行业中使用知识图谱呢？可以用它来改进你的产品和服务吗？当然可以。

各种产品文档、设计文档、注释和决策数据可能已经存储多年。在可搜索的位置访问所有这些信息，就能在设计和打造新产品时，将方方面面都考虑在内。过去使用了什么有效的方法？你现在面临的问题有什么解决方案？你甚至可以查看供应商信息，了解他们与不同故障之间的联系，从而改进产品零部件并减少故障的发生。所有这一切都可通过查看知识图谱来了解，特别是数据之间的组合和关系。

这样一来，你的产品将能够更快推向市场。当手头有合适的文档且了解得比较充分时，就能够更快地完成设计周期和工程建造。这也意味着工程师以及寻找这些数据的人无须浪费时间搜索数据。相反，可以快速获取所需信息，把精力投入到实际工作中。

而且，此图还适用于面向客户的使用场景。如果创建一个门户，提供有关产品信息、文档和历史记录，可将该门户向外部公开，让客户能够享受到其带来的便利性，改善客户体验。

9.7.6 真实的案例

现在我们来简单看一下一些真实的案例，这些公司都采用 Neo4j 图数据平台的解决方案。

首先是沃尔沃汽车公司，该公司借助 Neo4j 解决方案来了解车辆中每个组件之间的联系以及与客户需求之间的关系，如图 9-41 所示。

图 9-41 沃尔沃汽车

沃尔沃汽车使用 Neo4j 解决方案不仅为了查看 BOM 以满足特定工程指标，还为了全面了解车辆的信息，满足特定客户的需求。这是个有趣的应用场景，可能涉及大量高度互连的数据。

还有一个客户是美国陆军，他们利用 Neo4j 解决方案来优化供应链。或许他们不属于典型的制造商，但也需要了解如何进行维修、需要哪些备件以及这些备件用在何处。当然，这种应用场景是关乎生命的。选用正确的组件，并在正确的时间、正确的地点进行正确的维修，就可以挽救生命。美国陆军使用 Neo4j 解决方案了解自己的物料清单、管理供应链并更快做出相应的决策。

此外，客户 Schleich 使用 Neo4j 解决方案对整个价值链进行产品数据一体化管理。包括查看供应商信息、来自不同供应商的材料，以及如何贯穿整个生产线。此外，能够集中访问有关不同零件的知识，了解不同产品使用的组件，以及如何符合不同国家/地区特定材料的法规。

还有 NASA，可能也不算是传统意义上的制造商。实际上，其工程师和科学家将 Neo4j 解决方案作为经验教训数据库。将数十年的文档加载到数据库中，并将这些信息与 Neo4j 解决方案联系起来，方便了解这些经验教训的内容、所涉及的细节及其元数据。同时也是为了方便搜索。工程师和科学家们现在可以回顾这些经验教训，了解以前的问题是如何解决的。

NASA 所强调的 Neo4j 解决方案的一个重要作用是帮助他们借助搜索引擎，找到为猎户座飞船建造的太空舱的问题，飞船的任务是送航天员上火星。事实上，他们能够如此轻松地找到这些信息，节约了两年的时间和一百万美元，原因就是不必进行太多的重新设计。通过使用图快速找到所需的数据。

最后，来看看洛克希德 • 马丁公司，他们将 Neo4j 解决方案用于客户 360。前面我们谈到了客户 360。客户 360 理念与之相同，但着眼于产品相关的数据以及组合方式。客户 360 能够显著提升效率，洛克希德 • 马丁公司可以用新的见解来改进其产品。

第 10 章 Neo4j 高级应用

本章主要内容：

- Bloom 可视化工具
- ETL 工具
- 高级索引
- 在 Docker 环境下部署 Neo4j
- 在 Kuberenetes 环境下部署 Neo4j
- Neo4j 与图计算
- Neo4j 与自然语言处理
- 在 Neo4j 中运行本体推理
- Neo4j 与区块链
- Kafka 与 Neo4j 数据同步

通过前几章的学习，我们应该已经明白了 Neo4j 的基本操作、程序开发、数据库管理、APOC、GDS 等功能。这对于一般的程序开发已经足够了。但是，如果我们想用 Neo4j 探索更多的应用，本章可以给你一些启发。本章以抛砖引玉的形式，简要介绍 Neo4j 其他一些工具和可以应用到的一些具有代表性的领域，具体的应用还需要结合需求进一步探索，以充分地发挥 Neo4j 更深层次、更高级别的功能。

本章以几个实例入手讲解，为通向更多的 Neo4j 应用打开了大门。而且本章包含大量的实践知识，是在我们对 Neo4j 有了一定的认识之后，可以选择进一步发掘的部分。当然本章也有不够周全的地方，Neo4j 还有其他更多有趣的地方等待我们去发现。

其中特别要说明的是 10.8 节 Neo4j 运行本体推理，这一节中作者使用到了 Tushare 的数据，Tushare 是一个开源的 Python 财经数据接口包。在此非常感谢 Tushare 后面的团队，本着开源的思想促进了整个数据时代的进步，图数据时代的来临也意味着数据本身的价值会在后续的分析和挖掘中体现出来。

本章中的绝大部分例子是本书作者实际使用过的，有的是从作者的应用案例中摘录出来的。在这里，我们主要起到引导入门的作用，读者可以根据自己知识的实际掌握程度和自身需求做进一步的扩展。

10.1　Bloom 可视化工具

10.1.1　功能介绍

Neo4j Bloom 是一款突破性的图数据可视化产品，它允许图数据库新手和专家能够与同行、管理人员和其他业务人员沟通并分享他们的工作，而不管他们的技术背景如何。其示例性的无代码搜索到故事板设计，使其成为非技术项目参与者共享图数据分析和开发团队进行创新性工作的理想界面。Bloom 包括 2 个主要功能实现：大数据展示和灵活的定制化查询。

大数据展示如图 10-1 所示。

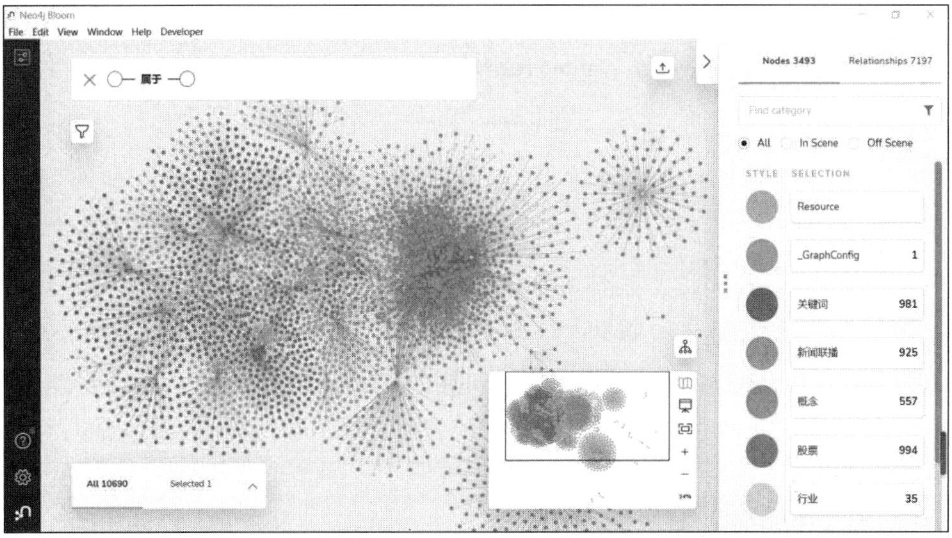

图 10-1　大数据展示

灵活的定制化查询如图 10-2 所示。

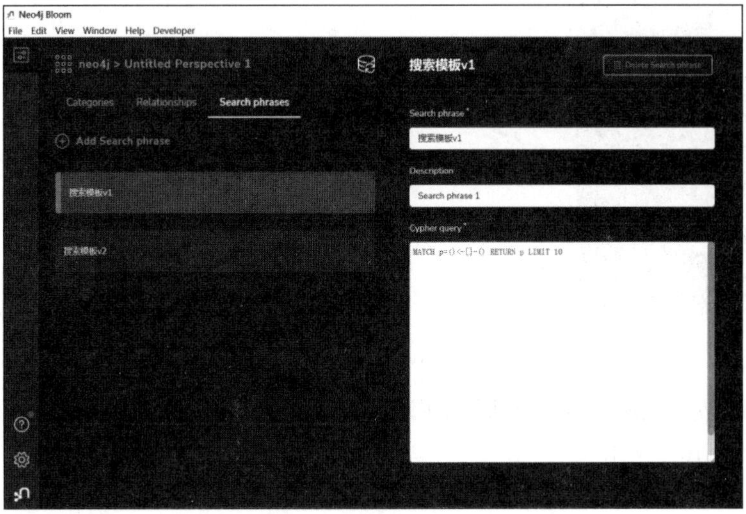

图 10-2　灵活的定制化查询

10.1.2 安装方法

Bloom 工具提供两种安装方式，Desktop 版本安装、下载安装。

1. Desktop 版本的安装

启动 Neo4j Desktop 后，会自动进行部分 Graph Apps 的安装，主要包含 Neo4j Browser、Neo4j Bloom、Graph Apps Gallery 和 Neo4j ETL Tool 四个工具，如图 10-3 所示。

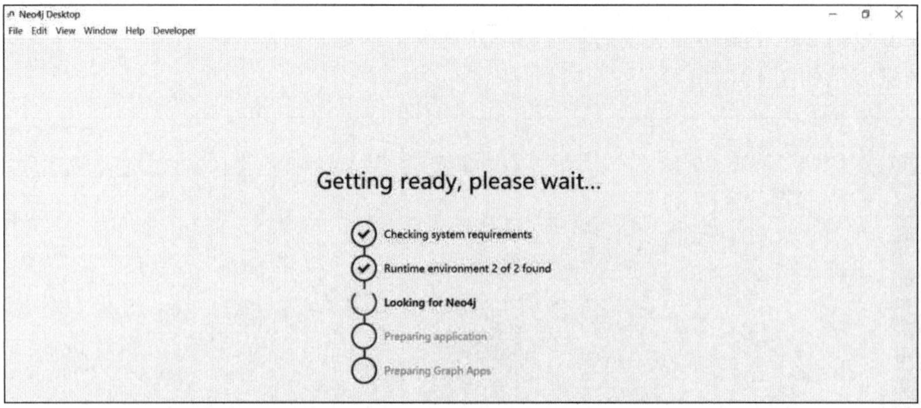

图 10-3 Neo4j Desktop 安装过程

Neo4j Desktop 成功启动以后，可以在 Graph Apps 中看到 Neo4j Bloom 工具的安装位置，如图 10-4 所示。

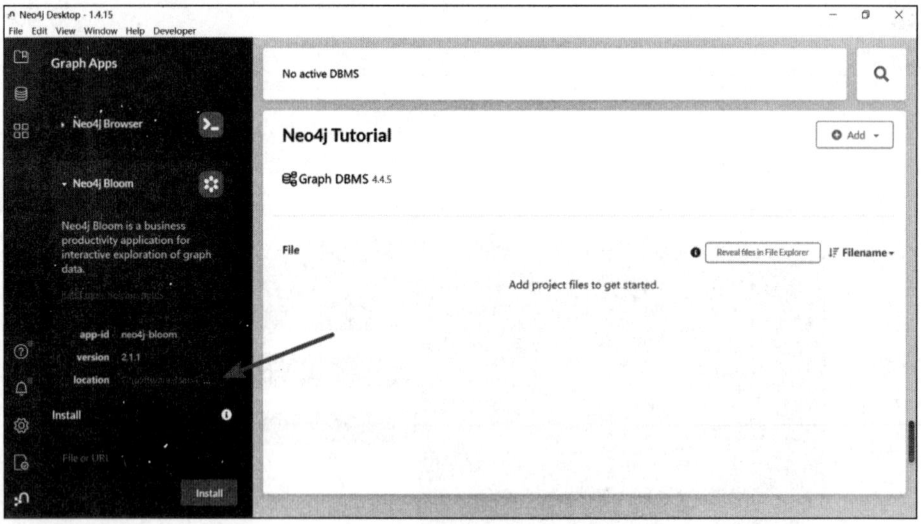

图 10-4 Neo4j Bloom 安装位置

Neo4j Bloom 安装完成以后，启动数据库服务之后，可以在下拉列表中选择使用 Neo4j Bloom 访问数据库，如图 10-5 所示。

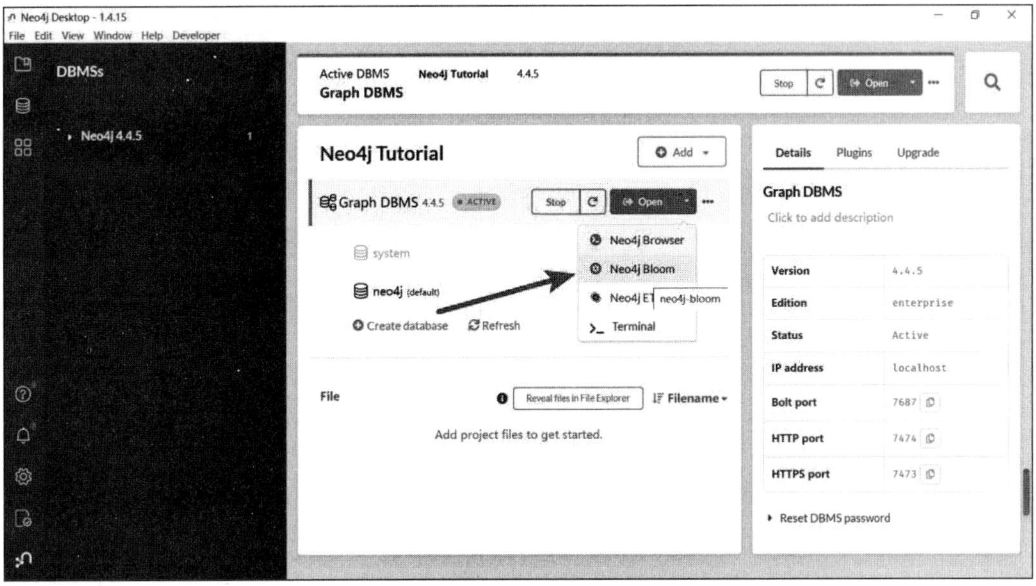

图 10-5　Neo4j Bloom 使用方式

2. 下载安装

下载地址为：https://neo4j.com/download-center/#bloom，如图 10-6 所示。

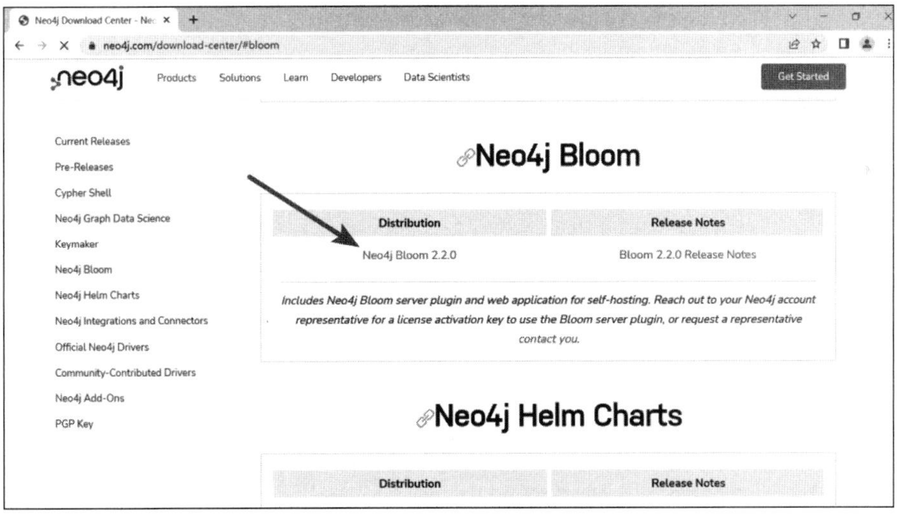

图 10-6　Neo4j Bloom 下载安装

在 lib 文件夹中有 Neo4j Bloom 的 jar 包，放在 Neo4j 的 plugin 目录下，如图 10-7 所示。

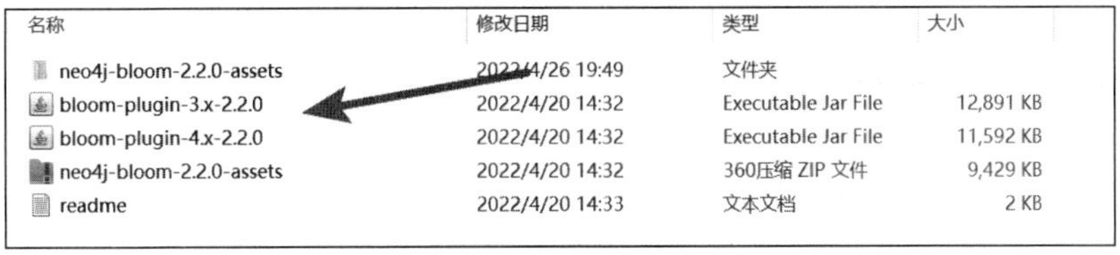

图 10-7　Neo4j Bloom 压缩包内容

然后把 neo4j-bloom-2.2.0-assets.zip 包解压到 web 服务器上，如图 10-8 所示。

图 10-8　Neo4j Bloom 压缩包 assets 内容

编辑 discovery.json，配置好要连接的 Neo4j 实例地址即可，如图 10-9 所示。

图 10-9　Neo4j Bloom 连接 Neo4j 实例的配置方式

10.1.3　界面及展示效果

Neo4j Bloom 支持图模式的自动匹配，当输入多个标签名或者关系类型时，Bloom 会自动匹配到图模式查询语句，如图 10-10 所示。

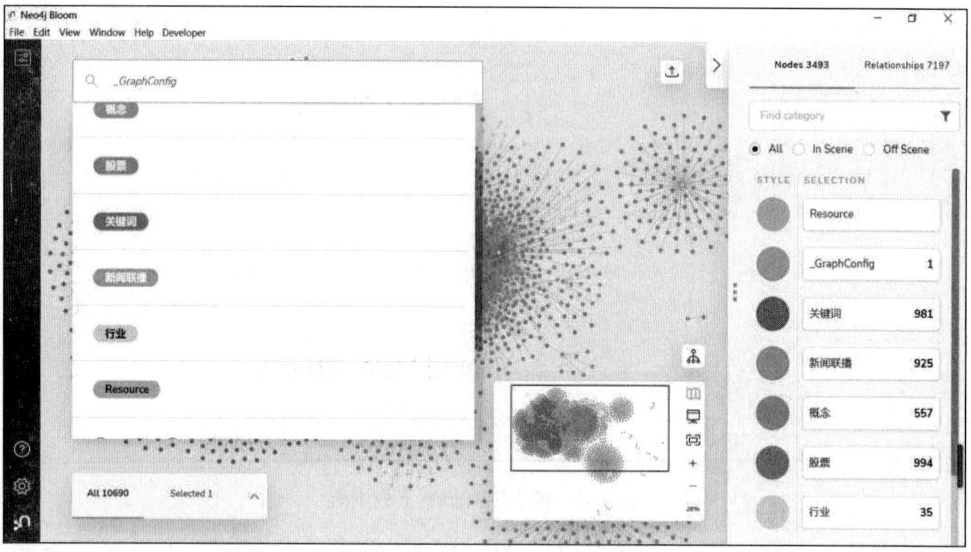

图 10-10　输入关键词查找图模式

10.1.4　灵活的定制化查询

在左侧工具栏可以选择 Search phrase 添加自定义的 Cypher 查询语句，方便在需要时快速展示数据网络并进行探索，如图 10-11 所示。

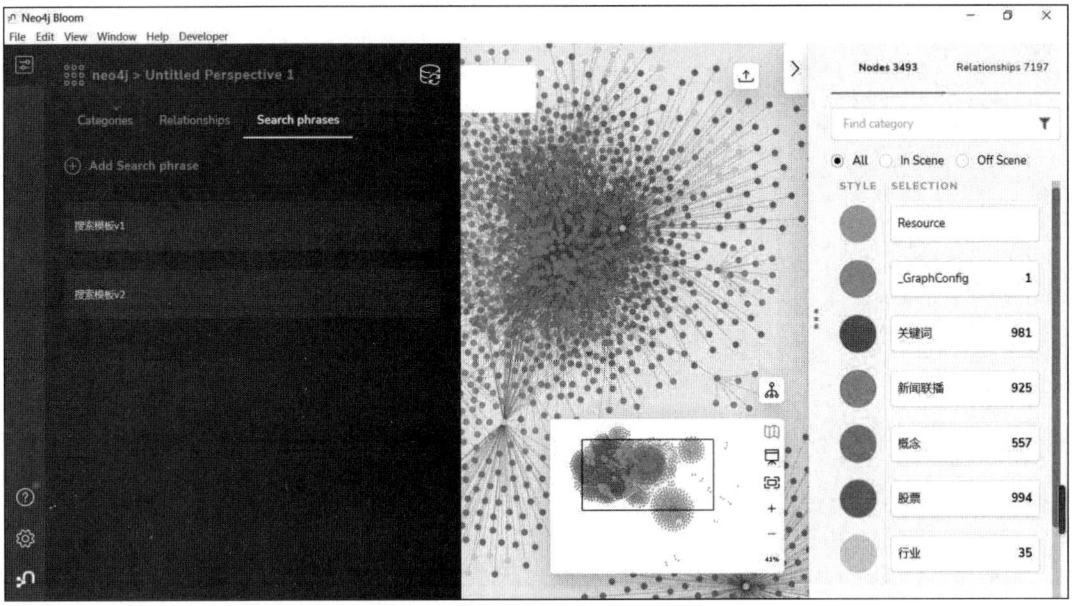

图 10-11　自定义图搜索模式

10.2　ETL 工具

10.2.1　功能介绍

Neo4j ETL（Extract-Transform-Load）工具的构建使开发人员能够轻松地将数据从关系数据库加载到图数据库中。它通过 3 个简单的步骤来实现：

步骤 01 通过 JDBC 设置指定源关系数据库。

步骤 02 使用图形化的编辑工具建立数据模型映射。

步骤 03 运行生成的脚本将所有数据导入到 Neo4j。

10.2.2　ETL 工具的安装

ETL 工具的安装有两种方式：Desktop 版本安装和下载安装。

1. Desktop 版本的安装

启动 Neo4j Desktop 后，会自动进行 Neo4j ETL Tool 工具的安装。Neo4j Desktop 成功启动之后，可以在 Graph Apps 中看到 Neo4j ETL 工具的安装位置，如图 10-12 所示。

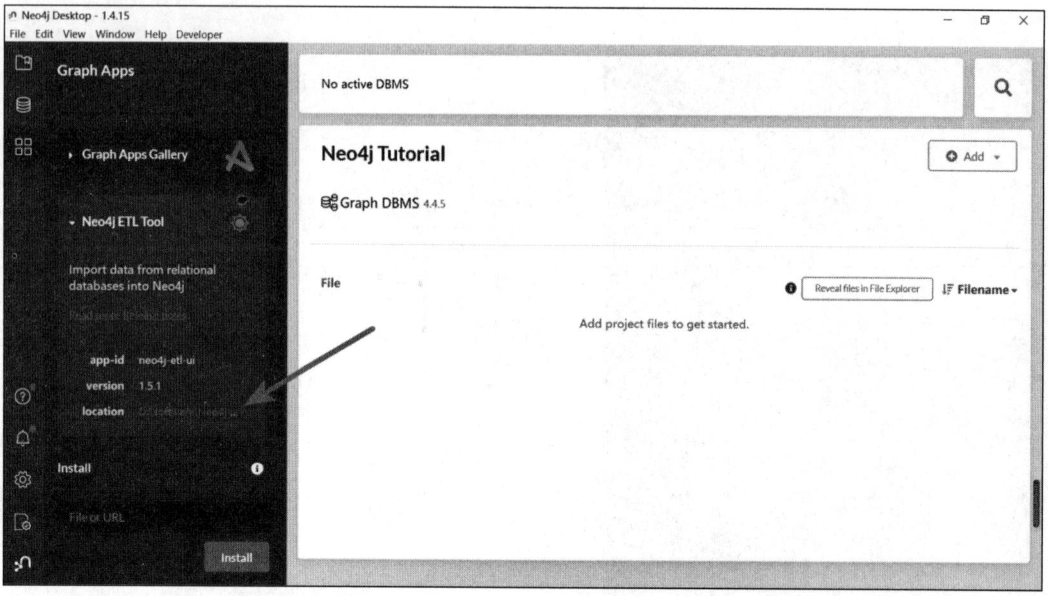

图 10-12 Neo4j ETL Tool 工具的安装位置

Neo4j ETL 工具安装完成以后，启动数据库服务之后，可以在下拉列表中选择使用 Neo4j ETL 构建数据库数据，如图 10-13 所示。Neo4j ETL Tool 数据模型加载如图 10-14 所示。

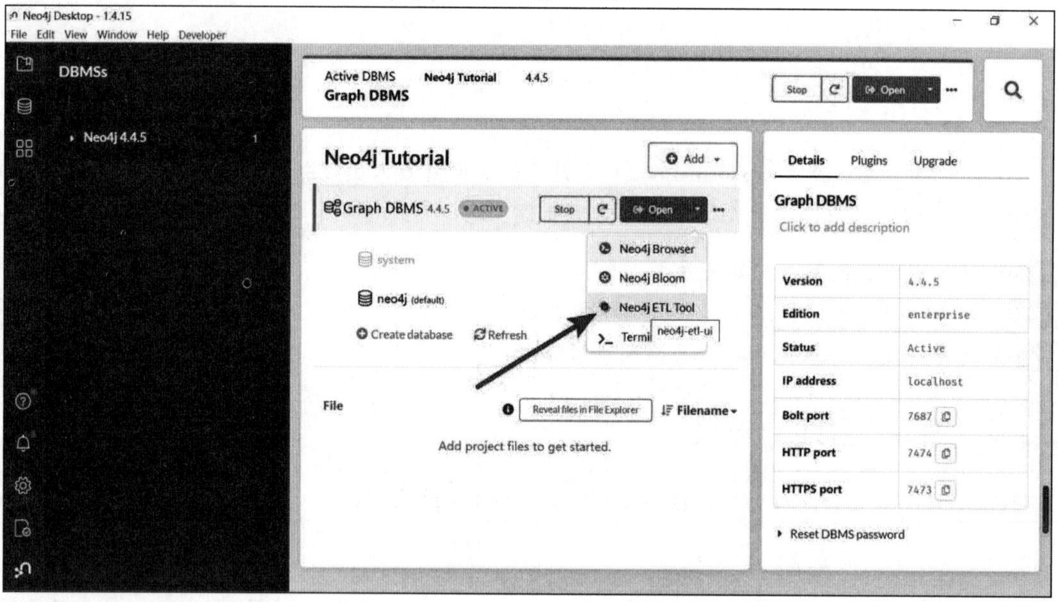

图 10-13 Neo4j ETL Tool 的使用方式

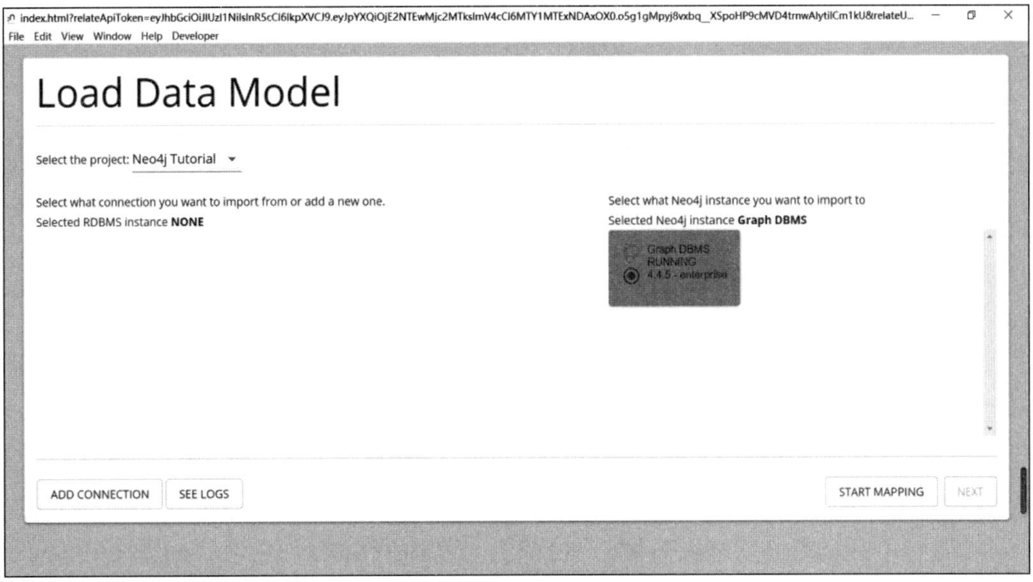

图 10-14　Neo4j ETL Tool 数据模型加载

2. 下载安装

压缩包版本的 ETL 工具需要到 GitHub 中下载，地址为：https://github.com/neo4j- contrib/neo4j-etl/releases，如图 10-15 所示。

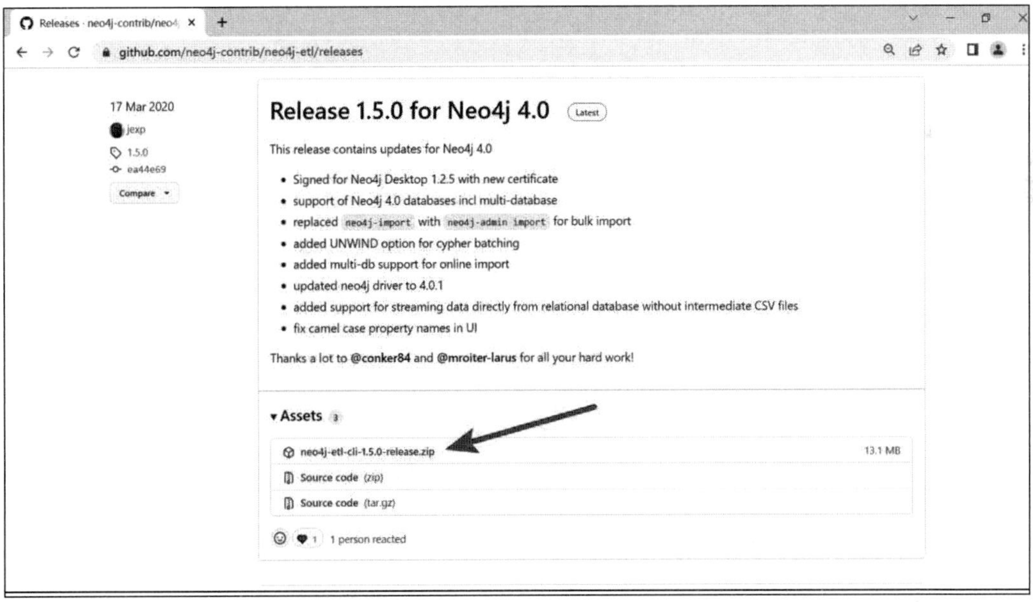

图 10-15　下载 Neo4j ETL Tool

下载解压后的目录如图 10-16 所示。

图 10-16 Neo4j ETL Tool 压缩包内容

在 lib 文件夹中有 ETL 的 jar 包。在 bin 文件夹下，可以通过脚本启动 ETL 工具。

10.2.3 使用 ETL 工具从关系数据库导入

接下来，我们需要建立一个关系数据库连接。该工具允许使用支持 JDBC 驱动程序的大多数类型的关系数据库，包括 MySQL、PostgreSQL、Oracle、Cassandra、DB2、SQL Server、Derby 等。虽然 MySQL 和 PostgreSQL 数据库内置于该工具中，但通过指定驱动程序文件可以轻松设置所有其他数据库。

本节将使用 SQL Server 2008 作为实例，来展示导入操作，其他数据库都是类似的。

首先我们需要在关系数据库中准备待导入的数据表。注意：因为我们除了要导入节点数据外，我们还要导入关系数据，因此我们需要在关系数据库中创建“外键”约束来实现图中的“关系”。

本实例，采用【人员】→【角色】之间多对多的关系，因此除了有人员表、角色表外我们还需要一个“中间表”来保存多对多关系，如图 10-17 所示。

图 10-17 ETL 案例数据表

首先需要创建表结构，在本案例中 sys_user 表主键为 user_id，sys_role 表主键为 role_id,中间关系表 sys_role_user 创建同名的字段与 sys_user 表、sys_role 表建立外键约束。

```
# sys_role 表的创建语句
CREATE TABLE [dbo].[sys_role](
    [role_id] [bigint] NOT NULL,
    [_org_id] [bigint] NULL,
    [role_name] [nvarchar](255) NULL,
    [role_code] [nvarchar](255) NULL,
```

```
    [remark] [nvarchar](255) NULL,
    [item_auth] [nvarchar](255) NULL,
    [xh] [nvarchar](255) NULL,
    [_data_state] [int] NULL,
    [_create_user_id] [bigint] NULL,
    [_create_time] [datetime] NULL,
    [_update_user_id] [bigint] NULL,
    [_update_time] [datetime] NULL,
 CONSTRAINT [PK_sys_role] PRIMARY KEY CLUSTERED
(
    [role_id] ASC
)WITH (PAD_INDEX = OFF, STATISTICS_NORECOMPUTE = OFF, IGNORE_DUP_KEY = OFF,
ALLOW_ROW_LOCKS = ON, ALLOW_PAGE_LOCKS = ON) ON [PRIMARY]
) ON [PRIMARY]

# sys_user 表的创建语句
CREATE TABLE [dbo].[sys_user](
    [user_id] [bigint] NOT NULL,
    [_org_id] [bigint] NULL,
    [user_name] [nvarchar](255) NULL,
    [password] [nvarchar](255) NULL,
    [real_name] [nvarchar](255) NULL,
    [tel] [float] NULL,
    [email] [nvarchar](255) NULL,
    [user_key] [float] NULL,
    [user_type] [float] NULL,
    [expiration_date] [datetime] NULL,
    [_data_state] [float] NULL,
    [_create_user_id] [bigint] NULL,
    [_create_time] [datetime] NULL,
    [_update_user_id] [bigint] NULL,
    [_update_time] [datetime] NULL,
 CONSTRAINT [PK_sys_user] PRIMARY KEY CLUSTERED
(
    [user_id] ASC
)WITH (PAD_INDEX = OFF, STATISTICS_NORECOMPUTE = OFF, IGNORE_DUP_KEY = OFF,
ALLOW_ROW_LOCKS = ON, ALLOW_PAGE_LOCKS = ON) ON [PRIMARY]
) ON [PRIMARY]

# 中间关系表
CREATE TABLE [dbo].[sys_role_user](
    [role_user_id] [bigint] NOT NULL,
    [_org_id] [bigint] NULL,
    [role_id] [bigint] NULL,
    [user_id] [bigint] NULL,
    [_data_state] [nvarchar](255) NULL,
    [_create_user_id] [nvarchar](255) NULL,
    [_create_time] [nvarchar](255) NULL,
    [_update_user_id] [nvarchar](255) NULL,
    [_update_time] [nvarchar](255) NULL,
 CONSTRAINT [PK_sys_role_user] PRIMARY KEY CLUSTERED
```

```
(
    [role_user_id] ASC
)WITH (PAD_INDEX = OFF, STATISTICS_NORECOMPUTE = OFF, IGNORE_DUP_KEY = OFF,
ALLOW_ROW_LOCKS = ON, ALLOW_PAGE_LOCKS = ON) ON [PRIMARY]
) ON [PRIMARY]
GO
ALTER TABLE [dbo].[sys_role_user]  WITH CHECK ADD  CONSTRAINT
[FK_sys_role_user_role] FOREIGN KEY([role_id])
REFERENCES [dbo].[sys_role] ([role_id])
GO
ALTER TABLE [dbo].[sys_role_user] CHECK CONSTRAINT [FK_sys_role_user_role]
GO
ALTER TABLE [dbo].[sys_role_user]  WITH CHECK ADD  CONSTRAINT
[FK_sys_role_user_user] FOREIGN KEY([user_id])
REFERENCES [dbo].[sys_user] ([user_id])
GO
ALTER TABLE [dbo].[sys_role_user] CHECK CONSTRAINT [FK_sys_role_user_user]
GO
```

接下来准备表数据。注意：不要用 id 作为字段名，用 user_id、role_id 代替。

sys_role 表数据（见图 10-18），其中 role_id 列很重要。

结果 消息

	role_id	_org_id	role_name	role_code	remark	item_auth	xh	_data_state	_create_user_id	_create_time	_update_user_id	_update_time
1	1	1110785842869170000	系统管理员	admin	系统管理员拥有操作所有数据的权限	NULL	NULL	1	NULL	2019-03-27 14:10:12.000	1110785922321870000	2019-05-13 16:52:39.000
2	2	1110785842869170000	访客	user	访客用户只能，查看、访问档案数据	NULL	NULL	1	NULL	2019-06-07 14:14:47.000	1110785922321870000	2019-06-07 14:50:41.000
3	3	NULL	档案管理员	manager	档案管理员，拥有操作所有档案业务数据的权限	NULL	NULL	1	1110785922321870000	2019-04-09 16:03:40.000	1110785922321870000	2019-04-10 14:29:50.000
4	4	1110785842869170000	平台管理员	system	NULL	NULL	NULL	1	1110785922321870000	2019-04-10 08:45:56.000	1110785922321870000	2019-04-12 16:49:40.000
5	5	1110785842869170000	全宗管理员	qzgly	对本全宗的业务业务数据进行管理工作	NULL	NULL	1	1110785922321870000	2019-07-01 07:45:00.000	1110785922321870000	2019-07-01 07:46:16.000

图 10-18　sys_role 表数据

sys_user 表数据（见图 10-19），其中 user_id 列很重要。

结果 消息

	user_id	_org_id	user_name	password	real_name	tel	email	user_key	user_type	expiration_date	_data_state	_create_user_id	_create_time
1	1	1110785842869170000	testadmin	7aa51950c6708c9f8ad2bbe525c3c464	测试管理员	NULL	NULL	NULL	0	NULL	1	1110785922321870000	2019-01-14 14:34:50.000
2	2	1110785842869170000	admin	750ebeceb050a85dea162d0bb855d19b	系统管理员	15000000000	pangguoming@yeah.net	123321	0	2020-04-30 00:01:00.000	1	NULL	2019-03-27 14:09:38.000
3	3	1110785842869170000	ceshijieyue	NULL	测试借阅用户	15000000000	test@163.com	3.70703199999999E+17	1	NULL	1	1110785922321870000	2019-07-01 07:42:02.000
4	4	1110785842869170000	putong	229307bc26d595b179863377d7c7a13b	普通用户	NULL	NULL	NULL	0	NULL	1	1110785922321870000	2019-10-16 10:34:17.000

图 10-19　sys_user 表数据

sys_role_user 表数据（见图 10-20），其中 user_id、role_id 列很重要。

结果 消息

	role_user_id	_org_id	role_id	user_id	_data_state	_create_user_id	_create_time	_update_user_id	_update_time
1	1	NULL	1	1	NULL	NULL	NULL	NULL	NULL
2	2	NULL	2	1	NULL	NULL	NULL	NULL	NULL
3	3	NULL	2	2	NULL	NULL	NULL	NULL	NULL
4	4	NULL	3	2	NULL	NULL	NULL	NULL	NULL
5	5	NULL	3	3	NULL	NULL	NULL	NULL	NULL
6	6	NULL	4	4	NULL	NULL	NULL	NULL	NULL

图 10-20　sys_role_user 表数据

表数据准备好以后就可以配置 ETL 工具开始导入了。

在 ETL 工具中单击“ADD CONNECTION”按钮，如图 10-21 所示。

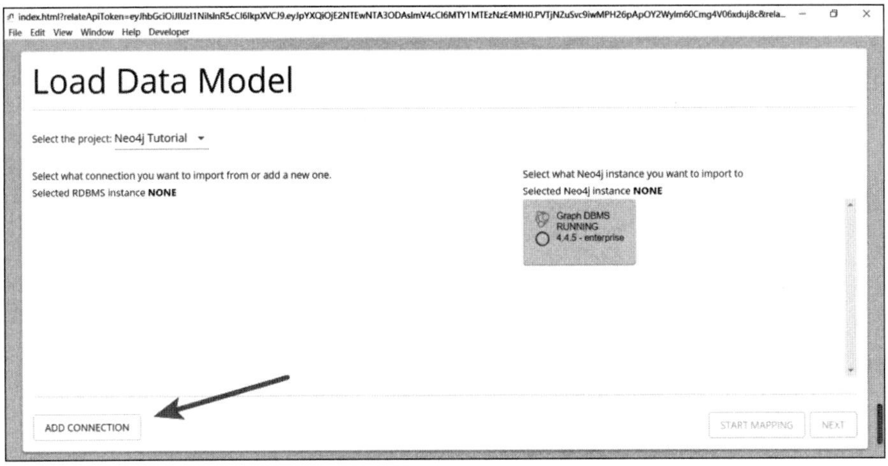

图 10-21　Neo4j ETL Tool 增加关系数据库连接

填写连接 SQL Server 的参数，最后单击“TEST AND SAVE CONNECTION”按钮。需要注意：

（1）要先准备好驱动包，驱动包下载地址：https://github.com/neo4j-contrib/neo4j-etl 该网址列表有驱动下载链接。

（2）Schema 输入框，输入 SQL Server 的 [数据库名].[dbo]，如图 10-22 所示。

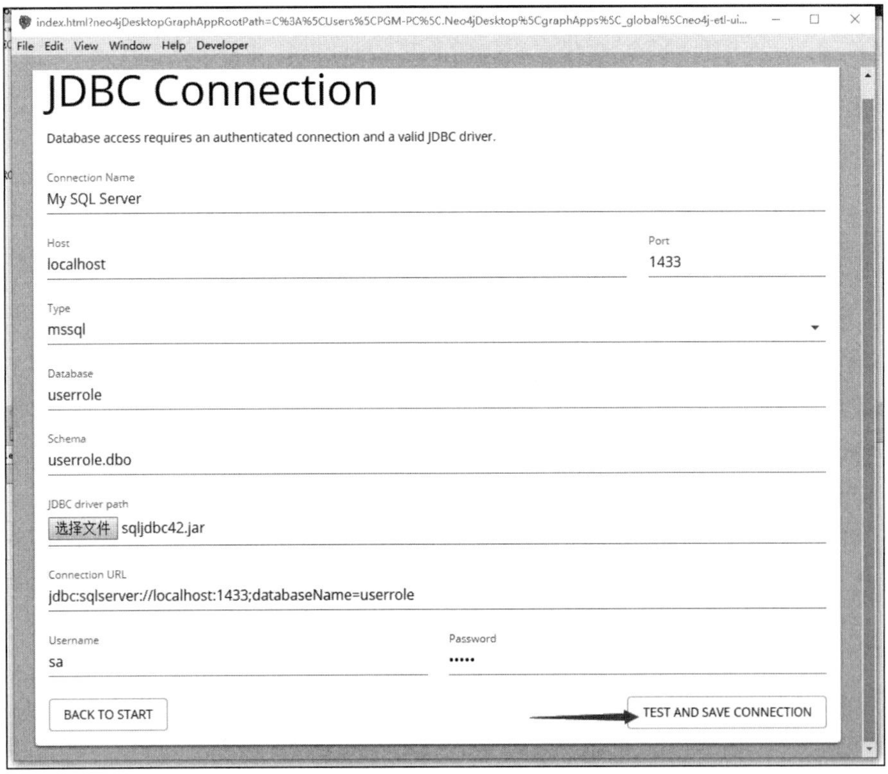

图 10-22　Neo4j ETL Tool 关系数据库连接配置

然后提示添加连接成功，我们选中刚创建的连接，单击 START MAPPING 创建映射即可。创建映射成功后，选中待导入的 Neo4j 数据库，再单击“NEXT”按钮。接下来，就可以在 NODES、RELATIONSHIP 选项卡编辑节点、关系的字段数据类型映射，如图 10-23 所示。

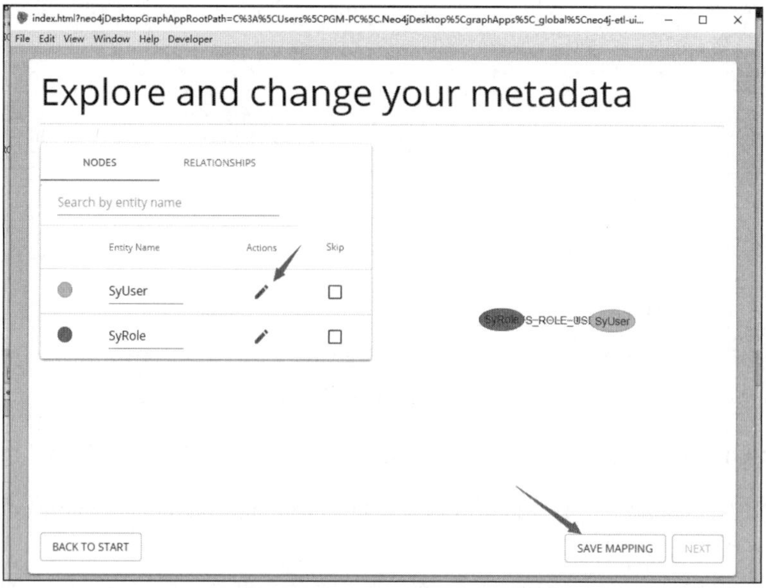

图 10-23　Neo4j ETL Tool 调整节点映射模式

Neo4j ETL App 会根据源数据库模式决定基本的数据映射，规则如下：

- 拥有 1 个外键的表会映射成节点和其上的关系。
- 拥有 2 个外键的表会作当作是关系表，映射成关系。
- 拥有多于 2 个外键的表会被当作中间表处理，映射成拥有多个关系的节点。

Neo4j ETL Tool 调整关系映射模式如图 10-24、图 10-25 所示。

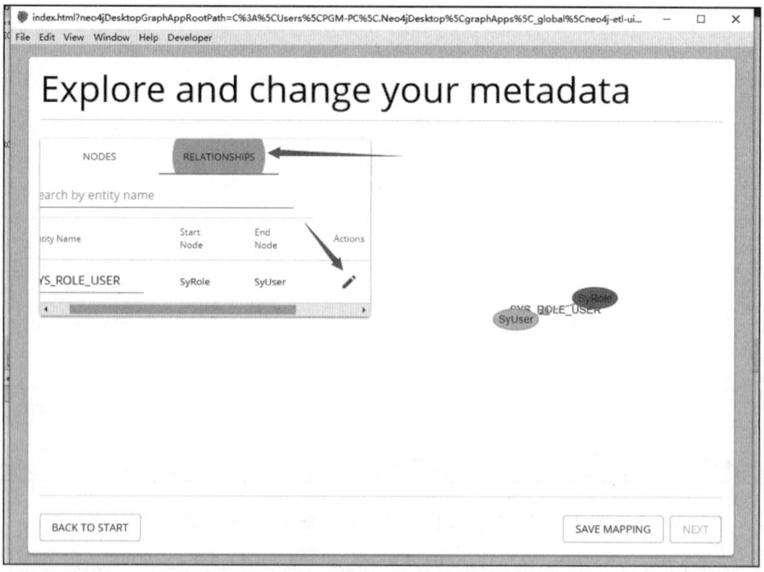

图 10-24　Neo4j ETL Tool 调整关系映射模式

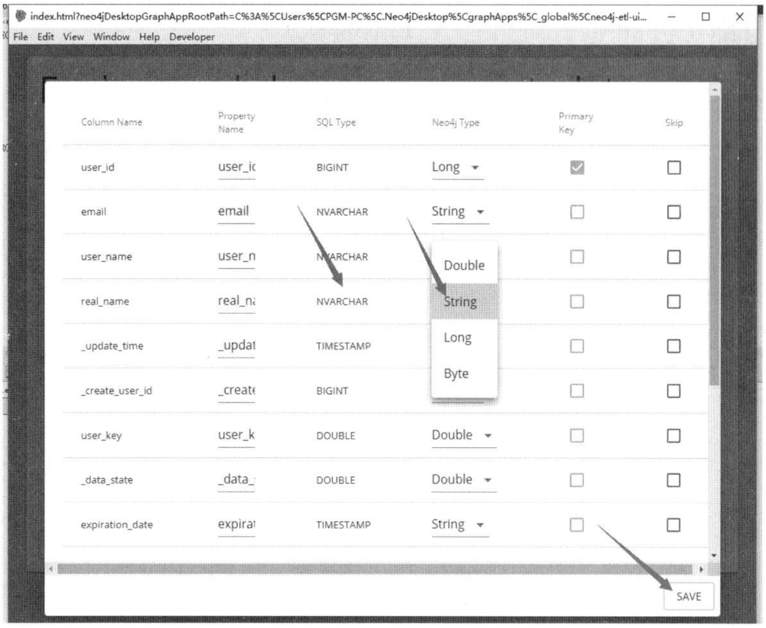

图 10-25　Neo4j ETL Tool 调整字段映射方式

编辑完映射后单击 SAVE 按钮，再单 NEXT 按钮，如图 10-26 所示。

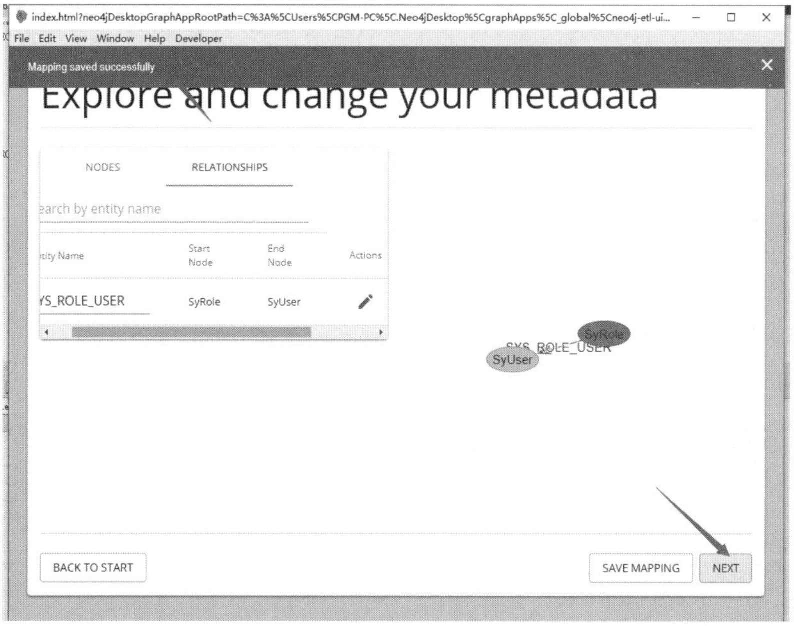

图 10-26　Neo4j ETL Tool 保存数据模型映射

最后在导入界面，设置每次导入的条数，ETL 将分批次导入。导入成功后可以看到界面提示，可以到 Neo4j Browser 查看数据。

10.2.4 压缩包版命令行 ETL 工具的导入

在下载解压的文件夹 bin 下的 ETL 工具脚本，我们暂时不用，先来自己实现导入脚本。

1. 准备工作

（1）在 E 盘创建一个 ETL 文件夹，保存我们下载的 jdbc 驱动 jar 文件。

（2）确保 Java 环境变量设置正确，在命令行查看 Java 命令可以正常执行。

（3）最好使用管理员角色运行命令行。

（4）下载的压缩包版 ETL 文件夹，这里保存在 D:\software\下。

（5）在 E:/ETL 下准备 import-tool-options.json 文件，如图 10-27 所示。

```
# 编写脚本
{"multiline-fields":"true"}
```

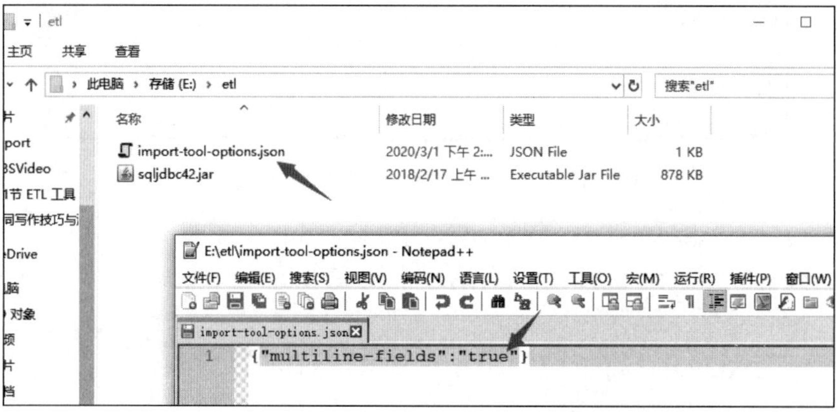

图 10-27 Neo4j ETL Tool 命令行导入配置脚本

2. 编写脚本

脚本参数的说明文档：https://neo4j-contrib.github.io/neo4j-etl/#neo4j-etl-cli。

下面是一个导入脚本实例：

```
# 导入脚本实例
java -cp
 "D:\software\neo4j-etl-cli-1.5.1\lib\neo4j-etl.jar"
org.neo4j.etl.NeoIntegrationCli
export    --rdbms:password "sa123"    --rdbms:user sa
 --rdbms:schema userrole.dbo
--rdbms:url "jdbc:sqlserver://localhost:1433;databaseName=userrole"
--import-tool
C:\Users\PGM-PC\.Neo4jDesktop\neo4jDatabases\database-3c4ee7da-eb1e-4509-94a3-
12c1a7d6f3ee\installation-4.4.5\bin
--options-file E:\etl\import-tool-options.json
--csv-directory E:\etl\
--destination E:\etl\graph.db\
--driver E:\etl\sqljdbc42.jar
```

Neo4j ETL Tool 命令行导入开始效果和结束效果分别如图 10-28、图 10-29 所示。

图 10-28　Neo4j ETL Tool 命令行导入开始效果

图 10-29　Neo4j ETL Tool 命令行导入结束效果

所有准备工作完毕，可以看到在文件夹下成功生成了图数据。如图 10-30 所示。

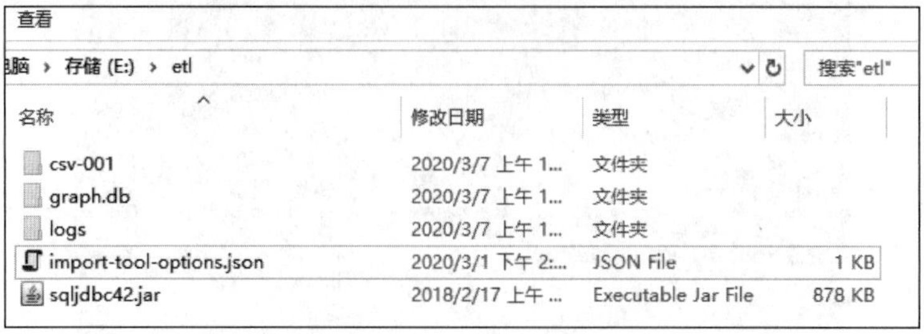

图 10-30　Neo4j ETL Tool 命令行导入结果

其中：

（1）csv-001 中保存了生成的映射文件，如图 10-31、图 10-32 所示。

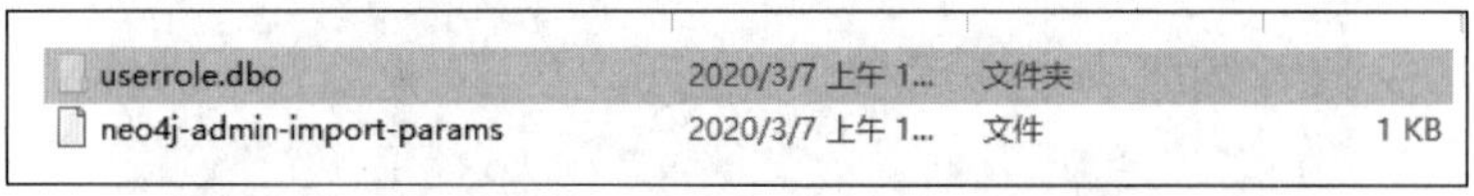

图 10-31　Neo4j ETL Tool 命令行工具生成的映射文件夹

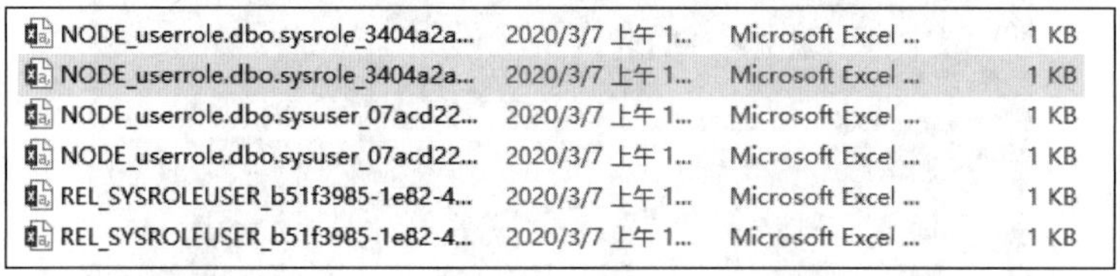

图 10-32　Neo4j ETL Tool 命令行工具生成的映射文件

（2）Logs 文件夹是日志。

（3）graph.db 文件夹就是导入成功的数据库文件。

最后我们使用 graph.db 文件夹替换掉 Neo4j 安装目录下的\data\databases 下的同名文件，然后启动 Neo4j 服务，就可以看到数据导入了。

10.3　高级索引

索引是每个数据库提升性能的必要途径之一，在现实应用场景中，不同的业务查询需要建立不同类别的索引。本节将介绍 Neo4j 的空间索引和中文全文索引两个部分。

10.3.1　空间索引（Neo4j Spatial）

Neo4j 空间索引的程序库叫作 Neo4j Spatial[1]，它的主要作用是对数据进行空间操作。程序开发人员可以向已经具有位置信息的数据添加空间索引，并且对数据进行空间计算操作。例如在指定区域内，以某个感兴趣的点作为起始，搜索指定距离内其他感兴趣的点。此外，Neo4j Spatial 还提供

1 https://github.com/neo4j-contrib/spatial

了将数据导入 GeoTools[1]（Java 语言编写的开源 GIS 工具包），从而启动 GeoTools 的应用程序，比如 GeoServer[2]（共享空间地理数据的开源服务器）和 uDig[3]（开源桌面地理数据访问、编辑、呈现框架）。空间数据的存储结构如图 10-33 所示。

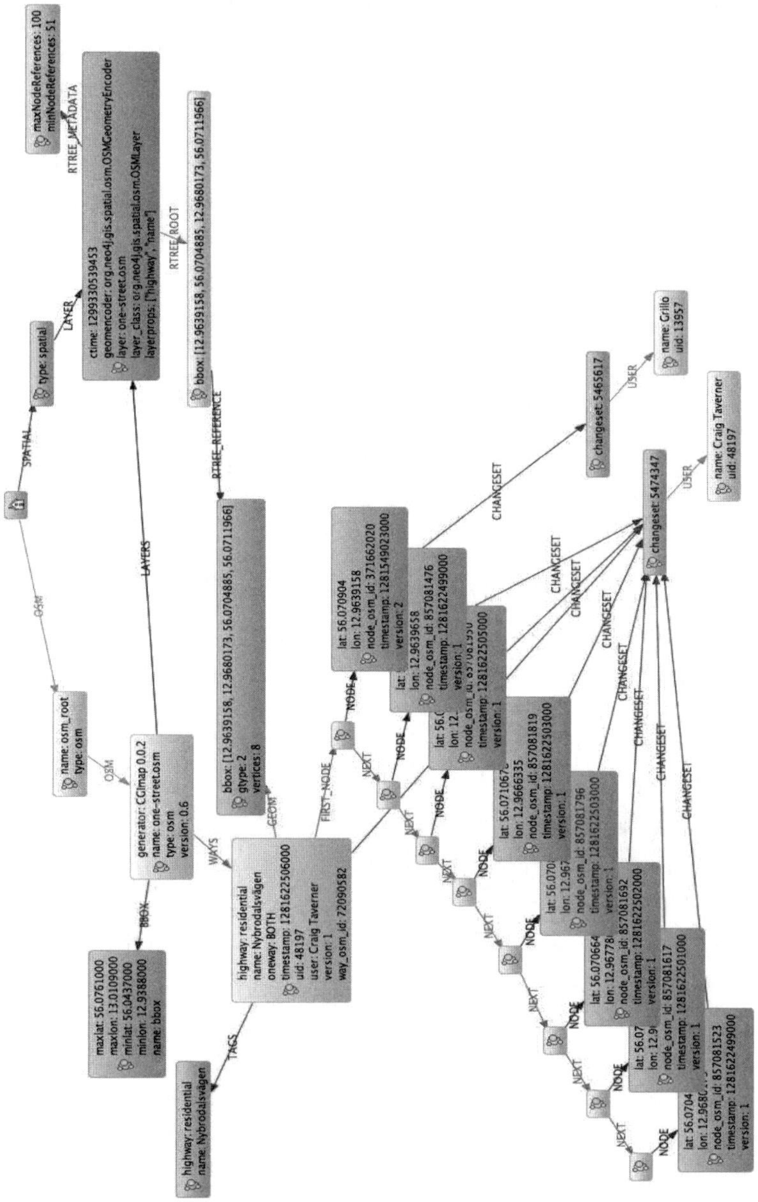

图 10-33　空间数据的存储结构

Neo4j Spatial 的主要功能包括：

- 可以将 ESRI Shapefile（SHP）和 Open Street Map（OSM）文件导入 Neo4j 的实用程序。

---

1 http://geotools.org/
2 http://geoserver.org/
3 http://udig.refractions.net/

- 支持所有常见的几何类型：点、线、多边形等。
- 用于快速搜索几何形状的 RTree 结构。
- 支持搜索期间的拓扑操作（包含、属于、相交、覆盖等）。
- 只要提供从图形映射到几何形状的适配器，就可以对任何图形进行空间操作，而不管其数据的存储方式。
- 能够使用预配置的过滤器，将单个图层或数据集拆分成多个子图层或视图。

10.3.1.1 开始使用

使用 Neo4j Spatial 的最简单的方法是获取 neo4j-spatial-*.**-neo4j-*.*.*-server- plugin[1]，并将其复制到$NEO4J_HOME/plugins 文件夹中，然后重新启动 Neo4j 服务。

接下来，就可以像使用 Cypher 查询一样调用 Neo4j 空间过程，为节点添加空间索引，并且执行多个空间点的距离、交叉查询等。

```
#创建名字为 geom 的点图层
CALL spatial.addPointLayer('geom')
CALL spatial.layers()

#建立经度为15.2、纬度为60.1的空间点
CREATE (n:Node {latitude:60.1,longitude:15.2})
WITH n

#将新创建的点加入到 geom 图层中
CALL spatial.addNode('geom',n) YIELD node
RETURN node

#查询经度在60.0到60.1之间，纬度在15.0到15.3之间的空间点
CALL spatial.bbox('geom',{lon:15.0,lat:60.0}, {lon:15.3, lat:61.0})
```

10.3.1.2 空间索引的原理

Neo4j 空间索引是 RTree 索引，它是以可扩展的方式开发的，允许在必要的时候添加其他索引。

空间索引可以在数据生成的过程中添加，也可以为现有的空间数据添加索引。这是两个不同的应用场景，并且实际上可以产生不同的图结构。下面将依次进行解释。

若需要在数据生成过程中添加索引，最简单的方法是创建合适的数据图层。Neo4j Spatial 内置了多种选择，其中最常用的两种是：

（1）SimplePointLayer：一个可编辑的数据图层，仅允许向数据库添加点数据。如果只有点数据并且感兴趣的是邻近搜索，这是一个不错的选择。这一图层包括专门针对这种数据的实用程序方法。

（2）EditableLayer（Impl）：默认的可编辑图层实现，可以处理任何简单的几何类型。由于它是一个通用实现，并且无法事先知道数据模型的拓扑结构，因此将每个几何图形分别存储在单个节点的单个属性中。存储格式是 WKB（Well Known Binary），它是专门用于几何地理的二进制格式。

10.3.1.3 图层和几何编码器

定义几何图形的集合叫作图层，其中包含可用于查询的索引。如果可以在图层中添加和修改图

---

[1] https://github.com/neo4j-contrib/spatial/releases

形，那么这个图层是可编辑图层（Editable Layer）。

DefaultLayer 是标准图层，利用 WKBGeometryEncoder 将所有未知几何类型存储为单个节点的一个二进制格式属性。

OSMLayer 是将开放街道地图（Open Street Map，OSM）用 OSM 模型存储为单个完全连接图的特殊层。该图层支持的几何图形包括点、线和多边形，因此无法导出为 Shapefile 格式，因为该格式每个图层为一种类型的几何图形。OSMLayer 扩展了 DynamicLayer，它允许使用任何数量的子层，每个子层都可以有特定的几何类型，并且是基于 OSM 标签过滤的。

10.3.1.4 空间过程与函数

空间过程如表 10-1 所示，需要注意的是，过程和函数会随着 Neo4j 版本的升级做调整，具体使用时需要结合官网文档进行操作。

表 10-1 Neo4j 空间过程

过程名	过程声明
spatial.addLayer	spatial.addLayer(name::STRING,type::STRING,encoderConfig::STRING)::(node::NODE)
spatial.addLayerWithEncoder	spatial.addLayerWithEncoder(name::STRING,encoder::STRING,encoderConfig::STRING)::(node::NODE)
spatial.addNode	spatial.addNode(layerName::STRING,node::NODE)::(node::NODE)
spatial.addNodes	spatial.addNodes(layerName::STRING,nodes::LIST.OF.NODE)::(node::NODE)
spatial.addPointLayer	spatial.addPointLayer(name::STRING)::(node::NODE)
spatial.addPointLayerWithConfig	spatial.addPointLayerWithConfig(name::STRING,encoderConfig::STRING)::(node::NODE)
spatial.addPointLayerXY	spatial.addPointLayerXY(name::STRING,xProperty::STRING,yProperty::STRING)::(node::NODE)
spatial.addWKT	spatial.addWKT(layerName::STRING,geometry::STRING)::(node::NODE)
spatial.addWKTLayer	spatial.addWKTLayer(name::STRING,nodePropertyName::STRING)::(node::NODE)
spatial.addWKTs	spatial.addWKTs(layerName::STRING,geometry::LIST.OF.STRING)::(node::NODE)
spatial.asExternalGeometry	spatial.asExternalGeometry(geometry::ANY)::(geometry::ANY)
spatial.asGeometry	spatial.asGeometry(geometry::ANY)::(geometry::ANY)
spatial.bbox	spatial.bbox(layerName::STRING,min::ANY,max::ANY)::(node::NODE)
spatial.closest	spatial.closest(layerName::STRING,coordinate::ANY,distanceInKm::FLOAT)::(node::NODE)
spatial.decodeGeometry	spatial.decodeGeometry(layerName::STRING,node::NODE)::(geometry::ANY)
spatial.getFeatureAttributes	spatial.getFeatureAttributes(name::STRING)::(name::STRING)
spatial.importShapefile	spatial.importShapefile(uri::STRING)::(node::NODE)
spatial.importShapefileToLayer	spatial.importShapefileToLayer(layerName::STRING,uri::STRING)::(node::NODE)
spatial.intersects	spatial.intersects(layerName::STRING,geometry::ANY)::(node::NODE)
spatial.layer	spatial.layer(name::STRING)::(node::NODE)
spatial.layerTypes	spatial.layerTypes()::(name::STRING,signature::STRING)
spatial.layers	spatial.layers()::(name::STRING,signature::STRING)
spatial.procedures	spatial.procedures()::(name::STRING,signature::STRING)
spatial.removeLayer	spatial.removeLayer(name::STRING)::VOID
spatial.setFeatureAttributes	spatial.setFeatureAttributes(name::STRING,attributeNames::LIST OF STRING)::(node::NODE)
spatial.updateFromWKT	spatial.updateFromWKT(layerName::STRING,geometry::STRING,geometryNodeId::INTEGER)::(node::NODE)
spatial.withinDistance	spatial.withinDistance(layerName::STRING,coordinate::ANY,distanceInKm::FLOAT)::(node::NODE,distance::FLOAT)

执行 Cypher 查询查看空间过程（见图 10-34）：

```
# 运行命令
CALL dbms.procedures()
   YIELD name,signature,description,mode,defaultBuiltInRoles,worksOnSystem
   WHERE name contains 'spatial'
RETURN name,signature,description,mode,defaultBuiltInRoles,worksOnSystem
```

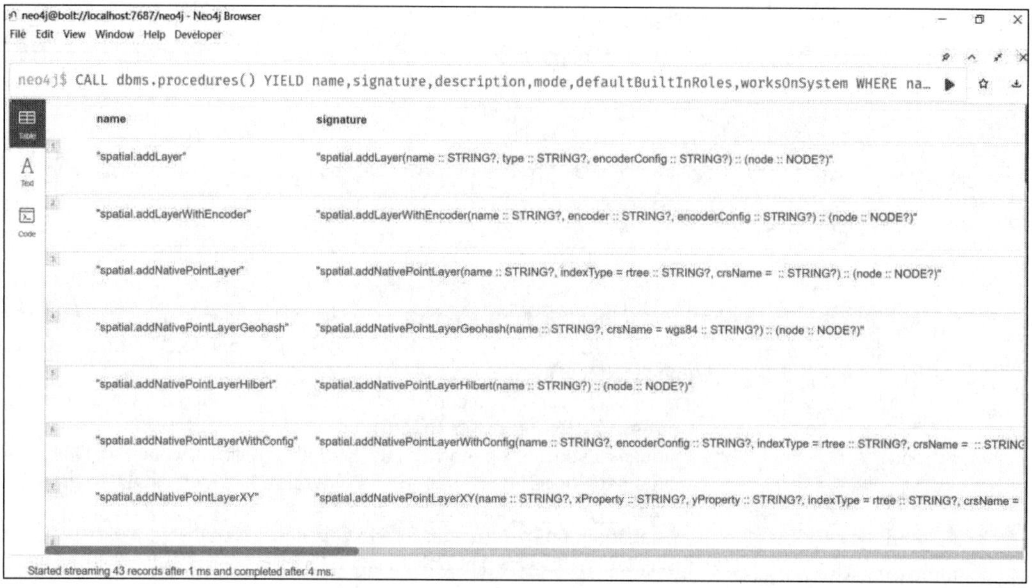

图 10-34　空间过程

执行 Cypher 查询查看空间函数（见图 10-35）：

```
# 运行命令
CALL dbms.procedures()
   YIELD name,signature,description,mode,defaultBuiltInRoles,worksOnSystem
   WHERE name contains 'spatial'
RETURN name,signature,description,mode,defaultBuiltInRoles,worksOnSystem
```

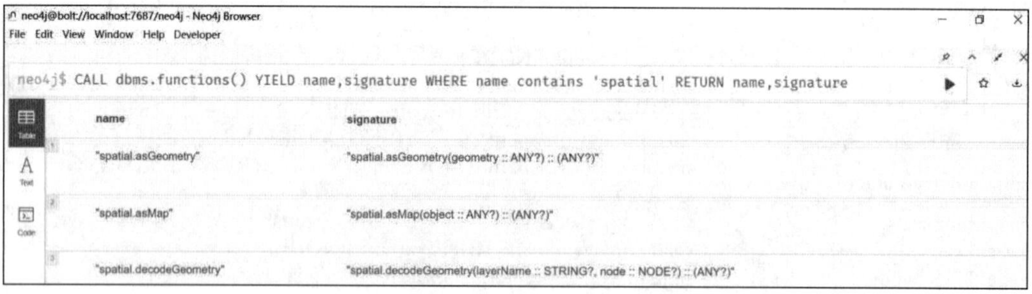

图 10-35　空间函数

10.3.1.5　空间索引查询类型

Neo4j Spatial 索引是 RTree 索引，支持扩展开发，允许在必要的时候添加其他索引。RTree 索引可以实现的查询方式有：包含（Contain）、覆盖（Cover）、被覆盖（Covered By）、交叉（Cross）、不相交（Disjoint）、相交（Intersect）、相交窗口（Intersect Window）、交叠（Overlap）、接触（Touch）、

包含（Within）、在一定距离内（With Distance）。

10.3.1.6　Java 构建 Neo4j 空间索引

Neo4j 自带一个用于导入 ESRI Shapefile 数据的实用程序。ShapefileImporter 将为每个导入的 Shapefile 创建一个新的图层，并将每个几何图形作为 WKB 存储在单个节点的单个属性中。每个图形的所有属性将作为该节点的其他属性存储，有关如何实现的更多信息，可以参考 WKBGeometryEncoder 类，但只是使用这个类就没必要了解它的实现细节了。

1. 导入 shape 文件

下面代码将 roads.shp 导入到 layer_roads 图层中。该图层使用 RTree 实现索引，支持上述已有的空间查询操作。

```
//数据库文件位置
File storeDir = new File(dbPath);
GraphDatabaseService database = new
GraphDatabaseFactory().newEmbeddedDatabase(storeDir);
try (Transaction tx = database.beginTx()) {
   ShapefileImporter importer = new ShapefileImporter(database);
   //导入 shp 文件地址，生成图层名称
   importer.importFile("roads.shp", "layer roads");
   tx.success();
} finally {
   database.shutdown();
}
```

使用 Neo4j Spatial 过程调用，也可以达到同样的效果。其方法为：

```
CALL spatial.addWKTLayer('layer_roads','geometry')
CALL spatial.importShapefileToLayer('layer_roads','roads.shp')
```

结果如图 10-36 所示。

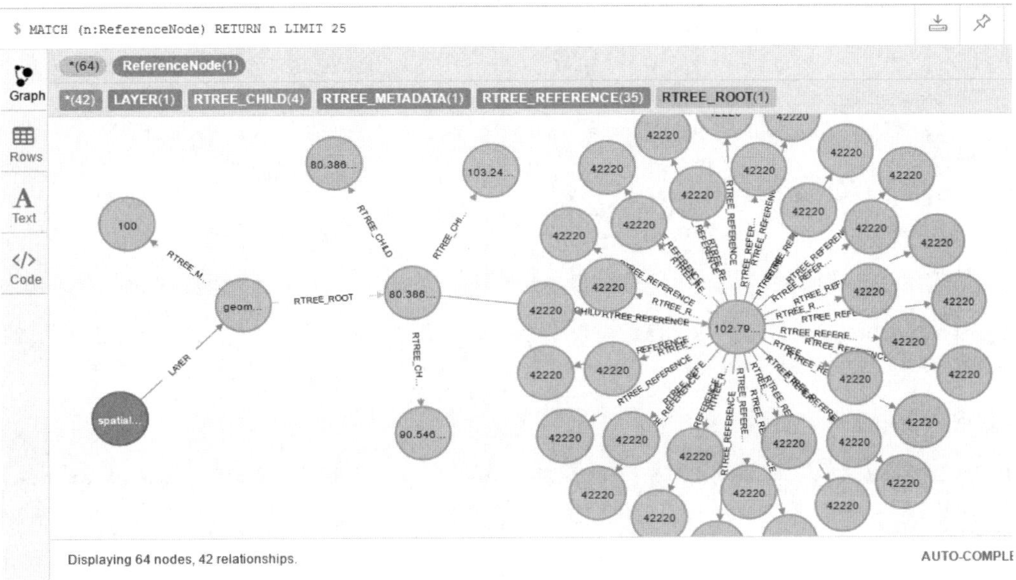

图 10-36　导入全国公路的 SHP 文件

2. 导入开放街道地图文件（OSM）

导入 OSM 文件要比导入 SHP 文件要复杂，因为导入 OSM 文件需要分两个过程执行，而第一个过程需要批处理导入。有关更详细的介绍，可以参考 Neo4j Spatial 源码[1]中的 TestDynamicLayers 和 TestOSMImport 类的单元测试，以获取导入 OSM 数据的最新代码。

```
File dir = new File(dbPath)
//设置图层名字
OSMImporter importer = new OSMImporter("OSM");
//批量导入配置
Map<String, String> config = new HashMap<String, String>();
config.put("neostore.nodestore.db.mapped_memory", "90M" );
config.put("dump_configuration", "true");
config.put("use_memory_mapped_buffers", "true");
BatchInserter batchInserter = new BatchInserterImpl(dir, config);
importer.importFile(batchInserter, "map.osm", false);
batchInserter.shutdown();
GraphDatabaseService db = new GraphDatabaseFactory().newEmbeddedDatabase(dir);
importer.reIndex(db, 10000);
db.shutdown();
```

3. 执行空间查询

对导入的 SHP 文件中的数据执行空间查询，比如，查询一个矩形位置内的图形。

```
GraphDatabaseService database = new GraphDatabaseFactory().
newEmbeddedDatabase(storeDir);
    try {
        SpatialDatabaseService spatialService = new
SpatialDatabaseService(database);
        Layer layer = spatialService.getLayer("layer_roads");
        SpatialIndexReader spatialIndex = layer.getIndex();
        Search searchQuery = new SearchIntersectWindow(new Envelope(15.0, 15.3, 60.0,
61.0));
        spatialIndex.executeSearch(searchQuery);
        List<SpatialDatabaseRecord> results = searchQuery.getResults();
    } finally {
        database.shutdown();
    }
```

如果使用 Neo4j 服务器模式，还可以使用过程调用。比如，查询一个矩形内的图形语句为：

```
CALL spatial.bbox('layer_roads', {lon:15.0,lat:60.0}, {lon:15.3, lat:61.0}) YIELD
node RETURN node.name as name
```

查询一个多边形内的图形：

```
WITH "POLYGON((15.3 60.2, 15.3 60.4, 15.7 60.4, 15.7 60.2, 15.3 60.2))" as polygon
CALL spatial.intersects('layer_roads',polygon) YIELD node
RETURN node.name as name
```

---

[1] https://github.com/neo4j-contrib/spatial

对导入的 OSM 文件数据进行空间查询：

```
GraphDatabaseService database = graphDb();
try {
    SpatialDatabaseService spatialService = new SpatialDatabaseService(database);
    Layer layer = spatialService.getLayer("map.osm");
    LayerIndexReader spatialIndex = layer.getIndex();
    System.out.println("Have " + spatialIndex.count() + " geometries in " +
spatialIndex.getBoundingBox());
    Envelope bbox = new Envelope(12.94, 12.96, 56.04, 56.06);
    try(Transaction tx = database.beginTx()) {
        List<SpatialDatabaseRecord> results = GeoPipeline
            .startIntersectWindowSearch(layer, bbox)
            .toSpatialDatabaseRecordList();
        doGeometryTestsOnResults(bbox, results);
        tx.success();
    }
} finally {
    database.shutdown();
}
```

4. 导出地图文件

在前面介绍的例子中导入的 ESRI Shapefile，实际上是由 Neo4j Spatial 创建的。我们还可以利用查询的结果或者使用 DynamicLayer 抽取出一个单一图层，用 ShapefileExporter 导出一个新的 Shapefile。如果要导出通过导入 Shapefile 创建的完整图层，在这里是不太可能的，但是可以使用此功能，将图层的子集导出成 Shapefile，或者将用其他格式数据创建的图层导出为 Shapefile。

```
SpatialDatabaseService spatialService = new SpatialDatabaseService(database);
try (Transaction tx = database.beginTx()) {
    OSMLayer layer = (OSMLayer) spatialService.getLayer("map.osm");
    DynamicLayerConfig wayLayer = layer
        .addSimpleDynamicLayer(Constants.GTYPE_LINESTRING);
    ShapefileExporter shpExporter = new ShapefileExporter(database);
    shpExporter.exportLayer(wayLayer.getName());
    tx.success();
}
```

以上示例显示如何导入具有多个不同几何类型数据的 OSM 数据集，然后选择 DynamicLayer 类型为 LineString 的几何形状，采用这种方式可以将所有 OSM 数据导出到 Shapefile，因为 SHP 格式不允许每个 Shapefile 具有多种几何类型。

```
SpatialDatabaseService spatialService = new SpatialDatabaseService(database);
Layer layer = spatialService.getLayer("map.osm");
LayerIndexReader spatialIndex = layer.getIndex();
System.out.println("Have " + spatialIndex.count() + " geometries in " +
spatialIndex.getBoundingBox());
Envelope bbox = new Envelope(12.94, 12.96, 56.04, 56.06);
    try (Transaction tx = database.beginTx()) {
      List<SpatialDatabaseRecord> results = GeoPipeline
```

```
        .startIntersectWindowSearch(layer, bbox)
        .toSpatialDatabaseRecordList();
    spatialService.createResultsLayer("results", results);
    ShapefileExporter shpExporter = new ShapefileExporter(database);
    shpExporter.exportLayer("results");
    tx.success();
  }
```

这次我们导入相同的 OSM 模型，但查询输入范围之内的所有形状，并将其导出到新的 Shapefile 中。关于更多的空间索引查询可以查阅 GeoPipes[1]。

10.3.1.7 使用 Java 添加空间索引和进行查询

定义哪些属性是代表坐标的（在这里是 lat 和 lon 属性）。

```
final Map<String, String> config = new HashMap<String, String>();
config.put(LayerNodeIndex.LAT_PROPERTY_KEY, "lat");
config.put(LayerNodeIndex.LON_PROPERTY_KEY, "lon");
config.put(SpatialIndexProvider.GEOMETRY_TYPE, LayerNodeIndex.POINT_PARAMETER);
```

创建图层的索引：

```
LayerNodeIndex layerIndex = new LayerNodeIndex("layerIndex", graphDb, config);
```

将节点添加到索引：

```
layerIndex.add(dbNode, "", "");
```

现在就可以使用一般的索引查询方法，来查询给定点的一定距离内的所有点，并且按照距离升序排序。

```
IndexHits hits  = index.query(LayerNodeIndex.WITHIN_DISTANCE_QUERY, params);
Double coords = new Double[]{ 10.415039d, 51.151786d };
Map<String, Object> params = new HashMap<String, Object>();
params.put(LayerNodeIndex.POINT_PARAMETER, coords.toArray());
params.put(LayerNodeIndex.DISTANCE_IN_KM_PARAMETER, dist);
IndexHits hits  = index.query(LayerNodeIndex.WITHIN_DISTANCE_QUERY, params);
```

如同其他基于索引的查询一样，我们可以得到多个结果组成的迭代器（Iterable），在结果中迭代，获得找到的所有点。

```
for (Node spatialNode : hits) {
   Node dbNode = graphDb.getNodeById((Long) spatialNode
   .getProperty("id"));
}
```

10.3.2 自定义中文全文索引

Neo4j 也提供全文索引机制，并且是基于 Lucene[2]（开源的全文检索引擎框架）实现的。但是，默认情况下 Lucene 只提供了基于英文的分词器，比如默认的 exact 查询采用的是 Lucene 自带的

[1] https://github.com/geopipes

[2] http://lucene.apache.org/

KeywordAnalyzer（关键词分词器）；fulltext 查询采用的是 white-space tokenizer（空格分词器），如果将这个分词器直接用于中文的分词，会将中文分成单个的字，这样就破坏了中文的语义结构。而且对于特定应用领域的中文分词，可能还需要自定义词典，因此需要在 Neo4j 的全文索引机制上针对中文分词做一些改进。

此外，使用默认的查询不一定能得到我们想要的结果，因此还需要自定义查询结果排序。本小节将介绍 Neo4j 怎么使用自定义中文全文索引。

要实现自定义中文全文索引，首先要解决的就是分词器，中文分词器的种类有很多，在这里就不一一介绍了。本节使用的是开源的 IKAnalyzer 分词器，分别从嵌入式、服务器模式介绍 Neo4j 中实现全文检索并自定义分析器的方法。

10.3.2.1 IKAnalyzer 分词器

IKAnalyzer 是一个开源的、基于 Java 语言开发的轻量级中文分词工具包。IKAnalyzer 3.0 的特性如下：

- 采用了特有的“正向迭代最细粒度切分算法”，支持细粒度和最大词长两种切分模式，具有 83 万字/秒（1600KB/S）的高速处理能力。
- 采用了多子处理器分析模式，支持英文字母、数字、中文词汇等分词处理，兼容韩文、日文字符优化的词典存储，内存占用更小，并支持用户词典扩展定义。
- 针对 Lucene 全文检索优化的查询分析器 IKQueryParser，引入简单搜索表达式，采用歧义分析算法优化查询关键字的搜索排列组合，能极大地提高 Lucene 检索的命中率。

然而，IKAnalyser 目前还没有 Maven 库，而且 IKAnalyzer 官方只更新到支持 Lucene 3.0 版本，Neo4j 中自带的 Lucene 为 5.5.0 版本，因此想要 IKAanlyzer 支持 Lucene 5.5.0 版本还需要做一些改进，具体操作请读者自行查阅相关资料。随后，用户可以添加对应的 jar 包到 Maven 本地仓库。

10.3.2.2 自定义用户词典

词典文件：自定义词典后缀名为.dic 的词典文件，必须使用 UTF-8 编码保存。

词典配置：IKAnalyzer.cfg.xml 必须保存在 src 根目录下。词典可以放置在任意文件路径中，但是在 IKAnalyzer.cfg.xml 里要配置正确。如下的这种配置，ext.dic 和 stopword.dic 应当在同一目录下。

```
<?xml version="1.0" encoding="UTF-8"?>
<!DOCTYPE properties SYSTEM "http://java.sun.com/dtd/properties.dtd">
<properties>
    <comment>IK Analyzer 扩展配置</comment>
    <!--用户可以在这里配置自己的扩展字典 -->
    <entry key="ext_dict">ext.dic;</entry>
    <!--用户可以在这里配置自己的扩展停止词字典-->
    <entry key="ext_stopwords">stopword.dic;</entry>
</properties>
```

10.3.2.3 嵌入式模式自定义全文索引

（1）创建全文索引

指定 IKAnalyzer 作为 Luncene 分词的 Analyzer，并对一个 Label 下的所有 Node 指定属性新建全文索引。

```
try (Transaction tx = graphDBService.beginTx()) {
   private static final Map<String, String> config =
stringMap(IndexManager.PROVIDER, "lucene", "type", "fulltext", "analyzer",
IKAnalyzer.class.getName());
    IndexManager index = graphDBService.index();
    Index<Node> newFullTextIndex =index.forNodes( "FullTextIndex", config);
    //找到图中某个 Label 的所有点
    ResourceIterator<Node> nodes = graphDBService
       .findNodes(DynamicLabel.label(LabelName));
    while (nodes.hasNext()) {
          Node node = nodes.next();
          //为 text 属性添加索引
          Object text = node.getProperty( "text", null);
          newFullTextIndex.add(node, "text", text);
      }
      tx.success();
}
```

（2）查询全文索引

对关键词（如“数据库”），多关键词模糊查询（如“中国 图 数据库”）默认都能检索，且检索结果按关联度已排好序。

```
try (Transaction tx = graphDBService.beginTx()) {
   private static final Map<String, String> config =
stringMap(IndexManager.PROVIDER,"lucene", "type", "fulltext", "analyzer",
IKAnalyzer.class.getName());
    IndexManager index = graphDBService.index();
    Index<Node> chineseFullTextIndex = index.forNodes("FullTextIndex" , config);
    IndexHits<Node> foundNodes = newFullTextIndex.query("text" , queryString );
    for (Node node : foundNodes) {
            System.out.println(node.get("text"));
    }
```

10.3.2.4 服务器模式自定义全文索引过程和函数

在服务器模式下，自定义中文全文索引需要用到自定义过程和自定义函数的知识。可以添加中文全文索引，基于中文全文索引的检索实现为过程，然后使用 CALL 直接调用过程即可。

一个自定义过程的实现如下：

```
public class FulltextIndex{
private static final Map<String, String> FULL_INDEX_CONFIG =
stringMap(IndexManager.PROVIDER, "lucene", "type", "fulltext", "analyzer",
"org.wltea.analyzer.lucene.IKAnalyzer");
// 获取 GraphDatabaseService
@Context
```

```
public GraphDatabaseService db;
@Context
public Log log;
@Procedure(value = "userdefined.index.chineseFulltextIndexSearch", mode =
Mode.WRITE)
@Description("call userdefined.index.chineseFulltextIndexSearch (String
indexName, String query, long limit) yield node, 执行 lucene 全文搜索，返回前 {limit}
个结果")
public Stream<ChineseHit> search(@Name("indexName") String indexName,
@Name("query") String query, @Name("limit") long limit
){
    if( !db.index().existsForNodes( indexName ))
    {
        // 输出日志
        log.debug( "如果索引不存在就跳过本次查询: `%s`", indexName );
        return Stream.empty();
    }
    return db.index()
           .forNodes(indexName, FULL_INDEX_CONFIG)
        //根据匹配分数排序，sortByScore
           .query(new QueryContext(query).sortByScore() .top((int)limit))
           .stream()
           .map(ChineseHit::new);
}
    @Procedure(value = "userdefined.index.addChineseFulltextIndex",
mode=Mode.WRITE)
    @Description("call userdefined.index.addChineseFulltextIndex(String
indexName,String labelName, List<String> propKeys,为一个标签下的所有节点的指定属性添
加索引")
    public void addIndex( @Name("indexName") String indexName,
                          @Name("labelName") String labelName,
                          @Name("properties") List<String> propKeys )
    {
        Label label = Label.label(labelName);
        //按照标签找到该标签下的所有节点
        ResourceIterator<Node> nodes = db.findNodes(label);
        while(nodes.hasNext()){
            Node node = nodes.next();
            //每个节点上想要添加索引的属性
            Set<Map.Entry<String,Object>> properties =
                    node.getProperties( propKeys.toArray( new
String[0] ) ).entrySet();
            //查询该节点是否已有索引，有的话删除
            Index<Node> index = db.index().forNodes( indexName, FULL_INDEX_CONFIG);
            index.remove( node );
            //为该节点的每个需要添加索引的属性添加全文索引
            for ( Map.Entry<String,Object> property : properties )
            {
                index.add( node, property.getKey(), property.getValue() );
            }
        }
```

```
    }
    public static class ChineseHit
    {
        public Node node;
        public ChineseHit(Node node) {this.node = node;}
    }
}
```

将该类编译成 jar 包，并且将其放置于 neo4j/plugins 文件夹下，然后重启 Neo4j 服务，即可直接调用如下过程，添加自定义中文全文索引和查询的功能。

```
CALL userdefined.index.chineseFulltextIndexSearch(indexName, query, limit)
CALL userdefined.index.addChineseFulltextIndex(indexName, labelName, propKey)
```

10.3.2.5 服务器模式自定义分析器

在服务器模式下，还可以直接使用 Neo4j 提供的自定义分析器功能，直接集成中文分词器，并使用 Neo4j 原生支持的过程进行索引的创建和查询。这种方式集成中文分词功能比较简单，用户可以不用开发索引自动更新、集群间索引同步等功能，因为这个接口默认已经实现这些功能。

关键步骤是集成分词器，然后定义 AnalyzerProvider 程序，集成后的程序 jar 包放置在 Neo4j 安装目录的 plugins 文件夹即可。下面以定义 IKAnalyzer 分析器为例，介绍主要步骤和索引使用方式。

步骤 01 集成 IK 分词器程序。

```
import org.apache.lucene.analysis.Analyzer;
import org.apache.lucene.analysis.Tokenizer;
/**
 * IK 分词器，Lucene Analyzer 接口实现
 * 兼容 Lucene 5.x 版本
 */
public final class IKAnalyzer extends Analyzer {
    // 默认细粒度切分 true-智能切分 false-细粒度切分
    private Configuration configuration = new Configuration(false);
    /**
     * IK 分词器 Lucene  Analyzer 接口实现类
     * <p>
     * 默认细粒度切分算法
     */
    public IKAnalyzer() {
    }
    /**
     * IK 分词器 Lucene Analyzer 接口实现类
     *
     * @param configuration IK 配置
     */
    public IKAnalyzer(Configuration configuration) {
        super();
        this.configuration = configuration;
    }
```

```
    /**
     * 重载Analyzer接口，构造分词组件
     */
    @Override
    protected TokenStreamComponents createComponents(String fieldName) {
        Tokenizer _IKTokenizer = new IKTokenizer(configuration);
        return new TokenStreamComponents(_IKTokenizer);
    }
}
```

步骤 02 定义 AnalyzerProvider 程序。

```
import org.apache.lucene.analysis.Analyzer;
import org.neo4j.graphdb.index.fulltext.AnalyzerProvider;
import org.neo4j.helpers.Service;
@Service.Implementation(AnalyzerProvider.class)
public class IKAnalyzerProvider extends AnalyzerProvider {
    public static final String DESCRIPTION = "IK Analyzer是基于Java开发的轻量级的
中文分词工具包";
    public static final String ANALYZER_NAME = "IKAnalyzer";
    /**
     * Sub-classes MUST have a public no-arg constructor, and must call this
super-constructor with the names it uses to identify itself.
     * <p>
     * Sub-classes should strive to make these names unique.
     * If the names are not unique among all analyzer providers on the class path,
then the indexes may fail to load the correct analyzers that they are
     * configured with.
     */
    public IKAnalyzerProvider() {
        super(ANALYZER_NAME);
    }
    /**
     * @return A newly constructed {@code Analyzer} instance.
     */
    @Override
    public Analyzer createAnalyzer() {
        return new IKAnalyzer();
    }
    @Override
    public String description() {
        return DESCRIPTION;
    }
}
```

步骤 03 查看自定义分析器如图 10-37 所示。

图 10-37 查看自定义分析器

步骤 04 使用自定义分析器创建索引。

```
// 以创建节点全文索引为例
CALL db.index.fulltext.createNodeIndex('users', ['User'],
['username','first_name', 'last_name','description'],{analyzer:'IKAnalyzer'})
```

步骤 05 查询索引。

```
// 使用全文索引名称查询索引
CALL db.index.fulltext.queryNodes('users','+John')
```

10.4 在 Docker 环境下部署 Neo4j

本节将讲解如何在 Docker 环境下部署 Neo4j，关于 Docker 的安装请参考 Docker 官网，在这里不做讨论。DockerHub 上有 Neo4j 官方提供的标准、可立即运行的 Neo4j 镜像，可以直接下载对应得社区版或者企业版的镜像包，如图 10-38 所示。

图 10-38 Neo4j 与 Docker

10.4.1　Docker 概述

Docker 是一个开源的应用容器引擎，让开发者可以打包他们的应用以及依赖包到一个可移植的镜像中，然后发布到任何流行的 Linux 或 Windows 机器上，以实现虚拟化。容器完全使用沙箱机制，相互之间不会有任何接口。Docker 可以理解为是一个轻量级的虚拟机，如图 10-39 所示。

图 10-39　Docker

10.4.2　Docker 安装 Neo4j 的优点

- 快速部署 Neo4j。
- 可多实例安装，并且实例相互隔离。
- 简化 Neo4j 安装、配置操作。
- 可跨操作系统运行。
- 可以方便地对 Neo4j 版本进行掌控。

10.4.3　Docker 安装 Neo4j

本次展示的案例采用 CentOS 7 操作系统。Docker 的安装、使用等知识点，请另外查阅相关文档。Neo4j 的官方 Docker 镜像介绍，可以参考网址 https://hub.docker.com/_/neo4j。

1. 拉取最新的 Neo4j 镜像（见图 10-40）

```
# 运行命令
docker pull neo4j
```

图 10-40　Docker 拉取最新的 Neo4j 镜像

2. 运行 Neo4j 容器

```
# 挂接宿主机文件版
docker run \
    --name testneo4j \
    -p7474:7474 -p7687:7687 \
    -d \
    -v $HOME/neo4j/data:/data \
    -v $HOME/neo4j/logs:/logs \
    -v $HOME/neo4j/import:/var/lib/neo4j/import \
```

```
    -v $HOME/neo4j/plugins:/plugins \
    --env NEO4J AUTH=neo4j/test \
neo4j:latest

# 不挂接宿主机文件版
docker run  --name testneo4j  -p7474:7474 -p7687:7687  -d  --env
NEO4J_AUTH=neo4j/test  neo4j:latest
```

主要参数说明如表 10-2 所示。

表 10-2　运行 Neo4j 容器的主要参数说明

参数	说明	例子
--name	为创建的 Neo4j 容器命名（避免使用 ID 当名字）	docker run --name myneo4j neo4j
-p	设置暴露外部端口号	docker run -p7687:7687 neo4j
-d	以后台方式运行，避免退出命令行后容器也自动关闭	docker run -d neo4j
-v	绑定外部文件，如配置文件、数据文件可以设定为操作系统下的文件	docker run -v $HOME/neo4j/data:/data neo4j
--env	设置环境遍历	docker run --env NEO4J_AUTH=neo4j/test
--help	打印 Neo4j 的所有日志	docker run --help

注意点：

（1）CentOS 用户需要关闭 selinux，才能用-v 挂接本地文件，不关闭 selinux 就无法启动。或者取消掉所有-v 参数，不挂接任何文件也可以。

（2）Neo4j 安装完毕后，默认情况下，第一次登录的用户名密码为 neo4j/neo4j，为了跳过第一次、登录必须重设用户名、密码这一环节。这里使用了参数：

```
--env NEO4J_AUTH=neo4j/<password>
```

（3）如果不用-v 参数将 Neo4j 在 docker 内的数据文件绑定到外部操作系统文件，则删除此 Neo4j 容器后，数据将一并删除无法恢复。

打开 Neo4j 浏览器管理界面，如图 10-41 所示。浏览器访问 http://localhost:7474 地址，图中可以看到在 Docker 中已经运行 Neo4j 了。

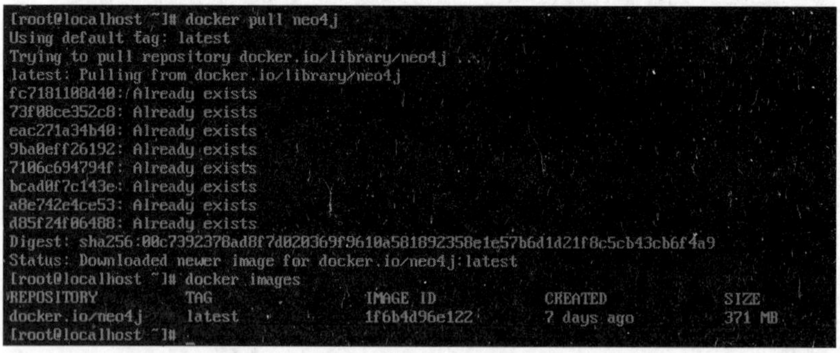

图 10-41　Docker 拉取 Neo4j 镜像并启动服务

3. Docker 下针对 Neo4j 的其他操作

（1）停止 Neo4j 容器：

```
docker stop testneo4j
```

（2）再次启动 Neo4j 容器：

```
docker start testneo4j
```

（3）从 Docker 删除 Neo4j 容器：

```
docker rm testneo4j
```

10.5 在 Kuberenetes 环境下部署 Neo4j

本节将介绍使用 Neo4j Helm 在 Kubernetes 集群上运行 Neo4j。Neo4j 支持使用 Neo4j Helm 在 Kubernetes 集群上部署单节点和集群模式的 Neo4j。Helm 是 Kubernetes 的包管理器，通常运行在 Kubernetes 之外的机器上，并通过调用 Kubernetes API 在 Kubernetes 集群中创建资源。Helm 使 Helm Charts 在 Kubernetes 上安装和管理应用程序。关于 Helm 的更多信息可以查看 https://helm.sh。

10.5.1 关于 Neo4j Helm

Neo4j Helm 目前维护了两个存储库，分别支持不同的 Neo4j 版本，其支持列表如下所示：

```
仓库：https://github.com/neo4j-contrib/neo4j-helm <=4.4
文档：https://neo4j.com/labs/neo4j-helm/1.0.0/
仓库：https://github.com/neo4j/helm-charts 企业版>=4.4 社区版>=4.3
文档：https://neo4j.com/docs/operations-manual/current/kubernetes
```

Neo4j Helm 存储库包含 Neo4j 单节点服务器（neo4j/neo4j-standalone）的 Helm 图表，用于集群安装的核心（neo4j/neo4j-core）和只读副本（neo4j/ neo4j-read-replica）组件，以及支持一些简化服务配置的操作。

10.5.2 Neo4j Helm 的使用

使用 Neo4j Helm 时，用户负责定义 values.yaml 文件。YAML 文件指定用户希望通过 Helm 实现配置 Neo4j 的目标操作，此设置中没有 neo4j.conf 文件。接着用户需要运行 helm install 选择要安装的实例，并传入 values.yaml 文件以自定义安装过程。

10.5.3 配置 Neo4j Helm

现在介绍如何配置 Neo4j Helm 并查看可用的 Neo4j 实例。要在 Kubernetes 上部署 Neo4j 单节点或者集群，必须先配置 Neo4j Helm 存储库。

（1）添加 Neo4j Helm 存储库：

```
helm repo add neo4j https://helm.neo4j.com/neo4j
```

（2）更新存储库：

```
helm repo update
```

（3）查看可用的 Neo4j Helm

```
# 如果你想查看所有可用版本，请使用选项--versions
helm search repo neo4j/
```

结果如图 10-42 所示。

```
NAME                                    CHART VERSION   APP VERSION DESCRIPTION
neo4j/neo4j-cluster-core                4.4.0           4.4.0       Neo4j is the world's leading graph database
neo4j/neo4j-cluster-headless-service    4.4.0           -           Neo4j is the world's leading graph database
neo4j/neo4j-cluster-loadbalancer        4.4.0           -           Neo4j is the world's leading graph database
neo4j/neo4j-cluster-read-replica        4.4.0           4.4.0       Neo4j is the world's leading graph database
neo4j/neo4j-docker-desktop-pv           4.4.0           -           Sets up persistent disks suitable for simple de...
neo4j/neo4j-gcloud-pv                   4.4.0           -           Sets up persistent disks suitable for simple de...
neo4j/neo4j-standalone                  4.4.0           4.4.0       Neo4j is the world's leading graph database
```

图 10-42　查看可用的 Neo4j Helm

10.5.4 部　署

本小节主要以 Neo4j 单节点部署为例，展示一个完整的安装过程，其他部署模式可以参考 https://neo4j.com/docs/operations-manual/current/kubernetes 网站的说明。

10.5.4.1 部署过程

在单节点服务器部署设置中，用户负责定义单个 YAML 文件，其中包含 Neo4j 单节点的所有配置，并由用户触发运行下面命令以部署 Neo4j 单实例。

```
helm install my-neo4j-release neo4j/neo4j-standalone -f values.yaml
```

命令启动后，Neo4j Helm 会创建运行和访问 Neo4j 所需的 Kubernetes 依赖组件。整个过程可以参考图 10-43 所示的示意图。

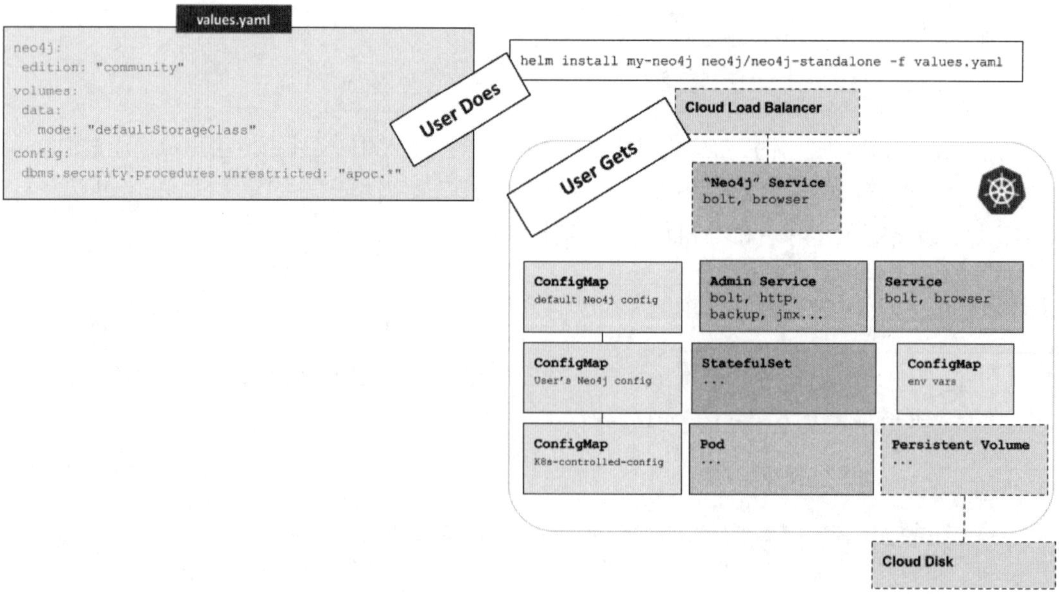

图 10-43　Helm 安装 Neo4j 时实例化的 Kubernetes 和 Cloud 资源示意图

10.5.4.2 基础环境

在单节点服务启动安装之前，需要提前配置基础环境。

（1）确保已经配置 Neo4j Helm 存储库。

（2）如果要安装 Neo4j 企业版，请获取有效许可证。Neo4j 社区版（单节点安装的默认设置）不需要许可证（有关更多信息，请参考 https://neo4j.com/licensing 或发送邮件 license@neo4j.com）。

（3）安装 Kubernetes 客户端命令行工具 kubectl。参考网址 https://kubernetes.io/docs/tasks/tools。

（4）为了保证 Neo4j 部署顺利运行，需要设置具有足够 CPU 和内存的 Kubernetes 集群。Neo4j 对于系统资源的要求很大程度上取决于软件的使用场景。因此，在开发或生产环境中运行 Neo4j，需要根据具体业务运行场景来动态调整。

10.5.4.3 生成 values.yaml 文件

基础环境配置好以后，需要创建一个 Helm 部署依赖的 YAML 文件，其中包含 Neo4j 单节点的所有配置。

（1）重要配置参数：neo4j.resources

Neo4j 实例的大小由 neo4j.resources.cpu 和 neo4j.resources.memory 参数的值定义。最低要求是 0.5CPU 和 2GB 内存。如果提供的值无效或小于最小值，则 Helm 将抛出错误，例如：

```
Error: template: neo4j-standalone/templates/_helpers.tpl:157:11: executing
"neo4j.resources.evaluateCPU" at <fail (printf "Provided cpu value %s is less than
minimum. \n %s" (.Values.neo4j.resources.cpu) (include
"neo4j.resources.invalidCPUMessage" .))>: error calling fail: Provided cpu value
0.25 is less than minimum.
 cpu value cannot be less than 0.5 or 500m
```

（2）重要配置参数：neo4j.password

图数据库的默认用户是 neo4j，如果在初始化时不提供密码，Neo4j Helm 会自动生成一个，自动生成的密码在输出日志中。另外，不能使用 neo4j 作为初始密码，因为这是系统的默认密码。

（3）重要配置参数：neo4j.edition 和 neo4j.acceptLicenseAgreement

默认情况下，Neo4j Helm 安装的是 Neo4j 社区版。如果你需要安装企业版，则需要设置以下参数：

```
edition: "enterprise"
acceptLicenseAgreement: "yes"
```

（4）重要配置参数：volumes.data

volumes.data 参数设置 data 映射，data 参数将 Neo4j 的数据卷挂载映射到为该实例创建的持久卷上。

（5）values.yaml 文件内容

```
neo4j:
  resources:
    cpu: "0.5"
```

```
    memory: "2Gi"
  # Uncomment to set the initial password
  #password: "my-initial-password"
  # Uncomment to use enterprise edition
  #edition: "enterprise"
  #acceptLicenseAgreement: "yes"
volumes:
  data:
    mode: defaultStorageClass
    defaultStorageClass:
      requests:
        storage: 2Gi
```

10.5.4.4 安装

使用创建的 value.yaml 文件进行部署，运行 Helm 安装 Neo4j（neo4j/neo4j-standalone）单实例服务。结果如图 10-44 所示。

```
# 运行命令
helm install my-neo4j-release neo4j/neo4j-standalone -f my-neo4j.values.yaml
```

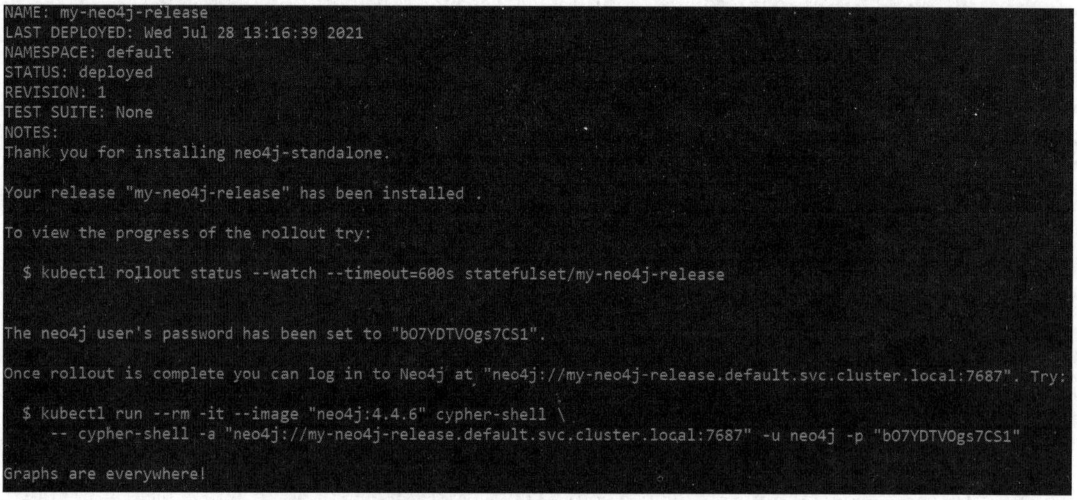

```
NAME: my-neo4j-release
LAST DEPLOYED: Wed Jul 28 13:16:39 2021
NAMESPACE: default
STATUS: deployed
REVISION: 1
TEST SUITE: None
NOTES:
Thank you for installing neo4j-standalone.

Your release "my-neo4j-release" has been installed .

To view the progress of the rollout try:

  $ kubectl rollout status --watch --timeout=600s statefulset/my-neo4j-release


The neo4j user's password has been set to "bO7YDTVOgs7CS1".

Once rollout is complete you can log in to Neo4j at "neo4j://my-neo4j-release.default.svc.cluster.local:7687". Try:

  $ kubectl run --rm -it --image "neo4j:4.4.6" cypher-shell \
     -- cypher-shell -a "neo4j://my-neo4j-release.default.svc.cluster.local:7687" -u neo4j -p "bO7YDTVOgs7CS1"

Graphs are everywhere!
```

图 10-44 Helm 安装 Neo4j 示例输出

可以运行 kubectl rollout 中提供的命令，来观察 Helm 安装 Neo4j 的过程，等待它执行完成。

```
# 观察安装过程
kubectl rollout status --watch --timeout=600s statefulset/my-neo4j-release
```

10.5.4.5 验证安装

（1）检查 statefulset 是否正常。

```
# 运行命令
kubectl get statefulsets
# 输出
NAME               READY   AGE
my-neo4j-release   1/1     5m11s
```

（2）检查 PVC 是否正常（STATUS 必须是 Bound）。

```
# 运行命令
kubectl get pvc
# 输出
NAME                      STATUS   VOLUME              CAPACITY   ACCESS MODES
STORAGECLASS   AGE
data-my-neo4j-release -0   Bound    my-neo4j-release -pv   10Gi       RWO
manual         8m36s
```

（3）检查 pod 是否为 READY。

```
# 运行命令
kubectl get pods
# 输出
NAME                 READY   STATUS      RESTARTS   AGE
my-neo4j-release-0   1/1     Running     0          5m53s
```

（4）检查 pod 日志是否正常。

```
# 运行命令
kubectl exec my-neo4j-release-0 -- tail -n50 /logs/neo4j.log
# 输出
Changed password for user 'neo4j'.
Directories in use:
  home:         /var/lib/neo4j
  config:       /config/
  logs:         /data/logs
  plugins:      /var/lib/neo4j/plugins
  import:       /var/lib/neo4j/import
  data:         /var/lib/neo4j/data
  certificates: /var/lib/neo4j/certificates
  run:          /var/lib/neo4j/run
Starting Neo4j.
2021-06-02 17:38:27.791+0000 INFO  Command expansion is explicitly enabled for
configuration
2021-06-02 17:38:27.819+0000 INFO  Starting...
2021-06-02 17:38:31.195+0000 INFO  ======== Neo4j 4.4.6 ========
2021-06-02 17:38:34.168+0000 INFO  Initializing system graph model for component
'security-users' with version -1 and status UNINITIALIZED
2021-06-02 17:38:34.188+0000 INFO  Setting up initial user from `auth.ini` file:
neo4j
2021-06-02 17:38:34.190+0000 INFO  Creating new user 'neo4j'
(passwordChangeRequired=false, suspended=false)
2021-06-02 17:38:34.205+0000 INFO  Setting version for 'security-users' to 2
2021-06-02 17:38:34.214+0000 INFO  After initialization of system graph model
component 'security-users' have version 2 and status CURRENT
2021-06-02 17:38:34.223+0000 INFO  Performing postInitialization step for
component 'security-users' with version 2 and status CURRENT
2021-06-02 17:38:34.561+0000 INFO  Bolt enabled on 0.0.0.0:7687.
2021-06-02 17:38:36.910+0000 INFO  Remote interface available at
http://localhost:7474/
```

```
7:38:36.912+0000 INFO  Started.
```

（5）检查服务是否正常。

```
# 运行命令
kubectl get services
# 输出
NAME                      TYPE           CLUSTER-IP       EXTERNAL-IP   PORT(S)
AGE
kubernetes                ClusterIP      10.96.0.1        <none>        443/TCP
3d1h
my-neo4j-release          ClusterIP      10.103.103.142   <none>
7687/TCP,7474/TCP,7473/TCP                    2d8h
my-neo4j-release-admin    ClusterIP      10.99.11.122     <none>
6362/TCP,7687/TCP,7474/TCP,7473/TCP           2d8h
my-neo4j-release-neo4j    LoadBalancer   10.110.138.165   localhost
7474:31237/TCP,7473:32026/TCP,7687:32169/TCP   2d3h
```

（6）检查服务是否正常。

```
# 运行命令
kubectl port-forward svc/my-neo4j-release tcp-bolt tcp-http tcp-https
```

（7）在 Web 浏览器中，访问 http://localhost:7474 地址打开 Neo4j 浏览器，使用初始化的用户 neo4j 和安装时设置的密码（Helm 安装时自动生成的密码）登录。

10.5.4.6 卸载

（1）卸载 Neo4j Helm 部署。

```
# 运行命令
helm uninstall my-neo4j-release
# 输出
release "my-neo4j-release" uninstalled
```

（2）完全删除所有数据和资源。卸载 Helm 的安装不会删除创建的资源和数据。因此，卸载 Helm 部署后，还必须删除所有的数据和资源。

```
# 获取 pvc 名称
kubectl get pvc
# 输出结果中得到 pvc 名称，并对应删除持久卷
NAME                      STATUS   VOLUME              CAPACITY   ACCESS MODES
STORAGECLASS   AGE
data-my-neo4j-release-0   Bound    my-neo4j-release-pv   1Ti        RWO
manual         43h
```

10.6 Neo4j 与图计算

随着现实世界中网络数据的爆炸式增长，图计算逐渐成为近些年的热点研究问题之一。Neo4j 作为图数据库方面的翘楚，也在图计算问题上做了很大的努力。

本节将简单介绍如何有效地使用 Neo4j 与 Apache Spark，这里将列出一些简单的方法，指导读者利用 Neo4j 和 Spark 建立自己的图计算解决方案。Neo4j 与 Spark 的关系如图 10-45 所示。

图 10-45　Neo4j 与 Spark

在开始之前，应该对 Apache Spark 和 Neo4j 的数据模型、数据范例和 API 有一个较好的了解，以利于后续学习。

Apache Spark 是一种集群内数据处理的解决方案，可以轻松地在多个机器上进行大规模数据处理，还带有 GraphX 和 GraphFrames 两个框架，可以专门用于对数据进行图计算操作。

Spark 与 Neo4j 结合可以作为 Neo4j 的外部数据处理解决方案，简单的处理过程如下所示：

（1）所需要分析的子图从 Neo4j 导出到 Spark。

（2）利用 Spark 集群进行图计算。

（3）将计算结果返回到 Neo4j 中。

（4）用 Neo4j 的 Cypher 语言或者其他操作工具进行查询。

提示：Neo4j 本身已经能够在比较大的数据量上进行图计算操作。我们测试过利用 Neo4j Pagerank 过程可以在 20 秒内对 10MB 节点，25MB 关系运行 PageRank 算法（5 次迭代）。Spark 适合处理更大的数据集和更密集的操作。

10.6.1　Neo4j-Spark-Connector

Neo4j-Spark-Connector 使用二进制 Bolt 协议从 Neo4j 中导入和导出数据。Neo4j-Spark-Connector 提供了 Spark 2.0 的 RDD、DataFrame、GraphX Graph 和 GraphFrames 等 API，可以自由地选择怎样使用 Spark 处理 Neo4j 数据。

一般的分析过程如下：

（1）创建 org.neo4j.spark.Neo4j(sc)。

（2）设置 cypher(query, [params]), nodes(query, [params]), rels(query, [params])作为直接查询。或者使用 pattern("Label1", Seq("REL"), "Label2") 或 pattern(("Label1", "prop1"), ("REL", "prop"), ("Label2", "prop2"))。

（3）为并行计算定义 partitions(n)、batch(size)和 rows(count)。

（4）选择返回的数据类型：

- loadRowRdd、loadNodeRdds、loadRelRdd、loadRdd[T]。
- loadDataFrame、loadDataFrame(schema)。
- loadGraph[VD,ED]。
- loadGraphFrame[VD,ED]。

下面实现一个简单地从 Neo4j 中加载数据并且使用 Spark 分析的流程。在开始这个教程之前，需要具备 Spark 和 Scala 的相关知识，并且需要安装配置 Spark 和 Scala 的运行环境。

为了完成整个处理流程的描述，在这里需要向 Neo4j 数据库中添加数据。添加数据的 Cypher

语句如下所示：

```
UNWIND range(1,100) as id
CREATE (p:Person {id:id}) WITH collect(p) as people
UNWIND people as p1
UNWIND range(1,10) as friend
WITH p1, people[(p1.id + friend) % size(people)] as p2
CREATE (p1)-[:KNOWS {years: abs(p2.id - p1.id)}]->(p2)
```

如果使用 Spark-Shell 进行分析，首先需要在 Spark 中配置 Neo4j 的连接方式。

（1）如果使用默认的主机和端口运行 Neo4j，只需要在 spark-default.conf 中配置用户的密码：

```
spark.neo4j.bolt.password = your_neo4j_password
```

（2）如果运行的不是 Neo4j 默认的主机和端口，那么需要做如下配置：

```
spark.neo4j.bolt.url=bolt://$host_name:$port
spark.neo4j.bolt.user= your_neo4j_username
spark.neo4j.bolt.password = your_neo4j_password
```

（3）第二种设置方式也可以用另一种方式给出：

```
spark.neo4j.bolt.url =bolt://neo4j:<password>@$host_name: $port
```

然后可以运行 Spark-Shell，打开 Spark-Shell 的时候还要添加 Neo4j-Spark-Connector 的 jar 包依赖。可以用如下方式添加：

```
$SPARK_HOME/bin/spark-shell --packages neo4j-contrib:
neo4j-spark-connector:2.0.0-M2
```

也可以将 Neo4j-Spark-Connector 下载到本地，用如下方式添加：

```
$SPARK_HOME/bin/spark-shell --jars neo4j-spark-connector_2.11 -full-2.0.0-M2.jar
```

如果还要添加其他 jar 包依赖，直接在上述 jar 包配置的后面添加依赖的 jar 包名称，并且使用逗号隔开，例如：

```
$SPARK_HOME/bin/spark-shell --packages neo4j-contrib:neo4j-spark
-connector:2.0.0-M2,graphframes:graphframes:0.2.0-spark2.0-s_2.11
```

首先从 Neo4j 中加载数据并且转化成 Spark 的 RDD 类型，在 Spark-Shell 中运行如下代码，并且对照输出结果：

```
import org.neo4j.spark._
val neo = Neo4j(sc)
val rdd = neo.cypher("MATCH (n:Person) RETURN id(n) as id ").loadRowRdd
rdd.count
//   => Long = 100
rdd.first.schema.fieldNames
//   => ["id"]
rdd.first.schema("id")
//   => StructField(id,LongType,true)
neo.cypher("MATCH (n:Person) RETURN id(n)").loadRdd[Long].mean
```

```
//   => Double = 236696.5
neo.cypher("MATCH (n:Person) WHERE n.id <= {maxId} RETURN n.id").param("maxId",
10).loadRowRdd.count
//   => Long = 10
// 设置分区和批处理大小
neo.nodes("MATCH (n:Person) RETURN id(n) SKIP {_skip} LIMIT
{_limit}").partitions(4).batch(25).loadRowRdd.count
//   => 100 == 4 * 25
// 通过 pattern 加载数据
neo.pattern("Person",Seq("KNOWS"),"Person").rows(80).batch(21).loadNodeRdds.co
unt
//   => 80
// 通过 pattern 加载关系
neo.pattern("Person",Seq("KNOWS"),"Person").partitions(12).batch(100).loadRelR
dd.count
//   => 1000
```

从 Neo4j 中加载数据并且转化成 Spark 的 DataFrame 类型，在 Spark-Shell 中运行如下代码，并且对照输出结果：

```
import org.neo4j.spark._
val neo = Neo4j(sc)
// 通过 Cypher 查询加载数据
neo.cypher("MATCH (n:Person) RETURN id(n) as id SKIP {_skip} LIMIT
{_limit}").partitions(4).batch(25).loadDataFrame.count
//   => res36: Long = 100
val df = neo.pattern("Person",Seq("KNOWS"),"Person").partitions
(12).batch(100).loadDataFrame
//   => org.apache.spark.sql.DataFrame = [id: bigint]
```

从 Neo4j 中加载数据并且转化成 Spark 的 GraphX Graph 类型，在 Spark-Shell 中运行如下代码，并且对照输出结果：

```
import org.neo4j.spark._
import org.apache.spark.graphx._
import org.apache.spark.graphx.lib._
val neo = Neo4j(sc)
// 通过 Cypher 查询加载 Graph
val graphQuery = "MATCH (n:Person)-[r:KNOWS]->(m:Person) RETURN id(n) as source,
id(m) as target, type(r) as value SKIP {_skip} LIMIT {_limit}"
val graph: Graph[Long, String] =
neo.rels(graphQuery).partitions(7).batch(200).loadGraph
graph.vertices.count
//    => 100
graph.edges.count
//    => 1000
// 通过 pattern 加载 Graph
val graph = neo.pattern(("Person","id"),("KNOWS","since"),("Person","
id")).partitions(7).batch(200).loadGraph[Long,Long]
val graph2 = PageRank.run(graph, 5)
graph2.vertices.sort(_._2).take(3)
```

从 Neo4j 中加载数据并且转化成 Spark 的 GraFrames 类型，在 Spark-Shell 中运行如下代码，并且对照输出结果：

```
import org.neo4j.spark._
import org.graphframes._
val neo = Neo4j(sc)
val graphFrame = neo.pattern(("Person","id"),("KNOWS",null),
("Person","id")).partitions(3).rows(1000).loadGraphFrame
graphFrame.vertices.count
//    => 100
graphFrame.edges.count
//    => 1000
val pageRankFrame = graphFrame.pageRank.maxIter(5).run()
val ranked = pageRankFrame.vertices
ranked.printSchema()
val top3 = ranked.orderBy(ranked.col("pagerank").desc).take(3)
```

10.6.2 Neo4j-Spark-Connector 提供的 API

Neo4j-Spark-Connector 还提供了更简单的加载和操作 RDD、DataFrames、GraphX Graphs 和 Graph Frames 方法。具体介绍如下。

1. RDD

- Neo4jTupleRDD：每行返回一个 Seq[(String, AnyRef)]。
- Neo4jRowRDD：每行返回一个 SparkSQL ROW。

2. DataFrame

- 返回 SparkSQL 的 DataFrame。

3. GraphX-Neo4jGraph

- Neo4jGraph：具有加载和保存 GraphX Graph 的方法。
- Neo4jGraph.execute：执行 Cypher 查询并且返回 CypherResult。
- Neo4jGraph.loadGraph(sc, label, rel-types, label2)：通过标签标记的节点之间的关系加载子图。
- Neo4jGraph.saveGraph(g, nodeProp, relProp)：将更新过的节点和关系属性保存到 Neo4j。
- Neo4jGraph.loadGraphFromNodePairs(sc, stmt, params)：从节点 node-id 中加载图。
- Neo4jGraph.loadGraphFromRels(sc, stmt, params)：从起始节点 id 和结束节点 id 以及它们之间关系的限制加载图。
- Neo4jGraph.loadGraph(sc, (stmt, params), (stmt, params))：加载两个条件约束的图，第一个条件约束点的类型，第二个条件约束边的类型。

4. GraphFrames

- Neo4jGraphFrame(sqlContext,(srcNodeLabel,nodeProp),(relType,relProp),dst:(dstNodeLabel, dstNodeProp)：加载具有给定源节点和目标节点及它们之间的关系图。

- Neo4jGraphFrame.fromGraphX(sc, label, Seq(rel-type), label)：加载具有给定模式的图。
- Neo4jGraphFrame.fromEdges(sqlContext,srcNodeLabel, Seq(relType), dstNodeLabel)：与上一条类似。

以上初步介绍了 Neo4j 如何与 Spark 结合进行图分析。如果要构建你自己的图计算平台，还需要进一步学习，更详细的信息可以参考 https://github.com/neo4j-contrib/neo4j-spark -connector。

10.7 Neo4j 与自然语言处理

自然语言处理技术在挖掘文本数据时使用的关键技术之一是本体的挖掘词关联。词关联在语音处理标记、解析、实体提取等自然语言处理任务中非常有用。Neo4j 由于其强大的处理关联数据的能力，为自然语言处理中词关联的处理提供了一种新的解决方案。本节将简要介绍称为聚合关系（Paradigmatic Relation）的一种词关联，并且演示如何使用 Neo4j 帮助我们将文本语料库构建成一个图，并实现一种简单的聚合关系挖掘算法。

在自然语言处理中有两种常见的词关联：聚合关系和组合关系（Syntagmatic Relation）。

- 聚合关系：词 A 和词 B 如果彼此之间可以相互替换，就称之为具有聚合关系，这表示它们属于同一类，例如“星期一”和“星期四”、“猫”和“狗”。
- 组合关系：表示可以相互组合的词，例如“冷”和“天气”。

在这里我们只关心聚合关系。

10.7.1 计算聚合相关性

计算聚合关系的基本步骤分为三步，说明如下。

1. 通过一个单词的上下文表示每个单词

考虑一个简单的文档，里面包括这样的句子：

```
My cat eats fish on Saturday.
His dog eats turkey on Tuesday.
```

要分析两个词是否具有聚合关系，需要用一些方法来表示给定单词的上下文。我们通过如下函数来计算给定单词的上下文片段：

```
Right1("cat") = {"eats", "ate", "is", "has", ...}
Left1("cat") = {"my", "his", "big", "a", "the", ...}
```

2. 计算上下文相似性

为了计算聚合关系的度量，采用相对上下文相似性的和来表示：

```
Sim("Cat","Dog")=Sim(Left1("Cat"),Left1("Dog"))+Sim(Right1("Cat"),
Right1("Dog"))
```

我们可以使用 Jaccard 指数作为相似性的度量。

3. 具有上下文高度相似性的词可能具有聚合关系

一旦有了这种计算相似度的方式，就可以寻找具有高相似度的词对。这是一种相对简单的方法，可以通过扩大上下文窗口的大小，处理停止词来调整相似性得分。

10.7.2 将文本数据建模为邻接图

可以将文本数据建模为邻接图，其中每个单词是一个节点，两个节点之间的边表示这些单词在文本语料库中彼此相邻。我们将使用的数据模型如图 10-46 所示。

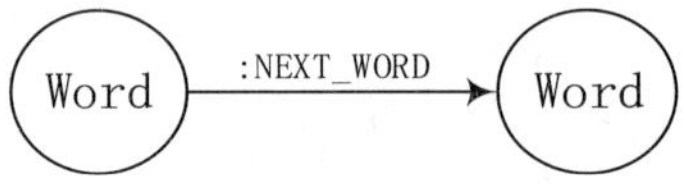

图 10-46　Neo4j 中的词关联模型

考虑如下句子：

```
My cat eats fish on Saturday.
```

使用我们的数据模型，这将在我们的邻接图中显示（见图 10-47）。

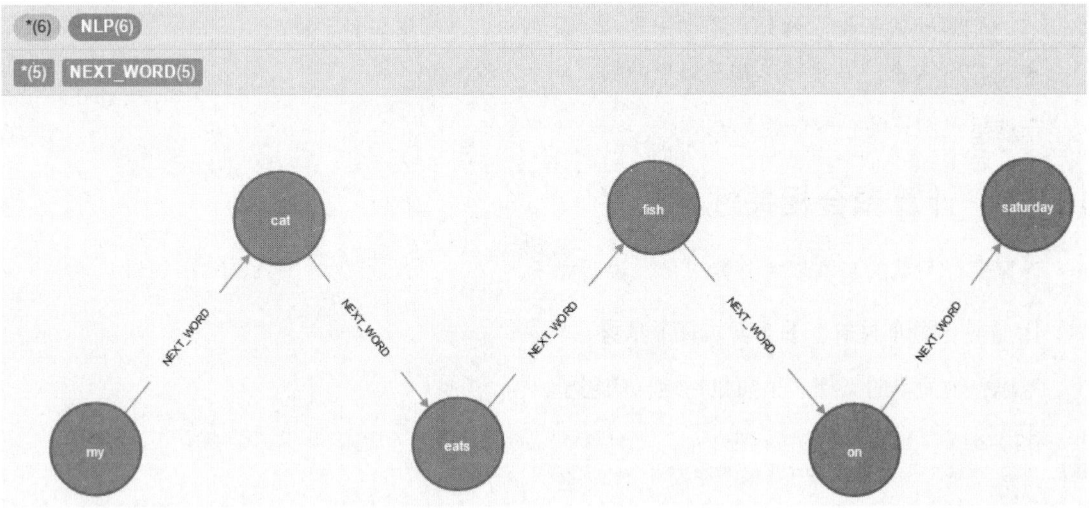

图 10-47　一个句子生成的邻接图

如果添加另一句话：

```
His dog eats turkey on Tuesday.
```

更新后的结构如图 10-48 所示。

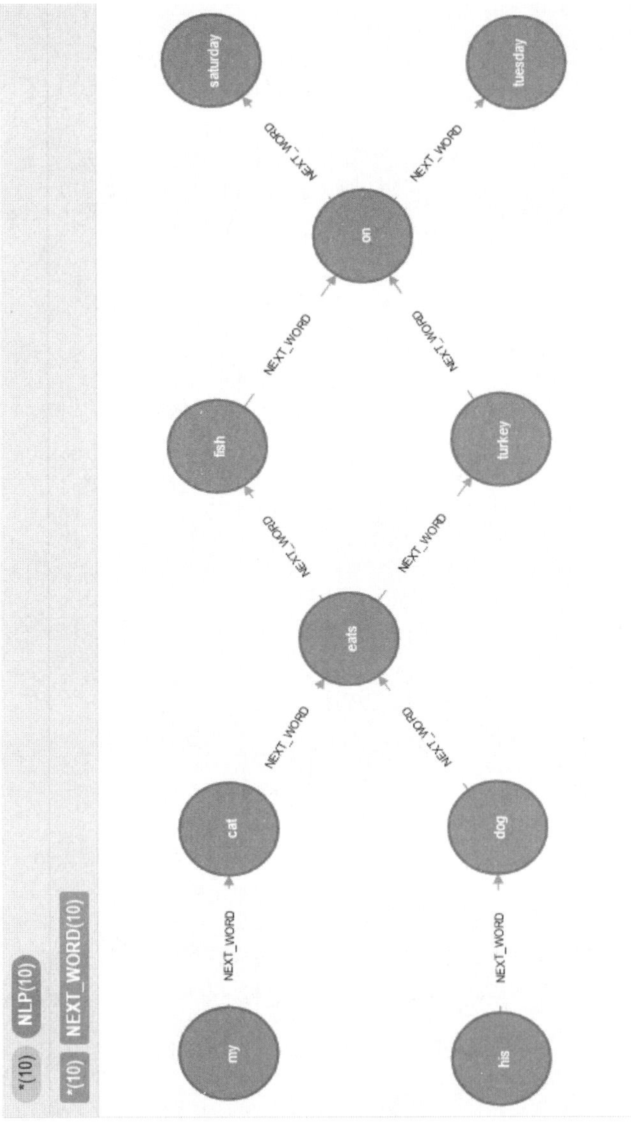

图 10-48　多个句子生成的邻接图

我们将使用 Neo4j 图数据库来实现这个数据模型，构建一个完整的语料库，样例中使用的是 CEEAUS 语料库。

我们首先看看如何使用 Python 脚本将这个文本语料库加载到 Neo4j 中。然后，将探讨如何使用 Cypher（Neo4j 查询语言）查询数据以挖掘聚合关系。

10.7.3　加载数据

数据存储在单个文件中，每个句子为一行。我们使用一个 Python 函数来加载这个文件，对文本进行标准化，并对每行文本执行 Cypher 查询，再根据上面定义的数据模型插入到图中。用于数据插入的 Python 代码如下：

```
from py2neo import Graph
```

```
import re, string
# 连接到 Neo4j 的默认 uri
graphdb = Graph('http://neo4j:neo4j@localhost:7474/db/data')
# 插入数据的 cypher 语句
INSERT_QUERY = '''
    FOREACH (t IN {wordPairs} |
        MERGE (w0:Word {word: t[0]})
        MERGE (w1:Word {word: t[1]})
        CREATE (w0)-[:NEXT_WORD]->(w1)
        )
'''
# 建立单词对
# arrifySentence("Hi there, Bob!) = [["hi", "there"], ["there", "bob"]]
def arrifySentence(sentence):
    sentence = sentence.lower()
    sentence = sentence.strip()
    exclude = set(string.punctuation)
    regex = re.compile('[%s]' % re.escape(string.punctuation))
    sentence = regex.sub('', sentence)
    wordArray = sentence.split()
    tupleList = []
    for i, word in enumerate(wordArray):
        if i+1 == len(wordArray):
            break
        tupleList.append([word, wordArray[i+1]])
    return tupleList
# 将语料库数据加载到 Neo4j
def loadFile():
    tx = graphdb.cypher.begin()
    with open('data/ceeaus.dat', encoding='ISO-8859-1') as f:
        count = 0
        for l in f:
            params = {'wordPairs': arrifySentence(l)}
            tx.append(INSERT_QUERY, params)
            tx.process()
            count += 1
            # 每100个插入语句提交一次
            if count > 100:
                tx.commit()
                tx = graphdb.cypher.begin()
                count = 0
    f.close()
    tx.commit()
```

10.7.4 挖掘单词之间的关系

现在已经插入了我们的数据，需要一些方法来查询以发现单词之间的关系。

1. Cypher 和 Python 结合的方法

我们可以写一个简单的 Cypher 查询来查找 Right1 和 Left1 的集合，还可以定义一些 Python 方法来处理这些 Cypher 查询，并执行一些简单的聚合运算来计算单词对的 Jaccard 相似性：

```
# 得到查询单词语料库中左侧的单词集合
LEFT1_QUERY = '''
    MATCH (s:Word {word: {word}})
    MATCH (w:Word)-[:NEXT_WORD]->(s)
    RETURN w.word as word
'''
# 得到查询单词语料库中右侧的单词集合
RIGHT1_QUERY = '''
    MATCH (s:Word {word: {word}})
    MATCH (w:Word)<-[:NEXT_WORD]-(s)
    RETURN w.word as word
'''
# 返回出现在`word`左侧所有单词的集合
def left1(word):
    params = {
        'word': word.lower()
    }
    tx = graphdb.cypher.begin()
    tx.append(LEFT1_QUERY, params)
    results = tx.commit()
    words = []
    for result in results:
        for line in result:
            words.append(line.word)
    return set(words)
# 返回出现在`word`右侧所有单词的集合
def right1(word):
    params = {
        'word': word.lower()
    }
    tx = graphdb.cypher.begin()
    tx.append(RIGHT1_QUERY, params)
    results = tx.commit()
    words = []
    for result in results:
        for line in result:
            words.append(line.word)
    return set(words)
# 计算 Jaccard 系数
def jaccard(a,b):
    intSize = len(a.intersection(b))
    unionSize = len(a.union(b))
    return intSize / unionSize
# 聚合相似性为要计算单词的`left1`和`right1`集合的 Jaccard 系数平均值
def paradigSimilarity(w1, w2):
    return (jaccard(left1(w1), left1(w2)) + jaccard(right1(w1), right1(w2))) / 2.0
```

通过以上程序，我们可以计算任意两个单词之间的相似性。

```
In [174]: paradigSimilarity("school", "university")
```

```
Out[174]: 0.2153846153846154
```

2. 纯 Cypher 方法

上面的 Cypher+Python 方法还是没办法找到最相似的两个词。我们只能找到 x 和 y 之间的聚合相似性是多少。然而，真正想要知道的可能是与 x 最相似的是哪个词，接下来我们将使用纯 Cypher 方法比较单词对并添加关系：RELATED_TO 更新图结构。这个关系将存储相似性得分。我们可以使用这个新的关系来查询单词之间的联系。

```
MATCH (s:Word)
// 首先得到 left1和 right1
MATCH (w:Word)-[:NEXT_WORD]->(s)
WITH collect(DISTINCT w.word) as left1, s
MATCH (w:Word)<-[:NEXT_WORD]-(s)
WITH left1, s, collect(DISTINCT w.word) as right1
// 匹配除了 s 的其他单词
MATCH (o:Word) WHERE NOT s = o
WITH left1, right1, s, o
// 得到它们的 left1和 right1集合
MATCH (w:Word)-[:NEXT_WORD]->(o)
WITH collect(DISTINCT w.word) as left1_o, s, o, right1, left1
MATCH (w:Word)<-[:NEXT_WORD]-(o)
WITH left1_o, s, o, right1, left1, collect(DISTINCT w.word) as right1_o
// 计算 right1的联合（union）与交集（intersect）
WITH FILTER(x IN right1 WHERE x IN right1_o) as r1_intersect,
  (right1 + right1_o) AS r1_union, s, o, right1, left1, right1_o, left1_o
// 计算 left1的联合（union）和交集（intersect）
WITH FILTER(x IN left1 WHERE x IN left1_o) as l1_intersect,
  (left1 + left1_o) AS l1_union, r1_intersect, r1_union, s, o
WITH DISTINCT r1_union as r1_union, l1_union as l1_union, r1_intersect, l1_intersect,
s, o
WITH 1.0*length(r1_intersect) / length(r1_union) as r1_jaccard,
  1.0*length(l1_intersect) / length(l1_union) as l1_jaccard,
  s, o
WITH s, o, r1_jaccard, l1_jaccard, r1_jaccard + l1_jaccard as sim
CREATE UNIQUE (s)-[r:RELATED_TO]->(o) SET r.paradig = sim;
```

迭代单词对，获取 right1 和 left1 单词集合，然后执行并集（Union）和交集（Intersect）运算，这可以获得每个单词对的 Jaccard 系数。最后，将得到的 Jaccard 系数当作属性存储到新建立的关系中。

现在我们已经用这些单词关联系数更新了图，可以编写简单的 Cypher 查询来发现单词关联。

比如，与“school”这个词最强烈相关的词是什么？

```
MATCH (s:Word {word: 'school'} )-[r:RELATED_TO]->(o) RETURN
s.word,o.word,r.paradig as sim ORDER BY sim DESC LIMIT 25;
```

运行 Cypher 语句后得到如下结果：

```
+----------+-------------+---------------------+
| s.word   | o.word      | sim                 |
+----------+-------------+---------------------+
```

```
| "school" | "university" | 0.3541666666666663 |
| "school" | "studies"    | 0.3527910685805427 |
| "school" | "working"    | 0.3497129735935706  |
| "school" | "parents"    | 0.33613445378151263 |
| "school" | "college"    | 0.33519813519813524 |
| "school" | "society"    | 0.331002913025384 9 |
| "school" | "parttime"   | 0.3220510229856024  |
| "school" | "study"      | 0.3186426358772177  |
| "school" | "money"      | 0.31618037135278515 |
| "school" | "eating"     | 0.31335453100158983 |
| "school" | "place"      | 0.3115313895455739  |
| "school" | "experience" | 0.30545975141537063 |
| "school" | "work"       | 0.3031372549019608  |
| "school" | "life"       | 0.30304354157565166 |
| "school" | "smoker"     | 0.29819694868238555 |
| "school" | "jobs"       | 0.2965686274509804  |
| "school" | "living"     | 0.29284676833696444 |
| "school" | "future"     | 0.2874499332443258  |
| "school" | "hard"       | 0.28233938346297893 |
| "school" | "children"   | 0.2812025508654722  |
| "school" | "studying"   | 0.27817343946376205 |
| "school" | "food"       | 0.27809596538118875 |
| "school" | "restaurant" | 0.2743995912110373  |
| "school" | "meal"       | 0.2705982542048116  |
| "school" | "friends"    | 0.2692307692307693  |
+----------+--------------+---------------------+
25 rows
45 ms
```

10.8　Neo4j 中运行本体推理

推理是运用逻辑思维能力，从已有的知识出发，得到未知的、隐性的知识。具体到知识图谱中，所谓知识推理，就是利用知识图谱中现有的知识，得到一些新的实体间的关系或者实体的属性。不同于传统的知识推理，由于知识图谱中知识表达形式的简洁直观、灵活丰富，基于知识图谱的知识推理方法也更加多样。基于知识图谱的知识推理，已经在业界垂直搜索、智能问答等应用领域发挥了重要作用。

关于知识图谱的存储实现，图数据库是非常好的选择。Neo4j 是业界使用最广泛、最成熟的图数据库，支持事务的同时对于在线搜索系统中复杂的推理过程可以提供很好的实时响应性能。

在本次的案例中，我们使用 Tushare 大数据社区提供的金融数据，构建了一个金融知识图谱，以达到推理查询演示的效果。关于 Tushare 的更多信息可以访问 https://tushare.pro/网址查看。我们将使用 Neosemantics(n10s)组件的推理功能，展示如何在图数据上运行推理过程。

10.8.1　安装 Neosemantics (n10s)组件

Neosemantics(n10s)是一个组件，它支持在 Neo4j 中使用 RDF 及其相关数据标准，如（OWL、RDFS、SKOS 等）。RDF 是用于数据交换的 W3C 标准模型。可以使用 n10s 在 Neo4j 中支持与 RDF 构建、生成和使用相关的功能。你还可以使用它根据 SHACL 中表示的约束来验证图，或运行基本的推理过程。

首先安装 Neosemantics(n10s)组件，选中需要安装的图数据库，在右侧 Plugins 栏选择 Neosemantics(n10s)组件进行安装，并重启图数据库服务，如图 10-49 所示。

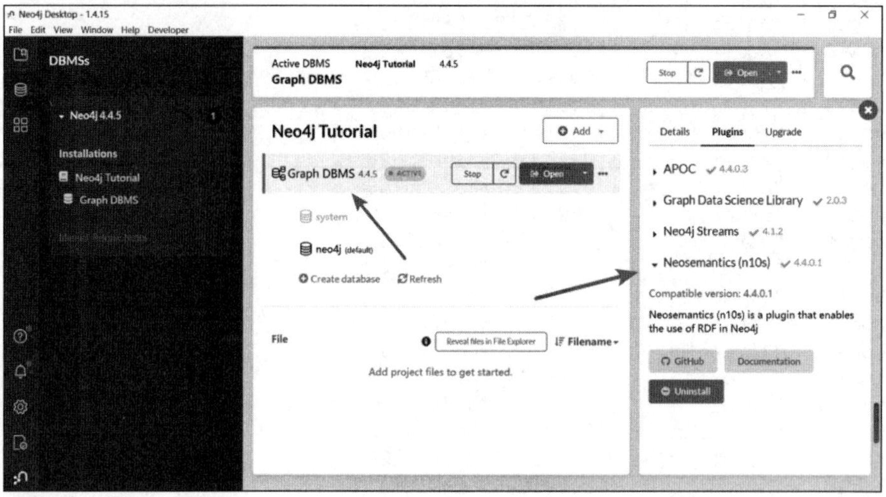

图 10-49　Neosemantics(n10s)组件安装

Neosemantics(n10s)组件会下载并安装到 Neo4j 安装目录的 plugins 文件夹下，如图 10-50 所示。安装成功以后，可以在该目录下看到 Neosemantics(n10s)组件对应的 jar 包，如图 10-51 所示。

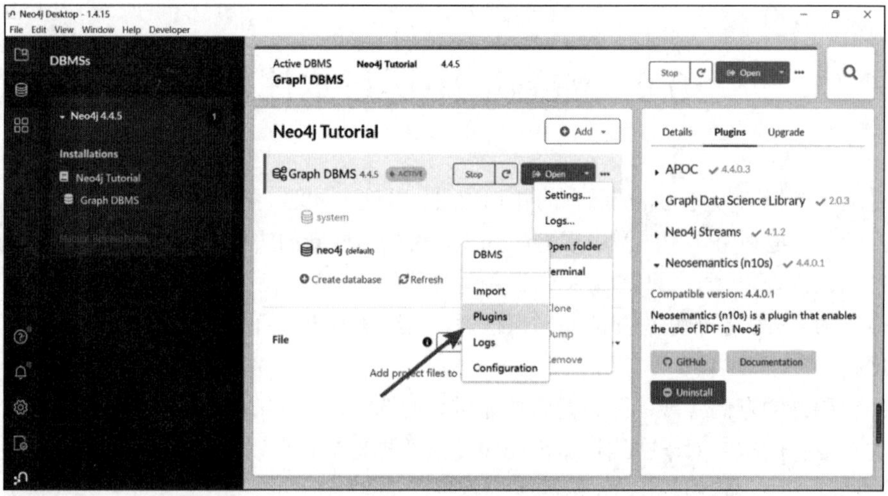

图 10-50　打开 Neosemantics(n10s)组件安装位置

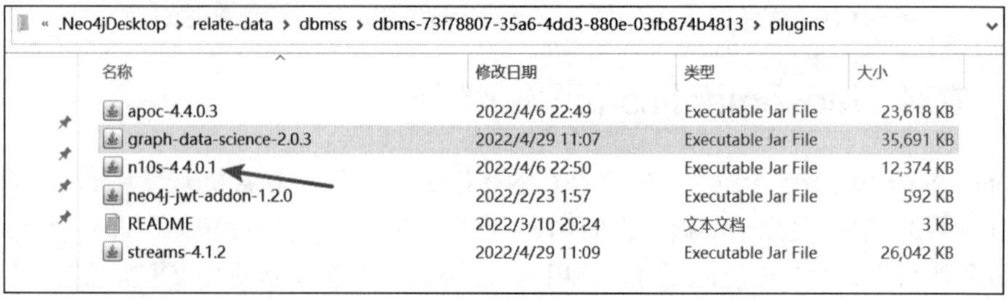

图 10-51　Neosemantics(n10s)组件对应的 jar 包

另外，本节内容的演示也依赖 APOC 组件，安装方式也是类似的，也可以参考 APOC 对应的章节内容进行安装。

10.8.2 本体模型与数据模型

本体的概念最早起源于哲学领域，指的是对客观存在系统的解释和说明。在计算机系统中本体实际上就是对特定领域之中某套概念及其相互之间关系的形式化表达（Formal Representation）。从形而上学的视角出发，看待图数据模型的设计，我们可能会获得更多的启发。

首先，我们设计一个贴近业务场景的本体模型，如图 10-52 所示。

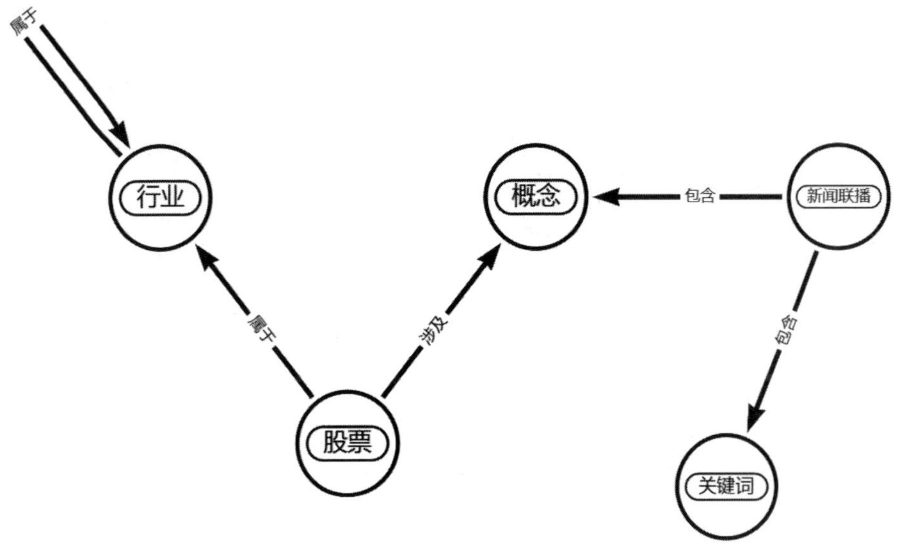

图 10-52 金融领域本体模型设计

图 10-52 展示了一个金融领域简单的本体模型设计，没错，你也可以称呼其为图数据模型。我们再来看一下图数据模型的设计，如图 10-53 所示。

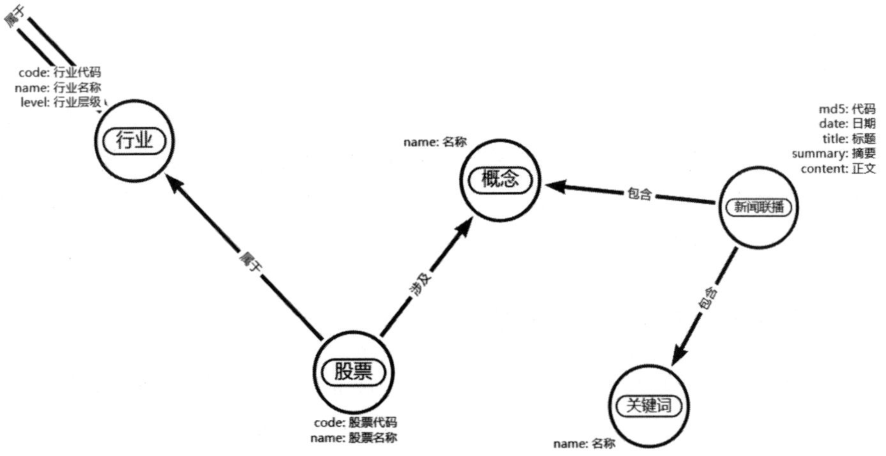

图 10-53 金融领域属性图数据模型设计（一）

图 10-53 展示了一个金融领域属性图数据模型设计，基于图 10-52 本体模型的设计增加了一些属性字段的设计。接下来，我们继续扩展这个数据模型。如图 10-54 所示。

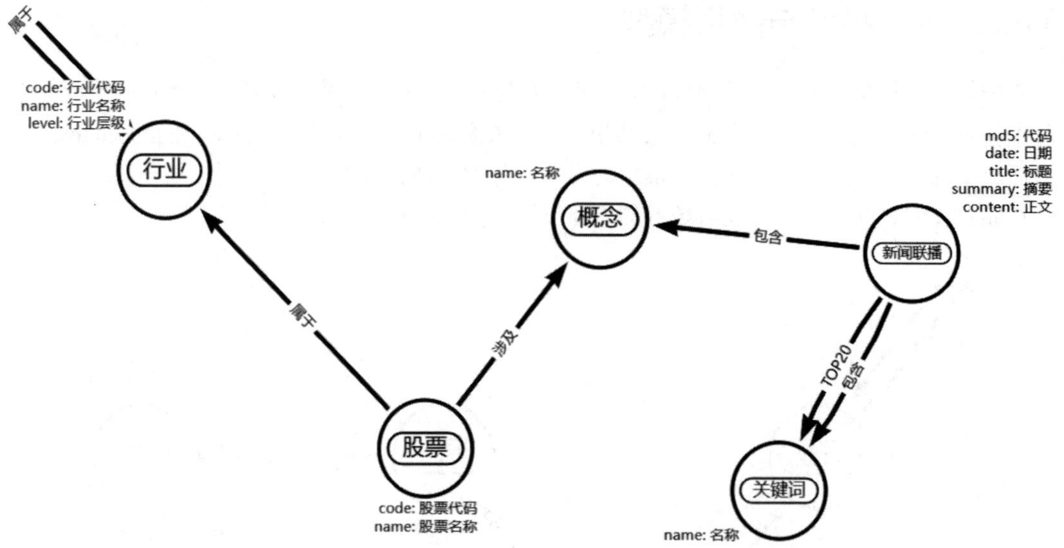

图 10-54　金融领域属性图数据模型设计（二）

基于图 10-53 的数据模型，图 10-54 在新闻联播和关键词之间增加了 TOP20 的关系类型，之所以这样设计是为了提升类似查询新闻联播中权重最高的 TOP20 个关键词等查询的性能。我们可以设计 TOP20 这种边，提前在数据库中构建好 TOP20 的边数据，在获取数据时可以直接使用边类型过滤数据：

```
# 没有设计 TOP20类型边时，TOP20的查询方式
MATCH (n)-[r:包含]->(l:关键词) WHERE id(n)=5676
   WITH n,r,l ORDER BY r.weight DESC LIMIT 20
RETURN r.weight AS weight,l;
# 设计 TOP20类型的边后，TOP20的查询方式
MATCH (n)-[r:TOP20]->(l:关键词) WHERE id(n)=5676
   WITH n,r,l
RETURN r.weight AS weight,l;
```

为了将一个本体模型完全容纳到图数据系统中，我们可能需要考虑扩展性、性能等各方面因素，最终我们从本体模型翻译的图数据模型会越来越复杂，因此建模操作人员是否专业会变得越来越重要。另外，在实际的生产应用中，我们还需要考虑本体模型结构到图数据模型的自动映射问题，这些都是很有趣的问题，值得大家思考。

10.8.3 使用 Tushare 获取数据

以下数据的获取需要先从 Tushare 社区注册账号获取 token，获取网址请看本节开头处的说明。从 Tushare 接口获取到数据后，保存为本地 CSV 文件以供后续处理。

1. 新闻联播文字稿

```
# 获取新闻联播文字稿数据
import time
import tushare as ts
import pandas as pd
ts.set_token('your token here')
pro = ts.pro_api()
def get_date_list(begin_date,end_date):
    date_list = [x.strftime('%Y%m%d') for x in list(pd.date_range(start=begin_date,
end=end_date))]
    return date_list
date_list = get_date_list('20210101', '20211231')
df_array = []
for date in date_list:
    df = pro.query('cctv_news', date=date, fields='date,title,content')
    df_array.append(df)
    time.sleep(0.2)
df = pd.concat(df_array, ignore_index=True)
df.to_csv('./data/cctv_news.csv', encoding='utf-8', index=False)
```

新闻联播文字稿 CSV 内容如图 10-55 所示。

```
date,title,content
20210101,《求是》杂志发表习近平总书记重要文章《共同构建人类命运共同体》,2021年1月1日出版的今年第1期《求是》杂志发表中共中央总书记、国家
20210101,经中央军委主席习近平批准 中央军委印发《现役军官管理暂行条例》及相关配套法规,经中央军委主席习近平批准，中央军委日前印发《现役军官
20210101,勇往直前 创造更加灿烂的辉煌——习近平主席新年贺词在全国各地引起强烈反响,新年前夕，国家主席习近平发表新年贺词。习主席的讲话温暖人心
20210101,投身新时代强军事业 做党和人民信赖的英雄军队——习近平主席新年贺词在全军部队引起强烈反响,习近平主席的新年贺词在全军部队引起强烈反响
```

图 10-55　新闻联播文字稿 CSV 内容

2. 概念股

```
# 获取概念股数据
import time
import tushare as ts
import pandas as pd
ts.set_token('your token here')
pro = ts.pro_api()
df = pro.query('concept', src='ts',fields='code')
code_array = df['code']
df_array = []
for code in code_array:
    df = pro.query('concept_detail', id=code,
fields='id,concept_name,ts_code,name')
    df_array.append(df)
    time.sleep(1)
df = pd.concat(df_array, ignore_index=True)
df.to_csv('./data/concept_detail.csv', encoding='utf-8', index=False)
```

概念股 CSV 内容如图 10-56 所示。

```
id,concept_name,ts_code,name
TS0,鼠疫,000788.SZ,北大医药
TS0,鼠疫,600056.SH,中国医药
TS0,鼠疫,600664.SH,哈药股份
TS0,鼠疫,600789.SH,鲁抗医药
```

图 10-56　概念股 CSV 内容

3. 申万行业分类

```
# 获取申万行业分类数据
import tushare as ts
import pandas as pd
ts.set_token('your token here')
pro = ts.pro_api()
df_array = []
for level in ['L1','L2','L3']:
    df = pro.query('index_classify', level=level, src='SW2021',
fields='industry_name,parent_code,level,industry_code')
    df_array.append(df)
    df = pd.concat(df_array, ignore_index=True)
    df.to_csv('./data/industry.csv', encoding='utf-8', index=False)
```

申万行业分类 CSV 内容如图 10-57 所示。

```
industry_name,level,industry_code,parent_code
农林牧渔,L1,110000,0
基础化工,L1,220000,0
钢铁,L1,230000,0
有色金属,L1,240000,0
```

图 10-57 申万行业分类 CSV 内容

4. 申万行业成分股

```
# 获取申万行业成分股
import time
import tushare as ts
import pandas as pd
ts.set_token('your token here')
pro = ts.pro_api()
df_array_tp = []
for level in ['L1','L2','L3']:
    df = pro.query('index_classify', level=level, src='SW2021',
fields='index_code')
    df_array_tp.append(df)
df_tp = pd.concat(df_array_tp, ignore_index=True)
index_code_array = df_tp['index_code']
df_array = []
for index_code in index_code_array:
    df = pro.query('index_member', index_code=index_code,
fields='index_code,index_name,con_code,con_name,is_new')
    df_array.append(df)
    time.sleep(1)
df = pd.concat(df_array, ignore_index=True)
df.to_csv('./data/industry_member.csv', encoding='utf-8', index=False)
```

申万行业成分股 CSV 内容如图 10-58 所示。

```
index_code,index_name,con_code,con_name,is_new
801010.SI,农林牧渔(申万),000019.SZ,深粮控股,Y
801010.SI,农林牧渔(申万),000505.SZ,京粮控股,Y
801010.SI,农林牧渔(申万),000592.SZ,平潭发展,Y
801010.SI,农林牧渔(申万),000639.SZ,西王食品,Y
```

图 10-58 申万行业成分股 CSV 内容

10.8.4 对数据进行预处理

获取到 CSV 数据之后，我们还需要构建新闻联播和关键词的 CSV 数据，并生成新闻联播的摘要内容。这里可以使用 HanLP 的分词算法和自动摘要技术实现，为 HanLP 的开源 NLP 技术点赞。

1. 新闻联播与关键词

```
# 构建新闻联播文字稿关键词图谱数据
import pandas as pd
import hashlib
from pyhanlp import *
def getNews():
    result = pd.read_csv('../tushare/data/cctv_news.csv', encoding='UTF-8')
    return result.values.tolist()
def generateMd5(new):
    string = ''.join([str(new[0]), str(new[1]), str(new[2])])
    m = hashlib.md5()
    m.update(string.encode(encoding='utf-8'))
    return m.hexdigest()
def textSegment(code, new):
    text = '。'.join([str(new[1]), str(new[2])])
    # 分词
    temp_list = []
    for index, term in enumerate(HanLP.segment(text)):
        if len(term.word) > 1:
            temp_list.append([code, term.word])
    # 统计词频
    dict = {}
    for key in temp_list:
        dict[key[1]] = dict.get(key[1], 0) + 1
    result_list = []
    for wd in dict.keys():
        result_list.append([code, wd, dict[wd]])
    return result_list
def addDic():
    result = pd.read_csv('../tushare/data/concept_detail.csv', encoding='UTF-8')
    ll = result.values.tolist()
    for wd in ll:
        CustomDictionary.add(wd[1])
if __name__ == '__main__':
    # 获取新闻联播正文数据
    news = getNews()
    # 添加自定义词
    addDic()
```

```
    # 对每一篇新闻生成 MD5，并使用 Hanlp 进行分词
    for new in news:
        # 生成 MD5
        code = generateMd5(new)
        # 分词
        segments = textSegment(code, new)
        # 追加到文件
        df = pd.DataFrame(segments)
        df.to_csv("../tushare/data/cctv_segment.csv", header=False, index=False,
mode='a')
```

第一列表示新闻联播唯一映射的 ID，第二列为分词结果，第三列为统计后的词频表示该词在这篇新闻联播文字稿中出现的次数。新闻联播与关键词 CSV 内容如图 10-59 所示。

```
fd81c27c6360a5a210722aff6938f3f7,中粮集团,2
fd81c27c6360a5a210722aff6938f3f7,签署,2
fd81c27c6360a5a210722aff6938f3f7,战略,2
fd81c27c6360a5a210722aff6938f3f7,合作,4
fd81c27c6360a5a210722aff6938f3f7,协议,2
```

图 10-59　新闻联播与关键词 CSV 内容

2. 新闻联播摘要

```
# 构建新闻联播文字稿摘要数据
import pandas as pd
import hashlib
from pyhanlp import *
def getNews():
    result = pd.read_csv('../tushare/data/cctv_news.csv', encoding='UTF-8')
    return result.values.tolist()
def generateMd5(new):
    string = ''.join([str(new[0]), str(new[1]), str(new[2])])
    m = hashlib.md5()
    m.update(string.encode(encoding='utf-8'))
    return m.hexdigest()
def textSummary(code, new):
    text = '。'.join([str(new[1]), str(new[2])])
    # 摘要
    summary = HanLP.extractSummary(text, 3)
    return [[code, summary]]
if __name__ == '__main__':
    # 获取新闻联播正文数据
    news = getNews()
    # 对每一篇新闻生成 MD5，并使用 Hanlp 生成摘要
    for new in news:
        # 生成 MD5
        code = generateMd5(new)
        # 摘要
        summary = textSummary(code, new)
        # 追加到文件
        df = pd.DataFrame(summary)
```

```
    df.to_csv("../tushare/data/cctv_summary.csv", header=False, index=False,
mode='a')
```

第一列表示新闻联播唯一映射的 ID，第二列为生成的文本摘要数据。结果如图 10-60 所示。

```
e4edd1af6ea4652f6281ccead4749c6f,"[中国维护世界和平的决心不会改变，中国促进共同发展的决心不会改变，《求
9b57530d093077ebd47f6a268db258b6,"[经中央军委主席习近平批准 中央军委印发《现役军官管理暂行条例》及相关配套法规，《现役
ab1241f92957a9e64cb66ff2536ebcdb,"[勇往直前 创造更加灿烂的辉煌—习近平主席新年贺词在全国各地引起强烈反响，国家主席习近
08e990176db5910a6b852bc86df1b4c0,"[投身新时代强军事业 做党和人民信赖的英雄军队—习近平主席新年贺词在全军部队引起强烈反
85f0f09496e7410db96f009c3662ca45,"[题目是《艰难方显勇毅，磨砺始得玉成—习近平主席二〇二一年新年贺词启示录①》，艰难方
```

图 10-60　新闻联播摘要 CSV 内容

10.8.5　将 CSV 数据导入 Neo4j

案例涉及的 CSV 数据准备好后，可以进行数据导入操作。在数据导入之前，需要将准备好的 CSV 数据放置在 Neo4j 安装目录的 import 文件夹下。

1. Schema 操作

```
// 创建约束
CREATE CONSTRAINT ON (n:行业) ASSERT n.code IS UNIQUE;
CREATE CONSTRAINT ON (n:股票) ASSERT n.code IS UNIQUE;
CREATE CONSTRAINT ON (n:概念) ASSERT n.name IS UNIQUE;
CREATE CONSTRAINT ON (n:新闻联播) ASSERT n.md5 IS UNIQUE;
CREATE CONSTRAINT ON (n:关键词) ASSERT n.name IS UNIQUE;
// 创建索引
CREATE INDEX ON :行业(name);
CREATE INDEX ON :行业(level);
CREATE INDEX ON :股票(name);
CREATE INDEX ON :新闻联播(date);
CREATE INDEX ON :新闻联播(title);
```

2. 行业分类图谱

```
// 构建行业分类数据
LOAD CSV FROM 'file:/industry.csv' AS line
WITH line[0] AS name,line[1] AS level,line[2] AS code SKIP 1
MERGE (n:行业 {code:code}) SET n+={name:name,level:level};
LOAD CSV FROM 'file:/industry.csv' AS line
WITH line[2] AS codeF,line[3] AS codeT
MATCH (f:行业 {code:codeF}),(t:行业 {code:codeT})
MERGE (f)-[:属于]->(t);
```

3. 行业成分股图谱

```
// 构建行业成分股数据
LOAD CSV FROM 'file:/industry_member.csv' AS line
WITH line[2] AS code,line[3] AS name SKIP 1
MERGE (n:股票 {code:code}) SET n+={name:name};
LOAD CSV FROM 'file:/industry_member.csv' AS line
WITH line[1] AS hy,line[2] AS code SKIP 1
MATCH (f:股票 {code:code}),(t:行业 {name:REPLACE(hy,'(申万)','')})
```

```
MERGE (f)-[:属于]->(t);
```

4. 概念成分股图谱

```
// 构建概念成分股数据
LOAD CSV FROM 'file:/concept_detail.csv' AS line
WITH line[1] AS name SKIP 1
MERGE (n:概念 {name:name});
LOAD CSV FROM 'file:/concept_detail.csv' AS line
WITH line[1] AS c_name,line[2] AS code SKIP 1
MATCH (f:股票 {code:code}),(t:概念 {name:c_name})
MERGE (f)-[:涉及]->(t);
```

5. 新闻联播图谱

```
// 构建新闻联播节点数据
LOAD CSV FROM 'file:/cctv_news.csv' AS line
WITH TOINTEGER(line[0]) AS date,line[1] AS title,line[2] AS content SKIP 1
WITH date,title,content
WITH date,title,content,apoc.util.md5([date,title,content]) AS md5
MERGE (n:新闻联播 {md5:md5}) SET n+={date:date,title:title,content:content};
// 构建新闻联播与概念之间的包含关系
MATCH (ct:概念)
MATCH (xlb:新闻联播)
   WHERE
      xlb.title CONTAINS ct.name OR
      xlb.content CONTAINS ct.name
MERGE (xlb)-[:包含]->(ct);
// 构建新闻联播与关键词图谱
:auto USING PERIODIC COMMIT 1000
LOAD CSV FROM 'file:/cctv_segment.csv' AS line
WITH line[1] AS name
MERGE (n:关键词 {name:name});
:auto USING PERIODIC COMMIT 1000
LOAD CSV FROM 'file:/cctv_segment.csv' AS line
WITH line[0] AS new_md5,line[1] AS kw_name,TOINTEGER(line[2]) AS count
MATCH (f:新闻联播 {md5:new_md5}),(t:关键词 {name:kw_name})
MERGE (f)-[r:包含]->(t) SET r+={count:count};
// 构建新闻联播文字稿摘要数据
LOAD CSV FROM 'file:/cctv_summary.csv' AS line
WITH line[0] AS new_md5,REPLACE(REPLACE(line[1],'[',''),']','') AS summary
MATCH (n:新闻联播 {md5:new_md5}) SET n.summary=summary;
```

6. 计算关键词权重

```
// 计算关键词到新闻联播节点的权重
// 获取新闻联播以及关键词，计算该词在这篇文本中的 TF-IDF 分数
MATCH (yb:新闻联播)-[r:包含]->(kw:关键词)
WITH r,ID(yb) AS ybId,r.count AS count,ID(kw) AS kwId
// 获取该新闻联播中关键词总数
MATCH (yb)-[r:包含]->(kw:关键词) WHERE ID(yb)=ybId
WITH r,ybId,SUM(r.count) AS kwCount,count,kwId
// 计算 TF-词频(Term Frequency)
```

```
WITH r,ybId,1.0*count/kwCount AS tf,kwId
// 获取新闻联播总数
MATCH (yb:新闻联播) WITH COUNT(*) AS ybCount,r,ybId,tf,kwId
// 该关键词出现在多少篇新闻联播中
MATCH (yb:新闻联播)-[:包含]->(kw:关键词) WHERE ID(kw)=kwId WITH r,COUNT(yb) AS
ybKwCount,ybCount,ybId,tf,kwId
// 计算 IDF-逆文本频率指数(Inverse Document Frequency)
WITH r,tf,log10(ybCount/ybKwCount) AS idf,ybId,kwId
WITH r,ybId,kwId,tf*idf AS `TF-IDF`
SET r.weight=`TF-IDF`;
```

10.8.6 运行推理查询

一切准备就绪后，现在可以根据最初设计的本体结构，直接运行我们的推理查询模式。下面给出的仅仅是一些示例，在本次案例中还可以开发出更多有趣的查询。Neosemantics(n10s)组件本身还有其他很多有用的功能，感兴趣的读者可以进一步探索尝试。

10.8.6.1 初始化配置信息

在下面的查询案例中，需要使用到 Neosemantics(n10s)组件的推理查询功能，使用之前我们需要先初始化组件要求的配置信息。运行下面的查询即可：

```
// 在使用 Neosemantics 运行任何导入操作之前，
// 我们应该使用该 n10s.graphconfig.init 过程创建一个_GraphConfig 配置类节点。
// _GraphConfig 配置类节点定义了我们的 RDF 数据在 Neo4j 中的持久化方式
CALL n10s.graphconfig.init({ handleVocabUris: "IGNORE", keepLangTag: true,
handleMultival: 'ARRAY'});
```

10.8.6.2 推荐新闻联播

基于本体的推荐：推荐去年二季度和“中国石油”最相关的“新闻联播”内容，获取 TOP10。

查询技巧：生产系统中，TOPn 查询的优化思路：将 TOPn 后台单独构建为关系类型，推荐时不要进行动态排序直接获取结果，(:新闻联播)-[:TOP10]->(:关键词)。

```
// 推荐新闻联播内容
MATCH p=(kw:关键词)<-[r:包含]-(yb:新闻联播)-[:包含]->(cpt:概念)<-[:涉及]-(stk:股票)
   WHERE kw.name=cpt.name AND stk.name='中国石油' AND yb.date>20210331 AND
yb.date<=20210630
   RETURN p,yb ORDER BY r.weight DESC LIMIT 10;
```

运行查询后，可以看到图中红色节点（参看下载资源中的图片）表示股票，紫色节点表示新闻联播，黄色节点表示概念，暗红色节点表示关键词。如果返回时不需要其他信息，则只返回新闻联播节点即可，如图 10-61 所示。

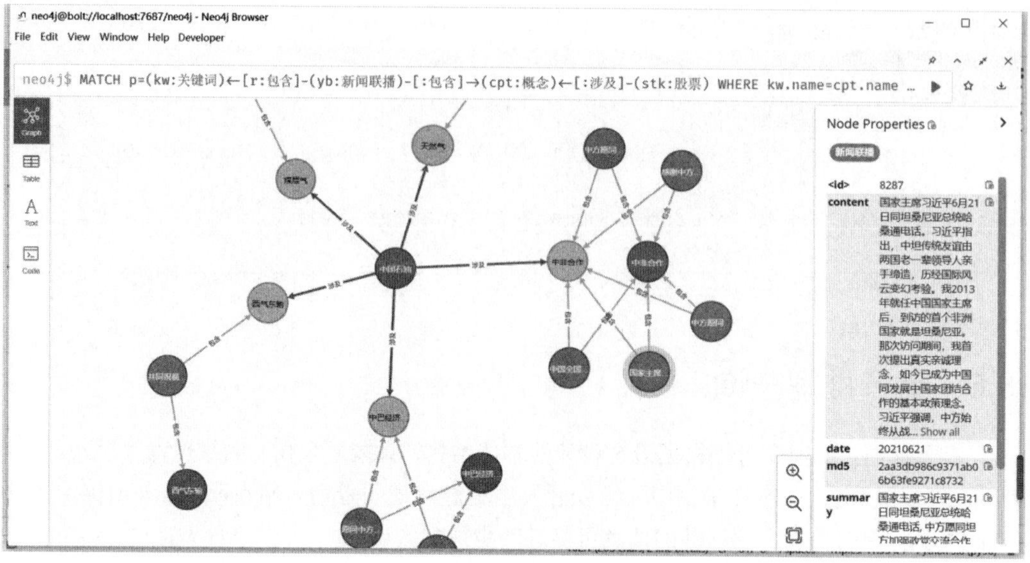

图 10-61　推荐新闻联播

10.8.6.3　推理查询

查询医药生物行业包含哪些个股。Cypher 查询会返回所有连接到医药生物的股票，包含属于医药生物的二级和三级行业的股票。

```
// 推理查询（一）
MATCH (hy:行业 { name:'医药生物'})
CALL n10s.inference.nodesInCategory(hy, {inCatRel:'属于'}) YIELD node
   WITH hy,node
OPTIONAL MATCH (node)-[:属于]->(d hy:行业)
   WITH node,hy,d hy
RETURN node.code AS code,node.name AS name,COLLECT(d_hy.name) AS d_hy;
```

结果如图 10-62 所示。

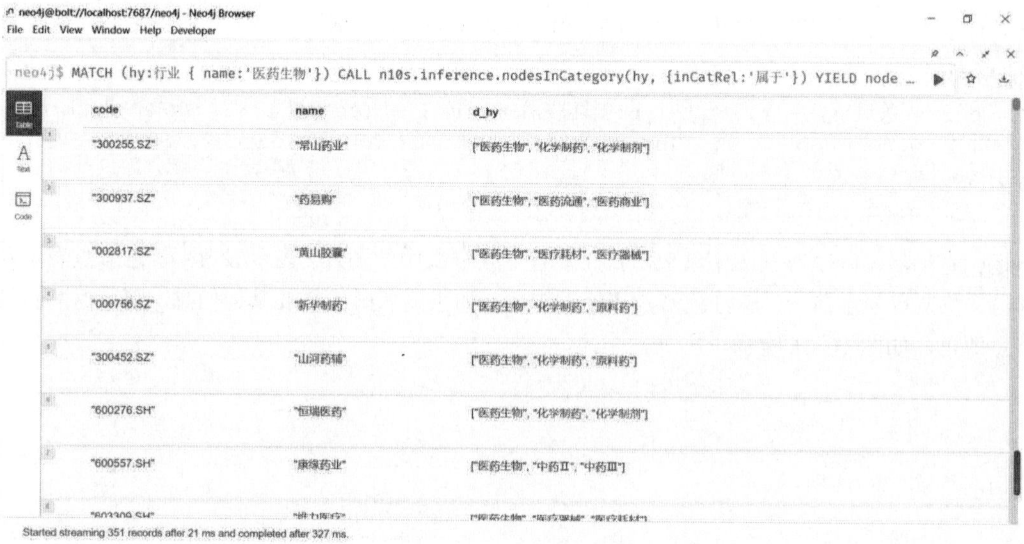
neo4j$ MATCH (hy:行业 { name:'医药生物'}) CALL n10s.inference.nodesInCategory(hy, {inCatRel:'属于'}) YIELD node ...

code	name	d_hy
"300255.SZ"	"常山药业"	["医药生物", "化学制药", "化学制剂"]
"300937.SZ"	"药易购"	["医药生物", "医药流通", "医药商业"]
"002817.SZ"	"黄山胶囊"	["医药生物", "医疗耗材", "医疗器械"]
"000756.SZ"	"新华制药"	["医药生物", "化学制药", "原料药"]
"300452.SZ"	"山河药辅"	["医药生物", "化学制药", "原料药"]
"600276.SH"	"恒瑞医药"	["医药生物", "化学制药", "化学制剂"]
"600557.SH"	"康缘药业"	["医药生物", "中药Ⅱ", "中药Ⅲ"]

Started streaming 351 records after 21 ms and completed after 327 ms.

图 10-62　推理查询（一）

查询医药生物行业剔除掉中药行业以后包含哪些个股。查询会返回所有连接到医药生物的股票，包含属于医药生物的二级和三级行业的股票，但不包含中药行业的股票。

```
// 推理查询（二）
MATCH (hy:行业 { name:'医药生物'})
CALL n10s.inference.nodesInCategory(hy, {inCatRel:'属于'}) YIELD node
   WITH hy,node
OPTIONAL MATCH (node)-[:属于]->(d_hy:行业)
   WHERE d_hy.level IN ['L2','L3'] AND NOT d_hy.name CONTAINS '中药'
   WITH node,hy,d_hy
   WHERE d_hy IS NOT NULL
RETURN node.code AS code,node.name AS name,COLLECT(d_hy.name) AS d_hy;
```

结果如图 10-63 所示。

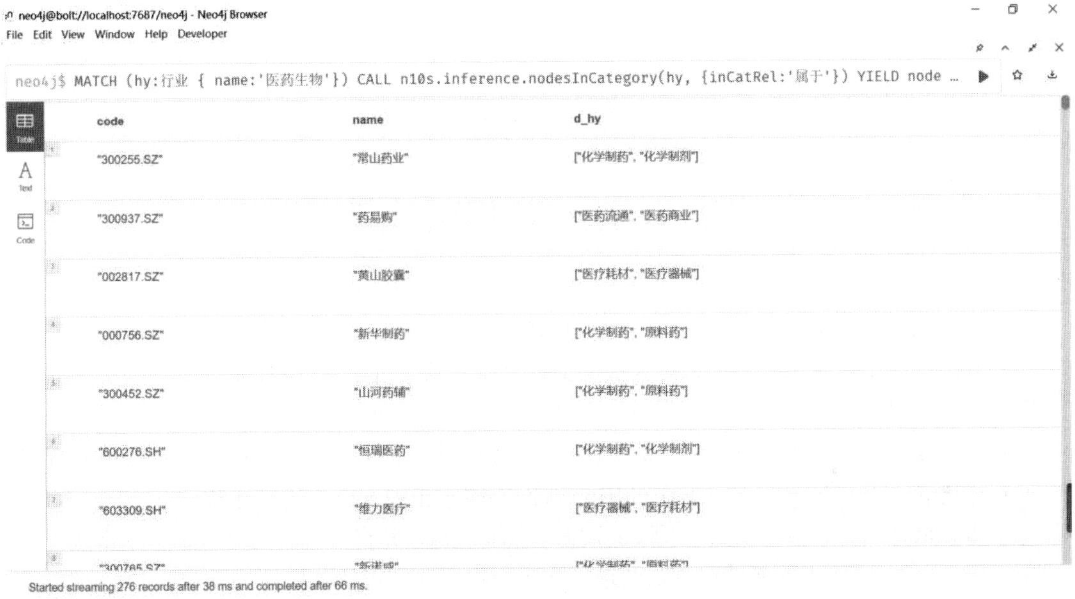

图 10-63　推理查询（二）

查询医疗器械行业去年最相关的概念和新闻联播有哪些，并且股票不属于化学制药行业。查询可以穿透到医疗器械行业的概念和新闻联播，但不包含可以穿透到的化学制药行业的概念和新闻联播。

```
// 推理查询（三）
MATCH (hy:行业)<-[:属于*..]-(stk:股票)-[:涉及]->(cpt:概念)<-[:包含]-(xlb:新闻联播),(hyF:行业 {name:'化学制药'})
   WHERE hy.name='医疗器械'
      AND NOT n10s.inference.inCategory(stk,hyF,{inCatRel:'属于'})
RETURN cpt.name,xlb.date,xlb.summary,xlb.title,xlb.content;
```

结果如图 10-64 所示。

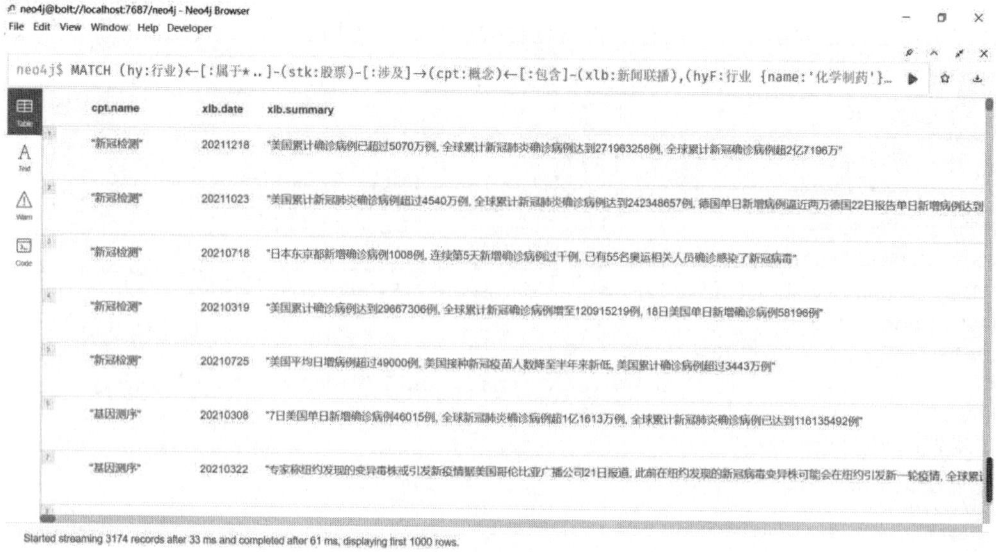

图 10-64 推理查询（三）

10.9 Neo4j 与区块链

本节将以比特币区块链为例，展示如何从 blk*.dat 文件（区块链）获取块和交易数据，并将它们导入到 Neo4j 图数据库。如果你想对区块链进行分析，则尝试使用图数据库是非常好的选择。

图数据库是比特币区块链数据的最自然的表达，而使用 SQL 数据库来进行比特币交易数据分析，是非常困难甚至无法实现的。为了让内容脉络更加清晰、简明扼要，一些复杂的数据解析过程没有展示，读者可以到 Neo4j 官网或者 GitHub 等网站检索相关示例代码进行尝试。

整个步骤就是从一种数据格式（区块链数据）获取数据，并将其转换为另一种数据格式（图数据）的过程。过程中比较难以理解和复杂的地方在于数据格式的理解和转换。在开始之前操作之前，理解比特币数据的结构会有事半功倍的效果。比特币区块链数据到 Neo4j 的数据流转过程示意图如图 10-65 所示。

图 10-65 比特币区块链数据到 Neo4j 的数据流转过程示意图

10.9.1 比特币区块链

10.9.1.1 比特币

比特币是一种计算机程序。运行该程序之后，它可以连接到其他运行相同程序的计算机，并共享一个文件。然而，比特币最酷的地方在于，任何人都可以向这个共享文件添加数据，任何已经写入文件的数据都无法被篡改。因此，比特币创建了一个在分布式网络上共享的安全文件。比特币分布式共享账本如图 10-66 所示。

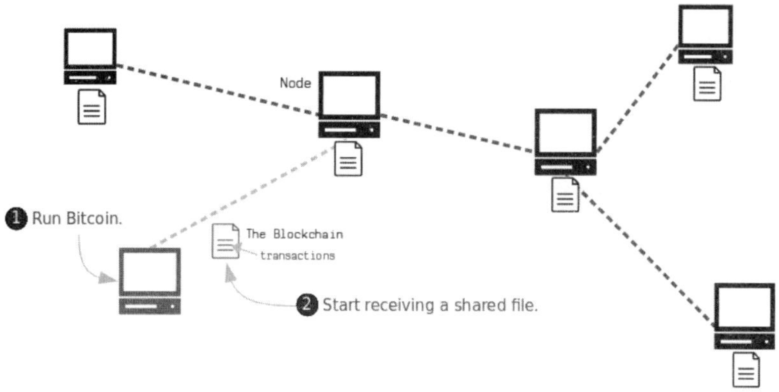

图 10-66 比特币分布式共享账本

在比特币中，添加到共享文件中的每条数据都是一笔交易。因此，这个去中心化文件被用作数字货币（即加密货币）的“账本”。这个“账本”被称为区块链，如图 10-67 所示。

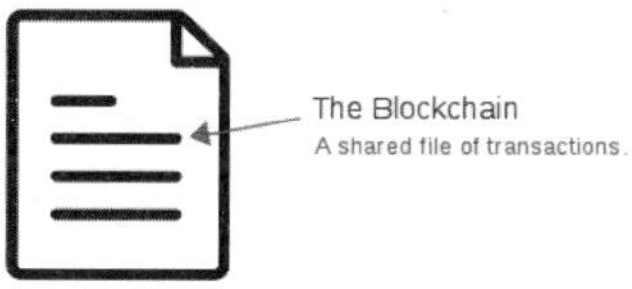

图 10-67 区块链

10.9.1.2 区块链数据获取

以比特币区块链数据的获取为例，首先登录网站 https://bitcoincore.org 下载 Bitcoin Core 程序，以同步最新的比特币区块链数据，如图 10-68 所示。

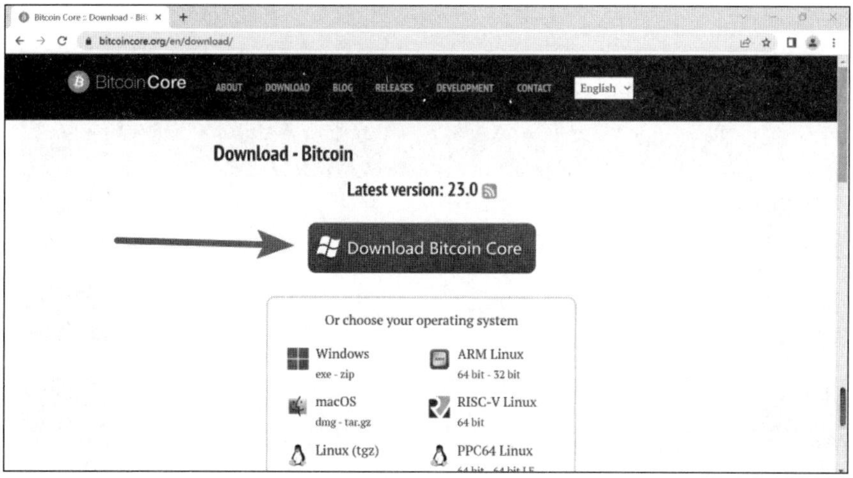

图 10-68 Bitcoin Core 程序下载

这里以 Windows 版本为例，进行 Bitcoin Core 程序的安装。需要注意的是：如果你使用默认的设置运行 Bitcoin Core 程序后，区块链数据将被存储在电脑的一个默认文件夹中，通常默认路径为：

```
Linux: ~/.bitcoin/blocks
Mac: ~/Library/Application Support/Bitcoin/blocks
Windows: C:\Users\YourUserName\Appdata\Roaming\Bitcoin\blocks
```

Bitcoin Core 程序安装配置如图 10-69 所示。

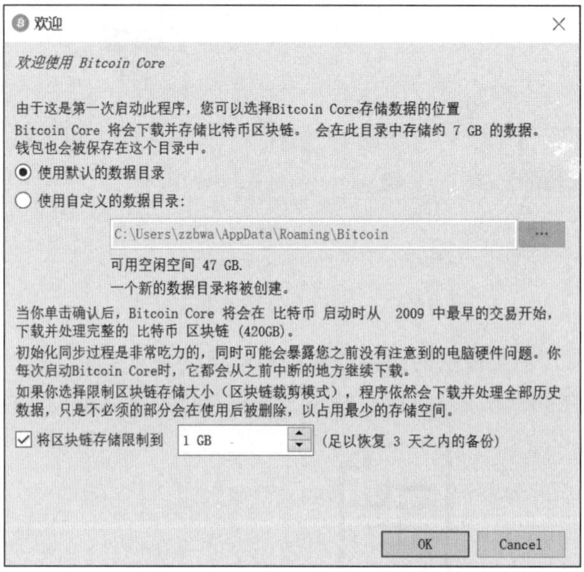

图 10-69 Bitcoin Core 程序安装配置

程序安装好以后，启动 Bitcoin Core 程序开始同步区块数据。通常这个过程是最耗时的部分，需要耐心等待区块数据同步完成。如果你不需要同步全量数据，只是做一些实验性分析，那么等待程序运行一段时间后关闭即可，如图 10-70 所示。

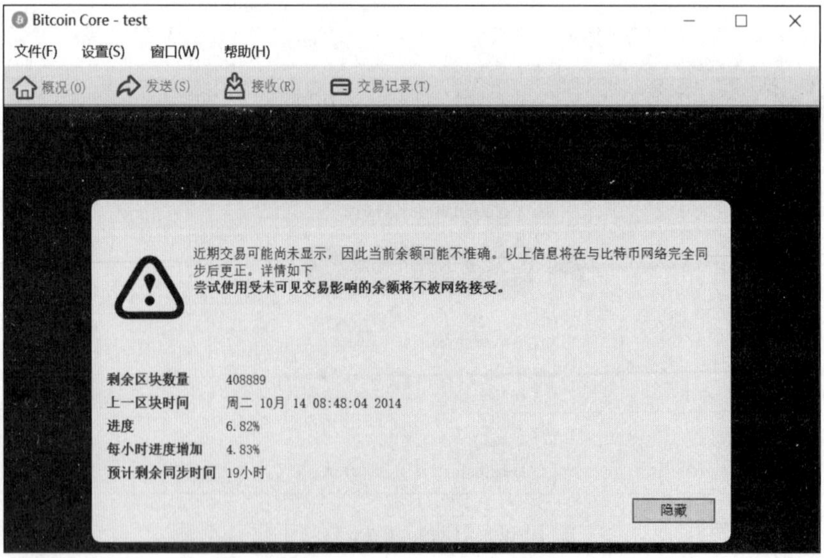

图 10-70 Bitcoin Core 程序同步区块数据

上述过程结束或者关闭后，我们可以在 Bitcoin Core 程序安装时设置的目录下找到已经被下载的区块数据，如图 10-71 所示。

此电脑 › 新加卷 (D:) › software › Bitcoin Data › blocks ›
名称
修改日期
类型
大小
index 2022/4/30 19:38 文件夹
blk00295.dat 2022/4/30 12:28 DAT 文件 130,701 KB
blk00296.dat 2022/4/30 12:28 DAT 文件 130,366 KB
blk00297.dat 2022/4/30 12:28 DAT 文件 130,948 KB
blk00298.dat 2022/4/30 12:28 DAT 文件 130,317 KB
blk00299.dat 2022/4/30 12:51 DAT 文件 130,798 KB
blk00300.dat 2022/4/30 12:51 DAT 文件 130,694 KB

图 10-71　Bitcoin Core 程序下载到本地的区块数据

当打开 Bitcoin Core 程序安装目录下的 blocks 文件夹后，可以看到不是一个大文件，而是多个名为 blk*.dat 且大小在 128MB 左右的小文件，这是区块链的数据，分散在多个较小的文件中。

10.9.2　区块链数据格式

为了分析区块链的交易数据，我们需要重点理解 blk*.dat 的数据格式。访问 https://learnmeabitcoin.com/ technical/blkdat 网站可以看到更多关于 blk*.dat 文件的介绍。

blk*.dat 文件包含块（Blocks）和交易（Transactions）的序列化数据，如图 10-72 所示。

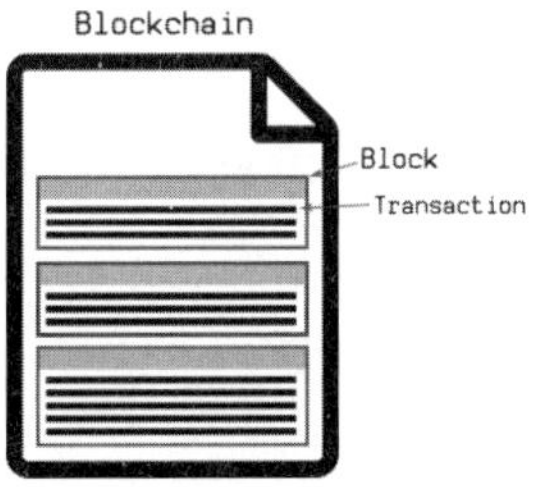

图 10-72　blk*.dat 文件主要格式

10.9.2.1　块

每个块以一个块头开始，块是一个交易列表的基本容器单位，块头也可以理解为是一个块的元数据。一个区块链数据文件由一系列区块组成，块之间被 magic bytes 分隔，紧接着的是块的大小。

一个块头的示例数据如下：

```
00000020 6c77f112319ae21489b66774e8acd379044d4a23ea7498000000000000000000
821fe1890186779b2cc232d5dbecfb9119fd46f8a9cfd1141649ff1cd9073744 87d8ae59
e93c0118 32ec0399
```

块（Blocks）的基本组成如图 10-73、图 i0-74 所示。

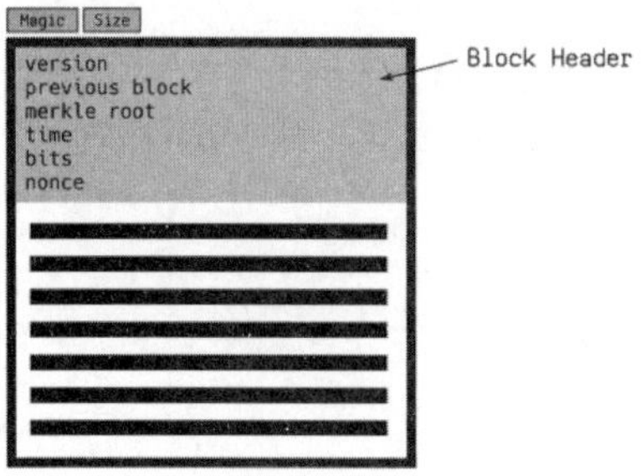

图 10-73　块的基本组成（一）

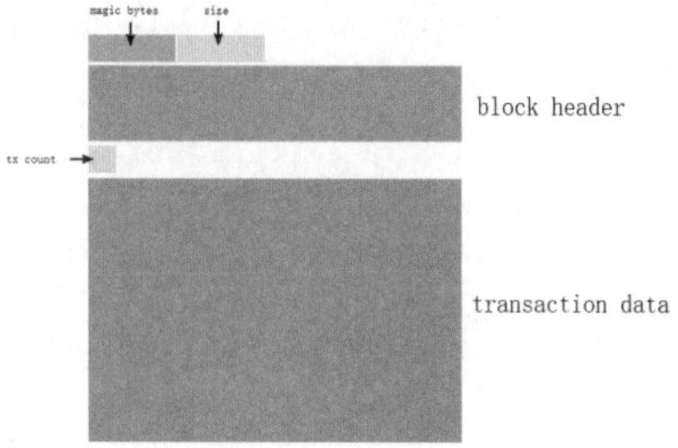

图 10-74　块的基本组成（二）

10.9.2.2　交易

在区块头之后，有一个字节告诉你区块中即将到来的交易数。在此之后，可以依次获得序列化的交易数据。交易是另一段数据，但它们在结构上更有意思。比特币交易就是一堆描述比特币移动的数据。它接收输入，并创建新的输出。

一个交易数据的示例：

```
0200000001f2f7ee9dda0ba82031858d30d50d3205eea07246c874a0488532014d3b653f030000
00006a47304402204df1839028a05b5b303f5c85a66affb7f6010897d317ac9e88dba113bb5a0f
e9022053830b50204af15c85c9af2b446338d049672ecfdeb32d5124e0c3c2256248b7012102c0
6aec784f797fb400001c60aede8e110b1bbd9f8503f0626ef3a7e0ffbec93bfeffffff0200e1f5
0500000000001976a9144120275dbeaeb40920fc71cd8e849c563de1610988ac9f16641800000000
1976a91493fa3301df8b0a268c7d2c3cc4668ea86fddf81588ac61610700
```

交易数据如图 10-75 所示。

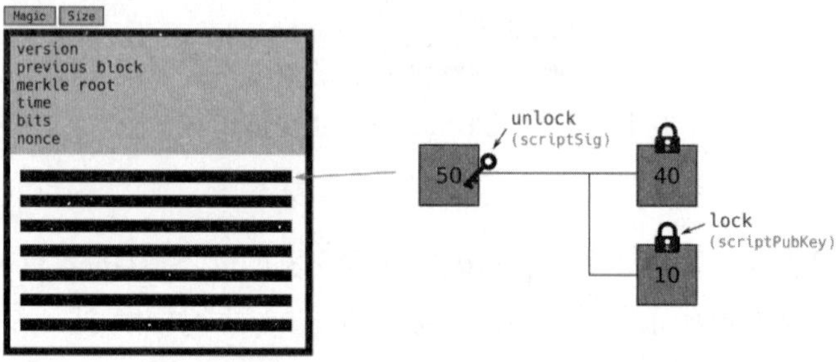

图 10-75　交易数据

区块中每一笔交易都有相同的模式：

- 解锁输入：选择输出就是得到一个输入的过程，解锁这些输入就可以在下一步操作中使用。
- 创建输出：将这些输出锁定到一个新的地址。

关于交易的更详细介绍可以查看 https://learnmeabitcoin.com 网站的说明，如图 10-76 所示。

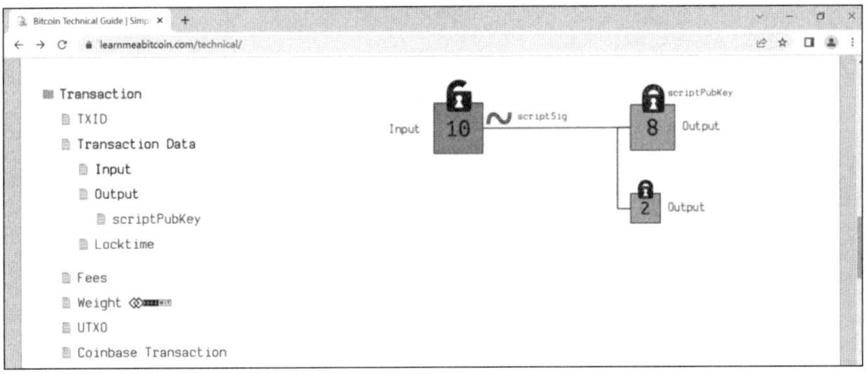

图 10-76　交易说明文档

在解析一系列交易数据之后，你会得到类似下面图片所示的结构。这是一个区块链的简化图。正如你所看到的它看起来像一个图，如图 10-77 所示。

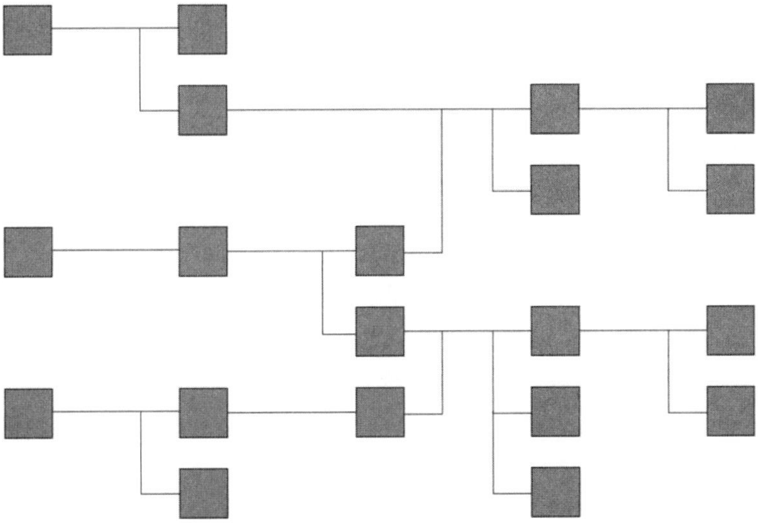

图 10-77　区块链简化版图结构

10.9.3　图数据建模

为了将区块链数据写入图数据库，我们还需要把区块链相关的数据模型翻译为图数据模型，也就是图数据建模的过程。下面来看一下如何在图数据库中表示块（Blocks）、交易（Transactions）和地址（Addresses）。

10.9.3.1　块

创建一种 block 节点，并使用 chain 关系类型将其连接到所构建的前一个区块；将区块头中的每个字段设置为该节点的属性。为每个区块的节点，创建一种 coinbase 节点，代表了区块提供的比特币，如图 10-78 所示。

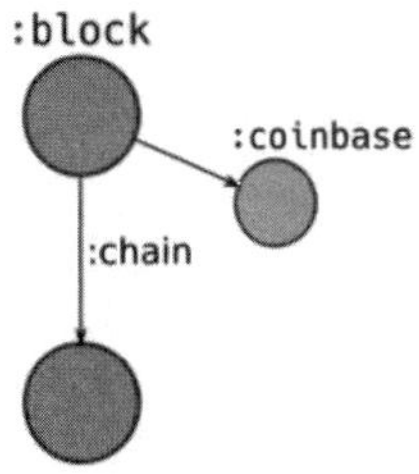

图 10-78　块图数据模型

10.9.3.2 交易

创建一种 tx 节点，并将它连接到我们刚才创建的 block 节点；设置 tx 节点的属性为（version, locktime）。

创建 output 节点，如果存在 output 节点，则合并它们，并将它们使用 in 关系类型连接到 tx 节点；将解锁代码设置为关系的属性。创建当前交易产生的新的 output 节点，并设置这些节点上的属性和锁定代码，交易图数据模型如图 10-79 所示。

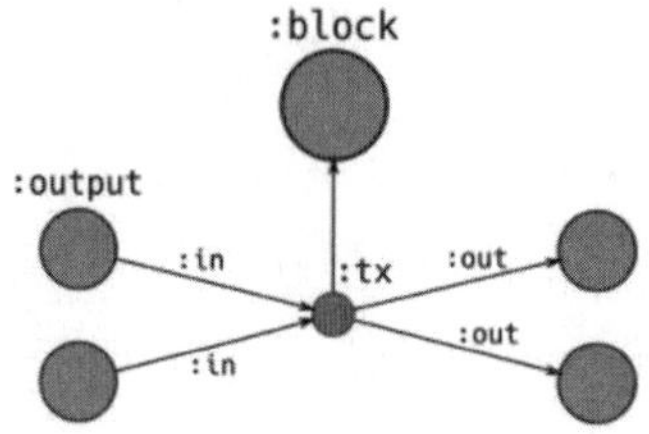

图 10-79 交易图数据模型

10.9.3.3 地址

创建一种 address 节点，并将 output 节点连接到它；同时在这个节点上设置 address 属性（如果不同的输出连接到相同的地址，那么它们将连接到相同的地址节点），地址图数据模型如图 10-80 所示。

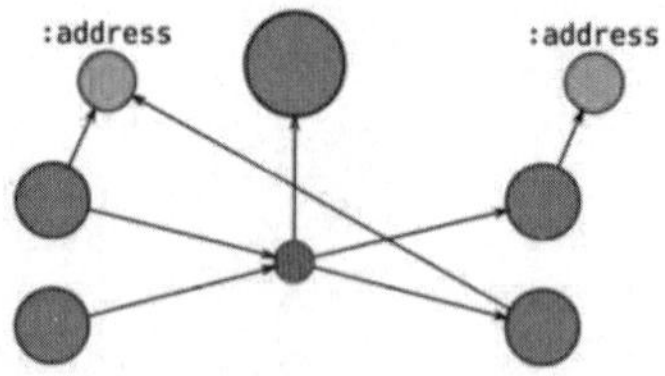

图 10-80 地址图数据模型

10.9.4 数据写入 Cypher 语句

到目前为止，基本弄清楚了区块链数据以及它所对应的图数据格式，现在可以继续将它导入到图数据库中。从数据获取、解析和导入整个过程主要分为以下三个步骤。

步骤 01 读取 blk*.dat 文件。

步骤 02 解码每一个区块和交易。

步骤 03 将解码的块和交易转换为一个 Cypher 查询。

本小节主要介绍一些 Cypher 语句示例，可以使用它们作为向图数据库插入块和交易数据的基准查询。注意：需要解码区块头和交易数据，以获得 Cypher 查询的参数。

10.9.4.1 块数据处理

（1）参数化 Cypher

```
// 块数据处理 Cypher
```

```
MERGE (block:block {hash:$blockhash})
CREATE UNIQUE (block)-[:coinbase]->(:output:coinbase)
SET
   block.size=$size,
   block.prevblock=$prevblock,
   block.merkleroot=$merkleroot,
   block.time=$timestamp,
   block.bits=$bits,
   block.nonce=$nonce,
   block.txcount=$txcount,
   block.version=$version,
MERGE (prevblock:block {hash:$prevblock})
MERGE (block)-[:chain]->(prevblock)
```

（2）入参样例

```
// 块数据处理入参字段
{
    "blockhash":
"00000000000003e690288380c9b27443b86e5a5ff0f8ed2473efbfdacb3014f3",
    "version": 536870912,
    "prevblock":
"000000000000050bc5c1283dceaff83c44d3853c44e004198c59ce153947cbf4",
    "merkleroot":
"64027d8945666017abaf9c1b7dc61c46df63926584bed7efd6ed11a6889b0bac",
    "timestamp": 1500514748,
    "bits": "1a0707c7",
    "nonce": 2919911776,
    "size": 748959,
    "txcount": 1926,
}
```

10.9.4.2 交易数据处理

下面 Cypher 查询使用到 FOREACH 语句，它作为一个条件，只在$addresses 参数实际包含一个地址时才创建 address 节点。通常，FOREACH 语句使用在需要动态创建图数据的场景中。

（1）参数化 Cypher

```
// 交易数据处理 Cypher
MATCH (block :block {hash:$hash})
MERGE (tx:tx {txid:$txid})
MERGE (tx)-[:inc {i:$i}]->(block)
SET tx += {tx}
WITH tx
FOREACH (input in $inputs |
        MERGE (in :output {index: input.index})
        MERGE (in)-[:in {vin: input.vin, scriptSig: input.scriptSig, sequence:
input.sequence, witness: input.witness}]->(tx)
        )
FOREACH (output in $outputs |
        MERGE (out :output {index: output.index})
```

```
    MERGE (tx)-[:out {vout: output.vout}]->(out)
    SET
        out.value= output.value,
        out.scriptPubKey= output.scriptPubKey,
        out.addresses= output.addresses
    FOREACH(ignoreMe IN CASE WHEN output.addresses <> '' THEN [1] ELSE [] END
|
            MERGE (address :address {address: output.addresses})
            MERGE (out)-[:locked]->(address)
            )
    )
```

（2）入参样例

```
// 交易数据处理入参字段
{
  "txid":"2e2c43d9ef2a07f22e77ed30265cc8c3d669b93b7cab7fe462e84c9f40c7fc5c",
  "hash":"00000000000003e690288380c9b27443b86e5a5ff0f8ed2473efbfdacb3014f3",
  "i":1,
  "tx":{
    "version":1,
    "locktime":0,
    "size":237,
    "weight":840,
    "segwit":"0001"
  },
  "inputs":[
    {
      "vin":0,

"index":"0000000000000000000000000000000000000000000000000000000000000000:4294
967295",

"scriptSig":"03779c110004bc097059043fa863360c59306259db5b0100000000000a636b706
f6f6c212f6d696e6564206279207765646636f646572206d6f6c69206b656b636f696e2f",
      "sequence":4294967295,

"witness":"01200000000000000000000000000000000000000000000000000000000000000
0"
    }
  ],
  "outputs":[
    {
      "vout":0,

"index":"2e2c43d9ef2a07f22e77ed30265cc8c3d669b93b7cab7fe462e84c9f40c7fc5c:0",
      "value":166396426,
      "scriptPubKey":"76a91427f60a3b92e8a92149b18210457cc6bdc14057be88ac",
      "addresses":"14eJ6e2GC4MnQjgutGbJeyGQF195P8GHXY"
    },
    {
```

```
        "vout":1,

"index":"2e2c43d9ef2a07f22e77ed30265cc8c3d669b93b7cab7fe462e84c9f40c7fc5c:1",
        "value":0,

"scriptPubKey":"6a24aa21a9ed98c67ed590e849bccba142a0f1bf5832bc5c094e197827b022
11291e135a0c0e",
        "addresses":""
      }
   ]
}
```

10.9.5 查询区块链数据

基础数据构建好以后，可以在图数据库中执行一些查询分析。下面我们一起来看一些示例查询。

10.9.5.1 查询块

```
// 查询块与交易数据关系
MATCH (block :block)<-[:inc]-(tx :tx)
WHERE block.hash='$blockhash'
RETURN block, tx
```

查询块结果如图 10-81 所示。

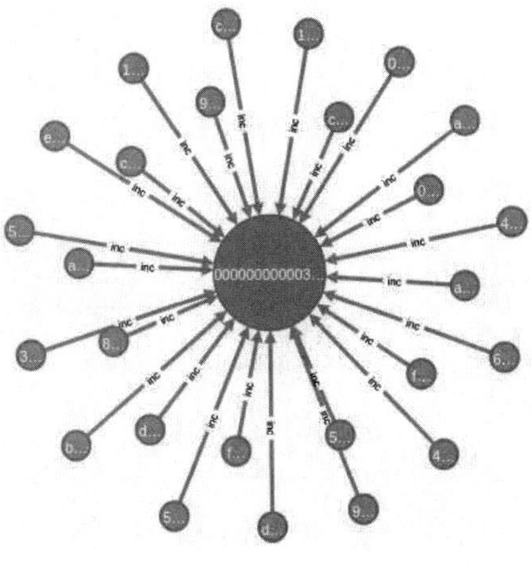

图 10-81 查询块结果

10.9.5.2 查询交易

```
// 查询交易的输入输出关联关系
MATCH (inputs)-[:in]->(tx:tx)-[:out]->(outputs)
WHERE tx.txid='$txid'
OPTIONAL MATCH (inputs)-[:locked]->(inputsaddresses)
OPTIONAL MATCH (outputs)-[:locked]->(outputsaddresses)
OPTIONAL MATCH (tx)-[:inc]->(block)
RETURN inputs, tx, outputs, block, inputsaddresses, outputsaddresses
```

查询交易结果如图 10-82 所示。

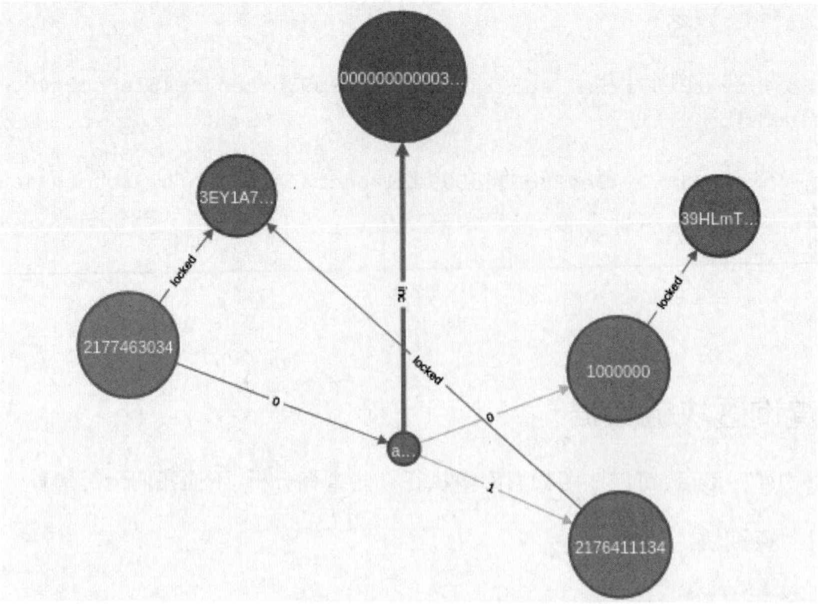

图 10-82 查询交易结果

10.9.5.3 查询地址

```
// 查询地址和输出的关系
MATCH (address :address
{address:'1PNXRAA3dYTzVRLwWG1j3ip9JKtmzvBjdY'})<-[:locked]-(output :output)
WHERE address.address='$address'
RETURN address, output
```

查询地址结果如图 10-83 所示。

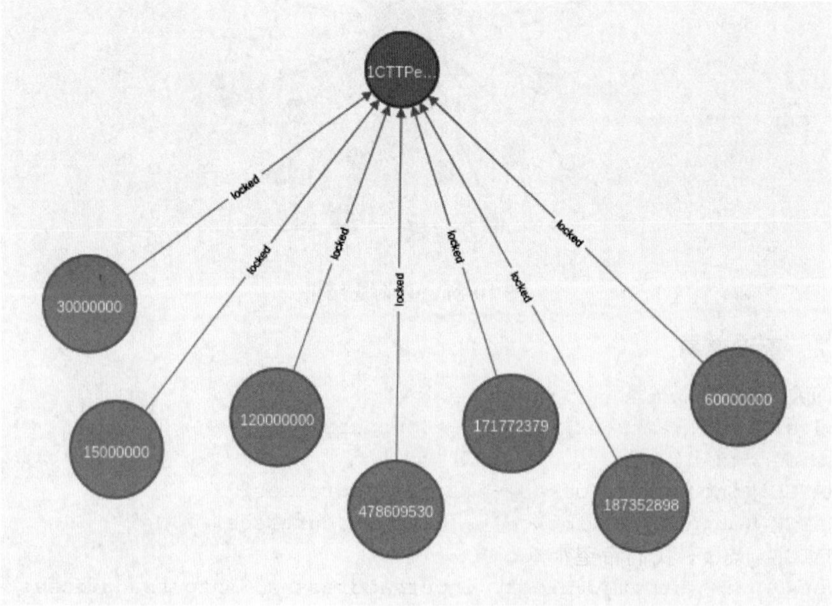

图 10-83 查询地址结果

10.9.5.4　查寻路径

上面的三个查询案例还不足以展示图数据库的强大，让我们继续来看一下路径穿透的查询，感受一下图数据库真正的魅力。

（1）output 节点之间的最短路径查询：

```
// 查询两个输出之间的最短路径
MATCH (start :output {index:'$txid:vout'}), (end :output {index:'$txid:out'})
MATCH path=shortestPath( (start)-[:in|:out*]-(end) )
RETURN path
```

output 节点之间最短路径查询结果如图 10-84 所示。

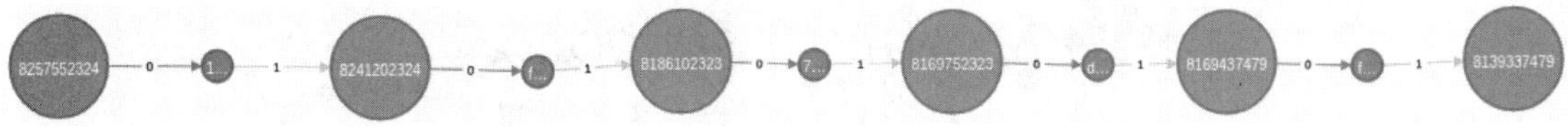

图 10-84　output 节点之间最短路径查询

（2）addresses 节点之间的最短路径查询：

```
// 查询两个地址之间的最短路径
MATCH (start :address {address:'$address1'}), (end :address {address:'$address2'})
MATCH path=shortestPath( (start)-[:in|:out|:locked*]-(end) )
RETURN path
```

addresses 节点之间最短路径查询果果如图 10-85 所示。

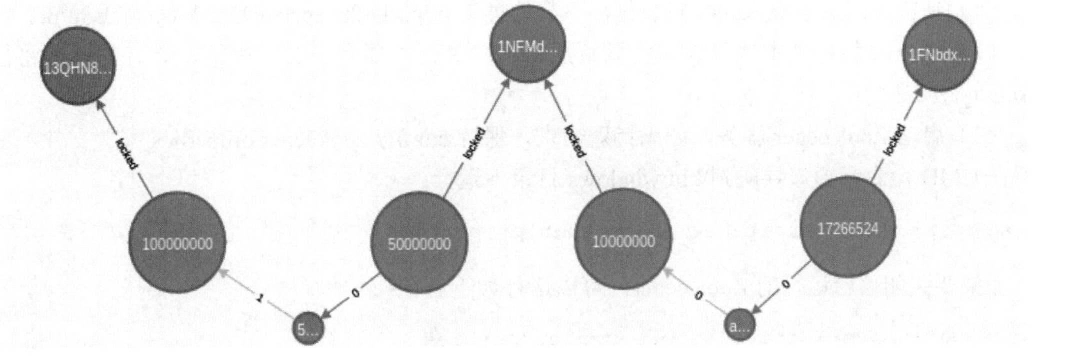

图 10-85　addresses 节点之间最短路径查询

10.10　Kafka 与 Neo4j 数据同步

10.10.1　Kafka 简介

在某些应用场景下，我们希望不通过编程的方式、利用现有功能将各个不同平台的数据同步到 Neo4j 中，并希望数据同步是自动的、实时的，并能够记录同步日志。

要满足上述需求需要借助消息系统，消息系统负责将数据从一个应用传递到另外一个应用，应用只需关注于数据，无须关注数据在两个或多个应用间是如何传递的。分布式消息传递基于可靠的消息队列，在客户端应用和消息系统之间异步传递消息。有两种主要的消息传递模式：点对点传递模式、发布-订阅模式。大部分的消息系统选用发布-订阅模式。Kafka 就是一种发布-订阅模式。

Kafka 是一个分布式、分区的、多副本的、多订阅者，基于 ZooKeeper 协调的分布式消息系统，同时支持离线数据处理和实时数据处理。Kafka 到 Neo4j 的数据流转过程如图 10-86 所示。

应用场景：数据推送、作为大缓冲区使用、日志收集（Scribe 或者 Nginx）、服务中间件。

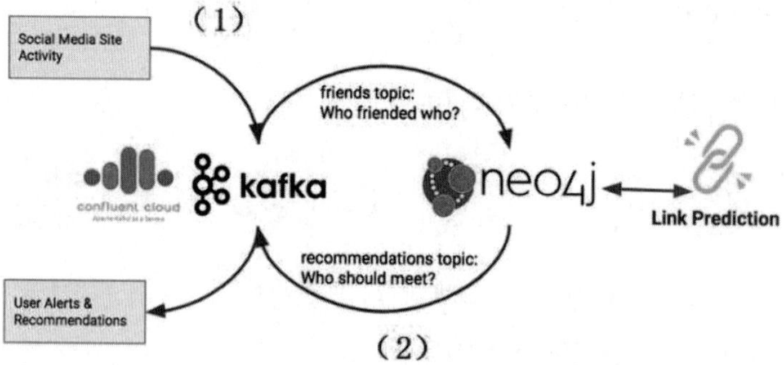

图 10-86 Kafka 到 Neo4j 的数据流转过程示意图

10.10.2 Kafka 安装运行

下面展示 Kafka（Windwos 版）的安装运行过程。

（1）到官方网站下载 Kafka 安装包，下载地址为 http://kafka.apache.org/downloads.html。

（2）解压安装包到本地目录，注意解压路径中最好不要有中文、空格，笔者的解压路径为 C:\kafka_2.12-2.6.0。

（3）启动 ZooKeeper 服务，如无特殊需求，保持/config/ zookeeper.properties 配置文件不变，然后在 CMD 命令行窗口导航到\bin\windows 目录下运行：

```
>zookeeper-server-start.bat  zookeeper.properties
```

如果要关闭后台运行的 ZooKeeper，可以运行如下命令：

```
>zookeeper-server-stop.sh zookeeper.properties
```

（4）启动 Kafka 服务，修改配置文件\config\server.properties：

```
# Kafka 配置
broker.id=0
listeners=PLAINTEXT://localhost:9092
zookeeper.connect=localhost:2181
num.partitions=1
```

然后在 CMD 命令行窗口导航到\bin\windows 目录下运行：

```
>kafka-server-start.bat server.properties
```

如果要停止 Kafka 运行，可以运行如下命令：

```
>kafka-server-stop.sh  server.properties
```

（5）创建 topic，在 CMD 命令行窗口导航到\bin\windows 目录下运行：

```
>kafka-topics.bat --create --zookeeper 127.0.0.1:2181 --replication-factor 1
--partitions 1 --topic test
```

查看主题：

```
>kafka-topics.bat --list --zookeeper 127.0.0.1:2181
```

（6）发送消息：

```
>kafka-console-producer.bat --broker-list 127.0.0.1:9092 --topic test
>hello kafka
```

（7）测试接收消息，在 CMD 命令行窗口导航到\bin\windows 目录下运行：

```
>kafka-console-consumer.bat --bootstrap-server 127.0.0.1:9092 --topic test
--from-beginning
```

10.10.3　Neo4j Streams 插件安装部署

（1）下载 Jar 插件的官方地址 https://github.com/neo4j-contrib/neo4j-streams/releases。

另外，也可以选择在桌面端安装部署 Neo4j Streams 插件，如图 10-87 所示。Neo4j Streams 桌面端安装后 jar 保存目录如图 10-88 所示。

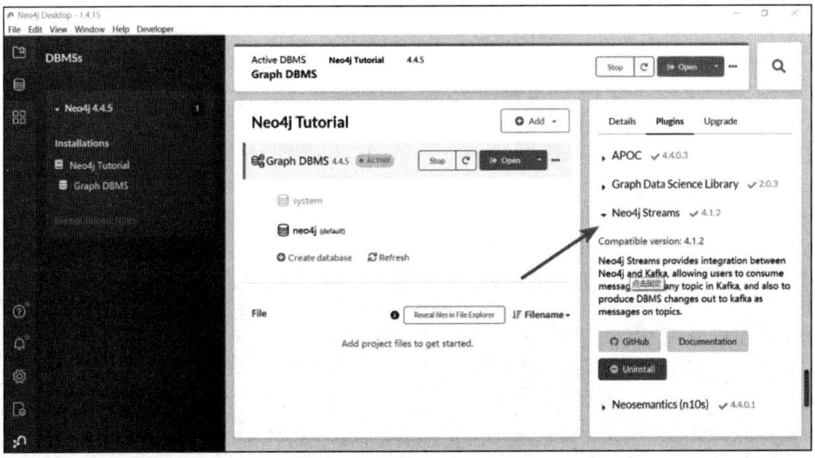

图 10-87　Neo4j Streams 桌面端安装

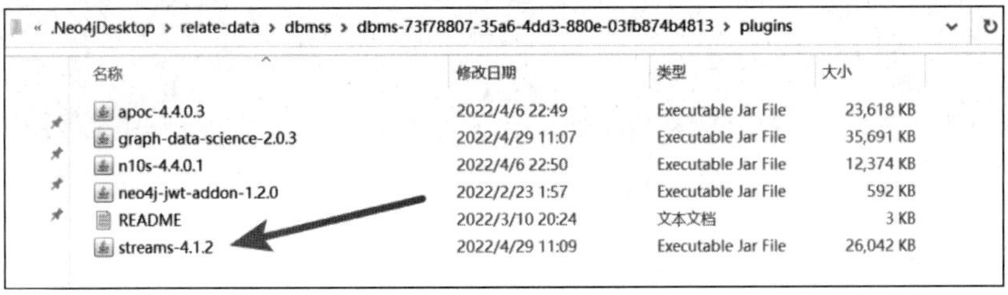

图 10-88　Neo4j Streams 桌面端安装后 jar 保存目录

（2）配置 Neo4j Stream 插件。将 jar 文件放到 Neo4j 目录的\plugins 下，并修改 neo4j.conf 配置文件，添加下面的内容：

```
# Kafka configurations go here
# kafka zookeeper 服务地址和端口
kafka.zookeeper.connect=127.0.0.1:2181
# kafka 队列服务地址和端口
kafka.bootstrap.servers=127.0.0.1:9092
# 开启 Sink 执行模式
streams.sink.enabled=true
# 定义从 TestTopic 上读取的消息的处理方法
streams.sink.topic.cypher.test=MERGE (n:Person {id: event.id}) ON CREATE SET n +=
event.properties
# 当收到错误消息内容时选择忽略。如果不设置，读取到格式不合法的消息时会暂停
streams.sink.errors.tolerance=all
# 开启错误日志
streams.sink.errors.log.enable=true
# 在日志中包含消息内容
streams.sink.errors.log.include.messages=true
```

（3）启动 Neo4j。

注意：我们已经在配置文件里配置了 Kafka 与 ZooKeeper，因此必须在 Kafka 与 ZooKeeper 都已经启动的情况下才能正常启动 Neo4j。

10.10.4 从 Kafka 同步数据到 Neo4j

在 kafka 命令行消息发送端输入并发送：

```
{"id":"1","properties":{"name":"Smith","dob":19800101}}
```

在 Kafka 命令行消息接收端可以看到结果，如图 10-89 所示。

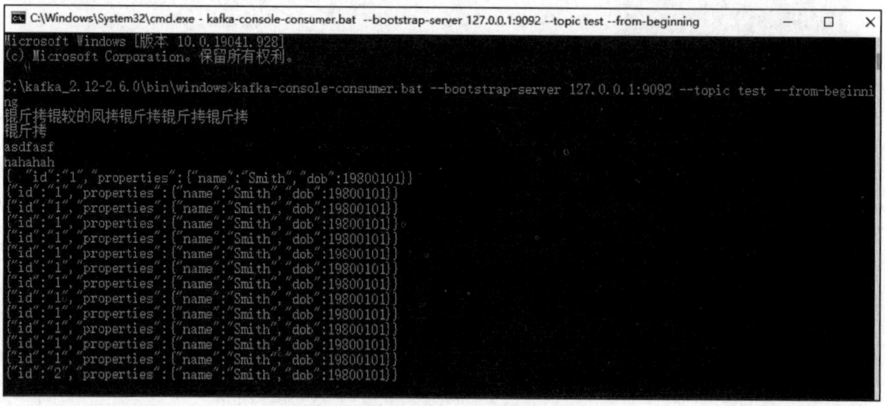

图 10-89 Kafka 命令行消息接收端

在 Neo4j 中查看是否同步完成，运行查询命令：

```
MATCH (n:Person) RETURN n;
```

可以看到创建了节点，如图 10-90 所示。

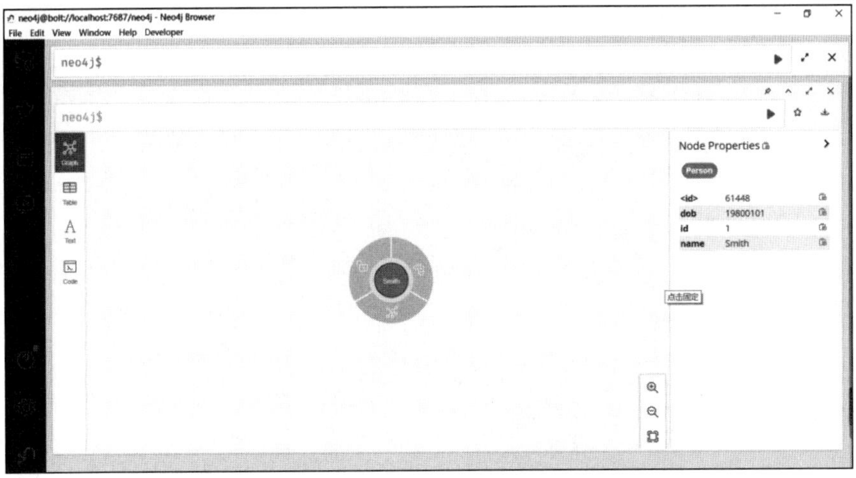

图 10-90　Kafka 同步到 Neo4j 的数据查看